ANSYS 電腦輔助工程實務分析 (附範例光碟)

陳精一　編著

全華圖書股份有限公司

序言

工程設計流程中，分析過程爲重要的工作項目之一，傳統的分析過程是一項耗時且繁雜的工作。必須經過不斷改進、評估，以獲得最佳的答案。由於電腦科技的發展及各領域理論研究的成果，使傳統的工作已能由電腦來完成，並得到合理的答案。電腦輔助工程設計，簡單而言，是設計工作藉由電腦的幫助來完成，故所包含的範圍很廣，其中包含電腦輔助繪圖、電腦輔助工程、電腦輔助製造。

以電腦輔助工程而言，主要強調爲分析工作的完成，目前研究單位與業界已能大幅度接受電腦輔助工程在實際產品開發的應用。由於國外對該領域的研究較早，故已有非常多不同種類之軟體相繼產生，例如：I-DEAS、ANSYS、ALGOR、COSMOS、CFD、ADAM 等。ANSYS 爲其中之一通用廣泛之套裝工程分析軟體，能應用於不同領域如機械、航太、土木、電機.....等，頗獲各界好評。

由於軟體發展快速，人機介面不斷改進，使初學者最大的困難在於無法獲得一本參考書籍，以提供有興趣者進入該領域。事實上不管軟體本身如何的發展，其架構理論是不會改變的。基於此點，本人根據數年教學研究經驗，編排此書，以利有志之士能很容易使用該軟體，進而達到利用電腦進行電腦輔助工程分析之目的。

本書內容循序漸進，並採用傳統指令教授之方式進行，以加深使用者對電腦輔助工程分析的認知，並能應用於不同的軟體。對於複雜的軟體指令介面方式，爲配合一般使用者的習慣，僅做概略性的介紹，以避免使用者對環境介面所造成之學習障礙。

本書共分八章。第一章爲電腦輔助工程簡介。第二章描述 ANSYS 軟體架構、環境介紹、檔案介紹、工程系統與有限元素之關係，以便對 ANSYS 的基本組織架構有所了解。第三章爲有限元素的基本理論基礎，以利軟體的操作。第四章爲直接有限元素模型之建立，對初學者而言，這是非常重要的一章，也對使用者建立後幾章的基礎。本章敘述如何將工程系統轉化爲有限元素模型，求解及結果之獲得，但僅限於簡易的結構。第五章爲進階模組技巧，對已有基礎者，可直接由此章開始，強調一個工程系統之多重負載、多重元素屬性、結構中最常碰到的振動問題、參數語法及常用的語法技巧。第六章至第八章爲間接法有限元素模型的建立，一般結構由於形狀複雜或規則性的結構，爲了方便節點與元素的建立，通常皆採用此方法，同時也是一般使用者最常碰到的問題，如使用者已有直接有限元素模型建立之基礎，可由此章開始，直接學習實體模型之建立，本部分與一般 CAD 軟體觀念相似，但配合最後有限元素模型的完成，ANSYS 與一般 CAD 建立物體時，操作方式稍微不同，最大相異處在於物體建立後其號碼屬性。故透過該章節之介紹，更提昇使用者對電腦輔助工程分析方法與流程之認知，進而改善設計環境，並減短設計所需的時間與金錢。

所附的磁片內容爲所有例題與習題的輸入流程指令，讀者可配合 4-9 節檔案輸入法之交談模式，執行該檔案。習題部分亦提供解答，但僅供參考，因有限元素模型的建立因人而異，但其最後之解答不會相異太多，只要元素大小在合理之範圍內。

本書編排之內容與例題較偏重結構固力方面，對於其他相關領域之問題，仍然可達學習之效果。此外由於時間倉促，恐有遺漏之處，煩請學者及使用者多加指正。本人 E-mail：**mecching@chu.edu.tw**。

爲了讀者方便性，附錄 A 提供本書常用的元素表；附錄 B 提供 ANSYS 全部元素形狀、自由度與名稱摘要；附錄 C 提供 ANSYS 全部範例摘要；附錄 D 提供本書所介紹指令的頁碼對照表。

中華大學機械系

陳精一　　謹上

編輯部序

「系統編輯」是我們的編輯方針，我們所提供給您的，絕不只是一本書，而是關於這門學問的所有知識，它們由淺入深，循序漸進。

以由淺入深的方式，引導讀者了解電腦輔助工程分析軟體 ANSYS 的使用方法及有限元素之基本流程。採用傳統指令輸入法與使用者介面輸入法搭配方式，不僅可幫助初學者充分了解 ANSYS 軟體操作及使用方法，充分掌握電腦輔助工程有限元素分析之技巧，同時對進階實體模型建構的技巧及範例配合，更能有效提昇使用者的學習效能。

本書適合大學、科大、技術學院機械、土木相關科系之電腦輔助工程分析-有限元素分析課程使用及對此軟體有興趣者。

同時，爲了使您能有系統且循序漸進研習相關方面的叢書，我們以流程圖方式，列出各有關圖書的閱讀順序，以減少您研習此門學問的摸索時間，並能對這門學問有完整的知識。若您在這方面有任何問題，歡迎來函連繫，我們將竭誠爲您服務。

相關叢書介紹

書號：0519605
書名：ANSYS 入門(第六版)
編著：康 淵.陳信吉
16K/376 頁/420 元

書號：06112007
書名：ANSYS V12 影音教學範例
(附影音教學光碟)
編著：謝忠祐.蔡國銘.陳明義 .林佩儒.
林一嘉
16K/480 頁/480 元

書號：10407
書名：Abaqus 最新實務入門引導
編著：士盟科技股份有限公司
16K/728 頁/650 元

書號：05961
書名：Moldex 3D 模流分析技術與應用
編著：科盛科技股份有限公司
16K/340 頁/580 元

書號：10349007
書名：輕鬆學會 SolidWorks Professional
(附動畫影音教學光碟)
編著：實威國際股份有限公司
16K/432 頁/500 元

書號：05653
書名：逆向工程技術與系統
編著：章 明.姚宏宗.鄭正元 .林宸生.
姚文隆
20K/368 頁/380 元

書號：05957017
書名：COSMOSWorks 電腦輔助工程
分析－入門篇 Designer
(附範例光碟)(修訂版)
編著：實威國際股份有限公司
16K/272 頁/450 元

書號：06135
書名：電腦輔助工程模流分析應用
編著：黃明忠.姜勇道.許志芬.傅 建
16K/304 頁/380 元

◎上列書價若有變動，請以
最新定價為準。

目錄

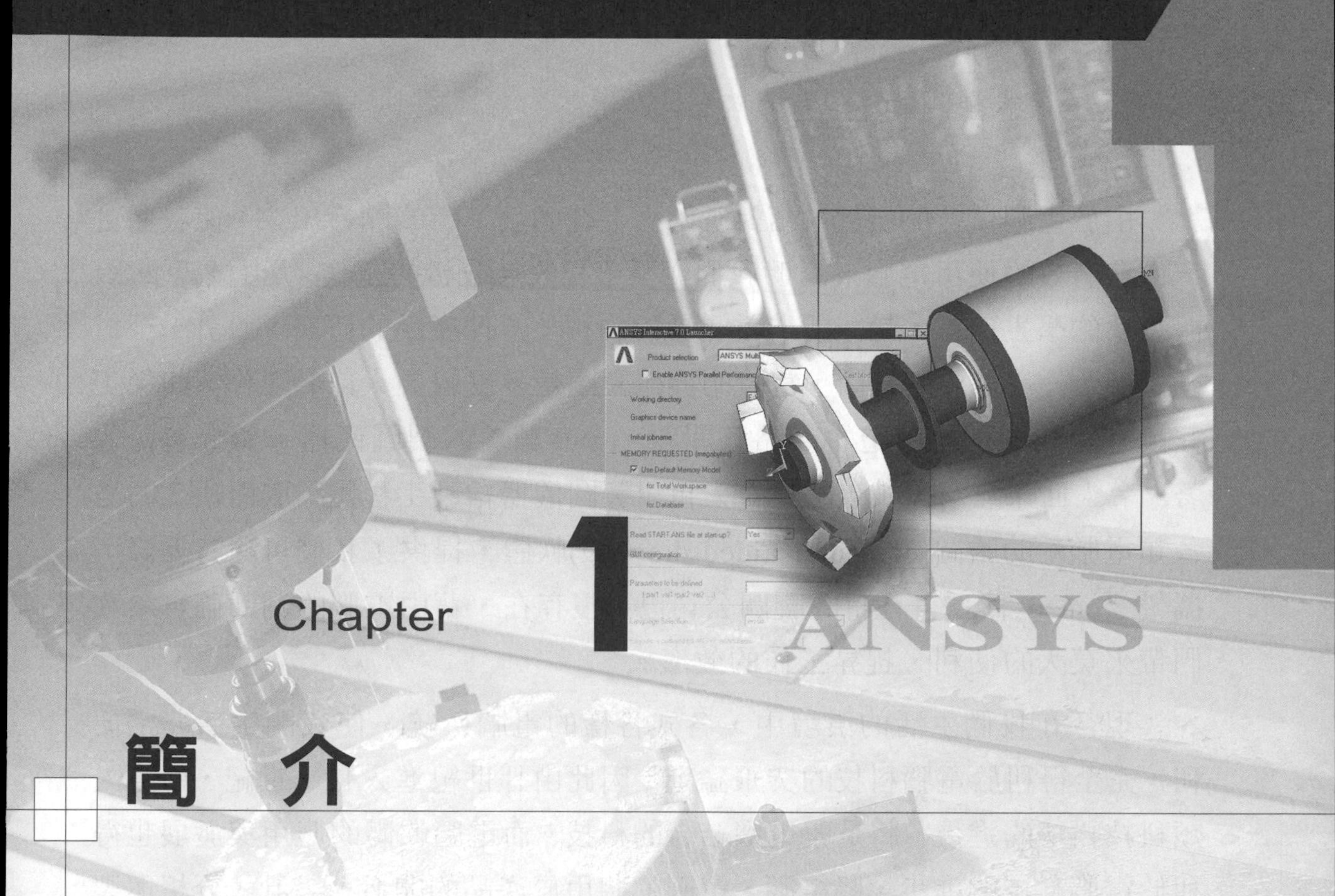

簡　介

➔ 1-1　前　言

工科學生每人大概都有一個小型計算機，輔助我們進行許多數學式子的運算，功能較佳的計算機，還可儲存一些簡易的公式與公式的運算，甚至可以儲存非常多的英文單字，包括中譯英，英譯中，單字的發音等，給我們帶來非常大的便利性，這些都是由於 IC 半導體工業的蓬勃發展，使計算機的記憶空間增加與快速的運算能力。各位可曾聽過「計算尺」這個名詞，筆者讀大學時，正好是計算機的開始，無緣使用計算尺，計算尺就是所謂計算機的前身。讀研究所時尚無所謂個人電腦，僅能透過終端機的方式，進行程式的撰寫、運算，獲得結論，相當不方便，與現在相比較，個人電腦隨時可見，電腦的配備，日新月異，我們可以配置自己所喜歡的硬體裝置，將電腦發揮的淋漓盡致。

由於電腦快速的發展，相對應的平台軟體也不斷的開發出來，使我們更方便與有效的使用電腦來幫助我們從事工程設計分析的工作。「機械畫」，對機械系的學生而言，是一門非常重要的課程，一件產品的研發、設計、至最後量產，一定需要工程圖，當時的機械製圖是多麼膾炙人口的工作，如果工程圖有錯誤則加工製造的產品有問題。一套精美的製圖儀器，如今還保留著，令人回味無窮，如今已沒有人再用製圖儀器繪製工程圖，取而代之的是各類電腦輔助繪圖(computer aided drawing)軟體，提供了我們可隨時編修、攜帶、email 傳遞，往日的曬圖公司已不復存在，藉由電腦的輔助確實給我們帶來莫大的便利，提昇工作的效率。

現今在我們生活的環境中，各式各樣的電腦系統，使我門生活非常便利，完全得利於電腦科技的突飛猛進。因此由廿世紀進入廿一世紀，引導人類科技再次的進展，將是與電腦結合的科技。而電腦軟體的應用與發展也得利於電腦科技的進步，將電腦、電腦軟體用於產品的開發、設計、分析與製造，已成爲近代工業提昇競爭力的主要方法。

➔ 1-2 電腦輔助工程

何謂電腦輔助工程(computer-aided engineering，簡稱 CAE)？首先，在這裡給「電腦輔助工程」下一個簡單的定義是：「利用電腦與資訊科技(包括電腦軟、硬體技術)來幫助工程師，使更有效率且更經濟地達成工程上的任務」。工程上的任務，我們可視爲完成一個產品的設計並進行量產，例如完成活動板手、電話、馬達、車床、車輛等的設計與生產；亦可視爲完成一個產品的工程圖繪製，以利製造人員加工製造；亦可視爲完成一個產品的分析(承受外力)，了解其變形、應力與應變，以便完成設計破壞參考之依據。工程上的任務，可依其目的而定，故有其相對應的軟體完成，例如有繪圖軟體、結構分析軟體、流體力學分析軟體，資訊整合軟體等。二、三十年前，電腦之性能與使用性皆與今日相去甚遠，需要特殊之技術與訓練才能有效地使用電腦，因此只要能運用電腦來輔助工程一般事務之處理，就可算是不錯之CAE了。但是今日電腦軟硬體技術皆已相當普及與成熟，僅是簡單的運用電腦來輔助工程一般事務之處理，頂多只能算是CAE之基本技能而已。目前CAE則多著重在電腦資訊技術之整合運用，並配合對專業工程領域之瞭解，用以協助工程師有效地運用日新月異之資訊科技，提昇工程的效率與品質，並迎接二十一世紀的電子化與資訊化社會。

電腦之優點爲運算速度快、記憶容量大、可長時間進行重複性高之工作、沒有影響工作品質之任何情緒反應，因此，非常適合用來協助工程師處理繁瑣的例行性工作，以便工程師能空出多餘的時間與精力，專注於一些需要創造力之事。現今之產品規模與複雜度與日劇增，電腦之快速運算能力與龐大記憶容量，亦能協助工程師有效管理與分析大量且複雜之工程資訊，以利各項工程事務之進行。然而，不管電腦多有效率地處理工程問題，並提供工程問題之解答，但最後工程師必須有能力檢驗並判斷電腦所提供之解答是否合理正確，並做出最後之決定，而工程師亦應培養出專業之工程判斷能力與經驗，而不能只是形同電腦操作員，完全依賴電腦之答案。雖然電腦與資訊科技能在許多方面協助工程師更有效率地處理工程上的事務，但要有效地應用與導入電腦與資訊科技並非一件容易的事，必須仰賴對工程專業知識領域的相當瞭解與對各種資訊科技之有效掌握，並能加以整合運用，才能成功。所以傳統的學術理論專業課程還是不能偏廢，只是現代的工程師必須能利用現有的資訊軟體協助工程的設計工作。

➔ 1-3 電腦輔助工程內涵

電腦輔助工程究竟包含的內容為何?大致可分兩個層面來探討，「專業軟體的開發」與「專業軟體的使用」。專業軟體開發的工程師不僅要對各種本職理論與技術有所瞭解，並能進一步與資訊工程師溝通合作，才能將軟體的功能發揮的淋漓盡致，使用軟體的人才能認定軟體的實用性。就本職理論與技術而言必須要對工程領域(包括圖學、機械製圖、應用力學、材料力學、機構學、熱力學、流體力學、熱傳學、機械設計等)有相當深入的認識，才能夠眞正地把資訊科技適當地應用在工程中，有效地協助工程問題之解決。例如專業機械製圖軟體的開發，必須具備圖學的基礎理論、機械加工方法與符號、機械元件的規範，運用資訊工程人才撰寫程式的技術將上述的專業領域以通用性的方式呈現於一個軟體之中。然而對專業軟體的使用者而言，就是取代傳統工程師的工作方式，例如機械製圖工程師，現在使用繪圖軟體來完成工程圖；工作母機的操作員由優良的操作技術，轉爲電腦數值控制(computer numerical control, CNC)利用 NC 程式指令輸入數控系統之記憶體後，經由電腦編譯計算，透過位移控制系統，將資訊傳至驅動器以驅動馬達之過程，來切削加工所設計之零件。至於，在人才的培育方面，究竟是應找原來學資訊工程的人來教他工程專業？或是應找原來學工程專業的人來教他資訊技術？理論上應都可行。不過根據以往國內外多年之經驗，似乎是後者較可行且成功之案例也較多。這可能是因爲應用資訊技術於工程專業上，必須對工程專業之問題有相當程度之瞭解，才能眞正解決問題，然而對於資訊技術之應用，卻不一定是要用最新的或甚至最好的技術，只要是能有效地解決問題之技術，都是合適的。這也說明資訊產業蓬勃發展，資訊人才極爲熱門搶手，許多原本非資訊產業的人才都被其吸引而轉業。

機械工業之現代化可帶動我國全方位產業之升級，精密機械與產業自動化相關技術是未來我國產業升級之關鍵技術，更是我國跨越二十一世紀之重點產業技術之一。此等必須配合高品質之設計與製造能力，也需要大量運用現代化之自動控制、感測器、制動器和精密量測等技術來提升機器性能。由於產業自動化相關技術的要求，便產生了 CAE 領域之需求，希望能培養既了解工程專業領域，又能有效掌握資訊科技之跨領域人才，並進行各種整合資訊技術以輔助工程應用之研究。

然而不管專精領域爲何，最終目的爲確保產品設計能如預期的需求。由產品設計的基本流程面，圖 1-3.1 爲傳統的研發過程，由圖中可知傳統的研發過程中，最重要的產品測試方法中需要實體的原始模型，加上傳統試誤法之設計修改，方能確定最後的產品設計，通常需要爲數不少的迴圈次數，方能設計出一個符合所有需求的產品。在製造原型機之價位及時間耗費都遠高於量產產品的事實下，這個傳統設計迴圈不僅浪費研發時間而且造成重大成本之負擔。目前國內早已面臨工資上揚、勞動力不足，使得以低廉工資爲競爭的傳統勞力密集產業，已失去其競爭優勢。在當前競爭激烈、瞬息萬變的製造環境中，各企業莫不使出渾身解數提升技術層次、提高生產力、降低成本，以強化本身體質，提升產品品質與附加價值，維持利基。

整體而言，電腦輔助設計包含所謂電腦輔助繪圖(computer-aided drawing, CAD)、電腦輔助分析(computer-aided analysis engineering, CAAE, CAE)和電腦輔助製造(computer-aided manufacturing, CAM)，亦稱3C 整合課程。相較圖 1-3.1 傳統的研發過程可知，3C 在其設計流程中所扮演的角色如圖 1-3.2 所示，表示研發流程以整合之電腦輔助軟體來完成整個設計迴圈之工作，除了提升產品研發流程之連貫性與整體性，加速產品資料庫建立之系統外，工程最佳化在各 CAE 領域之廣泛應用更大量地縮短了設計的迴圈數目。如此，在 CAE 工程上的應用，將同時達到減少或完全取消原型機製造，及縮短研發時效之功效。

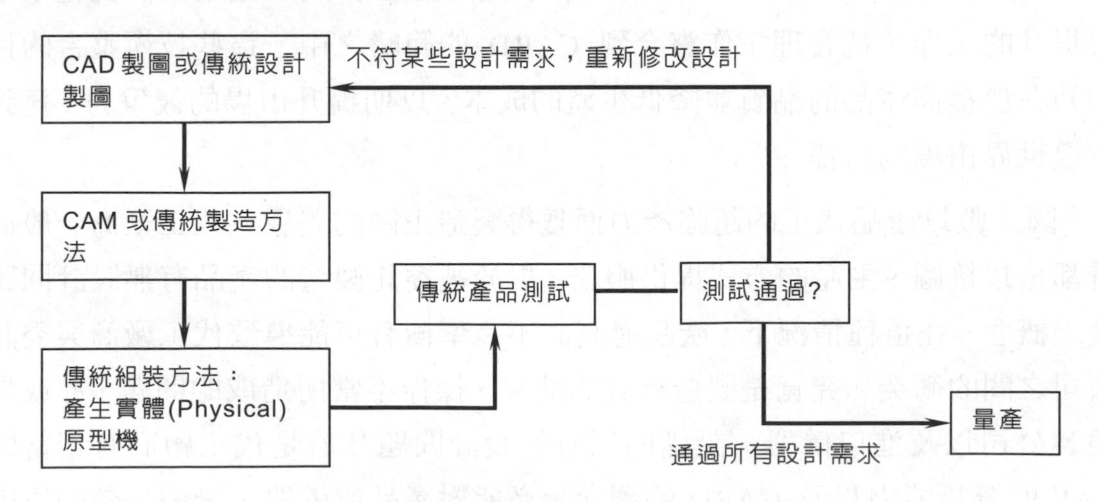

圖 1-3.1 傳統之產品研發過程

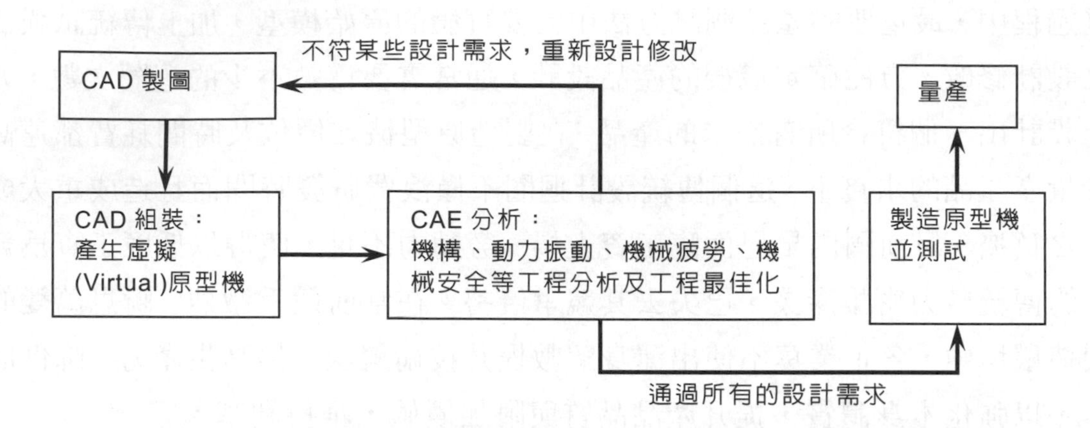

圖 1-3.2 自動化新產品的研發流程

其中 CAD 導入國內機械產業最早，CAE 與 CAM 大概同步，但僅限於專業軟體之使用。專業軟體的開發幾乎全是國外的天下，由於其開發需要龐大的經費與人力及日月累積的經驗，國內目前無法與國外並駕齊驅。

在歲次漸漸走入二十一世紀的資訊時代之時，歐美與日本等科技先進國家的工業界十數年來逐步地投入了大筆資金開發並引進各類型的電腦輔助設計、電腦輔助工程，以及電腦輔助製造等技術工具，積極地推動電腦輔助研發(computer-aided research development, CARD)的 3C 產業整體文化改革與提升的工作，把管理工作整合到 CARD 的範疇之中。這些技術整合的目的乃在於提高產品的品質並降低生產的成本，以期提升市場的競爭力，達到主導世界市場的目標。

國人數以產品代工的超強能力而獲得製造王國的美譽。代工廠商一般而言都是以接圖、生產的方式提供服務，對於被委託製造的產品有無設計問題缺乏概念。在這種情況下，產品過高的不良率極有可能導致代工廠商與委託公司之間的衝突。究竟是製造程式的缺失、操作不當所造成的問題，亦或是委製公司以及進口儀器、設備的原有的設計問題？若是代工廠商有相當的 CAE 的分析能力以及 CARD 的觀念，必能對產品或儀器、設備失效的原因提出一些有力數據，解決不必要的困擾。此時，藉由 3C 整合教育的電腦虛擬環境的無線想像空間來培養目前大多數莘莘學子最爲缺乏的獨立思考能力與創意設計能力，這正是培育產業界未來支柱的主流方向。

總而言之，爲了因應資訊世界的時代來臨、爲了達到人才培訓的目的，教育單位應該如何透過適當學程規劃，在眾志成城之下結合國內學界與業界的人力與物力，用以造就 CARD 的相關技術人才、協助產學之間的共同成長、加速達到 CARD 的教育目標，可說是當前推動學科教育與社會人文教育並重的產、教、學三贏局面的最重要課題。

➔ 1-4 電腦輔助分析工程工具

電腦輔助分析軟體與 CAD/CAM 軟體基本架構是不同的，雖然要依賴 CAD 的系統將實體模型建立出來，但是還需要完整的各類理論配合－「有限元素法」、「材料力學」、「彈性力學」、「動力學」、「數值分析」等，將其實體模型轉換成統域方程式(governing equation)，並解其結果。所謂 **CAE** 軟體，主要在於機械結構系統受到外力負載後，所呈現的反應，例如位移、應力、溫度等，藉由該反應我們可知機械結構系統受到外力負載後的狀態，進而判別是否合於設計標準。由於不同的專業領域技術差異非常大，所以 CAE 軟體大多以各專業爲基準，配合 CAD 的系統，建立各自的品牌，例如，結構 CAE(材料力學、機械設計、熱傳學、振動學)、流體 CAE(流體力學、熱力學)、動力 CAE(機構學、動力學)等，而愈來愈多的發展，更結合不同的領域，像流體與結構力學的耦合，使得 CAE 的發展愈來愈迅速，應用也愈來愈廣泛。目前市面常用的 CAE 如表 1-4.1 所示。其中 MSC.Nastran、ABAQUS、ANSYS 屬於同類型之泛用型結構力學分析軟體，ABAQUS 在非線性較強尤其是橡膠結構件。LS-DYNA 精於機械系統之撞擊、衝擊等，MSC.adams、Recurdyn 則專注於機構運動學與動力學之分析，另類則是熱流領域之 fluent、CFX4、CFX5。

MSC 軟體公司簡稱 MSC，創立於 1963 年，1965 年 MSC 開始爲美國國家太空總署(NASA)發展全世界第一套泛用型的有限元素分析軟體

Nastran(**NASA STR**uctural **AN**alysis Program)，於 1969 年順利完成，並不斷的改良、維護並在 1973 年推出 MSC.Nastran。該程式很快的受到市場熱烈歡迎也開啓了一個全新的 CAE 產業。四十年來 MSC 在全球機械類電腦輔助工程(MCAE)軟體領域一直居於領導地位，MSC 的軟體也成爲全世界工程師解決實際問題、改善品質，縮短產品開發時間和降低成本的最佳分析工具。MSC 的顧客名單幾乎涵蓋了全世界所有的航太、汽車、造船、電子、機械大廠。

MSC 所發展的軟體產品相當齊全。其中包括應用於結構、振動、熱傳、最佳化設計分析的 MSC.Nastran；動態衝擊與流/固偶合分析的 MSC.Dytran；專門作非線性分析的 MSC.Marc；應用於疲勞破壞的 MSC.Fatigue；以及全開放性的有限元素前後處理器 MSC.Patran；另外，MSC 也提供了材料管理資料庫軟體 MSC.MVision；分析流程自動化、客戶化工具 MSC.Acumen。而 MSC 更針對特定產業，推出專用於航太工業的 MSC.SuperModel、汽車業的 MSC. NVH_Manager 以及 MSC.ADAMS(Automotive Modeling System)、3D 機構分析的 Visual Nastran Motion 等；還有新世代網格切割技術 GS-Mesher。

表 1-4.1　市面常用的 CAE 軟體

軟體名稱	開發國家	網址
MSC.Nastran 有限元素分析軟體	美國	www.msc.com.tw www. mscsoftware.com
MSC.adams 高階機構動態軟體	美國	www.msc.com.tw www. mscsoftware.com
ABAQUS 有限元素分析軟體	美國	www.apic.com.tw www.abaqus.com
ANSYS 有限元素分析軟體	美國	www.cadmen.com.tw www.ansys.com
Recurdym 遞迴式高階機構動態分析軟體	美國	www.cadmen.com.tw www.functionbay.co.kr
LS-DYNA 高度非線性有限元素分析軟體	美國	www.flotrend.com.tw www.lstc.com
Fluent 三維計算流體力學軟體	美國	www.flowmen.com www.fluent.com
CFX4, CFX5 三維泛用型計算流體力學軟體	英國	www.aeat.co.uk/ndt

MSC.adams 爲一機械動態系統模擬軟體，可用來處理所有會動的機械結構之機構及動力學問題。ADAMS 的基本完整模擬軟體套件爲 ADAMS/View 與 ADAMS/Solver，前者爲前處理模組，而後者爲分析模擬的心臟。此基本完整模擬軟體套件提供完整的實體模型及參數模型的前處理器、機構及動力之分析工具、實驗設計法及數學程序法之最佳化工具、自動產生撓性樑、接觸及碰撞模擬、摩擦力模擬及完整之動畫與量測後處理程序等重要功能。另外它也提供較特殊的模組，如可分析具撓性體之機構，自然頻率與振態分析等等。

美國 ABAQUS 公司於 1978 年推出的 ABAQUS 有限元素分析軟體，在全球工業界中，已被公認是一套解題能力最強、分析結果最可靠的軟體。ABAQUS 公司一向以品質控制嚴格著稱，該公司並已經通過 ISO-9001 及 ANSI/ASME NQA-19(美國核能安全局)的品質認證。ABAQUS 主要模組爲 ABAQUS/Standard(隱式積分)、ABAQUS/Explicit(顯式積分)、ABAQUS/CAE，可進行結構之靜態、動態、熱傳、接觸等分析，並可模擬多種的材料行爲與處理複雜的非線性現象，ABAQUS/CAE 爲 ABAQUS 分析模擬之整合環境，具備了簡單且直接的圖形使用者界面，可建構幾何模型、產生網格及分析結果的後處理。此軟體廣泛的應用於航太及國防工業、汽機車及運輸器材工業、機械工業等等，近年來在電子構裝、微機電之力學分析等新興領域亦扮演重要的角色。

ANSYS 軟體是一個被普遍採用的有限元素分析軟體。可用來分析與力學，熱傳及電磁學相關的工程問題。包括靜態分析，動態分析，非線性分析等等。ANSYS 軟體本身亦有前後處理的功能。可以用來建立分析所需的有限元素模型。以及相關結果的處理及圖形顯示。所以利用 ANSYS 分析時，可以獨立完成建立有限元素模型，解析計算，結果顯示及處理等完整的分析工作。可應用於航太及國防工業、汽機車及運輸器材工業、機械工業、資訊及家電工業等等。

LS-DYNA 軟體由美國 Livermore Software Technology Corp.(簡稱 LSTC)

所開發，是世界最先進的廣義目的非線性有限元素分析軟體，同時進行Implicit(隱性解)及Explicit(顯性解)的分析，它有能力模擬複雜的線性、非線性靜力問題、振動、衝壓、耦合等等的眞實結構行爲，且已經廣泛的被採用在今日最具挑戰性的工程問題上。包括汽車撞擊、掉落與撞擊測試、板金成型、飛彈爆炸、飛鳥撞擊葉片、電子產品結構分析、生物力學等問題上。針對台灣的製造業及電子產業(手機、PDA、LCD、平板電腦、筆記型電腦等精密產品)。

RecurDyn(Recursive Dynamics)由 FunctionBay Inc.所開發出新一代多體系統動力學廣泛型模擬軟體。採用「相對座標系運動方程理論」和「完全遞迴演算法」，非常適合於求解大規模的多體系統動力學問題。求解速度與穩定性是 RecurDyn 最大優點，提供各種接觸力元素(contact force elements)定義形式，快速有效地解決快速運動中的機構接觸碰撞問題，大大地拓展多體動力學軟體的應用範圍。除了標準模組(前後處理器和求解器)以外，還有專用工具箱：振動/控制/撓體/液壓/輪胎/皮帶/鍊條/履帶/齒輪/送紙機構模組調用。

FLUENT，這名字已成爲在求解流體流動問題方面，世界第一的商用軟體的同義詞。FLUENT 及 FIDAP 是美國 Fluent 公司所發展的三維計算流體力學軟體，此軟體已廣泛地被用在空氣動力學(如飛機流場、汽車流場...)、工業工程及建築通風設計、多相流場...等等。最近 20 年來，使用 FLUENT 來模擬應用的工程師遍佈全世界，從飛機機翼上的空氣流動，到熔爐的燃燒；從氣泡的生成排列，到玻璃製品加工；從動脈瘤內的血液流動，到半導體製程；從無塵室設計，到廢水處理廠。

CFX4 是從 CFDS FLOW3D 發展而來，是由英國 AEA Technology 50 餘年科技工程實際經驗基礎之上，經過近 30 年的發展所發展的泛用型三維計算流體力學軟體(CFD)，此軟體被廣泛應用於工業設計分析上，被化工和過程工業公認爲解決流體流動、傳熱、多相流、化學反應、燃燒問題的首選工程模擬軟體。CFX4 的功能可計算可壓縮及不可壓縮流場、層流與擾流問題、暫態與穩態、化學變化、多相流問題、Bubble 問題、熱傳、幅射、moving grid。CFX4 曾被用於聯合國生化武器銷毀國際合作項目，英吉利海峽海底隧道火災安全性評估，中國陝西省環保計劃等大型項目中，其可靠性和成熟度經過實際工程問題的苛刻考驗，因此在設計新產品或系統，工程放大，故障診斷的過程中，CFX4 可有效地、低風險地協助工程技術人員減少實驗次數，進行工程放大模擬，以及更好地理解流動過程，以最終實現提高產品質量、降低費用、提高安全性、增加盈利的目標。目前國內的產業界自行研發的比率逐漸提高，與熱流相關的研究課題亦較往年爲多，例如焚化爐內熱流場問題之解析，大型鋼鐵廠澆鑄問題的研究、鑄造廠鑄模的開發、汽車廠汽車外型風阻的降低或引擎燃燒室的設計等等，亦可藉此軟體獲得研究效率的提升。

CFX5 是由英國 AEA 公司所開發的計算流體力學軟體於 1996 年正式面世，是全球第一個在複雜幾何、網路、求解這三個 CFD 傳統瓶頸問題上均獲得重大突破的商業 CFD 軟體，其強大的圖形界面功能可節省傳統 CFD 計算條件設定的時間，搭配新的外型與網格建立模組 ICEM CFD4. CFX，可快速重建立複雜的幾何外型並產生計算網格可供計算。CFX5 掀開了新一代 CFD 軟體的面紗，並領導著新一代 CFD 商業軟體的整體發展趨勢。

本書將以電腦輔助分析(computer-aided analysis engineering, CAAE, CAE，以下通稱 CAE)爲主，介紹 ANSYS 軟體的使用方法及其基本的原理。由於國內在推廣電腦輔助分析的時代過程中，虎門科技股份有限公司的努力之下，國內業界、研究單位及學校單位等，使用率非常高。ANSYS 本身爲一廣泛之工程分析，對於處理一般工程分析研究，大多能滿足其需求。對工程分析軟體而言，不論名稱爲何，其基本原理不會有太大的差異，然而對於某些特別領域確實有些差異，但這並不影響學習本書的目的。在此放置一些 ANSYS 範例以供參考。

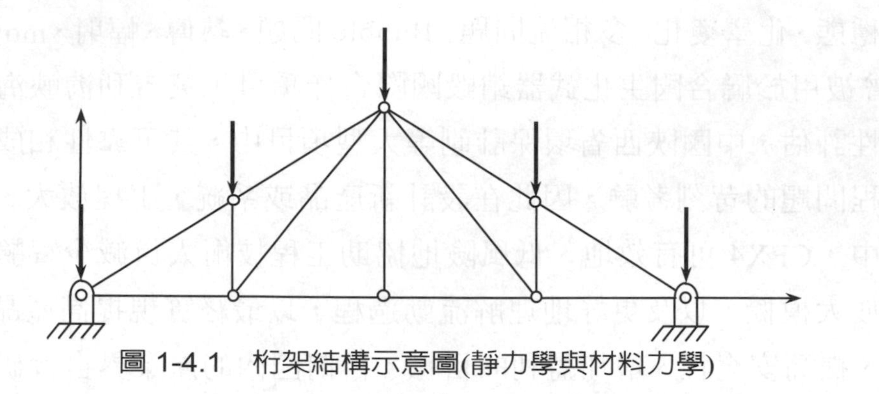

圖 1-4.1　桁架結構示意圖(靜力學與材料力學)

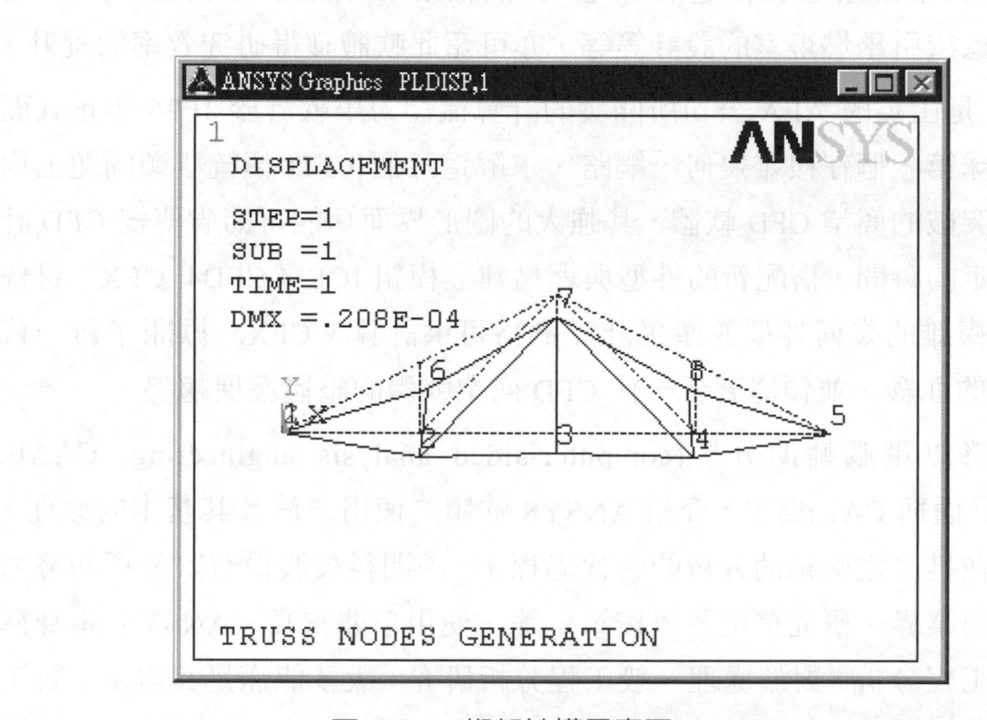

圖 1-4.2　桁架結構示意圖(ANSYS)

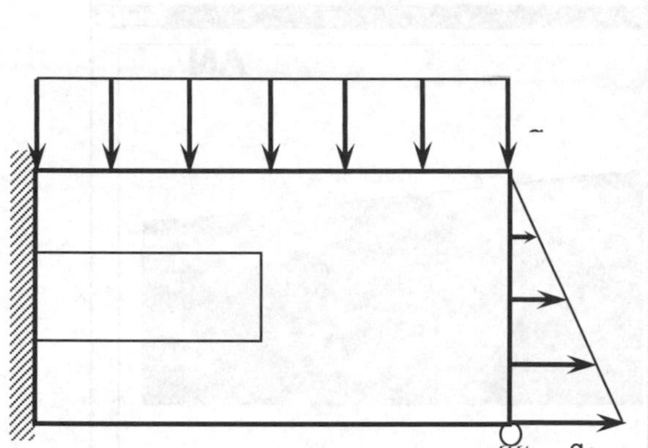

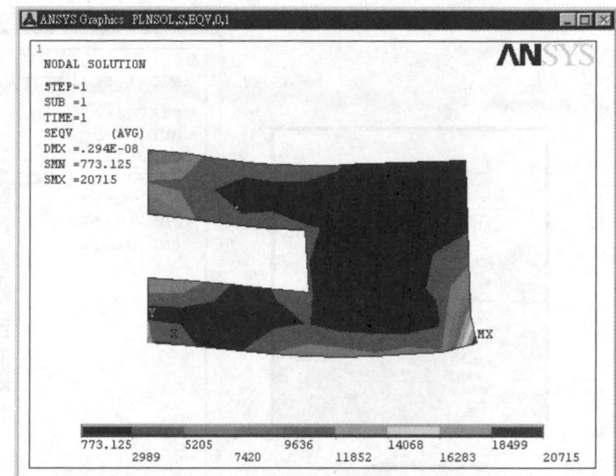

ANSYS

圖 1-4.3　平板結構受力示意圖(靜力學與材料力學)

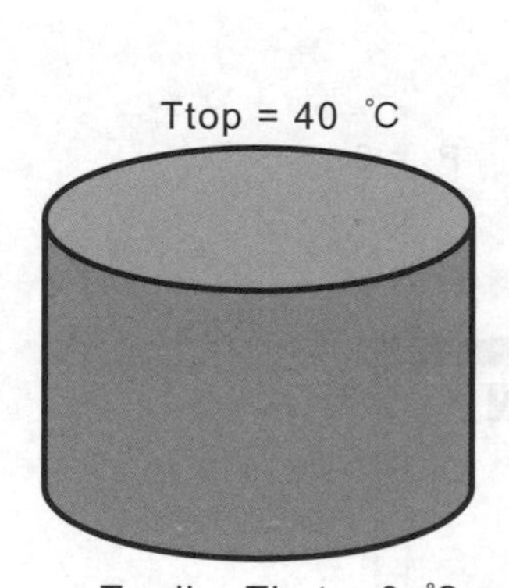

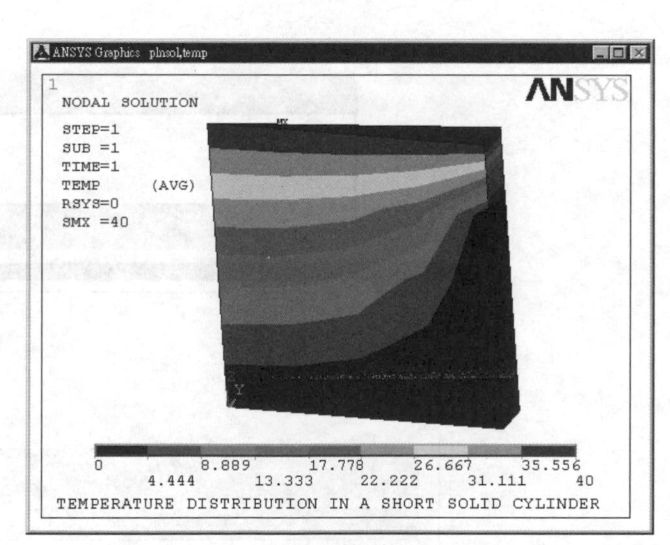

ANSYS

圖 1-4.4　圓柱體溫度負載示意圖(熱傳學)

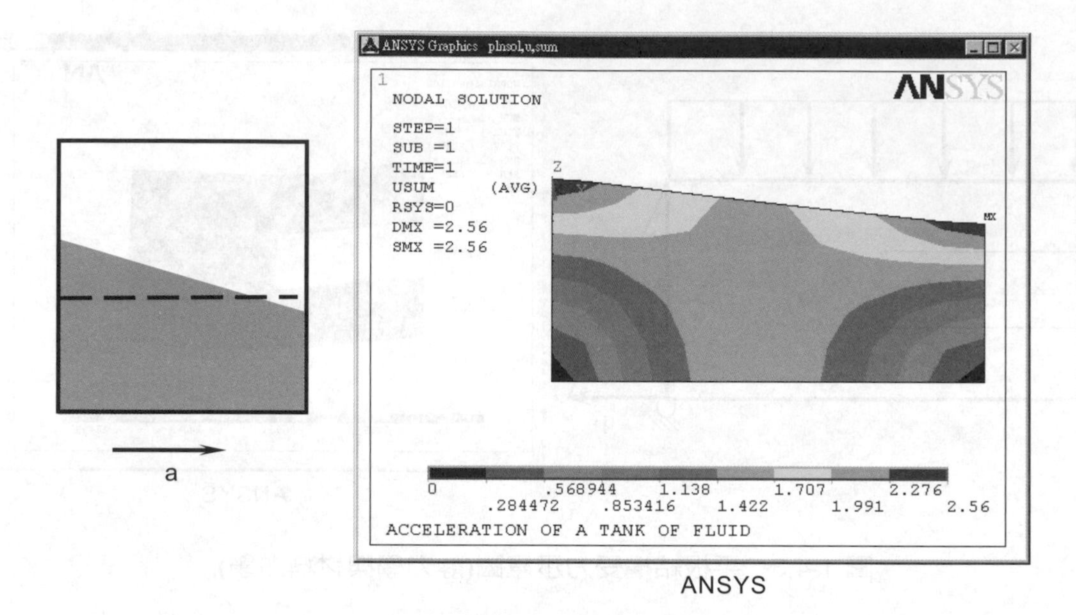

圖 1-4.5　流體在具有加速度容器示意圖(流體力學)

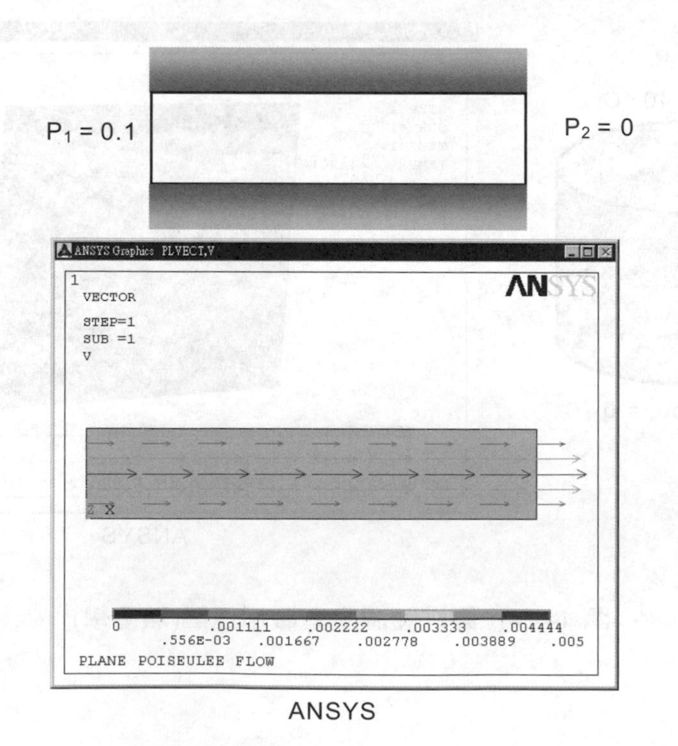

圖 1-4.6　流體通過多孔性介質示意圖(流體力學)

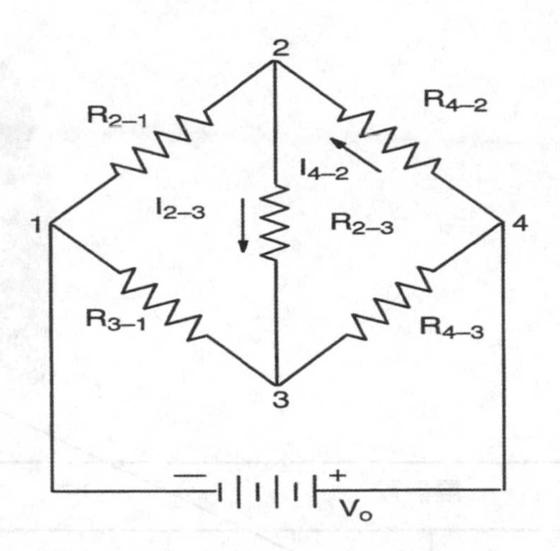

圖 1-4.7　電路示意圖(電子學)

表 1-4.2　電路示意圖(ANSYS)

	理論值	ANSYS		理論值	ANSYS
V_1, volts	**0.0**	**0.0**	$I_{2\text{-}1}$, amps	**1.4**	**1.4**
V_2, volts	**28.0**	**28.0**	$I_{3\text{-}1}$, amps	**1.9**	**1.9**
V_3, volts	**19.0**	**19.0**	$I_{2\text{-}3}$, amps	**1.0**	**1.0**
V_4, volts	**100.0**	**100.0**	$I_{4\text{-}2}$, amps	**2.4**	**2.4**
			$I_{4\text{-}3}$, amps	**0.9**	**0.9**
			$I_{1\text{-}4}$, amps	**3.3**	**3.3**

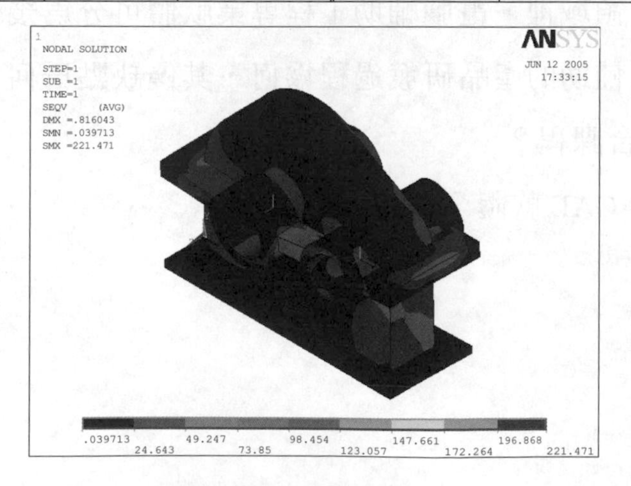

圖 1-4.8　齒輪箱應力示意圖(材料力學，ANSYS)

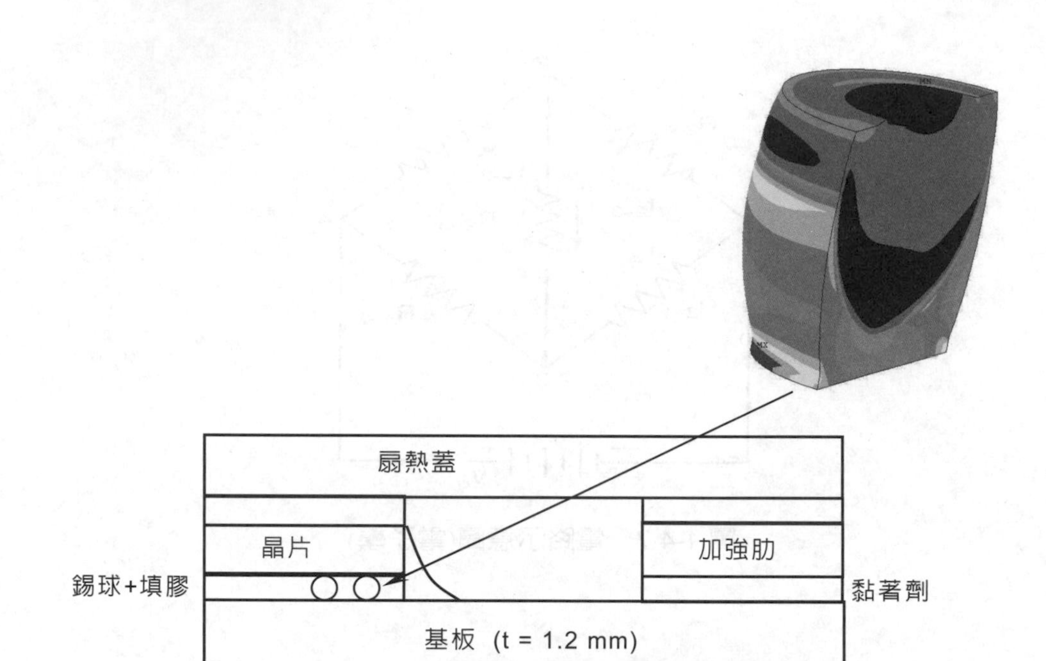

圖 1-4.9 半導體封裝應力示意圖(ANSYS)

【習 題】

1.1 何謂電腦輔助工程？

1.2 在機械工程領域裡，電腦輔助工程專業軟體可分爲幾類？

1.3 傳統與電腦輔助的產品研發過程爲何，其優缺點爲何？

1.4 何謂 3C 整合課程？

1.5 市面常用的 CAE 軟體？

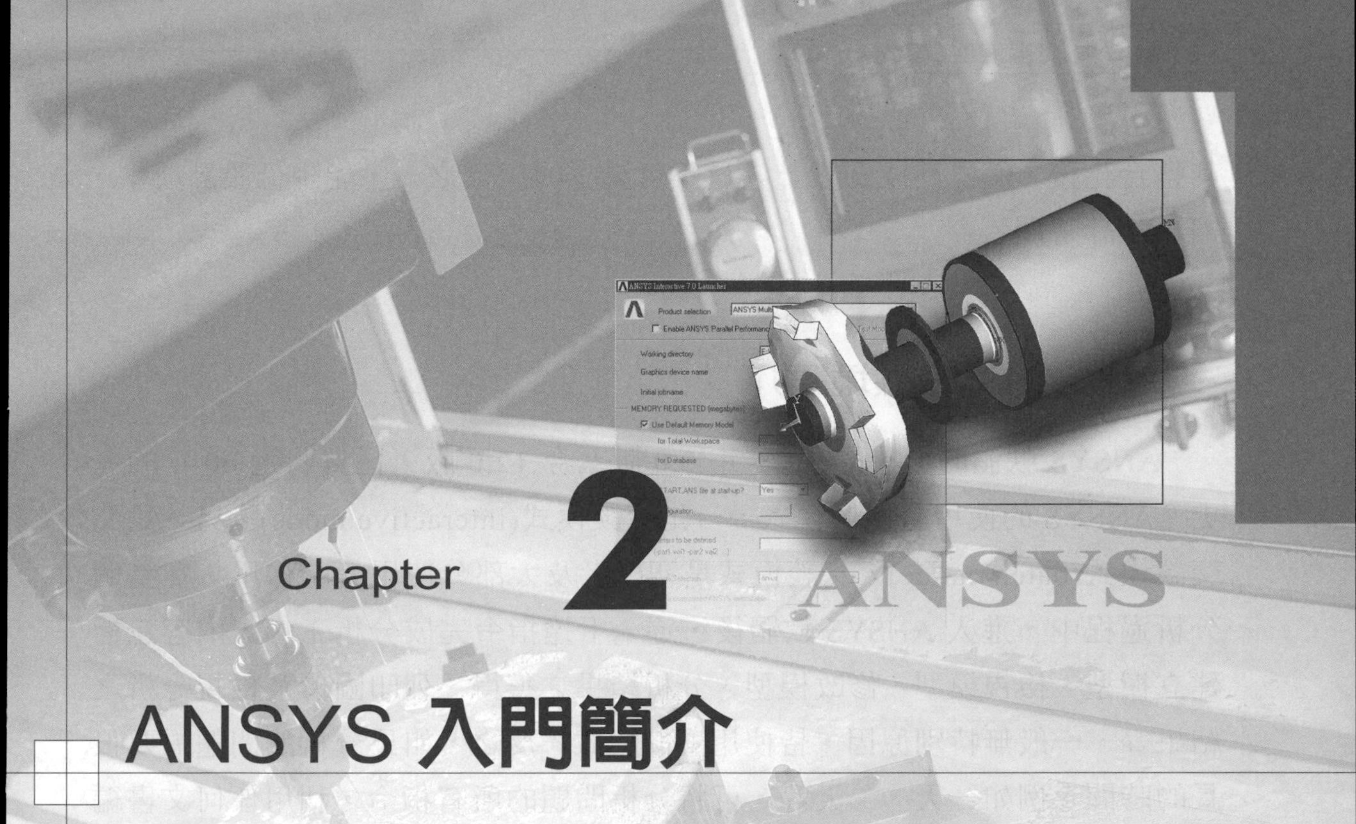

ANSYS 入門簡介

2-1 前 言

ANSYS 為一廣泛性之商業套裝工程分析軟體，所謂工程分析軟體，主要在於機械結構系統受到外力負載後，所呈現的反應，例如位移、應力、溫度等，藉由該反應我們可知機械結構系統受到外力負載後的狀態，進而判別是否合於設計標準。一般機械結構系統的幾何外形相當複雜，所受的外力負載種類相當多，理論分析解答往往無法獲得。欲求得其解答，則須簡化結構，或採用有限元素法及數值方法。由於電腦日新月異的發展，相對應的軟體也因應而生，ANSYS 軟體在工程上的應用相當廣泛，包含機械、電機、土木、航空及電子等不同領域的使用，皆能達到某種程度的可信度，頗獲各界好評。電腦輔助工程分析是利用有限元素法及數值分析法之原理，以完成分析工作，有限元素理論的推演及理論發展已非常完善，並透過電腦快速發展將其整合化後，使得其成爲設計人員不可缺少的工具之一，能降低設計成本，縮短設計時間。

➔ 2-2 ANSYS 環境簡介

ANSYS 軟體的發展從 1971 年 2.0 版至今 12.0 版，已有將近 40 年的歷史。ANSYS 的使用有兩個模式，一是交談模式(interactive mode)，另一是非交談模式(batch mode)。交談模式是初學者及大部分使用者所採用，在整個分析過程中，進入 ANSYS 軟體後，逐一下達指令完成分析工作，內容包括建立模型、檢視模型、修改模型、分析結果之獲得、列印圖形及檢視分析之結果等，一般無特別原因，皆使用交談模式。反之，如果分析的問題需要很長的時間，例如一天、二天等，可將分析問題的所有指令，利用任何文書編輯軟體製作成文字檔，透過非交談模式進行分析工作。非交談模式中，仍可利用電腦分析時共享繼續使用電腦(雖然速度較慢)，分析問題所需的時間比交談模式爲少。但必須對 ANSYS 指令非常了解，通常功力深厚才可能完成。交談模式可由 ANSYS(ANSYS11.0)選項中 ANSYS Product Launcher 進入，如圖 2-2.1。

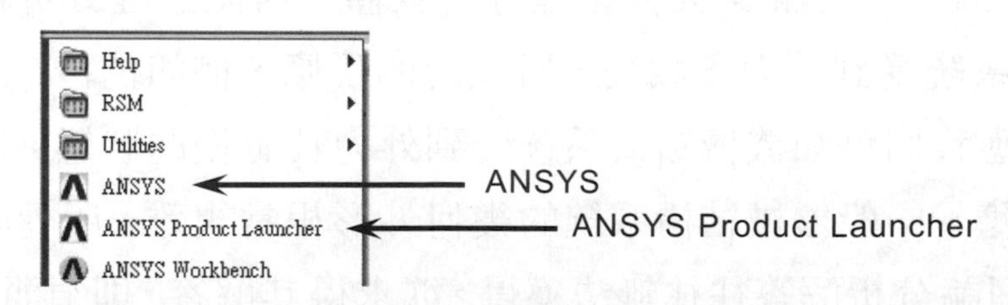

圖 2-2.1 Window 作業系統 Start Menu 中 ANSYS 選項

當選擇 ANSYS Product Launcher 後，出現圖 2-2.2 ANSYS Product Launcher 視窗，進入之前可更改工作目錄、記憶體需求(通常不須更改，除非有限元素模型非常大)、工作檔案名稱(系統自訂的工作檔案名稱爲 file)，然後選擇左下角 Run，便可進入交談模式。當選擇 ANSYS 後，會直接以上次離開 ANSYS 的環境設定(工作目錄、記憶體需求、檔案名稱)直接進入交談模式。通常每一個分析工作環境設定不相同，尤其是工作目錄、工作檔案名稱，故最好選擇 ANSYS Product Launcher 進入交談模式，以便使用者進入 ANSYS 前可先檢視或指定工作目錄、檔案名稱。爲了檔案管理方便，請在自行設定的工作目錄下進行分析工作。產品類別爲購買 ANSYS 時之選項，通常全模組即爲 Multiphysics。

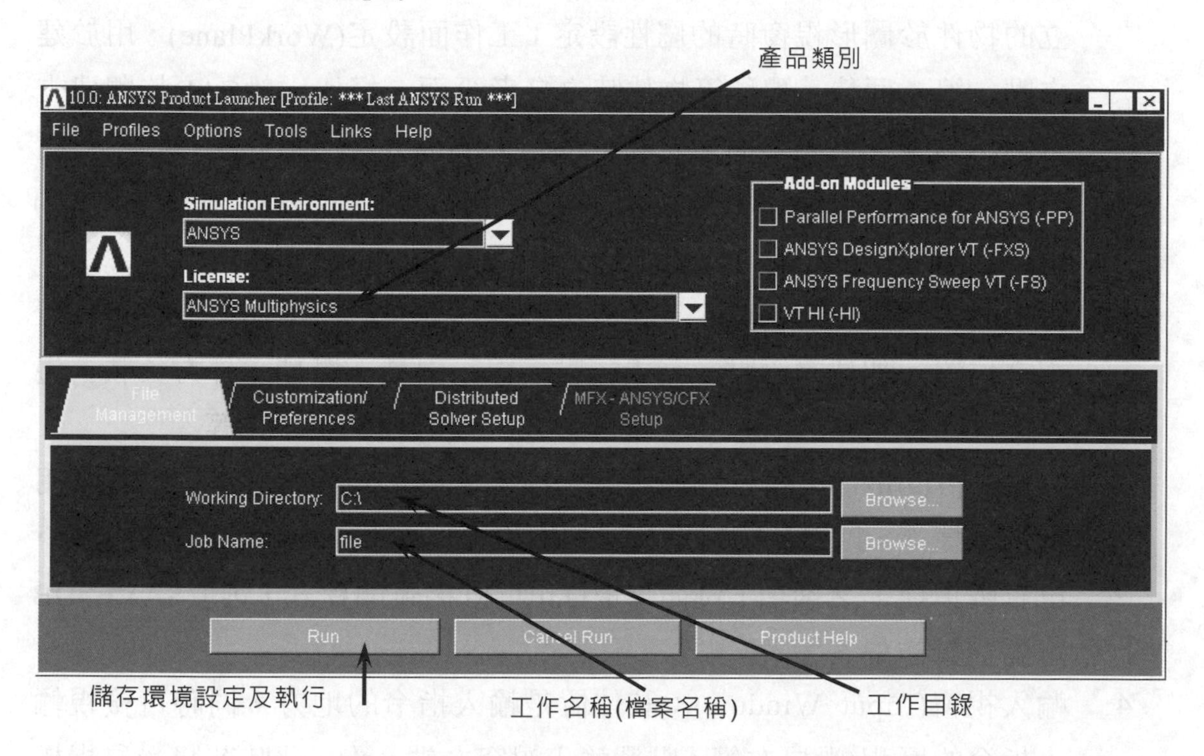

圖 2-2.2 ANSYS Product Launcher 視窗

進入系統後會有二個視窗，提供使用者與軟體之間的溝通，藉由視窗使用者可以非常容易地直接輸入指令或使用下拉式選單(pull down menu)方式輸入指令、檢視模型的建立、觀察分析的結果及圖形輸出與列印。整個視窗系統稱爲圖形使用者界面(GUI, graphical user interface)，如圖 2-2.3 所示。其中一個視窗如圖 2-2.3 所示，稱爲主功能視窗，其中包含五個部分，每一個部分的功能如下：

1. 實用功能表單(Utility Menu)：該功能表不包含建立各種物件(物件爲使用者所建立的節點、元素、點、線、面積、體積等)之功能，僅用於輔助建立各種物件所需之功能。所有指令分類如下，檔案的控制與管理(File)；選擇物件(Select)，用於選擇物件輔助模型的建立；資料列示(List)，用於文字方式顯示所建物件的資料；圖形顯示(Plot)，用於顯示所建立的物件於圖形視窗；圖形顯示控制(PlotCtrls)，用於顯示所建立的物件於圖形視窗時的屬性設定；工作面設定(WorkPlane)，用於建立點、線、面積、體積等物件時之參考平面，好比一般CAD軟體建立草圖必須有一個參考面；參數化設計(Parameters)，用於建立一些有用參數以利參數化模型的建立；巨集指令(Macro)、視窗控制(MenuCtrls)及輔助說明(Help)等。
2. 主功能表單(Main Menu)：包含分析過程建立有限元素模型主要指令所在之位置，如建立節點、元素、點、線、面積、體積、外力負載、邊界條件、分析型態之選擇、求解過程、後處理結果檢視等。
3. 工具列(Toolbar)：執行快速指令之捷徑，可依各人喜好自行編輯常用指令之捷徑，以避免繁瑣下拉式選單指令之尋找，ANSYS 安裝完後，已有數項捷徑之選項，例如選取Quit可直接離開程式，選取SAVE_DB可儲存工作檔案。
4. 輸入視窗(Input Window)：該位置是輸入指令的地方，同時可檢視輸入指令的歷程(滑鼠左鍵，點選輸入視窗右端 ▼)。此時若將滑鼠指標移至指令歷程，左鍵點選一次則該指令可顯示於指令輸入處，以方便使用者對相同指令，僅需修改參數時輸入之方便性，左鍵連續點選二次則立即執行該指令。使用者也可以開啓完整的輸入視窗(滑鼠左鍵，點選輸入視窗左端 ▣)，如圖2-2.4所示。初學者開啓完整的輸入視窗將有助於學習，因爲我們可以檢視做了那些動作。

5. 圖形視窗(Graphics Window)：顯示使用者所建立之模組及檢視分析後之結果，在整個分析建立過程中，我們會經常下達繪圖指令，檢視所建的模型是否正確，所顯示的圖形亦可放大、縮小、旋轉至我們所需之視角。圖型視窗的自訂爲黑色背景，本書圖形視窗更改爲白色背景。

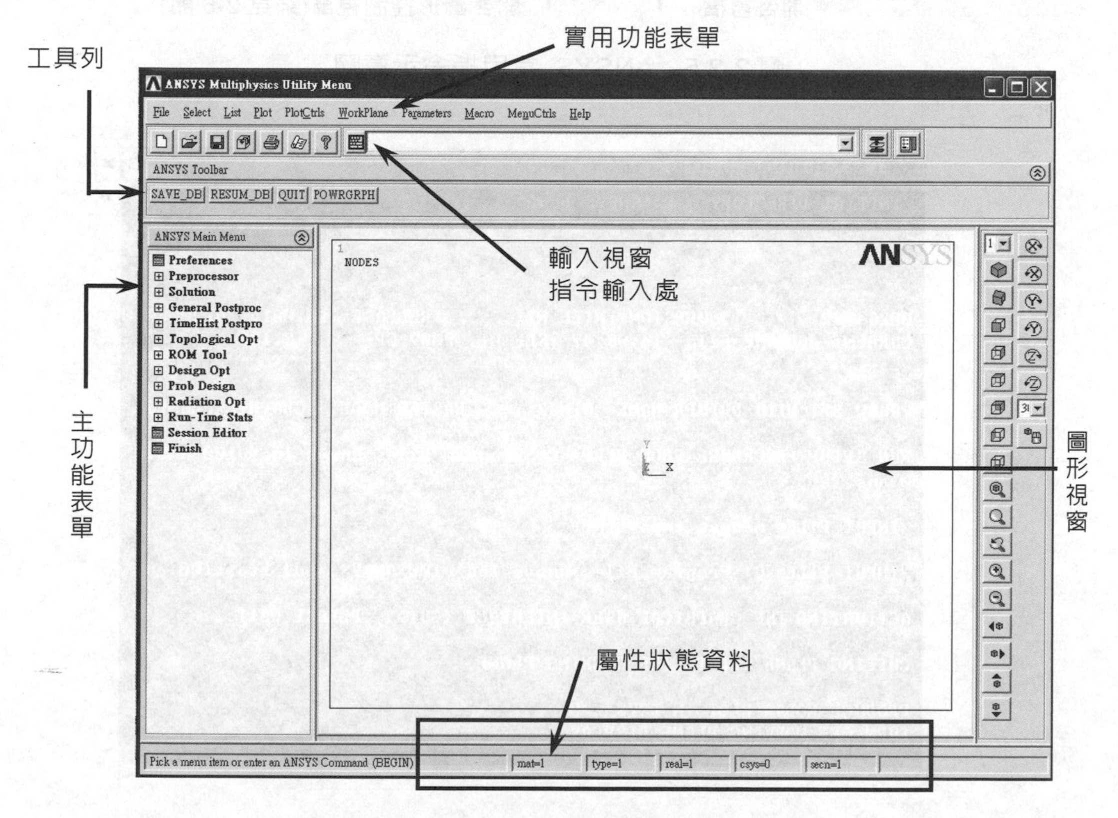

圖 2-2.3 ANSYS 主視窗系統示意圖

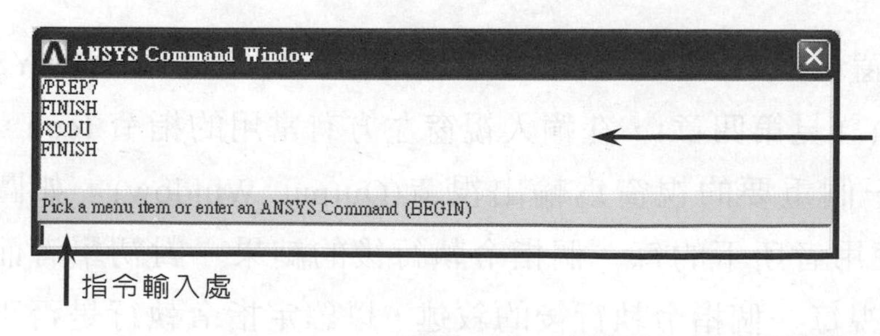

此時若將滑鼠指標移至指令歷程，左鍵點選一次則該指令可顯示於指令輸入處，以方便使用者對相同指令，僅需修改參數時輸入之方便性，左鍵連續點選二次則立即執行該指令。

圖 2-2.4 完整輸入視窗示意圖

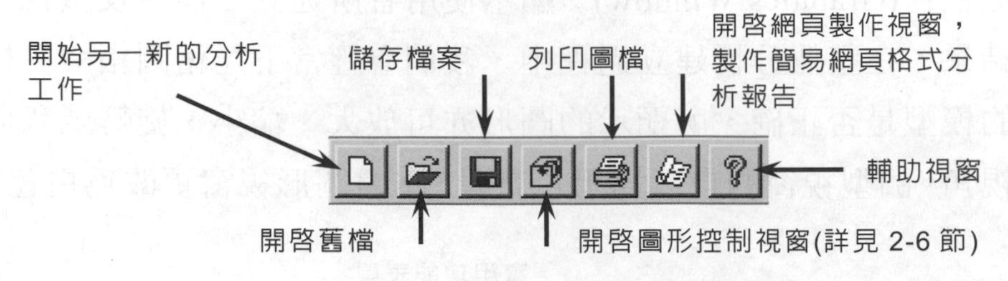

圖 2-2.5 ANSYS 常用指令示意圖

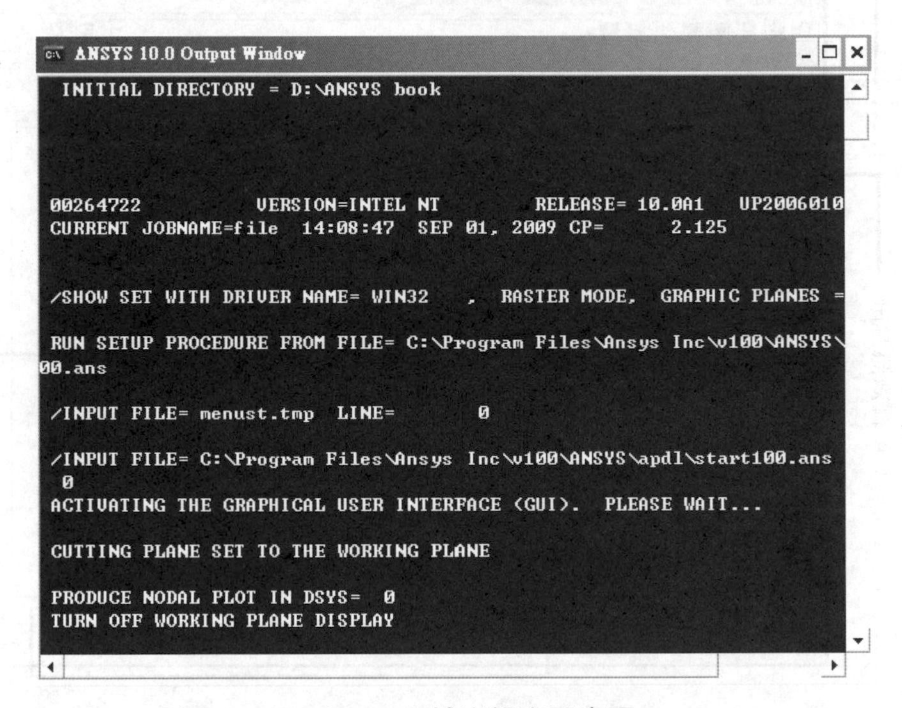

圖 2-2.6 ANSYS 輸出視窗示意圖

此外，在整體主視窗最下方可顯示目前所在處理器的位置、在 ANSYS 中建立模型的一些屬性(詳見第四章)，在輸入視窗左方有常用的指令 Icon，如圖 2-2.5 所示。另一個重要的視窗爲輸出視窗(Output Window)，如圖 2-2.6，該視窗會顯示使用者所下的每一個指令執行後的結果。對初學者而言，最好養成習慣去檢視每一個指令執行後的敘述，以確定指令執行是否正確，尤其是指令執行後的結果是否如我們所預期，如有錯誤並可檢視其錯誤原因。

由於電腦科技的發展，軟體的開發一日千里，軟體環境越加人性化，以方便使用者使用該軟體。一般而言，使用者喜好下拉式選單方式下達指令以期一手走天下，但先決條件爲使用者還是要了解一般電腦輔助工程分析流程與下達指令時該指令必需給予的必要參數，因爲下拉式選單方式到最後有時仍需配合鍵盤輸入一些數值。以筆者教學經驗，初學者對於簡單結構的有限元素分析採用下拉式選單方式可增加學習興趣與效果，但對於進階複雜結構的有限元素分析採用下拉式選單方式並不會對使用者有所幫助，反而造成使用者的困難，無法提升在該軟體對不同領域分析的應用，故筆者建議使用者一開始就學習直接指令輸入的方式較佳，其原因如下：

1. 利用GUI時，當找到指令後，仍須輸入參數，故不如直接下指令。例如定義一個位於卡式座標(3, 4, 5)的第六號節點，可在輸入視窗直接輸入指令N,6,3,4,5，但使用GUI時由Main Menu > Preprocessor > Modeling > Create > nodes > In Active CS路徑進入後，產生建立節點視窗如圖2-2.7，且依然要輸入其相關參數值。事實上，圖2-2.7中七個空白位置即爲 N 指令後的七個參數，因此當要下達一個指令時不管用何種方法，還是要了解該指令所具有的參數爲何。

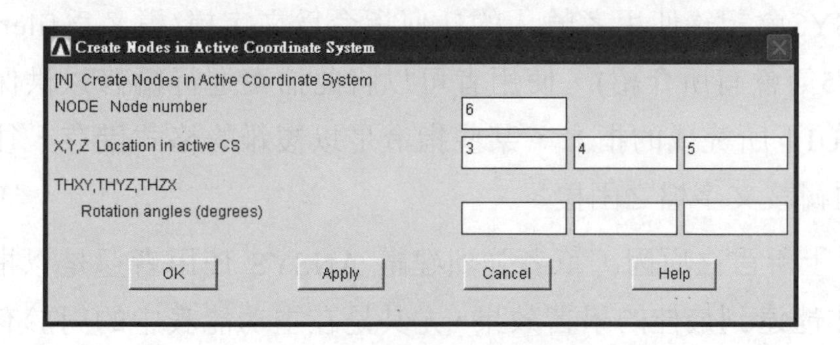

圖 2-2.7　建立節點之視窗

2. ANSYS指令雖然很多，但常用的並不多，且指令大多截取其英文字首之意，例如CSYS表示座標系統(Coordinate SYStem)、N表示建立一個節點(Node)、F表示施加一個外力(Force)、L表示建立一條線段(Line)、A表示建立一塊面積(Area)等，久而久之便能熟悉。

3. 指令的熟悉並不是要將指令所有的參數全部熟記，而是要知道指令的主要用途，詳細指令後參數的用法可隨時利用線上輔助(on-line help)來查尋詳細用法，例如在輸入視窗輸入help,N，按Enter鍵，將可看到N指令詳細使用說明。
4. 我們可利用任何文書編輯軟體(例如window作業系統中的小作家或Notepad)，將分析問題的指令編輯完成後，可保存該資料、直接在交談模式下或非交談模式執行該檔案，但進行分析問題指令編輯時，必須熟悉指令才可完成(第3-8節會有所介紹)，這也是保留某分析結果最基本方法，再者爲了配合不同版本的一致性，程式撰寫必須參數化，爲有熟悉指令方能達到此目的。
5. 當欲分析的結構較複雜或欲進行參數化模型建立時，完全利用 GUI 系統下達指令，有時根本無法完成其工作，須配合採用直接指令輸入方式進行，故使用者對指令一定要有某種程度的了解，才能正確編輯其指令程式。
6. ANSYS會記錄使用者輸入的任何指令爲文字檔(檔名爲filename.log，第2-5節會有所介紹)，使用者可以將此檔案進行編修以供保存參考，在GUI下所完成的指令，某些指令是以複雜的格式儲存，往往造成不易編輯該文字檔之困擾。

總觀以上所言之原因，筆者強烈建議 ANSYS 使用者還是以指令直接輸入的方式才能達到最佳的學習效果，尤其是在主功能表中的對於有限元素模型建立的各項指令。至於實用功能表之指令，大部分在於圖形的控制、物件選擇、物件資料列示，建立物件參考面的設定，以輔助有限元素模型的建立，此外尚有各種檔案的儲存控制，使用 GUI 會有很大的方便性。本書爲了配合初學者需求，對於 GUI 指令輸入法也給予適當介紹。

➔ 2-3　有限元素法的基本架構

有限元素法是將我們所探討的工程系統(engineering system)轉化成一個有限元素系統(finite element system)，該有限元素系統由節點(node)及元素(element)所組合而成，以取代原有的工程系統。節點爲結構中的一個點座標，由使用者依結構外型自行規劃其位置，元素爲節點與節點依元素特性相接而成，亦即原結構由許多元素連接而成。有限元素系統可以轉化成一個數學模式，並藉由該數學模式進而得到該有限元素系統的解答，並透過節點、元素表現出來。完整有限元素模型除了節點、元素外，尚包含工程系統本身所具有的邊界條件，包含限制條件、外力的負載、慣性力等。

【範例 2-1】

簡支樑、求剪力、彎力距、變形。圖(a)爲我們所探討之工程系統，圖(b)爲轉化後之有限元素模型系統，其中含 6 個節點、5 個樑元素、外力負載及限制條件爲：

(1) 第二點受外力負載F_2。

(2) 第三點受外力負載F_1。

(3) 第一點和第四點不產生任何變形(限制條件)。

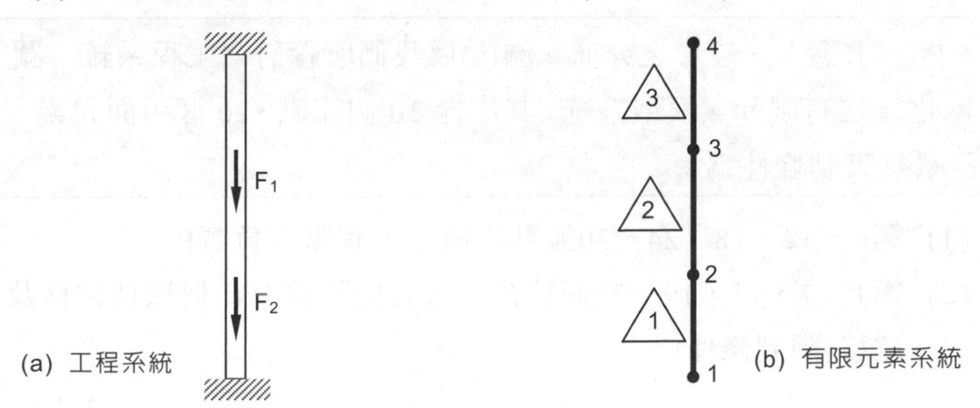

固定端桿件之受力

【範例 2-2】

固定端桿件受到 F_1 及 F_2 之力，求固定端之作用力。(a)圖為我們所探討之工程系統，(b)圖為轉化後之有限元素模型系統，其中包含 4 個節點、3 個桿元素、外力負載及限制條件為：

(1) 第二點上受外力負載F。
(2) 第三、四、五元素上受壓力負載。
(3) 第一點在x、y方向不會有任何位移(限制條件)。
(4) 第六點在y方向不會有任何位移(限制條件)。

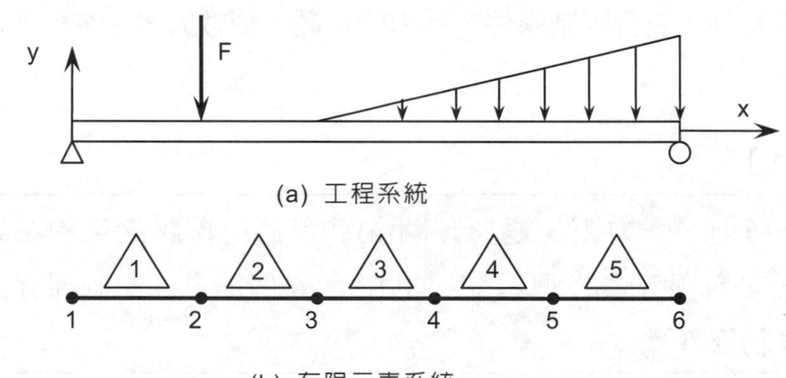

(a) 工程系統

(b) 有限元素系統

樑結構之受力

【範例 2-3】

有一平板、求應力、變形之分佈。圖(a)為我們所探討之工程系統，圖(b)為轉化後之有限元素模型系統，其中含 30 個節點、20 個平面元素、外力負載及束制條件為：

(1) 第6、12、18、24、30節點之邊上，有壓力負載P。
(2) 第1、7、13，19、25節點在x、y方向不會有任何線性位移及旋轉位移(限制條件)。

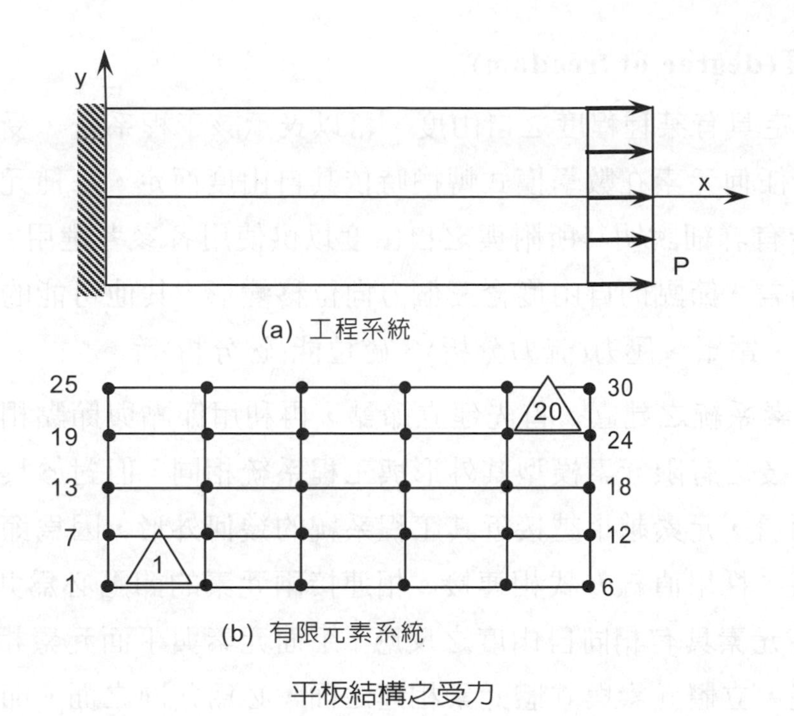

平板結構之受力

有限元素系統基本要件：

一、節點(node)

爲我們所考慮工程系統中的一個點座標位置，構成有限元素系統之最基本物件，故使用者必須以結構外形自行規劃節點的位置。節點必定具有其物理意義之自由度，該自由度爲結構系統受到外力後，系統之反應。自由度依不同領域需求與應用而異，可爲位移、溫度、壓力、電壓等，依不同型態問題而定，節點上爲施加集中力之所在，例如力、力距、熱流、溫度等。

二、元素(element)

元素是節點與節點所連接而成，元素之組合由各節點相互連結，並構成結構數學模式之勁度矩陣。不同特性之工程系統，可選用不同種類之元素，ANSYS 提供二百八十多種元素，故在使用時必須慎選元素型號，並了解元素特性，方能運用自如。

三、自由度(degree of freedom)

節點一定具有某種程度之自由度，藉以表示該工程系統，受到外力後之反應結果，任何元素在數學模式轉換時依其自由度而定，每種元素之節點在元素表中皆有詳細說明其所附與之自由度以供使用者參考選用。以三度空間結構力學而言，節點的自由度含三個方向位移變形，其他可能的自由度如溫度(熱分析)、電壓、壓力(流力分析)、磁位能(磁分析)等。

有限元素系統之建立，首先建立節點，再利用節點與節點相連接組合成元素，完成後之有限元素模型其外形與工程系統相同，但對於具有曲線或曲面之結構而言，元素越小越接近其工程系統的幾何外形，因爲節點與節點相接成元素時，採用直線方式相連接。相連接兩元素的節點必爲共同之節點，分別屬於各元素具有相同自由度之反應，平面元素與平面元素相連之邊，必爲共同之邊，立體元素與立體元素相連之面，必爲共同之面。節點與節點相接成元素時其關鍵在於節點順序，對於任何一個實體結構，只要能將元素連接與結構外型相同即可，不在於元素要多少個，但相對於結構而言，元素尺寸不可太大。以 2-D 平面結構爲例，元素可爲三角形、四邊形，以 3-D 立體結構爲例，元素可爲六面體、三角柱、三角錐，不一定要很整齊的排列。

【範例 2-4】

考慮 1-D 線元素，圖(a)爲樑結構工程系統，欲轉換爲有限元素系統。圖(b)爲正確之有限元素系統，第 1、2 節點構成元素一、第 2、3 節點構成元素二、第 3、4 節點構成元素三，第 2 節點爲元素一、二共用，第 3 節點爲元素二、三共用，元素一第 2 節點之自由度必須與元素二第 2 節點之自由度相同，通常元素一、二爲相同元素則自由度必定相同，如果元素一、二爲不相同元素則自由度可能不相同，因此在選擇元素時必須注意。圖(c)之誤在於 2、3 節點和 4、5 節點未共用，第 2、3 節點和第 4、5 節點爲同位置節點，故元素無法相接。圖(d)中之第 1、3 節點構成元素一，第 2、4 節點構成元素二，僅視覺效果如同正確之有限元素系統，實際上兩元素並未相接。

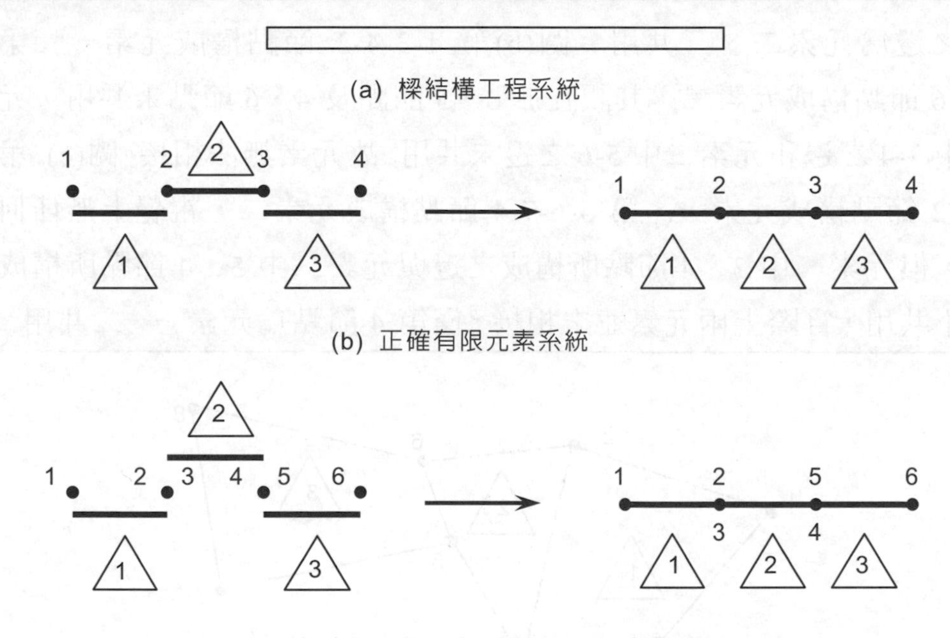

(a) 樑結構工程系統

(b) 正確有限元素系統

(c) 同座標節點之錯誤有限元素系統

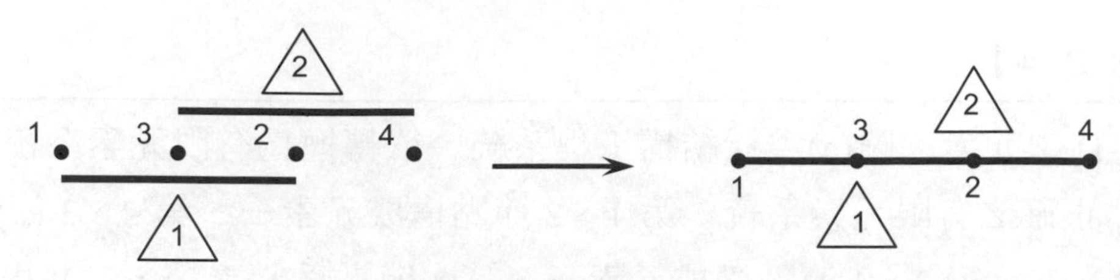

(d) 視覺錯誤之有限元素系統

1-D 正確有限元素系統示意圖

【範例 2-5】

考慮 2-D 平面元素，圖(a)為正確之有限元素系統，第 1-2-3-4 節點構成元素一、第 2-6-5-3 節點構成元素二、第 6-8-7-5 節點構成元素三，第 2、3 節點及其所連成之邊為元素一、二共用，第 6、5 節點及其所連成之邊為元素二、三共用。圖(b)第 1-3-4-2 節點構成元素一、第 5-7-8-6 節點構成元素二，其誤在於 3、5 節點及 4、6 節點未共用，元素一中 3-4 之邊和元素二中 5-6 之邊未共用，故元素無法相接。圖(c) 第 1-3-4-2 節點構成元素一、第 5-6-7-4 節點構成元素二，視覺上無任何缺失，但元素一中 3、4 節點所構成之邊與元素二中 5、4 節點所構成之邊不共用，實際上兩元素並未相接，僅第 4 節點為元素一、二共用。

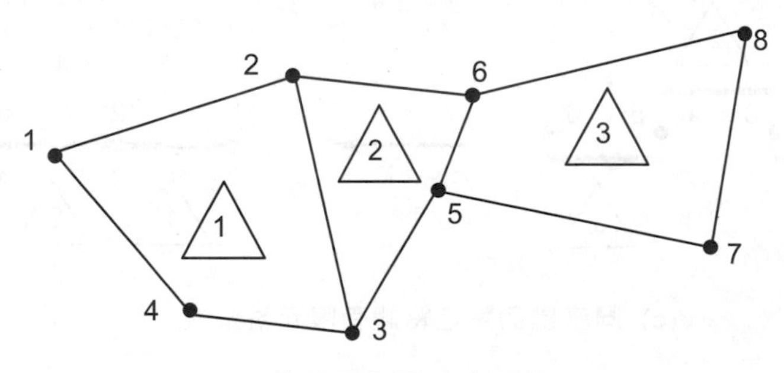

(a) 正確平面有限元素系統

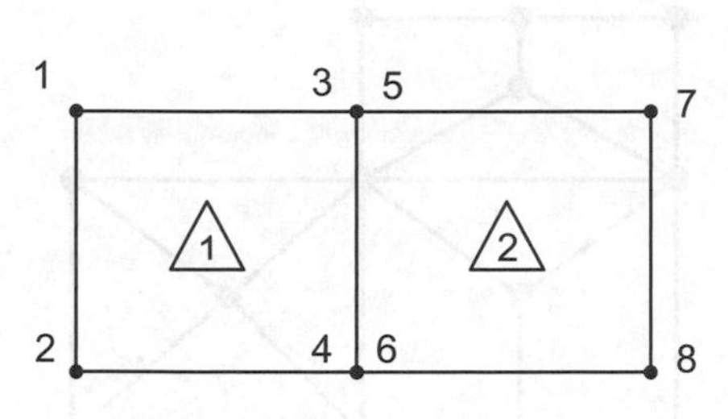

(b) 同座標節點之錯誤有限元素系統

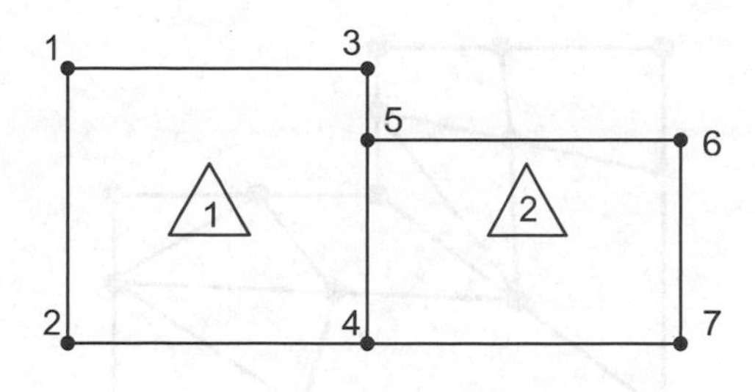

(c) 非共邊之錯誤有限元素系統

2-D　正確有限元素系統示意圖

【範例 2-6】

考慮下列有限元素系統，圖(a)為全部四邊形元素所構成。圖(b)為全部三邊形元素所構成。圖(c)、(d)為四邊形與三邊形元素所構成，由以上可知，只要有限元素系統外形與結構相同，節點與元素安排可任意，換言之有限元素系統的建立有許多方式，依使用者自行決定。圖(e)中可知元素一為第 4-6-8-7 節點構成，該元素 4-6 之邊與第二元素 4-5 之邊和第三元素 5-6 之邊無法共同結合。圖(f)中可知元素四為第 2-4-6 節點構成，該元素 4-6 之邊與第六元素 4-5 之邊和第五元素 5-6 之邊無法共同結合，以上兩者為最常犯的錯誤。

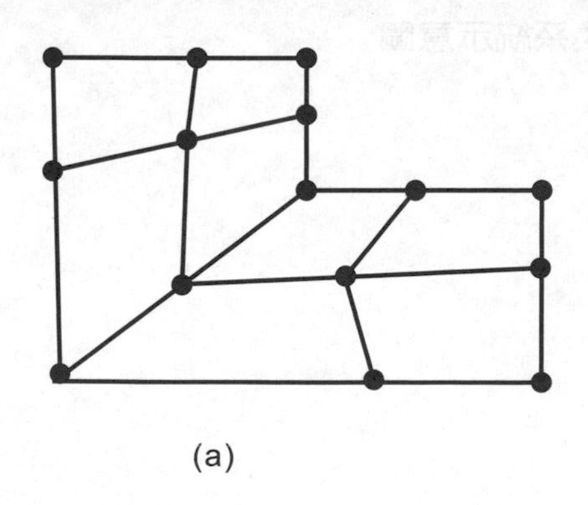
(a)

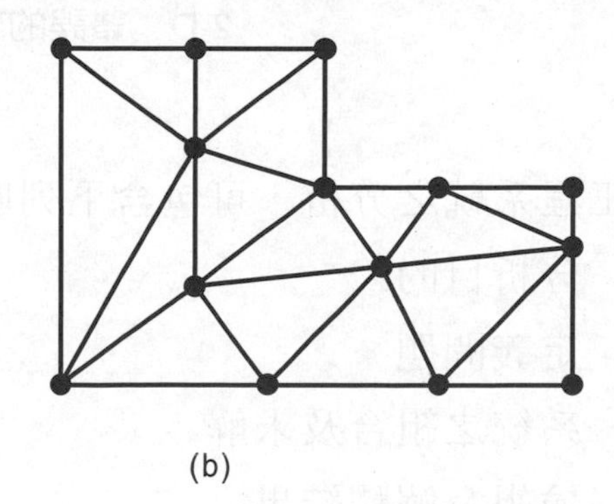
(b)

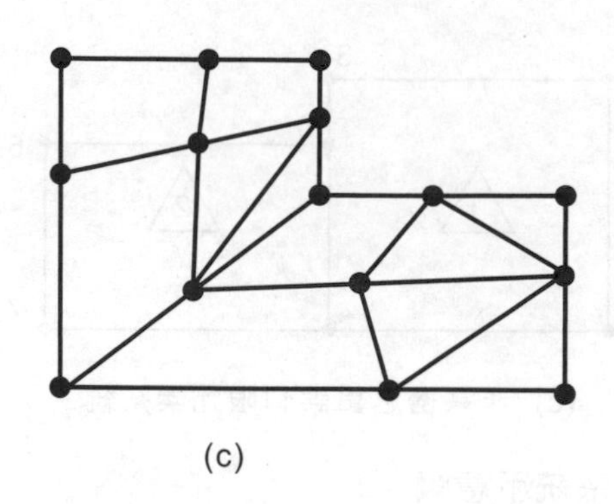

(c)

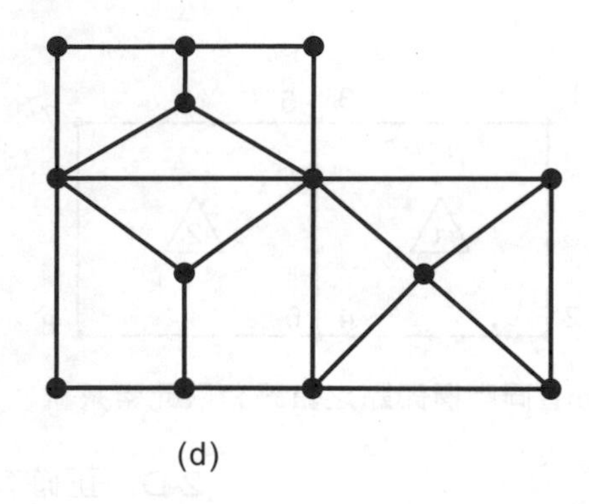

(d)

2-D 有限元素系統元素形狀示意圖

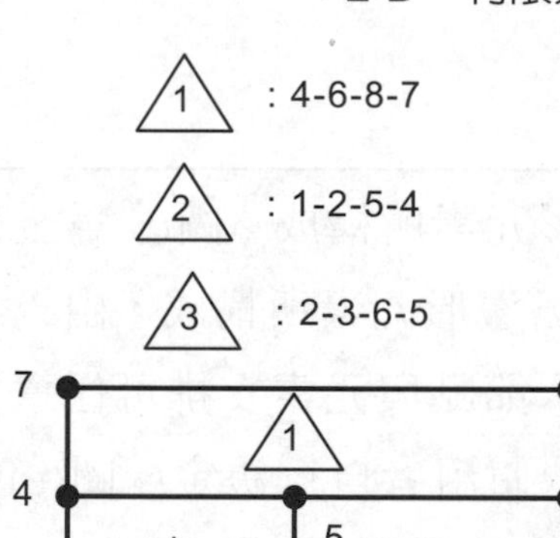

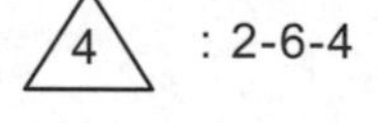

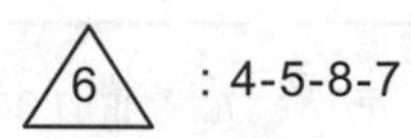

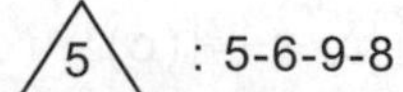

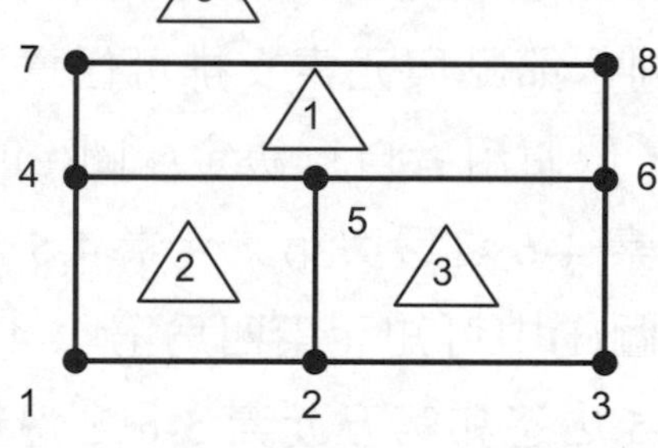

(e) 錯誤之有限元素系統

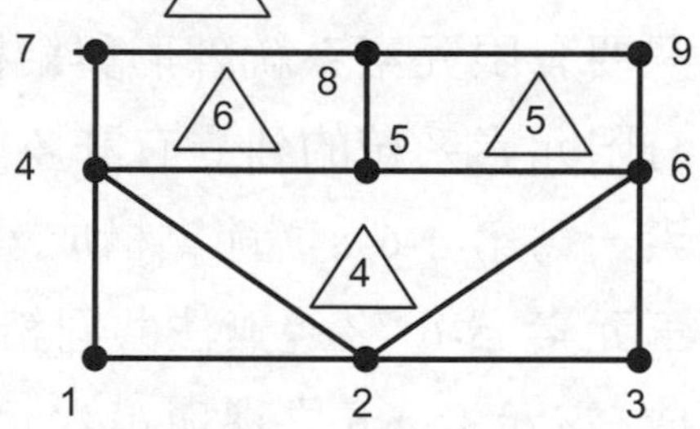

(f) 錯誤之有限元素系統

2-D 錯誤的有限元素系統示意圖

工程系統之分析，可包含下列四項：

1. 分析目的
2. 定義問題
3. 系統之組合及求解
4. 檢視及解釋結果

不論有限元素法或理論分析解，上述之項目皆爲必要，唯一不同的是如何去執行，對於簡單結構系統，由於具有理論分析解，故不需使用有限元素法，即可完成分析工作，但對於複雜結構系統，無理論分析解時，有限元素法將是最佳的利器。

【範例 2-7】

考慮懸臂樑如圖所示，求 x=L 之變形量。

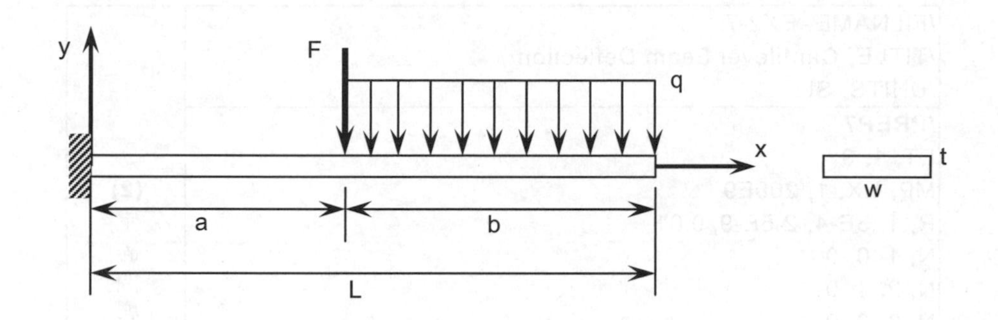

(1) 分析目的

利用樑的理論，求x=L之變形量

(2) 定義問題(理論分析解)

材料楊氏係數　E=200×109 N/m^2

截面參數　t=0.01 m

w=0.03 m

A=3×10^{-4} m

I=2.5×10^{-9} m

幾何參數　L=4 m

a=2 m

b=2 m

邊界及外力　y(0)=0, y′(0)＝0

F=2 N　在x=a

q=0.05 N/m 在 a≦x≦L

(3) 系統之組合及求解

$$y(L) = \frac{Fa^3(3L-a)}{6EI} + \frac{q(3L^4 - 4a^3L + a^4)}{24EI}$$

(4) 檢視結果

$$y(L)=0.04444+0.002733 \fallingdotseq 0.07177 \text{ m}$$

如果以 **ANSYS** 有限元素法，則上例之執行命令如下：

/FILNAME, EX2-7 /TITLE, Cantilever Beam Deflection /UNITS, SI	
/PREP7 ET, 1, 3 MP, EX, 1, 200E9 R, 1, 3E-4, 2.5E-9, 0.01 N, 1, 0, 0 N, 2, 1, 0 N, 3, 2, 0 N, 4, 3, 0 N, 5, 4, 0 E, 1, 2 E, 2, 3 E, 3, 4 E, 4, 5 FINISH	**(2)** 定義問題
/SOLU D, 1, ALL, 0 F, 3, FY, -2 SFBEAM, 3, 1, PRES, 0.05 SFBEAM, 4, 1, PRES, 0.05 SOLVE FINISH	**(3)** 求解
/POST1 SET, 1, 1 PRDISP PLDISP FINISH	**(4)** 檢視結果

以上為 ANSYS 有限元素分析所輸入的指令，但是我們已知道四個步驟流程在理論分析解與有限元素法皆相同，僅處理方式不同。

➔ 2-4 ANSYS 架構及指令說明

進入 ANSYS 後，整個 ANSYS 之架構分為兩個階層(level)，起始階層(begin level)與處理器階層(processor level)。

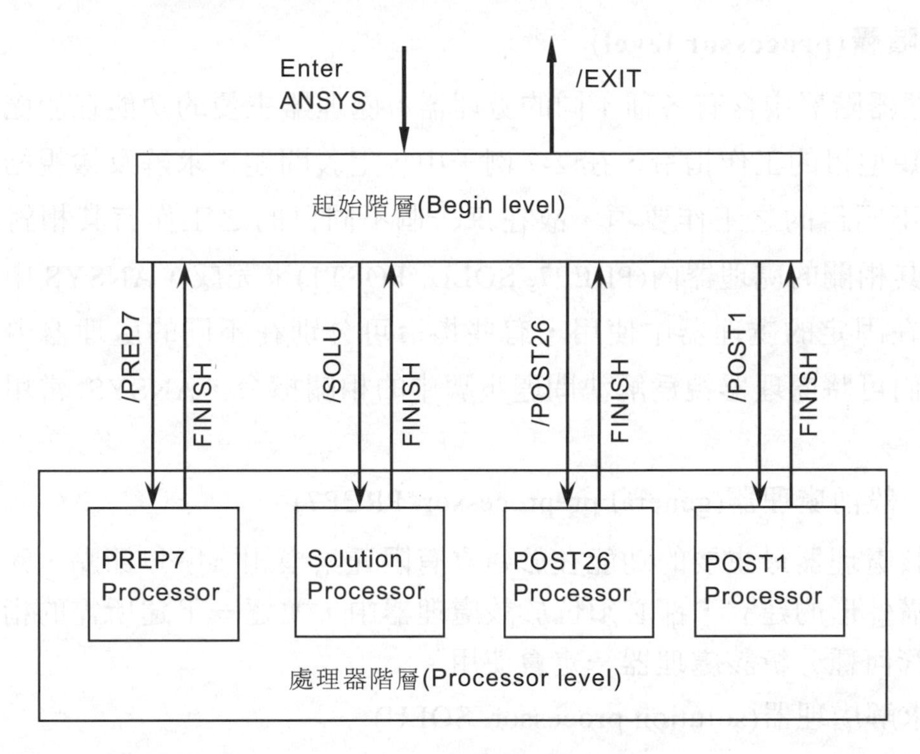

圖 2-4.1 處理器間之轉換

起始階層(begin level)

當進入 ANSYS 後，所在的位置是起始階層，如圖 2-4.1 所示，使用者可在主視窗最下端左邊看到目前所在的位置，如圖 2-2.3 中之(begin)。起始階層的功能：

1. 完全退出ANSYS。
2. 進入各種不同處理器階層。
3. 清除目前工作的所有資料，重新開始另一個工作。
4. 改變工作檔案名稱，但原有之工作資料仍存在。

在 GUI 環境下，上述之功能已不限制於僅在起始階層才可完成，例如我們可在任意處理器退出 ANSYS，也可以在任何處理器儲存檔案、改變工作檔案名稱。但在編輯指令時仍需保持其傳統指令流程之規定，則在非交談模式執行分析時較不易出錯，本書仍保持其傳統方式說明。

處理器階層(processor level)

處理器階層中含有各種不同的處理器。處理器主要的功能在於處理及接受相關類型目的工作指令，在 2-7 例子中，定義問題、求解及檢視結果可視為三個不同目的之工作要項，故在每一個不同目的之工作有其相對應的指令，在其相關的處理器內(PREP7, SOLU, POST1)來完成，ANSYS 中有些指令僅能在固定的處理器中使用，有些指令可分別在不同的處理器中皆可使用。我們可將處理器視為解決問題步驟中的相關指令，ANSYS 常用的處理器有：

1. 一般前處理器(general preprocessor, PREP7)

   該處理器最主要的功能在於建立有限元素模組，所以節點、元素或結構外形的建立，都必須位於該處理器中，並逐一下達所需的指令，不管何種分析該處理器一定會使用。

2. 求解處理器(solution processor, SOLU)

   求解處理器主要用於定義結構分析之型態(靜態結構力學、暫態結構力學、振動學、暫態熱傳學、結構挫屈力學等)、外力負載、邊界束制條件、求解過程之規範及求解動作，不管何種分析該處理器一定會使用。

3. 一般後處理器(general postprocessor, POST1)

   用於靜態結構分析、模態分析，挫屈分析後，檢視分析結果，一般而言，可檢視及列示不同方向應力、應變、結構變形狀態以圖示或表列方式呈現之。

4. 最佳化處理器(optimization processor, OPT)

   處理結構最佳化問題，定義目標函數，限制函數。

5. 時域後處理器(time domain postprocessor, POST26)

   時域後處理器用於暫態結構分析後，檢視結構暫態反應與時間有關之時域結果。例如，結構受變異性(隨時間而變)之外力時，結構某點位移與時間之關係，位移亦可積分獲知其速度及加速度。

靜態結構分析時會使用到的處理器有 PREP7、SOLU，然而不管何種分析一定要建立其有限元素模型求解，所以絕對會使用到一般前處理器與求解處理器，至於檢視結果則視靜態分析或動態分析而定。由 begin level 進入處理器，直接在指令輸入處，輸入左斜符號加處理器的名稱，如/PREP7、/SOLU、/POST1，處理器之間的轉換藉由 FINISH 指令先行回至 begin level，在進入想要的處理器位置，如圖 2-4.1。

由以上初步介紹可知，當進入 ANSYS 後，即將面對如何下達 ANSYS 的指令來完成所需的工作。ANSYS 的指令相當多，要完全熟記決不可能，但我們必須了解 ANSYS 具有的功能爲何及其達到該功能的指令爲何，進而了解該指令詳細用法，因此有必要對 ANSYS 進行概括性了解，可藉由 ANSYS 中 Utility Menu 的 Help 找尋相關資料。如前所言，不管用指令直接輸入法或下拉式選單方式，最重要者在於使用者於分析過程中：(1)下一步要作何動作；(2)該動作相對應指令爲何。茲將 ANSYS 指令作一個通盤性介紹如下：

1. ANSYS指令可分指令不具有參數及指令具有參數兩種型態，如例題2-7中“/PREP7”、“FINISH”、“PRDISP”爲指令不具有參數，“ET, 1, 3”、“N, 1, 0, 0”、“F, 3, FY, -2”爲指令具有參數。
2. 指令直接輸入時，不管是哪一種型態，使用者在輸入視窗中指令輸入處輸入後，按Enter鍵即爲ANSYS所接受，不受大小寫限制，每一個參數用“逗號”相隔，參數與前逗號之間通常可留數個空格以利檢視指令。下拉式選單方式指令不具有參數時，利用點選滑鼠左鍵，透過其指令路徑，最後用滑鼠左鍵點選其指令；指令具有參數時，利用點選滑鼠左鍵，透過其指令路徑，最後會有對話視窗出現，以利參數輸入，如圖2-2.7。

3. 本書對於所有指令爲配合直接輸入法，介紹必要的參數說明外，亦給予下拉式選單路徑以供參考，以配合喜好下拉式選單之使用者，指令最後所介紹的Menu Paths表示在 GUI 環境中下拉式選單路徑。
4. 所有指令皆可由輸入視窗中輸入HELP, 指令名稱，檢視該指令詳細用法，例如在輸入視窗中指令輸入處輸入HELP, /PREP7(按Enter鍵)，則可見/PREP7指令之說明；在輸入視窗中指令輸入處輸入HELP, N(按Enter鍵)，則可見N指令之說明。
5. 本書所列之指令的輸入參數格式爲ANSYS提供最完整之格式，但僅介紹常用的參數部分，對初學者而言，本書所介紹的輸入參數格式部分說明足以應付，待有基礎或心得後再去看其最完整之輸入參數格式，更能體會其用意，目前過多的輸入參數格式介紹並不會提高初學者的興趣。
6. ANSYS指令的參數雖然很多，有些情況參數可忽略或參數位置不輸入任何值(僅保留其位置)，例如使用不到的參數、系統自訂之參數、參數值爲零時。

   例如：

   (1) N, 6, 3, 4, 5 定義第六節點座標位於(x=3, y=4, z=5)，實際上該指令具有七個參數，後三個參數使用不到可忽略。
   (2) N, 7, 3, 0, 0 定義第七節點座標位於(x=3, y=0, z=0)，可改爲N, 7, 3，後五個參數可忽略。
   (3) D, 1, ALL, 0, 0 定義第一節點所有自由度限制爲零，實際上該指令具有十一個參數，可改爲D, 1, ALL，後面所有參數可忽略。
   (4) N, 8, 0, 4, 0 定義第八節點座標位於(x=0, y=4, z=0)，可改爲N, 8, 4，後面所有參數可忽略，第二個參數爲零需保留其位置。

7. ANSYS指令的參數有的爲數字，有的爲文字。
   例如：
   (1) D, 1, ALL, 0, 0第一、三、四個參數爲數字，第二個參數爲文字。

指令介紹

/PREP7

由 begin level 進入一般前置處理器(general PREProcessor)，以便建立有限元素模型所需之物件、節點、元素及其相關之指令。

Menu Paths: Main Menu > Preprocessor

FINISH

離開與結束(FINISH)任何處理器之工作回到 begin level，使用時機爲不同處理器間之轉換。

Menu Paths : Main Menu > Finish

/SOLU

由 begin level 進入求解處理器(**SOLU**tion Processor)，以便定義結構有限元素模型之負載(某些指令亦可在/PREP7 中定義)及求解。

Menu Paths : Main Menu > Solution

/POST1

由 begin level 進入一般後處理器(general **POST**processor)，以便檢視分析結果。

Menu Paths : Main Menu > General Postproc

/EXIT, *Slab, Fname, Ext, Dir*

由 begin level 離開(**EXIT**)ANSYS 系統時，工作檔案儲存方式(*Slab*)，及

工作檔案儲存的名稱(主檔名=*Fname*，副檔名= *Ext*)及位置(*Dir*)。

Slab= MODEL 儲存實體模型，有限元素模型，負載之資料(系統自定)。

= SOLU 除上述之外，加上解題之結果。

= ALL 除上述之外，另加上在後處理器對解答之處理結果。

= NOSAVE 所有更改資料不儲存。

Menu Paths : Utility menu > File > Exit...

ToolBar : Quit

在 GUI 的環境下，可省略 FINISH 的指令，直接下達處理器的名稱進行切換，甚至可以不在 begin level 階層，利用下拉式指令方法，便可離開 ANSYS，但還是希望使用者養成習慣，建立應有的觀念，以致於在建立大型模組非交談模式分析時不會出錯。本書所有的例題中，皆附直接指令輸入法及必要的下拉式指令法兩種方式。直接指令輸入法將每一行指令在輸入視窗中指令輸入處輸入後，按 Enter 鍵即可。下拉式指令法利用滑鼠找尋指令後，並點選左鍵，有進一步參數輸入視窗出現，鍵入相關資料後，點選 OK 即可如圖 2-2.7，詳細方法在各個例子中會進一步介紹。

【範例 2-8】

直接指令輸入法，練習各處理器之間的轉換、進入與退出 ANSYS 系統，進入 ANSYS 後，將輸入視窗拉寬，以便檢視每個指令執行後之狀況。

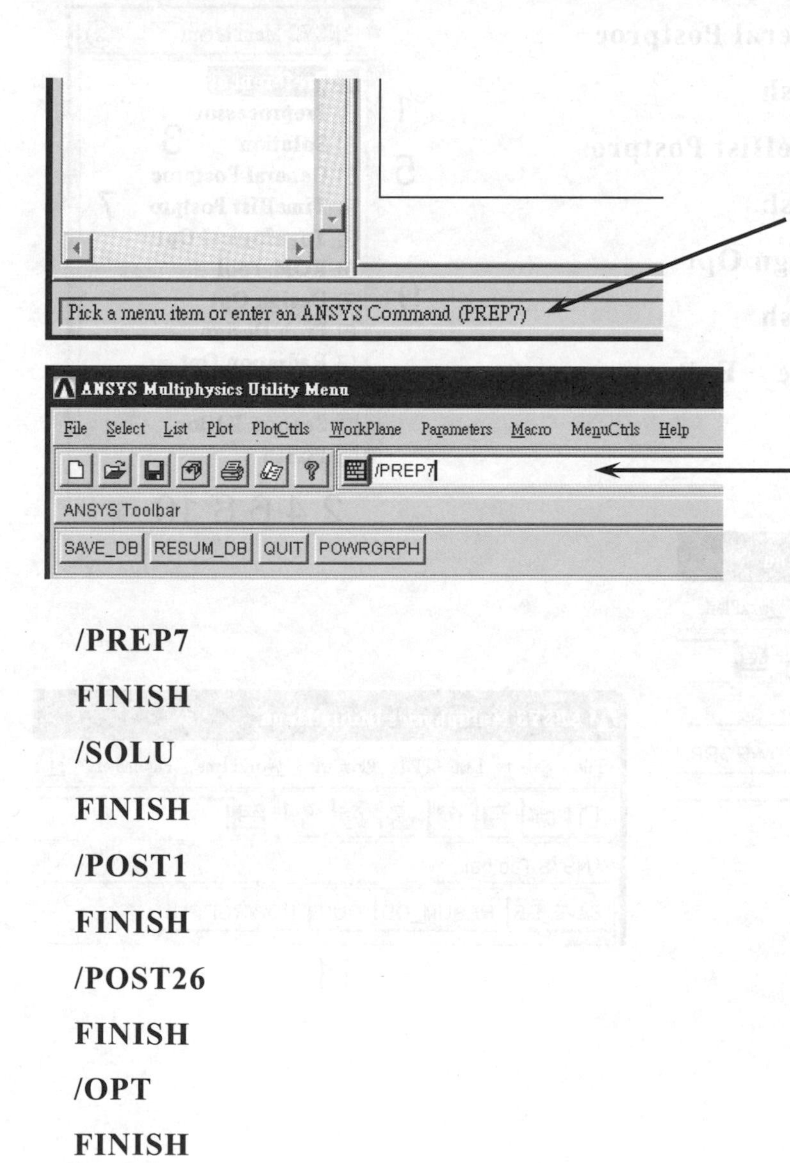

/PREP7

FINISH

/SOLU

FINISH

/POST1

FINISH

/POST26

FINISH

/OPT

FINISH

/EXIT

【範例 2-8 下拉式指令法】

1. Main Menu > **Preprocessor**
2. Main Menu > **Finish**
3. Main Menu > **Solution**
4. Main Menu > **Finish**
5. Main Menu > **General Postproc**
6. Main Menu > **Finish**
7. Main Menu > **TimeHist Postpro**
8. Main Menu > **Finish**
9. Main Menu > **Design Opt**
10. Main Menu > **Finish**
11. Utility Menu > **File** > **Exit**

    或ToolBar : **Quit**

ANSYS Main Menu
Preferences
1 Preprocessor
Solution 3
5 General Postproc
TimeHist Postpro 7
Topological Opt
ROM Tool
9 Design Opt
Prob Design
Radiation Opt
Run-Time Stats
Session Editor
Finish
2 4 6 8 10

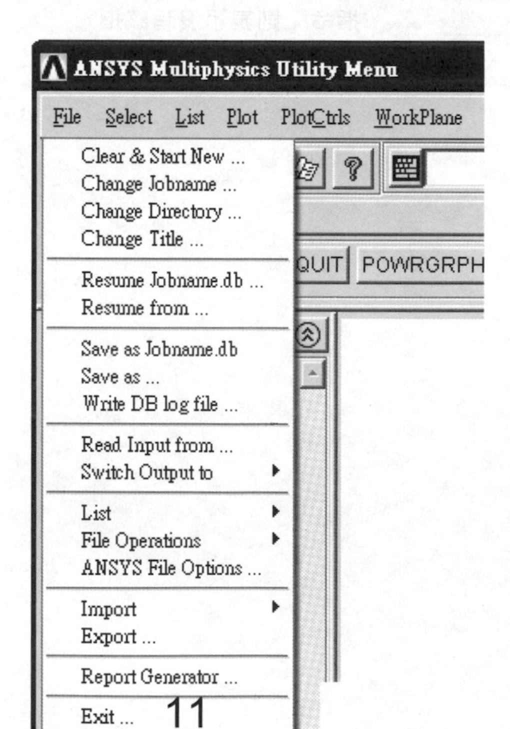

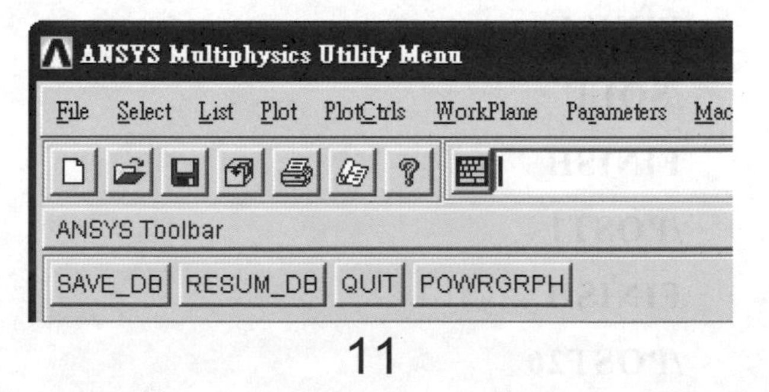

➔ 2-5 ANSYS 檔名及檔案

爲了保留所建立的一切資料。檔案名稱的給予可由下列方式：

1. 檔案名稱取其系統自訂(jobname=file)，參考圖2-2.2，由ANSYS Product Launcher視窗，進入ANSYS時，在環境視窗中不更改Initial jobname。
2. 由ANSYS Product Launcher視窗，進入ANSYS 時，在環境視窗中更改Initial jobname。
3. 進入ANSYS後，在begin level下達指令更改工作檔案的名稱。

建議最好採用第二種方式，亦即進入系統前先行給予工作檔案名稱，因爲第三種方式，會影響到兩個重要檔案 jobname.log 及 jobname.err(後面會介紹)的名稱。

指令介紹

/FILNAME, *Fname*, *Key*

更改原工作檔案名稱(**FILNAME**)爲另一新的工作檔案，該指令僅能在起始階層下達。更改後所有資料庫(database)將轉換至新的工作檔案名稱，*Key* 參數將決定 jobname.log 檔及 jobname.err 檔是否保留原工作檔案名稱。如果採用第二種方式進入 ANSYS，則該指令通常用不到。

Fname = 工作檔案名稱，不需副檔名(系統自訂爲 db)。

Key = 0 jobname.log 與 jobname.err 檔案，繼續保留原檔案名稱。

= 1 jobname.log 與 jobname.err 檔案，以新給予的名稱命名，原 jobname.log 與 jobname.err 檔案，不會消除。

Menu Paths : Utility Menu > File > Change Jobname...

【範例 2-9】

直接指令輸入法，練習各處理器之間的轉換、進入與退出 ANSYS 系統，進入 ANSYS 後，將輸入視窗拉寬，以便檢視每個指令執行後之狀況。

1. 進入ANSYS時，使用系統自訂檔案名稱(Initial jobname = file)，不做任何動作，用/EXIT指令，離開ANSYS，檢視工作目錄，將發現file.db, file.err, file.log三個檔案。

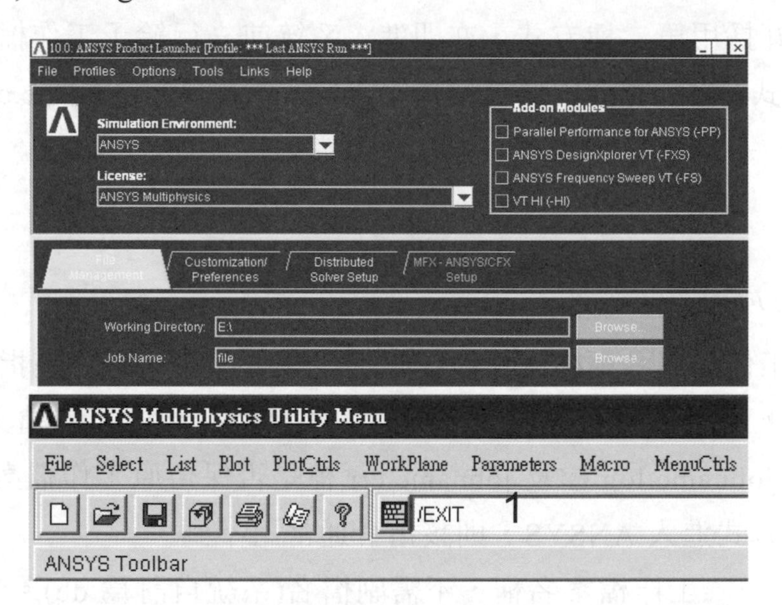

2. (進入前先更清除工作目錄中所有檔案)進入ANSYS時，更改Initial jobname爲TEST，不做任何動作，離開ANSYS，檢視工作目錄，將發現TEST.db, TEST.err, TEST.log三個檔案。

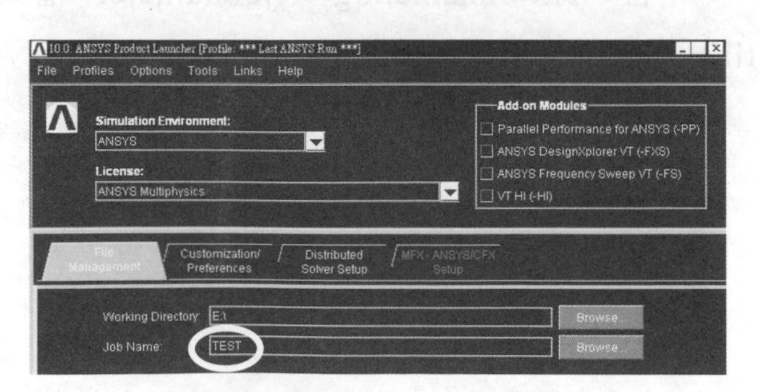

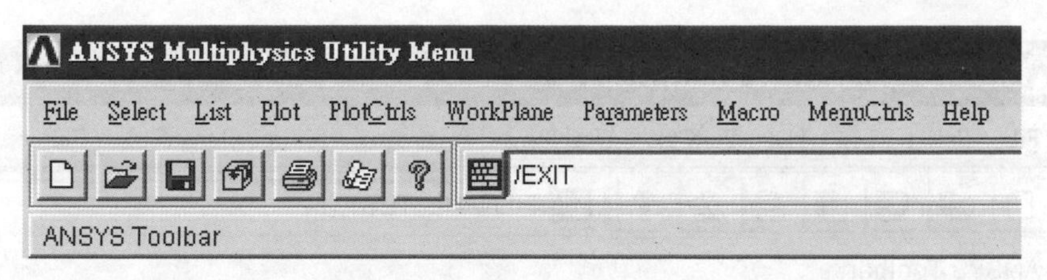

3. (進入前先更清除工作目錄中所有檔案)進入ANSYS時，採用系統自訂檔案名稱(Initial jobname = file)，進入ANSYS後，更改工作檔名為TEST，不做任何動作，離開ANSYS，檢視工作目錄，將發現TEST.db, file.err, file.log三個檔案，這是因為進入ANSYS時file.err及file.log檔案馬上建立，故用file為檔案名稱。離開ANSYS時所儲存之資料用更改後TEST為檔案名稱。

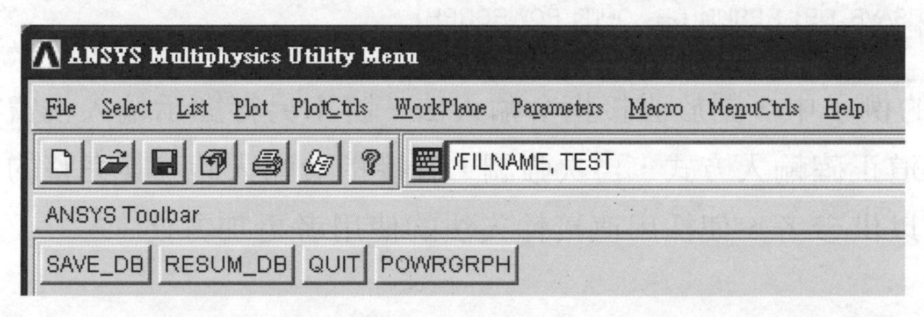

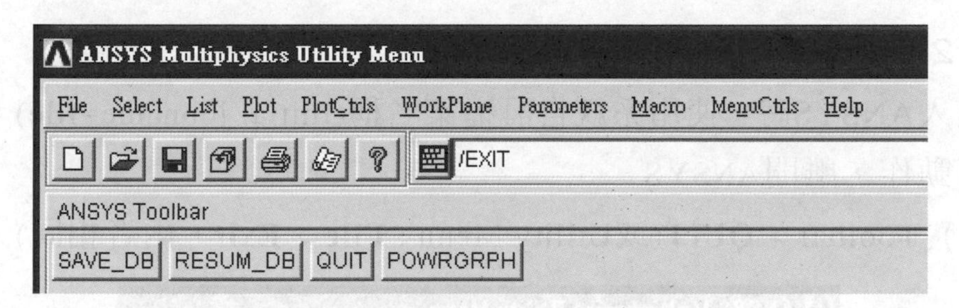

4. 進入ANSYS時，不更改系統自訂檔案名稱(Initial jobname = file)，進入ANSYS後，更改工作檔名為TEST，同時也更改 file.err, file.log 檔案名稱，不做任何動作，離開ANSYS，檢視工作目錄，將發現TEST.log,TEST.err, TEST.db, file.err, file.log五個檔案，這是因為進入ANSYS時file.err及file.log檔案馬上建立，故用file為檔案名稱。離開ANSY時所儲存之資料用更改後TEST為檔案名稱。

ANSYS Multiphysics Utility Menu
File Select List Plot PlotCtrls WorkPlane Parameters Macro MenuCtrls Help
/FILNAME, TEST, 1
ANSYS Toolbar
SAVE_DB RESUM_DB QUIT POWRGRPH

ANSYS Multiphysics Utility Menu
File Select List Plot PlotCtrls WorkPlane Parameters Macro MenuCtrls Help
/EXIT
ANSYS Toolbar
SAVE_DB RESUM_DB QUIT POWRGRPH

以後的例子中，對於直接指令輸入法，將不另行顯示輸入視窗說明，讀者應該知道正確輸入方式，再次強調，直接指令輸入時，其完整的指令將會同時顯現以供參考，使採用直接輸入法的使用者更加方便。

【範例 2-9 下拉式指令法】

1. 進入ANSYS時，使用系統自訂檔案名稱(Initial jobname=file)，不做任何動作，離開ANSYS

   (1) Toolbar > **QUIT**(或Utility Menu : **File** > **Exit**，兩者相同)

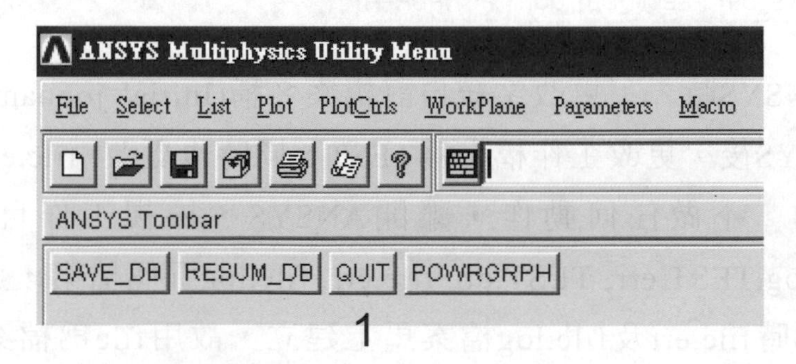

檢視工作目錄，將發現 file.db, file.err, file.log 三個檔案。

2. 進入ANSYS時，更改Initial jobname爲TEST，不做任何動作，離開ANSYS
   (1) Toolbar > **QUIT**(同上)
   (2) 檢視工作目錄，將發現TEST.db, TEST.err, TEST.log三個檔案。
3. 進入ANSYS時，採用系統自訂檔案名稱(Initial jobname = file)，進入ANSYS後
   (1) Utility Menu > **File** > **Change Jobname**
   (2) 更改工作檔名爲TEST
   (3) 不點選No
   (4) OK

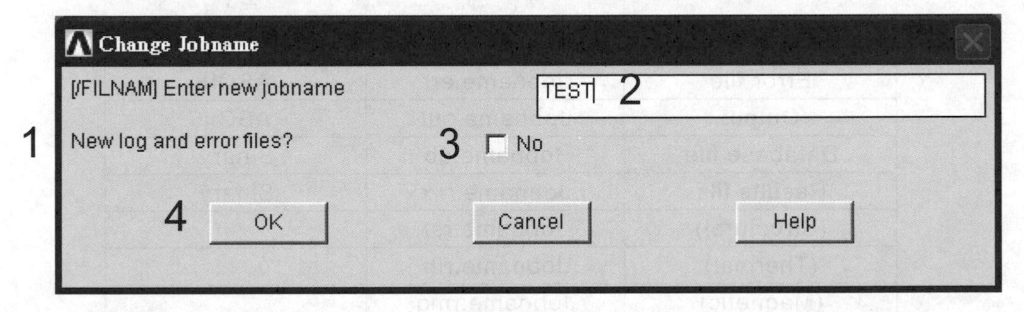

不做任何動作，離開 ANSYS，檢視工作目錄，將發現 TEST.db, file.err, file.log 三個檔案。

4. 進入ANSYS時，採用系統自訂檔案名稱(Initial jobname = file)，進入ANSYS後
   (1) Utility Menu > **File** > **Change Jobname**
   (2) 更改工作檔名爲TEST
   (3) 點選 No(變爲Yes)
   (4) OK

檢視工作目錄，將發現 TEST.db, file.err, file.log 三個檔案，這是因爲進入 ANSYS 時 file.err 及 file.log 檔案馬上建立，故用 file 爲檔案名稱。離開 ANSYS 時所儲存之資料用更改後 TEST 爲檔案名稱。

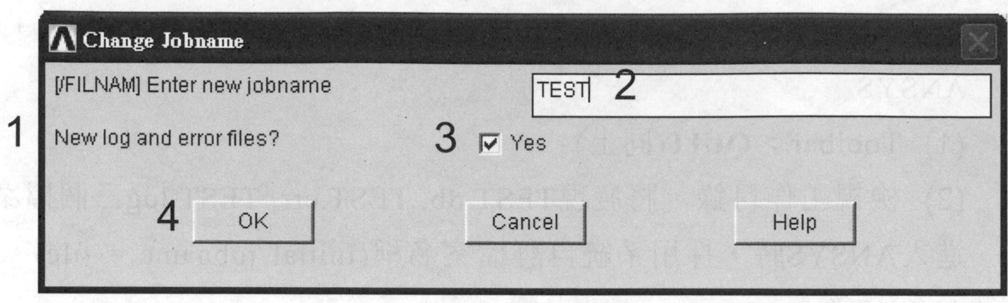

完整的分析工作完成後，所有資料將以 jobname 爲主檔名，並依不同性質自行設定副檔名以儲存所有資料。典型的檔案名稱及型式如表 2-2.1 所示，茲將重要檔案說明如下：

表 2-2.1 ANSYS 檔案類型

	檔案名稱	型式
Log file	Jobname.log	ASCII
Error file	Jobname.err	ASCII
Output	Jobname.out	ASCII
Database file	Jobname.db	Binary
Results file	Jobname.rxx	Binary
(Structural)	Jobname.rst	
(Thermal)	Jobname.rth	
(Magnetic)	Jobname.rmg	
Load step file	Jobname.sn	ASCII
Graphics file	Jobname.grph	Binary
Element matrices	Jobname.emat	Binary

記錄檔(Jobname.log)

該檔案爲 ASCII 檔，記錄使用者進入 ANSYS 至離開時，所下任何指令，包含正確與錯誤的指令，使用者可利用文書編輯該檔案，刪除不必要的指令，修正錯誤的指令，保留該檔以便日後參考或重新分析，通常分析後的資料太大(Jobname.db)儲存不易，故僅儲存該問題分析的所有指令爲文字檔即可。該檔不具覆蓋功能，如該檔存在，再進入 ANSYS 時，會繼續附加在該檔之後，故每次進入 ANSYS 時，最好先刪除該檔案。我們亦可將修正後的 log 檔更改副檔名以避免混淆。如果是採用下拉選單方式建立模型，在編輯該檔案時會有一些很難懂的指令，這也是爲何本書採用指令輸入法之教學。

錯誤檔(Jobname.err)

該檔案為 ASCII 檔，記錄執行指令時所產生的錯誤訊息，其中包含有限元素模組的不正確或錯誤的指令。在交談模式下，錯誤的原因在輸出視窗可以看到。若錯誤的訊息很多，輸出視窗無法容納，或在非交談模式下，程式的不正常中止，就要靠此檔案來檢查錯誤所在，該檔也不具覆蓋功能。以上兩個檔案在 ANSYS 執行時，可隨時檢示，利用 Utility Menu：File > List，如圖 2-5.1 所示。

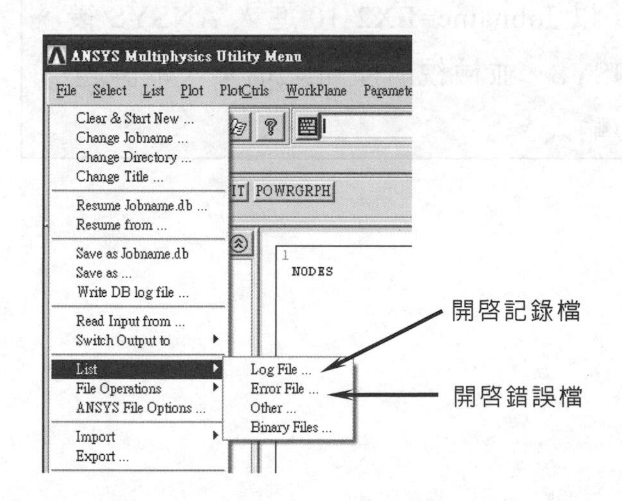

圖 2-5.1　在 ANSYS 執行時檢示錯誤與記錄檔

輸出視窗檔(Jobname.out)

該檔案為 ASCII 檔，記錄使用者執行每一指令後之執行情形，不管該指令正確與否，在交談模式下，輸出視窗中所呈現的內容就是該檔案，在非交談模式下，ANSYS 執行完畢後便會有該檔產生。

資料庫檔(Jobname.db)

該檔案為 Binary 檔，記錄有限元素系統之資料，包括節點、元素、負載、解答及任何其他有關資料。該檔案必須用 SAVE 的指令才能將最新的資料儲存，或是離開 ANSYS 程式時自動儲存，如果該檔已存在，則會將原有的檔案用 Jobname.dbb 之名稱儲存，一般俗稱 db 檔。

結果檔(Jobname.rxx)

該檔為 Binary 檔案，儲存有限元素模組分析完成後之解答，當正確無誤分析完後，便會有該檔的產生，不同領域分析之副檔名不一樣，結構力學(.rst)、熱分析(.rth)、電磁分析(.rmg)，一般俗稱結果檔。

【範例 2-10】

請先刪除工作目錄中所有檔案，以 Jobname=EX2-10 進入 ANSYS 後，輸入下列指令，完成後離開 ANSYS，並檢視所產生之檔案。本例題為例 2-1 之 ANSYS 指令，請小心輸入。

```
/UNITS, BIN
/PREP7
ET, 1, LINK1
R, 1, 1
MP, EX, 1, 30E6
N, 1
N, 2, , 4
N, 3, , 7
N, 4, ,10
E, 1, ,2
EGEN, 3, 1, 1
D, 1, ALL, , , 4, 3
F, 2, FY, -500
F, 3, FY, -1000
FINISH
/SOLU
SOLVE
```

FINISH

/EXIT

離開 ANSYS 後，檢視檔案將發現 EX2-10.emat，EX2-10.esav，EX2-10.rst，EX2-10.tri，EX2-10.db，EX2-10.err 及 EX2-10.log 等檔案，本例題僅提供 ANSYS 有關檔案的介紹，故不作下拉式指令介紹。使用者可用 window 中的“記事本”或“Wordpad”開啓 EX2-10.log 檔案，將發現該檔案紀錄進入 ANSYS 後所下的所有指令，可將不必要的部分刪除，保留完整的分析程式碼，以供日後參考及分析，這也是爲何學習直接指令輸入法的重要性，如何再度進行完整分析程式碼的分析，在 4-8 節有所介紹。

指令介紹

SAVE, *Fname*, *Ext*, *Dir*

儲存(**SAVE**)目前所有的 database 資料，亦即更新 Jobname.db，更新時原 Jobname.db 會更改爲 Jobname.dbb 以供備份。通常 Database 的資料在最後離開 ANSYS 時才會儲存，如果我們須要很長的時間進行分析工作，爲了避免停電或不可抗拒之當機，導致留失所有分析工作資料，因此適當時機儲存資料是必須的(如同 word 軟體，在某時間會自動儲存檔案)，通常儲存時，會以原 Jobname 儲存，故不須給予後面的參數。

Menu Paths : Utility Menu>File>Save as Jobname.db
Menu Paths : Utility Menu>File>Save as

RESUME, *Fname, Ext, Dir, NOPAR*

重新開始(**RESUME**)是相對應於 SAVE 常用指令之一。RESUME 是回到我們最後 SAVE 時的 database 狀態，對初學者而言，SAVE 和 RESUME 是一對很有用的指令，當我們工作進行到某種程度時，可儲存 database 接下來繼續工作，如果接下之工作有無法修正的錯誤，則可利用 RESUME 回到最近 SAVE 點重新開始。如下圖所示：

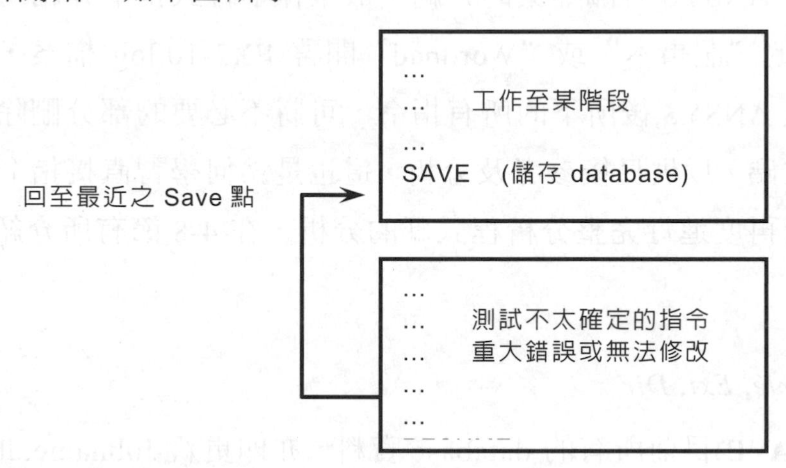

Menu Paths： Utility Menu > File > Resume Jobname.db

Menu Paths： Utility Menu > File > Resume from

Resume 的重要用途在於：

1. 不小心下錯一些指令，或建立模組過程中有錯誤無法更正，RESUME 至最近SAVE點的database。
2. 測試指令，當我們下達一些不太確定的指令或不確定的方式建立模組，可先行SAVE database，萬一指令不對或建立模組之方式不理想，我們可RESUME至原來的database。
3. 不在同一時間完成的工作，例如我們在今天完成至某一階段儲存後，第二天進入ANSYS後，用RESUME將未完成的database叫出來繼續工作。如欲RESUME先前之工作，最後好以先前之工作檔名進入系統。

【範例 2-11】

進入 ANSYS 後，將例 2-10 儲存資料叫出。

1. 如以Jobname=EX2-10進入系統，則下達指令

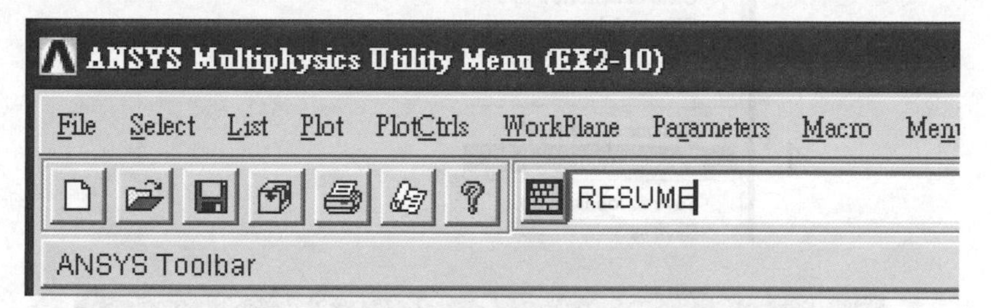

2. 如以其他Jobname進入系統，例如Jobname=file，則下達指令

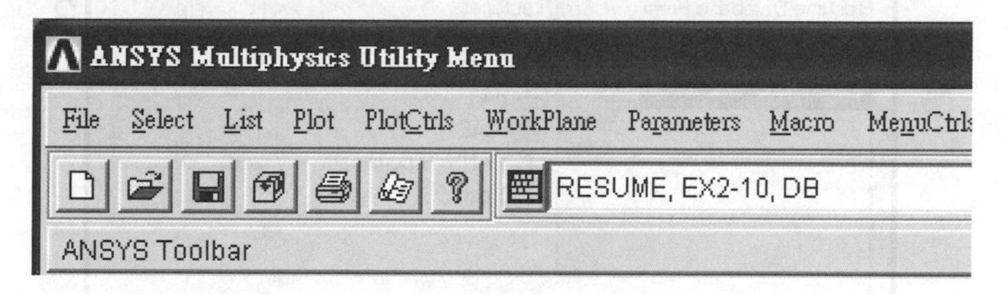

【範例 2-11 下拉式指令法】

1. 如以Jobname=EX2-10進入ANSYS系統

   Utility Menu > File > Resume Jobename.db...

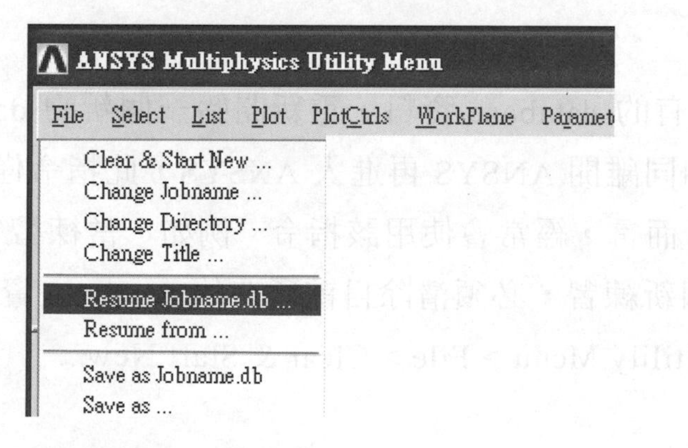

2. 如以其他Jobname進入系統，例如Jobname=file

   (1) Utility Menu > File > Resume from...

(2) 點選所需的檔案，OK

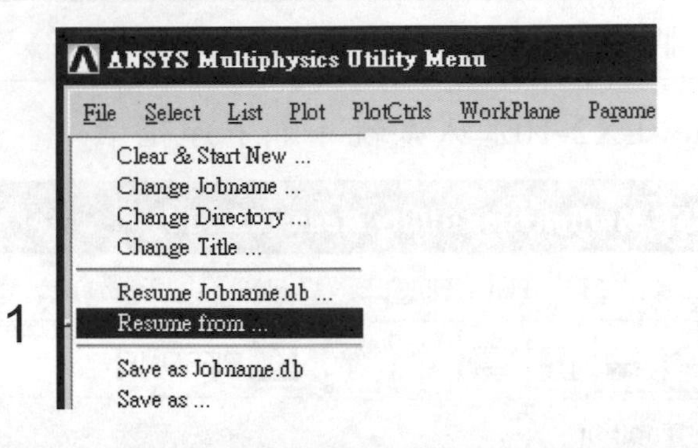

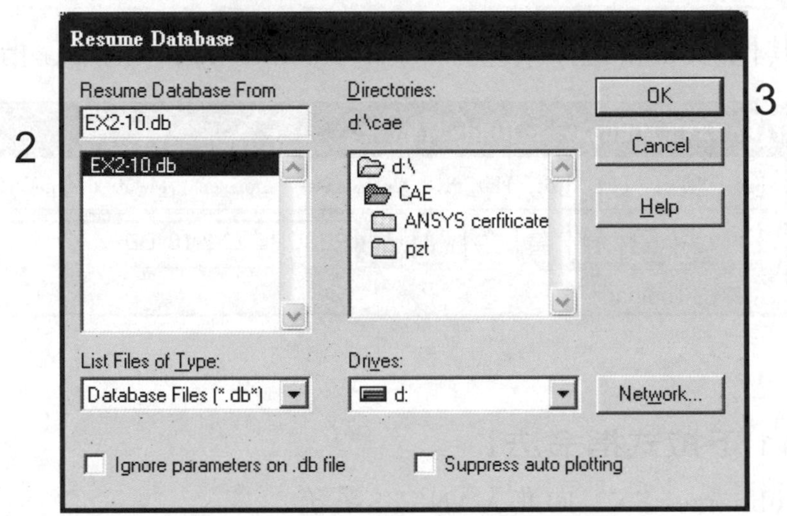

/CLEAR, *Read*

清除目前所有的 database 資料，重新開始一個新的 database，但工作檔案名稱不變。如同離開 ANSYS 再進入 ANSYS，此指令僅在 Begin level 才有效。對初學者而言，經常會使用該指令。例如，當練習完一個題目後，想要重新開始一個新練習，必須清除目前所有的 database 資料。

Menu Paths : Utility Menu > File > Clear & Start New...

➔ 2-6 圖形控制

圖形視窗為檢視模組之建立，結果顯示。任何呈現在圖形視窗之視圖，均可以不同控制方式看到我們所想看到的部分。進入 ANSYS 後，該圖形視窗之編號為 1，為了某種需要，亦可分割視窗為好幾個不同視窗，以方便圖形之比較及對比，目前僅針對 1 個視窗說明。圖形視窗中，水平為 X 軸，垂直為 Y 軸，螢幕向外為 Z 軸。為了圖形檢視方便，我們會經常以不同視角或放大某一區塊來觀察圖形。ANSYS 中亦可直接下達指令完成，但非常複雜與不方便，利用 GUI 來控制圖形視窗中圖面是非常方便。首先開啓圖形控制視窗(Utility Menu > PlotCtrls > Pan, Zoom, Rotate...)或實用指令功能表下方左側常用功能 Icon 中的，如圖 2-6.1，在整個圖形控制視窗功能中含不同視角示意圖，圖形平移、旋轉，圖形特定區域放大等。

最上方為不同方向示意圖，就整體座標而言以圖學基本定義檢視模型，例如上、下、前、後、左、右、等角、斜角等視圖，WP 為顯示工作平面座標，何為工作平面請參閱 6-9 節。在者為區域性放大圖形，可檢視小區域的結構狀態。接下的區塊為圖形移動，點選中間大小點 Icon 可放大縮小模型，其四周選項的 Icon 分別為上、下、左、右之方向平移，每次點選改變量可由下方滑桿的數值大小來控制，系統自定值為 30，使用者可依需要調整之。其次為改變 X、Y、Z 軸的方式來檢視圖形，此時不管座標系統為何，水平為 X 軸，垂直為 Y 軸，螢幕向外為 Z 軸，軸旋轉方式為右手定則旋轉之，每次點選改變量可由下方滑桿的數值大小來控制，此時期數值得大小正好為角度的大小。下方點選 Dynamic Mode 後，滑鼠移至圖形視窗按左鍵不放或右鍵不放可快速平移與旋轉調整使用者所欲檢視圖形的方向，或按 Ctrl 鍵不放，相同滑鼠操作也可達到同樣效果。針對較新版本之 ANSYS 其控制圖形顯示之功能以建於圖形視窗右側，如圖 2-6.2 所示，故不必開啓圖形檢視控制視窗。使用可利用範例 2-12 建立簡單模型，便可測試每一項功能。

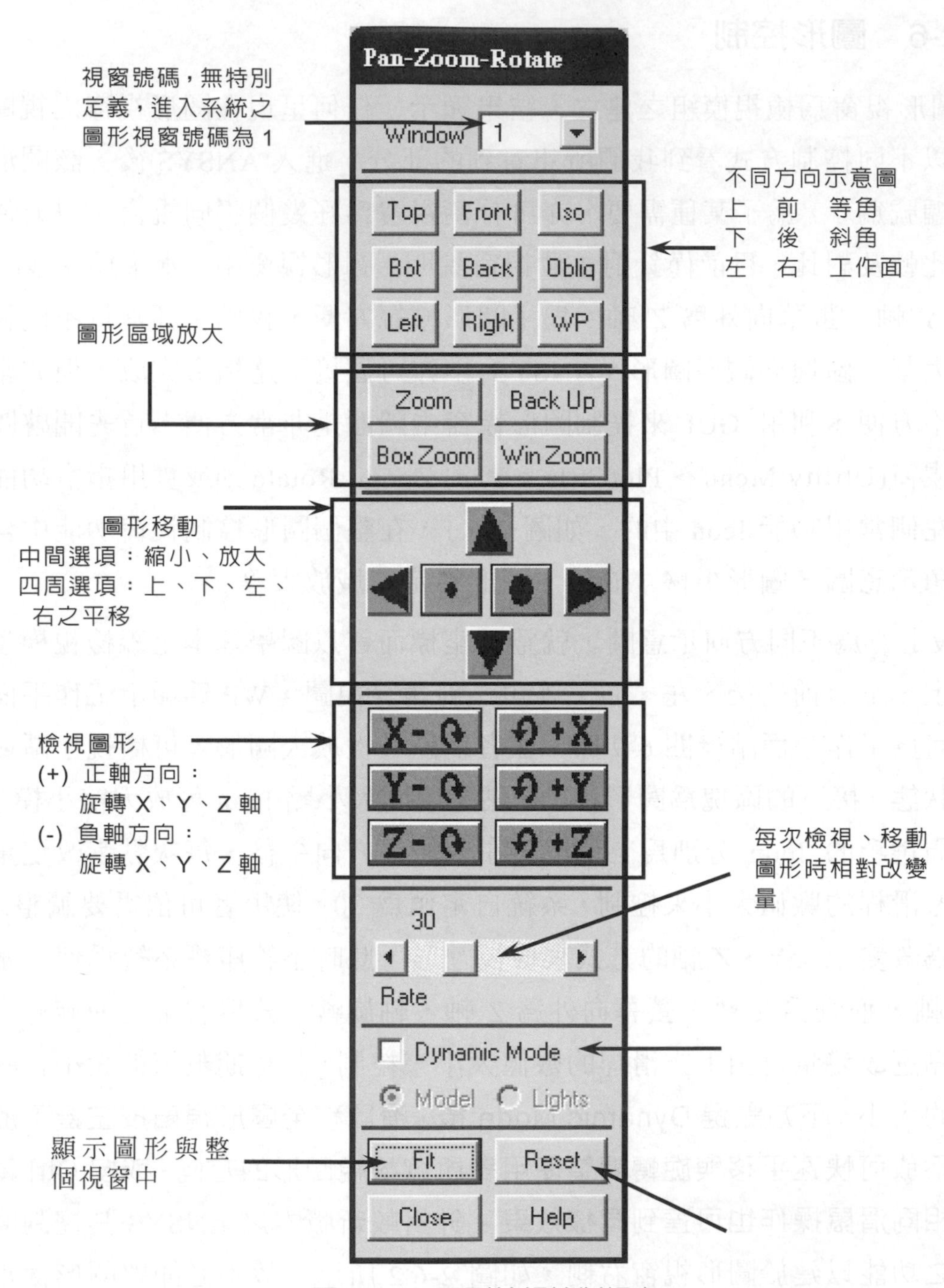

圖 2-6.1　圖形檢視控制視窗

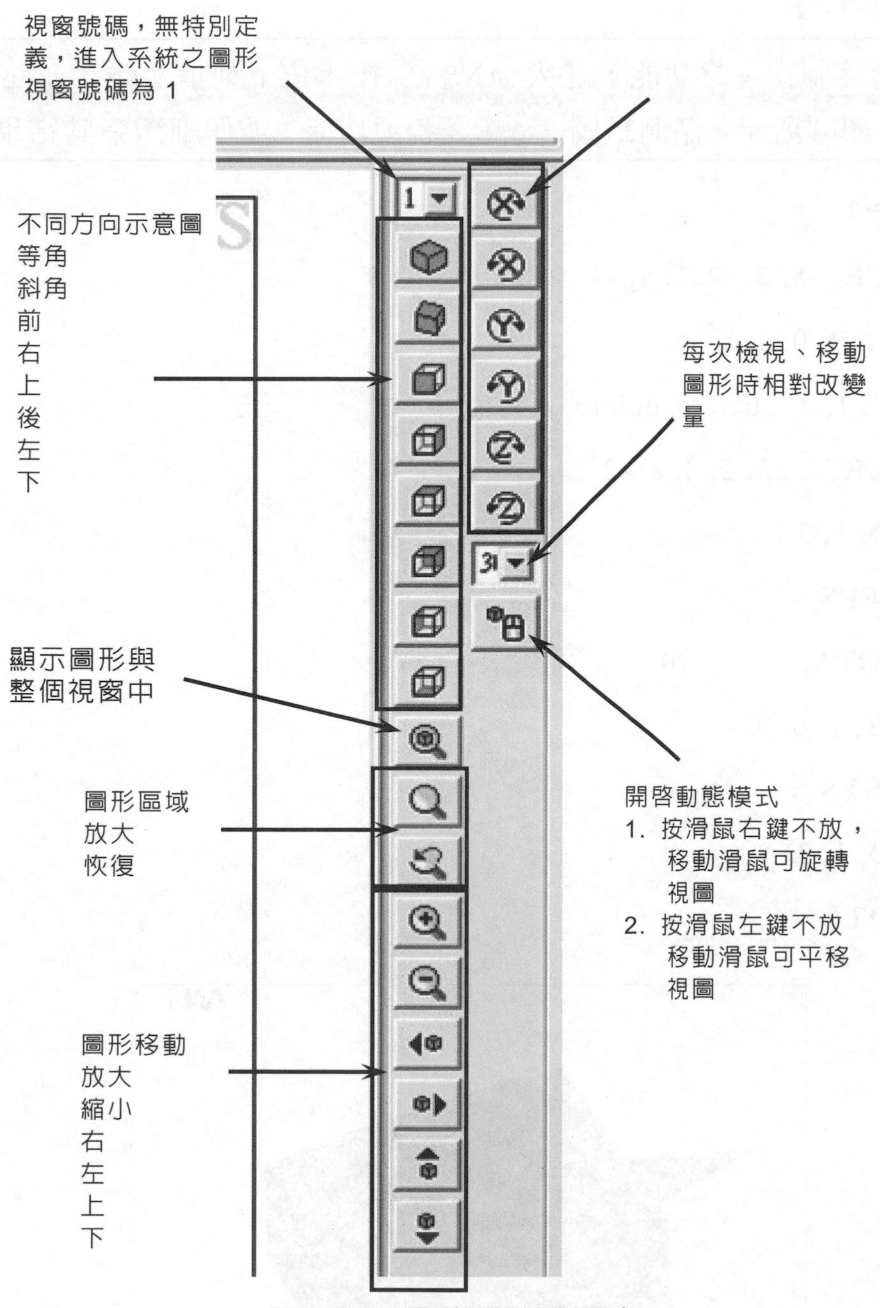

圖 2-6.2　圖形檢視控制視窗

【範例 2-12】

練習圖形控制視窗之功能，進入 ANSYS 後，依下列指令輸入並建立體積後，如圖所示，請測試圖 2-6.2 之各項功能，並仔細觀察其結果。

```
/PREP7
BLOCK, -5, 5, -2, 2, 4, -4
CYLIND, 0, 1, 5, -5
VSBV, 1, 2, , delete, delete
BLOCK, -3, 3, 2, 4, 2, -2
VADD, 1, 3
WPOFFS, -5
WPROTA,    ,    , -90
CONE, 1, 0, 0,5
WPCSYS
VADD, 1, 2
VPLOT
```

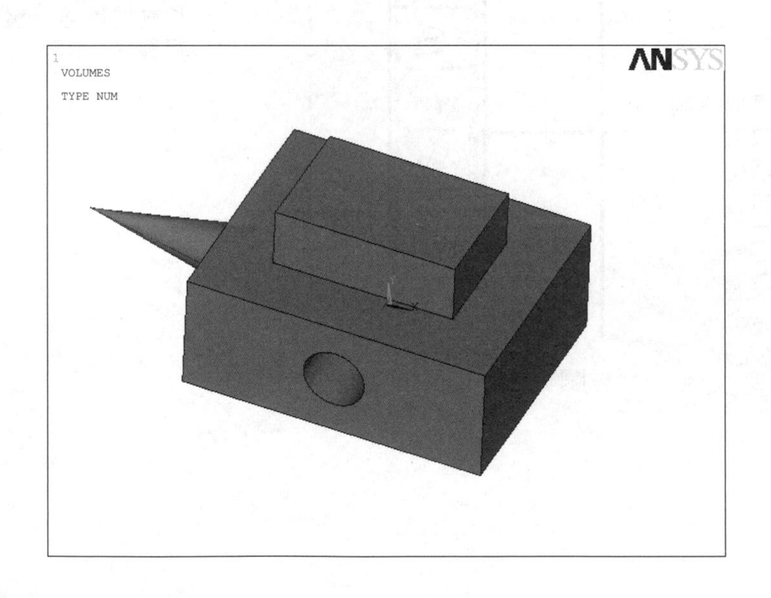

➔ 2-7　實用功能表單使用之說明

使用下拉式選單進行 ANSYS 分析工作時，最重要的是使用者要知道指令在選單中位置與操作，在此先介紹實用功能表單的操作方式，本節如能配合後面章節模型的建立將會更清晰明瞭。以圖 2-7.1 爲例是典型實用指令功能表繪圖(Plot)選項下的子選單目錄。其中指令右方有▸者表示有次選單目錄，例如 Keypoints▸，滑鼠移至該指令▸附近處，其次選單目錄會自動顯現。最後執行指令的型態有兩種，其一爲選項之後無“...”，例如「lines」、「Areas」，這是屬於 ANSYS 的指令無參數，只要點選滑鼠左鍵，表示執行該指令，請參閱例 2-12 中 WPCSYS 及 VPLOT；其二爲選項之後有“...”，例如「Materials...」，表示該指令需要使用者輸入參數，故點選滑鼠左鍵後，會有輸入參數視窗出現，在其視窗輸入所要的參數後，點選該視窗的 OK，即完成指令的輸入。

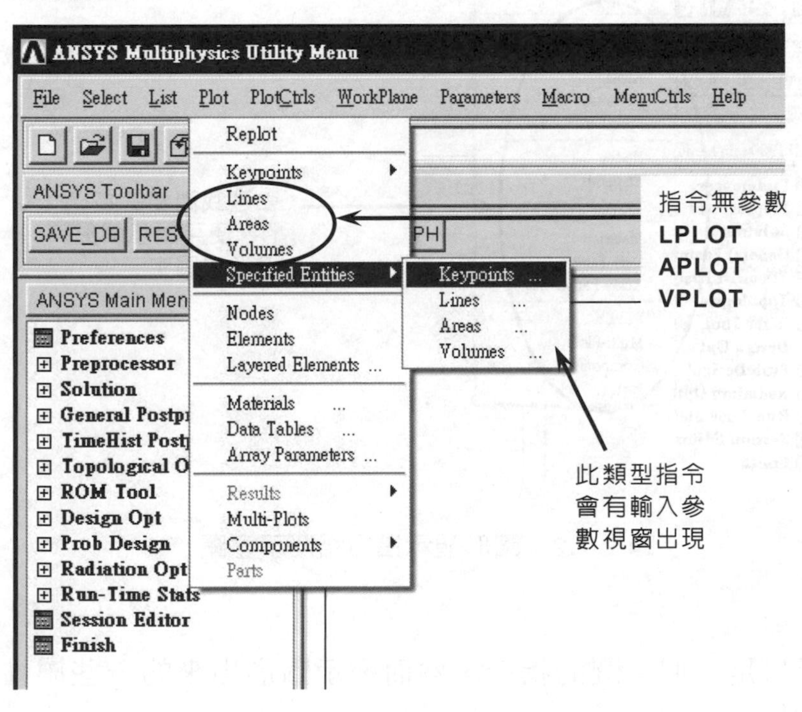

圖 2-7.1　實用指令功能表

在此繼續介紹一些有用的圖形顯示、圖形控制與視窗的設定。當我們在ANAYS中所建立的模型，包含點(key point)、線段(line)、面積(area)、體積(volume)、節點(node)、元素(element)等，稱之爲物件，建構過程中我們經常會檢視這些物件，必須靠圖形顯示來完成。雖然有指令可達到其目的，但這一類指令利用下拉式選單比較方便。利用滑鼠左鍵點選實用指令功能表單中的Plot(Utility Menu > Plot)，如圖 2-7.2 所示。我們可看到在 ANSYS 中有許多物件可顯示於圖形視窗中。以範例 2-12 爲例，只有點、線、面積、體積等四種物件，自行試一下(Utility Menu > Plot > Lines)，則圖形視窗將顯示所有的線段。因此所有在 Plot 之內的物件皆可以此方式顯示圖形於圖形視窗中。

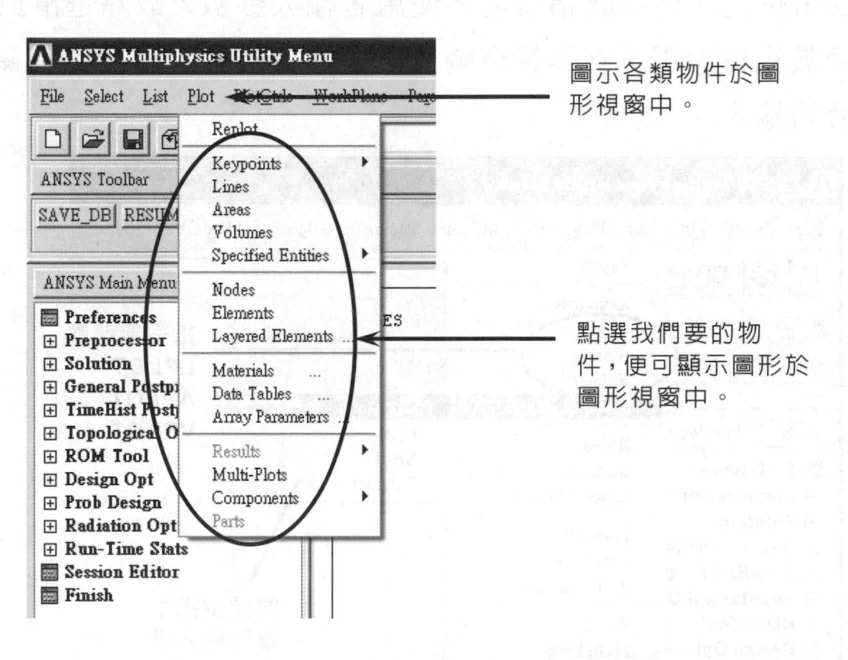

圖 2-7.2 圖形顯示指令路徑示意圖

顯示圖形只是一個繪圖的指令，然而顯示圖形出來的一些屬性，則可利用實用指令功能表單中的 PlotCtrls(Utility Menu > PlotCtrls)內的選項來定義。例如圖形視窗底色變白底；線段顯示時的顏色；ANSYS 的物件都附屬有號碼，以範例 2-12 爲例，如欲檢視點、線段、面積、體積的號碼，此時白底視窗、線段顯的顏色與物件顯示號碼，這是便是屬性。例如「吃晚餐」是一件事，但要如何吃這是屬性問題，兩者合併便成爲「以自助餐爲晚餐」、「以火鍋爲晚餐」、「千元的豪華晚餐」。圖 2-7.3 所示爲圖形視窗反白及抓取圖形視窗中圖形爲檔案之屬性設定，抓取圖形的檔案可用於製作報告，或其他用圖。範例 2-12 的圖形，便是反白後繪製體積，並抓取爲 Metafile 格式的結果。如欲顯示物件號碼，點選(Utility Menu > PlotCtrls > Numbering...)，出現圖 2-7.4 所示之選取物件號碼視窗，點選欲顯示號碼的物件，再點選左下角 OK，便完成屬性設定。此時再繪製點、線段、面積、體積時就會有號碼出現，如圖 2-7.5 所示。如果覺得號碼字型太子不易觀察，藉由圖 2-7.6 所示更改字型大小。此時再繪製點、線段、面積、體積時就會有更改字型後號碼的出現，如圖 2-7.7 爲繪製面積示意圖。

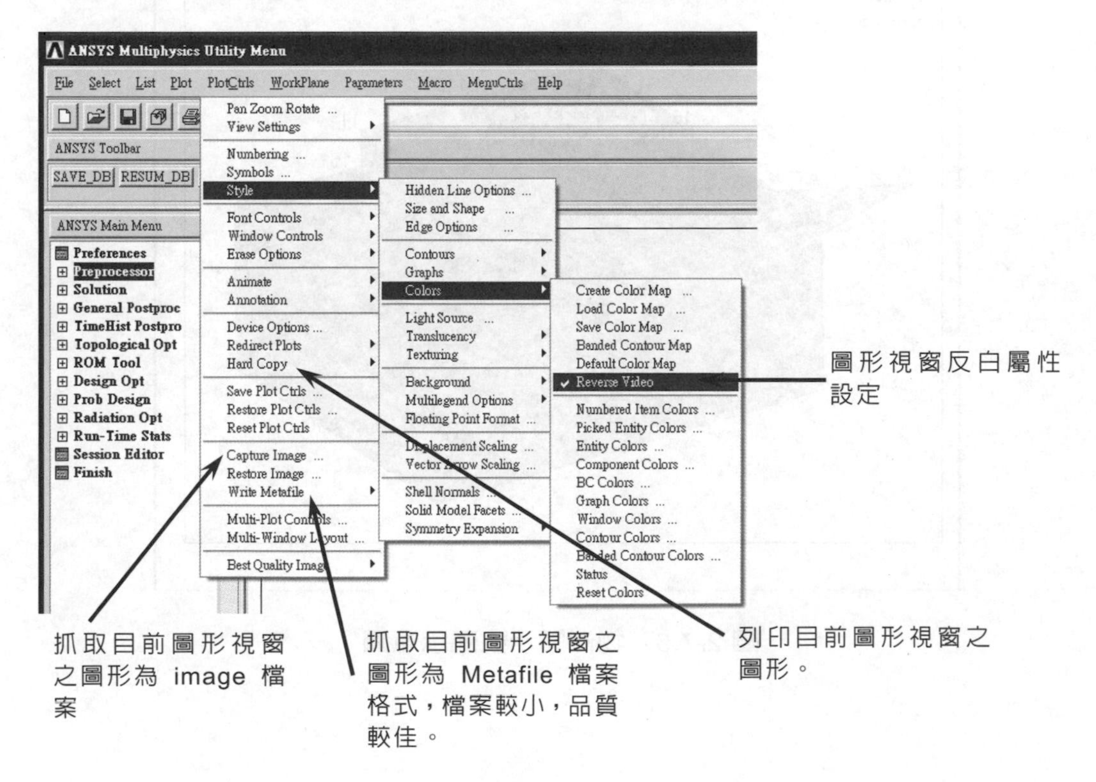

圖 2-7.3　圖形顯示屬性示意圖

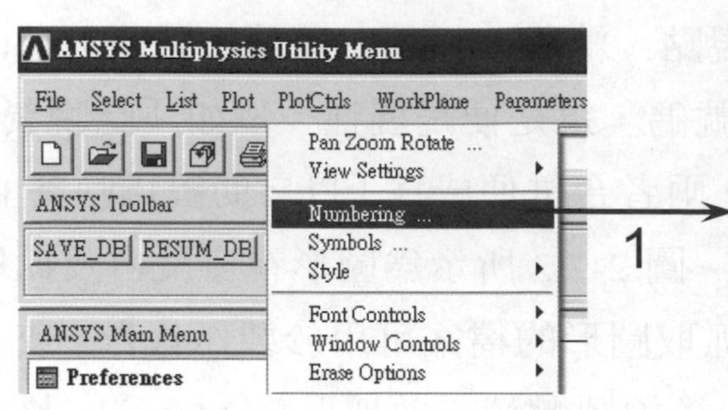

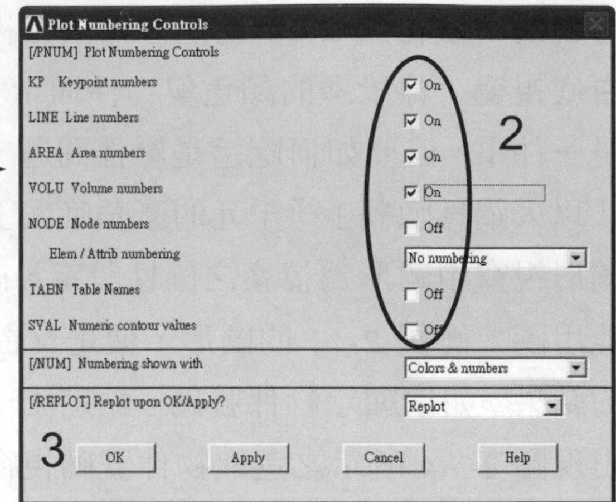

1 點選 Utility Menu > PlotCtrls >Numbering...
2 點選欲顯示號碼的物件
3 再點選左下角 OK

圖 2-7.4 設定物件號碼屬性示意圖

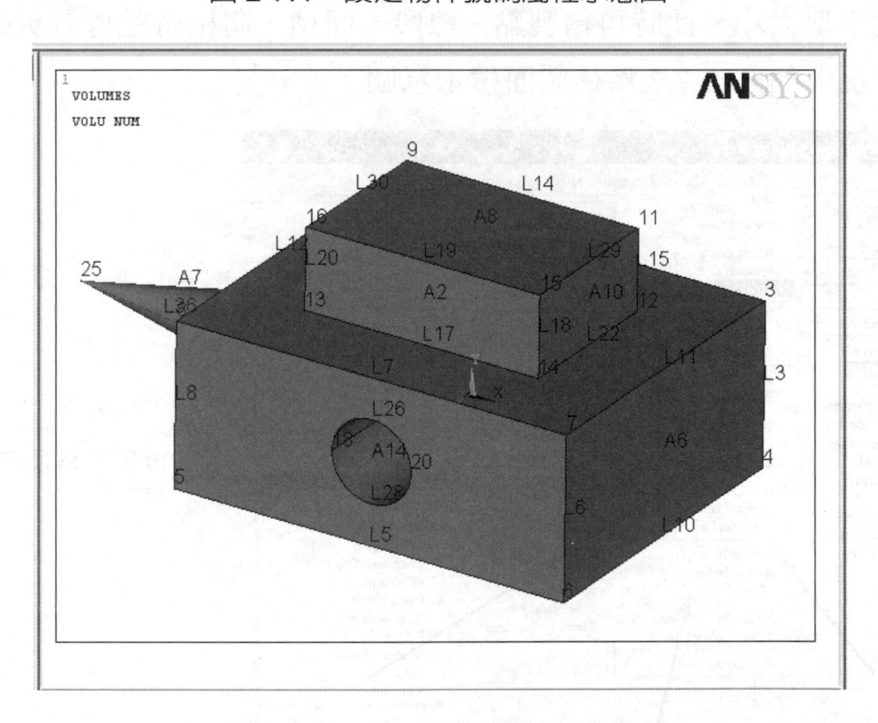

圖 2-7.5 物件顯示號碼示意圖

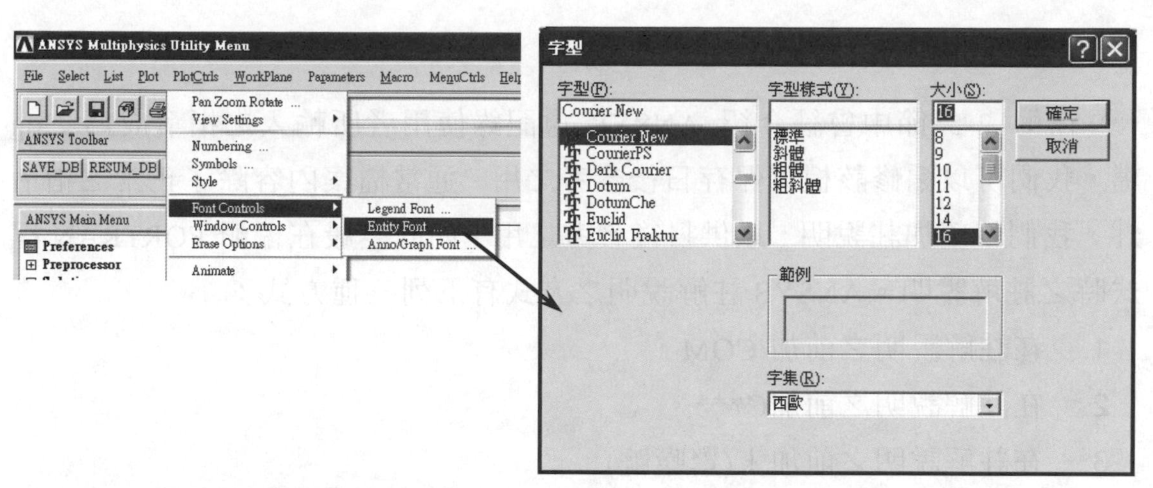

1. Entity Font...是指物件屬性的字型
2. Legend Font 是指視窗其他屬性的字型，例如下圖 2-7.7 左上角的字型

字型視窗

圖 2-7.6 設定物件號碼字型示意圖

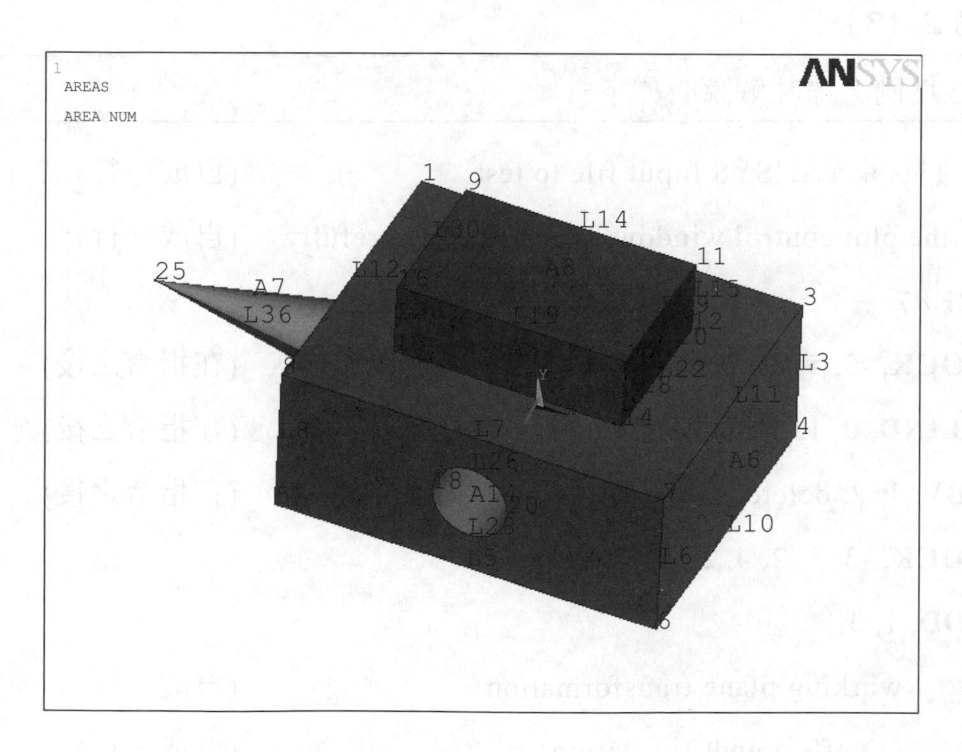

圖 2-7.7 物件號碼 16 大小字型面積示意圖

➔ 2-8 指令之說明

在第 2-5 節中曾經介紹 ANSYS 會記錄使用者所輸入之指令成爲 .log 檔，我們可以編修該檔以保存日後參考之用。通常檔案內容除了正常之指令外，我們希望加註說明，以供日後參考之用，如同一般在編輯 FORTRAN 程式時之註解說明。ANSYS 註解說明之方式有下列三種方式：

1. 在註解說明之前加/COM。
2. 在註解說明之前加C***。
3. 在註解說明之前加！(驚嘆號)。

該註解可自成一行，或在指令之後。

【範例 2-13】

以 2-12 爲例，加註解說明如下

```
/COM  This is a ANSYS Input file to test                     (自成一行)
/COM  the plot control window, type this file carefully      (自成一行)
    /PREP7
    BLOCK, -5, 5, -2, 2, 4, -4          ! 建立長方體        (在指令之後)
    CYLIND, 0, 1, 5, -5                 ! 建立圓柱          (在指令之後)
    VSBV, 1, 2, delete, delete          ! 體積相減          (在指令之後)
    BLOCK, -3, 3, 2, 4, 2, -2
    VADD, 1, 3
    C***  working plane transformation                      (自成一行)
    C***  (1) offset and(2) rotation                        (自成一行)
    WPOFFS, -5
    WPROTA, , , -90
```

CONE, 1, 0, 0, 5

WPCSYS

VADD, 1, 2

VPLOT

! This is the end of the program, (自成一行)

【習 題】

2.1 進入 ANSYS 後，有哪些基本視窗？

2.2 在 ANSYS 中，何謂處理器？

2.3 使用 ANSYS 時有哪兩種模式，在何種狀況下使用？

2.4 ANSYS 中*.log 檔案的功能及其目的爲何？

2.5 有限元素法中，元素連接的原則爲何？

2.6 有限元素中，基本要素爲何？

2.7 ANSYS 中指令的基本型態有哪兩種？

2.8 ANSYS 中直接指令輸入與下拉式選單輸入的優缺點爲何？

2.9 ANSYS 中 SAVE 與 RESUME 指令之目的爲何？

2.10 電腦輔助工程分析的重要性爲何？

Chapter 3

有限元素基本理論

➔ 3-1 前 言

描述一個系統行爲的方程組稱爲數學模式(mathematic model)，該系統可爲飛機的飛行狀態、飛機結構受外力負載的狀態、汽車的行駛的狀態等大系統至彈簧受力、簡支樑、桿件受力等之小系統，視我們所探討的工程問題而定。解析解(analytical solution)爲一個數學表示式，是一個系統數學模式的解答，表達該系統任何位置其某種物理量之反應，例如以材料力學的假設下，簡支樑受力後中性軸上任何一點的位移爲何？該問題確實有其解析解，如圖 3-1.1(a)所示。當系統的複雜度增加時，並非所有的系統都有數學模式，或該數學模式是否有其解析解，因此適度的簡化系統是獲得其解析解的方法之一，如圖 3-1.1(b)所示。

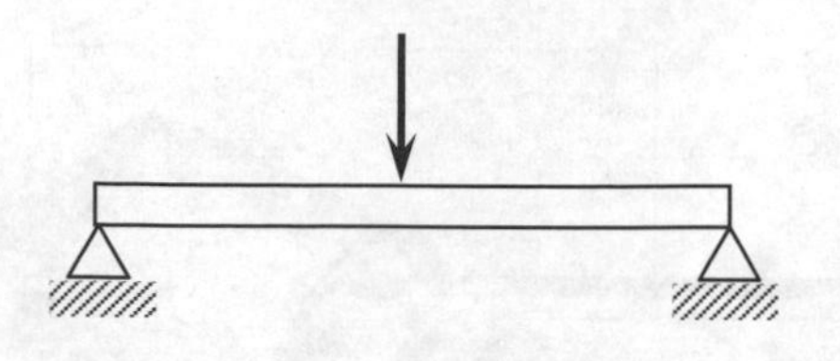

(a) 簡支樑受力，有解析解

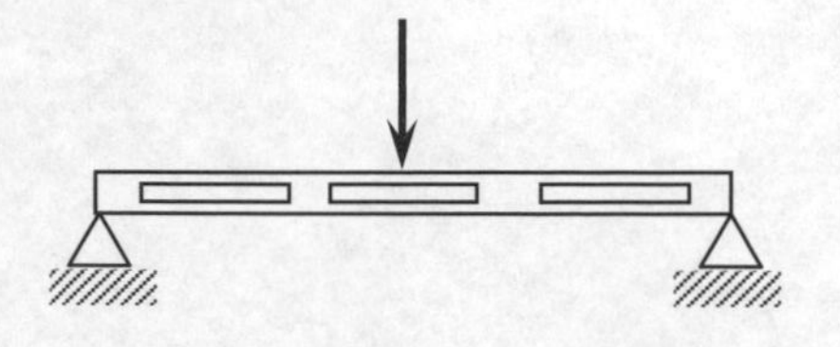

(b) 階段中空簡支樑受力，解析解？

圖 3-1.1 簡支樑受力

針對適度的簡化問題，今有兩個區域如圖 3-1.2 所示，請問面積為多少？(a)圖幾何形狀為梯形，面積=(上底+下底)×高/2，(b)圖幾何形狀複雜很難得知。然而由微積分可知，若一個已知函數 $f(x)$在 a、b 與 x 軸之間的面積，可用簡化為長方形面積近似法求得，如圖 3-1.3 所示。此方法為離散之觀念，將整塊區域分為許多狹小的長方形，使得原本無法解決的問題，轉換為有近似解之小長方形區域。運算過程中，可採用長方形左邊為基準，如最左四塊長方形；可採用長方形右邊為基準，如中間四塊長方形；可採用長方形中間為基準，如最右四塊長方形，但不管採用的方法為何，只要小長方形區域分割的越多所得到的答案可收斂至合理的答案。同理，若欲求取一個半徑為 1 的圓面積，可用內接正 n 邊形或外切正 n 邊形，求取其面積的近似值，如圖 3-1.4 所示。最終而言，以內接正 n 邊形為基準，則其面積比真正圓面積為小，反之其面積比真正圓面積為大，但只要 n 夠大則兩者的面積將趨近於真實圓面積($\pi r^2 = 3.1416$)。

以上的例子可知，將一個複雜而困難的問題，藉由「簡化」或「離散」之觀念，變為一個可接受的數學模式，並求取其近似可接受的解答。這對於一個工程系統而言，是非常實際與實用的方法，針對車輛某一元件的設計與分析，我們不可能分別將上千個的元件考慮為一個系統進行之。

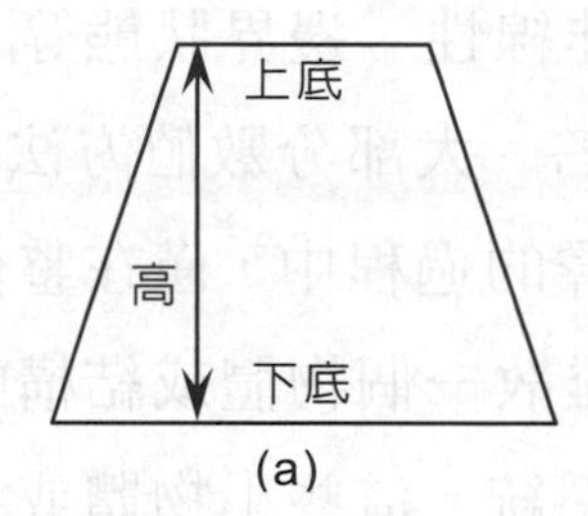

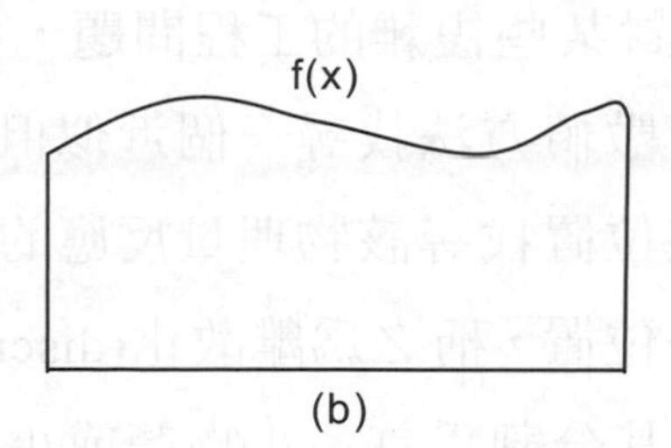

圖 3-1.2　面積有多少

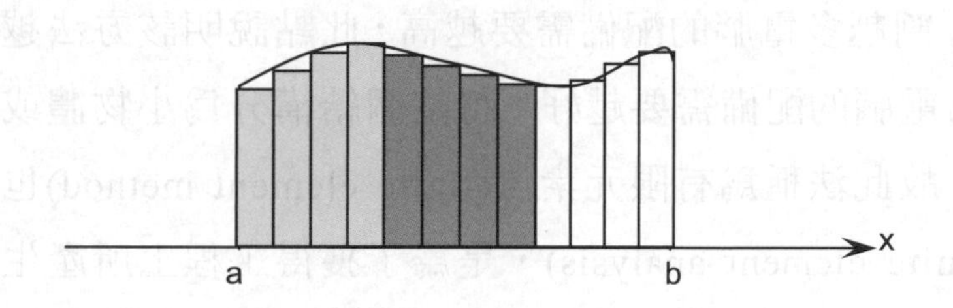

圖 3-1.3　長方形面積近似法

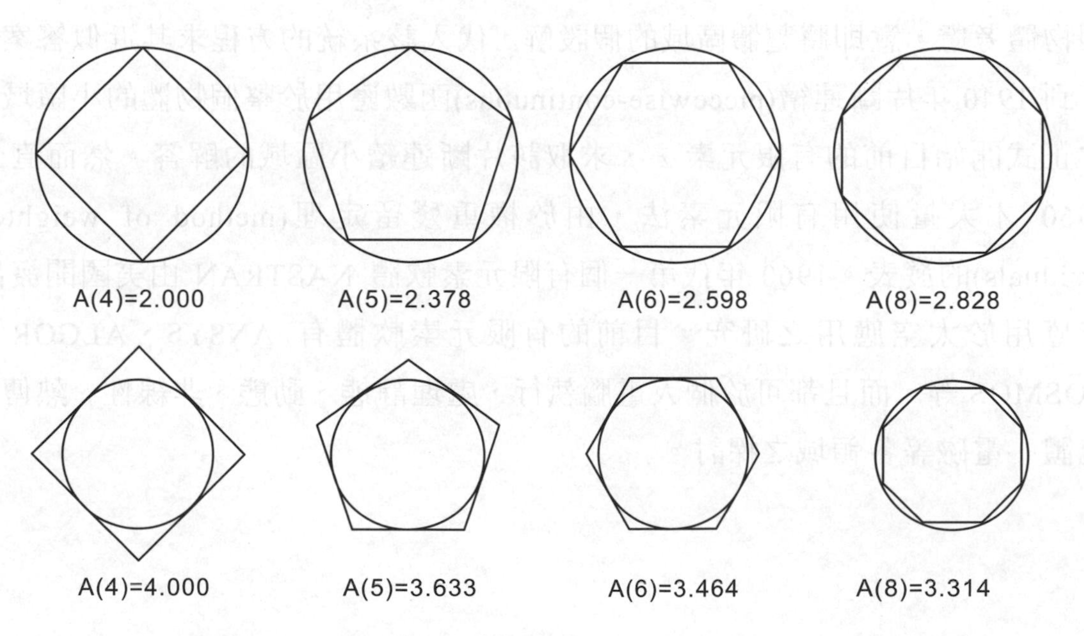

圖 3-1.4　圓面積內接與外切正 n 邊形近似法(r = 1)

然而對某些複雜的工程問題，例如材料的非線性、邊界狀態等，工程師開始利用數值方法找尋一個近似但可接受的解答。大部分數值方法，僅在結構中某些位置找尋該物理量反應的近似值。選擇的過程中，僅在整個系統中選擇某些位置，稱之爲離散化(discretization)。離散一個物體或結構的方法之一，是將其分割爲許多小物體或小單位之等效系統。這些小物體或小單位的組合可代表原物體或結構。此時將不會直接求取整個物體或結構的解答，反之求取該小物體或小單位的解答，並組合爲整個物體或結構的解答。因此小物體或小單位分割越多電腦的配備需要越高，此點說明該方法越來越滿足現在的要求，因爲電腦的配備需要越好。將整個結構分爲小物體或小單位稱爲元素(element)，故此法稱爲有限元素法(finite element method)也稱爲有限元素分析(FEA, finite element analysis)，是爲了獲得工程上所產生問題之近似解的一種數值方法。

有限元素方法可追訴自半個世紀左右，當時的數值法假設其解是針對整個物體考慮，意即將整體區域的假設解，代入該系統的方程求其近似答案。直到 1940 年片斷連續(piecewise-continuous)函數應用於整個物體的小區域，才正式開始目前的有限元素法，求取該片斷連續小區域的解答。然而直到 1960 才大量使用有限元素法，由於權重殘留定理(method of weighted residuals)的發表。1960 年代第一個有限元素軟體 NASTRAN 由美國開發出來應用於太空應用之研究，目前的有限元素軟體有 ANSYS、ALGOR、COSMOS 等，而且都可於個人電腦執行，處理靜態、動態、非線性、熱傳、流體、電磁等各領域之探討。

➔ 3-2 彈簧結構系統

彈簧元素基本介紹

線性彈簧爲機械結構中常使用的元件之一，能承受長度方向的負載，又稱軸向負載(axial loading)，當受拉力時彈簧會伸長或受壓力時被壓縮，其變形量與外力的大小成正比，其比例常數稱爲彈簧常數(spring constant)或彈簧剛性(spring stiffness)，一般以 k 表示，其單位爲「力/單位長度」，剛性越大表示越不容易變形。欲進行彈簧有限元素分析，再此先假想彈簧原本位於一輛自行車中，欲求取該自行車座受力後彈簧的位移，如圖 3-2.1 所示。因此將彈簧由該自行車中分離出來，也就是所謂小單位結構，其彈簧元件如圖 3-2.2 所示，彈簧的兩端稱爲節點(node)，分別給予編號 1、2，彈簧本身稱爲元素(element)，此節點與元素爲有限元素的基本要件，節點具有位移之自由度，是彈簧受力後位移的反應，也是我們想要獲的解答。分離出來的彈簧元素兩端分別受力 f_1、f_2，相對應的位移分別爲 u_1、u_2，此位移以彈簧本身爲基準，稱爲區域位移(local displacement)，一般而言會設置區域座標系統(local coordinate system)描述該元素的反應。整體座標系統(global coordinate system)是位於原機構中的某個位置。

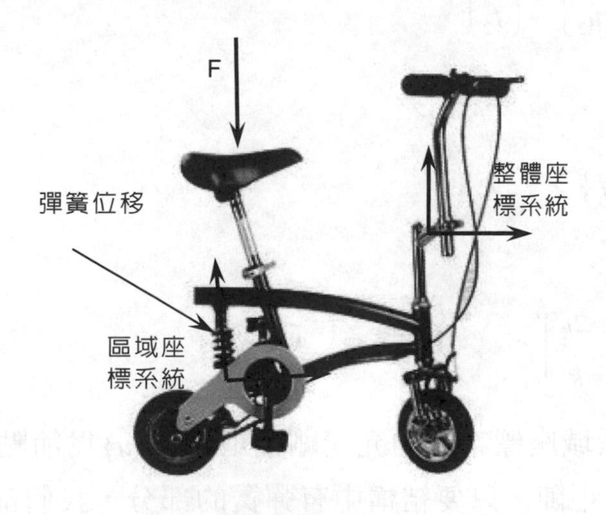

圖 3-2.1 彈簧於自行車結構中示意圖

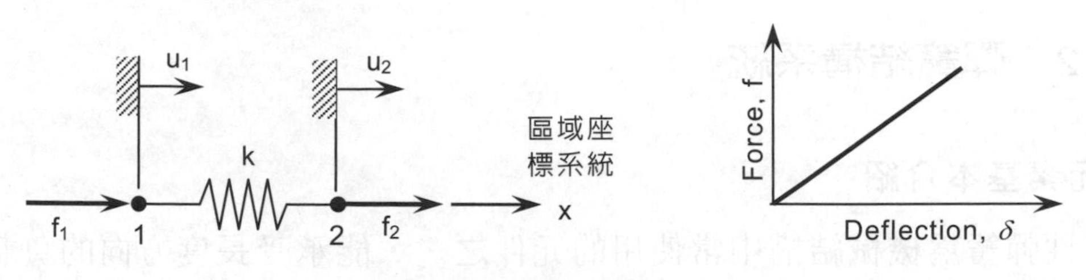

圖 3-2.2 彈簧元素受力示意圖

假設彈簧未變形時節點的位移為 0，受力後的彈簧總位移為

$$\delta = u_2 - u_1 \tag{3.1}$$

則作用於彈簧的總力為

$$f = k\delta = k(u_2 - u_1) \tag{3.2}$$

當彈簧處於靜態平衡時，所以 $f_1 + f_2 = 0$ 或 $f_1 = -f_2$，可將方程式(3.2) 應用於節點上的力，其結果為

$$\begin{aligned} f_1 &= -k(u_2 - u_1) \\ f_2 &= k(u_2 - u_1) \end{aligned} \tag{3.3}$$

並可寫為矩陣方程式如下

$$\begin{bmatrix} k & -k \\ -k & k \end{bmatrix} \begin{Bmatrix} u_1 \\ u_2 \end{Bmatrix} = \begin{Bmatrix} f_1 \\ f_2 \end{Bmatrix} \tag{3.4}$$

或

$$[k_e]\{u\} = \{f\} \tag{3.5}$$

其中

$$[k_e] = \begin{bmatrix} k & -k \\ -k & k \end{bmatrix} \tag{3.6}$$

此處$[k_e]$稱為區域座標系統的元素剛性矩陣，$\{u\}$為節點位移向量，$\{f\}$為元素節點受力負載矩陣，只要結構中有彈簧的部分，我們都可用方程式(3.4)

描述其行爲。方程式(3.4)的廣泛意義，可視爲任何一個彈簧結構，受力與位移變形之關係，剛性越大位移變形越小。一般我們描述一端固定的彈簧(u_1=0)，另一端受力 f_2，其彈簧的變形 u_2，其關係式爲 $f_2 = ku_2$，此可由方程式(3.4)推得知。

方程式(3.4)無法直接由下式解得其位移

$$\begin{Bmatrix} u_1 \\ u_2 \end{Bmatrix} = \left[k_e\right]^{-1} \begin{Bmatrix} f_1 \\ f_2 \end{Bmatrix} \tag{3.7}$$

因爲元素剛性矩陣的行列式爲零，剛性矩陣爲奇異(singular)矩陣。造成剛性矩陣爲奇異矩陣的原因，在於結構無任何限制條件(constraint condition)，如圖 3.2-2 所示。若 u_1 與 u_2 無限制條件，則有無窮多組的解答，因此靜態結構必需要有充足的限制條件，方可獲得其解，無限制條件的結構只能解得其節點之間的相對位移量，導致節點位移有無窮多組的解。

整體座標系統之系統組合

彈簧元素之剛性矩陣的獲得是基於在靜態平衡條件下，藉由每一個節點的平衡方程式。相同的過程可應用於數個彈簧連接的大系統，然而此時，不會利用每一個節點的自由體力系圖與其平衡方程式。反之，更有效獲得節點平衡方程式是藉由分別考慮每一個元素的效應，將元素的力加諸於每一個節點上。這個過程稱爲組合(assembly)，意即將每一個剛性元素視爲元件(component)，將其合併組合一起獲得整個系統方程式。

今以兩個線性彈簧系統爲例說明之。假設兩個不同彈性係數的彈簧 k_1、k_2，三個節點 1、2、3，其中節點 2 爲兩個彈簧所共用，實質上表示兩個彈簧相接在一起，如圖 3-2.3 所示。此時節點號碼稱爲整體節點號碼，整體節點位移表示爲 U_1、U_2、U_3，節點上的外力爲 F_1、F_2、F_3。假設該系統的二個元素在平衡狀態下，則每一個彈簧的自由體力系圖，如圖 3-2.4 所示。

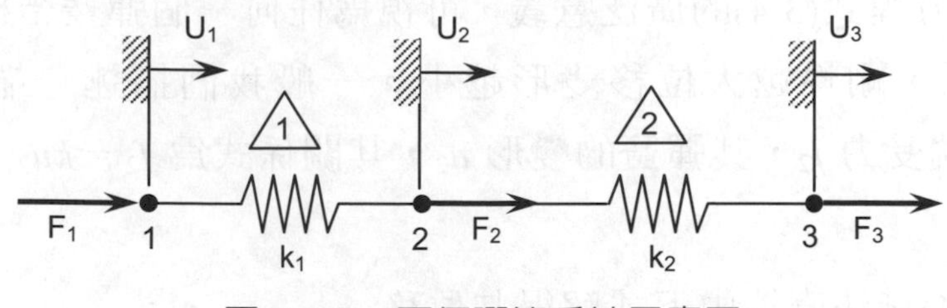

圖 3-2.3　兩個彈簧系統示意圖

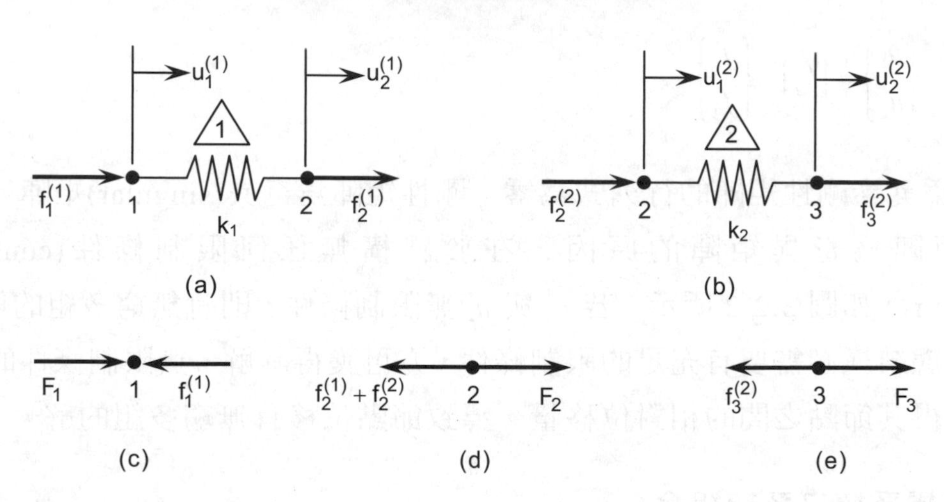

圖 3-2.4　彈簧元素受力示意圖

每一個彈簧的平衡狀態可由方程式(3.4)表示如下

$$
\begin{bmatrix} k_1 & -k_1 \\ -k_1 & k_1 \end{bmatrix} \begin{Bmatrix} u_1^{(1)} \\ u_2^{(1)} \end{Bmatrix} = \begin{Bmatrix} f_1^{(1)} \\ f_2^{(1)} \end{Bmatrix}
$$

$$
\begin{bmatrix} k_2 & -k_2 \\ -k_2 & k_2 \end{bmatrix} \begin{Bmatrix} u_1^{(2)} \\ u_2^{(2)} \end{Bmatrix} = \begin{Bmatrix} f_2^{(2)} \\ f_3^{(2)} \end{Bmatrix} \tag{3.8}
$$

其中上標表示元素的號碼。開始組合每一個彈簧的平衡方程式之前，須確定區域與整體位移一致性(compatibility)。方程式(3.4)中的位移向量$\{u\}$爲區域座標系統，然而圖 3-2.3 中的位移(U_i)爲整體座標系統。以整個系統節點 2 爲例，由於第一個元素第二點與第二個元素第一點是相互連接，故其位移量是相同，且又代表整個系統節點 2 的位移，故可知

$$u_1^{(1)} = U_1 \qquad u_2^{(1)} = u_1^{(2)} = U_2 \qquad u_2^{(2)} = U_3 \tag{3.9}$$

所以方程式(3.8)可改寫爲

$$\begin{aligned}
\begin{bmatrix} k_1 & -k_1 \\ -k_1 & k_1 \end{bmatrix} \begin{Bmatrix} U_1 \\ U_2 \end{Bmatrix} &= \begin{Bmatrix} f_1^{(1)} \\ f_2^{(1)} \end{Bmatrix} \\
\begin{bmatrix} k_2 & -k_2 \\ -k_2 & k_2 \end{bmatrix} \begin{Bmatrix} U_2 \\ U_3 \end{Bmatrix} &= \begin{Bmatrix} f_2^{(2)} \\ f_3^{(2)} \end{Bmatrix}
\end{aligned} \tag{3.10}$$

此處 $f_i^{(j)}$ 代表作用在元素 j 之節點 i 上的力。方程式(3.10)代表每一個彈簧元素於整體座標系統下位移之方程式，今將其位移矩陣包含所有的位移自由度，故矩陣放大爲 3×3 如下所示

$$\begin{bmatrix} k_1 & -k_1 & 0 \\ -k_1 & k_1 & 0 \\ 0 & 0 & 0 \end{bmatrix} \begin{Bmatrix} U_1 \\ U_2 \\ U_3 \end{Bmatrix} = \begin{Bmatrix} f_1^{(1)} \\ f_2^{(1)} \\ 0 \end{Bmatrix} \tag{3.11}$$

$$\begin{bmatrix} 0 & 0 & 0 \\ 0 & k_2 & -k_2 \\ 0 & -k_2 & k_2 \end{bmatrix} \begin{Bmatrix} U_1 \\ U_2 \\ U_3 \end{Bmatrix} = \begin{Bmatrix} 0 \\ f_2^{(2)} \\ f_3^{(2)} \end{Bmatrix} \tag{3.12}$$

可將方程式(3.11)與(3.12)，疊加爲一個整體的方程式爲

$$\begin{bmatrix} k_1 & -k_1 & 0 \\ -k_1 & k_1 + k_2 & -k_2 \\ 0 & -k_2 & k_2 \end{bmatrix} \begin{Bmatrix} U_1 \\ U_2 \\ U_3 \end{Bmatrix} = \begin{Bmatrix} f_1^{(1)} \\ f_2^{(1)} + f_2^{(2)} \\ f_3^{(2)} \end{Bmatrix} \tag{3.13}$$

接著，由如圖 3.2-4(c)(d)(e)之自由體力系圖，可知

$$f_1^{(1)} = F_1 \qquad f_2^{(1)} + f_2^{(2)} = F_2 \qquad f_3^{(2)} = F_3 \tag{3.14}$$

最後其結果爲

$$\begin{bmatrix} k_1 & -k_1 & 0 \\ -k_1 & k_1+k_2 & -k_2 \\ 0 & -k_2 & k_2 \end{bmatrix} \begin{Bmatrix} U_1 \\ U_2 \\ U_3 \end{Bmatrix} = \begin{Bmatrix} F_1 \\ F_2 \\ F_3 \end{Bmatrix} \tag{3.15}$$

該方程式為**[K]**{**U**}={**F**}型式與方程式(3.5)相同，代表兩個連接彈簧系統的統域方程式(governing equation)，不管有多少個相接的彈簧系統，其方法與原理皆相同，只要有系統有限制條件，則其位移可由方程式(3.13)解得，此時的位移又稱主未知量(primary unknowns)，也是該自由度的反應。

【範例 3-1】

兩個彈簧系統如圖所示，其中 k_1=10 N/mm、k_2=15 N/mm、F_2=F_3=100N，求節點 2、3 的位移量。

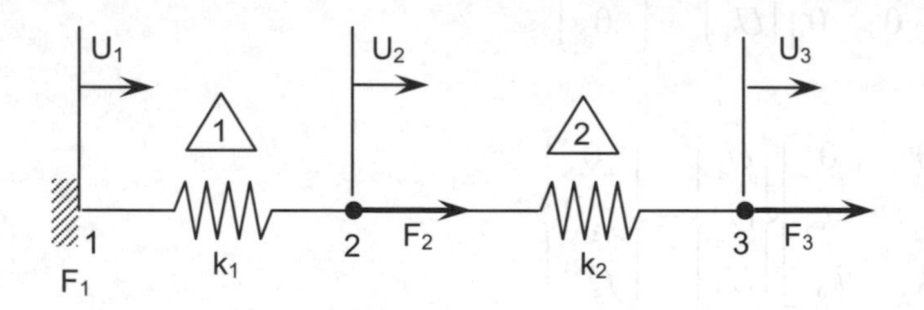

由方程式(3.13)可知

$$\begin{bmatrix} 10 & -10 & 0 \\ -10 & 25 & -15 \\ 0 & -15 & 15 \end{bmatrix} \begin{Bmatrix} 0 \\ U_2 \\ U_3 \end{Bmatrix} = \begin{Bmatrix} F_1 \\ 100 \\ 100 \end{Bmatrix}$$

此時，由於節點 1 的位移被限制為 0，節點的力 F_1 為未知的反作用力。第一個方程式代表該系統的限制條件，可寫為

$$-10U_2 = F_1$$

又稱為限制方程式(constraint equation)，代表該節點位移被限制下的平衡條件。第二及第三個方程式可寫為

$$\begin{bmatrix} 25 & -15 \\ -15 & 15 \end{bmatrix} \begin{Bmatrix} U_2 \\ U_3 \end{Bmatrix} = \begin{Bmatrix} 100 \\ 100 \end{Bmatrix}$$

並可解得 U_2=20 mm、U_3=26.667 mm。最後未知節點位移的矩陣方程式，可由原方程式 3×3 的矩陣中，直接移除第一列及第一行，因為第一個節點的限制位移為 0。因此，當限制條件為 0 時，排除該方程式時並不會影響其結果。將所得的結果代入限制條件，可得 F_1=−200N，此為第一個節點的反作用力，其它節點的力，亦可利用每一個元素平衡方程式求得之

$$\begin{bmatrix} 10 & -10 \\ -10 & 10 \end{bmatrix} \begin{Bmatrix} 0 \\ 20 \end{Bmatrix} = \begin{Bmatrix} f_1^{(1)} \\ f_2^{(1)} \end{Bmatrix} = \begin{Bmatrix} -200 \\ 200 \end{Bmatrix} \text{N}$$

$$\begin{bmatrix} 15 & -15 \\ -15 & 15 \end{bmatrix} \begin{Bmatrix} 20 \\ 26.667 \end{Bmatrix} = \begin{Bmatrix} f_2^{(2)} \\ f_3^{(2)} \end{Bmatrix} = \begin{Bmatrix} -100 \\ 100 \end{Bmatrix} \text{N}$$

一般而言，一個系統除了自由度的解答之外，尚有其他相關物理量的獲得，稱為次未知量(secondary unknowns)，並可藉由主未知量的結果求得之。彈簧系統而言，可探討的物理量只有自由度的位移(主未知量)及節點的作用力(次未知量)。

【範例 3-2】

三個彈簧系統如圖所示，其中節點 1 的位移為 0，節點 2 的位移為δ，F_2=−F，F_4=2F，求節點的位移量，各彈簧受力狀態。

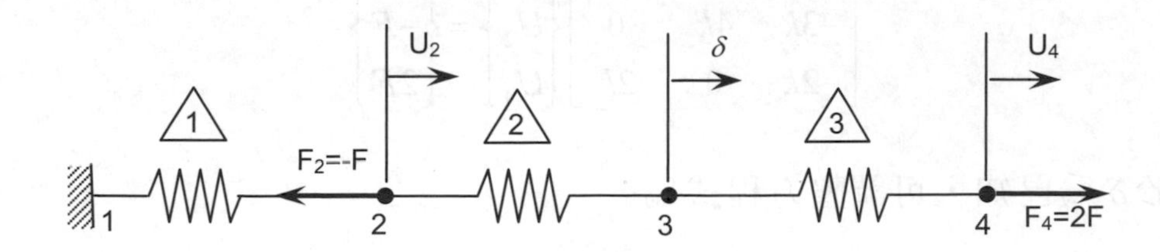

本例題包含一個非均勻(nonhomogeneous)的邊界條件。前一個例題的邊界條件爲位移限制爲零，本例題含有節點 1 位移限制爲零(homogeneous)及節點 3 位移限制不爲零(nonhomogeneous)。本系統之方程式爲

$$\begin{bmatrix} k & -k & 0 & 0 \\ -k & 4k & -3k & 0 \\ 0 & -3k & 5k & -2k \\ 0 & 0 & -2k & 2k \end{bmatrix} \begin{Bmatrix} U_1 \\ U_2 \\ U_3 \\ U_4 \end{Bmatrix} = \begin{Bmatrix} F_1 \\ -F \\ F_3 \\ 2F \end{Bmatrix}$$

代入 $U_1=0$ 及 $U_3=\delta$，可得

$$\begin{bmatrix} k & -k & 0 & 0 \\ -k & 4k & -3k & 0 \\ 0 & -3k & 5k & -2k \\ 0 & 0 & -2k & 2k \end{bmatrix} \begin{Bmatrix} 0 \\ U_2 \\ \delta \\ U_4 \end{Bmatrix} = \begin{Bmatrix} F_1 \\ -F \\ F_3 \\ 2F \end{Bmatrix}$$

由於 $U_1=0$，直接移除第一列及第一行，可得

$$\begin{bmatrix} 4k & -3k & 0 \\ -3k & 5k & -2k \\ 0 & -2k & 2k \end{bmatrix} \begin{Bmatrix} U_2 \\ \delta \\ U_4 \end{Bmatrix} = \begin{Bmatrix} -F \\ F_3 \\ 2F \end{Bmatrix}$$

此時未知數爲 U_2、U_4 及節點力 F_3，可將方程式 1 與 2 對調，重新整理矩陣方程式可得

$$\begin{bmatrix} 5k & -3k & -2k \\ -3k & 4k & 0 \\ -2k & 0 & 2k \end{bmatrix} \begin{Bmatrix} \delta \\ U_2 \\ U_4 \end{Bmatrix} = \begin{Bmatrix} F_3 \\ -F \\ 2F \end{Bmatrix}$$

由於 δ 爲已知，可調整方程式爲

$$\begin{bmatrix} 4k & 0 \\ 0 & 2k \end{bmatrix} \begin{Bmatrix} U_2 \\ U_4 \end{Bmatrix} = \begin{Bmatrix} -F + 3k\delta \\ 2F + 2k\delta \end{Bmatrix}$$

最後解的

$$\{\mathbf{U}\}=\begin{Bmatrix}U_2\\U_4\end{Bmatrix}=\begin{bmatrix}4k & 0\\0 & 2k\end{bmatrix}^{-1}\begin{Bmatrix}-F+3k\delta\\2F+2k\delta\end{Bmatrix}=\begin{Bmatrix}\dfrac{-F+3k\delta}{4k}\\\dfrac{2F+2k\delta}{2k}\end{Bmatrix}$$

每一個彈簧的受力，可利用每一個元素平衡方程式求得之

彈簧一
$$\begin{bmatrix}k & -k\\-k & k\end{bmatrix}\begin{Bmatrix}0\\U_2\end{Bmatrix}=\begin{Bmatrix}f_1^{(1)}\\f_2^{(1)}\end{Bmatrix}=\begin{Bmatrix}-(-F+3k\delta)/4\\(-F+3k\delta)/4\end{Bmatrix}$$

彈簧二
$$\begin{bmatrix}3k & -3k\\-3k & 3k\end{bmatrix}\begin{Bmatrix}U_2\\\delta\end{Bmatrix}=\begin{Bmatrix}f_2^{(2)}\\f_3^{(2)}\end{Bmatrix}=\begin{Bmatrix}-3(F+k\delta)/4\\3(F+k\delta)/4\end{Bmatrix}$$

彈簧三
$$\begin{bmatrix}2k & -2k\\-2k & 2k\end{bmatrix}\begin{Bmatrix}\delta\\U_4\end{Bmatrix}=\begin{Bmatrix}f_3^{(3)}\\f_4^{(3)}\end{Bmatrix}=\begin{Bmatrix}-2F\\2F\end{Bmatrix}$$

➔ 3-3　有限元素基本步驟

前一節彈簧元素的介紹，是給讀者一個基本的概念，認知有限元素法的基本方法與應用，本章節將概略說明有限元素法的原理，基本上有限元素法的推導可分八個步驟，透過此八個步驟的說明，使讀者能對詳細元素方程式的推導更加了解。

當一個物體(body)受到外力負載(load)，例如，力(force)、壓力(pressure)、熱通量(heat flux)、流通量(thermal flux)等，工程人員有興趣於探討該物體的反應(effects)，例如：變形(deformation、deflection、displacement)、應力(stress)、應變(strain)、溫度(temperature)、流體壓力(fluid pressure)、流體速度(fluid velocity)等，作爲設計參考的依據。圖 3-3.1 爲桁架結構受力示意圖，此爲材料力學問題，可求取各接點的位移、桿件的軸向力、應力、應變；圖

3-3.2 爲平面結構受力示意圖，此爲材料力學問題，可求取位移、應力、應變之分布；圖 3-3.3 爲平面多孔介質，兩端不同壓力之流體力學問題，可求取速度、壓力；圖 3-3.4 爲圓柱物體，當四周位於不同溫度時之熱傳學問題，可求取溫度、熱通量。圖 3-3.5 爲齒輪箱以某轉速運轉時之機械設計問題，可求取位移、應力、應變。然而該物體的反應分布的特性，將依物體所承受的外力與物體力學特性有關，包含了各式不同領域，設計人員的目標就是要找尋該反應的分布。爲了方便表達，在此稱所有的反應爲「變形」或「位移」(u)。

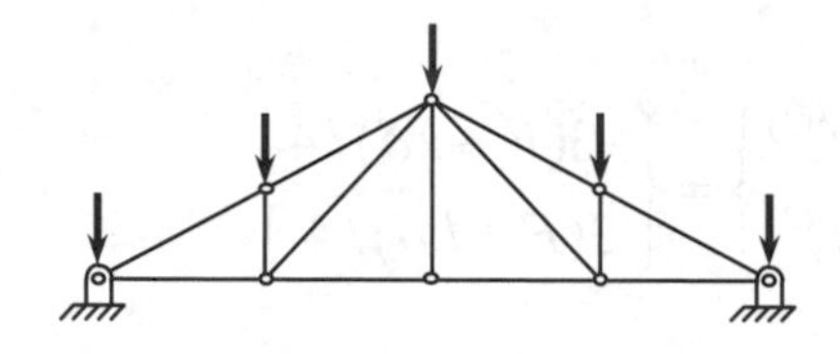

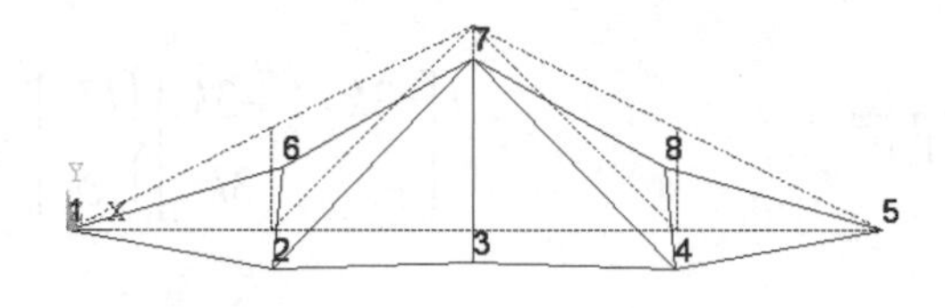

圖 3-3.1　桁架結構受力

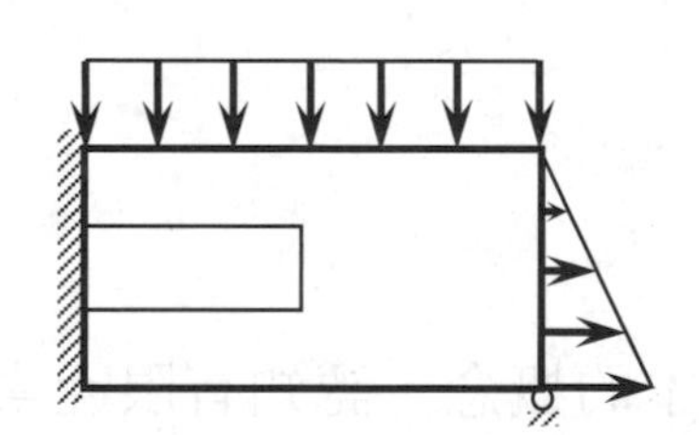

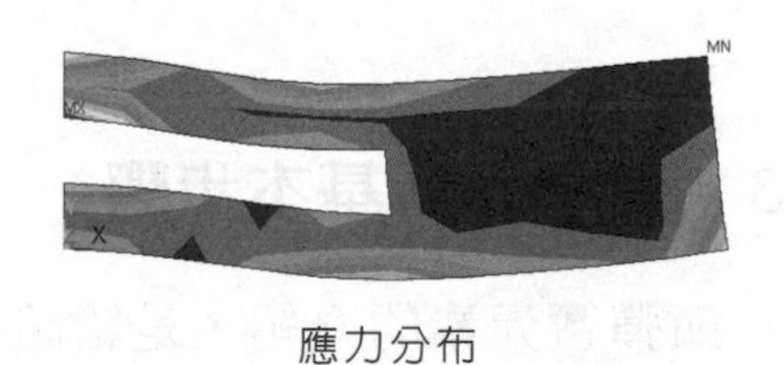

應力分布

圖 3-3.2　平面結構受力

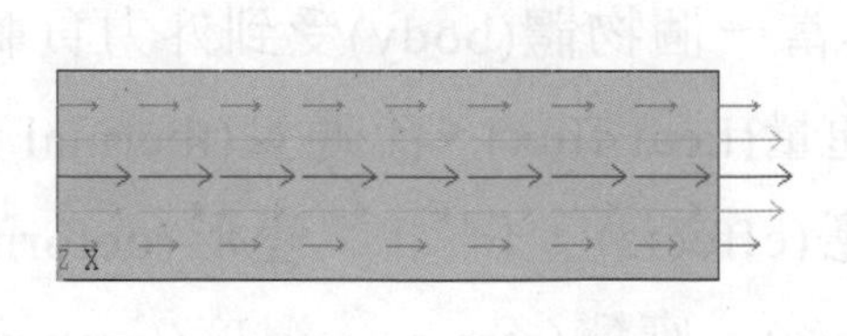

圖 3-3.3　平面多孔介質流力問題

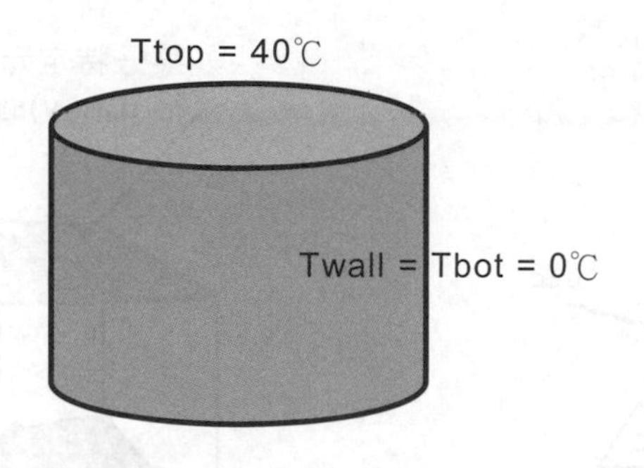

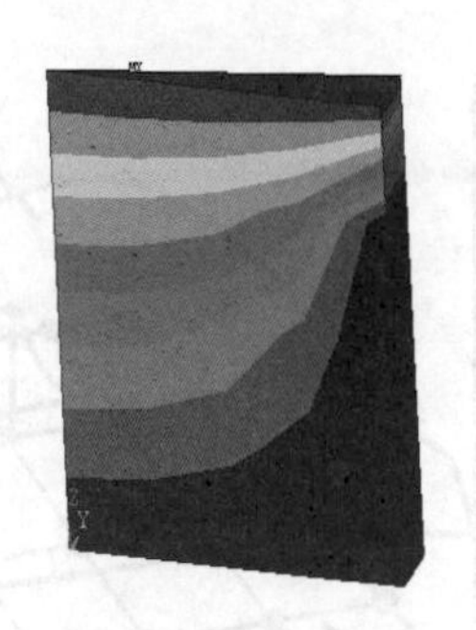

圖 3-3.4 圓柱溫度分布

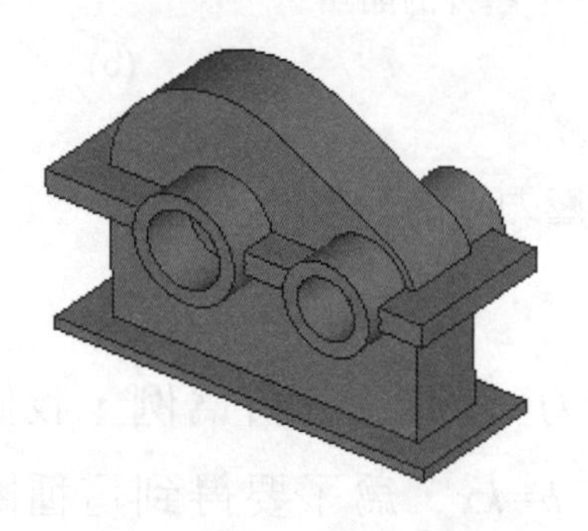

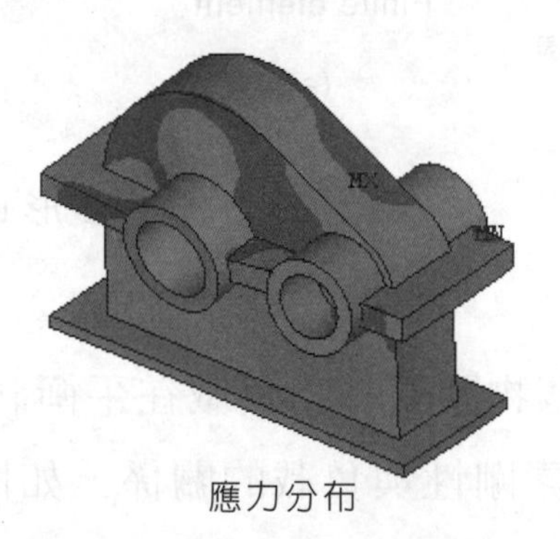

圖 3-3.5 齒輪箱運轉應力分析

假設我們很難用傳統的解析解方法求得位移的分布，如圖 3.3-6(a)所示，故採用離散觀念的有限元素法，因此分割物體爲許多小區域，稱爲有限元素(finite element)。這種分割的結果，使得原本位移分布也被分割爲相對於元素的小區域位移分布，而該小區域相對而言是很容易求得其位移分布，如圖 3-3.6(b)所示。

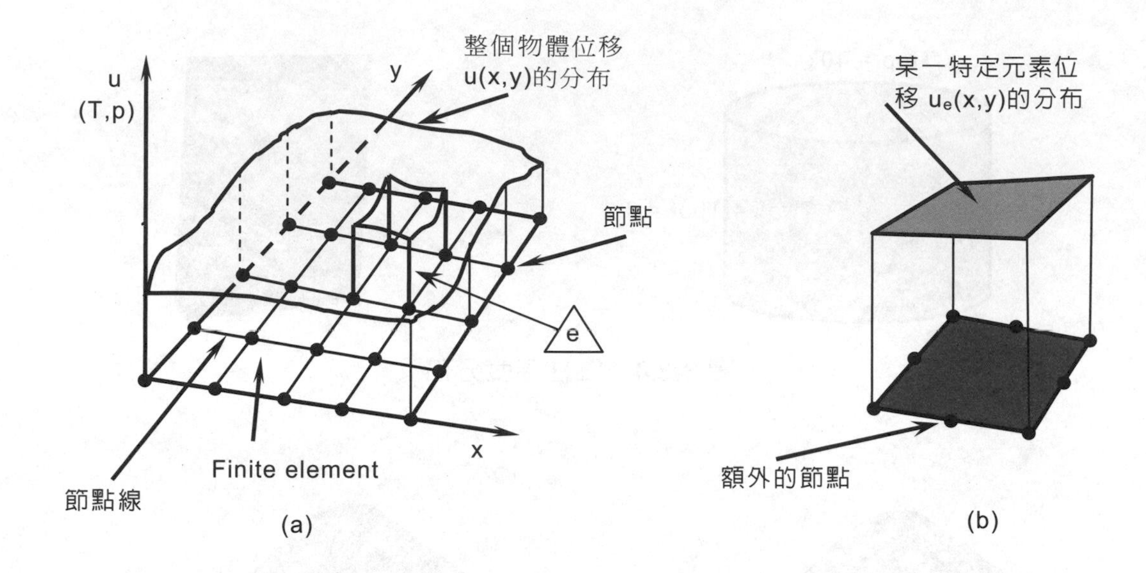

圖 3-3.6　變形 u 或溫度 T 或壓力 p 的分布

一個物體受外力負載在平衡狀態下，「應力–變形」分析爲例，我們必需獲得元素剛性與負載的關係，如同彈簧元素 $F=kx$，爲了要得到這種關係，我們必需使用控制該物體行爲的法則與原理，也就是不同領域的力學原理。然而我們目的是探討位移分布，所以設法用 u 表示其法則與原理。完成上述的方法，可預先選擇一個 u 分布的型式、形狀或外觀在整個元素上，該形狀的選擇必需滿足其法則與原理的某些規範。例如，可靠度與功能性而言，物體承受負載後不可有任何破損，此說明該物體具備連續性，故位移分布 u 函數的選擇必需滿足連續性，例如多項式爲連續性函數。茲將有限法的八個步驟，略述於下：

步驟一　分割與選擇元素形狀

這個步驟包含分割物體爲適當數量的小物體稱爲有限元素。元素邊的相交點稱爲節點(node)，元素之間的界面稱節點線(nodal line)或節點面(nodal plane)，有時在節點線或節點面上還有額外的節點，如圖 3.3-6 所示。

元素的形狀決定於連續的特性或我們所選擇的理想化方式。例如一個結構可用 1-D 線形狀理想化，此時稱為線元素，如圖 3-3.7 所示。雖然圖 3-3.7(b) 為兩端固定溫度之平面區域溫度分布，但只考慮 x 方向之熱傳導，則可用 1-D 線元素理想化。二度空間物體，可用三角形(triangle)或四邊形(quadrilateral)的形狀，此時稱為 2-D 平面元素，如圖 3-3.8 所示，同樣是旋臂樑如圖 3-3.8(c) 所示，也可採用平面元素，依選擇的理想化方式而定。三度空間物體，可用六面體(hexahedron)、三角柱(prism)與三角錐(tetrahedron)的形狀，此時稱為 3-D 立體元素，如圖 3-3.9 所示。

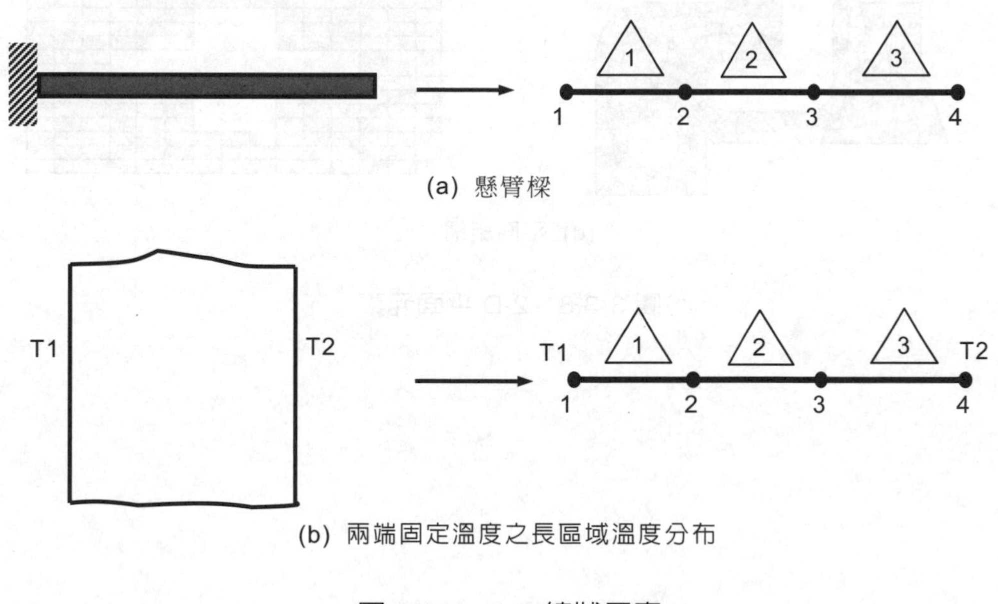

圖 3-3.7　1-D 線狀元素

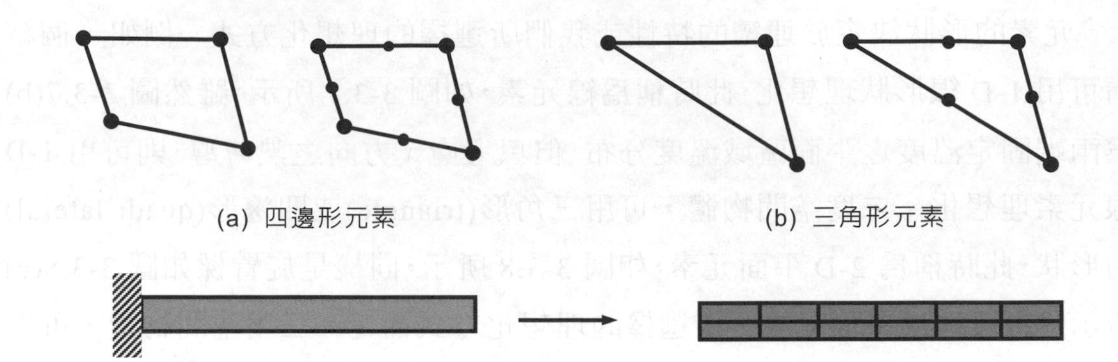

(a) 四邊形元素　　(b) 三角形元素

(c) 懸臂樑

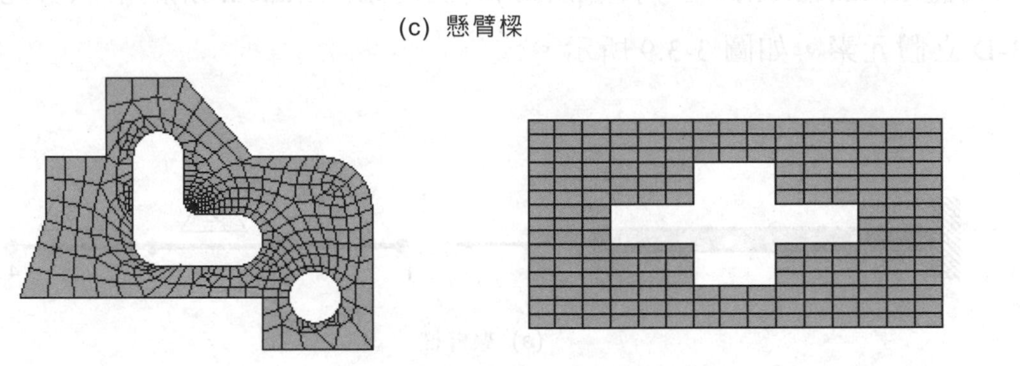

(d) 平面結構

圖 3-3.8　2-D 平面元素

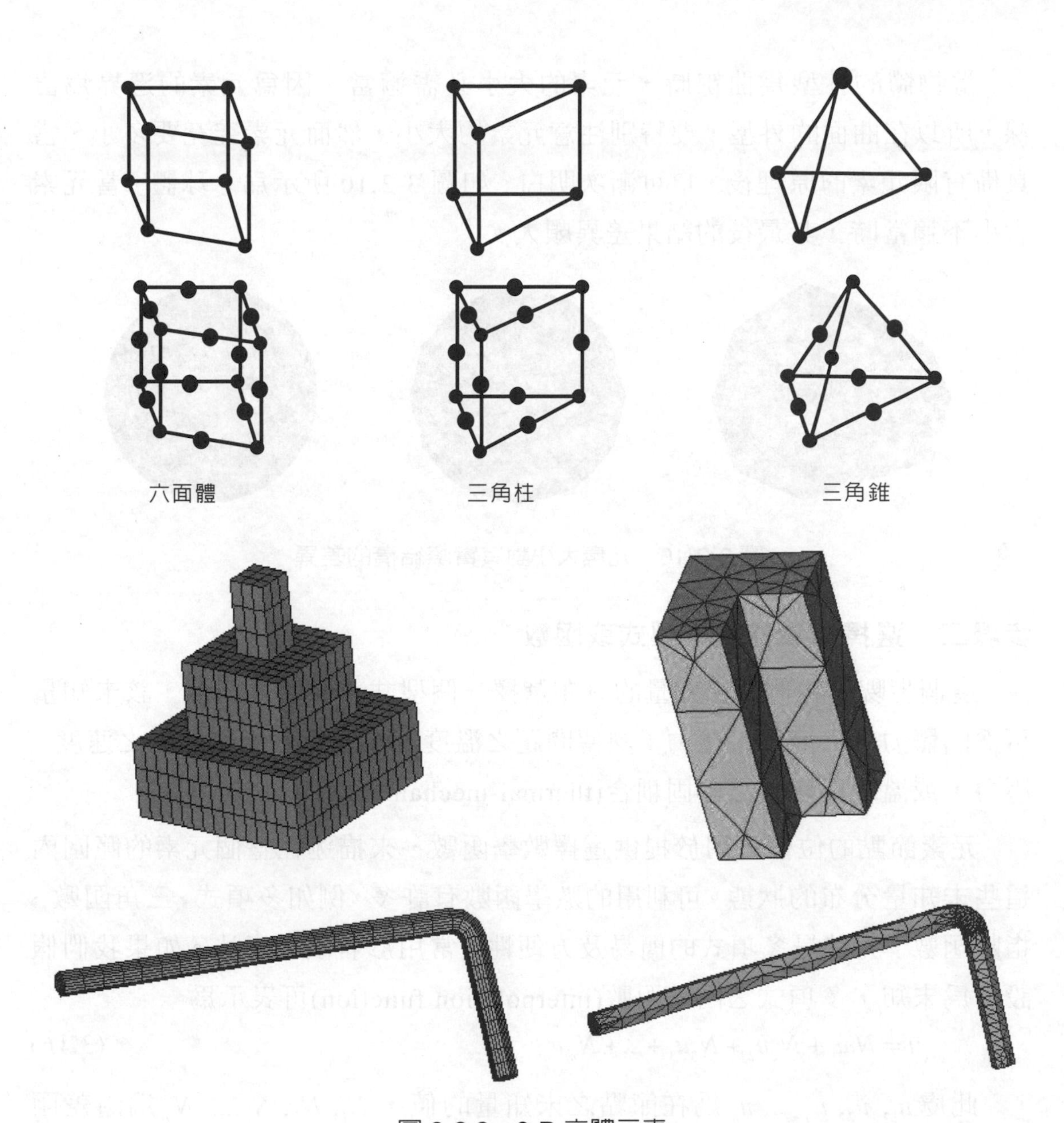

圖 3-3.9 3-D 立體元素

當物體的外型爲曲線時，元素的大小必需適當，因爲元素的邊界爲直線，所以在曲面的外型，要特別注意元素的大小，然而元素究竟要多小，當具備有限元素的原理後，自可漸次明白。如圖 3-3.10 所示爲一球體，當元素大小不適當時，其最後的結果差異頗大。

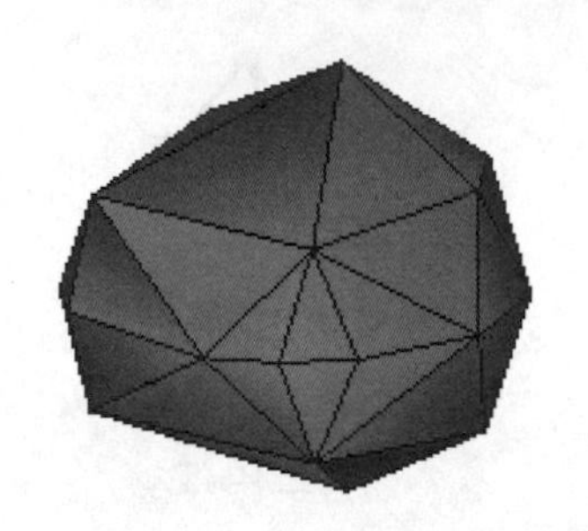
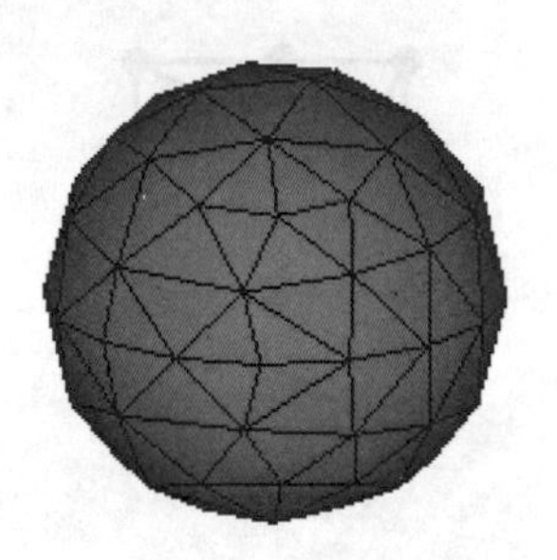

圖 3-3.10　元素大小對其實際結構的差異

步驟二　選擇適當的變形型式或函數

這個步驟，我們對未知量的分布選擇一個型式、形狀之函數，該未知量可爲固體力學之變形、應力；熱傳問題之溫度、熱通量；流體力學之速度、壓力，或溫度與變形之熱固耦合(thermal-mechanical couple)之問題。

元素節點的位置可用於提供選擇數學函數，來描述在整個元素的範圍內這些未知量分布的狀態。可利用的數學函數有許多，例如多項式、三角函數、指數函數，尤其是多項式的簡易及方便性，常用於有限元素法。如果我們假設 u 爲未知，多項式之內差函數(interpolation function)可表示爲

$$u = N_1 u_1 + N_2 u_2 + N_3 u_3 + \ldots + N_m u_m \tag{3.16}$$

此處 $u_1, u_2, u_3, \ldots, u_m$ 爲在節點之未知量的值，$N_1, N_2, N_3, \ldots, N_m$ 爲內差函數。例如，兩個節點之線元素，如圖 3-3.11(a)所示。u_1 與 u_2 爲未知量或稱「自由度」(degree of freedom)；若探討平面變形問題，三個節點之三角形元素，如圖 3-3.11(b)所示，$u_1, u_2, u_3, \ldots, u_6$ 爲未知量或稱「自由度」(degree of freedom)，每一個節點有二個變形量。

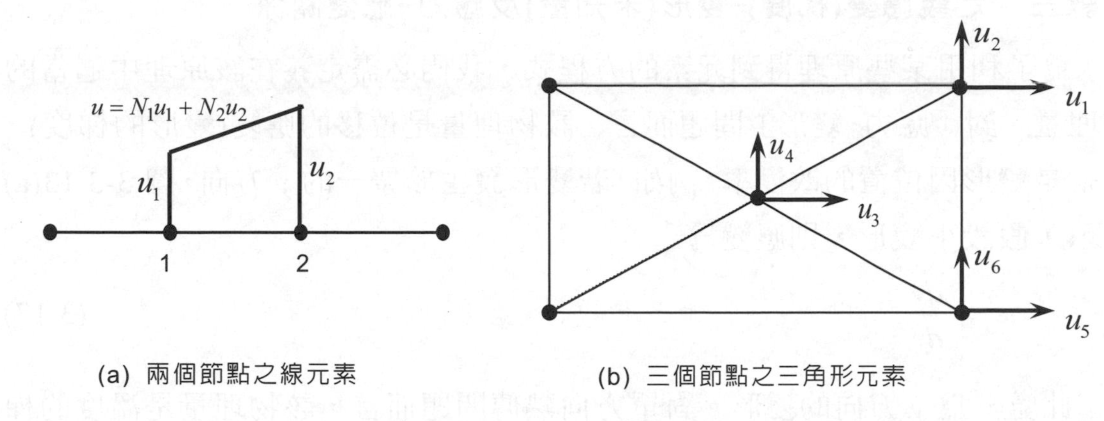

(a) 兩個節點之線元素　　(b) 三個節點之三角形元素

圖 3-3.11　內差函數

自由度可定義爲發生於節點上未知量的位移。例如，一度空間的樑柱的問題，只有軸向的變形，則每一個節點只有一個自由度；平面變形問題，忽略彎力距效應，則每一個節點有二個獨立的變形方向，故有二個自由度，平面熱傳問題，每一個節點只有一個溫度，故有一個自由度。

當有限元素法的所有步驟完成後，我們欲找尋在所有節點上未知量的解答，也就是 $u_1, u_2, u_3,..., u_m$ 的值。爲了能開啓獲得解答的動作，我們先假設這些未知量的狀態，並能滿足該問題的法則與原理及其規範。解答的獲得僅在節點上的未知量，最後的結果爲將每一個元素的結果，在其共同之邊界組合爲一起。有限元素法的結果並不會與眞實的解相同，圖 3-3.12 所示，但我們希望有限元素法的結果與眞實的解越相近越好，也就是誤差要越小越好，因此有限元素法是一個近似解。

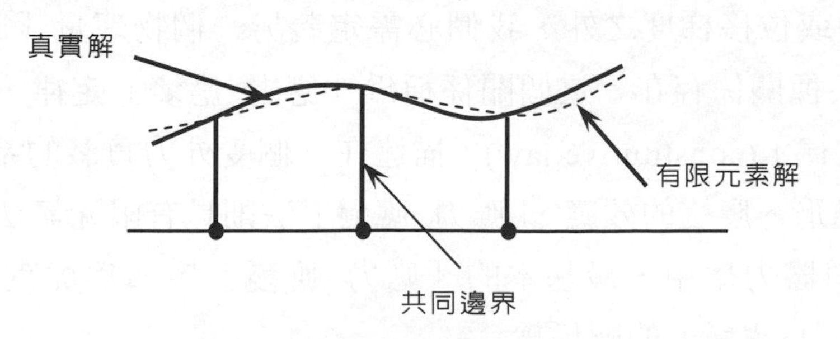

圖 3-3.12　真實解與有限元素解差異比較

步驟三 定義應變(梯度)–變形(未知量)及應力–應變關係

爲了利用某些原理得到元素的方程式，我們必需定義在該原理中適當的物理量。對「應力–變形」問題而言，該物理量是位移的應變(變形的梯度)，也就是變形因位置的改變率。例如，若變形發生於單一的 y 方向，圖 3-3.13(a)所示，假設小變形，則應變爲

$$\varepsilon_y = \frac{dv}{dy} \tag{3.17}$$

此處 v 爲 y 方向的變形。對單方向熱傳問題而言，該物理量是溫度的梯度(temperature gradient)，也就是溫度因位置的改變率，圖 3-3.13(b)所示，則溫度的梯度爲

$$\text{temperature gradient} = \frac{dT}{dx} \tag{3.18}$$

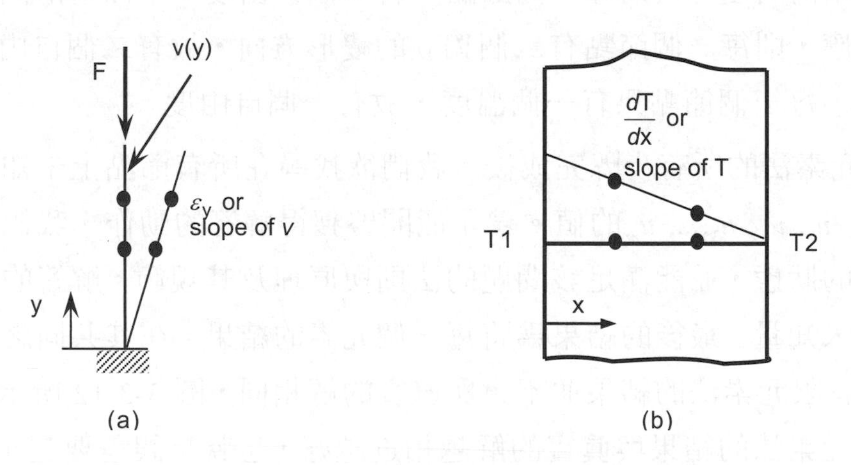

圖 3-3.13 未知量與其梯度之關係

除了應變或位移梯度之外，我們必需定義另一個物理量「應力」，並與應變之間有某種關係存在。這個關係稱爲「應力–應變」定律，更通用的名稱爲「本質定律」(constitutive law)，描述在一個受外力負載的系統，所呈現的反應或其變形、應變的效應。「應力–應變」法則是有限元素法最重要的法則之一，在固體力學中，最基本的「應力–應變」定律爲虎克定律(Hook’s law)，其「應力–應變」的關係爲

$$\sigma_{\mathrm{y}} = E_y \varepsilon_y \tag{3.19}$$

此處σ_y爲 y 方向應力，E_y爲 y 方向之彈性楊氏模數(Young's modulus of elasticity)，任何實體都有楊氏模數。將方程式(3.17)代入(3.19)，可表示應力與變形之關係爲

$$\sigma_{\mathrm{y}} = E_y \frac{dv}{dy} \tag{3.20}$$

在熱傳的例子中，本質法則爲傅利葉定律(fourier law)，每單位面積之熱傳速率與溫度梯度成正比，則熱傳速率爲

$$q = -kA \frac{dT}{dx} \tag{3.21}$$

此處 q 爲熱傳速率，k 爲材料的熱導性(thermal conductivity)，A 爲熱傳所發生之單位面積大小，負號表示滿足熱力學第二定律，由高溫傳至低溫。

步驟四　推導元素方程式

藉由相關定理的應用，我們可獲得控制元素行爲的方程式，由於該方程式的通用性，可用於該物體中每一個元素。有許多不同的方法可推導元素的方程式，最常使用爲能量法(energy methods)與殘留法(residual methods)。

能量法

能量法的概念是找尋一致性的方式(例如，自由度的變形量)，描述一個受負載的物體或結構的系統其某物理量的靜態點(stationary values)。工程中所使用的物理量爲「能量(energy)」或「功(work)」。簡單言之，將能量視爲一個函數，並表示爲自由度的變形量，$E = F(u_1, u_2, u_3, \cdots, u_m)$。找尋能量函數的靜態點，需使用數學原理的變分學(calculus of variation)之變分原理(variational principle)。能量法的範疇中，有很多方法與變分原理，例如靜態位能(stationary potential)原理、靜態補能(complementary energies)原理、Reissner's mixed 原理、混合法(hybrid)等應用於有限元素法。

靜態值

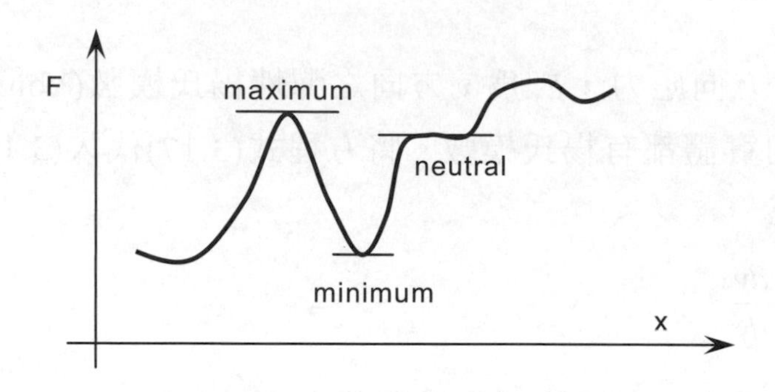

圖 3-3.14 函數的靜態點

數學中靜態點表示一個函數 $F(x)$ 有最大值、最小值或鞍點(saddle point)，如圖 3-3.14 所示，在不同的條件下，該函數需要最大值或最小值。找尋靜態點的方法，將該方程式的微分爲零，表示如下

$$\frac{dF}{dx}=0 \tag{3.22}$$

最小位能法

「應力-應變」分析中，若函數 F 用於描述前面所言之能量函數，例如，我們可定義 F 爲一個受外力負載物體的位能。若一個簡單的柱結構，一端固定，一端受力，在線彈性平衡下，其必需保持在最小位能狀態。若位能爲 Π_p，並可表示爲節點的未知量如下

$$\Pi_p=\Pi_p(u_1,\ u_2,\ldots,\ u_n) \tag{3.23}$$

此處 $u_1, u_2,\ldots, u_n$ 爲所有節點的未知量，則最小位能要求下，可得

$$\frac{d\Pi_p}{du_1}=0,\ \frac{d\Pi_p}{du_2}=0,\ldots,\ \frac{d\Pi_p}{du_n}=0 \tag{3.24}$$

因此由 n 個方程式，可解得所有的未知數。

加權殘留法

加權殘留法(weighted residual method)是有限元素法中另一個替代的方法，是基於將近似的解答代入所探討問題的微分方程式中，其產生的殘留值爲最小之概念。殘留值的產生有：重置法(collocation)、子區域法(subdomain)、最小平方法(least square)、Galerkin’s 方法，其中 Galerkin’s 爲有限元素法中最常使用。

假設有一微分方程式

$$c\frac{\partial^2 u(x)}{\partial x^2} - F(x) = 0 \tag{3.25}$$

其中 c 爲固定值，x 爲變數，$u(x)$爲欲求取的未知量函數，$F(x)$爲一外力函數。再此我們找尋方程式(3.25)的近似解 $v(x)$爲

$$\begin{aligned} v(x) &= \alpha_1\phi_1(x) + \alpha_2\phi_2(x) + \cdots + \alpha_2\phi_2(x) \\ &= \sum_{i=1}^{n} \alpha_i\phi_i(x) \end{aligned} \tag{3.26}$$

其中$\phi_i(x)$爲已知函數，並滿足該方程式的均勻性的邊界條件，α_I 爲欲決定的未知參數。將方程式(3.26)的近似解，代入方程式(3.25)，其結果不會爲零，與眞實解之間的差異，$R(x)$，稱爲殘留函數，並可表示爲

$$R(x) = c\frac{\partial^2 v(x)}{\partial x^2} - F(x) \tag{3.27}$$

當 $v(x)=u(x)$時，其殘留函數爲零。在加權殘留法中，其目的爲找尋近似解 $v(x)$，以至於殘留值越小越好。殘留值的運算有：重置法(collocation)、子區域法(subdomain)、最小平方法(least square)、Galerkin’s 法。再此以簡易的方式說明之，最小化的概念爲

$$\int_D R(x)W_i(x)dx = 0, \qquad i = 0,\ 1, \ldots,\ n \tag{3.28}$$

此處 D 爲物體或結構所包含的區域，$W_i(x)$爲加權函數，依不同加權殘留

法可自行設定。圖 3-3.15(a)顯示方程式(3.28)的示意圖，圖 3-3.15(b)陰影的部分表示近似解與眞實解在 D 的區域內的誤差。

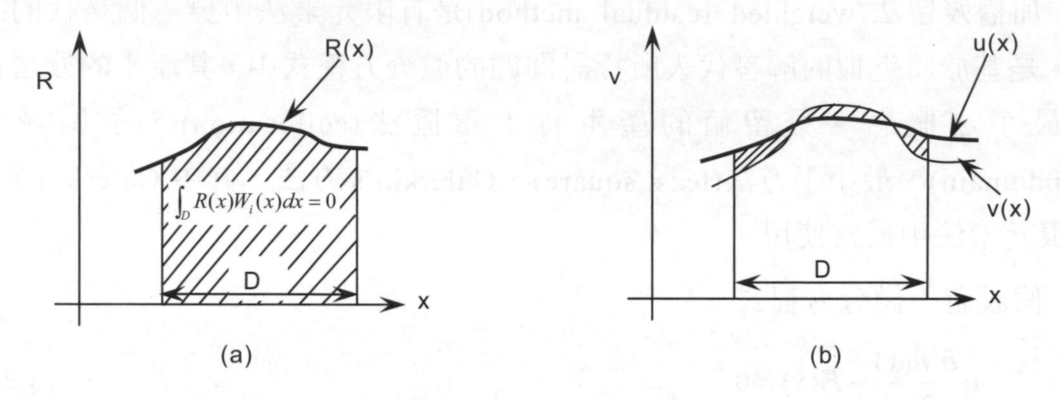

圖 3-3.15 (a)殘留值；(b)真實解與近似解誤差

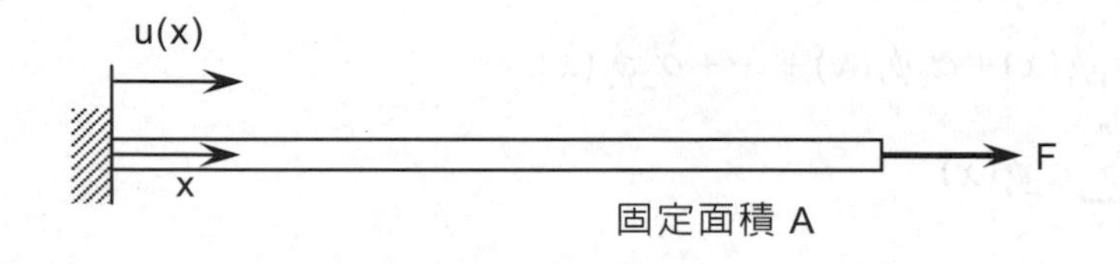

圖 3-3.16 樑結構受力圖

茲舉一例說明，方程式(3.25)爲一度空間樑柱受「力−變形」問題，如圖 3-3.16 所示。一端固定，另一端受力 $F(x)$，其中 $u(x)$爲位移函數，x 爲軸向座標，$c=EA$，E 爲楊氏係數，A 爲截面積。今假設 $EA=1$ 及 $F = 10$，則方程式(3.25)爲

$$\frac{d^2u}{dx^2} = 10 \tag{3.29}$$

其假設解可設爲

$$v(x) = \alpha_1 + \alpha_2 x + \alpha_3 x^2 = \sum \alpha_i \phi_i \tag{3.30}$$

此處$\phi_1=1$、$\phi_2=x$、$\phi_3=x^2$，這些函數必需滿足該問題的邊界條件。殘留函數爲

$$R(x)=\frac{d^2v}{dx^2}-10 \tag{3.31}$$

根據加權殘留法，由方程式(3.25)可得

$$\int_0^L\left(\frac{d^2v}{dx^2}-10\right)W_i(x)dx=0, \quad i=1,\ 2,\ 3 \tag{3.32}$$

或

$$\int_0^L\left(\frac{d^2(\alpha_i\phi_i)}{dx^2}-10\right)W_i(x)dx=0, \quad i=1,\ 2,\ 3 \tag{3.33}$$

其中L爲桿件的長度。將方程式(3.30)對x的二次微分，代入方程式(3.33)可得三個$\alpha_1, \alpha_2, \alpha_3$的聯立方程式爲

$$\begin{aligned}
&\int_0^L\left(\frac{d^2(\alpha_i\phi_i)}{dx^2}-10\right)W_1(x)dx=0\\
&\int_0^L\left(\frac{d^2(\alpha_i\phi_i)}{dx^2}-10\right)W_2(x)dx=0\\
&\int_0^L\left(\frac{d^2(\alpha_i\phi_i)}{dx^2}-10\right)W_3(x)dx=0
\end{aligned} \tag{3.34}$$

其中加權函數爲

$$W_1(x)=1,\ \ W_2(x)=x,\ \ W_3(x)=x^2 \tag{3.35}$$

由方程式(3.34)可解得$\alpha_1, \alpha_2, \alpha_3$，即可獲知近似解$v(x)$。

利用以上的方法，可獲得描述元素行爲的方程式

$$[k]\{q\}=\{f\} \tag{3.36}$$

此時通稱，$[k]$=元素特性矩陣，$\{q\}$=節點未知量向量，$\{f\}$=節點外力負載參數向量。若是固體力學分析，$[k]$=元素剛性矩陣，$\{q\}$=節點位移向量，$\{f\}$=節點外力負載向量。

步驟五　組合元素方程式為整體方程式

我們的目的是獲得整個物體或結構行爲的方程式，然而步驟四僅獲得單一元素的方程式。當獲得單一元素方程式(3.36)後，我們可用遞回的方式將其應用至每一個元素，並組合成整個物體或結構的方程式。

元素組合過程必需滿足一致性或連續性的原理。它需要物體具有連續性，也就是說物體受負載後，相鄰點區域仍然互相保持相鄰。兩個元素相鄰或相接的點其變形相同，如圖 3-3.17(a)所示。由於問題的型式與特性的不同，連續性的情況相異。例如，一個平面的變形，我們可給與變形相同的條件；若彎力距問題，我們可給與變形與斜率相同的條件，如圖 3-3.17(b)所示。

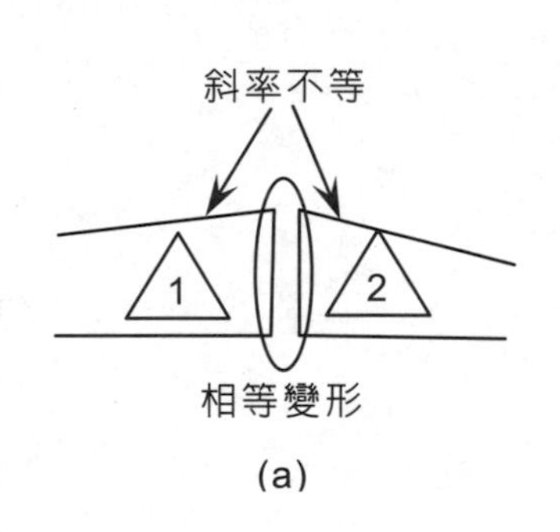

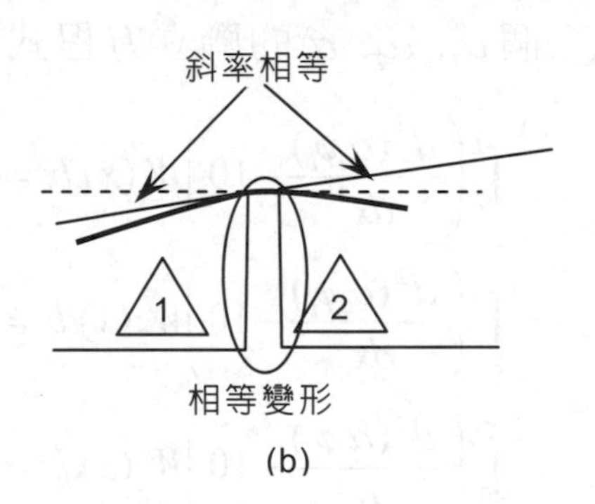

圖 3-3.17　一致性或連續性的示意圖

最後可獲得整個物體或結構的方程式爲

$$[\mathbf{K}]\{\mathbf{u}\}=\{\mathbf{F}\} \tag{3.37}$$

此時通稱，$[\mathbf{K}]$=組合特性矩陣，$\{\mathbf{u}\}$=組合節點未知量向量，$\{\mathbf{F})$=組合節點外力負載參數向量。

邊界條件

到目前爲止，我們獲得方程式(3.37)，爲一個物體或結構的特性，如圖3-3.18(a)所示。方程式(3.37)，告知我們該物體或結構忍受外力的能力。如同它要如何執行它工程的任務(受力後會如何？)，將決定於它所面對問題的環境而定，這個關念稱爲限制(constraints)，應用於工程上的物體或結構，環境或限制稱爲邊界條件(boundary conditions)，當這些條件施於物體或結構上，我們才知道物體或結構的反應。圖 3-3.18(a)所示，無任何邊界條件，物體呈現剛體運動，有無窮多的反應結果，圖 3-3.18(b)、(c)所示，有不同的邊界條件，則有不同的反應結果。

邊界條件是物體受力後邊界的限制或其支撐點，必需存在於一個結構中，使其結構能承受外力。邊界條件的宣告是在其邊界某些區域的節點，給與一個變形量(例如 S_1 區域)，或是變形量梯度的改變(例如 S_2 區域)。邊界條件可分爲：本質(essential)、強迫(forced)、幾何(geometric)邊界條件，此類型是宣告節點具有某種變形量；自然(natural)邊界條件，此類型是宣告節點具有某種變形量的梯度。

爲了反應邊界條件的存在，我們必需修正整體方程式(3.37)，但此時僅限於幾何之邊界條件，修正後的結果爲

$$\left[\bar{\mathbf{K}}\right]\left\{\bar{\mathbf{u}}\right\}=\left\{\bar{\mathbf{F}}\right\} \tag{3.38}$$

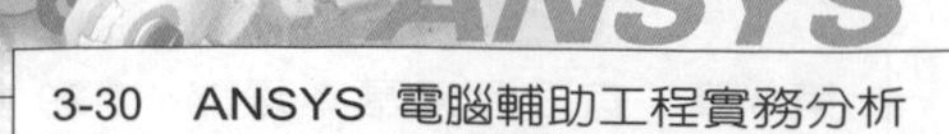

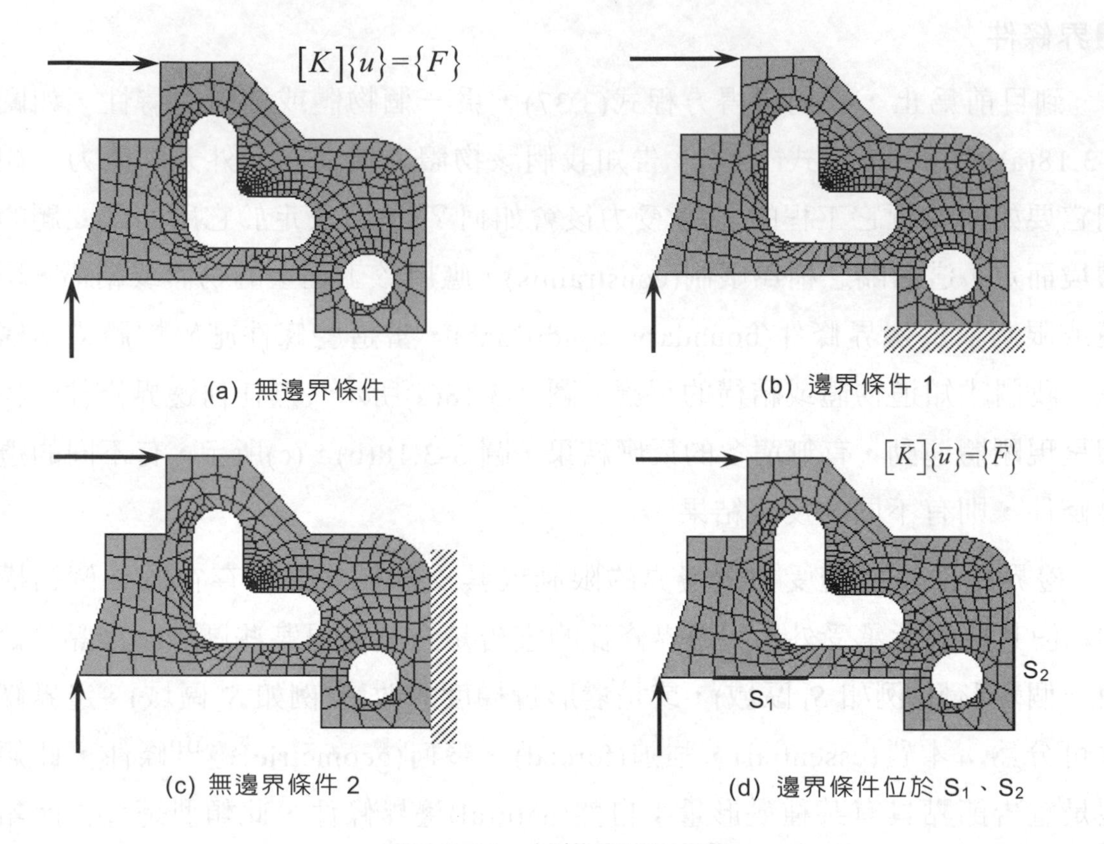

圖 3-3.18 結構的邊界條件

步驟六 解主未知量

方程式(3.38)為一組線性或非線性代數方程式。若是線性，則為下列之標準式

$$\begin{aligned} K_{11}r_1 + K_{12}r_2 + \cdots + K_{1n}r_n &= F_1 \\ K_{21}r_1 + K_{22}r_2 + \cdots + K_{2n}r_n &= F_2 \\ &\vdots \\ K_{n1}r_1 + K_{n2}r_2 + \cdots + K_{nn}r_n &= F_n \end{aligned} \tag{3.39}$$

可用任何的數值分析法，例如高斯消去法(gauss elimination)，解得其解。此時的解稱為主未知量(primary unknowns)，因為它是我們對該物體的方程式(3.38)，所獲得之第一個未知量，同時也是物體中節點自由度的未知量。

步驟七　解導出量或其他物理量

除了節點自由度未知量的獲得之外，一個物體或結構尚有其他的物理量，稱之爲次未知量(secondary unknows)。例如「應力–變形」問題有應變、應力、力距、剪力等；熱傳問題有熱傳速率等。而這些導出量可直接由主未知量求知，例如「應力–變形」問題，方程式(3.19)定義「應變–變形」之關係，方程式(3.20)定義「應力–變形」之關係。

步驟八　結果的檢視

整個有限元素法的過程，最後且重要的目是簡化其結果爲某一型式，並用於分析的探討與設計的改進。其結果可藉由電腦列印出來；可選擇部分區域圖視其變形、應力。

➔ 3-4　1-D 應力–變形

前述爲基本有限元素的步驟，本節將以一度空間「應力–變形」問題說明之。今考慮樑柱(column)、支柱(strut)或桿件(bar)，具有固定截面積及軸向負載，變形發生於垂直 y 方向，探討其變形、應力與應變，圖 3-4.1(a)所示。所以可以將桿件視爲一條線，其軸向剛性 EA 集中於中心線上，如圖 3-4.1(b)所示。其有限元素的步驟與過程如下：

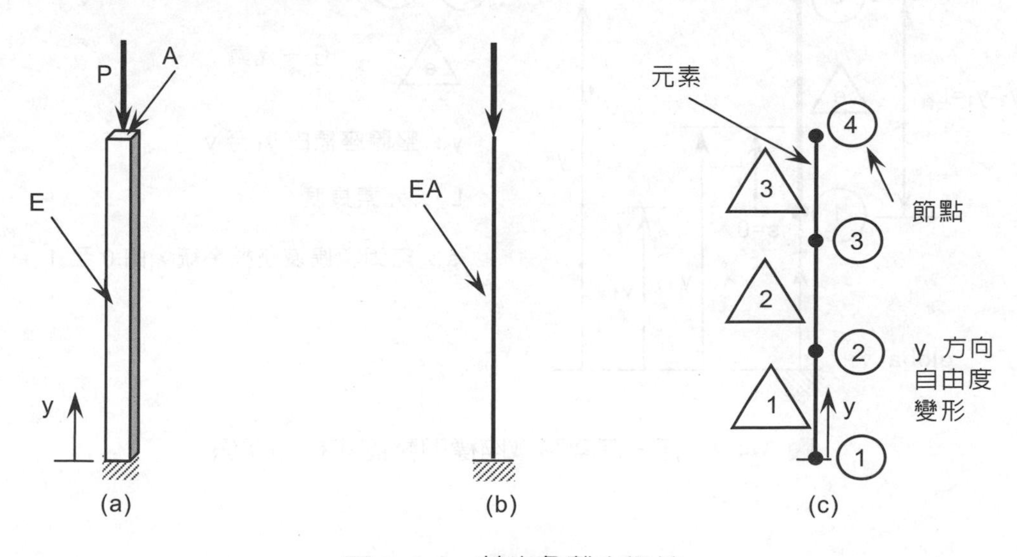

圖 3-4.1　軸向負載之樑柱

步驟一　分割與選擇元素形狀

由問題的描述可將桿件視爲一條線，所以有限元素的形狀爲 1-D 線元素，元素的交點爲節點，爲了方便起件，分別給予有順序之編號，但這不是必要的條件。爲了能進行其他步驟的進行，我們必需有一個座標系統來表示其位置，由於此爲 1-D 的垂直方向問題，只需一個座標，稱爲 y 軸。此 y 軸系統可以描述整個桿件的任何一點的位置，稱爲整體座標(global coordinate)系統，如圖 3-4.1(c)所示。由於每一個元素所在的位置範圍不同，爲了推導出的元素方程式，可供全部元素使用，每一個元素必需設定一個區域座標係統(local coordinate)，以利元素方程式的推導。

1-D 問題的區域與整體座標係統

再此考慮任一元素，圖 3-4.2 所示。節點 1、2 稱爲區域節點號碼，表示構成該元素的順序。y 爲整體座標，以利表示該元素任一點的位置，y_1、y_2 爲整體座標下節點 1、2 的位置；L_e 爲元素長度；$\bar{y}$ 爲以節點 1 爲基準的區域座標。

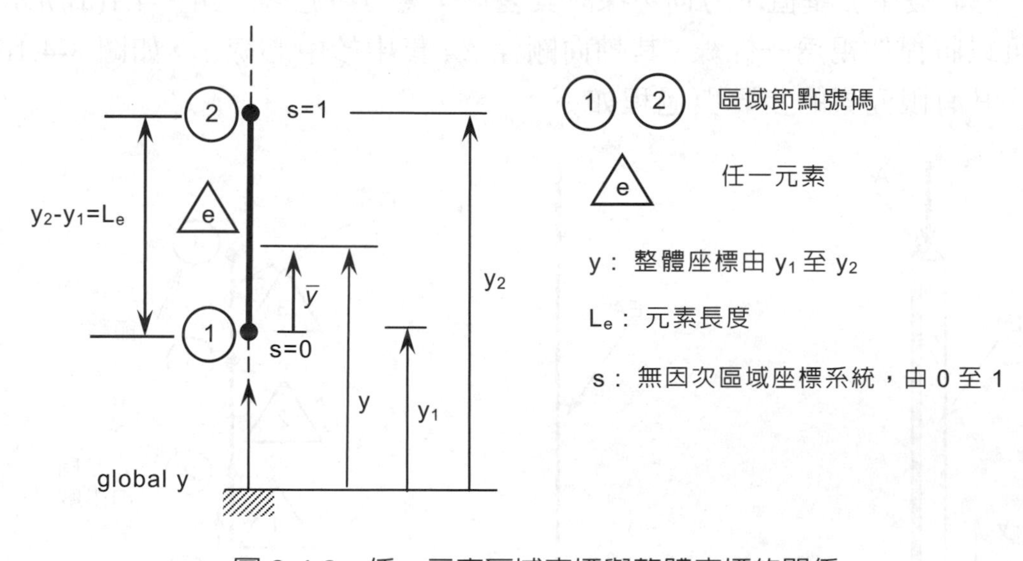

圖 3-4.2　任一元素區域座標與整體座標的關係

由幾何關係可知區域座標與整體座標的關係爲

$$\overline{y} = y - y_1 \tag{3.40}$$

因爲元素長度不固定，設定無因次區域座標 s 爲

$$s = \frac{y - y_1}{y_2 - y_1} = \frac{\overline{y}}{L_e} \tag{3.41}$$

其範圍由 0 至 1。區域座標的原點可位於元素中任何位置，並不會影響最後元素方程式的結果，另一個常使用的原點位置爲元素的中點。

步驟二 選擇適當的變形模式或函數

有限元素法主要的一個概念，爲預先選擇數學函數來代表元素受力後變形的形狀。這表示我們很難找到解析解，所以預測一個適當的數學函數來表示位移的分布。函數的選擇必需滿足該問題的原理、法則、限制條件及邊界條件。

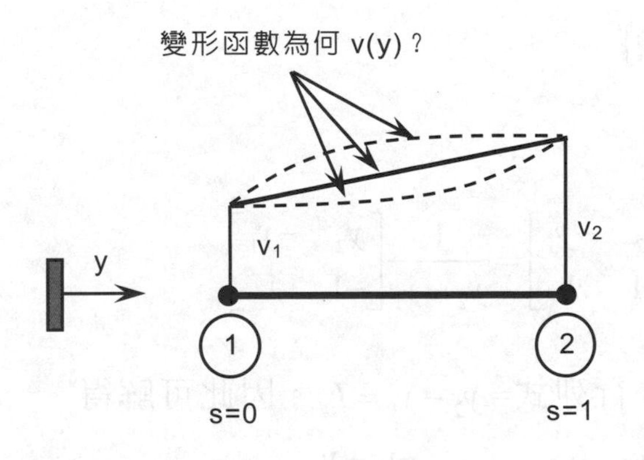

圖 3-4.3 元素的變形函數

如圖 3-4.3 所示，最常使用的函數爲多項式，最簡易表示元素線性變化的位移函數的多項式爲

$$v(y) = \alpha_1 + \alpha_2 y \tag{3.42}$$

或以矩陣型式表示

$$v(y)=\begin{bmatrix}1 & y\end{bmatrix}\begin{Bmatrix}\alpha_1\\ \alpha_2\end{Bmatrix}=[\boldsymbol{\phi}]\{\boldsymbol{\alpha}\} \tag{3.43}$$

此處 y 爲元素上任一點座標；$v(y)$爲元素在 y 位置的變形；α_1, α_2爲通用座標(generalized coordinates)，它包含了節點位於 y_1 與 y_2 位置的位移量 v_1 與 v_2。由方程式(3.42)可知

$$\begin{aligned} v_1 &= \alpha_1+\alpha_2 y_1 \\ v_2 &= \alpha_1+\alpha_2 y_2 \end{aligned} \tag{3.44}$$

或以矩陣型式表示

$$\{\mathbf{q}\}=\begin{Bmatrix}v_1\\ v_2\end{Bmatrix}=\begin{bmatrix}1 & y_1\\ 1 & y_2\end{bmatrix}\begin{Bmatrix}\alpha_1\\ \alpha_2\end{Bmatrix}=[\mathbf{A}]\{\boldsymbol{\alpha}\} \tag{3.45}$$

解得 $\{\boldsymbol{\alpha}\}$ 爲

$$\{\boldsymbol{\alpha}\}=[\mathbf{A}]^{-1}\{\mathbf{q}\} \tag{3.46}$$

此處

$$[\mathbf{A}]^{-1}=\frac{1}{|J|}\begin{bmatrix}y_2 & -y_1\\ -1 & 1\end{bmatrix}=\frac{1}{y_2-y_1}\begin{bmatrix}y_2 & -y_1\\ -1 & 1\end{bmatrix} \tag{3.47}$$

$|J|$稱爲 Jacobian 行列式$=y_2-y_1=L_e$。因此可解得

$$\alpha_1=\frac{y_2v_1-y_1v_2}{L_e}, \qquad \alpha_2=\frac{-v_1+v_2}{L_e} \tag{3.48}$$

由此可知 α 是 y_1, y_2, v_1, v_2 的函數。將方程式(3.48)代入方程式(3.42)，整理可得

$$\begin{aligned} v &= \left(1-\frac{\bar{y}}{L_e}\right)v_1+\frac{\bar{y}}{L_e}v_2=(1-s)v_1+sv_2 \\ &= N_1(s)v_1+N_2(s)v_2 \end{aligned} \tag{3.49}$$

此方程式引導所謂內差函數(interpolation function)的概念，$N_1(s)$與 $N_2(s)$ 稱爲內差形狀(shape)、基準(basis)函數，內差函數具有特性爲其和爲 1，故可知 $N_1 + N_2 = 1$。方程式(3.49)可表示爲矩陣型式

$$v = \begin{bmatrix} 1-s & s \end{bmatrix} \begin{Bmatrix} v_1 \\ v_2 \end{Bmatrix} = \begin{bmatrix} N_1 & N_2 \end{bmatrix} \begin{Bmatrix} v_1 \\ v_2 \end{Bmatrix} = [\mathbf{N}]\{\mathbf{q}\} \tag{3.50}$$

此處 [**N**] 稱爲內差形狀、基準函數矩陣。

內差函數

假設有一組點資料(x_i,y_i)，欲找尋一個函數通過這些點的近似函數爲何？數學上的表示爲

$$y(x) = N_1(x)x_1 + N_2(x)x_2 + \cdots N_i(x)x_1 \tag{3.51}$$

此爲利用內差函數的方法，其中 $N_i(x)$爲內差函數，可利用該組點資料求得。每一個 x_i 值相對應有一個函數 $N_i(x)$，也就是說該近似函數的組成單位爲 $N_i(x)$，每一個單位 $N_i(x)$配合一個權重 x_i，共同組合爲該近似函數。針對方程式(3.42)只有兩個點資料(y_1, v_1), (y_2, v_2)或 s 座標系統($(0, v_1)$, $(1, v_2)$)，其內差函數，如圖 3-4.4 所示，內差函數的特性之一，在一個節點的值爲 1，另一個節點的值 0，$N_1(s)$表示相對於節點 1，$N_2(s)$表示相對於節點 2。

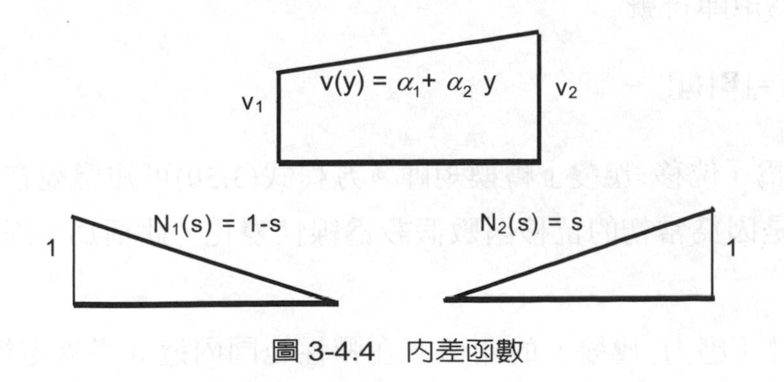

圖 3-4.4 內差函數

步驟三　定義應變-位移與應力-應變的關係

對於「應力-變形」問題，物體承受力的負載，其反應有位移、應變與應力。其中應變爲位移的改變率，「應力-應變」爲材料的本質原理。爲了獲得元素的方程式，因此必需定義位移、應變與應力之間的關係。軸向負載小變形的桿件，「應變-位移」關係爲

$$\varepsilon_y = \frac{dv}{dy} \tag{3.52}$$

此處 ε_y 軸向應變。透過連鎖定理，區域座標下的軸向應變爲

$$\varepsilon_y = \frac{ds}{dy}\frac{dv}{ds} \tag{3.53}$$

方程式(3.41)可知 $ds/dy = 1/L_e$，且方程式(3.50)可知

$$\frac{dv}{ds} = \begin{bmatrix}-1 & 1\end{bmatrix}\begin{Bmatrix}v_1\\ v_2\end{Bmatrix} \tag{3.54}$$

代入方程式(3.53)可得

$$\varepsilon_y = \frac{1}{L_e}\begin{bmatrix}-1 & 1\end{bmatrix}\begin{Bmatrix}v_1\\ v_2\end{Bmatrix} \tag{3.55}$$

或表示爲矩陣符號

$$\{\boldsymbol{\varepsilon}_\mathbf{y}\} = [\mathbf{B}]\{\mathbf{q}\} \tag{3.56}$$

此處[**B**]爲「位移-應變」轉換矩陣。方程式(3.50)可知應變在該元素爲一固定值，這是因爲當初的位移函數假設爲線性變化，此稱爲「固定應變線元素」。

接著探討「應力-應變」的關係，在彈性範圍內遵守虎克定律，故可知

$$\sigma_y = E_y \varepsilon_y \tag{3.57}$$

或表示爲矩陣符號

$$\left\{\boldsymbol{\sigma}_{\mathbf{y}}\right\}=[\mathbf{C}]\{\boldsymbol{\varepsilon}_{\mathbf{y}}\} \tag{3.58}$$

此處[C]爲應力-應變關係矩陣，由於單方向之故，該矩陣剛好爲一純量 E_y，若爲 3-D 問題則該矩陣爲 6×6 的大小。方程式(3.56)代入方程式(3.58)可得應力以$\{\mathbf{q}\}$的表示式

$$\left\{\boldsymbol{\sigma}_{\mathbf{y}}\right\}=[\mathbf{C}][\mathbf{B}]\{\mathbf{q}\} \tag{3.59}$$

至此我們可知，應力與應變皆表示爲$\{\mathbf{q}\}$，$\{\mathbf{q}\}^T=[v_1,v_2]$爲節點的變形未知量，當獲得位移未知量，則應力與應變便可求知。

步驟四　推導元素方程式

元素方程式推導的方法很多，本問題元素方程式的推導採用最小位能法。今考慮一個元素受到不同類型的軸向力，如圖 3-4.5 所示。所考慮的各項外力如下：

$\overline{T}_{yA}$=每單位面積的表面拉力

$\overline{Y}$=每單位體積的實體外力(body force)

F_1、F_2=節點 1、2 的集中力

其中實體外力爲重力效應，雖然重力效應向下爲正，但爲了配合 y 軸向上爲正，所以所有的外力皆以正方向表示。在此情況下，元素的位能爲

$$\Pi=U-W \tag{3.60}$$

其中爲 Π 位能，U 爲應變能，W 外力位能。

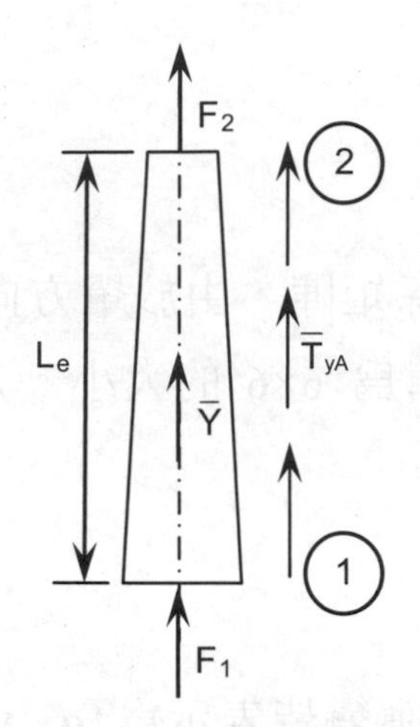

圖 3-4.5 元素的變形函數

詳細的位能表示式爲

$$\Pi = \iiint_V \frac{1}{2}\sigma_y \varepsilon_y dV - \iiint_V \overline{Y}\, v\, dV - \iint_S \overline{T}_{yA}\, v\, dS - \sum_{i=1}^{2} F_i\, v_i \tag{3.61}$$

此處 V 爲體積，S 爲表面拉力所施加的面積。第一項爲應變能，第二項爲實體外力的位能，第三項爲表面拉力的位能，第四項爲集中力的位能。假設固定截面積 A，則方程式(3.61)可簡化爲

$$\Pi = \frac{A}{2}\int_{y_1}^{y_2} \sigma_y \varepsilon_y\, dy - A\int_{y_1}^{y_2} \overline{Y}\, v\, dy - \int_{y_1}^{y_2} \overline{T}_y\, v\, dy - \sum_{i=1}^{2} F_i\, v_i \tag{3.62}$$

其中 A 爲截面積，$\overline{T}_{yA}$ 變更爲 $\overline{T}_y$=每單位長度的表面拉力。透過方程式(3.41)的微分，$dy = L_e ds$，在區域座標下方程式(3.62)可表示爲

$$\Pi = \frac{AL_e}{2}\int_0^1 \sigma_y \varepsilon_y\, ds - AL_e\int_0^1 \overline{Y}\, v\, ds - L_e\int_0^1 \overline{T}_y\, v\, ds - \sum_{i=1}^{2} F_i\, v_i \tag{3.63}$$

將方程式(3.50), $v = [\mathbf{N}]\{\mathbf{q}\}$；方程式(3.56), $\{\boldsymbol{\varepsilon}_\mathbf{y}\} = [\mathbf{B}]\{\mathbf{q}\}$；方程式(3.59), $\{\boldsymbol{\sigma}_\mathbf{y}\} = [\mathbf{C}][\mathbf{B}]\{\mathbf{q}\}$,代入方程式(3.63)中可得

$$\begin{aligned}\Pi = {} & \frac{AL_e}{2}\int_0^1 \{\mathbf{q}\}^T [\mathbf{B}]^T [\mathbf{C}]\, [\mathbf{B}]\{\mathbf{q}\}\, ds - AL_e\int_0^1 [\mathbf{N}]\{\mathbf{q}\}\overline{Y}\, ds - \\ & L_e\int_0^1 [\mathbf{N}]\{\mathbf{q}\}\overline{T}_y\, ds - \sum_{i=1}^{2} F_i\, v_i\end{aligned} \tag{3.64}$$

此時　$\overline{T}_y$ 與 $\overline{Y}$ 不隨位置而改變之均勻負載。

詳細的位能第一項次為：

$$\begin{aligned} U &= \frac{AL_e}{2}\int_0^1 [v_1 \ \ v_2]\frac{1}{L_e}\begin{Bmatrix}-1\\ 1\end{Bmatrix} E\frac{1}{L_e}[-1 \ \ 1]\begin{Bmatrix}v_1\\ v_2\end{Bmatrix} ds \\ &= \frac{AE}{2L_e}\int_0^1 \left(v_1^2 - 2v_1v_2 + v_2^2\right) ds \end{aligned} \tag{3.65}$$

詳細的位能第二項次為：

$$W_Y = AL_e\overline{Y}\int_0^1 \left[(1-s)v_1 + sv_2\right] ds \tag{3.66}$$

詳細的位能第三項次為：

$$W_{\overline{T}_y} = L_e\overline{T}_y\int_0^1 \left[(1-s)v_1 + sv_2\right] ds \tag{3.67}$$

詳細的位能第四項次為：

$$W_F = F_1\, v_1 + F_2\, v_2 \tag{3.68}$$

此時元素位能表示為節點 1、2 的未知量 v_1, v_2，也就是位能函數為 v_1, v_2 變數，$\Pi = f(v_1, v_2)$，其表示為

$$\begin{aligned} \Pi &= \frac{AE}{2L_e}\int_0^1 \left(v_1^2 - 2v_1v_2 + v_2^2\right) ds - AL_e\overline{Y}\int_0^1 \left[(1-s)v_1 + sv_2\right] ds \\ &\quad - L_e\overline{T}_y\int_0^1 \left[(1-s)v_1 + sv_2\right] ds - F_1\, v_1 - F_2\, v_2 \end{aligned} \tag{3.69}$$

由最小位能函數原理可知，位能函數分別對其變數 v_1、v_2 的偏微分為零，由於 v_1、v_2 與積分變數 s 無關，所以偏微分的過程，在積分前、後都不影響其結果，此處採用偏微分的過程在積分前，可得

$$\begin{aligned} \frac{\delta\Pi}{\delta v_1} &= \frac{AE}{2L_e}\int_0^1 (\,2v_1 - 2v_2)\, ds - AL_e\overline{Y}\int_0^1 (1-s)ds - \overline{T}_y L_e\int_0^1 (1-s)\, ds \ - F_1 = 0 \\ \frac{\delta\Pi}{\delta v_2} &= \frac{AE}{2L_e}\int_0^1 (\text{-}2v_1 + 2v_2)\, ds - AL_e\overline{Y}\int_0^1 \ s\, ds - \overline{T}_y L_e\int_0^1 \ s\, ds \ - F_2 = 0 \end{aligned} \tag{3.70}$$

最後積分後可得

$$
\begin{aligned}
&\frac{AE}{L_e}(v_1 - v_2) - \frac{AL_e\overline{Y}}{2} - \frac{\overline{T}_y L_e}{2} - F_1 = 0 \\
&\frac{AE}{L_e}(-v_1 + v_2) - \frac{AL_e\overline{Y}}{2} - \frac{\overline{T}_y L_e}{2} - F_2 = 0
\end{aligned}
\tag{3.71}
$$

或表示爲矩陣

$$
\frac{AE}{L_e}\begin{bmatrix} 1 & -1 \\ -1 & 1 \end{bmatrix}\begin{Bmatrix} v_1 \\ v_2 \end{Bmatrix} = \frac{AL_e\overline{Y}}{2}\begin{Bmatrix} 1 \\ 1 \end{Bmatrix} + \frac{\overline{T}_y L_e}{2}\begin{Bmatrix} 1 \\ 1 \end{Bmatrix} + \begin{Bmatrix} F_1 \\ F_2 \end{Bmatrix}
\tag{3.72}
$$

或

$$
[\mathbf{k}]\{\mathbf{q}\} = \{\mathbf{f}\}
\tag{3.73}
$$

此處 $[\mathbf{k}]$ 爲元素剛性矩陣，$\{\mathbf{q}\}$ 爲節點位移，$\{\mathbf{f}\}$ 爲元素負載向量，與方程式(3.4)相同型式，這也說明有限元素法中元素方程式以方程式(3.73)方式呈現。值得提醒的是對均勻性的分布力而言，$AL_e\overline{Y}$ 爲整個實體力，$\overline{T}_y L_e$ 爲整個表面拉力，在有限元素法中是將其均分且集中至兩個節點上。

步驟五　組合為整體方程式(直接法)

元素的組合，本問題採用直接法爲例說明之。圖 3-4.6(a)爲整體結構示意圖，其中實線圓圈表示整體節點的號碼，v_i(i=1,2,3,4)表示各節點的位移，虛線圓圈表示每一個元素區域節點的號碼，皆爲 1、2，v_i^j 表示各元素節點的位移，下標代表節點的號碼(i=1,2)，上標代表元素的號碼(j=1,2,3)，每一個元素具有不同的特性 A_j, E_j, L_{ej} (j=1,2,3)。

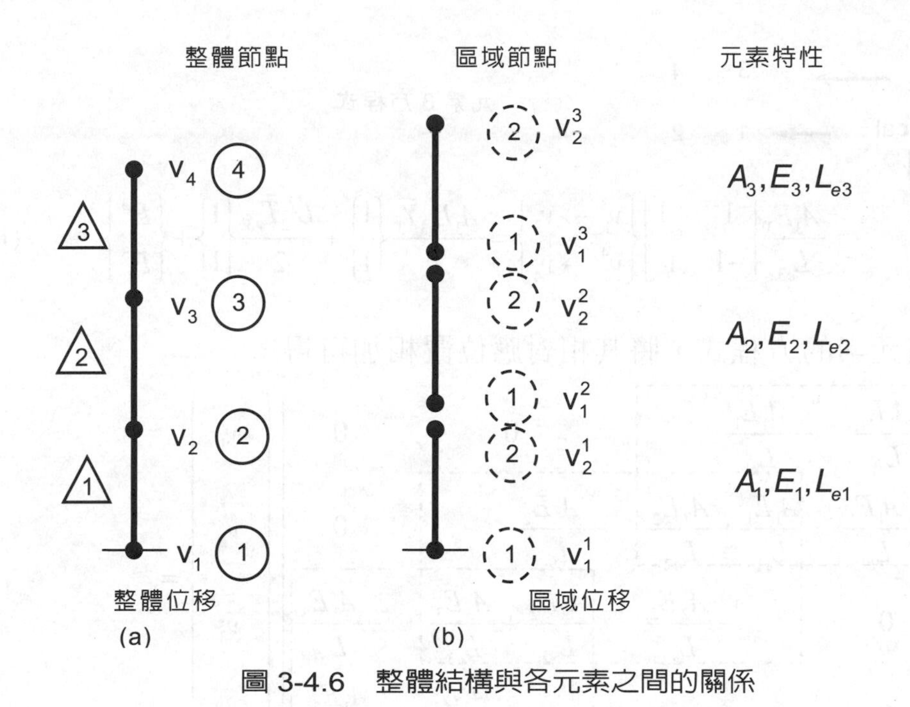

圖 3-4.6　整體結構與各元素之間的關係

由圖 3-4.6 可知，整體結構中的第二節點、元素一的第二節點與元素二的第一節點是相同點，其位移量相同，因此直接法是將元素 i 與元素 j 的共同點的資料相加，如下所示：

global → 1 2　　元素 1 方程式

local → 1 2

global ↓ 1, 2；local ↓ 1, 2

$$\frac{A_1E_1}{L_{e1}}\begin{bmatrix}1 & -1\\ -1 & 1\end{bmatrix}\begin{Bmatrix}v_1^1 \to v_1\\ v_2^1 \to v_2\end{Bmatrix}=\frac{A_1L_{e1}\bar{Y}_1}{2}\begin{Bmatrix}1\\1\end{Bmatrix}+\frac{L_{e1}\bar{T}_{y1}}{2}\begin{Bmatrix}1\\1\end{Bmatrix}+\begin{Bmatrix}F_1^1\\F_2^1\end{Bmatrix} \tag{E1}$$

global →　　元素 2 方程式

local → 1 2

global ↓ 2, 3；local ↓ 1, 2

$$\frac{A_2E_2}{L_{e2}}\begin{bmatrix}1 & -1\\ -1 & 1\end{bmatrix}\begin{Bmatrix}v_1^2 \to v_2\\ v_2^2 \to v_3\end{Bmatrix}=\frac{A_2L_{e2}\bar{Y}_2}{2}\begin{Bmatrix}1\\1\end{Bmatrix}+\frac{L_{e2}\bar{T}_{y2}}{2}\begin{Bmatrix}1\\1\end{Bmatrix}+\begin{Bmatrix}F_1^2\\F_2^2\end{Bmatrix} \tag{E2}$$

元素 3 方程式

global → 3 4

local → 1 2

$$\begin{matrix} 3 & 1 \\ 4 & 2 \end{matrix}\qquad \frac{A_3E_3}{L_{e3}}\begin{bmatrix} 1 & -1 \\ -1 & 1 \end{bmatrix}\begin{Bmatrix} v_1^3 \to v_3 \\ v_2^4 \to v_4 \end{Bmatrix} = \frac{A_3L_{e3}\bar{Y}_3}{2}\begin{Bmatrix} 1 \\ 1 \end{Bmatrix} + \frac{L_{e2}\bar{T}_{y3}}{2}\begin{Bmatrix} 1 \\ 1 \end{Bmatrix} + \begin{Bmatrix} F_1^3 \\ F_2^3 \end{Bmatrix} \tag{E3}$$

將三個元素的方程式，將其相對應位置相加可得

$$\begin{bmatrix} \frac{A_1E_1}{L_{e1}} & -\frac{A_1E_1}{L_{e1}} & 0 & 0 \\ -\frac{A_1E_1}{L_{e1}} & \frac{A_1E_1}{L_{e1}}+\frac{A_2E_2}{L_{e2}} & -\frac{A_2E_2}{L_{e2}} & 0 \\ 0 & -\frac{A_2E_2}{L_{e2}} & \frac{A_2E_2}{L_{e2}}+\frac{A_3E_3}{L_{e3}} & -\frac{A_3E_3}{L_{e3}} \\ 0 & 0 & -\frac{A_3E_3}{L_{e3}} & \frac{A_3E_3}{L_{e3}} \end{bmatrix}\begin{Bmatrix} v_1 \\ v_2 \\ v_3 \\ v_4 \end{Bmatrix} = \begin{Bmatrix} \frac{A_1L_{e1}\bar{Y}_1}{2}+\frac{L_{e1}\bar{T}_{y1}}{2}+F_1^1 \\ \frac{A_1L_{e1}\bar{Y}_1}{2}+\frac{L_{e1}\bar{T}_{y1}}{2}+F_2^1+\frac{A_2L_{e2}\bar{Y}_2}{2}+\frac{L_{e2}\bar{T}_{y2}}{2}+F_1^2 \\ \frac{A_2L_{e2}\bar{Y}_2}{2}+\frac{L_{e2}\bar{T}_{y2}}{2}+F_2^2+\frac{A_3L_{e3}\bar{Y}_3}{2}+\frac{L_{e3}\bar{T}_{y3}}{2}+F_1^3 \\ \frac{A_3L_{e3}\bar{Y}_3}{2}+\frac{L_{e3}\bar{T}_{y3}}{2}+F_2^3 \end{Bmatrix} \tag{3.74}$$

針對負載向量而言，F_1^1代表第一節點的外力，F_2^1, F_1^2分別代表第一元素第二節點與第二元素第一節點的外力，此時是指當元素分割後的結果，如同自由體之力系圖，當整合後 $F_2^1 + F_1^2$ 代表第二節點的實質外力。同理 $F_2^2 + F_1^3$ 代表第三節點的實質外力，F_2^3代表第四節點的外力。此時的系統方程式表示矩陣爲

$$[\mathbf{K}]\{\mathbf{u}\} = \{\mathbf{F}\} \tag{3.75}$$

當獲得系統方程式後，必需加入限制條件，使我們該物體或結構忍受外力的能力。此處由於第一節點的位移爲零，稱爲幾何邊界條件，直接將第一行與第一列刪除，可得

$$\begin{bmatrix} \frac{A_1E_1}{L_{e1}}+\frac{A_2E_2}{L_{e2}} & -\frac{A_2E_2}{L_{e2}} & 0 \\ -\frac{A_2E_2}{L_{e2}} & \frac{A_2E_2}{L_{e2}}+\frac{A_3E_3}{L_{e3}} & -\frac{A_3E_3}{L_{e3}} \\ 0 & -\frac{A_3E_3}{L_{e3}} & \frac{A_3E_3}{L_{e3}} \end{bmatrix} \begin{Bmatrix} v_2 \\ v_3 \\ v_4 \end{Bmatrix} = \begin{Bmatrix} \frac{A_1L_{e1}\overline{Y}_1}{2}+\frac{L_{e1}\overline{T}_{y1}}{2}+F_2^1+\frac{A_2L_{e2}\overline{Y}_2}{2}+\frac{L_{e2}\overline{T}_{y2}}{2}+F_1^2 \\ \frac{A_2L_{e2}\overline{Y}_2}{2}+\frac{L_{e2}\overline{T}_{y2}}{2}+F_2^2+\frac{A_3L_{e3}\overline{Y}_3}{2}+\frac{L_{e3}\overline{T}_{y3}}{2}+F_1^3 \\ \frac{A_3L_{e3}\overline{Y}_3}{2}+\frac{L_{e3}\overline{T}_{y3}}{2}+F_2^3 \end{Bmatrix} \tag{3.76}$$

此時的系統方程式，加入邊界條件後，表示矩陣爲

$$\left[\overline{\mathbf{K}}\right]\left\{\overline{\mathbf{u}}\right\}=\left\{\overline{\mathbf{F}}\right\} \tag{3.77}$$

步驟六　解主未知量：節點位移

方程式(3.77)爲一組線性代數方程式，因爲 K_{ij} 由材料特性 E 與幾何特性 L_e、A 所組成，並爲固定值，可用任何的數值分析法，例如高斯消去法。今以範例說明之。

【範例 3-3】

樑柱如圖所示，長度爲 300 mm，均分爲三個元素，其中 E=100 N/mm^2、A=100 mm^2、$\bar{T}_y$=1 N/mm，$\bar{Y}$=5×10^{-3} N/mm^3，求系統之反應。

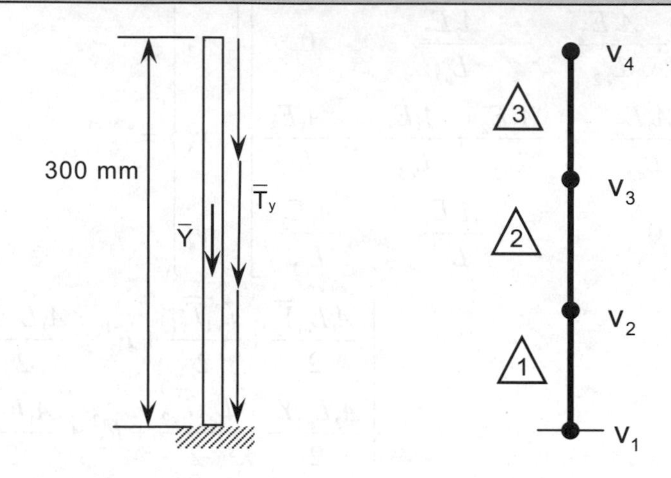

由方程式(E1)可知元素方程式爲

$$\frac{100\times100}{100}\begin{bmatrix}1 & -1\\ -1 & 1\end{bmatrix}\begin{Bmatrix}v_1\\ v_2\end{Bmatrix}=-\frac{100\times100\times5\times10^{-3}}{2}\begin{Bmatrix}1\\ 1\end{Bmatrix}-\frac{100\times1}{2}\begin{Bmatrix}1\\ 1\end{Bmatrix}$$

或

$$\begin{bmatrix}100 & -100\\ -100 & 100\end{bmatrix}\begin{Bmatrix}v_1\\ v_2\end{Bmatrix}=-\begin{Bmatrix}25\\ 25\end{Bmatrix}-\begin{Bmatrix}50\\ 50\end{Bmatrix}$$

組合方程式爲

$$\begin{bmatrix}100 & -100 & 0 & 0\\ -100 & 200 & -100 & 0\\ 0 & -100 & 200 & -100\\ 0 & 0 & -100 & 100\end{bmatrix}\begin{Bmatrix}v_1\\ v_2\\ v_3\\ v_4\end{Bmatrix}=-\begin{Bmatrix}25\\ 50\\ 50\\ 25\end{Bmatrix}-\begin{Bmatrix}50\\ 100\\ 100\\ 50\end{Bmatrix}$$

加入限制條件 v_1=0 後

$$\begin{bmatrix} 200 & -100 & 0 \\ -100 & 200 & -100 \\ 0 & -100 & 100 \end{bmatrix} \begin{Bmatrix} v_2 \\ v_3 \\ v_4 \end{Bmatrix} = -\begin{Bmatrix} 150 \\ 150 \\ 75 \end{Bmatrix}$$

最後解得

$$v_2 = -3.75 \text{ mm},\ v_3 = -6 \text{ mm},\ v_4 = -6.75 \text{ mm}$$

【範例 3-4】

樑柱如圖所示，長度為 300 mm，均分為三個元素，其中 E=100 N/mm^2、A=100 mm^2，頂端受拉力 100 N，v_1=0，求系統之反應。

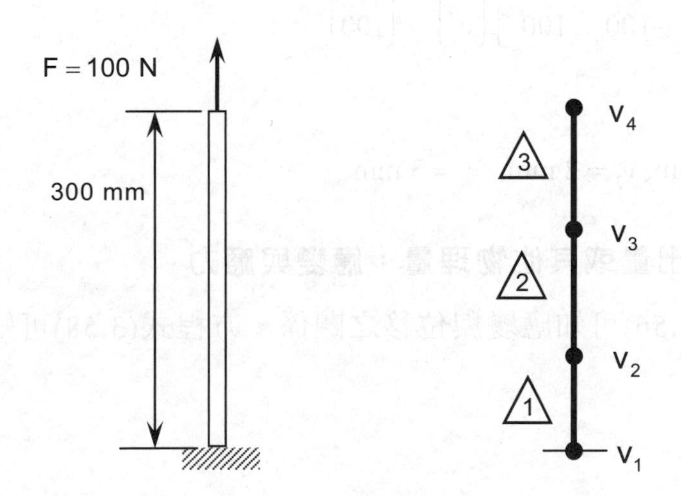

由方程式(E1)，可知元素 1、2 的方程式為

$$\frac{100 \times 100}{100} \begin{bmatrix} 1 & -1 \\ -1 & 1 \end{bmatrix} \begin{Bmatrix} v_1 \\ v_2 \end{Bmatrix} = \begin{Bmatrix} 0 \\ 0 \end{Bmatrix}$$

元素 3 的方程式為

$$\begin{bmatrix} 100 & -100 \\ -100 & 100 \end{bmatrix} \begin{Bmatrix} v_3 \\ v_4 \end{Bmatrix} = \begin{Bmatrix} 0 \\ 100 \end{Bmatrix}$$

組合方程式為

$$\begin{bmatrix} 100 & -100 & 0 & 0 \\ -100 & 200 & -100 & 0 \\ 0 & -100 & 200 & -100 \\ 0 & 0 & -100 & 100 \end{bmatrix} \begin{Bmatrix} v_1 \\ v_2 \\ v_3 \\ v_4 \end{Bmatrix} = \begin{Bmatrix} 0 \\ 0 \\ 0 \\ 100 \end{Bmatrix}$$

加入限制條件後

$$\begin{bmatrix} 200 & -100 & 0 \\ -100 & 200 & -100 \\ 0 & -100 & 100 \end{bmatrix} \begin{Bmatrix} v_2 \\ v_3 \\ v_4 \end{Bmatrix} = \begin{Bmatrix} 0 \\ 0 \\ 100 \end{Bmatrix}$$

最後解得

$$v_2 = 1 \text{ mm},\ v_3 = 2 \text{ mm},\ v_4 = 3 \text{ mm}$$

步驟七　解導出量或其他物理量：應變與應力

由方程式(3.56)可知應變與位移之關係，方程式(3.58)可知應力與應變之關係。

【範例 3-3 續】求應變與應力

元素 1 的應變量

$$\varepsilon_y(1) = \frac{1}{100}\begin{bmatrix} -1 & 1 \end{bmatrix} \begin{Bmatrix} 0 \\ -3.75 \end{Bmatrix} = -0.00375$$

元素 2 的應變量

$$\varepsilon_y(2) = \frac{1}{100}\begin{bmatrix} -1 & 1 \end{bmatrix} \begin{Bmatrix} -3.75 \\ -6 \end{Bmatrix} = -0.00225$$

元素 3 的應變量

$$\varepsilon_y(3) = \frac{1}{100}\begin{bmatrix}-1 & 1\end{bmatrix}\begin{Bmatrix}-6 \\ -6.75\end{Bmatrix} = -0.00075$$

元素 1 的應應力

$$\sigma_y(1) = 100 \times (-0.00375) = -0.375 \text{ Mpa}$$

元素 2 的應應力

$$\sigma_y(2) = 100 \times (-0.00225) = -0.225 \text{ Mpa}$$

元素 3 的應應力

$$\sigma_y(3) = 100 \times (-0.00075) = -0.075 \text{ Mpa}$$

【範例 3-4 續】求應變與應力

元素 1 的應變量

$$\varepsilon_y(1) = \frac{1}{100}\begin{bmatrix}-1 & 1\end{bmatrix}\begin{Bmatrix}0 \\ 1\end{Bmatrix} = 0.01$$

元素 2 的應變量

$$\varepsilon_y(2) = \frac{1}{100}\begin{bmatrix}-1 & 1\end{bmatrix}\begin{Bmatrix}1 \\ 2\end{Bmatrix} = 0.01$$

元素 3 的應變量

$$\varepsilon_y(3) = \frac{1}{100}\begin{bmatrix}-1 & 1\end{bmatrix}\begin{Bmatrix}2 \\ 3\end{Bmatrix} = 0.01$$

元素 1 的應應力

$$\sigma_y(1) = 100 \times (0.01) = 1 \text{ Mpa}$$

元素 2 的應應力

$$\sigma_y(2) = 100 \times (0.01) = 1 \text{ Mpa}$$

元素 3 的應應力

$$\sigma_y(3) = 100 \times (0.01) = 1 \text{ Mpa}$$

步驟八　結果的檢視

整個有限元素法的過程，最後且重要的目是簡化其結果為某一型式，例如圖型顯示。

【範例 3-4 續】圖示結果

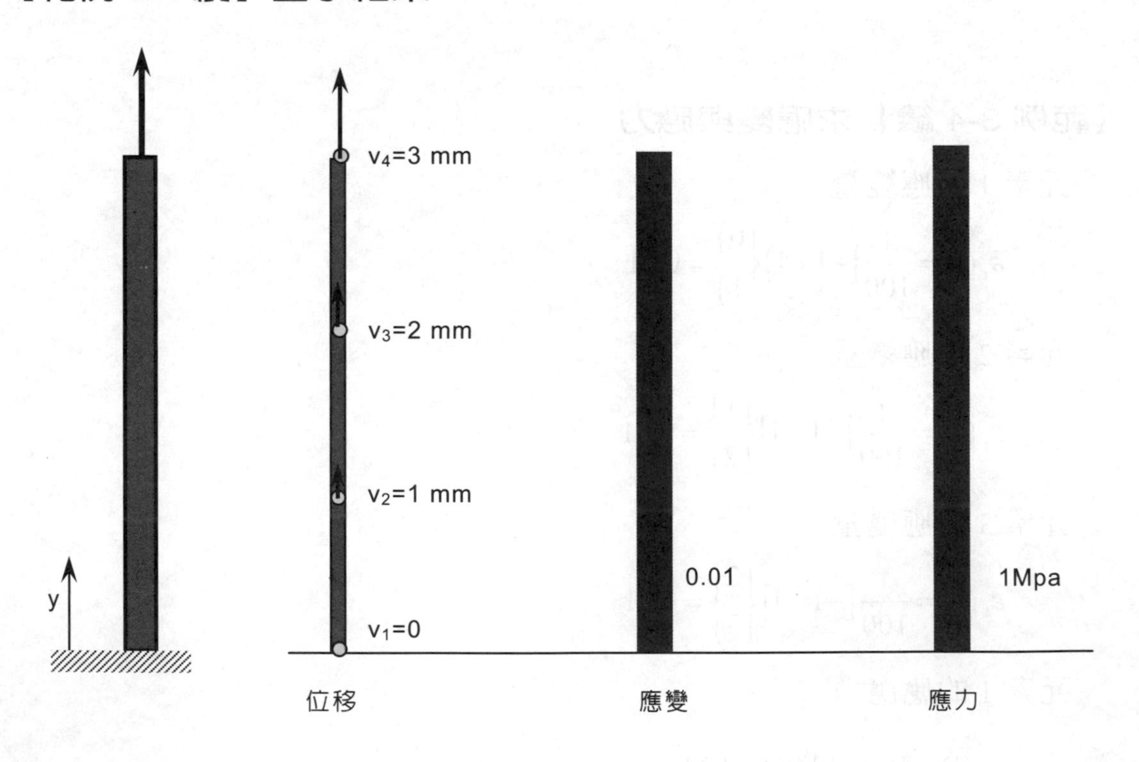

➔ 3-5　1-D 樑元素

本節簡略說明材料力學的樑結構(beam structure)，如圖 3-5.1 所示。負載有 y 方向的集中力與分布力，假設小變形並僅發生於 y 方向，由於位移與樑的軸向垂直，又稱爲橫向變形(transverse deformation)，此爲材料力學所探討的樑結構。

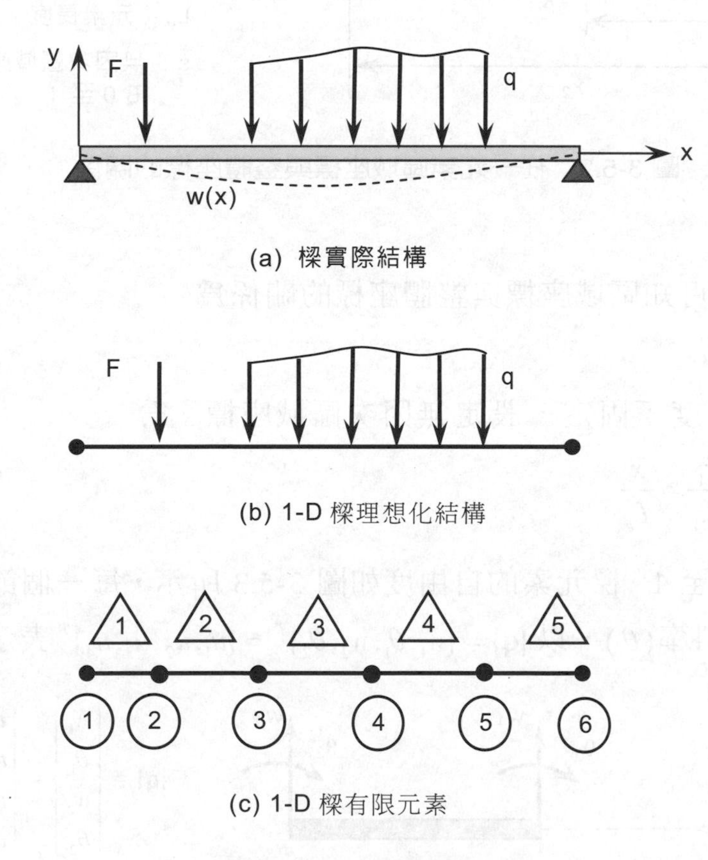

圖 3-5.1　樑結構示意圖

步驟一　分割與選擇元素形狀

材料力學所探討樑的變形，僅考慮中性軸，故可將樑視爲一條線，所以有限元素的形狀爲 1-D 線元素。再此考慮任一元素，圖 3-5.2 所示。節點 1、2 稱爲區域節點號碼，表示構成該元素的順序。x 爲整體座標，表示該元素任一點的位置，x_1、x_2 爲區域節點整體座標下節點 1、2 的位置；L_e 爲元素長度；$\bar{x}$ 為以節點 1 為基準的區域座標。

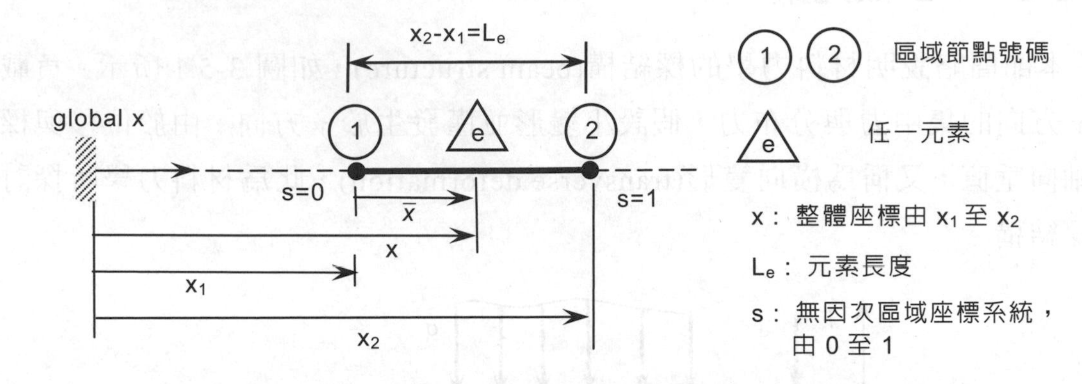

圖 3-5.2　任一元素區域座標與整體座標的關係

由幾何關係可知區域座標與整體座標的關係為

$$\bar{x} = x - x_1 \tag{3.78}$$

因為元素長度不固定，設定無因次區域座標 s 為

$$s = \frac{x - x_1}{x_2 - x_1} = \frac{\bar{x}}{L_e} \tag{3.79}$$

其範為由 0 至 1。樑元素的自由度如圖 3-5.3 所示，每一個節點有橫向位移(w)，與變形斜率(θ)，以 $\{\mathbf{q}\} = \{w_1, \theta_1, w_2, \theta_2\}^T = \{u_1, u_2, u_3, u_4\}^T$ 表示之。

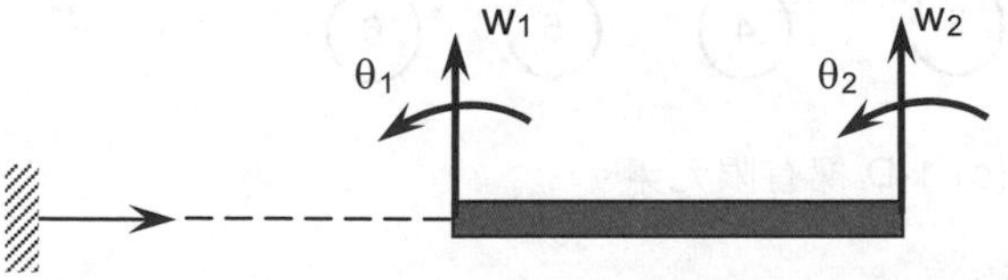

w_1　θ_1　w_2　θ_2

$$\{\mathbf{q}\} = \begin{Bmatrix} w_1 \\ \theta_1 \\ w_2 \\ \theta_2 \end{Bmatrix} = \begin{Bmatrix} u_1 \\ u_2 \\ u_3 \\ u_4 \end{Bmatrix}$$

圖 3-5.3　元素自由度

步驟二 選擇適當的變形模式或函數

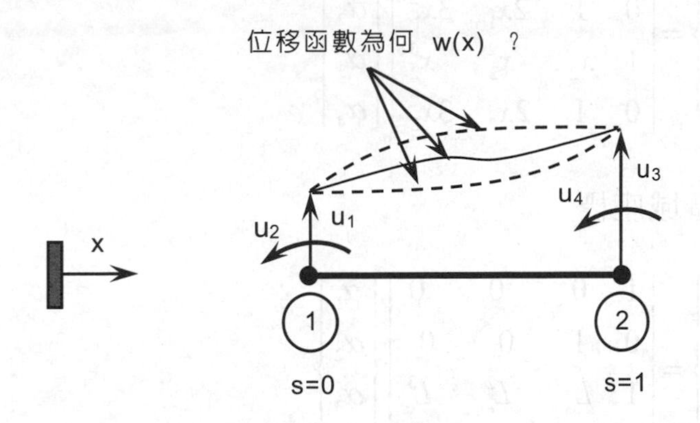

圖 3-5.4 元素的變形函數

如圖 3-5.4 所示，由於有四個條件，元素位移函數的多項式爲

$$w(x) = \alpha_1 + \alpha_2 x + \alpha_3 x^2 + \alpha_4 x^3 \tag{3.80}$$

或表示爲矩陣型式

$$w(x) = \begin{bmatrix} 1 & x & x^2 & x^3 \end{bmatrix} \begin{Bmatrix} \alpha_1 \\ \alpha_2 \\ \alpha_3 \\ \alpha_4 \end{Bmatrix} = [\boldsymbol{\phi}]\{\boldsymbol{\alpha}\} \tag{3.81}$$

此處 x 爲元素上任一點位置的座標；$w(x)$爲元素受力後的位移函數。由於變形斜率爲位移函數的微分，由方程式(3.80)，及代入各節點的條件可得

$$\begin{aligned} u_1 &= \alpha_1 + \alpha_2 x_1 + \alpha_3 x_1^2 + \alpha_4 x_1^3 \\ u_2 &= \alpha_2 + 2\alpha_3 x_1 + 3\alpha_4 x_1^2 \\ u_3 &= \alpha_1 + \alpha_2 x_2 + \alpha_3 x_2^2 + \alpha_4 x_2^3 \\ u_4 &= \alpha_2 + 2\alpha_3 x_2 + 3\alpha_4 x_2^2 \end{aligned} \tag{3.82}$$

或表示爲矩陣型式

$$\{\mathbf{q}\}=\begin{Bmatrix}u_1\\u_2\\u_3\\u_4\end{Bmatrix}=\begin{bmatrix}1 & x_1 & x_1^2 & x_1^3\\0 & 1 & 2x_1 & 3x_1^2\\1 & x_2 & x_2^2 & x_2^3\\0 & 1 & 2x_2 & 3x_2^2\end{bmatrix}\begin{Bmatrix}\alpha_1\\\alpha_2\\\alpha_3\\\alpha_4\end{Bmatrix} \tag{3.83}$$

將其表示爲區域座標

$$\{\mathbf{q}\}=\begin{Bmatrix}u_1\\u_2\\u_3\\u_4\end{Bmatrix}=\begin{bmatrix}1 & 0 & 0 & 0\\0 & 1 & 0 & 0\\1 & L_e & L_e^2 & L_e^3\\0 & 1 & 2L_e & 3L_e^2\end{bmatrix}\begin{Bmatrix}\alpha_1\\\alpha_2\\\alpha_3\\\alpha_4\end{Bmatrix} \tag{3.84}$$

解得 $\{\boldsymbol{\alpha}\}$ 爲

$$\{\boldsymbol{\alpha}\}=[\mathbf{A}]^{-1}\{\mathbf{q}\} \tag{3.85}$$

此處

$$[\mathbf{A}]^{-1}=\begin{bmatrix}1 & 0 & 0 & 0\\0 & 1 & 0 & 0\\-\dfrac{3}{L_e^2} & -\dfrac{2}{L_e} & \dfrac{3}{L_e^2} & -\dfrac{1}{L_e}\\\dfrac{2}{L_e^3} & \dfrac{1}{L_e} & -\dfrac{2}{L_e^3} & \dfrac{1}{L_e^2}\end{bmatrix} \tag{3.86}$$

將方程式(3.84)的 $\{\boldsymbol{\alpha}\}$ 解，代入方程式(3.80)整理可得

$$\begin{aligned}w(s)&=N_1(s)u_1+N_2(s)u_2+N_3(s)u_3+N_4(s)u_4\\&=\begin{bmatrix}N_1(s) & N_2(s) & N_3(s) & N_4(s)\end{bmatrix}\begin{Bmatrix}u_1\\u_2\\u_3\\u_4\end{Bmatrix}=[\mathbf{N}]\{\mathbf{q}\}\end{aligned} \tag{3.87}$$

此處內差函數爲

$$\begin{aligned} N_1(s) &= 1-3s^2+2s^3 \\ N_2(s) &= L_e(s-2s^2+s^3) \\ N_3(s) &= (3s^2-2s^3) \\ N_4(s) &= L_e(s^3-s^2) \end{aligned} \tag{3.88}$$

步驟三　定義應變-位移與應力-應變的關係

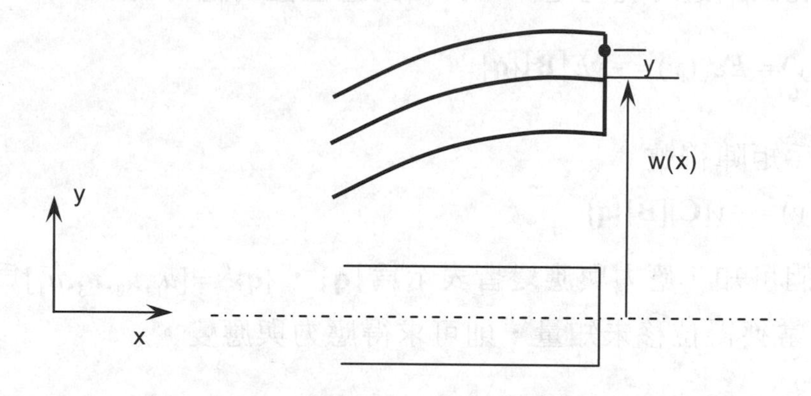

圖 3-5.5　元素的變形函數

圖 3-5.5 爲樑變形示意圖，根據樑的理論，任一位置 x 與中性軸距離爲 y 的應變爲

$$\varepsilon_x(y) = -\kappa y = -y\frac{d^2w}{dx^2} = -yw''(x) \tag{3.89}$$

此處 κ 爲曲率(curvature)，$w''(x)$ 爲位移函數對 x 的兩次微分。微分方程式(3.87)兩次，並透過連鎖定理

$$\frac{d}{dx} = \frac{1}{L_e}\frac{d}{ds},\quad \frac{d^2}{dx^2} = \frac{1}{L_e^2}\frac{d^2}{ds^2} \tag{3.90}$$

可得

$$w''(s)=\frac{1}{L_e^2}\frac{d^2w(s)}{ds^2}=\frac{1}{L_e^2}\frac{d^2}{ds^2}[\mathbf{N}]\{\mathbf{q}\}$$

$$=\frac{1}{L_e^2}\left[-6+12s,\quad -4L_e+6L_es,\quad 6-12s,\quad -2L_e+6L_es\right]\{\mathbf{q}\} \tag{3.91}$$

$$=[\mathbf{B}]\{\mathbf{q}\}$$

此處$[\mathbf{B}]$爲轉換矩陣。因此方程式(3.89)的應變爲

$$\varepsilon_x(y)=-y[\mathbf{B}]\{\mathbf{q}\} \tag{3.92}$$

在彈性範圍內遵守虎克定律，其相對應位置的應力爲

$$\sigma_x(y)=E\varepsilon_x(y)=-yE[\mathbf{B}]\{\mathbf{q}\} \tag{3.93}$$

或表示爲矩陣符號

$$\sigma_x(y)=-y[\mathbf{C}][\mathbf{B}]\{\mathbf{q}\} \tag{3.94}$$

至此我們可知，應力與應變皆表示爲$\{\mathbf{q}\}$，$\{\mathbf{q}\}^T=[u_1,u_2,u_3,u_4]$爲節點的位移未知量，當獲得位移未知量，則可求得應力與應變。

步驟四　推導元素方程式

本問題元素方程式的推導採用最小位能法。今考慮一個元素受到固定不變的分布力 q(x)=p，如圖 3-5.6 所示，在此情況下，元素的位能爲

$$\Pi=U-W \tag{3.95}$$

其中爲 Π 位能，U 爲應變能，W 外力位能。

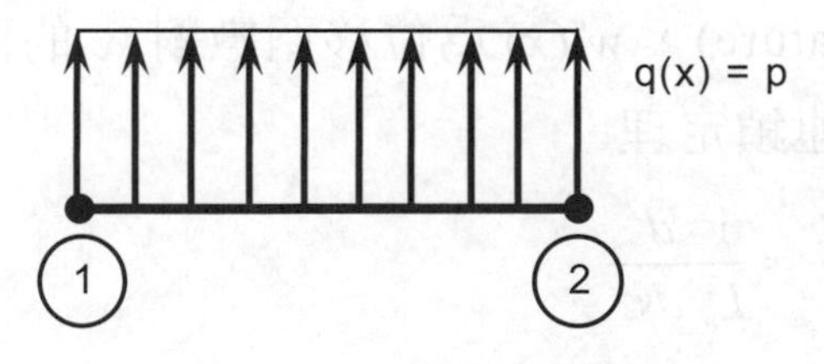

圖 3-5.5　元素的分布外力

詳細的位能表示式爲

$$\Pi = \iiint_V \frac{1}{2}\sigma_x \varepsilon_x dV - \int_{x_1}^{x_2} pw(x)\, dx \tag{3.96}$$

此處 V 爲體積，第一項爲應變能，第二項爲實體外力的位能。假設固定截面積 A，將應力方程式(3.94)，$\sigma_x(y) = -y[\mathbf{C}][\mathbf{B}]\{\mathbf{q}\}$；應變方程式(3.92)，$\varepsilon_x(y) = -y[\mathbf{B}]\{\mathbf{q}\}$；變型方程式(3.87)，$w(y) = [\mathbf{N}]\{\mathbf{q}\}$ 代入方程式(3.96)中可得

$$\Pi = \frac{E}{2}\iiint_V y^2 \{\mathbf{q}\}^T [\mathbf{B}]^T [\mathbf{B}]\{\mathbf{q}\} dV - \int_{x_1}^{x_2} p[\mathbf{N}]\{\mathbf{q}\}\, dx \tag{3.97}$$

透過方程式(3.90)的微分，$dx = L_e ds$，在區域座標下方程式(3.97)可表示爲

$$\Pi = \frac{EI}{2} L_e \int_0^1 \{\mathbf{q}\}^T [\mathbf{B}]^T [\mathbf{B}]\{\mathbf{q}\} ds - L_e \int_0^1 p[\mathbf{N}]\{\mathbf{q}\}\, dx \tag{3.98}$$

其中 I 爲面積的二次慣性。

詳細的位能第一項次爲

$$U = \frac{EI}{2} L_e \int_0^1 [\mathbf{B}]^T [\mathbf{B}] (u_1^2 + u_2^2 + u_3^2 + u_4^2) ds \tag{3.99}$$

詳細的位能第二項次爲

$$W_p = pL_e \int_0^1 (N_1(s)u_1 + N_2(s)u_2 + N_3(s)u_3 + N_4(s)u_4)\, ds \tag{3.100}$$

此時元素位能表示爲節點 1、2 的未知量 u_1, u_2, u_3, u_4，也就是位能函數爲 u_1, u_2, u_3, u_4 變數，$\Pi = f(u_1, u_2, u_3, u_4)$。由最小位能函數原理可知，位能函數分別對其變數 u_1, u_2, u_3, u_4 的偏微分爲零，由於 u_1, u_2, u_3, u_4 與積分變數 s 無關，所以偏微分的過程，在積分前、後都不影響其結果，此處採用偏微分的過程在積分前，可得

$$
\begin{aligned}
\frac{\partial \Pi}{\partial u_1} &= EIL_e \int_0^1 [\mathbf{B}]^T [\mathbf{B}] u_1 \, ds - pL_e \int_0^1 N_1(s) \, ds = 0 \\
\frac{\partial \Pi}{\partial u_2} &= EIL_e \int_0^1 [\mathbf{B}]^T [\mathbf{B}] u_2 \, ds - pL_e \int_0^1 N_2(s) \, ds = 0 \\
\frac{\partial \Pi}{\partial u_3} &= EIL_e \int_0^1 [\mathbf{B}]^T [\mathbf{B}] u_3 \, ds - pL_e \int_0^1 N_3(s) \, ds = 0 \\
\frac{\partial \Pi}{\partial u_4} &= EIL_e \int_0^1 [\mathbf{B}]^T [\mathbf{B}] u_4 \, ds - pL_e \int_0^1 N_4(s) \, ds = 0
\end{aligned}
\tag{3.101}
$$

積分後可得

$$
[\mathbf{k}]\{\mathbf{q}\} = \{\mathbf{f}\} \tag{3.102}
$$

此處$[\mathbf{k}]$爲元素剛性矩陣，其內容爲

$$
[k] = \frac{EI}{L_e^3} \begin{bmatrix} 12 & 6L_e & -12 & 6L_e \\ 6L_e & 4L_e^2 & -6L_e & 2L_e^2 \\ -12 & -6L_e & 12 & -6L_e \\ 6L_e & 2L_e^2 & -6L_e & 4L_e^2 \end{bmatrix} \tag{3.103}
$$

$\{\mathbf{f}\}$ 爲元素負載向量，其內容爲

$$
\{f\} = \begin{Bmatrix} pL_e/2 \\ pL_e^2/12 \\ pL_e/2 \\ -pL_e^2/12 \end{Bmatrix} \tag{3.104}
$$

對均勻性的分布力而言，pL_e爲整個分布力，在有限元素法中是將其均分且集中至兩個節點的自由度上。根據前節的結果，在推導樑元素的過程中並未考慮集中外力，因爲集中外力的最後效應，是將外力的大小直接放置於相對節點位置的負載向量上，此時的集中外力包含力與力距。

步驟五　組合為整體方程式(直接法)

元素的組合，與前一節方法相似不再重複，以範例說明之。

【範例 3-5】

樑結構如圖所示，長度爲 200 mm，均分爲二個元素，其中 $E=10^5$ N/mm^2、A=20×10 mm^2、I=20000/3 mm^4、p=100 N/mm，求系統之反應。

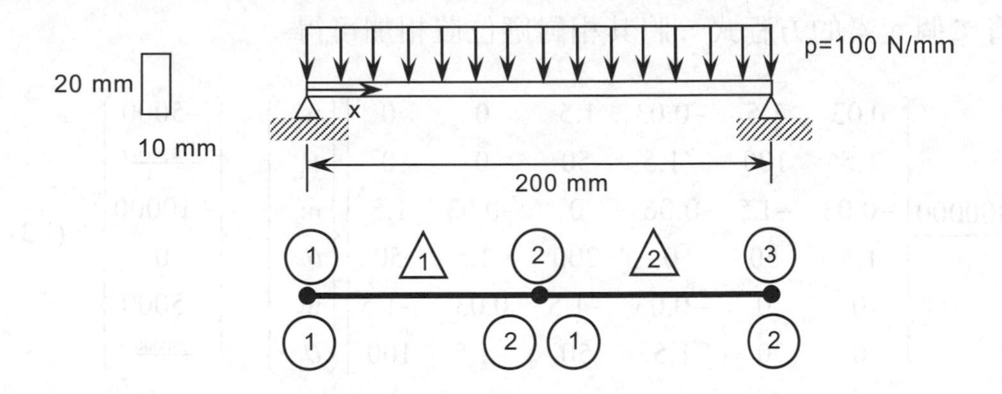

由上圖可知，整體結構中的第二節點、元素一的第二節點與元素二的第一節點是相同點，其位移量相同，因此直接法是將元素 i 與元素 j 的共同點的資料相加，如下所示：

global → 1 2

local → 1 2

元素 1 方程式

1 1

2 2

$$\frac{800000}{3}\begin{bmatrix} 0.03 & 1.5 & -0.03 & 1.5 \\ 1.5 & 100 & -1.5 & 50 \\ -0.03 & -1.5 & 0.03 & -1.5 \\ 1.5 & 50 & -1.5 & 100 \end{bmatrix}\begin{Bmatrix} u_1^1 \to w_1 \\ u_2^1 \to \theta_1 \\ u_3^1 \to w_2 \\ u_4^1 \to \theta_2 \end{Bmatrix} = \begin{Bmatrix} -5000 \\ -250000/3 \\ -5000 \\ 250000/3 \end{Bmatrix} \quad \text{(E1)}$$

元素 2 方程式

global → 2 3

local → 1 2

2 1

3 2

$$\frac{800000}{3}\begin{bmatrix} 0.03 & 1.5 & -0.03 & 1.5 \\ 1.5 & 100 & -1.5 & 50 \\ -0.03 & -1.5 & 0.03 & -1.5 \\ 1.5 & 50 & -1.5 & 100 \end{bmatrix}\begin{Bmatrix} u_1^2 \to w_2 \\ u_2^2 \to \theta_2 \\ u_3^2 \to w_3 \\ u_4^2 \to \theta_3 \end{Bmatrix} = \begin{Bmatrix} -5000 \\ -250000/3 \\ -5000 \\ 250000/3 \end{Bmatrix} \quad \text{(E2)}$$

將二個元素的方程式，將其相對應位置相加可得

$$\frac{800000}{3}\begin{bmatrix} 0.03 & 1.5 & -0.03 & 1.5 & 0 & 0 \\ 1.5 & 100 & -1.5 & 50 & 0 & 0 \\ -0.03 & -1.5 & 0.06 & 0 & -0.03 & 1.5 \\ 1.5 & 50 & 0 & 200 & -1.5 & 50 \\ 0 & 0 & -0.03 & -1.5 & 0.03 & -1.5 \\ 0 & 0 & 1.5 & 50 & -1.5 & 100 \end{bmatrix}\begin{Bmatrix} w_1 \\ \theta_1 \\ w_2 \\ \theta_2 \\ w_3 \\ \theta_3 \end{Bmatrix} = \begin{Bmatrix} -5000 \\ -\frac{250000}{3} \\ -10000 \\ 0 \\ -5000 \\ \frac{250000}{3} \end{Bmatrix} \quad \text{(E3)}$$

當獲得系統方程式後，必需加入限制條件，使我們該物體或結構忍受外力的能力。此處由於第一節點與第三節點的位移為零，$w_1=w_3=0$，稱為幾何邊界條件，直接將第一行第一列與第五行第五列刪除，可得

$$\frac{800000}{3}\begin{bmatrix} 0.03 & 1.5 & -0.03 & 1.5 & 0 & 0 \\ 1.5 & 100 & -1.5 & 50 & 0 & 0 \\ -0.03 & -1.5 & 0.06 & 0 & -0.03 & 1.5 \\ 1.5 & 50 & 0 & 200 & -1.5 & 50 \\ 0 & 0 & -0.03 & -1.5 & 0.03 & -1.5 \\ 0 & 0 & 1.5 & 50 & -1.5 & 100 \end{bmatrix}\begin{Bmatrix} w_1 \\ \theta_1 \\ w_2 \\ \theta_2 \\ w_3 \\ \theta_3 \end{Bmatrix} = \begin{Bmatrix} -5000 \\ -\frac{250000}{3} \\ -10000 \\ 0 \\ -5000 \\ \frac{250000}{3} \end{Bmatrix} \quad \text{(E4)}$$

此時的系統方程式，加入邊界條件後爲

$$16\times\begin{bmatrix}100 & -1.5 & 50 & 0\\ -1.5 & 0.06 & 0 & 1.5\\ 50 & 0 & 200 & 50\\ 0 & 1.5 & 50 & 100\end{bmatrix}\begin{Bmatrix}\theta_1\\ w_2\\ \theta_2\\ \theta_3\end{Bmatrix}=\begin{Bmatrix}-5\\ -0.6\\ 0\\ 5\end{Bmatrix} \tag{E5}$$

步驟六　解主未知量：節點位移

解得方程式(E5)的節點位移爲

$$\begin{Bmatrix}\theta_1\\ w_2\\ \theta_2\\ \theta_3\end{Bmatrix}=\begin{Bmatrix}-0.05\ \text{rad}\\ -0.3125\ \text{mm}\\ 0\\ 0.05\ \text{rad}\end{Bmatrix}$$

步驟七　解導出量或其他物理量：應變與應力

由材料力學可知，如圖 3-5.6 所示，力距(moment)、剪力(shear force)、分布力(distribution force)的正負定義，則其與位移之關係爲

$$M(x)=EI\frac{d^2w}{dx^2},\ V(x)=\frac{d}{dx}\left(EI\frac{d^2w}{dx^2}\right),\ q(x)=\frac{d^2}{dx^2}\left(EI\frac{d^2w}{dx^2}\right) \tag{3.105}$$

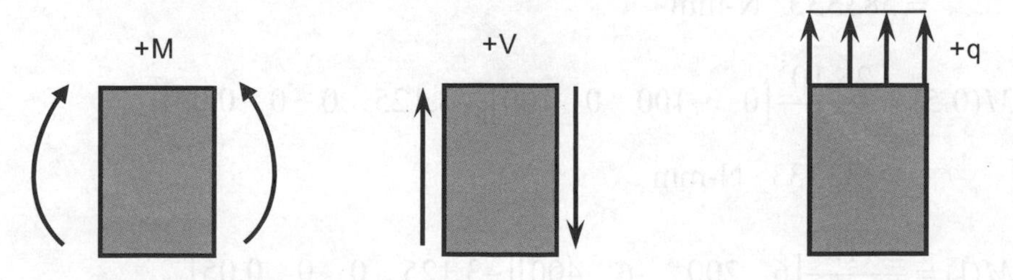

圖 3-5.6　力距、剪力、分布力的正負定義

元素的力距

$$M(s) = EIw''(s)$$

$$= EI\frac{1}{L_e^2}\left[-6+12s \quad -4L_e+6L_e s \quad 6-12s \quad 6L_e s-2L_e\right]\begin{Bmatrix} w_i \\ \theta_i \\ w_j \\ \theta_j \end{Bmatrix}$$

元素 1 的力距，(以三個不同位置為例，s=0; s=0.5; s=1)

$$M(0)=\frac{2\times10^5}{3}\left[-6 \quad -400 \quad 6 \quad -200\right]\left[0 \quad -0.05 \quad -3.125 \quad 0\right]^T$$
$$=83333 \quad \text{N-mm}$$

$$M(0.5)=\frac{2\times10^5}{3}\left[\,0 \quad -100 \quad 0 \quad 100\right]\left[0 \quad -0.05 \quad -3.125 \quad 0\right]^T$$
$$=333333 \quad \text{N-mm}$$

$$M(1)=\frac{2\times10^5}{3}\left[6 \quad 200 \quad -6 \quad 400\right]\left[0 \quad -0.05 \quad -3.125 \quad 0\right]^T$$
$$=583333 \quad \text{N-mm}$$

元素 2 的力距，(以三個不同位置為例，s=0; s=0.5; s=1)

$$M(0)=\frac{2\times10^5}{3}\left[-6 \quad -400 \quad 6 \quad -200\right]\left[-3.125 \quad 0 \quad 0 \quad 0.05\right]^T$$
$$=583333 \quad \text{N-mm}$$

$$M(0.5)=\frac{2\times10^5}{3}\left[0 \quad -100 \quad 0 \quad 100\right]\left[-3.125 \quad 0 \quad 0 \quad 0.05\right]^T$$
$$=333333 \quad \text{N-mm}$$

$$M(1)=\frac{2\times10^5}{3}\left[6 \quad 200 \quad -6 \quad 400\right]\left[-3.125 \quad 0 \quad 0 \quad 0.05\right]^T$$
$$=83333 \quad \text{N-mm}$$

元素的剪力

$$V(s)=EIw'''(s)=EI\frac{1}{L_e^3}\begin{bmatrix}12 & 6L_e & -12 & 6L_e\end{bmatrix}\begin{Bmatrix}w_i\\\theta_i\\w_j\\\theta_j\end{Bmatrix}$$

由於剪力分布與 s 無關

元素 1 上任何位置的剪力

$$V(s)=\frac{2\times10^3}{3}\begin{bmatrix}12 & 600 & -12 & 600\end{bmatrix}\begin{bmatrix}0 & -0.05 & -3.125 & 0\end{bmatrix}^T$$
$$=5000\quad \text{N}$$

元素 2 上任何位置的剪力

$$V(s)=\frac{2\times10^3}{3}\begin{bmatrix}12 & 600 & -12 & 600\end{bmatrix}\begin{bmatrix}-3.125 & 0 & 0 & 0.05\end{bmatrix}^T$$
$$=-5000\quad \text{N}$$

元素的應變

$$\varepsilon(s)=-yw''(s)$$
$$=-y\frac{1}{L_e^2}\begin{bmatrix}-6+12s & -4L_e+6L_es & 6-12s & 6L_es-2L_e\end{bmatrix}\begin{Bmatrix}w_i\\\theta_i\\w_j\\\theta_j\end{Bmatrix}$$

元素 1 的應變量，(以三個不同位置爲例，$s = 0$; $s = 0.5$; $s = 1$)

$$\varepsilon_y(0)=-\frac{y}{10000}\begin{bmatrix}-6 & -400 & 6 & -200\end{bmatrix}\begin{bmatrix}0 & -0.05 & -3.125 & 0\end{bmatrix}^T$$
$$=-0.000125\,y$$

$$\varepsilon_y(0.5) = -\frac{y}{10000}[0 \quad -100 \quad 0 \quad 100][0 \quad -0.05 \quad -3.125 \quad 0]^T$$
$$= -0.0005\,y$$

$$\varepsilon_y(1) = -\frac{y}{10000}[6 \quad 200 \quad -6 \quad 400][0 \quad -0.05 \quad -3.125 \quad 0]^T$$
$$= -0.000875\,y$$

元素 2 的應變量，(以三個不同位置爲例，$s = 0$; $s = 0.5$; $s = 1$)

$$\varepsilon_y(0) = -\frac{y}{10000}[-6 \quad -400 \quad 6 \quad -200][-3.125 \quad 0 \quad 0 \quad 0.05]^T$$
$$= -0.000875\,y$$

$$\varepsilon_y(0.5) = -\frac{y}{10000}[0 \quad -100 \quad 0 \quad 100][-3.125 \quad 0 \quad 0 \quad 0.05]^T$$
$$= -0.0005\,y$$

$$\varepsilon_y(1) = -\frac{y}{10000}[6 \quad 200 \quad -6 \quad 400][-3.125 \quad 0 \quad 0 \quad 0.05]^T$$
$$= -0.000125\,y$$

元素的應力

$$\sigma_y(s) = E\varepsilon(s) = -Eyw''(s)$$

$$= -\frac{Ey}{L_e^2}[-6+12s \quad -4L_e+6L_es \quad 6-12s \quad -2L_e+6L_es]\begin{Bmatrix} w_i \\ \theta_i \\ w_j \\ \theta_j \end{Bmatrix}$$

元素 1 的應力，(以三個不同位置爲例，$s = 0$; $s = 0.5$; $s = 1$)

$$\varepsilon_y(0) = -\frac{y\times 10^5}{10000}[-6 \quad -400 \quad 6 \quad -200][0 \quad -0.05 \quad -3.125 \quad 0]^T$$
$$= -1.25\,y$$

$$\varepsilon_y(0.5) = -\frac{y\times 10^5}{10000}\begin{bmatrix}0 & -100 & 0 & 100\end{bmatrix}\begin{bmatrix}0 & -0.05 & -3.125 & 0\end{bmatrix}^T$$
$$= -50\,y$$

$$\varepsilon_y(1) = -\frac{y\times 10^5}{10000}\begin{bmatrix}6 & 200 & -6 & 400\end{bmatrix}\begin{bmatrix}0 & -0.05 & -3.125 & 0\end{bmatrix}^T$$
$$= -87.5\,y$$

元素 2 的應應力，(以三個不同位置為例，$s = 0; s = 0.5; s = 1$)

$$\varepsilon_y(0) = -\frac{y\times 10^5}{10000}\begin{bmatrix}-6 & -400 & 6 & -200\end{bmatrix}\begin{bmatrix}-3.125 & 0 & 0 & 0.05\end{bmatrix}^T$$
$$= -87.5\,y$$

$$\varepsilon_y(0.5) = -\frac{y\times 10^5}{10000}\begin{bmatrix}0 & -100 & 0 & 100\end{bmatrix}\begin{bmatrix}-3.125 & 0 & 0 & 0.05\end{bmatrix}^T$$
$$= -50\,y$$

$$\varepsilon_y(1) = -\frac{y\times 10^5}{10000}\begin{bmatrix}6 & 200 & -6 & 400\end{bmatrix}\begin{bmatrix}-3.125 & 0 & 0 & 0.05\end{bmatrix}^T$$
$$= -12.5\,y$$

步驟八　結果的檢視

整個有限元素法的過程，最後且重要的目是簡化其結果為某一型式，例如圖型顯示。

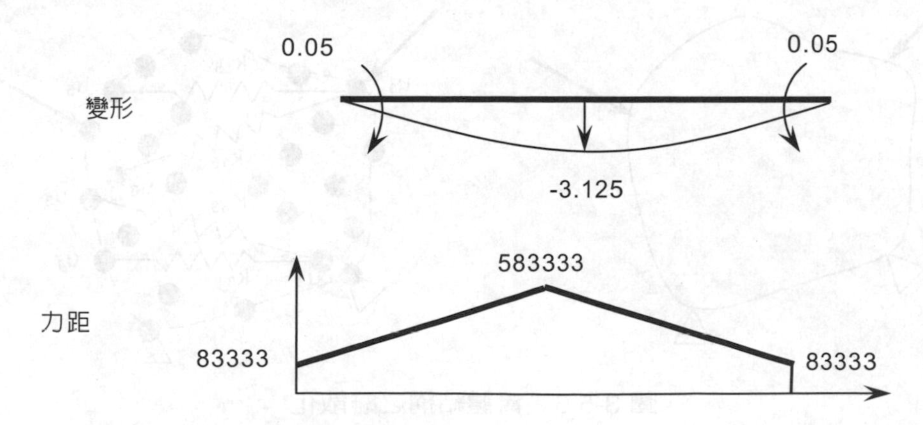

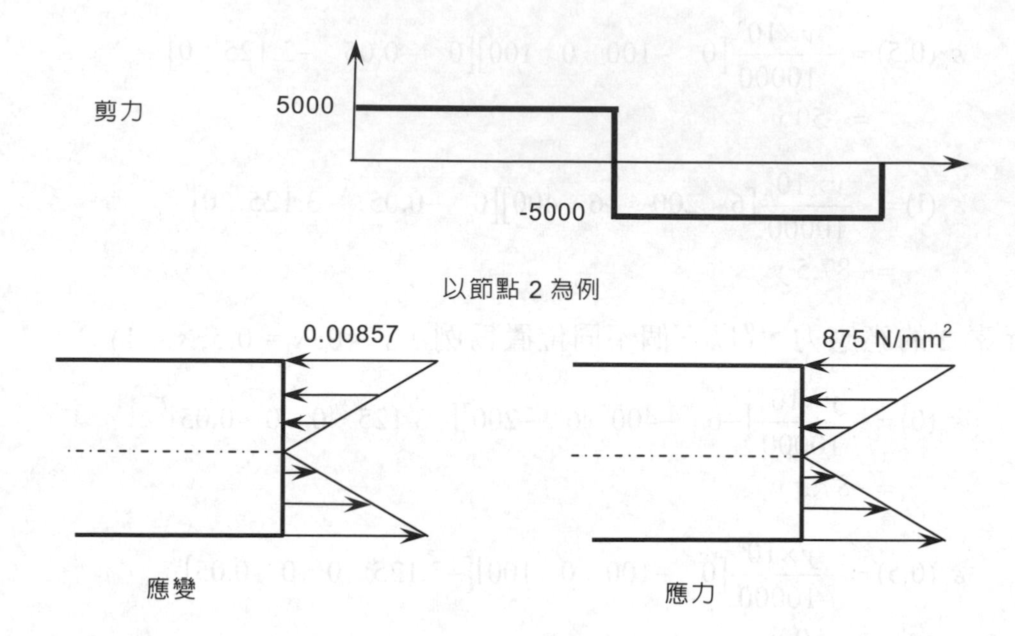

由於本書並非針爲有限元素詳細理論介紹，其他領域、平面元素、立體元素，請參閱相關有限元素教科書。然而針對靜態問題，有限元素的數學模式爲

$$[\mathbf{K}]\{\mathbf{u}\} = \{\mathbf{F}\} \tag{0.1}$$

綜合言之，有限元素法是將原本連續體的結構，分離爲許多小元素，結構之剛性也被離散於各節點之間，如圖 3-5.6 所示。

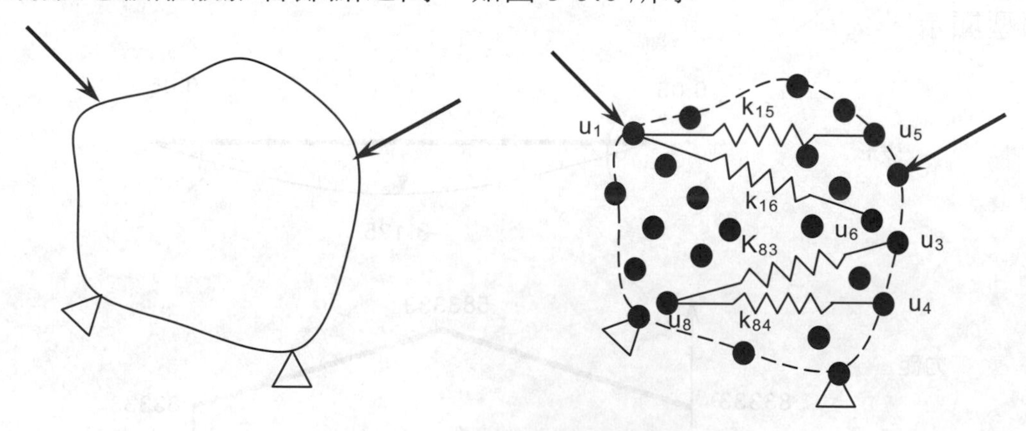

圖 3-5.6　實體結構之離散化

【習　題】

3.1　爲何採用有限元素解決工程問題？

3.2　有限元素基本要素爲何？

3.3　有限元素的元素形狀爲何？

3.4　1-D 線元素，當區域座標位於元素中點時，內差函數爲何？

3.5　1-D 桿元素，若面積線性變化，由節點 1 時的 A_1 至節點 2 時的 A_2，則剛性矩陣爲何？

3.6　考慮微分方程式？

$$u\frac{d^2u}{dx^2}+\left(\frac{du}{dx}\right)^2=1 \qquad 0<x<1$$

$$u'(0)=0 \qquad u(1)=\sqrt{2}$$

若假設解爲 $u_1(x)=\phi_0+c_1\phi_1=\sqrt{2}x^2+c_1(1-x^2)$，用 Galerkin 法求 c_1？

3.7　例 3-3 中，若 $\overline{T}_y$ 線性變化由 0 至 2 N/mm，相同元素數目下，求位移、應變及應力？

3.8　1-D 樑元素，若考慮實體力(body force), $\overline{Y}$ 時，其負載向量爲何？

3.9　考慮彈簧結構如圖所示，若 k_1=10 N/mm，k_2=5 N/mm，δ=20 mm，則節點 3 的位移與 F_3 爲何？

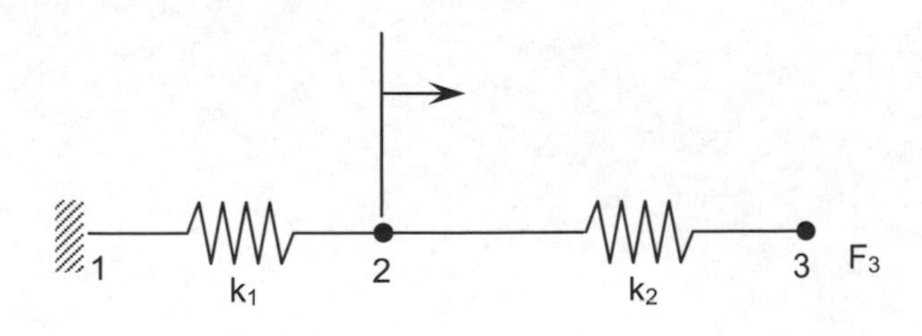

ANSYS

有限元素模型

➔ 4-1 前 言

有限元素分析的第一步便是如何將機械結構系統，轉化成由節點及元素所組合之有限元素模型(finite element modeling)，完成後之有限元素模型與機械結構系統之幾何外型一致。有限元素模型的建立，基本上可分直接建立法及間接建立法，本章以直接建立法爲主，建立使用者對 ANSYS 的基本認知，但僅適用於簡易結構系統。本章內容主要目的在於使讀者了解有限元素法分析的基本流程、簡易結構有限元素模型建立的方法、基本指令的學習。有限元素法分析的基本流程使我們了解，當進行結構有限元素分析時，該具備的資料爲何，該建立的物件爲何，以致於將來遇到任何其他有限元素分析軟體時，其基本法則是不變的，只是如何完成而已。簡易結構有限元素模型建立在於使讀者了解進行有限元素模型時，基本物件(節點、元素)、元素屬性、外力等的建立之方法，以加強對有限元素分析軟體的基本認知，進而對複雜結構系統之分析有所幫助。基本指令的學習在於了解指令的基本類型、參數基本架構、輸入方式，ANSYS 的指令非常容易學習，而且以群組方式存在，亦即我們了解一個指令後很容易推展其他相關指令。

➔ 4-2 有限元素模型建立方法

有限元素模型的建立，基本上可分直接法及間接法，直接法爲直接依結構系統之幾何外型建立節點及元素，圖 4-2.1(a)爲懸臂樑使用一度空間樑元素之有限元素模型共有 4 個節點及 3 個元素，圖 4-2.1(b)爲平板使用二度空間四邊形元素之有限元素模型共有 9 個節點及 4 個元素，因此直接法適用於簡單幾何外形之機械結構系統且節點、元素之數目較少。

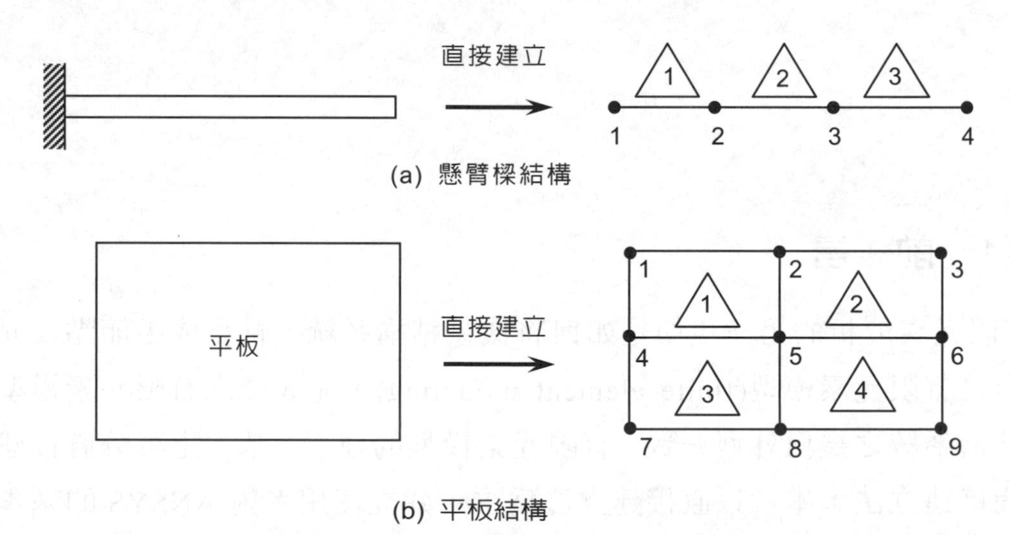

圖 4-2.1 直接法建立之有限元素模型

反之，間接法適用於節點、元素數目較多之複雜幾何外形結構系統。該方法先行建立實體模型(solid modeling)，如同一般電腦輔助繪圖軟體，藉由點、線、面、體積，將機械結構系統之幾何外形先行建立，再進行實體模型網格(meshing)分割，以完成有限元素模型的建立。圖 4-2.2(a)爲懸臂樑，先建立實體模型為一條線段，再使用一度空間樑元素將線段網格為 4 個節點及 3 個元素之有限元素模型。圖 4-2.2(b)為平板，先行建立實體模型為一塊面積，再使用二度空間四邊形元素，將面積網格為 9 個節點及 4 個元素之有限元素模型。圖 4-2.2(c)為中間有孔之平板，先行建立實體模型(4 塊面積)，再使用二度空間四邊形元素，將面積網格為 22 個節點及 12 個元素之有限元素模型。

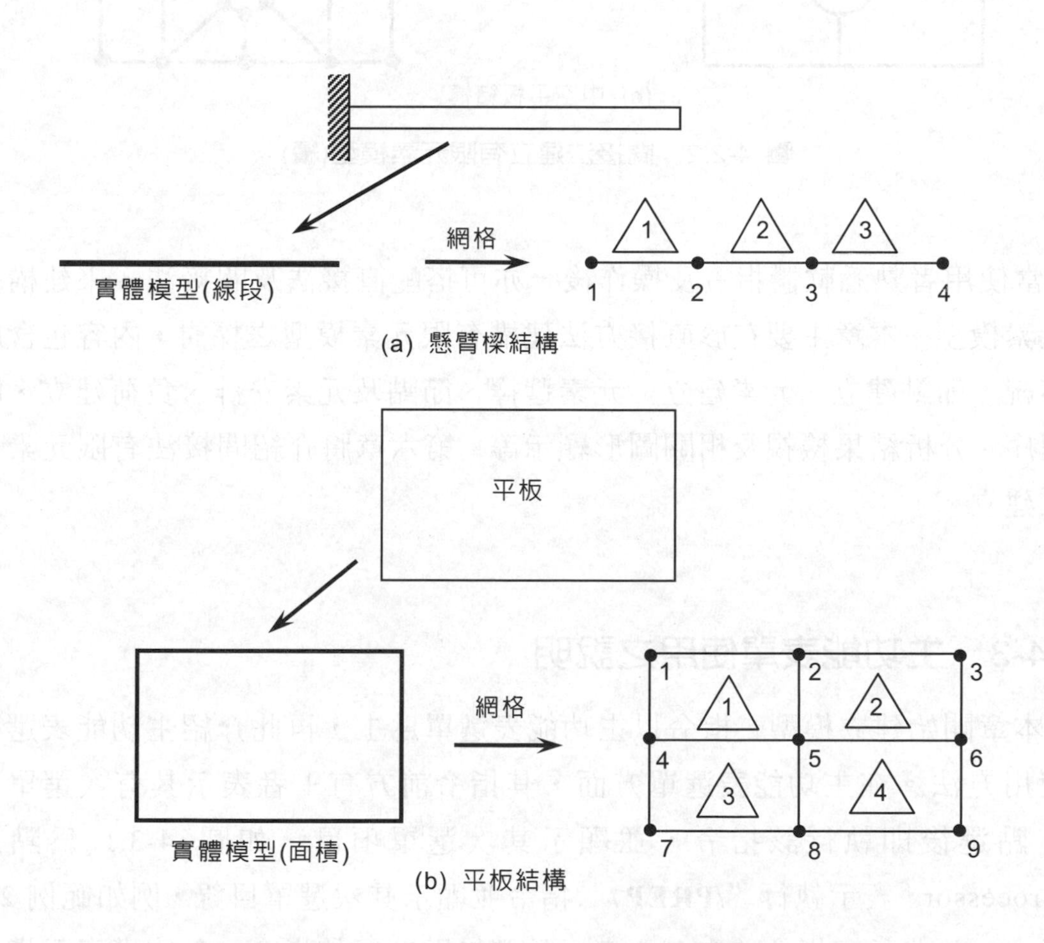

圖 4-2.2　間接法建立有限元素模型

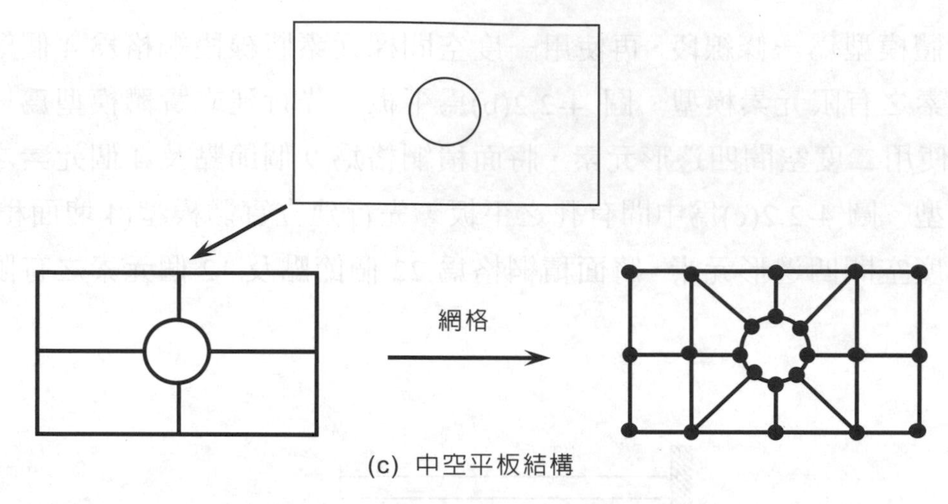

(c) 中空平板結構

圖 4-2.2 間接法建立有限元素模型(續)

當使用者熟悉軟體指令及操作後，亦可搭配直接法及間接法，來建構有限元素模型。本章主要在於直接方法建構有限元素模型之探討，內容包含座標系統、節點建立、元素建立、元素選擇、節點及元素安排、負荷建立、解題程序、分析結果檢視及相關圖形顯示等。第六章將介紹間接法有限元素模型之建立。

➔ 4-3 主功能表單使用之說明

本章開始建立模型，指令以主功能表選單爲主，再此介紹主功能表選單之使用方法。在主功能表選單方面，其指令前方有＋者表示其有次選單目錄，點選後即執行該指令，並顯示其次選單項目，如圖 4-3.1 爲點選 Preprocessor，表示執行 “**/PREP7**” 指令並顯示其次選單目錄，例如範例 2-8 之指令。並非所有指令前方有＋者，點選後即執行該指令，有的僅表示指令的路徑而已，例如建立一個節點，其路徑爲 Main Menu > Preprocessor > Modeling > Create > Nodes，最後在其 Nodes 的子目錄下，呈現好幾種選擇建立節點之方法。當使用者選擇所需的方式後才是最後的指令執行，絕大部分指令到最後僅有兩種型態，其一爲指令方具有▦符號；其二爲指令前方就具有↗符號，如圖 4-3.2 所示。指令前方具有▦符號者，左鍵點選後，即執行該指令，絕大部分該類型指令會有輸入參數視窗，以提供使用者輸入參數，輸入完成後，點選該參數視窗的 OK 即可。例如點選 In Active CS 表示再現有的座標系統下建立一個節點，出現如圖 2-2.5 的參數視窗。

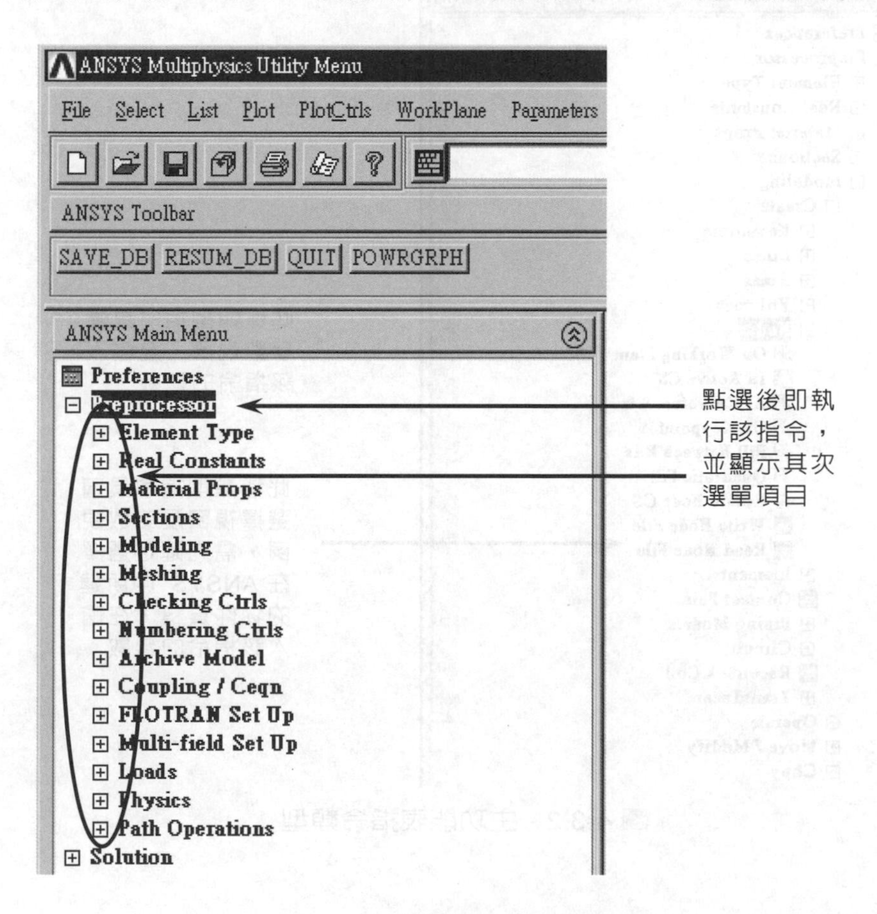

圖 4-3.1　主功能表指令無參數之執行

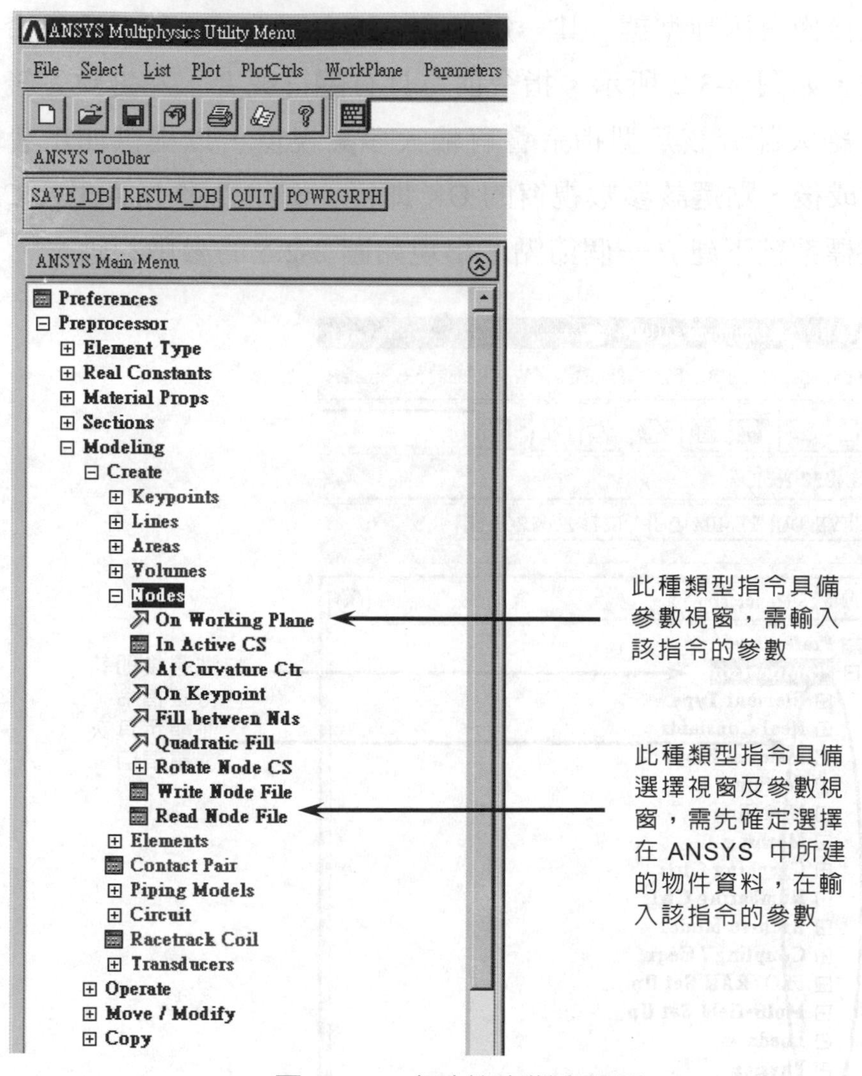

圖 4-3.2　主功能表指令類型

指令前具有↗者，表示該指令需要 ANSYS 本身所建立的物件爲參考輸入資料，所以此時會有選擇視窗出現，使用者可在圖形視窗點選所要的物件資料，選擇後再點選該選擇視窗 OK，或直接在選擇視窗輸入物件資料，按 Enter 鍵後，再點選 OK，完成 ANSYS 資料物件點選後，才會出現該指令其他參數視窗，如前完成後，便完成該指令的輸入。例如，點選 Fill between NDs 表示欲在兩個節點(以一及五爲例)之間填充一些節點，左圖表示在圖形視窗點選第一及第五節點後，再點選 OK；右圖表示在選擇視窗輸入第一及第五節點後，再按 Enter 鍵後，再點選 OK。以上爲基本原則，詳情請參閱本章範例說明。

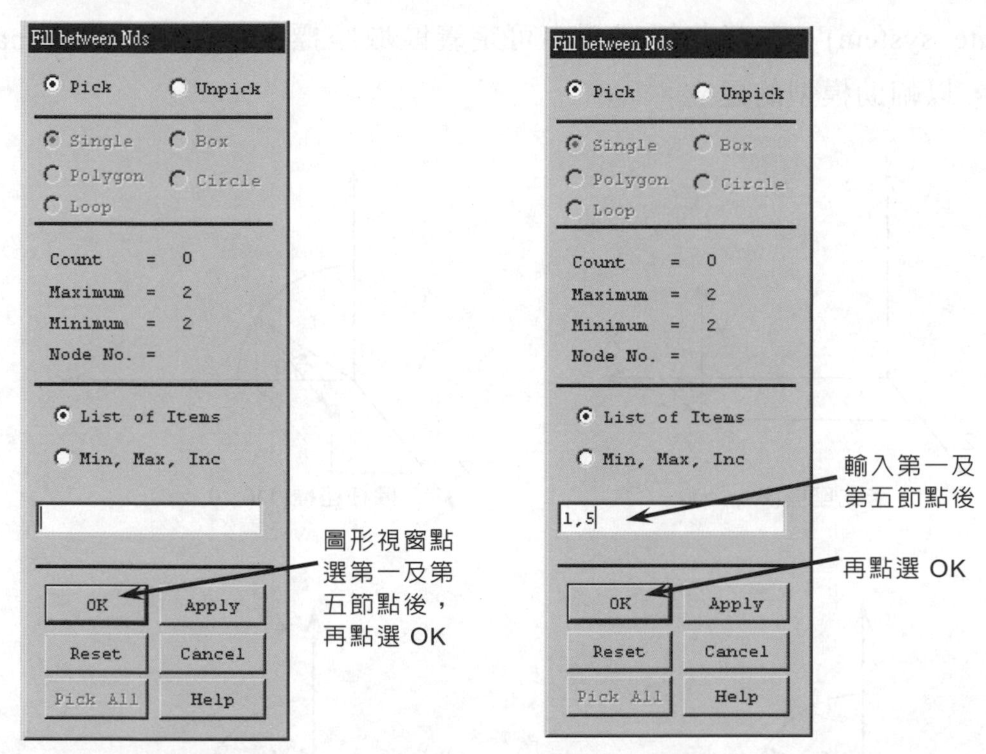

圖 4-3.3 選擇視窗之使用

➔ 4-4 座標系統

空間中描述一點的位置，通常可用卡式座標(cartesian coordinate)、圓柱座標(cylindrical coordinate)或球面座標(spherical coordinate)來表示該點的座標位置，不管是何種座標系統皆須三個參數表示該點之正確位置。每一個座標系統皆有其座標代號(identifier)，卡式座標的代號爲 0，圓柱座標以 z 爲旋轉軸的代號爲 1，圓柱座標以 y 爲旋轉軸的代號爲 5，球面座標的代號爲 2，座標系統以工作平面爲基準的代號爲 4，如圖 4-4.1 與表 4-4.1 所示。當欲定義一個節點時，要先確定在何種座標系統下，卡式座標爲 ANSYS 的自訂座標系統，亦即進入 ANSYS 便是卡式座標，不須作任何宣告，在卡式座標下螢幕之水平方向為 X 軸，垂直方向為 Y 軸，螢幕向外方向為 Z 軸。圓柱座標系統之參數(r, θ, z)與球面座標系統之參數(r, θ, φ)，分別相對應於卡式座標系統之參數(x, y, z)。上述之五個座標系統亦稱為整體座標系統(global coordinate system)，在某些情況下亦可定義區域座標系統(local coordinate system)，以輔助模型的建立。

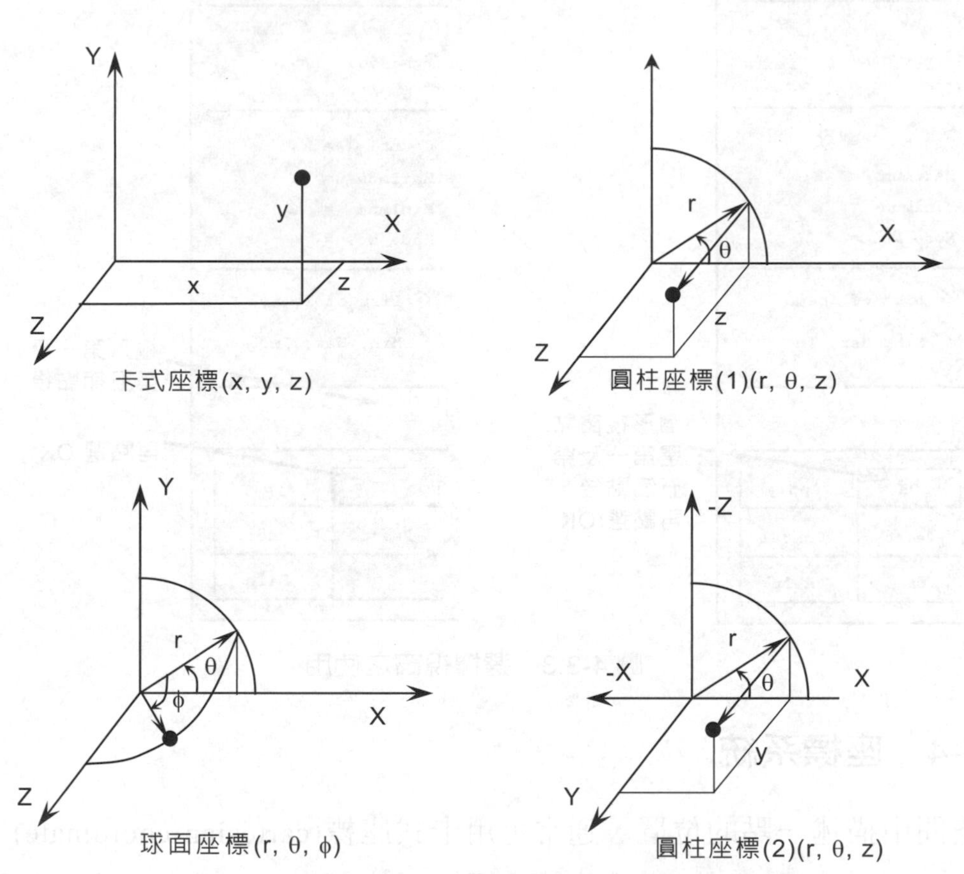

圖 4-4.1 ANSYS 五個基本整體座標系統

表 4-4.1 ANSYS 五個基本整體座標系統

座標型式	參數	座標代碼
卡式	x, y, z	0
圓柱(1)	r, θ, z	1
球面	r, θ, φ	2
以工作平面為基準		4
圓柱(2)	r, θ, z	5

指令介紹

LOCAL, *KCN, KCS, XC, YC, ZC, THXY, THYZ, THZX, PAR1, PAR2*

定義區域座標系統(**LOCAL** coordinate system)，該指令下達後，ANSYS 座標系統自動更改為新建立之座標系統，為了輔助有限元素模型的建立，可定義許多區域座標系統，區域座標系統建立後永遠存在資料庫中，只要在定義節點前確定在何座標系統即可。

KCN：該區域座標系統座標代號，大於 10 之任何一個號碼皆可，其作用好比前述之 0、1、2、4、5。

KCS：該區域座標系統之屬性，表示所建的區域座標系統(*KCN*)為何種座標系統。

KCS = 0　為卡式座標

KCS = 1(5)　為圓柱座標

KCS = 2　為球面座標

XC,YC,ZC：該區域座標系統原點與整體座標系統原點之位移關係。

THXY, THYZ, THZX：該區域座標系統軸與整體座標系統 X、Y、Z 軸之關係。*THXY* = 旋轉 Z 軸之角度(X 向 Y)，*THYZ* = 旋轉 X 軸之角度(Y 向 Z)，*THXZ* = 旋轉 Y 軸之角度(Z 向 X)，旋轉方向以右手定則規範。

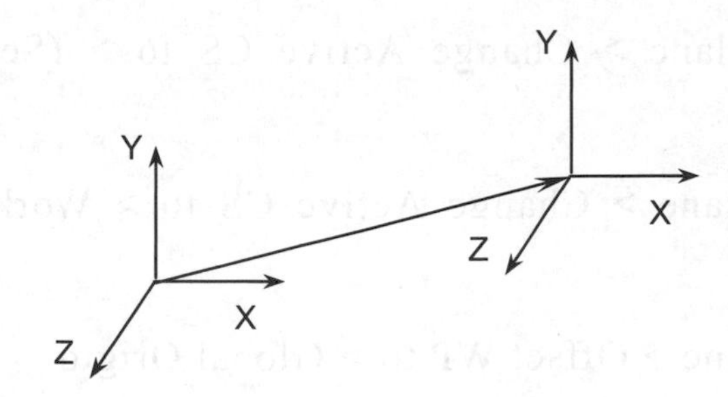

LOCAL, 12, 0, 10, 4, 2
建立第 12 號卡式區域座標系統，與整體座標系統之原點相對位置為(10, 4, 2)，此時系統座標系統以第 12 號座標系統為準。

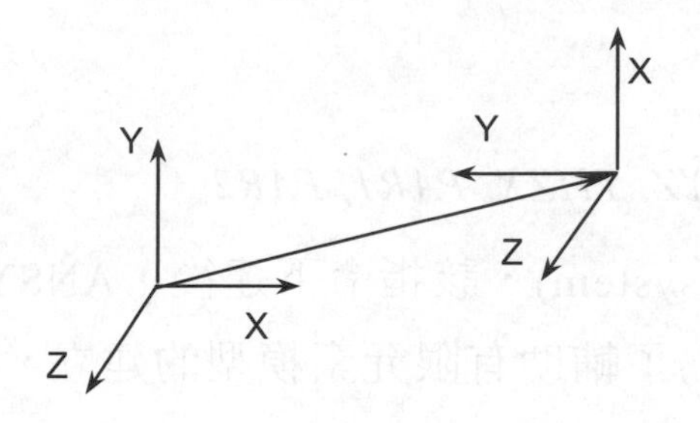

LOCAL, 14, 0, 8, 3, 1, 90
建立第 14 號卡式區域座標系統，與整體座標系統之原點相對位置為(8, 3, 1)，x 軸朝上，此時系統座標系統以第 14 號座標系統為準。

Menu Paths : Utility Menu > WorkPlane > Local Coordinate Systems > Create Local CS > At Specified Loc

CSYS, *KCN*

宣告座標系統(**C**oordinate **SYS**tem)，系統自訂爲卡式座標(CSYS, 0)，所謂系統自訂表示使用者不必再下達該指令。建立物件時必須先行選擇座標系統，表示欲在何座標系統下定義節點或其他物件。ANSYS 最少有五個整體座標系統，當使用者因需要定義區域座標系統後，ANSYS 可用之座標系統會增加，故宣告座標系統有其必要性。*KCN* 爲座標系統確定代號，表示欲在何座標系統下定義節點。

```
CSYS, 1        !將座標系統設定為圓柱座標
  :
CSYS, 12       !將座標系統設定為 12 座標系統
  :
CSYS, 0        !將座標系統設定為卡式座標系統
```

Menu Paths : Utility Menu > WorkPlane > Change Active CS to > (Select CSYS Type)

Menu Paths : Utility Menu > WorkPlane > Change Active CS to > Working Plane

Menu Paths : Utility Menu > WorkPlane > Offset WP to > Global Origin

/UNITS, *LABEL, LENFACT, MASSFACT, TIMEFACT, TEMPFACT, TOFFSET, CHARGEFACT, FORCEFACT, HEATFACT*

宣告單位(**UNIT**)系統(**S**ystem)，表示分析時所用之單位，進入 ANSYS 後在 begin level 中下達，該指令無選單路徑，一定要使用指令輸入法。*LABEL* 表示系統的單位，有下列四項：

LABEL = SI (公制，公尺、公斤、秒)

LABEL = CSG (公制，公分、公克、秒)

LABEL = BFT (英制，長度 = ft)

LABEL = BIN (英制，長度 = in，系統自訂)

事實上是不需要用/UNITS 來定義單位。ANSYS 建立模型與輸入各參數時都僅給數值，因此只要輸入的數值都採用同一單位系統即可，與是否用/UNITS 來定義單位無關，若用/UNITS 來定義一個單位，但是輸入的數值未採用同一單位系統，分析結果仍然不對。例如在/UNITS, SI 宣告下，此單位系統代表尺寸爲「公尺(m)」，力爲「牛頓(N)」，密度爲「公斤/立方米(Kg/m^3)」，因此建立模型要用公尺，力的大小要用牛頓。在/UNITS, SI 宣告下，1 公尺的長度如用 1000 公釐輸入，則被視爲 1000 公尺，將造成錯誤。如果無/UNITS宣告下，則只要輸入的數值都採用同一單位系統即可，因此在ANSYS中，雖然可用/UNITS 來定義單位，但不是必要的。結構力學分析 SI 制常用的兩個系統如表 4-4.2 所示；熱傳分析 SI 制常用的兩個系統如表 4-4.3 所示，通常業界習慣「SI 制」，「公釐(mm)」單位建立模型，如此分析結果的應力爲慣用單位「MPa」，位移爲也剛好是「mm」。

表 4-4.2 結構力學分析 SI 制常用的兩個輸入系統

	公尺(m)建立模型		公釐(mm)建立模型	
	單位	範例	單位	範例
尺寸	m	1	mm	1000
力	N	1	N	1
楊氏係數	N/m^2 (Pa)	$210x10^9$	N/mm^2 (MPa)	$210\ x10^3$
面壓	N/m^2	1	N/mm^2	$1\ x10^{-6}$
線壓	N/m	1	N/mm	$1\ x10^{-3}$
密度	Kg/m^3	7800	Mg/mm^3	$7800\ x10^{-12}$
重力 (g)	m/s^3	9.8	mm/s^2	9800
	輸出結果		輸出結果	
	單位	範例	單位	範例
位移	m	0.001	mm	1
應力	N/m^2 (Pa)	$150x10^9$	N/mm^2 (MPa)	$150\ x10^3$
應變	無單位	1	無單位	1

表 4-4.3 熱傳分析 SI 制常用的兩個輸入系統

	公尺(m)建立模型		公釐(mm)建立模型	
	單位	範例	單位	範例
尺寸	m	1	mm	1000
熱傳導係數	W/m・°C	1	W/mm・°C	$1\ x10^{-3}$
熱對流係數	W/m^2・°C	1	W/mm^2・°C	$1\ x10^{-6}$
熱產生率	W/m^3	1	W/mm^3	$1\ x10^{-9}$
	輸出結果		輸出結果	
	單位	範例	單位	範例
溫度	°C	1	°C	1
熱通量	W/m^2	1	W/mm^2	$1x10^{-6}$
溫度梯度	°C/m	1	°C/mm	$1x10^{-3}$

Menu Paths： 無

/TITLE, *Title*

定義標題(**TITLE**)，該標題將顯示於圖形視窗中左下方，系統自訂為無標題。該指令可在任何處理器下達，或依顯示圖形之不同更改標題內容。例如，有限元素模型圖、位移變形圖、應力分佈圖，亦即只要在繪圖指令前下達即可。*Title* 為欲顯示在圖形視窗中左下角之說明，最多為 72 個字元。

```
/TITLE, This is the finite element model
    :        !繪圖時，圖形視窗左下角出現以上標題
/TITLE, This is the stress distribution
    :        !繪圖時，圖形視窗左下角出現以上標題
```

Menu Paths : Utility Menu > File > Change Title

➔ 4-5 節點定義

有限元素模型的建立是將機械結構轉換成很多節點和元素相連接，故節點即爲機械結構中的一個點座標，附與一個號碼和座標位置。在 ANSYS 中所建立的物件(座標系、節點、元素及第六章所介紹之點、線、面、體積)，都有編號，例如整體座標系編號(CSYS = 0, 1, 2, 4, 5)或區域座標系編號(CSYS = 10, 11, 12)等。

指令介紹

N, *NODE, X, Y, Z, THXY, THYZ, THZX*

在現有的座標系統下，定義節點(Node)，號碼編排順序不影響分析結果，節點之建立也不一定要連號，但爲了元素的連接及資料管理，在定義節點前先行規劃節點號碼，以利有限元素模型的建立。在圓柱座標系統下 x, y, z 相對應於 r, θ, z，在球面座標系統下 x, y, z 相對應於 r, θ, φ。

NODE = 欲建立節點的號碼

X,Y,Z = 節點在目前座標系統下的座標位置

```
N, 1, 1, 2, 1      !建立節點 1，位於 x=1, y=2, z=1
N, 10, 4, 3, 1     !建立節點 10，位於 x=4, y=3, z=1
CSYS, 1
N, 20, 5, 30, 1    !建立節點 20，位於 x=5, θ=30, z=1
```

Menu Paths : Main Menu > Preprocessor > Create > Nodes > In Active CS

Menu Paths : Main Menu > Preprocessor > Create > Nodes > On Working Plane

FILL, *NODE1, NODE2, NFILL, NSTRT, NINC, ITIME, INC, SPACE*

節點填充(Node **FILL**)指令，是在現有之座標系統下，自動將兩節點間填充許多節點，兩個節點間填充的節點個數及分佈狀態視其參數而定，系統之設定為均分填滿。*NODE1*、*NODE2* 為欲填充點之起始節點號碼及終結節點號碼，例如兩節點號碼為 1(*NODE1*)和 5(*NODE2*)，則平均填充 3 個節點(2, 3, 4)介於節點 1 和 5 之間。當模型被規劃為很多節點又有規律時使用。

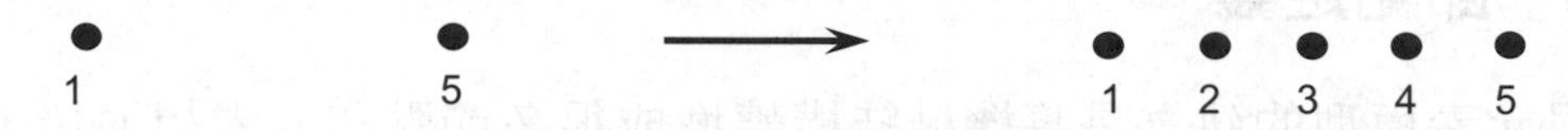

FILL, 1, 5　　!建立節點 2、3、4 於節點 1、5 之間

Menu Paths： Main Menu > Preprocessor > Create > Nodes > Fill between Nds

NGEN, *ITIME, INC, NODE1, NODE2, NINC, DX, DY, DZ, SPACE*

節點複製(**N**ode **GEN**eration)指令是將一組節點(*NODE1, NODE2, NINC*)在現有之座標系統下複製到其他位置，如同一般軟體的複製(copy)功能，必需注意新節點號碼不可與現有號碼重複，當模型被規劃為很多節點又有規律時使用。

ITIME：複製的次數，包含自己本身。

INC：每次複製時，新節點號碼之增加量。

NODE1, NODE2, NINC：節點複製之選取，亦即有那些節點要複製。

DX, DY, DZ：每次複製時在現有之座標系統下，幾何位置之改變量。

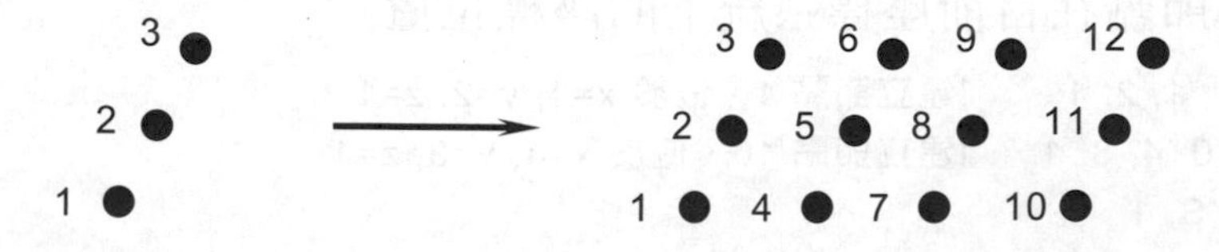

NGEN, 4, 3, 1, 3, 1, 2, 0, 0
將節點 1、3，複製 4 次，每個節點號碼增加 3，x 座標加 2，
號碼增加量必需大於 2，否則新節點號碼與舊節點號碼相衝突。

Menu Paths： Main Menu > Preprocessor > Modeling > Copy > Nodes > Copy

NSYM, *Ncomp, INC, NODE1, NODE2, NINC*

複製一組(*NODE1, NODE2, NINC*)節點(**N**ode)對稱(**SYM**metric)於某軸(*Ncomp*)，*INC* 爲每次複製時節點號碼之增加量，必需注意新節點號碼不可與現有號碼重複，當模型被規劃爲很多節點又有規律時使用。

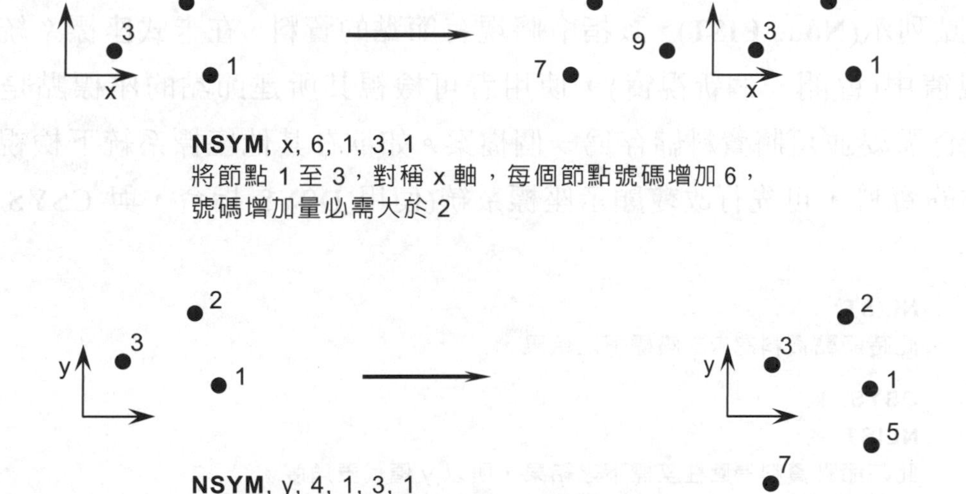

Menu Paths : Main Menu > Preprocessor > Modeling > Reflect > Nodes

NPLOT, *KNUM*

節點顯示(**Node PLOT**)，該指令是將現有節點在卡式座標系統下顯示在圖形視窗中，以供使用者參考及檢視模組之建立。建構模型的顯示爲軟體重要功能之一，以檢視建立之物件是否正確。有限元素模型建立的過程中，經常會檢視各個物件(節點、元素)建立之正確性及相關位置，包含不同視角，物件號碼等，所以圖形顯示爲有限元素模型建立過程中不可缺少的步驟。*KNUM* = 0 表示不顯示號碼，*KNUM* = 1 表示顯示號碼。一般而言，新建立的節點(物件)會有號碼立即顯示在節點(物件)附近，但如果以 NPLOT 再重新顯現一次，或在圖形視窗轉動、移動節點示意圖，則號碼無法顯現，故可用此方法將號碼顯現，以利模組之建立，ANSYS 所建的物件皆具有此特性。

Menu Paths : Utility Menu > Plot > Nodes

Menu Paths : Utility Menu > PlotCtrls > Numbering…

NLIST, *NODE1, NODE2, NINC, Lcoord, SORT1, SORT2, SORT3*

節點列示(**N**ode **LIST**)，該指令將現有節點的資料，在卡式座標系統下列示於視窗中(會開一個新視窗)，使用者可檢視其所建節點的座標點是否正確，如有需要並可將資料儲存爲一個檔案。如欲在其他座標系統下檢視其所建節點的資料，可先行改變顯示座標系統(使用 DSYS 指令，與 CSYS 用法相同)。

NLIST
此時節點資料為卡式座標下之結果。

DSYS, 1
NLIST
此時節點資料為圓柱座標下之結果，所以 y 值代表角度。

DSYS, 12
NLIST
此時節點資料為 12 號座標下之結果。

Menu Paths : Utility Menu > List> Nodes

NDELE, *NODE1, NODE2, N1NC*

刪除已建立的節點(**N**ode **DELE**te)，如果建立的節點位置不對，或欲刪除已建立的節點，可用該指令刪除。但節點已連接成元素則無法刪除該節點，在此情況下必須先行刪除該節點所隸屬的元素。*NODE1*，*NODE2*，*NINC* 爲欲刪除節點的範圍。

ANSYS 對於選取物件有其特別之語法，其基本概念爲物件起始號碼(*NODE1*)、物件終止號碼(*NODE2*)及物件起始與終止之間的間隔號碼(*NINC*)，前面 NSYM、NLIST、NGEN 指令的參數也有使用到該觀念，後面有相當多指令之參數使用該語法，然而先決條件是物件的號碼有規律。通常大多爲不小心鍵入錯誤，此時只要刪除錯誤的節點即可，或是重新定義該節點，會取代前所定義的節點。

```
NDELE, 1, 100, 1      !刪除 1 至 100 之所有節點
NDELE, 1, 100         !同上
NDELE, 1, 100, 2      !刪除 1 至 100 之奇數節點
NDELE, 2, 100, 2      !刪除 2 至 100 之偶數節點
NDELE, 1, 100, 4      !刪除 1 至 100 之相隔 4 的節點(1, 5, 9,...97)
NDELE, 3, 3, 1        !刪除 3 至 3 之相隔 1 的節點，也就是節點 3
NDELE, 3              !同上，通常上行之指令，將採用本行之方式
                      初學者最常鍵入錯誤，刪除一個節點
```

Menu Paths : Main Menu > Preprocessor > Delete > Nodes

針對 NPLOT、NLIST 主要用於輔助模型建立時，檢示我們所建立節點的資訊，例如檢示節點座標是否正確、各節點相關位置等，一個完整的分析流程是不需要這些指令，所以可利用 Uitlity Menu 的選單去完成比較方便，如圖 4-5.1 所示。目前只學到一個物件(節點)，所有的物件都可以用此方法檢示。如果將座標系統視爲物件，我們可以點選 Utility Menu > List > Other > Local Coord Sys，可以檢示 ANSYS 所有的座標系統。

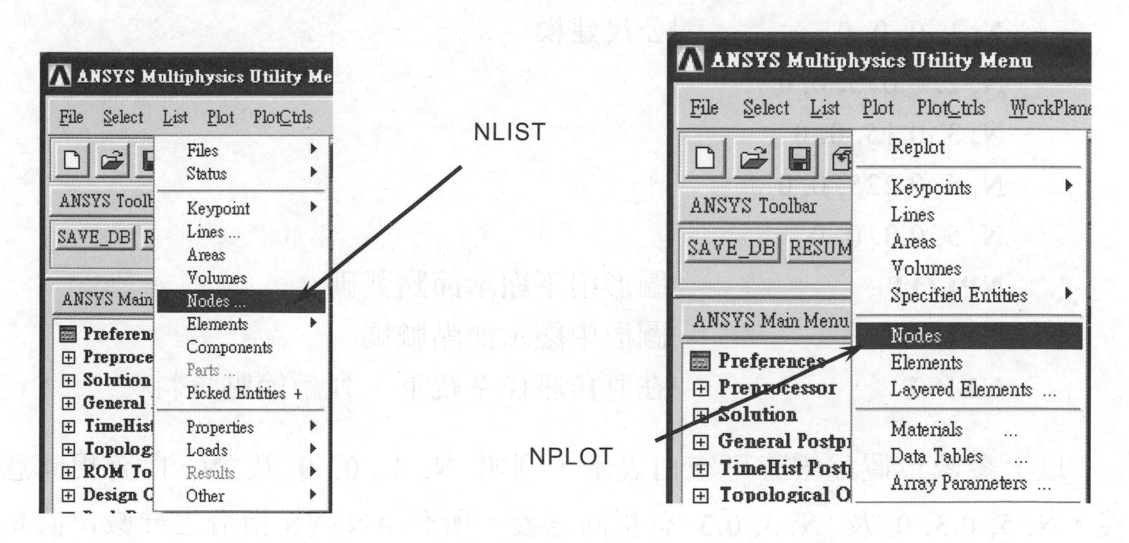

圖 4-5.1　NPLOT、NLIST 下拉選單示意圖

【範例 4-1】

有一樑結構如圖(a)所示，L = 30 cm，圖(b)爲均分五個節點之規劃。

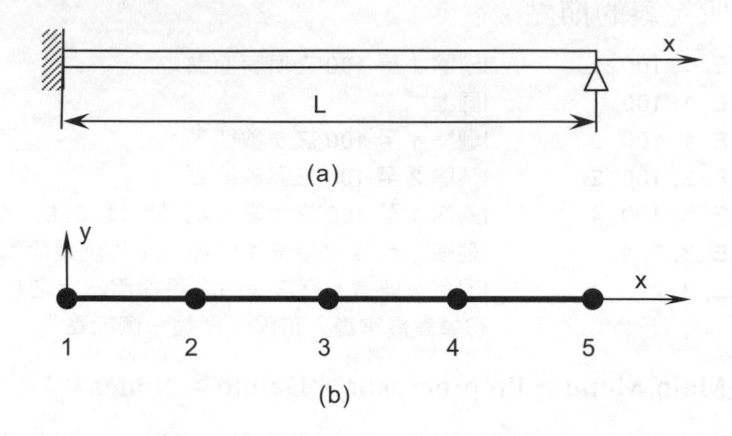

(a)

(b)

以下爲 ANSYS 直接輸入法之指令流程，當輸入任何指令後，請注意圖形視窗的反應及輸出視窗的說明，這對初學者有很大的幫助。輸出視窗說明該指令執行結果，圖形視窗將執行結果由圖形表現。

```
/FILNAME, EX4-1
/TITLE, Beam 5 Nodes Simulation
/PREP7
N, 1, 0, 0, 0          !公尺建模
N, 2, 0.075, 0, 0
N, 3, 0.15, 0, 0
N, 4, 0.225, 0, 0
N, 5, 0.3, 0, 0
NPLOT                  !圖形中不顯示節點號碼
NPLOT, 1               !圖形中顯示節點號碼
NLIST                  !在直角座標系統下，列示節點資料
```

以上參數位置爲零時可空白表示，例如 **N**, 1, 0, 0 及 **N**, 1 有相同意義，**N**, 5, 0.3, 0 及 **N**, 5, 0.3 有相同意義。所有 ANSYS 指令之參數位置是零，或爲系統自訂值時，皆可以此方式表示。

【範例 4-1 下拉式指令法】

1. Utility Menu > File > Change Jobname... 定義檔案名稱，點選 OK。

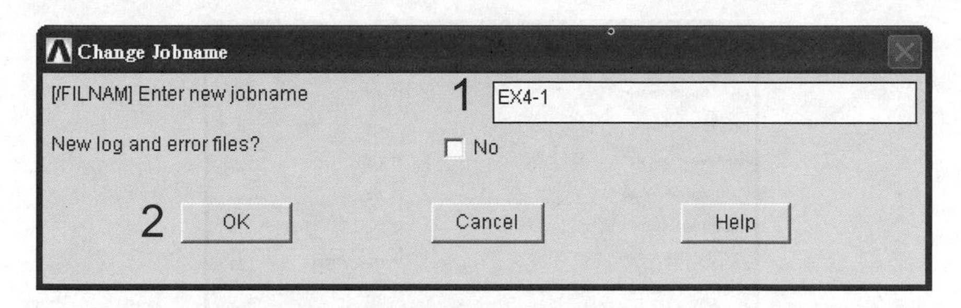

2. Utility Menu > File > Change Title... 輸入標題，點選 OK。

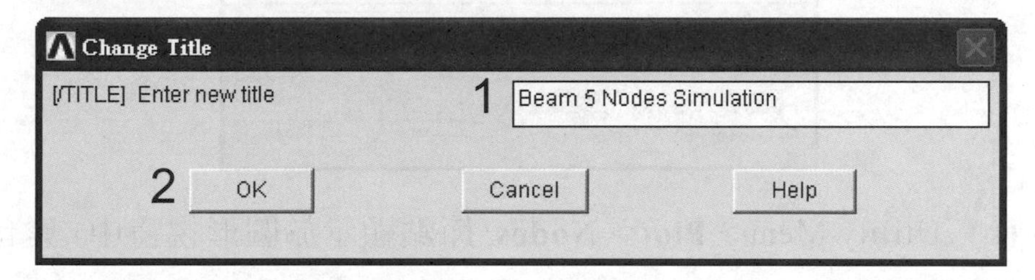

3. Main Menu > **Preprocessor**
4. Main Menu > Preprocessor > Modeling > Create > Nodes > In Active CS 輸入節點 1 的資料，點選 Apply。

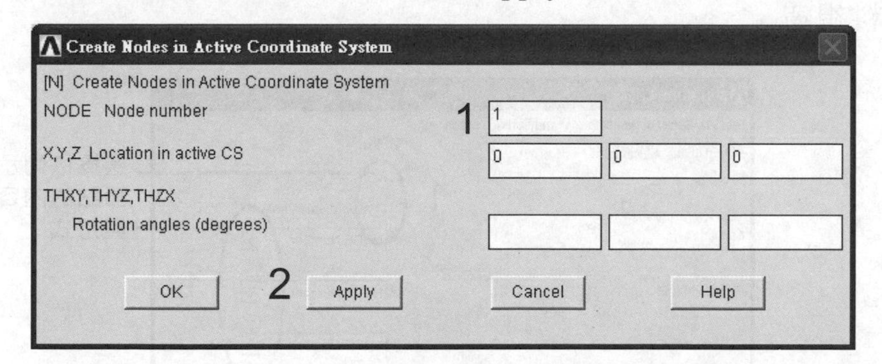

5.-8. 節點輸入視窗仍然存在，繼續輸入節點 2 的資料，直到節點 5 的資料輸入後，點選 OK，則節點輸入視窗將關閉。

9. Utility Menu > **Plot > Nodes**

節點顯示於圖形視窗中，但不具有號碼。

10. (a) Utility Menu > PlotCtrls > Numbering... 點選 NODE，點選 OK。

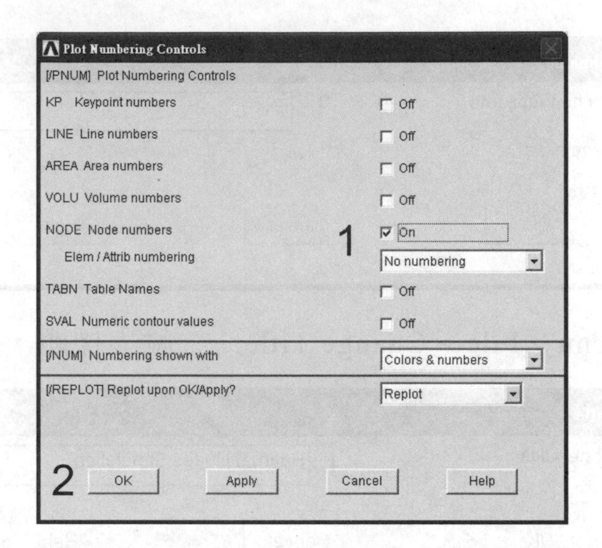

(b) Utility Menu> **Plot > Nodes** 節點顯示於圖形視窗中，具有號碼。

11. Utility Menu > List > Nodes...

出現節點列示方式視窗，使用者可選擇列示節點的內容與方式為何，選擇資料後，點選 OK，出現卡式座標下，DSYS = 0，節點資料視窗。

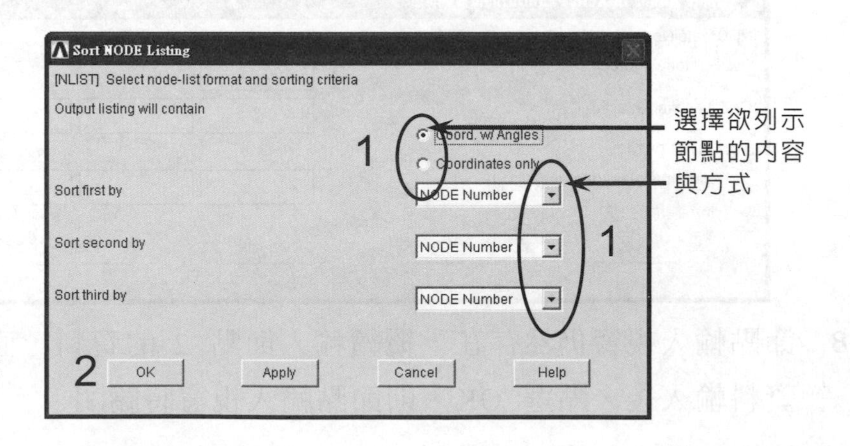

節點列示方式視窗

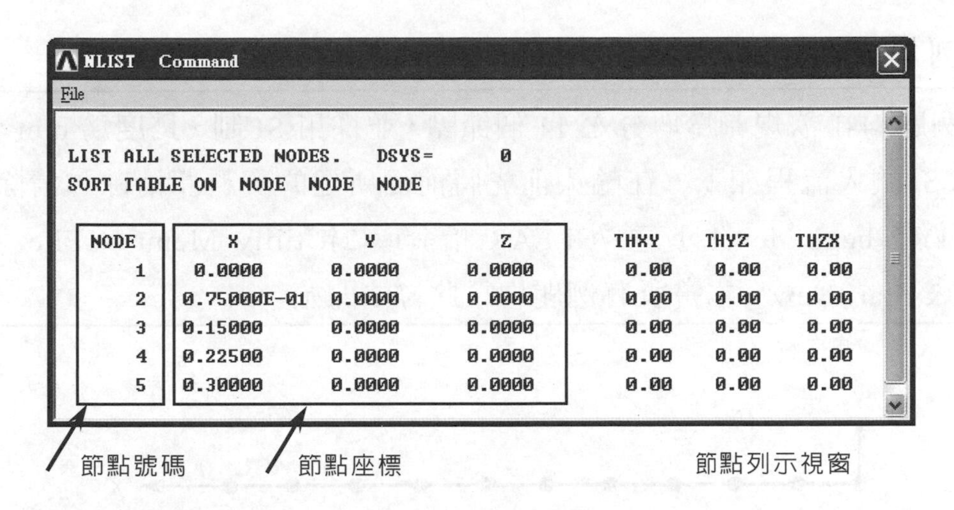

在此將下拉式指令法中下達指令注意事項說明如下：

1. 下拉式指令法中每一步驟即爲相對應於直接輸入法中每一行之指令。
2. 在下拉式指令法中找尋指令過程中，遇到指令後有“+”，表示該指令還有次下拉層次選單。
3. 在下拉式指令法中找尋指令過程中，遇到指令前有“▦”或指令後有“...”，表示該指令具有參數，則會有參數輸入視窗出現，例如步驟1、2、4、10(a)、11。當在參數輸入視窗中輸入參數後，有兩種方式輸入指令：(1)選擇“OK”，則該參數輸入視窗會消失，同時也完成指令輸入，例如步驟1、2；(2)選擇“Apply”，則該參數輸入視窗不會消失，同時也完成指令輸入，並等待同指令不同參數之繼續輸入，例如步驟 4 至 7。有的參數輸入視窗僅具有“OK”，有的參數輸入視窗具有“OK”與“Apply”，依指令屬性而定。使用者可以下一步驟爲何來決定選擇“OK”或“Apply”。
4. 不具有參數的指令，通常由其路徑找到指令後，點選滑鼠左鍵即可，例如步驟 3、9、10(b)，本書以黑體表之，代表直接點選即可。

【範例 4-2】

假設例題 4-1 欲規劃為均分之 11 個節點，並採用 SI 制，長度為 mm，ANSYS 輸入流程如下，在輸入前先將前面所建的資料庫清除，清除方式(1)在 begin level 下達 /CLEAR 指令或(2)Utility Menu > File > Clear & Start New。本書所有例題均以此方法開始。

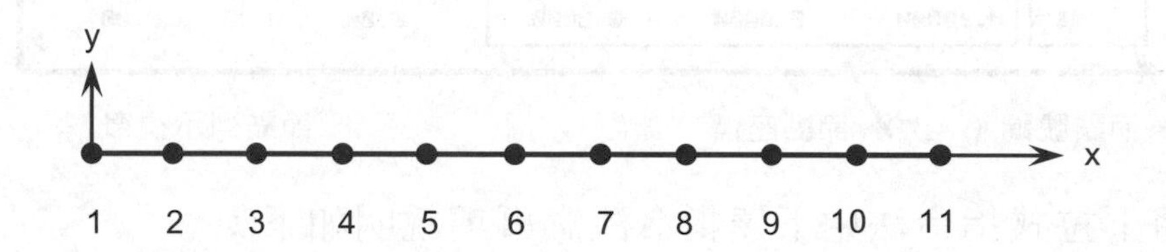

/FILNAME, EX4-2
/TITLE, Beam 11 Nodes Simulation
/PREP7
N, 1, 0, 0, 0
N, 2, 30, 0, 0
N, 3, 60, 0, 0
N, 4, 90, 0, 0
N, 5, 120, 0, 0
N, 6, 150, 0, 0
N, 7, 180, 0, 0
N, 8, 210, 0, 0
N, 9, 240, 0, 0
N, 10, 270, 0, 0
N, 11, 300, 0, 0
NPLOT !圖形中不顯示節點號碼
NPLOT, 1 !圖形中顯示節點號碼
NLIST !在直角座標系統下，列示節點資料

【範例 4-2 下拉式指令法】

1. Utility Menu > File > Change Jobname…定義檔案名稱，點選 OK。

Change Jobname
[/FILNAM] Enter new jobname　1　EX4-2
New log and error files?　No
2　OK　Cancel　Help

2. Utility Menu > File > Change Title…
輸入標題，點選 OK。

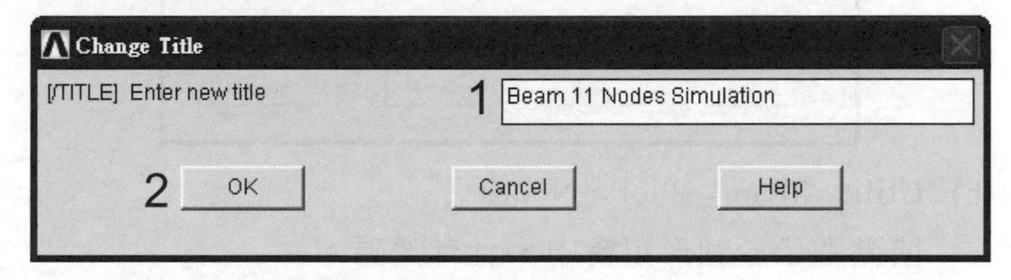

3. Main Menu > **Preprocessor**　進入前處理器。

4. Main Menu > Preprocessor > Modeling > Create > Nodes > In Active CS　輸入節點 1 的資料，點選 Apply。

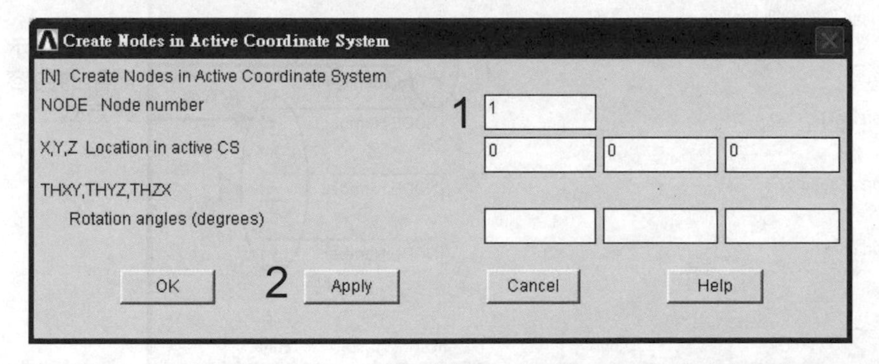

5.-14. 節點輸入視窗仍然存在，繼續輸入節點 2 的資料，直到節點 11 的資料輸入後，點選 OK，則節點輸入視窗將關閉。

15. Utility Menu > **Plot > Nodes**　節點顯示於圖形視窗中，不具有號碼。

16. (a) Utility Menu > PlotCtrls > Numbering…點選 NODE，點選 OK。

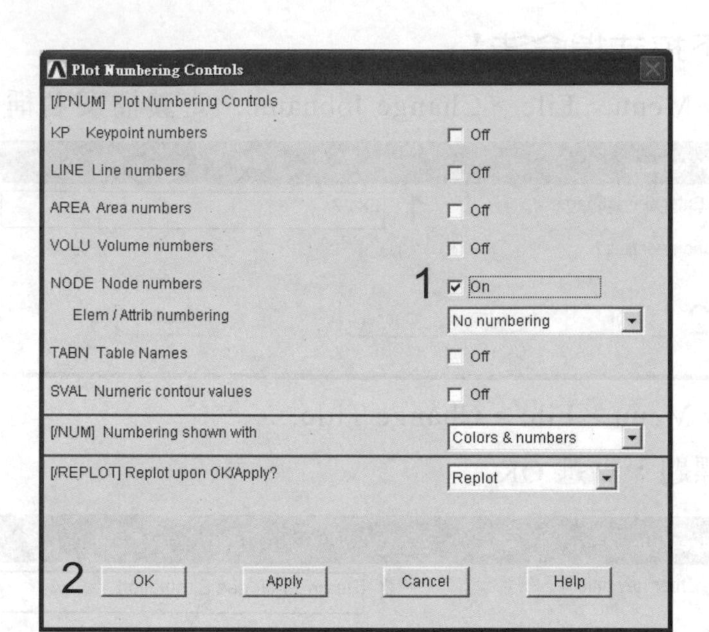

(b) Utility Menu > Plot > Nodes…

節點顯示於圖形視窗中，具有號碼。

17. Utility Menu > List > Nodes…

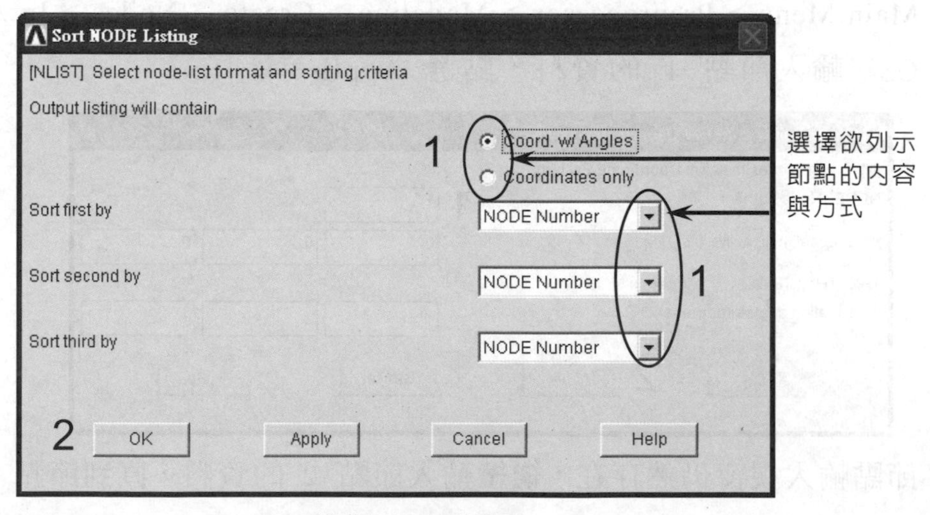

節點列示方式視窗

選擇列示節點的內容與方式爲何，選擇資料後，點選 OK，出現卡式座標下，DSYS=0，節點資料視窗。

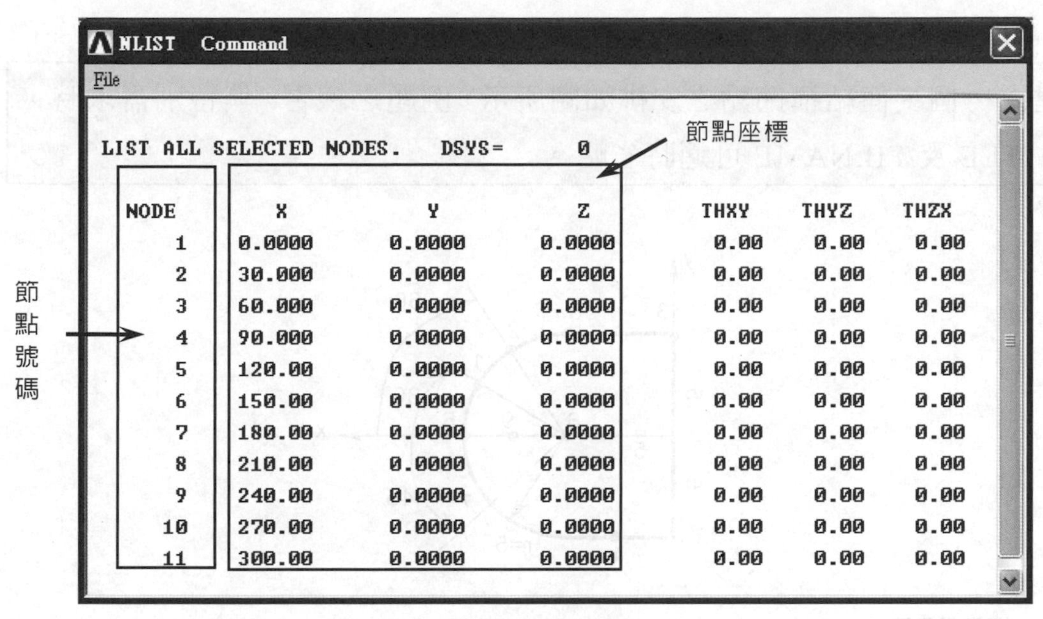

LIST ALL SELECTED NODES.   DSYS=   0

NODE	X	Y	Z	THXY	THYZ	THZX
1	0.0000	0.0000	0.0000	0.00	0.00	0.00
2	30.000	0.0000	0.0000	0.00	0.00	0.00
3	60.000	0.0000	0.0000	0.00	0.00	0.00
4	90.000	0.0000	0.0000	0.00	0.00	0.00
5	120.00	0.0000	0.0000	0.00	0.00	0.00
6	150.00	0.0000	0.0000	0.00	0.00	0.00
7	180.00	0.0000	0.0000	0.00	0.00	0.00
8	210.00	0.0000	0.0000	0.00	0.00	0.00
9	240.00	0.0000	0.0000	0.00	0.00	0.00
10	270.00	0.0000	0.0000	0.00	0.00	0.00
11	300.00	0.0000	0.0000	0.00	0.00	0.00

節點列示視窗

完成兩個小練習後，最常碰到的是輸入錯誤，例如“**N**, 9, 24, 0”誤輸入為“**N**, 9, 2.4, 0”，則重新輸入“**N**, 9, 24, 0”即可，表示重新定義第 9 點，亦即同號碼的物件重新輸入會覆蓋前面所定義的物件，如誤輸入為“**N**, 92, 4, 0”，則重新輸入“**N**, 9, 24, 0”定義第 9 點，但此時會多一個 92 號節點，可用刪除指令清除之(NDELE, 92)。如果錯的太離譜，不如清除(/CLEAR)資料庫從新開始。

初學者最難適應之處在於輸入錯誤，如果輸入的指令 ANSYS 無法接受，則 ANSYS 會告訴我們指令錯誤。然而若是指令格式都對，但有些參數不對造成所建的物件不是我們所想要的位置，所以初學者要多檢視我們所建的模型是否正確。一般使用者習慣使用復原(ReDo)功能，很可惜 ANSYS 沒有此項功能，事實上 ANSYS 熟手是不會藉由一個一個指令，逐一輸入的方式來完成其分析工作，想要達到此功力請多加練習，羅馬不是一天造成的。

【範例 4-3】

建立一個平面結構節點之安排如圖所示，例題之練習，無特別需求時，/TITLE 及/FILNAME 可適時省略。

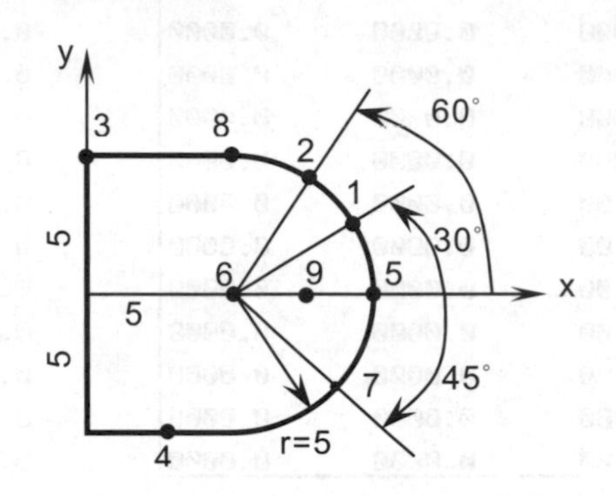

/PREP7

LOCAL, 11, 1, 5, 0, 0　　!建立第 11 號圓柱區域座標

N, 1, 5, 30

N, 2, 5, 60

CSYS, 0　　!回至卡式座標

N, 3, 0, 5

N, 4, 2.5, -5

CSYS, 11　　!回至第 11 號圓柱區域座標

N, 5, 5, 0

N, 6, 0, 0

N, 7, 5, -45

CSYS, 0　　!回至卡式座標

N, 8, 5, 5

N, 9, 7.5, 0

【範例 4-3 下拉式指令法】

1. Main Menu > **Preprocessor** 進入前處理器。
2. Utility Menu > WorkPlane > Local Coordinate Systems > Create Local CS > At Specified Loc +

出現左下方之選擇視窗，此步驟要定義一個新的區域座標，由於所欲定義的區域座標新原點是相對於整體座標之原點(因為當初選擇 At Specified Loc +)，一般而言在圖形視窗中無法很準確的點取區域座標新原點，故選取選擇視窗中的 Global Cartesian，並在其下方輸入相對原點座標 5, 0, 0，再至選擇視窗點選 OK，出現右圖之座標屬性參數視窗，鍵入及選擇相關參數，點選 OK 即可。

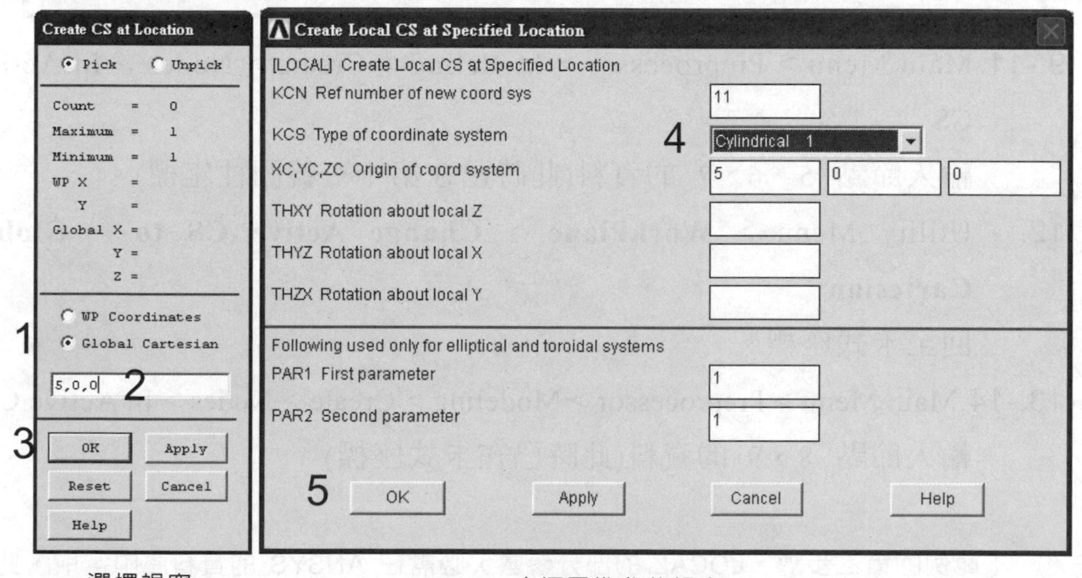

選擇視窗　　座標屬性參數視窗

3.-4. Main Menu > Preprocessor > Modeling > Create > Nodes > In Active CS

輸入節點 1、2 的資料(此時已在第十一號圓柱座標)。

5. Utility Menu > WorkPlane > Change Active CS to > **Global Cartesian**

回至卡式座標。

6.-7. Main Menu > Preprocessor > Modeling > Create > Nodes > In Active CS

輸入節點 3、4 的資料(此時已位於卡式座標)。

8. Utility Menu > WorkPlane > Change Active CS to > Specified Coord Sys…

出現座標選擇視窗，輸入第十一號座標，點選 OK。

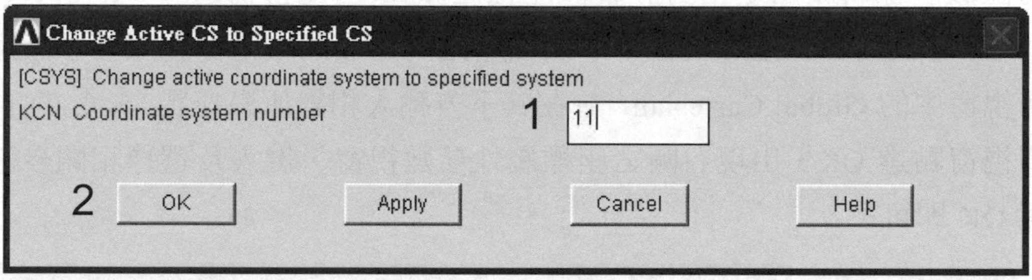

Change Active CS to Specified CS
[CSYS] Change active coordinate system to specified system
KCN Coordinate system number 1 11
2 OK Apply Cancel Help

9.-11. Main Menu > Preprocessor > Modeling > Create > Nodes > In Active CS …

輸入節點 5、6、7 的資料(此時已在第十一號圓柱座標)。

12. Utility Menu > **WorkPlane** > **Change Active CS to** > **Global Cartesian**

回至卡式座標。

13.-14. Main Menu > Preprocessor > Modeling > Create > Nodes > In Active CS

輸入節點 8、9 的資料(此時已在卡式座標)。

註： 本範例的第二步驟，LOCAL 的部分參數，必需在 ANSYS 的資料庫中選取，此類的指令會出現「選擇視窗」，此時可直接輸入後或在圖形視窗中點選。當確定輸入或點選完畢後，選擇 OK，才會有該指令屬性參數視窗出現，做進一步資料的輸入，詳見 2-7 節說明。

【範例 4-4】

建構一個平面結構，節點之安排如圖所示。

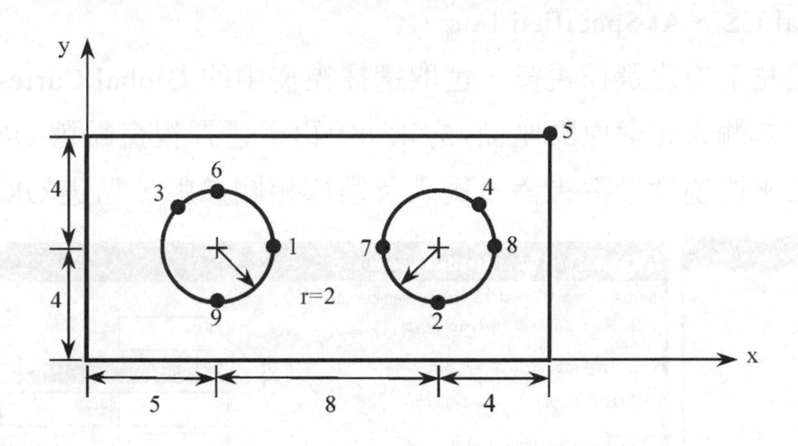


```
/PREP7
LOCAL, 11, 1, 5, 4              !建立第 11 號圓柱區域座標
N, 1, 2, 0
N, 6, 2, 90
N, 3, 2, 135
LOCAL, 12, 1, 13, 4             !建立第 12 號圓柱區域座標
N, 8, 2, 0
N, 7, 2, 180
N, 2, 2, -90
CSYS, 0                         !回至卡式座標
N, 5, 17, 8
CSYS, 11                        !回至第 11 號圓柱區域座標
N, 9, 2, -90
CSYS, 12                        !回至第 12 號圓柱區域座標
N, 4, 2, 45
```

【範例 4-4 下拉式指令法】

1. Main Menu > **Preprocessor** 進入前處理器。
2. Utility Menu > WorkPlane > Local Coordinate Systems > Create > Local CS > At Specified Loc +
   出現左下方之選擇視窗，選取選擇視窗中的 Global Cartesian，並在其下方輸入相對原點座標 5, 4, 0，再至選擇視窗點選 OK，出現右圖之座標屬性參數視窗，鍵入及選擇相關參數，點選 OK 即可。

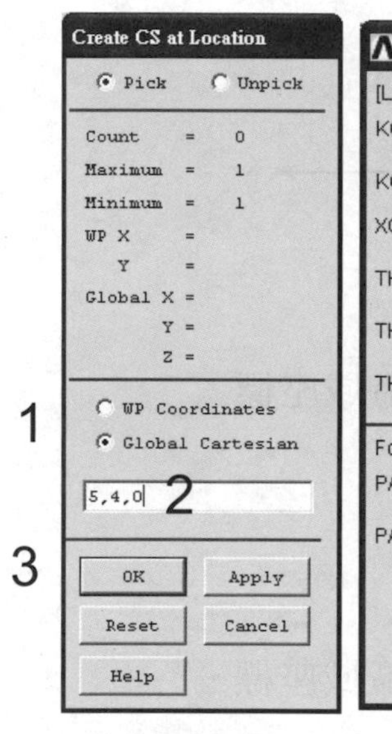

選擇視窗

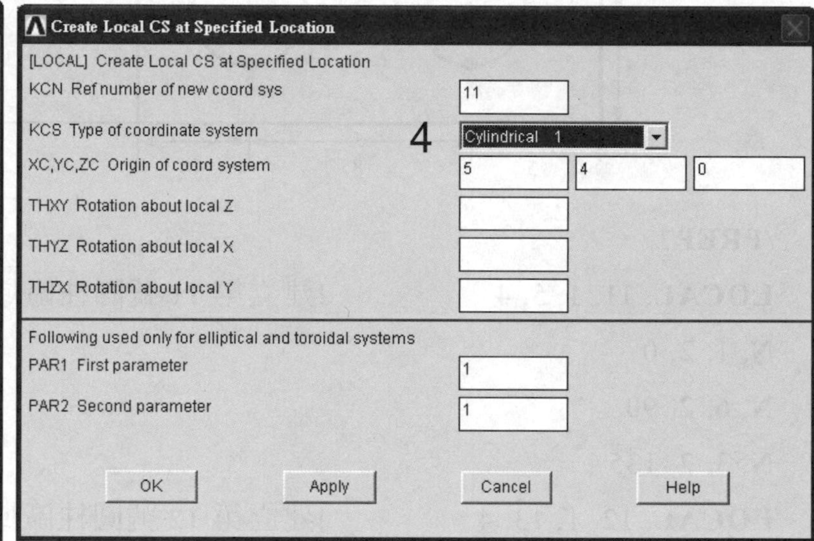

座標屬性參數視窗

3.-5. Main Menu > Preprocessor > Modeling > Create > Nodes > In Active CS
輸入節點 1、6、3 的資料。

6. 同步驟 2，建立相對原點(13, 4)，第十二號區域圓柱座標。

7.-9. Main Menu > Preprocessor > Modeling > Create > Nodes > In Active CS
輸入節點 8、7、2 的資料。

10. Utility Menu > **WorkPlane** > **Change Active CS to** > **Global Cartesian**

11. Main Menu > Preprocessor > Modeling > Create > Nodes > In Active CS
輸入節點 5 的資料。

12. Utility Menu > WorkPlane > Change Active CS to > Specified Coord Sys ...出現座標選擇視窗，輸入第十一號座標，點選 OK。

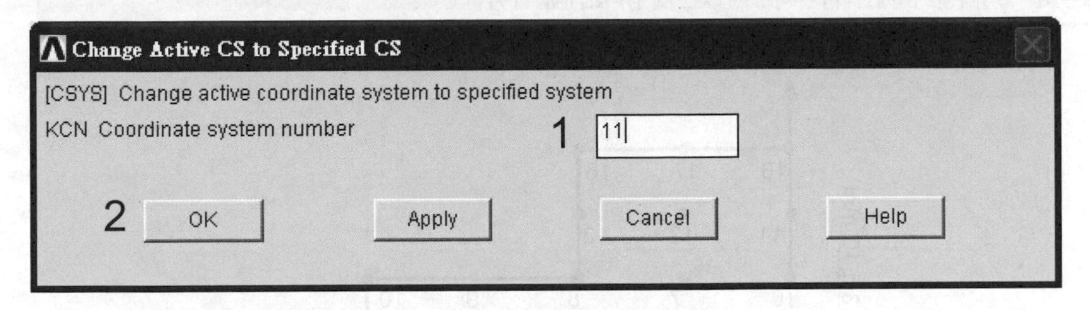

13. Main Menu > Preprocessor > Modeling > Create > Nodes > InActive CS 輸入節點 9 的資料。

14. Utility Menu > WorkPlane > Change Active CS to > Specified Coord Sys　出現座標選擇視窗，輸入第十二號座標，點選 OK。

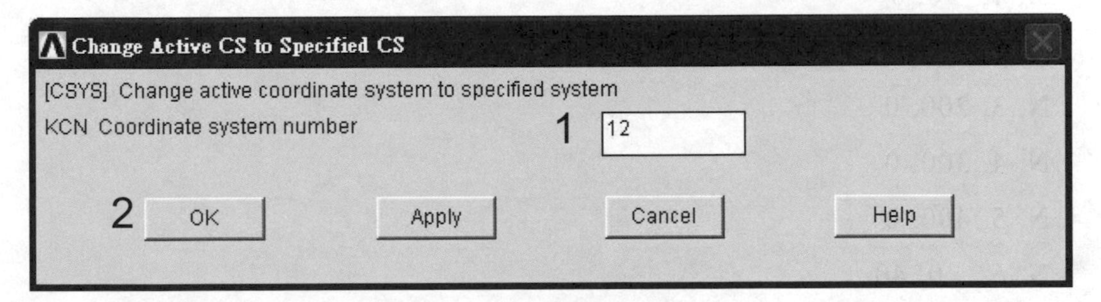

15. Main Menu > Preprocessor > Modeling > Create > Nodes > In Active CS 輸入節點 4 的資料。

由以上數個例子，我們可知如何透過下拉式選單方式，輸入節點、建立區域座標、座標轉換等基本技巧，以下例子將省略其下拉式選單之說明，讀者請自行參閱前面的範例。

【範例 4-5】

建立一個平面結構，節點之安排如圖所示。

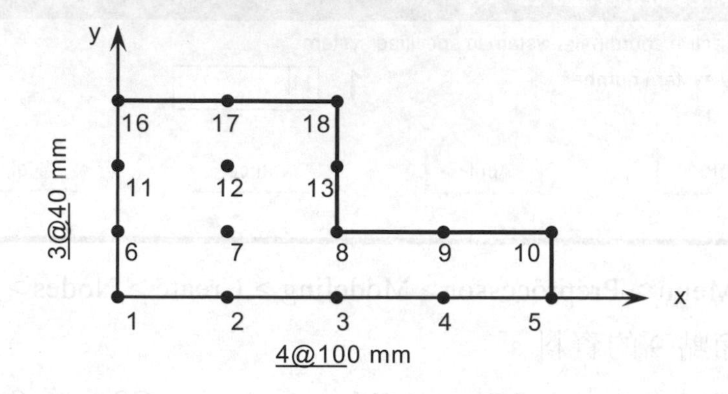


```
/PREP7
N, 1,    0, 0
N, 2, 100, 0
N, 3, 200, 0
N, 4, 300, 0
N, 5, 400, 0
N, 6,    0, 40
N, 7, 100, 40
N, 8, 200, 40
N, 9, 300, 40
N, 10, 400, 40
N, 11,    0, 80
N, 12, 100, 80
N, 13, 200, 80
N, 16,    0, 120
N, 17, 100, 120
N, 18, 200, 120
```

【範例 4-6】

有一平面桁架如圖所示，請建立有限元素模型之節點，桁架結構中每一個桿件爲一個元素，桿件中間不可有節點。

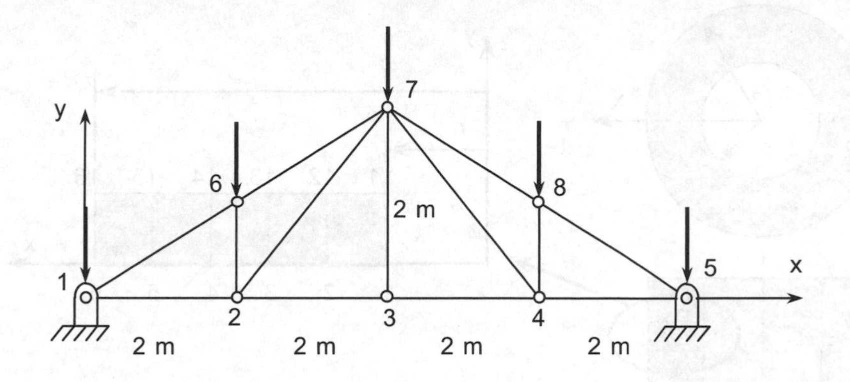

/TITLE, Truss Structure

/PREP7

N, 1, 0, 0

N, 2, 2000, 0

N, 3, 4000, 0

N, 4, 6000, 0

N, 5, 8000, 0

N, 6, 2000, 1000

N, 7, 4000, 2000

N, 8, 6000, 1000

【範例 4-7】

有一長中空圓柱，取其剖面，建立 2-D 有限元素模型之節點，r_i=10 mm，r_o=40 mm，節點 11 至節點 16 之高度取任意之值(5 mm)。

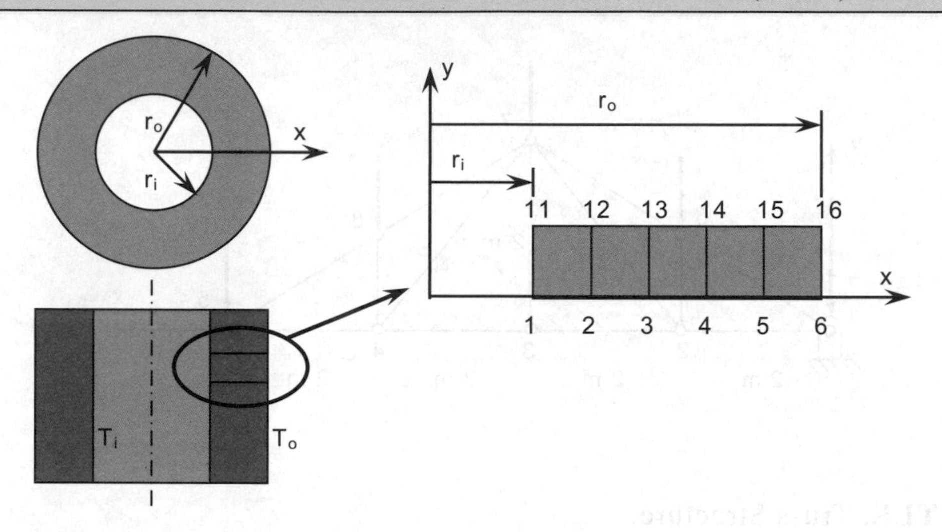


```
/TITLE, Cylinder Heat Transfer Nodes Generation
/PREP7
N, 1, 10, 0
N, 2, 16, 0
N, 3, 22, 0
N, 4, 28, 0
N, 5, 34, 0
N, 6, 40, 0
N, 11, 10, 5
N, 12, 16, 5
N, 13, 22, 5
N, 14, 28, 5
N, 15, 34, 5
N, 16, 40, 5
```

【範例 4-8】

範例 4-1 節點輸入流程亦可修正如下(L=30 cm，SI 公尺制)。

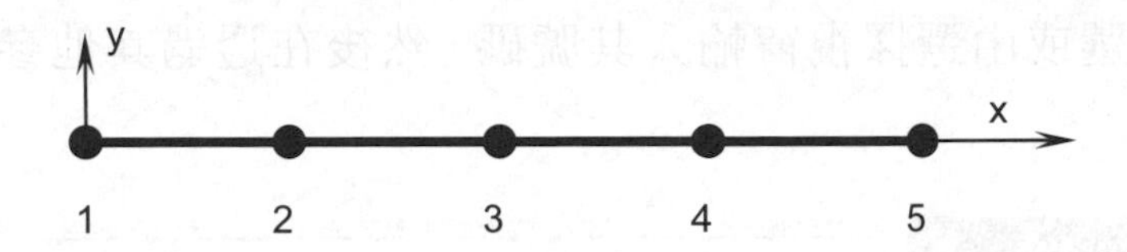


```
/PREP7
N, 1, 0, 0
N, 5, 0.3, 0
FILL, 1, 5
```

【範例 4-8 下拉式指令法】

1. Main Menu > **Preprocessor**　進入前處理器。
2. Main Menu > Preprocessor > Modeling > Create > Nodes > In Active CS 輸入節點1、5的資料。
3. Main Menu > Preprocessor > Modeling > Create > Nodes > Fill between Nds。

依路徑選取指令後出現下列左上方選擇節點填充視窗，由於 Fill 指令爲兩個節點之間的填充，使用者一定要選擇兩個節點，當滑鼠移至圖形視窗中，滑鼠改變爲向上之箭頭，表示等待使用者選取欲填充的節點，本例採用 Single、Pick 選項，故可在圖形視窗中利用滑鼠點選節點 1、5。點選過程中，左圖的資料訊息會適時改變，例如點選節點 1 時，資料訊息改變爲 Count=1、Node No.=1，表示選擇了第一點並設定爲該指令(FILL)的第一個參數；點選節點 5 時，資料訊息改變爲 Count=2、Node No.=5，表示選擇節點 5 並設定爲該指令(FILL)的第二個參數。點選完兩個點後，在選擇視窗點選 OK，出現 FILL 指令其他參數視窗如圖所示，將相對應參數輸入後，選取左下角之

OK 即可。此外讀者可參閱例題 4-3 說明，選擇節點 1、5 的方法，我們亦可在選擇視窗輸入“1, 5”，點選 OK，出現 FILL 指令其他參數視窗。因此，對於 ANSYS 指令參數中，如有需要 ANSYS 物件資訊號碼時，可利用滑鼠由圖形視窗點選或由選擇視窗輸入其號碼，然後在透過其他參數視窗輸入指令其他參數。

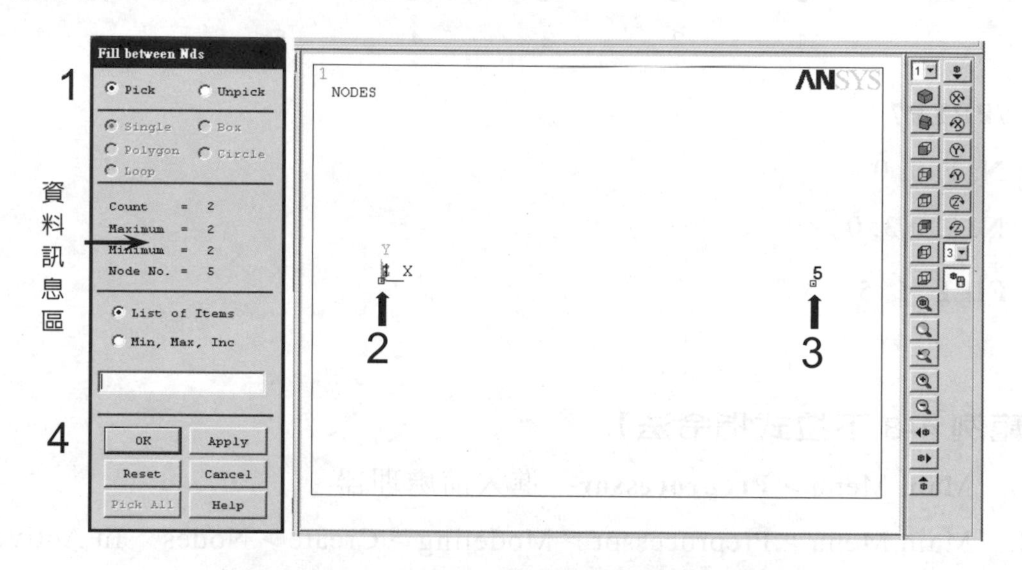

Create Nodes Between 2 Nodes

[FILL] Create Nodes Between 2 Nodes

NODE1,NODE2 Fill between nodes	1 5
NFILL Number of nodes to fill	3
NSTRT Starting node no.	
NINC Inc. between filled nodes	
SPACE Spacing ratio	1
ITIME No. of fill operations - - (including original)	1
INC Node number increment - - (for each successive fill operation)	1

5

6 OK Apply Cancel Help

其他參數視窗

以上流程為 ANSYS 典型下拉式輸入法，如何宣告指令的參數，利用滑鼠點選必要的物件(此處為節點)資料或在指令輸入視窗輸入資料，在將其他參數輸入於該指令的參數視窗。因此使用者還是要面對各參數的意義，方能將參數填入適當的位置，與傳統指令輸入法相較，優點在於不必去對應各參數在指令後的位置，然而目前版本當在輸入視窗輸入指令後，立即可看到其參數所在的位置。

【範例 4-9】

範例 4-2 節點輸入流程亦可修正如下(L=30 cm，SI 制，長度爲 mm)。

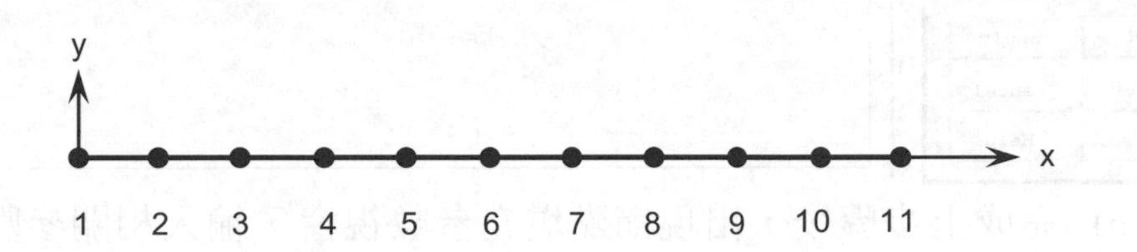

/PREP7

N, 1, 0, 0

N, 11, 300, 0

FILL, 1, 11

【範例 4-9 下拉式指令法】

1. Main Menu > **Preprocessor**　進入前處理器。
2.-3. Main Menu > Preprocessor > Modeling > Create > Nodes > In Active CS
輸入節點 1、11 的資料。
4. (a) Main Menu > Preprocessor > Modeling > Create > Nodes > Fill between Nds+
在 Single、Pick 選項下，點選右邊圖形視窗中節點 1、11，再至選擇視窗，點選 OK。

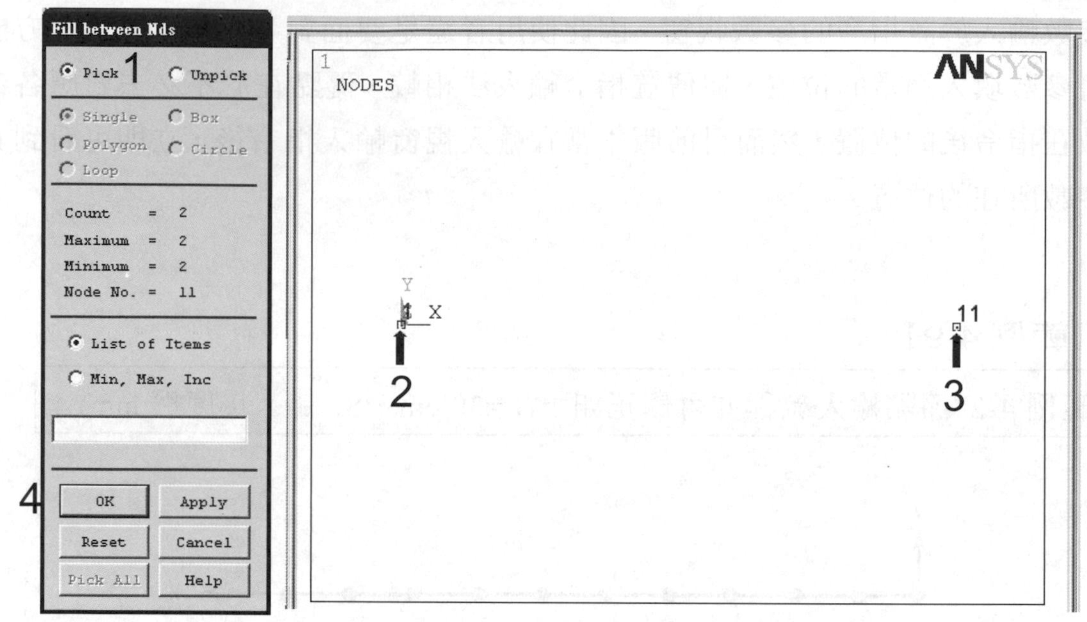

(b) 完成上步驟後，出現節點填充參數視窗，輸入相關參數後，點選 OK。

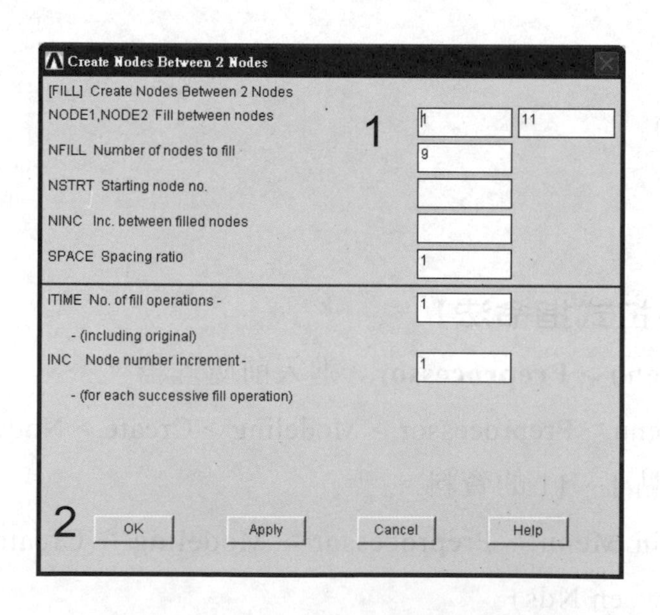

【範例 4-10】

請建立節點如下，(1)先行建立 1 至 5 點，(2)將 5 點複製 6 次，每次複製時，節點號碼加 10，x 位移加 1，y 位移加 2。

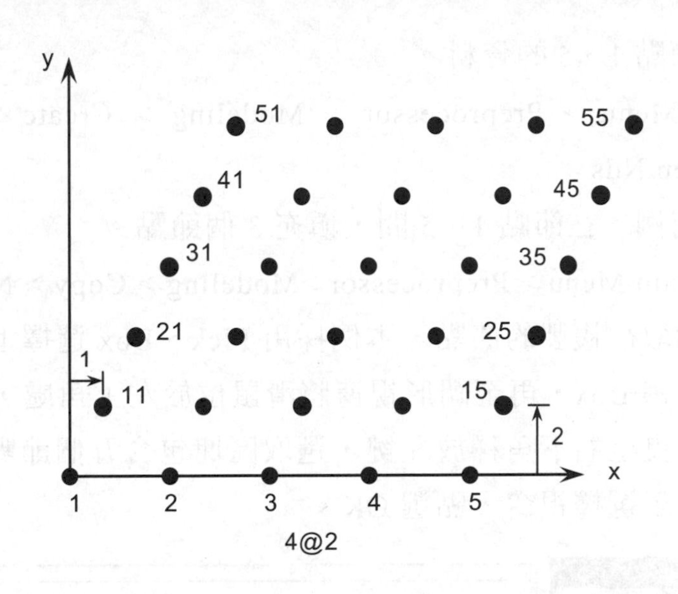


```
/PREP7
N, 1, 0, 0
N, 5, 8, 0
FILL, 1, 5
NGEN, 6, 10, 1, 5, 1, 1, 2, 0
```

【範例 4-10 下拉式指令法】

1. Main Menu > **Preprocessor** 進入前處理器。

2.-3. Main Menu > Preprocessor > Modeling > Create > Nodes > In Active CS

輸入節點 1、5 的資料。

4. Main Menu > Preprocessor > Modeling > Create > Nodes > Fill between Nds

參閱前例，在節點 1、5 間，填充 3 個節點。

5. (a) Main Menu > Preprocessor >Modeling > Copy > Nodes > Copy

選取欲複製的節點，本例採用 Pick、Box 選擇下，在選擇視窗點選 Box，再至圖形視窗將滑鼠位於左上角處，按左鍵不放，拖曳至右下角釋放左鍵，選取區塊包含五個節點，完成點選後再至選擇視窗，點選 OK。

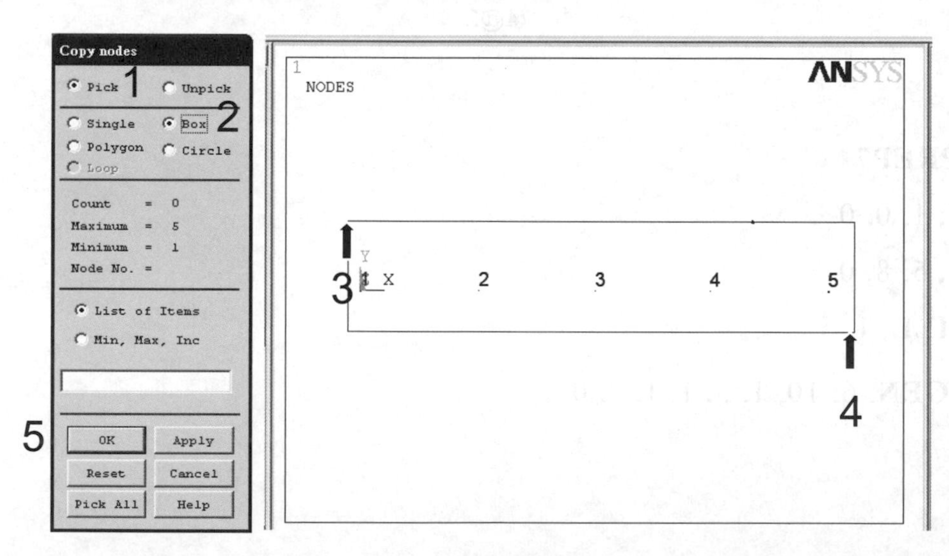

(b) 完成後，出現節點複製參數視窗，輸入相關參數後，點選 OK，完成節點複製。

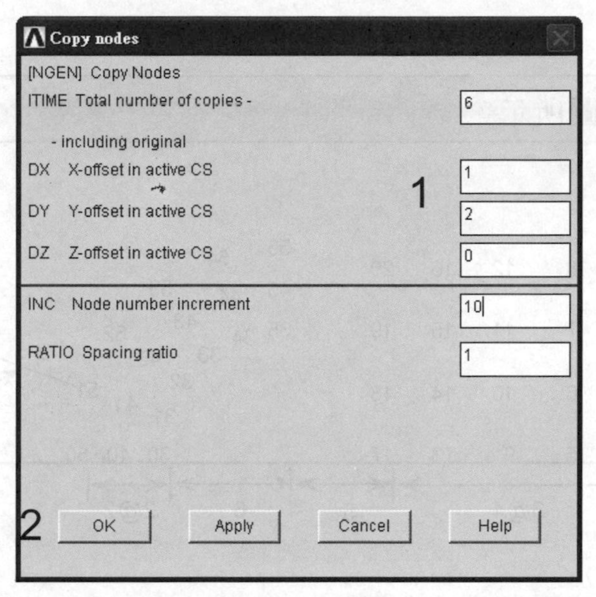

1
NODES
ANSYS
51 52 53 54 55
41 42 43 44 45
31 32 33 34 35
21 22 23 24 25
11 12 13 14 15
Y
1 X 2 3 4 5

YS Command (PREP7) | mat=1 | type=1 | real=1 | csys=0 | secn=1

【範例 4-11】

請建立節點如下圖所示。

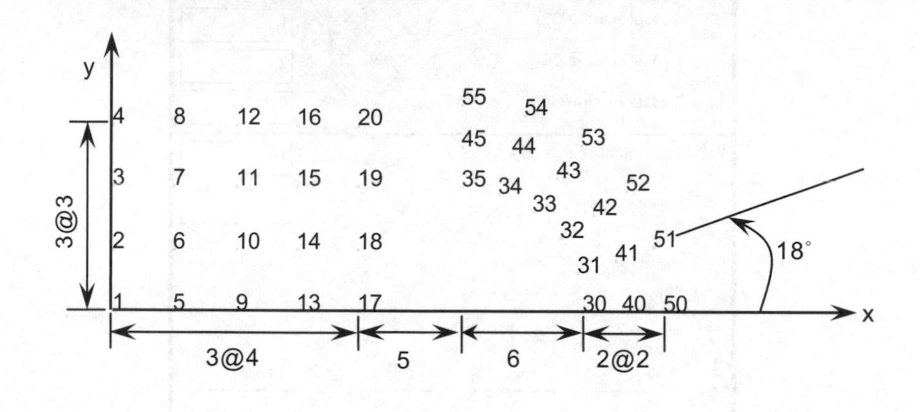

/PREP7

N, 1, 0, 0

N, 4, 0, 9

FILL, 1, 4

NGEN, 5, 4, 1, 4, 1, 3, 0, 0

LOCAL, 11, 1, 17, 0

N, 30, 6, 0

N, 35, 6, 90

FILL, 30, 35

NGEN, 3, 10, 30, 35, 1, 2, 0, 0

【範例 4-11 下拉式指令法】

1. Main Menu > **Preprocessor** 進入前處理器。

2.-3. Main Menu > Preprocessor > Modeling > Create > Nodes > In Active CS 輸入節點 1、4 的資料。

(a) Main Menu > Preprocessor > Modeling > Create > Nodes > Fill between Nds

選擇視窗在 Single、Pick 選項下，點選圖形視窗中節點 1、4，完成後再至選擇視窗，點選 OK。

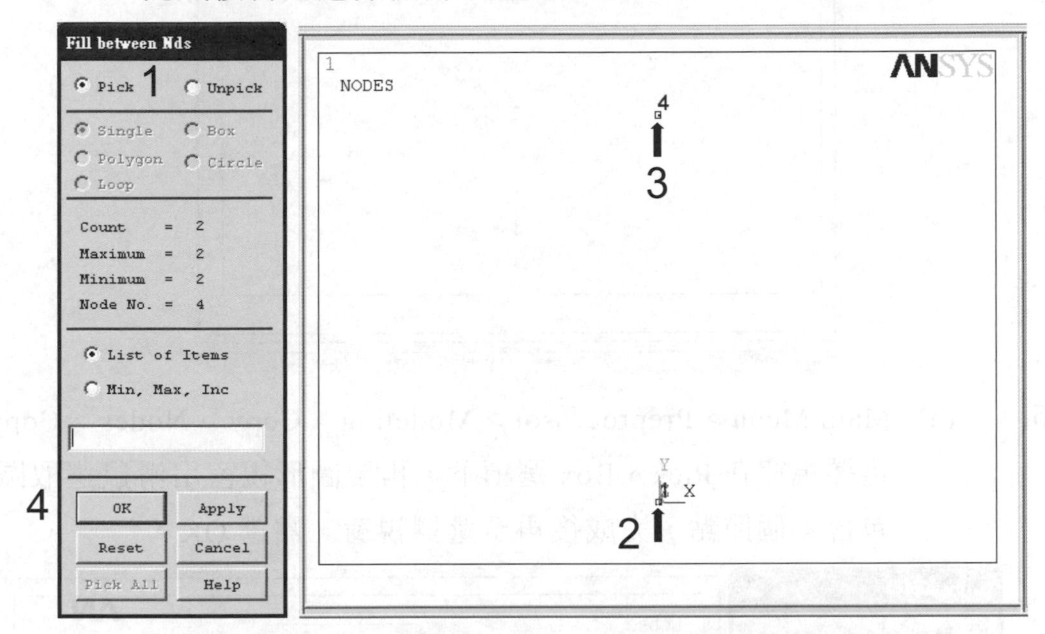

(b) 完成上步驟後，出現節點填充參數輸入視窗，輸入相關參數後，點選 OK，節點填充完成。

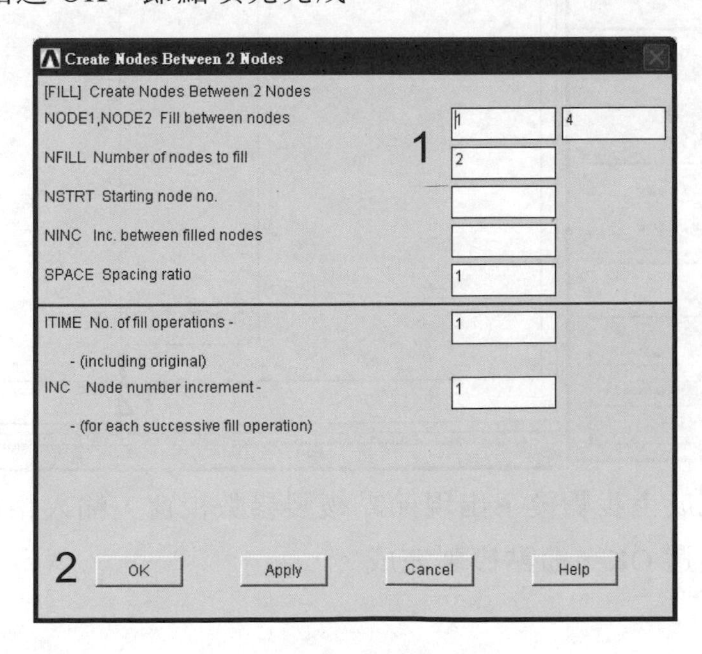

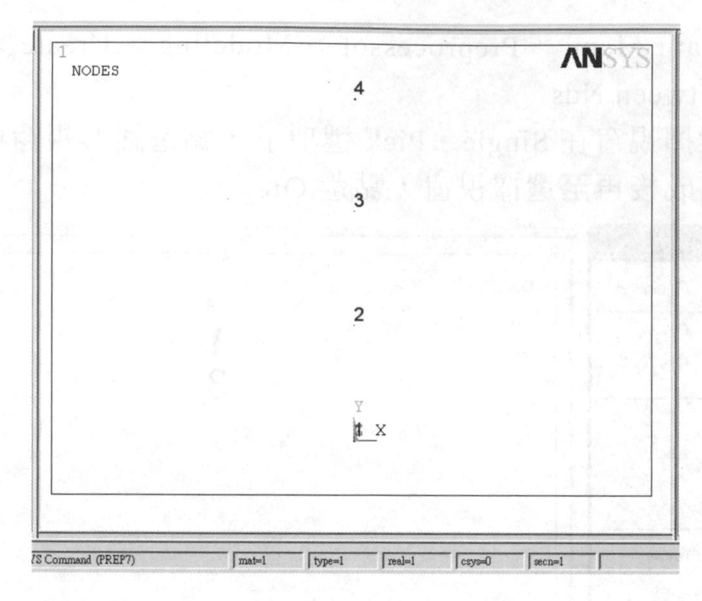

5. (a) Main Menu > Preprocessor > Modeling > Copy > Nodes > Copy
選擇視窗在 Pick、Box 選項下，再至圖形視窗用滑鼠選取區塊包含 4 個節點，完成後再至選擇視窗，點選 OK。

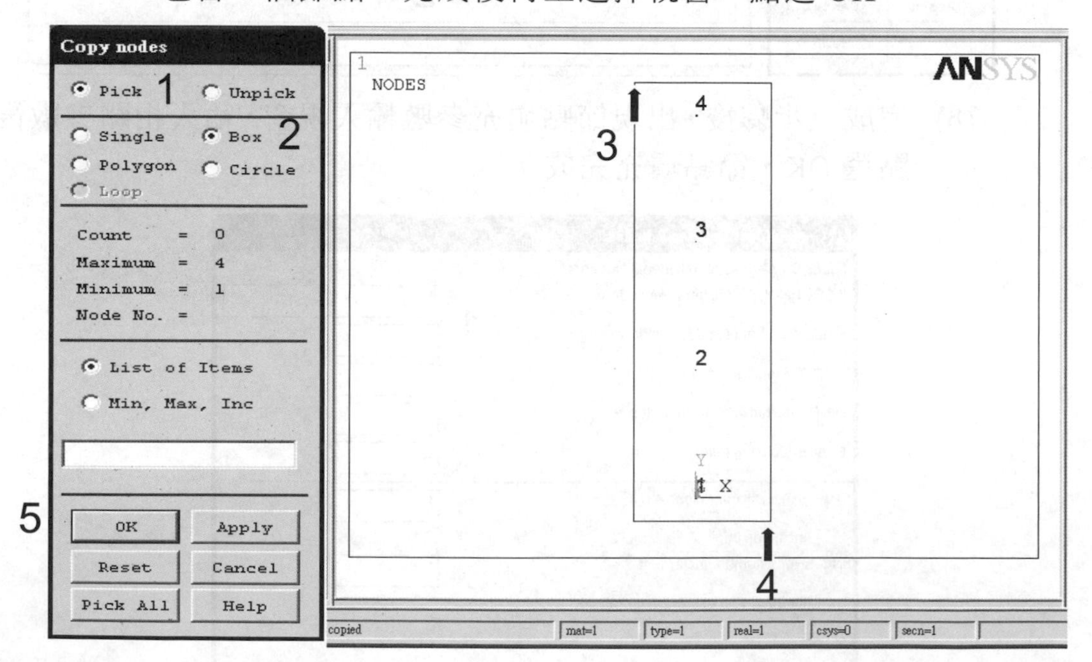

(b) 完成上步驟後，出現節點複製參數視窗，輸入相關參數後，點選 OK，節點複製完成。

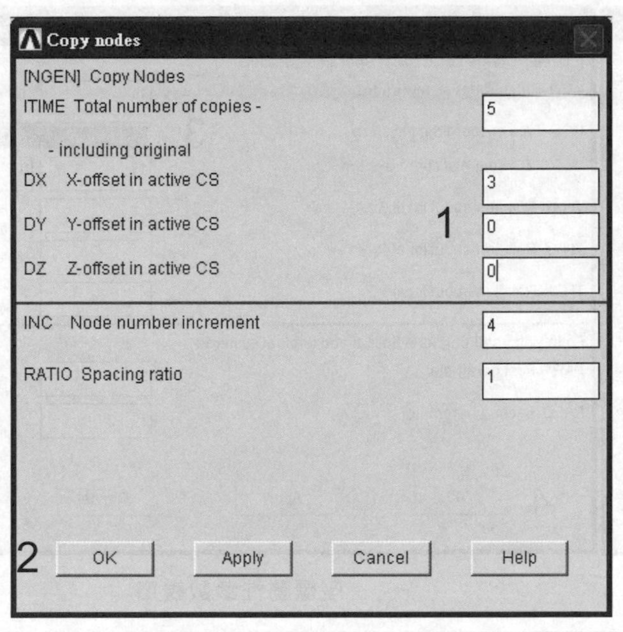

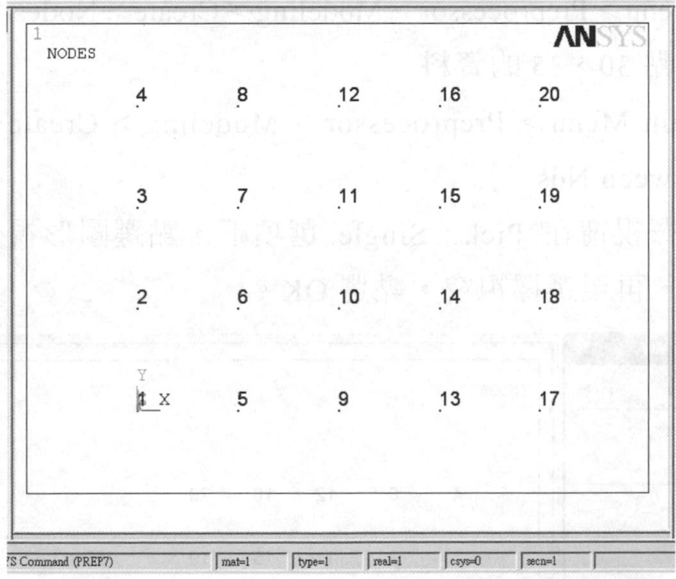

6. Utility Menu > WorkPlane > Local Coordinate Systems > Create Local CS > At Specified Loc+

出現左下圖之選擇視窗，在輸入視窗輸入相對原點座標 17, 0, 0，再至選擇視窗點選 OK，出現右下圖座標系統參數視窗，並鍵入相關參數，點選 OK。

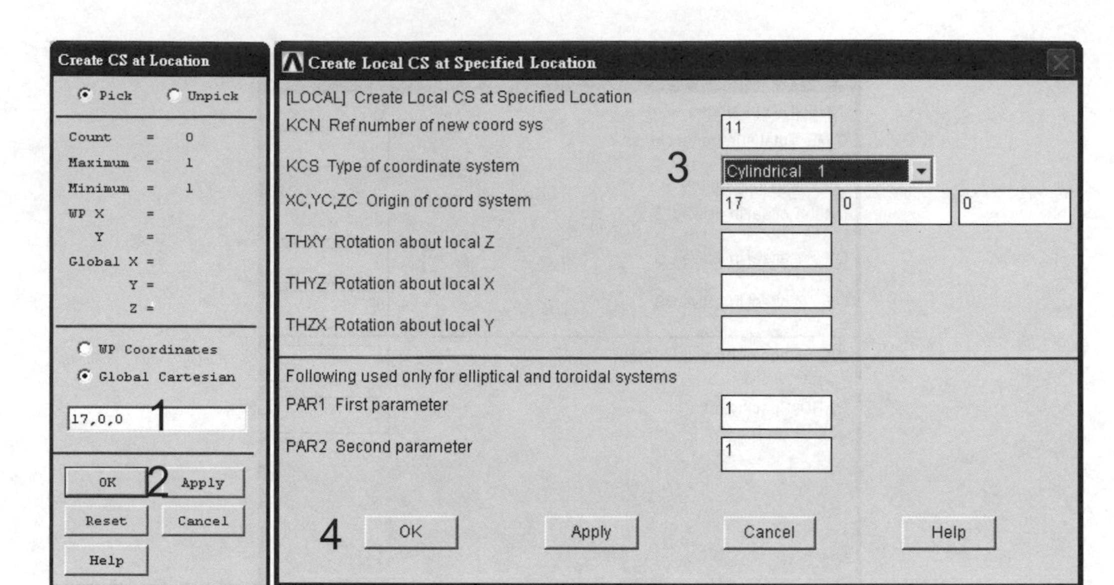

選擇視窗　　　　　　　　　　座標屬性參數視窗

7.-8. Main Menu > Preprocessor > Modeling > Create > Nodes > In Active CS
輸入節點 30、35 的資料。

9. (a) Main Menu > Preprocessor > Modeling > Create > Nodes > Fill between Nds
選擇視窗在 Pick、Single 選項下，點選圖形視窗中節點 30、35，再至選擇視窗，點選 OK。

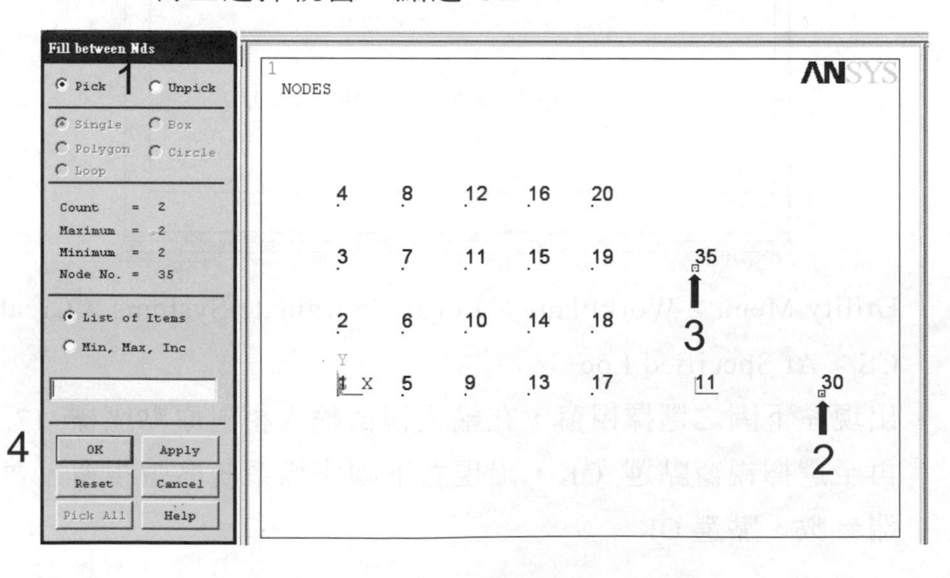

(b) 完成上步驟後，出現節點填充參數視窗，輸入相關參數後，點選 OK。

Create Nodes Between 2 Nodes

[FILL] Create Nodes Between 2 Nodes

NODE1,NODE2 Fill between nodes　30　35

NFILL Number of nodes to fill　4

NSTRT Starting node no.　1

NINC Inc. between filled nodes

SPACE Spacing ratio　1

ITIME No. of fill operations -　1

- (including original)

INC Node number increment -　1

- (for each successive fill operation)

2　OK　Apply　Cancel　Help

10. (a) Main Menu > Preprocessor > Modeling > Copy > Nodes > Copy 選擇視窗在 Pick、Box 選項下，至圖形視窗用滑鼠選取區塊包含(30 至 35)六個節點，完成後再至選擇視窗點選 OK。

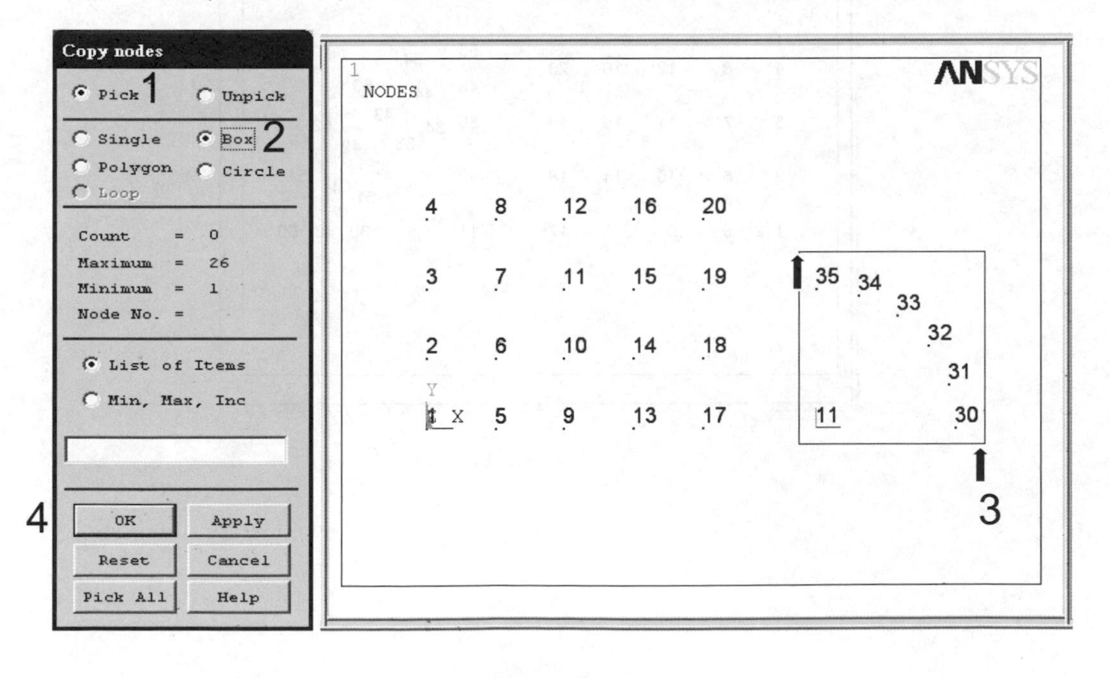

(b) 完成上步驟後，出現節點複製參數視窗，輸入相關參數後，點選 OK，完成節點複製。

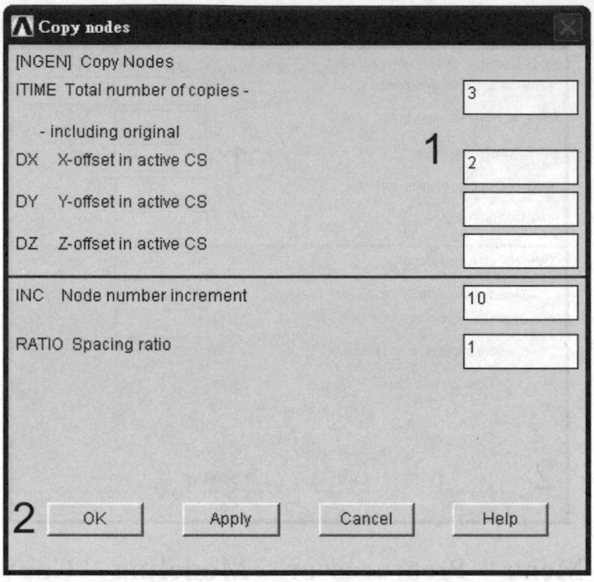
Copy nodes
[NGEN] Copy Nodes
ITIME Total number of copies -
- including original
3
1
DX X-offset in active CS
2
DY Y-offset in active CS
DZ Z-offset in active CS
INC Node number increment
10
RATIO Spacing ratio
1
2
OK
Apply
Cancel
Help

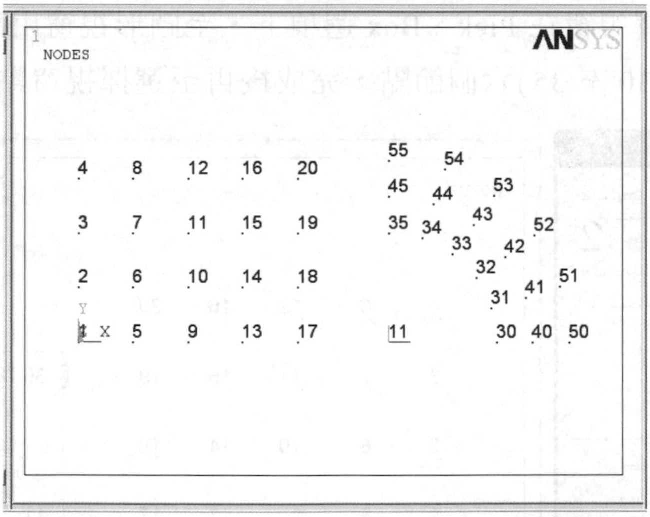
1
NODES
ANSYS
55 54
4 8 12 16 20
45 44 53
43
3 7 11 15 19
35 34 52
33 42
2 6 10 14 18
32 51
41
31
Y
1 X 5 9 13 17
11
30 40 50

【範例 4-12】

範例 4-5 節點輸入流程亦可修正如下。

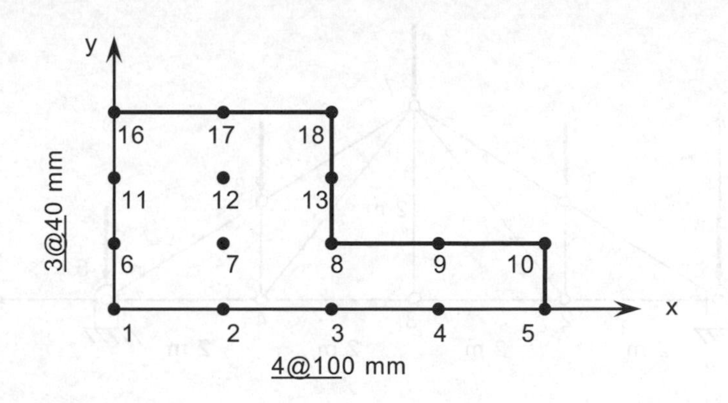


```
/PREP7
N, 1, 0, 0          $ N, 5, 400, 0        $ FILL, 1, 5
N, 6, 0, 40         $ N, 10, 400, 40      $ FILL, 6, 10
N, 11, 0, 80        $ N, 13, 200, 80      $ FILL, 11, 13
N, 16,    0, 120
N, 18, 200, 120
FILL, 16, 18
```

【範例 4-13】

範例 4-6 節點輸入流程亦可修正如下。

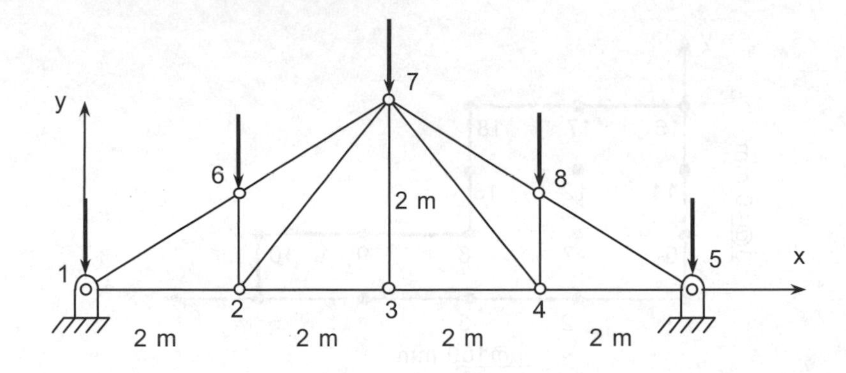

…

N, 1, 0, 0 $ **N**, 5, 8000, 0 $ **FILL**, 1, 5

N, 6, 2000, 1000 $ **N**, 7, 4000, 2000 $ **N**, 8, 6000, 1000

【範例 4-14】

範例 4-7 節點輸入流程亦可修正如下 r_i=10 mm，r_o=40 mm，節點 11 至節點 16 之高度取任意之值(5 mm)。

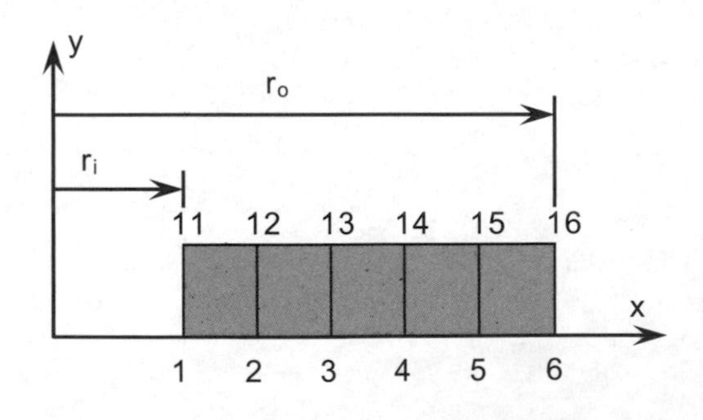

N, 1, 10, 0 $ **N**, 6, 40, 0 $ **FILL,** 1, 6

N, 11, 10, 5 $ **N**, 16, 40, 5 $ **FILL**, 11, 16

【範例 4-15】

建立長方形葉片之節點，長度方向 11 點，寬度方向 5 點，厚度方向 2 點，如圖所示。

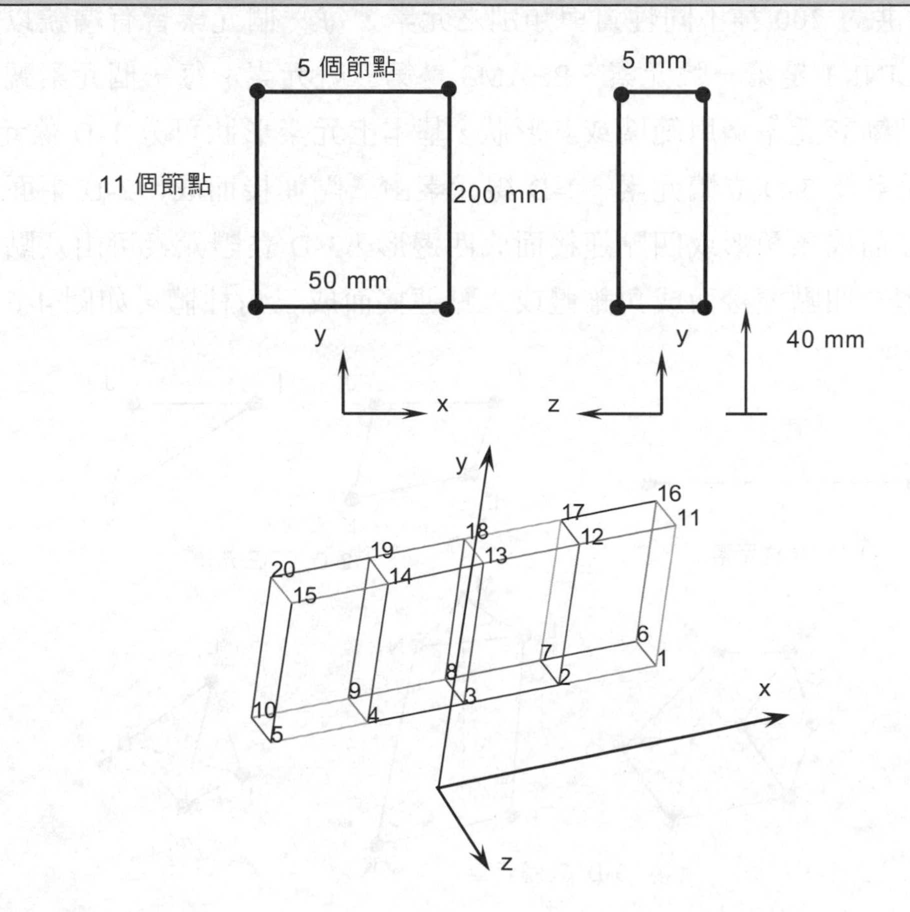


```
/PREP7
N, 1, 25, 40, 2.5
N, 5, -25, 40, 2.5
FILL, 1, 5
NGEN, 2, 5, 1, 5, 1, 0, 0, -5
NGEN, 11, 10, 1, 10, 1, 0, 20, 0
```

➔ 4-6 元素定義

當節點建立完成後，必須使用適當元素，將機械結構藉由節點連接而成元素，並完成其有限元素模型。元素選用正確與否，將決定其最後分析結果。ANSYS 提供約 200 種不同性質與類別之元素，每一個元素皆有編號以茲區別，例如 LINK1 是第一號元素、BEAM3 是第三號元素。每一個元素號碼前之名稱可判斷該元素適用範圍或其形狀，基本上元素形狀可分 1-D 線元素、2-D 平面元素及 3-D 立體元素。1-D 線元素由二點連接而成，2-D 平面元素由三點連接而成三角形或四點連接而成四邊形，3-D 立體元素可由八點連接而成六面體、四點連接而成角錐體或六點連接而成三角柱體，如圖 4-6.1。

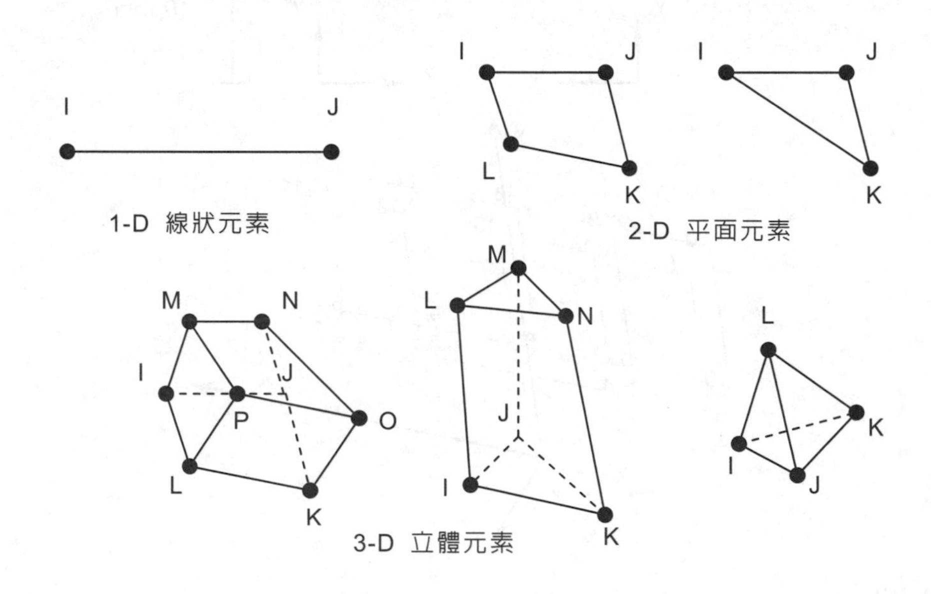

圖 4-6.1 ANSYS 基本元素形狀

每一個元素皆有詳細用法說明，可參閱元素使用手冊或輔助說明(例如在指令輸入處輸入，HELP, 1 或 HELP, LINK1，按 Enter 鍵，表示參閱第一號元素的說明)。元素使用手冊中含該元素用於何種結構分析、節點連接方式、節點之自由度、元素材料特性、元素幾何特性、外力負載及分析結果之輸出。參閱附錄 A，列舉本書常使用的元素摘要內容。

建立元素前必須先行定義使用者欲選擇的元素型式號碼(ANSYS 資料庫的元素編號)、元素材料特性、元素幾何特性，定義的方法採用編號方式，如同節點、元素、座標系統都有編號，當上述特性確定後便可依該元素節點連接方式建立元素。元素型式號碼、元素材料特性、元素幾何特性之下達只要在建立元素前即可，故可位於建立節點之前或之後，爲了程式協調性一般習慣進入/PREP7 後，便先行定義元素型式號碼及其相關資料。

指令介紹

ET, *ITYPE, Ename, KOPT1, KOPT2, KOPT3, KOPT4, KOPT5, KOPT6, INOPR*

元素類型(**E**lement **T**ype)爲構成機械結構系統所含的元素種類，每一種元素的有限元素理論不同，所得到的剛度矩陣不同，例如桌子可考慮爲桌面平面元素及桌腳樑元素所組合而成，故有二個元素類型。桁架結構可考慮全部爲桿元素所組合而成，故有一個元素類型。ET 指令是由 ANSYS 元素庫中選擇某個元素，並定義爲該結構分析所使用的元素類型號碼。

ITYPE：元素類型識別號碼，通常由 1 開始，請勿將此參數和 ANSYS 元素編號混淆。例如，某結構需要自 ANSYS 元素庫中選取 3 種元素(BEAM3、PLANE42、SOLID45)組合而成，故我們將 3 種元素選取後，分別給予 3 種元素一個確認識別號碼，如同前述在 ANSYS 中，任何物件都有號碼，如將元素名稱視爲物件時，必須要有確定識別號碼。表示在此結構分析中，BEAM3 元素(物件)的確認識別號碼爲 1，PLANE42 元素(物件)的確認識別號碼爲 2，SOLID45 元素(物件)的確認識別號碼爲 3。

ENAME：ANSYS 元素庫的名稱，亦即使用者所選擇之元素。

KOPT1~KOPT6：元素特性編碼，在元素表中有詳盡之說明。例如，LINK1 不需任何元素特性編碼，BEAM3 之 *KOPT6*=1 時，表示分析後之結果可輸出節點的力及力矩。

```
ET, 1, PLANE42        !定義 PLANE42 為元素型態 1
ET, 2, BEAM3          !定義 BNEAM3 為元素型態 2
```

Menu Paths : Main Menu>Preprocessor>Element Type > Add/Edit/Delete…

MP, *Lab, MAT, C0, C1, C2, C3, C4*

定義材料特性(**M**aterial **P**roperty)，材料特性為固定值時，其值為 *C0*，當其值隨溫度而變，由 *C1~C4* 所控制，初學者而言使用者可視材料特性為固定值。*C0* 值的輸入必需符合單位的一致，請參閱/UNITS 的說明，建議採用「公釐」建立模型，以符合業界的要求。材料特性依分析型態而有所不同，故僅輸入必要的特性即可，例如：

1. LINK1 元素，靜態力學分析，只要設定楊氏係數(*Lab*=EX)。
2. LINK1 元素，熱膨脹力學分析，只要設定楊氏係數(*Lab*=EX)與熱膨脹係數(*Lab*=ALPX)。
3. LINK1 元素，熱傳分析，只要設定熱傳係數(*Lab*=KX)。
4. PLANE42元素，均勻材質(EX=EY)，靜態力學分析，只要設定楊氏係數(*Lab*=EX，EY可省略)，卜桑比 (*Lab*=NUXY)，不需設定剪力模數(程式自行計算，G=E/2(1+ν))。
5. 平面元素，所有方向的熱傳係數相同，只要設定熱傳係數(*Lab*=KX)。
6. 平面元素，熱膨脹力學分析，均勻材質(EX=EY)，只要設定楊氏係數(*Lab*=EX)，卜桑比(*Lab*=NUXY)，熱膨漲係數(*Lab*=ALPX)。
7. 靜態力學分析，考慮重力效應，要定義密度(*Lab*=DENS)。

Lab：材料特性之類別，任何元素具備何種材料特性之類別在元素表皆有說明。例如：楊氏係數(*Lab*=EX, EY, EZ)，密度(*Lab*=DENS)，卜桑比(*Lab*=NUXY, NUYZ, NUZX)，剪力模數(*Lab*=GXY, GYZ, GXZ)，熱膨漲係數(*Lab*=ALPX, ALPY, ALPZ)，熱傳導係數(*Lab*=KXX, KYY, KZZ)，比熱(*Lab*=C)。

MAT：材料特性組別號碼，通常由 1 開始，其意義爲物件確認識別號碼。如將一組材料特性視爲物件時，必須要有確定識別號碼，與 **ET** 中 *ITYPE* 的功能相同。我們可定義很多組的材料特性，以配合不同材料但爲相同元素之結構。

C0：材料特性類別之值。

鋼材 E=200×10^9 N/m^2，卜桑比=0.3，力學分析，採用「公尺」建模，分析結果的位移單位為「公尺」，應力單位為 N/m^2，則需作以下的輸入

MP, EX, 1, 200e9　　!定義第一組材料特性

MP, NUXY, 1, 0.3　　!定義第一組材料特性

採用「公釐」建模，分析結果的位移單位為「公釐」，應力單位為 MPa(10^6N/m^2)，則需作以下的輸入

MP, EX, 1, 200e3　　!定義第一組材料特性

MP, NUXY, 1, 0.3　　!定義第一組材料特性

*盡可能採用第二組方式，機械設計慣用應力單位為 MPa。

某材料熱傳係數 k = 35 W/m-K，採用「公尺」建模，分析結果的熱通量(heat flux)單位為「W/m^2」，則需作以下的輸入

MP, KXX, 1, 35　　!定義第一組材料特性

採用「公釐」建模，分析結果的熱通量(heat flux)單位為「W/mm^2」，則需作以下的輸入

MP, KX, 1, 35e-3　　!定義第一組材料特性

*盡可能採用第二組方式。

Menu Paths : Main Menu > Preprocessor > Material Props > Material Models

R, *NSET, R1, R2, R3, R4, R5, R6*

R 指令(**R**eal Constant)定義元素類型之實常數。筆者比較喜好採用「幾何參數」稱呼之，因爲它輸入的內容代表幾何特性，同理，輸入的值必需符合單位的一致。

NSET：該組 Real Constant 之確認識別號碼，通常也從 1 開始，其意義爲物件確認識別號碼。如將一組材料之幾何特性視爲物件時，必須要有確定識別號碼。

R1~R6：前所定義元素類型幾何特性之値，任何元素具備何種幾何特性，在元素表皆有說明，輸入順序必須與元素表之順序相對應。

例如，LINK1 元素，其 Real Constants 有 AREA、ISTRN，則 *R1* 相對應於 AREA、*R2* 相對應於 ISTRN。SOLID45 元素無任何 Real Constants，故不須此指令。BEAM3 元素 Real Constants 有 AREA、IZZ、HEIGHT、SHEARZ、ISTRN、ADDMAS，*R1* 至 *R6* 分別相對應於其値，但不一定全部都會使用到，故僅輸入必要的參數即可。

某桿(LINK1)元素，截面積為 15 mm^2，採用「公釐」建模
R, 1, 15 !定義第一組幾何參數

某薄殼(SHELL63)元素，均勻厚度為 2 mm，採用「公釐」建模
R, 2, 2 !定義第二組幾何參數

Menu Paths : Main Menu > Preprocessor > Real Constants > Add/Edit/Delete

E, *I, J, K, L, M, N, O, P*

定義元素(**E**lement)之連接方式，元素表有說明該元素連接順序，通常 2-D 平面元素，節點順序採用順時鐘或反時鐘皆可，但結構中所有元素並不一定全採用順時鐘或反時鐘順序。3-D 八點六面立體元素，節點順序採用相對應面之節點，順時鐘或反時鐘皆可。當元素建立後，該元素之屬性便由前所定義之 ET, MP, R 來決定，故元素定義前一定要定義 ET, MP, R。*I~P* 爲定義元素節點順序之號碼。

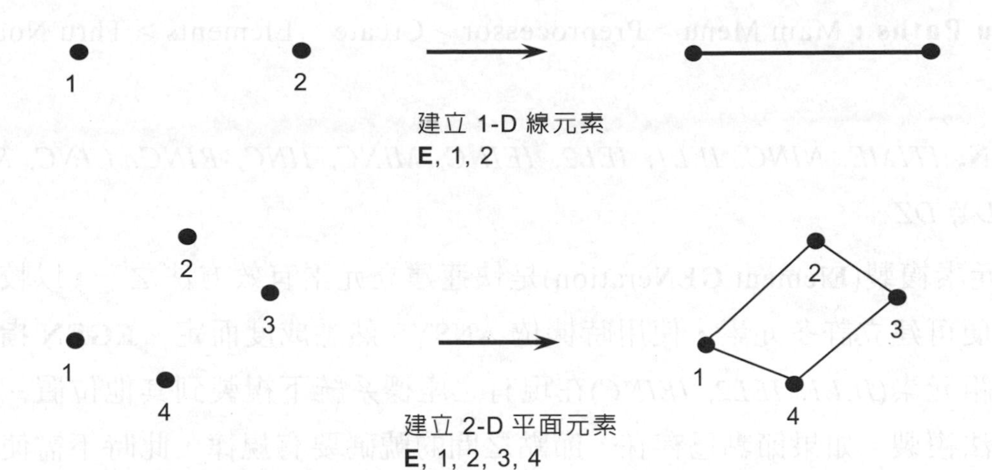

建立 1-D 線元素
E, 1, 2

建立 2-D 平面元素
E, 1, 2, 3, 4

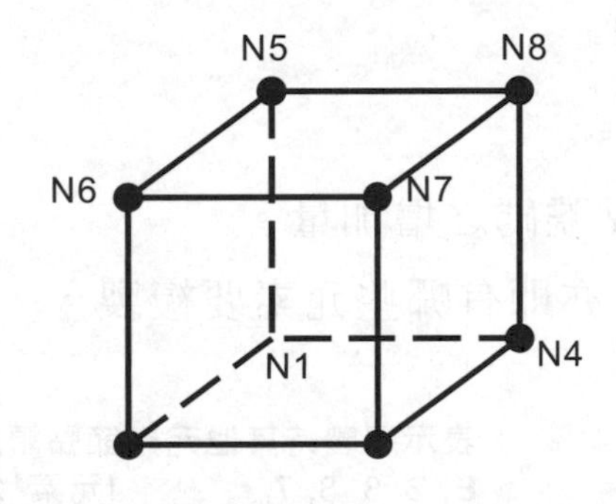

建立 3-D 六面體元素
E, 1, 2, 3, 4, 5, 6, 7, 8
E, 8, 7, 3, 4, 5, 6, 2, 1
E, 5, 8, 4, 1, 6, 7, 3, 2

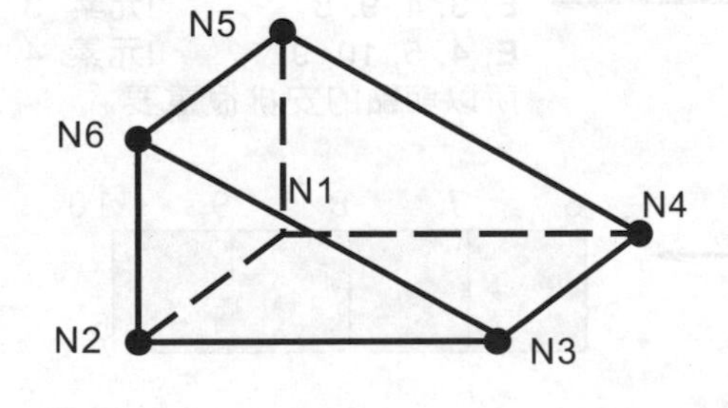

建立 3-D 三角柱元素
E, 1, 2, 3, 4, 5, 6, 3, 4
E, 2, 3, 6, 6, 1, 4, 5, 5
E, 2, 3, 6, 1, 4, 5
E, 3, 2, 1, 4, 3, 6, 5, 4

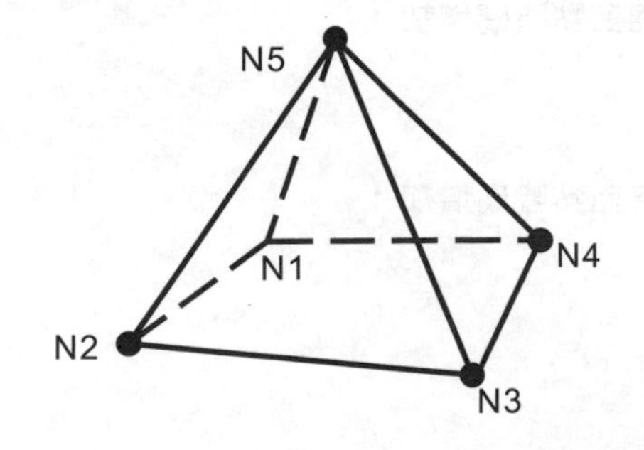

建立 3-D 角錐元素
E, 1, 2, 3, 4, 5, 5, 5, 5
E, 1, 4, 3, 2, 5, 5, 5, 5

Menu Paths : Main Menu > Preprocessor > Create > Elements > Thru Nodes

EGEN, *ITIME, NINC, IEL1, IEL2, IEINC, MINC, IINC, RINC, CINC, SINC, DX, DY, DZ*

元素複製(**E**lement **GEN**eration)是快速建立元素有效方法之一，以較少的指令便可建立許多元素，使用時機依 ANSYS 熟悉成度而定。**EGEN** 指令是將一組元素(*IEL1, IEL2, IEINC*)在現有之座標系統下複製到其他位置。有兩個方法複製，如果節點已存在，節點之間的號碼要有規律，此時不需使用位置參數(*DX, DY, DZ*)；如果節點不存在，此時需使用位置參數(*DX, DY, DZ*)，但要特別注意複製元素的節點安排。

ITIME：複製的次數，包含自己本身。

NINC：每次複製元素時，相對應節點號碼之增加量。

IEL1,IEL2,IEINC：元素複製之選取，亦即有哪些元素要複製。

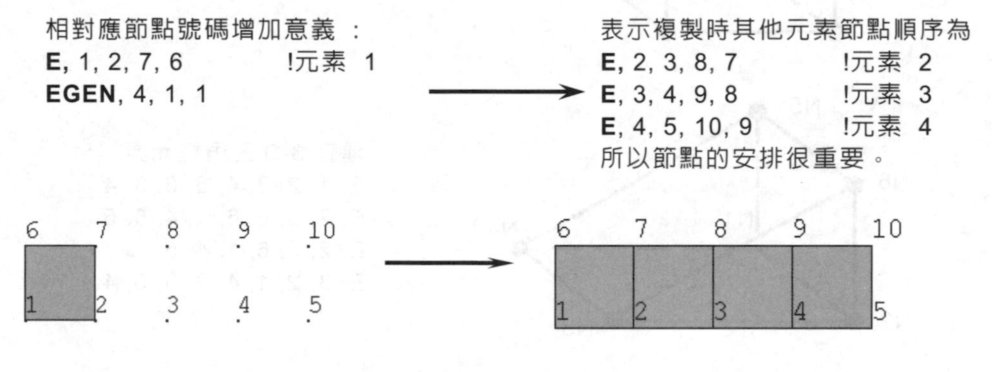

E, 1, 2, 7, 6　　!元素 1
EGEN, 4, 1, 1
將元素 1，複製 4 次，每次相對應節點號碼增加 1。
或
E, 1, 6, 7, 2　　!元素 1
EGEN, 4, 1, 1
將元素 1，複製 4 次，每次相對應節點號碼增加 1。

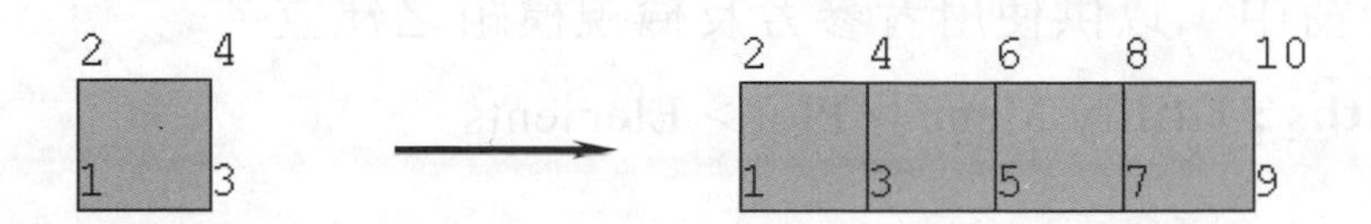

E, 1, 2, 4, 3　　　　!元素 1
EGEN, 4, 2, 1, , , , , , , , 1
將元素 1，複製 4 次，每次相對應節點號碼增加 2，x 方向增量為 1。
or
E, 1, 3, 4, 2　　　　!元素 1
EGEN, 4, 2, 1, , , , , , , , 1
將元素 1，複製 4 次，每次相對應節點號碼增加 2，x 方向增量為 1。

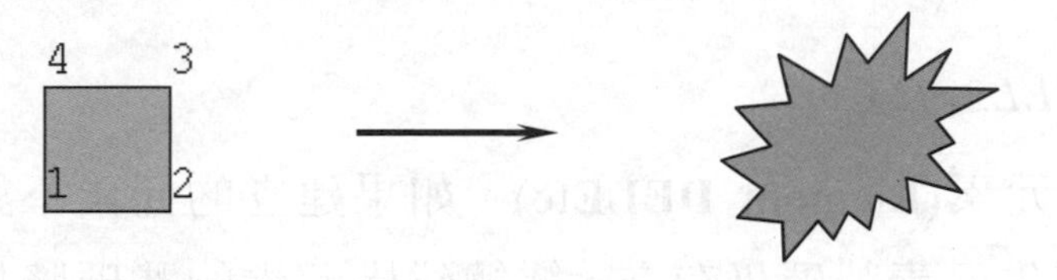

E, 1, 2, 3, 4　　　　!元素 1
EGEN, 4, 1, 1,,,,,,,,1
將元素 1，複製 4 次，每次相對應節點號碼增加 1，x 方向增量為 1，無法複製，第二元素將是 2, 3, 4, 5，此時號碼無法配合，節點 4 位於左上角，無法在 x 方向增量為 1 複製元素。

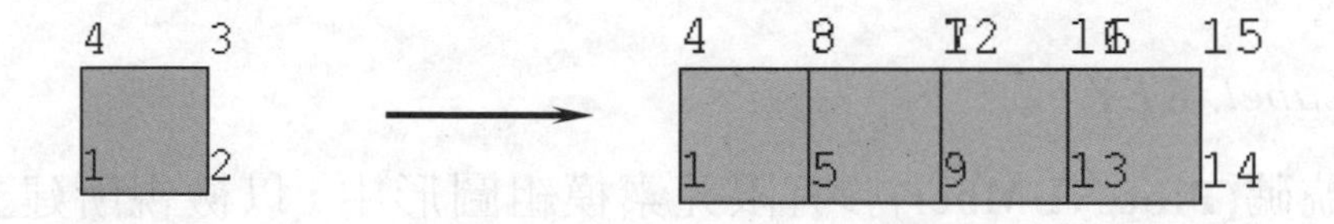

E, 1, 2, 3, 4　　　　!元素 1
EGEN, 4, 4, 1, , , , , , , , 1
NUMMRG, NODE　　!同位置的節點合併為連續體
將元素 1 複製 4 次，每次相對應節點號碼增加 4，x 方向增量為 1，可以複製，但不連續，但可用 **NUMMRG** 將其變為連續。

Menu Paths : Main Menu > Preprocessor > Modeling > Copy > Element > Auto Numbered

EPLOT

元素顯示(Element **PLOT**)，該指令是將現有元素在卡式座標系統下顯示在圖形視窗中，以供使用者參考及檢視模組之建立。

Menu Paths : Utility Menu > Plot > Elements

ELIST

元素列示(**E**lement **LIST**)指令是將現有元素的資料，在卡式座標系統下顯示於視窗中，使用者可檢視其所建元素的屬性是否正確。

Menu Paths : Utility Menu > List > Elements > (Attributes TYPE)

EDELE, *IEL1, IEL2, INC*

刪除或消除元素(**E**lement **DELE**te)，如果建立的元素不對，可用該指令刪除。刪除後原先元素號碼仍存在，繼續建構元素的號碼將以系統現在最小編號附與該元素，但可用(指令 **NUMCMP**, ELEM)將元素號碼重新排列。*IEL1, IEL2, INC* 爲欲刪除元素的範圍。

Menu Paths : Main Menu > Preprocessor > Modeling > Delete > Elements

/PNUM, *Label, KEY*

顯示號碼(**P**lot **NUM**ber)於有限元素模組圖形中，以檢視所建立的模組各物件(節點、元素等)之相關位置及其號碼。ANSYS 中任何物件都有編號，檢視有限元素模組時，有時需要知道物件的號碼，例如節點建完後，元素建立時需要知道其相關位置，以便元素之相接。在 **NPLOT** 指令中 *KNUM* 可控制節點號碼顯示與否，但對其他物件之圖形顯示指令無此選項，故以 **/PNUM** 指令來控制物件號碼之顯示。

Label =欲顯示物件之名稱。

=NODE 節點

=ELEM 元素

=KP 點(以下四項，第五章有所介紹)

=LINE　線

=AREA　面積

=VOLU　體積

Key　=0　不顯示號碼(系統自訂)

=1　顯示號碼

Menu Paths : Utility Menu > Plotctrls > Numbering...(在號碼視窗中選取所要的物件)

【範例 4-16】

將範例 4-1 用 BEAM3 建立元素，$E=207\times10^9$ N/m^2，h=0.005 m，b=0.02 m，公尺建模。

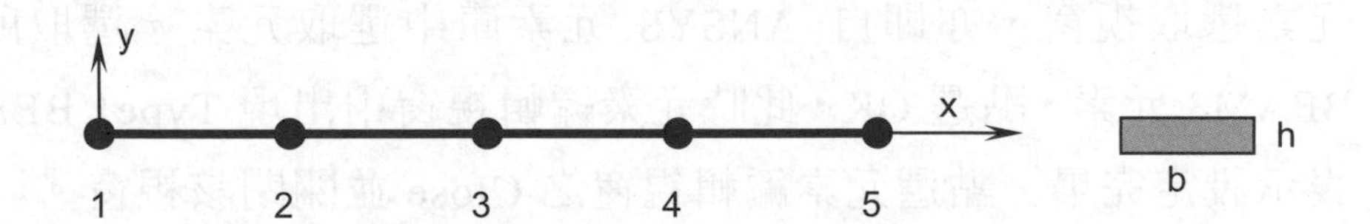

(範例 4-1 接續，4-18 頁)

ET, 1, BEAM3

MP, EX, 1, 207e9

R, 1, 1e-4, 2.083e-10, 0.005　　　!R, 1, 面積, 面積慣性距, 高度

E, 1, 2

E, 2, 3

E, 3, 4

E, 4, 5

/PNUM, ELEM, 1

EPLOT　　　!元素有號碼顯示

ELIST

爲了延續前例的繼續進行，使用者可以採用交談式檔案輸入法，執行前例部分的指令，本書光碟中所附的檔案爲各例子的輸入指令，以例題號碼爲檔案名稱，txt 爲副檔名。使用時請將檔案複製到目前工作目錄下即可，或將前例輸入指令利用文書編輯軟體，編輯後儲存爲文字檔案即可。詳情請參閱 4-8 節或**/INPUT** 指令說明。建立元素時，**ET**、**MP**、**R** 一定要先定義，元素的屬性才知道，系統自訂元素屬性爲 **ET**、**MP**、**R** 的第一組，這也是爲何我們定義 **ET**、**MP**、**R** 的識別碼由 1 開始，如僅練習元素建立，不進行解題過程時，定義 **ET** 即可。

【範例 4-16 下拉式指令法】

1. Main Menu > Preprocessor > Element Type > Add/Edit/Delete
   出現元素編輯視窗，此時出現 NONE DEFINED，點選 Add...，出現元素選取視窗，亦即自 ANSYS 元素庫中選取元素。選取所要的 BEAM3 元素，點選 OK，此時元素編輯視窗中出現 Type1 BEAM3，表示設定完畢，點選元素編輯視窗之 Close 並關閉該視窗。

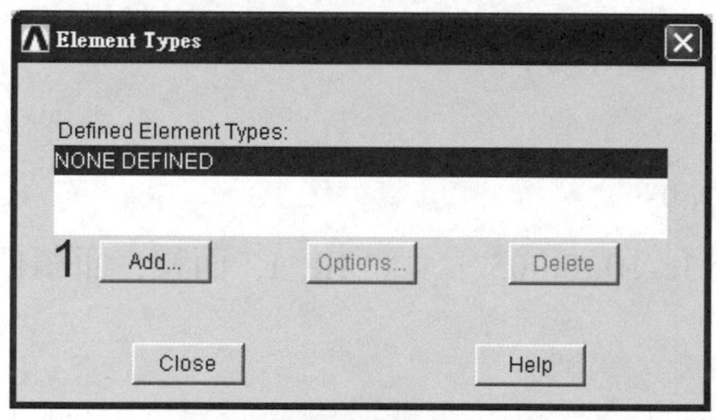

元素編輯視窗

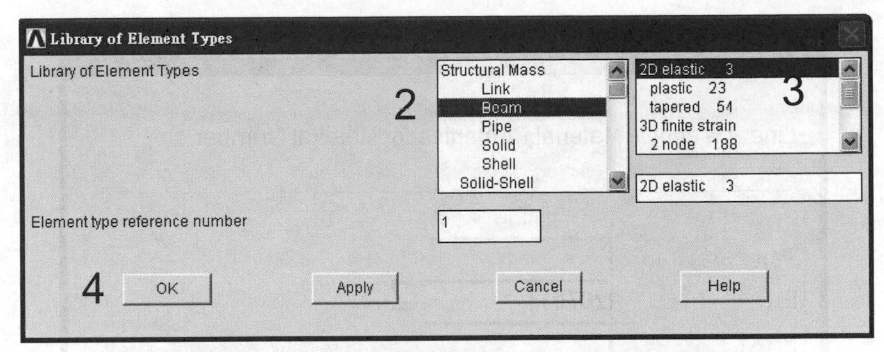

元素選取視窗

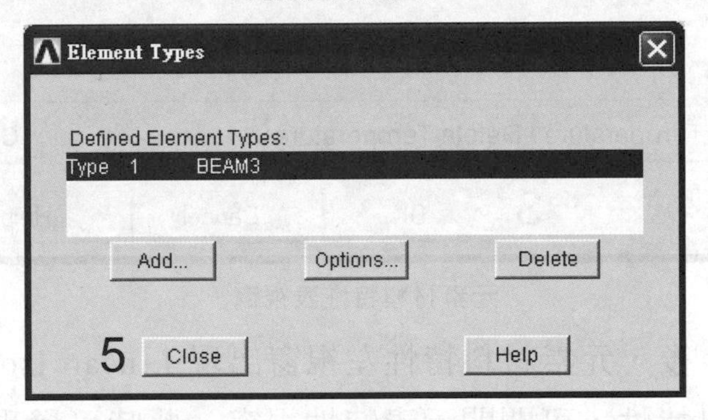

2. Main Menu > Preprocessor > Material Props > Material Models

出現元素材料特性視窗，點選右視窗中 Structural > Linear > Elastic > Isotropic(每一個選項，左鍵快速點兩次)，出現該組元素材料特性表，輸入相關資料後，點選 OK。

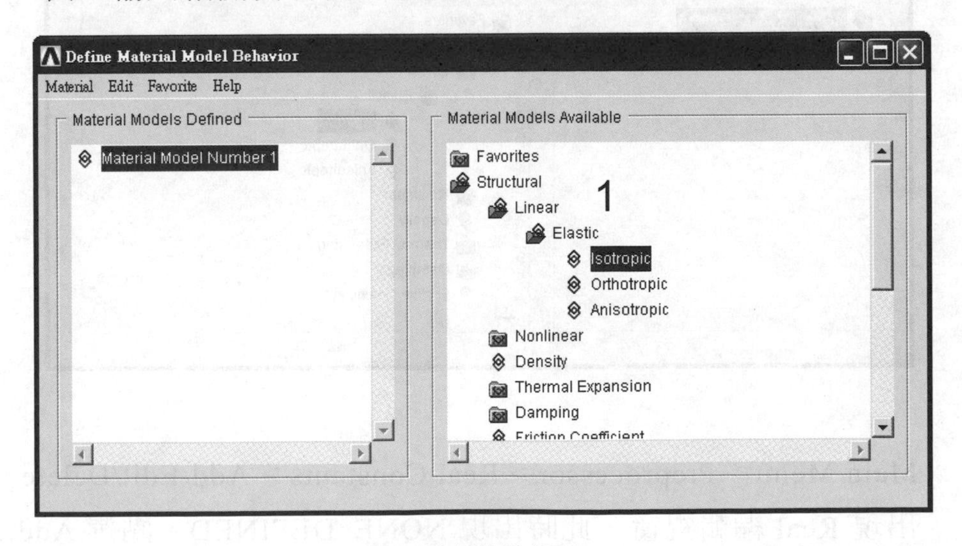

元素材料特性視窗

Linear Isotropic Properties for Material Number 1

Linear Isotropic Material Properties for Material Number 1

T1

Temperatures

EX 207e11 2

PRXY

Add Temperature Delete Temperature Graph

3 OK Cancel Help

元素材料特性表視窗

點選 OK 後，元素材料特性左視窗出現 Linear Isotropic，完成定義元素材料特性，可關閉元素特性視窗。此時可發現第一組元素材料特性已被定義。

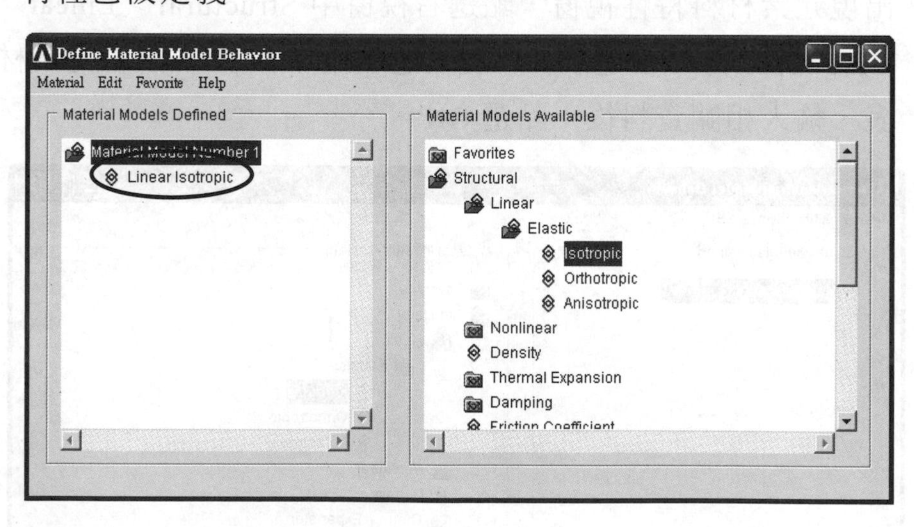

3. Main Menu > Preprocessor > Real Constants > Add/Edit/Delete

出現 Real 編輯視窗，此時出現 NONE DEFINED，點選 Add...，出

現 Real 元素組別選取視窗，亦即欲定義的 Real Constant 屬於何種元素。選取所要的 BEAM3 元素，點選 OK，同時出現 Real Constant 資料輸入視窗，輸入資料後，點選 OK，此時出現 Set 1，表示設定完畢，點選 Real 編輯視窗之 Close 並關閉該視窗。

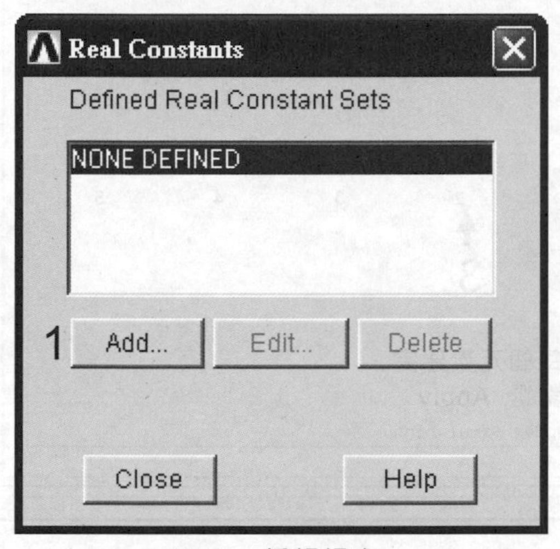

REAL 編輯視窗

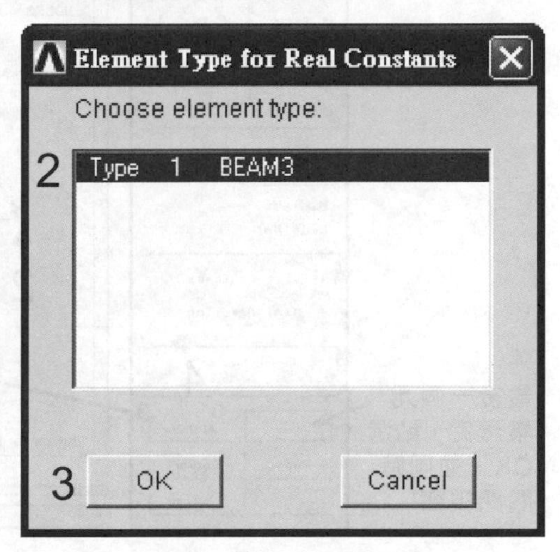

Real 元素組別選取視窗

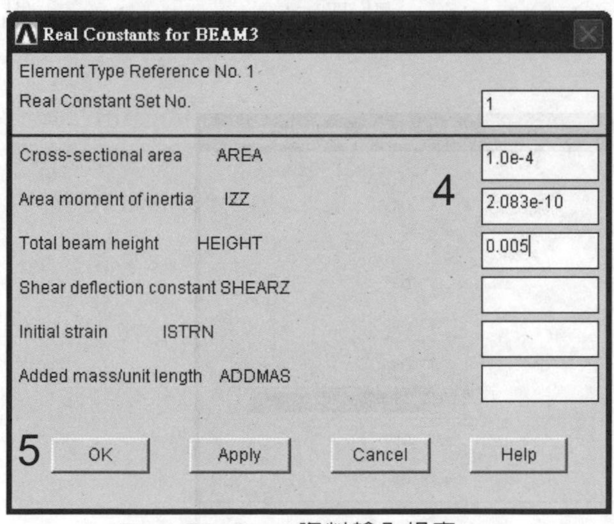

Real Constant 資料輸入視窗

Real Constants
Defined Real Constant Sets
Set 1
Add...
Edit...
Delete
6
Close
Help

4.-7. Main Menu > Preprocessor >Modeling> Create > Elements > Auto Numbered > Thru Nodes

選擇視窗在 Single、Pick 選項下，點選圖形視窗中節點 1、2，完成後，點選選擇視窗之 Apply，圖形視窗中出現元素 1，繼續該程序，點選圖形視窗中節點 2、3，再點選選擇視窗之 Apply，直到最後一個元素(節點 4、5)完成時，點選 OK。

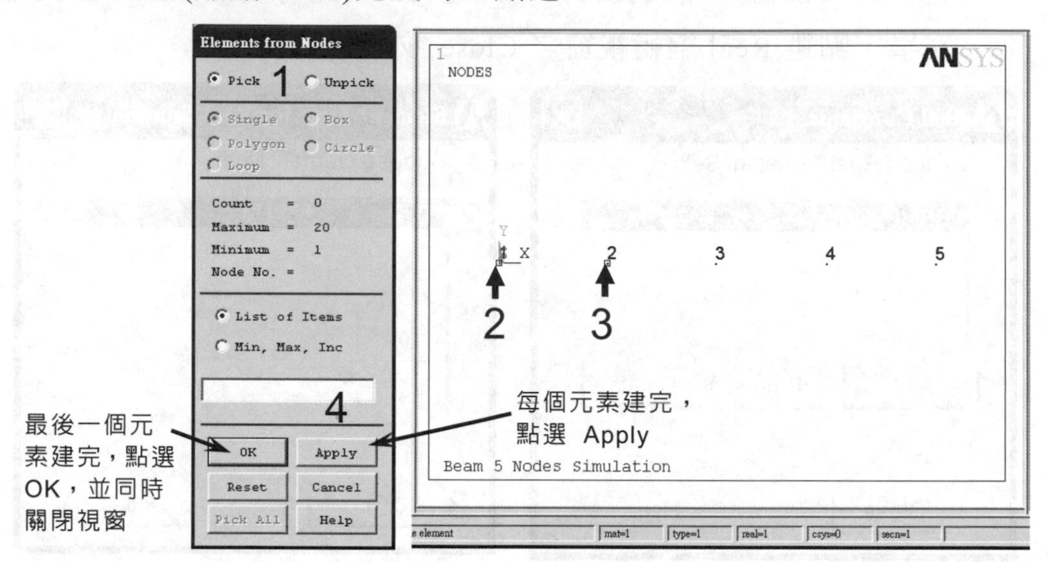

8. Utility Menu > PlotCtrls > Numbering…點選 Element numbers，點選 OK。

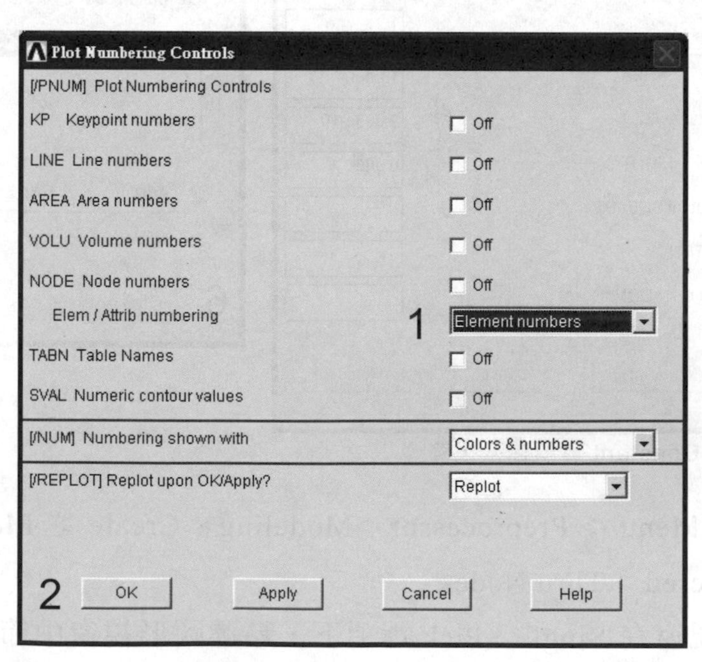

9.　Utility Menu > Plot > Elements　出現所有的元素，並顯示號碼。

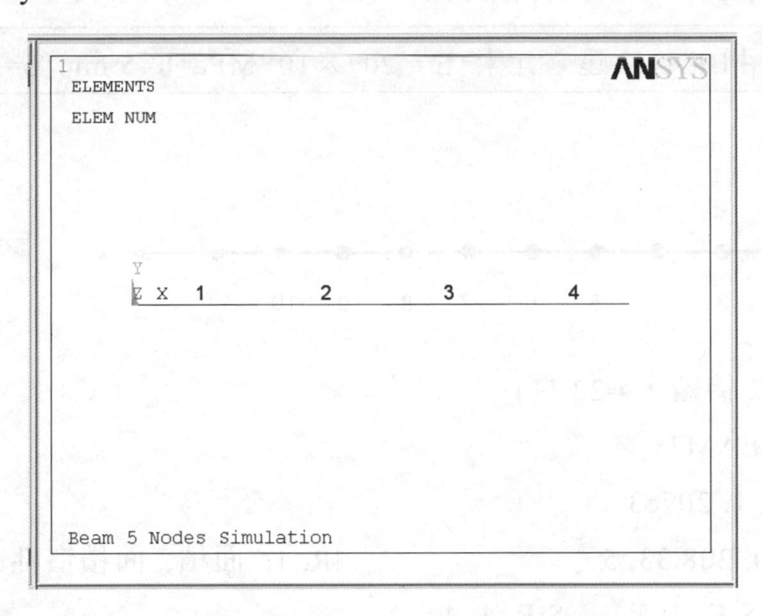

10.　Utility Menu > List > Elements > Nodes+Attributes
出現所有的元素資料於視窗中。

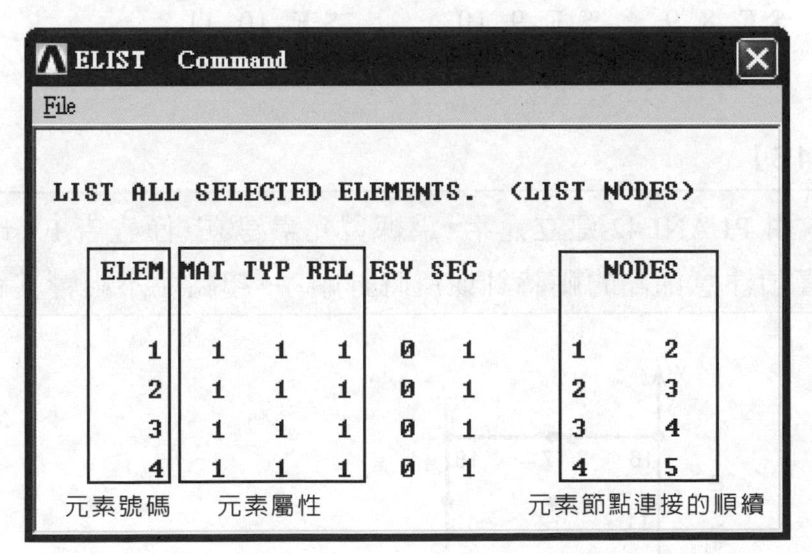
ELIST Command
File

LIST ALL SELECTED ELEMENTS. (LIST NODES)

ELEM	MAT	TYP	REL	ESY	SEC	NODES	
1	1	1	1	0	1	1	2
2	1	1	1	0	1	2	3
3	1	1	1	0	1	3	4
4	1	1	1	0	1	4	5

【範例 4-17】

將範例 4-2 用 BEAM3 建立元素，$E = 207 \times 10^3$ MPa，h=5 mm，b=20 mm。

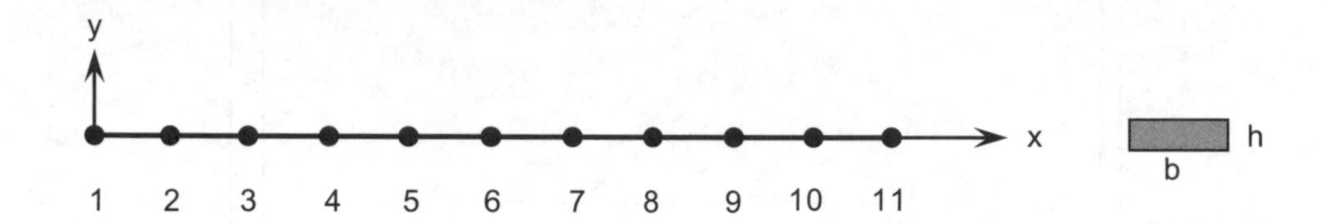

(範例 4-2 接續，4-22 頁)

ET, 1, BEAM3

MP, EX, 1, 207e3

R, 1, 100, 208.33, 5 　　　　　　　　!R, 1, 面積, 面積慣性距, 高度

E, 1, 2 　$ **E**, 2, 3 　　$ **E**, 3, 4

E, 4, 5 　$ **E**, 5, 6 　　$ **E**, 6, 7

E, 7, 8 　$ **E**, 8, 9 　　$ **E**, 9, 10 　　　$ **E**, 10, 11

【範例 4-18】

將範例 4-5 用 PLANE42 建立元素，為練習元素建立，僅宣告 ET 即可，元素建立僅須注意節點的順時針或反時針順序，起點並不影響其結果。

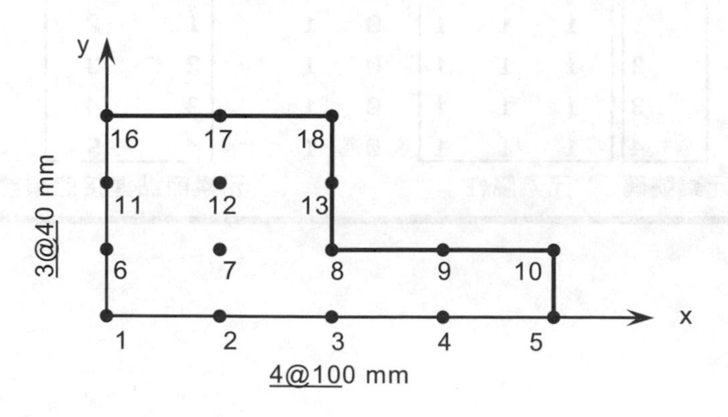

(範例 4-5 接續，4-32 頁)

```
ET, 1, PLANE42
E, 1, 2, 7, 6
E, 2, 3, 8, 7
E, 3, 4, 9, 8             $ E, 4, 5, 10, 9
E, 6, 11, 12, 7           $ E, 7, 12, 13, 8
E, 11, 16, 17, 12         $ E, 12, 17, 18, 13
/PNUM, ELEM, 1$ EPLOT               $ ELIST
```

【範例 4-18 下拉式指令法】

1. Main Menu > Preprocessor > Element Type > Add/Edit/Delete
   出現元素編輯視窗，此時出現 NONE DEFINED，點選 Add...，出現元素選取視窗，亦即自 ANSYS 元素庫中選取元素。選取所要的 Solid→Quad 4node 42(PLANE42)元素，點選 OK，此時元素編輯視窗中出現 Type1 PLANE42，表示設定完畢，點選元素編輯視窗之 Close 並關閉該視窗。

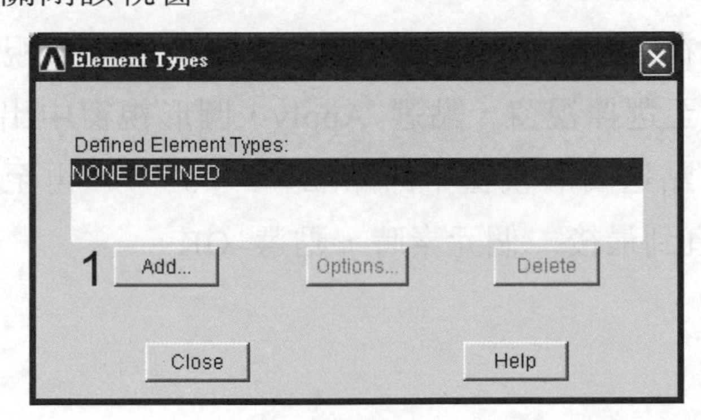

元素編輯視窗

元素選取視窗

2.-9. Main Menu > Preprocessor > Modeling > Create > Elements > Auto Numbered > Thru Nodes

選擇視窗在 Single、Pick 選項下，點選右邊圖形視窗中節點 1、2、7、6，再至選擇視窗，點選 Apply，圖形視窗中出現元素 1，繼續該程序，點選圖形視窗中節點 2、3、8、7，再至選擇視窗，點選 Apply，直到最後一個元素時，點選 OK。

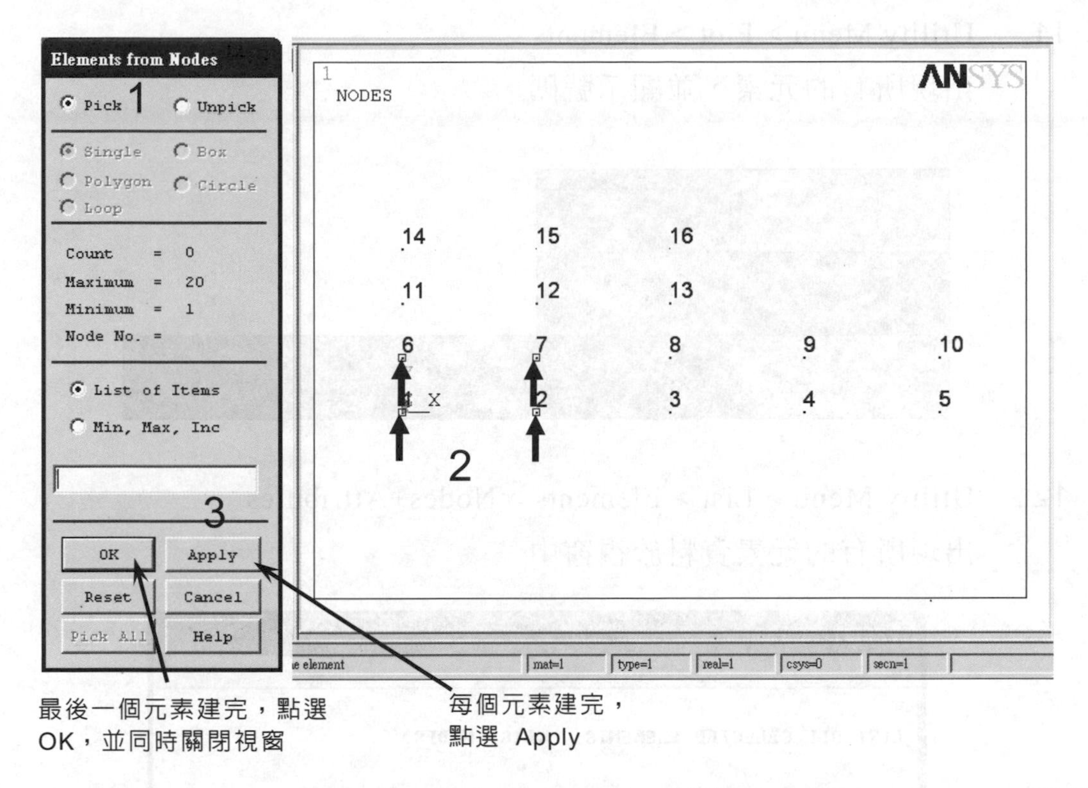

10. Utility Menu > PlotCtrls > Numbering…點選 Element numbers，點選 OK。

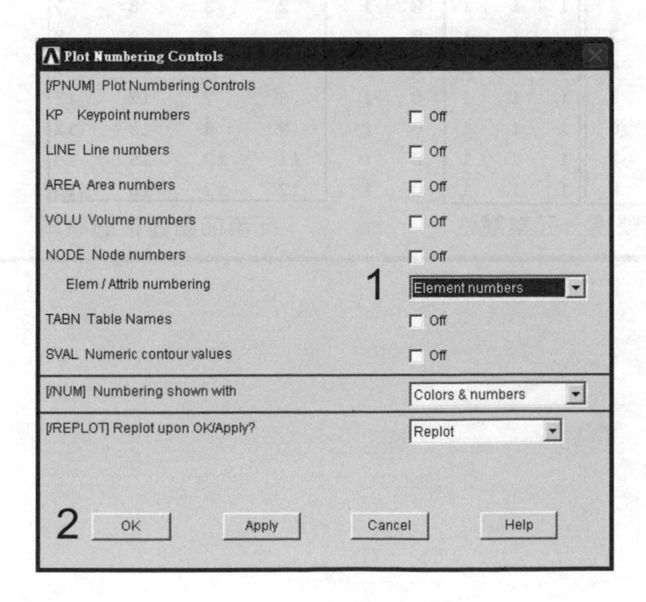

11. Utility Menu > Plot > Elements

出現所有的元素，並顯示號碼。

12. Utility Menu > List > Elements > Nodes+Attributes

出現所有的元素資料於視窗中。

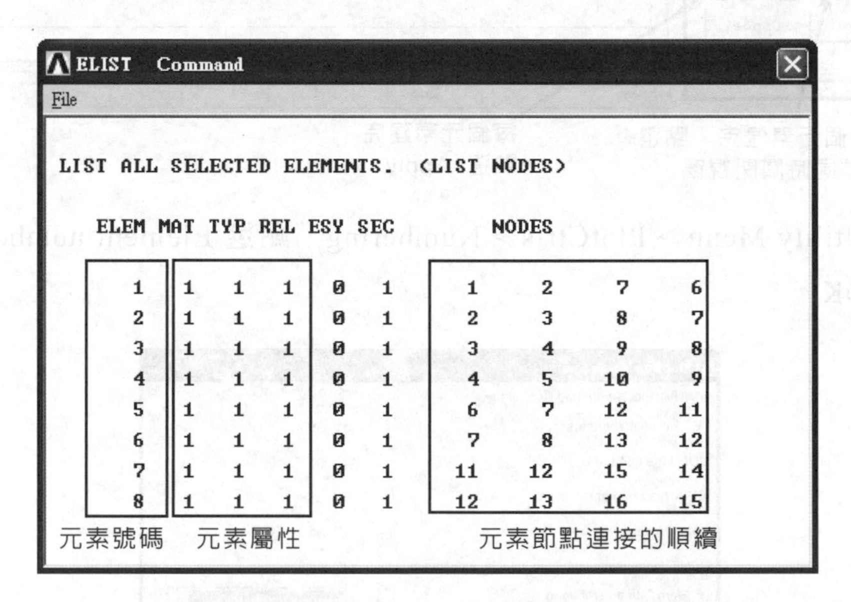

ELIST Command

File

LIST ALL SELECTED ELEMENTS. (LIST NODES)

ELEM	MAT	TYP	REL	ESY	SEC	NODES			
1	1	1	1	0	1	1	2	7	6
2	1	1	1	0	1	2	3	8	7
3	1	1	1	0	1	3	4	9	8
4	1	1	1	0	1	4	5	10	9
5	1	1	1	0	1	6	7	12	11
6	1	1	1	0	1	7	8	13	12
7	1	1	1	0	1	11	12	15	14
8	1	1	1	0	1	12	13	16	15

元素號碼　元素屬性　元素節點連接的順續

【範例 4-19】

將範例 4-10 用 MESH200 建立元素，*KOPT1*=6 表示四邊形元素。

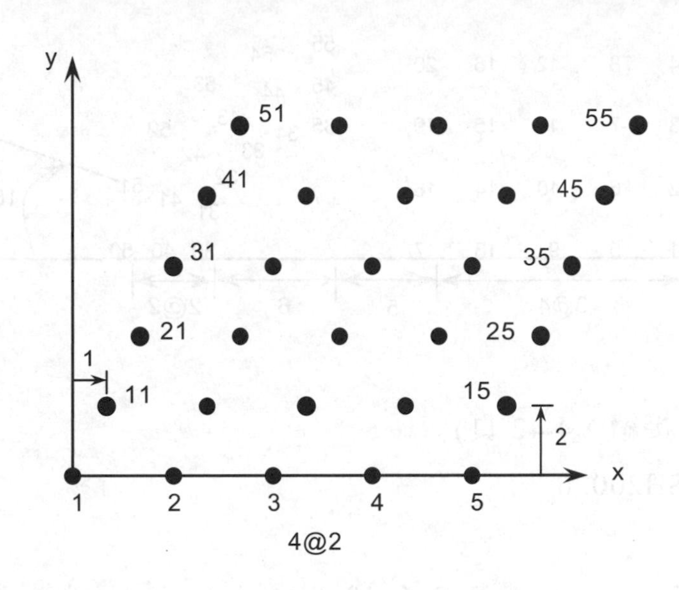

(範例 4-10 接續，4-39 頁)

```
ET, 1, MESH200, 6
E, 1, 2, 12, 11          $ E, 2, 3, 13, 12
E, 3, 4, 14, 13          $ E, 4, 5, 15, 14
E, 11, 12, 22, 21        $ E, 12, 13, 23, 22
E, 13, 14, 24, 23        $ E, 14, 15, 25, 24
E, 21, 22, 32, 31        $ E, 22, 23, 33, 32
E, 23, 24, 34, 33        $ E, 24, 25, 35, 34
E, 31, 32, 42, 41        $ E, 32, 33, 43, 42
E, 33, 34, 44, 43        $ E, 34, 35, 45, 44
E, 41, 42, 52, 51
E, 42, 43, 53, 52
E, 43, 44, 54, 53
E, 44, 45, 55, 54
```

【範例 4-20】

將範例 4-11 用 MESH200 建立元素，*KOPT1*=6 表示四邊形元素。

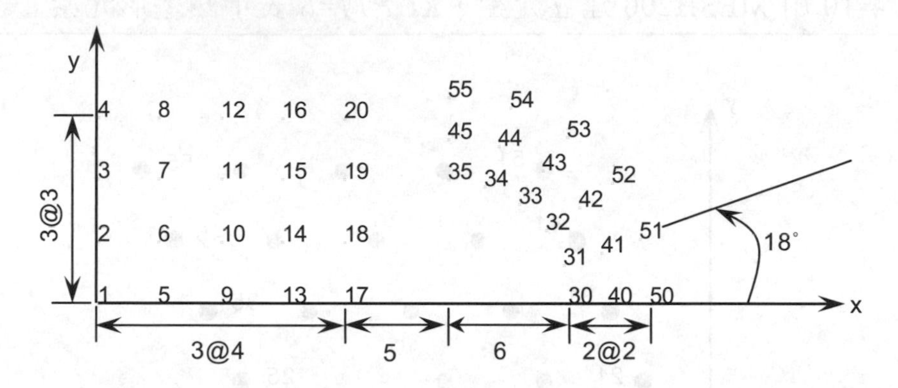

(範例 4-11 接續，4-42 頁)

ET, 1, MESH200, 6

CSYS, 0

E, 1, 2, 6, 5 $ **E**, 5, 6, 10, 9

E, 9, 10, 14, 13 $ **E**, 13, 14, 18, 17

E, 2, 3, 7, 6 $ **E**, 6, 7, 11, 10

E, 10, 11, 15, 14 $ **E**, 14, 15, 19, 18

E, 3, 4, 8, 7 $ **E**, 7, 8, 12, 11

E, 11, 12, 16, 15

E, 15, 16, 20, 19

CSYS, 11

E, 30, 40, 41, 31 $ **E**, 31, 41, 42, 32

E, 32, 42, 43, 33 $ **E**, 33, 43, 44, 34

E, 34, 44, 45, 35 $ **E**, 40, 50, 51, 41

E, 41, 51, 52, 42 $ **E**, 42, 52, 53, 43

E, 43, 53, 54, 44

E, 44, 54, 55, 45

【範例 4-21】

將範例 4-15 用 SOLID45 建立元素。

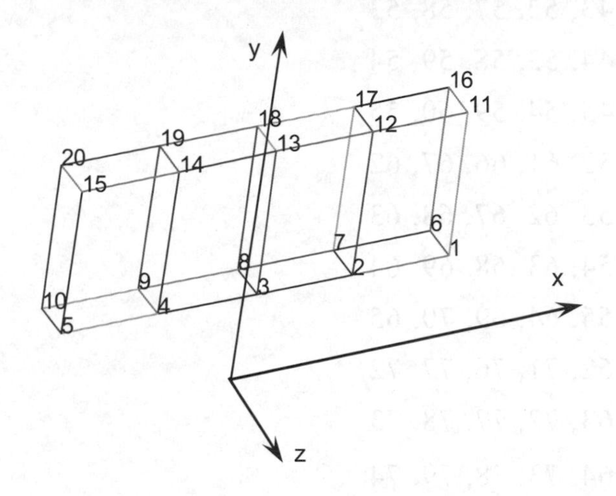

(範例 4-15 接續，4-51 頁)

ET, 1, SOLID45

E, 1, 6, 7, 2, 11, 16, 17, 12

E, 2, 7, 8, 3, 12, 17, 18, 13

E, 3, 8, 9, 4, 13, 18, 19, 14

E, 4, 9, 10, 5, 14, 19, 20, 15

E, 11, 16, 17, 12, 21, 26, 27, 22

E, 12, 17, 18, 13, 22, 27, 28, 23

E, 13, 18, 19, 14, 23, 28, 29, 24

E, 14, 19, 20, 15, 24, 29, 30, 25

E, 21, 26, 27, 22, 31, 36, 37, 32

E, 22, 27, 28, 23, 32, 37, 38, 33

E, 23, 28, 29, 24, 33, 38, 39, 34

E, 24, 29, 30, 25, 34, 39, 40, 35

E, 31, 36, 37, 32, 41, 46, 47, 42

E, 32, 37, 38, 33, 42, 47, 48, 43

E, 33, 38, 39, 34, 43, 48, 49, 44
E, 34, 39, 40, 35, 44, 49, 50, 45
E, 41, 46, 47, 42, 51, 56, 57, 52
E, 42, 47, 48, 43, 52, 57, 58, 53
E, 43, 48, 49, 44, 53, 58, 59, 54
E, 44, 49, 50, 45, 54, 59, 60, 55
E, 51, 56, 57, 52, 61, 66, 67, 62
E, 52, 57, 58, 53, 62, 67, 68, 63
E, 53, 58, 59, 54, 63, 68, 69, 64
E, 54, 59, 60, 55, 64, 69, 70, 65
E, 61, 66, 67, 62, 71, 76, 77, 72
E, 62, 67, 68, 63, 72, 77, 78, 73
E, 63, 68, 69, 64, 73, 78, 79, 74
E, 64, 69, 70, 65, 74, 79, 80, 75
E, 71, 76, 77, 72, 81, 86, 87, 82
E, 72, 77, 78, 73, 82, 87, 88, 83
E, 73, 78, 79, 74, 83, 88, 89, 84
E, 74, 79, 80, 75, 84, 89, 90, 85
E, 81, 86, 87, 82, 91, 96, 97, 92
E, 82, 87, 88, 83, 92, 97, 98, 93
E, 83, 88, 89, 84, 93, 98, 99, 94
E, 84, 89, 90, 85, 94, 99, 100, 95
E, 91, 96, 97, 92, 101, 106, 107,102
E, 92, 97, 98, 93,102, 107, 108, 103
E, 93, 98, 99, 94, 103, 108, 109, 104
E, 94, 99, 100, 95, 104, 109, 110, 105
EPLOT

【範例 4-22】

將範例 4-6 用 LINK1 建立其元素。E=207×10^3 MPa，桿面積=100 mm^2。

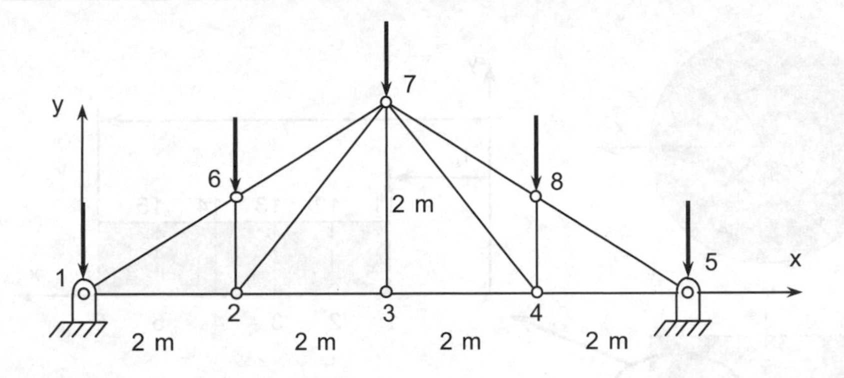

(範例 4-6 接續，4-33 頁)

ET, 1, LINK1

MP, EX, 1, 207e3　　　!MPa

R, 1, 100　　　　　　!mm^2

E, 1, 2

E, 2, 3

E, 3, 4

E, 4, 5

E, 1, 6

E, 6, 7

E, 2, 6

E, 2, 7

E, 3, 7

E, 4, 7

E, 4, 8

E, 7, 8

E, 8, 5

【範例 4-23】

將範例 4-7 用 PLANE55 建立其元素，*KOPT3*=1 表示軸對稱分析，圓柱熱傳導系數 K=85×10^{-3} W/mm-°C。

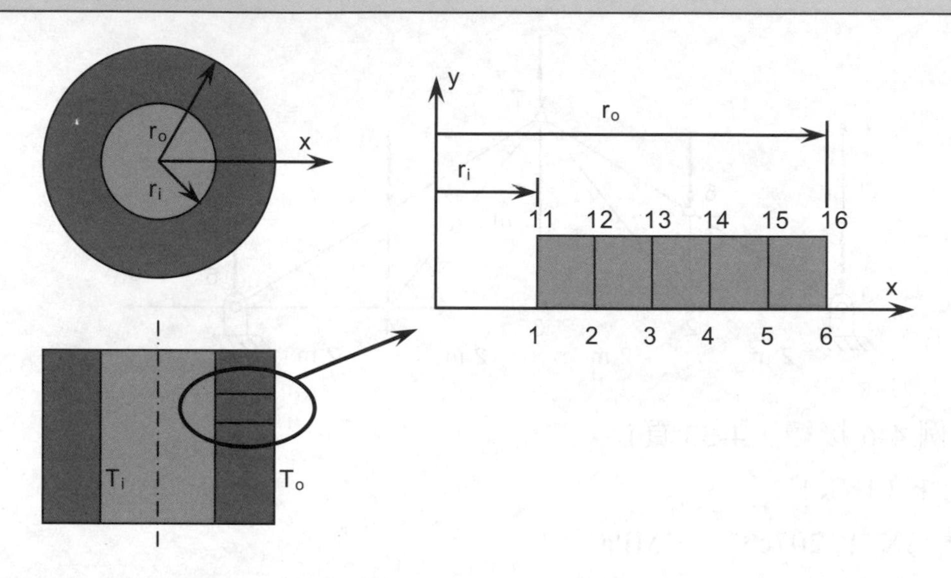

(範例 4-7 接續，4-34 頁)

```
ET, 1, PLANE55, , ,1
MP, KXX, 1, 85e-3
E, 1, 2, 12, 11
E, 2, 3, 13, 12
E, 3, 4, 14, 13
E, 4, 5, 15, 14
E, 5, 6, 16, 15
FINISH
```

【範例 4-24】

範例 4-16 元素建立的輸入流程可修正如下。

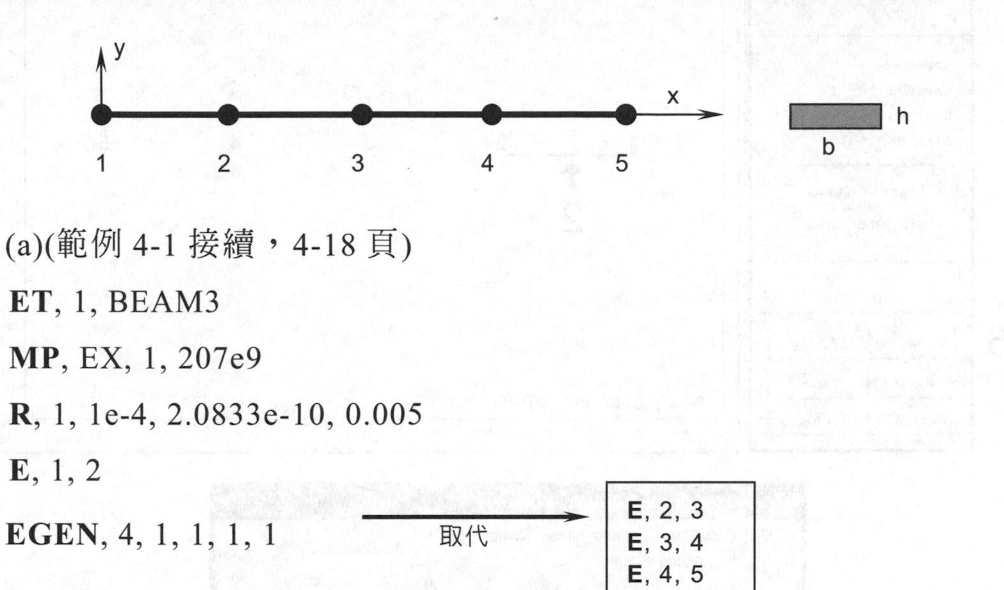

【範例 4-24(a)下拉式指令法】

1.-4. 參閱範例 4-16 至完成第一個元素的建立。

5. Main Menu > Preprocessor > Modeling > Copy > Elements >Auto Numbered

選擇視窗在 Single、Pick 選項下，點選圖形視窗中元素 1，再至選擇視窗，點選 OK。完成上步驟後，出現元素複製參數視窗，輸入相關參數後，點選 OK。

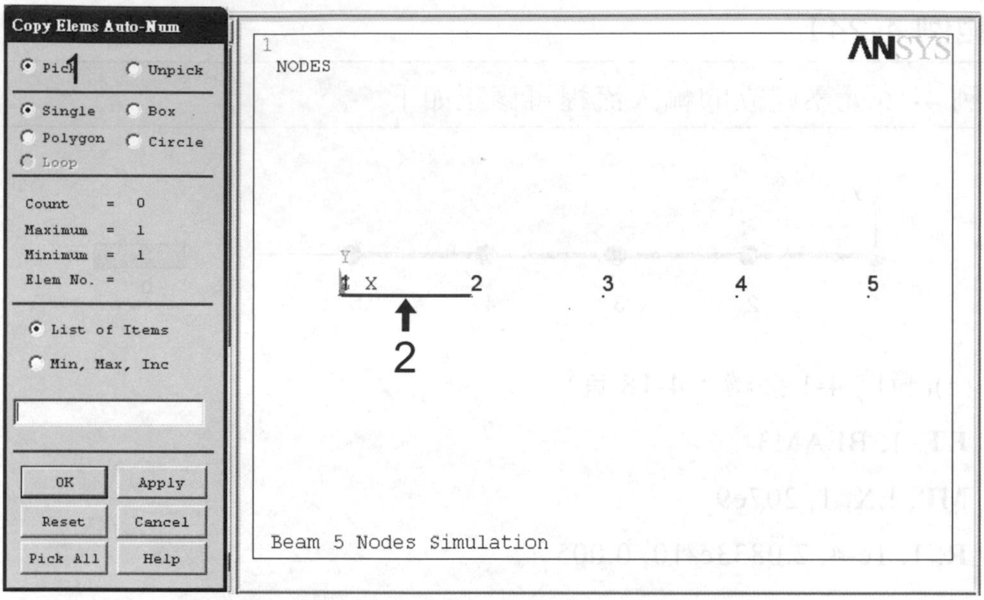

Copy Elems Auto-Num

Pick 1 Unpick

Single Box
Polygon Circle
Loop

Count = 0
Maximum = 1
Minimum = 1
Elem No. =

List of Items
Min, Max, Inc

3 OK Apply
Reset Cancel
Pick All Help

1
NODES
ANSYS

Y
1 X 2 3 4 5
2

Beam 5 Nodes Simulation

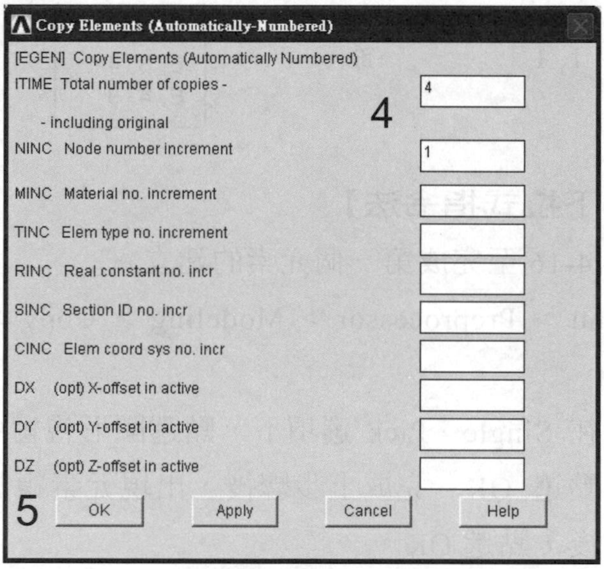

Copy Elements (Automatically-Numbered)

[EGEN] Copy Elements (Automatically Numbered)

ITIME Total number of copies - - including original	4
NINC Node number increment	1
MINC Material no. increment	
TINC Elem type no. increment	
RINC Real constant no. incr	
SINC Section ID no. incr	
CINC Elem coord sys no. incr	
DX (opt) X-offset in active	
DY (opt) Y-offset in active	
DZ (opt) Z-offset in active	

4

5 OK Apply Cancel Help

元素複製參數視窗

本範例也可採用不先建立所有節點之方式複製元素，意即使用 **EGEN** 指令時，採用位置為其複製參數，此時只要先建立一個元素即可。

(b)只建一個元素所需的節點

/PREP7

N, 1, 0, 0

N, 2, 0.075

ET, 1, BEAM3

MP, EX, 1, 207e9

R, 1, 1e-4, 2.0833e-10, 0.005

E, 1, 2

EGEN, 4, 1, 1, , , , , , , , 0.075

【範例 4-24(b)下拉式指令法】

1.-7. 參閱前面例題完成元素 1 的建立。

8. Main Menu > Preprocessor > Modeling > Copy > Elements >Auto Numbered

選擇視窗在 Single、Pick 選項下，點選圖形視窗中元素 1，再至選擇視窗，點選 OK。完成上步驟後，出現元素複製參數視窗，輸入相關參數後，點選 OK。

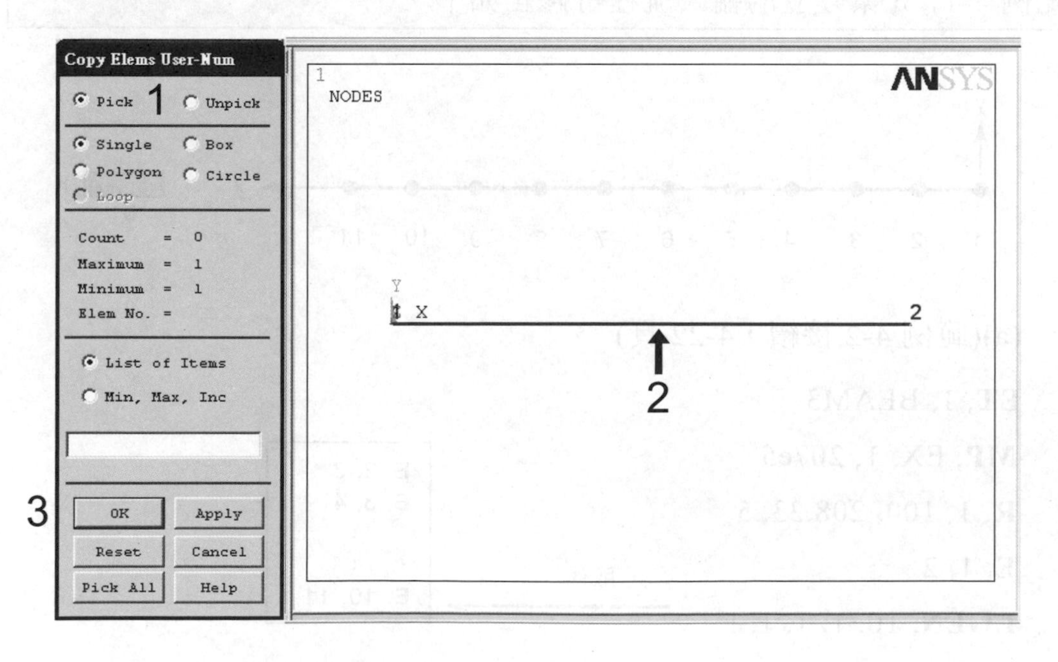

Copy Elems User-Num

[ENGEN] Copy Elements (User Numbered)

IINC	Element no. increment	1
ITIME	Number of copies - - (including original)	4 (4)
NINC	Node number increment	1
MINC	Material no. increment	
TINC	Elem type no. increment	
RINC	Real constant no. inc.	
SINC	Section ID no. incr	
CINC	Elem coord sys no. inc.	
DX	(opt) X-offset in active	0.075 (4)
DY	(opt) Y-offset in active	
DZ	(opt) Z-offset in active	

5 OK Apply Cancel Help

【範例 4-25】

範例 4-17 元素建立的輸入流程可修正如下。

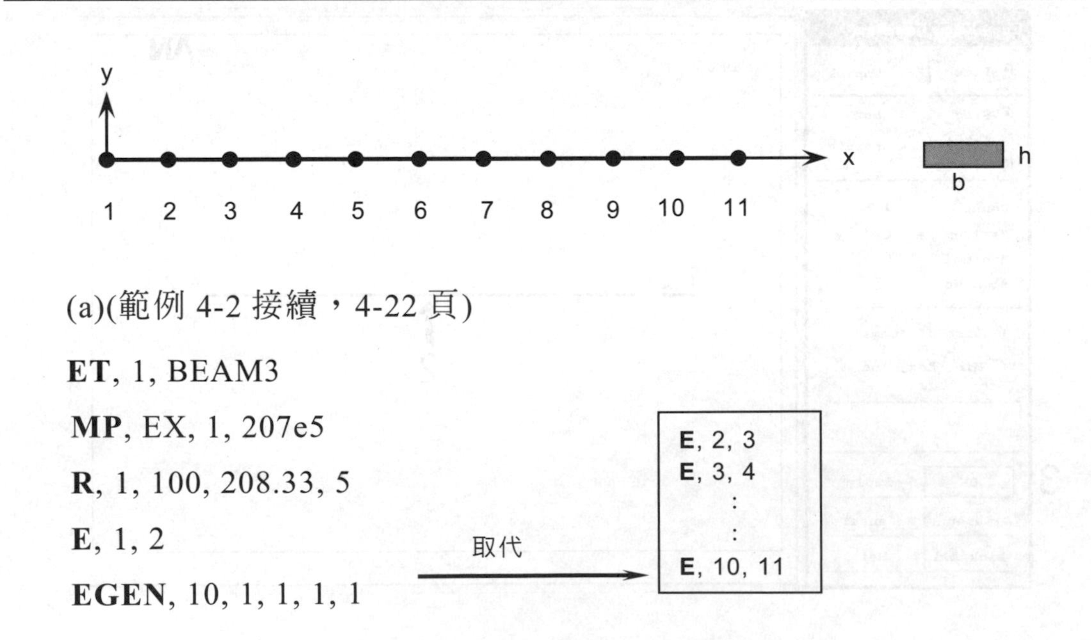

(a)(範例 4-2 接續，4-22 頁)

ET, 1, BEAM3

MP, EX, 1, 207e5

R, 1, 100, 208.33, 5

E, 1, 2

EGEN, 10, 1, 1, 1, 1

(b)只建一個元素所需的節點

/PREP7

N, 1, 0

N, 11, 300

ET, 1, BEAM3

MP, EX, 1, 207e5

R, 1, 100, 208.33, 5

E, 1, 2

EGEN, 10, 1, 1, , , , , , , , 75

【範例 4-26】

範例 4-18 元素建立的輸入流程可修正如下。

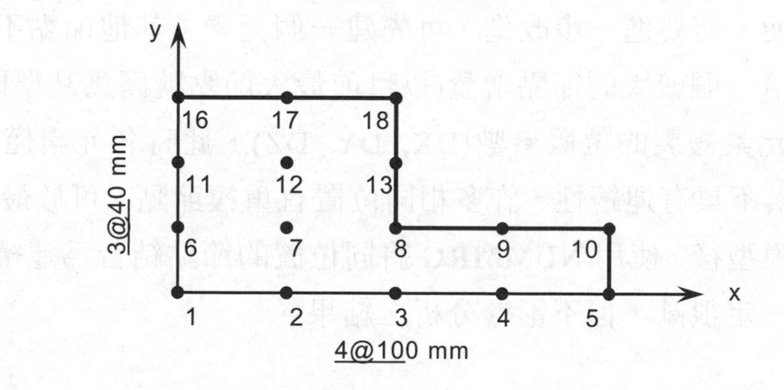

(a)(範例 4-15 接續，4-51 頁)

ET, 1, PLANE42

E, 1, 2, 7, 6

EGEN, 4, 1, 1, 1, 1 → 取代例題 4-18 →

E, 2, 3, 8, 7
E, 3, 4, 9, 8
E, 4, 5, 10, 9

EGEN, 3, 5, 1, 2, 1 → 取代例題 4-18 →

E, 6, 11, 12, 7
E, 7, 12, 13, 8
E, 11, 16, 17, 12
E, 12, 17, 18, 13

(b)先考慮節點之安排，但只建一個元素所需的節點

/PREP7

N, 1, 0, 0

N, 2, 100

N, 7, 100, 40

N, 6, 0, 40

ET, 1, PLANE42

E, 1, 2, 7, 6

EGEN, 4, 1, 1, , , , , , , , 100

EGEN, 3, 5, 1, 2, 1, , , , , , 0, 40

(c)在(b)中，我們必需先考慮節點號碼的安排，故先建立節點 1、2、7、6，如此才能配合其元素複製時節點增量 1(NINC=1)。若元素很多還是不方便，若要進一步改進，可先建一個元素，其他節點不用建立，複製時給一個較大的節點增量(以目前最大節點號碼爲基準即可)，並宣告其元素複製的位置參數(DX, DY, DZ)，此時各元素僅併排在一起，元素不具有連續性，許多相同位置有重複節點。可於最後完成有限元素模型後，使用 **NUMMRG** 將同位置的節點結合爲連續性，但此時號碼一定很亂，但不影響分析之結果。

/PREP7

N, 1, 0, 0

N, 2, 100

N, 3, 100, 40

N, 4, 0, 40

ET, 1, PLANE42

E, 1, 2, 3, 4

EGEN, 4, 4, 1, , , , , , , , 100 　　　　!目前最大節點=4

EGEN, 3, 16, 1, 2, 1, , , , , , , 0, 40　　!目前最大節點=16

NUMMRG, NODE

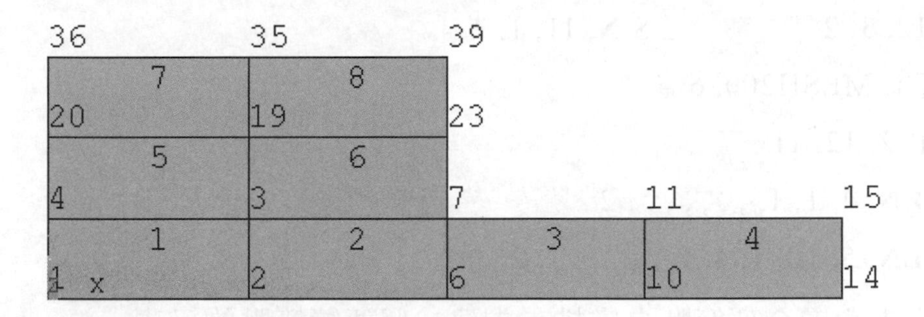

【範例 4-27】

範例 4-19 元素輸入流程可修正如下。

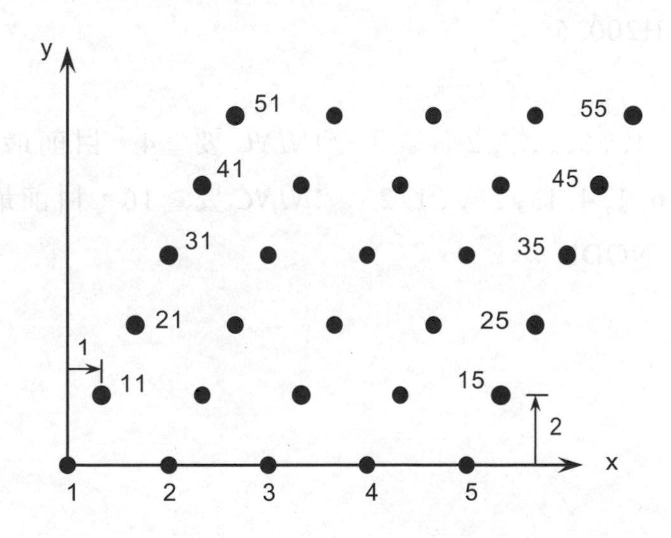

(a)(範例 4-10 接續，4-39 頁)

ET, 1, MESH200, 6

E, 1, 2, 12, 11

EGEN, 4, 1, 1, 1, 1　　　$ **EGEN**, 5, 10, 1, 4, 1

(b)先考慮節點之安排，但只建一個元素所需的節點

```
/PREP7
N, 1, 0, 0                $ N, 2, 2
N, 12, 3, 2               $ N, 11, 1, 2
ET, 1, MESH200, 6
E, 1, 2, 12, 11
EGEN, 4, 1, 1, , , , , , , , 2
EGEN, 5, 10, 1, 4, 1, , , , , , 1, 2
```

(c)不先考慮全部節點之安排，先建一個連續節點的元素

```
/PREP7
N, 1, 0, 0           $ N, 2, 2, 0
N, 3, 3, 2           $ N, 4, 1, 2
ET, 1, MESH200, 6
E, 1, 2, 3, 4
EGEN, 4, 4, 1, , , , , , , , 2              !NINC 要≧4，目前最大節點=4
EGEN, 5, 16, 1, 4, 1, , , , , , 1, 2        !NINC 要≧16，目前最大節點=16
NUMMRG, NODE
```

【範例 4-28】

例題 4-20 元素輸入流程可修正如下。

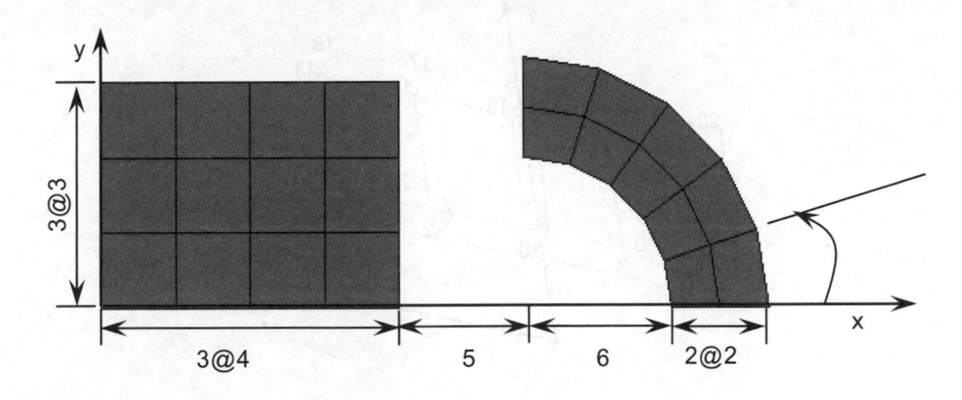

不先考慮全部節點之安排

/PREP7

N, 1, 0, 0　　　　$ **N**, 2, 3, 0

N, 3, 3, 3　　　　$ **N**, 4, 0, 3

ET, 1, MESH200, 6

E, 1, 2, 3, 4

EGEN, 3, 4, 1, 1, 1, , , , , , 0, 3　　!目前最大節點=4

EGEN, 4, 12, 1, 3, 1, , , , , , 3　　!目前最大節點=12

LOCAL, 11, 1, 17

NLIST

N, 49, 6, 0　　　　$ **N**, 50, 8, 0

N, 51, 8, 18　　　　$ **N**, 52, 6, 18

E, 49, 50, 51, 52　　!元素 13

EGEN, 5, 52, 13, 13, 1, , , , , , , 18 !目前最大節點=52

EGEN, 2, 260, 13, 17, 1, , , , , , 2　!目前最大節點=260

NUMMRG, NODE

【範例 4-29】

例題 4-21 元素輸入可修正如下。

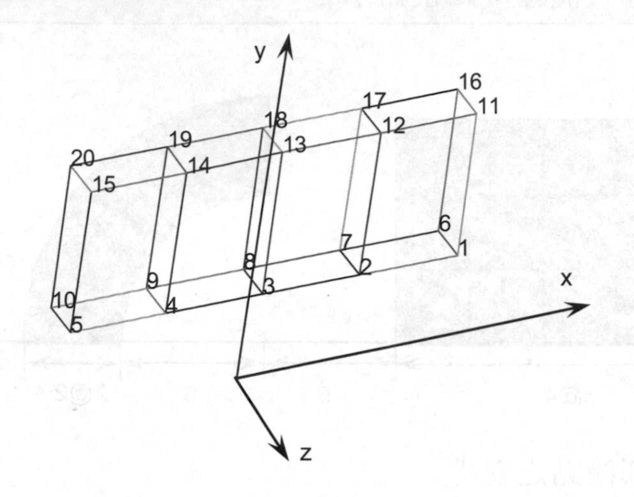

(a)(範例 4-15 接續，4-51 頁)

ET, 1, SOLID45

E, 1, 6, 7, 2, 11, 16, 17, 12

EGEN, 4, 1, 1, 1, 1

EGEN, 10, 10, 1, 4, 1

(b)只建一個元素所需的節點

/PREP7

N, 1, 25, 40, 2.5

N, 2, 12.5, 40, 2.5

NGEN, 2, 2, 1, 2, 1, 0, 0, -5

NGEN, 2, 4, 1, 4, 1, 0, 20

ET, 1, SOLID45

E, 1, 2, 4, 3, 5, 6, 8, 7

EGEN, 4, 8, 1, , , , , , , -12.5　　　　!目前最大節點=8

EGEN, 10, 32, 1,4 ,1 , , , , , , 0, 20　　　　!目前最大節點=32

NUMMRG, NODE

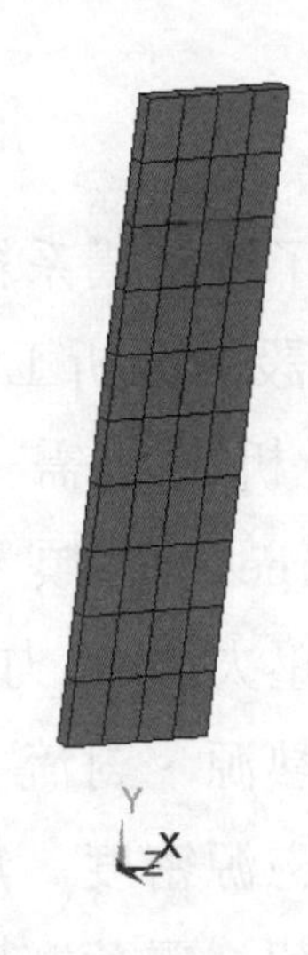

【範例 4-30】

例題 4-23 元素輸入亦可修正如下。

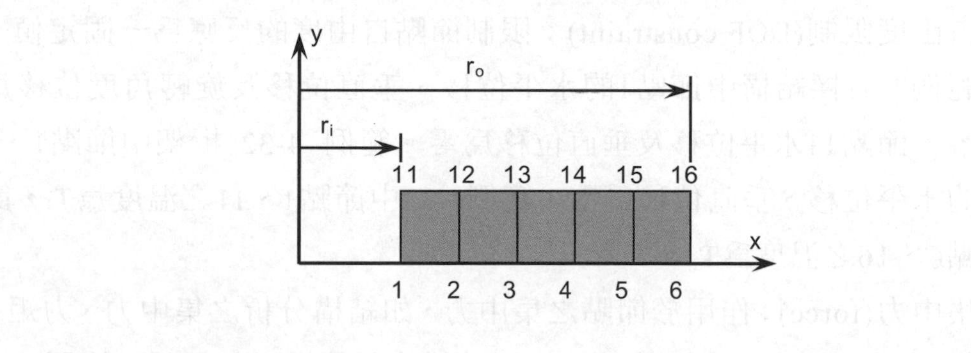

(範例 4-7 接續，4-34 頁)

ET, 1, PLANE55, , , 1

MP, KXX, 1, 85

E, 1, 2, 12, 11

EGEN, 5, 1, 1, 1, 1

➔ 4-7 負載定義

有限元素最主要目的，在於了解結構系統元件受外力負載後的反應，故明確定義適當、正確的負荷，對設計分析工作是非常重要的。ANSYS 中有不同之方法施加負荷以達到分析之所需。負載可分邊界條件(boundary condition)和外力負載(external force)兩大類，在不同領域中負載類型有：

結構力學：位移、集中力、壓力(分布力)、溫度(熱效應)、重力。

熱　　學：溫度、熱流率、熱源、對流、無限表面。

磁　　學：磁場、磁通量、磁源密度、無限表面。

電　　學：電位、電流、電荷、電荷密度。

流體力學：速度、壓力。

以特性而言，負載歸納六大項如下：

1. 自由度限制(DOF constraint)：限制節點自由度的反應為一固定值。範例4-31樑結構中節點1的水平位移、垂直位移及旋轉角度位移為零，節點11水平位移及垂直位移為零。範例 4-32 桁架中節點1、5的水平位移、垂直位移為零。範例4-33中節點1、11之溫度為T_i，節點6、16之溫度為T_o。
2. 集中力(force)：作用於節點之集中力，如結構分析之集中力、力矩，熱分析之熱流率。在範例4-31樑結構中節點6之集中力。例題4-32桁架中節點1、5、6、7、8之集中力。
3. 表面壓力負載(surface load)：分布於面上之力，例如結構分析之壓力，熱流分析之對流。在範例4-31樑結構之分布力。
4. 內部體力負載(body force)：分布於物體內部之力，如結構分析時重力效應，熱分析時熱產生率。
5. 慣性力(inertial load)：物體運動之慣性力，如加速度、角加速度、角速度、主要用於結構分析，在範例4-34葉片之轉速效應。

6. 耦合領域負載(coupled-field load)：不同領域負載之互相影響，如熱效應之溫度分布，造成結構之熱應力。

指令介紹

/SOLU

進入解題(**SOLU**tion)處理器，當有限元素模型建立完成後，便可進入/SOLU 處理器，宣告各種負荷。但大部分負荷的宣告亦可在/PREP7 處理器中完成，爲了養成良好的習慣性，最好全部負荷均在/SOLU 處理器中進行宣告。

Menu Paths : Main Menu > Solution

ANTYPE, *Antype, Status*

宣告分析型態(**AN**alysis **TYPE**)，進入/SOLU 後，必須先行宣告該指令。欲進行何種分析，系統自訂爲靜態分析。

Antype	=STATIC or 0	靜態分析(系統自訂)
	=BUCKLE or 1	挫屈分析
	=MODAL or 2	振動模態分析
	=HARMIC or 3	調和外力動力系統分析
	=TRANS or 4	暫態動力系統分析

Menu Paths : Main Menu > Solution > Analysis Type > New Analysis

Menu Paths : Main Menu > Solution > Analysis Type > Restart

F, *NODE, Lab, VALUE, VALUE2, NEND, NINC*

定義節點(*NODE*)上，不同類型(*Lab*)之集中力(**Force**)。同一節點上有不同類型的集中力，則必需逐一下達該指令。若有非 x 與 y 方向之力，則要將其力分解至 x 與 y 方向。力距僅用於具有旋轉位移自由度的節點上，PLANE42

與 SOLID45 無法接受力距負載，SHELL63 可接受三個方向的力距負載，BEAM3 僅接受 MZ 方向的力距負載。當很多節點受力相同且節點號碼有規律，則可利用 *NODE, NEND, NINC* 包含所有的節點，若節點號碼沒有規律，可將其選為有效節點，設定 *NODE*=ALL 即可。針對這一組參數(*NODE, NEND, NINC*)，如若設定 *NODE*=ALL，表示針對目前有效物件，這是一個很重要的觀念，請參閱 NSEL 指令說明。

Lab =FX,FY,FZ,MX,MY,MZ(結構力學之力與力矩)

=HEAT(heat flow，熱學之熱流量)

=AMP,CHRG(電學之電流、電荷)

=FLUX(磁學之磁通量)

VALUE =外力的大小

```
F, 4, FY, 100           !定義節點 4 上，FY 方向力的大小為 100
F, 4, FX, 400           !定義節點 4 上，FX 方向力的大小為 400
F, 3, MX, 100           !定義節點 3 上，MX 方向力距的大小為 100
F, 3, FZ, 200,, 9       !定義節點 3 至節點 9，FZ 方向力的大小為 200
F, 3, FZ, 200,, 9, 1    !(意義同上)
F, 1, FZ, 300,, 11, 2   !定義節點 1 至 11 之間所有奇數節點上，FZ 方
                        !向力的大小為 300
F, ALL, FY, 100         !定義目前有效節點上，FY 方向力的大小為 100
```

Menu Paths : Main Menu > Solution > Define Loads > Apply > Thermal > Heat Flow > On Nodes

Menu Paths : Main Menu > Solution > Define Loads > Apply > Structural > Force/Moment > On Nodes

D, *NODE, Lab, VALUE, VALUE2, NEND, NINC, Lab2, Lab3, Lab4, Lab5, Lab6*

定義節點(*NODE*)上，不同類型(*Lab, Lab2, Lab3, Lab4, Lab5, Lab6*)自由度(**D**egree of freedom)的限制。自由度限制是指結構不管如何受力，其最終自由度的反應值。結構力學中最常用於支撐點的自由度為零，兩個不同溫度之間的熱傳分析中，最常用於定義自由度的邊界溫度。當很多節點受力相同

且節點號碼有規律，可將其選爲有效節點，設定 *NODE*=ALL 即可。由於結構邊界大多位於固定的位置，此時有效節點用位置方式選擇是相當方便，請參閱 NSEL 指令說明。

Lab =UX, UY, UZ, ROTX, ROTY, ROTZ(結構力學)

=TEMP(熱學)

=PRES；VX, VY, VZ(流體力學)

=MAG, AX, AY, AZ(磁學)

=VOLT(電學)

VALUE=自由度限制的值

Lab2~Lab3：每一個節點依不同的元素，最多有 6 個自由度，前項之 *Lab* 只能定義其中一個自由度，故其他自由度的限制由此定義，例如節點 1 的 UX、UY 線性位移爲零，則 *Lab*=UX，*Lab2*=UY。如該節點全部自由度限制皆相同，則宣告 *Lab*=ALL 即可，*Lab2~Lab6* 可忽略。

```
D, 4, UX, 0                !定義節點 4 上，UX 方向的自由度反應為 0
D, 4, ROTZ, 0              !定義節點 4 上，ROTZ 方向的自由度反應為 0
D, 3, TEMP, 100            !定義節點 3 上，溫度的自由度反應為 100
D, 3, UZ, 0,, 9            !定義 3 至 9 所有節點上，UZ 方向的自由度
                           !反應為 0
D, 3, UZ, 0,, 9, 1         !(意義同上)
D, 1, ALL, 0,, 11, 2       !定義 1 至 11 之間所有奇數節點上，所有的自由
                           !度反應為 0
D, 1, UX, 0,, 11, 2, UY    !定義 1 至 11 號之間所有奇數節點上，UX 與 UY
                           !的自由度反應為 0
D, ALL, ALL, 0,            !定義目前有效節點上，所有的自由度反應為 0
```

Menu Paths : Main Menu > Solution > Applied Loads > Apply > Thermal > Temperature > On Nodes

Menu Paths : Main Menu > Solution > Applied Loads > Apply > Structural > Displacement > On Nodes

SFBEAM, *ELEM, LKEY, Lab, VALI, VALJ, VAL2I, VAL2J, IOFFST, JOFFST*

定義分布力(**SurFace** load)作用於樑(**BEAM**)元素上的方式及大小，如圖 4-7.1。

ELEM=元素號碼

LKEY=建立元素後，依節點順序樑元素有四個面，該參數爲定義分布力所施加面的號碼

Lab=PRES(表示分布壓力)

VALI,VAL=在 I 點及 J 點分布力之値

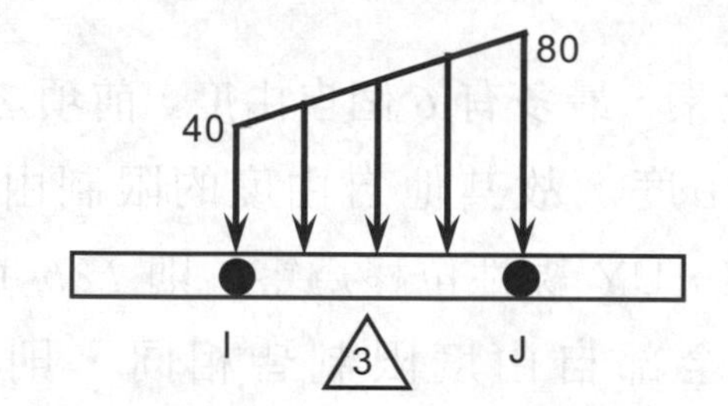

假設元素 3 組成順序為 I-J，分布力在於 1 之面。
SFBEAM, 3, 1, PRES, 40, 80

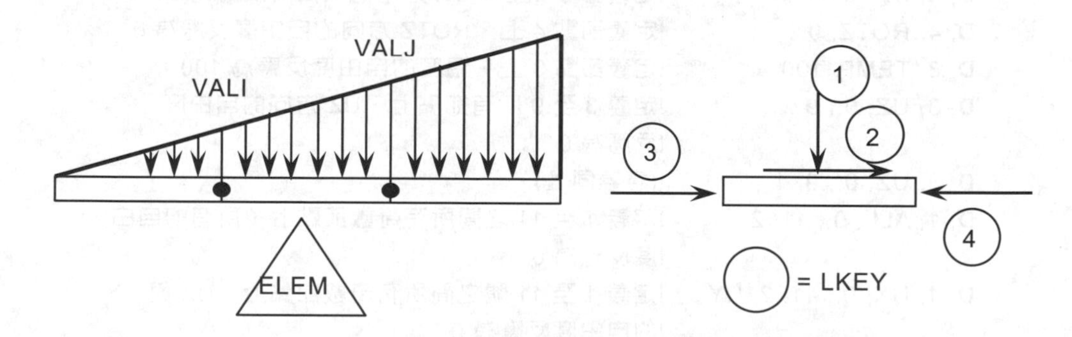

圖 4-7.1　樑元素分布力參數

Menu Paths : Main Menu > Preprocessor > Loads > Define Loads > Apply > Structural > Pressure>On Beams

Menu Paths : Main Menu > Solution > Define Loads > Apply > Structural > Pressure > On Beams

SFE, *ELEM, LKEY, Lab, KVAL, VAL1, VAL2, VAL3, VAL4*

定義分布力(**S**ur**F**ace load)作用於元素(**E**lement)上的方式及大小，元素可分 2-D 元素及 3-D 元素，如圖 4-7.2。結構力學的分布力爲壓力，2-D 元素作用於元素的邊上且與其邊垂直，其單位爲線壓(力/長度)，3-D 元素作用於元素的面上且與其面垂直，其單位爲壓力(力/面積)，不接受線壓力。熱學的分布力爲熱對流(convection)與熱流量(heat flow)，2-D 元素作用於元素的邊上，3-D 元素作用於元素的面上，不接受線的熱對流與熱流量。熱對流與熱流量只能選其中一個，因爲元素的邊或面只能發生熱對流或熱流量。*KVAL* 代表如何宣告 *VAL1~VAL4* 值的特性。

ELEM =元素號碼

LKEY =建立元素後，依節點順序，平面元素有四邊，立體元素有六面，該參數定義分布力所施加邊及面的號碼

Lab =PRES(結構力學壓力分布)

=CONV(熱學之對流)

=HFLUX(熱學之熱流)

KVAL =*VAL1~VAL4* 值特性

若 *Lab* =PRES

=0 或 1(*VAL1~VAL4* 受力元素邊與面上節點之值)

若 *Lab* =CONV

=0 或 1(*VAL1~VAL4* 受力元素邊與面上熱對流係數)

=2(*VAL1~VAL4* 環境溫度)

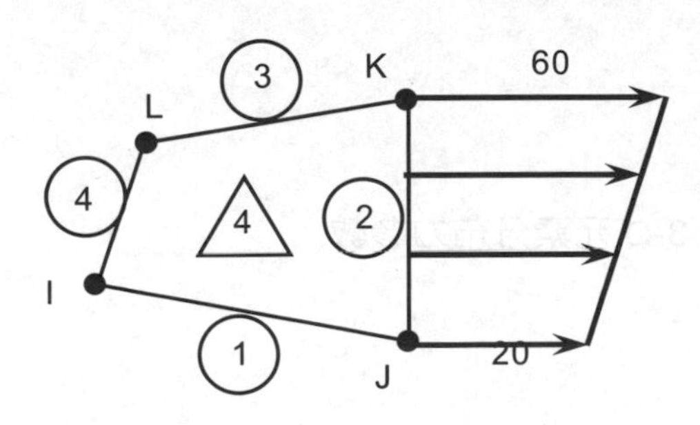

元素 4 組成順序為 I-J-K-L，分佈力位於 JK 之第二邊上

SFE, 4, 2, PRES, , 20, 60

2-D 結構力學元素

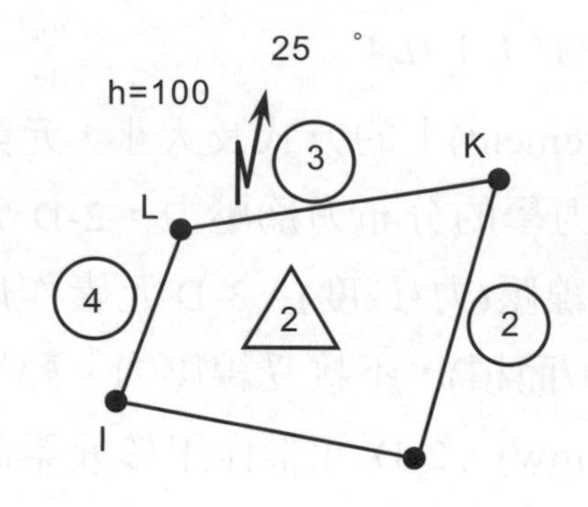

元素 2 組成順序為 I-J-K-L，熱對流發生 LK 之第三邊上

SFE, 2, 3, CONV, , 100
SFE, 2, 3, CONV, 2, 25

2-D 熱學元素

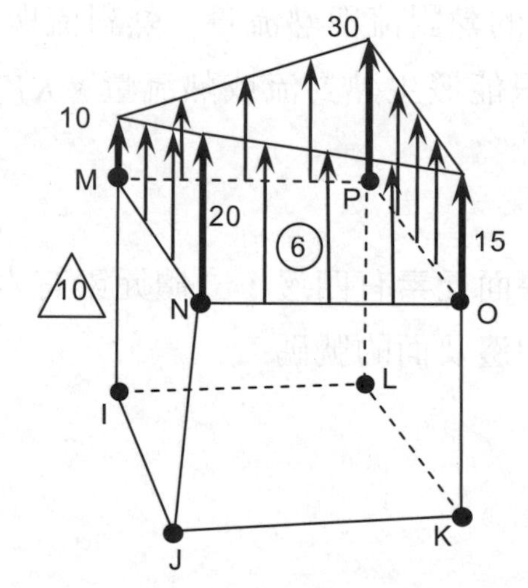

元素 10 組成順序為 I-J-K-L-M-N-O-P，分佈力位於 MNOP 之第六面

SFE, 10, 6, PRES, , 10, 20, 15, 30

3-D 結構力學元素

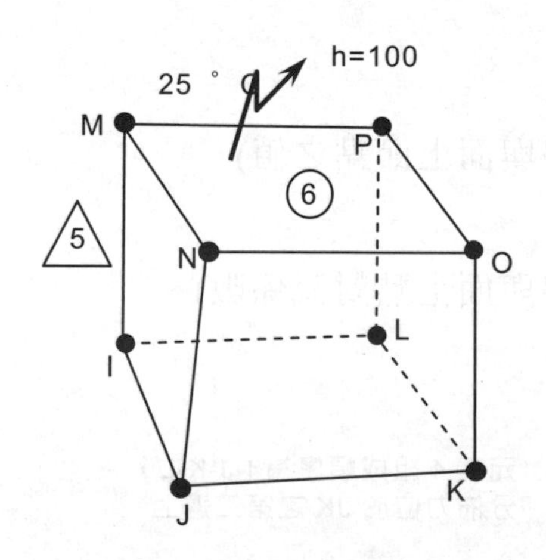

元素 5 組成順序為 I-J-K-L-M-N-O-P，熱對流發生於 MNOP 之第六面

SFE, 5, 6, CONV, , 100
SFE, 5, 6, CONV, 2, 25

3-D 熱學元素

圖 4-7.2　2-D 及 3-D 元素分佈力參數

Menu Paths : Main Menu > Preprocessor > Loads > Define Loads > Apply > Structural > Pressure > On Elements

Menu Paths : Main Menu > Solution > Define Loads > Apply > Structural > Pressure > On Elements

SF, *Nlist, Lab, VALUE1, VALUE2*

定義某些節點上(*Nlist*)的分布力(**SurFace load**)。該指令和 **SFE** 分布力指令相似，皆爲定義分布力。但 **SFE** 指定特定元素之邊、面上分布力之狀態，故適用於非均勻之分布力，**SF** 適用於均勻之負載。一般而言，結構的邊或面包含很多元素，我們不可能逐一下達每一個元素的分布力，當邊或面上所受的分布力相同時，可採用此指令。其中 *Nlist* 爲分布力所包含的節點，如圖 4-7.3 所示，如何使 *Nlist* 包含該節點，請參閱 **NSEL** 之說明。

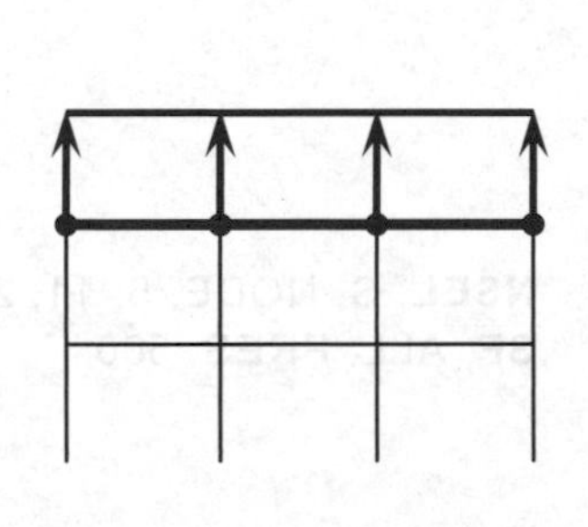

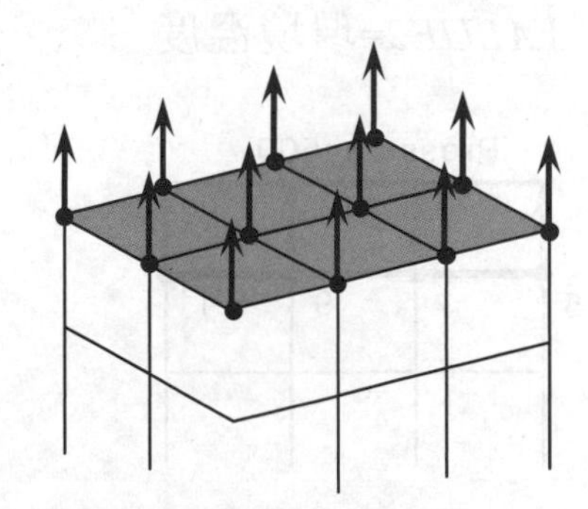

SF 指令，均勻性負載，*Nlist* 為分布力上之所有節點

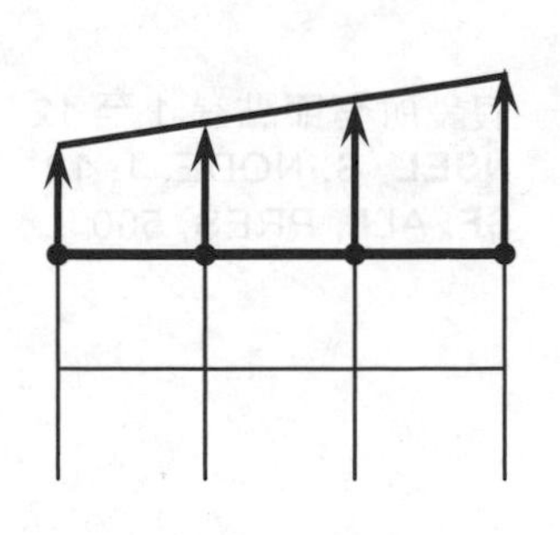

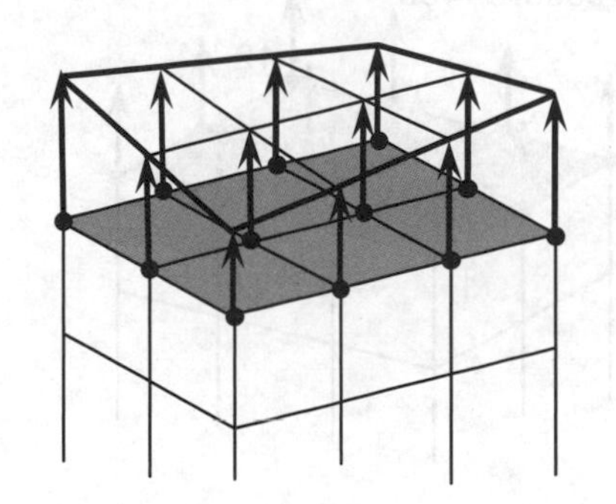

SFE 指令，非均勻性負載，每一元素分別定義

圖 4-7.3　**SFE** 及 **SF** 之分布力比較

Nlist= 分布力作用之邊或面上之所有節點。通常用 NSEL 之指令選擇節點爲 Active 節點，然後設定 *Nlist* = ALL，表示 *Nlist* 含有 NSEL 所選擇之所有節點。

LKEY= 建立元素後，依節點順序，平面元素有四邊，立體元素有六面，該參數定義分布力所施加邊及面的號碼。

Lab =PRES(結構力學壓力分布)
=CONV(熱學之對流)
=HFLUX(熱學之熱流)

若 *Lab* =PRES
VALUE1=分布力大小

若 *Lab* =CONV
VALUE1=熱對流係數
VALUE2=環境溫度

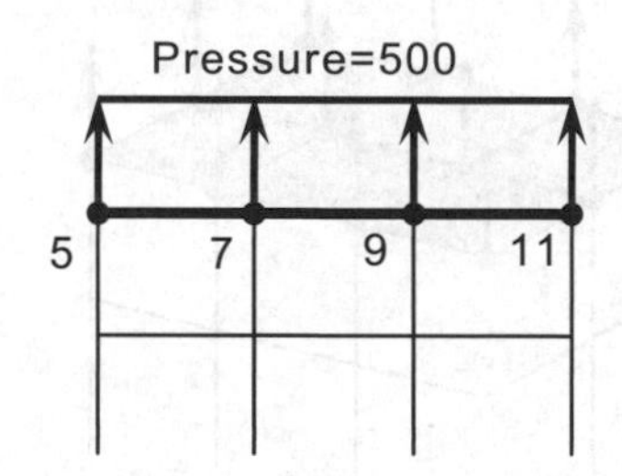

NSEL, S, NODE, 5, 11, 2
SF, ALL, PRES, 500

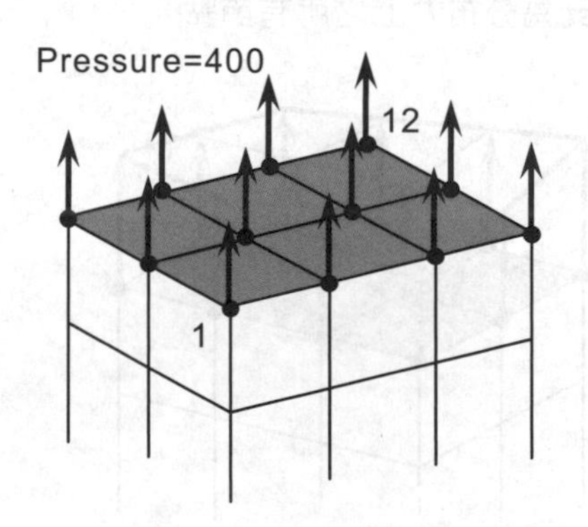

假設所有節點為 1 至 12
NSEL, S, NODE, 1, 12
SF, ALL, PRES, 500

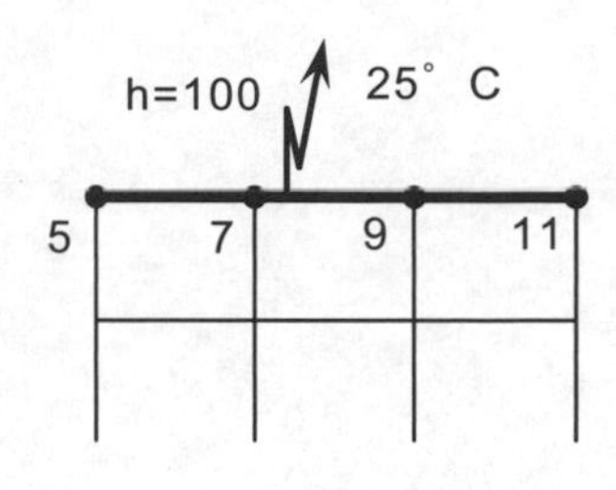

NSEL, S, NODE, 5, 11, 2
SF, ALL, CONV, 100, 25

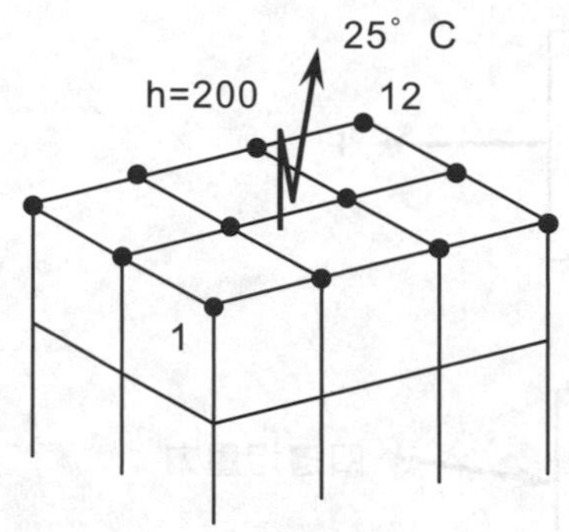

假設所有節點為 1 至 12
NSEL, S, NODE, 1, 12
SF, ALL, CONV, 200, 25

Menu Paths : Main Menu > Preprocessor > Loads > Define Loads > Apply > Structural > Pressure > On Nodes

Menu Paths : Main Menu > Solution > Define Loads > Apply > Structural > Pressure > On Nodes

DSYM, *Lab, Normal, KCN*

結構分析中，儘可能利用結構的對稱性，降低分析時間，同時也可解決無拘束條件的結構分析，例如平面結構兩端受相等的力；某正方形平面結構，外圍有一個向外的均壓力，中間有五個對稱的正方形小孔，如圖 4-7.4 所示。該指令定義節點之拘束條件(**D**isplacement)對稱(**SYM**metric)於某軸(*Normal*)。*Normal* 的對稱面在目前座標系統(*KCN*)之法線方向，系統自訂爲卡式座標。如同 SF 指令，該邊界之點可用選擇方式變爲有效節點。X 軸對稱代表有效節點的 UX 位移爲零，Y 軸對稱代表有效節點的 UY 位移爲零。所以也可以使用 D 指令，將其相對應的自由度設定爲零。

Lab =SYMM　正對稱

=ASYM　反對稱

Normal =X　對稱 X 軸

=Y　對稱 Y 軸

=Z　對稱 Z 軸

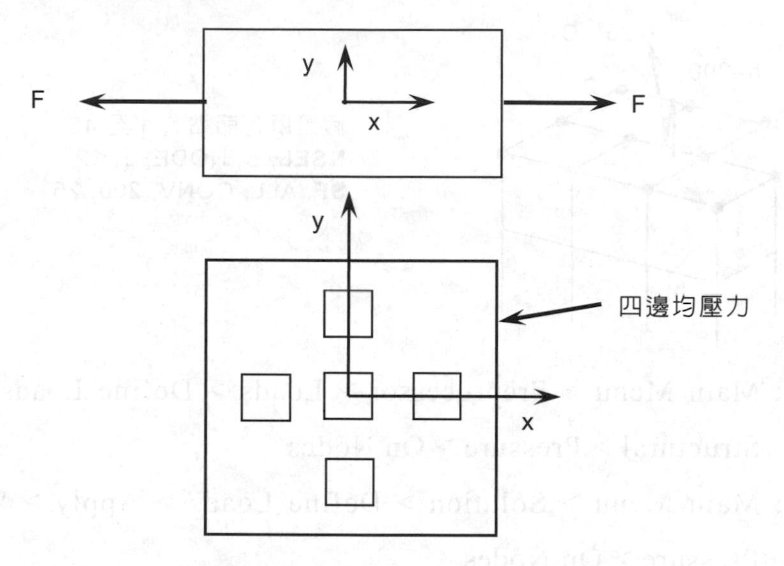

圖 4-7.4　對稱之無束制條件

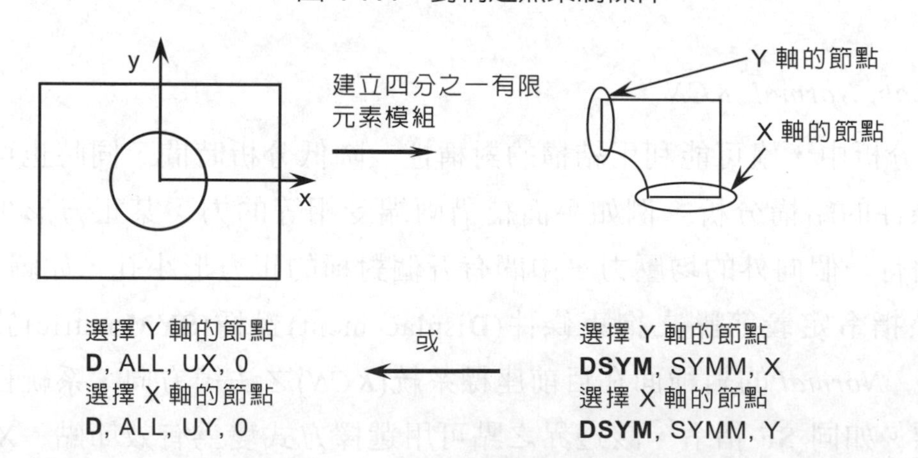

Menu Paths : Main Menu > Solution > Define Loads > Apply > Structural > Displacement > Symmetry B.C. > (Object)

OMEGA, *OMEGX, OMEGY, OMEGE, KSPIN*

當結構旋轉時具有離心力，此時一定要宣告材料特性的密度。該指令定義結構等速旋轉(**OMEGA**)負荷效應，*MEGX*、*OMEGY*、*OMEGZ* 爲結構相對於整體座標系統 X、Y、Z 方向之旋轉角速度的值，其單位爲 rad/s。

Menu Paths : Main Menu > Solution > Define Loads > Apply > Structural > Inertia > Angular Velocity

Menu Paths : Main Menu > Preprocessor > Loads > Define Loads > Apply > Structural > Inertia > Angular Velocity

ACEL, *ACEX, ACEY, ACEZ*

當結構具有線性加速度時，將有慣性力產生，此時一定要宣告材料特性的密度。定義結構加速度(linear **AcCEL**eration)負荷效應，*ACEX*、*ACEY*、*ACEZ* 爲結構相對應整體座標系統 X、Y、Z 方向之加速度的值。最常使用的情況爲「重力」效應，該方向必須與實際方向相反，例如在卡氏座標下，重力 g 值必需作用於正 Y 方向，其他方向的加速度定義皆相同。

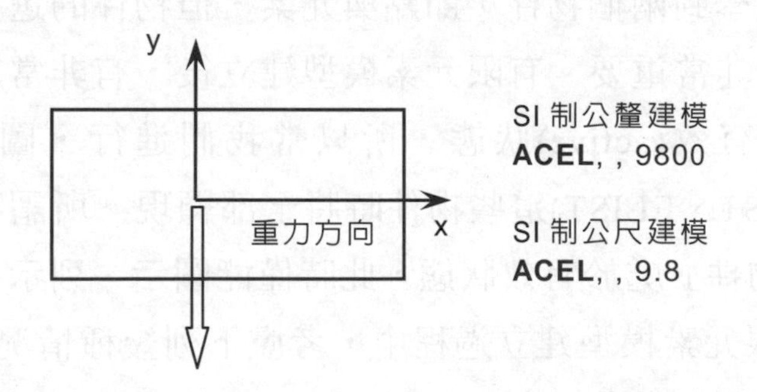

Menu Paths : Main Menu > Solution > Define Loads > Apply > Structural > Inertia > Gravity > Global

Menu Paths : Main Menu > Preprocessor > Loads > Define Loads > Apply > Structural > Inertia > Gravity > Global

TUNIF, *TEMP*

定義結構中所有節點的溫度(Temperature)，適用於均勻(**UNIF**orm)溫度負載時使用，*TEMP* 為溫度值。當結構因溫度效應造成膨脹或收縮，產生變形，故此指令用於熱學與固體力學耦合領域分析，此時一定要宣告材料特性的熱膨脹係數。

Menu Paths : Main Menu > Preprocessor > Loads > Define Loads > Settings > Uniform Temp

Menu Paths : Main Menu > Preprocessor > Loads > Define Loads > Apply > Structural > Temperature > Uniform Temp

Menu Paths : Main Menu > Solution > Define Loads > Settings > Uniform Temp

Menu Paths : Main Menu > Solution > Define Loads > Apply > Structural > Temperature > Uniform Temp

NSEL, *Type, Item, Comp, VMIN, VMAX, VINC, KABS*

雖然目前我們只學到兩個物件，節點與元素，但物件的選擇觀念與使用在 ANSYS 的使用中非常重要。有限元素模型建立後，有非常多的節點與元素，此時全部處於有效(active)狀態，所以當我們進行，圖示(NPLOT、EPLOT)、列示(NLIST、ELIST)這些物件時將全部顯現。所謂物件的選擇，是指可以將「部分物件」處於有效狀態，此時僅能圖示、列示這些部分有效的物件。今考慮有限元素模型建立過程中，考慮下列幾種情況：

1. 如下圖，邊界限制條件(2, 7, 8, 13, 32)五點皆相同及節點之外力(1, 10, 15, 35, 40)五點皆相同，我們可用D指令及F指令各下達五次，因為節點沒有規律，無法利用(*NODE, NEND, NINC*)包含所有的邊界約束條件節點與所有的外力節點。如果節點不多逐一下達尚可完成，若是節點很多，是否有其他取代方式？

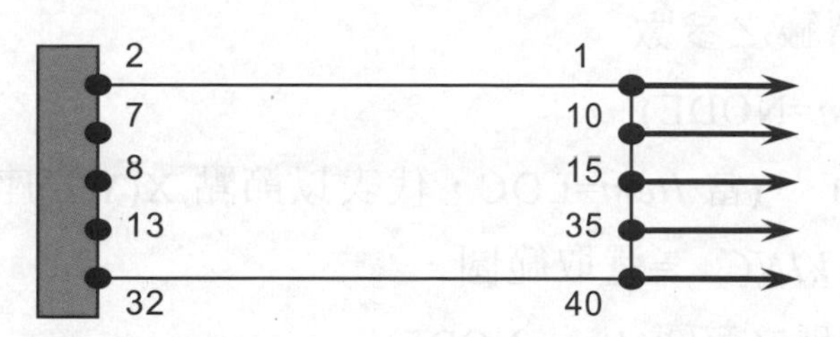

2. 在SF指令中，*Nlist*是分布力所含的節點，我們要每一個節點逐一下達嗎？而且該指令無(*NODE, NEND, NINC*)參數，是否有其他取代方式？

3. 當檢視有限元素模型時，如果只想檢視限元素模型某些部分。

針對(*NODE, NEND, NINC*)這一組參數，有一個特別的用法如下：若設定*NODE*=ALL 代表目前有效節點有相同的意義，可忽略其他兩個參數。因此我們可適時選取某些物件爲有效物件，配合並簡化指令下達及模型建立之管理。如上例，我們可選 2,7,8,13,32 爲有效節點，並可用 D, ALL,...表示目前有效節點有相同約束條件；我們可選 1,10,15,35,40 爲有效節點，並使用 F, ALL,...表示目前有效節點有相同外力。今考慮物件爲節點則節點選擇(**N**ode **SEL**ection)爲在現有 Database 中，選擇某些節點爲有效節點，參數使用參閱如圖 4-7.5 及圖 4-7.6 所示。

Type = 選擇方式

=S 選擇一組節點爲有效節點(系統自訂)

=R 在現有有效節點中，再選擇某些節點爲有效節點

=A 再選擇某些節點，加入現的有效節點中

=U 在現有有效節點中，排除某些有效節點

=ALL 選擇全節點爲有效節點

Item =資料標籤(Label of Data)，用節點何種資料選取

=NODE 用節點號碼選取(系統自訂)

=LOC 用節點位置選取

Comp =資料標籤之參數

=無(*Item*=NODE)

=X(Y,Z)　(當 *Item*=LOC，代表以節點 X(Y,Z)座標為基準)

VMIN, VMAX, VINC　=選取範圍

=節點號碼之範圍(*Item*=NODE)

=位置的範圍(*Item*=LOC)

例如	有效節點
(a) **NSEL**, S, NODE,,1, 13, 2	1, 3, 5, ……, 13
(b) **NSEL**, S, NODE,,1, 13, 2 **NSEL**, R, NODE,,7, 13, 2	1, 3, 5, ……, 13 7, 9, 11, 13
(c) **NSEL**, S, NODE,,1, 13, 2 **NSEL**, A, NODE,, 14, 20, 1	1, 3, 5, ……, 13 1, 3, 5, ……, 13, 14, 15……, 20
(d) **NSEL**, U, NODE,,1, 13, 2	2, 4, 6, ……, 12, 14, 15……, 21
(e) **NSEL**, S, NODE,,1, 11, 2 **NSEL**, A, NODE,, 14, 19, 1 **NSEL**, U, NODE,, 11, 15, 4	1, 3, 5, ……, 11 1, 3, 5, ……, 11, 14, 15……, 19 1, 3, 5, ……, 9, 14, 16……, 19
(f) **NSEL**, ALL	1, 2, 3, ………, 21 (全部)

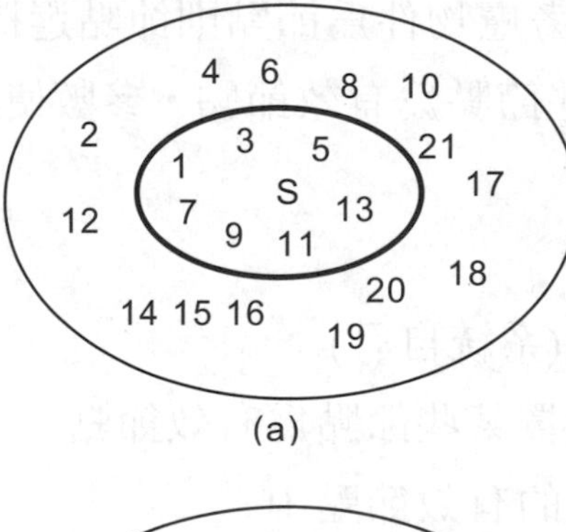

(a)

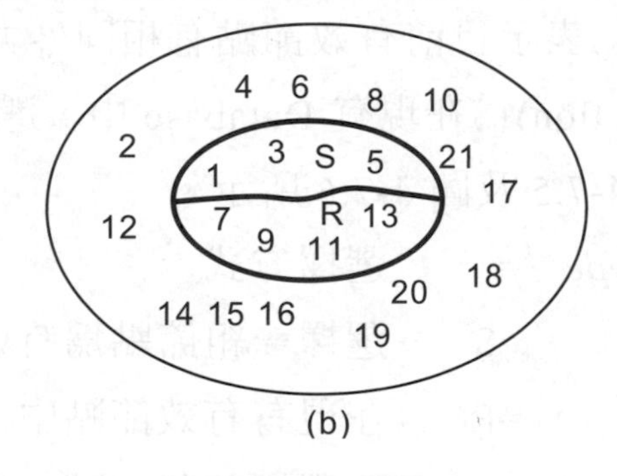

(b)

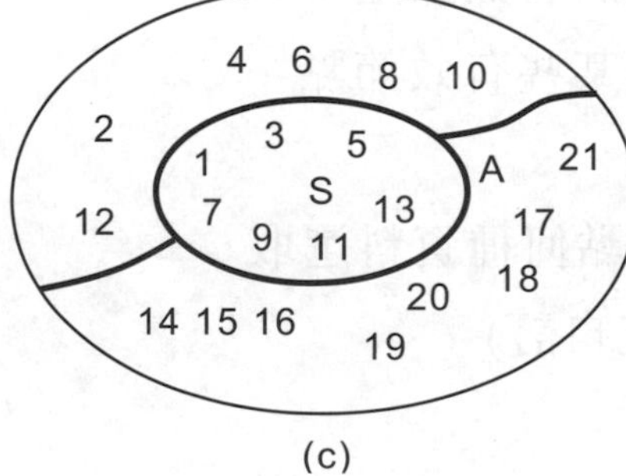

(c)

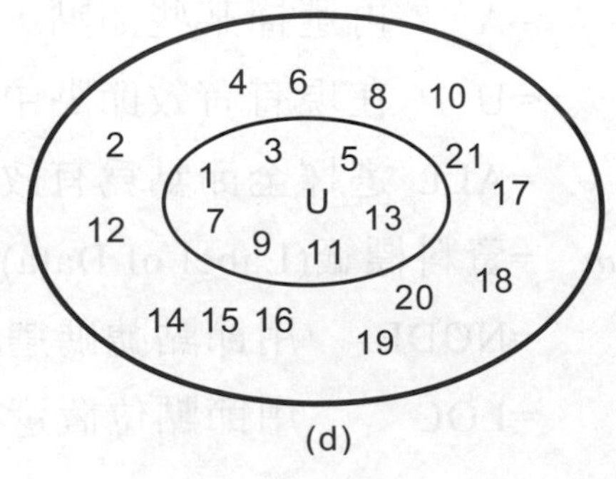

(d)

圖 4-7.5　用號碼選擇節點

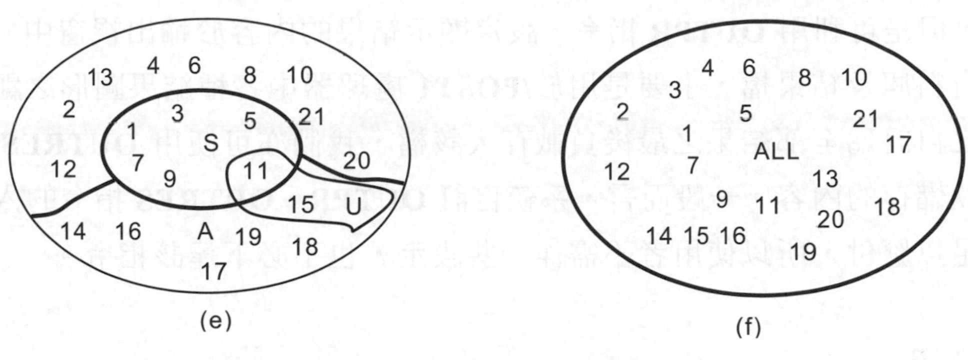

圖 4-7.5　用號碼選擇節點(續)

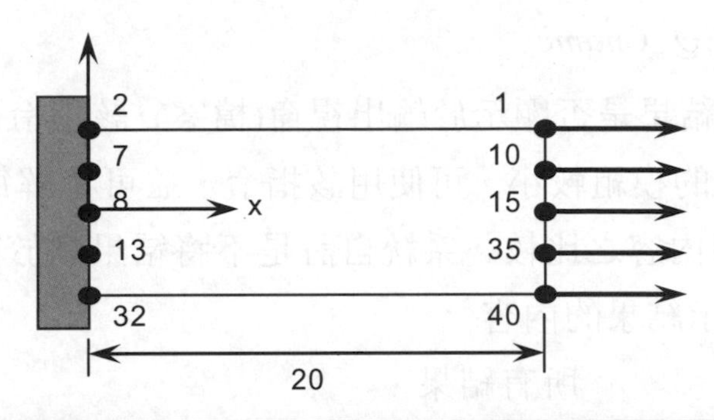

例如	有效節點
NSEL, S, LOC, X, 0, 20	1, 10, 15, 35, 40, 2, 7, 8, 13, 32
NSEL, S, LOC, X, 0	2, 7, 8, 13, 32
NSEL, S, LOC, Y, 0 **NSEL**, R, LOC, X, 0	8, 15 8
NSEL, S, LOC, Y, 0 **NSEL**, A, LOC, X, 0	8, 15 2, 7, 8, 13, 32, 15
NSEL, S, LOC, Y, 0 **NSEL**, ALL	8, 15 1, 10,15, 35, 40, 2, 7, 8, 13, 32

圖 4-7.6　用座標位置選擇節點

Menu Paths : Utility Menu > Select Entities

ANSYS 求解之結果內容，包含節點結果與元素結果，結果的輸出可寫入輸出檔案(output file)，資料庫及結果檔(filename.rxx)。交談模式中，輸出檔案即爲顯示於輸出視窗中的內容，由於每一個元素的結果相當多，系統自訂是不將結果列於輸出視窗中，否則當模組非常大時，要耗費相當多的顯示時間，但是可利用 **OUTPR** 指令，設定顯示結果的內容於輸出視窗中。結果存入資料庫及結果檔，主要是用於**/POST1** 處理器中各種結果圖形之顯示，系統之自訂爲全部結果之最後負載存入該檔，我們亦可使用 **OUTRES** 指令更改欲儲存的內容。一般而言，系統自訂 **OUTPR**、**OUTRES** 指令的內容與方式足以應付，所以使用者不需作一些設定，也不必下達該指令。

指令介紹

OUTPR, *Item, FREQ, Cname*

控制分析後之結果是否顯示於輸出視窗(檔案),該指令位於 **SOLVE** 之前即可，初學者所建的模組較小，可使用該指令，並可了解每一個元素所有輸出和元素表中輸出內容之比較。系統自訂是不將結果列於輸出視窗中。

Item	=欲顯示結果的內容	
	=ALL	所有結果
	=NSOL	節點自由度結果
	=BASIC	系統自訂(所包含內容足以使用)
FREQ	=ALL	所有負載的次數(第五章有所介紹)
	=LAST	最後的負載

Menu Paths : Main Menu > Solution > Analysis Type > Sol's Control

Menu Paths : Main Menu > Preprocessor > Loads > Load Step Opts > Output Ctrls > Solu Printout

OUTRES, *Item, FREQ, Cname*

控制分析後的結果存入資料庫中之方式，例如結構受外力後，其分析後的結果有位移、應力、應變等，元素能提供那些輸出結果，在元素表中皆有說明，使用者可以自行參閱元素表，通常我們不會隨意更改其自訂值。

Item	=	欲儲存結果的內容
	=ALL	所有結果(系統自訂)

FREQ =ALL 所有負載的次數(第五章有所介紹)

=LAST 最後的負載

Menu Paths : Main Menu > Solution > Analysis Type > Sol'n Controls

SOLVE

開始解題(**SOLVE**)。當負載下完後，便可下達該指令以完成解題動作。在解題過中，質量矩陣、剛度矩陣、負載狀態、分析結果等資料都會儲存在相關檔案中，參閱 2-5 節 ANSYS 檔案介紹，其中最重要的是結果檔案(jobname.rst、jobname.rth、jobname.rmg)，一般而言，使用者不必去管這些檔案，待有基礎後再行研究，其中有些檔案，在熱學與固體力學不同領域之耦合分析是有用的。

Menu Paths : Main Menu > Solution >Solve > (Solve type)

➔ 4-8 後處理器

後處理主要目的在於檢視分析後的結果，每一種元素因特性不同，所能得到的各式解答亦不相同，在元素表有詳細的說明。有限元素分析後，其結果分爲主未知量(primary unknowns)與次未知量(secondary unknowns)。主未知量就是節點的自由度，次未知量是由主未知量推得之結果。結構力學常檢視位移(主未知量)、應力與應變(次未知量)，熱學常檢視溫度(主未知量)、溫度梯度與熱通量(次未知量)。

指令介紹

/POST1

進入後處理器(**POST**processing)，開始檢視分析結果。

Menu Paths : Main Menu > General Postproc

PLDISP, *KUND*

圖示(**PL**ot)結構主自由度受外力之變形(**DISP**lacement)結果

KUND =0 顯示變形後的結構形狀

KUND =1 同時顯示變形前及變形後的結構形狀

KUND =2 同 *KUND* = 1，但變形後的結構形狀僅以外輪廓顯示

Menu Paths : Main Menu > General Postproc > Plot Results > Deformed Shape

Menu Paths : Utility Menu > Plot > Results > Deformed Shape...

PLESOL, *Item, Comp*

圖示(**PL**ot)元素(**E**lement)的解答(**SOL**ution)，以元素為單位用不同色澤輪廓方式表達，故會有不連續之狀態，通常 2-D 元素及 3-D 元素才適用。

Item =欲檢視何種解答

Comp =*Item* 所定義之分量

Item	*Comp*	
S	X,Y,Z,XY,YZ,XZ	應力
S	1, 2, 3	主應力
S	EQV, INT	等效應力
F	X,Y,Z	結構力
M	X,Y,Z	結構力矩

Menu Paths : Main Menu > General Postproc > Plot Results > Contour Plot > Element Solu

Menu Paths : Utility Menu > Plot > Results > Contour Plot > Elem Solution

PLNSOL, *Item, Comp*

圖示(**PL**ot)節點(**N**ode)的解答(**SOL**ution)，以節點為單位用不同色澤輪廓

線方式表達，會有連續之狀態，故通常用此指令而不用 **PLESOL**，*Item* 及 *Comp* 之用法和 **PLESOL** 大致相同。

Item　=欲檢視何種解答

Comp　=*Item* 所定義之分量

Item	*Comp*	
S	X,Y,Z,XY,YZ,XZ	應力
S	1, 2, 3	主應力
S	EQV, INT	等效應力
U	X,Y, Z,SUM	位移分量及向量位移
ROT	X,Y, Z,SUM	旋轉位移分量及向量旋轉位移
TEMP		溫度
F	X,Y,Z	結構力
M	X,Y,Z	結構力矩

Menu Paths : Main Menu > General Postproc > Plot Results > Contour Plot > Nodal Solu

Menu Paths : Utility Menu > Plot > Results > Contour Plot > Nodal Solution

PRESOL, *ItEm, Comp*

列印(**Print**)元素(**Element**)的解答(**SOL**ution)，以元素為單位，將 *Item* 所宣告項次的結果，列於視窗中，使用者可儲存該資料。

Item　=欲列示何種解答

Comp　=*Item* 所定義之分量

Item	*Comp*	
S	X, Y, Z, XY, YZ, XZ	應力
F	X, Y, Z	結構力
M	X, Y, Z	結構力矩

Menu Paths : Main Menu > General Postproc > List Results > Element Solution

Menu Paths : Utility Menu >List >Results >Element Solution…

PRNSOL, *Item, Comp*

列印(**PR**int)節點(**N**ode)的解答(**SOL**ution)，以節點為單位將 *Item* 所宣告項次的結果，列於視窗中，使用者可儲存該資料。

Item =欲列示何種解答

Comp =*Item* 所定義之分量

Item	*Comp*	
U	X(Y,Z)	X(Y,Z)位移
U	COMP	X,Y,Z 方向及總向量方向之位移
S	COMP	應力
S	PRIN	主應力、等效應力

Menu Paths : Main Menu > General Postproc > List Results > Nodal Solution

Menu Paths : Utility Menu > List > Results > Nodal Solution…

以上所介紹指令，對 2-D 及 3-D 元素，已足夠充分顯示一般結構受外力後之結果，例如變形(PLDISP)，X 方向應力(PLNSOL, S, X)，等效應力(PLNSOL, S, EQV)等。但有些 1-D 元素的結果無法由圖形表示，如桿元素的應力、壓張力，樑元素的剪力，彎力距與應力狀態，故可用 **ETABLE** 指令，將某些元素結果製作成表格，以提供在/POST1 中，對結果資料的處理與顯示。**ETABLE** 的指令是將某些元素結果放置在表格中之欄位(column)，列(row)為元素的號碼。元素輸出表名稱(Name)中有「:」者，可由 ETABLE 指令直接製作。以 LINK1 為例，下表為其部分元素輸出，每一個元素的體積可直接複製做表格資料，其餘項次無法直接製作表格資料。

表 A.1-1　LINK1 元素輸出定義

名稱 (Name)	定義	O	R
…	…	…	…
VOLU :	元素體積	-	Y
XC,YC	元素幾何中心 XC,YC	-	Y
TEMP	節點 I 和 J 之溫度	Y	Y
FLUEN	節點 I 和 J 之熱流量	Y	Y
MFORX	元素座標系統桿之受力(沿著軸方向)	Y	Y
SAXL	軸向應力	Y	Y
EPELAXL	軸向彈性應變	Y	Y
EPTHAXL	軸向熱應變	1	1
…	…	…	…

但如果元素輸出表名稱(Name)中無「:」者，採用項次順序號碼(Item and Sequence Number)製作表格，ANSYS 每一個元素，都有項次順序號碼表，說用項次順序號碼表製作表格時參數之設定。以 LINK1 爲列，下表爲其元素輸出項次順序號碼表。

表 A.1-2　LINK1 利用項次和順序號碼方法將元素之結果製作成表格之指令參數

名稱 (Name)	項目 (Item)	E	I	J
SAXL	LS	1		
EPELAXL	LEPEL	1		
EPTHAXL	LEPTH	1		
EPSWAXL	LEPTH	2		
EPINAXL	LEPTH	3		
EPPLAXL	LEPTH	1		
EPCRAXL	LEPCR	1		
SEPL	NLIN	2		
SRAT	NLIN	2		
HPRES	NLIN	3		
EPEQ	NLIN	4		
MFORX	SMISC	1		
FLUEN	NMISC		1	2
TEMP	LBFE		1	2

ETABLE, *Lab , Item , Comp*

將元素(**E**lement)某項結果製作成表格(**TABLE**)型式。

Lab =欄位名稱，最多八個字元

Item =結果項次名稱(元素輸出表中：左邊之名稱)

Comp =結果項次名稱之方向(元素輸出表中：右邊之方向)

例如，軸向應力(SAXL)製作成表格，其 *Item*=LS、*Comp*=1，則指令為 **ETABLE**, AXSTRESS, LS, 1，將元素的軸向應力放入名稱為 AXSTRESS 之欄位。軸向力(MFORX)製作成表格，其 *Item*=SMISC、*Comp*=1，則指令為 **ETABLE**, AXFORCE, SMISC, 1，將元素的軸向力放入名稱為 AXFORCE 之欄位。例如，樑結構中剪應力及彎力矩為我們常探討之問題，假設欲建立每一個元素 J 點，且元素間加入額外一點(*KOPT9*=1)，參閱附錄表 A.3-3b，則指令 **ETABLE**, JMOMENT, SMISC, 18，將元素上之 J 點力矩放入名稱為 JMOMENT 之欄位。對 1-D 線元素(I、J 節點)而言，表格製作為元素 I 點之結果及 J 點之結果。例如，PLANE42 中，ETABLE, AAA, S, EQV，將等效應力放入 AAA 之欄位。ETABLE, POSIX, CENT, X，將每一個元素 X 中心點位置，放入 POSIX 之欄位。

Menu Paths : Main Menu > General Postproc > Element Table >Define Table

PRETAB, *Lab1, Lab2, Lab3, Lab4, Lab5, Lab6, Lab7, Lab8, Lab9*

列印已定義之表格資料，*Lab1~Lab9* 為前所定義之表格欄位名稱。

Menu Paths : Main Menu > General Postproc > Element Table > List Elem Table

Menu Paths : Main Menu > General Postproc > List Results > Elem Table Data

Menu Paths : Utility Menu > List > Results > Element Table Data

PLETAB, *Itlab, Avglab*

圖示(**PL**ot)已定義之元素(**E**lement)結果表格(**TAB**le)資料。圖形之水平軸爲元素號碼，垂直軸爲之 *Itlab* 值。

Itlab =爲前所定義之表格欄位名稱

Avglab =NOAV 不平均共同節點之值

=AVG 平均共同節點之值

Menu Paths : Main Menu > General Postproc > element Table > Plot Elem Table

Menu Paths : Main Menu > General Postproc > Plot Results > Elem Table

Menu Paths : Utility Menu > Plot > Results > Contour Plot > Elem Table Data

PLLS, *LabI, LabJ, Fact*

圖示(**PL**ot)1-D 線元素(**L**ine element)節點之結果(**S**olution)，*LabI* 及 *LabJ* 爲前已定義 I 點及 J 點之結果表。

Menu Paths : Main Menu > General Postproc > Plot Results > Line Elem Res

然而針對結果的檢示，利用 Utility 下拉式選單是一個不錯的方法，因爲一般而言有相當多的結果，初學者不易記得其參數，下列是 Utility Menu 的路徑。

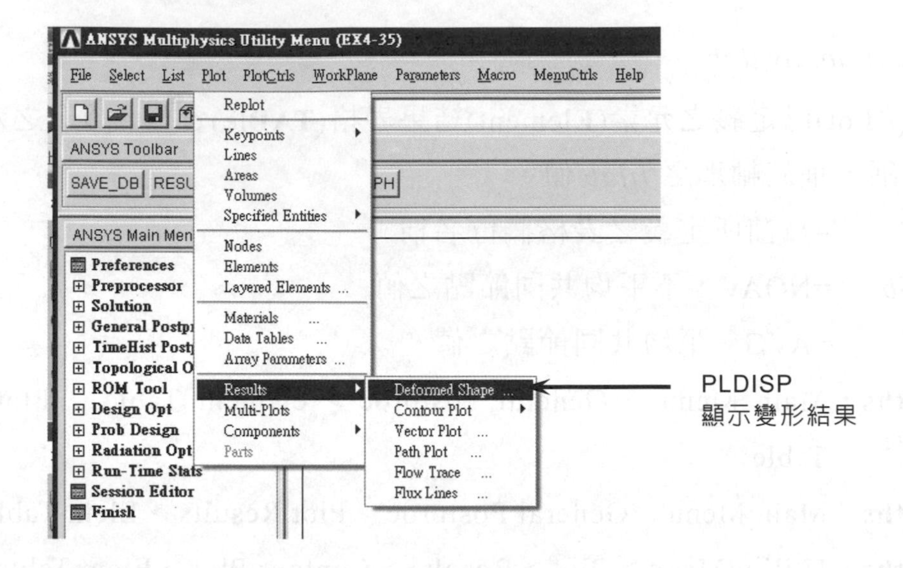
ANSYS Multiphysics Utility Menu (EX4-35)
File Select List Plot PlotCtrls WorkPlane Parameters Macro MenuCtrls Help
Replot
Keypoints
Lines
Areas
Volumes
Specified Entities
Nodes
Elements
Layered Elements ...
Materials ...
Data Tables ...
Array Parameters ...
Results
Multi-Plots
Components
Parts
Deformed Shape ...
Contour Plot
Vector Plot ...
Path Plot ...
Flow Trace ...
Flux Lines ...
ANSYS Toolbar
SAVE_DB RESU
ANSYS Main Men
Preferences
Preprocessor
Solution
General Postpr
TimeHist Post
Topological O
ROM Tool
Design Opt
Prob Design
Radiation Opt
Run-Time Stats
Session Editor
Finish
PLDISP
顯示變形結果

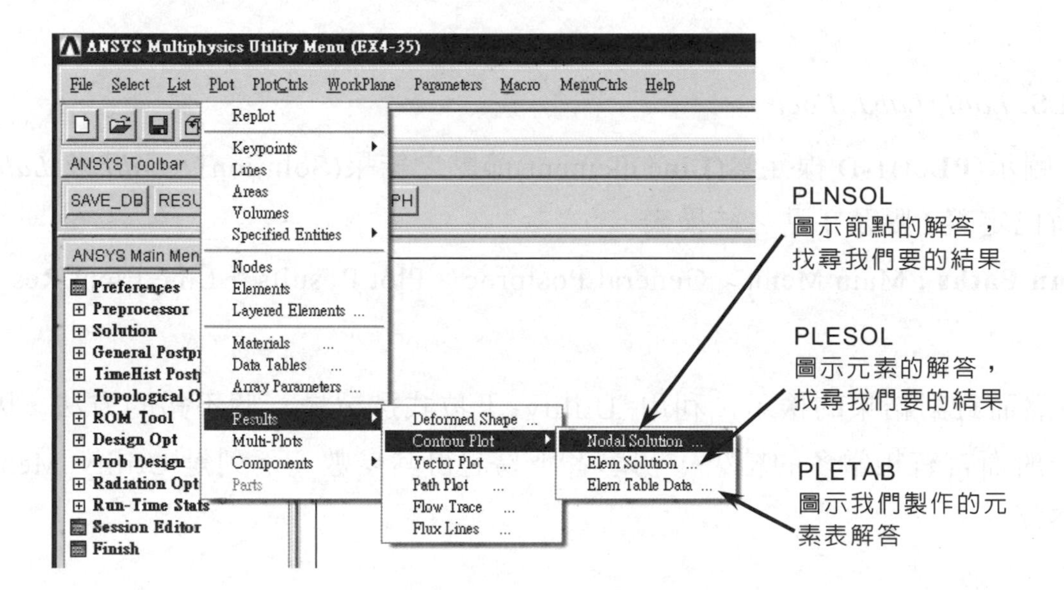
ANSYS Multiphysics Utility Menu (EX4-35)
File Select List Plot PlotCtrls WorkPlane Parameters Macro MenuCtrls Help
Replot
Keypoints
Lines
Areas
Volumes
Specified Entities
Nodes
Elements
Layered Elements ...
Materials ...
Data Tables ...
Array Parameters ...
Results
Multi-Plots
Components
Parts
Deformed Shape ...
Contour Plot
Vector Plot ...
Path Plot ...
Flow Trace ...
Flux Lines ...
Nodal Solution ...
Elem Solution ...
Elem Table Data ...
ANSYS Toolbar
SAVE_DB RESU
ANSYS Main Men
Preferences
Preprocessor
Solution
General Postpr
TimeHist Post
Topological O
ROM Tool
Design Opt
Prob Design
Radiation Opt
Run-Time Stats
Session Editor
Finish
PLNSOL
圖示節點的解答，
找尋我們要的結果
PLESOL
圖示元素的解答，
找尋我們要的結果
PLETAB
圖示我們製作的元
素表解答

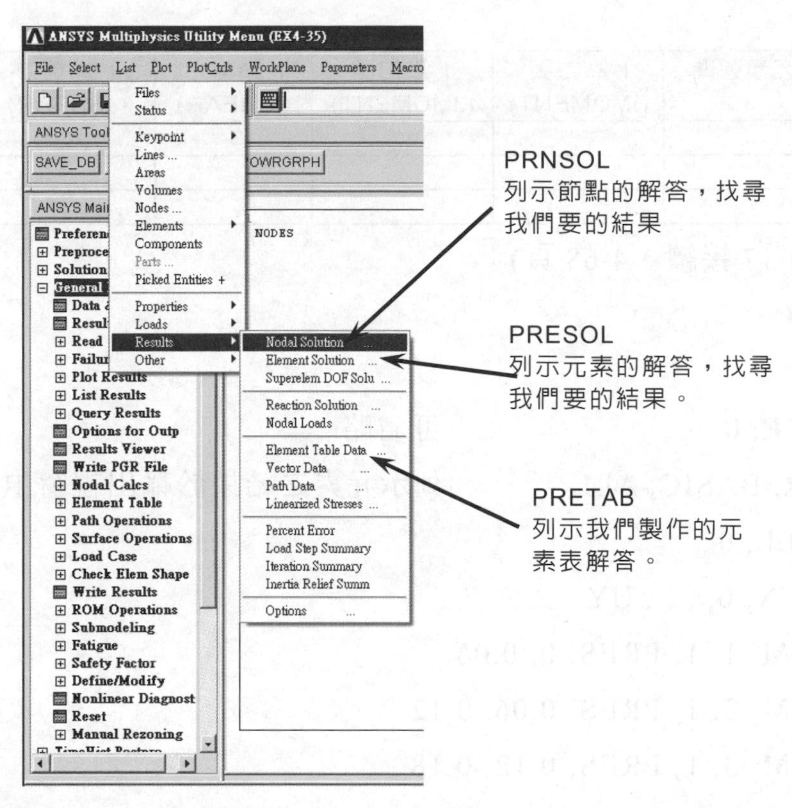

【範例 4-31】

完成範例 4-2 之位移分析，q_o=0.6 N/mm，F=10 N，E=207×10^3 MPa，h=5 mm，b=20 mm。並將元素結果製作如下表。

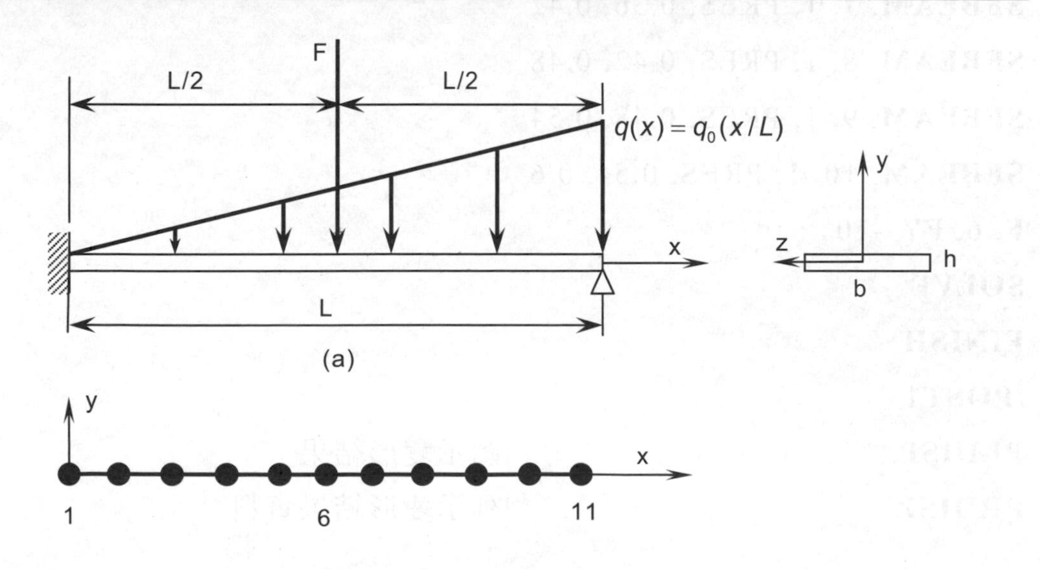

元素號碼	I 點力距 (IMOMENT)	J 點力距 (JMOMENT)	I 點剪力 (ISHEAR)	J 點剪力 (JSHEAR)
1	...			...
...	...			...
10	...			...

(範例 4-17 接續，4-68 頁)

```
FINISH
/SOLU
ANTYPE, 0                    !可省略
OUTPR, BASIC, ALL            !列示元素之結果於輸出視窗中
D, 1, ALL, 0
D, 11, UX, 0, , , , UY
SFBEAM, 1, 1, PRES, 0, 0.06
SFBEAM, 2, 1, PRES, 0.06, 0.12
SFBEAM, 3, 1, PRES, 0.12, 0.18
SFBEAM, 4, 1, PRES, 0.18, 0.24
SFBEAM, 5, 1, PRES, 0.24, 0.3
SFBEAM, 6, 1, PRES, 0.3, 0.36
SFBEAM, 7, 1, PRES, 0.36, 0.42
SFBEAM, 8, 1, PRES, 0.42, 0.48
SFBEAM, 9, 1, PRES, 0.48, 0.54
SFBEAM, 10, 1, PRES, 0.54, 0.6
F, 6, FY, -10
SOLVE
FINISH
/POST1
PLDISP                          !圖示變形結果
PRDISP                          !列示變形結果資料
```

```
ETABLE,IMOMENT, SMISC, 6      !建立元素結果表，元素I點力距
ETABLE,JMOMENT, SMISC,12      !建立元素結果表，元素J點力距
ETABLE, ISHEAR, SMISC, 2      !建立元素結果表，元素I點剪力
ETABLE, JSHEAR, SMISC, 8      !建立元素結果表，元素J點剪力
PRETAB                        !列示所有表格資料
/TITLE, Shear Force Diagram
PLLS, ISHEAR, JSHEAR          !圖示剪力分布圖
/TITLE, Bending Moment Diagram
PLLS, IMOMENT, JMOMENT        !圖示力距分布圖
```

【範例 4-31 下拉式指令法】

1. Main Menu > **Finish**
2. Main Menu > **Solution**
3. Main Menu > Solution > Analysis Type > New Analysis
   選取 Statics，點選 OK。

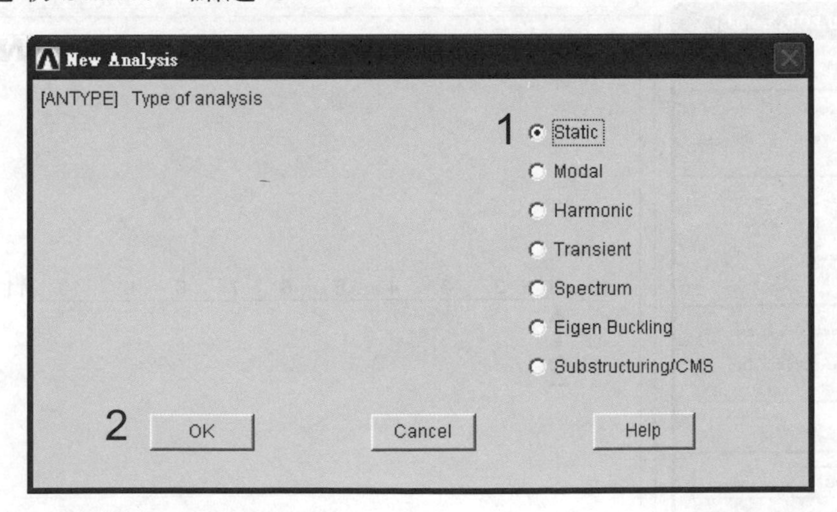

4. Main Menu > Solution > Analysis Type > Sol's Control
   選取 Basic 及 All solution items，點選 OK。

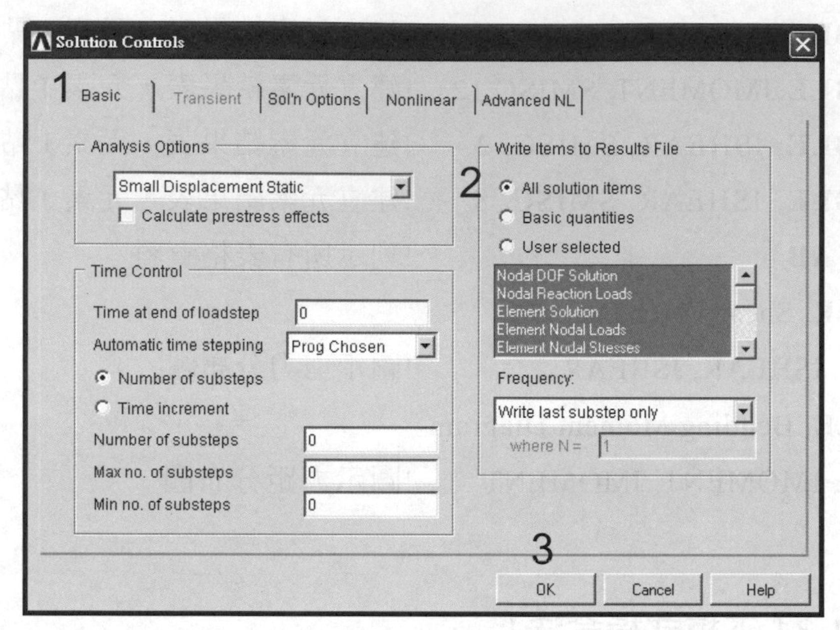

5. (a) Main Menu > Solution > Define Loads >Apply > Structural > Displacement > On Nodes

選擇視窗在 Pick、Single 選向下，至圖形視窗點選節點 1，再至選擇視窗，點選 OK。

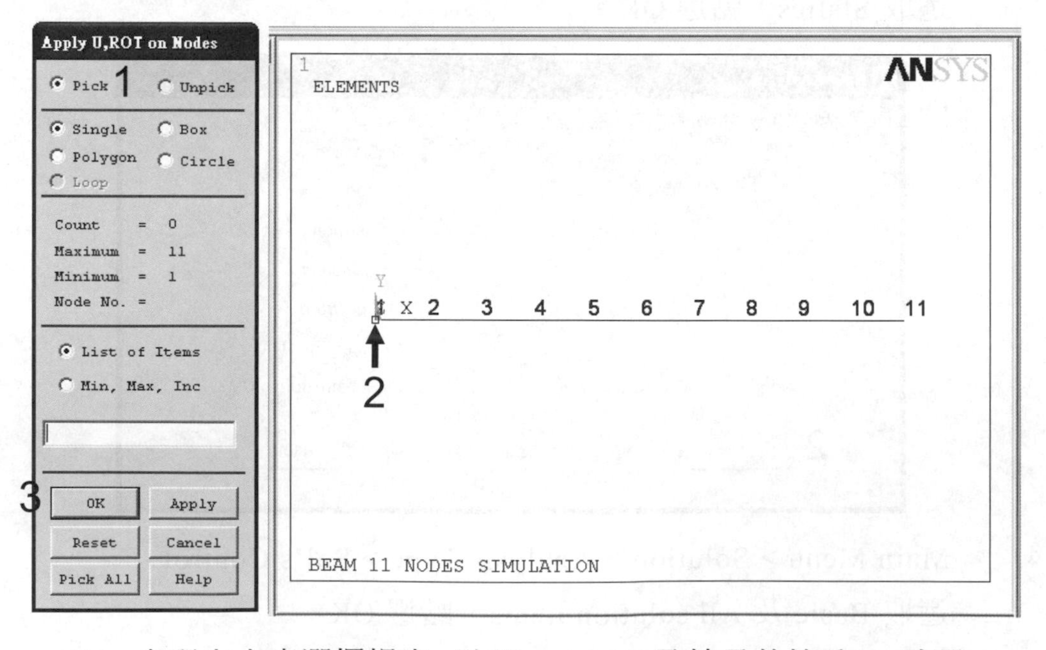

(b) 出現自由度選擇視窗，點選 All DOF 及給予其值為 0，點選 Apply。

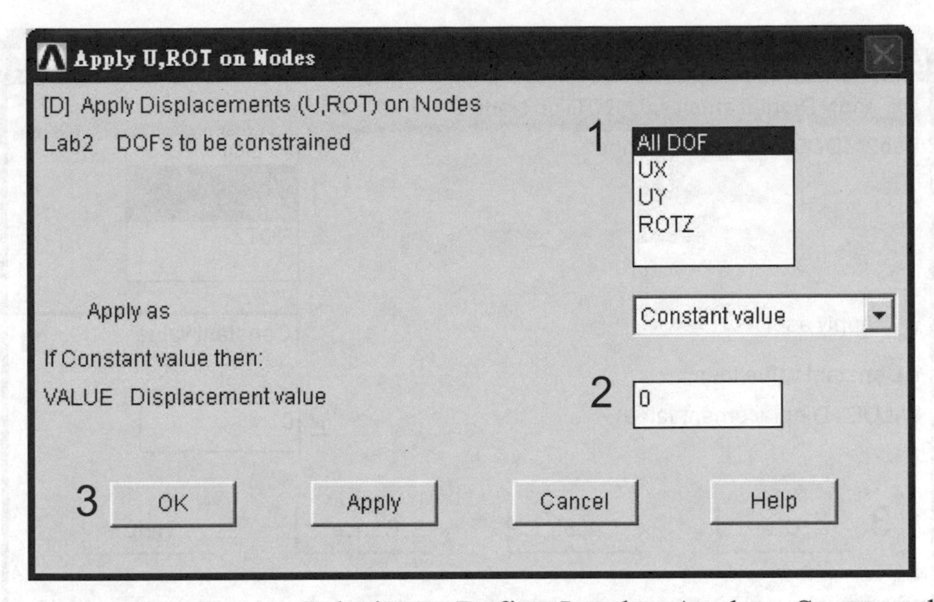

6. (a) Main Menu > Solution > Define Loads >Apply > Structural > Displacement > On Nodes

繼續在圖形視窗點選節點 11，在自由度選擇視窗，點選 UX、UY 及給予其值為 0，點選 OK。

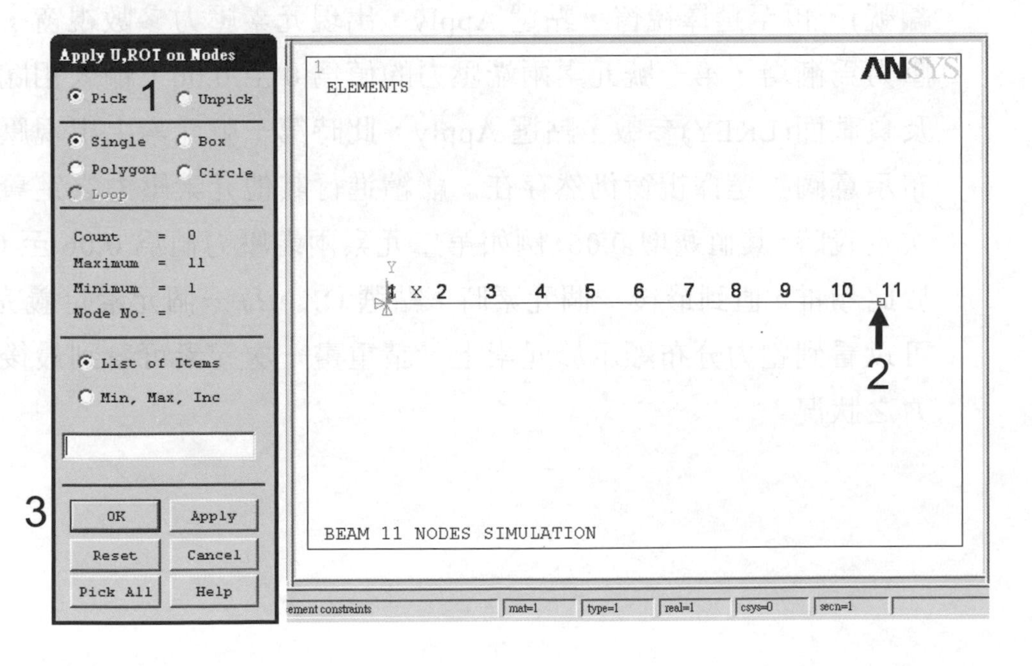

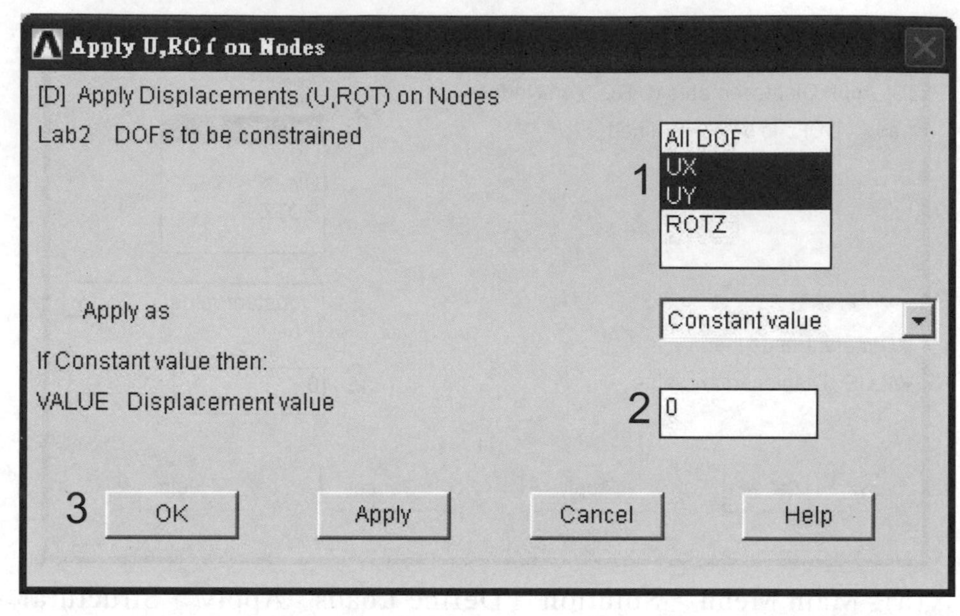

7.-16. Main Menu > Solution > Define Loads > Apply > Structural > Pressure > On Beams

選擇視窗在 Pick、Single 選項下，至圖形視窗點選元素 1(開啓元素編號)，再至選擇視窗，點選 Apply，出現元素壓力參數視窗，由於壓力爲漸增，第一號元素兩端壓力的值爲 0 至 0.06，輸入相關壓力及負載面(LKEY)參數，點選 Apply，此時第一號元素上出現壓力分布示意圖。選擇視窗仍然存在，繼續進行其他元素壓力之定義，每次定義時，其值遞增 0.06，例如第二元素兩端壓力值爲 0.06 至 0.12，於此類推，直到最後一個元素時，點選 OK，每一個元素定義完後，可以看到壓力分布顯示於元素上，請重畫一次元素可看到最後分布力之狀況。

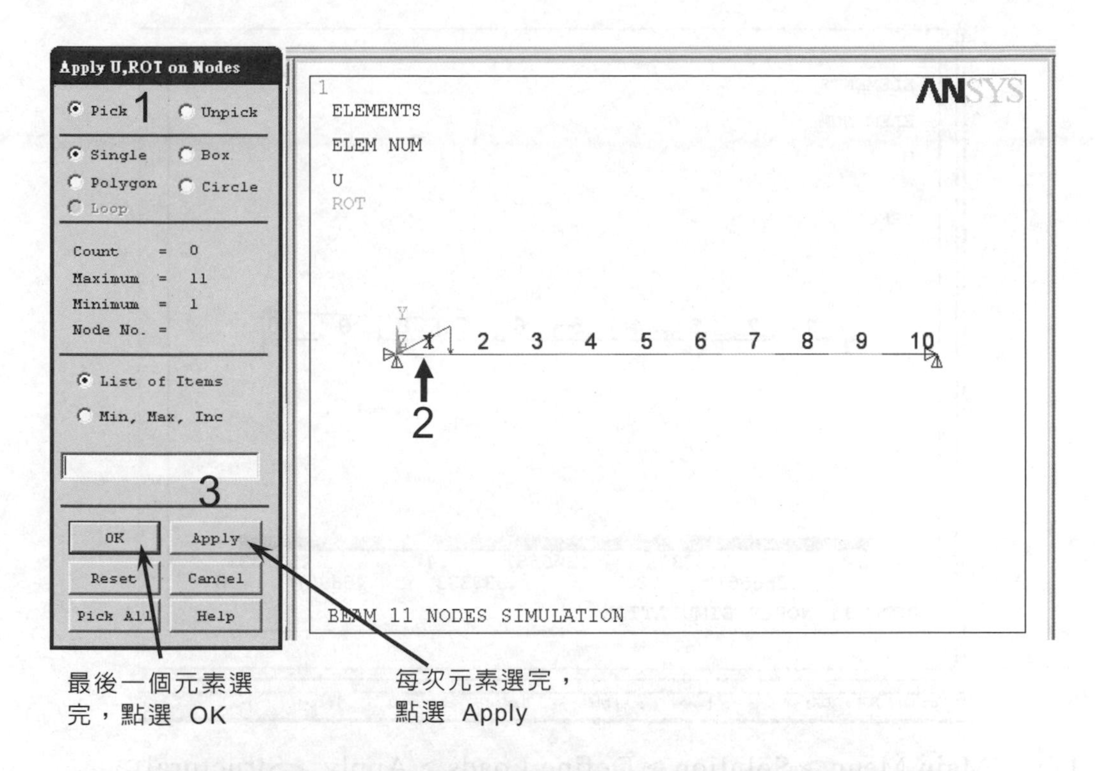
Apply U,ROT on Nodes
Pick
Unpick
Single
Box
Polygon
Circle
Loop
Count = 0
Maximum = 11
Minimum = 1
Node No. =
List of Items
Min, Max, Inc
OK
Apply
Reset
Cancel
Pick All
Help
1
2
3
ELEMENTS
ELEM NUM
U
ROT
1 2 3 4 5 6 7 8 9 10
BEAM 11 NODES SIMULATION
最後一個元素選完，點選 OK
每次元素選完，點選 Apply

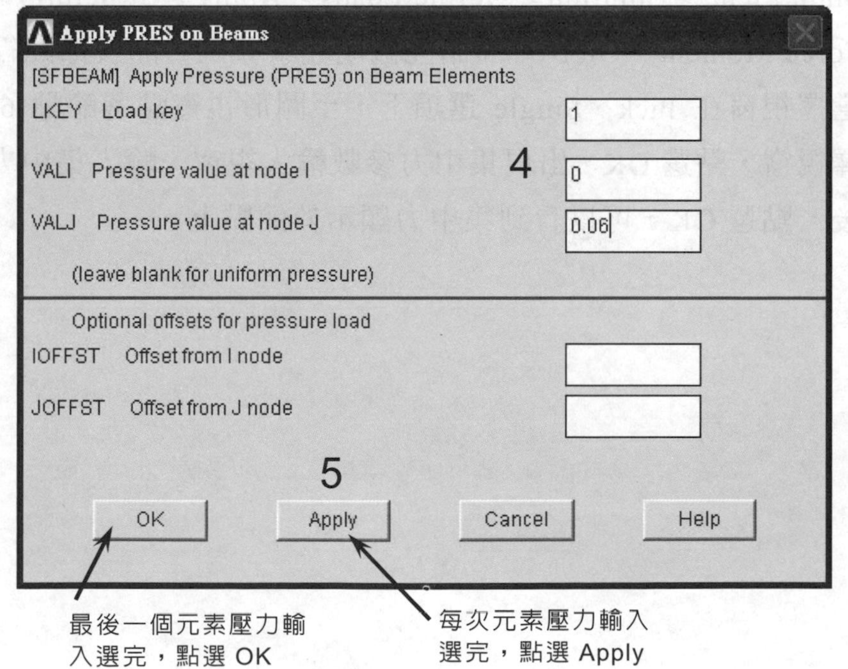
Apply PRES on Beams
[SFBEAM] Apply Pressure (PRES) on Beam Elements
LKEY Load key
1
VALI Pressure value at node I
0
VALJ Pressure value at node J
0.06
(leave blank for uniform pressure)
Optional offsets for pressure load
IOFFST Offset from I node
JOFFST Offset from J node
4
5
OK
Apply
Cancel
Help
最後一個元素壓力輸入選完，點選 OK
每次元素壓力輸入選完，點選 Apply

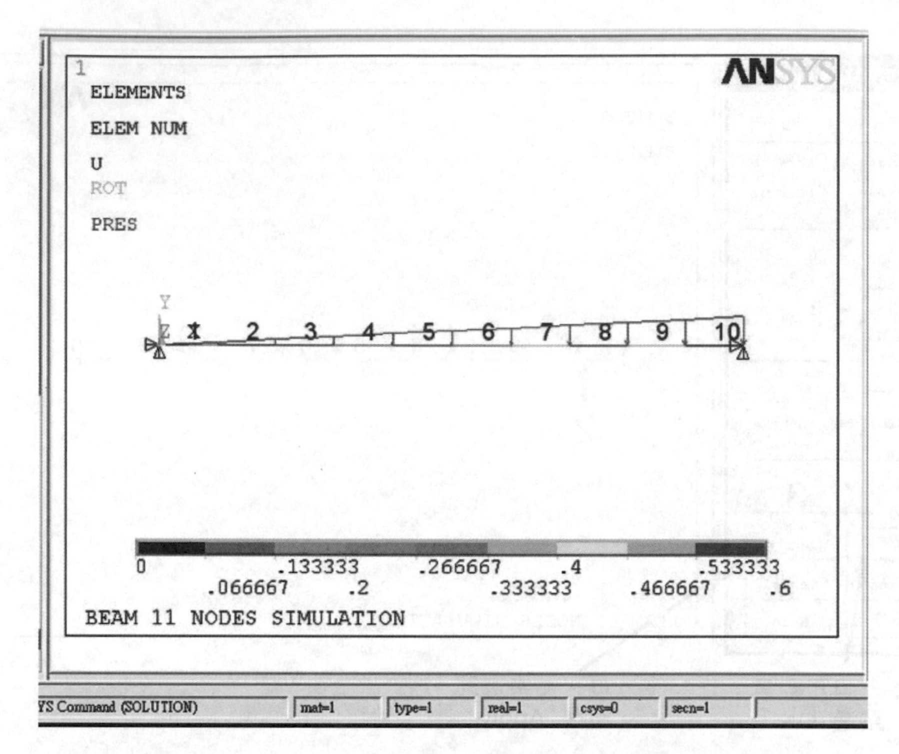

17. Main Menu > Solution > Define Loads > Apply > Structural > Force/Moment > On Nodes(請先關閉元素號碼，開啓節點編號)
選擇視窗在 Pick、Single 選項下，至圖形視窗點選節點 6，再至選擇視窗，點選 OK，出現集中力參數輸入視窗，輸入集中力參數−10 後，點選 OK，可以看到集中力顯示於節點上。

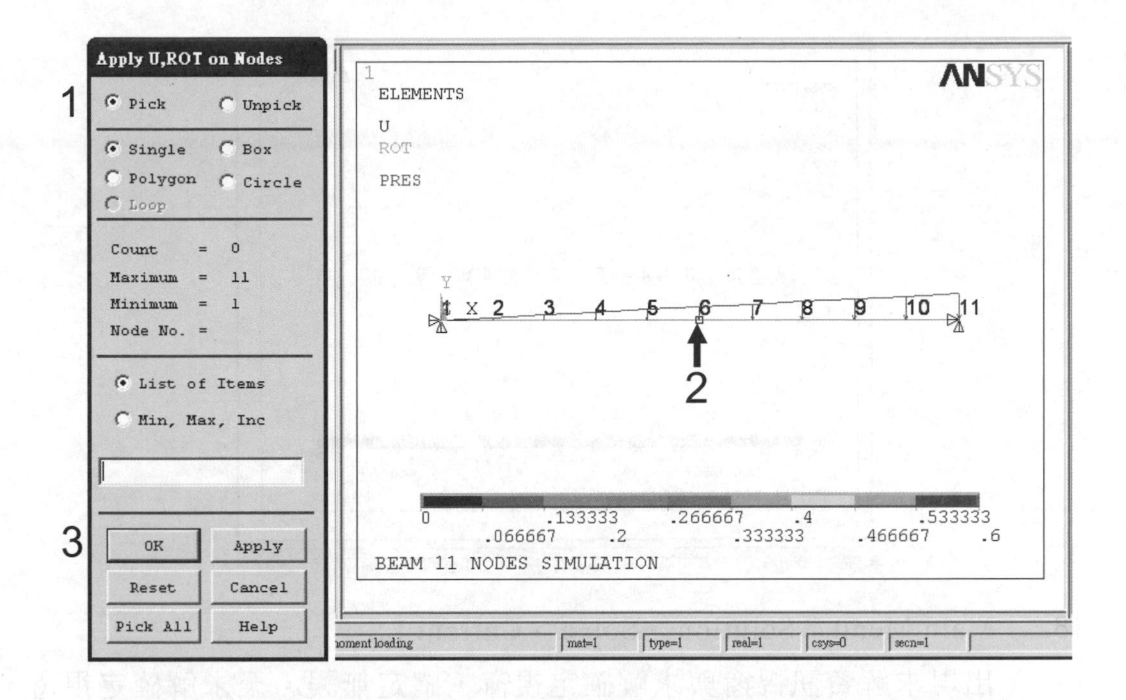
Apply U,ROT on Nodes
1
Pick
Unpick
Single
Box
Polygon
Circle
Loop
Count = 0
Maximum = 11
Minimum = 1
Node No. =
List of Items
Min, Max, Inc
3
OK
Apply
Reset
Cancel
Pick All
Help
ELEMENTS
U
ROT
PRES
1 X 2 3 4 5 6 7 8 9 10 11
2
0 .066667 .133333 .2 .266667 .333333 .4 .466667 .533333 .6
BEAM 11 NODES SIMULATION
mat=1
type=1
real=1
csys=0
secn=1

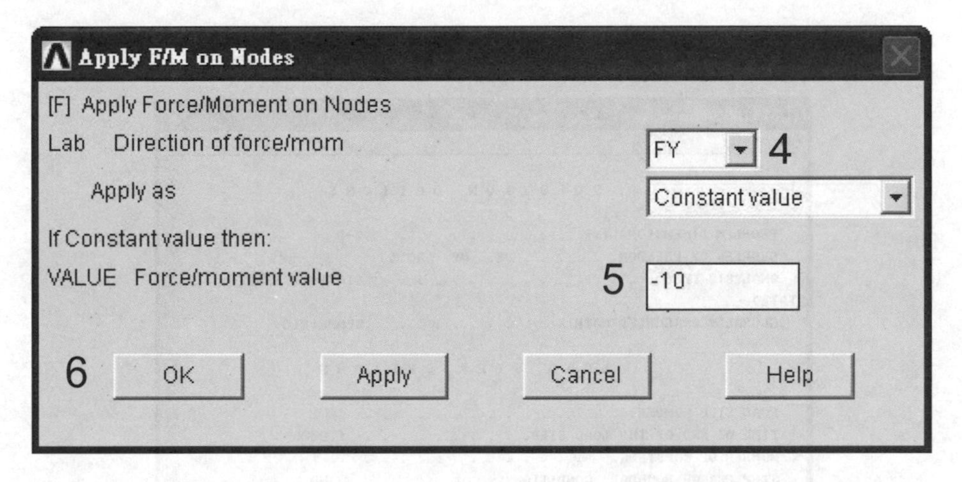
Apply F/M on Nodes
[F] Apply Force/Moment on Nodes
Lab Direction of force/mom
FY
4
Apply as
Constant value
If Constant value then:
VALUE Force/moment value
5
-10
6
OK
Apply
Cancel
Help

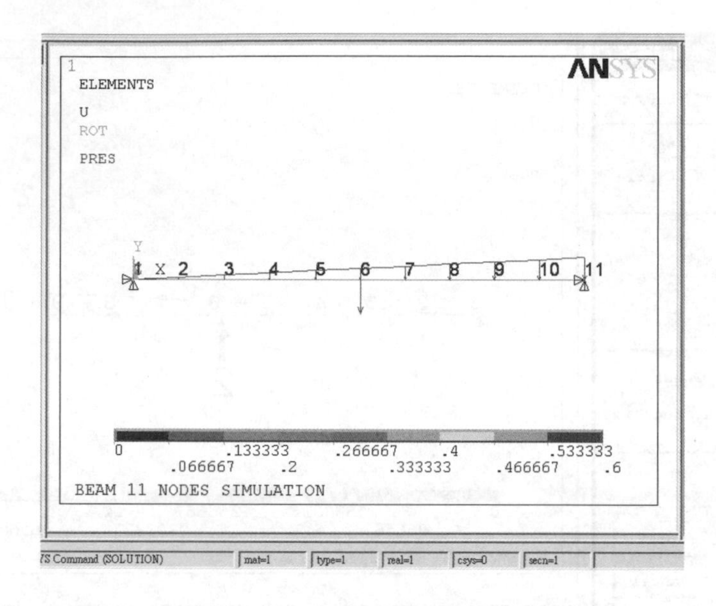

18. Main Menu > Solution > Solve > Current LS

出現求解資訊視窗與求解確定視窗，確定無誤，至求解確定視窗，點選 OK。

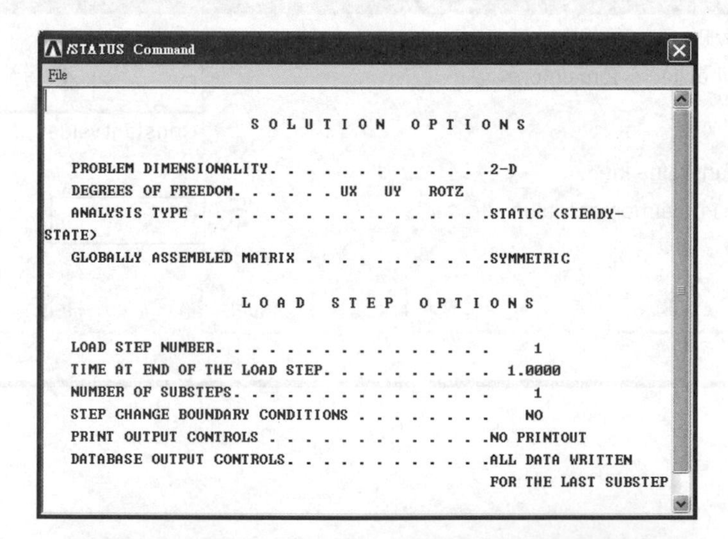

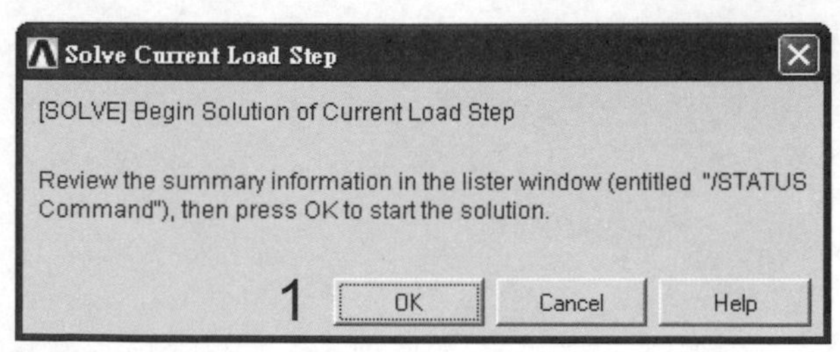

19. Main Menu > **Finish**

20. Main Menu > **General PostPro**

21. Utility Menu > Plot > Results > Deformed Shape…

點選欲圖示的方式，點選 OK 即可。常用的方式有：僅變形後(Def shape only)或變形前、後比較(Def+undeeformed)一起顯示，不管是何種方式，結構變形示意圖爲顯現變形效果，圖示爲相對比較圖，本例採用僅變形後示意圖，最大變形量爲 0.400894 mm。

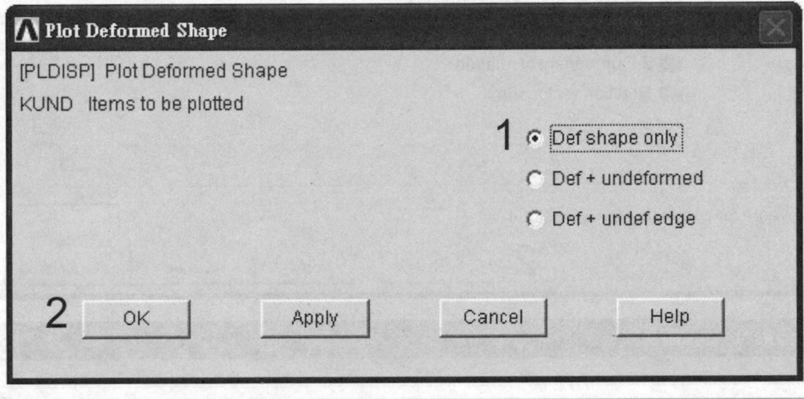

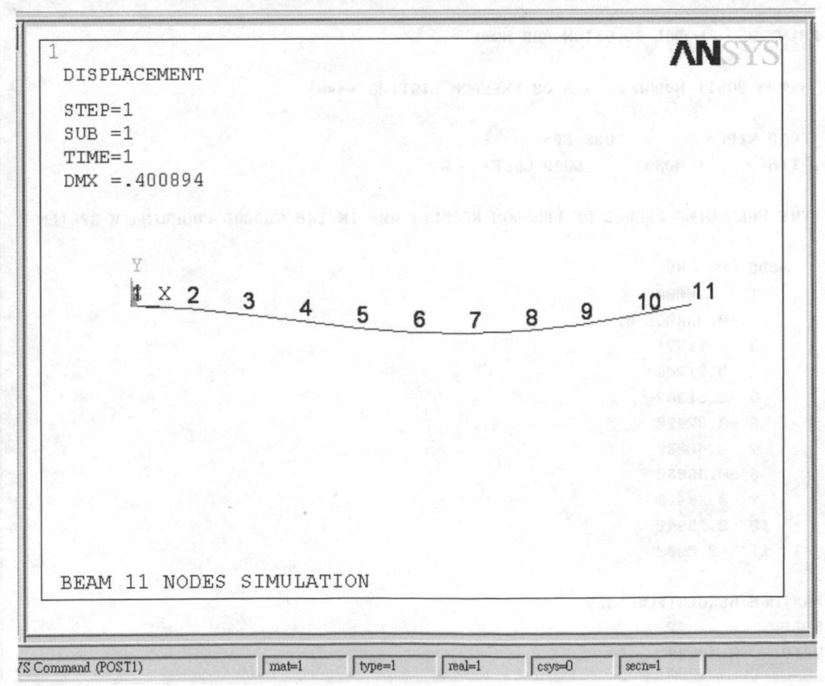

22. Utility Menu > List > Results > Nodal Solution

點選欲列示結果的相關參數後(y 方向位移)，點選 OK，出現變形資料視窗。

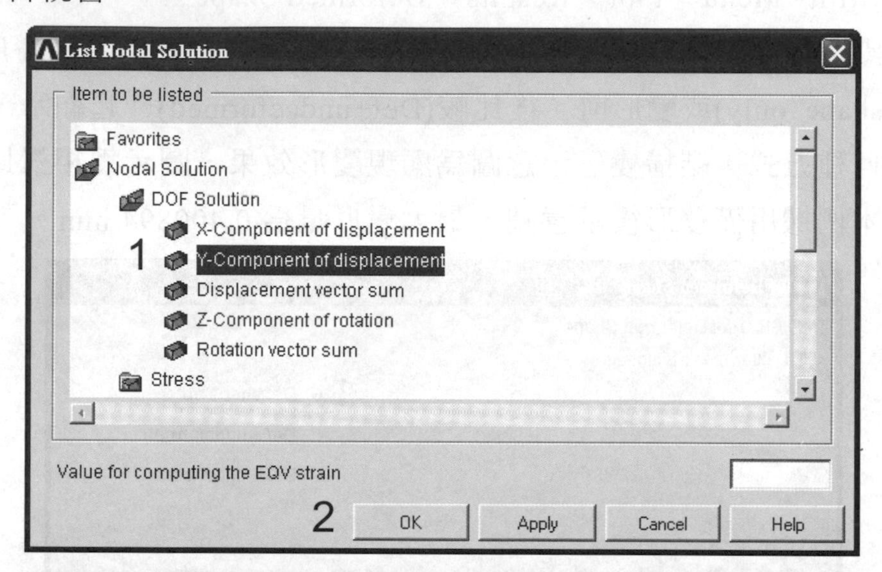

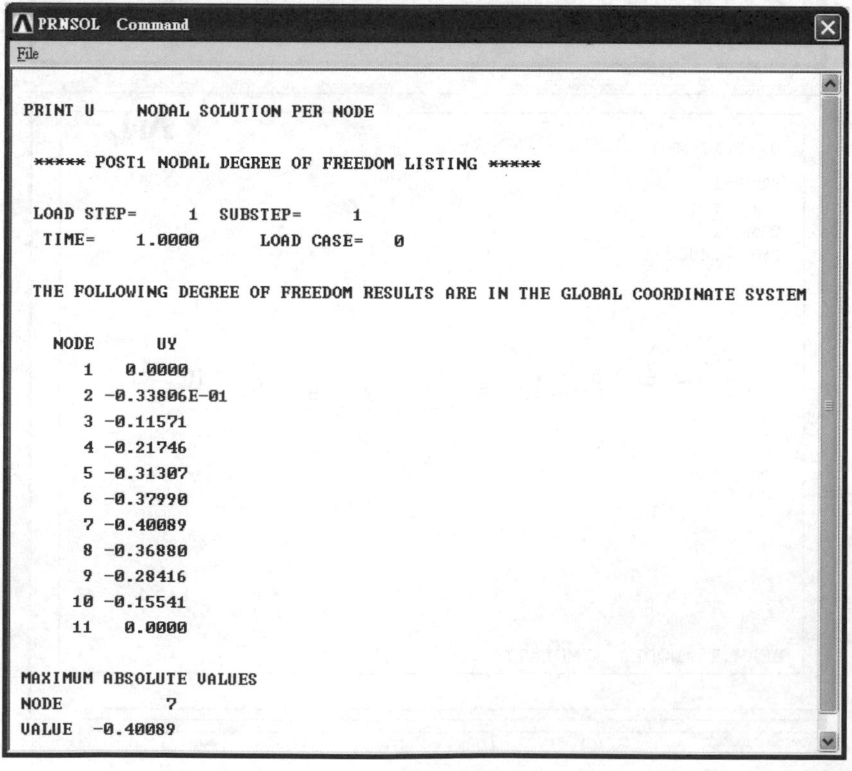


```
PRINT U    NODAL SOLUTION PER NODE

 ***** POST1 NODAL DEGREE OF FREEDOM LISTING *****

 LOAD STEP=     1  SUBSTEP=     1
  TIME=    1.0000      LOAD CASE=   0

 THE FOLLOWING DEGREE OF FREEDOM RESULTS ARE IN THE GLOBAL COORDINATE SYSTEM

   NODE       UY
      1   0.0000
      2 -0.33806E-01
      3 -0.11571
      4 -0.21746
      5 -0.31307
      6 -0.37990
      7 -0.40089
      8 -0.36880
      9 -0.28416
     10 -0.15541
     11   0.0000

MAXIMUM ABSOLUTE VALUES
NODE          7
VALUE  -0.40089
```

23.-26.Main Menu > General Postproc > Element Table > Define Table…
出現元素表資料編輯視窗，點選Add…，出現定義元素表內容視窗，輸入及點選參數，參閱(**ETABLE**, IMOMENT, SMISC, 6)點選Apply，繼續定義其他元素表，直到最後一個元素表定義完後，點選OK，由元素表資料視窗可見IMOMENT、JMOMENT ISHEAR、JSHEAR四個資料表項目參數，點選元素表資料視窗Close，關閉其視窗，元素表資料編輯視窗中可看到前所定義的四欄表格狀態。

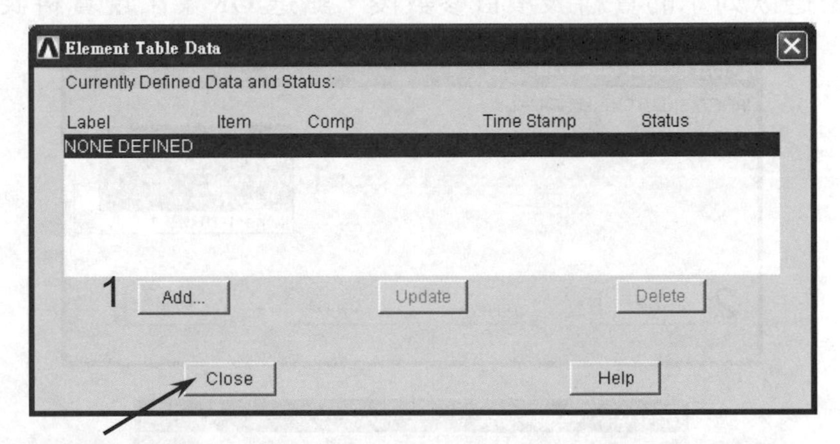

元素表資料編輯視窗

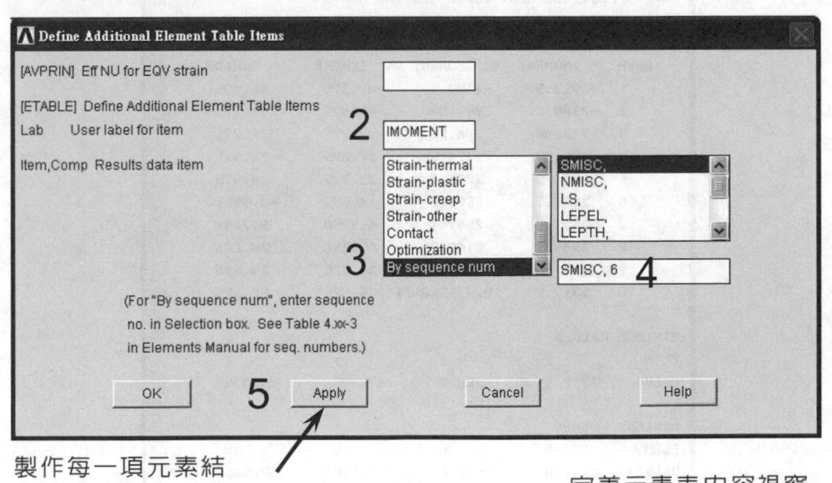

定義元素表內容視窗

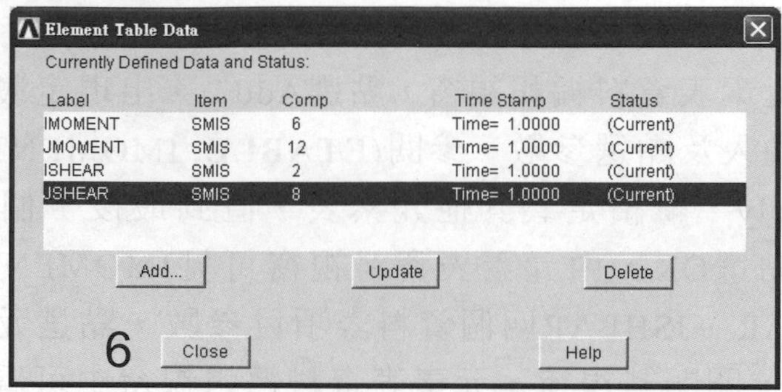

27. Utility Menu > List > Results > Element Table Data...

點選欲列示的資料表項目參數後，點選 OK，出現資料表視窗。

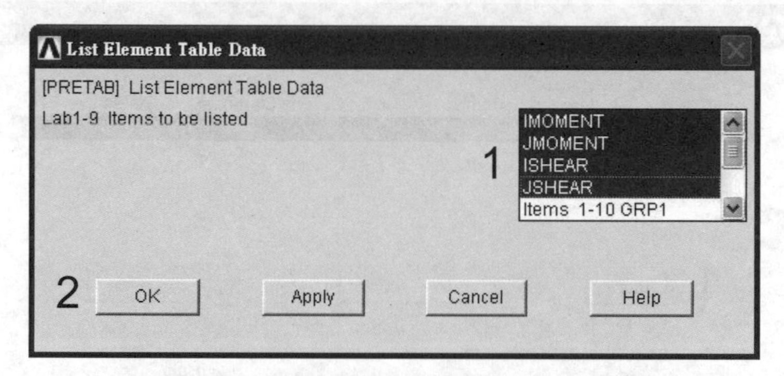

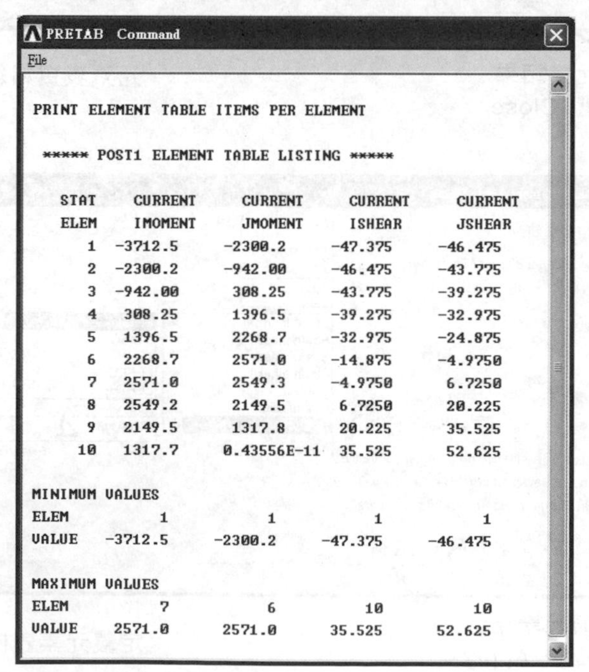

PRETAB Command

File

PRINT ELEMENT TABLE ITEMS PER ELEMENT

***** POST1 ELEMENT TABLE LISTING *****

STAT ELEM	CURRENT IMOMENT	CURRENT JMOMENT	CURRENT ISHEAR	CURRENT JSHEAR
1	-3712.5	-2300.2	-47.375	-46.475
2	-2300.2	-942.00	-46.475	-43.775
3	-942.00	308.25	-43.775	-39.275
4	308.25	1396.5	-39.275	-32.975
5	1396.5	2268.7	-32.975	-24.875
6	2268.7	2571.0	-14.875	-4.9750
7	2571.0	2549.3	-4.9750	6.7250
8	2549.2	2149.5	6.7250	20.225
9	2149.5	1317.8	20.225	35.525
10	1317.7	0.43556E-11	35.525	52.625

MINIMUM VALUES

ELEM	1	1	1	1
VALUE	-3712.5	-2300.2	-47.375	-46.475

MAXIMUM VALUES

ELEM	7	6	10	10
VALUE	2571.0	2571.0	35.525	52.625

28. Utility menu > File > Change Title...
輸入標題，Shear Force Diagram，點選 OK。

29. Main Menu > General Postproc > Plot Results > Contour Plot > Line Elem Res
出現繪製線元素結果視窗，點選參數後，點選 OK，圖形視窗出現剪力圖。

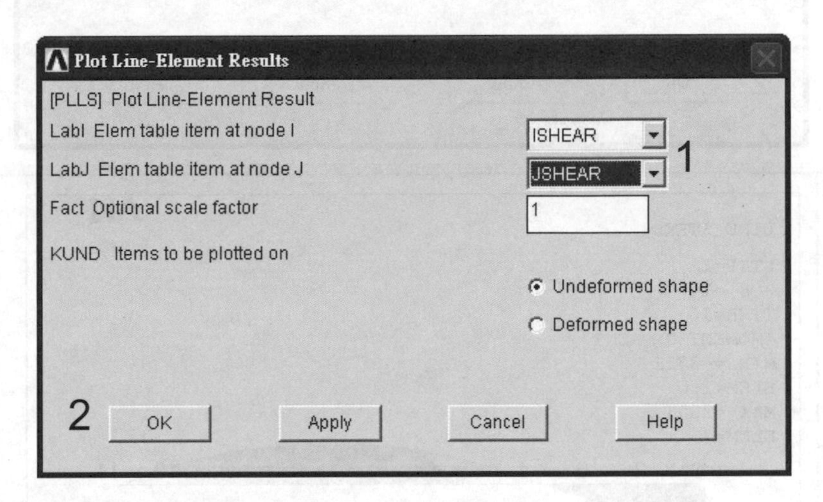

31. Utility Menu > File > Change Title...
輸入標題，Bending Moment Diagram，點選 OK。

32. Main Menu > General Postproc > Plot Results > Contour Plot > Line Elem Res
出現繪製線元素結果視窗，點選參數後，點選 OK，圖形視窗出現彎力距圖。

Plot Line-Element Results

[PLLS] Plot Line-Element Result

Labl Elem table item at node I — IMOMENT (1)

LabJ Elem table item at node J — IMOMENT

Fact Optional scale factor — 1

KUND Items to be plotted on

- ◉ Undeformed shape
- ○ Deformed shape

(2) OK | Apply | Cancel | Help

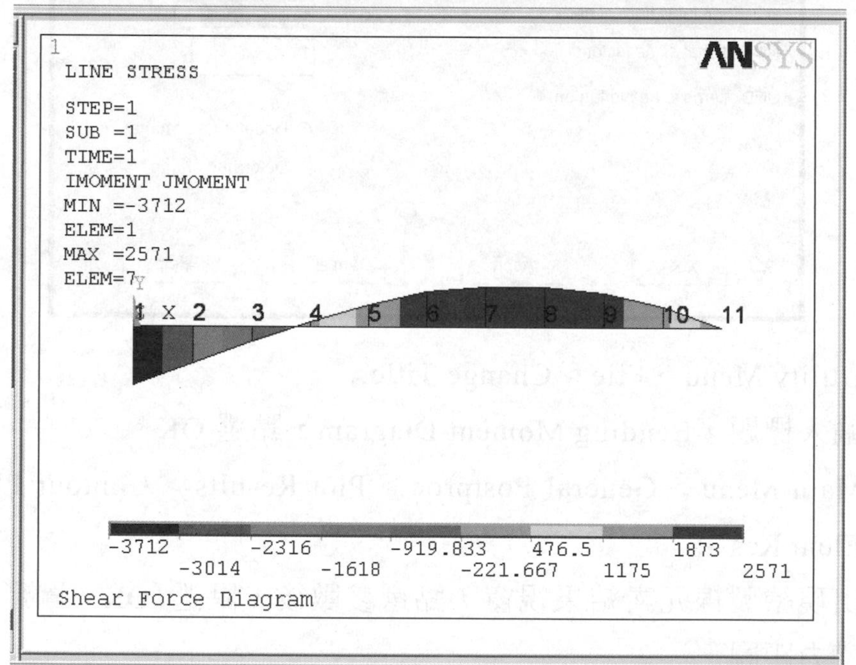

【範例 4-32】

完成範例 4-6 之位移分析，所有外力 1000 N，並將元素結果製作如下表。

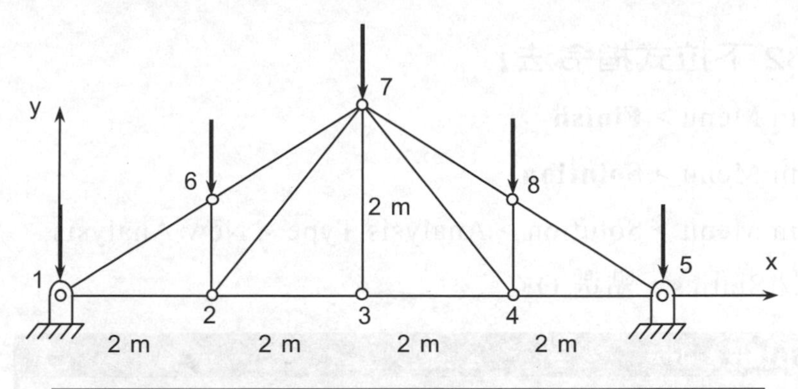

元素號碼	桿之力量 (MFORX)	桿之應力 (SAXL)	桿之應變 (EPELAXL)
1	…	…	…
…	…	…	…
13	…	…	…

(範例　4-22 接續，4-77 頁)

```
FINISH
/SOLU
ANTYPE, 0                    !可省略
OUTPR, BASIC, ALL            !列示元素之結果於輸出視窗中
D, 1, ALL, 0, , 5, 4
NSEL, U, NODE, , 2, 4, 1
F, ALL, FY, -1000
ALLSEL
SOLVE
FINISH
/POST1
PLDISP
PRDISP
```

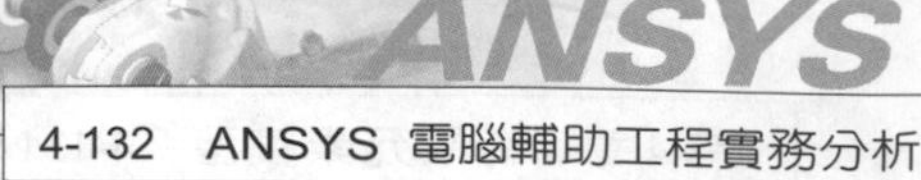

ETABLE, MFORX,SMISC,1 !建立元素結果表，桿元素之軸向力
ETABLE, SAXL, LS, 1 !建立元素結果表，桿元素之軸向應力
ETABLE, EPELAXL,LEPEL,1 !建立元素結果表，桿元素之軸向應變
PRETAB !列示所有表格資料

【範例 4-32 下拉式指令法】

1. Main Menu > **Finish**
2. Main Menu > **Solution**
3. Main Menu > Solution > Analysis Type > New Analysis
   選取 Statics，點選 OK。

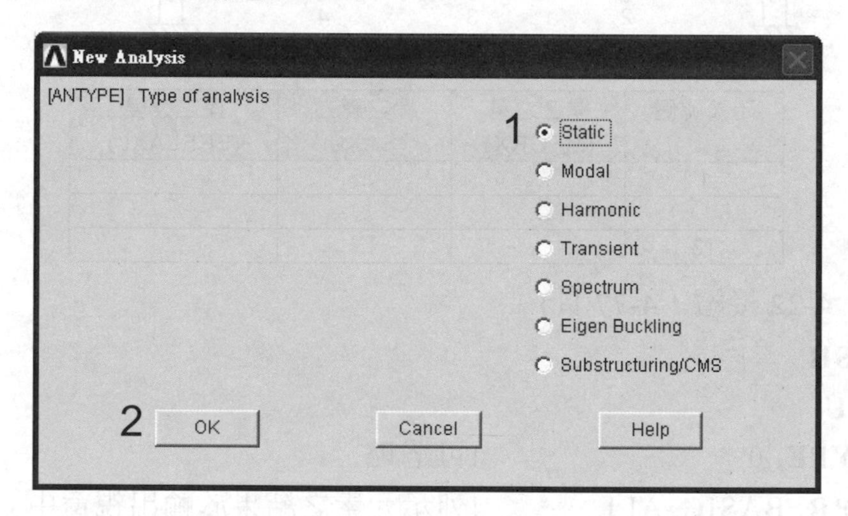

4. Main Menu > Solution > Analysis Type > Sol's Control
   選取 Basic 及 All solution items，點選 OK。

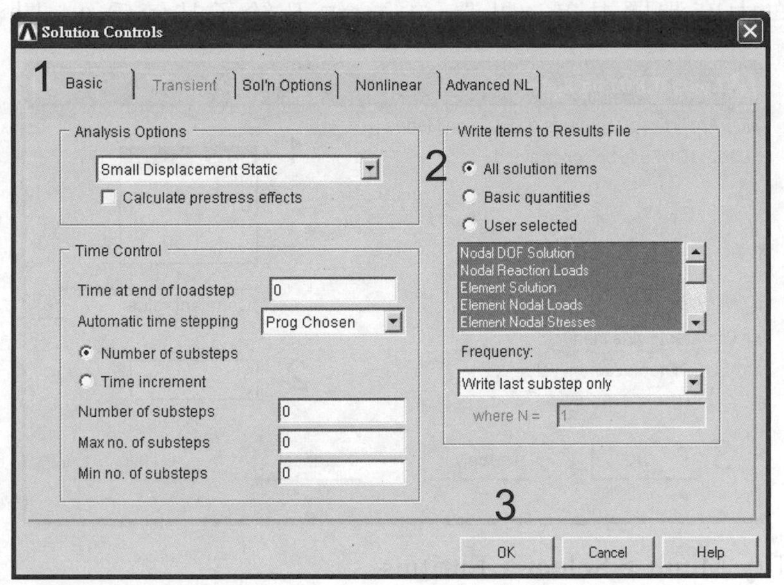

5. (a) Main Menu > Solution > Define Loads > Apply > Structural >Displacement > On Nodes

選擇視窗在 Pick、Single 選項下，至圖形視窗點選節點 1、5，再至選擇視窗，點選 OK。

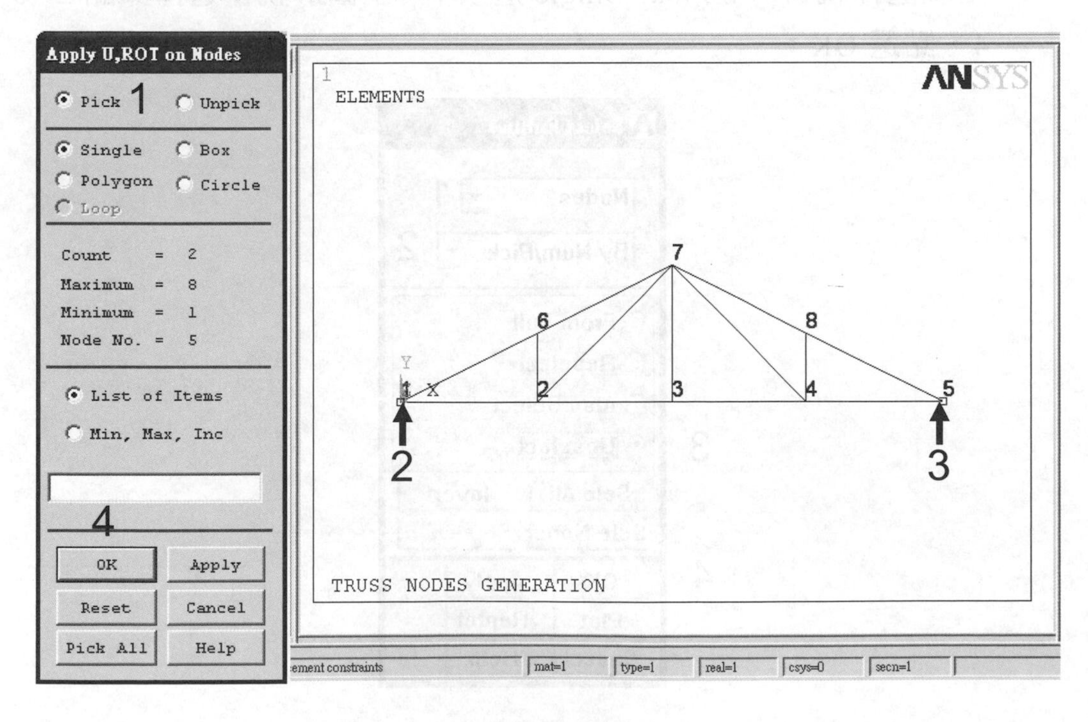

(b) 出現自由度選擇視窗，點選 All DOF 及給予其值爲 0，點選 OK。

Apply U,ROT on Nodes
[D] Apply Displacements (U,ROT) on Nodes
Lab2 DOFs to be constrained 1 All DOF / UX / UY
Apply as Constant value
If Constant value then:
VALUE Displacement value 2 0
3 OK Apply Cancel Help

6. Utility Menu > Select > Entities…

出現物件選擇視窗，除了節點 2、3、4 之外，其餘節點受力相同，故先將這些節點變爲非有效節點，以利集中力的下達。選擇物件爲節點(Nodes)，方式爲 By Num/Pick，選擇型態爲 Unselect，點選 OK。出現選擇視窗，在 Pick、Single 選項下，至圖形視窗選擇節點 2、3、4，點選 OK。

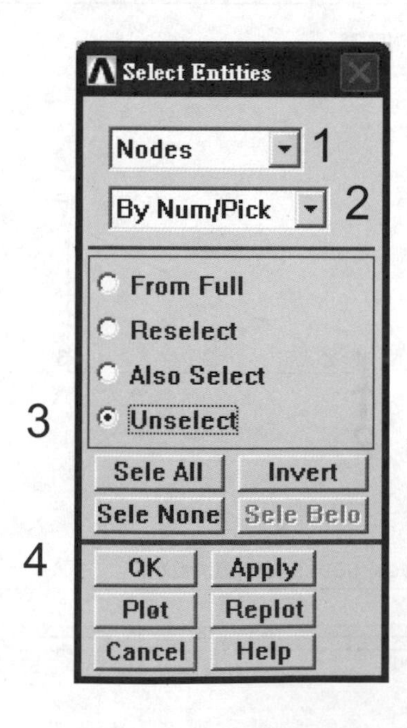

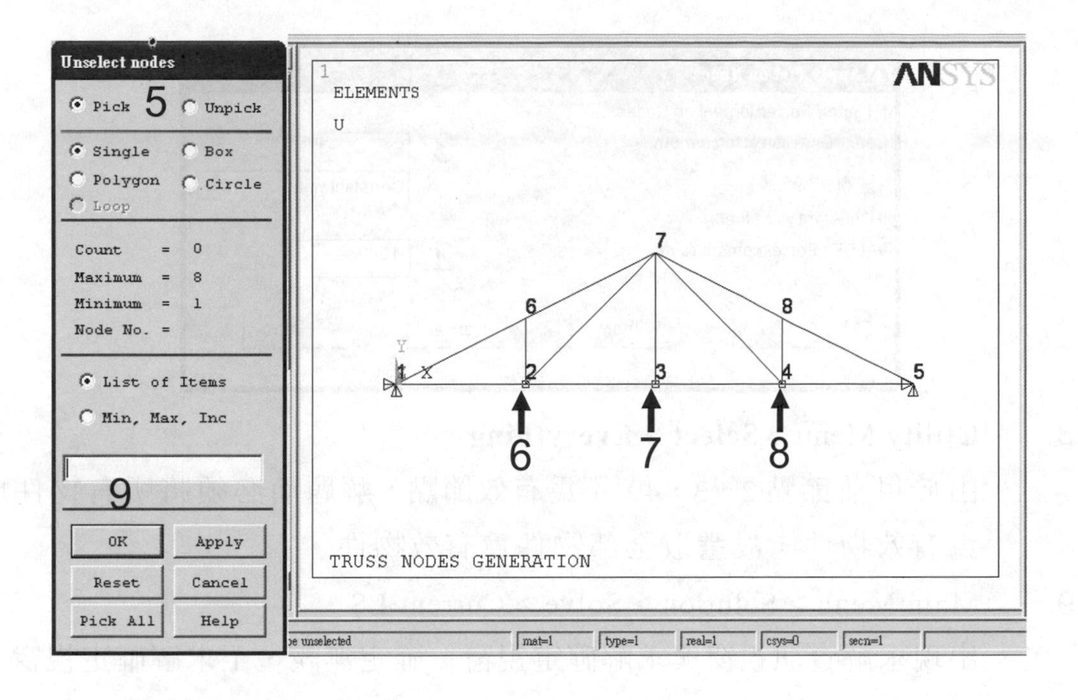

7. Main Menu > Solution > Define Loads > Apply > Structural > Force/Moment > On Nodes

選擇視窗在 Pick、Single 選項下，點選 Pick ALL(此時已不含節點 2、3、4)，出現集中力參數輸入視窗，輸入相關參數後，點選 OK。

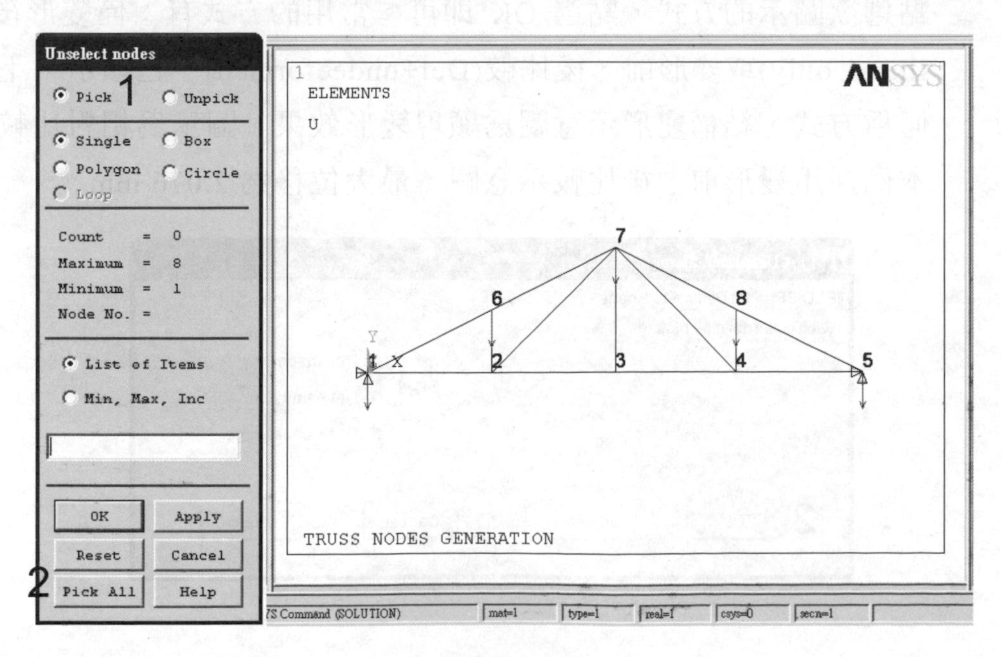

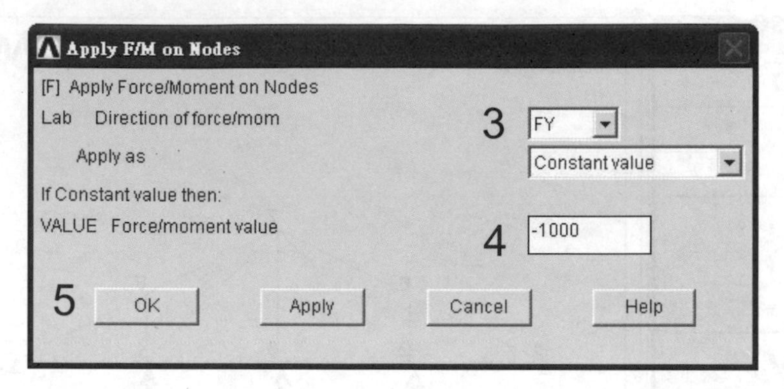

8. Utility Menu > **Select** > **Everything**

   由於目前節點 2、3、4，不為有效節點，解題前必須將所有物件成為有效物件，故選取全部物件為有效物件。

9. Main Menu > Solution > Solve > Current LS

   出現求解資訊視窗與求解確定視窗，確定無誤，至求解確定視窗，點選 OK。

10. Main Menu > **Finish**

11. Main Menu > **General Postpro**

12. Utility Menu > Plot > Results > Deformed Shape …

    點選欲圖示的方式，點選 OK 即可。常用的方式有：僅變形後(Def shape only)或變形前、後比較(Def+undeeformed)一起顯示，不管是何種方式，結構變形示意圖為顯現變形效果，圖示為相對比較圖，本例採用變形前、後比較示意圖，最大位移為 2.076 mm。

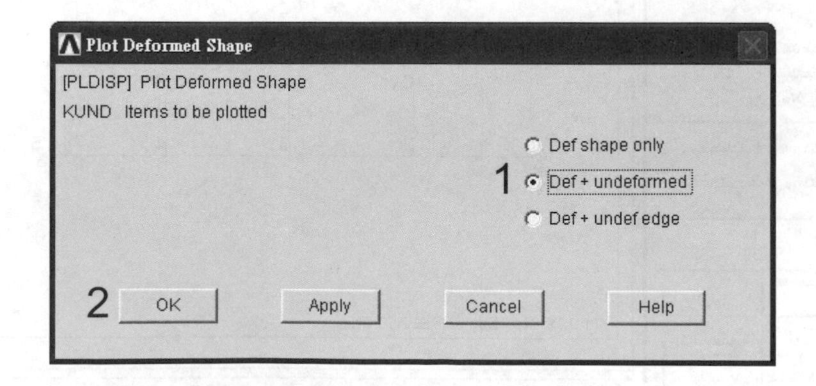

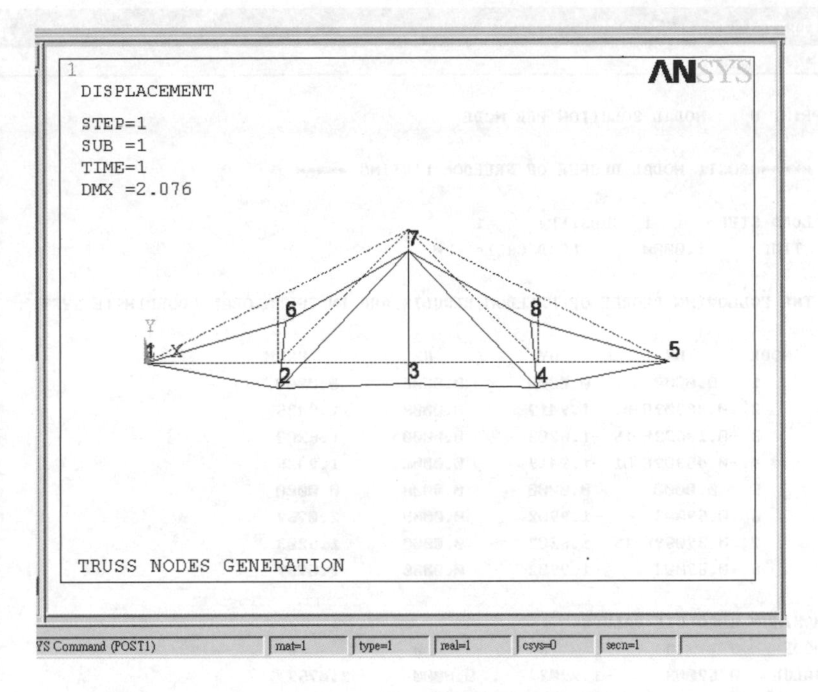

13. Utility Menu > List > Results > Nodal Solution…

點選欲列示結果的相關參數後，點選 OK，出現變形資料視窗。

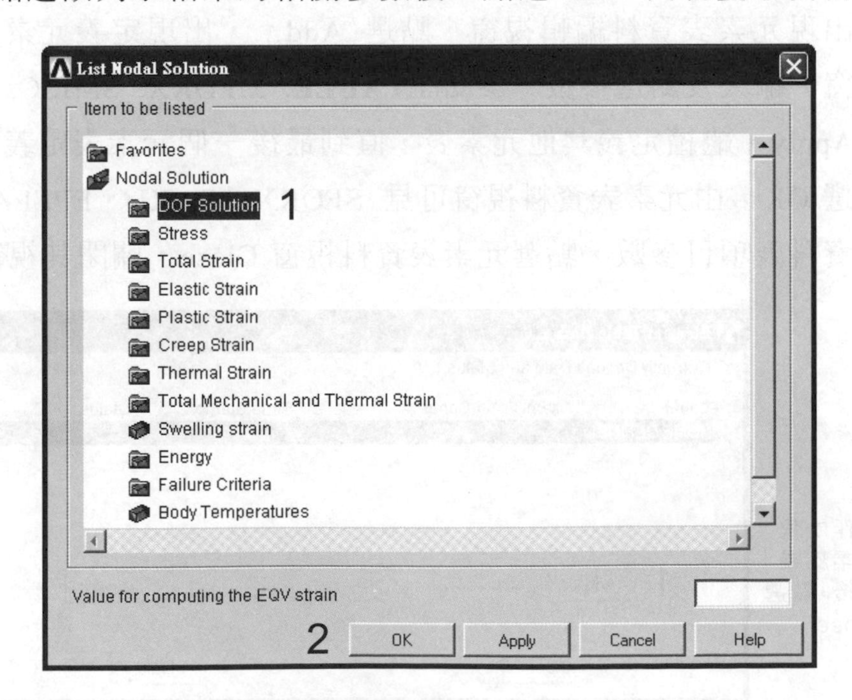

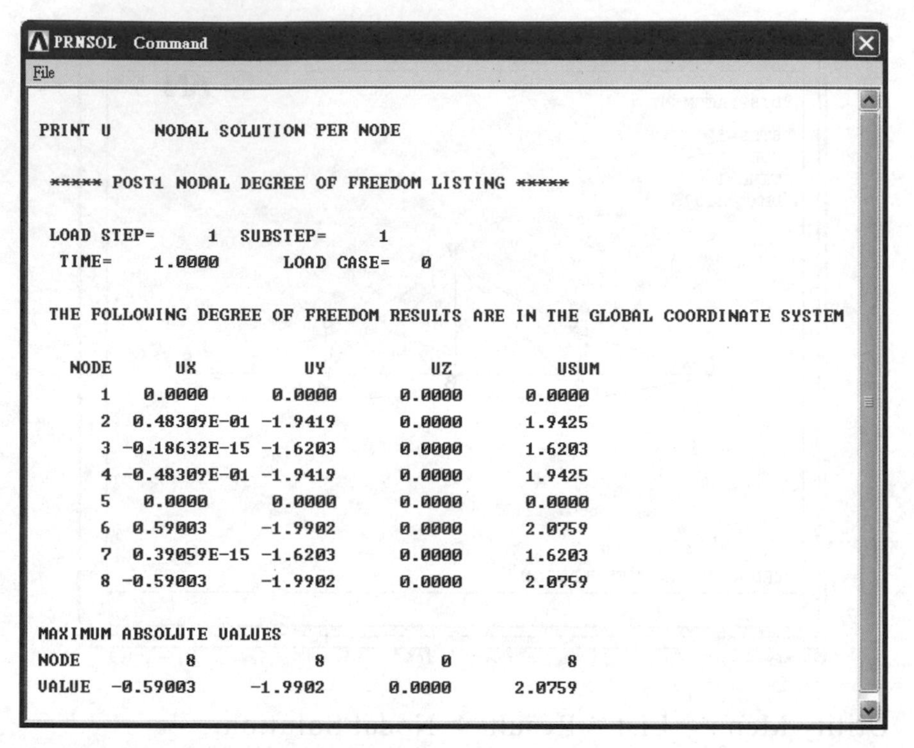

```
PRNSOL Command
File

PRINT U    NODAL SOLUTION PER NODE

 ***** POST1 NODAL DEGREE OF FREEDOM LISTING *****

 LOAD STEP=     1  SUBSTEP=     1
  TIME=    1.0000      LOAD CASE=   0

 THE FOLLOWING DEGREE OF FREEDOM RESULTS ARE IN THE GLOBAL COORDINATE SYSTEM

   NODE       UX          UY          UZ          USUM
      1   0.0000      0.0000      0.0000      0.0000
      2  0.48309E-01 -1.9419      0.0000      1.9425
      3 -0.18632E-15 -1.6203      0.0000      1.6203
      4 -0.48309E-01 -1.9419      0.0000      1.9425
      5   0.0000      0.0000      0.0000      0.0000
      6  0.59003     -1.9902      0.0000      2.0759
      7  0.39059E-15 -1.6203      0.0000      1.6203
      8 -0.59003     -1.9902      0.0000      2.0759

MAXIMUM ABSOLUTE VALUES
NODE          8           8           0           8
VALUE  -0.59003     -1.9902      0.0000      2.0759
```

14.-16.Main Menu >General Postproc >Element Table >Define Table

出現元素表資料編輯視窗，點選 Add...，出現定義元素表內容視窗，輸入及點選參數，參閱(**ETABLE**, MFORX, SMISC, 1)，點選 Apply，繼續定義其他元素表，直到最後一個元素表定義完後，點選 OK，由元素表資料視窗可見 SFORX、SAXL、EPELAXL 三個資料表項目參數，點選元素表資料視窗 Close，關閉其視窗。

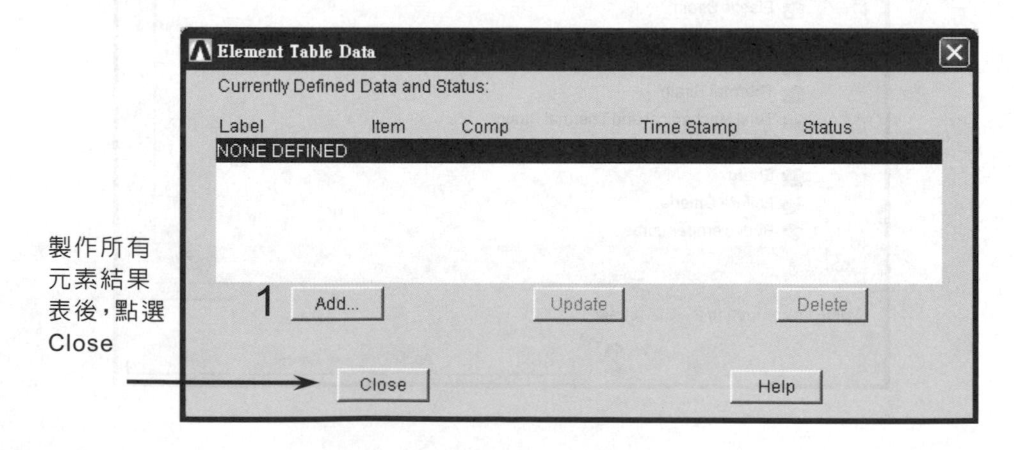

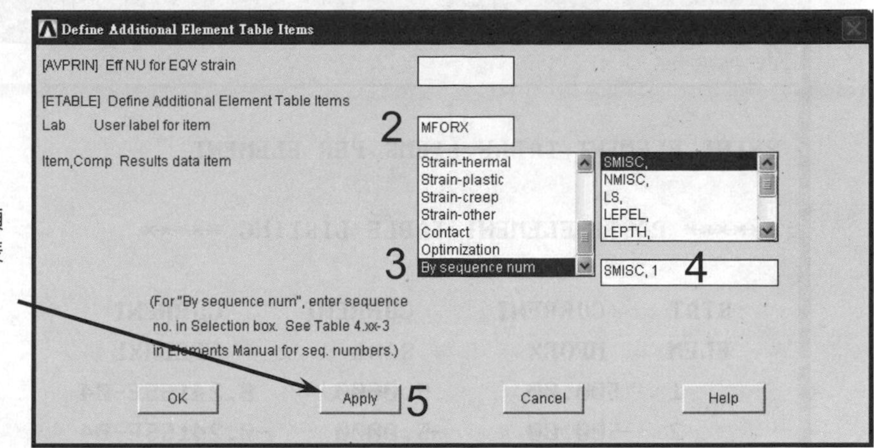

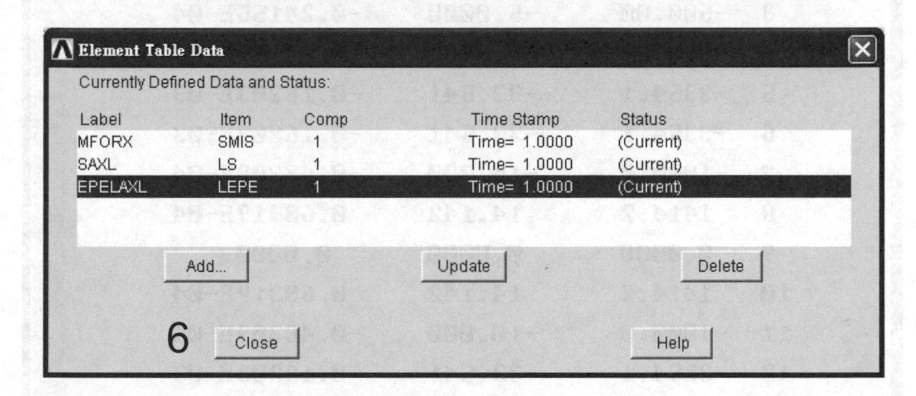

17. Utility Menu > List > Results > Element Table Data…
點選(按 Alt 鍵點選之)欲列示的元素表資料項目參數後，點選 OK，出現資料表視窗。

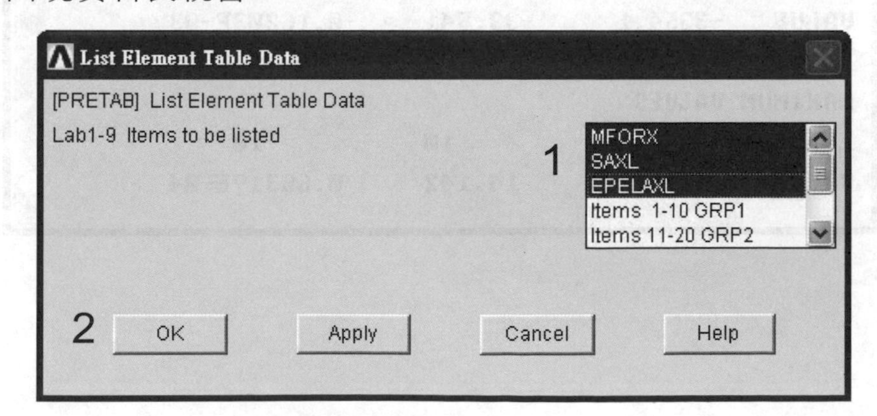

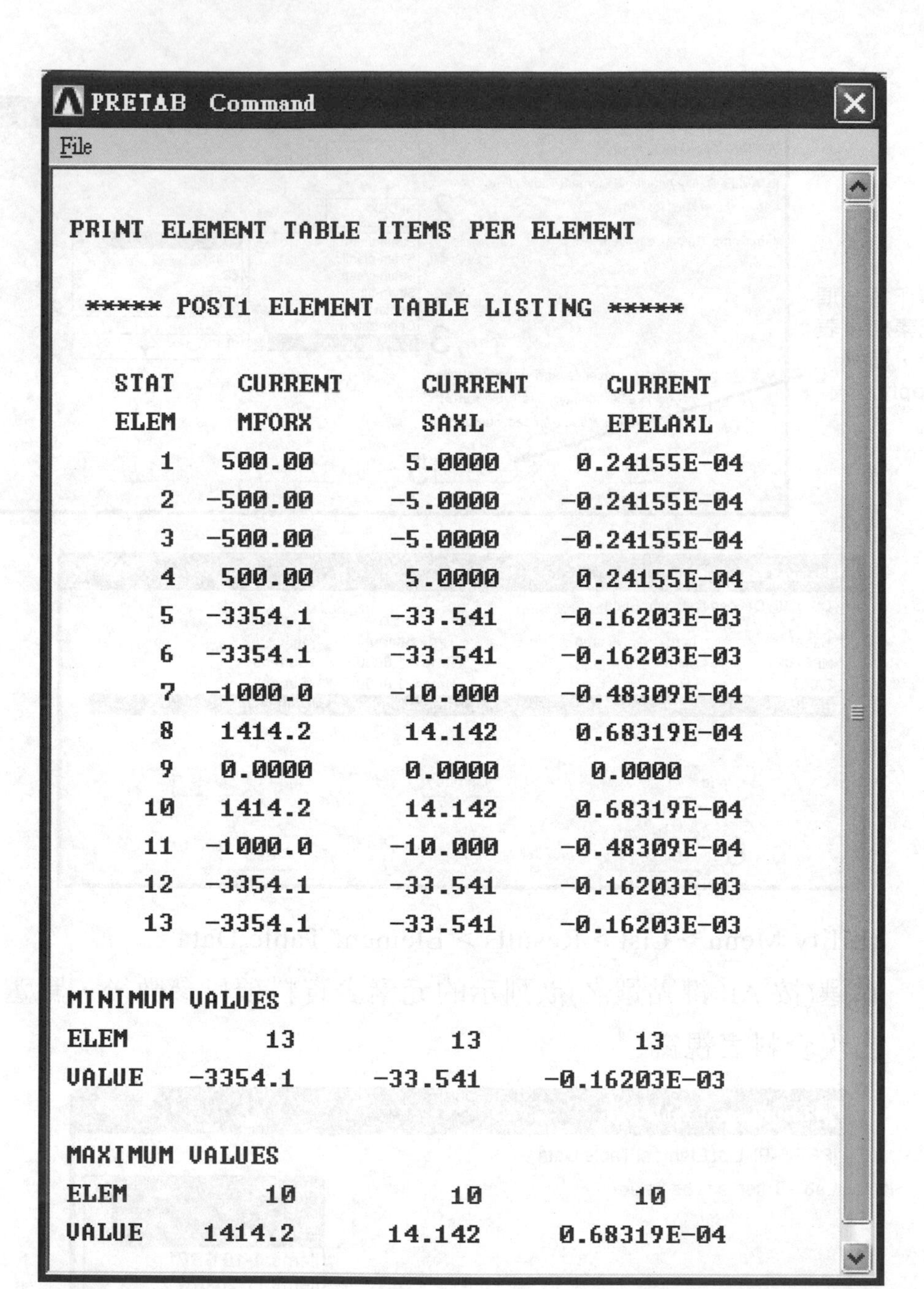

PRETAB Command

File

PRINT ELEMENT TABLE ITEMS PER ELEMENT

***** POST1 ELEMENT TABLE LISTING *****

STAT ELEM	CURRENT MFORX	CURRENT SAXL	CURRENT EPELAXL
1	500.00	5.0000	0.24155E-04
2	-500.00	-5.0000	-0.24155E-04
3	-500.00	-5.0000	-0.24155E-04
4	500.00	5.0000	0.24155E-04
5	-3354.1	-33.541	-0.16203E-03
6	-3354.1	-33.541	-0.16203E-03
7	-1000.0	-10.000	-0.48309E-04
8	1414.2	14.142	0.68319E-04
9	0.0000	0.0000	0.0000
10	1414.2	14.142	0.68319E-04
11	-1000.0	-10.000	-0.48309E-04
12	-3354.1	-33.541	-0.16203E-03
13	-3354.1	-33.541	-0.16203E-03

MINIMUM VALUES

ELEM	13	13	13
VALUE	-3354.1	-33.541	-0.16203E-03

MAXIMUM VALUES

ELEM	10	10	10
VALUE	1414.2	14.142	0.68319E-04

【範例 4-33】

完成範例 4-23 之溫度分布，並將元素結果製作如下表，內壁溫度保持 T_i=100°C，外壁溫度保持 T_o=25°C。本例採用組合輸入方式，只給必要的下拉指令輸入法。

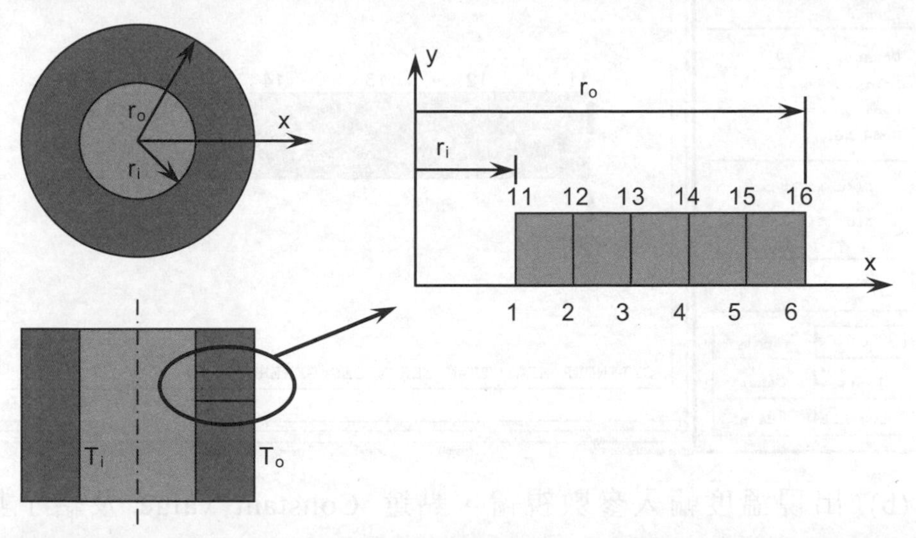

元素號碼	X 方向之熱通率 (XTH)	Y 方向之熱通率 (YTH)	X 方向之熱梯度 (XTG)	Y 方向之熱梯度 (YTG)
1	…	…	…	…
…	…	…	…	…
5	…	…	…	…

(範例 4-23 接續，4-78 頁)

/SOLU

ANTYPE, STATIC

OUTPR, BASIC, ALL

D, 1, TEMP, 100, , 11, 10

或(前一行)

4. (a) Main Menu > Solution > Define Loads >Apply > Thermal > Temperature > On Nodes

選擇視窗在 Pick、Single 選項下，至圖形視窗，點選點 1、11，點選 OK。

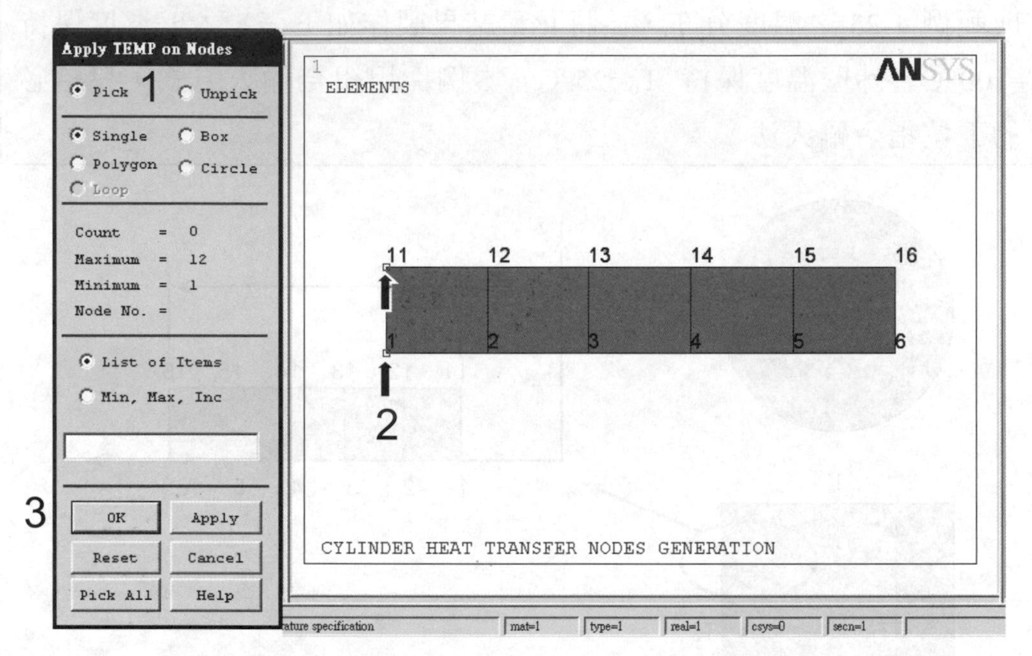

(b) 出現溫度輸入參數視窗，點選 Constant value 及給予其值為 100，點選 OK。

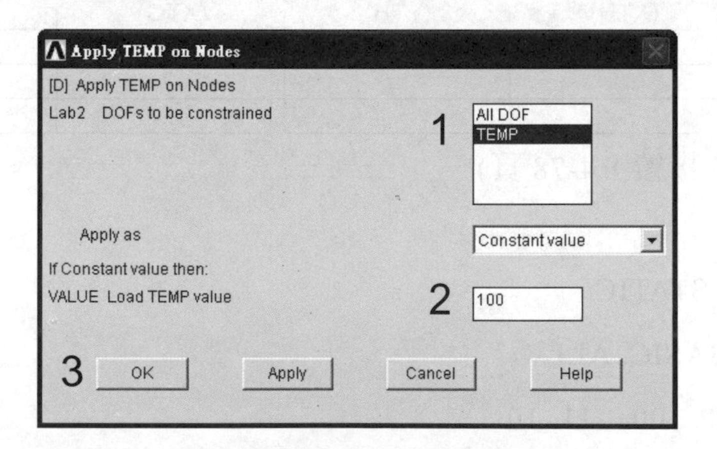

D, 6, TEMP, 0, , 16, 10

或

5. (a) Main Menu > Solution > Define Loads > Apply > Thermal > Temperature > On Nodes

選擇視窗在 Pick、Single 選項下，至圖形視窗，點選節點 6、16，點選 OK。

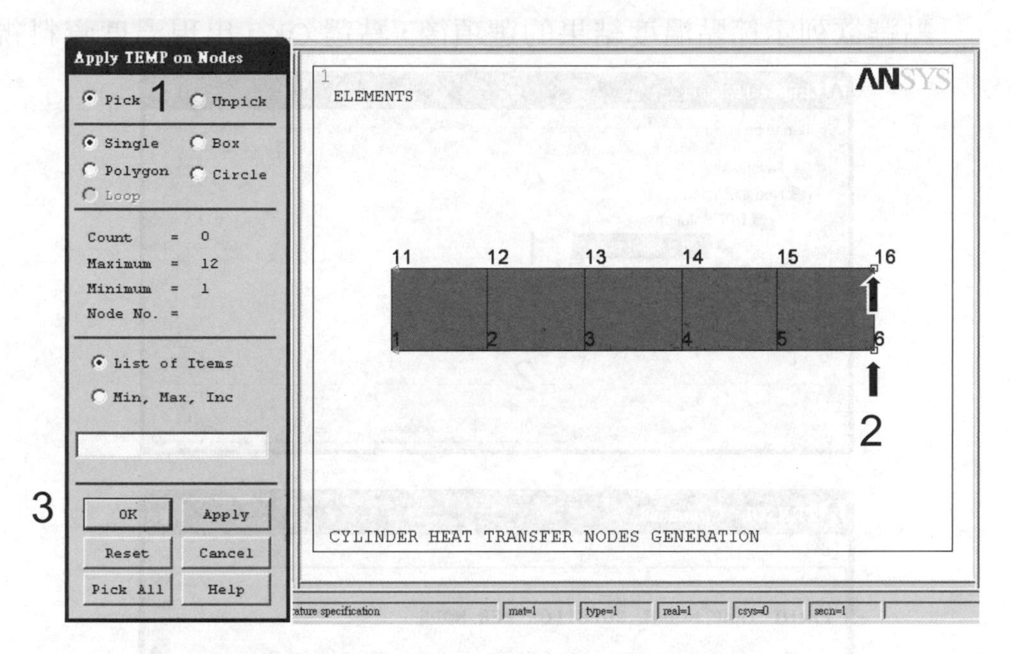

(b) 出現溫度輸入參數視窗，點選 Constant value 及給予其值為 25，點選 OK。

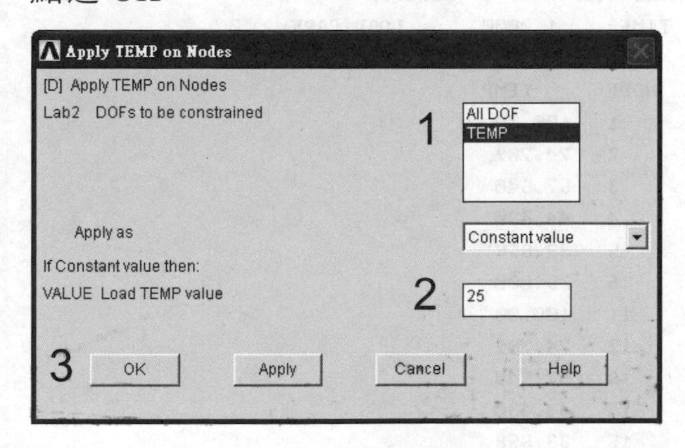

SOLVE

FINISH

/POST1

PRNSOL, TEMP

或

9. Utility Menu > List > Results > Nodal Solution…

點選欲列示節點溫度結果的選項後，點選 OK，出現溫度資料視窗。

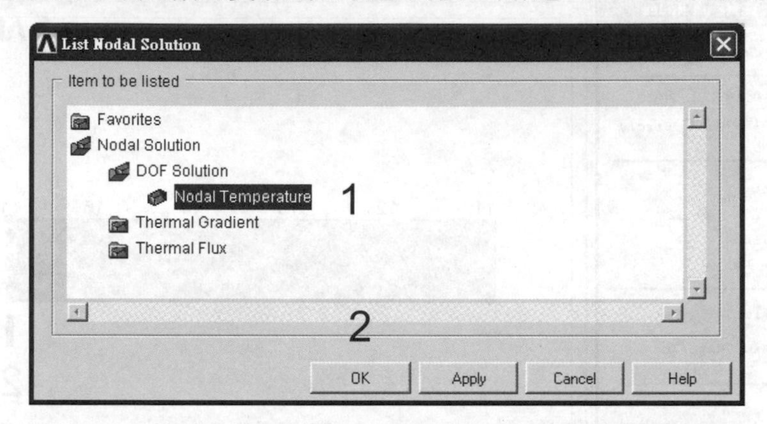

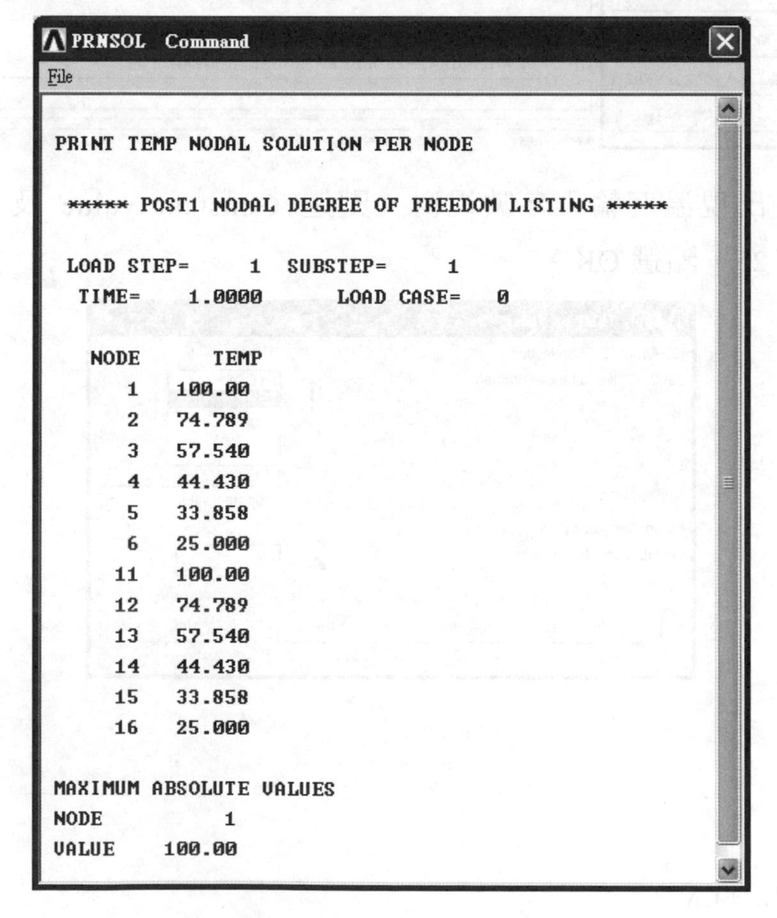
PRNSOL Command

File

PRINT TEMP NODAL SOLUTION PER NODE

***** POST1 NODAL DEGREE OF FREEDOM LISTING *****

LOAD STEP= 1 SUBSTEP= 1
TIME= 1.0000 LOAD CASE= 0

NODE	TEMP
1	100.00
2	74.789
3	57.540
4	44.430
5	33.858
6	25.000
11	100.00
12	74.789
13	57.540
14	44.430
15	33.858
16	25.000

MAXIMUM ABSOLUTE VALUES
NODE 1
VALUE 100.00

PLNSOL, TEMP

或

10. Utility Menu > Plot > Results > Contour Plot > Nodal Solution…
點選欲圖示節點溫度結果的選項後，點選 OK，出現溫度分布圖。

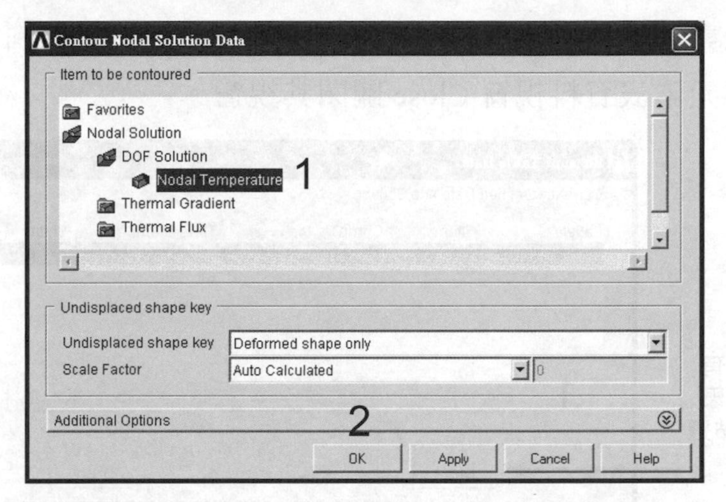

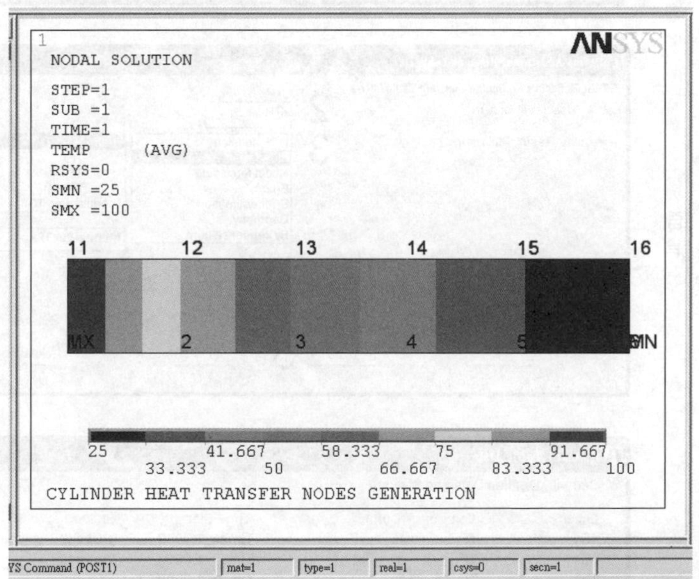

ETABLE, XTH, TH, X	!建立元素結果表，X 方向之熱通率
ETABLE, YTH, TH, Y	!建立元素結果表，Y 方向之熱通率
ETABLE, XTG, TG, X	!建立元素結果表，X 方向之熱梯度
ETABLE, YTG, TG, Y	!建立元素結果表，Y 方向之熱梯度

或

11.-14.Main Menu >General Postproc >Element Table >Define Table

出現元素表資料編輯視窗，點選 Add...，出現定義元素表內容視窗，輸入及點選參數，參閱(**ETABLE**, XTH, TH, X)，點選 Apply，繼續定義其他元素表，直到最後一個元素表定義完後，點選 OK，由元素表資料可見 XTH、YTH、XTG、YTG 四個資料表項目參數，點選元素表資料視窗 Close 關閉其視窗。

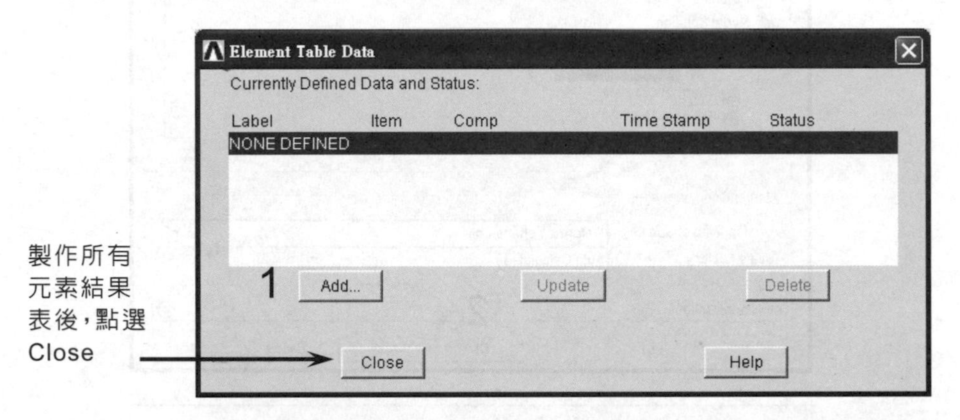

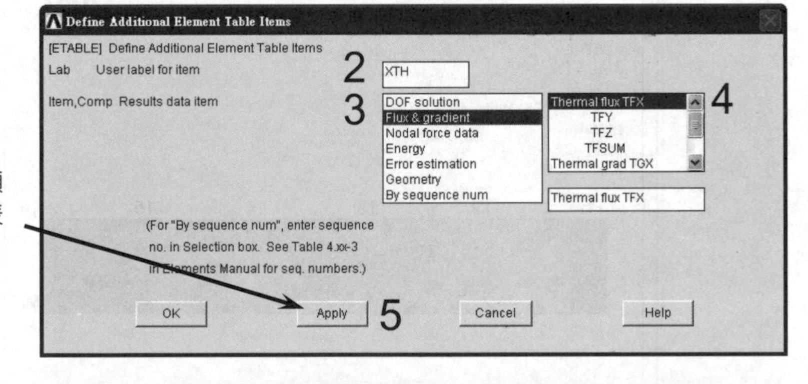

Element Table Data

Currently Defined Data and Status:

Label	Item	Comp	Time Stamp	Status
XTH	TF	X	Time= 1.0000	(Current)
YTH	TF	Y	Time= 1.0000	(Current)
XTG	TG	X	Time= 1.0000	(Current)
YTG	TG	Y	Time= 1.0000	(Current)

Add... Update Delete

6 Close Help

PRETAB　　　　　　　　　　　　　　　!列示所有表格資料

或

15. Utility Menu > List > Results > Element Table Data…
點選欲列示的元素表資料項目參數後，點選 OK，出現資料表視窗。

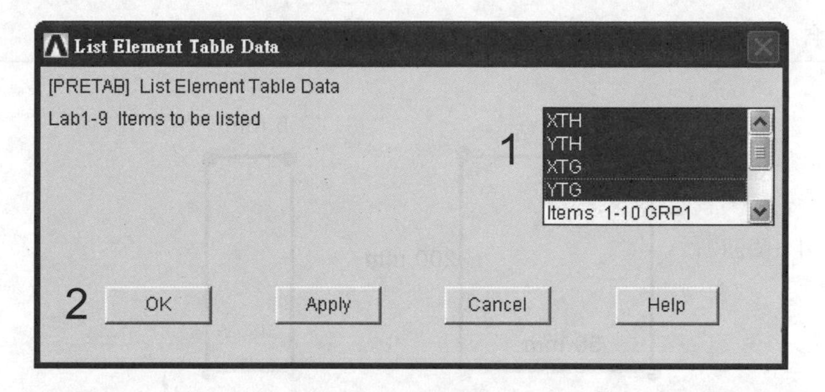

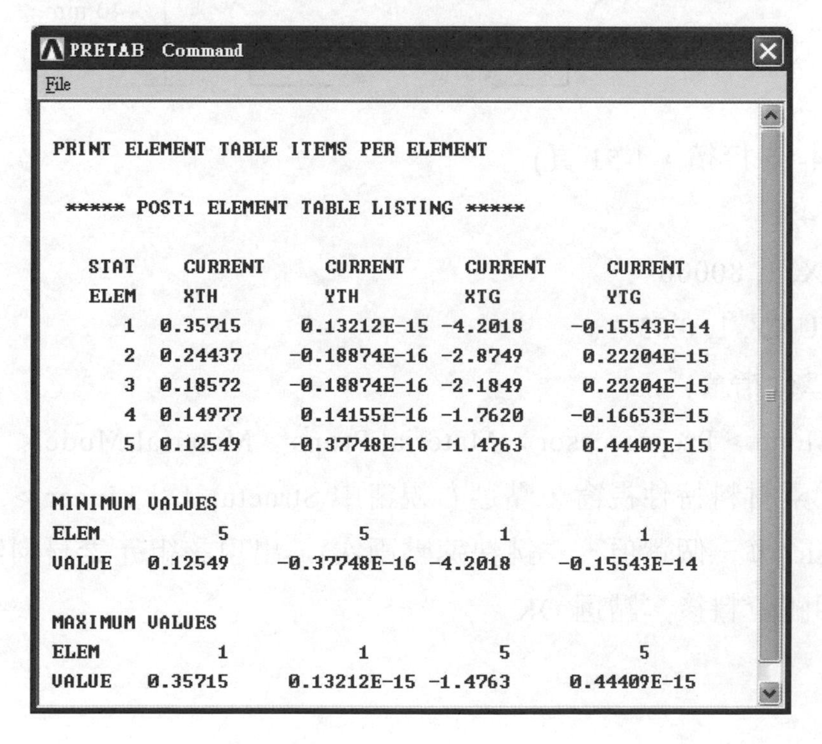

```
PRETAB Command
File

PRINT ELEMENT TABLE ITEMS PER ELEMENT

 ***** POST1 ELEMENT TABLE LISTING *****

   STAT     CURRENT      CURRENT      CURRENT      CURRENT
   ELEM     XTH          YTH          XTG          YTG
      1  0.35715     0.13212E-15 -4.2018      -0.15543E-14
      2  0.24437    -0.18874E-16 -2.8749       0.22204E-15
      3  0.18572    -0.18874E-16 -2.1849       0.22204E-15
      4  0.14977     0.14155E-16 -1.7620      -0.16653E-15
      5  0.12549    -0.37748E-16 -1.4763       0.44409E-15

MINIMUM VALUES
ELEM           5            5           1            1
VALUE    0.12549   -0.37748E-16 -4.2018      -0.15543E-14

MAXIMUM VALUES
ELEM           1            1           5            5
VALUE    0.35715    0.13212E-15 -1.4763       0.44409E-15
```

【範例 4-34】

假設範例 4-15 之葉片，旋轉速度爲ω_x=5000 rpm，求葉片之應力分布，葉片根部(y=40)所有自由度限制爲零。鋁材質 E=80×10^3 Mpa，ν =0.33，ρ =2.8×10^{-9} Mg/mm^3。本例採用組合輸入方式，只給必要的下拉指令輸入法。

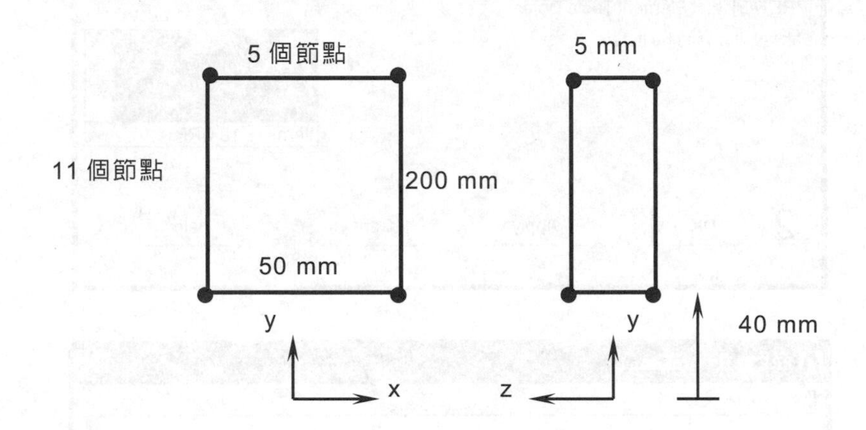

(範例 4-15 接續，4-51 頁)

ET, 1, 45

MP, EX, 1, 80000

MP, NUXY, 1, 0.33

或(前二行指令)

Main Menu > Preprocessor > Material Props > Material Models

出現元素材料特性視窗，點選右視窗中 Structural > Linear > Elastic > Isotropic(每一個選項，左鍵快速點兩次)，出現該組元素材料特性表，輸入相關資料後，點選 OK。

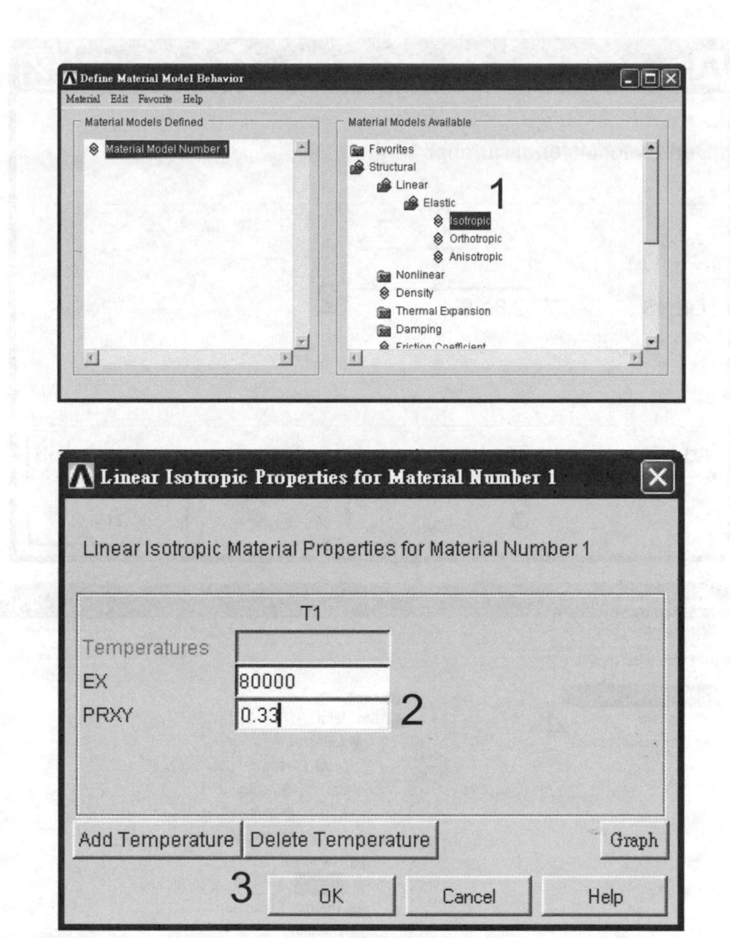

MP, DENS, 1, 2.8e-9

或

由元素材料特性視窗，左鍵快速點兩次 Density，出現密度參數視窗，輸入相關資料後，點選 OK，由元素特性視窗，可看到完成密度定義。

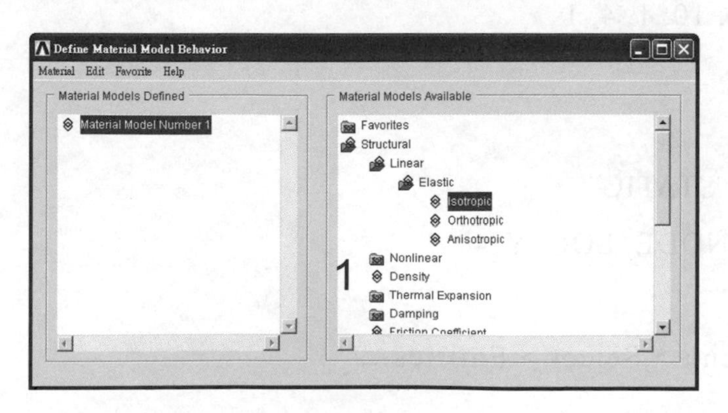

Density for Material Number 1

Density for Material Number 1

T1

Temperatures

DENS 2.8e-9 2

Add Temperature Delete Temperature Graph

3 OK Cancel Help

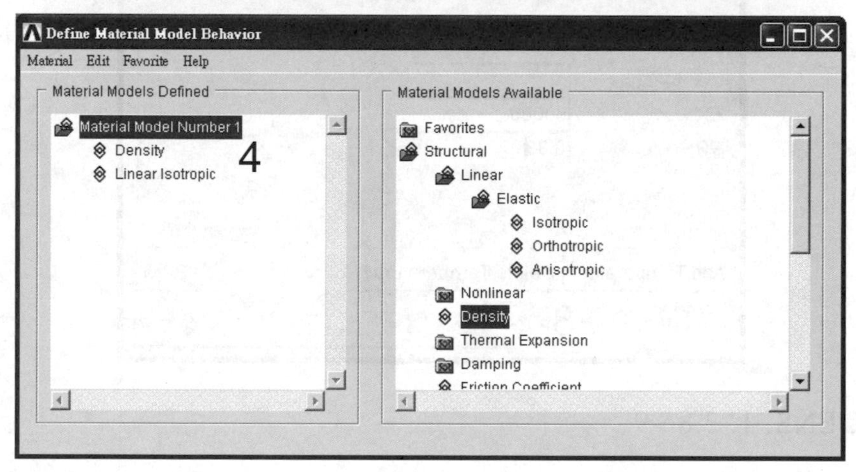

E, 1, 6, 7, 2, 11, 16, 17, 12

EGEN, 4, 1, 1, 1, 1

EGEN, 10, 10, 1, 4, 1

FINISH

/SOLU

ANTYPE, STATIC

NSEL, S, NODE, LOC, Y, 40

或

Utility Menu > Select > Entities…

目前要選擇葉片根部的節點，以利限制條件的下達。選擇物件爲節點(Nodes)，方式爲 By Location，使用 y 方向 40 mm 處，選擇型態爲 From Full，點選 OK，此時 NPLOT 只能看到十個根部的節點。

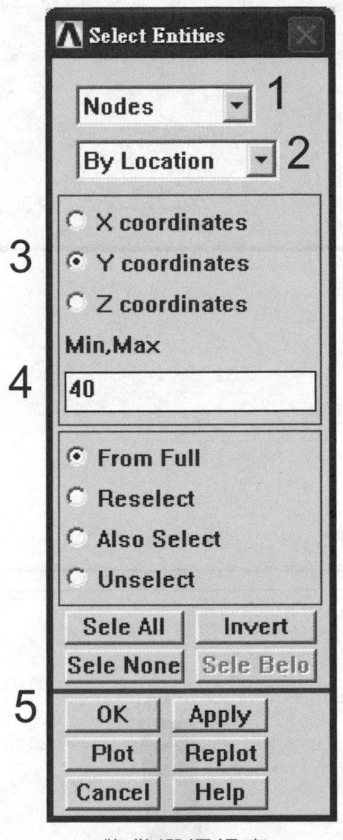

物件選擇視窗

D, ALL, ALL, 0

OMEGA, 523.6 !單位 5000 rpm=523.6 rad/sec

或

Main Menu > Solution > Define Loads > Apply > Structural > Inertia > Angular Velocity > Global

在轉速參數視窗，輸入轉速值，點選 OK。

Apply Angular Velocity

[OMEGA] Apply Angular Velocity

OMEGX Global Cartesian X-comp 523.6

OMEGY Global Cartesian Y-comp 0

OMEGZ Global Cartesian Z-comp 0

KSPIN Spin softening key ⊙ No modification ○ Decrease stiffn

1

2 OK Cancel Help

ALLSEL

SOLVE

FINISH

/POST1

PLNSOL, S, EQV

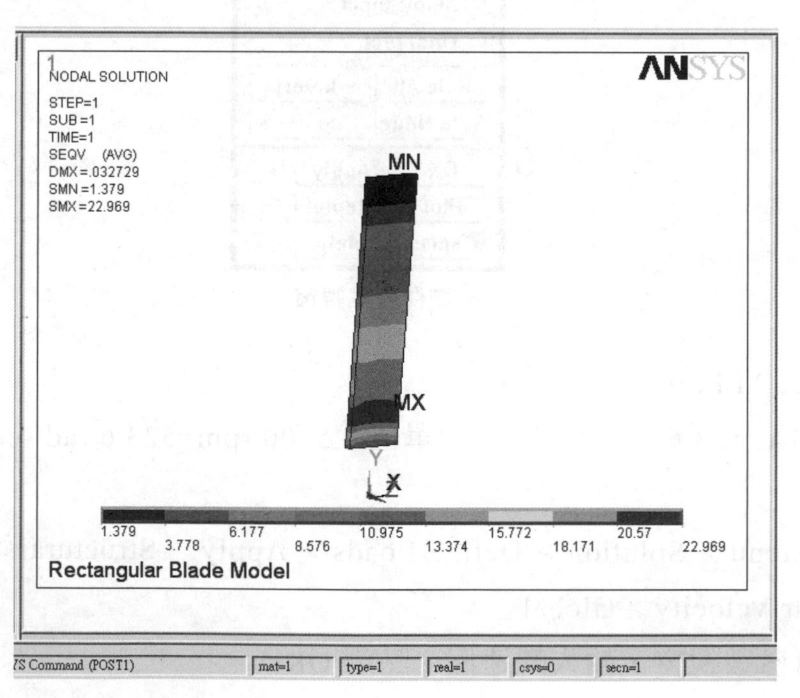

!檢示其他結果

【範例 4-35】

平面結構，鋼材 E=200×10^3 Mpa，卜桑比=0.3，a=10 mm，c=2 mm，d=2 mm，q=1.5 N/mm，q_1=0.6 N/mm，x=0 的位置所有自由度限制爲零，上邊爲均勻分布力，右邊爲遞減分布力。本例採用組合輸入方式，只給必要的下拉指令輸入法。

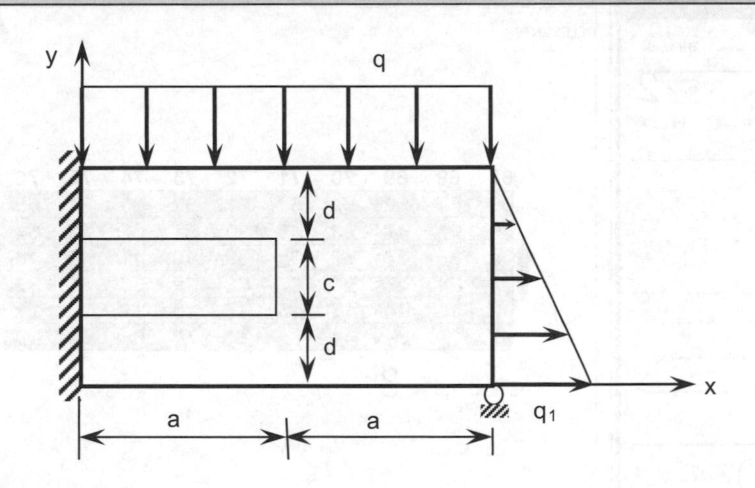

/PREP7

N, 1, 0, 0

N, 11, 20

FILL, 1, 11

NGEN, 7, 11, 1, 11, 1, 0, 1

ET, 1, PLANE42

MP, EX, 1, 200000

MP, NUXY, 1, 0.3

E, 1, 2, 13, 12

EGEN, 10, 1, 1

EGEN, 6, 11, 1, 10

EDELE, 21, 25

EDELE, 31, 35

或(上兩行指令)

Main Menu > Preprocessor > Modeling > Delete > Elements

將空孔部分不用的元素刪除。選擇視窗在Pick、Box選項下，利用滑鼠在圖形視窗中選取欲刪除區域如圖所示，則欲刪除的元素可被選到，至選擇視窗，點選 OK，完成刪除。該區域的點選要小心，不可離所要選的範圍太遠，例如在 56 點左下方至 18 點左上方，則會選到 36 塊元素，而不是目前所要的 10 塊元素。

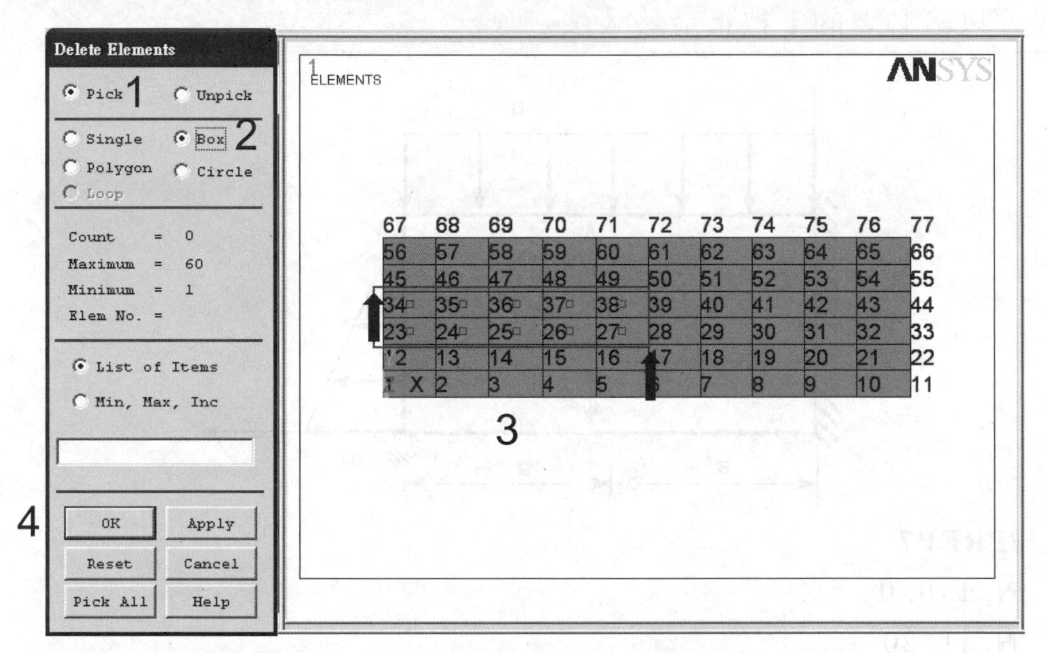

完成刪除後的元素示意圖

NDELE, 34, 38

FINISH

/SOLU

ANTYPE, **STATIC**

NSEL, S, LOC, X, 0

或

Utility Menu > Select > Entities…

目前要選擇最左邊(位於 x=0)的節點，以利限制條件的下達。選擇物件爲節點(Nodes)，方式爲 By Location，使用 x 方向 0 mm 處，選擇型態爲 From Full，點選 OK，此時 NPLOT 只能看到六個節點。

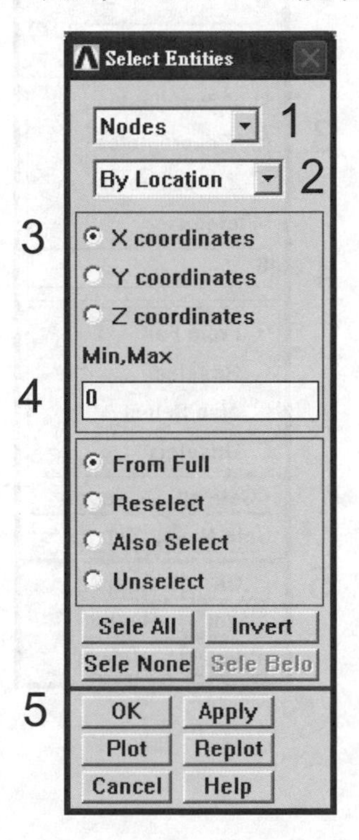

D, ALL, ALL, 0

ALLSEL

或

Utility Menu: **Select > Everything**

D, 11, UY, 0

NSEL, S, LOC, Y, 6

或

Utility Menu > Select > Entities…

目前要選擇最上邊(位於 y=6)的節點，以利壓力負載的下達。選擇物件爲節點(Nodes)，方式爲 By Location，使用 y 方向 6 mm 處，選擇型態爲 From Full，點選 OK，此時 NPLOT 只能看到十一個節點。

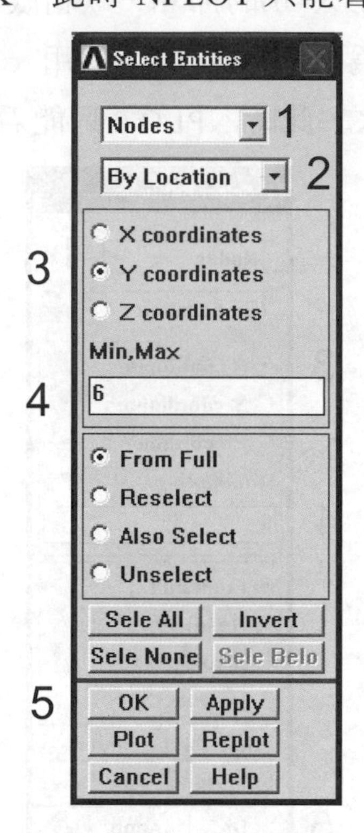

SF, ALL, PRES, 1.5

或

Main Menu > Solution > Define Loads > Apply > Structural > Pressure > On Nodes

此時壓力面的節點已選擇，故直接在選擇視窗，點選 Pick All 即可。出現壓力參數輸入視窗，點選 Constant value 及輸入壓力值 1.5，點選 OK，可見到節點上的壓力以紅色壓力線表示完成壓力輸入。

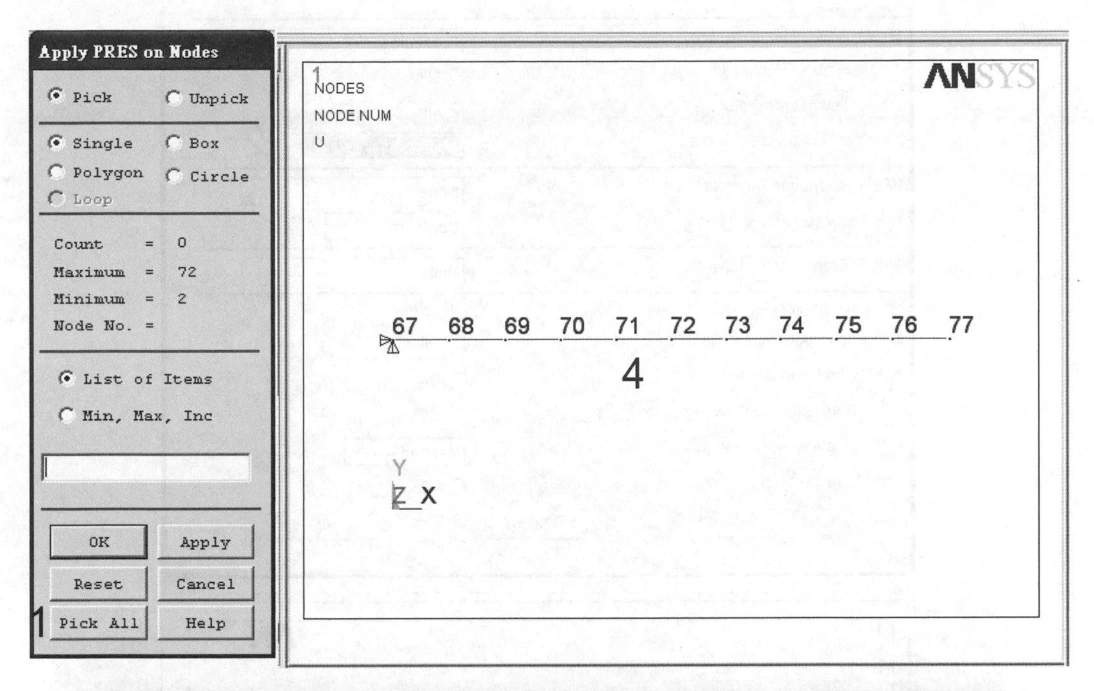

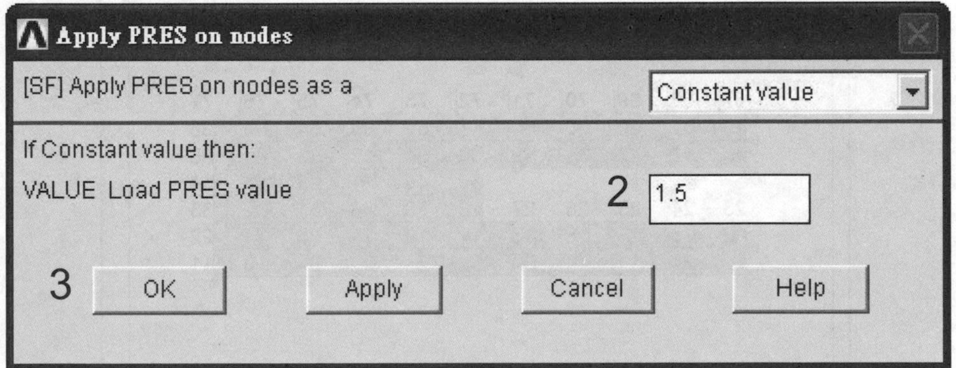

ALLSEL

/PSF, PRES, 2

EPLOT

或(上兩行指令)

Utility Menu > PlotCtrls > Symbols…

爲了檢查壓力方向是否正確，開啓向量方式表達壓力，若方向不對則將其値改爲負値即可，最後檢視圖形視窗無誤。

[/PSF] Surface Load Symbols　Pressures
Visibility key for shells　Off
Plot symbols in color　On
Show pres and convect as　Arrows　2
[/PBF] Body Load Symbols　None
Show curr and fields as　Contours
[/PICE] Elem Init Cond Symbols　None
[/PSYMB] Other Symbols
CS Local coordinate system　Off
NDIR Nodal coordinate system　Off
ESYS Element coordinate sys　Off
LDIV Line element divisions　Meshed
LDIR Line direction　Off
3　OK　Cancel　Help

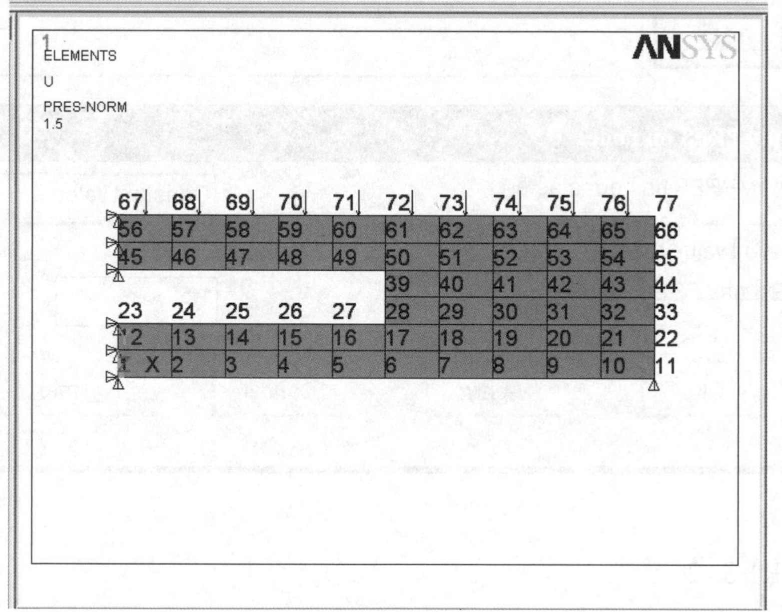

SFE, 10, 2, PRES, , -0.6, -0.5

SFE, 20, 2, PRES, , -0.5, -0.4

SFE, 30, 2, PRES, , -0.4, -0.3

SFE, 40, 2, PRES, , -0.3, -0.2

SFE, 50, 2, PRES, , -0.2, -0.1

SFE, 60, 2, PRES, , -0.1, 0

或

Main Menu > Solution >Define Loads > Apply > Structural > Pressure > On Elements

先開啓元素號碼，選擇視窗在 Pick、Single 選項下，至圖形視窗點選第十號元素(最右下角)，再至選擇視窗，點選 Apply，出現元素分布力輸入參數視窗，壓力由下往上線性遞減，輸入壓力參數(-0.6, -0.5)，當初建立元素順序爲 10-11-22-21，故 LKEY=2，點選 Apply，繼續其他元素(沿第十號元素往上點選)分布力之輸入，其值每次遞加 0.1，因爲元素複製時順序不會變，故 LKEY 不變，直到最後一個元素(最右上角)壓力定義完畢，點選 OK。

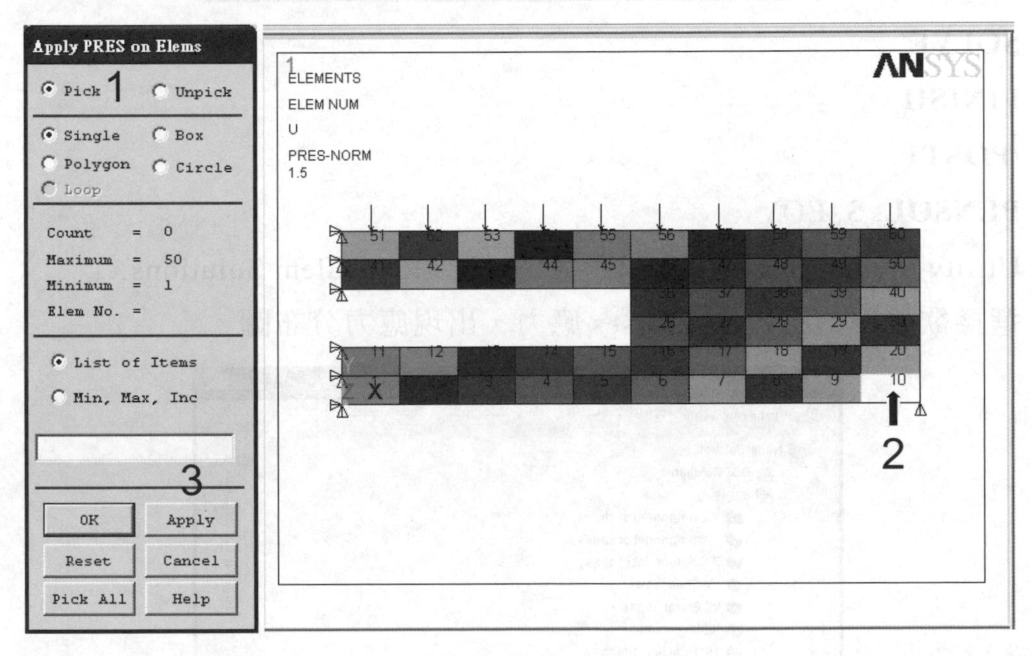

Apply PRES on elems
[SFE] Apply PRES on elems as a Constant value
LKEY Load key, usually face no. 4 2
If Constant value then:
VALUE Load PRES value 5 -0.6
Optional PRES at other face nodes
(leave blank for uniform PRES)
VAL2 Load PRES at 2nd node 6 -0.5
VAL3 Load PRES at 3rd node
VAL4 Load PRES at 4th node
7
OK Apply Cancel Help

SOLVE

FINISH

/POST1

PLNSOL, S, EQV

Utility Menu > Plot > Results > Contour Plot > Elem Solutions…

選擇欲檢視的等效 von Mises 應力，出現應力分布圖。

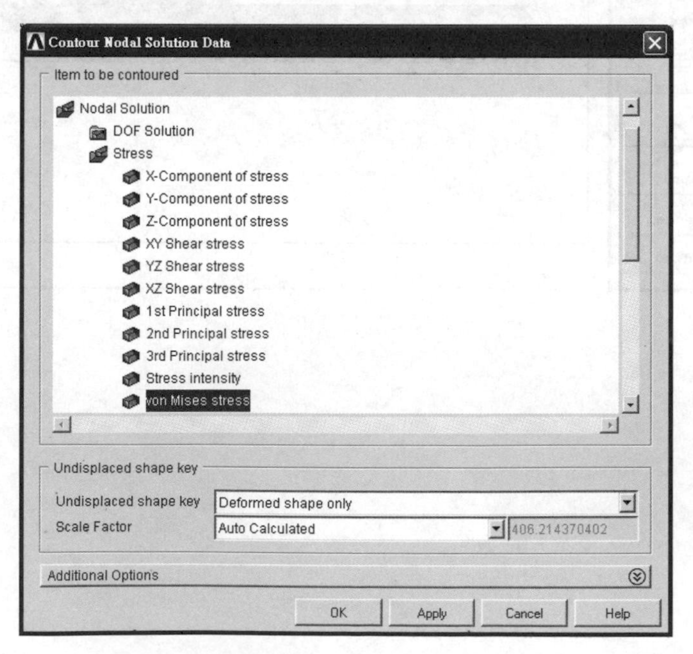

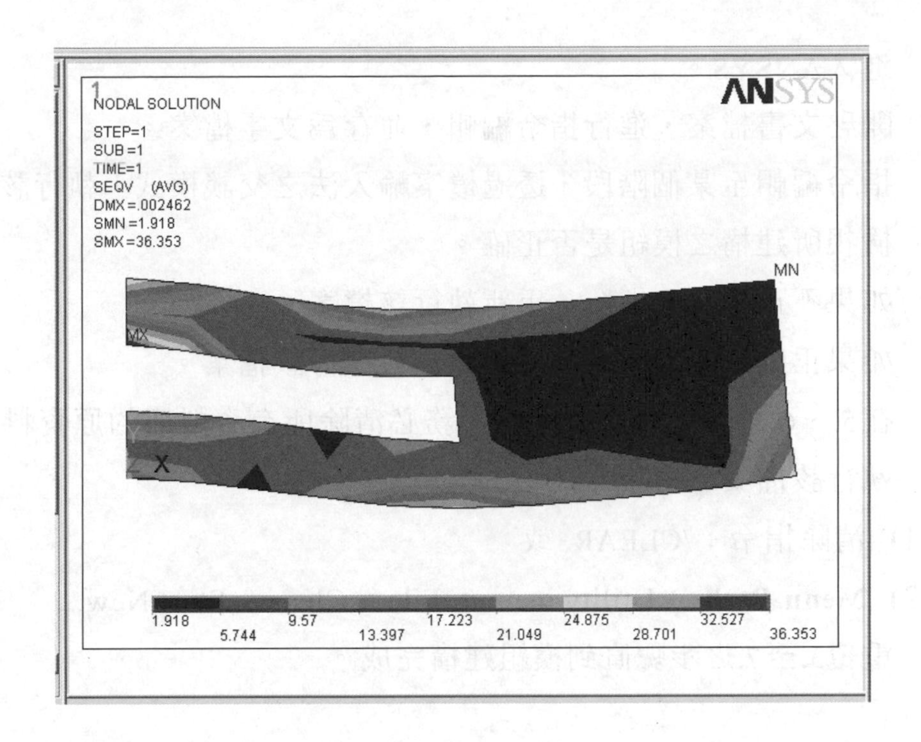

➔ 4-9　檔案輸入法之交談模式與非交談模式

在交談模式中，指令的輸入藉由輸入視窗逐一輸入，離開 ANSYS 後，所有指令存入 filename.log 檔。我們可由文書軟體進行編修，將該結構系統之完整分析流程指令保存，保存某結構系統分析後之所有結果是不切實際，因爲所產生的各種檔案太大。故將正確的指令流程保留即可，此即所謂檔案輸入法之交談模式。假設將例題 4-1 完整之分析流程，將其存爲 EX4-1.TXT 文字檔。進入 ANSYS 在輸入視窗中下達指令

/ **INPUT**, EX4-1, TXT

或

Menu Paths > Utility Menu > File > Read Input from(點選檔案)

當使用者對 ANSYS 有某種程度的了解後，欲建構較大模組時，利用檔案輸入法之交談模式，不失爲一個好方法，其基本概念如下：

1. 進入ANSYS。
2. 開啓文書檔案，進行指令編輯，並存爲文字檔案。
3. 指令編輯至某個階段，透過檔案輸入法之交談模式，執行該檔案。
4. 檢視所建構之模組是否正確。
5. 如果不正確修改指令，重新執行該檔案。
6. 如果正確，繼續建構該模型，重新執行該檔案。
7. 在5.、6.重新執行該檔案時，務必清除所有資料庫的原資料，重新執行該檔案。清除方式：
   (1) 清除指令：/CLEAR 或
   (2) **Menu Paths**：Utility menu > File > Clear & Start New...
8. 重覆3.至7.之步驟直到模組建構完成。

以上的步驟稱爲「程式設計」，一般分析過程中，我們也不會逐一下達指令，而是編輯分析程式碼(code)，本書所有範例都是已編輯完成的分析程式碼，我們可直接利用**/INPUT** 執行該範例。當使用者熟悉分析流程後，重點在於我們要如何做，而不在於是否有下拉式選單，比較前面具有完整程式分析碼與下拉式選單方式的範例，使用者可自行體會何者方便。越複雜的結構分析，程式設計越顯現其方便性與重要性，因爲我們可以完全掌握所做的一切，進行編修，達到我們的目的。ANSYS 本身所附的結構分析範例約 250 個，每一個都有分析程式碼，對初學者非常有幫助。選單路徑：Utility Menu > Help > Help Topics，出現圖 4-9.1 的輔助視窗，點選倒數第二的選項「Verification Manual」即可。其他有助於初學者的輔助說明，詳見圖 4-9.1。

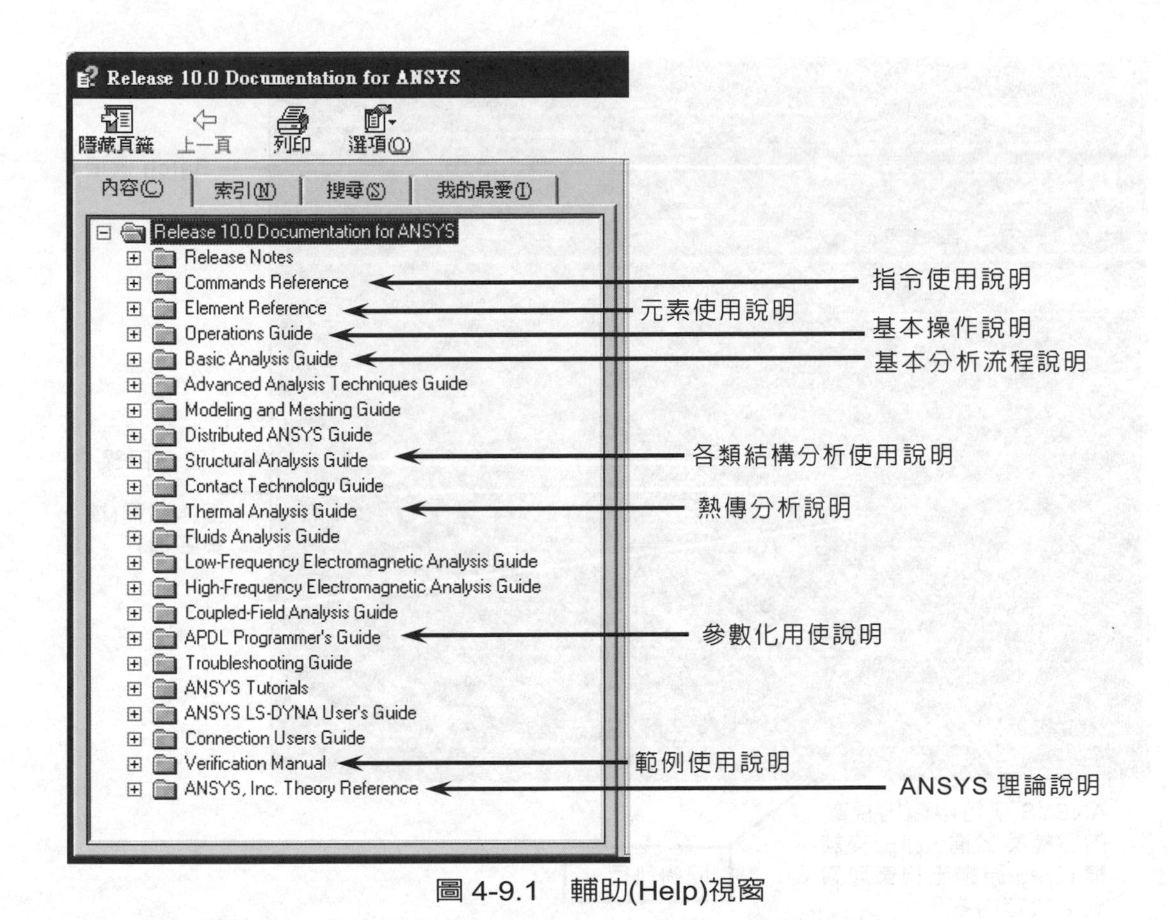

圖 4-9.1　輔助(Help)視窗

當結構系統非常大時，可使用非交談模式。執行交談模式時所使用 CPU 時間較少，比較不影響電腦其他應用程式之使用，雖然速度會減慢。非交談模式首先一定要有 ANSYS 的指令流程檔案。唯一不同的是將檔案中第一行加入**/BATCH** 及最後一行加入**/EXIT**，便可進行非交談模式。在 ANSYS Product Launcher 視窗選項中選取 Batch，出現圖 4-9.2 非交談式視窗選項，執行程式前宣告工作目錄，工作檔案名稱(通常與**/FILNAME** 指令所定義之名稱相同)，ANSYS 指令流程檔案名稱，輸出視窗內容檔案名稱，該檔案相當於交談模式時輸出視窗可看到之所有內容，然後選擇左下角(run)，便可進入非交談模式並開始執行。

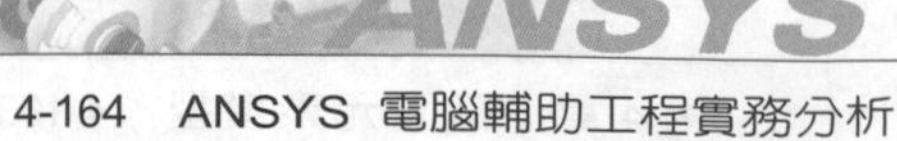

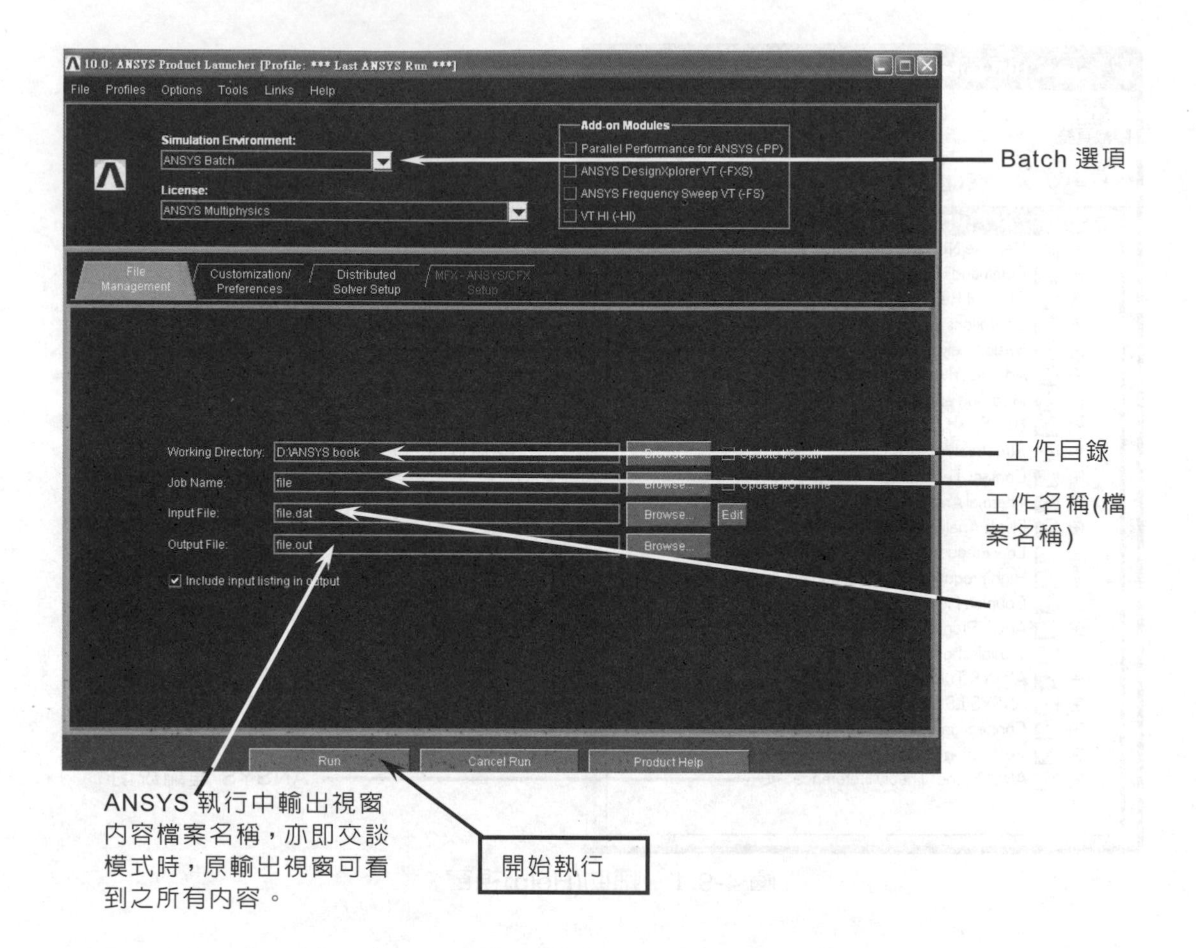

圖 4-9.2 非交談模式(BATCH)視窗

綜合本章可知，下拉式選單方式進行分析，並非實務的方法。因為我們不知道做了哪些動作，我們所做的動作是否正確，本章只是牛刀小試，實務上的分析問題不可能如此簡單，不會採用直接建立法，更不會採用下拉式選單方式。本章希望吸引分析人員的興趣，藉由簡單的指令帶領我們了解基本原理，以致能運用於複雜的結構分析。針對整個分析流程規劃如下：

```
/FILNAME,
/PREP7
ET,                     建立元素屬性，
MP,                     元素建立之前宣
R,                      告即可
 :
N,                      建立節點
 :
E,                      建立元素
 :
FINISH
/SOLU
ANTYPE,STATIC
 :
D,
 :                      宣告負載，大部分
F,                      指令，在/PREP7
 :                      與/SOLU 處理器
SF,                     皆可接受。
 :
SOLVE
FINISH
/POST1
PLDISP                  檢視列示結果
PLNSOL
```

【習　題】

本章練習題目，鋼材及鋁材之材料特性如下表：

	材料特性			
	楊氏系數	剪力模數	卜桑比	密度
鋁材	80×10^9 N/m^2 80000 Mpa	30×10^9 N/m^2 30000 Mpa	0.33	2800 Kg/m^3 2.8 Mg/mm^3
	11.4×10^6 lb/in^2	4.3×10^6 lb/in^2		0.003125 slug/in^3
鋼材	200×10^9 N/m^2 200000 Mpa	77×10^9 N/m^2 77000 Mpa	0.3	7800 Kg/m^3 7.8 Mg/mm^3
	30×10^6 lb/in^2	11.8×10^6 lb/in^2		0.008796 slug/in^3

4.1　下列桁架結構求其受力變形及各桿件之受力狀態。平面桁架使用 link1，立體桁架使用 link8 元素。同一結構中，所有桿件截面積皆相同，1 kip=1000 lb，1 kN=1000 N。

(a)　鋼材，截面積 $=40\times10^{-4}$ m^2。

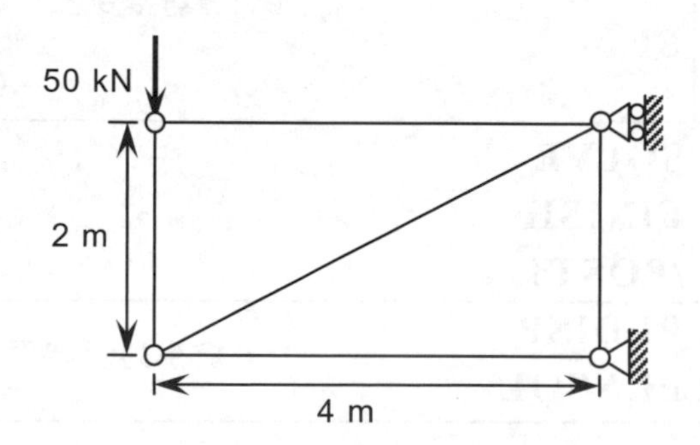

(b)　鋼材，截面積 = 1 in^2。

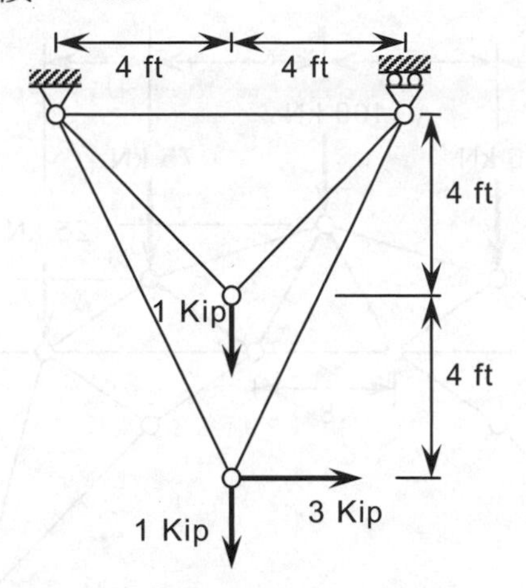

(c)　鋁材，所有集中力為 1000 N，截面積 = 10×10^{-4} m^2。

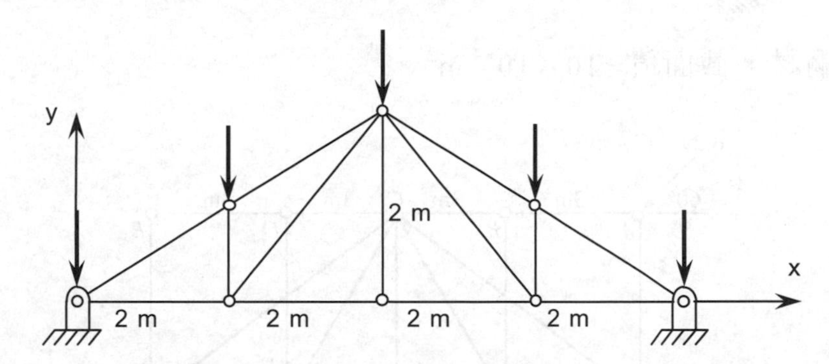

(d)　鋁材，截面積 = 8×10^{-4} m^2。

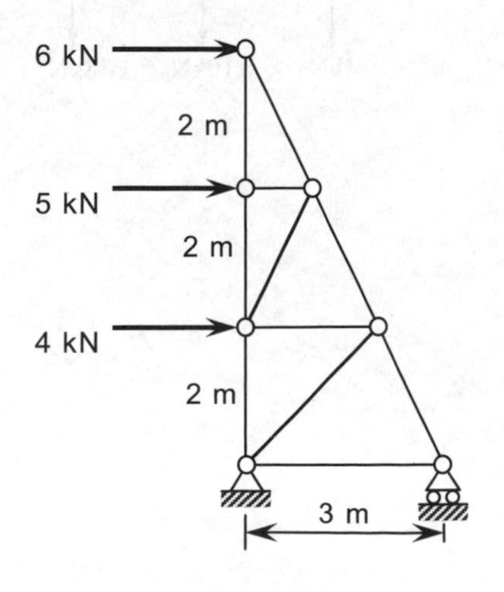

(e) 鋼材，截面積$=400\times10^{-4}$ m^2，長度單位：公尺。

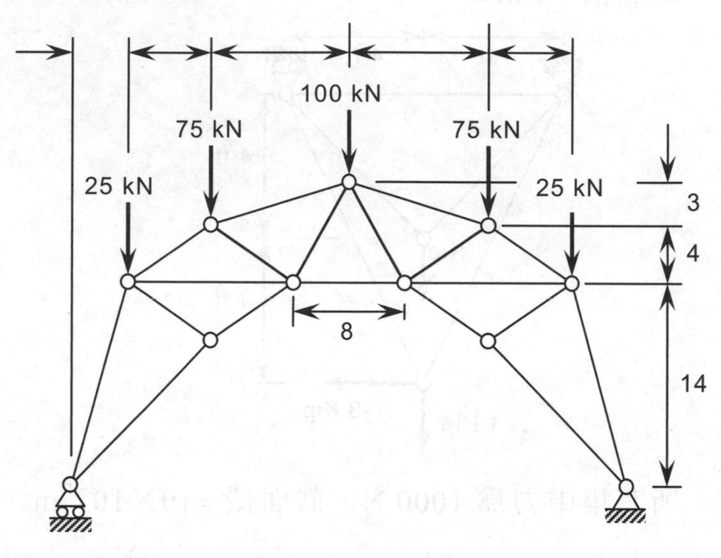

(f) 鋼材，截面積$=10\times10^{-4}$ m^2。

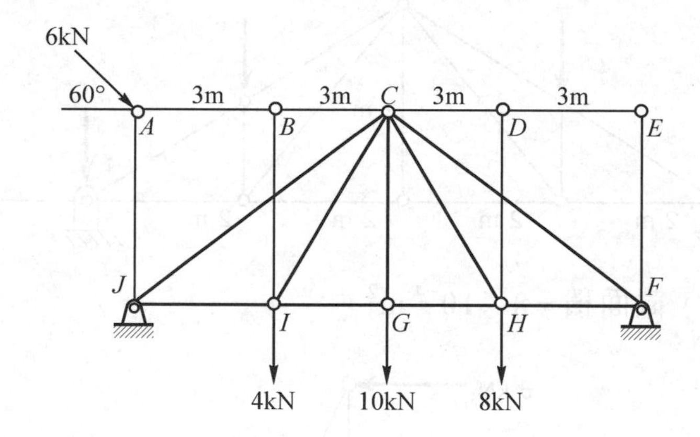

(g) 鋼材，截面積 $= 50 \times 10^{-4}\ m^2$。

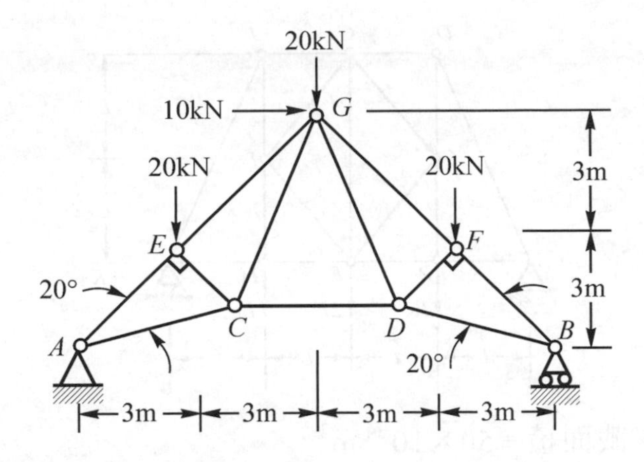

(h) 鋼材，截面積 $= 4\ in^2$。

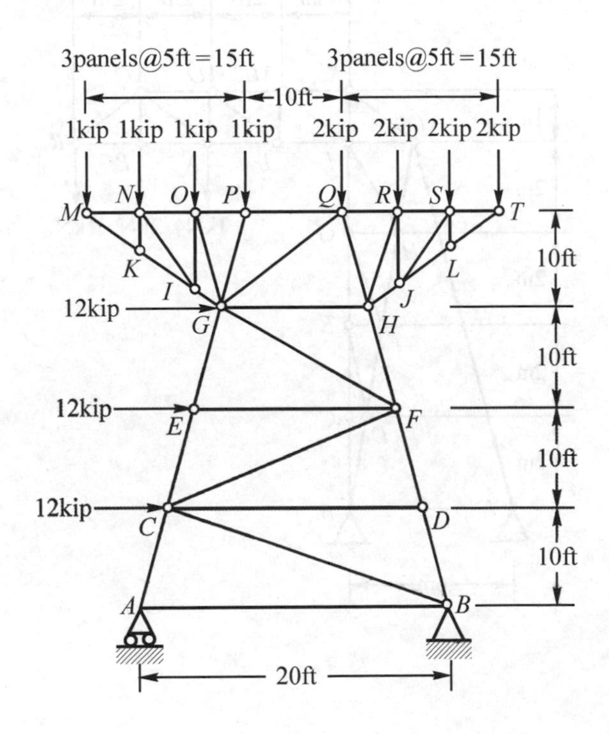

(i) 鋼材，截面積 = $5 \times 10^{-4}\ \mathrm{m}^2$，L = 2 m，F = 3 kN。

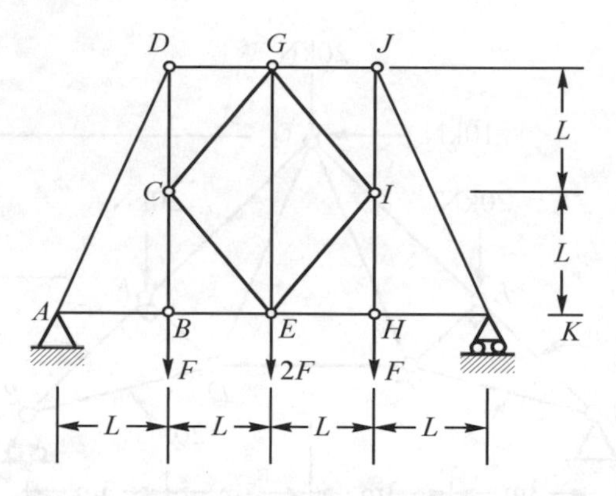

(j) 鋼材，截面積 = $50 \times 10^{-4}\ \mathrm{m}^2$。

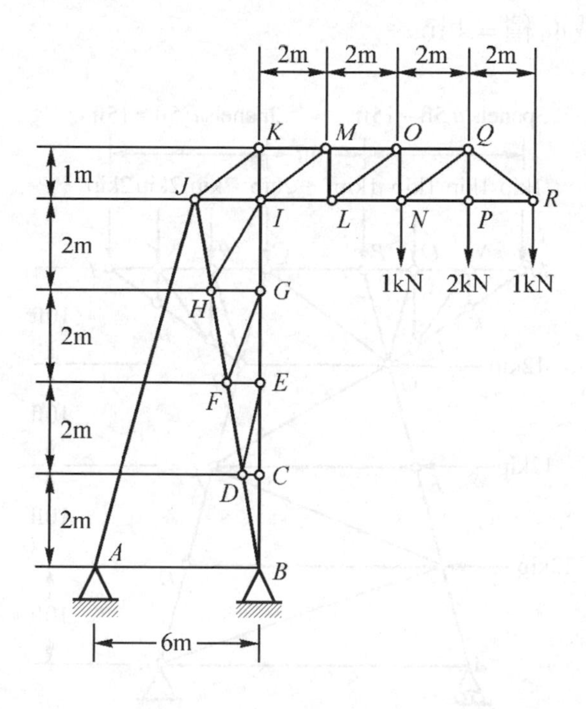

(k) 鋁材，截面積 = 50×10^{-4} m^2，A、B、C 在 x、y、z 方向位移限制爲零。

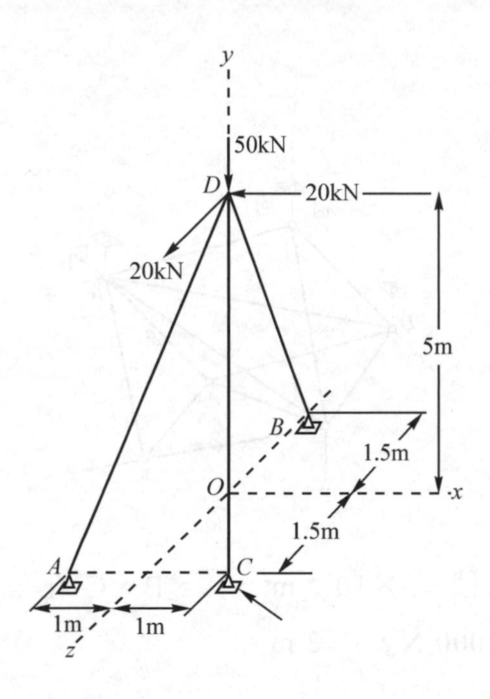

(l) 鋁材，截面積 = 10 in^2，A 點在 x、y、z 方向位移限制爲零，B 點在 y 方向位移限制爲零，H 點在 y、z 方向位移限制爲零。

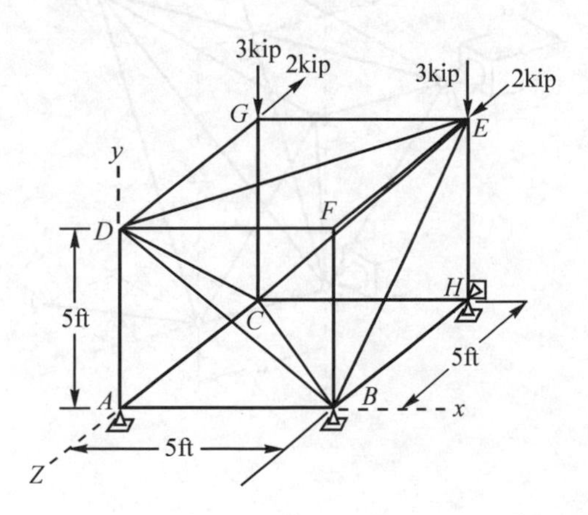

(m) 鋼材，截面積＝5 m^{-4}，C 點在 x、y、z 方向位移限制爲零，B 點在 y、z 方向位移限制爲零，D 點在 y 方向位移限制爲零，P＝3 kN，a＝2 m。

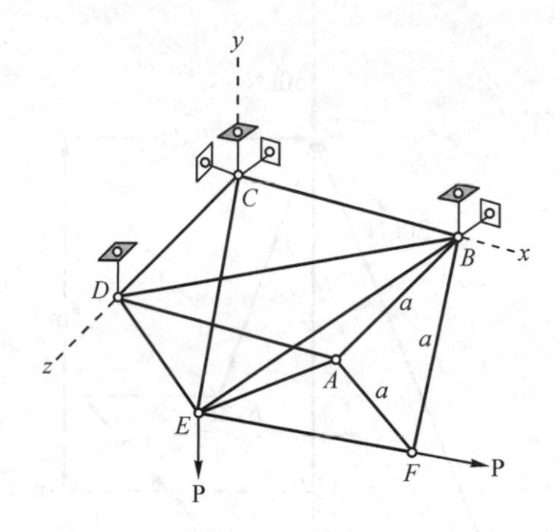

(n) 鋼材，截面積＝5×10^{-4} m^2，A、B、C 在 x、y、z 方向位移限制爲零，P＝2000 N，a＝2 m。

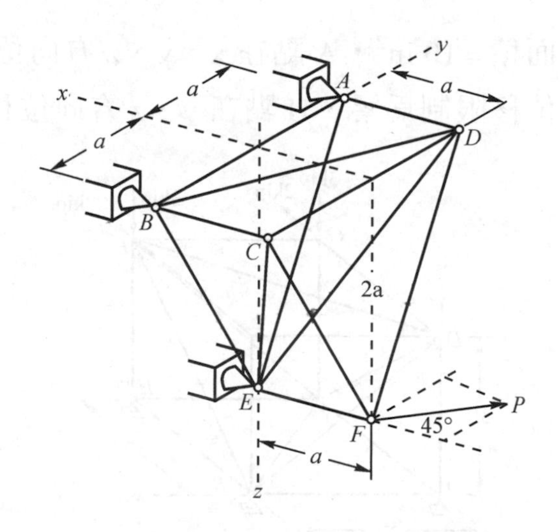

(o) 鋁材，截面積 = 5×10^{-4} m^2，A 在 x、y、z 方向位移限制爲零，B 點在 x、y 方向位移限制爲零，C 點在 y 方向位移限制爲零。

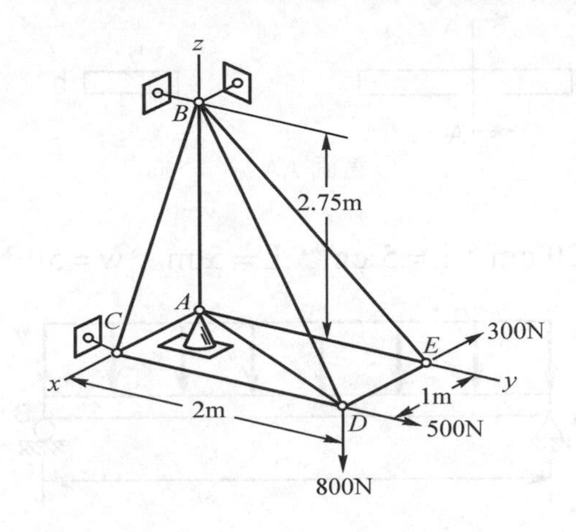

(p) 鋼材，截面積 = 1×10^{-4} m^2，A 及 C 點在 y 方向位移限制爲零，B 點在 x、y、z 方向位移限制爲零，F 點在 x、y 方向位移限制爲零，指示牌質量爲 50 Kg，負 x 方向承受 3000 N 風力，平均作用於指示牌上，AB = BC = BF = 400mm。

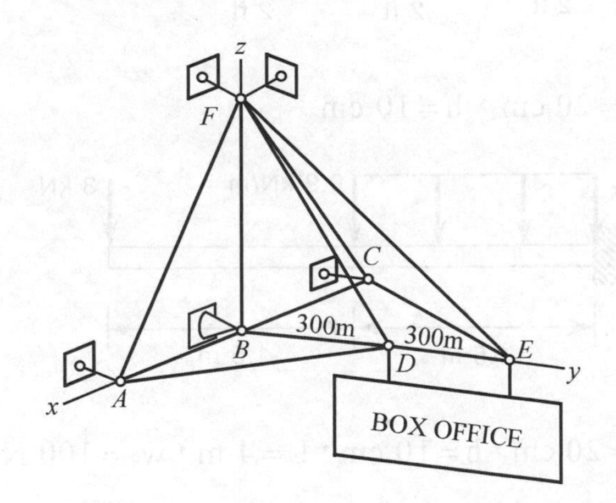

4.2 求下列樑結構受力後之變形、剪力及彎力距圖，使用 BEAM3 元素。樑截面為長方形，寬度為 b，厚度為 h，如下圖所示。

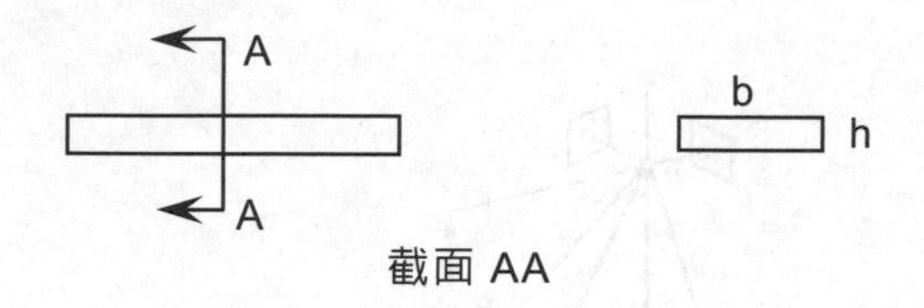

(a) 鋼材，b = 20 cm，h = 5 cm，L = 5 m，w = 50 N/m。

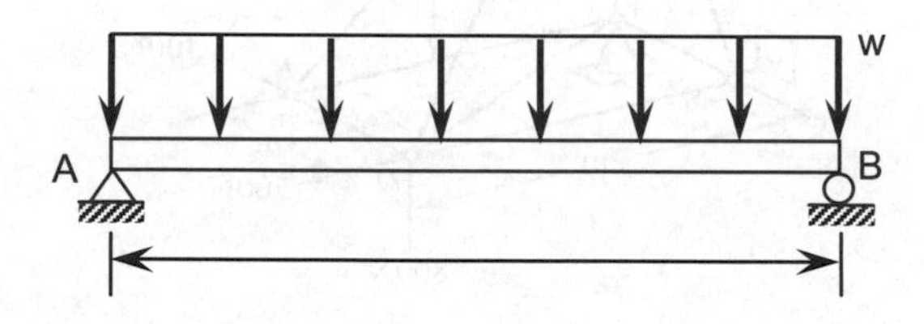

(b) 鋼材，b = 10 in，h = 5 in。

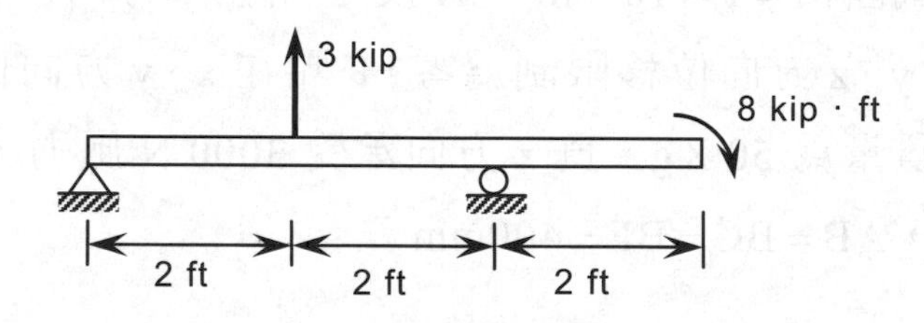

(c) 鋼材，b = 20 cm，h = 10 cm。

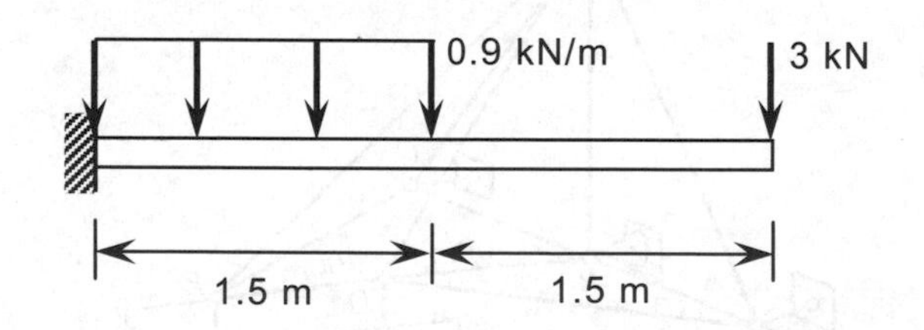

(d) 鋁材，b = 20 cm，h = 10 cm，L = 4 m，w_1 = 100 N/m，w_2 = 500 N/m。

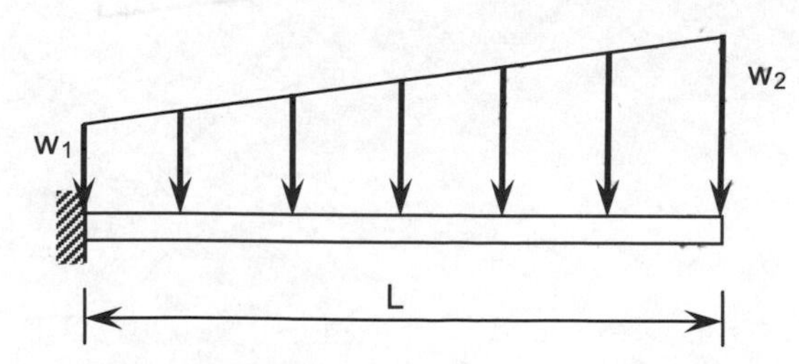

(e) 鋼材，b = 10 cm，h = 5 cm，L = 5 m，w_0 = 500 N/m。

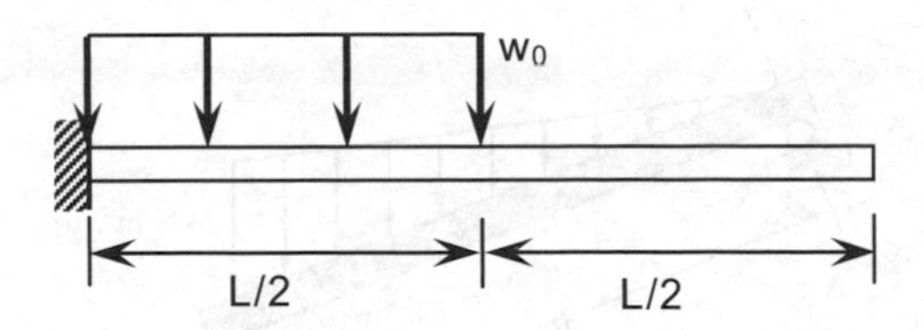

(f) 鋁材，b = 20 cm，h = 10 cm，L = 8 m，w_0 = 100 N/m。

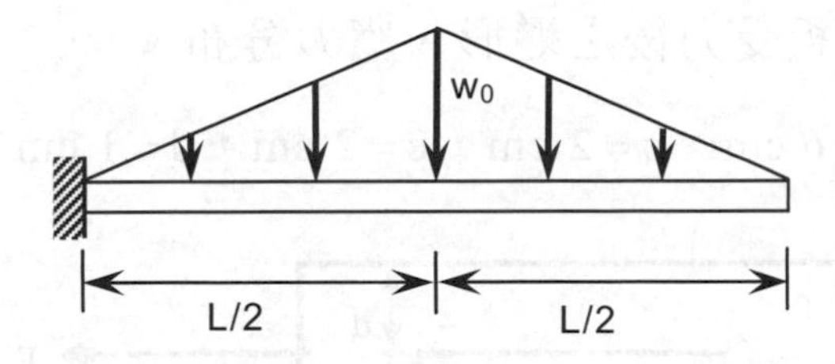

(g) 鋁材，b = 30 cm，h = 10 cm。

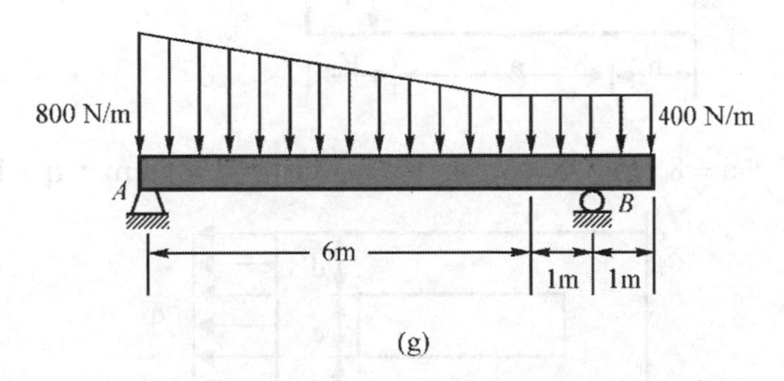

(g)

(h) 鋼材，b = 10 cm，h = 10 cm。

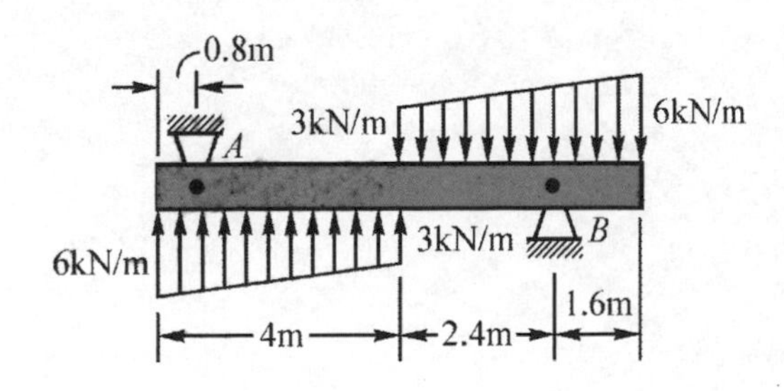

(i) 鋼材，b = 10 cm，h = 5 cm。

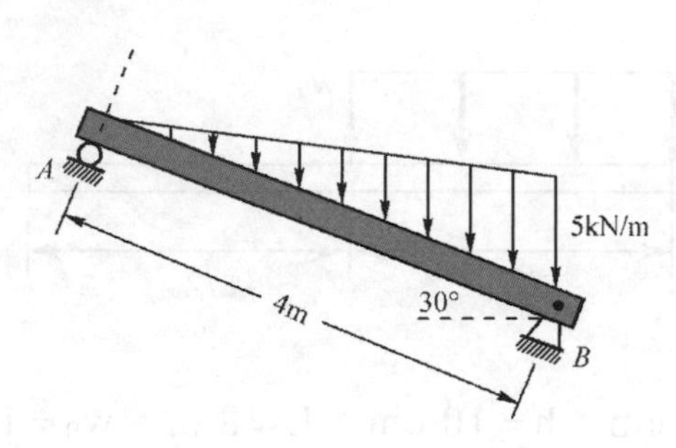

4.3 求下列中空平板受力後之變形、應力分布。

(a) 鋼材，a = 6 cm，b = 2 cm，c = 2 cm，d = 1 cm，F = 1000 N。

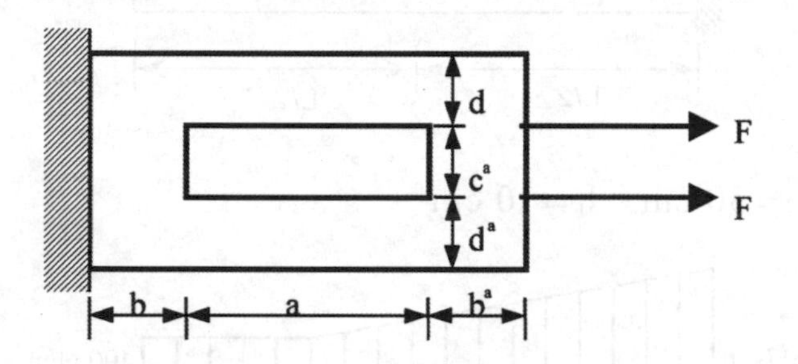

(b) 鋁材，a = 8 cm，b = 3 cm，c = 3 cm，d = 1 cm，q = 1000 N/m。

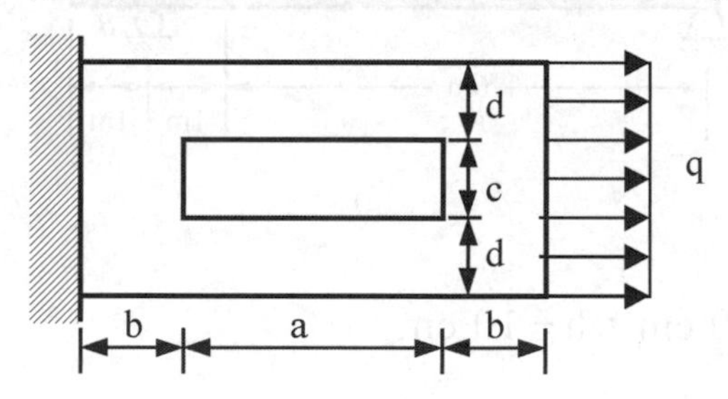

(c) 鋼材，a = 10 cm，b = 2 cm，c = 4 cm，d = 1 cm，F = 1500 N，q = 1500 N/m。

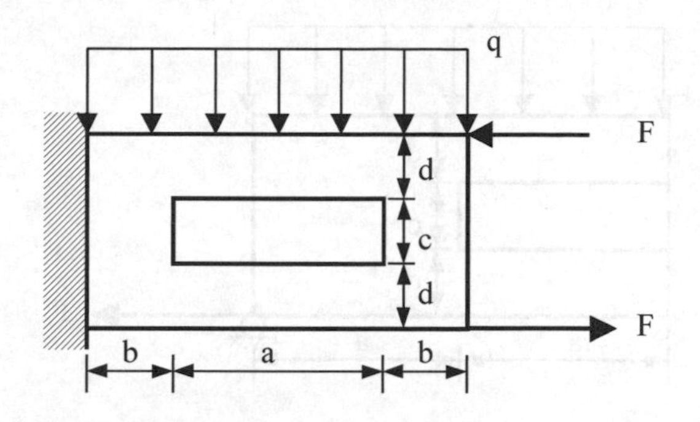

4.4　求下列空平板受力後之變形、應力分布。

(a) 鋼材，a = 6 cm，c = 2 cm，d = 1 cm，F = 1000 N。

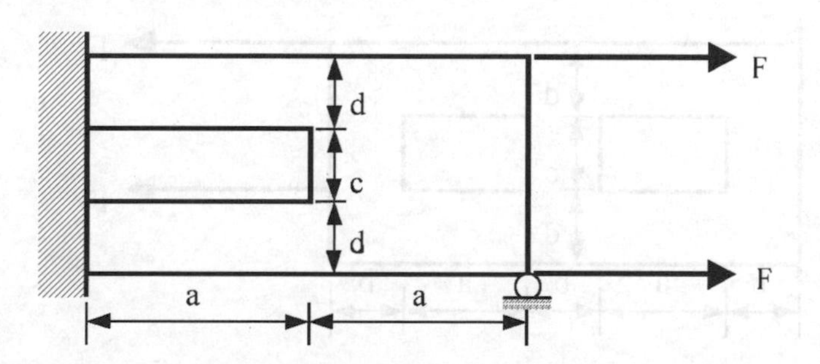

(b) 鋁材，a = 8 cm，c = 3 cm，d = 1 cm，q = 1000 N/m，F = 2000N。

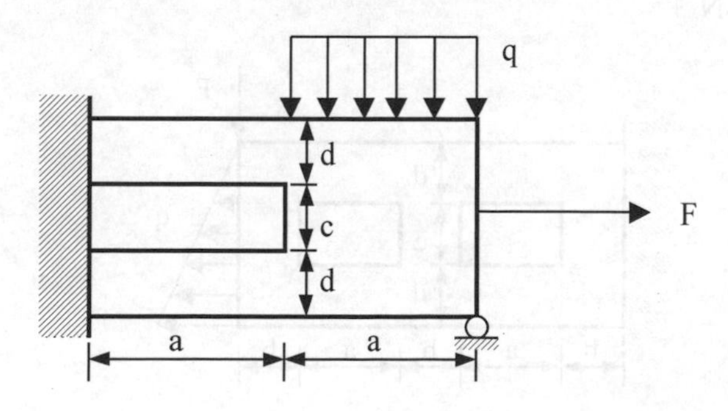

(c) 鋼材，a = 10 cm，c = 4 cm，d = 1 cm，F=1000 N，q=1500 N/m。

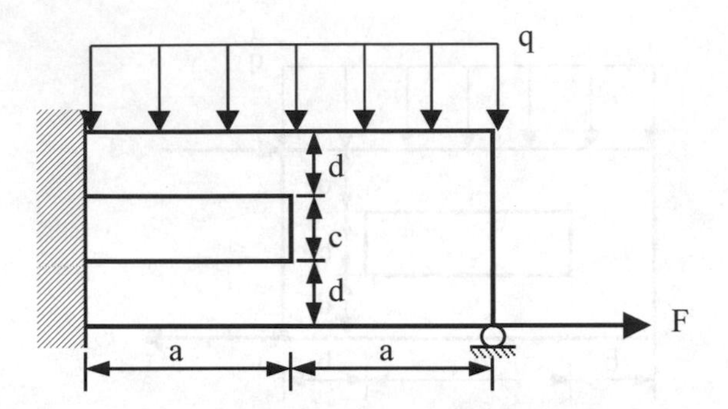

4.5 求下列兩中空平板受力後之變形、應力分布。

(a) 鋼材，a = 6 cm，b = 2 cm，c = 2 cm，d = 1 cm，F = 1000 N。

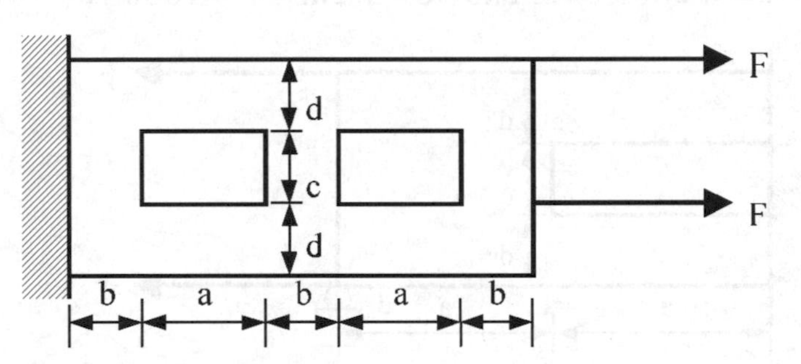

(b) 鋁材，a = 8 cm，b = 3 cm，c = 3 cm，d = 1 cm，q = 1000 N/m，F = 1000 N。

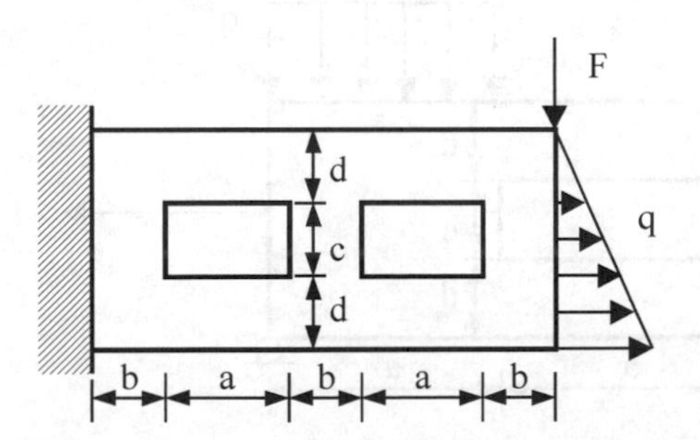

(c) 鋼材，a = 10 cm，b = 2 cm，c = 4 cm，d = 1 cm，F = 1000 N，q = 2000 N/m。

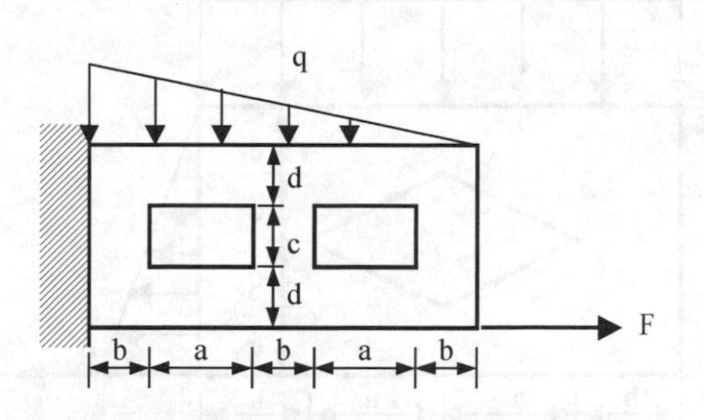

4.6　求下列菱形中空平板受力後之變形、應力分布。

鋼材，a = 6 cm，b = 2 cm，c = 2 cm，中空內有一平均壓力 P = 2000 N/m。

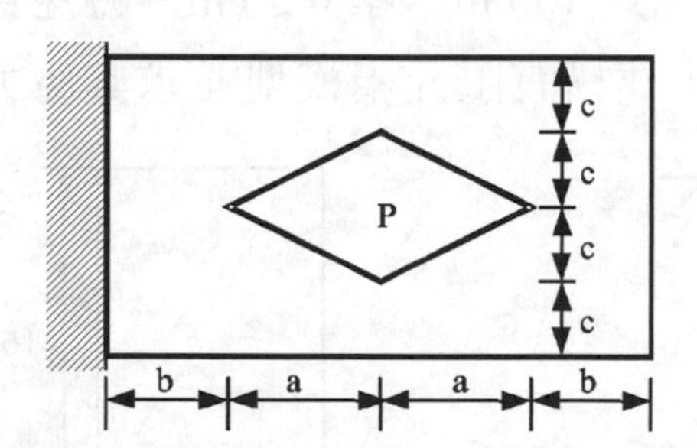

(b) 鋁材，a = 8 cm，b = 3 cm，c = 3 cm，q = 1000 N/m，F = 2000 N。

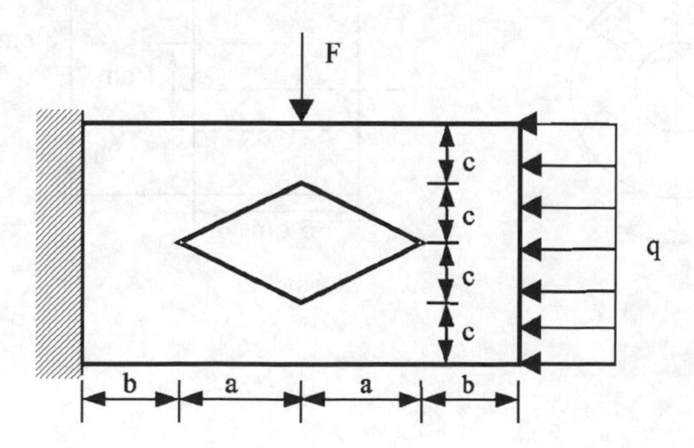

(c) 鋼材，a = 10 cm，b = 2 cm，c = 4 cm，F = 1000 N，q = 1500 N/m。

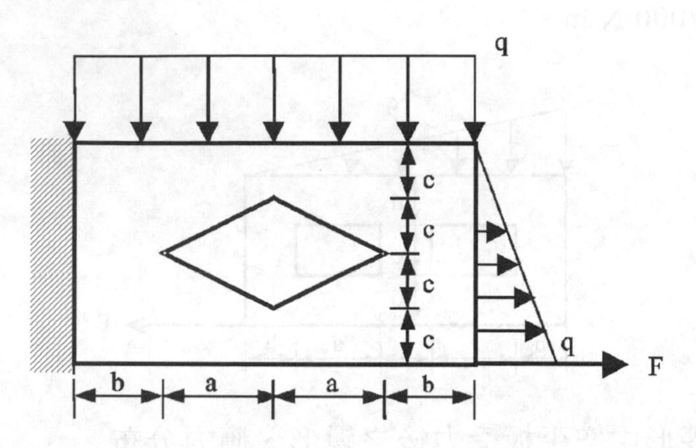

4.7 有一輪轂內徑為 1 cm，外徑 3 cm，長度為 5 cm，總共 6 片葉片平均分布於輪轂，葉片長 15 cm，厚 0.5 cm，轉速為 5000 rpm，內徑處自由度為 0，鋼材，建構有限元素模型並求其應力分布。

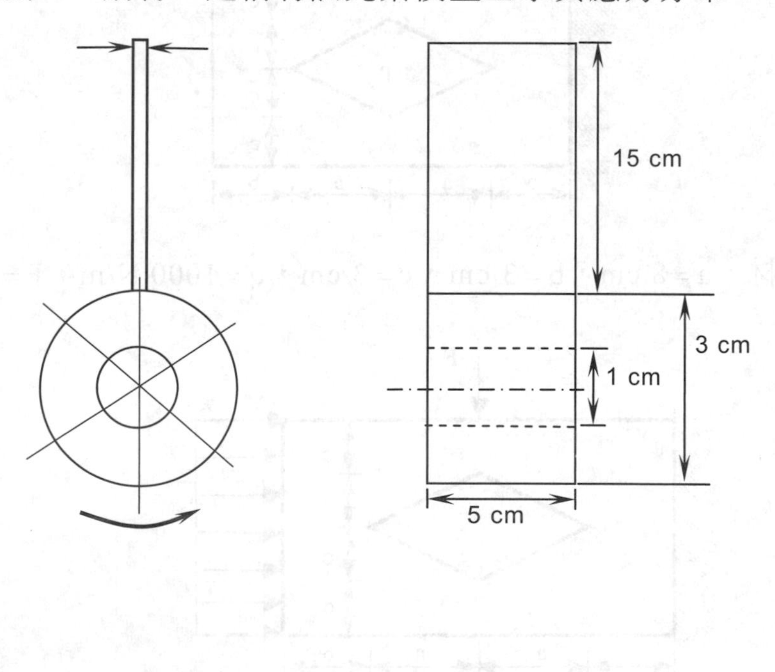

Chapter 5

ANSYS

進階模組技巧

➔ 5-1 前 言

前一章我們探討 ANSYS 有限元素法之基本使用方法，最主要在於機械結構系統轉換成爲有限元素模型，其轉換過程包括節點、元素之建立，負載及邊界條件之設定，解答之獲得及分析結果的檢視。然而對於較複雜之機械系統，仍需更進一步了解 ANSYS 的組織架構及其使用技巧，方能達到利用本軟體設計分析之目的。本章將進一步介紹 ANSYS 的進階使用，包含「多重元素」、「多重元素屬性」、「多重負載」，各種分析型態之概要、參數化 ADPL (ANSYS Parametric Design Language)語法及許多常用的指令。透過本章的學習，對於實案分析有很大的助益，也更加了解有限元素在實務上的應用。

➔ 5-2 多重元素與屬性

至目前爲止所遇到的機械結構系統，在建立有限元素模組時，所使用元素型態(element type)及其屬性如材料特性(material property)、幾何參數(real constant)皆相同，這是因爲機械結構系統簡易。例如，固定截面之樑，僅需一種元素及屬性，如圖 5-2.1(a)，今將樑更改爲階段樑如圖 5-2.1(b)，兩者有限元素模型之差異在於皆可用相同之元素(樑元素)，相同之材料特性，但元素所具有之幾何屬性不一樣，圖 5-2.1(b)中元素 1、2 之截面大小和元素 3、4 之截面不一樣。

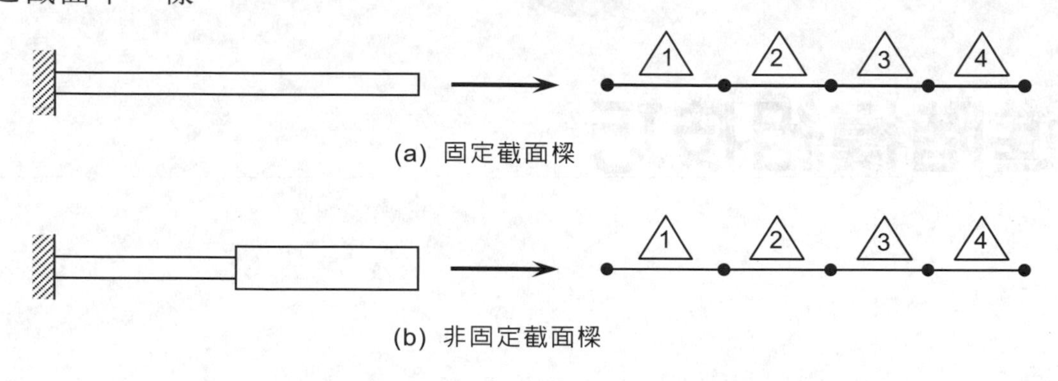

圖 5-2.1 多重幾何參數之示意圖

再考慮衍架結構如圖 5-2.2 所示，假設水平桿材質爲鋁，斜桿材質爲鋼，建立有限元素模型時，可使用相同元素(桿元素)，相同幾何特性(截面積)，但會遇到元素多重材料特性(MP)之問題。

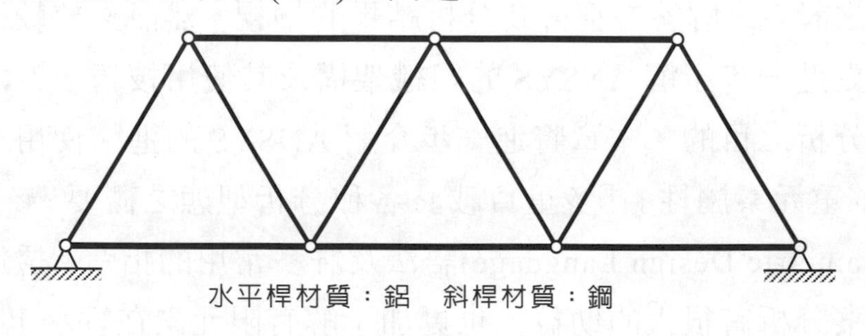

圖 5-2.2 桁架結構多重材料特性示意圖

若再考慮桌子結構如圖 5-2.3，很明顯可以見到有限元素模組中多重元素之現象，桌面可採用平面元素，桌角採用桿元素，也就是說一個結構由兩種以上不同元素組合而成。除了多重元素外，平面元素與桿元素的幾何屬性也不一樣，因此我們必須定義兩組幾何參數。

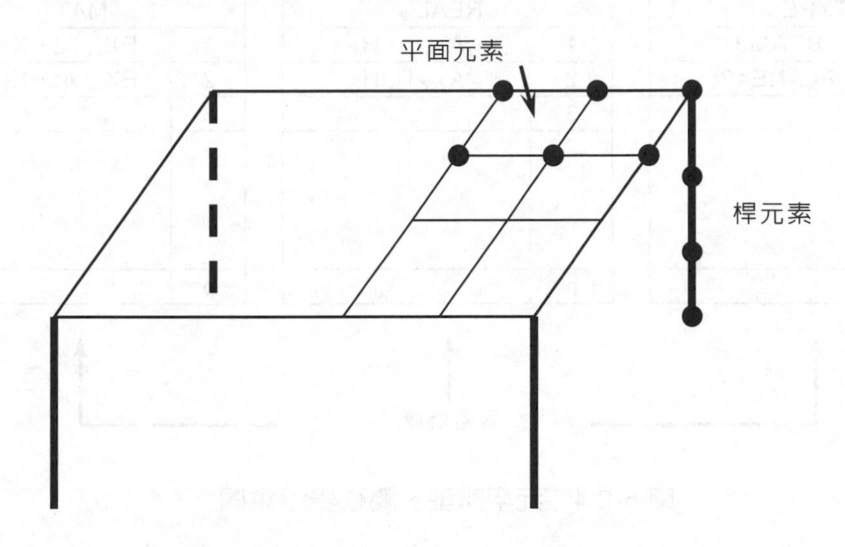

圖 5-2.3 桌子結構，多重元素特性示意圖

由以上可知，機械結構系統在建立有限元素模型時，必須適時選用元素及其屬性，賦予該結構中之元素。ANSYS 引用三個指令控制元素種類及其屬性，其中 **TYPE** 控制元素類型、**REAL** 控制幾何參數及 **MAT** 控制元素材料特性。我們亦可假想進行一個分析時，在 ANSYS 的 database 中有三個空表格如圖 5-2.4。TYPE 的欄位可用 **ET** 指令填入元素型態，REAL 的欄位可用 **R** 指令填入幾何參數類別，MAT 的欄位可用 **MP** 指令填入元素材料特性。當進行元素建立時，只要先行宣告何種 TYPE、REAL 及 MAT 之組合，則所建立之元素便有其相對應之屬性。

在第四章中，我們使用 **ET**, 1,…，**R**, 1,…，**MP**, EX, 1,…，**MP**, DENS, 1,…等，每一個指令中的 1，表示填入該表格 1 之位置，由於 ANSYS 中 **TYPE**、**REAL**、及 **MAT** 的自訂皆為 1，故在第四章範例中元素屬性之設定，不須利

用 **TYPE**、**REAL** 及 **MAT** 來定義，因爲所有的範例問題僅有一種元素型態，材料特性及幾何參數，故所有元素之屬性皆爲第一組之 **ET**，**R** 及 **MP** 所定義。

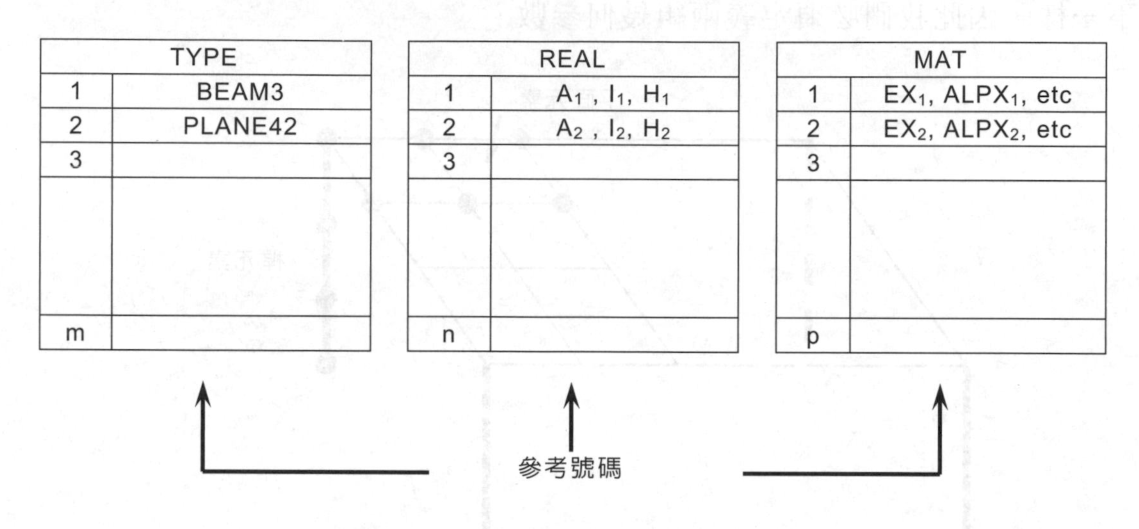

圖 5-2.4　元素類型、屬性表示意圖

指令介紹

TYPE, *ITYPE*

宣告建立元素時，元素的型式(element **TYPE**)號碼。*ITYPE* 爲元素型式號碼由 **ET** 指令先行定義，系統之自訂値爲 *ITYPE*=1。此處所提及之元素型式號碼，乃是在 ANSYS 元素庫中選取某些元素，作爲該結構分析所用之編號，並由 **ET** 指令給予編號，請勿將此處的元素型式號碼和 ANSYS 元素庫之型式號碼混淆。假想如同節點、元素、座標系統等物件，任何物件一定有編號。

Menu Paths : Main Menu > Preprocessor > Modeling > Create > Elements > Elem Attributes

Menu Paths : Main Menu > Preprocessor > Meshing > Mesh Attributes > Default Attribs

REAL, *NSET*

宣告建立元素時，元素幾何參數屬性(**REAL** constant)號碼。*NSET* 為屬性組別號碼，由 **R** 指令先行定義，系統之自訂值為 *NSET*=1。假想如同節點、元素、座標系統等物件，任何物件一定有編號。

Menu Paths : Main Menu > Preprocessor > Modeling > Create > Elements > Elem Attributes

Menu Paths : Main Menu > Preprocessor > Meshing > Mesh Attributes >Default Attribs

MAT, *MAT*

宣告建立元素時，元素材料特性屬性(**MAT**erial)號碼。*MAT* 為屬性號碼，由 **MP** 指令先行定義，系統之自訂值為 *MAT*=1。假想如同節點、元素、座標系統等物件，任何物件一定有編號。

Menu Paths : Main Menu > Preprocessor > Modeling > Create > Elements > Elem Attributes

Menu Paths : Main Menu > Preprocessor > Meshing > Mesh Attributes > Default Attribs

綜合言之，建立有限元素模組時，先行檢視該機械結構系統所包含的所有元素型態及元素屬性，藉由 **ET**，**MP**，**R** 指令設定於 **TYPE**，**REAL** 及 **MAT** 表中，在最後元素建立前，以適當之 **TYPE**，**REAL**，**MAT** 參數號碼宣告即可。基本流程如下：

```
ET, 1, …
ET, 2, …            !定義三組元素型態
ET, 3, …
R, 1, …
R, 2, …             !定義二組元素幾何參數
MP, EX, 1, …
MP, MU, 1, …
```

MP, EX, 2, …

MP, MU, 2, …   !定義二組元素材料特性

⋮

(建立節點)

⋮

TYPE, 1

MAT, 1

REAL, 1

E, …

⋮ (該部分元素屬性由第一組元素型態，第一組元素材料特性，第一組元素幾何參數決定)

⋮

E, …

TYPE, 1

MAT, 2

REAL, 2

E, …

⋮ (該部分元素屬性由第一組元素型態，第二組元素材料特性，第二組元素幾何參數決定)

⋮

E, …

TYPE, 3

MAT, 2

REAL, 1

E, …

⋮ (該部分元素屬性由第三組元素型態，第二組元素材料特性，第一組元素幾何參數決定)

⋮

E, …

【範例 5-1】

厚度改變的階段樑，如圖所示。中間段材料爲鋁，左右二段材質爲鋼，(僅供練習參考用，實際上不合於設計常理)，建構有限元素節點及元素。b=30 mm，h_1=5 mm，h_2=10 mm，h_3=20 mm，E_1=E_3=207000 MPa，E_2=70000 MPa，L_1=L_2=L_3=500 mm。

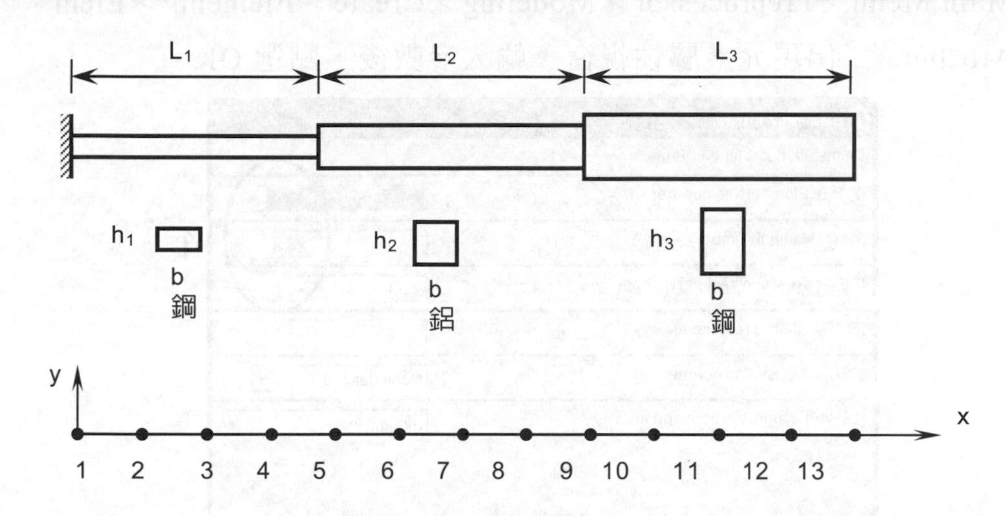


```
/FILNAME, EX5-1
/TITLE, Finite Element Model of Step Beam
/PREP7
ET, 1, BEAM3                !定義第一組元素型態爲 BEAM3
MP, EX, 1, 2.07e3           !定義第一組元素，鋼材料特性
MP, EX, 2, 70e3             !定義第二組元素，鋁材料特性
R, 1, 150, 31.25, 5         !定義第一組幾何參數(第一段)
R, 2, 300, 2500, 10         !定義第二組幾何參數(第二段)
R, 3, 600, 20000, 20        !定義第三組幾何參數(第三段)
N, 1, 0, 0
N, 13, 1500, 0
```

Fill, 1, 13

TYPE, 1 !可省略，系統自訂為 TYPE,1

MAT, 1 !可省略，系統自訂為 MAT,1

REAL, 1 !可省略，系統自訂為 REAL,1

或(前三行指令)

Main Menu > Preprocessor > Modeling > Create > Elements > Elem Attributes 出現元素屬性視窗，輸入參數後，點選 OK。

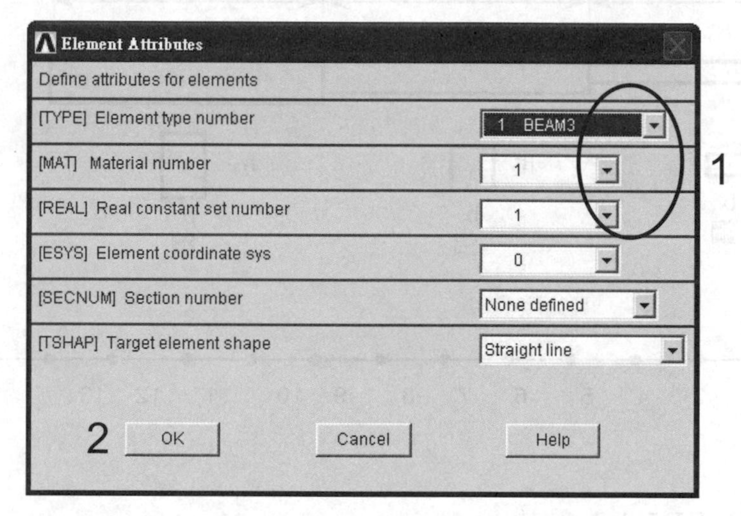

E, 1, 2 !以下元素屬性，由上三行指令決定

E, 2, 3

E, 3, 4

E, 4, 5

TYPE, 1 !可省略，系統自訂為 TYPE, 1

MAT, 2 !不可省略，選取第二組元素，鋁材料特性

REAL, 2 !不可省略，選取第二組元素，幾何參數

或(前三行指令)

Main Menu > Preprocessor > Modeling > Create > Elements > Elem Attributes 出現元素屬性視窗，輸入參數後，點選 OK。

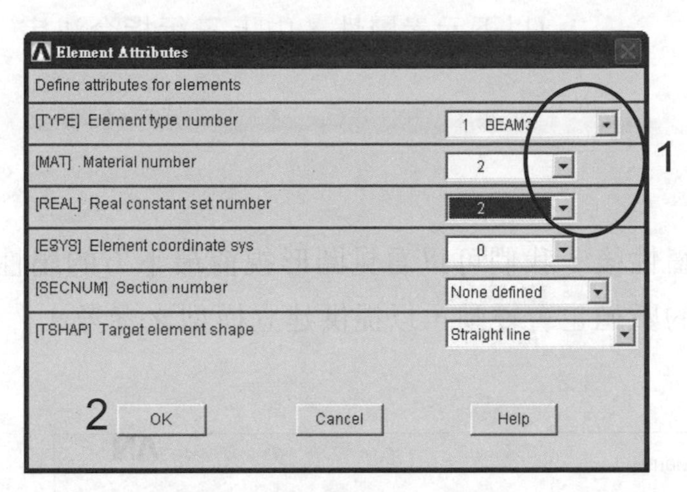

E, 5, 6　　　　　　!以下元素屬性，由上三行指令決定

E, 6, 7

E, 7, 8

E, 8, 9

TYPE, 1　　　　　　!可省略，系統自訂爲 TYPE, 1

MAT, 1　　　　　　!不可省略，重新選取第一組鋼材料特性

REAL, 3　　　　　　!不可省略，重新選取第三組元素幾何參數

或(前三行指令)

Main Menu > Preprocessor > Modeling > Create > Elements > Elem Attributes 出現元素屬性視窗，輸入參數後，點選 OK。

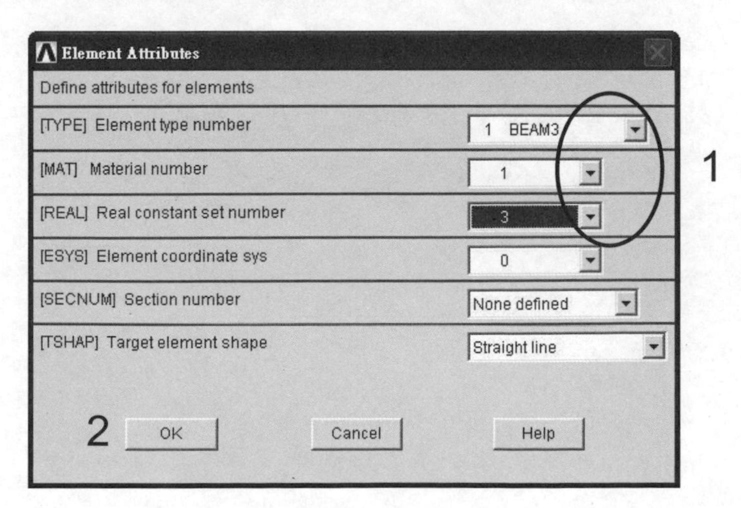

E, 9, 10 !以下元素屬性，由上三行指令決定

E, 10, 11

E, 11, 12

E, 12, 13

當設定元素屬性後，我們可以看見圖形視窗最下方的屬性列，TYPE、REAL、MAT 中的數值也會變動，以提供建立模型之參考。

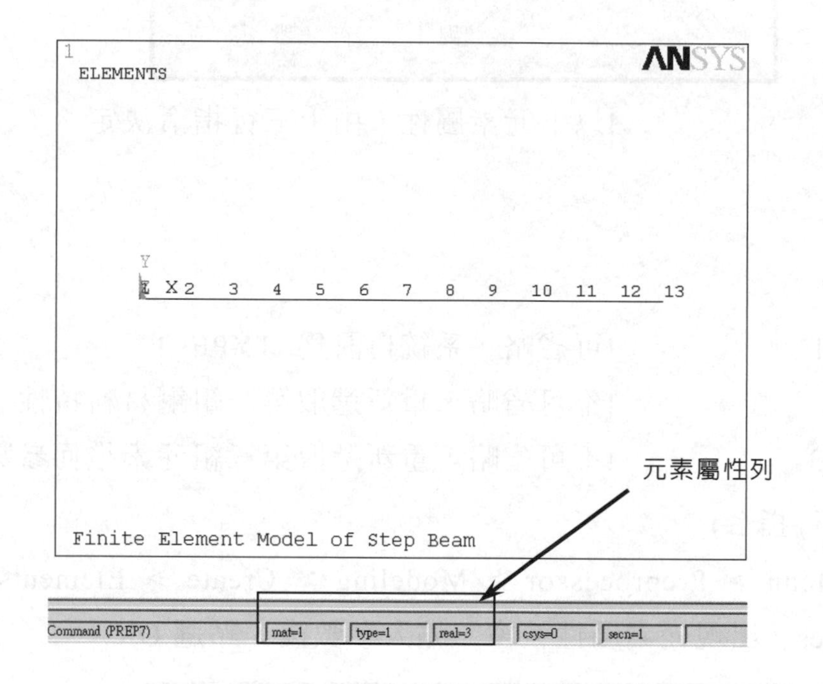

【範例 5-2】

衍架結構，水平桿件之截面積為 2000 mm^2，斜桿件之截面積為 700 mm^2，材質都是鋼材 E=207000 MPa，建構有限元素節點及元素。

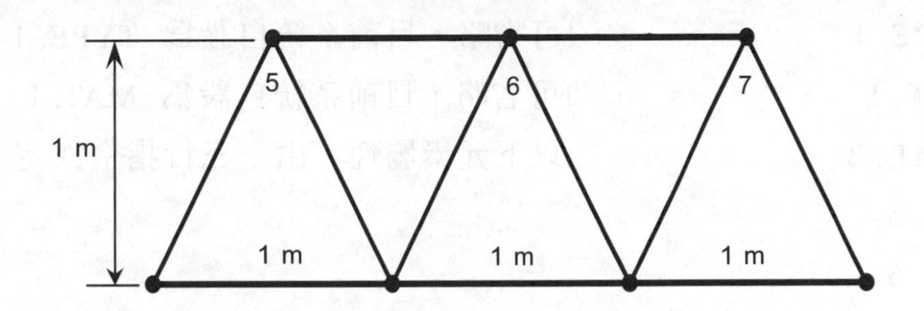


```
/FILNAME, EX5-2
/TITLE, Finite Element Model of Truss Structure
/PREP7
ET, 1, LINK1                !定義第一組元素型態為 LINK 1
MP, EX, 1, 207000           !定義第一組元素，鋼材料特性
R, 1, 2000                  !定義第一組幾何參數(水平桿)
R, 2, 700                   !定義第二組幾何參數(斜桿)
N, 1, 0, 0
N, 4, 3000, 0
FILL, 1, 4
N, 5, 500, 1000
N, 6, 1500, 1000
N, 7, 2500, 1000
TYPE, 1                     !可省略，目前系統自設為 TYPE, 1
MAT, 1                      !可省略，目前系統自設為 MAT, 1
REAL, 1                     !可省略，目前系統自設為 REAL, 1
E, 1, 2                     !以下元素屬性，由上三行指令決定
```

```
E, 2, 3
E, 3, 4
E, 5, 6
E, 6, 7
TYPE, 1              !可省略，目前系統自設為 TYPE, 1
MAT, 1               !可省略，目前系統自設為 MAT, 1
REAL, 2              !以下元素屬性，由上三行指令決定
E, 1, 5
E, 2, 5
E, 2, 6
E, 6, 3
E, 3, 7
E, 7, 4
```

【範例 5-3】

某質量彈簧系統，m=2 kg，彈簧之彈性係數 8.0 N/m，轉換為有限元素模型。質量採用質量元素(MASS21)，彈簧採用 2-D 彈簧元素(COMBIN14)。

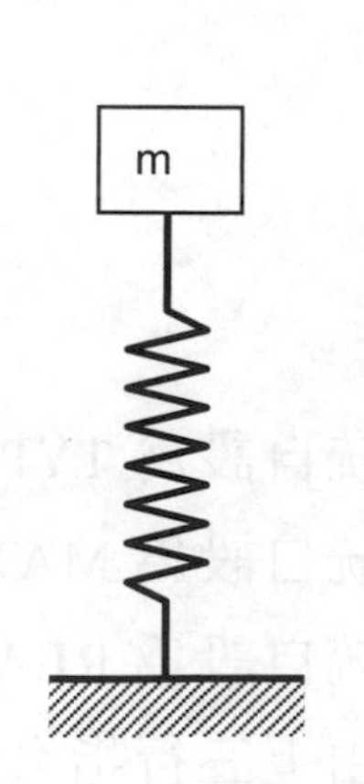

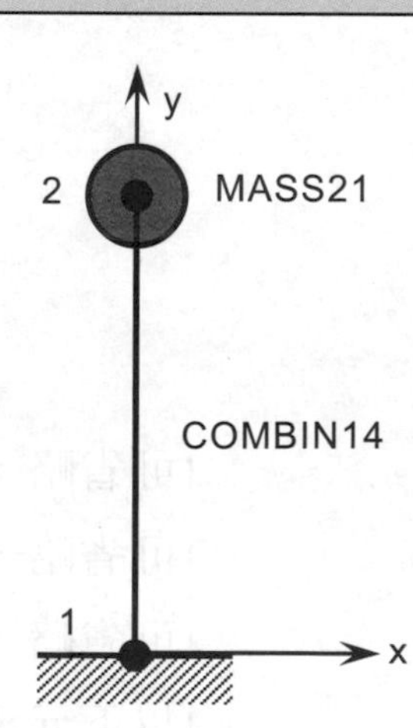

```
/FILNAME, EX5-3
/TITLE, Finite Element Model of Mass Spring System
/PREP7
ET, 1, COMBIN14, , , 2    !KOPT3=2 表示 XY 平面，2-D 彈簧
ET, 2, MASS21, , , 4      !KOPT3=4 表示 2-D 平面質量，無轉動慣量
R, 1, 8
R, 2, 2
N, 1, 0, 0
N, 2, 0, 1                !彈簧可取任意高度
TYPE, 1
REAL, 1
E, 1, 2                   !該元素不具有材料特性
TYPE, 2
REAL, 2
E, 2                      !質量元素僅一節點，元素不具有材料特性
```

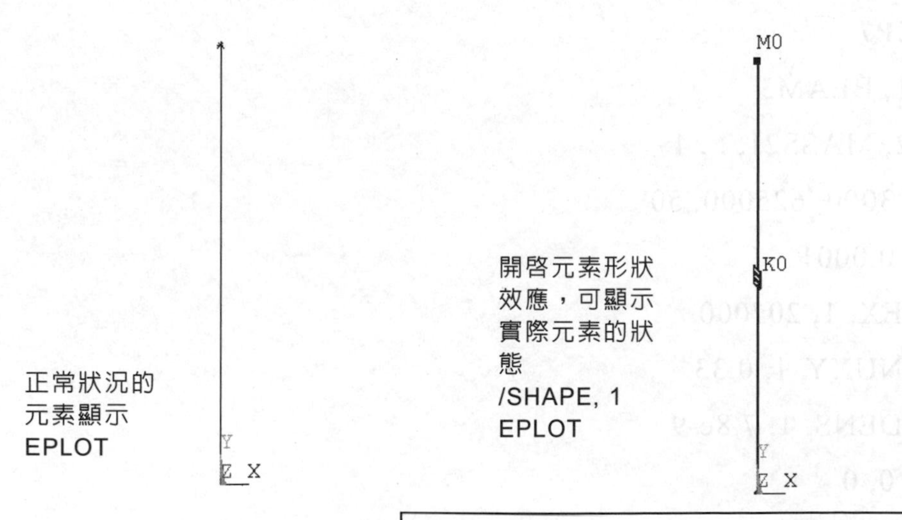

註記：MASS21 及 COMBINE14 不需材料特性，故不必 MAT 指令。

【範例 5-4】

長方形截面懸臂樑，自由端具有一個質量=1×10^{-4} Mg，樑之屬性如下：E=207000 MPa，L=1200 mm，截面積=3000 mm^2，h=50 mm，I=6.25×10^5 mm^4，密度=7.8×10^{-9} Mg/mm^3，建構有限元素模型。

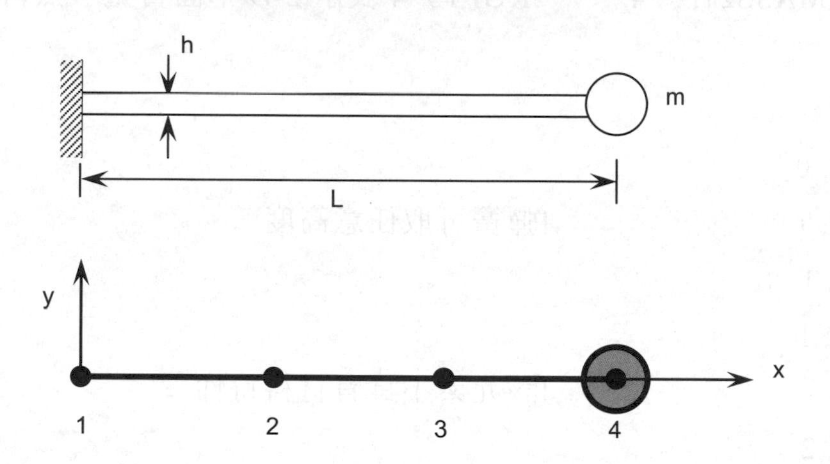


```
/FILNAME, EX5-4
/TITLE, Finite Element Model of Cantilever Beam and Tip Mass
/PREP7
ET, 1, BEAM3
ET, 2, MASS21, , , 4
R, 1, 3000, 625000, 50
R, 2, 0.0001
MP, EX, 1, 207000
MP, NUXY, 1, 0.33
MP, DENS, 1, 7.8e-9
N, 1, 0, 0
N, 2, 400, 0
N, 3, 800, 0
N, 4, 1200, 0
```

```
TYPE, 1                 !可省略，目前系統自設為 TYPE, 1
MAT, 1                  !可省略，目前系統自設為 MAT, 1
REAL, 1                 !可省略，目前系統自設為 REAL, 1
E, 1, 2                 !以下元素屬性，由上三行指令決定
E, 2, 3
E, 3, 4
TYPE, 2
REAL, 2
E, 4
FINISH
```

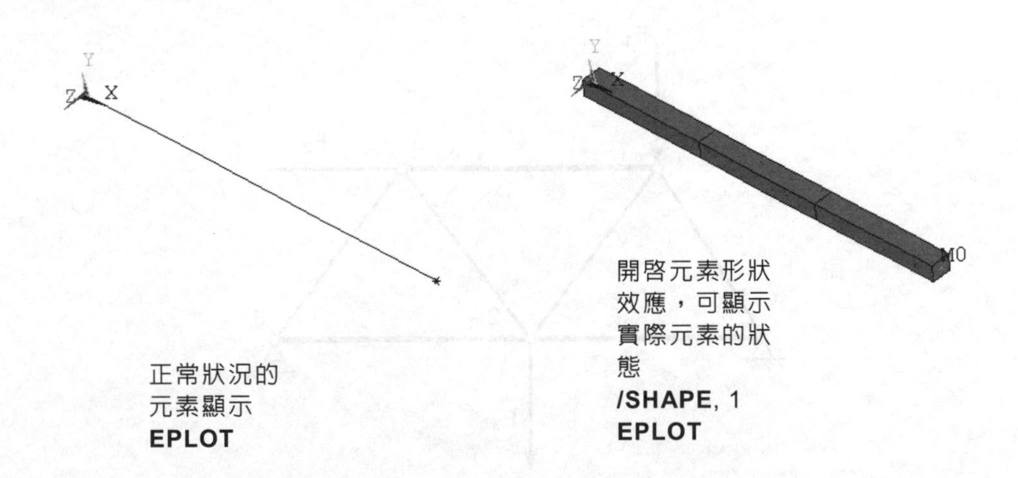

註記：由目前指令流程可知，質量元素屬性為 TYPE, 2、REAL, 2、MAT, 1。但質量元素不需 MAT，所以雖然質量元素屬性的材料特性設定為 MAT, 1，並不會參與分析。因此，任何元素一定有 TYPE、REAL、MAT 屬性，但元素本身不需 REAL、MAT 時，不必顧慮其目前的設定。通常三項(TYPE、REAL、MAT)元素屬性中，只要有一項有多重性，在管理方便性而言，會將元素屬性設定為同一組，以範例 5-5 說明之。

➔ 5-3 多重負載

機械結構系統受到外力負載後，我們希望知道該系統之最終反應為何。但機械結構系統之外力形式有很多種，有時我們會探討該系統在不同外力狀態下之反應。例如旋轉葉輪之葉片所受的負載有轉速負載，流體經過葉片之壓力負載及流體溫度所造成之溫度熱變形負載。當進行靜態結構應力分析時，我們可考慮三種負載一起加諸於結構上，所探討之結果為最後總效應，但我們亦可分別探討三種不同負載，分別對葉片結構造成之應力大小，進而得知那一種負載對應力有最大的影響。再以衍架結構如圖 5-3.1 說明多重負載。

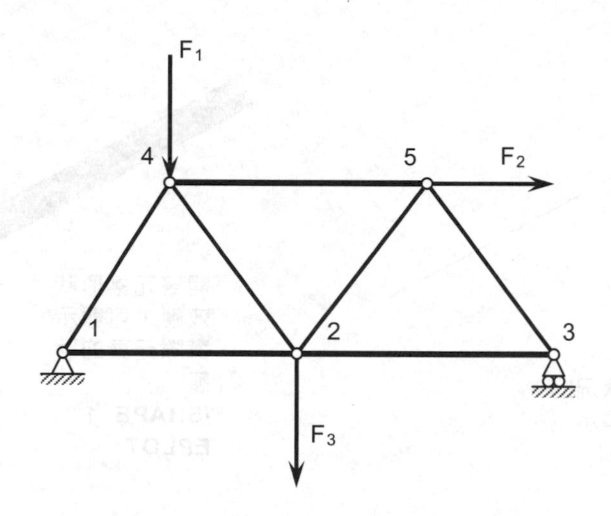

圖 5-3.1　多重負載衍架結構示意圖

今考慮下列幾種不同情況：

1. 當結構受F_1之外力後結果為何？
2. 當結構受F_1，F_2之外力後結果為何？
3. 當結構受F_1，F_3之外力後結果為何？
4. 當結構受F_2，F_3之外力後結果為何？
5. 當結構受F_1，F_2，F_3之外力後結果為何？

對於上述之問題，每一個分析狀態僅負載型式不同，有限元素模型皆相同，因此我們可採用多重負載之方式來處理，所以圖 5-3.1 中可考慮爲五種不同程度負荷之分析。多重負載常發生在實際設計分析中，故對該分析流程技巧必須有所了解。在多重負載分析流程中，建立模組的過程和單一負載無任何差異，只有在解答處理器中必須留意其不同負荷狀態下之求解流程。多重負載結果的獲得有下列二種：多重負載檔案方法(load steps file method)與多重求解方法(multiple solve method)。多重負載檔案法，是將每一個負載儲存爲一個文字檔，最後再分別求取每一個負載的答案。多重求解法，是將每一個負載定義完後，立即求取該負載的答案。

ANSYS 的指令下達後，該指令的作用永遠有效，例如將節點號碼開啓，則每次顯示節點時一定有號碼，除非將節點號碼關閉；當定義某些節點有限制條件，該限制條件永遠有效；當定義某些節點有壓力分布，該壓力分布永遠有效。由於多重負載時每一個負載狀況不同，所以要特別住留意不同負載之間，有哪些負載繼續存在，有哪些新負載，有哪些負載不存在，必需明確定義。

指令介紹

LSWRITE, *LSNUM*

若採用多重負載檔案法，將目前負載(**Load Step**)資料儲存(**WRITE**)至檔案中，所儲存檔案之名稱爲 Jobname.sn，n=*LSNUM*，n 爲 2 位數，第一負載 n=01，第二負載 n=02，餘此類推，該檔案爲文字檔可進行編修。系統自訂 *LSNUM* 由 1 開始，每下達一次 **LSWRITE**，則 *LSNUM* 自動加 1。

Menu Paths : Main Menu > Preprocessor > Loads > Load Step Opts > Write LS File

Menu Paths : Main Menu > Solution > Load Step Opts > Write LS File...

LSSOLVE, *SLMIN, LSMX, LSINC*

若採用多重負載檔案法，讀取前所定義之多重負載(**L**oad**S**)，並求其每一個不同負載的解答(**SOLVE**)。

SLMIN,LSMX,LSINC：求取階段負載結果之範圍。

Menu Paths : Main Menu > Solution > Solve > From LS Files

DDELE, *NODE, Lab, NEND, NINC*

將已定義之限制條件(**D**isplacement Constraints)刪除(**DELE**te)。當前一次限制條件負載，不再參與後一次限制條件負載，則必須將前一次限制條件負載刪除，參數請參閱 **D** 指令。

```
D, 1, ALL, 0          !設定節點 1，所有自由度為 0
:
:
DDELE, 1, ALL         !刪除節點 1 的所有自由度設定
```

Menu Paths : Main Menu > Preprocessor > Loads > Define Loads > Delete > (load type)> (Object)

Menu Paths : Main Menu > Solution > Define Loads > Delete > (load type)> (Object)

FDELE, *NODE, Lab, NEND, NINC*

將已定義於節點上之集中外力(**F**orce)刪除(**DELE**te)。當前一次節點集中力負載，不再參與後一次節點集中力負載，則必須將前一次節點集中力負載刪除，參數請參閱 **F** 指令。

```
F, 2, FY, 100         !設定節點 2，y 方向受力 100
:
:
FDELE, 2, FY          !刪除節點 2 的受力
```

Menu Paths : Main Menu >Preprocessor >Loads > Define Loads > Delete > (load type)> (Object)

Menu Paths : Main Menu >Solution > Define Loads > Delete > (load type)> (Object)

SFDELE, *Nlist, Lab*

將已定義之壓力負載(**SurFace** loads)刪除(**DELE**te)。當前一次壓力負載，不再參與後一次壓力負載，則必須將前一次壓力負載刪除，參數請參閱 **SF** 指令。

Menu Paths : Main Menu >Preprocessor >Loads > Define Loads > Delete > (load type)> (Object)

Menu Paths : Main Menu >Solution > Define Loads > Delete > (load type)> (Object)

SFEDELE, *ELEM, LKEY, Lab*

將已定義的壓力負載(**SurFace** loads)於某元素(**E**lement)上刪除(**DELE**te)。當前一次元素壓力負載，不再參與後一次元素壓力負載，則必須將前一次元素壓力負載刪除，參數請參閱 **SFE** 指令。

Menu Paths : Main Menu > Preprocessor > Loads > Define Loads > Delete > *(load type)> (Object)*

Menu Paths : Main Menu > Solution > Define Loads > Delete > *(load type)>* (Object)

SET, *Lstep, SBSTEP, FACT, KIMG, TIME, NGLE, NSET*

當進行多重負載解題時，每一負載之解答皆爲獨立。欲檢視多重負載結果時，先行宣告多重負載之號碼(*Lstep*)。此指令在/**POST1** 中所使用，例如 **SET**, 2 表示欲檢視第二個負載之結果。第四章中所有範例皆爲單一負載，系

統自訂 **SET**, 1，故可省略該指令。

Menu Paths : Main Menu > General Postproc > Read Results > (data set option)

Menu Paths : Main Menu > General Postproc > List Results >Detailed Summary

Menu Paths : Utility Menu > List>Results > Load Step Summary

FILE, *Fname, Ext, Dir*

讀取某結構分析後之結果檔案(**FILE**)，以便檢視其分析後之結果。假設完成某個問題分析離開 ANSYS，並儲存為「jobname」檔名，下一次進入 ANSYS 時，在 ANSYS Product Launcher 若不用「jobname」檔名進入，並欲檢視該結構分析之結果。則進入/POST1，先用該指令(**FILE**)，讀取該結構之結果檔案(jobname.rst)，才能檢視該結構分析後之結果。如果不離開 ANSYS，該指令是不需要的；在 ANSYS Product Launcher 使用「jobname」檔名進入，該指令是不需要的。

假設完成某結構力學分析後，儲存之檔案名稱為 TEST，則一定有 TEST.rst 之結果檔，再度進入 ANSYS 時，若在 ANSYS Product Launcher 不用 TEST 檔名進入

```
RESUME, TEST, DB        !將 TEST 的 database 叫出
:
/POST1
FILE, TEST, RST         !讀取結果檔，接下去便可檢視其結果
```

假設完成某結構力學分析後，儲存之檔案名稱為 TEST，則一定有 TEST.rst 之結果檔，再度進入 ANSYS 時，若在 ANSYS Product Launcher 用 TEST 檔名進入

```
RESUME, TEST, DB        !將 TEST 的 database 叫出
:
/POST1
!直接可檢視其結果，不需 FILE 指令
```

Menu Paths : Menu > General Postproc > Data & File Opts

Menu Paths : Main Menu > TimeHist Postpro > Settings > File

綜合以上，多重負載的方法有下列二種，其流程如下：

1. 多重負載檔案方法 (load steps file method)

這是最方便的方法，在解答處理器中，只要在每一個階段負載宣告完成後，下達**LSWRITE**指令，該指令會將該負載以文字檔案方式儲存至Jobname.sn(n=01，02，...，依負載順序遞增)，當所有的多重負載指令完畢後，最後下達**LSSOLVE**指令，該指令會依指令後參數，讀取相關多重負載(Jobname.sn)檔案之內容，並進行求解之動作。其流程如下:

```
!建立模組

…

/SOLU
…
!定義第一負載狀態
D,…
F,…
LSWRITE              !將第一負載存入檔案，系統自訂 n=01
!定義第二負載狀態
D,…
F,…
LSWRITE              !將第二負載存入檔案，系統依順序遞增 n=02
!定義第三負載狀態
D,…
F,…
LSWRITE              !將第三負載存入檔案，系統依順序遞增 n=03
LSSOLVE, 1, 3!求取每一個負載之結果
FINISH
```

```
/POST1
SET, 1
!
!檢視第一負載之結果
!
SET, 2
!
!檢視第二負載之結果
!
SET, 3
!
!檢視第三負載之結果
!
```

2. 多重求解方法(multiple solve method)

這是最直接的方法，在解答處理器中，只要在階段負載指令完成後，立即下達**SOLVE**指令，該指令會將前所定義之負載先行完成求解動作並儲存該結果。該方法是負載指令完成後，立即做求解動作，但無法產生階段負載資料檔案(Jobname.sn)。其流程如下：

```
!建立模組
...
/SOLU
!定義第一負載
D,...
F,...
...
SOLVE     !獲得第一負載之答案
```

```
!定義第二負載
F,...
D,...
...
SOLVE      !獲得第二負載之答案
FINISH
/POST1
SET, 1
!
!檢視第一負載之結果
!
SET, 2
!檢視第二負載之結果
!
!
```

如前所言，多重負載之負載爲累積式，即已定義之負載永遠有效，如果多重負載爲每一階段外力不斷加入，則各階段負載僅定義新加入的外力即可。例如圖 5-3.1 當考慮衍架受(a)F_1 (b)F_1、F_2 (c)F_1、F_2 及 F_3 之變形。則第一負載定義 F_1，第二負載僅定義 F_2，及第三負載僅定義 F_3 即可。如果某負載之狀態不含前項負載之外力，則必須將前項負載之外力刪除。例如圖 5-3.1 中當考慮衍架受(a)F_1, F_2 (b)F_2, F_3 之狀態，則第二負載中必須刪除 F_1 之力及定義 F_3 之力。限制條件的考量與外力相同，因爲限制條件亦爲負載之一種。

【範例 5-5】

長方形截面樑結構如下圖，L=3000 mm，樑寬度=50 mm，中間樑厚度=20 mm，兩邊樑厚度=10 mm，E=207000 Mpa，F= 50 N，q=0.01 N/mm。用 Beam3 元素，求(a)受分布力(b)受集中力(c)受分布力及集中力之結構反應。只有幾何參數多重性，習慣上將元素屬性設定為同一組。

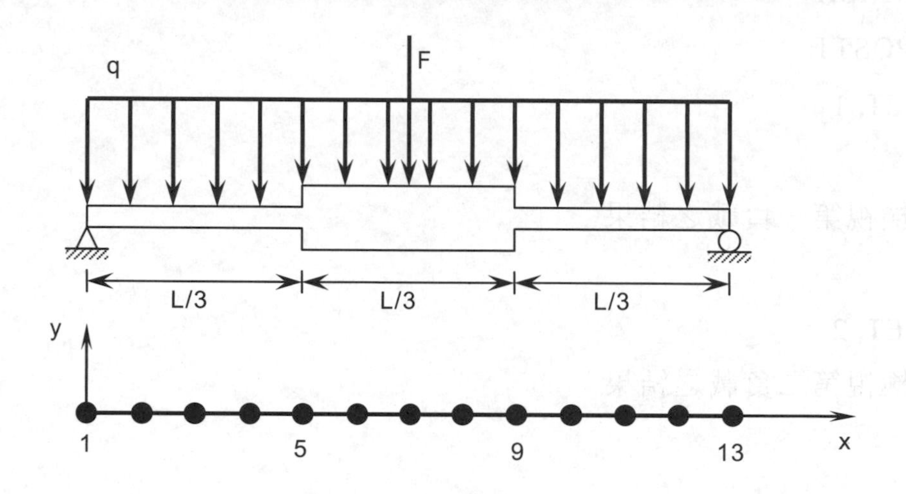


```
/FILNAME, EX5-5
/PREP7
ET, 1, BEAM3                    !定義第一組元素型態為 BEAM3
ET, 2, BEAM3                    !定義第二組元素型態為 BEAM3
R, 1, 500, 4166.67, 10          !定義第一組元素幾何參數
R, 2, 1000, 33333.333, 20       !定義第二組元素幾何參數
MP, EX, 1, 207000               !定義第一組材料特性
MP, EX, 2, 207000               !定義第二組材料特性
N, 1, 0, 0
N, 13, 3000, 0
FILL, 1, 13
TYPE, 1                         !可省略
REAL, 1                         !可省略
```

MAT, 1 !可省略

E, 1, 2 !元素 1

EGEN, 4, 1, 1 !元素 1，複製 4 次，最左段

E, 9, 10 !元素 5

EGEN, 4, 1, 5 !元素 5，複製 4 次，最右段

TYPE, 2 !不可省略

REAL, 2 !不可省略

MAT, 2 !不可省略

E, 5, 6 !元素 9

EGEN, 4, 1, 9 !元素 9，複製 4 次，中間段

FINISH

/SOLU

ANTYPE, STATIC

D, 1, UX, 0, , , ,UY

D, 13, UY, 0

SFBEAM, ALL, 1, PRES, 0.01

LSWRITE !儲存第一負載，分布力

或

Main Menu > Solution > Load Step Opts > Write LS File

出現儲存負載視窗，輸入第一負載參數後，點選 OK，此時檢查工作目錄，出現 EX5-5.s01 第一負載檔案。

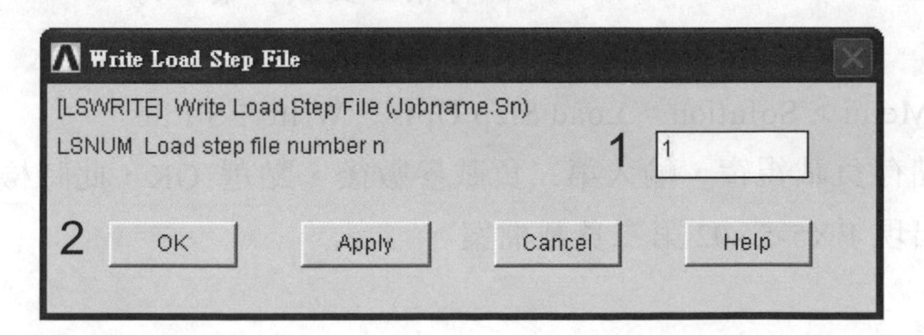

D, 1, UX, 0, , , ,UY !可省略，第一負載已定義

D, 13, UY, 0 !可省略，第一負載已定義

F, 7, FY, -50 !定義集中力

SFEDELE, ALL, 1, PRES !刪除分布力

或

Main Menu > Solution > Defined Loads > Delete > Structural > Pressure > On Elements

出現選擇視窗，在 Pick、Single 選項下，點選 Pick ALL(全部元素)後，出現壓力面之參數視窗，輸入壓力面參數 1，點選 OK，此時刪除所有元素之壓力。

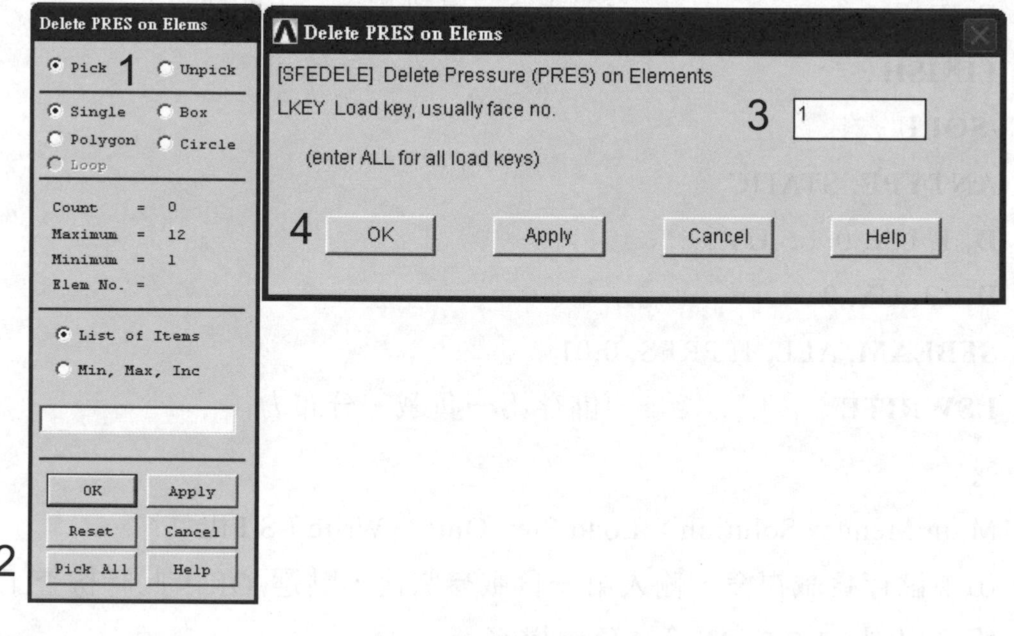

LSWRITE !儲存第二負載，集中力

或

Main Menu > Solution > Load Step Opts > Write LS File

出現儲存負載視窗，輸入第二負載參數後，點選 OK，此時檢查工作目錄，出現 EX5-5.s02 第二負載檔案。

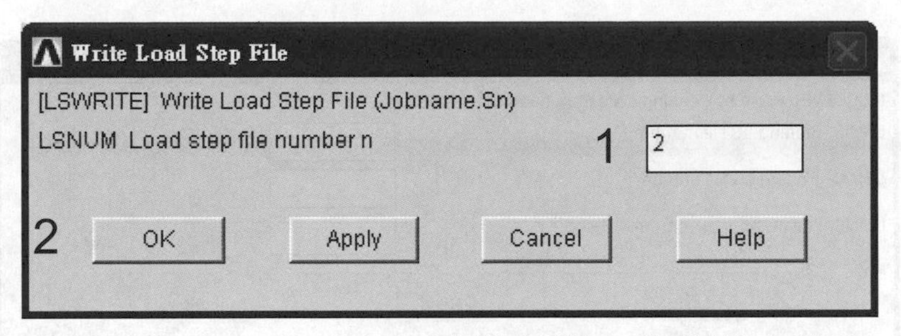

D, 1, UX, 0, , , ,UY　　!可省略，第一負載已定義

D, 13, UY, 0　　!可省略，第一負載已定義

F, 7, FY, -50　　!可省略，第二負載已定義

SFBEAM, ALL, 1, PRES, 0.01 !重新定義分布力，前一負載已刪除

LSWRITE　　!儲存第三負載，集中力及分布力

或

Main Menu > Solution > Load Step Opts > Write LS File

出現儲存負載視窗，輸入第三負載參數後，點選 OK，此時檢查工作目錄，出現 EX5-5.s03 第三負載檔案。

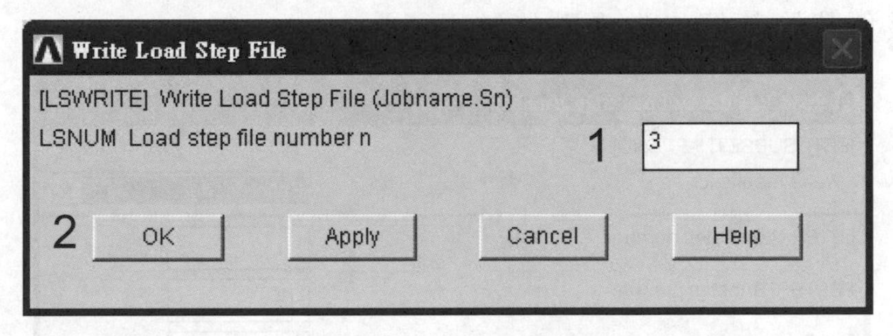

LSSOLVE, 1, 3　　!求取三階段負載解答

或

Main Menu > Solution > Solve > From LS Files

出現多重負載求解視窗，輸入求解負載參數後，點選 OK。

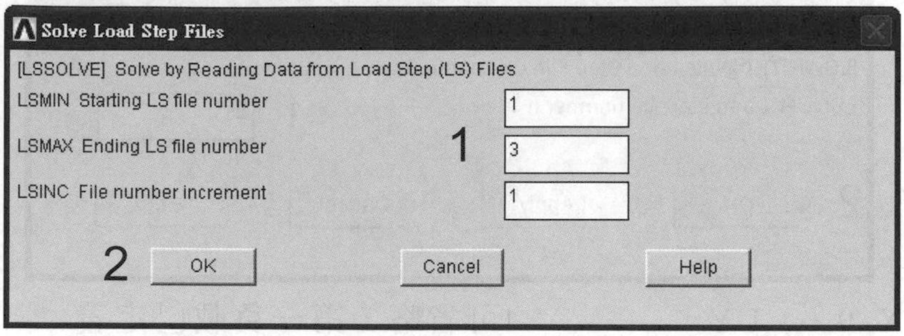

Solve Load Step Files
[LSSOLVE] Solve by Reading Data from Load Step (LS) Files
LSMIN Starting LS file number 1
LSMAX Ending LS file number 3
LSINC File number increment 1
OK Cancel Help

FINISH

/POST1

SET, 1 !檢視第一負載結果

或

Main Menu > General Postproc > Read results > By Load step

出現選取負載解答視窗，輸入第一負載參數後，點選 OK。此處 LSTEP 為負載的號碼，靜態線性分析時 SBSTEP=LAST，表示該負載的最後結果。如果分析為非線性問題，需要許多步進次數才有結果，此時 SBSTEP 表示該負載的某個步進次數的結果。

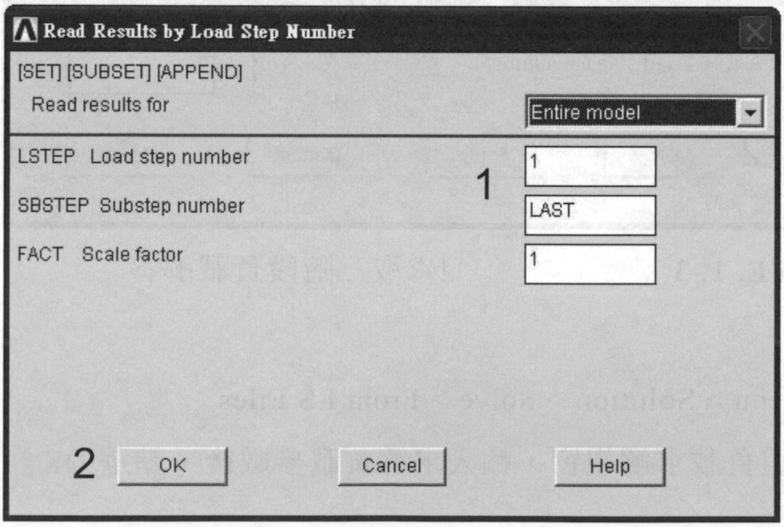

Read Results by Load Step Number
[SET] [SUBSET] [APPEND]
Read results for Entire model
LSTEP Load step number 1
SBSTEP Substep number LAST
FACT Scale factor 1
OK Cancel Help

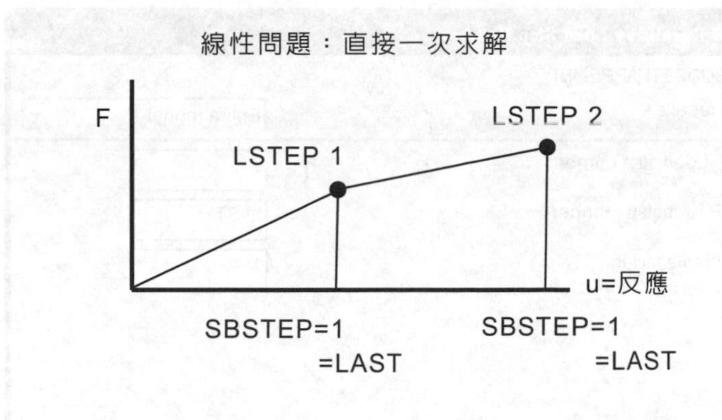

非線性問題 ： 中間有許多步進，逐漸逼進解答

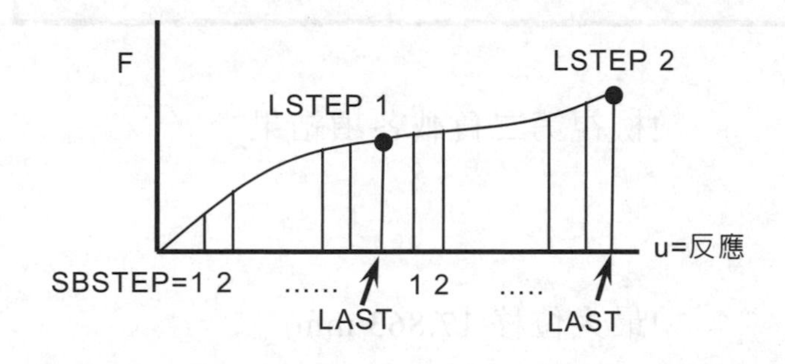

:

: !檢視第一負載各項結果

:

SET, 2 !檢視第二負載結果

或

Main Menu > General Postproc > Read results > By Load step

出現選取負載解答視窗，輸入第二負載參數後，點選 OK。此處 LSTEP 爲負載的號碼，靜態線性分析時 SBSTEP=LAST，表示該負載的最後結果。如果分析爲非線性問題，需要許多步進次數才有結果，此時 SBSTEP 表示該負載的某個步進次數的結果。

Read Results by Load Step Number

[SET] [SUBSET] [APPEND]

Read results for　　Entire model

LSTEP Load step number　　1　　2

SBSTEP Substep number　　LAST

FACT Scale factor　　1

2　OK　　Cancel　　Help

:

:　　　　!檢視第二負載各項結果

:

SET, 3

PLDISP　　　　!最大位移 17.863 mm

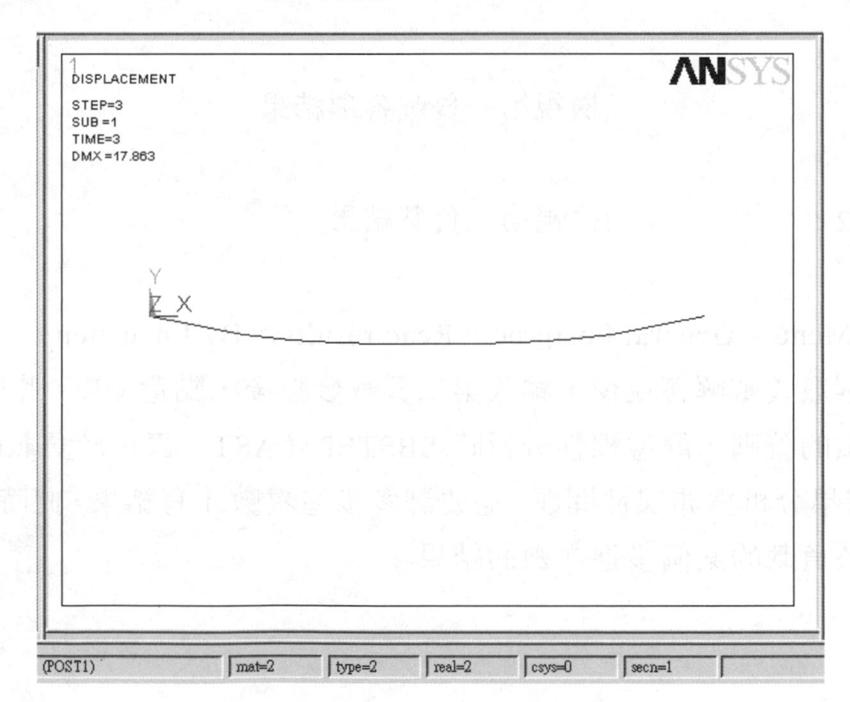

【範例 5-6】

利用 PLANE42 元素，採用平面應力，卜松比=0.3，進行範例 5-5 之分析，求其反應？水平方向與垂直方向元素數目如圖所示。為了與範例 5-5 比較結果，設定 KOPT3=3，利用 **R** 輸入樑的寬度，壓力=0.01/50=0.0002 N/mm。

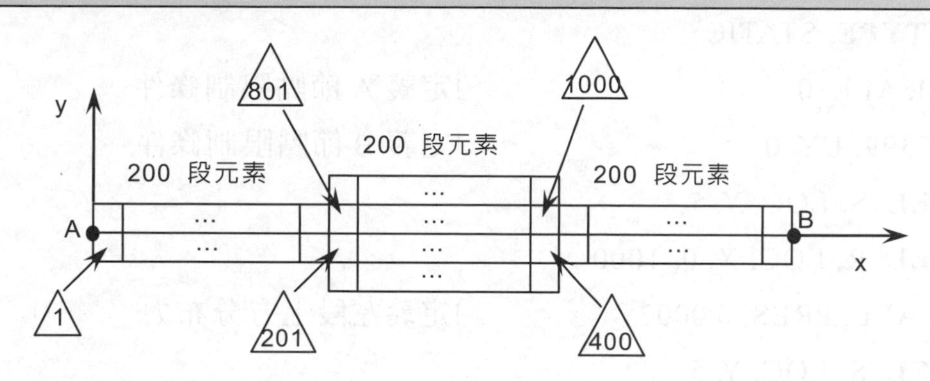


```
/FILNAME, EX5-6
/TITLE, 2-D Beam Finite Element Model
/PREP7
ET, 1, PLANE42, , , 3
MP, EX, 1, 207000
MP, NUXY, 1, 0.3
R, 1, 50
N, 1, 0, -5             $ N, 2, 5, -5
N, 3, 5, 0              $ N, 4, 0, 0
E, 1, 2, 3, 4                              !建立元素 1
!將元素 1，水平方向複製 600 次，最大節點號碼=4
EGEN, 600, 4, 1, , , , , , , , 5
!將全部元素，垂直正 Y 方向複製 2 次，此時最大節點號碼=2400
EGEN, 2, 2400, ALL, , , , , , , , , 5
!將元素 201 至 400，垂直負 Y 方向複製 2 次，此時最大節點號碼=4800
EGEN, 2, 4800, 201, 400, 1, , , , , , 0, -5
```

```
!將元素 801 至 1000，垂直正 Y 方向複製 2 次，此時最大節點號碼=6400
EGEN, 2, 6400, 801, 1000, 1, , , , , , 0, 5
NUMMRG, NODE                    !同位置節點黏合為一體
FINISH
/SOLU
ANTYPE, STATIC
D, 4, ALL, 0                    !定義 A 節點限制條件
D, 2399, UY, 0                  !定義 B 節點限制條件
NSEL, S, LOC, Y, 5
NSEL, R, LOC, X, 0, 1000
SF, ALL, PRES, 0.0002           !定義左段上方分布力
NSEL, S, LOC, Y, 5
NSEL, R, LOC, X, 2000, 3000
SF, ALL, PRES, 0.0002           !定義中間段上方分布力
NSEL, S, LOC, Y, 10
SF, ALL, PRES, 0.0002           !定義右段上方分布力
ALLSEL
LSWRITE
NSEL, S, LOC, Y, 5
NSEL, R, LOC, X, 0, 1000
SFEDELE, ALL, 3, PRES           !刪除左段上方分布力
NSEL, S, LOC, Y, 5
NSEL, R, LOC, X, 2000, 3000
SFEDELE, ALL, 3, PRES           !刪除中間段上方分布力
NSEL, S, LOC, Y, 10
SFEDELE, ALL, 3, PRES           !刪除右段上方分布力
ALLSEL
```

```
F, 9999, FY, -50
LSWRITE
NSEL, S, LOC, Y, 5
NSEL, R, LOC, X, 0, 1000
SF, ALL, PRES, 0.0002                 !定義左段上方分布力
NSEL, S, LOC, Y, 5
NSEL, R, LOC, X, 2000, 3000
SF, ALL, PRES, 0.0002                 !定義中間段上方定義分布力
NSEL, S, LOC, Y, 10
SF, ALL, PRES, 0.0002                 !定義右段上方分布力
ALLSEL
LSWRITE
LSSOLVE, 1, 3
FINISH
/POST1
SET, 3
PLDISP                                !最大位移 17.926 mm
```

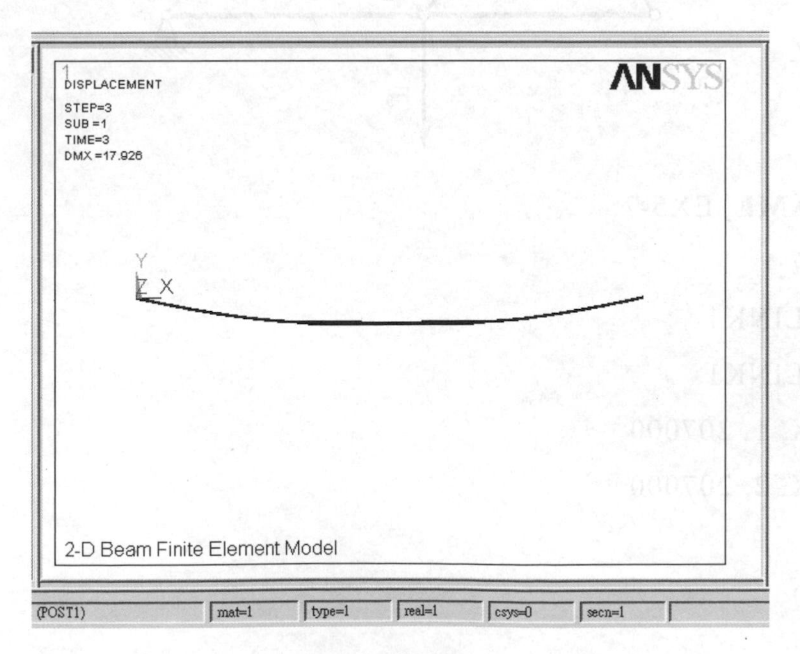

【範例 5-7】

桁架結構如圖所示。全部爲鋼材質，E=207000 MPa，水平桿截面積=5 mm^2，斜桿之截面積=10 mm^2，F_1=1000 N，F_2=2000 N，F_3=5000 N，節點座標(N, 1, 0, 0、N, 2, 1000, 0、N, 3, 2000, 0、N, 4, 500, 1000、N, 5, 1500, 1000)，求其結構在不同負荷下之變形量。

(1) 當結構受F_1之外力後結果爲何？

(2) 當結構受F_1，F_2之外力後結果爲何？

(3) 當結構受F_1，F_3之外力後結果爲何？

(4) 當結構受F_2，F_3之外力後結果爲何？

(5) 當結構受F_1，F_2，F_3之外力後結果爲何？

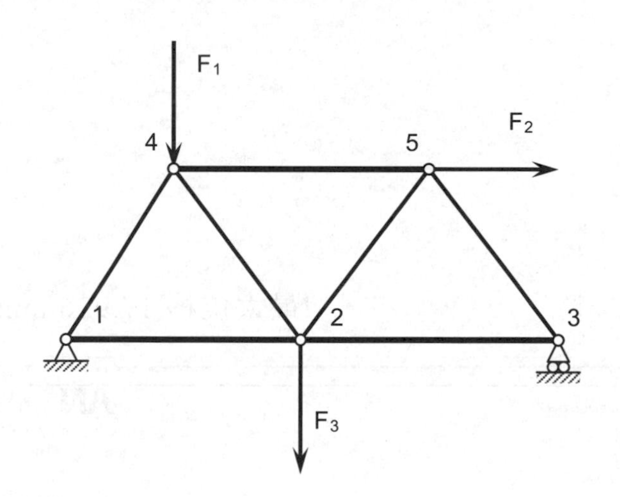


```
/FILNAME, EX5-7
/PREP7
ET, 1, LINK1
ET, 2, LINK1
MP, EX, 1, 207000
MP, EX, 2, 207000
R, 1, 5
R, 2, 10
```

```
N, 1, 0, 0
N, 2, 1000, 0
N, 3, 2000, 0
N, 4, 500, 1000
N, 5, 1500, 1000
TYPE, 1
MAT, 1
REAL, 1
E, 1, 2
E, 2, 3
E, 4, 5
TYPE, 2
MAT, 2
REAL, 2
E, 1, 4
E, 2, 4
E, 2, 5
E, 5, 3
FINISH
/SOLU
D, 1, ALL
D, 3, UY, 0
F, 4, FY, -100                 !定義 F1
LSWRITE                        !儲存第一負載，外力為 F1
D, 1, ALL                      !可省略，第一負載已定義
D, 3, UY, 0                    !可省略，第一負載已定義
F, 4, FY, -100                 !可省略，第一負載已定義
```

```
F, 5, FX, 200           !定義 F2
LSWRITE                 !儲存第二負載，外力為 F1、F2
D, 1, ALL               !可省略，第一負載已定義
D, 3, UY, 0             !可省略，第一負載已定義
FDELE, 5, FX            !刪除 F2 之力
F, 4, FY, -100          !可省略，第一負載已定義
F, 2, FY, -500          !定義 F3
LSWRITE                 !儲存第三負載，外力為 F1，F3
D, 1, ALL               !可省略，第一負載已定義
D, 3, UY, 0             !可省略，第一負載已定義
FDELE, 4, FY            !刪除 F1 之力
F, 5, FX, 200           !定義 F2
F, 2, FY, -500          !可省略，前負載已定義
LSWRITE                 !儲存第四負載，外力為 F2，F3
D, 1, ALL               !可省略，第一負載已定義
D, 3, UY, 0             !可省略，第一負載已定義
F, 4, FY, -100          !定義 F1
F, 2, FY, -500          !可省略，前負載面已定義
F, 5, FX, 200           !可省略，前負載面已定義
LSWRITE                 !儲存第五負載，所有的外力
LSSOLVE, 1, 5
/POST1
SET, 1
PLDISP, 1               !檢視第一負載位移結果
SET, 2
PLDISP, 1               !檢視第二負載位移結果
:
```

!檢視各負載結果

:

:

➔ 5-4 結構分析型態

ANSYS 之結構分析依負載、力學現象及力學理論，共分六種：靜態分析(static analysis)，模態分析(modal analysis)，調合分析(harmonic analysis)，暫態分析(transient analysis)，頻譜分析(spectrum analysis)及挫屈分析(buckling analysis)。分析型態的選擇由 **ANTYPE** 指令而定，亦即進入/SOLU後，可選擇適當之分析型態。本節僅介紹靜態分析，模態分析之基本介紹。

一、靜態分析(static analysis)

靜態分析是最簡單的分析型式。靜態負載之發生爲結構受到固定之外力，亦即外力大小不隨時間改變。動態負載亦能轉換成等效靜負載或慣性負載，因此有時動、轉速效應等亦可採用靜態分析。靜態分析主要探討結構受到外力後，變形、應力、應變之大小。非線性之現象如大變形、塑性、超塑性潛變、接觸問題，亦可進行靜態分析，但必須具有力學理論基礎及數值分析技巧，方能運用自如。其分析步驟如前章節所述。

二、模態分析(modal analysis)

振動現象是機械結構系統常遭遇的問題。大部分結構系統都不希望有振動發生，振動會造成結構疲勞而破壞。然而結構本身具有某種程度之剛性，故其自然振動頻率及模態乃爲機械結構設計必須了解的特性。進而避免外力頻率和結構自然頻率相同，以防止共振現象。同時對於其他動態系統之分析，例如：調合分析、暫態分析、頻譜分析等亦需要先進行模態分析，故模態分析之方法及流程是非常重要的。模態分析屬於線性分析，在靜態分析中的非線性特性將予以忽略，例如：塑性元素、接觸元素之非線性，材料特性因溫度而改變之非線性。結構之預應力效應亦可包含於模態分析，例如旋轉葉片之轉速加勁效果頻率，受軸向預應力樑振動頻率。模態析可分下列六種方法：

1. 降階法(reduced，householder method)：該方法為一般結構最常使用的方法。其原理將原結構中選取某些重要的節點為自由度，稱為主自由度(master degree of freedom)，藉由該主自由度以定義結構之質量矩陣及勁度矩陣並求取其頻率及振動模態。進而將其結果擴展至全部結構，如圖5-4.1所示。

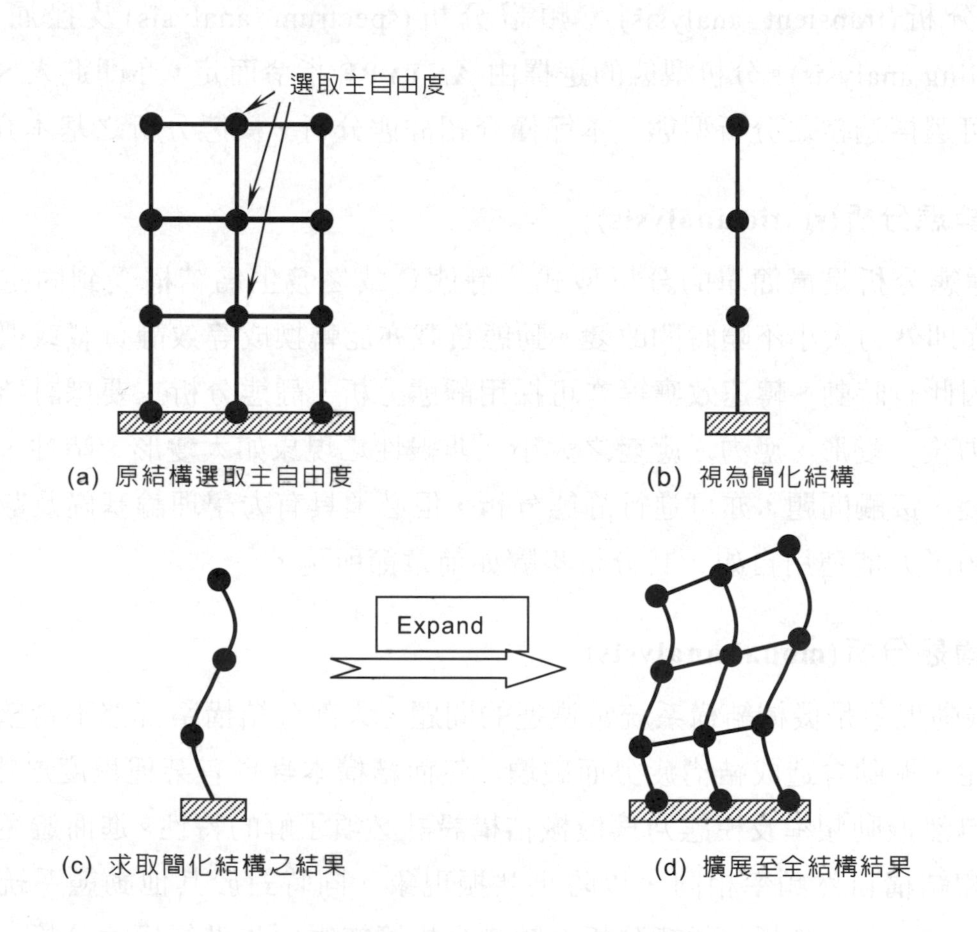

圖 5-4.1 降階法模態示意圖

該方法在解題的過程中速度較快，但其答案較不準確。主自由度的選擇依所探討之模態、結構負載之情況而定。主自由度選取方式如下：

(1) 主自由度的個數，至少為欲求頻率個數的二倍。
(2) 選擇主自由度之方向為結構最可能振動之方向，例如平板，如圖5-4.2(a)可選取某些節點Y方向振動，某方向之振動造成另一方向之振動，則選擇該二者方向，如圖5-4.2(b)。
(3) 選擇主自由度節點位於較大質量或轉動慣量處及剛性較低之位置，如圖5-4.2(c)、(d)。
(4) 如果彎曲模態為主要探討模態，則可省略旋轉之自由度，如圖5-4.2(e)。
(5) 選擇主自由度之節點位於施力處或非零位移處，如圖5-4.2(f)。
(6) 位移限制為零之位置勿選為主自由度之節點，因其具有高剛性之特性，如圖5-4.2(f)。

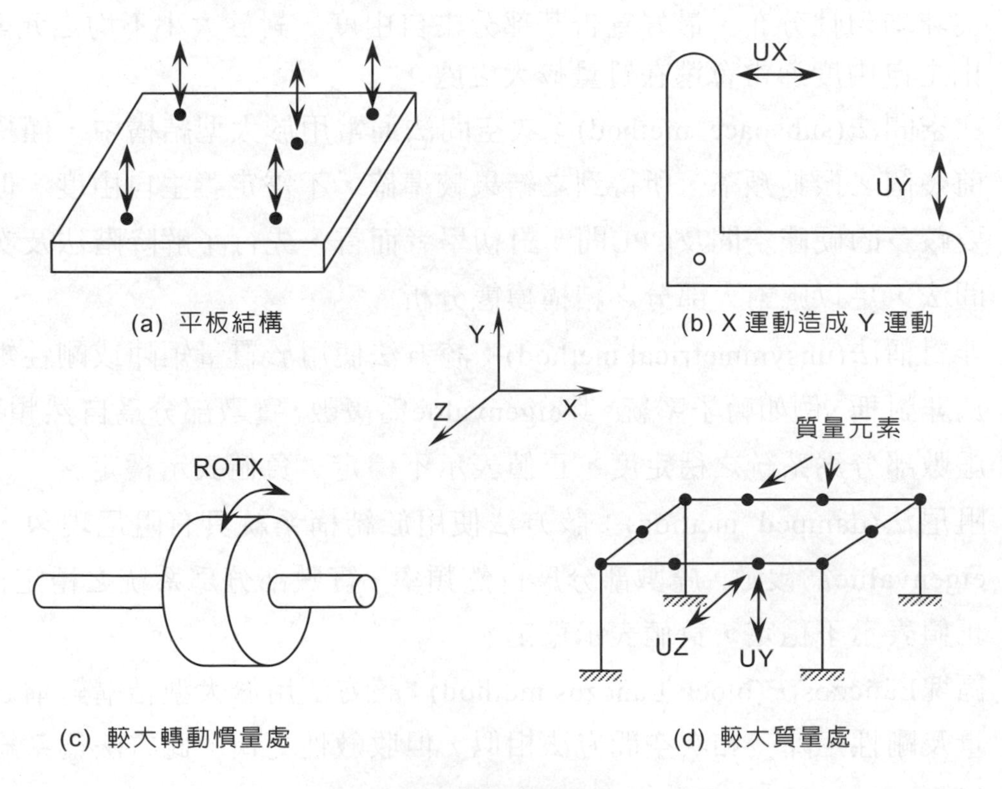

圖 5-4.2　主自由度選取示意圖

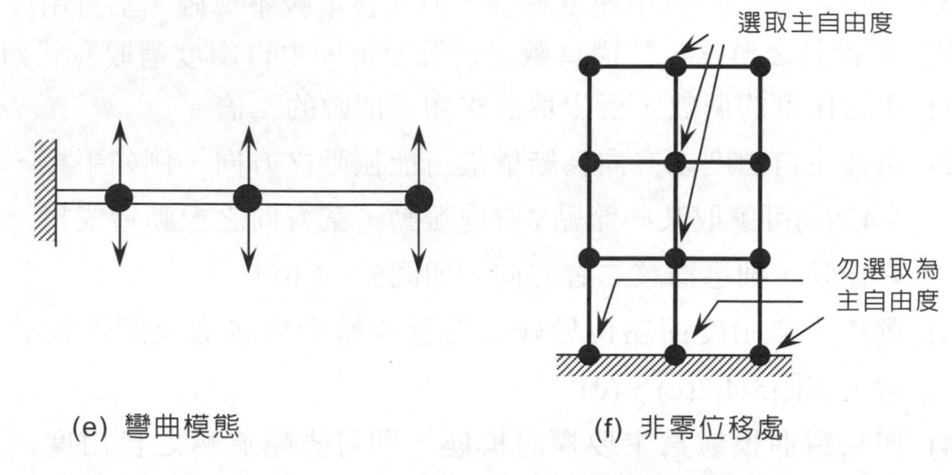

圖 5-4.2 主自由度選取示意圖(續)

此外我們亦可由 ANSYS 自行選擇主自由度，選擇之方式依元素建構之順序而定。對於大小相等之元素結構，程式自選之主自由度及節點爲非均勻性分布，最好宣告某部分主自由度。對於大小不均之元素，則主自由度通常會選在質量較大之處。

2. 次空間法(subspace method)：次空間法通常用於大型結構中，僅探討前幾個之振動頻率，所得到之結果較準確，不需定義主自由度，但需要較多的硬碟空間及CPU間。對初學者而言，先行了解降階法及次空間法，足以應對大部分之結構模態分析。
3. 非對稱法(unsymmetrical method)：該方法使用於質量矩陣或剛性矩陣爲非對稱，例如轉子系統。其eigenvalue爲複數，實數部分爲自然頻率，虛數部分爲系統之穩定度，正值表示不穩定，負值表示穩定。
4. 阻尼法(damped method)：該方法使用於結構系統具有阻尼現象，其eigenvalue爲複數，虛數部分爲自然頻率，實數部分爲系統之穩定性，正值表示不穩定，負值表示穩定。
5. 區塊Lanczos法(block Lanczos method)：該方法用於大型結構對稱之質量及剛性矩陣，和次空間方法相似，但收斂性更快，此方法爲系統之自訂。

6. 快速動力法(power dynamics method)：該方法用於非常大之結構(自由度大於100,000)且僅需得知最小之數個模態。該方法質量矩陣採用集中質量法。該方法之執行首先執行指令**MODPT**, subspace然後執行指令**EQSLV**, PCG。對初學者而言，先行了解降階法及次空間法，足以應對大部分之結構模態分析。

模態分析步驟可分四大部分：

1. 模組之建立，該模組之建立與靜態分析相同，但非線性元素之特性將忽略，故模態分析盡可能選用線性元素。在材料特性中密度一定要定義，以建構質量矩陣，在靜態分析中，因不需要質量矩陣，故可不定義密度。
2. 進入/SOLU處理器中，定義模態分析，宣告模態分析之方法，結構外力負戴(通常指結構限制條件)，如果有結構外力，則是預應力問題，主自由度之選擇(如選用降階法)。其中模態分析方法爲上述六種方法之一，依結構特性選擇其一。下達**SOLVE**指令，求其解答。
3. 再進入/SOLU處理器，將上述之結果，擴展至全結構，並儲存至結果檔以便在後處理中，檢視結果。
4. 進入/POST1後處理器，檢視結果。

指令介紹

ANTYPE, *Antype, status*(第四章已有介紹)

宣告分析型態(**AN**alysis **TYPE**)。

Antype = Modal or 2　表示模態分析

Menu Paths : Main > Solution > Analysis Type > New Analysis

Menu Paths : Main > Preprocessor > Loads > Analysis Type > New Analysis

MODOPT, *Method, NMODE, FREQB, FREQE, PRMODE, NUMKEY*

選擇模態分析之方法(**MOD**al **OPT**ion)。

Method = REDUCE 降階法。

= SUBSP 次空間法。

NMODE：欲求取振動模態的個數，若 *Method*=REDUC, *NMODE* 應小於主自由度個數之半，若 *Method*=SUBSP, *NMODE* 應小於模組全部自由度之半。

FREQB, FREQE：欲探討振動頻率之範圍，如不宣告，表示探討所有的範圍，對初學者而言，是不須宣告該參數。

PRMODE：宣告模態分析後，模態結果儲存至結果檔的個數，僅用在 Method = REDU，系統自訂値爲 *NMODE*。

Menu Paths : Main Menu > Preprocessor > Loads > Analysis Type > Analysis Options

Menu Paths : Main Menu > Solution > Analysis Type > Analysis Options

M, *NODE, Lab1, NEND, NINC, Lab2, Lab3, Lab4, Lab5, Lab6*

在降階法中選取主自由度(**M**aster degree of freedom)。

NODE, NEND, NINC：宣告主自由度之節點號碼位置。

Lab1- Lab6：宣告選取節點之主自由度方向。

Menu Paths : Main Menu > Solution > Master DOFs > Ueser Selected > Define

Menu Paths : Main Menu > Preprocessor > Loads > Master DOFs > Ueser Selected >Define

TOTAL, *NTOT, NRMDF*

宣告全部(**TOTAL**)主自由度的個數。主自由度的選取，對某些結構而言並不易選取，或只能選取某些容易定義之位置，故可用該指令，進行適當調整。*NTOT* 表示欲選取主自由度的個數。假設我們欲選取 20 個主自由度，則方式如下：

1. 全部由**M**指令自行選擇，則**TOTAL**指令不須要。
2. 由**TOTAL**指令中定義，*NTOT*=20，不用**M**指令，則主自由度全部由系統自選。
3. 由**M**指令選取了5個主自由度，然後由**TOTAL**指令中定義*NTOT*=20，則15個主自由度由系統自選。
4. 對初學者而言，如果不會找主自由度，則可全部由系統自選(上述2之方法)，待有基礎後可混合**M**及**TOTAL**指令一起使用。

Menu Paths : Main Menu > Preprocessor > Loads>Master DOFs > Program Selected

Menu Paths : Main Menu > Solution > Master DOFs > Program Selected

EXPASS, *Key*

該指令用於模態分析中的第三步驟，將第二步驟之解答，再度傳送(**EXPASS**)到 /SOLU 處理器中，進行擴展之動作，*Key*=on。

Menu Paths : Main Menu > Preprocessor > Loads > Analysis Type > Expansion Pass

Menu Paths : Main Menu > Solution > Analysis Type > Expansion Pass

MXPAND, *NMODE, FREQB, FREQE, Elcalc*

宣告模態(**M**ode)在欲探討頻率範圍(*NMODB, FREQE*)或擴展(**eXPAND**)的個數(*NMODE*)，通常擇一宣告即可。

NMODE：擴展個數。

FREQB, *FREQE*：欲探討頻率範圍，系統自訂為全部頻率範圍。

Menu Paths : Main Menu > Preprocessor > Loads > Analysis Type > Expansion Pass > Expand Modes

Menu Paths : Main Menu > Solution > Analysis Type > Expansion Pass > Expand Modes

SET, *LSTEP, SBSTEP, FACT, KIMG, TIME, ANGLE, NSET*

該指令在前節已介紹過，模態分析擴展後，有很多模態，以負載而言，每一個模態屬於該負載(*LSTEP*)下結果之一(*SBSTEP*)，故模態的控制由 *SBSTEP* 參數表示。

LSTEP=1

SBSTEP：欲檢視模態型式之號碼

Menu Paths : Main Menu > General Postproc > Read Results > (Set Type)

典型之模態分析流程如下：

```
/UNITS, …
/FILNAME,                    !檔案名稱
/TITLE, …
/PREP7                       !進入前處理器
…
! 建立模組
…
FINISH
! 結構束制條件及解答之獲得
/SOLU                        !進入解題處理器
ANTYPE, MODAL                !宣告進行模態分析
MODOPT, REDU                 !假設選擇降階法
M, …                         !選擇主自由度
TOTAL, …                     !定義全部主自由度之個數
D, …                         !結構限制條件
```

```
SOLVE
FINISH
!模態擴展
/SOLU                       !再度進入解題處理器
EXPASS, ON                  !將前步驟之結果送入解題處理器
MXPAND, …                   !模態擴展之個數
SOLVE
FINISH
!檢視結果
/POST1
SET, LIST
SET, …
PLDISP
  …
FINISH
```

模態分析中亦可將求解之獲得與模態擴展合併一起，此方法不須先行獲得答案離開/**SOLU** 後，再度進入/**SOLU**，其基本分析流程如下：

```
/PREP7
…
!建立模組
…
FINISH
!結構束制條件及解答之獲得
/SOLU
ANTYPE, MODALL              !宣告進行模態分析
```

```
MODOPT, REDU                !假設選擇降階法
M, …                        !選擇主自由度
TOTAL, …                    !定義全部主自由度之個數
D, …                        !結構限制條件
    ┌──────────────────┐
    │ SOLU             │
    │ FINISH           │ ←── 省略該部分
    │ /SOLU            │
    │ EXPASS, ON       │
    └──────────────────┘
MXPAND, …                   !模態擴展之個數
SOLVE
FINISH
/POST1
!檢視結果
```

【範例 5-8】

求範例 5-4 懸臂樑及自由端集中質量之自然頻率，選用降階法，求取前二個模態頻率。

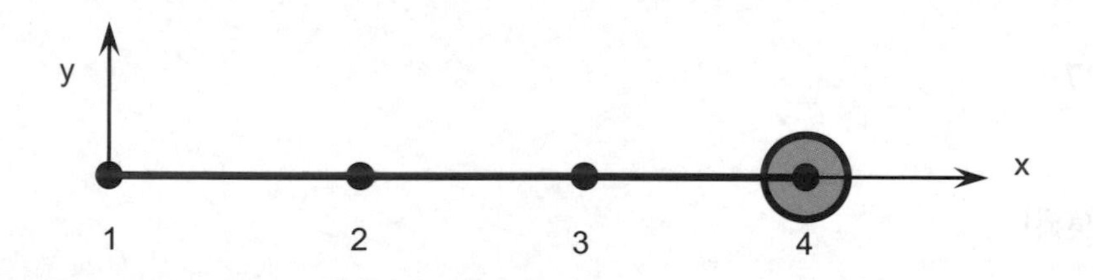

(範例 5-4 接續，5-14 頁)

```
/SOLU
ANTYPE, MODAL
或
```

Main Menu > Solution > Analysis Type > New Analysis
點選 Modal，點選 OK。

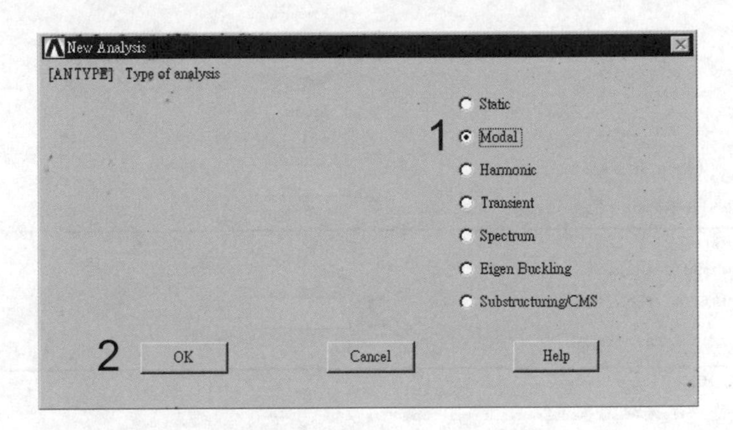

當完成上一步驟，在 Main Menu > Solution > Analysis Type 的子目錄中才有 Analysis Options 的指令選項。

MODOPT, REDU

MXPAND, 2

或(上兩行)

Main Menu > Solution > Analysis Type >Analysis Options

點選 Reduced 方法，擴展 2 個模態，點選 OK。

Modal Analysis
[MODOPT] Mode extraction method
Block Lanczos
Subspace
Powerdynamics
1 Reduced
Unsymmetric
Damped
QR Damped
No. of modes to extract 0
(must be specified for all methods except the Reduced method)
[MXPAND]
Expand mode shapes Yes
NMODE No. of modes to expand 2 2
Elcalc Calculate elem results? No
[LUMPM] Use lumped mass approx? No
-For Powerdynamics lumped mass approx will be used
[PSTRES] Incl prestress effects? No
[MSAVE] Memory save No
-only applies if the PowerDynamics method is selected
3 OK Cancel Help

此時出現下列 **MODOPT** 指令之參數視窗，由於前一步驟以宣告兩個擴展模態，頻率範圍可不宣告，輸入顯示結果 2 個模態，點選 OK。

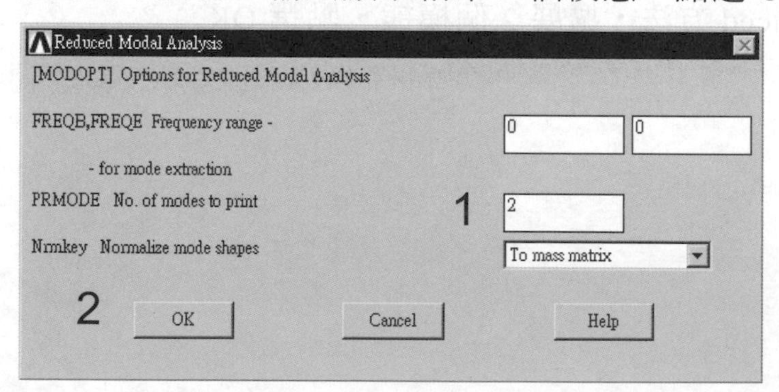

當完成此步驟後，在 Main Menu > Solution 的子目錄中才有 Master DOFs 的指令選項。

M, 2, DY, 4, 1　　　　　!定義主自由度

或

Main Menu > Solution > Master DOFs > User Selected > Define

在選擇視窗中輸入主自由度節點資料，按 Enter 鍵後，再點選 OK。

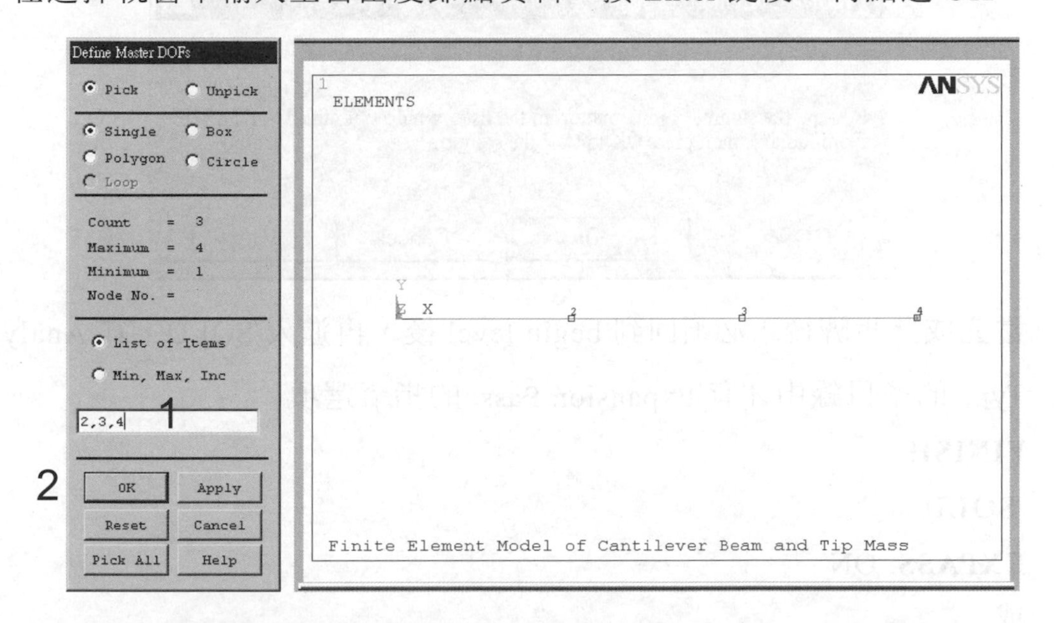

此時出現主自由度方向設定參數視窗，點選 UY 後，點選 OK。

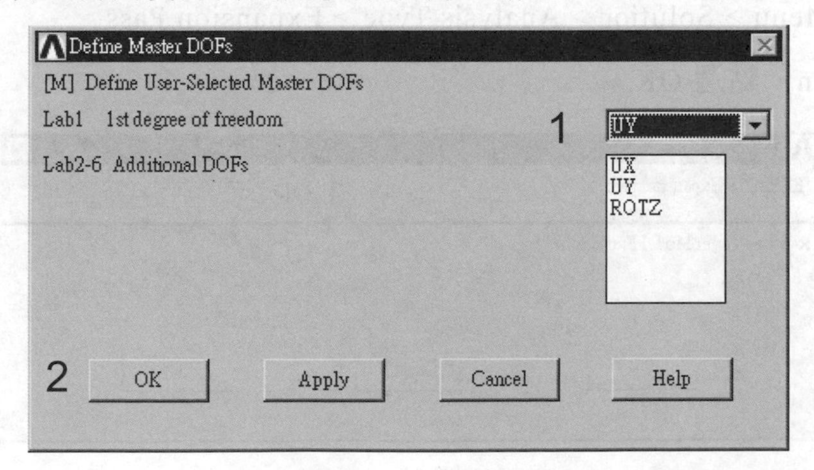

D, 1, ALL, 0　　　　　!第一節點全部自由度限制

SOLVE

或

Main Menu > Solution > Solve > Current LS

出現求解資訊視窗與求解確定視窗，確定無誤，至求解確定視窗，點選 OK。

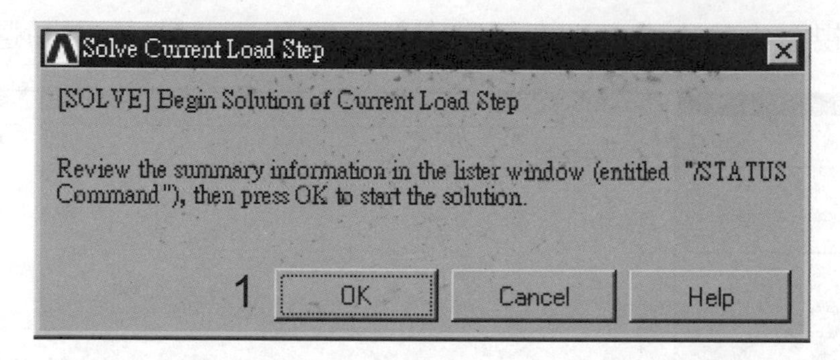

當完成此步驟後，必須回到 begin level 後，再進入/SOLU，其 Analysis Type 的子目錄中才有 Expansion Pass 的指令選項。

FINISH

/SOLU

EXPASS, ON

或

Main Menu > Solution > Analysis Type > Expansion Pass

點選 On，點選 OK。

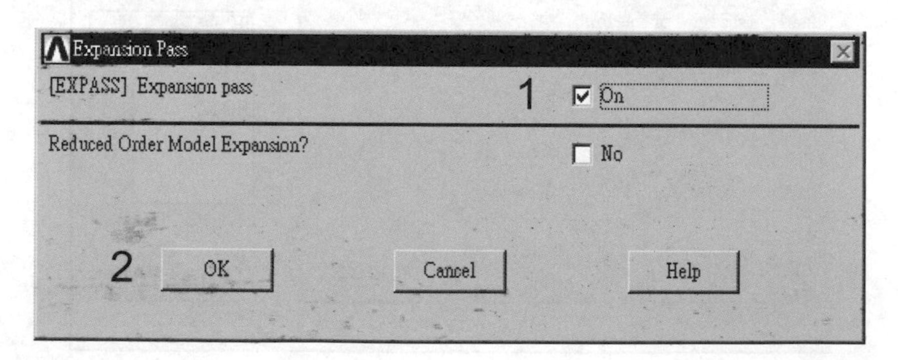

SOLVE

FINISH

/POST1

SET, LIST　　　　　!列示所有頻率結果

或

Main Menu > General Postproc > Results Summary

SET,LIST Command

File

***** INDEX OF DATA SETS ON RESULTS FILE *****

SET	TIME/FREQ	LOAD STEP	SUBSTEP	CUMULATIVE
1	2626.0	2	1	3
2	14461.	2	2	4

SET, 1, 1

或

Main Menu > General Postproc > Read Results > First Set

PLDISP　　　　　!檢視第一模態

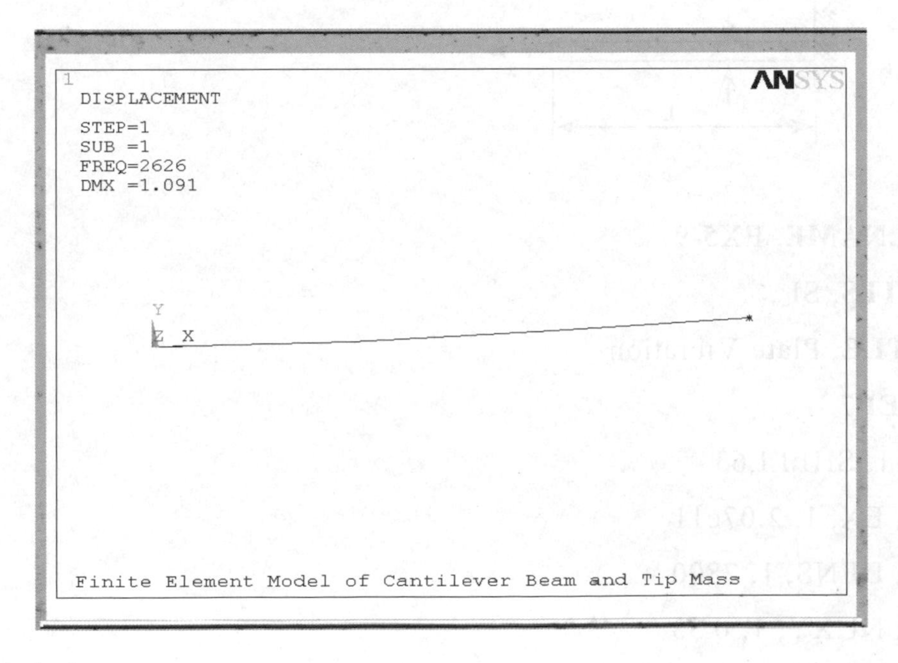

SET, 1, 2

或

Main Menu > General Postproc > Read Results > Nest Set

PLDISP !檢視第二模態

【範例 5-9】

求下列平板之振動頻率，採用 SHELL63 元素，E = 207 Gpa，L = 0.5 m，t = 0.03 m，b = 0.06 m，ρ = 7800 kg/m³，ν= 0.33，用降階法，主自由度選取中心線 Z 方向，求前三個振動頻率。

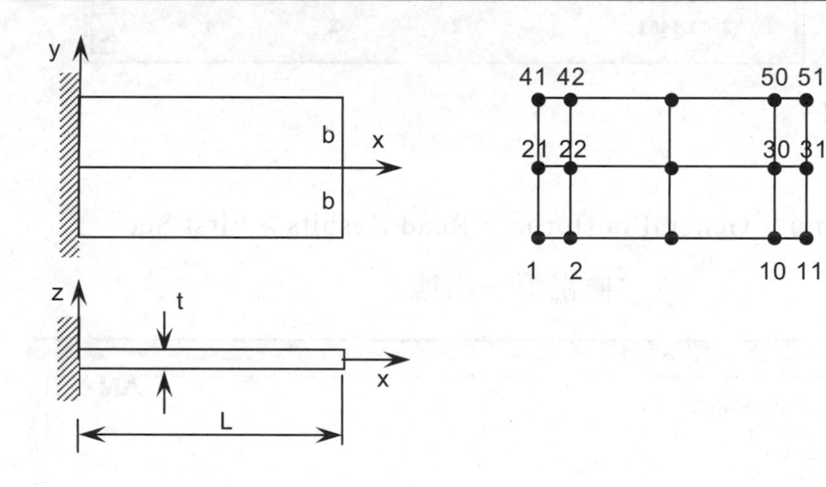

/FILNAME, EX5-9

/UNITS, SI

/TITLE, Plate Vibration

/PREP7

ET, 1, SHELL63

MP, EX, 1, 2.07e11

MP, DENS, 1, 7800

MP, NUXY, 1, 0.33

R, 1, 0.03

N, 1, 0, -0.06

```
N, 11, 0.5, -0.06
FILL, 1, 11
N, 21, 0, 0
N, 31, 0.5, 0
FILL, 21, 31
N, 41, 0, 0.06
N, 51, 0.5, 0.06
FILL, 41, 51
E, 1, 2, 22, 21
EGEN,10, 1, 1                !複製下方元素
EGEN, 2, 20, 1, 10           !複製上方元素
FINISH
/SOLU
ANTYPE, MODAL
MODOPT, REDU
D, 1, ALL, 0, , 41, 20
M, 22, UZ, 31, 1
SOLVE
FINISH
/SOLU
EXPASS, ON
MXPAND, 3
SOLVE
FINISH
/POST1
SET, LIST
SET, 1, 1
```

```
PLDISP                    !檢視第一模態
SET, 1, 2
PLDISP                    !檢視第二模態
SET, 1, 3
PLDISP                    !檢視第三模態
```

【範例 5-10】

三個質點彈簧系統之振動頻率。m_1 = 1 kg、m_2 = 2 kg、m_3 = 3 kg、k_1 = 1000 N/m、k_2 = 2000 N/m、k_3 = 2000 N/m、k_4 = 1000 N/m，用 subspace 方法求三個振動頻率。

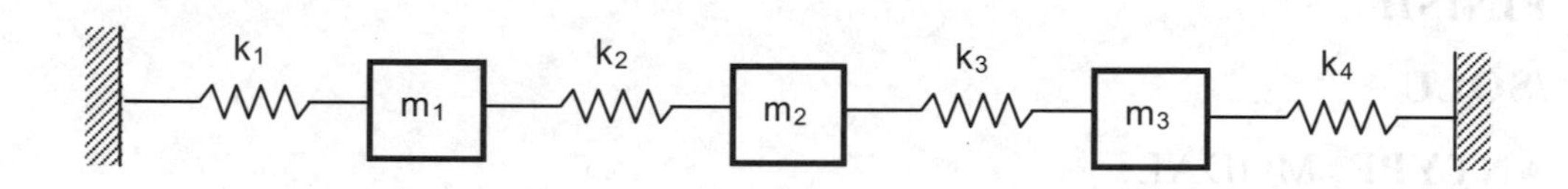

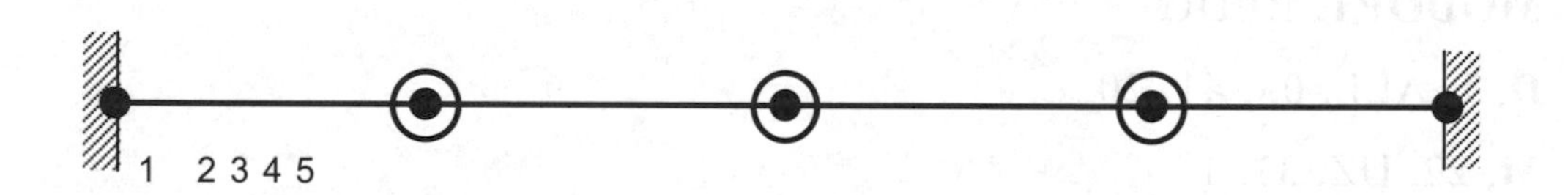


```
/UNITS, SI
/TITLE, Mass-Spring Vibration System
/PREP7
ET, 1, COMBIN14, , , 2
ET, 2, MASS21, , , 4
R, 1, 1000          $ R, 2, 2000  $ R, 3, 1
R, 4, 2             $ R, 5, 3
N, 1, 0, 0          $ N, 2, 1, 0        $ N, 3, 2, 0
N, 4, 3, 0          $ N, 5, 4, 0
TYPE, 1       $ REAL, 1
```

```
E, 1, 2
E, 4, 5
TYPE, 1        $ REAL, 2
E, 2, 3
E, 3, 4
TYPE, 2        $ REAL, 3
E, 2
REAL, 4
E, 3
REAL, 5
E, 4
FINISH
/SOLU
ANTYPE, MODAL
MODOPT, SUBSP, 3
D, 1, ALL, 0, , 5, 4
D, 2, UY, 0, , 4, 1
SOLVE
FINISH
/POST1
SET, LIST
SET, 1, 1
PLDISP                    !檢視第一模態
SET, 1, 2
PLDISP                    !檢視第二模態
SET, 1, 3
PLDISP                    !檢視第三模態
```

註記:欲看振動模態動態模擬現象，請參閱 5-6 節。

預負載模態分析

結構之預應力會改變結構之剛性，例如熱效應使結構剛性減少，旋轉葉片，使葉片剛性增加，弦線之拉力，增加弦線之頻率。故預應力之結構模態分析為我們結構設計中所考慮的因素。預應力結構之模態分析流程與正常結構之模態分析大致相同，唯一差別有：(1)進行模態分析時，先行將其造成預應力之外力進行靜態結構分析，(2)在靜態結構分析及模態求解的過程中加入指令 **PSTRES**,ON 表示考慮預應力效應，其流程如下：

```
/PREP7
 …
!建立模型
 …
FINISH
/SOLU
ANTYPE, STATIC          !進行造成預應力之靜態分析
PSTRES, ON              !考慮預應力效果
  …
  …
SOLVE
FINISH

/SOLU
ANTYPE, MODAL           !進行振動模態分析
PSTRES, ON              !考慮預應力效果
  …
  …
```

```
SOLVE

FINISH
/SOLU
EXPASS, ON
MXPAND, …                    !擴展模態
   …
SOLVE
FINISH
/POST1                       !檢視結果
   …
FINISH
```

【範例 5-11】

懸臂板如圖所示。厚度為 0.05 m，w=0.02 m，r=0.15 m，L=0.5 m，選用 SHELL63 元素，E=207 Gpa，ρ=7800 kg/m^3，υ=0.3，ω=3000 rpm，採用 subspace 方法，求前五個振動模態及頻率。

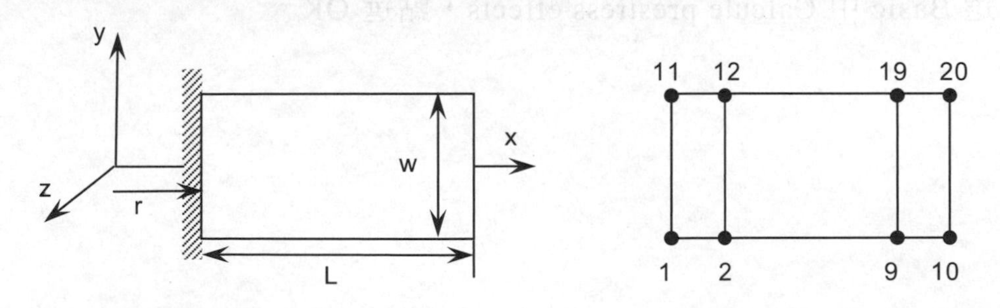


```
/UNITS, SI
/TITLE, Vibration of a Rotating Cantilever Blade
/PREP7
ET, 1, SHELL63, , , , , , , 1
```

R, 1, 5E-3

MP, EX, 1, 2.07E+11

MP, NUXY, 1, 0.3

MP, DENS, 1, 7800

N, 1, 0.15, -0.01

N, 10, 0.65, -0.01

FILL, 1, 10

NGEN, 2, 10, 1, 10, 1, 0, 0.02

E, 1, 2, 12, 11

EGEN, 9, 1, 1

FINISH

/SOLU

ANTYPE, STATIC

PSTRES, ON

或

Main menu > Solution > Analysis > Sol'n > Controls

點選 Basic 中 Calcule prestress effects，點選 OK。

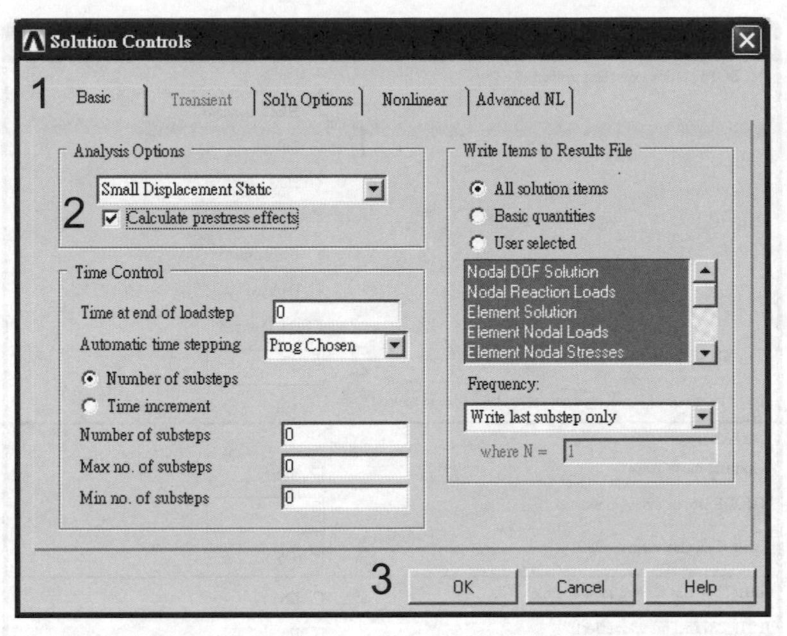

D, 1, ALL, , , 11, 10

OMEGA, , 314.16　　　　!徑度量 3000 rpm=314.16 rad/s

SOLVE

FINISH

/SOLU

ANTYPE, MODAL

MODOPT, SUBSP, 5

PSTRES, ON

或(上兩行)

Main menu > Solution > Analysis Type > Analysis Options

點選 Subspace 方法，擴展 5 個模態，點選 PSTRES，點選 OK。

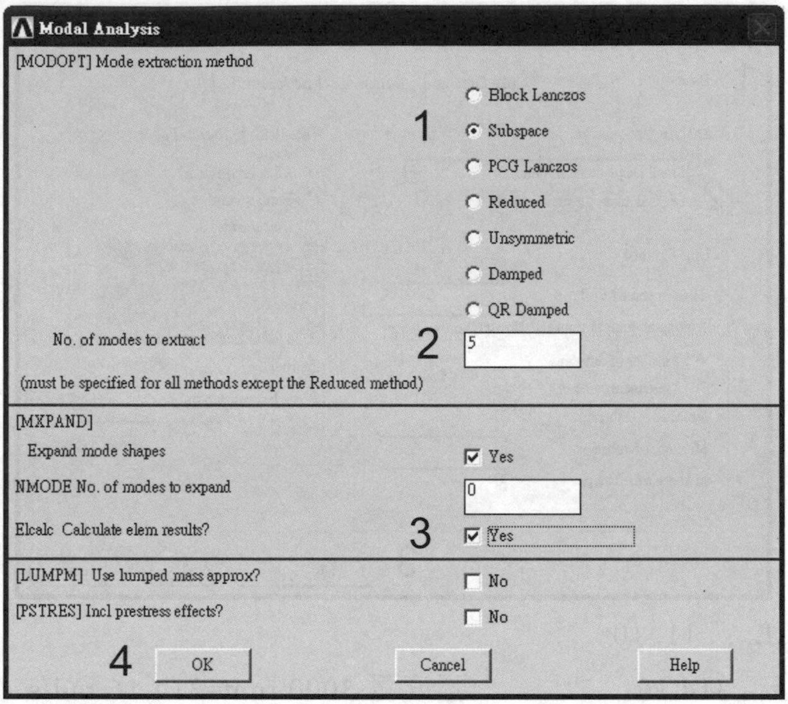

Modal Analysis

[MODOPT] Mode extraction method

- Block Lanczos
- 1 Subspace
- PCG Lanczos
- Reduced
- Unsymmetric
- Damped
- QR Damped

No. of modes to extract 2 [5]

(must be specified for all methods except the Reduced method)

[MXPAND]

Expand mode shapes ☑ Yes

NMODE No. of modes to expand [0]

Elcalc Calculate elem results? 3 ☑ Yes

[LUMPM] Use lumped mass approx? ☐ No

[PSTRES] Incl prestress effects? ☐ No

4 OK Cancel Help

```
OMEGA, , 314.16
SOLVE
FINISH
/POST1
SET, LIST
SET, 1, 1
/TITLE, First Mode of Rotating Cantilever Blade
PLDISP
SET, 1, 2
/TITLE, Second Mode of Rotating Cantilever Blade
PLDISP
SET, 1, 3
/TITLE, Third Mode of Rotating Cantilever Blade
PLDISP
```

```
SET, 1, 4
/TITLE, Fourth Mode of Rotating Cantilever Blade
PLDISP
SET, 1, 5
/TITLE, Fifth Mode of Rotating Cantilever Blade
PLDISP
```

➔ 5-5　參數化設計語言(APDL)

ANSYS 程式設計中，指令之後的參數有數字(例如 **N**, 1, 2, 3, 4)及文字(例如 **MP**, EX, 1, 1.0E+6)，如果結構狀態改變時，指令後之參數，也會有所改變，因此必須重新編寫程式，這對設計者而言是相當不方便。例如某樑結構之截面，寬度=0.03，厚度=0.01，其幾何尺寸之指令爲 **R**, 1, 0.0003, 2.5e-9, 0.01，當該結構都不變，僅截面大小更改爲 寬度=0.06，厚度=0.01，其相對應之指令爲 **R**, 1, 0.0006, 5e-9, 0.01。對於簡易之結構可直接更改指令，但是對於非常冗長之程式，要完全正確的更改所相對應之改變並不容易。故 ANSYS 提供參數設計語言(**A**NSYS **P**arametric **D**esign **L**anguage)，以更方便及更人性化之方式，進行程式編輯。ANSYS 參數設計語言，大致採用與 FORTRAN 程式語法之方式進行，如參數的定義，數學運算式，邏輯語法，條件區塊，迴圈等。本書將選擇重要及常用之項次加以說明。

參數

對於指令中爲數字的部分，我們皆可以參數方式或數學運算式來取代，這是最常使用的方式。參數之名稱爲一至八個字元所組成，第一個字元爲英文字母開頭，無大小寫之限制。但參數之名稱請勿與指令的名稱相同，以避免程式之混淆。例如參數的名稱爲 N、D、VA 都是不適切之參數名稱，一旦參數定義後，程式中使用到該參數時，即代表該參數之值。

有效的參數名稱如下：

ABC	PI	X-OR-Y
B	F23	Xyz
LENGTH	WIDTH	kkk

無效的參數名稱如下：

3ZF, 7AB	數字開頭
QR*, M&e	有特殊字元(*、&)
ABCDEFGHI	超過八個字元
NEW-VALUE	超過八個字元

運算

ANSYS 的運算，與一般四則運算或程式運算的原則相同，語法採用 FORTRAN 語言，表 5-5.1 列示基本運算子、表 5-5.2 列示簡易運算式。

表 5-5.1 運算子

+	加	**	指數次方
–	減	>	大於比較
*	乘	<	小於比較
/	除		

表 5-5.2 運算式

A1=B1＋C1	加	A1=B1*C1	乘
A1=B1–C1	減	A1=B1/C1	除
A1=(B1－C1)*D1	括號計算	A1=B1**3	指數次方
D=－B＋(E**2)－(4*A*C) !計算 D=－B＋E^2－4AC			
XYZ＝(A<B)＋Y**2 !計算 XYZ＝－A＋Y^2 若 A 小於 B；!否則 XYZ＝B＋Y^2			
DET＝((X2－X1)**2－(Y2－Y1)**2)/2			
TEMP＝(B**2－4*A*C)＋3*A			
註：括號最多四層，最多九個運算			

函數

ANSYS 也提供標準 FORTRAN 函數，以便進行參數運算，表 5-5.3 列示基本函數表示法。

表 5-5.3　標準 FORTRAN 函數

ABS(x)	x 之絕對值 TEMP＝ABS(-5.6)= 5.6
SIGN(x,y)	絕對值 x，與 y 同正負，y=0 取正值 TEMP=SIGN(-5, 7)=5 TEMP=SIGN(-5, -7)=-5
EXP(x)	x 之指數次方 (e^x)
LOG(x)	x 之自然對數 ln(x)
LOG10(x)	x 之 10 爲底對數 $log_{10}(x)$
SQRT(x)	x 之平方根 TEMP＝SQRT(4)= 2
NINT(x)	最靠近 x 之整數。 TEMP＝NINT(45.2)= 45
MOD(x, y)	x/y 之餘數，y＝0，回傳 0。 TEMP＝MOD(-5, 6)= 5
RAND(x, y)	x 與 y 範圍內的亂數。
SIN(x)，COS(x)，TAN(x)	三角函數，x 爲弳度量，若以角度輸入，則在使用該函數前宣告 *AFUN, DEGREE。 例如： *AFUN, DEGREE Xtemp＝30 TEMP＝SIN(Xtemp)= 0.5
SINH(x)，COSH(x)，TANH(x)	Hyperbolic 函數
ASIN(x)，ACOS(x)，ATAN(x)	反三角函數，輸出之節果爲弳度量，ASIN，ATAN 之範圍爲-π/2 至 π/2，ACOS 之範圍爲 0 至 π，若以角度輸出，則在使用該函數前宣告 *AFUN, DEGREE。
ATAN2(y, x)	反三角 ARCTAN(y/x)函數，輸出之結果爲弳度量，範圍爲 -π 至 π，若以角度輸出，則在使用該函數前宣告*AFUN, DEGREE。

有時在建立模型過程中需要所建資料的資訊，可利用 ANSYS 資料庫函數或“***GET**”指令來達到其目的。表 5-5.4 舉例列示部分系統資料庫函數名稱與其意義。

表 5-5.4 ANSYS 資料庫函數

名稱	意義
NX(N)、NY(N)、NZ(N)	節點 N 之 x、y、z 座標值 TEMP＝NX(2)，表示 TEMP＝節點 2 的 x 座標值
KX(N)、KY(N)、KZ(N)	節點 K 之 x、y、z 座標值 TEMP＝KY(4)，表示 TEMP＝點 4 的 y 座標值
DISTND(N1, N2)	兩節點(N1、N2)間距離 TEMP＝DISTND(3, 5)，表示 TEMP＝節點 3 與節點 5 之距離
UX(N)、UY(N)、UZ(N)	節點 N 之 x、y、z 位移量 TEMP＝UX(5)，表示 TEMP＝節點 5 的 x 方向的位移值
NODE(x, y, z)	目前有效節點最靠近(x, y, z)的節點號碼 TEMP＝NODE(5, 6, 7)，表示 TEMP＝最靠近(5, 6, 7)的節點號碼
AREAND(N1, N2, N3)	三個節點(N1、N2、N3)圍成面之面積值 TEMP＝AREAND(7, 8, 10)，表示 TEMP＝節點 7、8、10 圍成面積之值
NNEAR(N)	選擇最靠近節點 N 之節點 TEMP＝NNEAR(100)，表示 TEMP＝最靠近節點 100 的號碼
CENTRX(E) CENTRY(E) CENTRZ(E)	元素 E 之重心 x, y, z 座標值 TEMP＝CENTRX(15)，表示 TEMP＝元素 15 之重心 x 座標值
StrOut＝STRCAT(Str1, Str2)	將字串 Str2 加到 Str1 之後 TEMP＝STRCAT(have, fun)，表示 TEMP＝havefun

指令介紹

Name=*VALUE*

定義參數 Name，並將其值定義為 *VALUE*，這是最常使用的方法。欲清除已定義的參數，將 *VALUE* 位置不放任何數值(東西)，可刪除該參數。

```
length=20        !設定該參數值
width=5          !設定該參數值
width=0          !設定該參數值
width=           !刪除該參數，與上述之意義不同
```

Menu Paths : Utility Menu > Parameters > Scalar Parameters…

***SET**, *Par, VALUE, VAL2,……, VAL10*

定義(**SET**)參數之值，*Par* 爲參數名稱，*VALUE* 爲其值，當參數爲陣列時 *VAL2*、*VAL10* 才會使用到，如參數爲非陣列時，其指令與上述之指令意義相同。

```
*SET, length, 20     !設定該參數值
*SET, width, 5       !設定該參數值
*SET, width, 0       !設定該參數值
*SET, width          !刪除該參數，與上述之意義不同
```

Menu Paths : Utility Menu > Parameters > Scalar Parameters…

***STATUS**, *Par, IMIN, IMAX, JMIN, JMAX, KMIN, KMAX*

列示 ANSYS 資料庫中所有參數 *Par* 值的狀態(**STATUS**)。如果省略 *Par*，則目前所有參數都會列出。

Menu Paths : Utility Menu > List > Other > Named Parameter

Menu Paths : Utility Menu > List > Other > Parameters

Menu Paths : Utility Menu > Parameters > Scalar Parameters…

***GET**, *Par, Entity, ENTURN, Item1, IT1NUM, IT2NUM*

獲取(**GET**)ANSYS 資料庫中，有關有限元素模型及分析結果的值給予參數 *Par*，其後變數爲欲選取之資料。該指令的功能好比表 5-5.4 資料庫函數的功能，但可用的資料庫函數畢竟有限，有些資料庫的資訊是無法由資料庫函數得知就必須應用該指令，有些資料庫的資訊可由資料庫函數或利用“***GET**”指令得知，端賴使用者的習慣，由於內容太多請參考細指令說明。茲舉例如下：

1. 利用help,*GET將該指令使用說明呼叫出來。

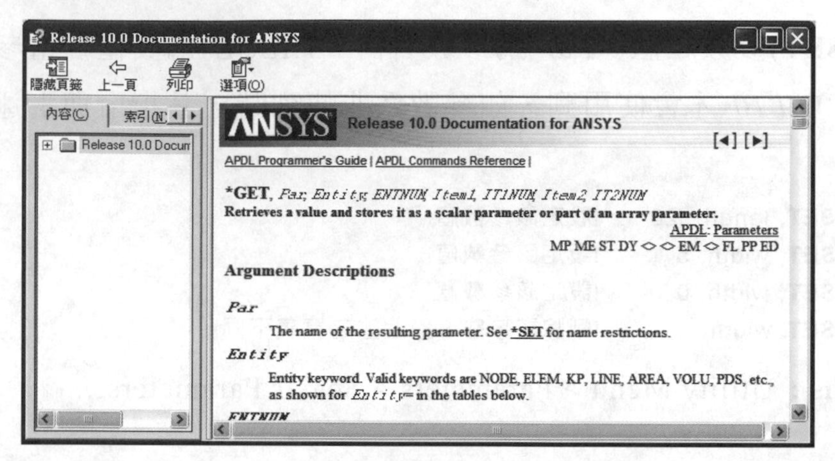

2. 利用右邊滑桿，移至如下圖之區域。

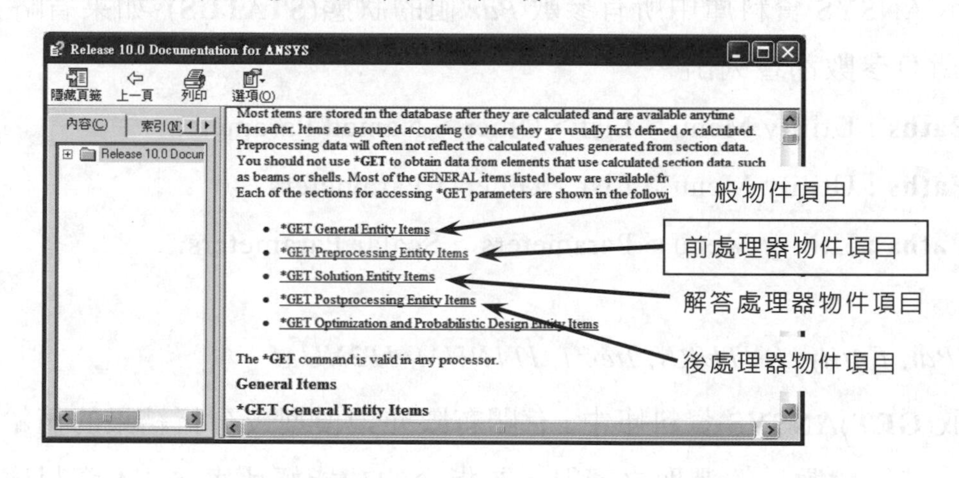

3. 點選前處理器物件項目，出現下圖之選項，移動右邊滑桿，找尋*Get Preprocessing Items, Entity=NODE，並點選之。

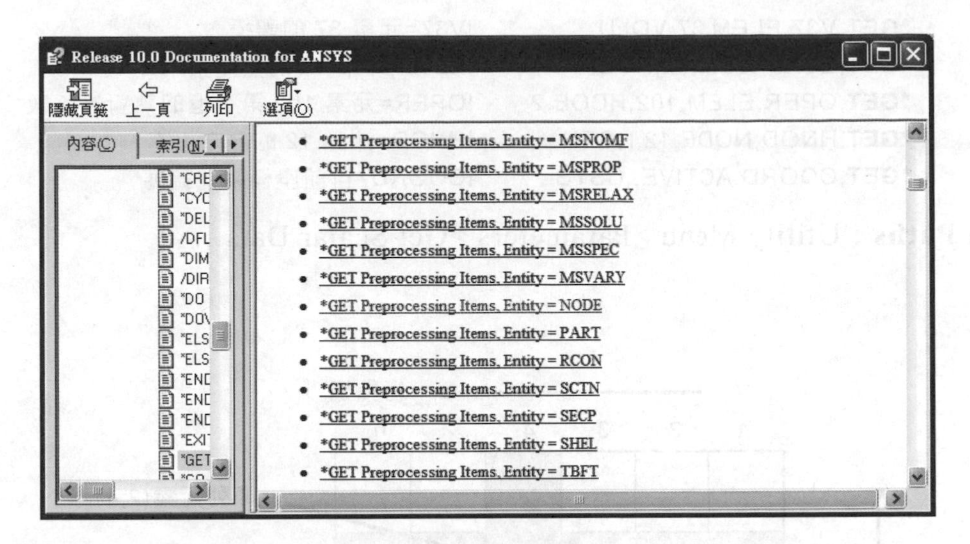

4. 出現下列之表格，其表示選取前處理器中有關節點的訊息。

*Get Preprocessing Items, Entity=NODE

Entity=**NODE**, *ENTNUM=N* **(node number)**		
***GET**, *Par*, **NODE**, *N*, **Item1**, **IT1NUM**, **Item2**, **IT2NUM**		
Item1	**IT1NUM**	說明
LOC	X, Y, Z	現有座標系統下 X, Y, Z 的座標值。或可由函數：NX(N), NY(N), NZ(N)
ANG	XY,YZ,ZX	THXY, THYZ, THZX 旋轉角度
…	…	…
NXTH		有效節點中，最接近且比 N 大的節點號碼
…	…	…
Entity = **NODE**, *ENTNUM* = **0 (node number)**		
*GET, *Par, NODE, 0, Item1, IT1NUM, Item2, IT2NUM*		
Item1	**IT1NUM**	說明
NUM	MAX, MIN	有效節點中最大，最小節點號碼
NUM	MAXD, MIND	全部節點中最大，最小節點號碼
COUNT		有效節點中，節點數目
MXLOC	X, Y, Z	現有座標系統下，有效節點中最大 X, Y, 或 Z 的節點座標值
MNLOC	X, Y, Z	現有座標系統下，有效節點中最小 X, Y, 或 Z 的節點座標值
例如： *GET, TEMP, NODE, 2, LOC, X，表示 TEMP 為節點 2 的 X 座標值 *GET, TEMP, NODE, 0, NUM, MAX，表示 TEMP 為目前有效節點中最大節點號碼		

其他相關範例

***GET**,BCD,ELEM,97,ATTR,MAT　　!BCD=元素 97 的元素編號

```
*GET,V37,ELEM,37,VOLU                !V37=元素 37 的體積
*GET,EL52,ELEM,52,HGEN               !EL52=元素 52 的熱產生率
*GET,OPER,ELEM,102,HCOE,2            !OPER=元素 102 第 2 邊的熱對流係數
*GET,HNOD,NODE,12,HGEN               !HNOD=節點 12 的熱產生率
*GET,COORD,ACTIVE,,CSYS              !COORD=目前座標系統號碼
```

Menu Paths : Utility Menu >Parameters >Get Scalar Data…

陣列

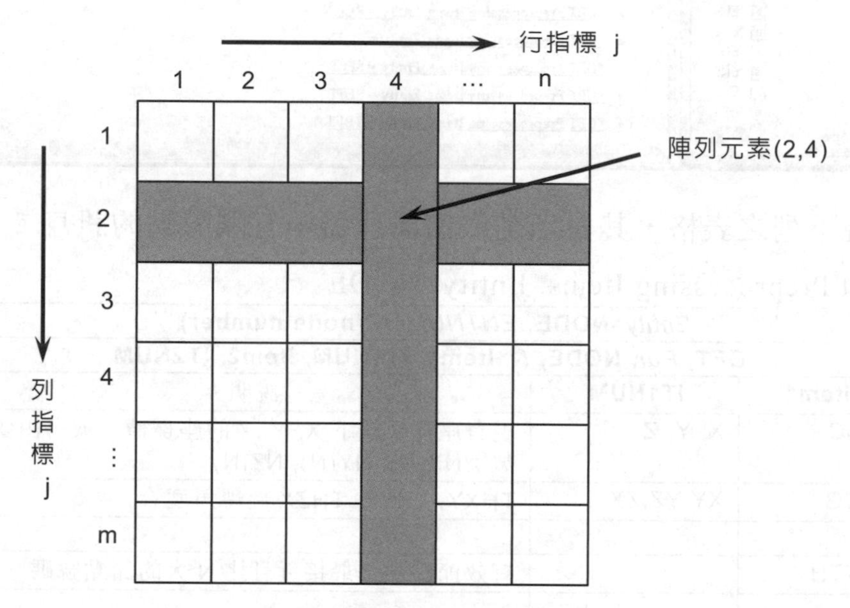

圖 5-5.1 陣列示意圖

考慮二維陣列(數字或字串)如圖 5-5.1 所示，其大小爲 m 列(rows)與 n 行(columns)。每一列的指標爲 i 由至 m，每一行的指標爲 j 由 1 至 n，每一個陣列元素指標爲(i, j)。在必要的情況下，我們可以建立陣列參數，使用陣列參數前，一定要宣告其陣列大小。

指令介紹

***DIM**, *Par, Type, IMAX, JMAX, KMAX, Var1, Var2, Var3, CSYSID*

設定陣列參數(*Par*)之大小(**DIM**ension)。

Par=爲參數名稱。

IMAX,JMAX,KMAX=分別爲列、行、層(三度陣列才使用)的大小。

Type = 爲陣列的型態。

= ARRAY 一般陣列。

= TABLE 表格式陣列。

= CHAR 字元陣列(每一個位置最多八字元之字串)。

= STRING 字串陣列(最多 128 字元)。

```
*DIM, AA, ARRAY, 4              !定義 AA 為 4[×1×1]一般陣列
*DIM, XYZ, ARRAY, 3, 2          !定義 AA 為 3×4[×1]一般陣列
*DIM, FF, TABLE, 5              !定義 FF 為 5[×1×1]表格式陣列
*DIM, CR, CHAR, 5               !定義 CR 為 5[×1×1]字串陣列
```

Menu Paths : Utility Menu > Parameters > Array > Parameters > Define/Edit

一般正常的陣列與表格式陣列不同的，在此暫不進一步介紹，有興趣讀者請詳閱其說明。

陣列參數設定

陣列值的設定可使用*SET 或「=」。如同一般參數設定，使用「=」是最便捷的方法，但一次最多只能給 10 個數值，超過 10 個以上可用兩行以上設定，但筆者使用一次超過 10 個還是可行，以下是設定 12×1 陣列的範例：

```
*DIM, XYZ, ARRAY, 12, 1
XYZ(1)=59.5, 42.494, −9.01, −8.98, −8.98,9.01, −30.6,51
XYZ(9)=−51.9, 14.88, 10.8, −10.8
```

以上代表 $XYZ=\begin{bmatrix} 59.5 \\ 42.494 \\ -9.01 \\ -8.98 \\ -8.98 \\ 9.01 \\ -30.6 \\ 51 \\ -51.9 \\ 14.88 \\ 10.8 \\ -10.8 \end{bmatrix}$

以下為 4×3 陣列之設定：

```
*DIM, T2, ARRAY, 4, 3
T2(1,1)= 0.6, 2, -1.8, 4          !定義(1,1),(2,1),(3,1),(4,1)
T2(1,2)= 7, 5, 9.1, 62.5          !定義(1,2),(2,2),(3,2),(4,2)
T2(1,3)= 2E-4, -3.5, 22, 0.01     !定義(1,3),(2,3),(3,3),(4,3)
```

以上代表 $T2=\begin{bmatrix} 0.6 & 7.0 & 0.0002 \\ 2.0 & 5.0 & -3.5 \\ -1.8 & 9.1 & 22.0 \\ 4.0 & 62.5 & 0.01 \end{bmatrix}$

以下為 3×1 字元陣列之設定：

```
*DIM, RESULT, CHAR, 3
RESULT(1)= 'SX', 'SY', 'SZ'
```

以上代表 $RESULT = \begin{bmatrix} SX \\ SY \\ SZ \end{bmatrix}$

【範例 5-12】

將樑之幾何形狀參數化之 ANSYS 輸入法。

```
!定義參數 YS，亦可使用 *SET, YS, 2.07e+9
YS = 2.07e+9
!定義參數 Width，亦可使用 *SET, Width, 1
Width = 1
Thick = 2
Length = 50
AR = Width * Thick
IA = Width * (Thick**3)/12
/PREP7
ET, 1, BEAM3
R, 1, AR, IA, Thick
MP, EX, 1, YS
N, 1, 0, 0
N, 11, length, 0
FILL, 1, 11
*STATUS                              !列示所有參數
*GET, MAXN, NODE, , NUM, MAX
*GET, MINN, NODE, , NUM, MIN
*STATUS                              !列示所有參數
*GET, TOTNUM, NODE, ,COUNT
*GET, X2, NODE, 2, LOC, X
```

```
!則 MAXN=目前有限元素模型中最大節點號碼
!則 MINN=目前有限元素模型中最小節點號碼
!則 TOTNUM=目前有限元素模型中節點之總數

!X2 = 第二節點 X 座標
*GET, Y2, NODE, 2, LOC, Y
*GET, MAXE, ELEM, ,NUM, MAX
*GET, MINE, ELEM, ,NUM, MIN
*GET, TOTENUM, ELEM, ,COUNT
!則 Y2=第二節點 Y 座標
!則 MAXE=有限元素模型中，最大元素號碼
!則 MINE=有限元素模型中，最小元素號碼
!則 TOTENUM=有限元素模型中，元素之總數
*STATUS                          !列示所有參數
TOTENUM=                         !刪除該參數
MAXN=                            !刪除該參數
MINE=                            !刪除該參數
*STATUS                          !列示所有參數
```

以上例子得知，當樑之幾何外型改變時，僅更改參數之值即可。

條件區塊

具有條件選項之不同指令之方式可採用 IF-ELSE-ENDIF 之語法，如圖 5-5.2。

```
…
…
*IF, A, EQ, 0, THEN
…
```

```
    Block1
  …
*ELSEIF, A, EQ, 1, THEN
  …
    Block2
  …
*ELSEIF, A, EQ, 2, THEN
  …
    Block3
  …
*ELSE
  …
    Block4
  …
*ENDIF
  …
  …   !Continue
```

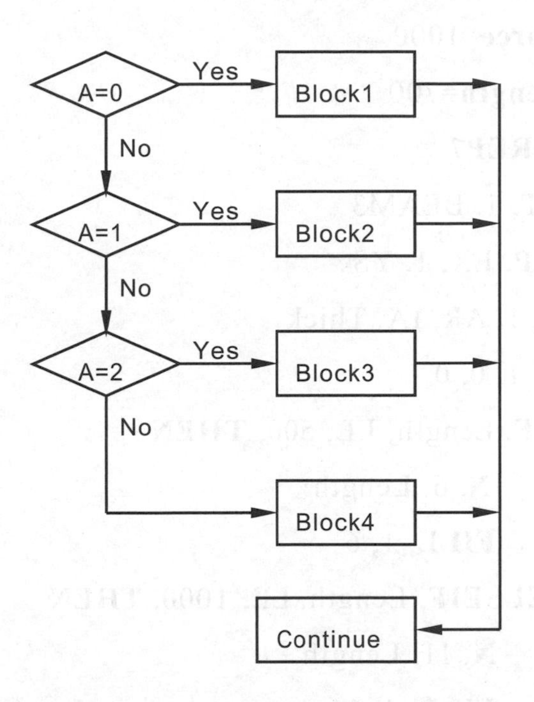

圖 5-5.2　IF-ELSE-ENDIF 流程圖

【範例 5-13】

假設樑有限元素模型中，我們規劃長度小於 500 mm 時，分割爲 5 個元素，500 mm 至 1000 mm 時分割爲 10 個元素，1000 mm 至 1500 mm 分割爲 15 個元素。

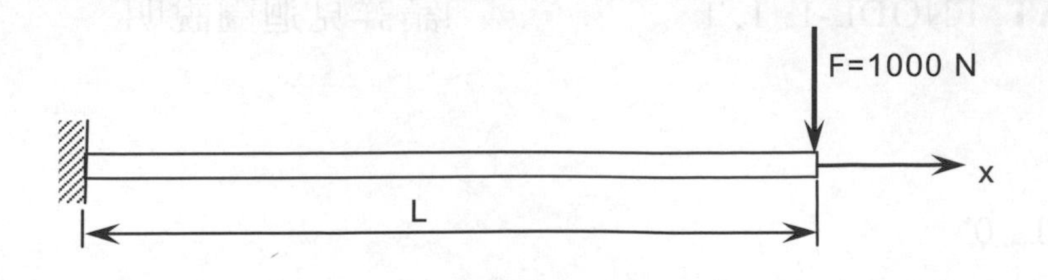

```
YS=207000
Width=20                    $ Thick=10
AR=Width * Thick
IA=Width * (Thick**3)/12
Force=1000
Length=700
/PREP7
ET, 1, BEAM3
MP, EX, 1, YS
R, 1, AR, IA, Thick
N, 1, 0, 0
*IF, Length, LE, 500, THEN
    N, 6, Length
    FILL, 1, 6
*ELSEIF, Length, LE, 1000, THEN
    N, 11, Length
    FILL, 1, 11
*ELSEIF, Length, LE, 1500, THEN
    N, 16, Length
    FILL, 1, 16
*ENDIF
*GET, FNODE, NODE, ,NUM, MAX    !獲取受力點之節點號碼
E, 1, 2
*REPEAT, FNODE-1, 1, 1          !請詳見迴圈說明
FINISH
/SOLU
D, 1, ALL, 0
```

```
F, FNODE, FY, -Force
SOLVE
FINISH
/POST1
  …
```

註記：當長度變化時，僅須更改 Length 參數值即可。

【範例 5-14】

在前例中假設我們規劃三組不同之材料特性及幾何參數。

(1) YS=207 Gpa，AR=3×10^{-4} m^2，I=2.5×10^{-9} m^4，Thick=0.01m
(2) YS=75 Gpa，AR=3×10^{-4} m^2，I=2.5×10^{-9} m^4，Thick=0.01m
(3) YS=207Gpa，AR=6×10^{-4} m^2，I=2×10^{-8} m^4，Thick=0.02 m

爲了方便起見，則輸入元素特性時可採用如下方式：

```
MATCASE=1
/PREP7
ET, 1, BEAM3
*IF, MATCASE, EQ, 1, THEN
    MP, EX, 1, 2.07e11
    R, 1, 3e-4, 2.5e-9, 0.01
*ELSEIF, MATCASE, EQ, 2, THEN
    MP, EX, 1, 75e9
    R, 1, 3e-4, 2.5e-9, 0.01
*ELSEIF, MATCASE, EQ, 3, THEN
    MP, EX, 1, 2.07e11
    R, 1, 6e-4, 2e-8, 0.02
```

***ENDIF**

…

…

註記：僅須更改 MATCASE 之值即可。

迴圈

迴圈之語法(Do-loop)，用於一組指令具備規則參數數值之改變，其語法如下：

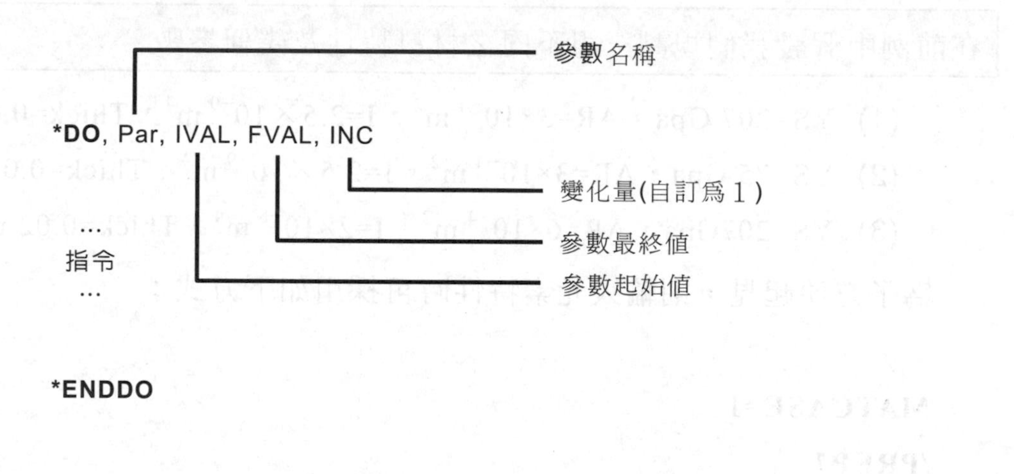

E, 1, 2
E, 2, 3
E, 3, 4
E, 4, 5

等效於 →

***DO**, IREF, 1, 4
  E, IREF, IREF+1
***ENDDO**

***REPEAT**, *NTOT, VINV1, VINC2, VINV3, VINC4, VINV5, VINC6, VINV7, VINC8, VINV8, VINC9, VINV10, VINC11*

該指令為重複前一行指令，但指令參數具有規則變化，*NTOT* 為指令包含本身重復的次數，*VINV1~VINC11* 為欲重複前一行指令，各參數變化量，如無變化或是文字無變化，則該參數位置不輸入任何值。

```
E, 1, 2
E, 2, 3                        E, 1, 2
E, 3, 4   ——等效於——>          *REPEAT, 4, 1, 1
E, 4, 5
```

Menu Paths：無

【範例 5-15】

範例 4-2 中節點之建立可改爲下列方式。

```
XI=30
*DO, I, 1, 11, 1
        N, I, XI*(I-1), 0
*ENDDO

或
N, 1, 0, 0
*REPEAT, 11, 1, 30          !重複上行指令 11 次，包含原本指令
```

【範例 5-16】

範例 4-17 中元素之建立可改爲下列方式。

```
*DO, I, 1, 10, 1
        E, I, I+1
*ENDDO

或
E, 1, 2
*REPEAT, 10, 1, 1               !重複上行指令 11 次，包含原本指令
```

【範例 5-17】

範例 4-10 中節點之建立可改為下列方式。

```
J=0
XI=1
YI=2
*DO, I, 1, 51, 10
        N, I, 0+XI*J, YI*J
        N, I+1, 2+XI*J, YI*J
        N, I+2, 4+XI*J, YI*J
        N, I+3, 6+XI*J, YI*J
        N, I+4, 8+XI*J, YI*J
        J=J+1
*ENDDO
```

註記：本例僅介紹迴圈之應用，但其語法並不如 NGEN 指令。

【範例 5-18】

範例 4-19 中元素之建立可改為下列方式。

```
*DO, I, 1, 4, 1
        E, I, I+1, 11+I, 10+I
*ENDDO
*DO, I, 11, 14, 1
        E, I, I+1, 11+I, 10+I
*ENDDO
*DO, I, 21, 24, 1
        E, I, I+1, 11+I, 10+I
```

```
*ENDDO
*DO, I, 31, 34, 1
    E, I, I+1, 11+I, 10+I
*ENDDO
*DO, I, 41, 44, 1
    E, I, I+1, 11+I, 10+I
*ENDDO
```

或

```
*DO, I, 0, 40, 10
    *DO, J, 1, 4, 1
      E, I+J, I+J+1, I+J+11, I+J+10
    *ENDDO
*ENDDO
```

註記：本例僅介紹迴圈之應用，但其語法並不如例 4-27(a)。

➔ 5-6　動畫製作

在整個分析流程中，雖然可從螢幕中看到許多圖形，但亦可將這些圖形製作成動態效果，亦即各種不同之圖形連續播放。常用的動態效果之製作可分下列數項：

1. 依使用者指定欲製作動態結果項目，此類之動態效果結果項目通常爲其後處理器可看到的圖示，例如結構受負載後之自由度反應，應力分布，並將其結果從無負載至全負載，再至無負載之歷程製作爲動態檔。其製作方式，以例題4-35說明如下(將例題4-35先行分析完畢)：

(1) 進入/POST1，選擇欲製作動態檔的階段負載。

(2) 利用Utility Menu選擇欲製作動態結果項目(以位移爲例)。

Utility Menu > PlotCtrls > Animate > Deformed Shape...

此時有製作動態資料視窗顯示，可選擇每一圖片間隔時間(Time delay(seconds)，最長時間爲一秒)及圖片張數(No. of frames to create)和方式，點選OK，開始製作。

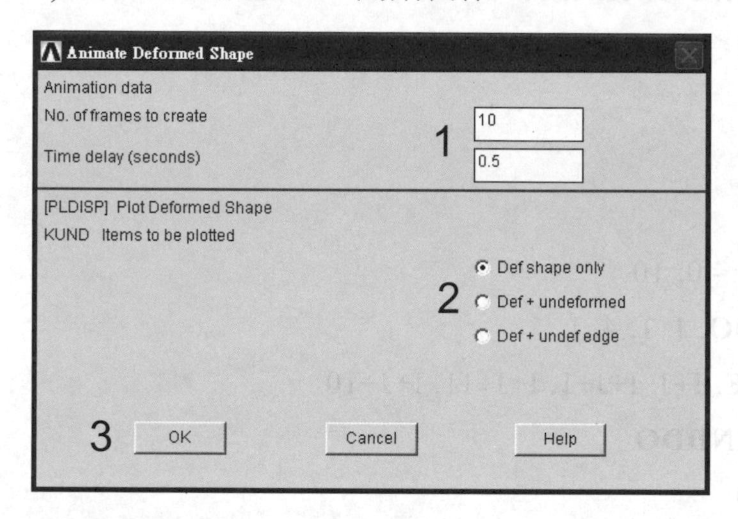

製作過程中，製作過程視窗上方可檢視，圖片張數是否製作完畢，完畢後點選 Close 關閉視窗。注意：製作過程會一直進行，不會自動停止，只要圖片張數完成可隨時點選 Close 關閉視窗。

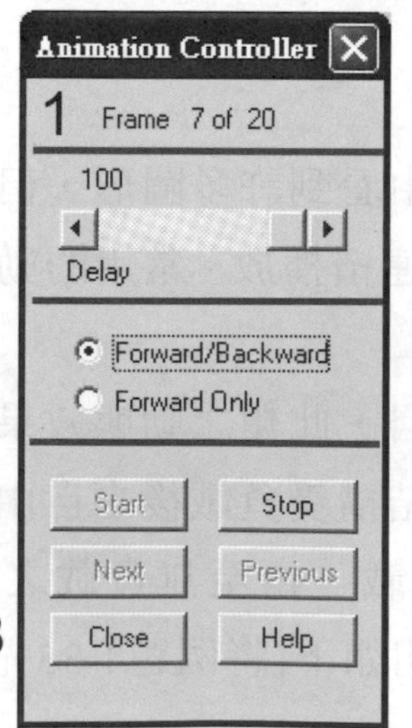

檢視圖片張數是否製作完畢

(3) 利用Utility Menu檢視動態檔案

Utility Menu > PlotCtrls > Animate > Replay Animination...

我們所製作的動態檔，儲存於進入ANSYS時的工作目錄，以Job Name.avi命名之，可於播放軟體播放。

(4) 如欲繼續製作動態結果項目(以等效應力為例)

Utility Menu > PlotCtrls > Animate > Deformed Results...

設定我們所製作的動態檔的內容及參數，點選OK，開始製作。注意：要將原先位移動態檔案重新命名，否則動態檔案內容被取代。

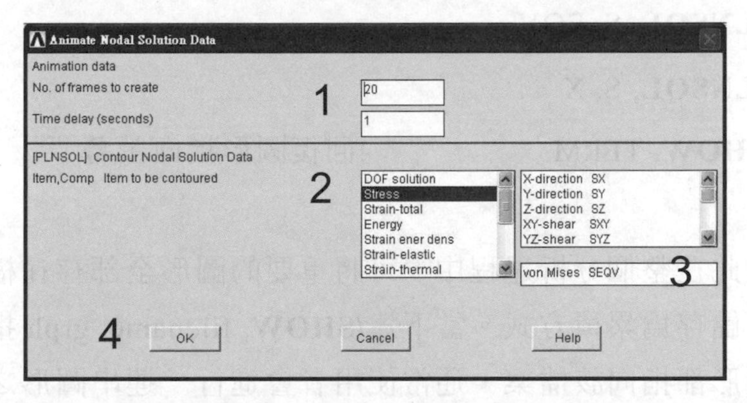

2. 此外我們亦可將不同類別的圖形，製作成動態檔，例如，節點示意圖，元素示意圖，某特殊視角之有限元素示意圖，分析後之結果示意圖，結果區域放大示意圖等製作成一動態檔。以例題4-35說明製作方式如下：

(1) 將不同的示意圖存入檔案中

在ANSYS中，每當下達繪圖指令時(例如**EPLOT**，**NPLOT**，**PLDISP**等)圖形會顯示在圖形視窗中。可用**/SHOW**, *Fname*, *Ext*指令將欲顯示之圖形存入*Fname.Ext*檔案中，系統自訂*Fname*=jobname及*Ext*=grph。製作過程中，我們將看不到任何圖形顯示於圖形視窗中。製作完後，必須恢復其圖形顯示於螢幕，否則接下的圖形顯示都會在剛才的檔案中，欲回復顯示於圖形視窗，可用**/SHOW**, TERM指令。其輸入指令基本流程如下：
(將例題 4-35 先行分析完畢)

```
/SHOW, EX4-35, grph          !將圖形顯示指向 grph 檔案
NPLOT                        !假設以下是我們想要的圖形
EPLOT
PLDISP
PLDISP, 1
PLNSOL, S, EQV
PLNSOL, S, X
/SHOW, TERM                  !回復圖形指向螢幕
```

因此在整個分析過程中，可將重要的圖形全部存在檔案中，圖形之儲存為累積方式。當下達**/SHOW**, filename, grph 指令後，所有圖形都指向該檔案，通常使用者會進行一連串圖形之測試，以決定所有的圖形無誤後，一次儲存所有圖形，如上述之流程。有時每張圖的視角或範圍不一，可採用單張圖形儲存方式，其輸入指令基本流程如下：

```
!假設我們已調整好節點示意圖
/SHOW, filename, grph        !將圖形指向檔案，副檔名為 grph
NPLOT                        !下達該繪圖指令
/SHOW, TERM                  !回復圖形指向螢幕
…
!調整我們所想要的圖形
…
```

/SHOW, filename, grph　　　!將圖形指向檔案

(繪圖指令)　　　!下達所要的繪圖指令

/SHOW, TERM　　　!回復圖形指向螢幕
(重複上述之動作)

以上過程也可利用 Utility Menu，其步驟如下：
Utility Menu > Plot Ctrls > Redirect Plots > To GRPH File…
在視窗中輸入檔案名稱，選擇 Do not replot，點選 OK。

Redirect Plots to GRPH File
[/SHOW] Redirect plots to GRPH　1　EX4-35.grph　Browse...
[/DEVI] Vector mode (wireframe)　Off
- for Z-buffered plots written to file
[/GFILE] Pixel resolution -　800
[/REPLOT] Replot upon OK/Apply?　Do not replot　2
3　OK　Apply　Cancel　Help

EPLOT　　　!下達該繪圖指令
PLDISP, 1
PLNSOL, S, EQV

Utility Menu > Plot Ctrls > Redirect Plots > To Screen
(相等於/SHOW, TERM)

(2) 完成上述之存檔動作後，進入ANSYS之Display應用軟體。該軟體為 ANSYS 所提供，位於ANSYS > Utilities > Display。

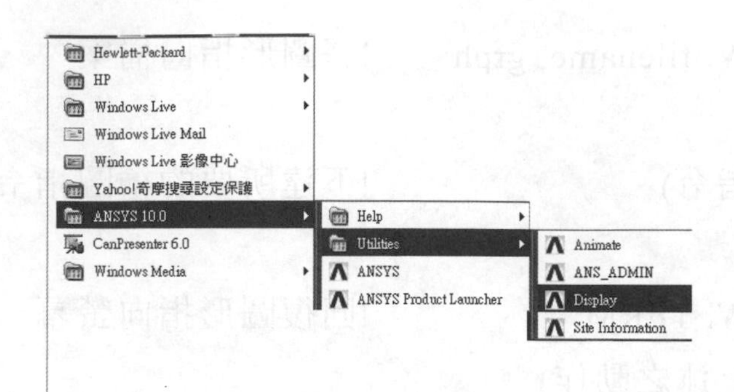

(3) 下圖爲Display應用軟體視窗，將圖形檔案叫出。注意：如果ANSYS未關閉仍在使用中，請將圖形檔案設定為不作用，/SHOW, CLOSE，否則檔案無法開啓。

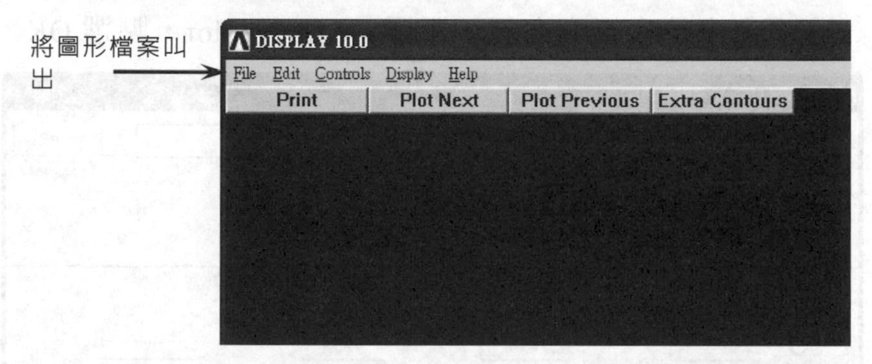

(4) 選擇 Display > Animate > Create…，宣告製作動態檔的名稱，每張圖之間的時間(秒數)，圖形檔中欲製作成動態檔的圖片範圍，點選OK，開使製作。注意：由於Display應用軟體，開啓的自訂目錄位於C:\Documents and Settings\ Administrator，所以動態檔案儲存於該目錄。

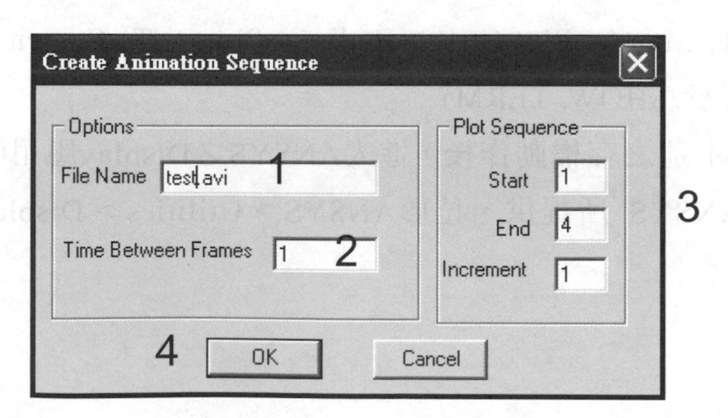

3. 上述之動態檔的製作也可不透過*.grph檔案直接製作。利用**/SEG**將圖形儲存於記憶體，最後一起製作動態檔，指令輸入法流程如下：

```
…
…
/SEG, DELE                    !清除設定
/SEG, MULTI, filename, 1      !儲存多張圖於 filename 中，
!間隔 1 秒
!繪圖指令
NPLOT
EPLOT
…
/SEG, OFF                     !停止儲存
…
!在 ANSYS 中，其他工作
…
/SEG, MULTI, filename, 1      !再度儲存多張圖於 filename 中
!繪圖指令
PLDISP
PLDISP, 1
…
/SEG, OFF                     !停止儲存
…
!在 ANSYS 中，其他工作
…
/SEG, MULTI, filename, 1      !再度儲存多張圖於 filename 中
!繪圖指令
PLNSOL, S, EQV
```

```
PLNSOL, S, X
...
/SEG, OFF                    !停止儲存
ANIM                         !以上所有圖形製作為動態檔
```

在 Display 應用軟體中，我們可以列印(*.grph)圖形檔案中的每一張圖形，我們可自行決定要用那一個方法。

【範例 5-19】

以範例 5-7 為例，製作一個動態檔，內容包含節點示意圖、元素示意圖、第一負載至第五負載變形圖。

```
!先將範例 5-7 分析完畢
/POST1
/SHOW, EX5-20, grph
NPLOT
EPLOT
SET, 1
PLDISP
SET, 2
PLDISP
SET, 3
PLDISP
SET, 4
PLDISP
SET, 5
PLDISP
```

/SHOW, TERM

/SHOW, CLOSE

此時產生 EX5-20.grph 圖形檔，該圖形檔案包含前所儲存的七張圖，欲製作動態檔，可開啓 Display 應用軟體，製作方式如下：

1. File > Open Graphics File… (選取圖形檔EX5-19.grph)
2. Display > Animate > Create…

出現製作動態檔案參數視窗，輸入檔案名稱，每張圖片間隔時間，及欲參與動態檔案圖片的範圍，點選 OK 即可。

或

/POST1

/SEG, DELE

/SEG, MULTI, EX5-20, 1

NPLOT

EPLOT

SET, 1

PLDISP

SET, 2

PLDISP

SET, 3

PLDISP

SET, 4

PLDISP

SET, 5

PLDISP

/SEG, OFF　　　　　　　　!停止儲存

ANIM　　　　　　　　　　!以上所有圖形製作爲動態檔案

此時不會產生 EX5-20.grph 圖形檔，我們可自行決定要用那一個方法。因爲在 Display 應用軟體中，我們可以列印 EX5-20.grph 圖形檔案中的每一張圖形。

【習　題】(本章習題採用第四章習題略作修正)

5.1　4.1-(c)斜桿件爲鋼材，截面積=5×10^{-4} m^2，第一階段負爲 A,C,E 三點之力，二階段負載爲全部點之力。

5.2　4.1-(e)B-J-I-F 以上之桿爲鋁材，截面積=300×10^{-4} m^2，第一階段負載爲 D 點之力，第二階段負載爲 B-D-F 點之力，第三階段負載爲全部之力。

5.3　4.1-(h)所有斜桿爲鋁材。

5.4　4.1-(j)所有向左下方之斜桿爲鋁材，截面積=50×10^{-4} m^2，所有向右下方斜桿，材質不變，截面積爲 40×10^{-4} m^2，第一負載爲 N 點之力，第二負載爲 P, R 點之力，第三負載爲 N, R 點之力，第四負載爲全部點之力。

5.5　4.2-(b)AB 與 CD 段截面積爲 b=5 in，h=2 in。

5.6　4.2-(e)AB 段爲鋁材，截面積爲 b=8 cm，h=4 cm。

5.7　4.2-(f)第一負載爲 AB 之分布力，第二負載爲 BC 之分布力，第三負載爲全部分布力。

5.8　4.3-(c)d 之區域爲鋁材，第一負載爲分布力，第二負載爲集中力，第三負載爲全部外力。

5.9　3.4-(c)c 之區域爲鋁材，第一負載爲集中力，第二負載爲分布力，第三負載爲全部外力。

5.10　4.5-(b)前段 a, b 區域爲鋼材，第一負載爲分布力，第二負載爲集中力，第三負載爲全部外力。

5.11　4.6-(c)上半部爲鋁材，第一負載爲集中力，第二負載爲垂直面之分布力，第三負載爲水平面之分布力，第四負載爲水平及垂直分布力，第五負載爲全部外力。

5.12 4.1-(e)、4.1-(h)、4.1-(j)、4.1-(o)、4.2-(a)、4.2-(b)、4.2-(e)、4.3、4.4、4.5、4.6 之振動自然頻率，外力皆不考慮。

5.13 求 4.7-(a)之振動頻率。

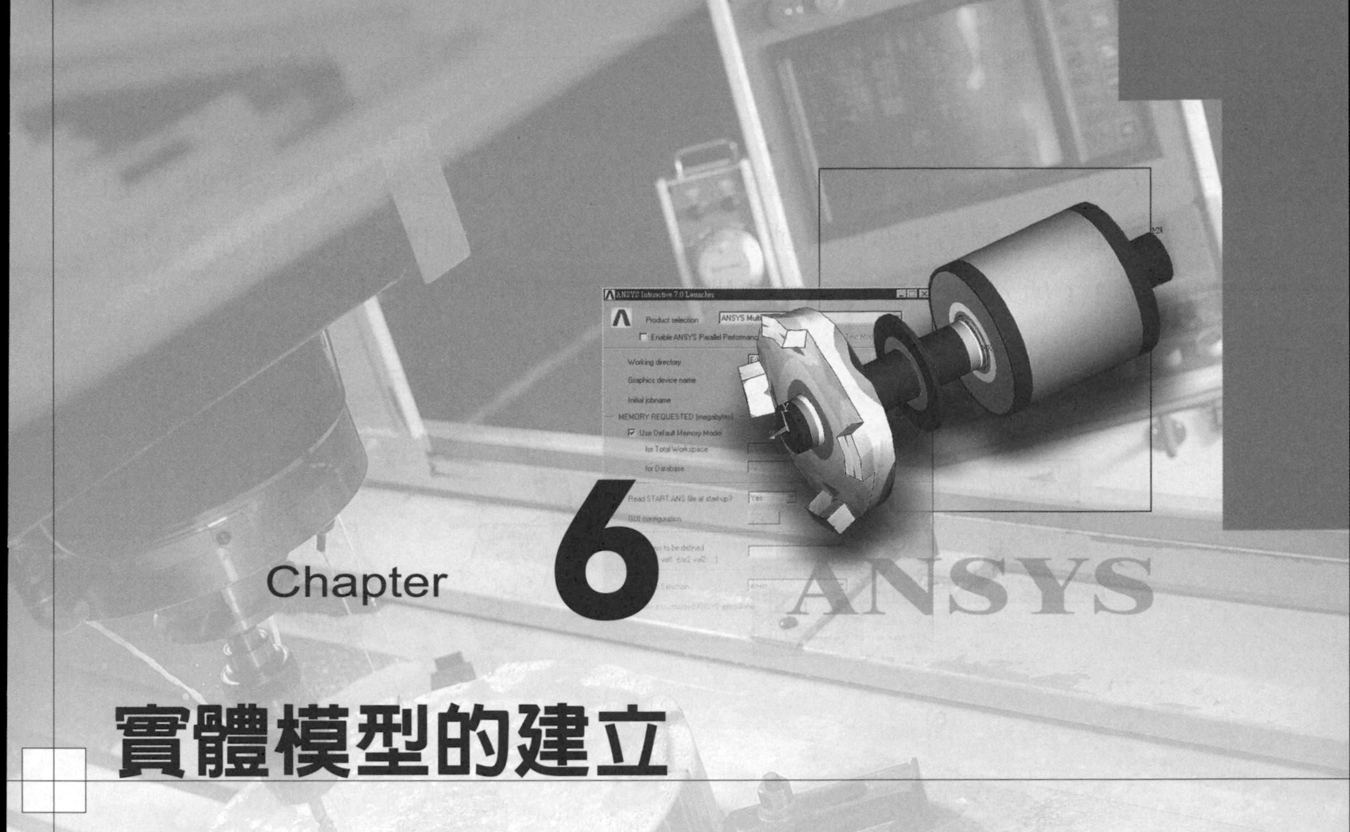

實體模型的建立

➔ 6-1 前 言

在第四章已介紹有限元素模型的直接建立法，該方法是採用連接節點方式建立元素，但此種方法對於複雜之結構，建立的過程不但繁雜而且容易造成錯誤，因此 ANSYS 有限元素分析軟體，具有其他便捷方法來建立有限元素模型。但要有一個體認，建立一個完整且正確的有限元素模型，需要相當的時間與技巧，更要累積一定的經驗。本章將介紹不同於直接建立法，稱為間接建立法，或稱為自動網格法(automatic mesh generation)。自動網格法之基本概念，在於首先建立結構實體形狀，稱為實體模型(solid modeling)，實體模型的建立如同一般 CAD 軟體，利用點、線、面積、體積組合而成，該結構實體形狀與前述之有限元素模型外觀完全相同。實體模型幾何圖形決定之後，網格是由實體模型線的邊界來決定，即在每一線段要分成幾個元素或元素尺寸是多大，決定了每邊元素數目或尺寸大小之後，ANSYS 的內建程式能自動產生網格，亦即自動產生節點及元素，並同時完成有限元素模型，如圖 6-1.1 所示為 2-D 與 3-D 結構有限元素模型的示意圖。

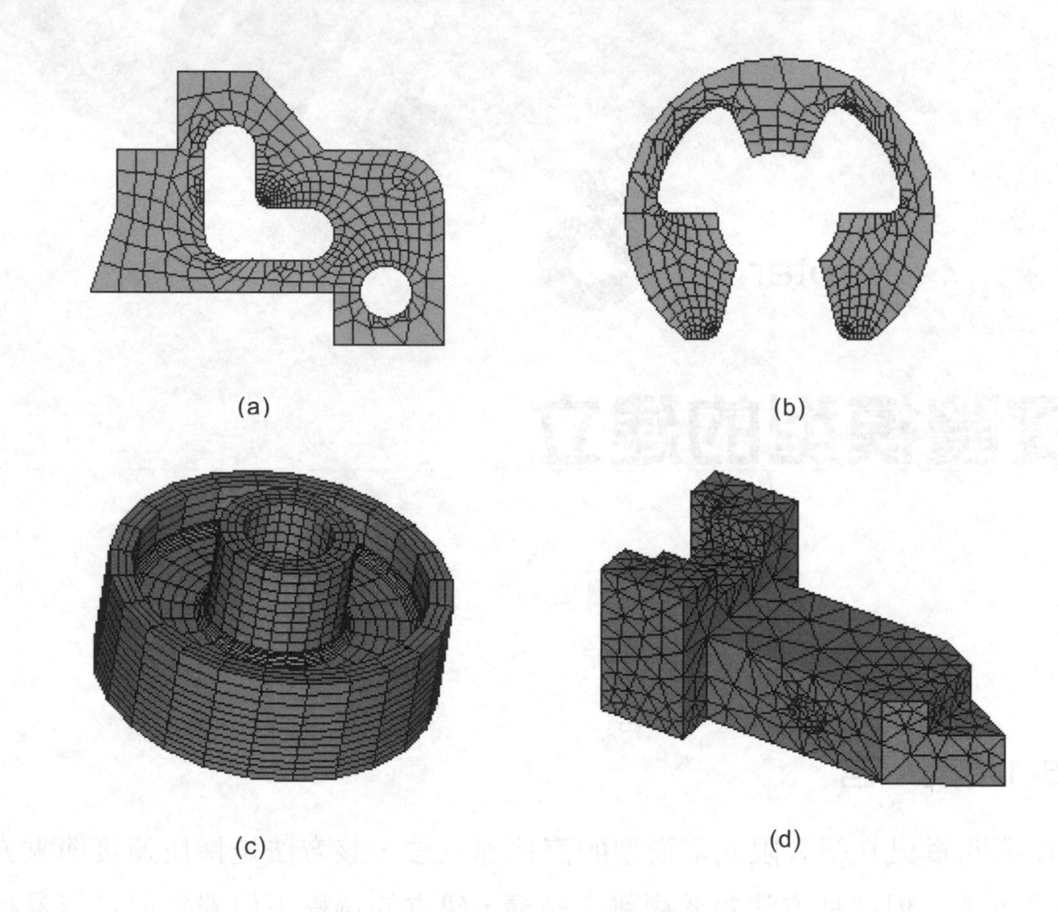

圖 6-1.1 不同結構之有限元素模型

本章以如何建立實體模型為主，但是為了自動網格的完成，將介紹一些基本的自動網格觀念與方法，以有助於實體模型的建立，進一步網格與實體模型的配合，將於下一章介紹。有限元素分析軟體不易學習的最主要原因，在於實體模型的後續網格化動作，所以感覺上非常難。事實上 ANSYS 實體模型的建立與一般 CAD 軟體非常相似，如果我們有一般 CAD 的經驗，再多加思考有限元素網格的規則，則是駕輕就熟，至於能否熟悉這些指令及瞭解其觀念就需要靠我們自己不斷的演練及實習。

➔ 6-2 實體模型簡介

實體模型建立的第一個觀念：「連續性」，此觀念與直接法建立有限元素模型相同。一般 CAD 軟體建立模型時不探討連續性問題，例如：參考面草圖完成後，建立其特徵，例如拉深、倒角、鑽孔等，因此不斷的重複前面動作將實體模型堆疊而成。實體模型建立的第二個觀念：2D 結構由面積組成，3D 結構由體積組成，好比拼圖或堆積木，只要外型與結構相同即可，不在於要用多少塊面積或多少個體積。實體模型建立的第三個觀念：「構成實體模型的點、線段、面積、體積」等都有編號，這些編號用於建立線段、面積、體積之參考，例如某線段是由那些點所連接而成、某面積是由那些線段所圍成，一般 CAD 軟體建立模型時不會探討號碼問題，因此造成一般使用者學習上的不習慣。

1-D 實體模型由點組合爲線而完成，通常 1-D 有限元素模型不採用實體模型方法，因其結構簡單，2-D 實體模型由點組合爲線、由線組合爲面積而完成，3-D 實體模型由點組合爲線、由線組合爲面、由面組合爲體積而完成。ANSYS 的點又稱「關鍵點(keypoint)」以下簡稱「點」，點、線段(line)、面積(area)、體積(volume)等，本書稱之為物件，每一個物件建立後有一個號碼附與以資辨識，如同節點與元素是物件也有號碼。點的建立可直接給予號碼，或由資料庫中最小號碼自行編號，其他物件建立時，都以資料庫中最小號碼自行編號。圖 6-2.1(a)爲一平面空間結構，在此實體模型中，使用點、線段及面積來描述此結構的幾何形狀。其實體模型可有不同建立方式，圖 6-2.1(b)爲六個點、六條線組合爲一塊面積；圖 6-2.1(c)爲七個點、八條線組合爲二塊面積，左邊面積(A1)爲五條線，右邊面積(A2)爲四條線，其中點 K2 爲線 L1、L2、L3 所共用，線 L1 爲面積 A1 與 A2 共用，滿足連續性的要求；圖 6-2.1 (d)爲八個點、十條線組合爲三塊面積，每一塊面積皆爲四條線。三種不同實體模型皆正確，哪一種較佳?有賴使用者的經驗及欲獲得之有限元素模型。圖 6-2.2 爲圖 6-1.1(a)有限元素模型之實體模型，其中包含二十六個點、二十六條線組合爲一塊面積。圖 6-2.3(a)爲圖 6-1.1(c)有限元素模型之實體模型，其中包含 116 個點、276 條線、220 塊面積、56 塊體積組合而成；也可以圖 6-2.3(b)為實體模型，其中包含 88 個點、207 條線、165 塊面積、42 塊體積組合而成。

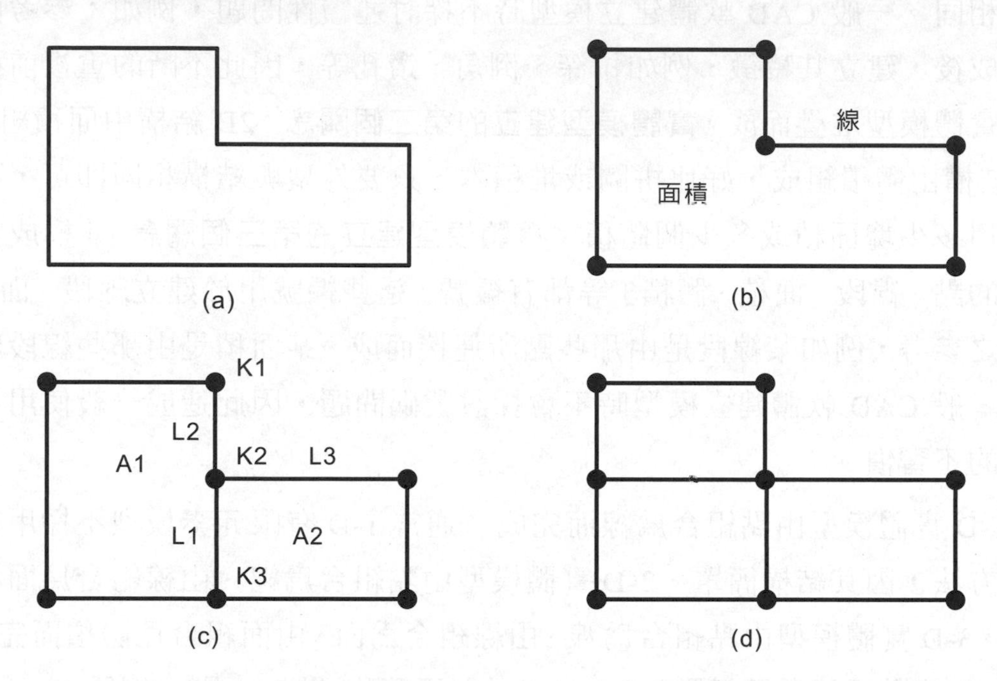

圖 6-2.1　不同實體模型之平面空間結構

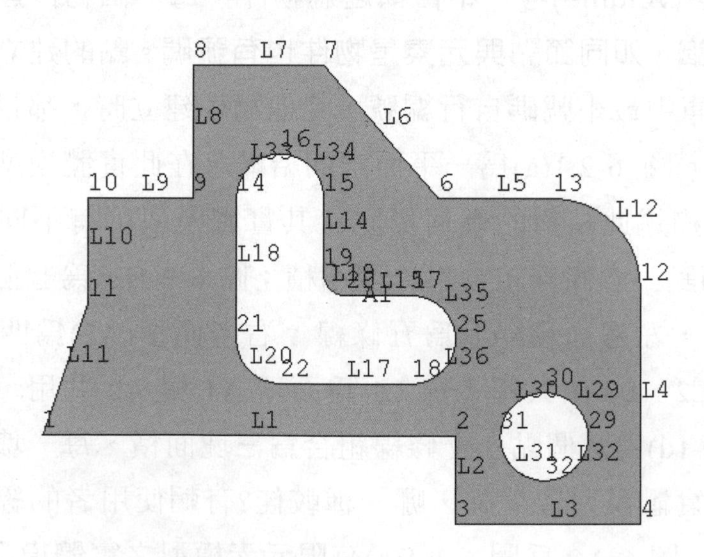

圖 6-2.2　有限元素模型圖 6-1.1(a)之 2-D 實體模型

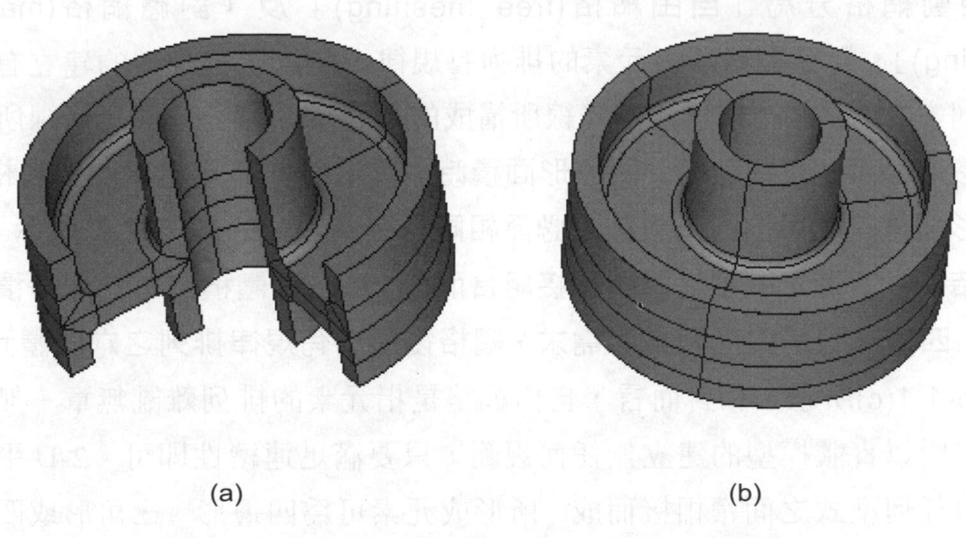

圖 6-2.3 有限元素模型圖 6-1.1(c)之 3-D 實體模型

實體模型建立時連續性的觀念非常重要與建立有限元素模型是相同的，圖 6-2.1(c)中 K2 為 L1、L2 及 L3 共用，L1 為 A1 及 A2 共用，其所建立之實體模型才具有連續性，所以在建立 L1、L2 及 L3 時，要使用共同點 K2；建立 A1、A2 時，要使用共同線 L1，否則為外觀視為連續之非連續體模型。同理，圖 6-2.4 中兩體積界面的點、線及面積必為其所共用。

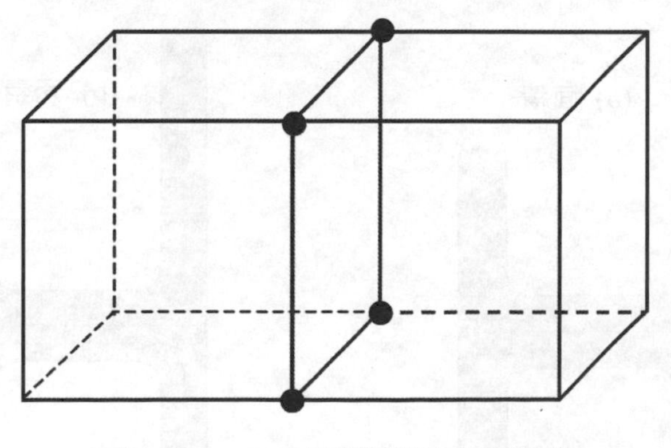

圖 6-2.4 3-D 實體模型之連續性

自動網格分為「自由網格(free meshing)」及「對應網格(mapped meshing)」。對應網格是指元素的排列有規律，所以實體模型的建立有一定的規則。2-D 平面結構爲「四條線所構成的四邊形面積」或「三條線所構成的三邊形面積」相接而成。四邊形面積時，其相對邊的元素數目必需相同，三邊形面積時，每邊的元素數目必需相同且為偶數，如圖 6-2.5 所示。3-D 立體結構一定為六面體之體積相接組合而成，每一個體積的每一塊面積必需滿足，四邊形面積對應網格的需求，網格後形成有規律排列之六面體元素，如圖 6-1.1(c)所示。相對而言，自由網格是指元素的排列雜亂無章，無任何規律，所以實體模型的建立無任何規範，只要滿足連續性即可。2-D 平面結構可以任何型式之面積相接而成，所形成元素可爲四邊形、三角形或四邊形與三角形混合，如圖 6-1.1(a)、(b)所示，實體模型都只有一塊面積(非四邊形)，只能進行自由網格。3-D 立體結構可以任何型式之體積相接而成，只要滿足連續性即可，所形成元素皆爲四面三角錐，如圖 6-1.1(d)所示，只有一塊體積，只能進行自由網格。此處僅介紹非常基本的概念，下一章節詳細說明網格的技巧。本章節是以實體模型建立爲主，大部分以自由網格爲考量，因爲初學者能熟悉建模技巧已經相當不錯，當有基礎與經驗後，再進一步學習網格技巧，能達事半功倍之效果。

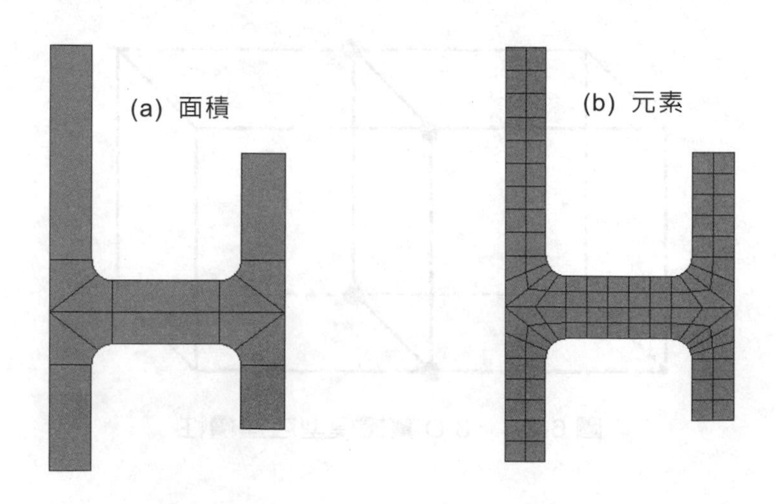

圖 6-2.5　2-D 實體模型之對應網格

➔ 6-3 實體模型建立的技巧

實體模型的建立有下列幾種的方法：

1. 由下往上法(bottom-up method)

   由建立最低單元之點逐步至建立最高單元之體積，即建立點，由點連接建立線段，由線段組合建立面積，由面積組合建立體積。圖 6-2.1(b)由下往上之實體模型建立過程如圖 6-3.1。

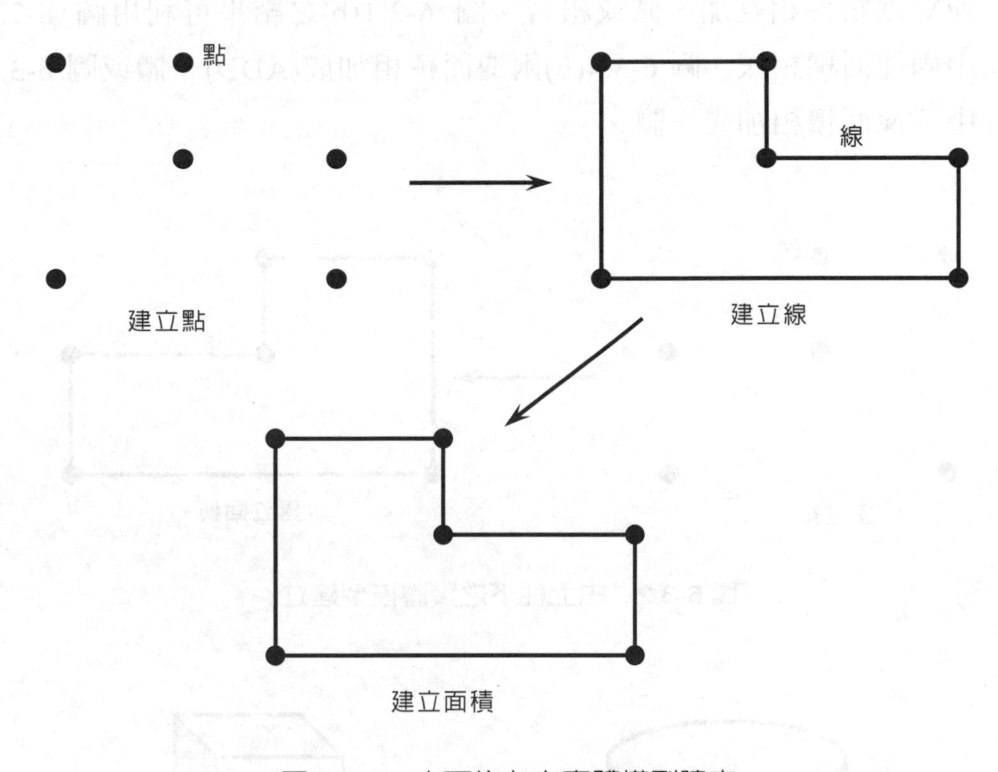

圖 6-3.1 由下往上之實體模型建立

2. 由上往下法(top-down method)及布林運算指令(boolean operation)一起使用

由上往下的方法爲直接建立較高單元物件，其所相對應之較低單元物件一起產生，物件單元高低順序依次爲體積、面積、線段及點。圖6-2.1(b)由上往下之實體模型建立之過程如圖 6-3.2，其中線的建立省略，直接建立面積且其所相對應之線亦同時完成。若直接建立圓柱、長方塊，其所相對應之點、線及面積自動建立，如圖 6-3.3。所謂布林運算爲物件相互加、減或組合。圖 6-2.1(b)之結果可利用圖 6-3.4(a)中兩塊面積相減、圖 6-3.4(b)兩塊面積相加成(ADD)一體或圖 6-3.4(c)中三塊面積相加成一體。

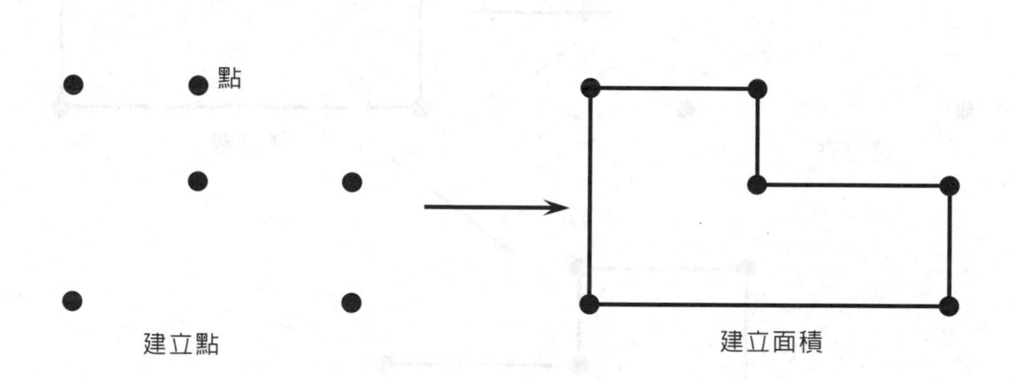

圖 6-3.2 由上往下之實體模型建立

圖 6-3.3 由上往下之實體模型建立

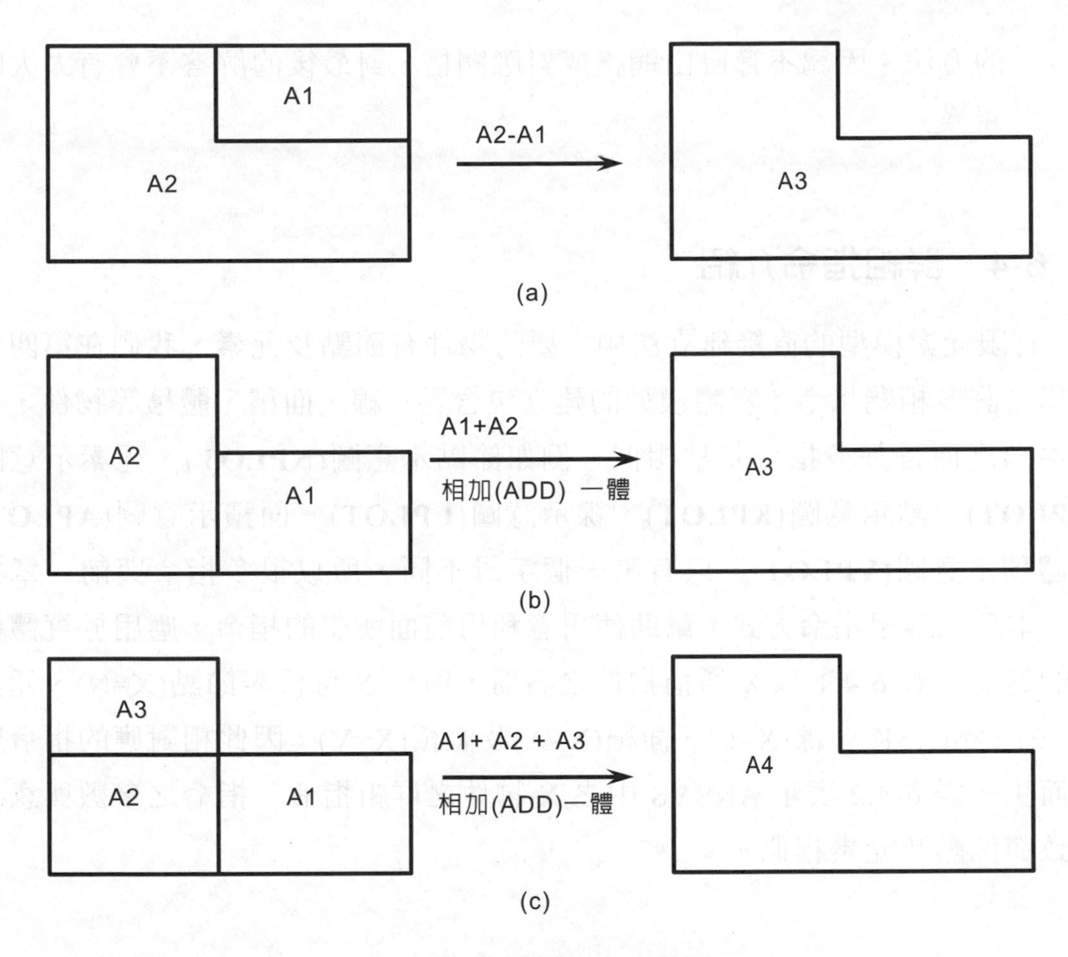

圖 6-3.4　物件之布林運算

3.　混合1.和2.兩種方法

一般而言，建立實體模型的過程沒有一定的準則，依據個人的邏輯思維與經驗而定。但最重要的考量，是最後欲獲得之有限元素模型為主，意即進行自動網格時要採用「自由網格」或「對應網格」。採用自由網格，則實體模型的建立比較簡單，只要所有面積或體積能接合成連續性一體即可，不管面積或體積是如何。採用對應網格，則平面結構一定要四邊形或三邊形面積相接而成；立體結構一定要六面體相接而成，而且每一個面必需滿足對應網格的要求。因此當評估結構形狀、負載狀態、邊界狀態、結果探討等因素，再選擇我們認為最適當的方法。因為不管自由網格或對應網格，對最後的解答不會有太大的差異。

➔ 6-4 群組指令介紹

有限元素模型的直接建立法中主要的物件有節點及元素，我們在第四章已學了許多相關指令，實體模型的建立包含點、線、面積、體積等物件，以物件角度而言許多指令非常相似，例如節點示意圖(**NPLOT**)、元素示意圖(**EPLOT**)、點示意圖(**KPLOT**)、線示意圖(**LPLOT**)、面積示意圖(**APLOT**)及體積示意圖(**VPLOT**)，只有第一個字母不同，所以很多指令與前一章類似。本節以群組指令方式，幫助使用者利用前面所學的指令，應用於實體模型的建立。表 6-4.1 以 X 通稱物件之名稱，所以 X 可代表節點(X=N)、元素(X=E)、點(X=K)、線(X=L)、面積(X=A)及體積(X=V)，因此相對應的指令應運而生。表 6-4.2 表示 ANSYS 中之 X 物件之群組指令，指令之參數與意義大致與節點及元素相似。

表 6-4.1 ANSYS 中之 X 物件之名稱

物件種類(X)	節點	元素	點	線	面積	體積
物件名稱	X=N	X=E	X=K	X=L	X=A	X=V

表 6-4.2　ANSYS 中群組指令

群組指令	意義	例子
XDELE	刪除 X 物件	NDELE　刪除節點 EDELE　刪除元素 KDELE　刪除點 LDELE　刪除線 ADELE　刪除面積 VDELE　刪除體積
XPLOT	顯示 X 物件於圖形示窗中	NPLOT、EPLOT、KPLOT、LPLOT、APLOT、VPLOT
XLIST	列示 X 物件資料於示窗中	NLIST、ELIST、KLIST、LLIST、ALIST、VLIST
XGEN	複製 X 物件	NGEN、EGEN、KGEN、LGEN、AGEN、VGEN
XSYMM	對稱 X 物件	NSYM、KSYMM、LSYMM、ARSYM、VSYMM
XSEL	選擇 X 物件	NSEL、ESEL、KSEL、LSEL、ASEL、VSEL
XSUM	計算 X 物件幾何資料	LSUM：計算線段幾何資料，如線段長度、重心等。 ASUM：計算面積幾何資料，如面積大小、邊長、重心等。 VSUM：計算體積幾何資料，如體積大小、邊長、面積大小、重心等。
XMESH	網格 X 物件	LMESH、AMESH、VMESH
XCLEAR	清除 X 物件網格	LCLEAR、ACLEAR、VCLEAR

➔ 6-5　點定義

實體模型建立時，點是最小單元之物件，點即爲結構中的一個點座標，點與點可連結爲線段，點亦可直接組合爲面積及體積。點的建立爲實體模型上所需而設定，但有時會建立一些輔助點，以幫助其他指令的下達，如圓弧的建立。由於已有前兩章之基礎，爾後指令之參數不特別介紹，合併於指令說明中。

指令介紹

K, *NPT*, *X*, *Y*, *Z*

在現行使用的座標系統下，定義點(**Keypoint**)座標位置(*X*, *Y*, *Z*)及點的號碼(*NPT*)，如點的號碼(*NPT*)不定義時，系統以最小的號碼給與，例如剛開始建立一個點不定義號碼，一定是第一號。又如，假設我們已經建立點 1 至 5 及點 10 至 15，當建立下一個點不定義號碼時，系統以第六號號碼給與。號碼編排順序不影響實體模型的建立，點之建立也不一定要連號，但爲了資料管理方便，定義點之前先行規劃點號碼，以利實體模型的建立。在圓柱座標系統下 X, Y, Z 相對應於 R, θ, Z，在球面座標系統下 X, Y, Z 相對應於 R, θ, ϕ。若點已經連成線段或線段已經網格化，則不能重新定義與刪除該點，除非先將線或已形成的網格去掉。

```
K, 1, -1, 2, 1          !建立點 1，位於 x=-1, y=2, z=1
K, 10, 4, 3, 1          !建立點 10，位於 x=4, y=3, z=1
CSYS, 1
K, 20, 5, 30, 1         !建立點 20，位於 r=5, θ=30, z=1
```

Menu Paths : Main Menu > Preprocessor > Modeling > Create > Keypoints > On Working Plane

Menu Paths : Main Menu > Preprocessor > Modeling > Create > Keypoints > In Active CS

KFILL, *NP1, NP2, NFILL, NSTRT, NINC, SPACE*

點填充(**K**eypoint **FILL**)指令是自動將兩點(*NP1, NP2*)間，在現有之座標系統下填充許多點，兩點間填充點的個數(*NFILL*)及分布狀態視其參數(*NSTRT, NINC, SPACE*)而定，系統之自訂爲均分填滿。例如兩點號碼爲 3(*NP1*)和 7(*NP2*)，則平均填充三個點(4，5, 6)介於點 3 和 7 之間。

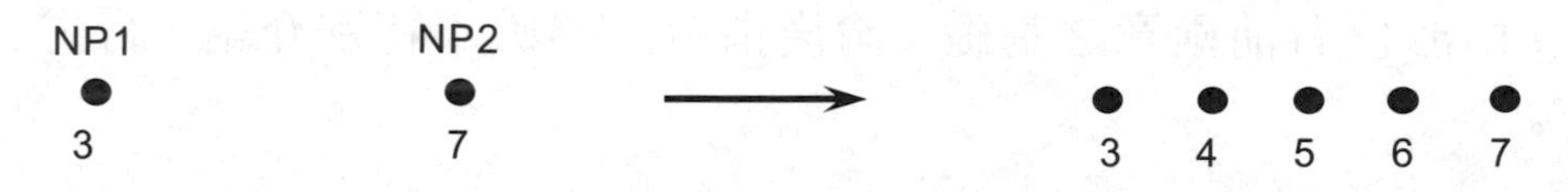


```
KFILL, 3, 7      !建立 4、5、6 點於 3、7 點之間
```

Menu Paths : Main Menu > Preprocessor > Modeling > Create > Keypoints > Fill between KPs

KGEN, *ITIME, NP1, NP2, NINC, DX, DY, DZ, KINC, NOELEM, IMOVE*

點複製(**K**eypoint **GEN**eration)指令是將一組點(*NP1, NP2, NINC*)在現有之座標系統下複製到其他位置，*DX, DY, DZ* 表示其相對於現在位置移動量。*ITIME* 為包含自己本身複製的次數，一定要大於 1 才有複製效果，*KINC* 為每次複製時點號碼之增加量，不定義時系統自行編號，通常不定義，由系統自行編號。*IMOVE*=1 時表示該組的點，移至新位置，*ITIME* 不作用。實體模型建立物件，一般原則大都採用系統自行編號，以減少錯誤。

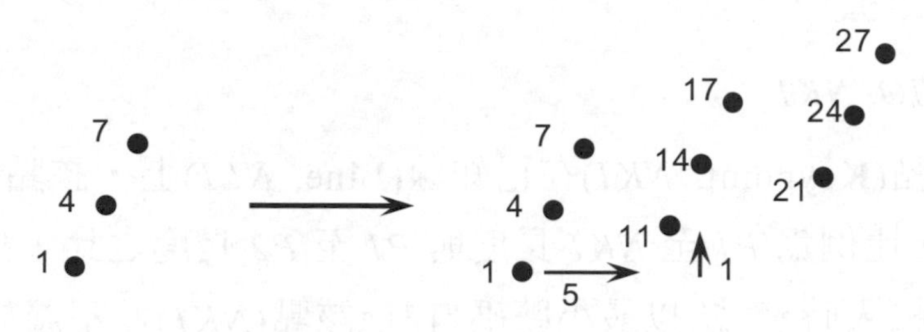

KGEN, 3, 1, 7, 3, 5, 1, 0, 10
!將點 1、4、7，複製 3 次，x 座標加 5，y 座
!標加 1，每個點號碼增加 10

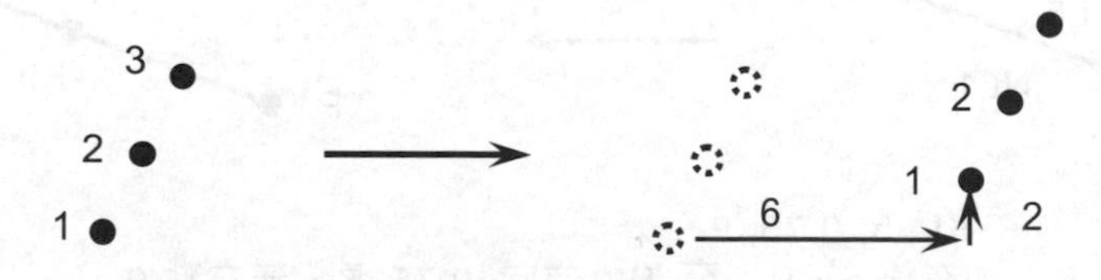

KGEN, 1, 1, 3, 1, 6, 2, , , , 1
!將點 1 至 3 ，移動至 x 座標加 6，y 座標加 2

Menu Paths： Main Menu > Preprocessor > Modeling > Copy > Keypoints

KSYMM, *Ncomp, NP1, NP2, NINC, KINC, NOELEM, IMOVE*

複製一組(*NP1, NP2, NINC*)點(**K**eypoints)對稱(**SYMM**etric)於某一軸(*Ncomp*)，*KINC* 為每次複製時點號碼之增加量。必需注意，新點的號碼不可與現有點的號碼重複。一般原則大都採用系統自行編號，以減少錯誤。

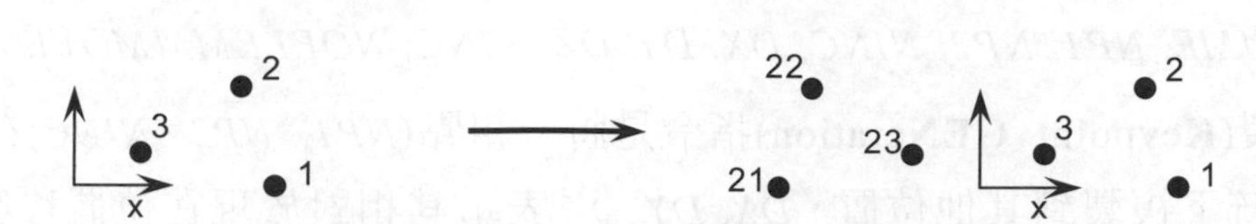


```
KSYMM, X, 1, 3, 1, 20
!將點 1 至 3，對稱 x 軸，每個點號碼增加 20，號
!碼增加量必須大於 2
```

Menu Paths : Main Menu > Preprocessor > Modeling > Reflect > Keypoints > Keypoints Single KP

KL, *NL1, RATIO, NK1*

建立一個點(**K**eypoint, *NK1*)在已知線(**L**ine, *NL1*)上，該點之位置由比例(*RATIO*)而定，比例為 *P1* 至 *NK1* 長度與 *P1* 至 *P2* 長度之比，線的方向為 *P1* 至 *P2*。*NK1* 不輸入時，系統以最小號碼自訂。該點(*NK1*)並不屬於該線段(*NL1*)上的一點，線段仍保有原先狀態，僅表示建立一個新的點。

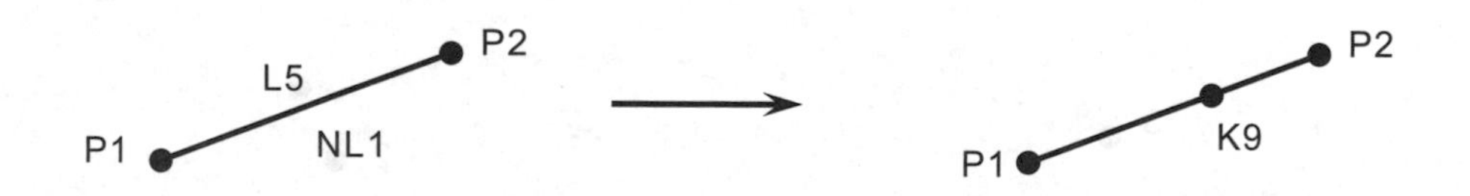


```
KL, 5, 0.75, 9
!在線 5，P1 至 P2 方向 0.75 處，建立點 9
```

Menu Paths : Main Menu > Preprocessor > Modeling > Create > Keypoints > On Line w/Ratio

KMODIF, *NPT, X, Y, Z*

將點(**K**eypoint, *NPT*)修改(**MODIF**y)至新座標(*X, Y, Z*)位置。

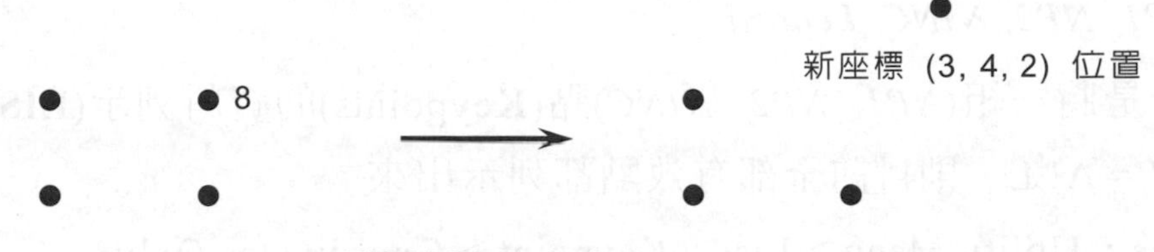

Menu Paths : Main Menu > Preprocessor > Modeling > Move/Modify > Keypoints Single KP

KNODE, *NPT, NODE*

定義點(**K**eypoint, *NPT*)於已知節點(**NODE**, *NODE*)上，此時同一位置有兩個物件，而且互相獨立。

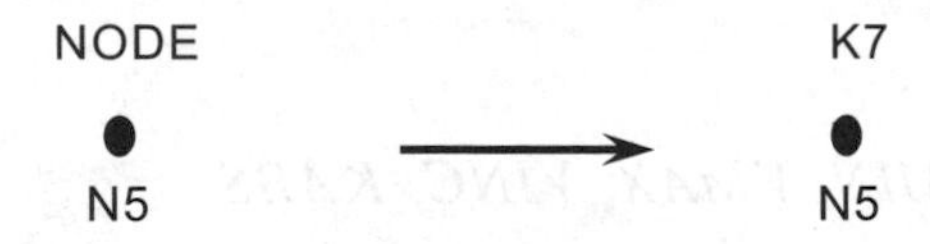

Menu Paths : Main Menu > Preprocessor > Modeling > Create > Keypoints > On Node

KDELE, *NP1, NP2, NINC*

此指令將一組(*NP1, NP2, NINC*)點(**K**eypoints)刪除(**DELE**te)，但點已屬於較高單元物件，例如線、面積或體積上的一點則無法刪除該點，在此情況下必須先行刪除該點所隸屬的高單元物件，被網格化的點也無法刪除(網格時，點一定可以成爲一個節點)，必須先行刪除該點所隸屬的元素與節點。*NP1*=ALL，則目前全部有效點皆刪除，有效點可由 **KSEL** 指令選擇。

Menu Paths : Main Menu > Preprocessor > Modeling > Delete > Keypoints

KLIST, *NP1, NP2, NINC, Lcoord*

該指令是將一組(*NP1, NP2, NINC*)點(**K**eypoints)的資料列示(**LIST**)於視窗中。*NP1* = ALL，則目前全部有效點都列示出來。

Menu Paths : Utility Menu > List > Keypoint > Coordinates Only

Menu Paths : Utility Menu > List > Keypoint >Coords+Attributes

KPLOT, *NP1, NP2, NINC*

該指令是將一組(*NP1, NP2, NINC*)點(**K**eypoints)顯示(**PLOT**)在圖形視窗中。*NP1* = ALL，則目前全部有效點都顯示在圖形視窗中。

Menu Paths : Utility Menu > Plot > Keypoints

Menu Paths : Utility Menu > Plot > Specified Entities > Keypoints...

KSEL, *Type, Item, Comp, VMIN, VMAX, VINC, KABS*

將全部實體模型中的點(**K**eypoints)選擇(**SEL**ect)某部分出來作爲有效點，以利模型建立。有效點選出後，**KPLOT**、**KLIST** 及 **KDELE** 等指令僅對有效點有作用，參數請參閱 **NSEL** 指令之使用說明。

Menu Paths : Utility Menu > Select > Entities

KSLN, *Type*

有效點(**K**eypoints)的選擇(**S**e**L**ect)，在目前有效節點(**N**ode)中，同時也是點爲選擇對項。當以實體方法建立模型網格化後，變成有限元素模型時，點必定爲一個節點，故此時該點爲節點也是點，可視爲二個物件，但號碼不同，*Type* 參數請參閱 **NSEL** 指令之使用說明。

Menu Paths : Utility Menu > Select > Entities

KSLL, *Type*

有效點(**K**eypoints)的選擇(**S**e**L**ect)，在目前有效線(**L**ine)上，所具有的點

爲選擇對項。當以實體方法建立模型網格化後，變成有限元素模型時，線上必定具有許多節點，*Type* 參數請參閱 **NSEL** 指令之使用說明。

Menu Paths : Utility Menu > Select > Entities

由以上初步介紹可知，點的建立如同節點，其指令與節點指令非常相似，因此第四章的指令學習，事實上將提供本章學習的基礎。學習指令的方法，不必詳記所有指令的參數，而在於有那些方法能產生點。當使用者有這些概念後，眞正使用時再詳細參閱其參數即可，有些指令筆者也從未使用過，這是因爲在建構模型時會遇到狀況不一，我們將以經驗採用最方便之方式建立。例如筆者不會使用 **KMODIF** 去修正點，而會重新建立該點(同點不同座標即可覆蓋前所建的點)，再者如能正確建立點的位置，跟本用不到 **KMODIF**。事實上，**K** 是最常使用的指令，因爲實體模型建立時，會以最少的面積與體積去完成，不會如同節點，必需建立大量的點，所以很少使用到複製。至於 **KPLOT**、**KLIST**、**KSEL**、**KSLL** 等指令，大都用於輔助建模所需的資料，尤其是 **KPLOT**、**KLIST**，可用 Utility Menu 更方便，請參閱第四章 **NPLOT**、**NLIST** 的使用說明。

➔ 6-6 線段定義

實體模型建立中，線段爲面積及體積之邊界，由點與點連接而成。線段的建立可由點直接相接而成，並構成不同種類之線段，例如直線、曲線、BSPLIN、圓、圓弧等，亦可直接建立面積，體積而產生。最簡單的線段爲兩點連接而成，線的方向及斜率依其兩點之順序及兩端點斜率而定，如圖6-6.1，斜率爲與點相切向外之方向，當斜率爲零時則獲得直線。線段建立時的號碼由系統自動給予，如同點由系統最小號碼給予，線的建立和座標系統有關，直角座標系統下必爲直線，圓柱及球座標系統下可爲曲線。此外不管在何座標系統下，圓弧線段最常使用的指令爲 **LARC** 及 **CIRCLE**。**LARC**

所建的線段爲一條圓弧線，爲了滿足面積網格的需求，**CIRCLE** 所建的圓弧線可自行給予線段個數及圓弧起始範圍，系統自訂 **CIRCLE** 爲每 90 度一條共四條線段。

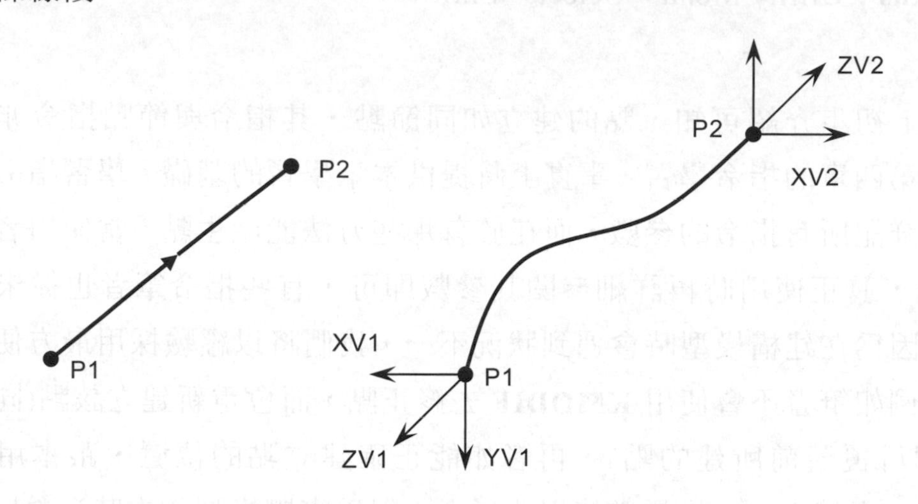

L, *P1, P2, NDIV, SPACE, XV1, YV1, ZV1, XV2, YV2, ZV2*

圖 6-6.1　基本兩點線段之建立

指令介紹

L, *P1, P2, NDIV, SPACE, XV1, YV1, ZV1, XV2, YV2, ZV2*

此指令是用兩個點(*P1, P2*)來定義線段(**Line**)，此線段的形狀可爲直線(當斜率均爲零)或爲曲線(依線段兩端斜率 *XV1, YV1, ZV1, XV2, YV2, ZV2*)而定，當使用此指令建立直線時，線段兩端斜率皆爲 0。線段在用來產生面積之前可作任何的修改，但若已是面積的一邊，則不能再作任何的改變，除非先把面積刪除。*NDIV* 爲線段在進行網格時，分割的元素數目(詳見下一章)，此時圖示線段將呈現 *NDIV* 段，事實上爲連續的線段。

10　15　　　　10　15

P1　P2

NDIV=2

L, 10, 15, 2　!建立點 10 至點 15 為線段，網格時分 2 段

Menu Paths : Main Menu > Preprocessor > Modeling > Create > Lines > Lines > In Active Coord

LSTR, *P1, P2*

此指令是用兩個點(*P1, P2*)，不管在何座標系統下，來定義一條直線段(**L**ine of **STR**aight)，當 **L** 指令中兩端斜率均爲零時，與本指令有相同意義。

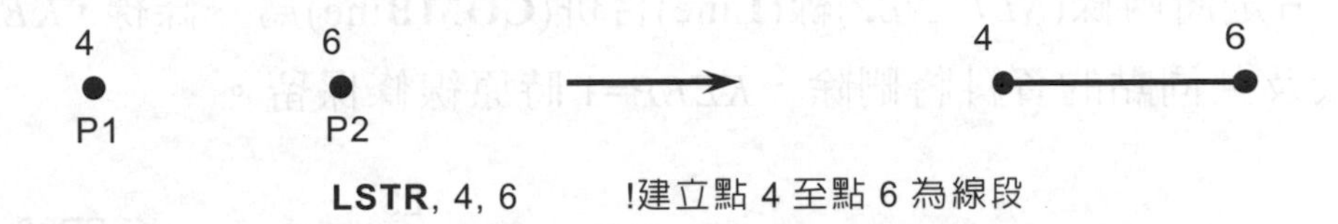

Menu Paths : Main Menu > Preprocessor > Modeling > Create > Lines > Lines > Straight Line

LDIV, *NL1, RATIO, PDIV, NDIV, KEEP*

此指令是將線段(**L**ine)分割(**DIV**ide)爲數條線，*NL1* 爲線段之號碼，*NDIV* 爲線段欲分的段數(系統自訂爲二段)，大於 2 時爲均分，*RATIO* 爲二段之比例(*NDIV*=2 時才作用)，比例爲 *P1* 至 *PDIV* 長度與 *P1* 至 *P2* 長度之比，*P1* 至 *P2* 代表線的方向。*PDIV* 不輸入時，以系統最小號碼給予。*KEEP* = 0 時原線段將刪除，*KEEP*=1 時原線條保留。

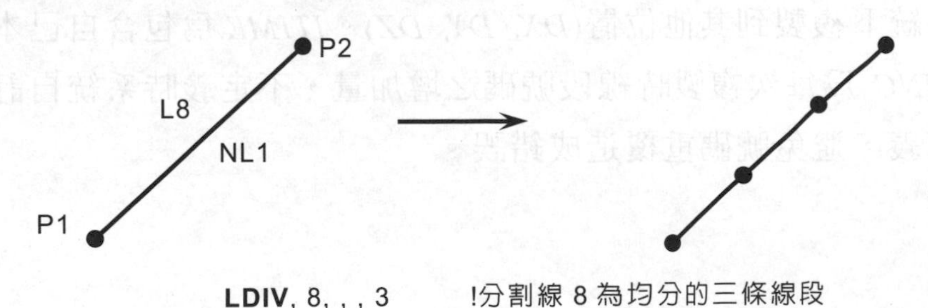

Menu Paths : Main Menu > Preprocessor > Modeling > Operate > Booleans > Divide> Line into 2 Ln's

Menu Paths : Main Menu > Preprocessor > Modeling > Operate > Booleans > Divide > Line into N Ln's

Menu Paths : Main Menu > Preprocessor > Modeling > Operate > Booleans > Divide > Lines w/Options

LCOMB, *NL1, NL2, KEEP*

此指令是將兩條(*NL1, NL2*)線(**L**ine)合併(**COMB**ine)為一條線，*KEEP* = 0 時原線段及共同點的資料將刪除，*KEEP*=1 時原線條保留。

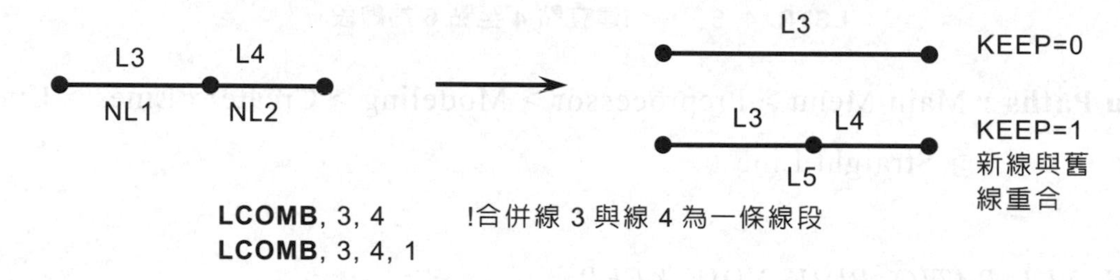

Menu Paths : Main Menu > Preprocessor > Modeling > Operate > Booleans > Add > Lines

LGEN, *ITIME, NL1, NL2, NINC, DX, DY, DZ, KINC, NOELEM, IMOVE*

線段複製(**L**ine **GEN**eration)指令是將一組線段(*NP1, NP2, NINC*)在現有之座標系統下複製到其他位置(*DX, DY, DZ*)。*ITIME* 為包含自己本身複製的次數，*KINC* 為每次複製時線段號碼之增加量，不定義時系統自訂號碼，通常不會定義，避免號碼重覆造成錯誤。

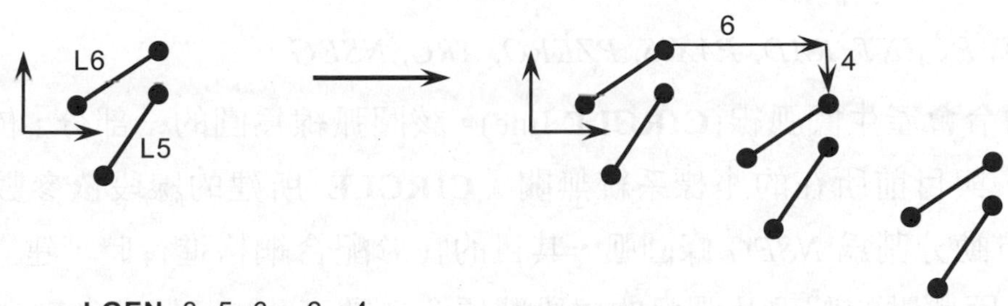

LGEN, 3, 5, 6, , 6, -4
!將線 5 至線 6 複製 3 次，每次 x 座標加 6，y 座標減 4

Menu Paths : Main Menu > Preprocessor > Modeling > Copy > Lines

Menu Paths : Main Menu > Preprocessor > Modeling > Move/Modify > Lines

LSYMM, *Ncomp, NL1, NL2, NINC, KINC, NOELEM, IMOVE*

複製一組 (*NL1, NL2, NINC*) 線段 (**Lines**) 對稱 (**SYMM**ertric) 於某軸 (*Ncomp*)，*KINC* 為每次複製時線段號碼之增加量，不定義時系統自訂號碼，通常不會定義，避免號碼重覆造成錯誤。

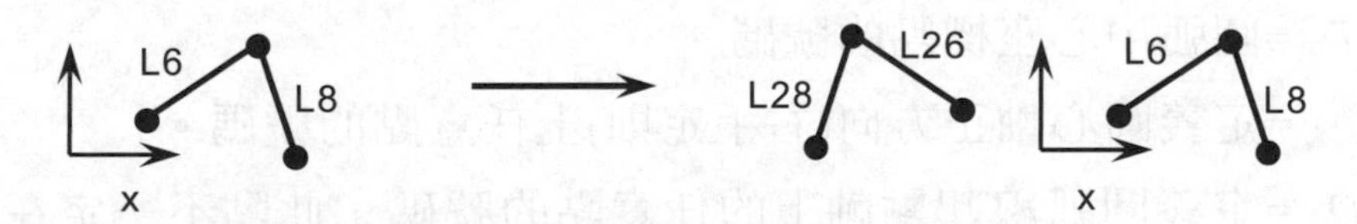

LSYMM, X, 6, 8, 2, 20
!將線 6 與 8 對稱 x 軸，每條線段號碼增加 20

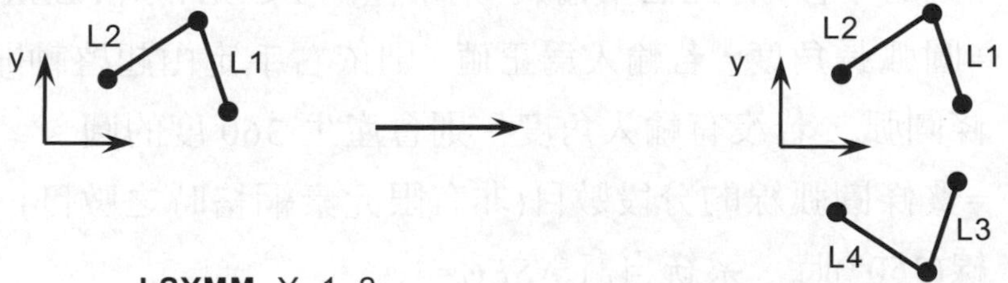

LSYMM, Y, 1, 2, ,
!將線 1 與 2 對稱 y 軸，每條線段號碼系統自訂

Menu Paths : Main Menu > Preprocessor > Modeling > Reflect > Lines

CIRCLE, *PCENT, RAD, PAXIS, PZERO, ARC, NSEG*

此指令會產生圓弧線(**CIRCLE** line)，該圓弧線為圓的一部分，依參數狀況而定，與目前所在的座標系統無關。**CIRCLE** 所建的線段依參數(*NSEG*)將圓弧自動分割為 *NSEG* 條圓弧，其目的在於配合網格進行時，建立面積的必要性，因此點的號碼及圓弧的線段號碼會自動產生。三個參考點(*PCENT*、*PAXIS*、*PZERO*)必須先行建立，利用模型中已有的點亦可。在現有座標系統下，系統自訂 *PZERO* 位於正 x 軸，*PAXIS* 位於正 z 軸，如所建的圓弧以正 x 軸為啓始，正 z 軸為圓心旋轉方向，則不必定義 *PAXIS*、*PZERO*。若 *PZERO* 選在 A 點半徑處，則圓弧線建立後在 A 點有兩個點，一點屬於圓弧線，另一點為原先之參考點，故在建立其他物件連續性時需特別小心。再此，我們試想如果用圓規畫圓之過程，圓心定位(*PCENT*)，調整半徑(*RAD*)，由某處(*PZERO*)開始，順時針或反時針(*PAXIS*)，這些剛好都是 **CIRCLE** 的參數。該指令的其他自訂參數為，圓弧長角度=360°、分割數目=4。

PCENT =圓弧中心座標點的號碼。

PAXIS =定義圓心軸正方向(右手定則)上任意點的號碼。

PZERO =定義圓弧線起點軸上的任意點的號碼，此點不一定在圓弧線上。

RAD =圓的半徑，若此值不輸入，則半徑為 *PCENT* 到 *PZERO* 的距離。

ARC =圓弧長角度，若輸入為正值，則依右手定由起啓軸開始產生一條圓弧，若沒有輸入角度，則會產生 360 度的圓。

NSEG =整條圓弧線的分段數目(非有限元素網格時之數目)，完整圓弧線(360°)時，系統自訂 *NSEG*=4。

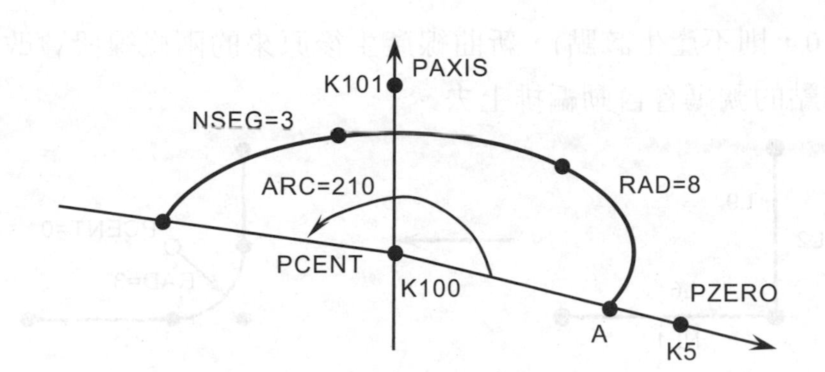

CIRCLE, 100, 8, 101, 5, 210, 3
!建立圓弧線，圓心位於點 100，半徑=8，旋轉軸方向位於點 100 至 101，
!起始位置位於點 5 的軸，建立 210 度圓弧線，分 3 段

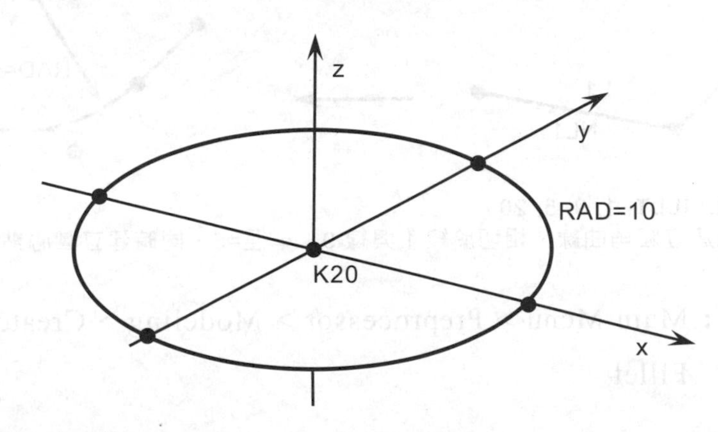

CIRCLE, 20, 10
!建立圓弧線，圓心位於點 20，半徑=10，旋轉軸方向位於正 z 軸，
!起始位置位於正 x 軸，建立 360 度圓弧線，分 4 段

Menu Paths : Main Menu > Preprocessor > Modeling > Create > Lines > Arcs > By Cent & Radius

Menu Paths : Main Menu > Preprocessor > Modeling > Create > Lines > Arcs > Full Circle

LFILLT, *NL1, NL2, RAD, PCENT*

此指令是在兩相交的線段(*NL1, NL2*)產生一條半徑等於 *RAD* 之圓角曲線(**Line of FILLeT**)，同時會自動產生三個點，其中兩個點在 *NL1* 與 *NL2* 上，且是新曲線與 *NL1* 和 *NL2* 相切的點，第三個點是新曲線的圓心點(*PCENT*，

若 *PCENT*=0，則不產生該點)，新曲線產生後原來的兩條線段會改變，新形成的線段和點的號碼會自動編排上去。

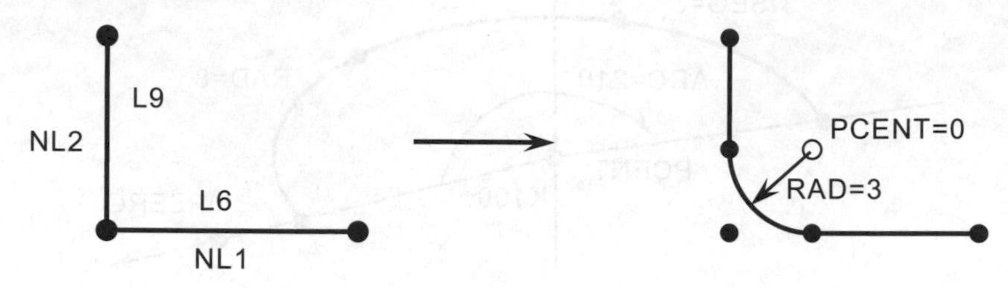

LFILLT, 6, 9, 3 !建立圓角曲線，相切於線 6 與線 9，半徑=3

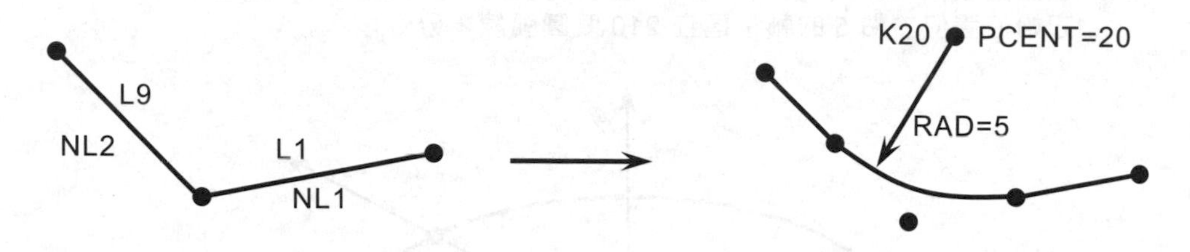

LFILLT, 1, 9, 5, 20
!建立圓角曲線，相切於線 1 與線 9，半徑=5，同時建立圓心點 20

Menu Paths : Main Menu > Preprocessor > Modeling > Create > Lines > Line Fillet

LDRAG, *NK1 ,NK2, NK3, NK4, NK5 ,NK6, NL1, NL2, NL3, NL4, NL5, NL6*

線段(**Line**)的建立，將一組(*NK1,...,NK6*)已知點，延著某組已知線段(*NL1,...,NL6*)的路徑，以該組點為基準，拉(**DRAG**)建而成。當點超過六個時，可將所有點選為有效點，設定 *NK1*=ALL 即可。

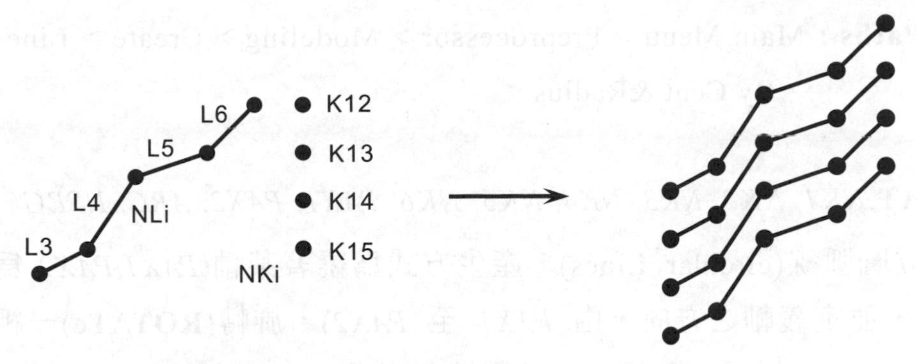

LDRAG, 12, 13, 14, 15, , , , 6, 5, 4, 3
!將點 12 至點 15，延著線 6 至線 3 拉製新線段

Menu Paths : Main Menu > Preprocessor > Modeling > Operate > Extrude > Lines > Along Lines

LARC, *P1, P2, PC, RAD*

定義兩點(*P1, P2*)間的圓弧線(**L**ine of **ARC**)，其半徑為 *RAD*，若 *RAD* 的值沒有輸入，則圓弧為湊合曲線(curve fit)通過 *P1*、*PC* 到 *P2*。不管現在的座標系統為何，線的形狀一定是圓其中的一部分。*PC* 為圓弧曲率中心部分之任何一點，不一定是圓心座標。半徑為負值時，出現反向圓弧曲線。

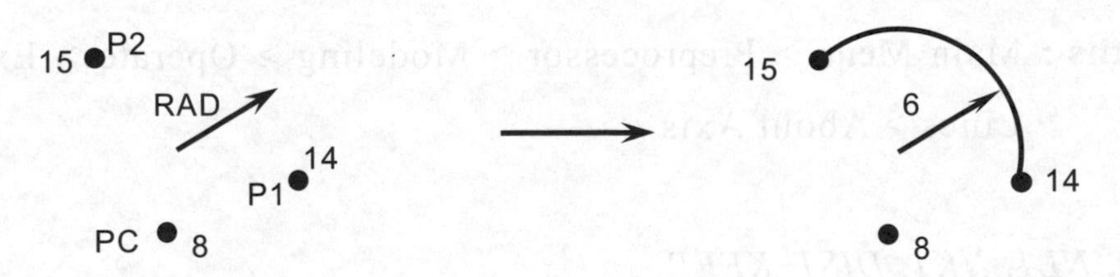

LARC, 14, 15, 8, 6
!建立圓弧線，通過 14 點與點 15，半徑=6，圓心位於點 8
!之方向

Menu Paths : Main Menu > Preprocessor > Modeling > Create > Lines > Arcs > By End KPs & Rad

Menu Paths : Main Menu > Preprocessor > Modeling > Create > Lines > Arcs > Through 3 KPs

Menu Paths : Main Menu > Preprocessor > Modeling > Create > Lines > Arcs > By Cent &Radius

LROTAT,*NK1, NK2, NK3, NK4, NK5, NK6, PAX1, PAX2, ARC, NSEG*

建立圓弧線(circular Lines)，產生方式爲繞著某軸(*PAX1,PAX2* 爲軸上任意兩點，並定義軸之方向，由 *PAX1* 至 *PAX2*)，旋轉(**ROTAT**e)一組已知點(*NK1,...,NK6*)，以已知點爲起點，旋轉角度爲 *ARC*，在整個旋轉角度方向中可分之數目爲 *NSEG*。

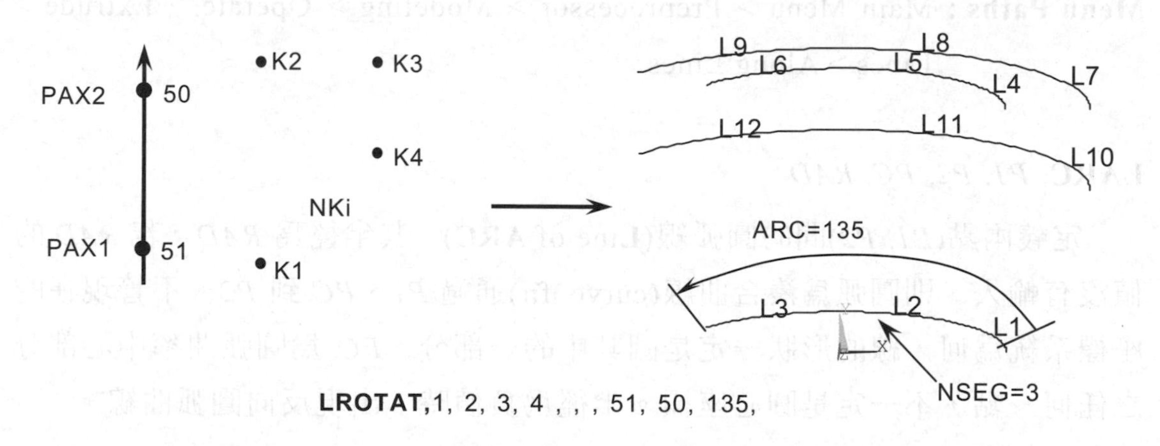

Menu Paths : Main Menu > Preprocessor > Modeling > Operate > Extrude > Lines > About Axis

LEXTND, *NL1, NK1, DIST, KEEP*

此指令用來延伸一條線(*NL1*)，延伸時以該線其中之一的端點(*NK1*)及其目前斜率爲基準，延伸距離爲(*DIST*)。*KEEP*=0 時，原線段不保留，*KEEP*=1 時，原線段保留，並產生一條新線。

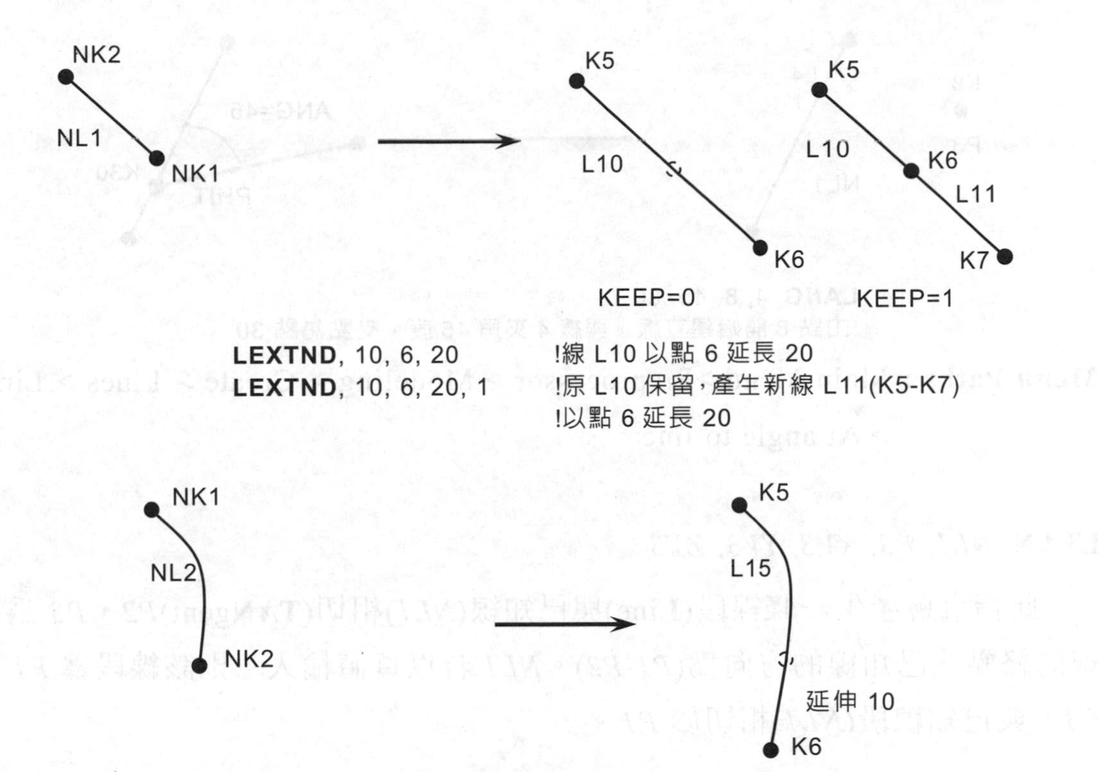

Menu Paths : Main Menu > Preprocessor > Modeling > Operate > Extend Line

LANG, *NL1, P3, ANG, PHIT, LOCAT*

產生一條線段(**Line**)，此新線段與已存在的線段(*NL1*)之夾角度(**ANG**le)爲 *ANG*，*PHIT* 爲線段(*NL1*)上新產生點之號碼，並爲新線段的起始點，如不給予系統以最小號碼給予，*P3* 爲新線段的結束點，最後成爲具有連續性的三條線。

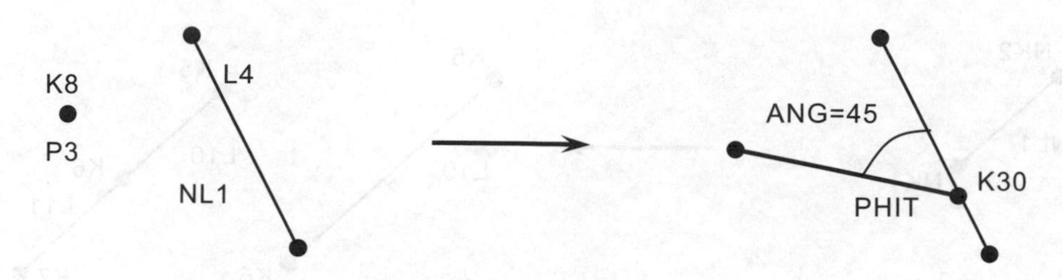

Menu Paths : Main Menu >Preprocessor > Modeling > Create > Lines > Lines > At angle to line

LTAN, *NL1, P3, XV3, YV3, ZV3*

此指令會產生一條線段(**L**ine)與已知線(*NL1*)相切(**TAN**gent)*P2*，*P3* 爲新線的終點，已知線的方向爲(*P1-P2*)。*NL1* 若以負值輸入，則該線段爲 *P1* 至 *P3*，與已知線段(*NL1*)相切於 *P1*。

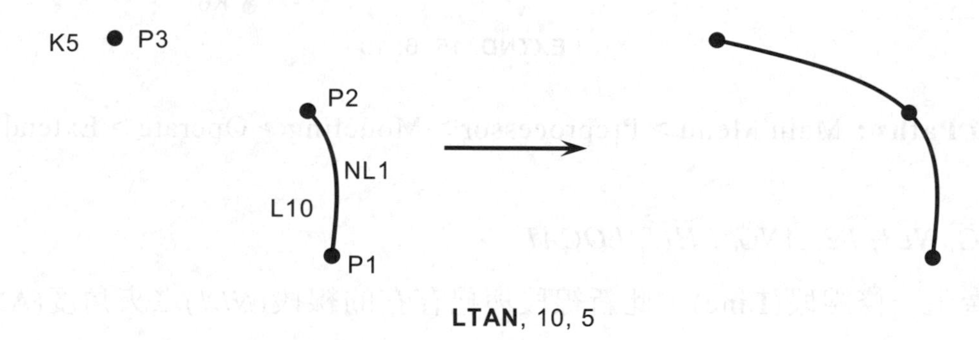

Menu Paths : Main Menu > Preprocessor > Modeling > Create > Lines > Lines > Tangent to Line

L2TAN, *NL1, NL2*

建立新線段(**L**ine)，產生方式與兩條(**2**)已知線段相切(**TAN**gent)。新線段(*P2 -P3*)與線段 *NL1*(*P1-P2*)相切於點 *P2*，與線段 *NL2*(*P3-P4*)切於點 *P3*。*NL1* 若以負值輸入則切點會從 *P2* 變成 *P1*，*NL2* 若以負值輸入則切點會從 *P3* 變成 *P4*。

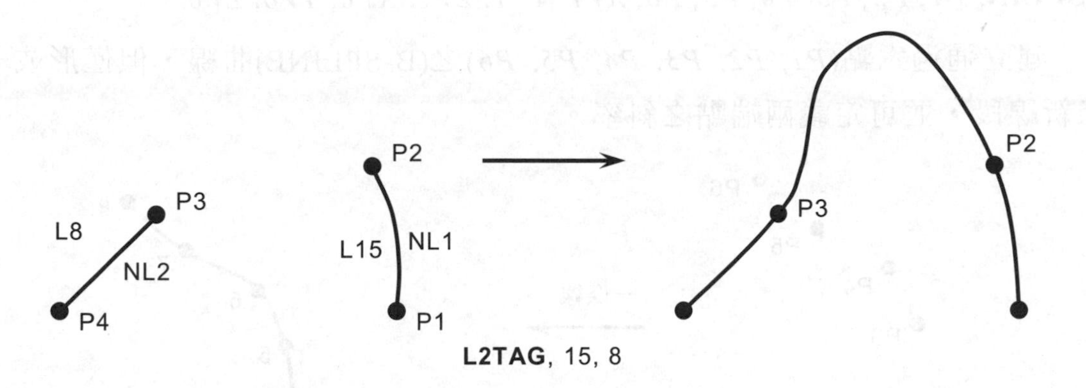

L2TAG, 15, 8

Menu Paths : Main Menu > Preprocessor > Modeling > Create > Lines> Lines > Tan to 2 Lines

L2ANG, *NL1, NL2, ANG1, ANG2, PHIT1, PHIT2*

建立一條線段(**Line**)，產生方式由兩條(**2**)已知線段，夾角(**ANG**le)所定義，此新線段與線(*NL1*)的角度爲 *ANG1*，與另一線(*NL2*)的角度 *ANG2*。*PHIT1, PHIT2* 爲新產生兩點之號碼，如不輸入系統以最小號碼給予，最後成爲具有連續性的三條線。

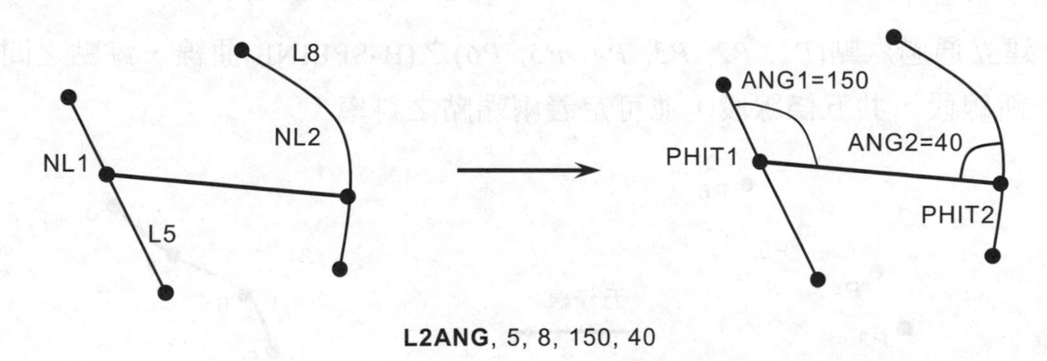

L2ANG, 5, 8, 150, 40

Menu Paths : Main Menu > Preprocessor > Modeling > Create > Lines > Lines > Angle to 2 Lines

BSPLIN, *P1*, *P2*, *P3*, *P4*, *P5*, *P6*, *XV1*, *YV1*, *ZV1*, *XV6*, *YV6*, *ZV6*

建立通過六點(*P1, P2, P3, P4, P5, P6*)之(B-SPLINE)曲線，但僅形成一條新線段，並可定義兩端點之斜率。

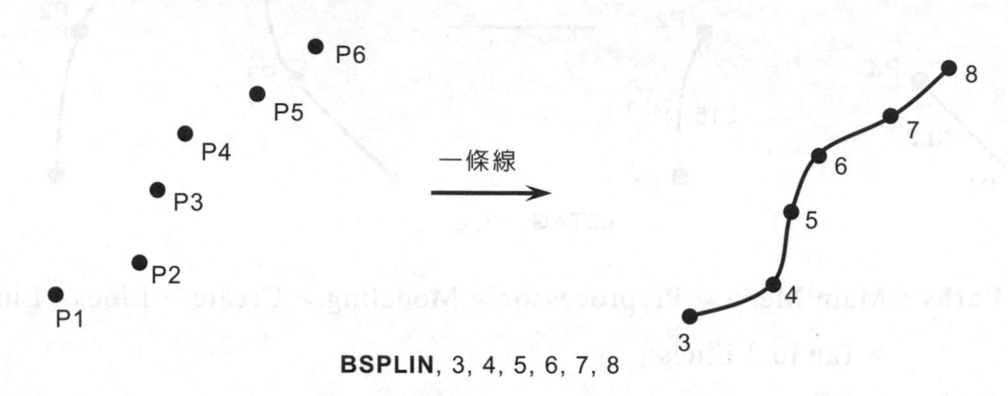

BSPLIN, 3, 4, 5, 6, 7, 8

Menu Paths : Main Menu > Preprocessor > Modeling > Create > Lines> Splines > Spline thru Locs

Menu Paths : Main Menu > Preprocessor > Modeling > Create > Lines> Splines > With Options > Spline thru KPs

SPLINE, *P1, P2, P3, P4, P5, P6, XV1, YV1, ZV1, XV6, YV6, ZV6*

建立通過六點(*P1, P2, P3, P4, P5, P6*)之(B-SPLINE)曲線，每點之間自成一新線段，共五條線段，並可定義兩端點之斜率。

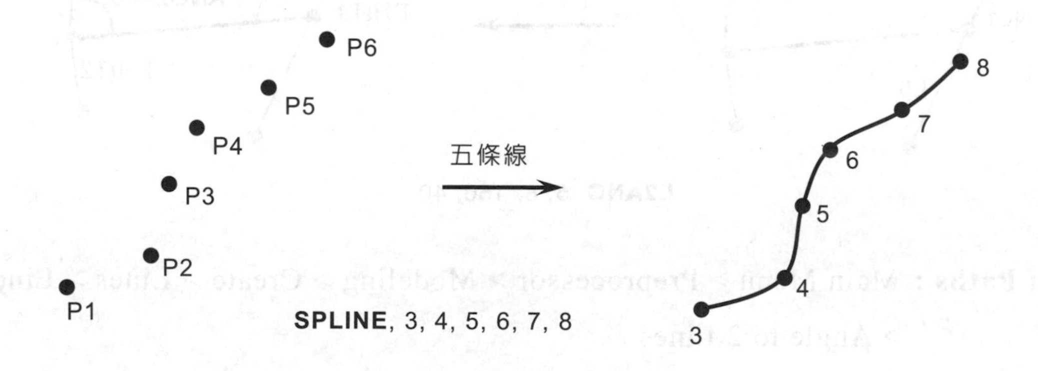

SPLINE, 3, 4, 5, 6, 7, 8

Menu Paths : Main Menu > Preprocessor > Modeling > Create > Lines > Splines > Segmented Spline

LDELE, *NL1, NL2, NINC, KSWP*

此指令用來將一組(*NL1, NL2, NINC*)尚未網格化線段(**L**ines)刪除(**DELE**te)，若線段是面積或體積的一邊，則必須先把面積或體積刪除，才能刪除線段，否則此指令不會起任何作用。*KSWP* = 0時只刪除掉線段本身，*KSWP* = 1時不僅刪除掉線段，在此線段上的點也會一併刪除，若線段上的點有其他線段共用時，則會被保留。

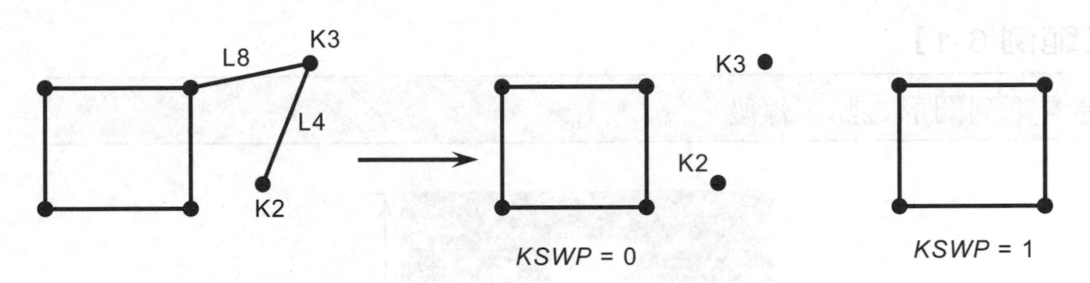


```
LDELE, 4, 8, 4, 1
!刪除線 4、8，同時也刪除點 2、3。

LDELE, 4, 8, 4
!刪除線 4、8，保留點 2、3。
```

Menu paths : Main Menu > Preprocessor > Modeling > Delete > Line and Below

Menu paths : Main Menu > Preprocessor > Modeling > Delete > Lines Only

LSEL, *Type, Item, Comp, VMIN, VMAX, VINC, KABS*

將全部現有的線段(**L**ine)選擇(**SEL**ect)某部分出來作爲有效線段，以利模型建立。有效線段選出後，**LPLOT**、**LLIST** 及 **LDELE** 等指令僅對有效線段有作用。

Menu Paths : Utility Menu > Select > Entities...

由以上介紹可知，線段的建立其指令雖很多，但常用的爲 **L**、**LARC**、**LFILLT**、**CIRCLE**、**BSPLINE** 與 **SPLINE**。需要何種線段，在建構模型時會遇到狀況不一，我們將以經驗採用最方便之方式建立。例如筆者不會使用 **LCOMB** 去連接兩條線段爲一段，也不會使用 **LDIV** 去分割一條線段爲二段。通常以網格的方式進行規劃，才決定如何建立線段。對應網格時，線段要如何建立，實體模型才可爲四邊形面積組合而成。然而本節範例將以熟悉線段指令爲主要目標，並不考慮面積的建立與面積的網格。

【範例 6-1】

建立下列圖形之點、線段。

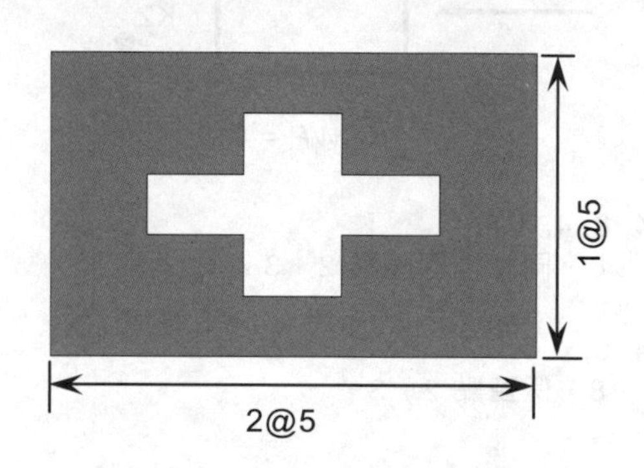


```
/PREP7
K, 1, 0, 0                  !建立點 1，座標(0, 0)
K, 2, 10, 0                 !建立點 2，座標(10, 0)
K,   , 10, 5                !建立點 3，座標(10, 5)，點 3 自動以最小
                            !號碼附與
K,   , 0, 5                 !建立點 4，座標(0, 5)
L, 1, 2                     !建立點 1 至點 2 之線段
L, 2, 3                     !建立點 2 至點 3 之線段
L, 3, 4                     !建立點 3 至點 4 之線段
L, 4, 1                     !建立點 4 至點 1 之線段
K, , 4, 1       $ K, , 6, 1
K, , 6, 2       $ K, , 8, 2
```

```
K, , 8, 3          $ K, , 6, 3
K, , 6, 4          $ K, , 4, 4
K, , 4, 3          $ K, , 2, 3
K, , 2, 2          $ K, , 4, 2
L, 5, 6                      !建立點 5 至點 6 之線段
L, 6, 7                      !建立點 6 至點 7 之線段
L, 7, 8
L, 8, 9            $ L, 9, 10
L, 10, 11          $ L, 11, 12
L, 12, 13
L, 13, 14
L, 14, 15
L, 15, 16
L, 16, 5
KPLOT                  !顯示點，無號碼
LPLOT                  !顯示線段，無號碼
/PNUM, LINE, 1         !開啟顯示線段號碼
/PNUM, KP, 1           !開啟顯示點號碼
KPLOT                  !顯示點，有號碼
KLIST                  !列示點資料
LPLOT                  !顯示線段，有號碼
LLIST                  !列示線段資料
```

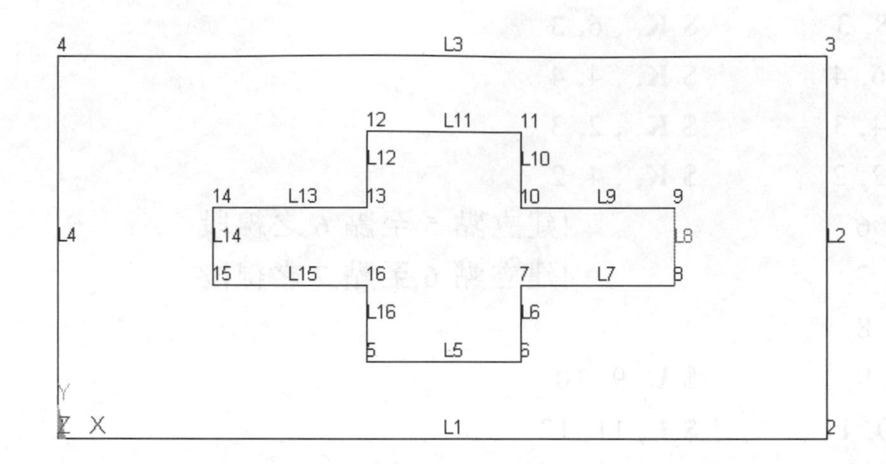

註：最後八行指令用於建立模型過程中，檢示或列示資料，可利用 Utility Menu 下拉選單完成，但有時利用指令輸入法，也是不錯的選擇。再此再一次強調其 Utility Menu 下拉選單路徑，爾後將不再介紹。

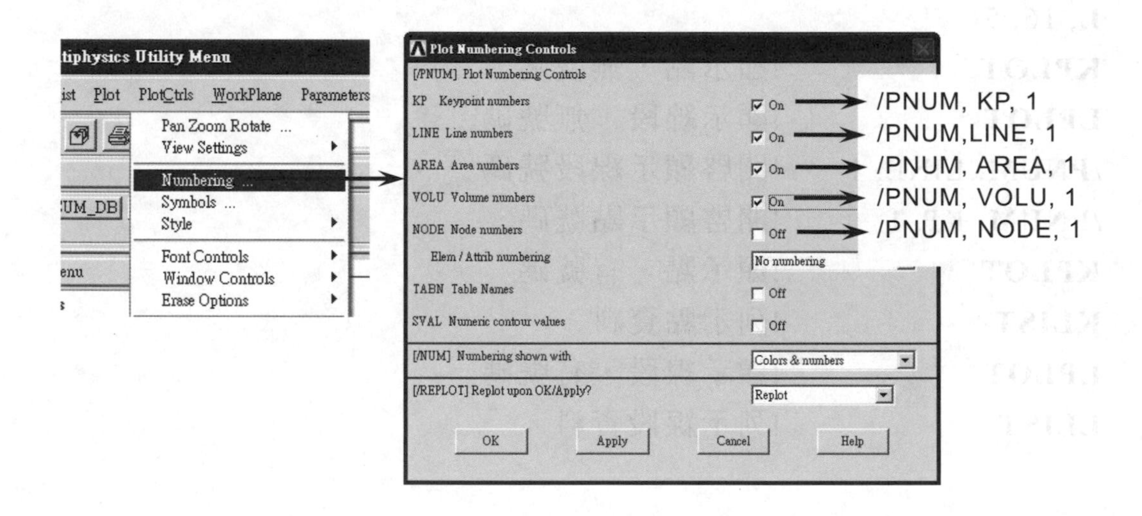

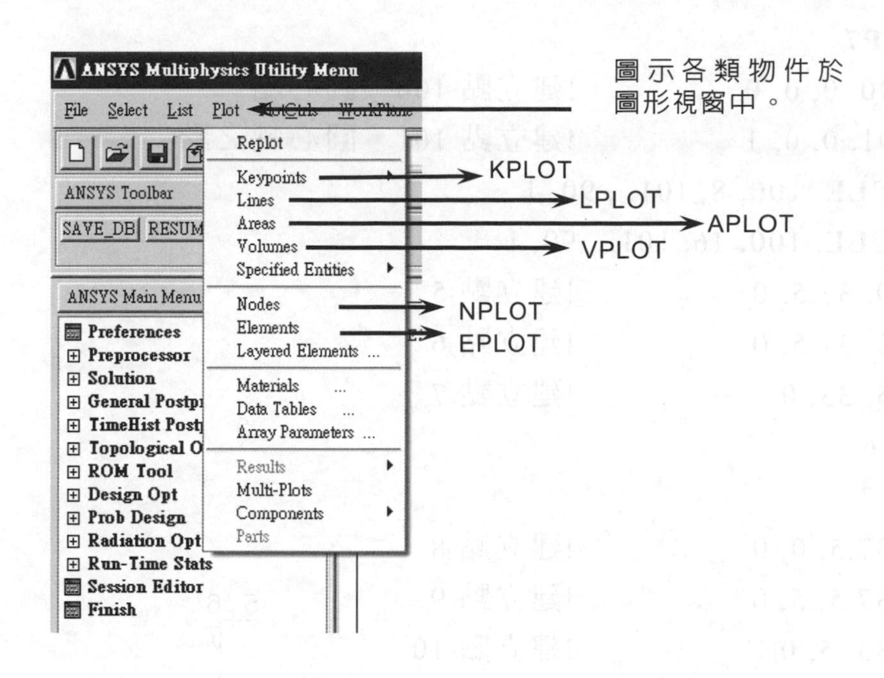

【範例 6-2】

建立下列圖形之點、線段，先建立 1/4 部分，再對稱複製。

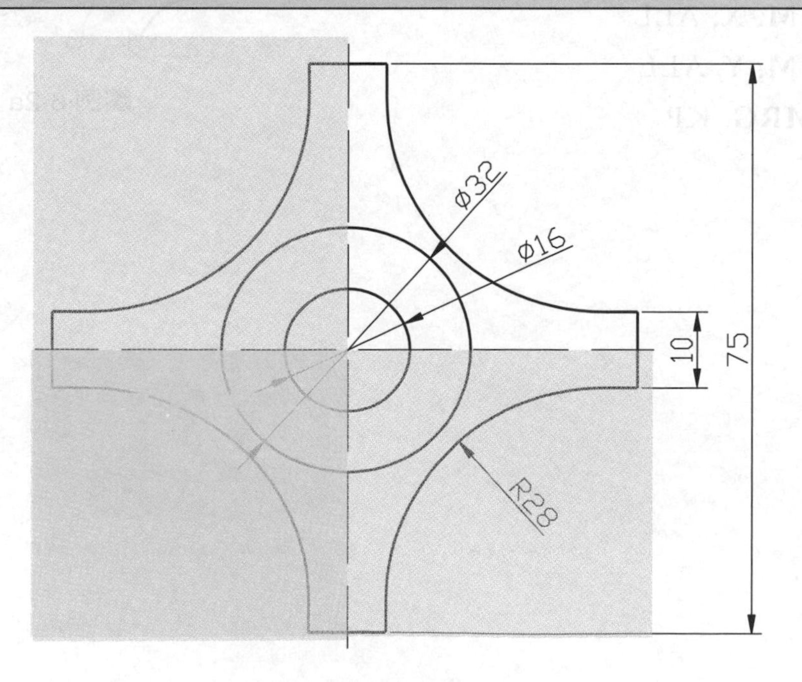

```
/PREP7
K, 100, 0, 0, 0             !建立點 100，圓心點
K, 101, 0, 0, 1             !建立點 101，圓心軸之點
CIRCLE, 100, 8, 101, , 90, 1
CIRCLE, 100, 16, 101, , 90, 1
K, , 0, 37.5, 0             !建立點 5
K, , 5, 37.5, 0             !建立點 6
K, , 5, 33, 0               !建立點 7
L, 5, 6
L, 6, 7
K, , 37.5, 0, 0             !建立點 8
K, , 37.5, 5, 0             !建立點 9
K, , 33, 5, 0               !建立點 10
L, 8, 9
L, 9, 10
LARC, 7, 10, 100, -28       !如圖例 6-2a
LSYMM, X, ALL
LSYMM, Y, ALL
NUMMRG, KP
```

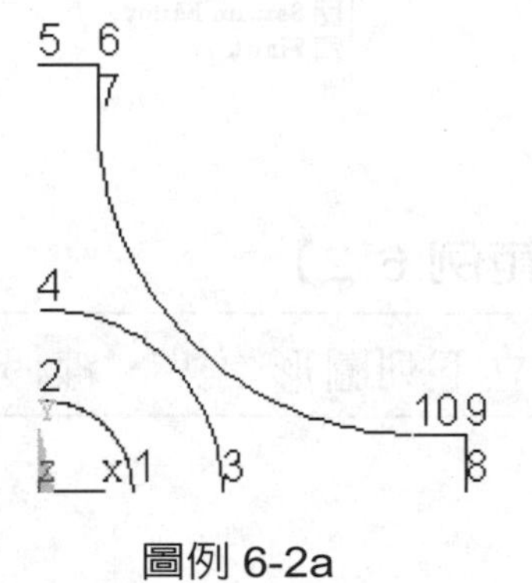

圖例 6-2a

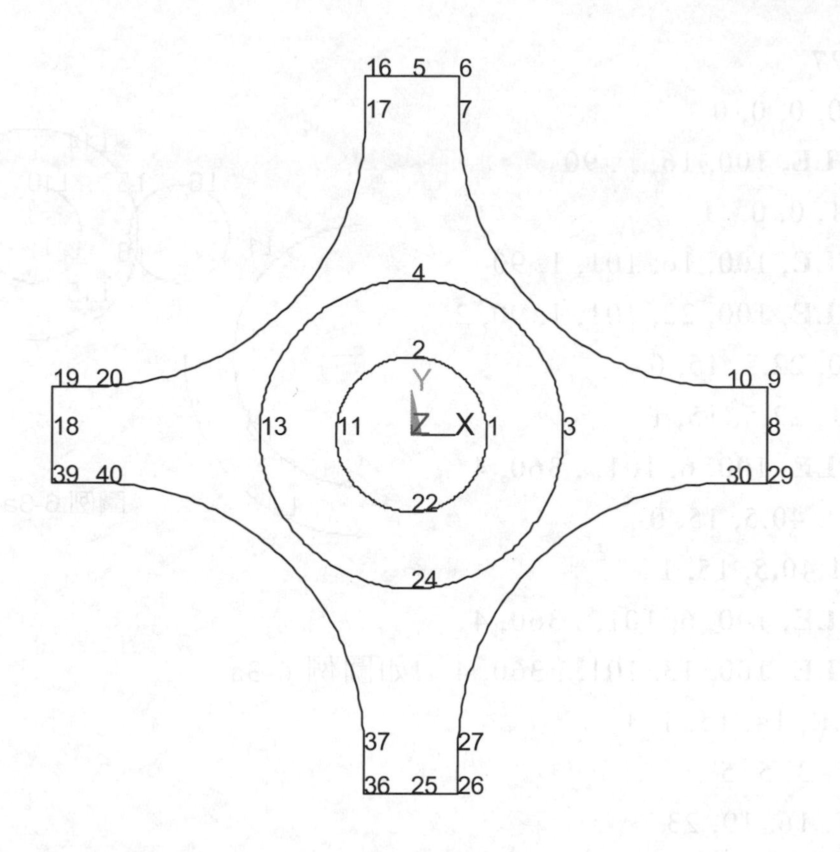

【範例 6-3】

建立下列圖形之點、線段，先建立右半部分，再對稱複製。

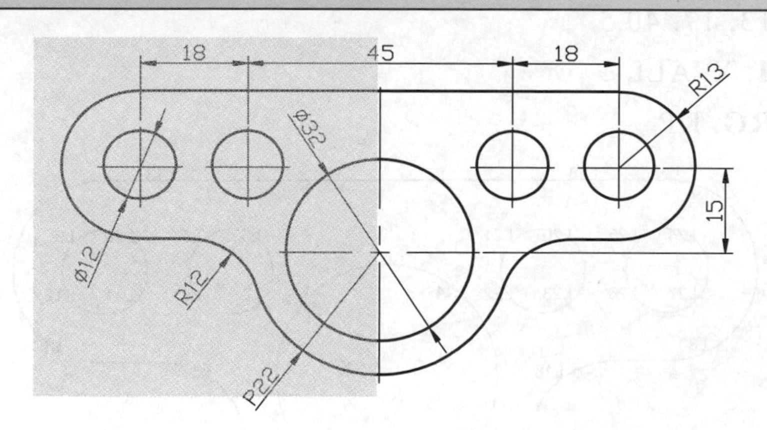

```
/PREP7
K, 100, 0, 0, 0
CIRCLE, 100, 16, , , 90
K, 101, 0, 0, -1
CIRCLE, 100, 16, 101, 1, 90
CIRCLE, 100, 22, 101, 1, 90, 2
K, 100, 22.5, 15, 0
K, 101, 22.5, 15, 1
CIRCLE, 100, 6, 101, , 360, 4
K, 100, 40.5, 15, 0
K, 101,40.5, 15, 1
CIRCLE, 100, 6, 101, , 360, 4
CIRCLE, 100, 13, 101, , 360, 4   !如圖例 6-3a
LDELE, 14, 15, 1, 1
LEXT, 3, 5, 5
LEXT, 16, 19, 23
LCSL, 3, 16
LDELE, 14, 18, 4, 1
LFILLT, 15, 17, 12
LEXT, 13, 17, 40.5
LSYMM, X, ALL
NUMMRG, KP
```

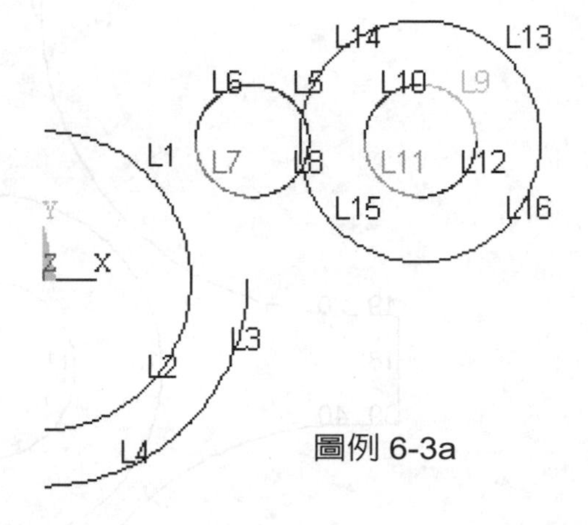

圖例 6-3a

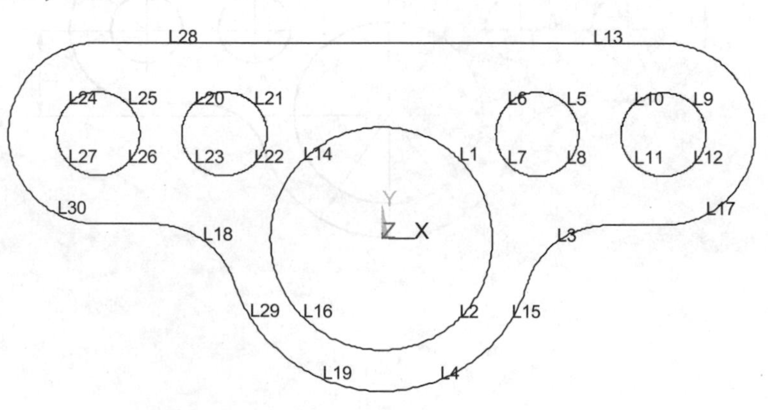

【範例 6-4】

建立下列圖形之點、線段，先建立上半部分，再對稱複製。

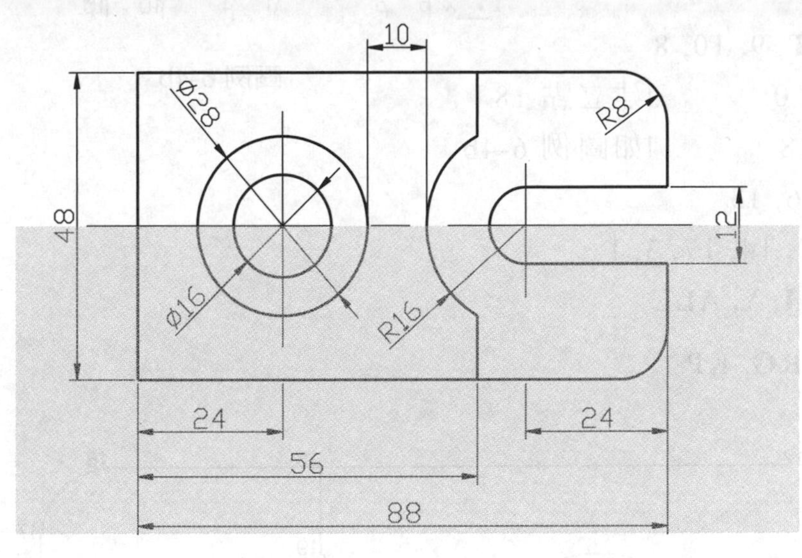


```
/PREP7
K, 100, 24, 0
K, 101, 24, 0, 5
CIRCLE, 100, 8, 101, , 180, 2
CIRCLE, 100, 14, 101, ,180, 2
K, 100, 64, 0
K, 101, 64, 0, 5
K, 102, 64, 6
CIRCLE, 100, 6, 101, 102, 90
CIRCLE, 100, 16, 101, 102, 90    !如圖例 6-4a
K, , 0, 0          !建立點 11
K, , 0, 24         !建立點 12
K, , 56, 24
K, , 88, 24
K, , 88, 6
L, 11, 12
L, 12, 13
```

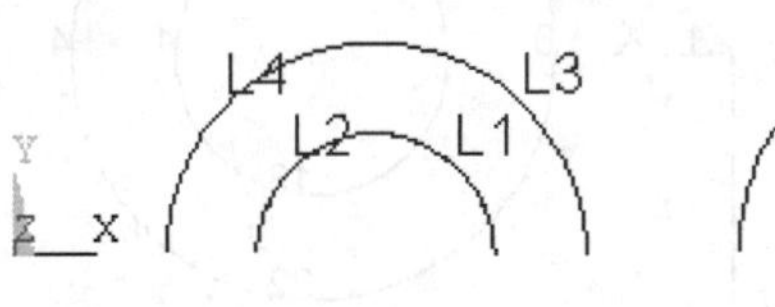

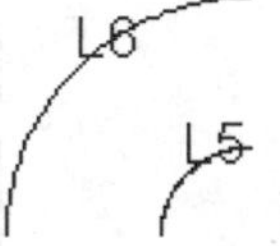

圖例 6-4a

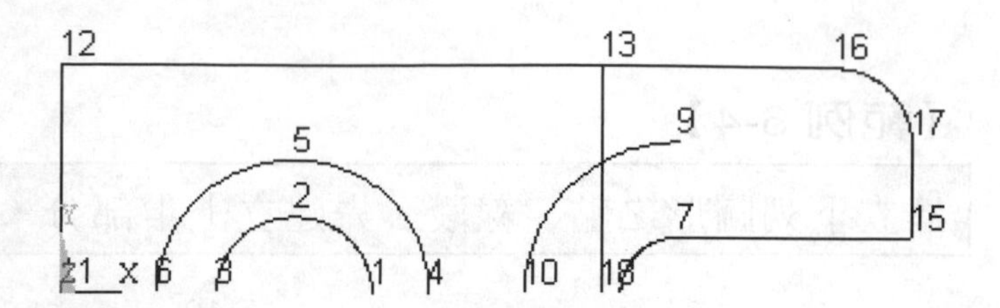

圖例 6-4b

```
L, 13, 14
L, 14, 15
L, 7, 15
LFILLT, 9, 10, 8
K, , 56, 0          !建立點 18
L, 13, 18           !如圖例 6-4b
LCSL, 6, 13
LDELE, 14, 17, 3, 1
LSYMM, Y, ALL
NUMMRG, KP
```

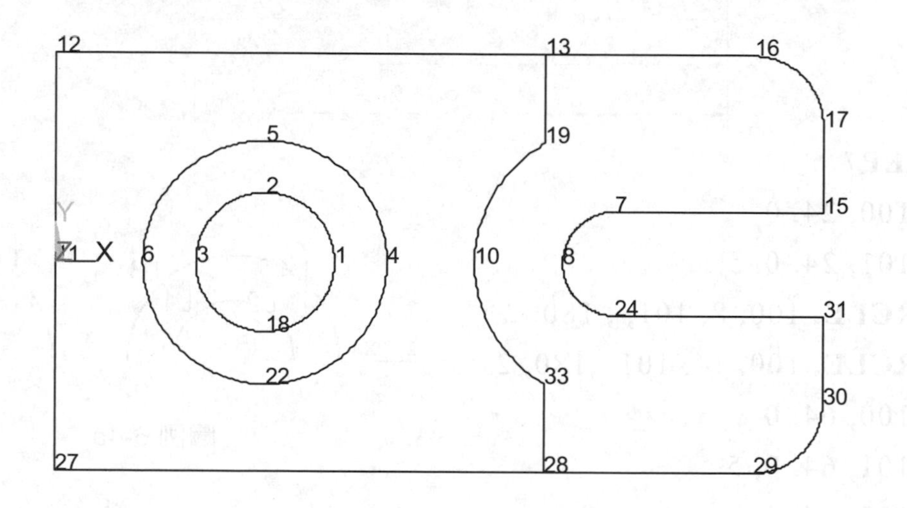

【範例 6-5】

建立下列圖形之點、線段。

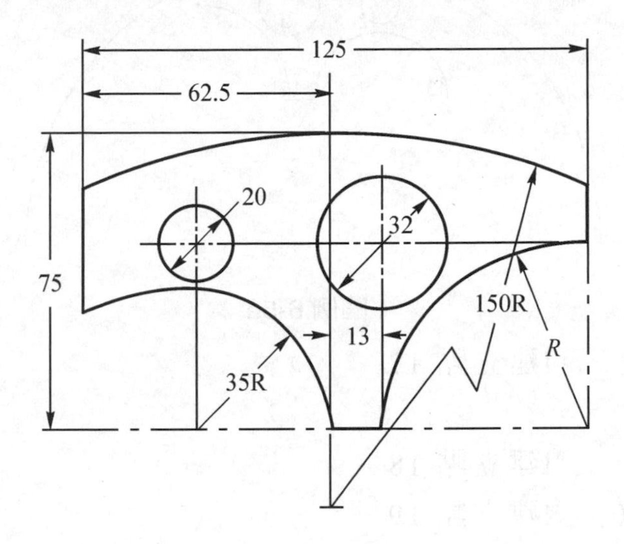


```
/PREP7
K, 100, 13, 49.5
K, 101, 13, 49.5, 1
CIRCLE, 100, 16, 101, , 360, 4
K, 100, -35, 49.5
K, 101, -35, 49.5,1
CIRCLE, 100, 10, 101, , 360, 4
K, 9, 13
K, 10, 62.5, 49.5
K, 100, 62.5
LARC, 9, 10, 100, 49.5
K, 100, -35, 0
K, 101, -35, 0, 1
CIRCLE, 100, 35, 101, , 180, 2
K, 100, 0, -75
K, 101, 0, -75, 1
```

CIRCLE, 100, 150, 101, , 180, 2 !如圖例 6-5a

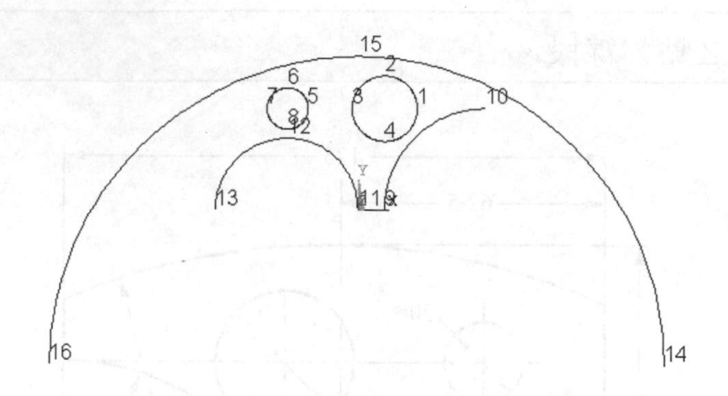

圖例 6-5a

K, , 62.5, 80 !建立點 17

L, 10, 17

K, , -62.5, 5 !建立點 18

K, , -62.5, 80 !建立點 19

L, 18, 19

LCSL, 12, 14

LCSL, 13, 15 !如圖例 6-5b

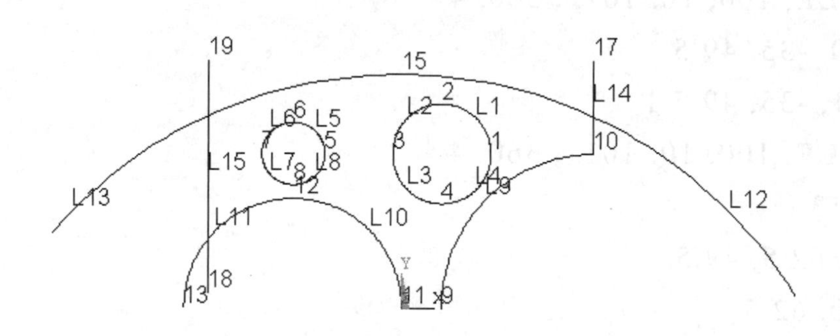

圖例 6-5b

LCSL, 11, 20

LDELE, 17, 19, 2, 1

LSEL, S, LINE, , 14, 15

LSEL, A, LINE, , 21, 22

LDELE, ALL, , , 1
LSEL, S, LINE, , ALL
L, 11, 9

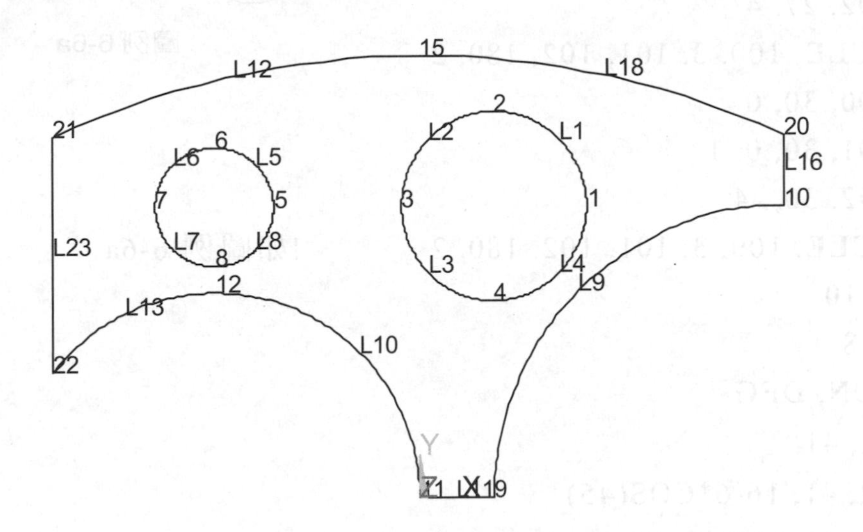

【範例 6-6】

建立下列圖形之點、線段。

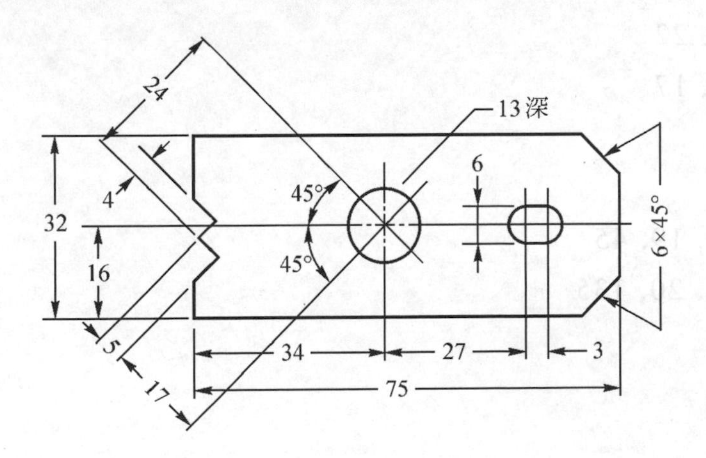

/PREP7
K, 100
K, 101, 0, 0, 1

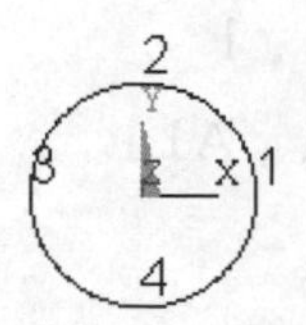

圖例 6-6a

```
CIRCLE, 100, 6.5, 101
K, 100, 27, 0
K, 101, 27, 0, 1
K, 102, 27, 4
CIRCLE, 100, 3, 101, 102, 180, 2
K, 100, 30, 0
K, 101, 30, 0, 1
K, 102, 30, -4
CIRCLE, 100, 3, 101, 102, 180, 2          !如圖例 6-6a
L, 5, 10
L, 7, 8
*AFUN, DEG
K, 11, 41
K, 12, 41, 16-6*COS(45)
K, 13, 41-6*COS(45),16
K, 14, -34, 16
KSYM, Y, 12, 14, 1
LOCAL, 11, 0, , , , 45
K, 18, -24, 22
K, 19, -20, 22
K, 20, -24, 17
CSYS, 0
L, 14, 17
LANG, 11, 19, 45
LANG, 12, 20, 135
L, 11, 12
L, 12, 13
L, 13, 14
L, 18, 19
L, 18, 20
L, 22, 17
```

L, 17, 16
L, 16, 15
L, 15, 11
LDELE, 12

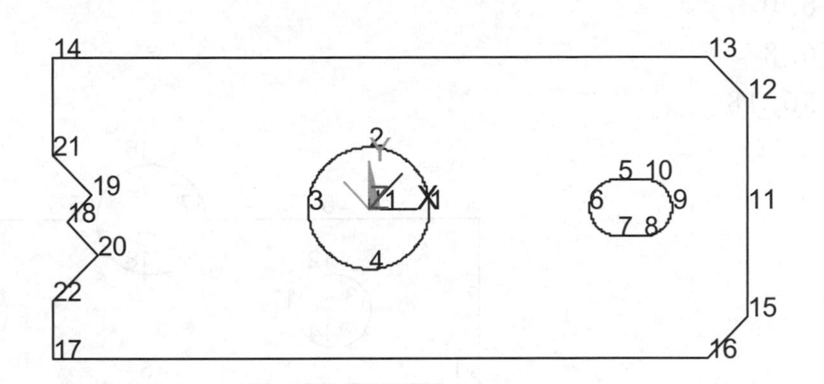

【範例 6-7】

建立下列圖形之點、線段，先建立下半部分，再對稱複製。

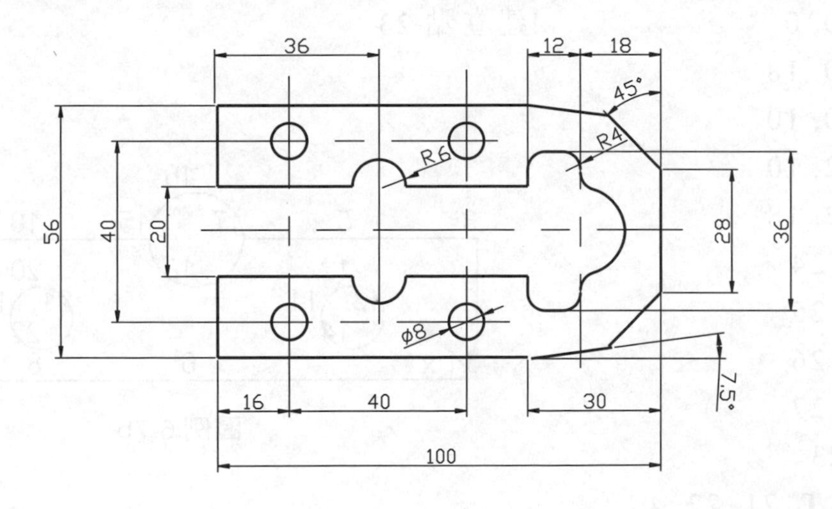

/PREP7
K, 1, 0, 0
K, 2, 0, 8
K, 3, 0, 18

```
K, 4, 16, 8
K, 5, 16, 18
K, 6, 36, 0
K, 7, 36, 18
K, 8, 56, 0
K, 9, 56, 8
K, 10, 56, 18
L, 1, 2
L, 2, 3
L, 1, 6
L, 6, 8
L, 3, 5
CIRCLE, 4, 4
CIRCLE, 7, 6
L, 5, 17
CIRCLE, 9, 4
L, 15, 10                !如圖例 6-7a
K, , 70, 0               !建立點 23
K, , 70, 18
K, , 70, 10
K, , 82, 10
K, , 82, 18
L, 10, 24
L, 24, 25
L, 25, 26
L, 26, 27
L, 8, 23
LFILLT, 21, 22, 4
LFILLT, 22, 23, 4        !如圖例 6-7b
K, , 82, 28
CIRCLE, 32, 10
NUMMRG, KP
```

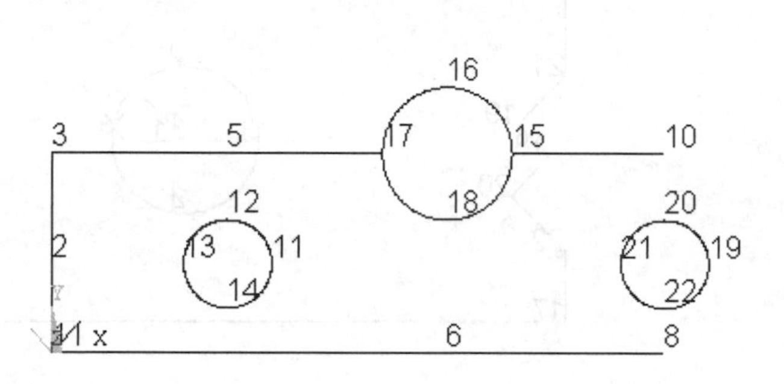

圖例 6-7a

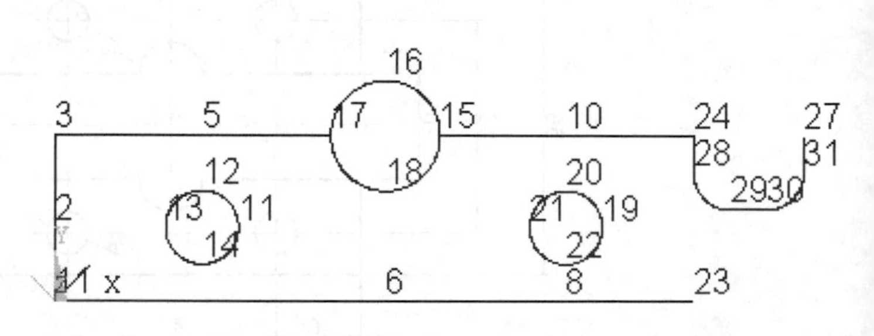

圖例 6-7b

```
LFILLT, 30, 23, 4
LOCAL, 11, 0, 100, 28, 0, 90
K, , 0, 0
K, , -14, 0
K, , -28, 0
K, , -28, 14
L, 38, 39
L, 41, 39
CSYS, 0
*AFUN, DEG
K, , 100, 50*SIN(7.5)
L, 23, 42                    !如圖例 6-7c
LCSL, 33, 34
LDELE, 10, 11, 1, 1          $ LDELE, 37, 38, 1, 1
LDELE, 27, 29, 1, 1
CSYS, 11                     $ LSYM, X, ALL      $ NUMMRG, KP
```

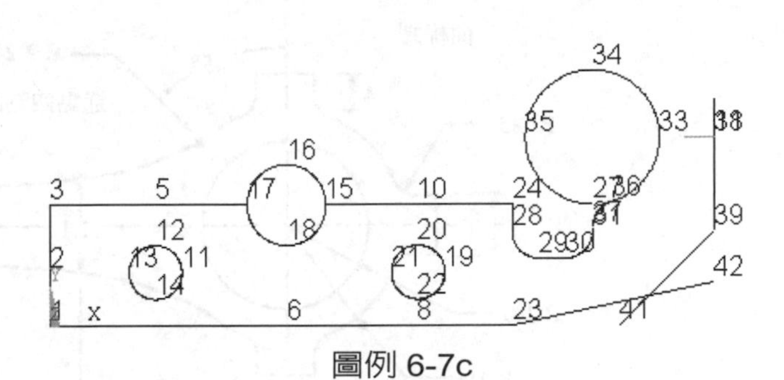
圖例 6-7c

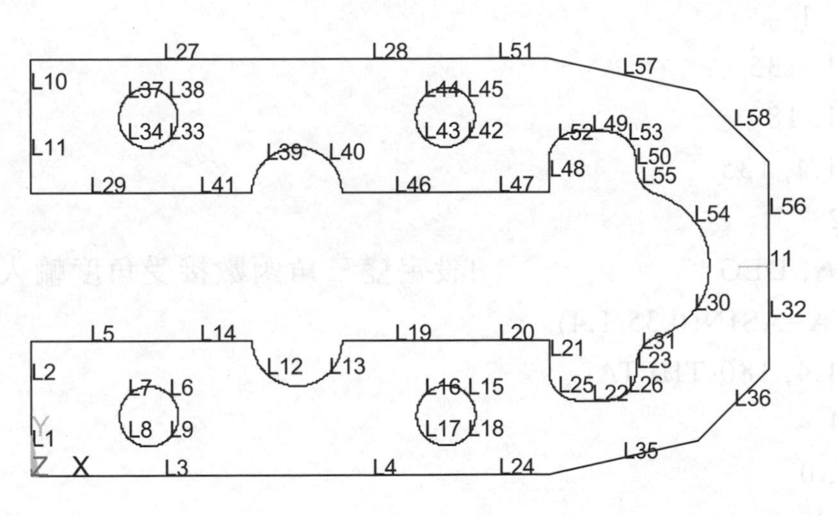

【範例 6-8】

建立下列圖形之點、線段。單位：英吋。

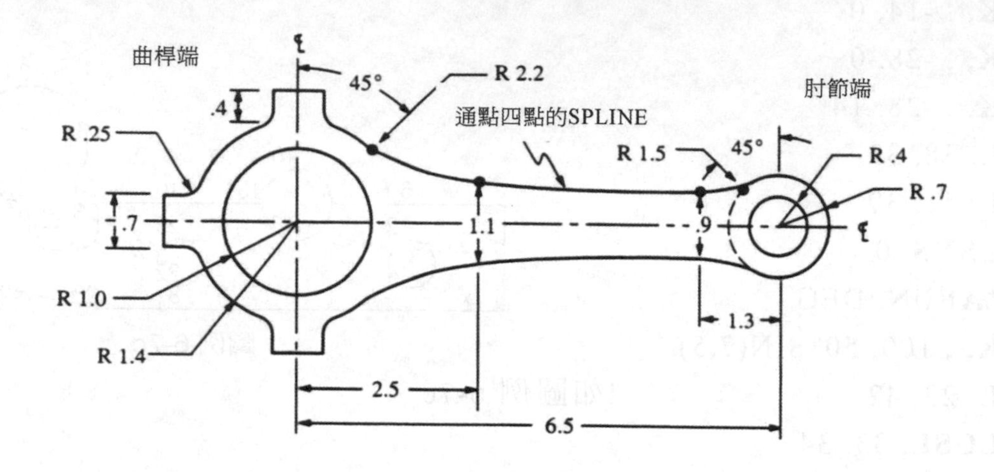


```
/UNITS, BIN
/PREP7
CSYS, 1
K, 1, 1, 135
K, 2, 1, 180
K, 3, 1.4, 135
L, 1, 2
*AFUN, DEG                    !設定變三角函數接受角度輸入
THETA=ASIN(0.35/1.4)
K, 4, 1.4, 180-THETA
L, 3, 4
CSYS, 0
K, 5, -1.8
K, 6, -1.8, 0.35
L, 5, 6
L, 6, 4
LFILLT, 4, 2, 0.25
```

```
LOCAL, 11, 0, , , , 45
LSYMM, X, ALL
CSYS, 0
LSYMM, X, 6, 10
NUMMRG, KP                    !如圖例 6-8a
K, , 2.5, 0.55                !建立點 9
K, , 5.2, 0.45
LOCAL, 12, 1, 6.5
K, , 0.7
K, , 0.7, 135
L, 17, 20
CSYS, 0
BSPLINE, 18, 9, 11, 20        !如圖例 6-8b
LFILLT, 12, 17, 2.2
LFILLT, 16, 17, 1.5
CSYS, 12
K, , 0.4
K, , 0.4, 90
K, , 0.4, 180
L, 27, 28
L, 28, 29
CSYS, 1
K, , 1
L, 16, 30
CSYS, 0
LSYMM, Y, ALL
NUMMRG, KP          !將對稱時之重合點變為一點
```

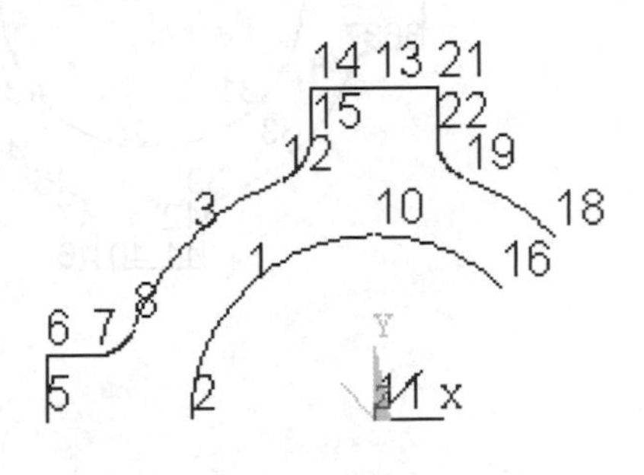

圖例 6-8a

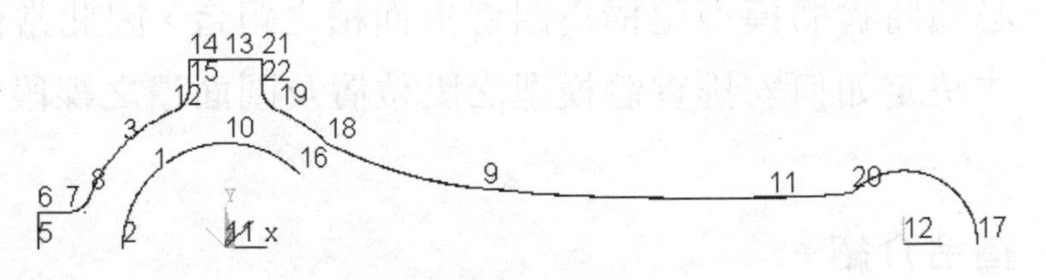

圖例 6-8b

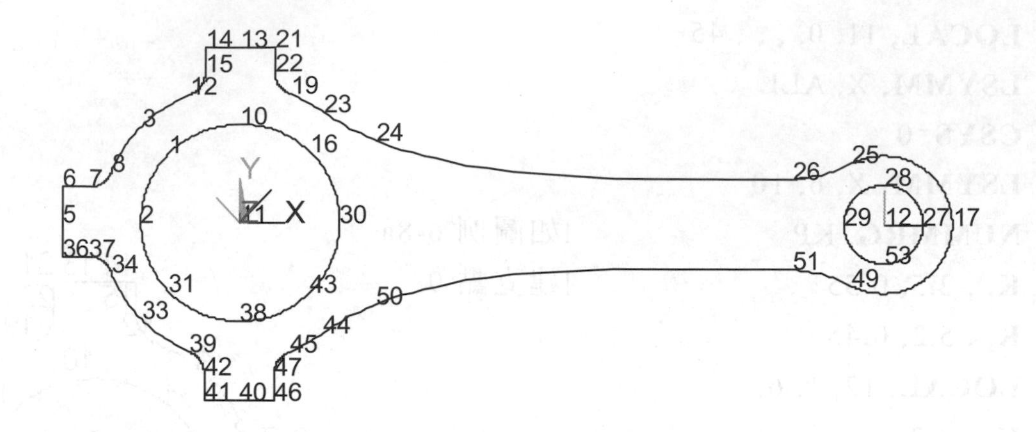

➔ 6-7 面積定義

實體模型建立時，面積爲構成體積之邊界，也是建構 2-D 平面結構之基本要件。面積的建立可由點直接相接或線段圍成一塊封閉區域而成，並構成邊數不同之面積，亦可直接建構體積而產生面積。如果欲進行應對網格，則必須將實體模型建構爲四邊形面積之組合，因此當使用者決定網格方法後，才決定如何安排實體模型之點位置及圍面積之線段安排。

指令介紹

A, *P1, P2, P3, P4, P5, P6, P7, P8, P9, P10, P11, P12, P1, P14, P15, P16, P17, P18*

此指令是用已知的一組(*P1,...,P18*)點來定義面積(**Area**)，最少需使用三個點才能圍成面積，同時產生圍繞此面積的線段。點要依次序輸入，輸入的次序會決定此面積的法線方向，以右手定則來決定此面積的方向。如果超過四個點定義面積，則這些點必須在同一平面上。指令輸入時最多爲十八個點，透過 **GUI** 界面可由圖形視窗點選超過十八個以上的點。如果兩點之間已有線段存在，則該線段將用來建立面積，不會另行產生新線段。若兩點之間有兩條以上線段存在時，將採用較短的線段來建立面積。面積及線段的號碼以系統最小號碼自訂。

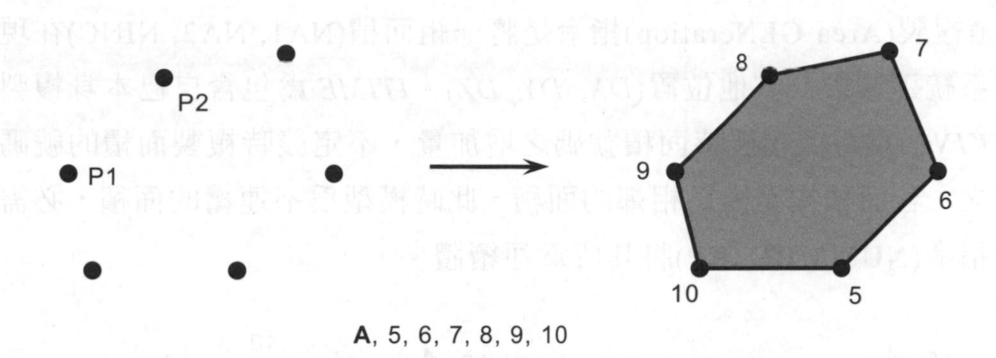

Menu Paths : Main Menu > Preprocessor > Modeling > Create > Areas >Arbitrary > Through KPs

AL, *L1, L2, L3, L4, L5, l6, L7, L8, L9, L10*

定義一塊面積(**A**rea)藉由已知的一組(*L1,...,L10*)線段(**L**ines)圍繞而成，至少需要三條線段才能形成平面，線段號碼的輸入沒有嚴格的順序限制，只要它們能圍成封閉的面積即可。同時若使用超過四條線段去定義平面時，所有的線段必須在同一平面上，以右手定則來決定此面積的方向。超過十條線段時，可先行將其選為有效線段(**LSEL**)，*L1* 參數設定為 ALL，或透過 **GUI** 介面由圖形視窗點選其線段。

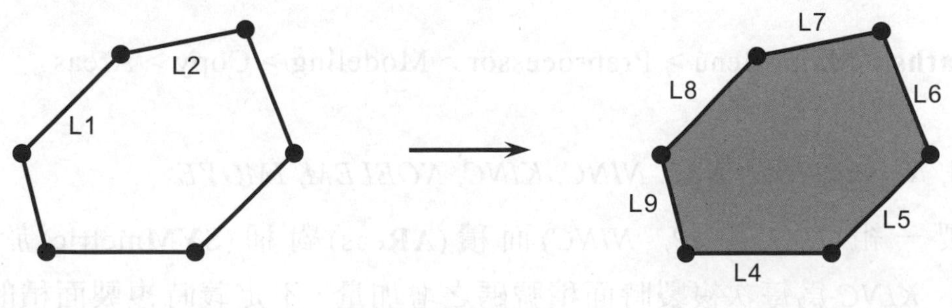

Menu Paths : Main Menu > Preprocessor > Modeling > Create > Areas > Arbitrary > By Lines

AGEN, *ITIME, NA1, NA2, NINC, DX, DY, DZ, KINC, NOELEM, IMOVE*

面積複製(**A**rea **GEN**eration)指令是將一組面積(NA1, NA2, NINC)在現有之座標系統下複製到其他位置(*DX, DY, DZ*)。*ITIME* 爲包含自己本身複製的次數，*KINC* 爲每次複製時面積號碼之增加量，不定義時複製面積的號碼系統自訂之。若面積複製後爲相鄰的面積，此時模型爲不連續的面積，必需用點重合指令(**NUMMRG**, KP)將其成爲連續體。

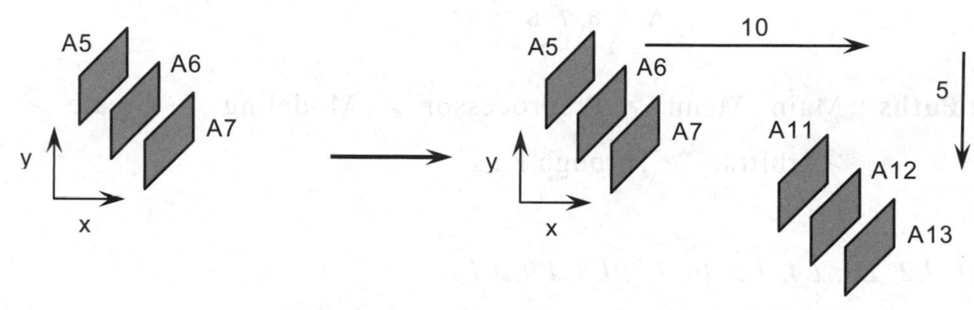

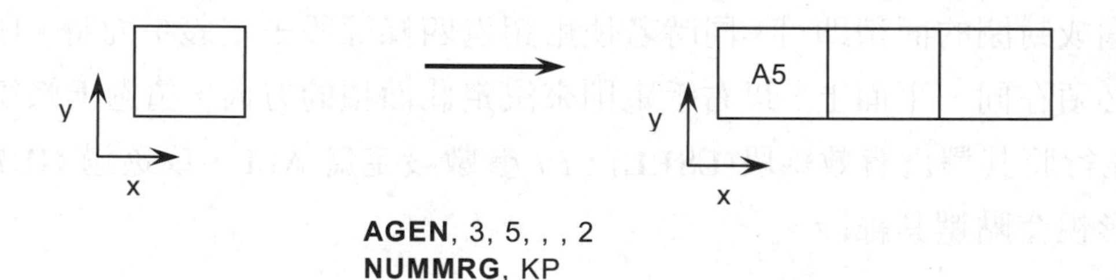

Menu Paths : Main Menu > Preprocessor > Modeling > Copy > Areas

ARSYM, *Ncomp, NA1, NA2, NINC, KINC, NOELEM, IMOVE*

複製一組(*NA1, NA2, NINC*)面積(**AR**eas)對稱(**SYM**metric)於某軸(*Ncomp*)，*KINC* 爲每次複製時面積號碼之增加量，不定義時複製面積的號碼系統自訂之。若面積對稱後爲相鄰的面積，此時模型爲不連續的面積，必需用點重合指令(**NUMMRG**, KP)將其成爲連續體。

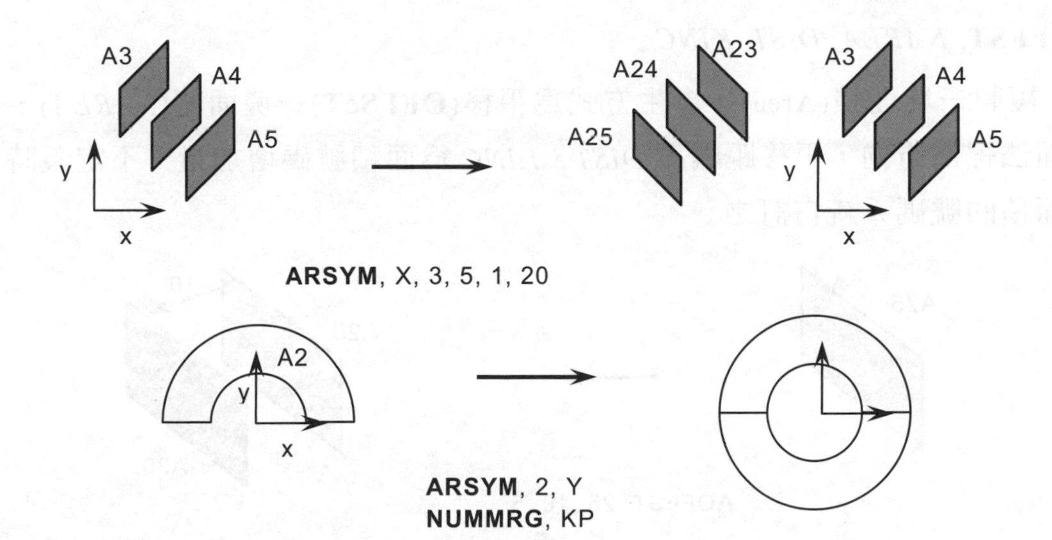

Menu Paths : Main Menu > Preprocessor > Modeling > Reflect > Areas

ADRAG, *NL1, NL2, NL3, NL4, NL5, NL6, NLP1, NLP2, NLP3, NLP4, NLP5, NLP6*

面積(**Area**)之建立將一組已知線段(*NL1, ..., NL6*)，延著某組線段(*NLP ,..., NLP6*)路徑，以該組線段為準，拉(**DRAG**)建而成。

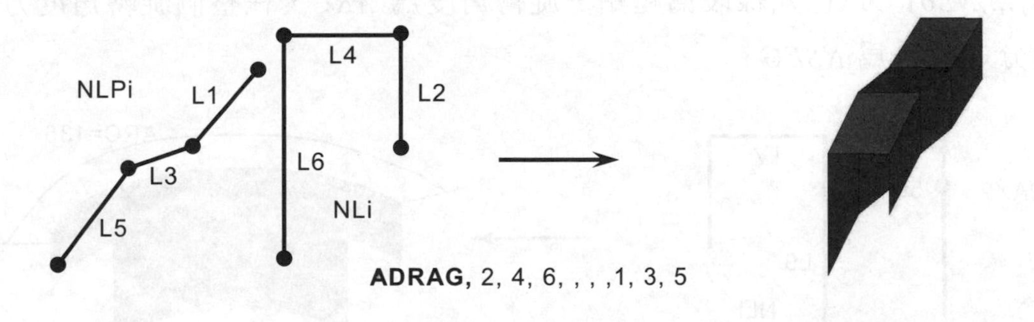

Menu Paths : Main Menu > Preprocessor > Modeling > Operate > Extrude > Areas > Along Lines

AOFFST, *NAREA, DIST, KINC*

複製一塊面積(**A**rea)，產生方式爲平移(**OFFSeT**)一塊面積(*NAREA*)，以平面法線爲方向，平移距離爲 *DIST*，*KINC* 爲面積號碼增加量，不定義時複製面積的號碼系統自訂之。

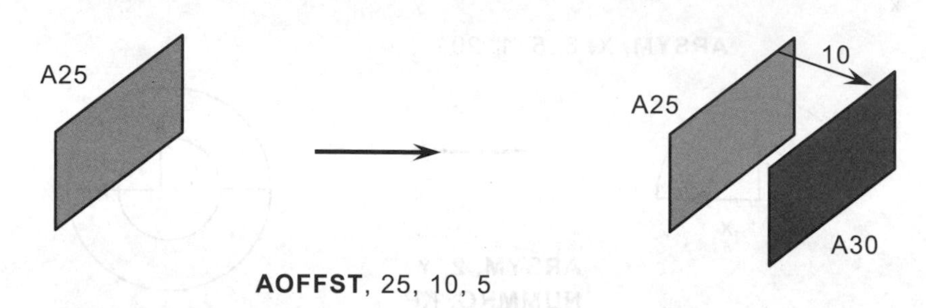

Menu Paths : Main Menu > Preprocessor > Modeling > Create > Areas > Arbitrary > By Offset

AROTAT, *NL1, NL2, NL3, NL4, NL5, NL6, PAX1, PAX2, ARC, NSEG*

建立一組面積(**A**reas)，產生方式爲繞著某軸(*PAX1, PAX2* 爲軸上任意兩點，並定義軸之方向，由 *PAX1* 至 *PAX2*)，旋轉(**ROTAT**e)一組已知線段(*NL1,...,NL6*)，以已知線段爲起點，旋轉角度爲 *ARC*，在整個旋轉角度方向中可分之數目爲 *NSEG*。

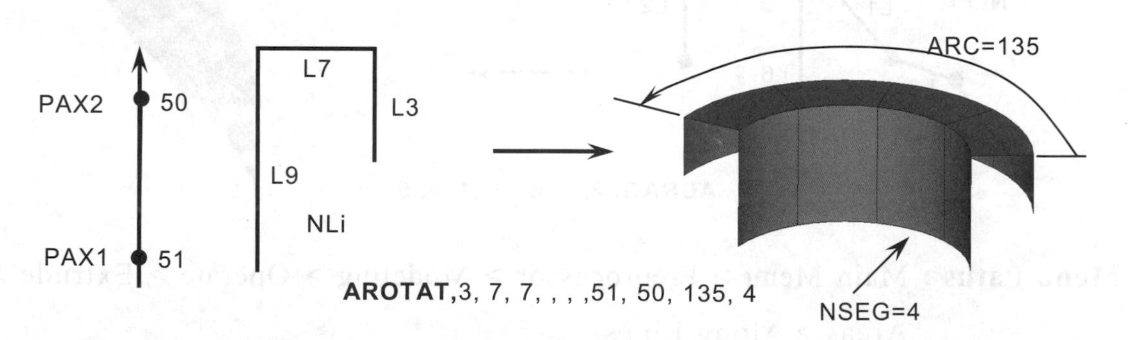

Menu Paths : Main Menu > Preprocessor > Modeling > Operate > Extrude > Lines > About Axis

AFILLT, *NA1, NA2, RAD*

建立圓角面積(**Area by FILLeT**)，此指令在兩個相交的平面(*NA1, NA2*)間產生一個圓角曲面，對應此曲面的點及線也會被產生出來，*RAD* 爲曲面之半徑。

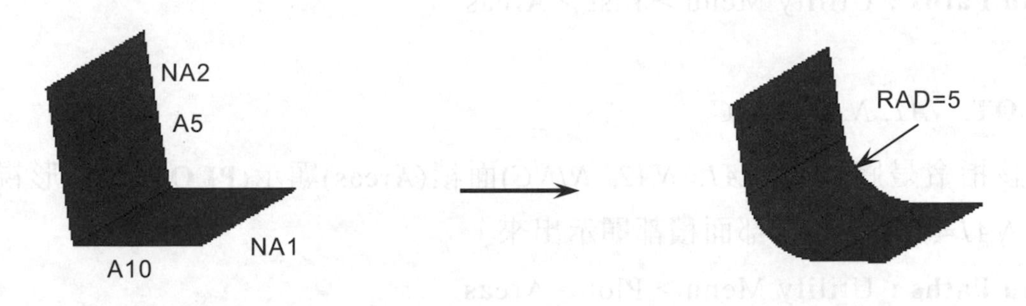

AFILLT, 5, 10, 5

Menu Paths : Main Menu > Preprocessor > Modeling > Create > Areas > Area Fillet

ASKIN, *NL1, NL2, NL3, NL4, NL5, NL6, NL7, NL8, NL9*

沿著一組已知線(*NL1,* ... , *NL9*)，建立一平滑薄層曲面(**Aera of SKIN**)。

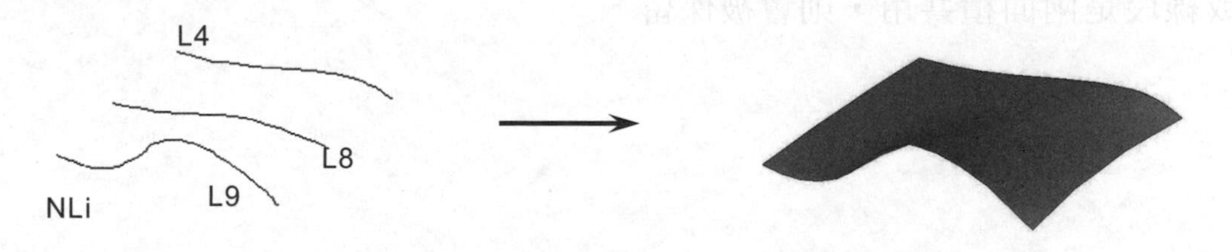

ASKIN, 9, 8, 4

Menu Paths : Main Menu > Preprocessor > Modeling > Create > Areas > Arbitrary > By Skinning

ALIST, *NA1, NA2, NINC*

該指令是將一組(*NA1, NA2, NINC*)面積(**A**reas)的資料列示(**LIST**)在視窗中。*NA1*=ALL，則全部面積都列示出來。

Menu Paths : Utility Menu > List > Areas

APLOT, *NA1, NA2, NINC*

該指令是將一組(*NA1, NA2, NINC*)面積(**A**reas)顯示(**PLOT**)在圖形視窗中。*NA1*=ALL，則全部面積都顯示出來。

Menu Paths : Utility Menu > Plot > Areas

ADELE, *NA1, NA2, NINC, KSWP*

此指令用來將一組(*NA1, NA2, NINC*)尚未網格化的面積(**A**reas)刪除(**DELE**te)，若面積是體積的一面，則必須先把體積刪除才能刪除面積，否則此指令不會起任何作用。*KSWP*=0 時只刪除掉面積本身，*KSWP*=1 時不僅刪除掉面積，在此面積上的低單元點與線段也會一併除掉，若此點是兩線段共用或線段是兩面積共用，則會被保留。

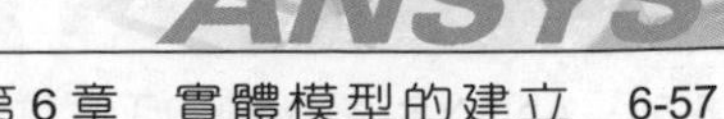

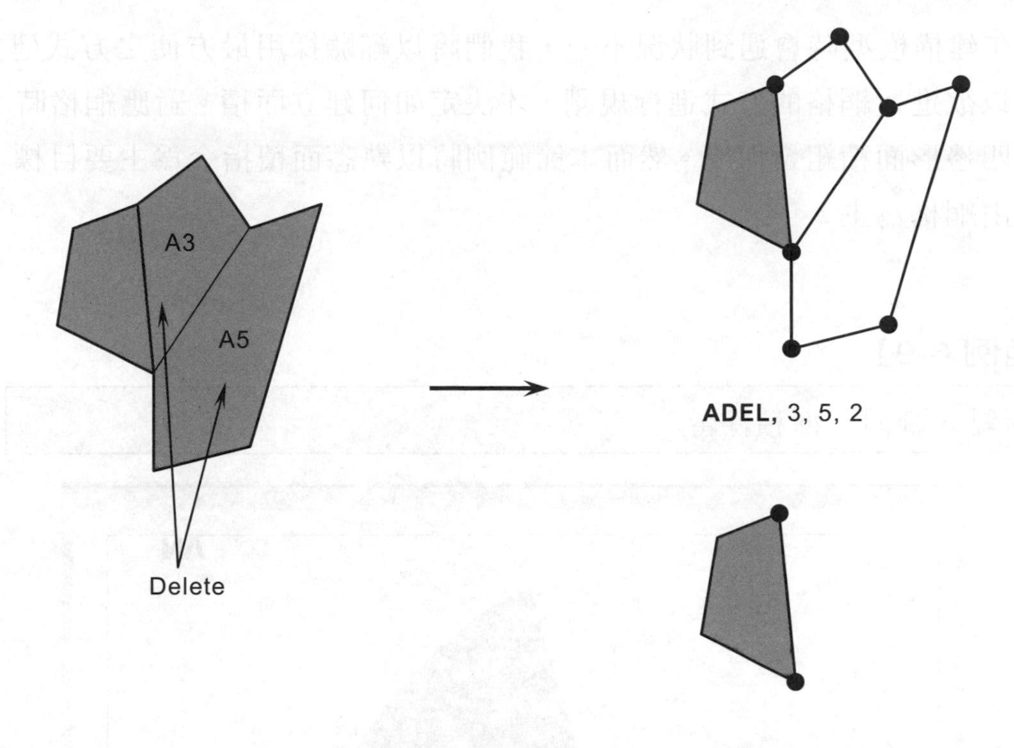

Menu Paths : Main Menu > Preprocessor > Modeling > Delete > Area and Below

Menu Paths : Main Menu > Preprocessor > Modeling > Delete > Areas Only

ASEL, *Type, Item, Comp, VMIN, VMAX, VINC, KABS*

將全部資料庫中的面積(Area)選擇(**SEL**ect)某部分出來作爲有效面積，以利模型建立。有效面積選出後，**APLOT**、**ALIST** 及 **ADELE** 等指令僅對有效面積有作用。

Menu Paths : Utility Menu > Select > Entities...

由以上介紹可知，面積最常用的爲 **A**、**AL**，其次爲 **AROTAT**、**AFILLT**、**ADRAG**、其餘大部分都需要已知的面積，如 **AGEN**、**ARSYM**。需要的方式，在建構模型時會遇到狀況不一，我們將以經驗採用最方便之方式建立。通常以欲進行網格的方式進行規劃，才決定如何建立面積。對應網格時，面積要四邊形面積組合而成。然而本節範例將以熟悉面積指令為主要目標，並以自由網格為主。

【範例 6-9】

綜合點、線段、面積練習。

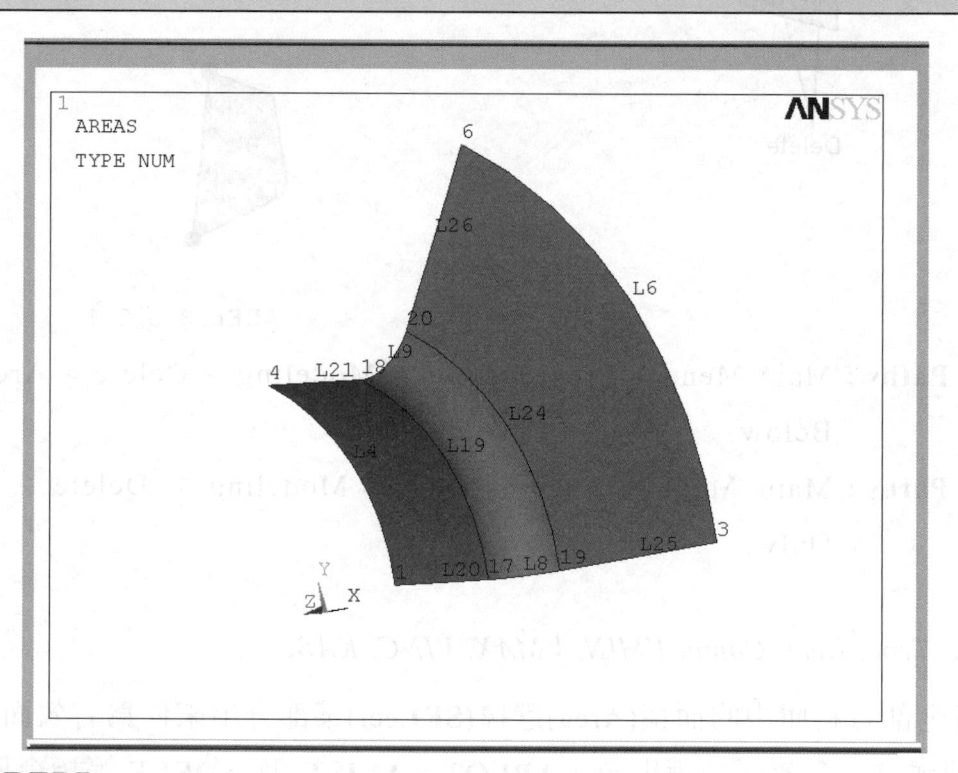


```
/PREP7
CSYS, 1
K, 1, 5, , 4
K, 2, 5
K, 3, 10
KGEN, 2, ALL, , , , 60
KPLOT
```

A, 1, 2, 5, 4

A, 2, 3, 6, 5

AFILLET, 1, 2, 1

【範例 6-10】

範例 6-1 面積練習。

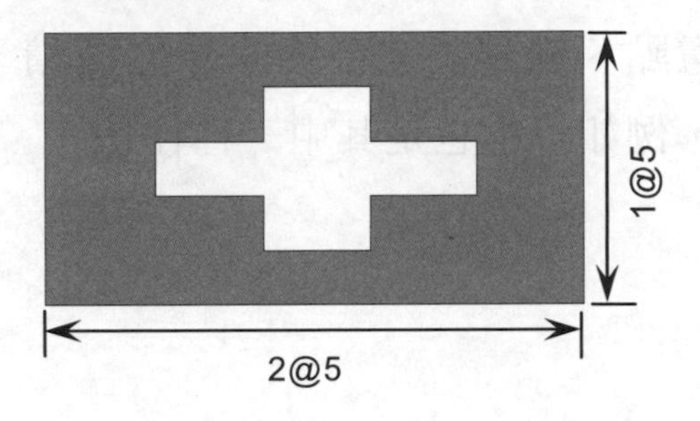

面積的建立原則，形狀相同即可，不在於用多少塊面積連接而成，接續範例 6-1，面積的建立如下：

(範例 6-1 接續，6-32 頁)

A, 1, 15, 14, 4

A, 4, 14, 13, 12

A, 4, 12, 11, 3

A, 3, 11, 10, 9

A, 3, 9, 8, 2

A, 2, 8, 7, 6

A, 2, 6, 5, 1

A, 1, 5, 16, 15

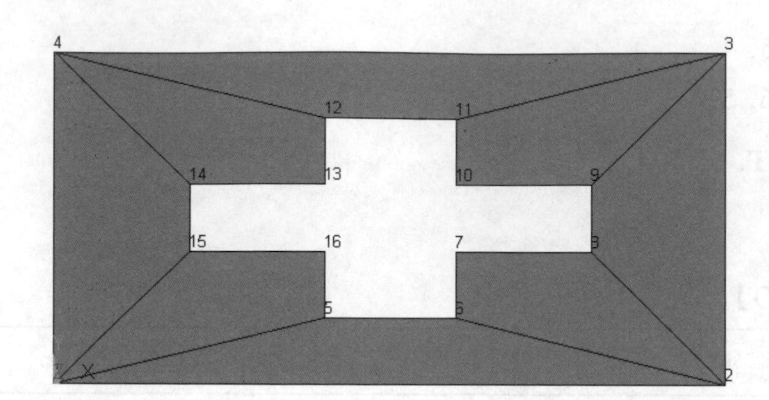

前一個解答是考慮點、線建立完成後才建立面積。當我們經驗越豐富時，可能有不同想法，例如以下也是其中一種作法。

K, 1, 0, 0
K, 2, 2, 0
K, 3, 2, 1
K, 4, 0, 1
A, 1, 2, 3, 4
AGEN, 5, 1, , , 2
AGEN, 5, ALL, , , , 1
ADELE, 12, 14, 1, 1 !檢查面積號碼
ADELE, 8, 18, 10, 1

【範例 6-11】

範例 6-2 面積練習。

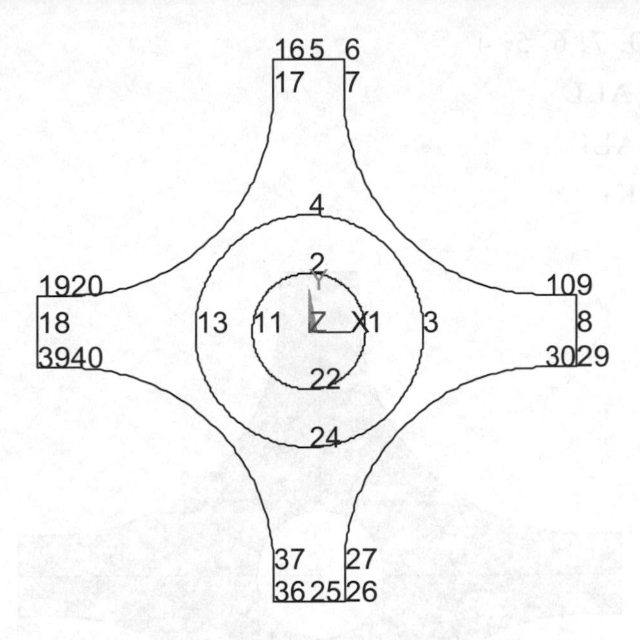

(範例 6-2 接續，6-35 頁)

A, 1, 3, 4, 2

A, 2, 4, 13, 11

A, 11, 13, 24, 22

A, 22, 24, 3, 1

A, 8, 9, 10, 7, 6, 5, 4, 3

A, 8, 3, 24, 25, 26, 27, 30, 29

A, 13, 18, 39, 40, 37, 36, 25, 24

A, 4, 5, 16, 17, 20, 19, 18, 13

前一個解答是考慮點、線建立完成後才建立面積。當我們經驗越豐富時，可能有不同想法，例如以下也是其中一種作法

/PREP7

:

: 同範例 6-2 至(**LARC**, 7, 10, 100, -28)

:

LARC, 7, 10, 100, -28

A, 1, 3, 4, 2

A, 3, 8, 9, 10, 7, 6, 5, 4

ARSYM, X, ALL

ARSYM, Y, ALL

NUMMRG, KP

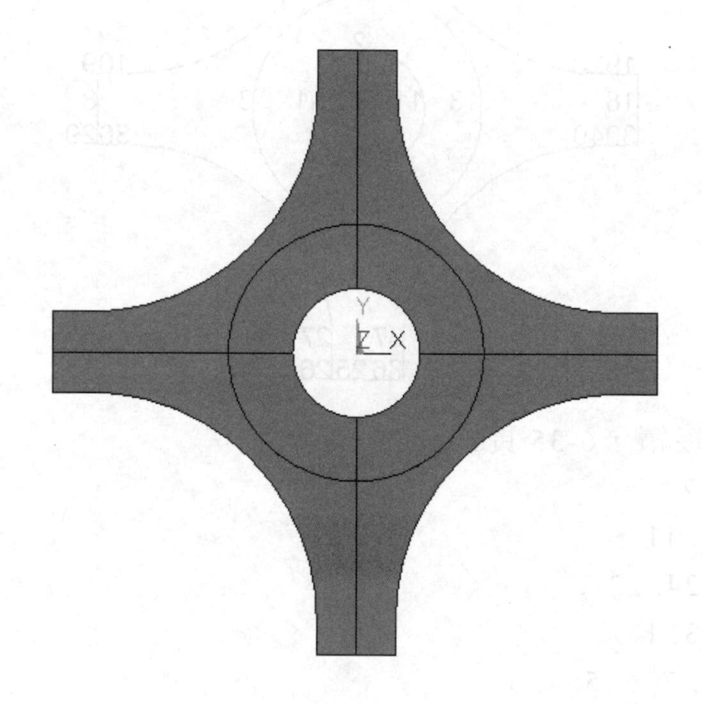

【範例 6-12】

範例 6-3 面積練習，儘可能採用對稱。

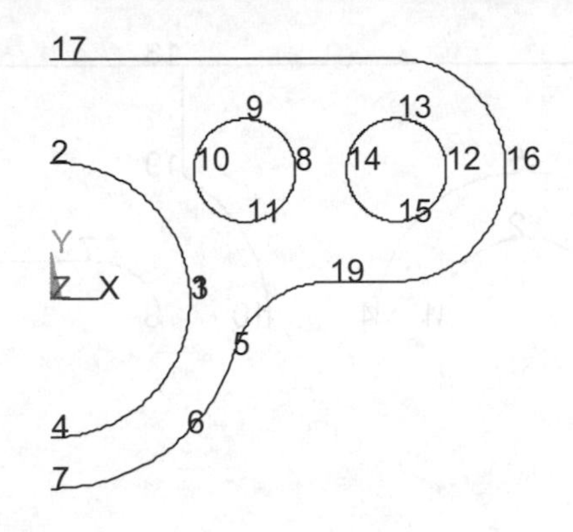

/PREP7

:

:　同範例 6-3 至(**LEXT**, 13, 17, 40.5)

:

LEXT, 13, 17, 40.5

NUMMRG, KP　　　　　!如上圖

A, 1, 11, 10, 9, 8, 14, 13, 12, 16, 17, 2

A, 1, 5, 19, 16, 12, 15, 14, 8, 11

A, 5, 1, 4, 7, 6

ARSYM, X, ALL

NUMMRG, KP

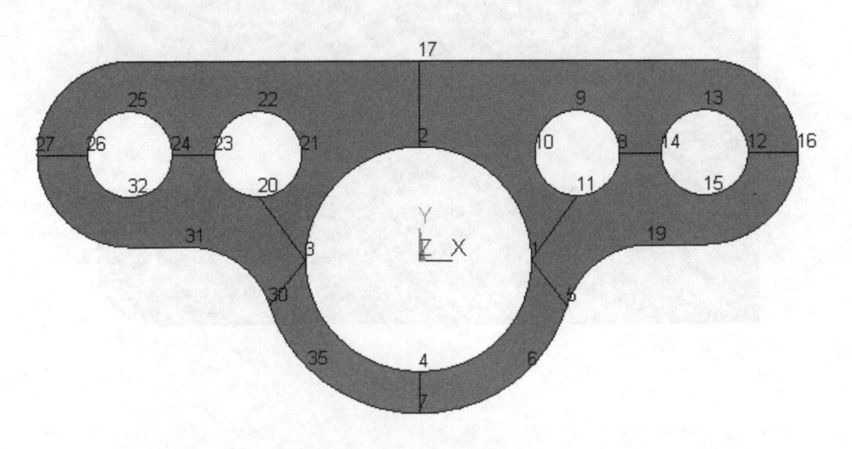

【範例 6-13】

範例 6-4 面積練習，儘可能採用對稱。

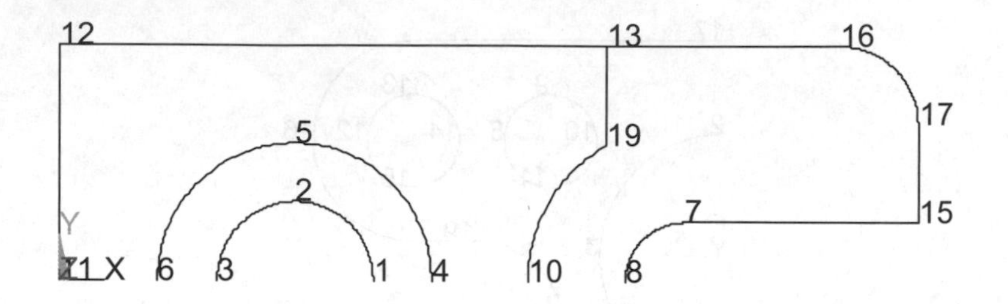

/PREP7

:

: 同範例 6-4 至(**LDELE**, 14, 17, 3, 1)

:

LDELE, 14, 17, 3, 1

A, 1, 4, 5, 2 $ **A**, 2, 5, 6, 3

A, 10, 8, 7, 19

A, 7, 15, 17, 16, 13, 19

A, 4, 10, 19, 13, 12, 11, 6, 5

ARSYM, Y, ALL

NUMMRG, KP

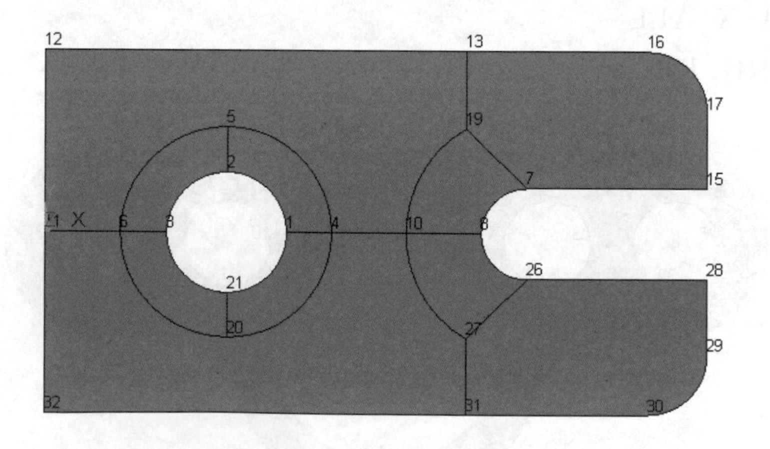

【範例 6-14】

範例 6-5 面積練習。

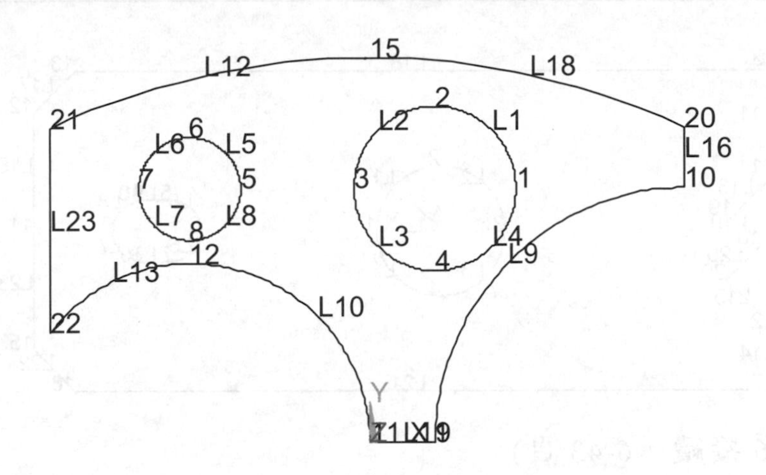

(範例 6-5 接續，6-41 頁)

L, 7, 21　　$ **L**, 5, 15　　　$ **L**, 8, 12

A, 2, 15, 20, 10, 9, 11, 4, 1

AL, 19, 15, 8, 17, 10, 20, 3, 2

AL, 15, 5, 6, 14, 12

AL, 14, 23, 13, 17, 7

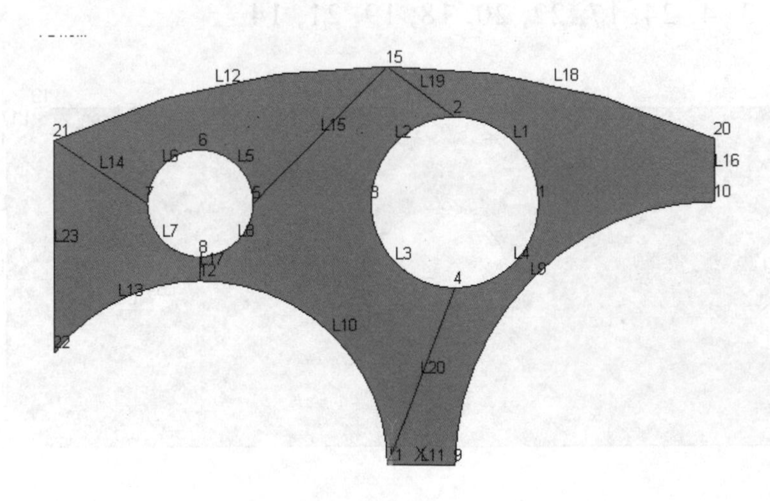

【範例 6-15】

範例 6-6 面積練習。

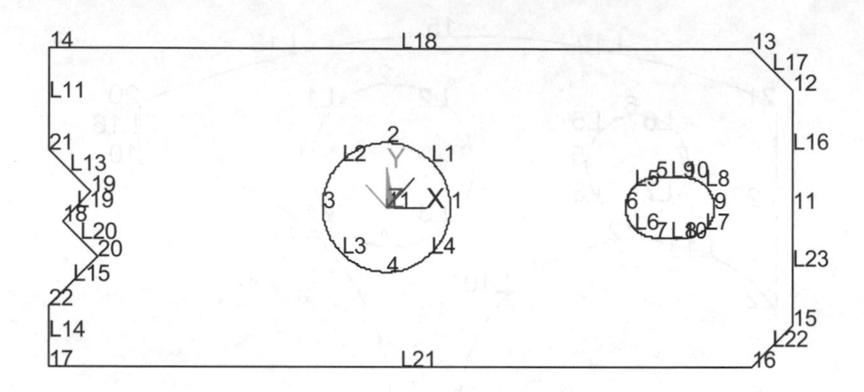

(範例 6-6 接續，6-43 頁)

```
LDIV, 18                    !L18 中點產生 23 點
LDIV, 21                    !L21 中點產生 24 點
A, 12, 13, 10, 9, 11
A, 9, 11, 15, 16, 8
A, 13, 23, 2, 1, 6, 5, 10
A, 4, 24, 16, 8, 7, 6, 1
A, 23, 2, 3, 4, 24, 17, 22, 20, 18, 19, 21, 14
```

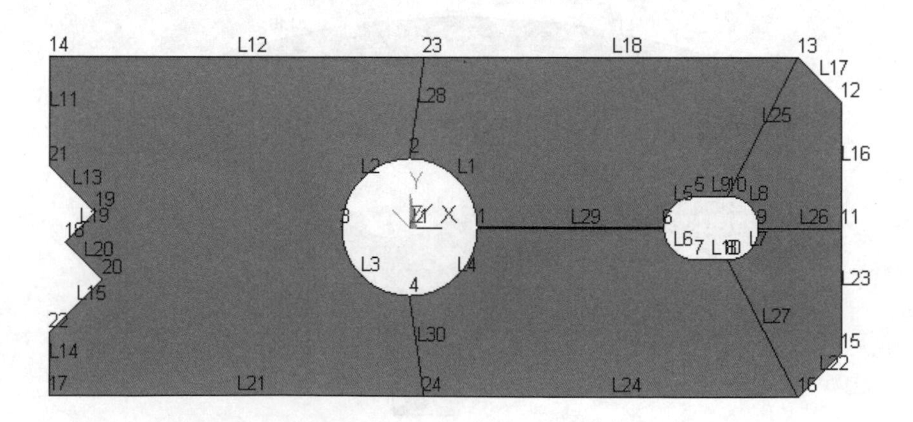

【範例 6-16】

範例 6-7 面積練習。

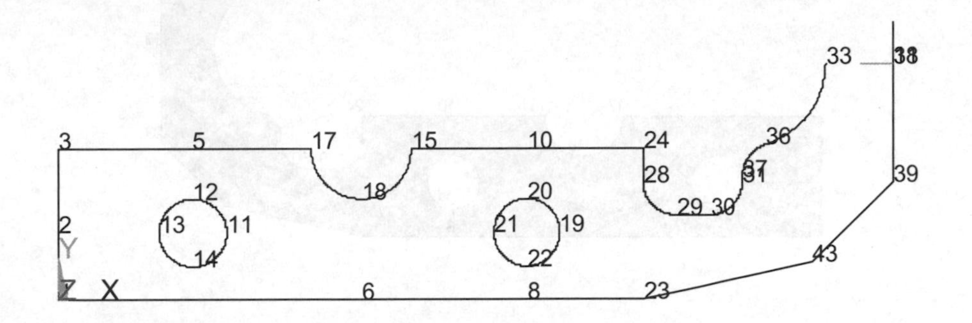


```
/PREP7
  :
  :     同範例 6-7 至(LDELE, 27, 29, 1, 1)
  :
LDELE, 27, 29, 1, 1              !如上圖
A, 12, 5, 3, 2, 13
A, 13, 2, 1, 14
A, 1, 14, 11, 6
A, 11, 6, 18, 17
A, 11, 17, 5, 12
A, 18, 6, 8, 22, 21, 20, 10, 15, 18
A, 19, 28, 24, 10, 20
A, 8, 23, 29, 28, 19, 22
A, 23, 43, 39, 38, 33, 36, 37, 31, 30, 29
CSYS, 11
ARSYM, X, ALL
NUMMRG, KP
```

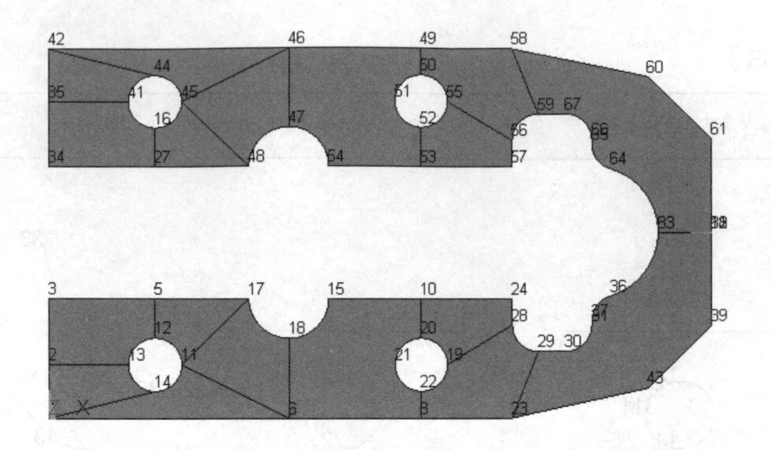

【範例 6-17】

範例 6-8 面積練習。

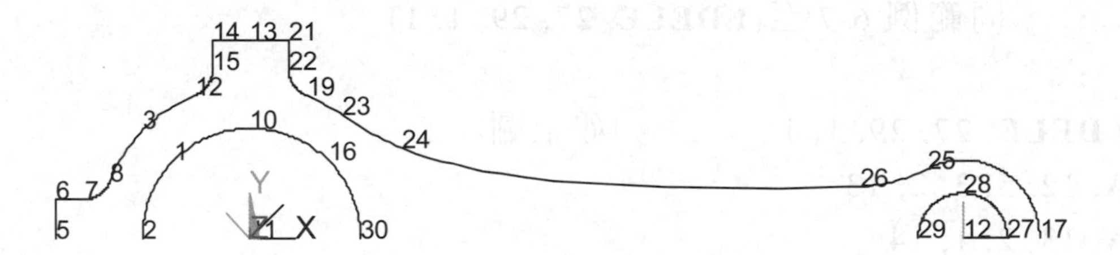


```
/UNITS, BIN
   :
   :     同範例 6-8 至(L, 16, 30)
   :
L, 16, 30                        !如上圖
L, 5, 2            $ L, 30, 29
L, 27, 17
AL, ALL                          !因為全部線段已圍成一塊區域，
                                 !可直接建立一塊面積
CSYS, 0
ARSYM, Y, ALL      $ NUMMRG, KP
```

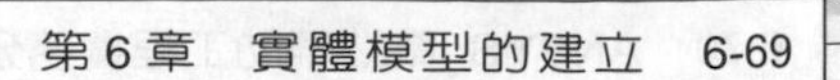

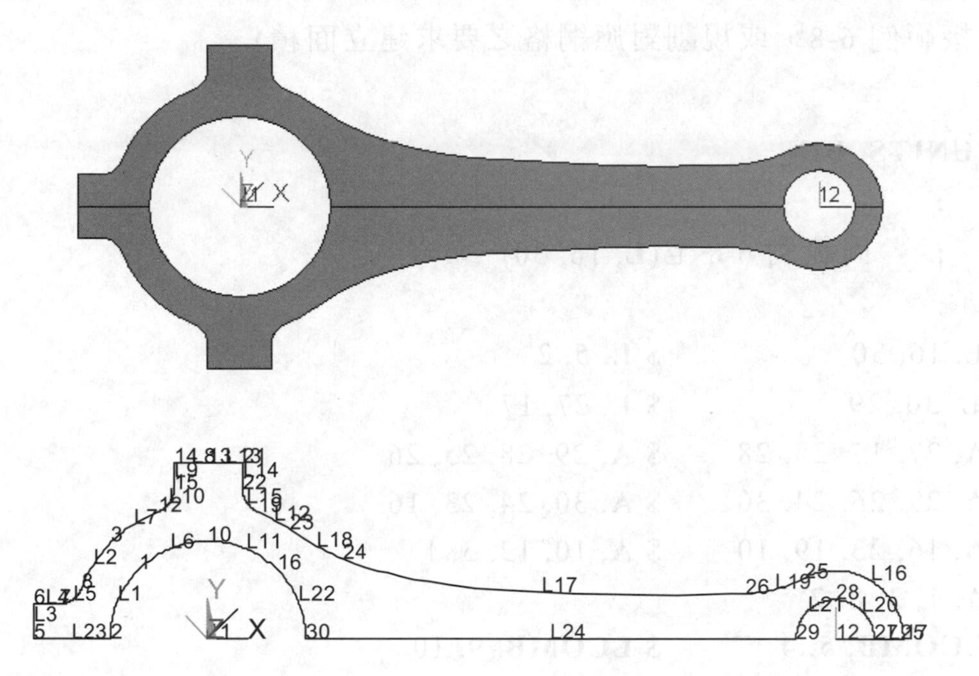
Y
X
12
L17
26
L19
25
L16
L20
28
L24
29
30
L22
16
L18
24
L11
10
L6
1
L1
L2
3
L7
L3
5
L23
2
23

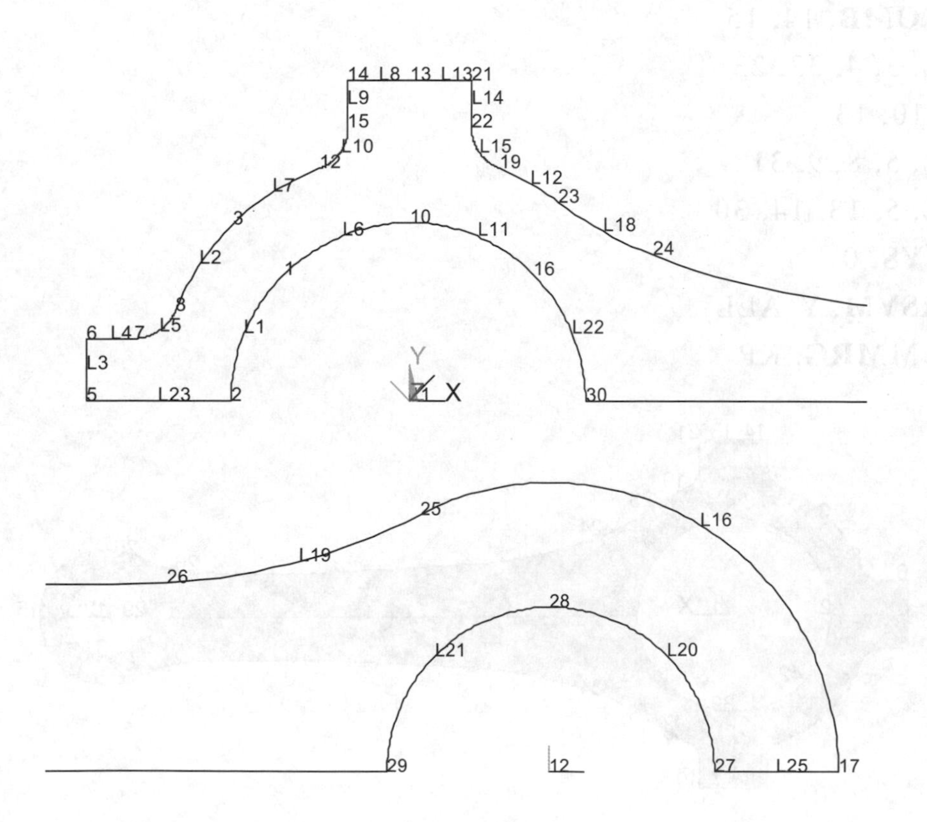
14 L8 13 L13 21
L9
L14
15
22
L10
L15
12
19
L7
L12
23
3
L6
10
L11
L18
L2
1
16
24
8
L1
L22
6 L4 7
L5
Y
L3
5
L23
2
X
30
25
L16
L19
26
28
L21
L20
29
12
27
L25
17

(接範例 6-8，或規劃對應網格之要求建立面積)

```
/UNITS, BIN
   :
   :     同範例 6-8 至(L, 16, 30)
   :
L, 16, 30                $ L, 5, 2
L, 30, 29                $ L, 27, 17
A, 27, 17, 25, 28        $ A, 29, 28, 25, 26
A, 29, 26, 24, 30        $ A, 30, 24, 23, 16
A, 16, 23, 19, 10        $ A, 10, 12, 3, 1
A, 1, 3, 8, 2
LCOMB, 5, 4              $ LCOMB, 9, 10
LCOMB, 14, 15
AL, 3, 4, 33, 23
L, 10, 13
AL, 5, 8, 9, 31
AL, 5, 13, 14, 30
CSYS, 0
ARSYM, Y, ALL
NUMMRG, KP
```

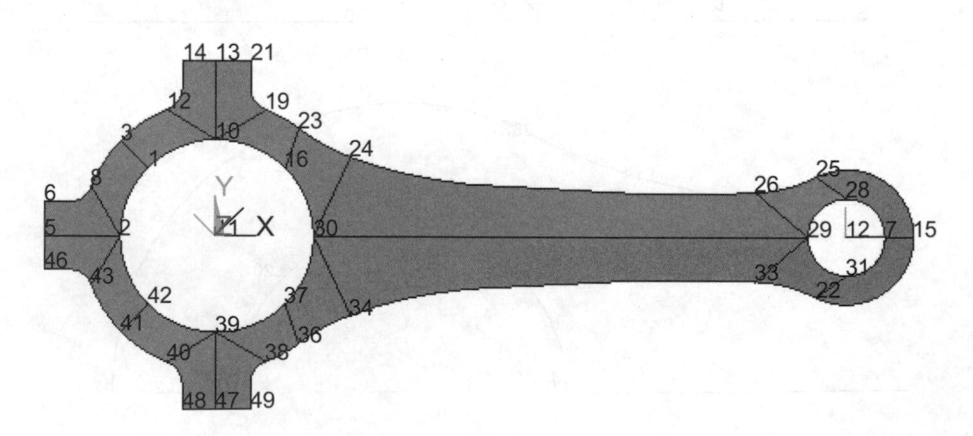

➔ 6-8　體積定義

體積爲物件之最高單元，最簡單體積之建立爲點或面積組合而成。由點組合時，最多爲八點形成六面積，八點順序爲相對應面順時針或逆時針皆可，以六面而言，相對應面可爲上下、左右、前後，其所屬之面積、線段，自動產生。以面積組成時，最多爲十塊面積圍成之封閉體積。體積之產生亦可用原創(Primitive)體積，例如：圓柱、長方塊、球體之直接建立。

指令介紹

VA*,* A1, A2, A3, A4, A5, A6, A7, A8, A9, A10

定義一塊體積(**V**olume)藉由已知的一組(*A1,..., A10*)面積(**A**eras)包圍而成，至少需要四個面積才能形成體積，此指令適合於當體積要多於 8 個點產生時。平面號碼可以任何次序輸入，只要該組面積能圍成封閉的體積即可。相鄰面積的線需要共線，相接的線需要共點，如下圖(a)。而圖(b)中 A6 有自己的點、線故不連續，所以無法建立體積，圖(c)也是常犯的錯誤，其中 A6 與 A2 相鄰線不連續，所以無法建立體積，因此建立 3D 模型時要審慎規劃其點、線、面積的建立。一般而言較少使用，因爲要建立許多面積，而面積的建立又需要已知的點，不如直接由點直接圍體積即可。

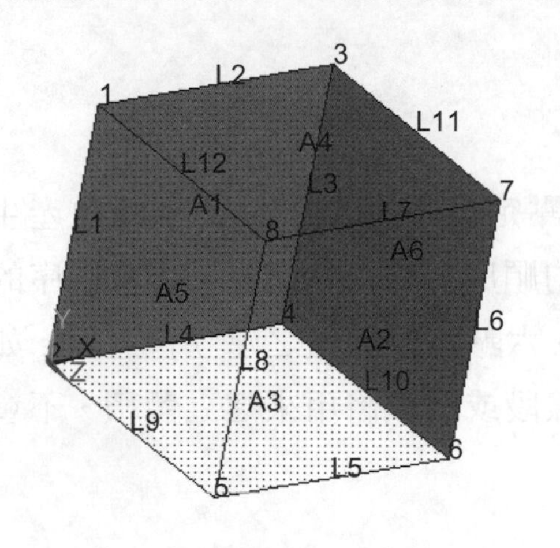

連續性之點、線、面積，所圍成之封閉區域。

VA, 1, 2, 3, 4, 5, 6

圖(a)

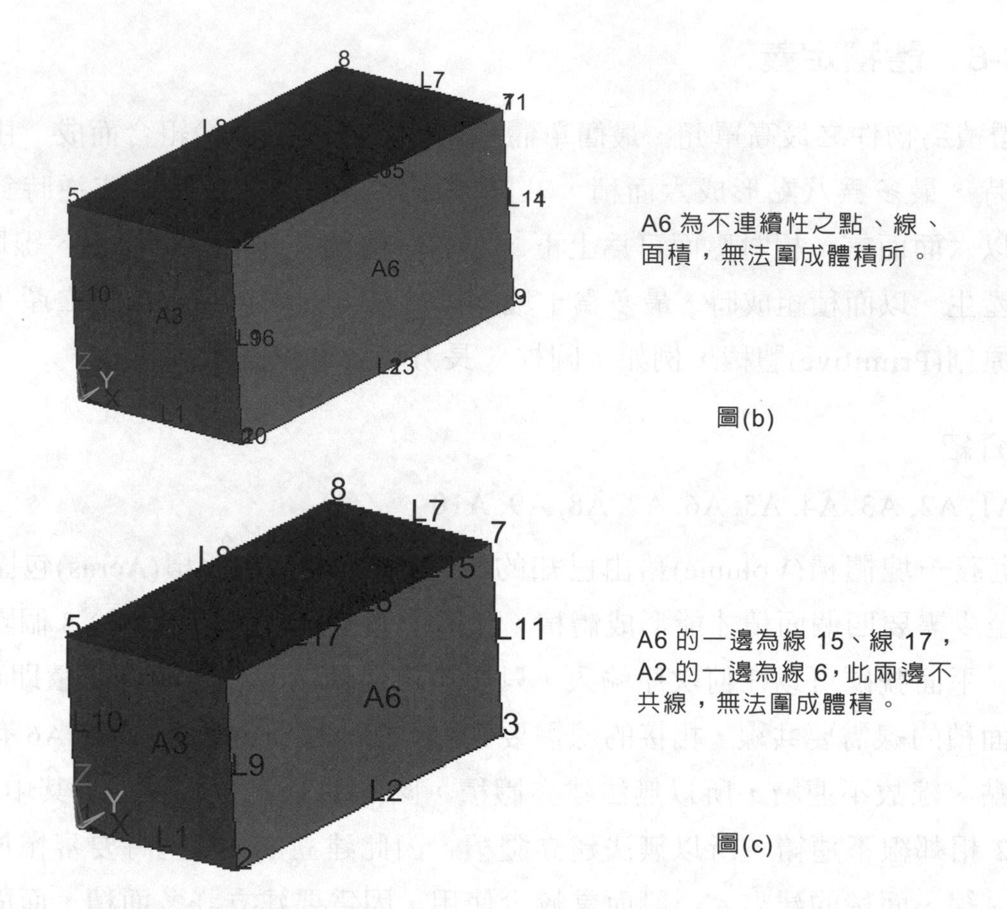

圖(b)

圖(c)

Menu Paths : Main Menu > Preprocessor > Modeling > Create > Volumes > Arbitrary > By Areas

V, *P1, P2, P3, P4, P5, P6, P7, P8*

此指令由已知的一組(*P1,..., P8*)點定義體積(Volume)，同時也產生相對應的面積及線。點的輸入必須依連續的順序，以八點而言，連續順序的原則爲相對應面相同方向。對於四點角錐、六點角柱體積之建立皆適用。如果某些點之間已有線段或面積存在，則該線段或面積將用來建立體積，不會另行產生新線段或面積。

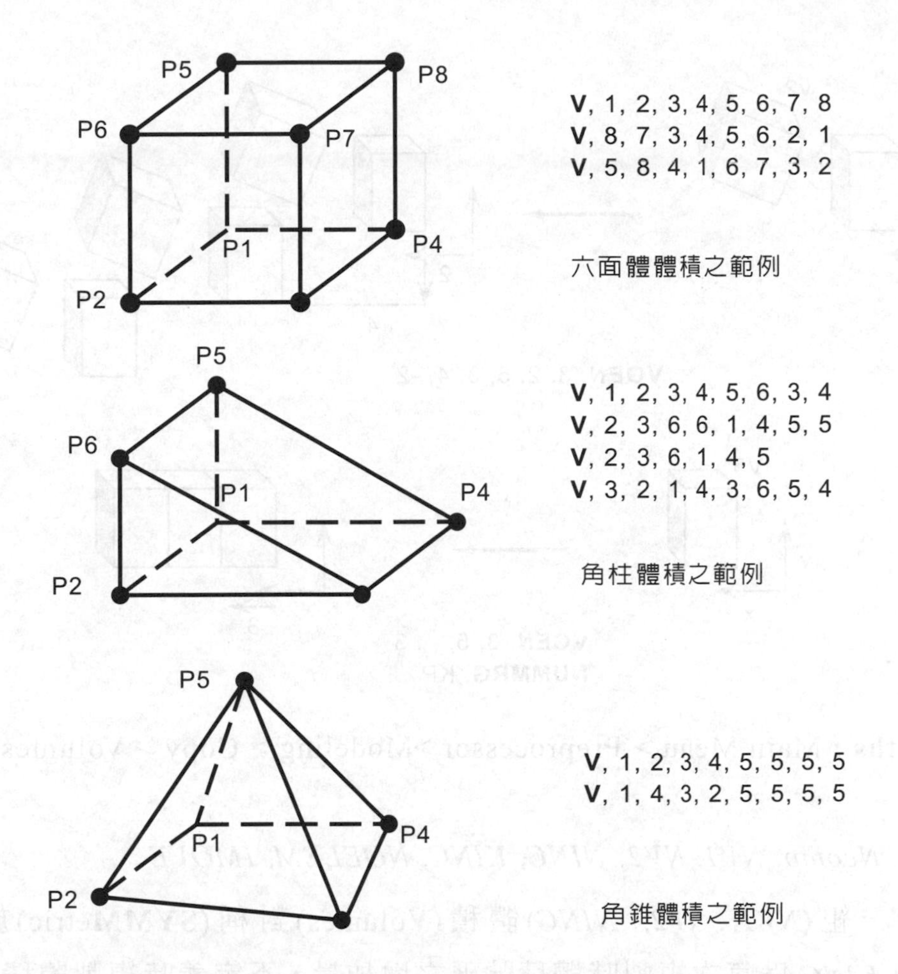

Menu Paths : Main Menu > Preprocessor > Modeling > Create >Volumes > Arbitrary > Through KPs

VGEN, *ITIME, NV1, NV2, NINC, DX, DY, DZ, KINC, NOELEM, IMOVE*

體積複製(**V**olume **GEN**eration)指令是將一組體積(*NV1, NV2, NINC*)在現有之座標系統下複製到其他位置(*DX, DY, DZ*)。*ITIME* 爲包含自己本身複製的次數，*KINC* 爲每次複製時體積號碼之增加量。若體積複製後爲相鄰的體積，此時模型爲不連續的體積，必需用點重合指令(**NUMMRG**, KP)將其成爲連續體。

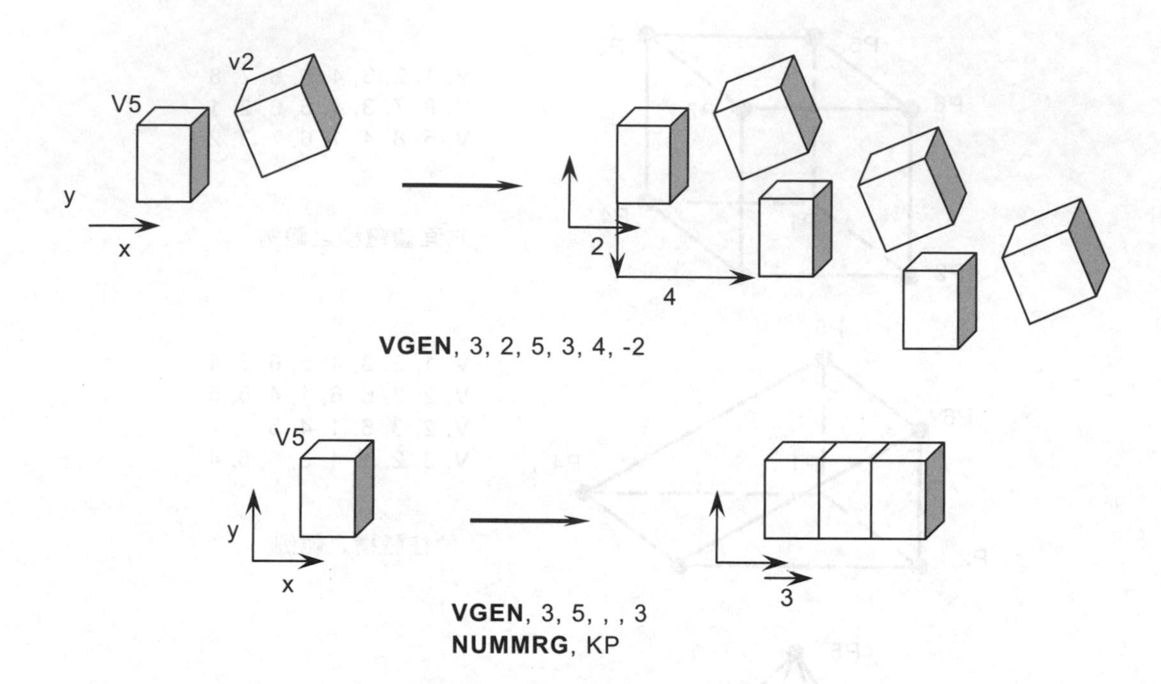

Menu Paths : Main Menu > Preprocessor >Modeling > Copy > Volumes

VSYMM, *Ncomp, NV1, NV2, NINC, KINC, NOELEM, IMOVE*

複製一組(*NV1, NV2, NINC*)體積(**V**olumes)對稱(**SYMM**etric)於某軸(*Ncomp*)，*KINC* 爲每次複製時體積號碼之增加量，不定義時複製體積的號碼系統自訂之。若體積對稱後爲相鄰的體積，此時模型爲不連續的體積，必需用點重合指令(**NUMMRG**, KP)將其成爲連續體。

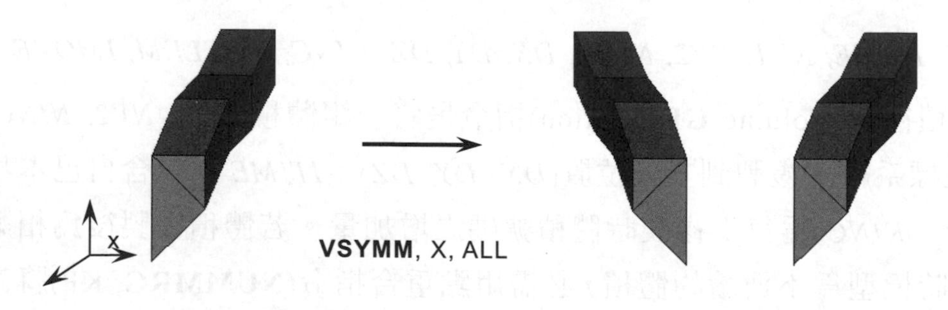

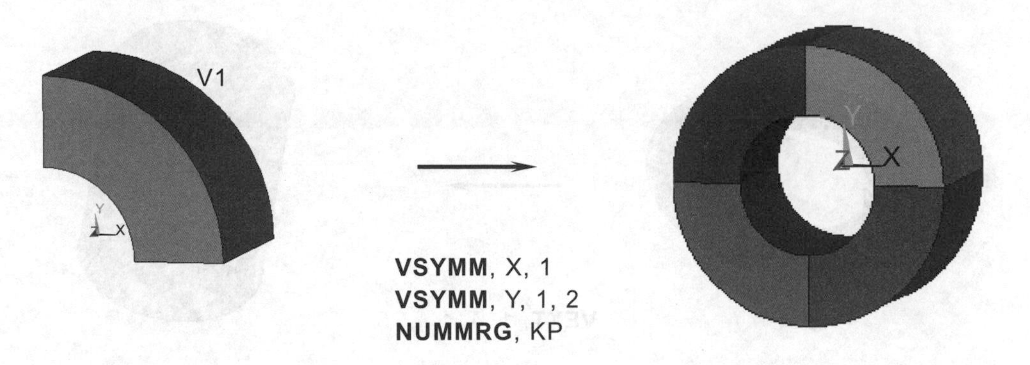

Menu Paths : Main Menu > Preprocessor > Modeling > Reflect > Volumes

VDRAG, *NA1, NA2, NA3, NA4, NA5, NA6, NLP1, NLP2, NLP3, NLP4, NLP5, NLP6*

體積(**Volume**)之建立，將一組已知面積(*NA1,...,NA6*)，延著某組線段(*NLP1,...,NLP6*)路徑，以該組面積為起始，拉(**DRAG**)建而成。

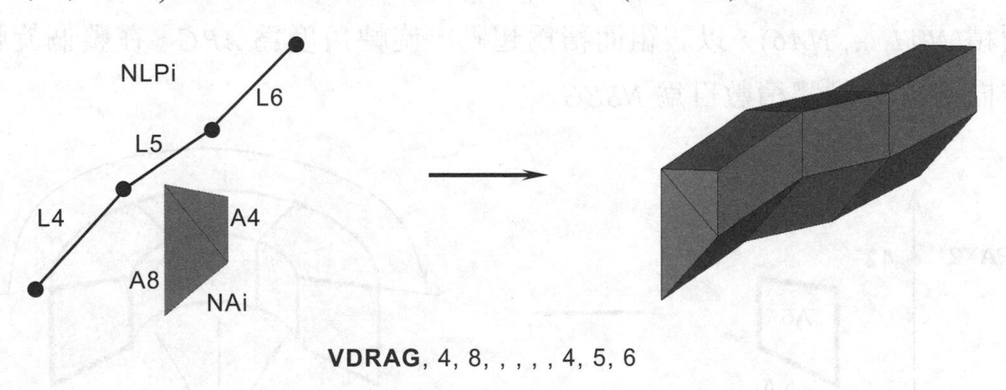

Menu Paths : Main Menu > Preprocessor > Modeling > Operate >Extrude > Areas > Along Lines

VEXT, *NA1, NA2, NINC, DX, DY, DZ, RX, RY, RZ*

體積(**Volume**)之建立，將一組已知面積(*NA1, NA2, NINC*)，在現有座標系統下，以已知面積為起始，延伸(Extrude)而成，*DX, DY, DZ* 為延伸之距離。與 **VDRAG** 相比較，不需參考線，非常適合於單一方向延伸之體積建立。

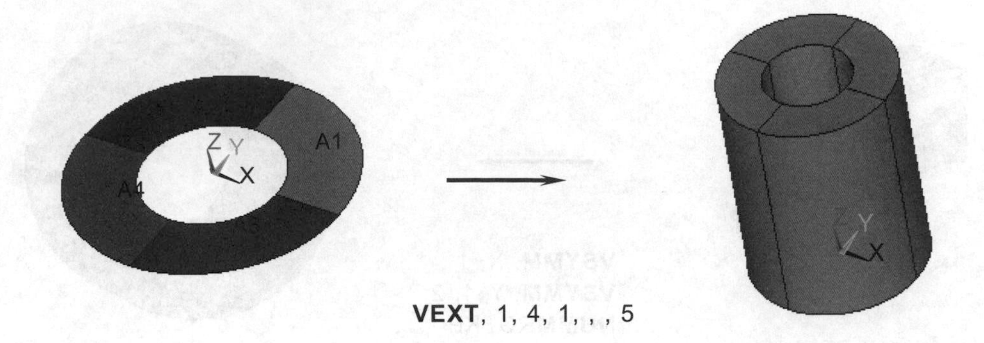

VEXT, 1, 4, 1, , , 5

Menu Paths : Main Menu > Preprocessor > Modeling > Operate >Extrude > Areas > Along Lines

VROTAT, *NA1, NA2, NA3, NA4, NA5, NA6, PAX1, PAX2, ARC, NSEG*

建立一組圓柱型體積(Volumes)，產生方式爲繞著某軸(*PAX1, PAX2* 爲軸上任意兩點，並定義軸之方向，由 *PAX1* 至 *PAX2*)，旋轉(**ROTAT**e)一組已知面積(*NA1,..., NA6*)，以該組面積爲起點，旋轉角度爲 *ARC*，在整個旋轉角度方向中欲分段體積數目爲 *NSEG*。

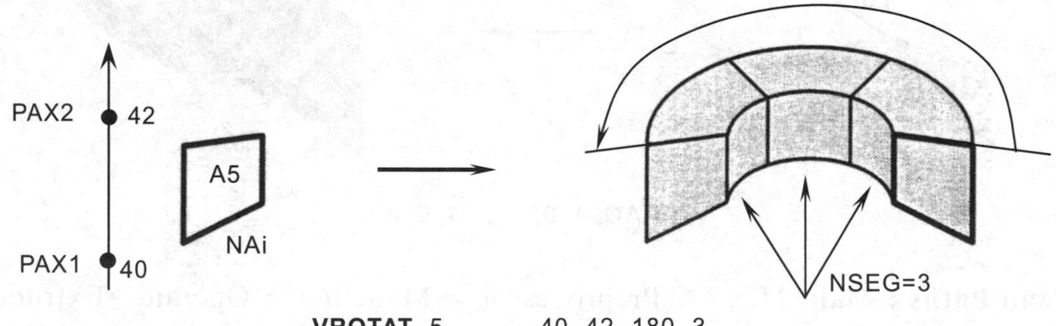

VROTAT, 5, , , , , , 40, 42, 180, 3

Menu Paths : Main Menu > Preprocessor > Modeling > Operate >Extrude > Volumes > About Axis

VDELE, *NV1, NV2, NINC, KSWP*

此指令用來將一組(*NV1, NV2, NINC*)尚未網格化體積(**V**olumes)刪除(**DELE**te)，若體積已經網格後，則不能清除體積，此指令不會起任何作用。*KSWP* = 0 時只刪除體積本身，*KSWP* = 1 時不僅刪除掉體積，在此體積上的低單元點、線段與面積也會一併刪除掉，若低單元物件被其他物件共用時，則會保留。

Menu Paths : Main Menu > Preprocessor >Modeling > Delete >Volume and Below

Menu Paths : Main Menu > Preprocessor > Modeling > Delete >Volumes Only

VLIST, *NV1, NV2, NINC*

該指令是將一組(*NV1, NV2, NINC*)體積(**V**olumes)的資料列示(**LIST**)在視窗中。*NV1*= ALL，則全部體積都列示出來。

Menu Paths : Utility Menu > List > Volumes

Menu Paths : Utility Menu > List > Picked Entities +

VPLOT, *NV1, NV2, NINC*

該指令是將一組(*NV1, NV2, NINC*)體積(**V**olumes)顯示(**PLOT**)在圖形視窗中。*NV1*= ALL，則全部體積都顯示出來。

Menu Paths : Utility Menu > Plot > Volumes

Menu Paths : Utility Menu > Plot > Specified Entities > Volumes

VSEL, *Type, Item, Comp, VMIN, VMAX, VINC, KABS*

將全部資料庫中的體積(**V**olume)選擇(**SEL**ect)某部分出來作爲有效體積，以利模型建立。有效體積選出後，**VPLOT**、**VLIST** 及 **VDELE** 等指令僅對有效體積有作用。

Menu Paths : Utility Menu > Select > Entities

目前已初步了解點、線、面積、體積的建立，進階的建立方法後面章節會進一步介紹。然而究竟要如何建立 3D 模型，要有完善的規劃，事實上 V 與 VA 都不經常使用，**VGEN**、**VDRAG**、**VEXT**、**VROTAT** 與 **VSYMM** 才是常使用的方法，複製一組體積，利用一塊面積拉製、延伸及旋轉是非常方便與快速，結構對稱將座標原點設定於中央，建立 1/4 模型，然後利用對稱方式建立。總之，多練習訓練建構邏輯，一定會融會貫通，一般圖學書有非常多機件圖，取之不盡，在於我們的決心與毅力。

【範例 6-18】

利用範例 6-11 建置如下的體積，下層厚度= 4，上層厚度= 8。

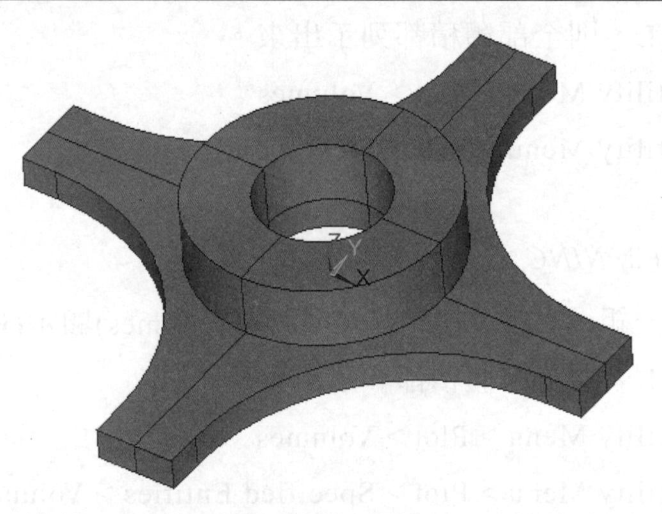

(範例 6-11A 接續，6-61 頁)

VEXT, ALL, , , 0, 0, 4　　　!基準面向上延伸=4
ASEL, S, LOC, Z, 4
CSYS, 1
ASEL, R, LOC, X, 0, 16　　　!基準面為延伸後，中間圓部分面積
CSYS, 0

```
VEXT, ALL, , , 0, 0, 8        !基準面向上延伸=8
ALLSEL
```

當我們經驗越豐富時，可能會有不同想法，例如以下也是其中一種作法：

```
/PREP7
  :
  :    同範例 6-11B 至(A, 3, 8, 9, 10, 7, 6, 5, 4)
  :
A, 3, 8, 9, 10, 7, 6, 5, 4
VEXT, ALL, , , 0, 0, 4
VEXT, 3, , , 0, 0, 8
VSYMM, X, ALL
VSYMM, Y, ALL
NUMMRG, KP
```

【範例 6-19】

利用範例 6-13 建置如下的體積，上、下層厚度=8，中間層厚度=4。

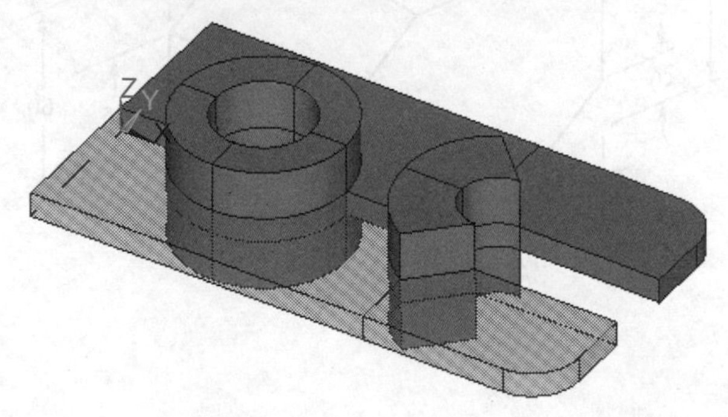


```
(範例 6-13 接續，6-64 頁)
ASEL, S, AREA, , 1, 3
ASEL, A, AREA, , 6, 8         !基準面爲中間禿塊部分面積
VEXT, ALL, , , 0, 0, -8       !基準面向下延伸=8
```

```
ASEL, S, LOC, Z, 0          !基準面為 z=0 之全部面積
VEXT, ALL, , , 0, 0, 4      !基準面向上延伸=4
! 基準面為 z=4 之中間禿塊部分面積
ASEL, S, AREA, , 36
ASEL, A, AREA, , 41, 45, 4
ASEL, A, AREA, , 61, 65, 4
ASEL, A, AREA, , 68
VEXT, ALL, , , 0, 0, 8      !基準面向上延伸=8
ALLSEL
```

【範例 6-20】

綜合點、線段、面積、體積練習。

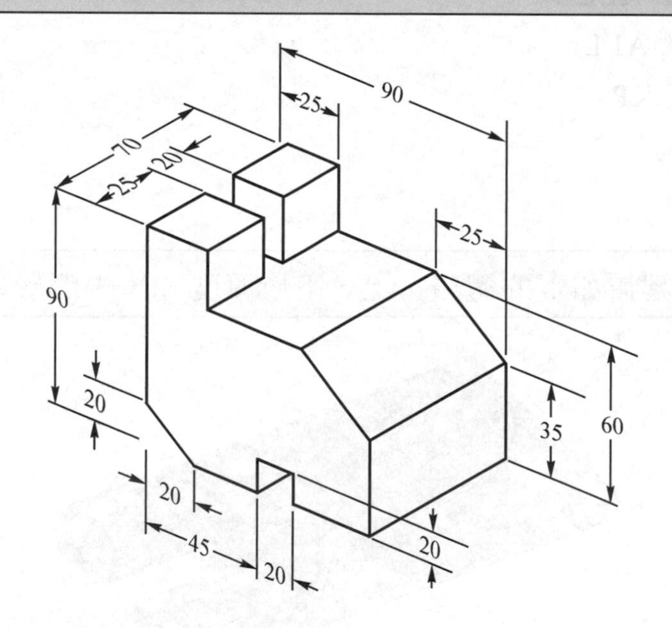

先建各點，並圍成面積如圖例 6-20a 所示。

/PREP7

K, 1, 0, 20
K, 2, 0, 60
K, 3, 25, 60
K, 4, 65, 60
K, 5, 90, 35
K, 6, 90, 0
K, 7, 65, 0
K, 8, 65, 20
K, 9, 45, 20
K, 10, 45, 0
K, 11, 20, 0
K, 12, 0, 90
K, 13, 25, 90

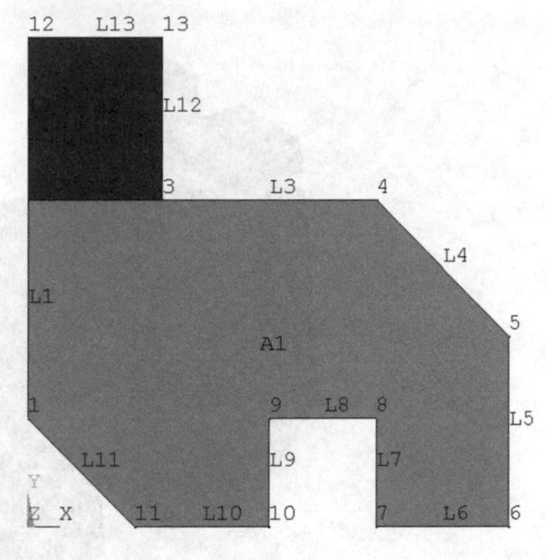

圖例 6-20a

A, 1, 2, 3, 4, 5, 6, 7, 8, 9, 10, 11
A, 2, 3, 13, 12 !如圖例 6-20a
VEXT, ALL, , , 0, 0, 25 !基準面延伸=25

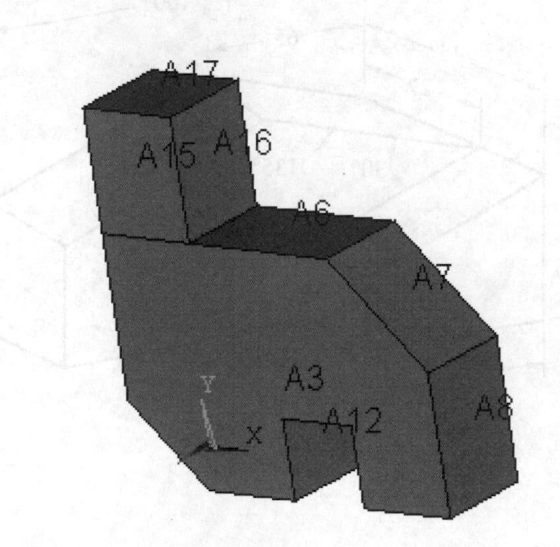

VEXT, 3, , , 0, 0, 20 !基準面為 A3，延伸=22

```
VGEN, 2, 1, 2 , , , , 25 !複製基準體積 V1、V2
NUMMRG, KP
```

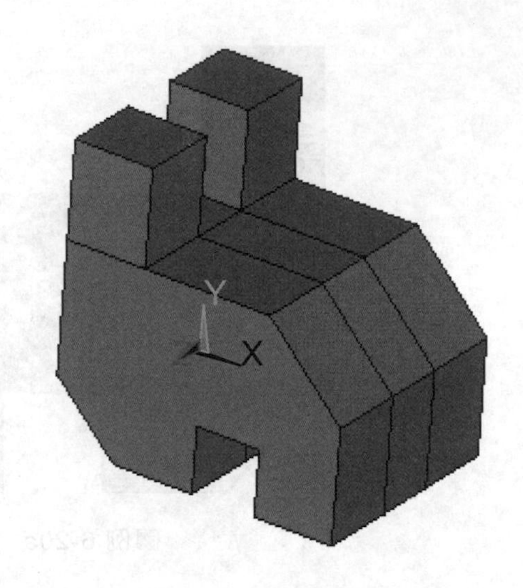

【範例 6-21】

綜合點、線段、面積、體積練習。

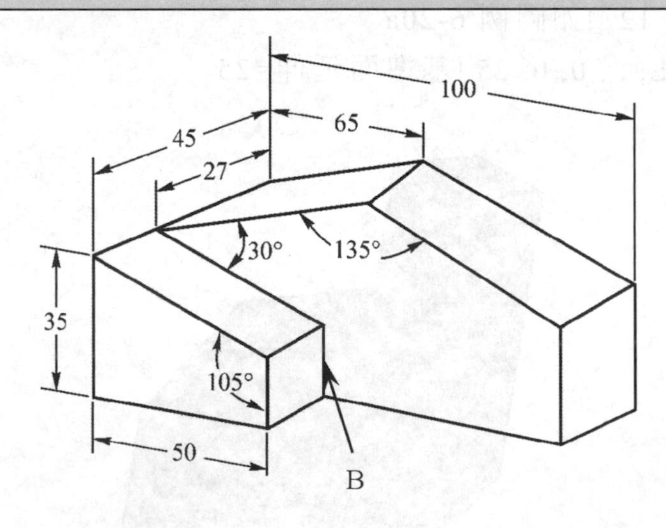

```
/PREP7
K, 1, 0, 0
K, 2, 50, 0
K, 3, 0, 35
K, 4, 50, 35
L, 1, 2
L, 2, 4
L, 1, 3
LANG, 2, 3, 75
LDEL, 4, , , 1
*AFUN, DEG
K, , 65*COS(15), 35+65*SIN(15)
K, , 100, 0
K, , 100, 40
L, 3, 4
L, 2, 6
L, 6, 7
L2ANG, 4, 7, 45, 60, 4
LDEL, 8, , , 1  !如圖例 6-21a
AL, 1, 2, 5, 3
AL, 2, 5, 4, 9, 7, 6
VEXT, 1, 2, , 0, 0, -27
VEXT, 1, , , 0, 0, 18
```

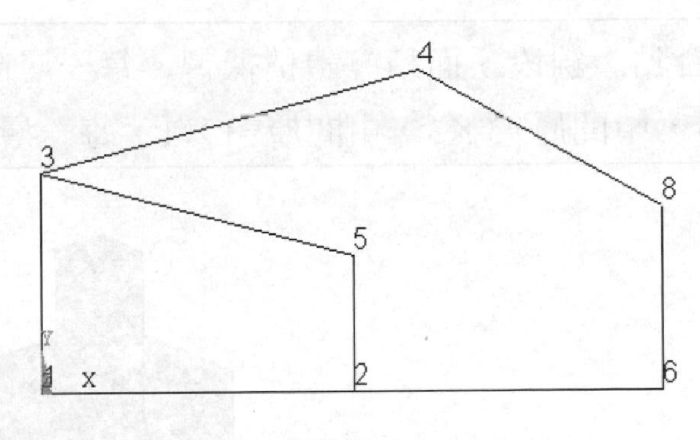

圖例 6-21a

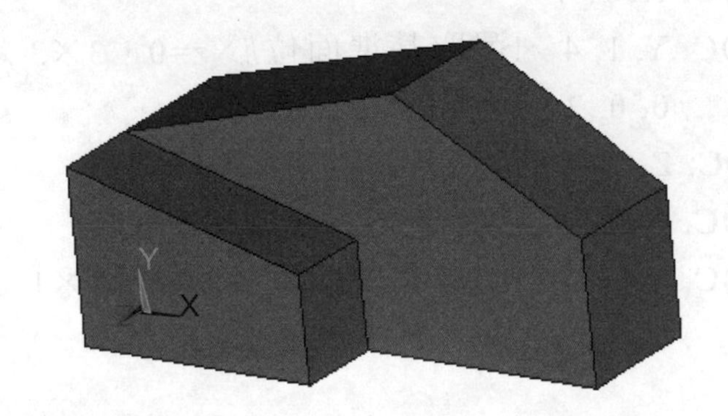

【範例 6-22】

綜合點、線段、面積、體積練習。每一層高度=2，各層尺寸：底層=5×5，中間層=3×3，中間層=1×1，每一層位於中央。

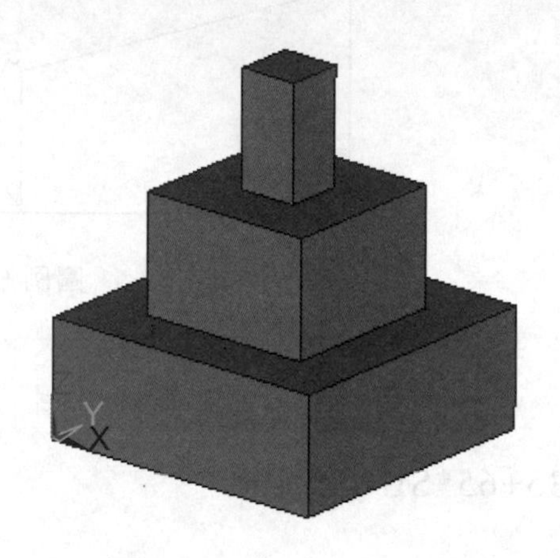


```
/PREP7
K, 1, 0, 0
K, 2, 1, 0
K, 3, 1, 1
K, 4, 0, 1
A, 1, 2, 3, 4
AGEN, 5, 1, , , 1
AGEN, 5, 1, , , 0, 1   !建構基準面爲 5×5 之 25 塊面積
VEXT, ALL, , , 0, 0, -2  !基準面向下延深=2
ASEL, S, LOC, Z, 0
ASEL, R, LOC, X, 1, 4
ASEL, R, LOC, Y, 1, 4  !選取基準面位於 z=0，3×3 之 9 塊面積
VEXT, ALL, , , 0, 0, 2  !基準面向上延深=2
ASEL, S, LOC, Z, 2
ASEL, R, LOC, X, 2, 3
ASEL, R, LOC, Y, 2, 3  !選取基準面位於 z=2，1×1 之 1 塊面積
VEXT, ALL, , , 0, 0, 2  !基準面向上延深=2
ALLSEL
```

(只要外型相同即可)

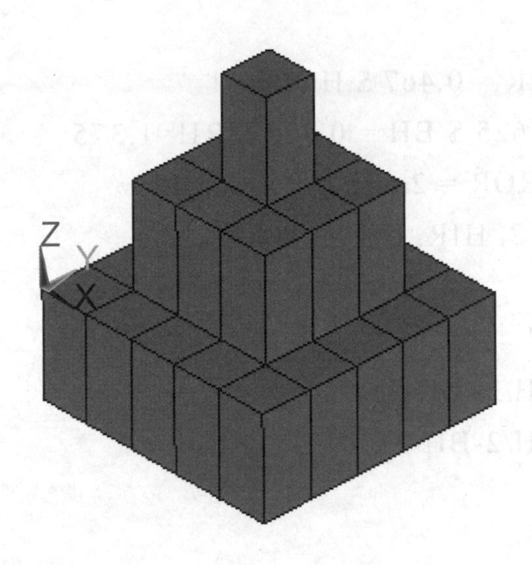

【範例 6-23】

綜合點、線段、面積、體積練習。

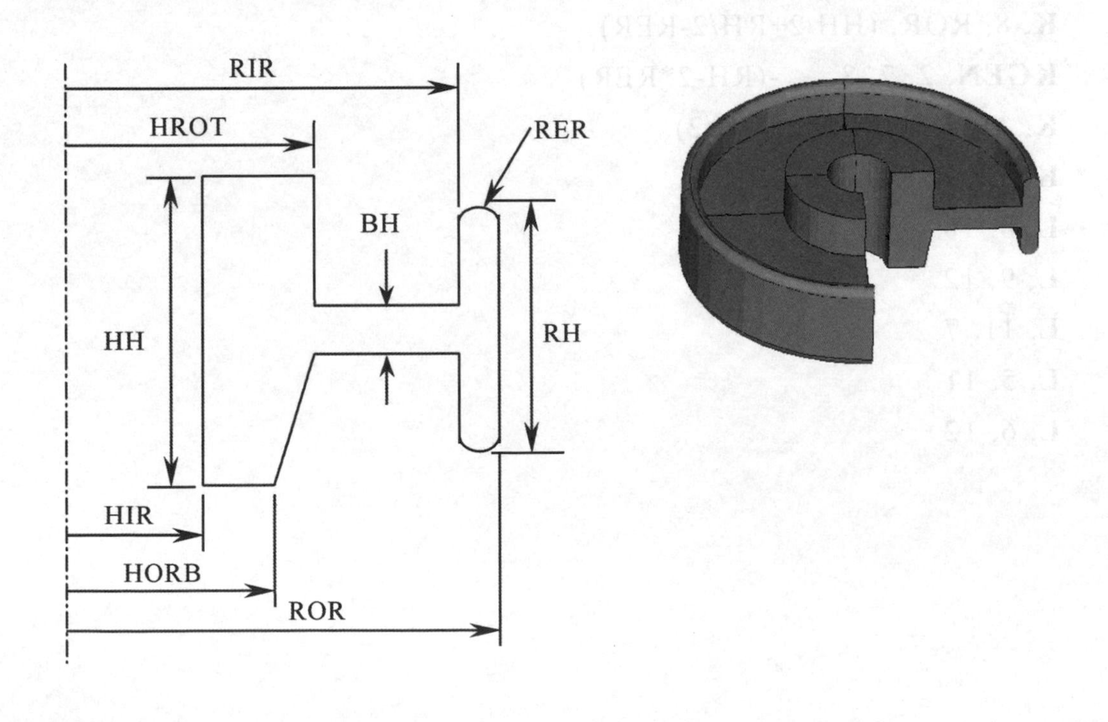

建立點、線，如圖例 6-23a 所示。

```
/PREP7
HH = 1.75  $ HIR = 0.467 $ HORB=1
HORT = HIR+0.625 $ BH = 0.375 $ RH=1.375
RIR = 2.375  $ ROR = 2.625 $ RER=0.125
K, 1, HIR  $ K, 2, HIR, HH
K, 3, HORB
K, 4, HORT, HH
K, 5, HORT, (HH/2+BH/2)
K, 6, HORT, (HH/2-BH/2)
L, 1, 2
L, 2, 4
L, 4, 5
L, 6, 3
L, 3, 1
K, 7, RIR, (HH/2+RH/2-RER)
K, 8, ROR, (HH/2+RH/2-RER)
KGEN, 2, 7, 8, , , -(RH-2*RER)
K, 11, RIR, (HH/2+BH/2)
K, 12, RIR, (HH/2-BH/2)
L, 8, 10
L, 9, 12
L, 11, 7
L, 5, 11
L, 6, 12
```

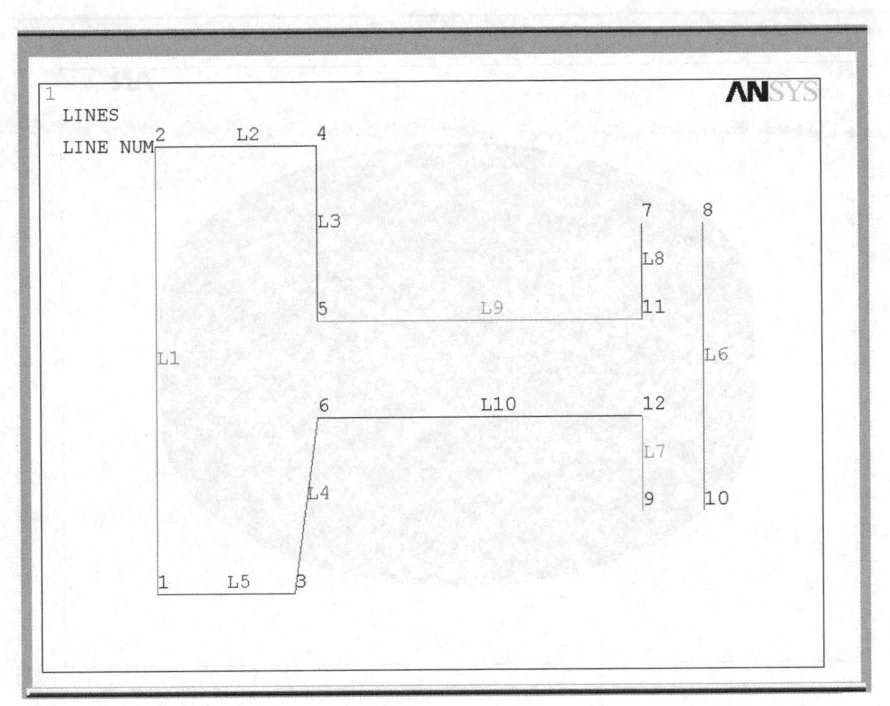

圖例 6-23a

建立圓弧線 K7-K8 與 K9-K10，並建立旋轉軸，旋轉面積成體積，如圖例 6-23b 所示。

LOCAL, 11, 1, (RIR+(ROR-RIR)/2), (HH/2+RH/2-RER)
K, 13, RER, 90
L, 7, 13
L, 13, 8
LOCAL, 12, 1, (RIR+(ROR-RIR)/2), (HH/2-RH/2+RER)
K, 14, RER, -90
L, 9, 14
L, 14, 10
AL, ALL !圍面積，全部線段
CSYS, 0
K, 15, 0, 0 , 0 !定義旋轉軸
K, 16, 0, 2 !定義旋轉軸
VROTAT, ALL, , , , , , 15, 16

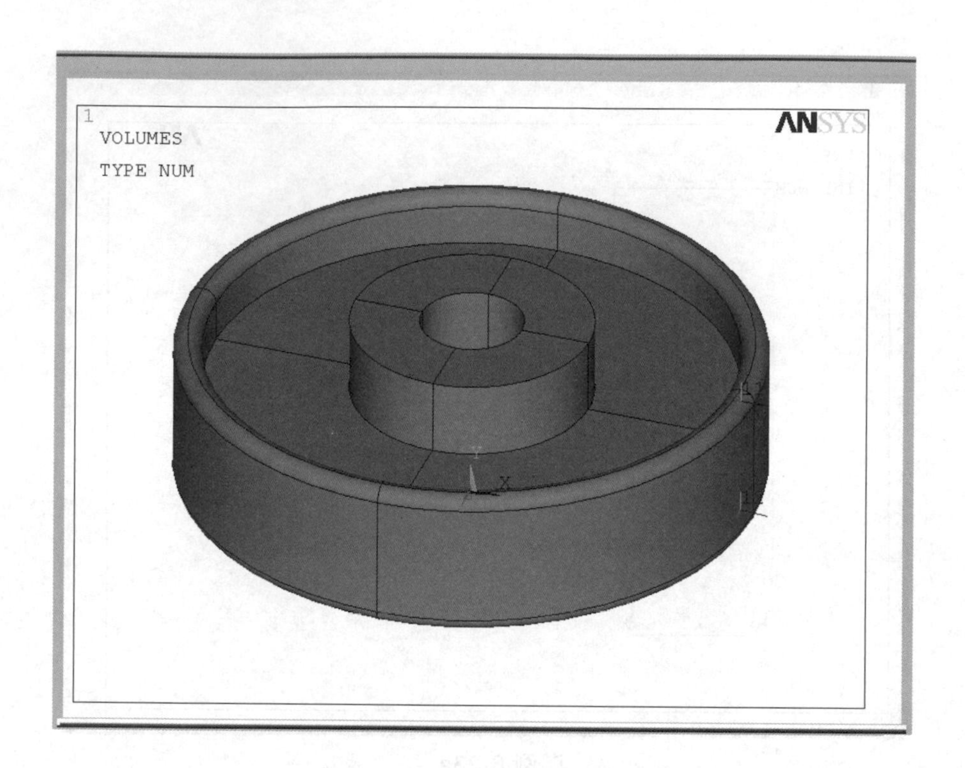

➔ 6-9 工作平面

根據前面幾節，若建立一塊長方形面積，至少要五個指令(建立四個點及建立面積)；若建立一個長方體積，至少要六個指令(建立四個點、建立面積、延伸)，針對這些簡易實體，例如長方形、多角形、圓柱、長方塊等，是否有更方便的作法？一般電腦輔助繪圖軟體，3D 模型建立原則爲繪製參考草圖，再進行延伸、旋轉等特徵的產生。ANSYS 實體模型建立的過程也有類似的功能，幫助我們建立相關物件，本書稱爲原始物件(primitive object)。建立這些相關物件，必需要有一個參考平面，稱之爲工作平面(working plane，WP)，並具有工作平面座標。當進行原始物件模型建立時，工作平面的觀念相當重要。系統自訂之工作平面座標位於整體座標(CSYS=0)之上，X-Y 所形成之平面稱之工作平面，螢光幕即爲系統自定之工作平面，水平爲 X 軸，垂直爲 Y 軸。工作平面座標僅有一個，當改變工作平面座標時，原先之工作平面不存在，以改變後之工作平面座標爲基準。但第四章所敘述之區域座標系統定義後永遠存在，整體座標更改後工作平面座標仍維持改不變。開啓工作平面，首先點選 Utility Menu > WorkPlane 選單中的 Display Working Plane，此時可出現 WX-WY-WZ 座標系統於原點位置。可在點選 Utility Menu > WorkPlane 選單中 WP Settings...，出現 WP 設定視窗如圖 6-9.1。工作平面格線(grid)就好比一般 CAD 軟體的格線功能，工作平面格線範圍、間距的設定，以目前單位爲基準，例如 SI 制一單位表示一公尺。設定完後，點選 OK，圖形視窗出現工作平面格線如圖 6-9.2。雖然可透過工作平面的幫助，以利物件建立，但唯一缺憾爲滑鼠移動時無法顯現座標值，這正是一般人最需要的功能，對 ANSYS 而言甚爲可惜。所以筆者也不會利用滑鼠，在工作平面建立物件，但會利用工作平面採用指令輸入法建立物件。工作平面可透過工作平面移動視窗，平移或旋轉方式移動至需要的位置，如圖 6-9.3，亦可利用指令方式。

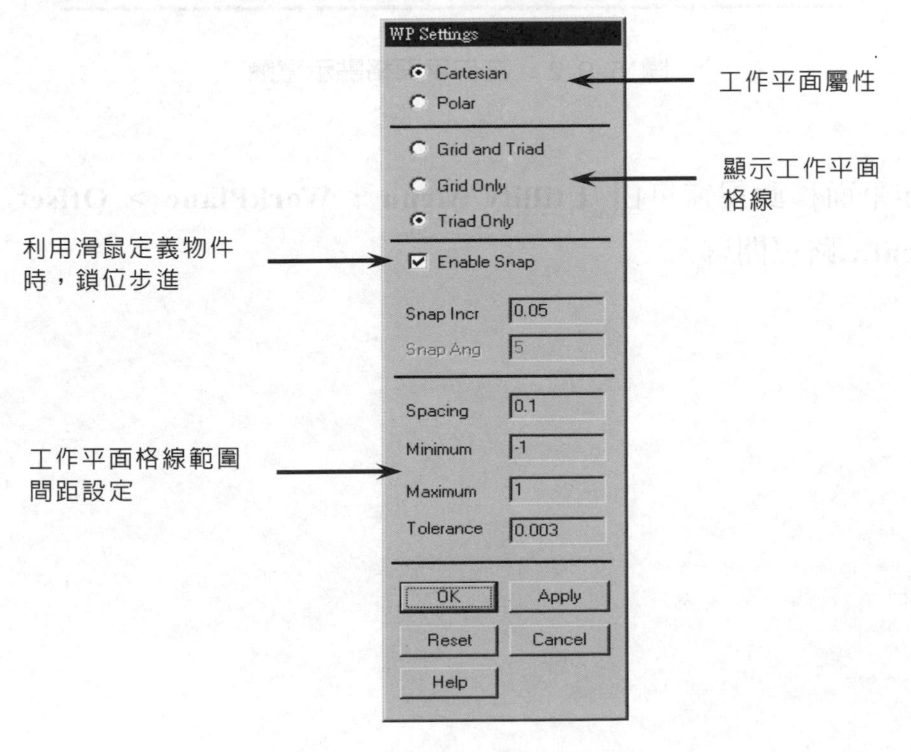

圖 6-9.1　工作平面格點設定

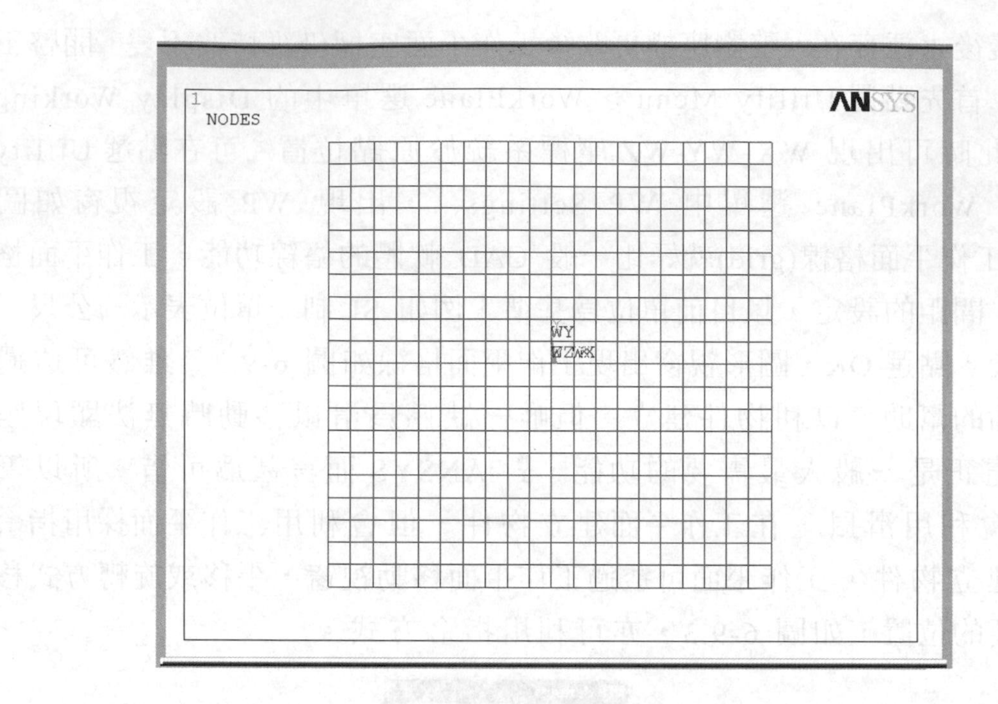

圖 6-9.2　工作平面格點示意圖

工作平面移動視窗可由 **Utillity Menu : WorkPlane > Offset WP by Increment...**路徑開啓。

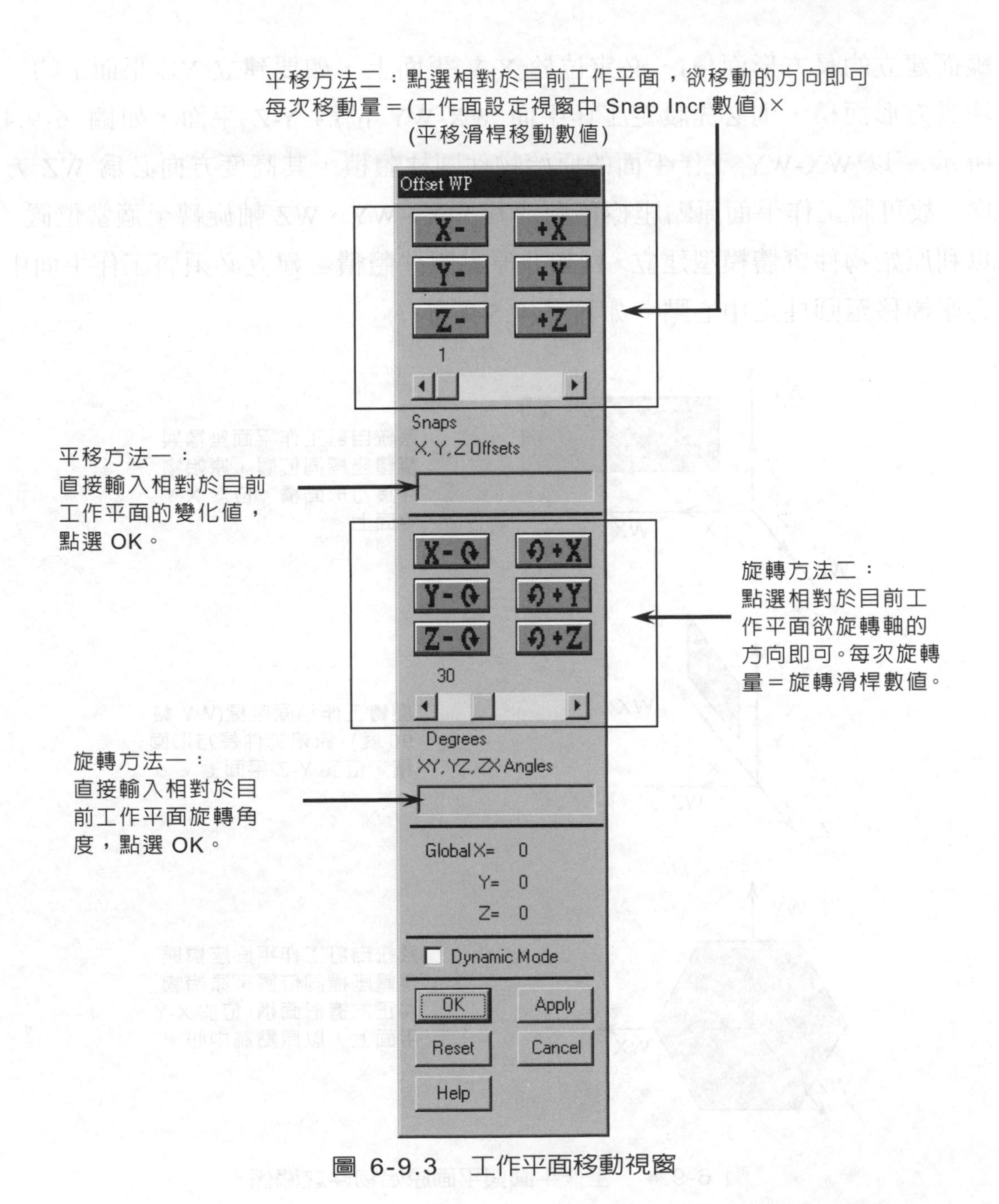

圖 6-9.3　工作平面移動視窗

工作平面在下一章節所介紹的原始物件建立非常重要，因為原始物件是以工作平面為基準，故工作平面座標之設定通常使用於原始物件之建立，假設目前工作平面為 WX-WY 平面，則所建的原始物件長方形面積(非透過點、線而建立的長方形面積)，必定位於 X-Y 平面上，如要建立 YZ 平面上的一塊長方形面積，則必先設定工作平面 WX-WY 位爲 Y-Z 平面，如圖 6-9.4 所示。以 WX-WY 工作平面的原始物件圓柱體積，其高度方向必爲 WZ 方向。故可將工作平面原點座標移動或其 WX、WY、WZ 軸旋轉至適當位置，以利原始物件實體模型建立，例如非原點圓柱體積之建立必須將工作平面中心座標移至圓柱之中心點，如圖 6-9.5 所示。

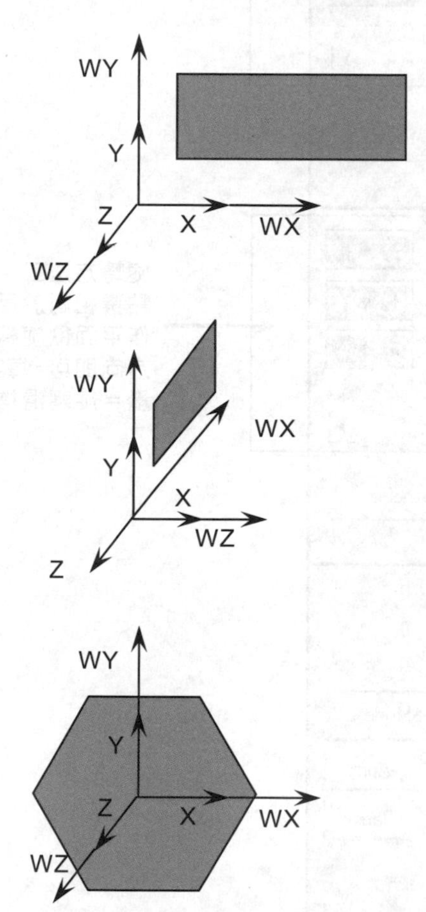

圖 6-9.4　工作平面與平面原始物件之關係

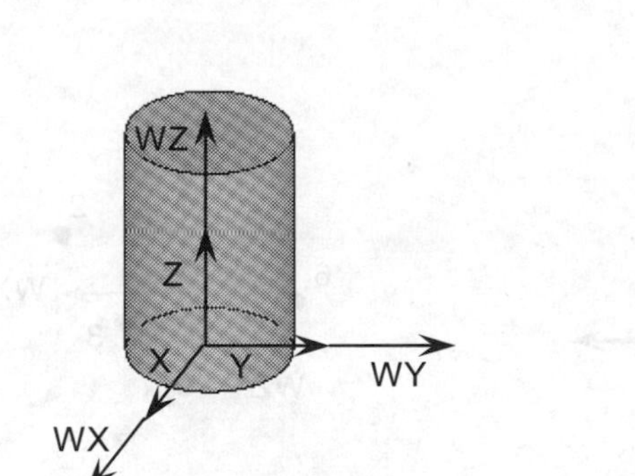

系統自訂工作平面座標與整體座標同位置，原始物件圓柱，以工作平面座標為準，高度方向為 WZ 方向。

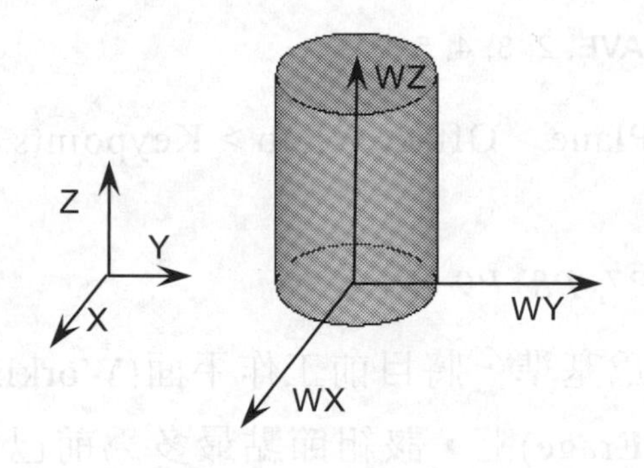

平移工作平面座標，原始物件圓柱，以工作平面座標為準，高度方向為 WZ 方向。

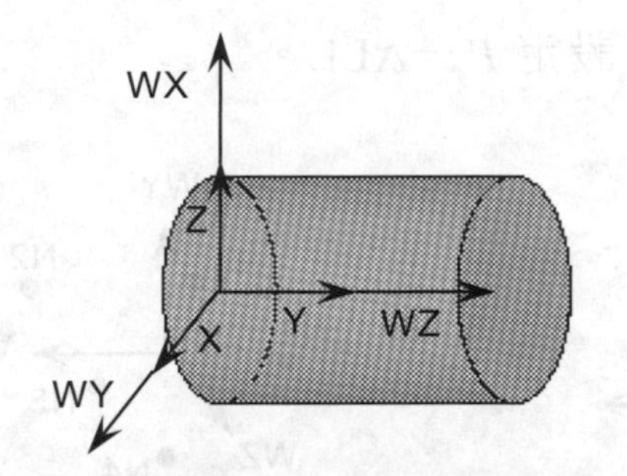

旋轉工作平面座標，原始物件圓柱，以工作平面座標為準，高度方向為 WZ 方向。

圖 6-9.5 工作平面與 3D 原始物件之關係

指令介紹

KWPAVE, *P1, P2, P3, P4, P5, P6, P7, P8, P9*

以一組(*P1,..., P9*)點(**K**eypoints)為基準，將目前工作平面(**W**orking **P**lane)原點移至該組點座標的平均(**AVE**rage)位置上，該組點最多為已定義之九點，或用 **KSEL** 選擇該組所有點，設定 *P1*=ALL。

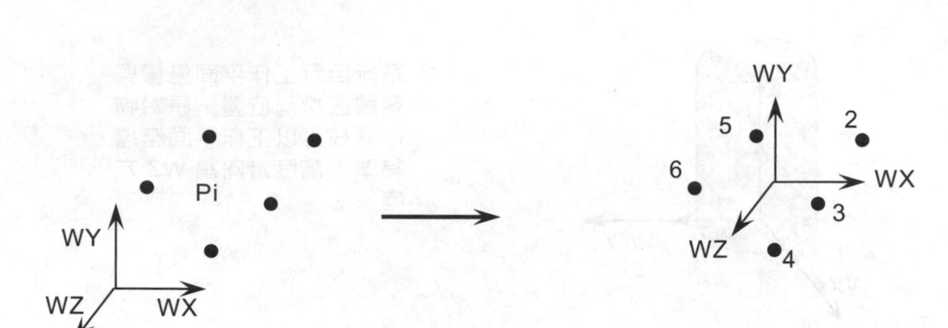

KWPAVE, 2, 3, 4, 5, 6

Menu Paths : Utility Menu > WorkPlane > Offset WP to > Keypoints+

NWPAVE*, P1, P2, P3, P4, P5, P6, P7, P8, P9*

以一組(*P1,…, P9*)節點(**N**odes)為基準，將目前工作平面(**W**orking **P**lane)原點移至一組節點之平均位置(**AVE**rage)上，該組節點最多為前已定義之九點，或用 **NSEL** 選擇該組所有節點，設定 *P1*=ALL。

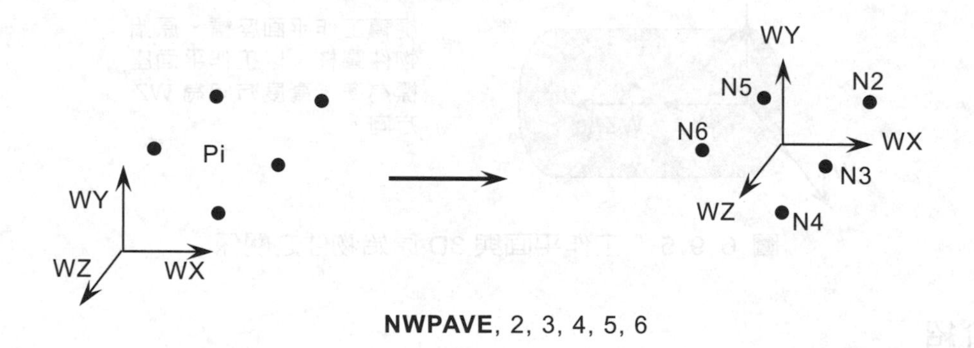

NWPAVE, 2, 3, 4, 5, 6

Menu Paths : Utility Menu > WorkPlane > Offset WP to > Nodes+

WPOFFS*, XOFF, YOFF, ZOFF*

將目前工作平面(**W**orking **P**lane)原點移至(**OFFS**et)另外一點，該新的原點與原工作平面原點之移動量由 *XOFF, YOFF, ZOFF* 參數決定。

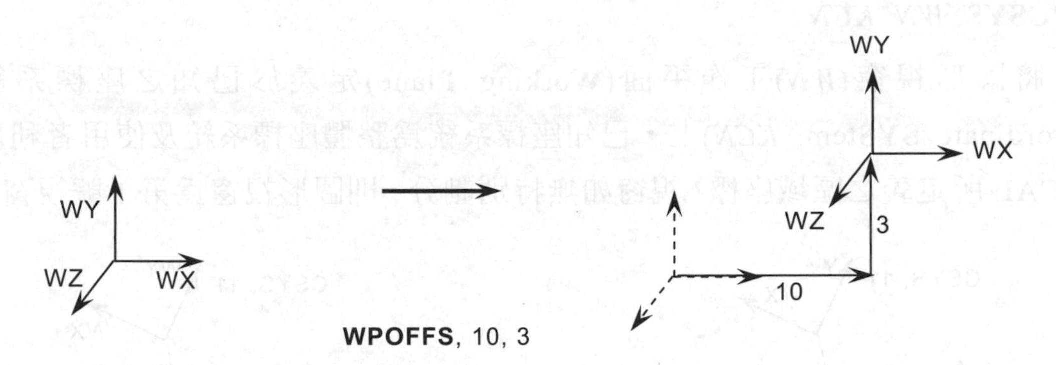

Menu Paths : Utility Menu > WorkPlane > Offset WP by Increments…

WPROTA, *THXY, THYZ, THZX*

將工作平面(**W**orking **P**lane)旋轉(**ROTA**te)一個角度，角度爲順時針方向。*THXY* 表示正 WZ 軸轉移 WX-WY 平面，*THYZ* 表示正 WX 軸轉移 WY-WZ 平面，*THZX* 表示正 WY 軸轉移 WZ-WX 平面。執行順序爲 *THXY, THYZ, THZX*，並採用疊加方式，意即以當時工作平面座標狀態下爲基準。

WY WZ WX **WPOFFS**, 90 WX WY WZ

WY WZ WX **WPOFFS**, 0, 90 WX WY WZ

WY WZ WX **WPOFFS**, 90, 90 WX WZ WY

Menu Paths : Utility Menu > WorkPlane > Offset WP by Increments:

WPCSYS, *WN, KCN*

將圖形視窗(*WN*)工作平面(**W**orking **P**lane)定義於已知之座標系統(**C**oordinate **SYS**tem, *KCN*)上，已知座標系統為整體座標系統及使用者利用LOCAL 所定義之區域座標。視窗如無特別劃分，則圖形視窗為第 1 號視窗。

WPCSYS, , 11

Menu Paths : Utility Menu > WorkPlane > Align WP with > (*CSYS type*)

WPAVE, *X1, Y1, Z1, X2, Y2, Z2, X3, Y3, Z3*

以三個點座標(*X1-Z3*)為基準，將工作平面(**W**orking **P**lane)移至該三點之平均(**AVE**rage)位置上，每點座標有輸入時才會考慮該點之存在，如只輸入一點座標值其意義與 WPOFFS 相同。

WPAVE, 1, 2, 3, 10, 15, 12, 12, 4, 7

Menu Paths : Utility Menu > WorkPlane > Offset WP to > Global Origin

Menu Paths : Utility Menu > WorkPlane > Offset WP to > XYZ Locations

Menu Paths : Utility Menu > WorkPlane > Offset WP to > Origin of Active CS

WPLANE, *WN, XORIG, YORIG, ZORIG, XXAX, YXAX, ZXAX, XPLAN, YPLAN, ZPLAN*

在指定的視窗(*WN*)中，設定一工作平面(Working **PLANE**)，相對目前座標系統原點位置為(*XORIG, YORIG, ZORIG*)，非相對於目前工作平面原點座標，工作平面原點座標不一定在座標系統原點，注意與 **WPAVE**、**WPOFFS** 之差異。視窗如無特別劃分，則圖形視窗為第 1 號視窗。

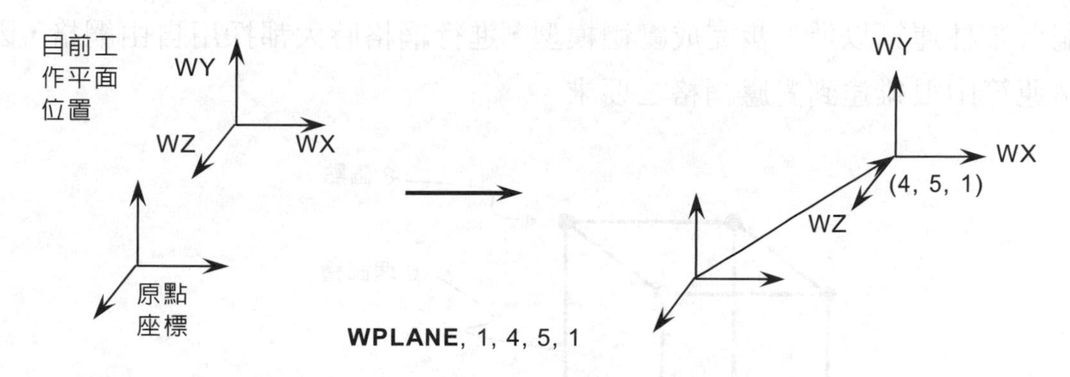

Menu Paths： Utility Menu > WorkPlane > Align WP with > XYZ Locations

LWPLAN, *WN, NL1, RATIO*

在指定的視窗(*WN*)中，利用線(**L**ine, *NL1*)設定一工作平面(**W**orking **PLANE**)，垂直於該線，位於該線段比例(*RATIO,* 0 至 1)處，視窗如無特別劃分，則圖形視窗為第 1 號視窗。

Menu Paths： Utility Menu > WorkPlane > Align WP with > XYZ Locations

➔ 6-10 原始物件之建立

原始物件爲由上而下之建立方式，可直接建立某些特殊形狀的物件，例如長方形、多角形、圓形、圓柱、長方塊等，高階物件的建立可節省許多時間，其所相對應之低階物件同時產生，並以系統之最小號碼分別給予號碼。圖 6-10.1 爲直接建立長方塊之示意圖，指令下達後，直接完成一塊體積的建立，其中內含 8 個點、12 條線段、6 塊面積同時完成。原始物件之使用通常會配合布林運算以進一步完成實體模型，進行網格時大都採用自由網格，因布林運算中很難達到對應網格之要求。

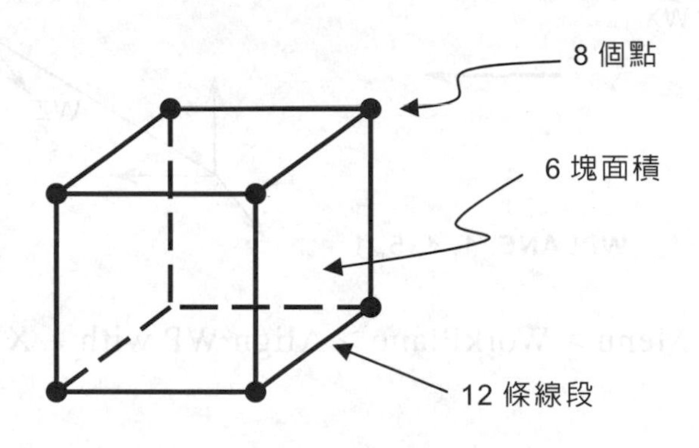

圖 6-10.1　直接建立長方塊示意圖

原始物件之建立以工作面座標系統爲準，故 2-D 之原始物件必在 WX-WY 工作平面上。如要建立 Y-Z 之平面物件，則必須旋轉工作面座標以 WZ 軸爲準，順時針方向轉 90 度，再以 WX 軸爲準順時針方向轉 90 度，旋轉後工作平面與座標系統的關係，如圖 6-10.2 所示，因此所建得物件必在 Y-Z 平面上。上述之方法第二次旋轉時，也可以 WX 軸爲準，逆時針方向轉 90 度，旋轉後的工作平面與座標系統的關係如圖 6-10.3 所示。兩者差異在於建立原始物件指令後的參數不同，例如相對於圖 6-10.2 與圖 6-10.3 建立長方形面積指令爲，**RECTNG,** 1, 5, 1, 3 與 **RECTNG,** 1, 5, -1, -3，故不管工作平面如何旋轉，指令的參數一定以 WX-WY 爲準。

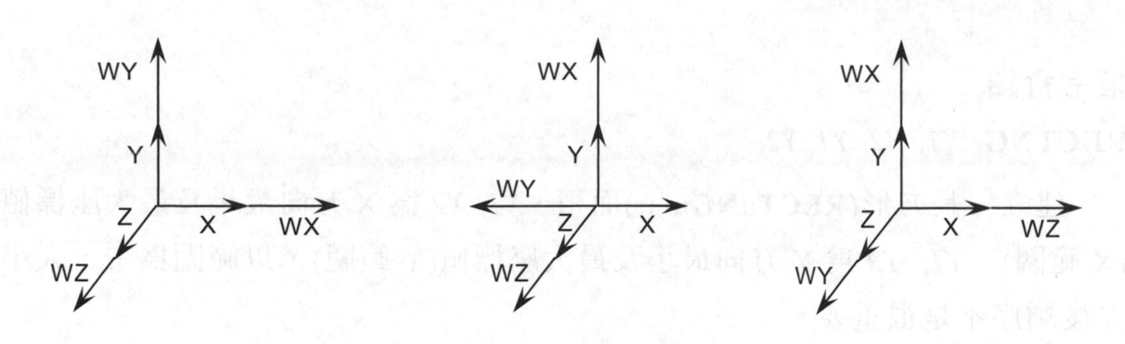

WPROTA, 90, 90, 0

圖 6-10.2　旋轉工作面 WX-WY 至座標之 Y-Z 平面

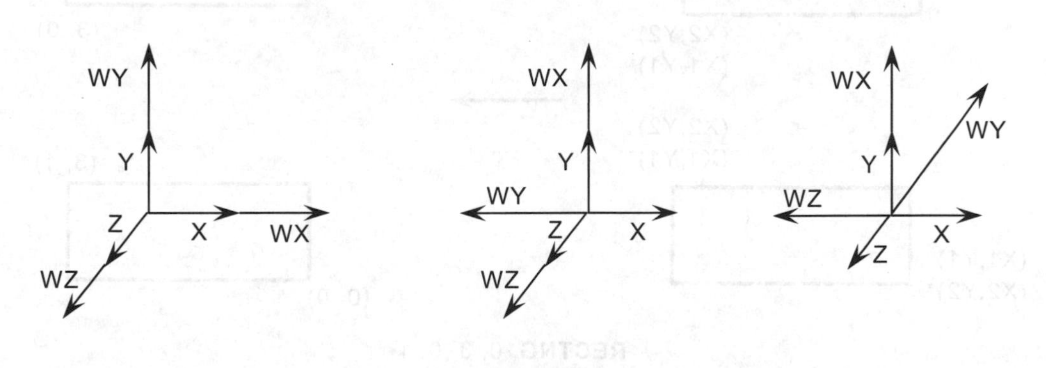

WPROTA, 90, -90, 0

圖 6-10.3　旋轉工作面 WX-WY 至座標之 Y-Z 平面

3-D 原始物件具有高度者，例如圓柱、多邊形、角柱及圓錐等，其高度必在與目前工作平面垂直方向，意即 WZ 方向。如欲在非原點座標建立 **3-D** 原始物件，則必須將工作平面原點移至所需建立物件的中心點上，同理物件之高度非與工作平面垂直方向，則必須旋轉工作面座標。例如欲建構沿 X 軸之圓柱，則必須設定工作平面位於 Y-Z 平面。

指令介紹

RECTNG, *X1, X2, Y1, Y2*

建立一長方形(**RECTaNGular**)面積，*X1, X2* 爲 X 方向最小及最大座標值(X 範圍)，*Y1, Y2* 爲 Y 方向最小及最大座標值(Y 範圍)，以範圍爲主，大小先後順序不是很重要。

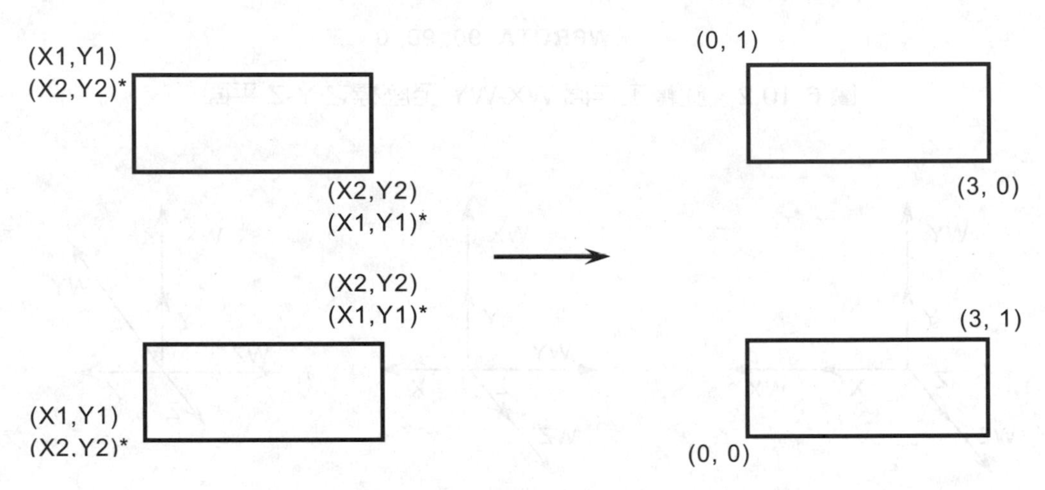

RECTNG, 0, 3, 0, 1

Menu Paths : Main Menu > Preprocessor > Modeling > Create > Areas > Rectangle > By Dimensions

PTXY, *X1, Y1, X2, Y2, X3, Y3, X4, Y4*

定義建立於 X-Y 工作面上之多邊形面積各頂點座標，每次只能下達四點座標，超過四點時重覆相同指令即可，點必須順時針或反時針方向皆可，此指令僅定義點之座標而已，並不會建立點，且需配合其他指令可建立多邊形(**POLY**)，多邊形柱(**PRISM**)，但要在 **PTXY** 指令之後立即下達才有效，當物件完成後，原先的座標點才會產生點。

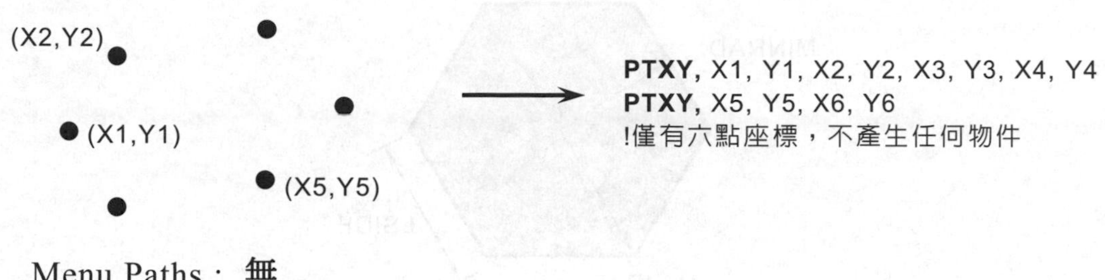

Menu Paths：無

POLY

配合 **PTXY** 使用，將 **PTXY** 定義之點組合為一多邊形。

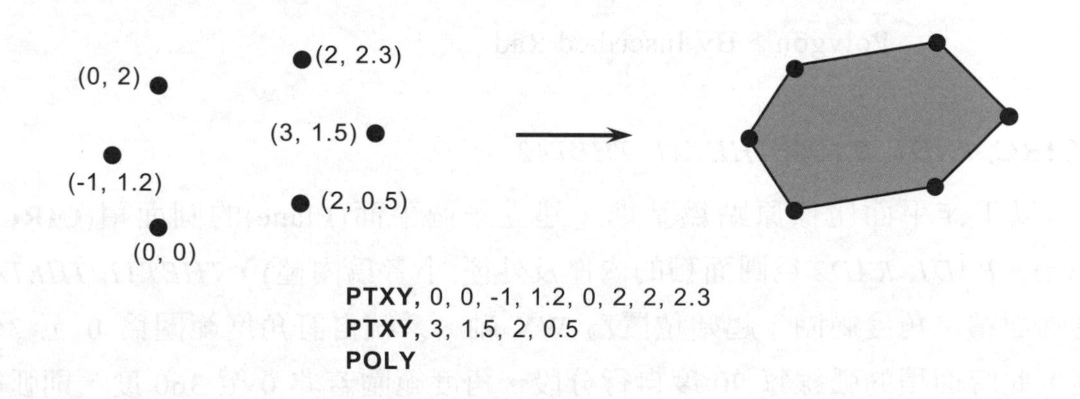

Menu Paths：無

RPOLY, *NSIDES, LSIDE, MAJRAD, MINRAD*

建立一個以工作面中心點為基準之正多邊形(**R**egular **POLY**gonal)面積。該正多邊形之邊數為 *NSIDES*，大小可由邊長(*LSIDE*)、外接圓半徑(*MAJARD*)或內切圓半徑(*MINRAD*)，三擇一之方式輸入。

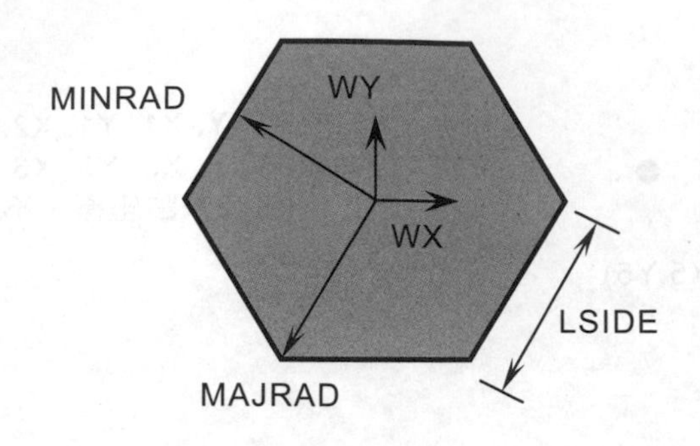

NSIDES=邊數

Menu Paths : Main Menu > Preprocessor > Modeling > Create > Areas > Polygon > By Circumscr Rad

Menu Paths : Main Menu > Preprocessor > Modeling > Create > Areas > Polygon > By Inscribed Rad

PCIRC, *RAD1, RAD2, THETA1, THETA2*

以工作平面座標原點爲基準，建立一個平面(**P**lane)的圓面積(**CIRC**le area)。*RAD1, RAD2* 爲圓面積的內徑及外徑(小者爲內徑)，*THETA1, THETA2* 爲圓面積之角度範圍，起始位置爲 WX 軸。系統自訂角度範圍爲 0 至 360 度，此時面積的弧線每 90 度自行分段。角度範圍若非 0 至 360 度，則弧線爲一段，如下圖所示，段數問題在網格時將顯示其重要性。

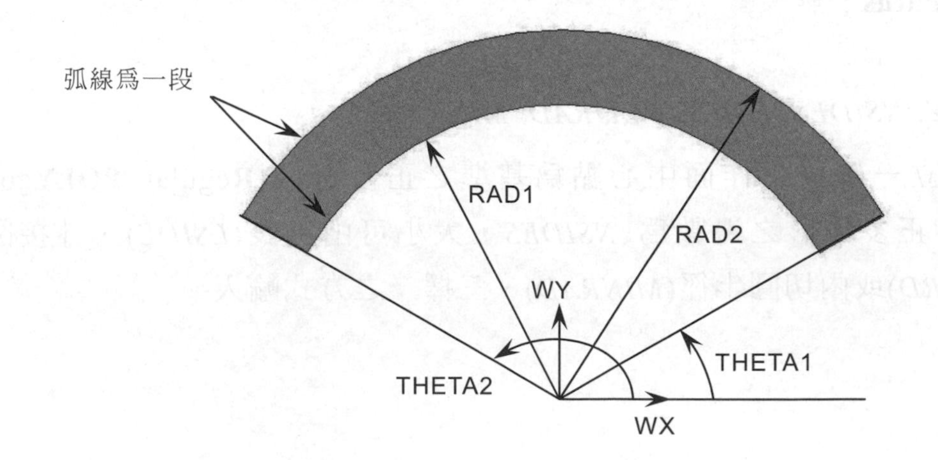

Menu Paths : Main Menu > Preprocessor > Modeling > Create >Areas > Circle > By Dimensions

BLOCK, *X1, X2, Y1, Y2, Z1, Z2*

建立一個長方形區塊(**BLOCK**)體積，以任意相對頂角的點座標爲參數。*X1, X2* 爲 X 方向最小及最大座標值(X 範圍)，*Y1, Y2* 爲 Y 方向最小及最大座標值(Y 範圍)，*Z1, Z2* 爲 Z 方向最小及最大座標值(Z 範圍)，以範圍爲主，大小先後順序不是很重要。

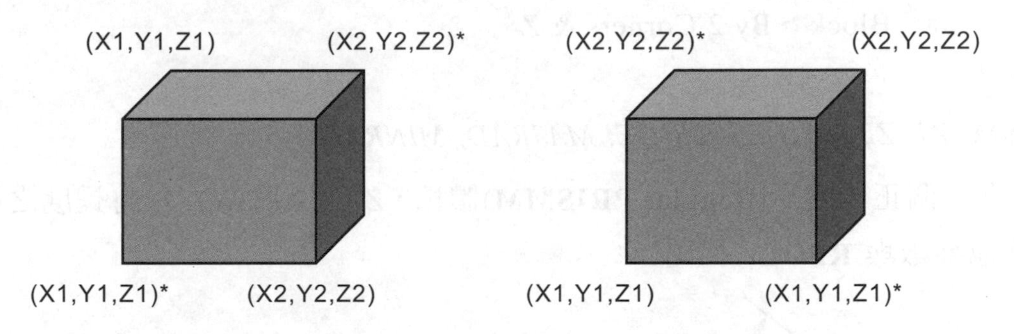

Menu Paths : Main Menu > Preprocessor > Modeling > Create > Volumes > Block > By Dimensions

BLC4, *XCORNER, YCORNER, WIDTH, HEIGHT, DEPTH*

建立一個長方形區塊(**BLoCk**)體積，以任一頂點之 X 、Y 座標(*XCORNER, YCORNER*)爲基準，及該基準在 X(*WIDTH*)、Y(*HEIGHT*)、Z(*DEPTH*)方向之尺寸大小。*DEPTH*=0 時則產生一塊面積，系統自訂爲 *DEPTH*=0，長方形區塊的參考面必在 WX-WY 平面上。

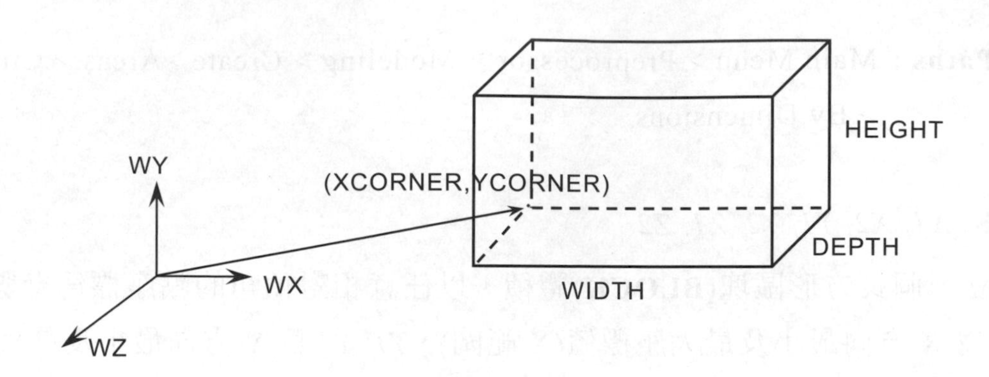

Menu Paths : Main Menu > Preprocessor > Modeling > Create > Volumes > Block > By 2 Corners & Z

RPRISM, *Z1, Z2, NSIDES, LSIDE, MAJRAD, MINRAD*

建立一個正多邊形(**R**egular **PRISMM**)體積，*Z1, Z2* 為 WZ 方向長度之範圍，其他參數與 **RPOLY** 相同。

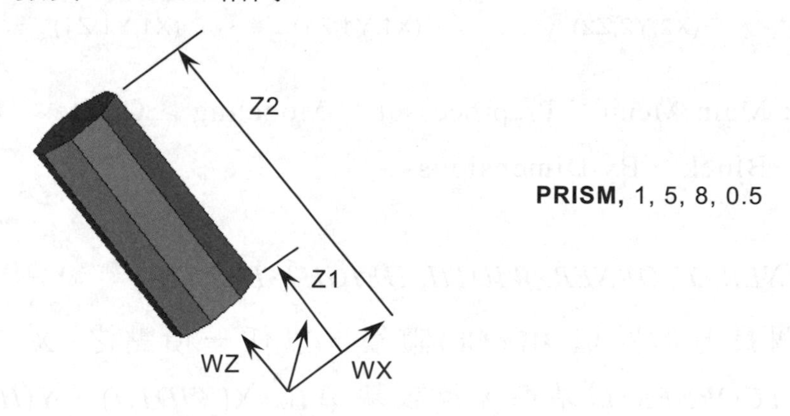

Menu Paths : Main Menu > Preprocessor > Modeling > Create > Volumes > Prism > (Type)

PRISM, *Z1, Z2*

配合 **PTXY** 使用，將 **PTXY** 定義之點組合為一多邊角柱(**PRISMM**)體積，*Z1, Z2* 為 WZ 方向長度之大小。

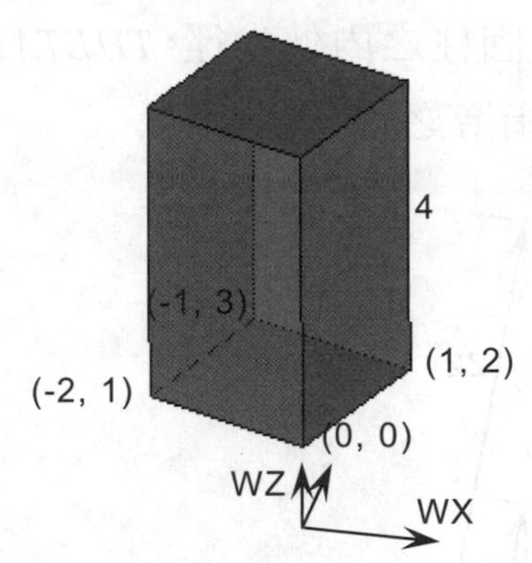

PTXY, 0, 0, 1, 2, -1, 3, -2, 1
PRISM, 1, 5

Menu Paths : 無

CONE, *RBOT, RTOP, Z1, Z2, THETA1, THETA2*

建立一個圓錐(**CONE**)體積，*RBOT*、*RTOP* 爲圓錐底部(靠近 WX-WY 平面)與上部(遠離 WX-WY 平面)之半徑，相同半徑時所建的物件爲圓柱，*Z1*、*Z2* 爲圓錐相對於 WZ=0 基準面，在 *RBOT*、*RTOP* 處的長度，*THETA1*、*THETA2* 爲圓錐之起始、終結角度，起始角度以 WX 爲基準。

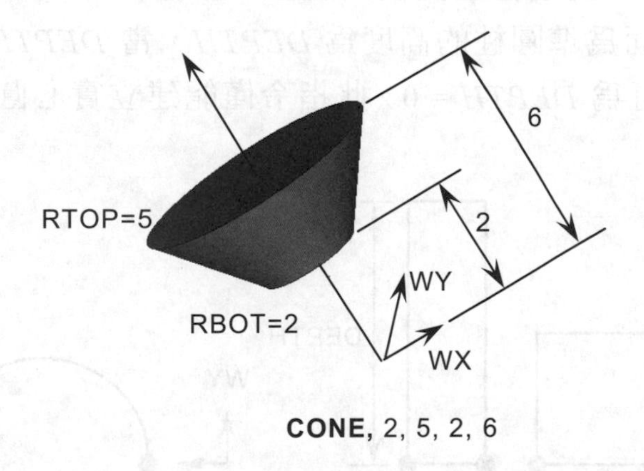

CONE, 2, 5, 2, 6

Menu Paths : Main Menu > Preprocessor > Modeling > Create > Volumes > Cone > By Dimensions

CYLIND, *RAD1, RAD2, Z1, Z2, THETA1, THETA2*

建立一個圓柱(**CYLINDer**)體積，圓柱的方向爲 WZ 方向，*Z1, Z2* 爲工作平面 WZ 方向長度之範圍，*RAD1*, *RAD2* 爲圓柱之內外半徑，*THETA1*, *THETA2* 爲圓柱之起始、終結角度，參閱 PCIRC 指令之圖。

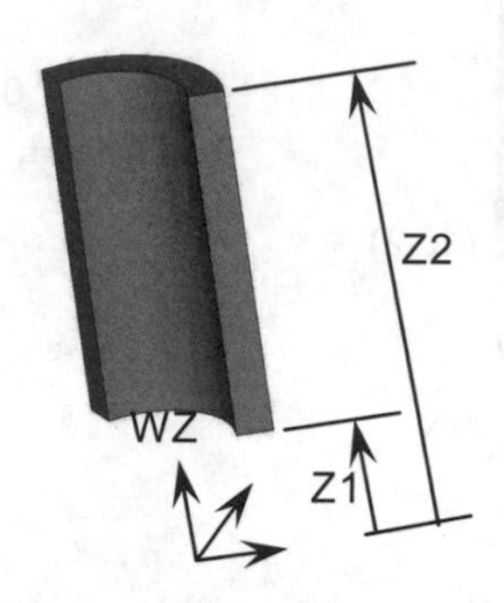

Menu Paths : Main Menu >Preprocessor > Modeling > Create > Volumes > Cylinder > By Dimensions

CYL5, *XEDGE1, YEDGE1, XEDGE2, YEDGE2, DEPTH*

建立一個圓柱(**CYL**inder)體積，採用五個(**5**)參數。*XEDGE1, YEDGE1* 與 *XEDGE2, YEDGE2* 爲圓柱上面或下面任一直徑之 X、Y 起點座標與終點座標，以定義直徑面爲準圓柱的高度爲 *DEPTH*，當 *DEPTH* = 0 時則產生一塊圓面積，系統自訂爲 *DEPTH* = 0。此指令僅能建立實心圓柱體積且不限於原點位置。

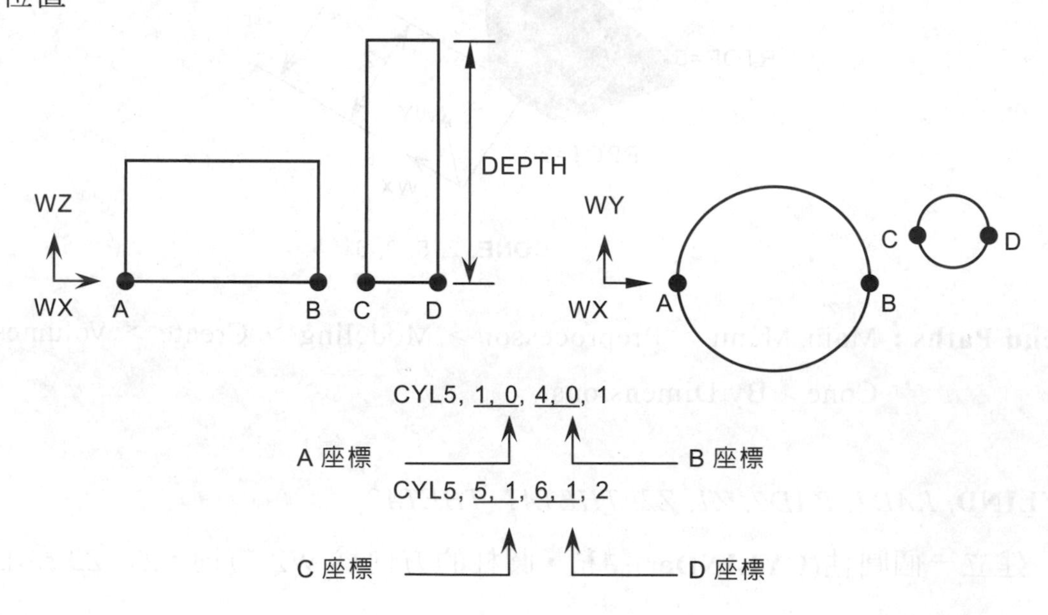

Menu Paths : Main Menu > Preprocessor > Modeling > Create > Volumes > Cylinder > By End Pts & Z

SPHERE, *RAD1, RAD2, THETA1, THETA2*

建立一個球體(**SPHERE**)體積，*RAD1*, *RAD2* 爲球體之內外半徑，*THETA1*, *THETA2* 爲球體之起始、終結角度，參閱 PCIRC 指令之圖。

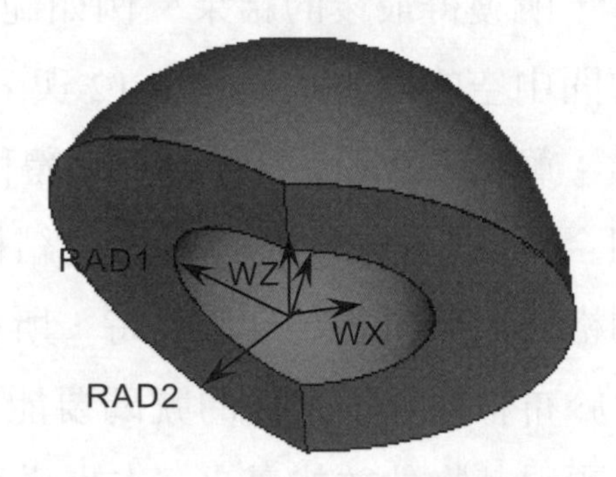

Menu Paths : Main Menu >Preprocessor > Modeling > Create > Volumes > Cylinder > By Dimensions

SPH4, *XCENTER, YCENTER, RAD1, RAD2*

在工作平面任何位置，建立一個球體(**SPH**ere)體積，四個(**4**)參數分別爲球體中心位於工作平面 *XCENTER, YCENTER* 的位置，*RAD1*, *RAD2* 爲球體之內外半徑，該指令只能建構完整的球體，有別於 SPHERE 可建構有角度範圍的球體。圖示中球體的線位於 WX-WZ 平面。

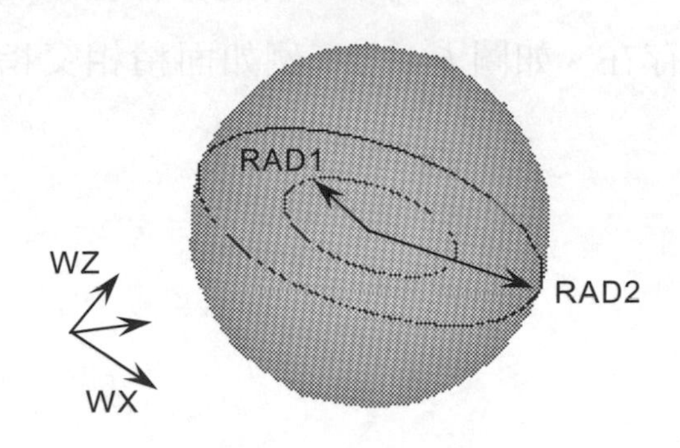

Menu Paths : Main Menu >Preprocessor > Modeling > Create > Volumes > Cylinder > By Dimensions

➔ 6-11 布林操作

布林操作主要在於某些結構，可利用原始物件或由下向上所建立之物件，進行一些組合運算，所獲得最後的結果。例如範例 6-10 可考慮爲最外一個長方形面積減去中間中空的面積；範例 6-12 與 6-14 可考慮爲最外一個面積減去中間圓的面積；範例 6-21 可考慮爲二塊體積組合而成；範例 6-22 可考慮爲三塊長方體組合而成。通常布林運算後之結構進行對應網格幾乎無法達成，故皆以自由網格爲主。同時布林運算時，所有物件號碼，因物件之操作而有所改變，故對於布林運算後物件的號碼要能充分掌握，可將物件號碼開啓，利用圖形視窗顯現其物件並找尋之。本書僅利用圖示方式介紹指令意義，使用者有初步瞭解即可，詳細用法參閱指令說明即可。圖 6-11.1 爲布林操作運算之流程及功能。

事實上沒有必要儘可能不要採用布林運算操作，主要是考慮程式的自主性，ANSYS 指令中有許多參數要使用到物件的號碼，一但物件的號碼由於布林運算而改變，則必定要再 ANSYS 中找尋，無法滿足參數化程式設計。

布林運算後，ANSYS 自訂爲原物件不保留，如果原物件要保留，在布林運算指令前，下達 BOPTN, KEEP, YES 即可，但必須注意只要下達前述指令後，該效應變永遠存在。如圖 6-11.2，例如面積相交指令(AINA)爲取其交集部分：

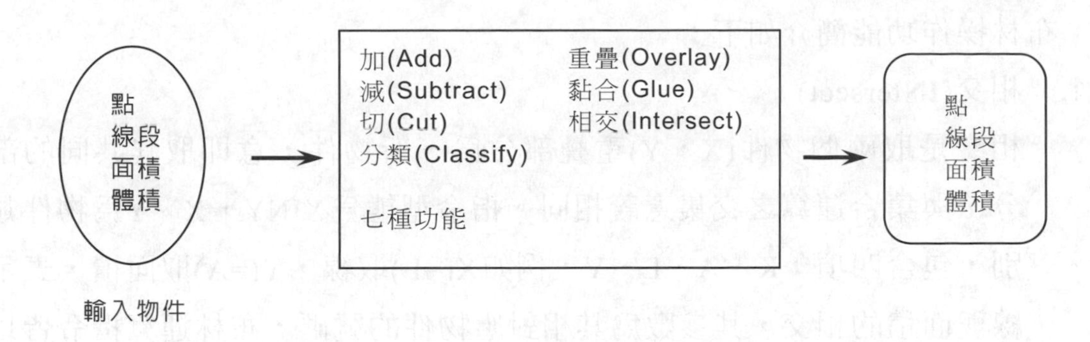

圖 6-11.1　布林操作運算之流程及功能

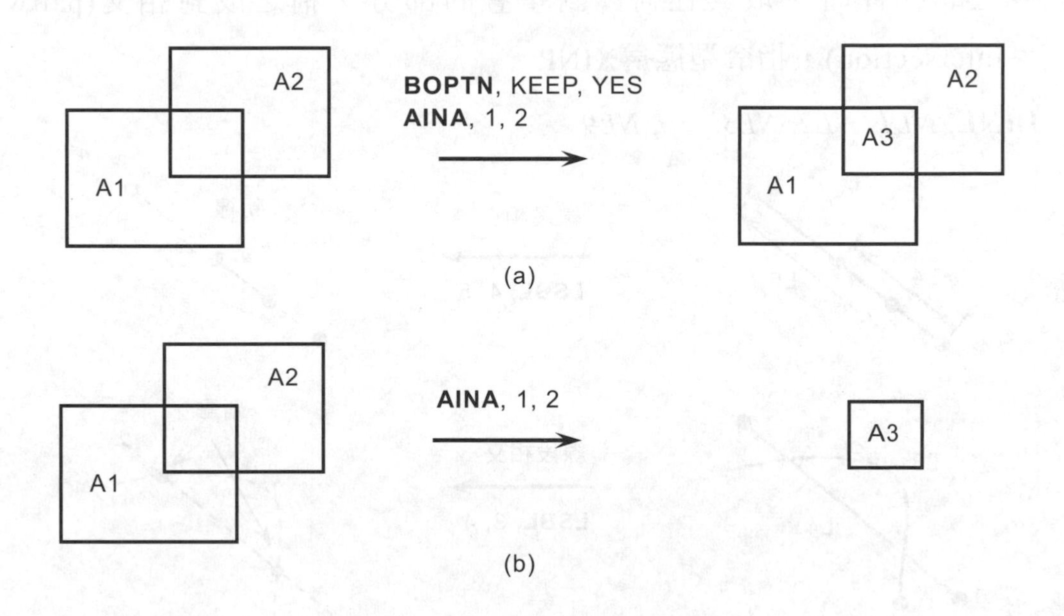

圖 6-11.2　布林操作運算之流程

圖 6-11.2(a)其結果爲原 A1、A2 面積還存在，但有一塊新的面積 A3 位於其重疊處，最後有三塊面積。圖 6-11.2(b)其結果爲原 A1、A2 面積不存在，有一塊新的面積 A3 位於其重疊處。至於是否保留依使用者如何設計我們的程式而定，通常如果後續不在使用原物件，可不必保留以免新舊物件重疊在一起，增加模型建立的困難度。

布林操作功能簡介如下：

1. 相交(**IN**tersect)

   相交是取兩個物件(X，Y)重疊部分爲一新物件，意即取其共同的部分，與集合運算之交集意義相同。指令型態爲XINY，X、Y爲物件類別，包含四項：K、A、L、V，例如X(=L)取線，Y(=A)取面積，表示線與面積的相交，其參數爲其相對應物件的號碼，布林運算指令皆以此方式表達。相交有兩類：兩個物件與兩個以上的物件，當有兩個以上的物件時，取其任何一對重疊的部分，稱之成對相交(pairwise intersection)，指令型態爲XINP。

LINL, *NL1, NL2, NL3,* …, *NL9*

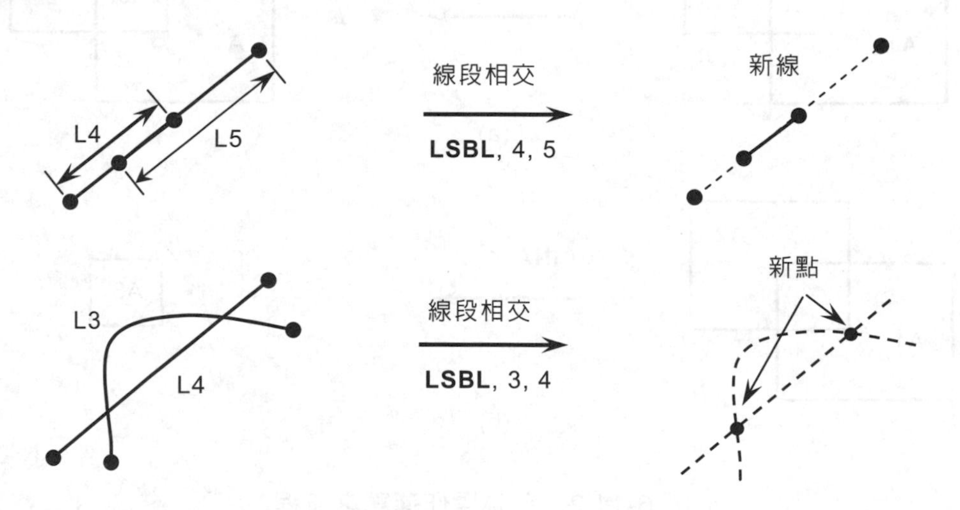

Menu Path : Main Menu > Preprocessor > Modeling > Operate > Booleans > Intersect > Common > Line

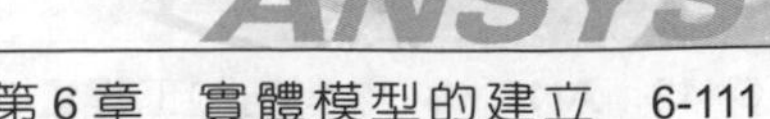

AINA, *NA1, NA2, NA3,　⋯, NA9*

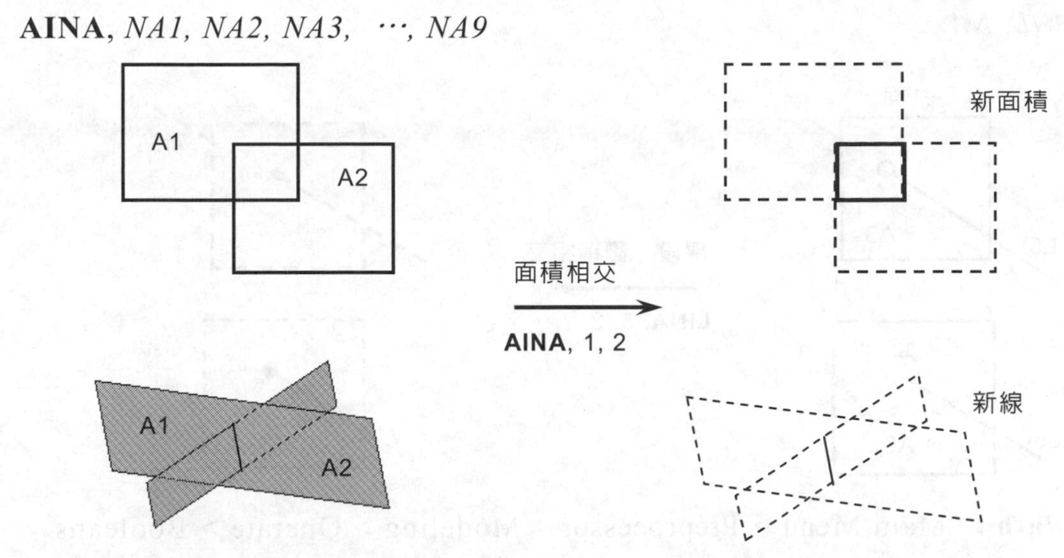

Menu Path :　Main Menu > Preprocessor > Modeling > Operate > Booleans > Intersect > Common > Area

VINV, *NV1, NV2, NV3,　⋯, NV9*

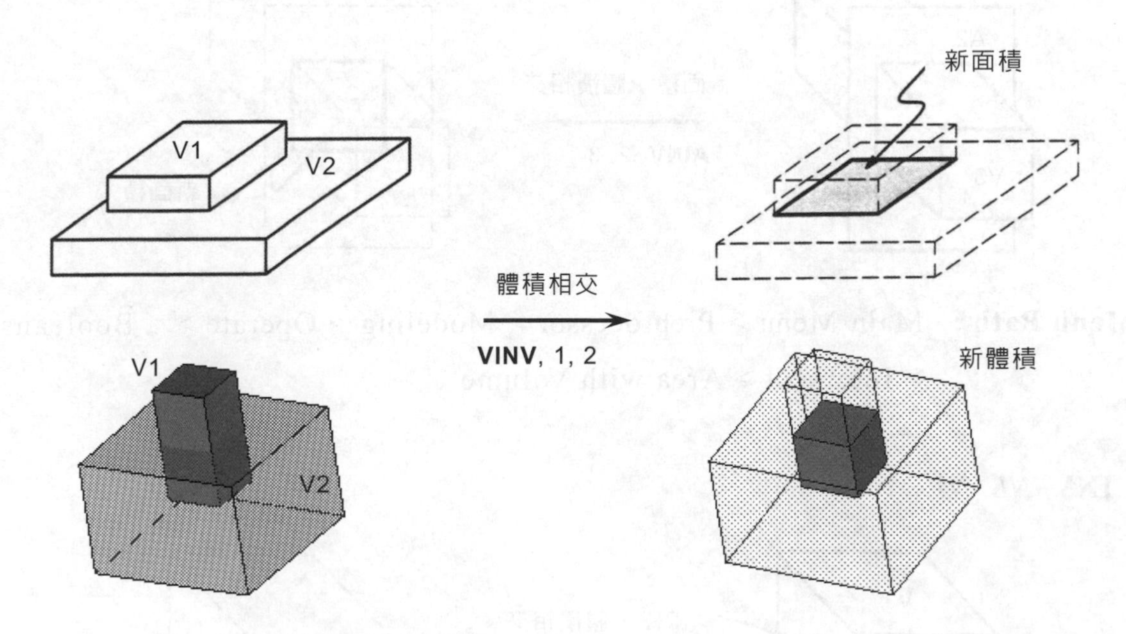

Menu Path :　Main Menu > Preprocessor >Modeling > Operate > Booleans > Intersect > Common > Volumes

LINA, *NL, NA*

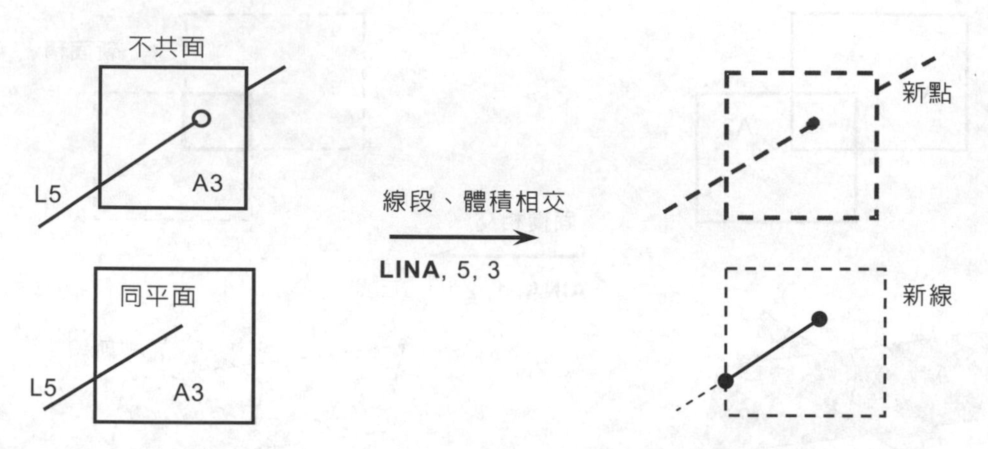

Menu Path : Main Menu > Preprocessor > Modeling > Operate > Booleans > Intersect > Line with Area

AINV, *NA, NV*

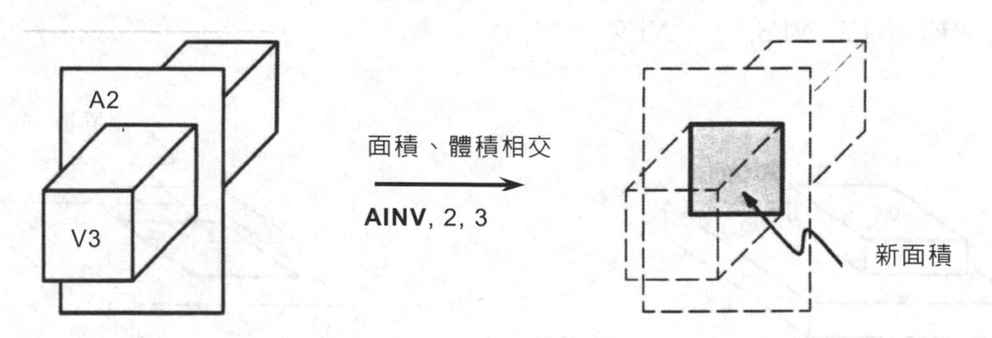

Menu Path : Main Menu > Preprocessor > Modeling > Operate > Booleans > Intersect > Area with Volume

LINV, *NL, NV*

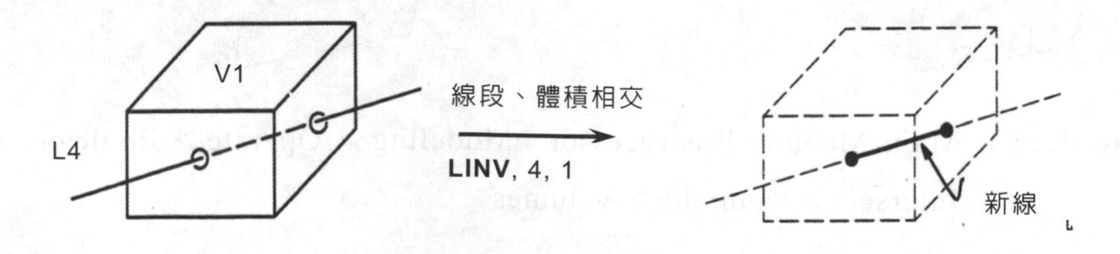

Menu Path : Main Menu > Preprocessor > Modeling > Operate > Booleans > Intersect > Line with Volume

LINP, *NL1, NL2, NL3, …, NL9*

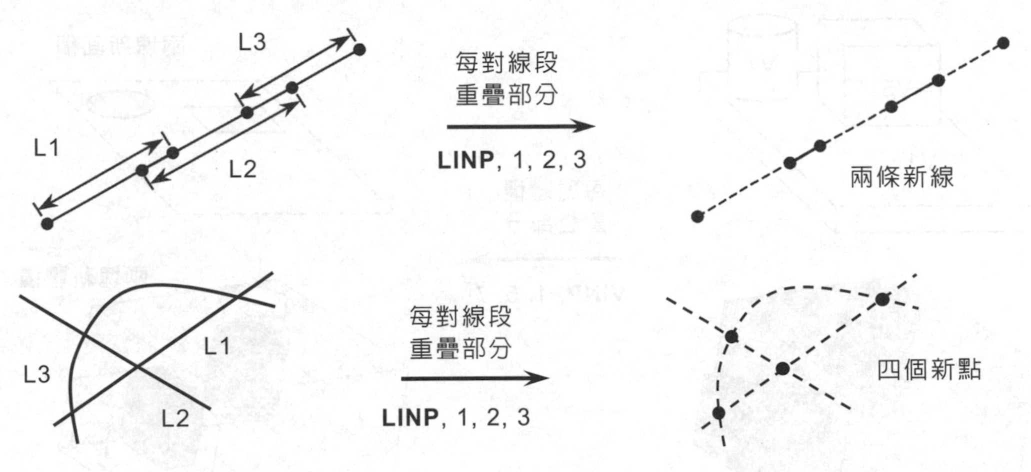

Menu Path : Main Menu > Preprocessor > Modeling > Operate > Booleans > Intersect > Pairwise > Lines+

AINP, NA1, NA2, NA3, …, NA9

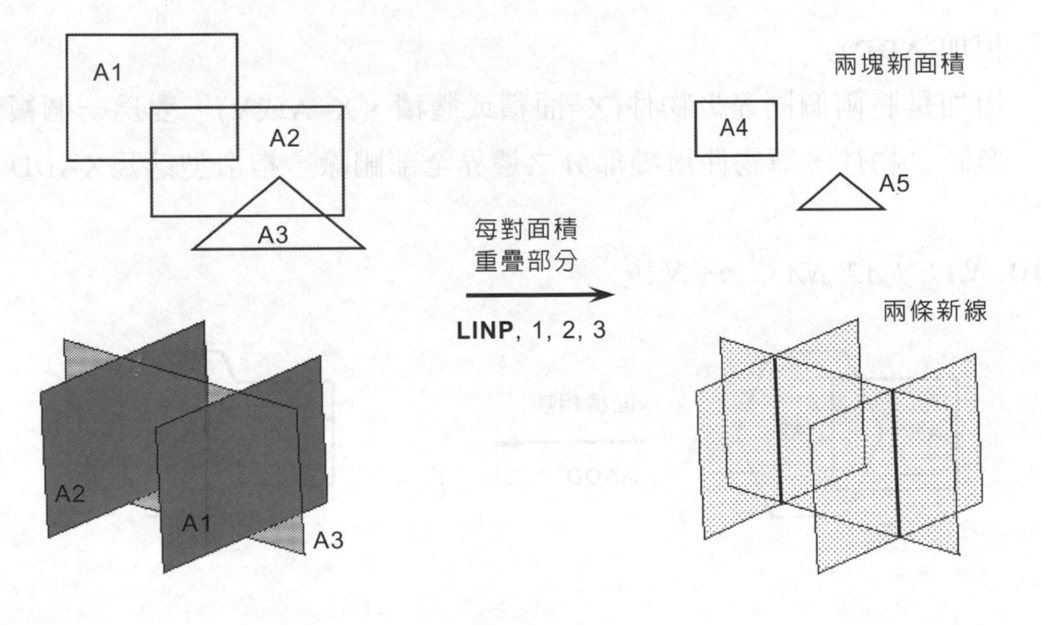

Menu Path： Main Menu > Preprocessor > Modeling > Operate > Booleans > Intersect > Pairwise > Areas

VINP, *NV1, NV2, NV3, …, NV9*

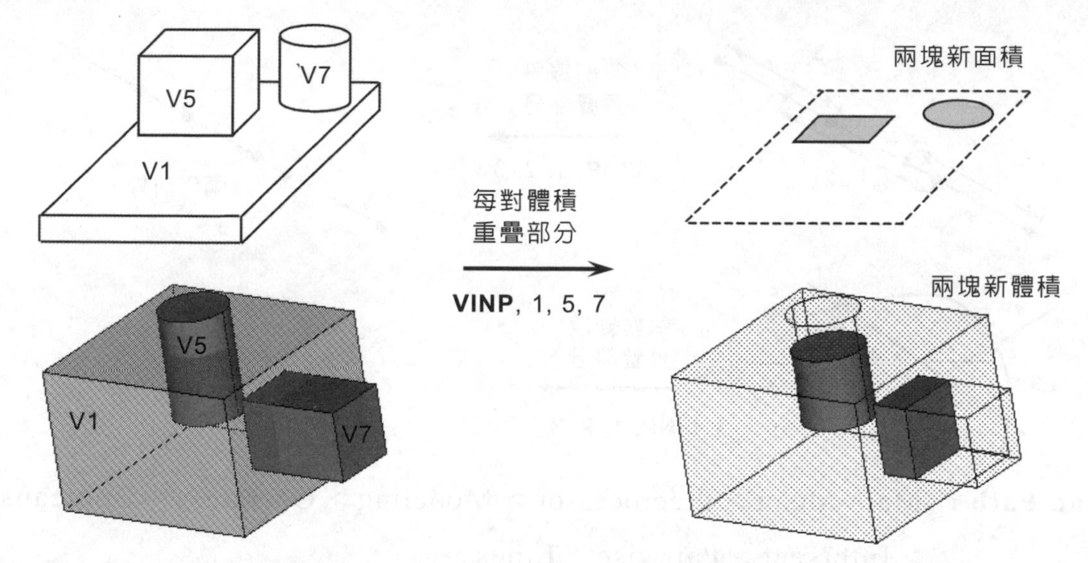

Menu Path： Main Menu > Preprocessor > Modeling > Operate > Booleans > Intersect > Pairwise > Volumes

2. 相加(**ADD**)

   相加是將兩個同等級物件(X=面積或體積，X=A或V)，變為一個複雜形狀之物件，原物件重疊部分之邊界全部刪除，指令型態爲XADD。

AADD, *NA1, NA2, NA3, …, NA9*

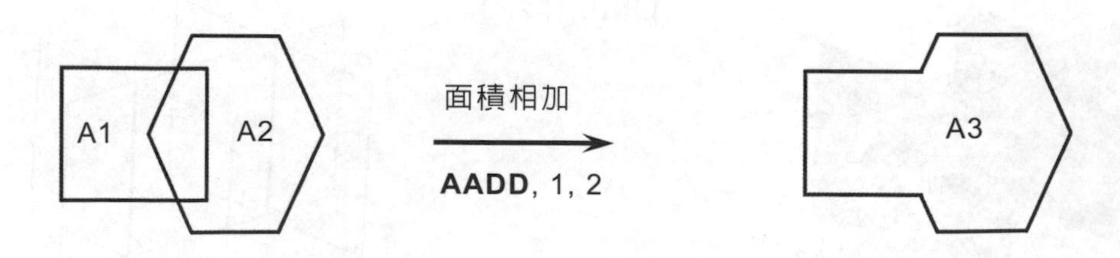

Menu Path： Main Menu > Preprocessor > Modeling > Operate > Booleans > Add > Areas

VADD, *NV1, NV2, NV3,* …, *NV9*

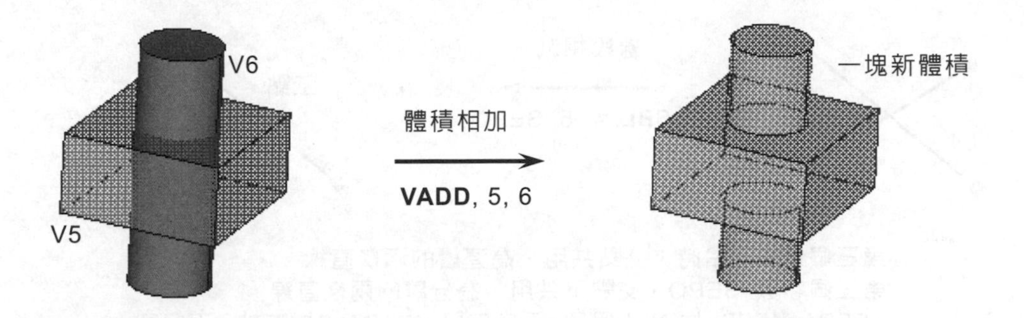

Menu Path： Main Menu > Preprocessor > Modeling > Operate > Booleans > Add > Volumes

3. 相減(**S**u**B**tract)

   兩物件(X, Y)相減，指令型態爲XSBY，可將後者物件視爲切割工具(刀具)，產生兩種結果如下：(1)Y之單元大於或等於X單元時，則產生X與Y重疊部分與Y物件會刪除之，意即將Y物件視爲刀具，切除後所留下的部分，例如**LSBL**、**ASBA**、**VSBV**、**LSBA**、**LSBV**、**ASBV**；(2)如Y單元小於X單元，則Y單元會刪除，但Y單元與X單元重合之部分將原X物件變爲連續性之兩個物件，或將原X物件變爲不連續性之兩個物件(當第三個參數=SEPO)，例如**ASBL**、**VSBA**、**LSBW**、**ASBW**、**VSBW**。

LSBL, *NL1, NL2, SEPO, KEEP1, KEEP2*

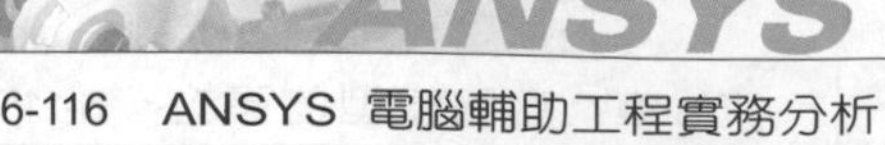

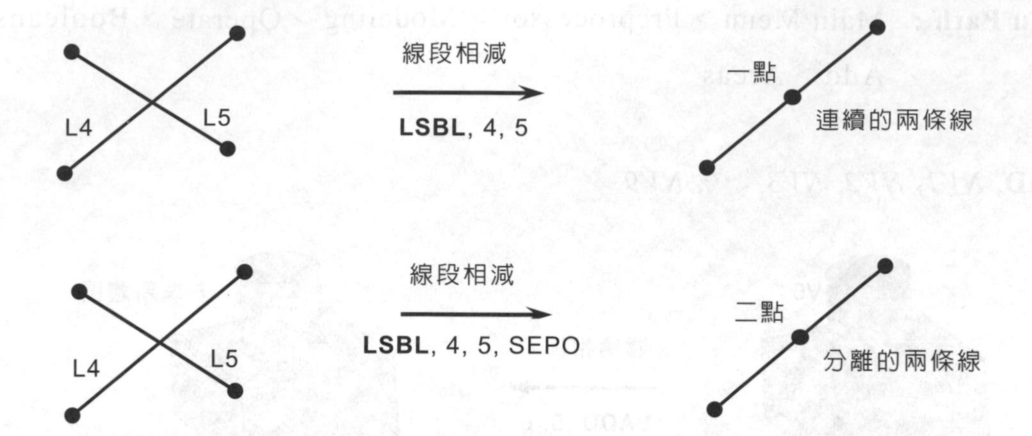

第三個參數不給時，交點共用，為連續的兩條直線。
第三個參數=SEPO，交點不共用，為分離的兩條直線。
KEEP1=KEEP，原 NL1 保留，系統自訂 KEEP1=DELETE，不保留。
KEEP2=KEEP，原 NL2 保留，系統自訂 KEEP2=DELETE，不保留。

Menu Path： Main Menu > Preprocessor > Modeling > Operate > Booleans > Subtract > Lines

ASBA, *NA1, NA2, SEPO, KEEP1, KEEP2*

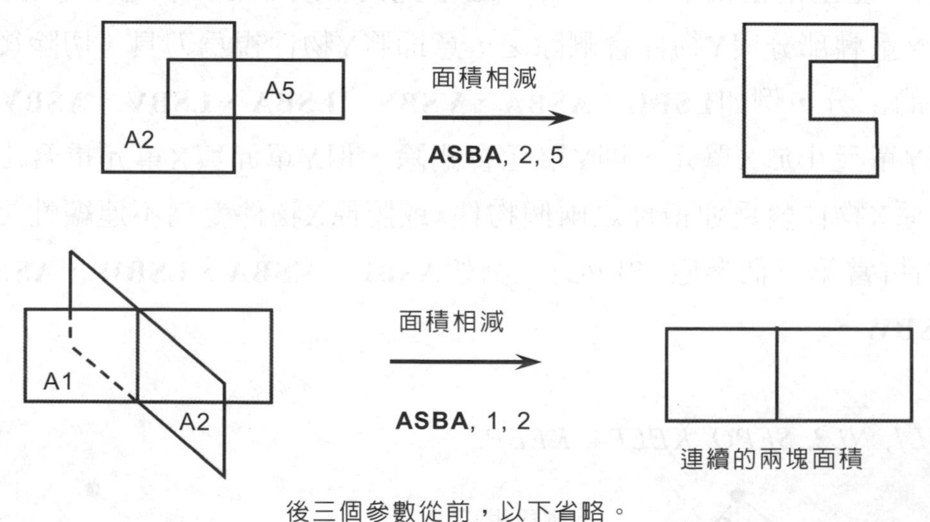

後三個參數從前，以下省略。

Menu Path： Main Menu > Preprocessor > Modeling > Operate >Booleans > Subtract > Areas

VSBV, *NV1, NV2, SEPO, KEEP1, KEEP2*

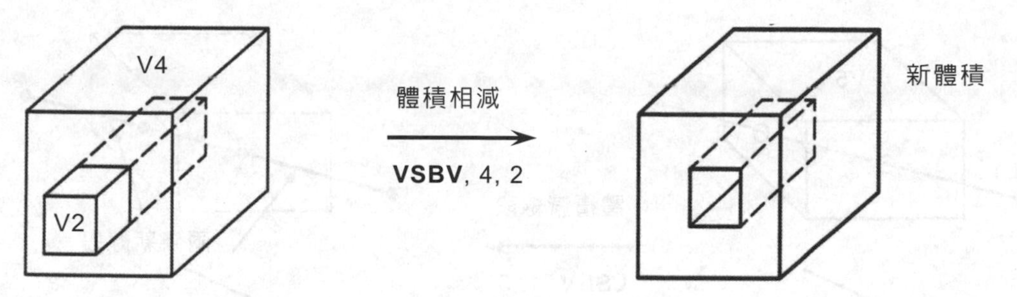

Menu Path : Main Menu > Preprocessor > Modeling > Operate > Booleans > Subtract > Volumes

LSBA, *NL, NA, SEPO, KEEPL, KEEPA*

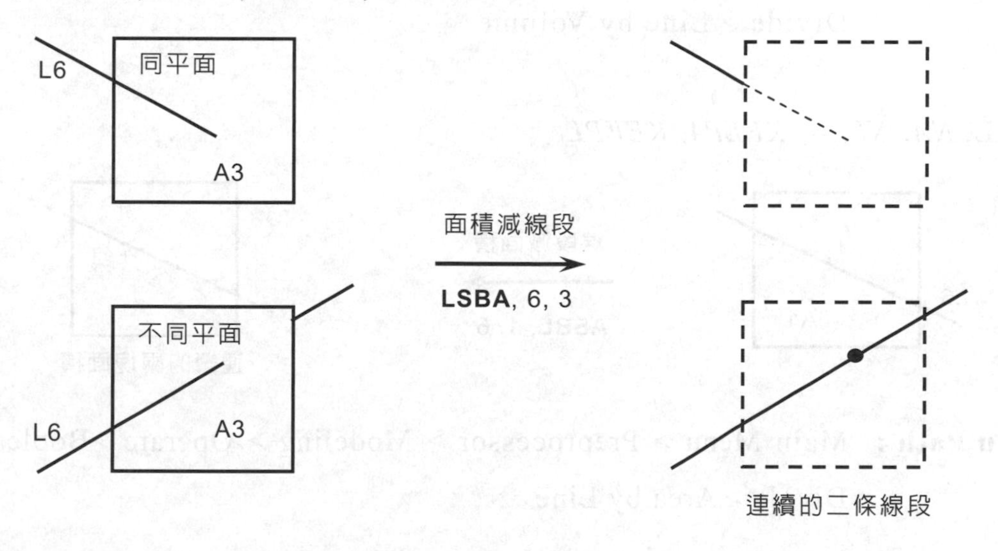

Menu Path : Main Menu > Preprocessor > Modeling > Operate > Booleans > Divide > Line by Area

LSBV, *NL, NV, SEPO, KEEPL, KEEPV*

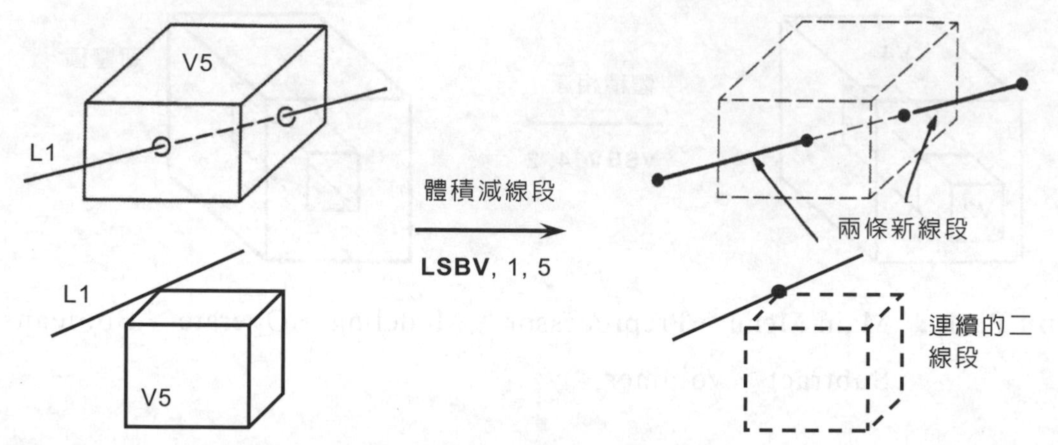

Menu Path : Main Menu > Preprocessor > Modeling > Operate >Booleans > Divide > Line by Volume

ASBL, *NA, NL, --, KEEPA, KEEPL*

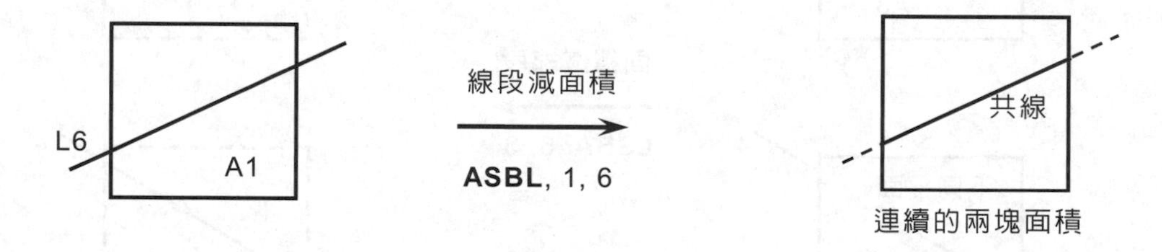

Menu Path : Main Menu > Preprocessor > Modeling > Operate >Booleans > Divide > Area by Line

ASBV, *NA, NV, SEPO, KEEPA, KEEPV*

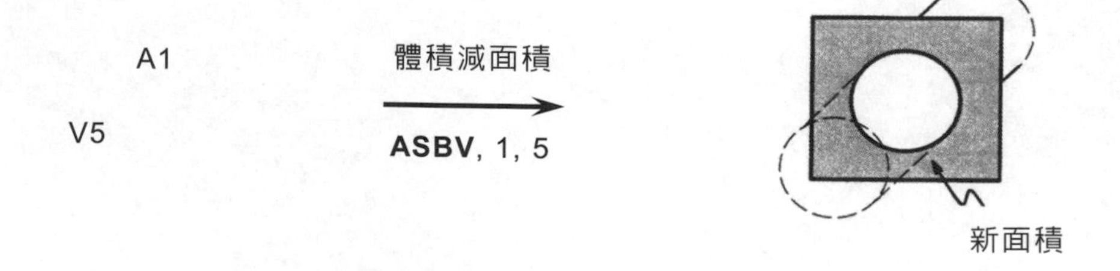

Menu Path : Main Menu > Preprocessor > Modeling > Operate >Booleans > Divide > Area by Volume

VSBA, *NV, NA, SEPO, KEEPV, KEEPA*

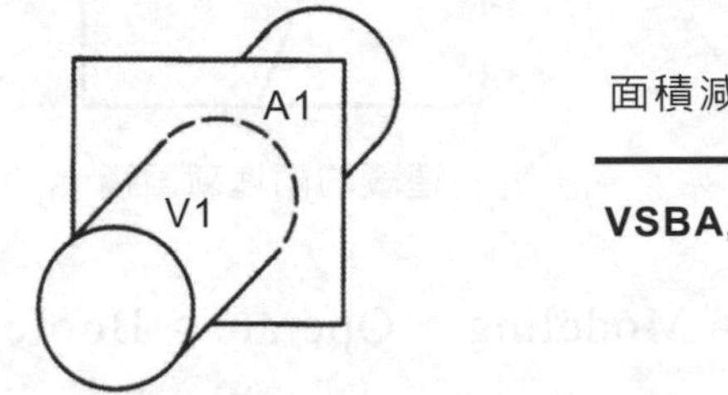

面積減體積

VSBA, 1, 1

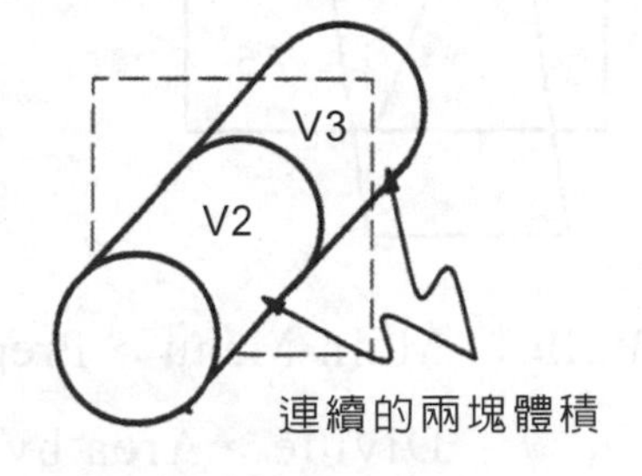

Menu Path : Main Menu > Preprocessor > Modeling > Operate > Booleans > Divide > Volume by Area

LSBW, *NL, SEPO, KEEP*

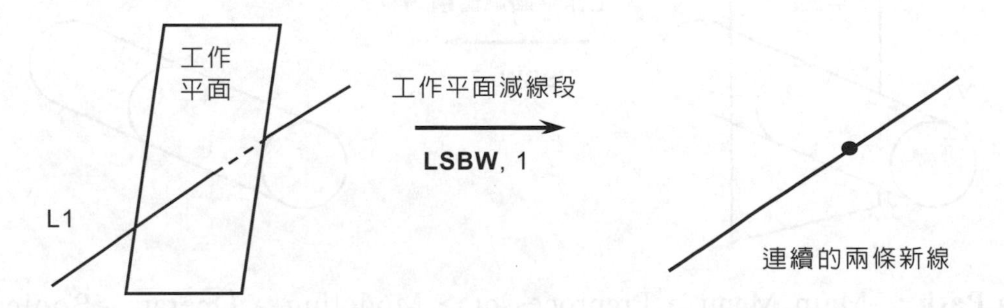

Menu Path : Main Menu > Preprocessor > Modeling > Operate > Booleans > Divide > Area by WorkPlane

ASBW, *NA, SEPO, KEEP*

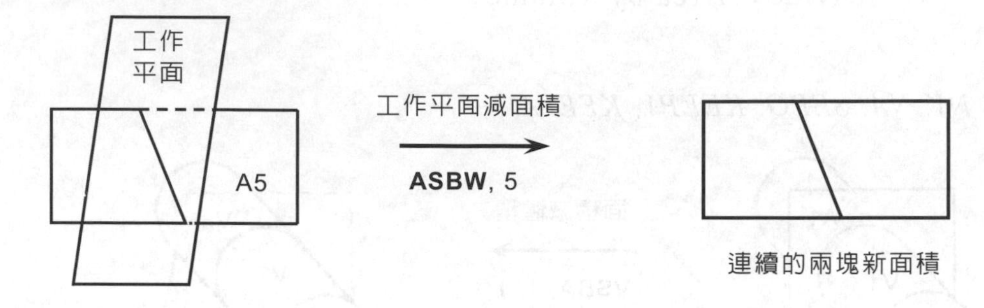

Menu Path： Main Menu > Preprocessor > Modeling > Operate > Booleans > Divide > Area by WorkPlane

VSBW, *NV, SEPO, KEEP*

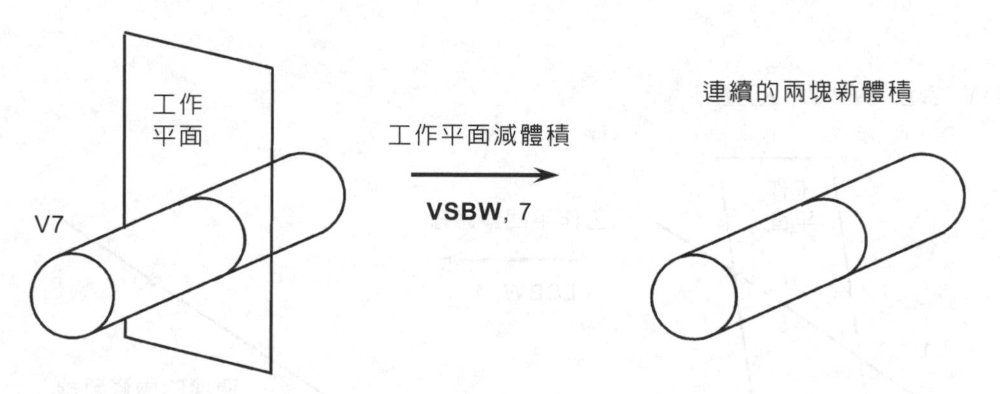

Menu Path： Main Menu > Preprocessor > Modeling > Operate >Booleans> Divide > Area by WorkPlane

4. 分類(**C**la**S**sify)

此操作僅限於線與線之分類，取其相交線段之交點爲準，將原線段分割，交點爲各線共用，GUI介面無法操作，只能使用指令輸入法。

LCSL, *NL1, NL2, NL3,* ⋯, *NL9*

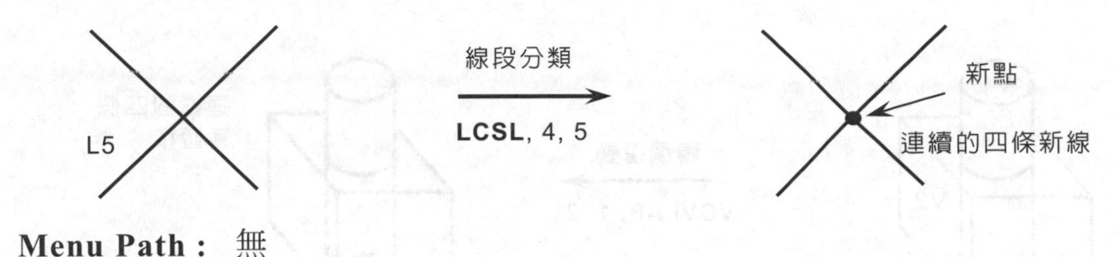

Menu Path： 無

5. 重疊(**OVerLAP**)

重疊是分離同等級物件，變爲數個物件之連續體，其中物件所有重疊邊界所圍成的區域皆自成一物件，各物件的邊界不會消失。指令型態爲XOVLAP(X=線段、面積或體積)。該指令作用與相加之作用非常相似。相加是將重疊部分之邊界刪除與原物件視爲一整體。

LOVLAP, *NL1, NL2, NL3,* ⋯, *NL9*

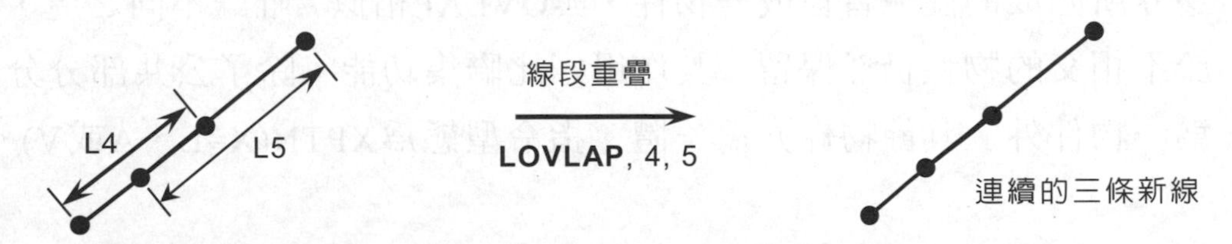

Menu Path： Main Menu > Preprocessor > Modeling > Operate > Booleans > Overlap > Lines

AOVLAP, *NA1, NA2, NA3,* ⋯, *NA9*

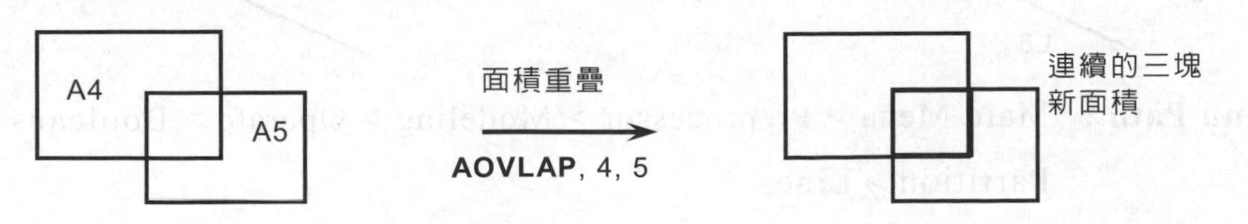

Menu Path： Main Menu > Preprocessor > Modeling > Operate > Booleans > Overlap > Areas

VOVLAP, *NV1, NV2, NV3,* …, *NV9*

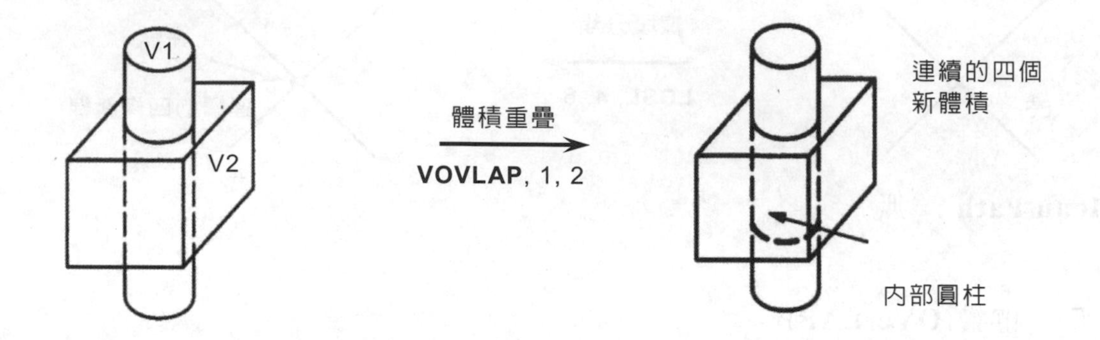

Menu Path : Main Menu > Preprocessor > Modeling > Operate > Booleans > Overlap > Volumes

6. 分離(**ParTitioN**)

分離是將一組同等級的物件變為數個連續之物件，其中物件所有重疊邊界所圍成的區域皆自成一物件，與OVLAP相似。唯一不同之處，在於不相交的物件仍然保留，其作用好比聯集功能，除了公共部分分別為一物件外，其餘物件亦為一體。指令型態為XPTN(X=L、A或V)。

LPTN, *NL1, NL2, NL3,* …, *NL9*

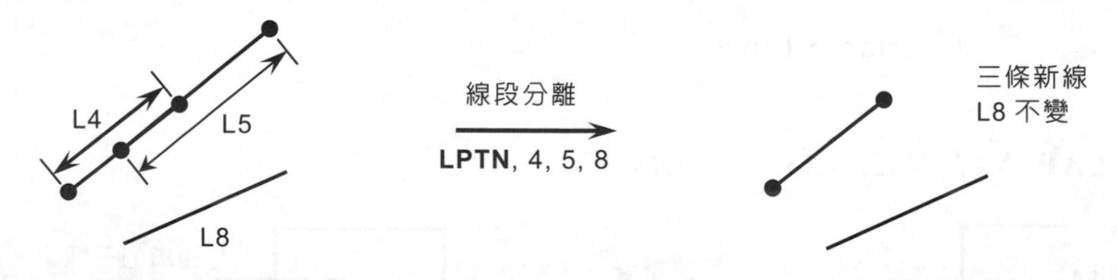

Menu Path : Main Menu > Preprocessor > Modeling > Operate > Booleans > Partition > Lines

APTN, *NA1, NA2, NA3, …, NA9*

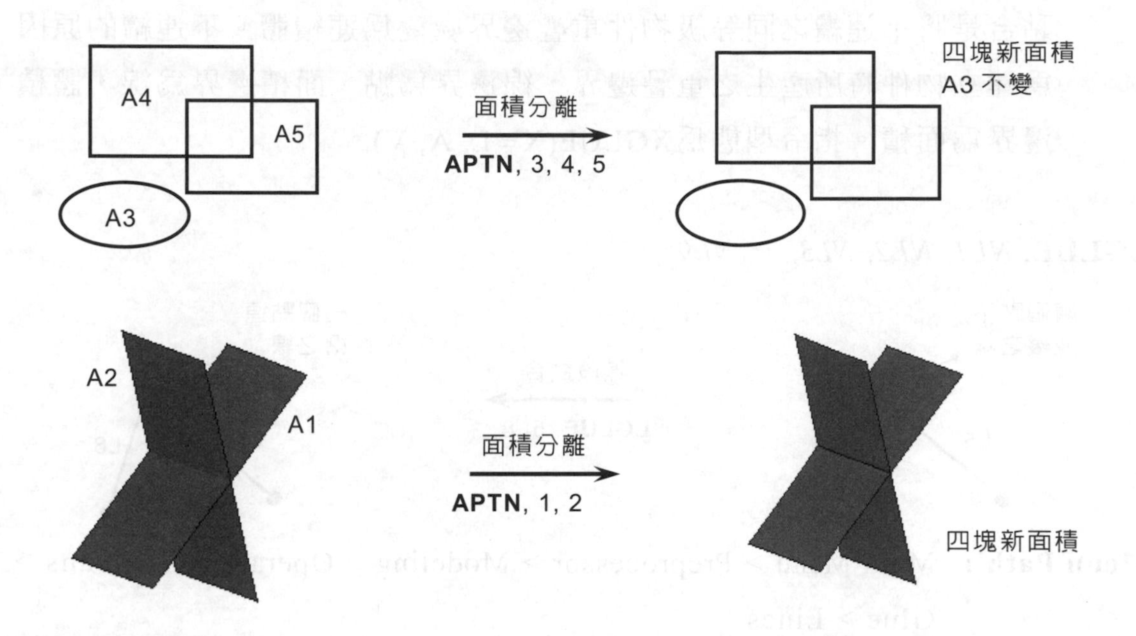

Menu Path : Main Menu > Preprocessor > Modeling > Operate > Booleans > Partition > Areas

VPTN, *NV1, NV2, NV3, …, NV9*

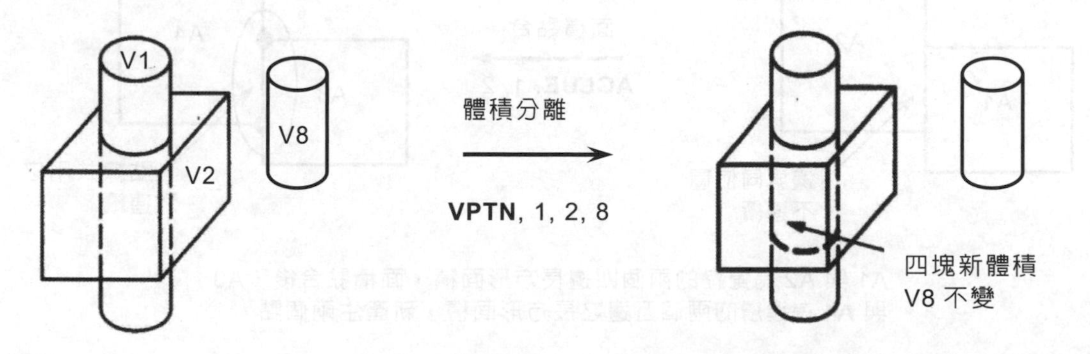

Menu Path : Main Menu > Preprocessor > Modeling > Operate > Booleans > Partition > Volumes

7. 黏合(**GLUE**)

黏合是將不連續之同等級物件重疊邊界處變爲連續體。不連續的原因爲建立物件時所產生之重疊邊界，線邊界爲點，面積邊界爲線，體積邊界爲面積。指令型態爲XGLUE(X=L, A, V)。

LGLUE, *NL1, NL2, NL3, …, NL9*

Menu Path : Main Menu > Preprocessor > Modeling > Operate > Booleans > Glue > Lines

AGLUE, *NA1, NA2, NA3, …, NA9*

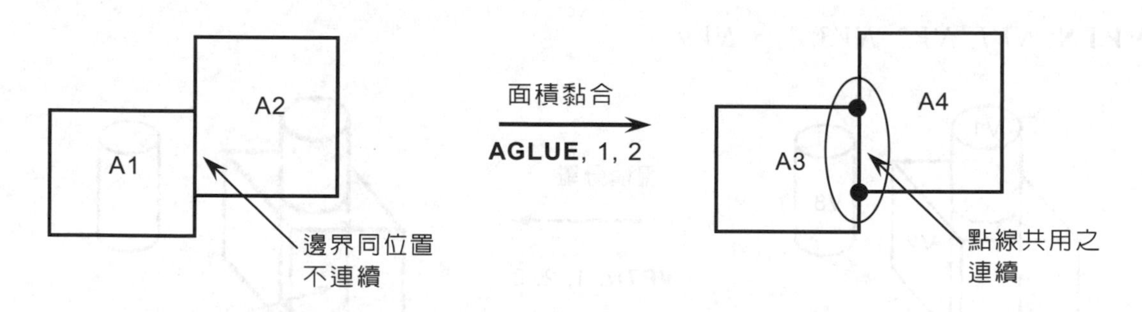

A1 與 A2 為獨立的兩個四邊長方形面積，面積黏合後，A3 與 A4 為連續的兩個五邊之長方形面積，新產生兩個點。

Menu Path : Main Menu > Preprocessor > Modeling > Operate > Booleans > Glue > Areas

VGLUE, *NV1, NV2, NV3,* ⋯, *NV9*

V1 與 V2 為獨立的兩個長方體之體積，體積黏合後，V3 與 V4 為連續的體積，原 V2 上方為四個點、四條線之面積，變為七個點、八條線之兩塊面積。

Menu Path : Main Menu > Preprocessor > Modeling > Operate > Booleans > Glue > Volumes

布林操作中原物件經運算後的結果，將以新號碼編號，原物件將刪除，後續之物件建立時，將會以系統最小號碼給予，以面積為例，A1+A2 成為新的 A3，A1、A2 將刪除，此時如建立新面積，將以 A1 編號之。故布林運算中，對於物件的號碼要格外注意，也造成程式設計的困難。除非很複雜的結構，一般儘可能不採用複雜布林運算，3D 結構大多採用 VEXT, EDRAG, VROTAT 等方式，不要忘記一個原則，結構體只要是連續體即可，不在於面積或體積數目的多少。再者，網格的建立尚未介紹，實體模型建立完畢後，轉換為有限元素模型，才是最終的目的，因此網格的技巧將有助於有限元素模型的建立。

利用原始物件建構實體模型時，每個原始物件之點、線段、面積及體積皆為獨立，故常碰到重疊邊界之問題。圖 6-11.3(a)為利用兩個 **RECTNG** 指令所建立之面積，此時共有八個點及八條線，其中有四個點及兩條線同時存在 AB 邊界處，圖 6-11.3(b)為利用 **PCIRCR** 及 **RECTAG** 指令所建立之面積，此時共有七個點及七條線(其中半圓部分直徑方向有三個點，共三條線)，圖 6-11.3(c)為利用兩個 **BLOCK** 指令所建立之體積，此時共有十六個點、二十四條線、十二塊面積，其中有八個點、八條線及二塊面積同時存在其邊界處，故必須使用布林操作(XGLUE)將物件組合爲一體。另一種方式爲物件合併之方式，可將同位置之物件合併爲一體，其指令爲 **NUMMRG**。同樣情況可發生在物件複製，對稱產生邊界相鄰時，採用本方法時邊界狀態要相同，如圖 6-11.3(a)、(c)。

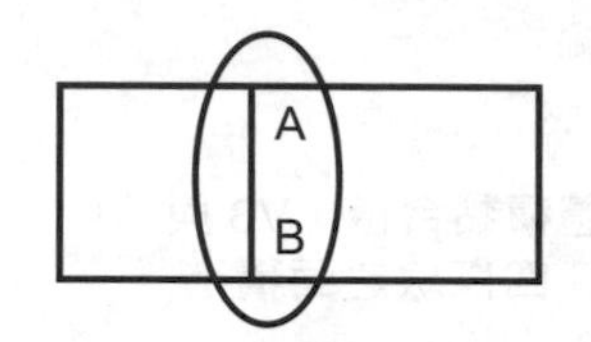

重疊邊界四個點、二條線

將點合併

NUMMRG, KP

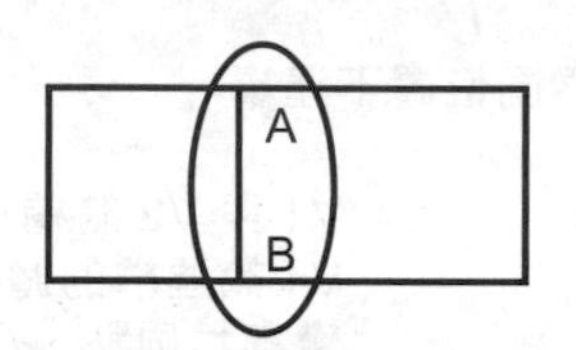

物件合為一體，邊界為二個點、一條線

(a) 邊界完全相同

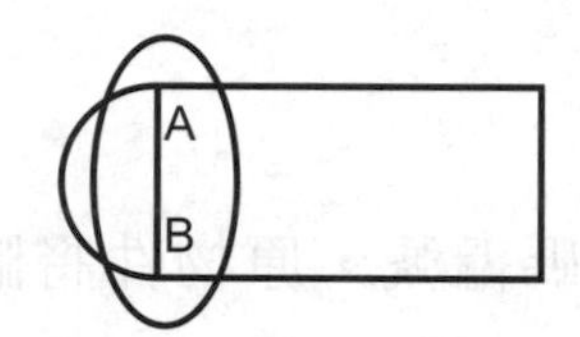

重疊邊界五個點、三條線(半圓直徑有三個點，二條線)

將邊界合併

AGLUE, ALL

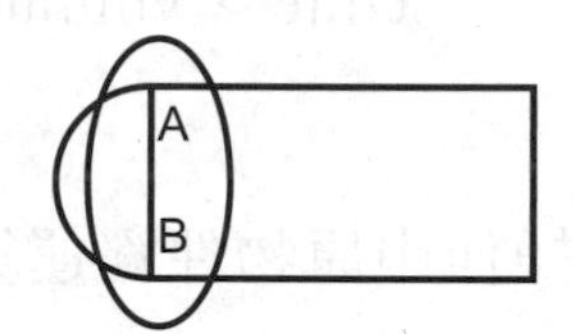

物件合為一體，邊界為共用三個點、兩條線

(b) 邊界不相同，不可用 **NUMMRG**, KP

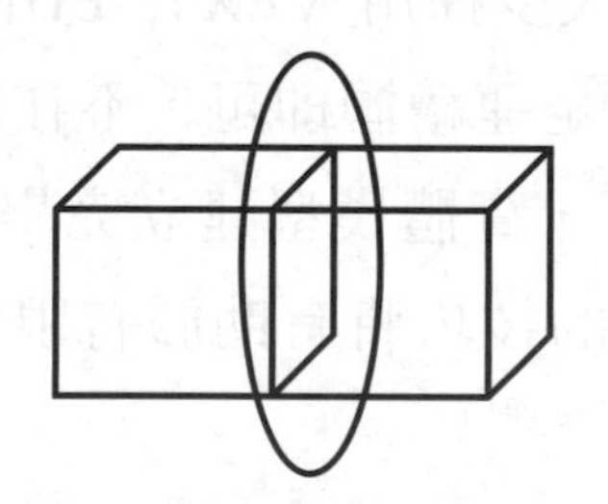

重疊邊界八個點、八條線、二塊面積

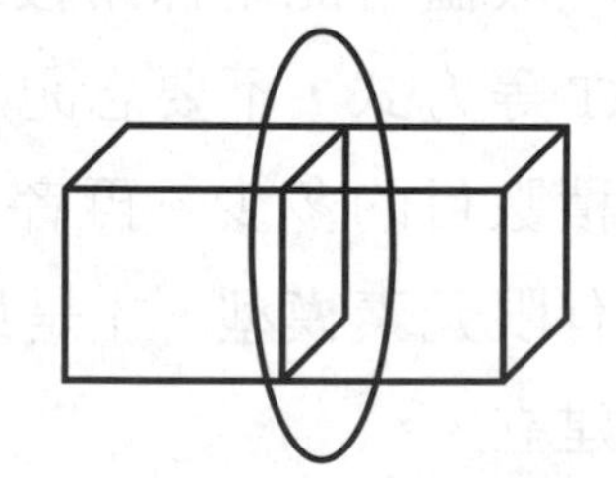

物件合為一體，邊界為四個點、四條線、一塊面積

(c) 邊界完全相同

圖 6-11.3 原始物件之重疊邊界問題

建構實體模型時，由筆者教學經驗中，使用者常犯的錯誤爲建構的實體模型，想盡方法變爲一個實體模型。事實上只要外型與實體模型相同，每一部分的實體只要有相連性即可。例如，圖 6-11.3(a)與圖 6-11.3(b)的例子中，完成重合後，實體已爲連續體，並不需要再進一步將兩塊面積變爲一塊面積。再以圖 6-11.4 爲例，相加與重疊都可達到其目的。

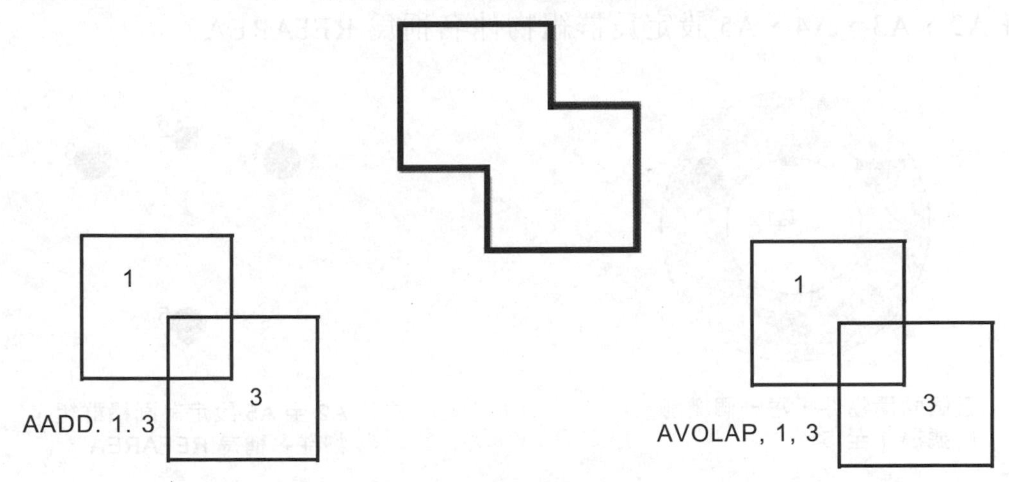

圖 6-11.4 實體模型的外型問題

➔ 6-12 群組物件

當模型越複雜時，假設我們要列示或檢視某些物件，可將其物件變爲有效物件即可，此時非有效物件無法顯示。然而當有效物件的號碼無規律，則可能要花相當多的步驟(XSEL，X=N、E、K、L、A、V)方能將有效物件設定完畢，但是若該有效物件可能出現次數繁多，每次都要設定一次是不切實際的，例如想要列示某些節點路徑的位移，或是要檢視局部元素的結果，如何快速顯現其有效物件，將是本節的重點。再以例 6-25 說明之，面積相減指令的參數爲兩塊面積的號碼，因此要運算四次，而且每一次都要檢查運算後的面積號碼，如果將三個圓與鍵槽面積都視爲刀具，此時面積相減只要運算一次，主圓環面積減其餘的面積，但如何將所有刀具面積號碼設定給面積相減的第二個參數，因爲面積相減的第二個參數只接受一個號碼。

群組(component, CM)是將相同或不相同的物件(例如點與線)，設定爲一個物件，當群組視爲一個物件時，它的用法及其具備的特性如同一般的物件。一般物件的節點、元素、點、線、面積及體積都是單一個並以號碼爲識別，群組是很多物件組合以名稱爲識別，因此群組物件的設定要給一個名稱。如圖 6-12.1 所示以面積爲例，五塊面積分別有一個號碼，五個面積物件，可將 A2、A3、A4、A5 設定爲群組物件名稱爲 REFAREA。

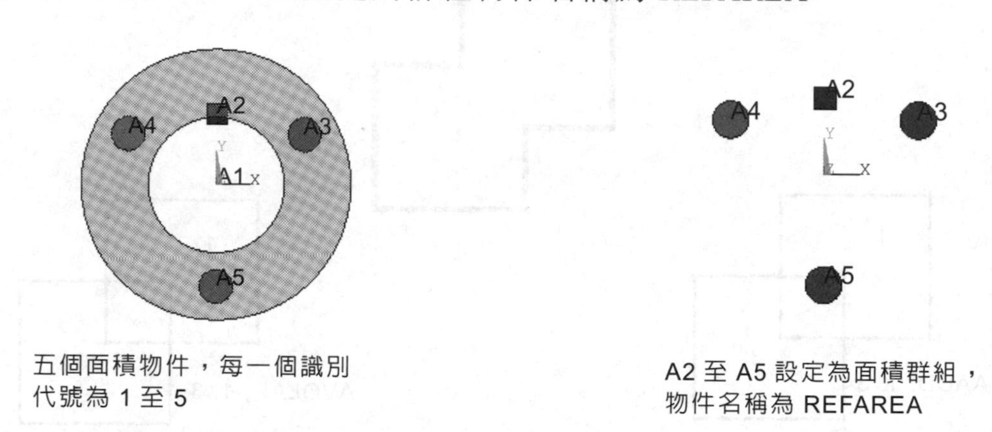

圖 6-12.1 群組物件示意圖

只要原本指令的參數爲號碼的地方，可用群組物件名稱取代，範例 6-25 爲例，面積相減的作法爲 **ASBA**, 1, REFAREA，此時 REFAREA 代表四塊面積視爲刀具。群組物件在建立模型與後處理都非常好用，越複雜的模型越需要，對初學者是無法體會其奧妙之處。

指令介紹

CM, *Cname, Entity*

將目前有效的物件(*Entity*)組合爲一群組(**CoM**ponent)，其名稱爲 *Cname*，英文字母開頭，其餘爲字母、數字、底線(underscores)，長度可達 32 字元，不要用與指令相同的名稱，必免使用 ANSYS 常用的字如 ALL、DEFA、STAT，該指令適用於同類型物件。

Entity=VOLU

=AREA

=LINE

=KP

=NODE

=ELEM

CM, REFELEM, ELEL !建立目前有效元素為群組元素物件，名稱 REFELEM
CM, TOPAREA, AREA!建立目前有效面積為群組面積物件，名稱 TOPAREA1

Utility Paths : Select > Comp/Assembly > Create Component

CMGRP, *Aname*, *Cnam1*, *Cnam2*, *Cnam3*, *Cnam4*, *Cnam5*, *Cnam6*, *Cnam7*, *Cnam8*

將不同名稱的群組(*Cname1~Cname8*)組合爲一群組組合(**C**o**M**ponent **GR**ou**P**)，最後還是稱爲群組，其名稱爲 *Aname*，該指令可適用於不同類型物件，若不同類型群組參予組合。

CMGRP, ELEM_AREA, REFELEM, TOPAREA

Utility Menu : Select > Comp/Assembly > Create Assembly

此外 **CMDELE**、**CMLIST**、**CMPLOT**、**CMSEL** 等指令，用法與前 **XDELE**、**XLIST**、**XPLOT**、**XSEL** 相同，**X**=物件。

【範例 6-24】

綜合練習。先建主圓環面積(A1)，利用 WP 移動、旋轉，建立鍵槽面積(A2)、外環三個圓面積(A3、A4、A5)，進而布林運算，面積相減。

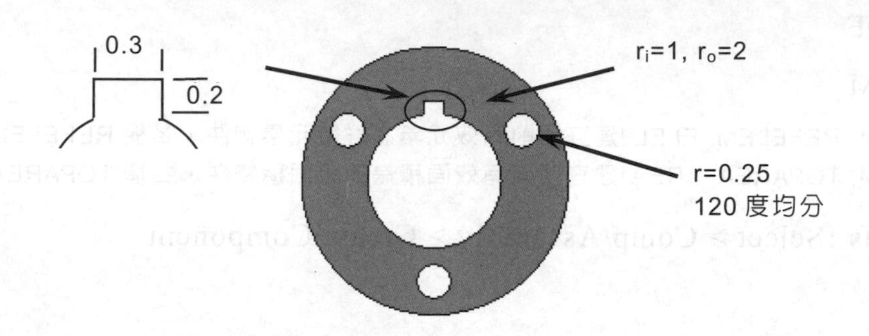


```
/PREP7
PCIRC, 1, 2  !建立 A1
WPOFFS, , 1
RECTANG, -0.15, 0.15, -0.1, 0.2  !建立鍵槽面積 A2
WPOFFS, , -1 !工作面回至原點
WPROTA, 30 !旋轉工作面座標 30 度
WPOFFS, 1.5 !移動工作面座標至右上圓心處
PCIRC, 0, 0.25 !建立右上圓面積 A3
WPCSYS, , 0 !工作面回至整體卡式座標
WPROTA, 150 !旋轉工作面座標 150 度
WPOFFS, 1.5 !移動工作面座標至左上圓心處
PCIRC, 0.25 !建立左上圓面積 A4
WPCSYS, , 0
WPOFFS, , -1.5
PCIRC, 0.25 !建立下方圓面積 A5
ASEL, U, AREA, , 1
CM, CUTAREA, AREA ! 建立刀具群組
ALLSEL
ASBA, 1, CUTAREA
```

【範例 6-25 下拉式指令法】

1. Main Menu > **Preprocessor**
2. Main Menu > Preprocessor > Modeling > Create > Areas > Circle > By Dimensions

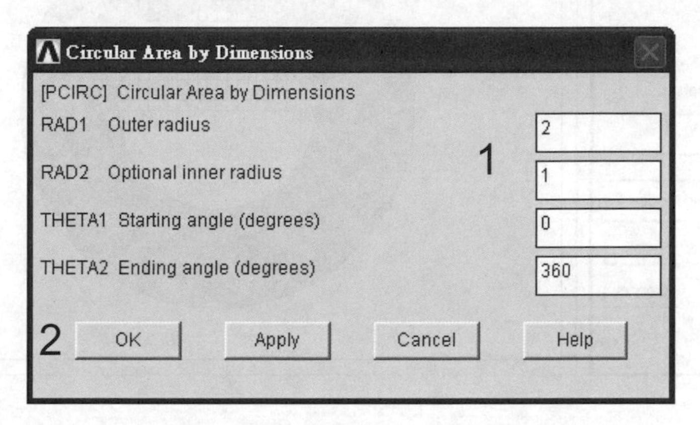

出現圓面積輸入參數視窗，輸入內、外半徑參數，點選 OK。

3. (a) Utillity Menu > WorkPlane 點選 Display WorkingPlane

   (b) Utillity Menu > WorkPlane > WP Settings…點選 Grid and Triad，點選 OK。

   (c) Utillity Menu > WorkPlane > Offset WP by Increment…

   出現工作平面視窗，在 XYZ Offsets 處，輸入工作平面移動參數 0, 1, 0，點選 OK，工作平面移至上方鍵槽處。

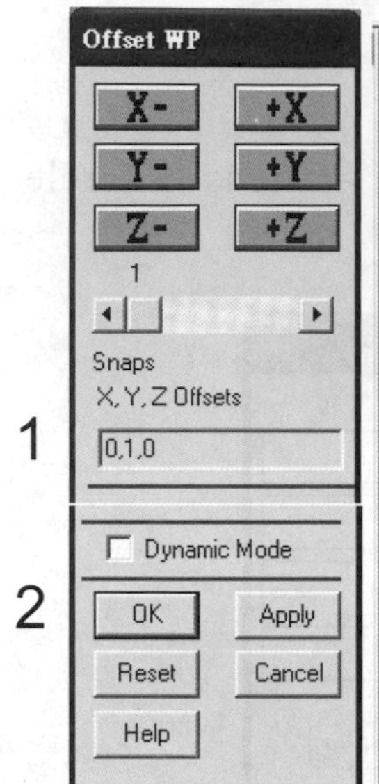
Offset WP
X-
+X
Y-
+Y
Z-
+Z
1
Snaps
X,Y,Z Offsets
1
0,1,0
Dynamic Mode
2
OK
Apply
Reset
Cancel
Help

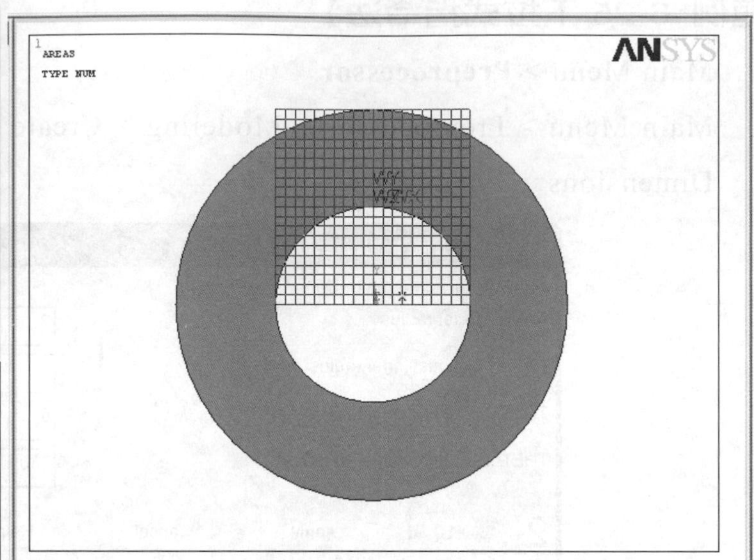
1
AREAS
TYPE NUM
ANSYS

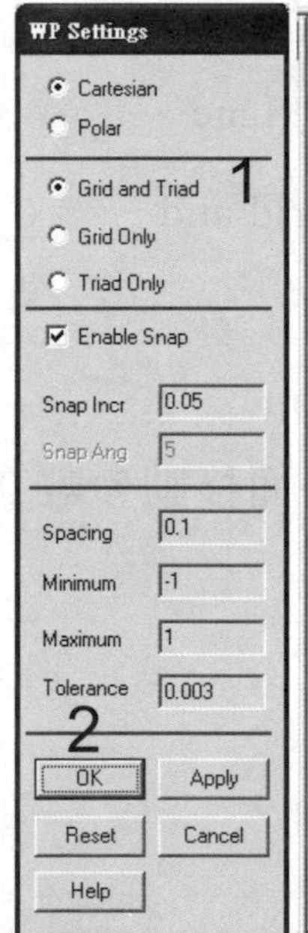
WP Settings
Cartesian
Polar
Grid and Triad
1
Grid Only
Triad Only
Enable Snap
Snap Incr
0.05
Snap Ang
5
Spacing
0.1
Minimum
-1
Maximum
1
Tolerance
0.003
2
OK
Apply
Reset
Cancel
Help

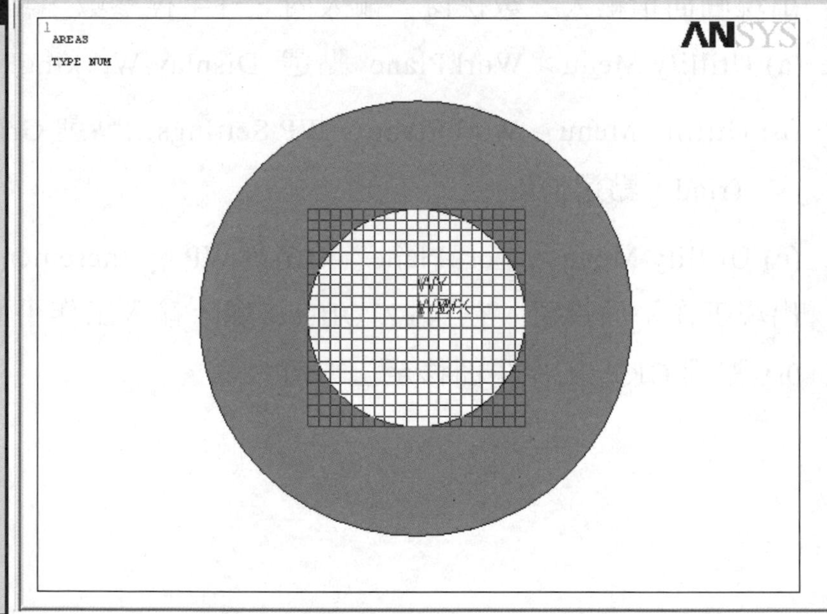
1
AREAS
TYPE NUM
ANSYS

4. Main Menu > Preprocessor > Modeling > Create > Areas > Rectangle > By Dimensions

   出現長方形面積輸入參數視窗，輸入參數後，點選OK，建立鍵槽面積A2。

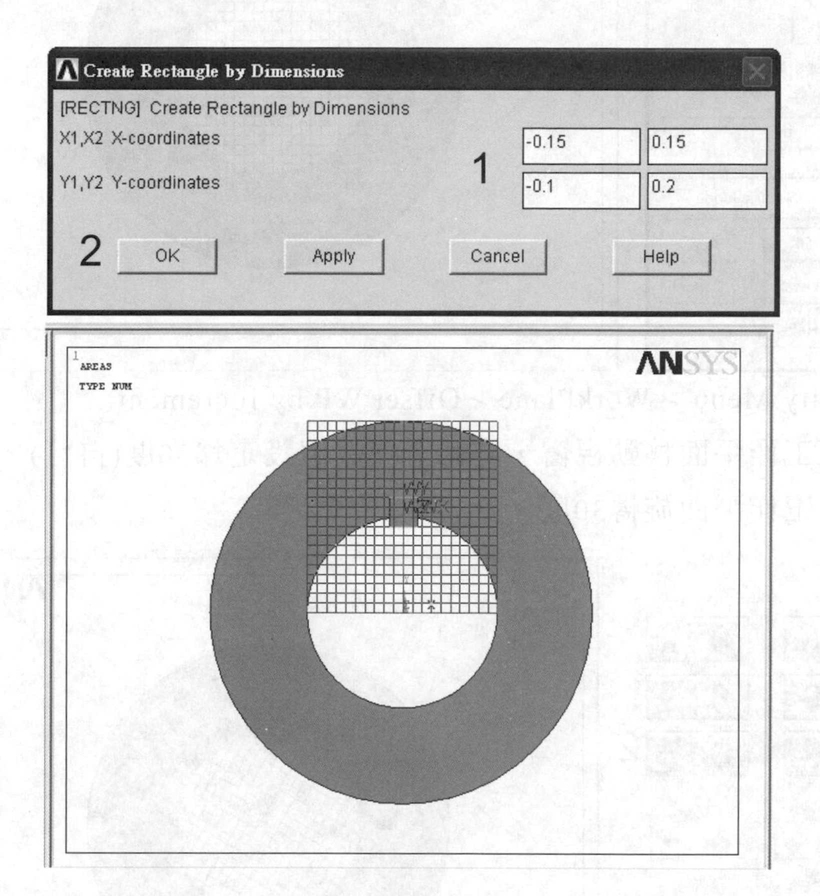

5. Utillity Menu > WorkPlane > Offset WP by Increment…

   出現工作平面移動視窗，在X, Y, Z Offset處，輸入座標移動參數0, -1, 0，點選OK，工作平面回至原點。

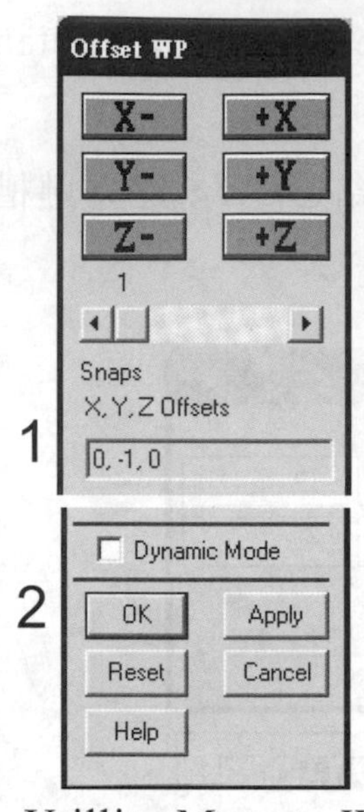

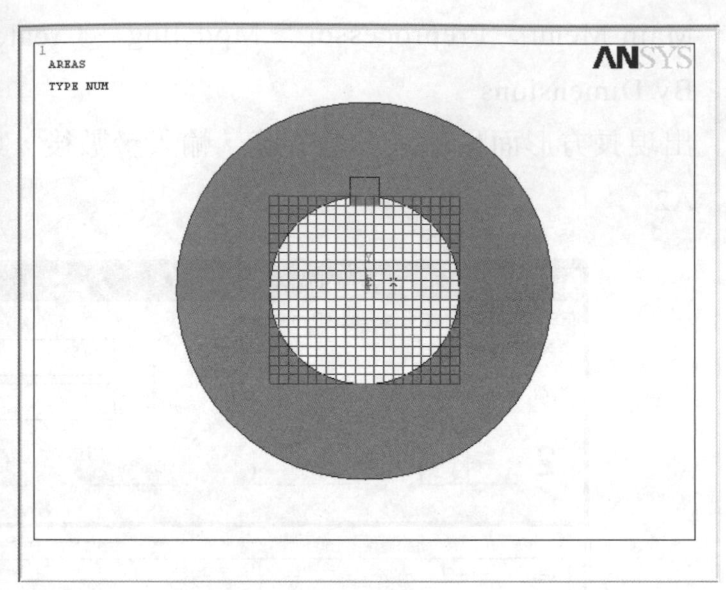

6. Utillity Menu > WorkPlane > Offset WP by Increment…

   出現工作平面移動視窗，旋轉滑桿數值設定爲30度(自訂)，選 ⟲+Z 一次，工作平面旋轉30度。

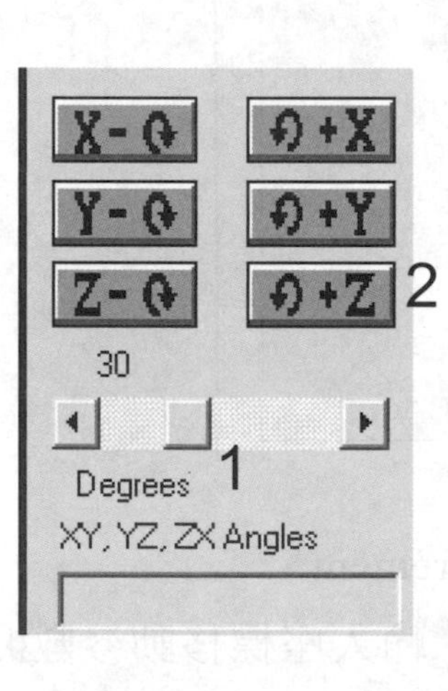

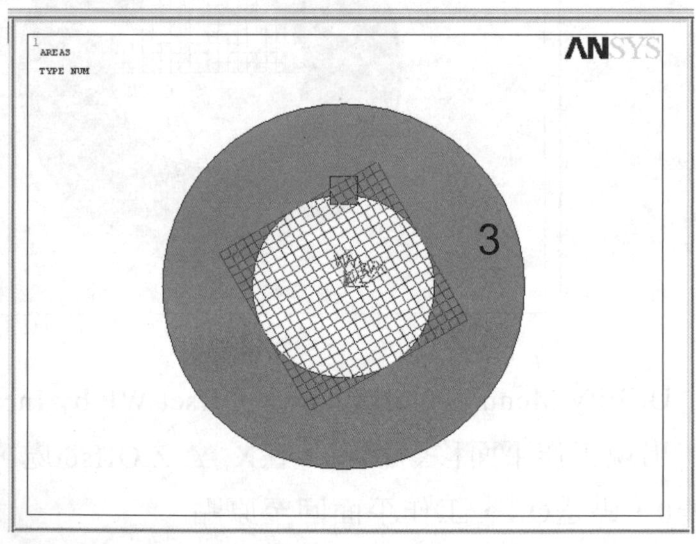

7. Utillity Menu > WorkPlane > Offset WP by Increment…

   出現工作平面移動視窗，在X, Y, Z Offset處，輸入座標移動參數1.5, 0, 0，點選OK，工作平面移動右上圓心處。

8. Main Menu > Preprocessor > Modeling > Create > Areas > Circle > By Dimensions

出現圓面積輸入參數視窗，輸入參數外半徑=0.25、內外半徑=0，點選OK，建立右上圓面積A3。

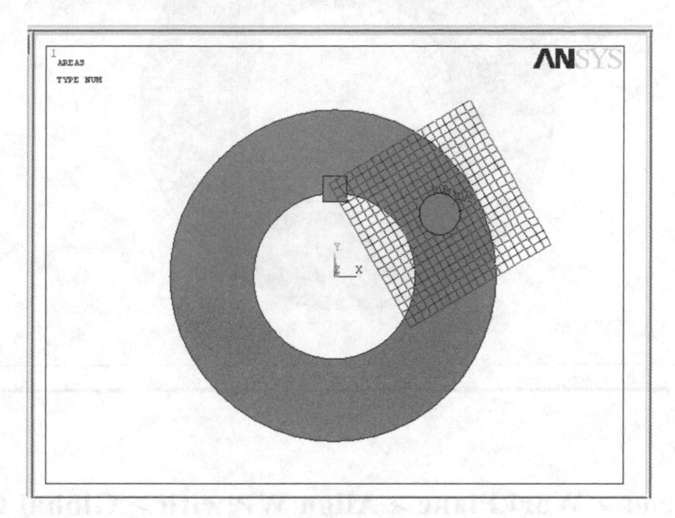

9. Utillity Menu > WorkPlane > Align WP with **> Global Cartesian**

Utillity Menu > **Plot > Replot**，即可看WP回到原始設定的結果。

10. Utillity Menu > WorkPlane > Offset WP by Increment…

出現工作平面移動視窗，在XY, YZ, ZX Angles處輸入其旋轉參數150, 0, 0，點選OK，工作平面旋轉150度。

11. Utillity Menu > WorkPlane > Offset WP by Increment…

出現工作平面移動視窗，在X, Y, Z Offset處，輸入座標移動參數1.5, 0, 0，點選OK，工作平面移動左上圓圓心處。

12. Main Menu > Preprocessor > Modeling > Create > Areas > Circle > By Dimensions…

出現圓面積輸入參數視窗，輸入參數外半徑=0.25、內外半徑=0，點選OK，建立左上圓面積A4。

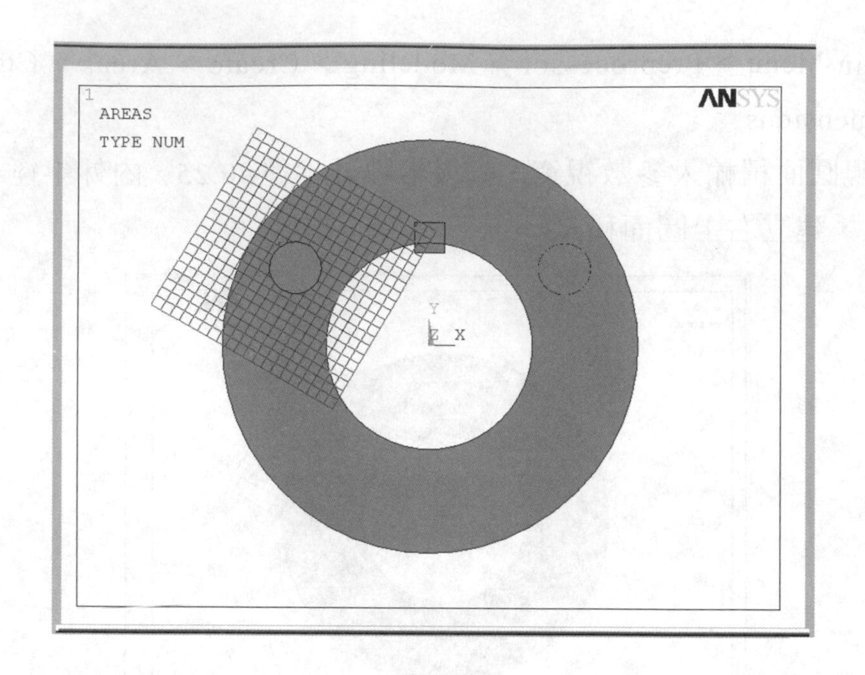

13. Utillity Menu > **WorkPlane > Align WP with > Global Cartesian**
    Utillity Menu > **Plot > Replot**，即可看WP回到原始設定的結果。
14. Utillity Menu > WorkPlane > Offset WP by Increment…
    出現工作平面移動視窗，在X, Y, Z Offset處，輸入座標移動參數0, -1.5, 0，點選OK，工作平面移動下方圓圓心處。
15. Main Menu > Preprocessor > Modeling > Create > Areas > Circle > By Dimensions…
    出現圓面積輸入參數視窗，輸入參數外半徑=0.25、內外半徑=0，點選OK，建立下上圓面積A5。

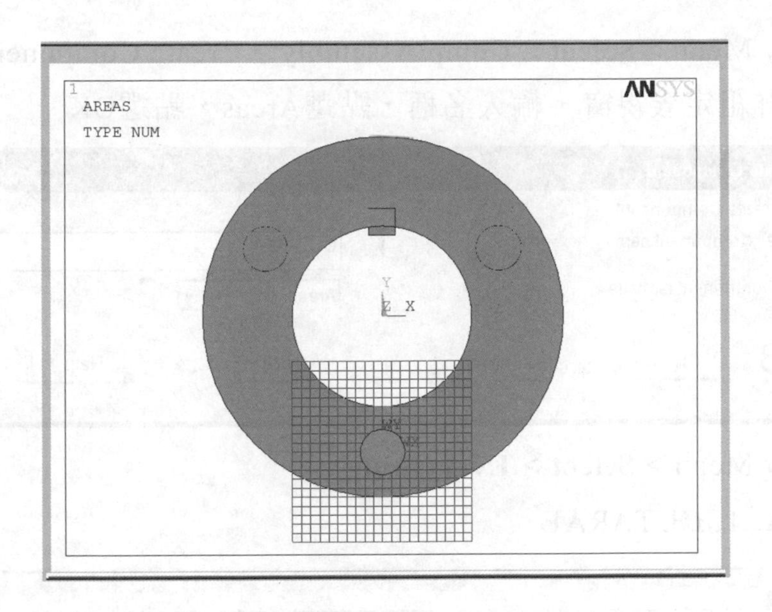

16. Utility Menu > Select > Entities...

出現選擇屬性視窗，點選Areas，Unselect，點選OK。出現選擇視窗，在選擇輸入視窗輸入1，點選OK，有效物件為A2至A5。

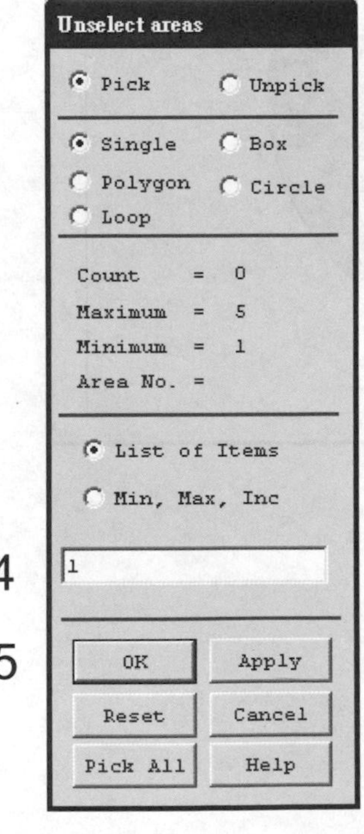

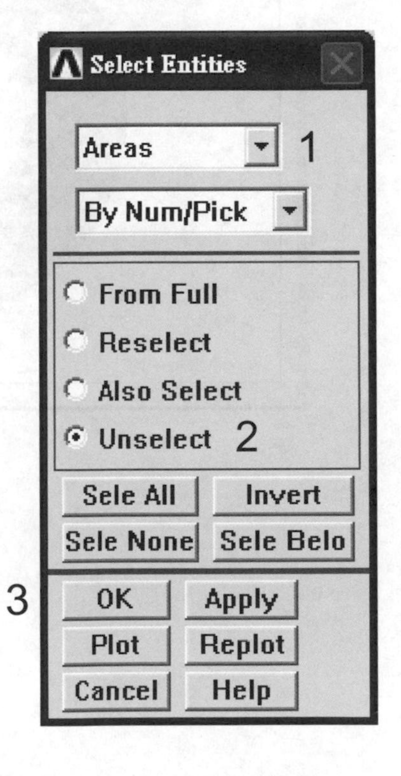

17. Utility Menu > Select > Comp/Assembly > Create Component
出現群組定義視窗，輸入名稱，點選Areas，點選OK。

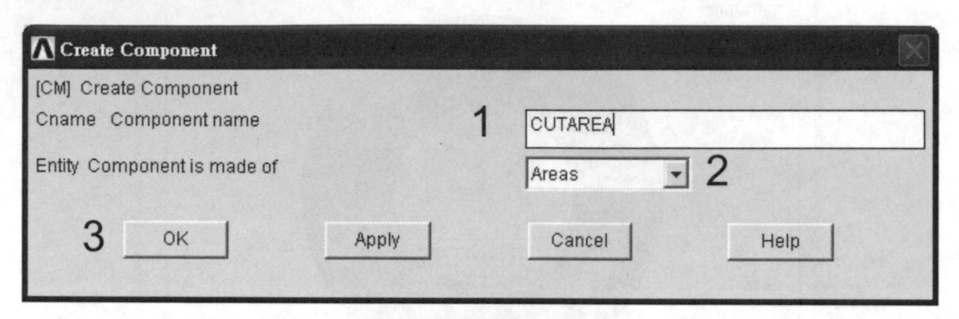

18. Utility Menu > **Select > Everything**
19. **ASBA**, 1, CUTARAE

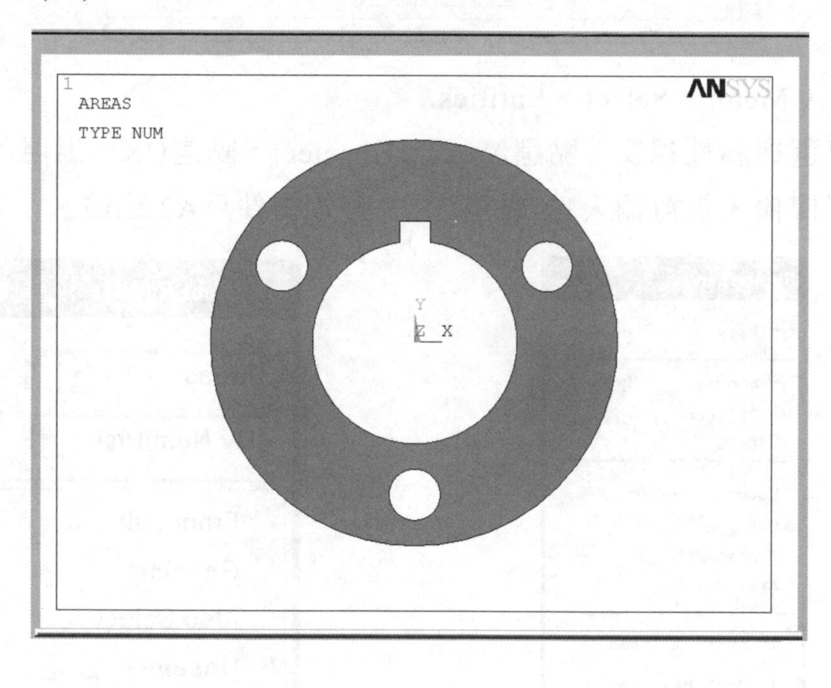

【範例 6-25】

範例 6-10 綜合面積練習。

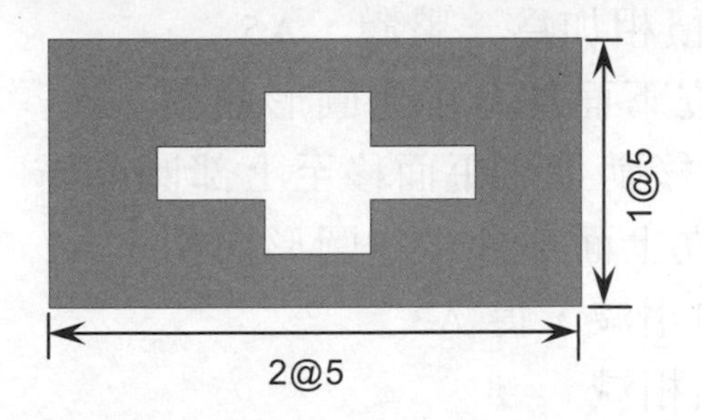


```
/PREP7
RECTNG, 0, 10, 0, 5   !建立 A1
RECTNG, 2, 8, 2, 3   !建立 A2，十字形之水平面積
RECTNG, 4, 6, 1, 4   !建立 A3，十字形之垂直面積
AADD, 2, 3     !相加 A2、A3=A4
ASBA, 1, 4     !相剪 A1-A4=A2
```

【範例 6-26】

綜合練習，建立面積。

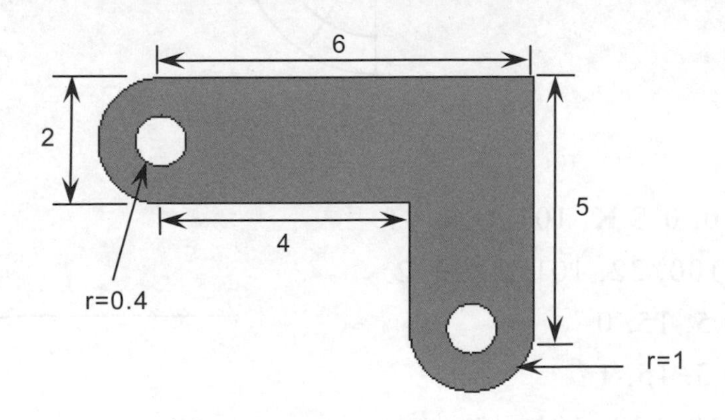


```
/PREP7
RECTNG, 0, 6, -1, 1 !建立上面部分矩形面積
PCIRC, 0, 1, 90, 270 !建立上面部分半圓形面積
```

RECTNG, 4, 6, -4, -1 !建立右下部分矩形面積
WPAVE, 5, -4 !移動工面平面至右下部圓心處
PCIRC, 0, 1, -180, 0 !建立右下面部分半圓形面積
AADD, ALL !面積相加爲一整體，A5
PCIRC, 0.4 !建立下面部分中空圓形面積，A1
WPAVE, 0, 0, 0 !移動工作平面移至上部圓心處
PCIRC, 0.4 !建立上面部分中空圓形面積，A2
ASBA, 5, 1 !面積相減，得 A3
ASBA, 3, 2 !面積相減

【範例 6-27】

範例 6-12 綜合面積練習，建立一半再對稱。

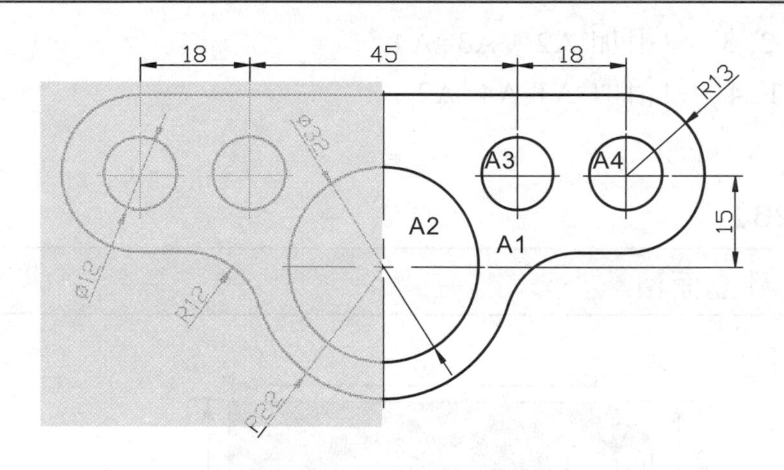

/PREP7
K, 100, 0, 0, 0 $ **K,** 101, 0, 0, -1
CIRCLE, 100, 22, 101, 1, 90, 2
K, 100, 40.5, 15, 0
K, 101, 40.5, 15, 1
CIRCLE, 100, 13, 101, , 360, 4
LDELE, 4, 5, 1, 1
LEXT, 1, 1, 5

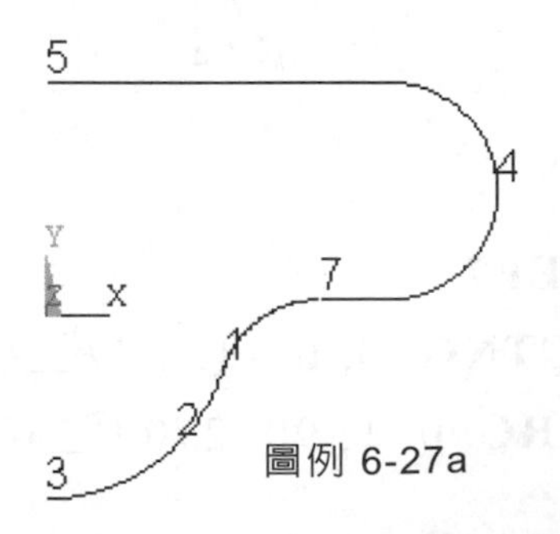

圖例 6-27a

LEXT, 6, 7, 23
LCSL, 1, 6
LDELE, 4, 8, 4, 1
LFILLT, 5, 7, 12
LEXT, 3, 5, 40.5 !如圖例 6-27a
A, 3, 2, 1, 7, 4, 5 !建立 A1
PCIRC, 0, 16, -90, 90 !建立 A2
WPOFFS, 22.5, 15
PCIRC, 0, 6 !建立 A3
WPOFFS, 18
PCIRC, 0, 6 !建立 A4
ASEL, U, AREA, , 1
CM, CUTAREA, AREA !建立刀具群組
ALLSEL
ASBA, 1, CUTAREA !相剪 A1-CUTAREA
ARSYM, X, ALL
NUMMRG, KP

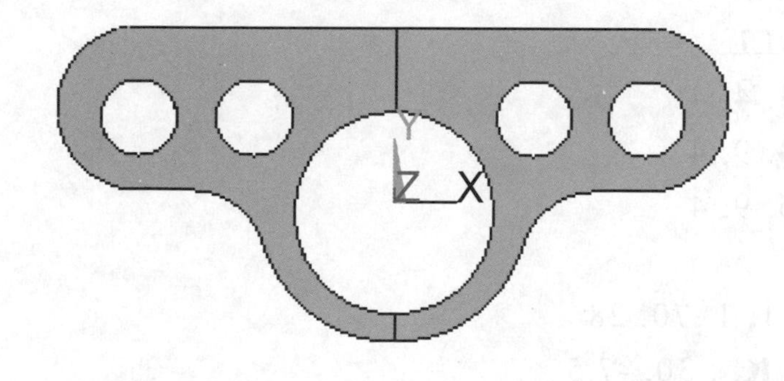

【範例 6-28】

範例 6-16 綜合面積練習，建立一半再對稱。

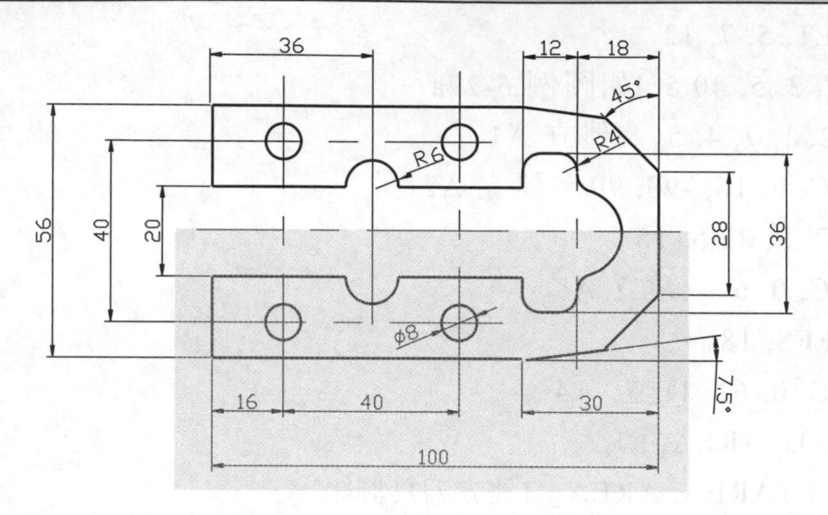


```
/PREP7
RECTNG, 70, 82, 0, 18
WPOFFS, 82
PCIRC, 0, 10, 0, 90
AADD, ALL
ADELE, ALL
LFILLT, 3, 4, 4
LFILLT, 3, 9, 4
LFILLT, 5, 9, 4
AL, ALL
LOCAL, 11, 1, 70, 28
K, , 0, 0 $ K, , 30, -7.5
CSYS, 0
L, 13, 14
LOCAL, 11, 1, 100, 14
K, , 0, 0 $ K, , 30, 135
CSYS, 0
L, 15, 16
```

```
LCSL, 10, 11
LDELE, 13, 15, 2, 1
K, , 70, 0
K, ,100, 0
A, 13, 14, 16, 15, 17
ASBA, 2, 1
WPCSYS, 0
RECTNG, 0, 70, 10, 28
AADD, ALL
NUMCMP, AREA
WPOFFS, 16, 20
PCIRC, 0, 4
WPOFFS, 30, 0
PCIRC, 0, 4
WPOFFS, -20, -10
PCIRC, 0, 3, 0, 180
ASEL, S, AREA, , 2, 4
CM, CUTAREA, AREA
ALLSEL
ASBA, 1, CUTAREA
ARSYM, Y, ALL $ NUMMRG, KP
```

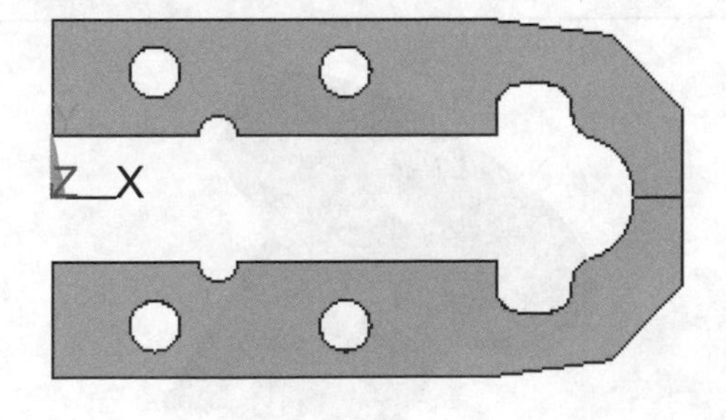

【範例 6-29】

綜合練習。

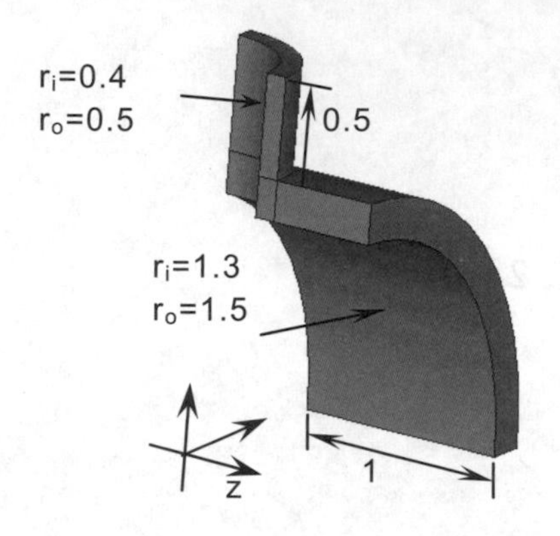


```
/PREP7
CYLIND, 1.3, 1.5, , 1, 90
WPROTA, , -90
CYLIND, 0.4, 0.5, , 2, , -90
VOVLAP, 1, 2
VDEL, 3, 4, , 1
```

【範例 6-30】

綜合練習。

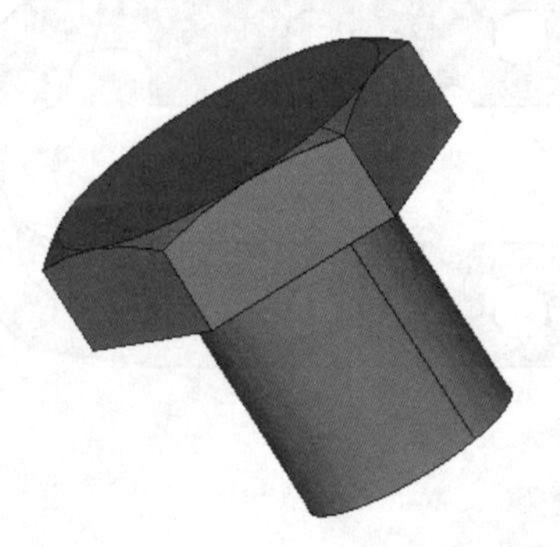

```
/PREP7
CONE, 2, 10, 4
```

RPRISM, 0, 4, 6, , , 2
VINV, 1, 2
CYLIND, 1.25, 2.5, 1.2, 5
VSBV, 3, 1

【範例 6-31】

綜合練習，外緣各區間弧線半徑皆為 0.46。

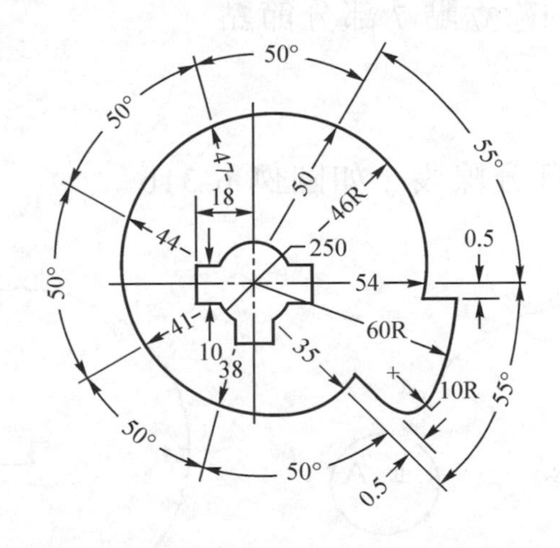

/PREP7
CSYS, 1 !轉至圓柱座標
K, 1, 0.54 !建立外緣不同半徑、角度之各點
K, 2, 0.5, 55 $ **K**, 3, 0.47, 105
K, 4, 0.44, 155 $ **K**, 5, 0.41, 205
K, 6, 0.38, 255 $ **K**, 7, 0.35, 305
K, 100 !建立弧心參考點
LARC, 1, 2, 100, 0.46 !建立外緣各圓弧線
LARC, 2, 3, 100, 0.46 $ **LARC**, 3, 4, 100, 0.46
LARC, 4, 5, 100, 0.46 $ **LARC**, 5, 6, 100, 0.46

LARC, 6, 7, 100, 0.46 !外緣各圓弧線，如圖例 6-31a
CSYS, 0 !轉至卡式座標
K, 8, 0.54, -0.05 !建立 A 部分線段
K, 9, 0.6, -0.05
L, 1, 8
L, 8, 9
***AFUN**, DEG !轉換函數接受角度值
! 建立 11 號卡式區域座標於第 7 點，含旋轉
LOCAL, 11, 0, 0.35*COS(55), -0.35*SIN(55), 0, -55
K, 10, 0, 0.05 !建立點 7 部分節點
K, 11, 0.3, 0.05
L, 7, 10
L, 10, 11 !點 7 部分線段，如圖例 6-31b

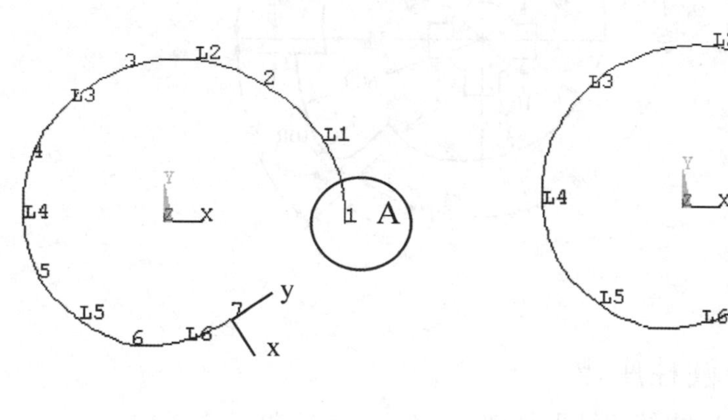

圖例 6-31a　　　　　　　　　　圖例 6-31b

CSYS, 1 !回至圓柱座標
K, 12, 0.6, -90
LARC, 9, 12, 100, 0.6 !建立右下方弧線，如圖例 6-31(c)
LCSL, 10, 11 !線段分類
LDEL, 14, 15 !刪除不用的線段
LFILLT, 12, 13, 0.1 !建立 r=0.1 圓弧線
AL, ALL !面積，如圖例 6-31d

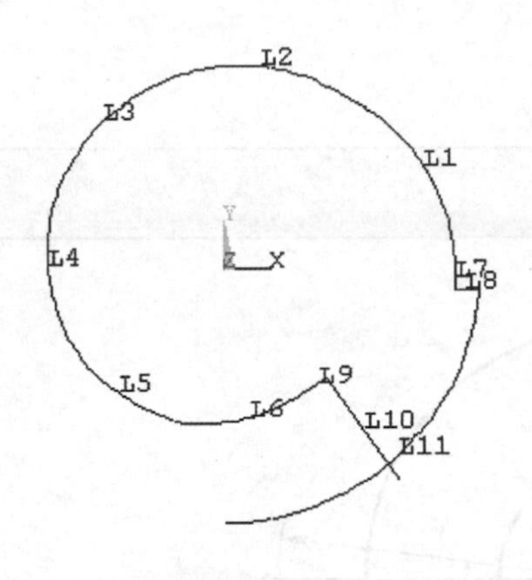

圖例 6-31c

圖例 6-31d

ASEL, U, AREA, , 1 !排除面積，以利中間物件建立
LSEL, U, LINE, , ALL !排除線段，以利中間物件建立
PCIRC, 0, 0.125 !建立圓面積
RECTNG, -0.18, 0.18, -0.05, 0.05 !建立水平矩形
WPOFFS, 0, -0.125 !工作面移至圓外徑，−y 方向處
RECTNG, -0.05, 0.05, -0.055, 0.055 !建立 y 方向矩形
AADD, ALL !面積組合爲一體，如圖例 6-31e
ALLSEL !選擇全部物件
ASBA, 1, 5 !面積相減，如圖例 6-31f

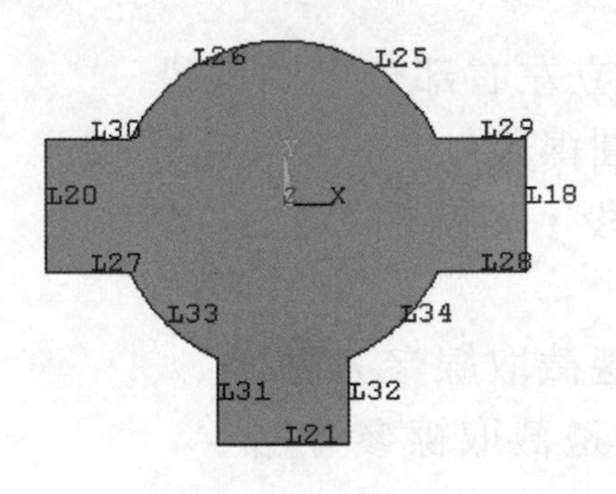

圖例 6-31e

圖例 6-31f

【範例 6-32】

綜合練習，網格時要對應網格。

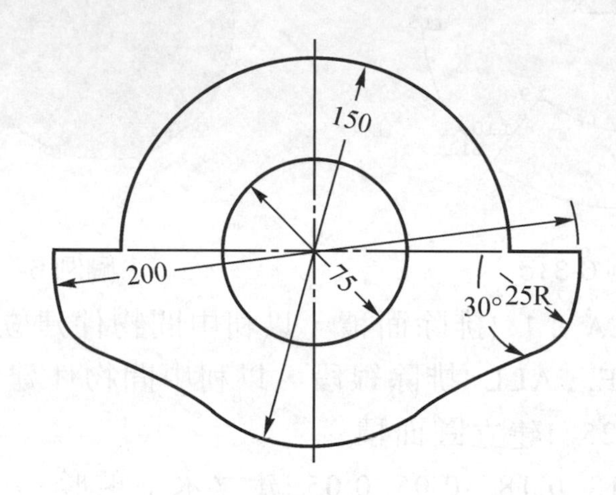


```
/PREP7
/PNUM, LINE, 1
/PNUM, KP, 1
K, 100    !建立圓參考點
K, 101, 0, 0, 5
K, 1, -200
CIRCLE, 100, 100, 101,1,180,2 !建立左右部分半圓線段
CIRCLE, 100, 75, 101  !建立上部圓線段
CIRCLE, 100, 37.5, 101!中間圓線段，如圖例 6-32a
CSYS, 1
K, 13, 80, -60 !建立中間圓下方右邊截取線參考點
K, 14, 80, -120 !建立中間圓下方左邊截取線參考點
CSYS, 0
L, 100, 13  !建立中間圓下方右邊截取線
L, 100, 14  !建立中間圓下方左邊截取線
LCSL, 11, 6
LCSL, 12, 5
```

LDEL, 15, 18

LDEL, 6, 13, 7 !刪除不用的線段，如圖例 6-32b

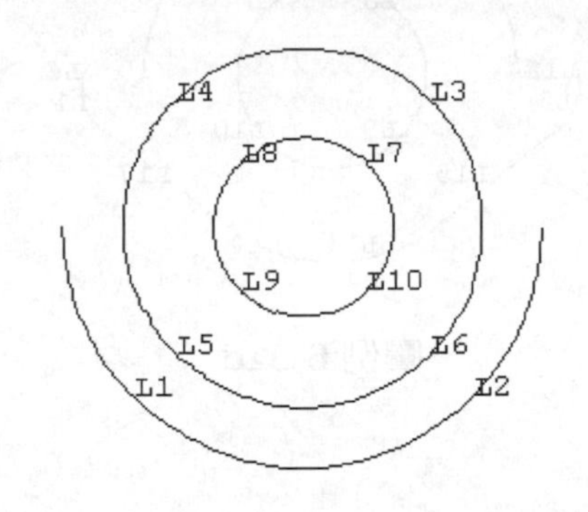

圖例 6-32a

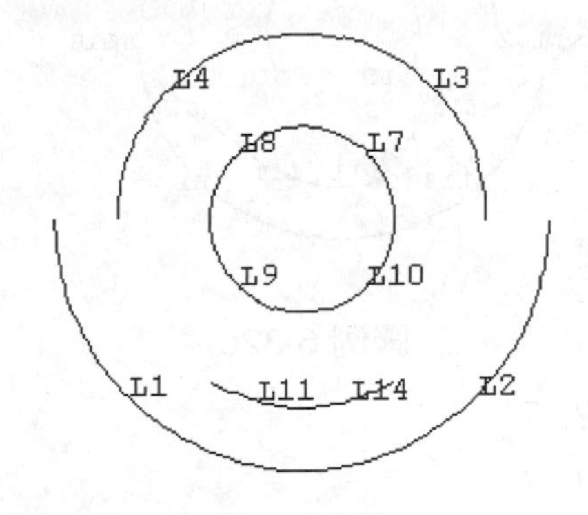

圖例 6-32b

***AFUN**, DEG

WPOFFS, 75*COS(60), -75*SIN(60) ! 工作面移至 L14 右端

WPROTA, 30 !工作平面旋轉 30 度

K, 17, 120 !L14 右端延長線段參考點

WPCSYS, 1, 0 !工作平面回至卡式座標上

KSYMM, X, 17 !建立 K17 左邊對稱點，K18

L, 15, 17 !建立 L14 右邊延長線，L5

L, 16, 18 !建立 L11 左邊延長線，L6

LCSL, 6, 1 !左邊延長線與 L1 分類

LCSL, 5, 2 !右邊延長線與 L2 分類如圖例 6-32c

LDEL, 1

LDEL, 13

LDEL, 16

LDEL, 18 !刪除不用的線段

LFILLT, 6, 17, 25 !建立右邊 r=25 圓弧線

LFILLT, 12, 15, 25 !建立左邊 r=25 圓弧線如圖例 6-32d

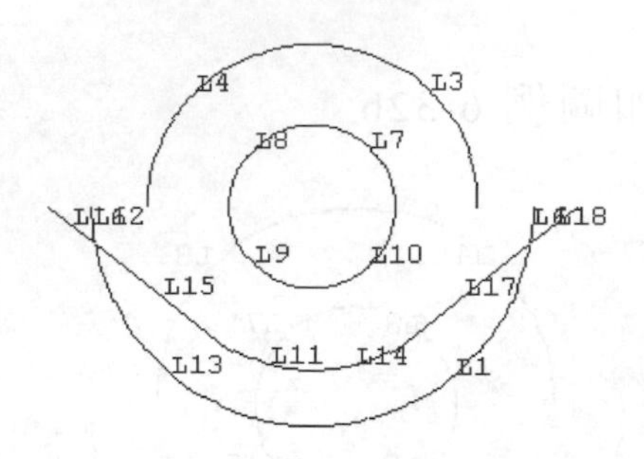

圖例 6-32c

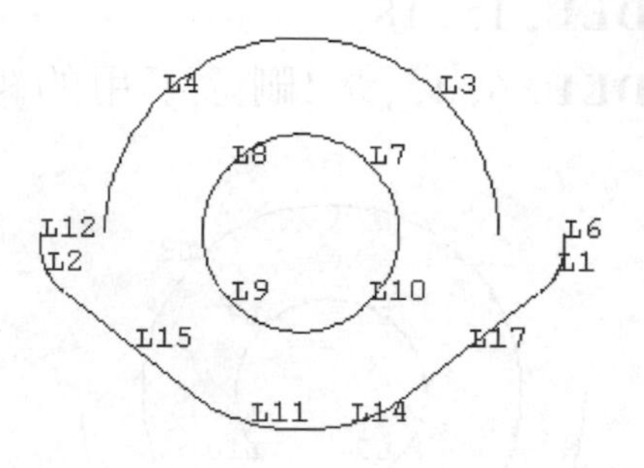

圖例 6-32d

L, 2, 7

L, 4, 5

LCOMB, 2, 12 !配合對應網格規劃面積建立方式

LCOMB, 1, 6 !配合對應網格規劃面積建立方式

LCOMB, 11, 14 !如圖例 6-32e

A, 2, 7, 24 $ **A**, 5, 4, 22

A, 7, 24, 16 $ **A**, 5, 22, 15

A, 7, 11, 12, 16

A, 5, 9, 12, 15

A, 12, 15, 16

A, 7, 11, 10, 6

A, 5, 9, 10, 6

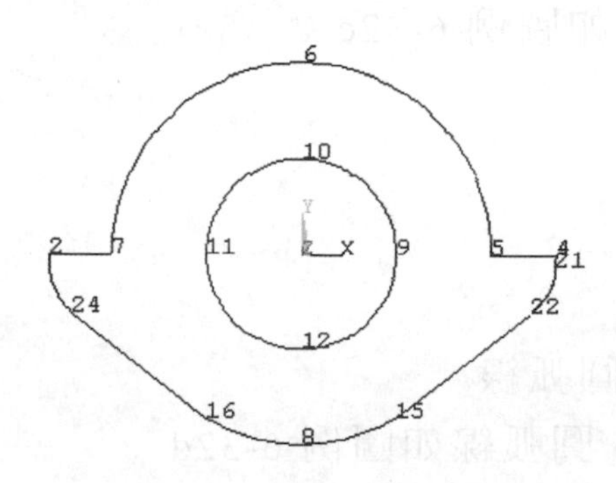

圖例 6-32e

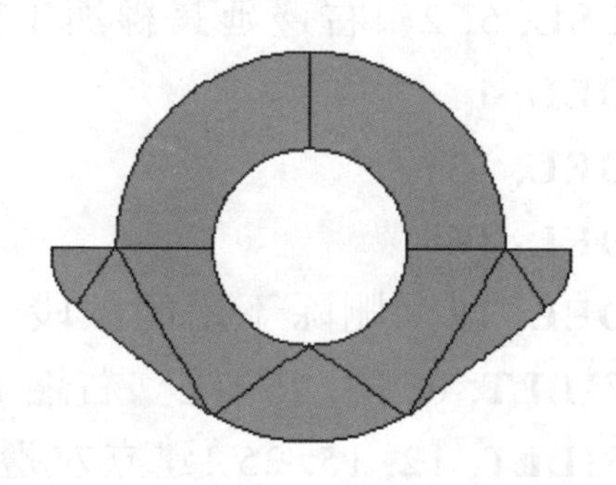

圖例 6-32f

【範例 6-33】

綜合練習。底板內徑=0.625、外徑=2.25、厚度=0.56，三個孔直徑=0.56等分位於底板半徑=1.44 處，三個凸起物等分位於基板上，高度=1.19、徑向厚度=0.5，A、B 兩點位置以小孔為中心畫一圓半徑=0.69正好通過 AB 兩點。

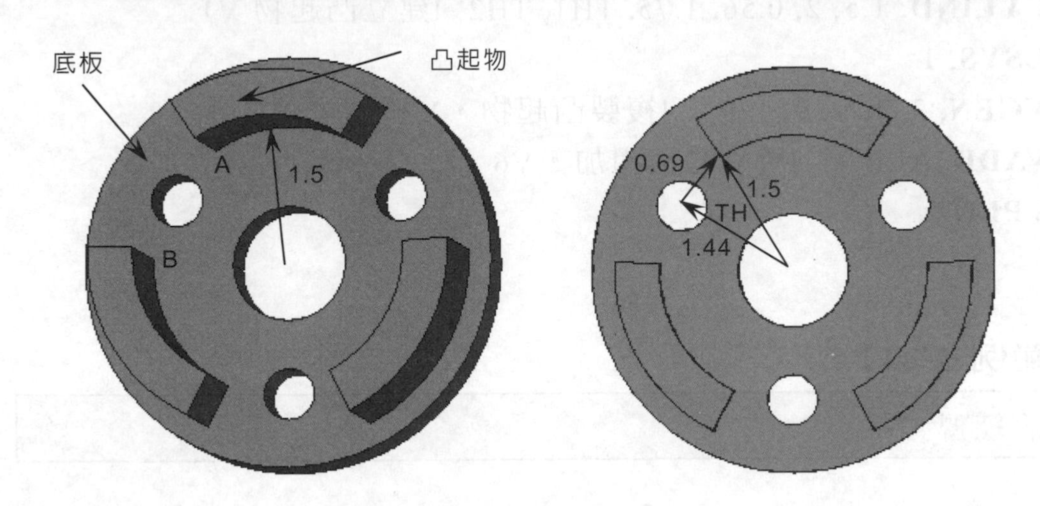


```
/PREP7
CYLIND, 0.625, 2.25, 0.56    !建立底板，V1
WPROTA, 30    !旋轉工作平面 30 度
WPOFFS, 1.44    !移動工作平面至右上方孔中心
CYLIND, 0, 0.28, 0.6    !建立右上方孔圓柱，V2
WPCSYS, 1, 0    !回復工作平面至卡式座標
WPROTA, 150    !旋轉工作平面 150 度
WPOFFS, 1.44    !移動工作平面至左上方孔中心
CYLIND, 0, 0.28, 0.6    !建立左上方孔圓柱，V3
WPCSYS, 1, 0    !回復工作平面至卡式座標
WPOFFS, 0, -1.44    !移動工作平面至下方孔中心
CYLIND, 0, 0.28, 0.6    !建立左上方孔圓柱，V4
VSBV, 1, 2    !獲得 V5 (V3、V4)，V1、V2 刪除
VSBV, 5, 3    !獲得 V1 (V4)，V5、V3 刪除
```

```
VSBV, 1, 4        !獲得 V2，V1、V4 刪除
WPCSYS, 1, 0      !回復工作平面至卡式座標
*AFUN, DEG
TH = ACOS ((1.5*1.5+1.44*1.44-0.69*0.69)/2/1.5/1.44)
TH1 = TH + 30
TH2 = 150 -TH     !上方凸起物角度範圍
CYLIND, 1.5, 2, 0.56, 1.75, TH1, TH2  !建立凸起物 V1
CSYS, 1
VGEN, 3, 1, , , 0, 120    !複製凸起物，V3、V4、V5
VADD, ALL       !所有體積相加，V6
VPLOT
```

【範例 6-34】

綜合練習。

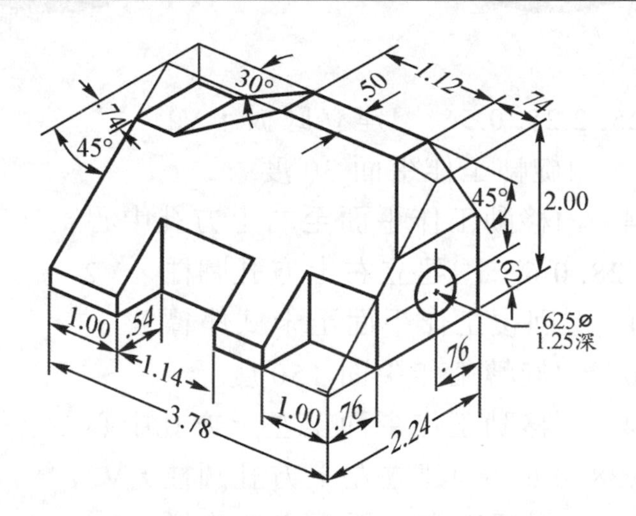


```
/PREP7
*AFUN, DEG
BLOCK, 0, 3.78, 0, 2, 0, 2.24   !獲得 V1
PTXY, 3.78-0.74, 2, 3.78, 2, 3.78, 2-0.74
PRISM, 0, 2    !獲得 V2，圖例 6-34a
```

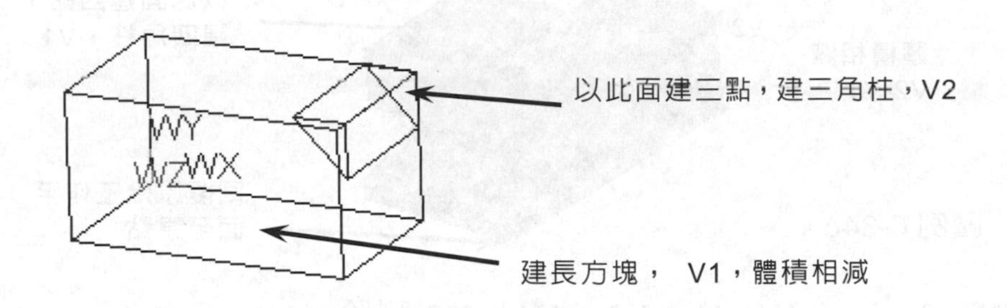

圖例 6-34a

VSBV, 1, 2　　!V1-V2=V3，V1、V2 刪除

WPROTAT, 0, 0, -90

PTXY, 0.5, 2, 2.24, 2, 2.24, 2-1.74

PRISM, 0, -3.78　　　　　　　　　　!獲得 V1，圖例 6-34b

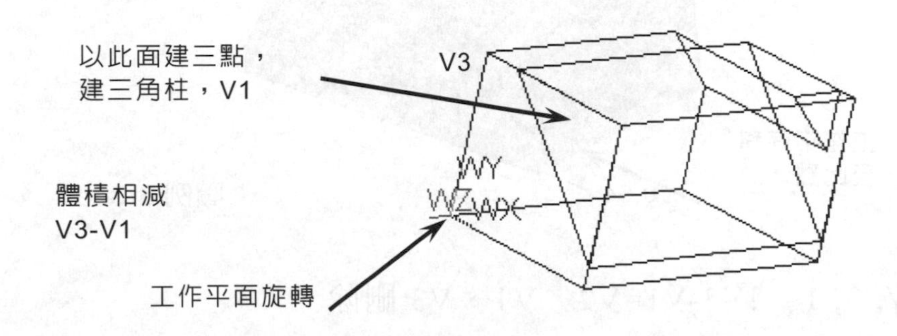

圖例 6-34b

VSBV, 3, 1　　!V3-V1=V2，V1、V3 刪除

WPCSYS, 1, 0

RX = 1.92-0.74*COS(30)/SIN(30)　　!RX=0.6383

PTXY, 0, 2, 1.92, 2, 0.6383, 1.26, 0, 1.26

PRISM, 0, 2　　!獲得 V1，圖例 6-34c

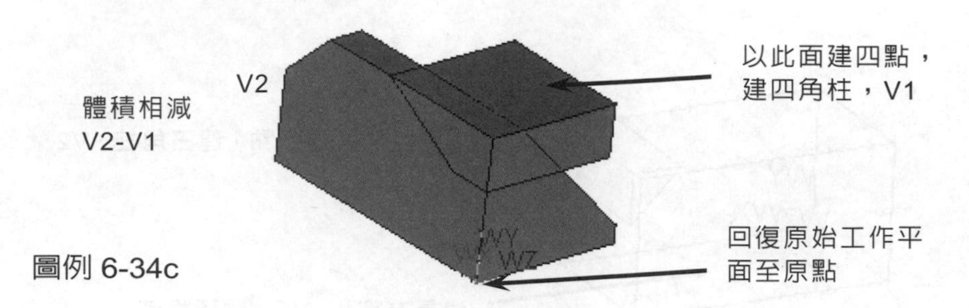

圖例 6-34c

VSBV, 2, 1　　!V2-V1=V3，V1、V2 刪除

WPOFFS, 0, 0, 1.7

BLC4, 1, 0, 1.14, 1, 0.54　!獲得 V1，圖例 6-34d

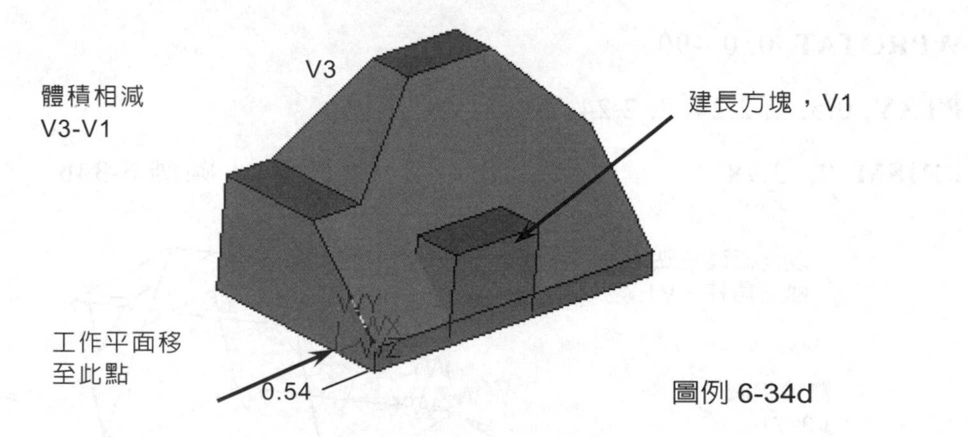

圖例 6-34d

VSBV, 3, 1　!V3-V1=V2，V1、V3 刪除

WPOFFS, 0, 0, -0.22

BLC4, 2.78, 0, 1, 1.2, 0.76　!獲得 V1，圖例 6-34e

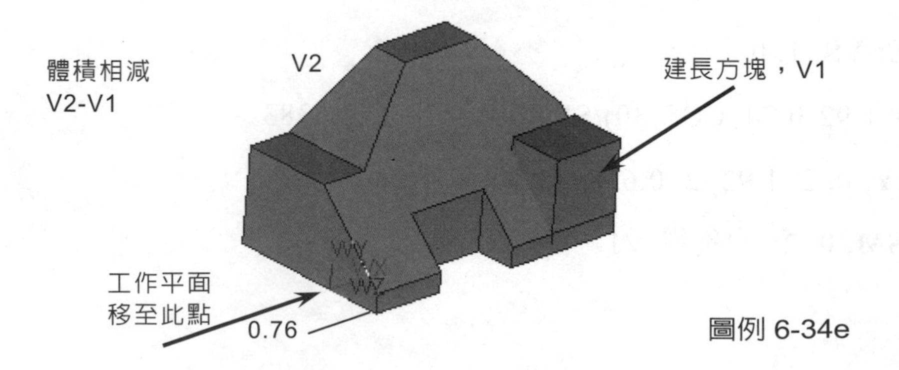

圖例 6-34e

VSBV, 2, 1 !V2-V1=V3，V1、V2 刪除
WPCSYS, 1, 0
WPOFFS, 3.78, 0.62, 0.76
WPROTAT, 0, 0, -90
CYLIND, 0, 0.3125,0,1.25 !獲得 V1，圖例 6-34f
VSBV, 3, 1 !獲得 V2，V1、V3 刪除

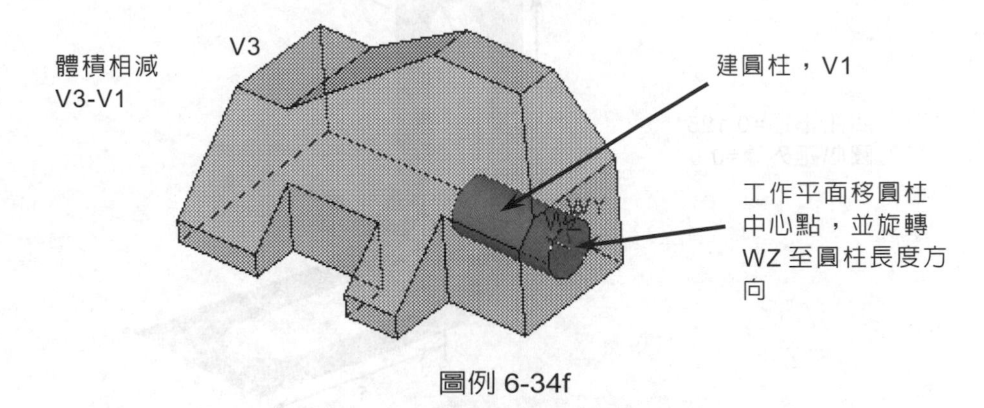

圖例 6-34f

例 6-34 完成示意圖

【範例 6-35】

綜合練習，單位英吋。

四孔半徑=0.125
圓心距外緣=0.5

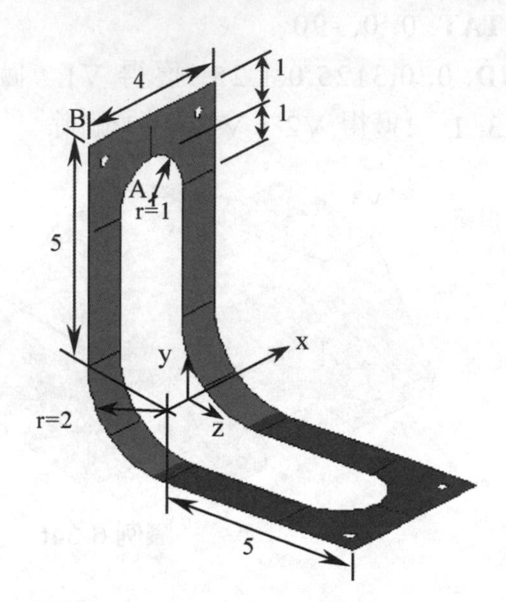


```
/TITLE, Modeling of A Bracket
/UNITS, BIN
/PREP7
WPLANE, 1, 0, 3, -2 !工作面移至 A 點
RECTNG, -2, 0, 0, 2 !左上矩形，面積 A1
PCIRC, 1, , 90, 180 !左上四分之一圓，面積 A2
ASBA, 1, 2  !面積相減，如圖例 6-35a
WPOFFS, -1.5, 1.5 !工作面移至左上圓心處
PCIRC, , 0.125
ASBA, 3, 1  !面積相減，如圖例 6-35b
```

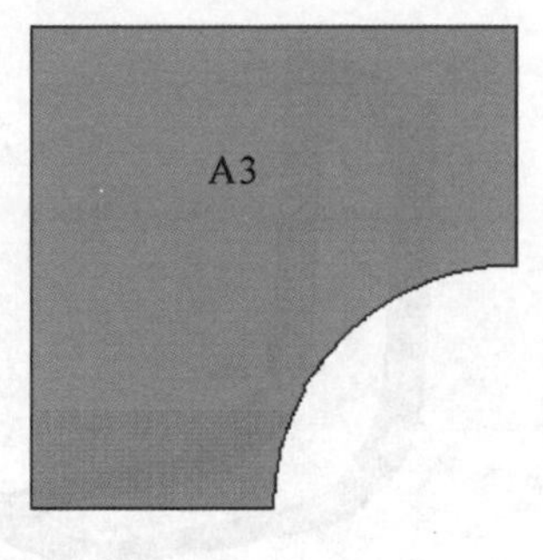

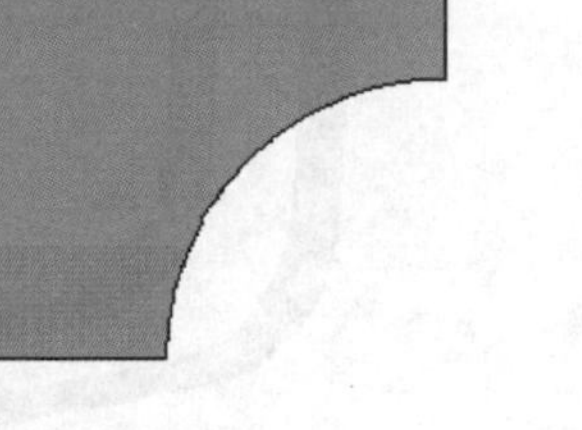

圖例 6-35a　　　　圖例 6-35b

WPLANE, 1, -2, 5, -2 !工作面移至左上 B 點
RECTNG, 0, 1, -2, -5 !左上條狀矩形，如圖例 6-35c
! 接著我們欲以條狀矩形底部線段繞 X 軸 45 度
LSEL, S, LOC, Y, 0 !選擇該線段
***GET**, ROTLINE, LINE, , NUM, MAX!得取該線段號碼
LSEL, ALL
K, 101 $ **K**, 102, -0.5 !定義旋轉軸
AROTAT, ROTLINE, , , , , , 101, 102, 45
AGLUE, ALL !組合為連續體，如圖例 6-35d

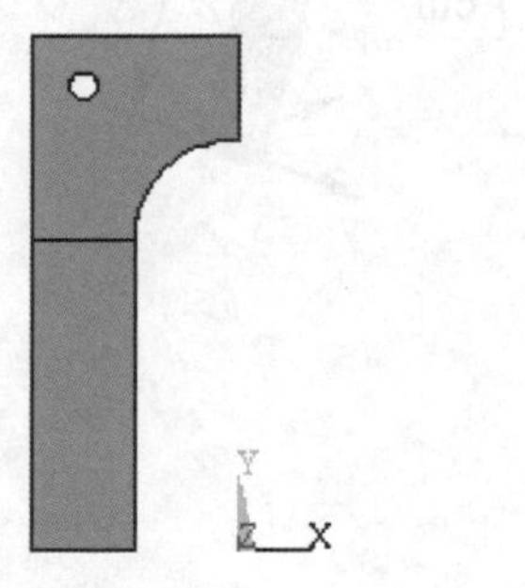
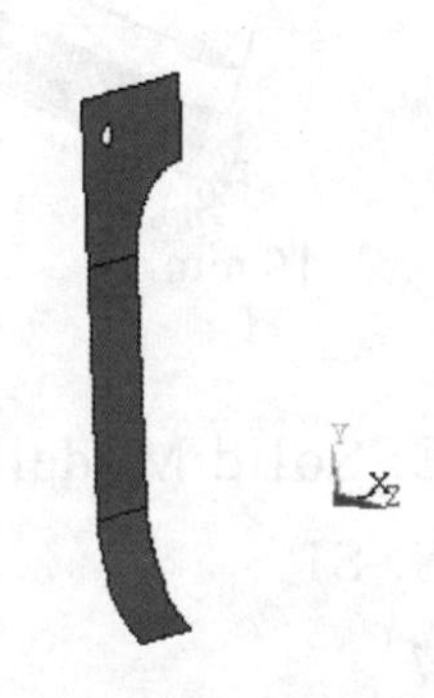

圖例 6-35c　　　　圖例 6-35d

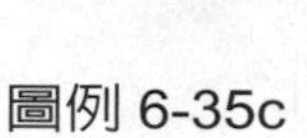

ARSYM, X, ALL !對稱 X 軸複製面積
AGLUE, ALL !組合為連續體，如圖例 6-35e
LOCAL, 11, 0, 0, 0, 0, , -45!建立區域座標以便對稱複製面積
ARSYM, Y, ALL !對稱 Y 軸複製面積
AGLUE, ALL !組合為連續體，如圖例 6-35f

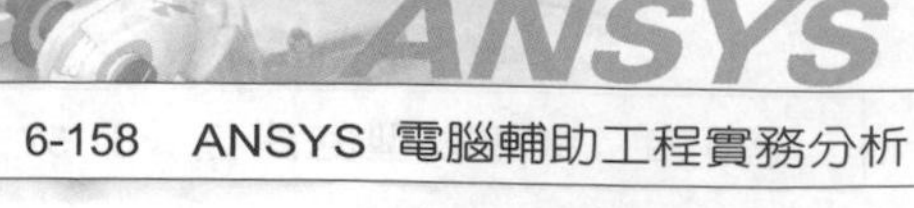

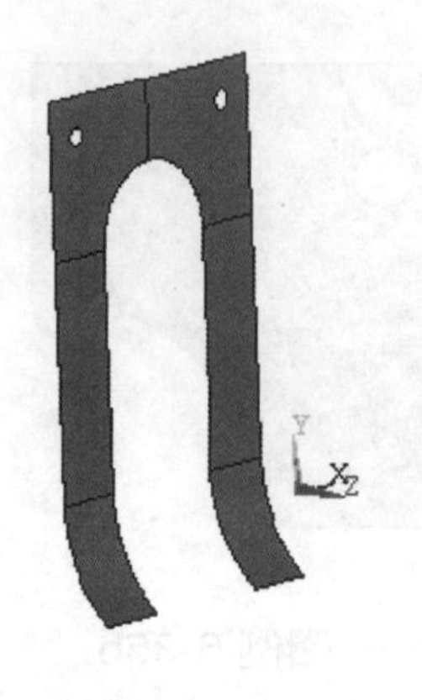

圖例 6-35e

圖例 6-35f

【範例 6-36】

六腳板手綜合練習，單位 SI。

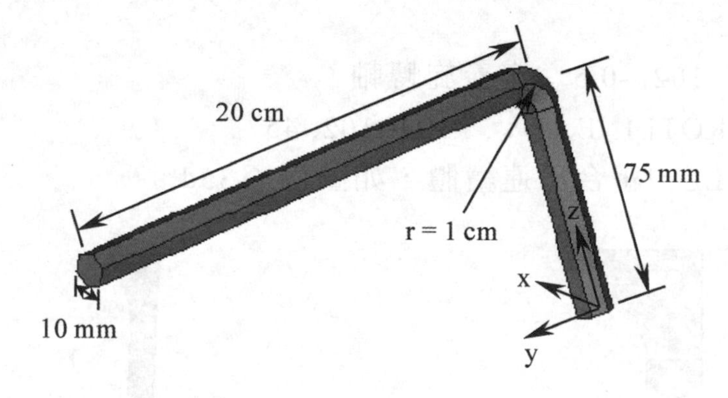


```
/TITLE, Solid Modeling of a Wrench
/UNITS, SI
/PREP7
RPOLY, 6, , , 0.005  !建立內徑=5mm 之正六邊形
K, 7, 0, 0, 0
K, 8, 0, 0, 0.075
K, 9, 0, 0.2, 0.075
L, 7, 8     !建立拉拽線
L, 8, 9     !建立拉拽線
```

```
LFILLT, 7, 8, 0.01  !建立拉曳線
VDRAG, 1, , , , , , 7, 9, 8 !面積拉曳建立體積
```

【範例 6-37】

軸承座綜合練習，單位：英吋。

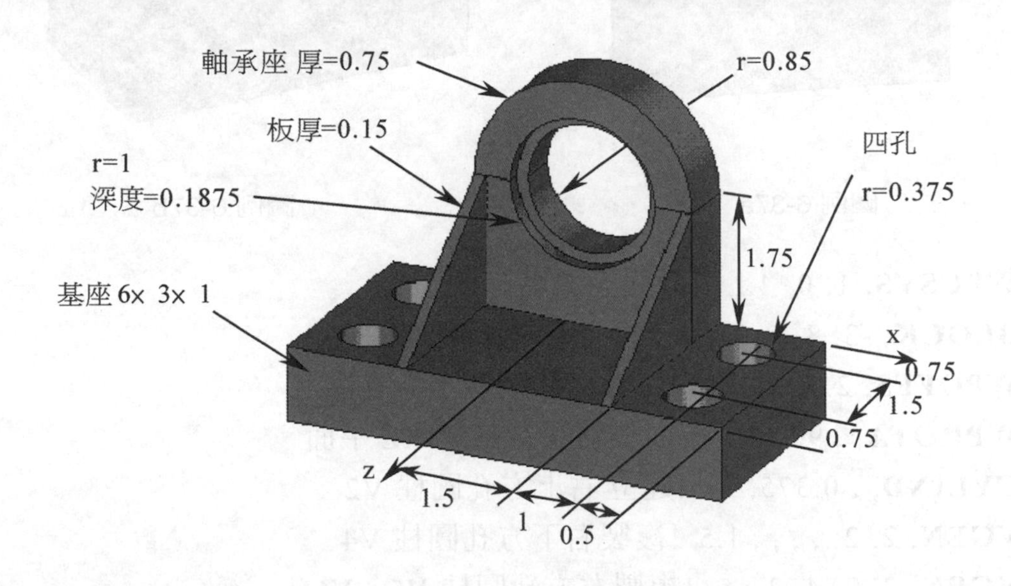


```
/UNITS, BIN
/TITLE, Bearing Bracket
/PREP7
BLOCK, -1.5, 1.5, , 1.75, , 0.75!軸承支板下方區塊 V1
WPOFFS, , 1.75  !工作面移至軸承中心
CYLIND, , 1.5, , 0.75, , 180 !支板上方半圓區塊 V2
VADD, 1, 2  !體積合併(V1+V2) V3
CYLIND, , 0.85, , 0.75 !建立軸承孔圓柱 V1
VSBV, 3, 1  !體積相減 V2
CYLIND, , 1.0, 0.5625, 0.75 !建立軸承孔 r=1 圓柱 V1
VSBV, 2, 1  !體積相減，如圖例 6-37a，V3
```

圖例 6-37a

圖例 6-37b

```
WPCSYS, 1, 0  !工作面移至原點
BLOCK, -3, 3, , -1, , 3 !建立基座區塊 V1
WPOFFS, 2.5, , 0.75  !工作面移至右上方孔圓心
WPROTA, , 90  !工作面旋轉平行基座 XZ 平面
CYLIND, , 0.375, , 1 !建立右上方孔圓柱 V2
VGEN, 2, 2, , , , , 1.5 !複製右下方孔圓柱 V4
VGEN, 2, 2, 4, 2, -5  !複製左方孔圓柱 V5、V6
VSEL, S, , ,4, 6
VSEL, A, , ,2  !設定有效刀具體積
CM, CUTVOLU, VOLU  !設定群組刀具
ALLSEL
VSBV, 1, CUTVOLU  !體積相減，如圖例 6-37b
WPCSYS, , 0  !回復工作面至原點
WPAVE, 1.5, , 0.75  !移動工作面至點 A
WPROTA, , , 90  !旋轉工作面
PTXY, 0, 0, -2.25, 0, 0, 1.75 !建立三個參考點
PRISM, , -0.15  !建立三角板，如圖例 6-37c
WPOFFS, , ,-3  !移動工作面至點 B
PTXY, 0, 0, -2.25, 0, 0, 1.755!建立三個參考點
```

PRISM, , 0.15 !建立三角板

VADD, ALL !體積合併，如圖例 6-37d

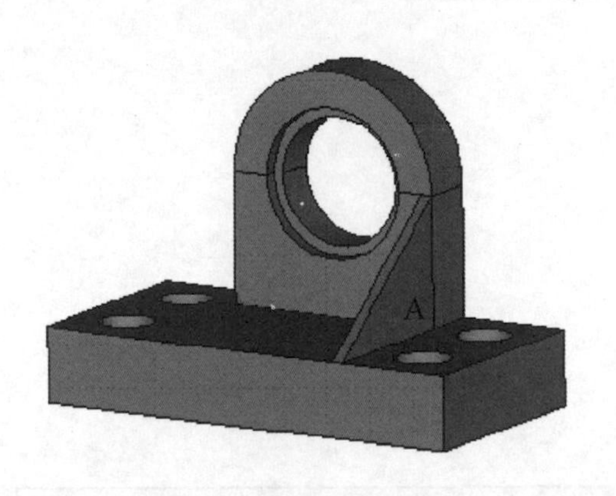

圖例 6-37c

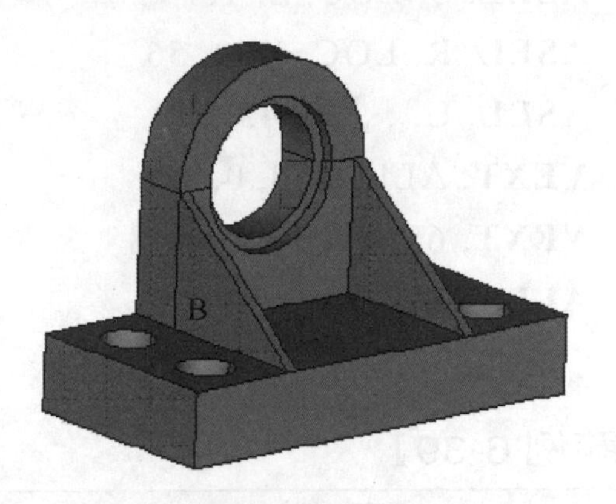

圖例 6-37d

【範例 6-38】

利用 6-13 面積，建製下列體積。

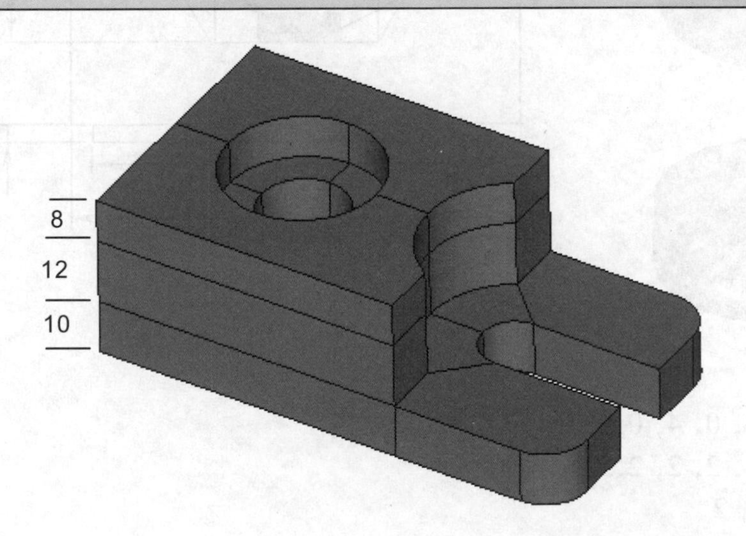

/PREP7

:

: 同範例 6-13 至(NUMMRG, KP)

:

```
NUMMRG, KP
VEXT, ALL, , , 0, 0, 10
ASEL, S, LOC, Z, 10
ASEL, R, LOC, X, 0, 56
ASEL, U, , , 20, 43, 23
VEXT, ALL, , , 0, 0, 12
VEXT, 65, 79, 14, 0, 0, 8
ALLSEL
```

【範例 6-39】

體積綜合練習。

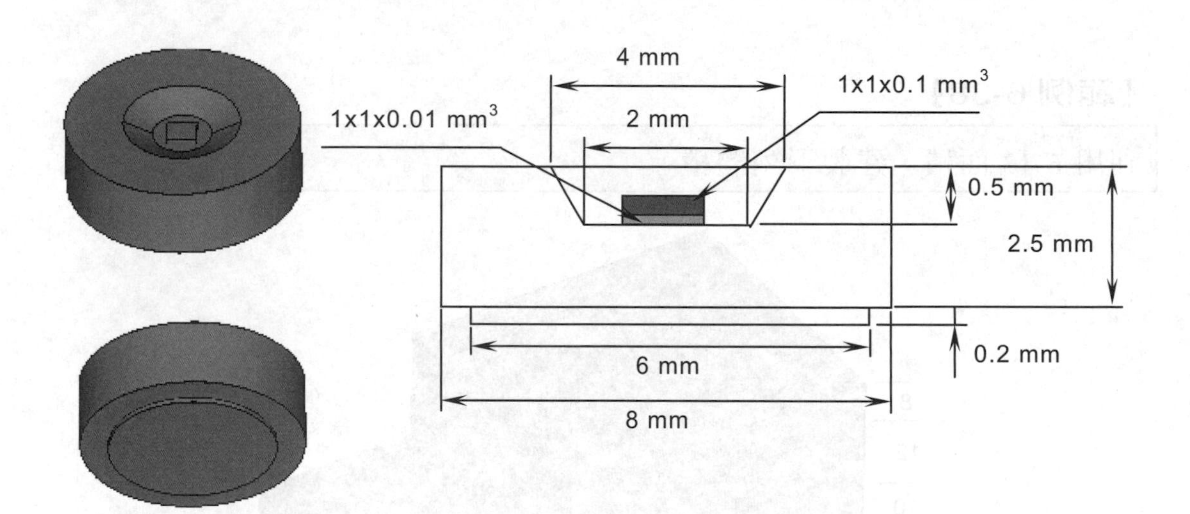


```
/PREP7
CYLIND, 0, 4, 0, 2.5
CONE, 1, 2, 2, 2.5
VSBV, 1, 2
CYLIND, 0, 3, 0, -0.2
BLOCK, -0.5, 0.5, -0.5, 0.5, 2, 2.01
BLOCK, -0.5, 0.5, -0.5, 0.5, 2.01, 2.11
VADD, ALL
```

【習 題】建構下列平面(1-10)及體積(11-20)之實體模型

6.1

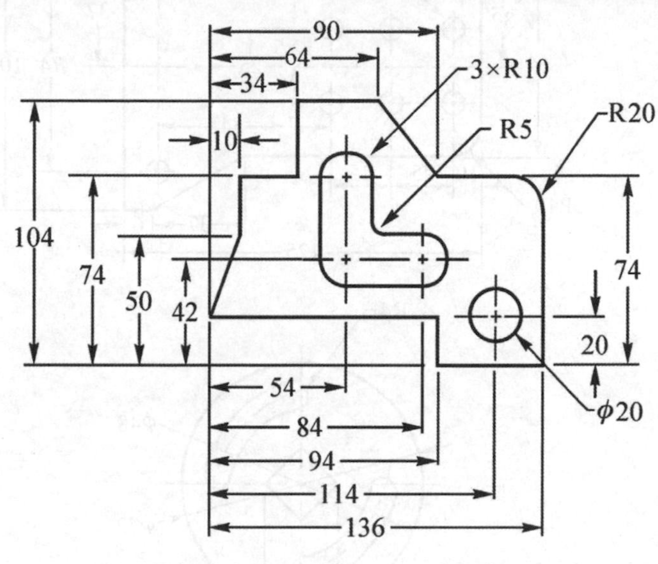

6.2

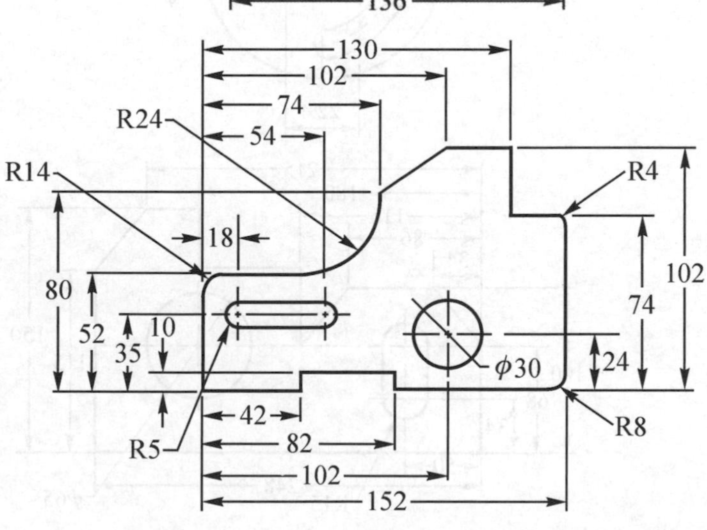

6.3

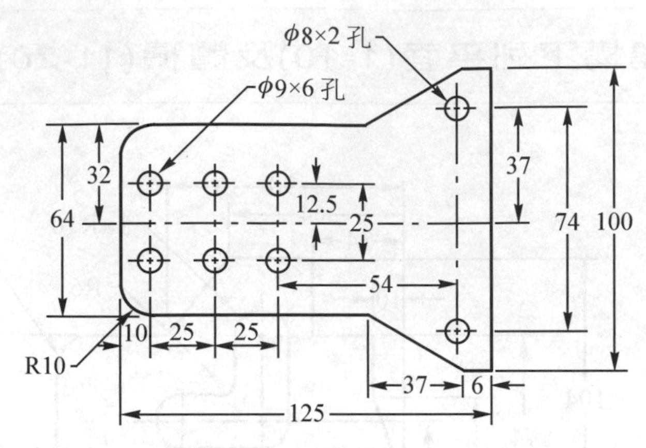
φ8×2 孔
φ9×6 孔
32
64
12.5
25
37
74
100
54
10
25
25
R10
37
6
125

6.4

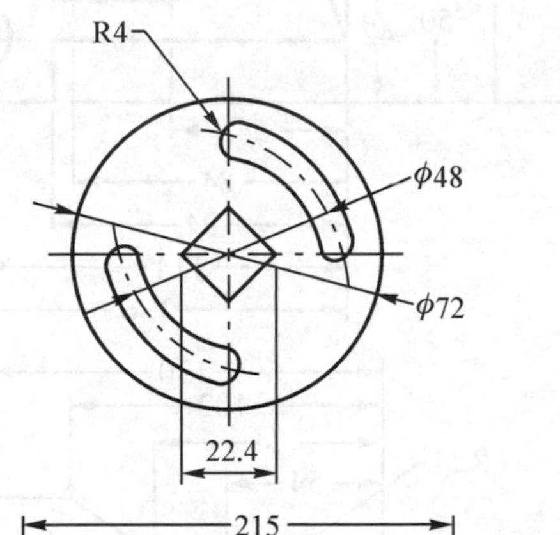
R4
φ48
φ72
22.4

6.5

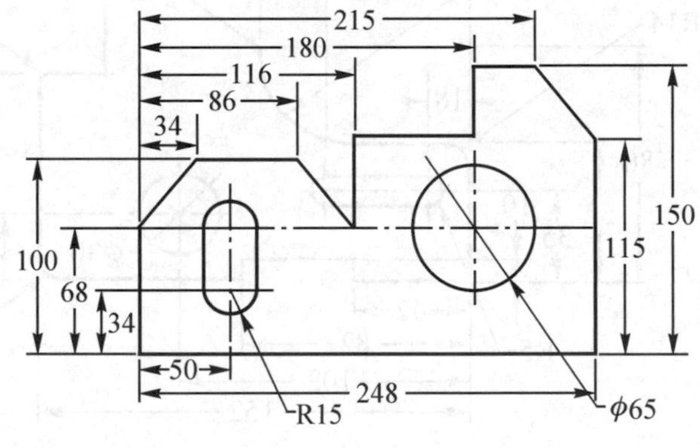
215
180
116
86
34
100
68
34
150
115
50
248
R15
φ65

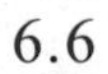

6.6

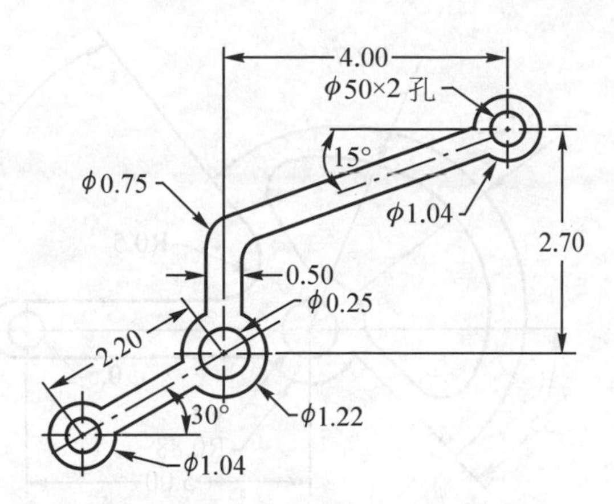
4.00
ϕ50×2 孔
15°
ϕ0.75
ϕ1.04
2.70
0.50
ϕ0.25
2.20
30°
ϕ1.22
ϕ1.04

6.7

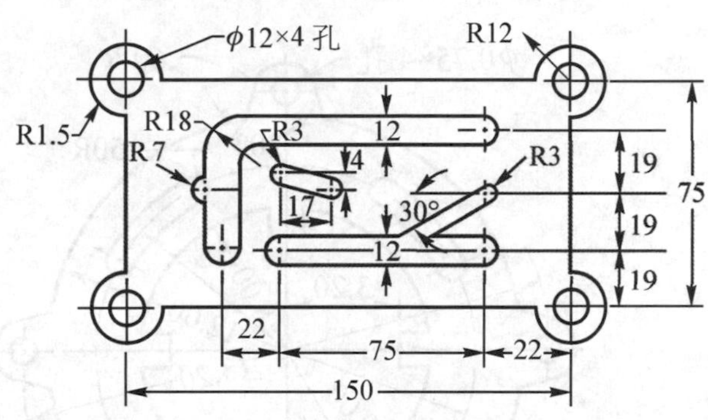
ϕ12×4 孔
R12
R1.5
R18
R3
R7
12
4
17
R3
30°
12
19
19
19
75
22
75
22
150

6.8

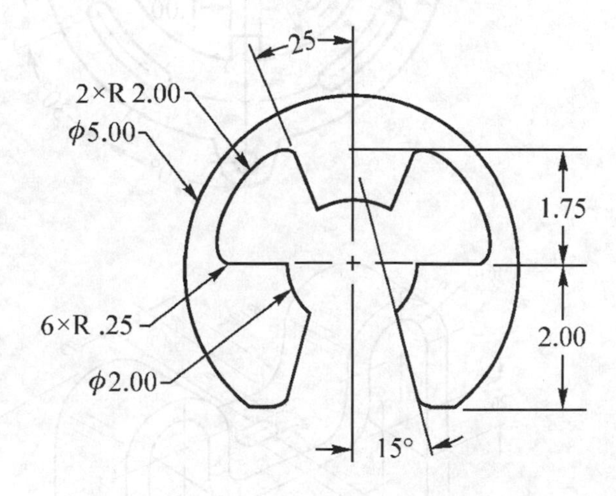
25
2×R 2.00
ϕ5.00
1.75
6×R .25
2.00
ϕ2.00
15°

6.9

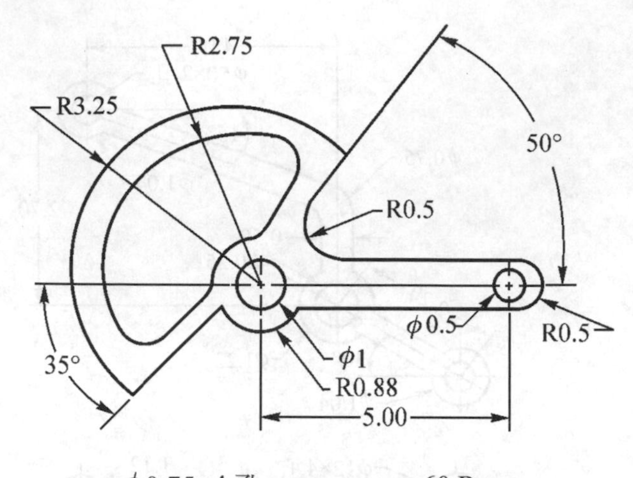
R2.75
R3.25
50°
R0.5
ϕ0.5
R0.5
35°
ϕ1
R0.88
5.00

6.10

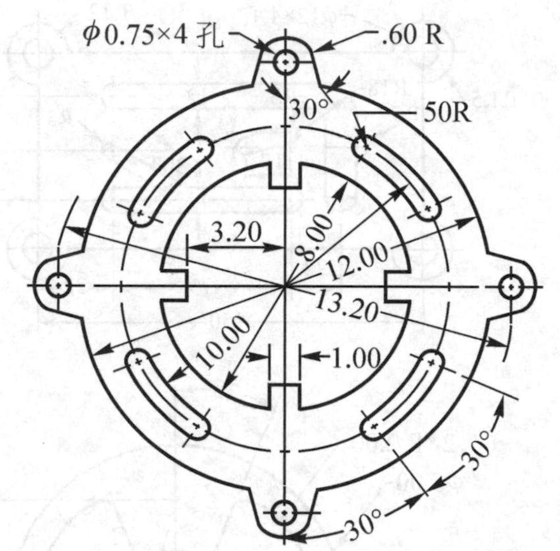
ϕ0.75×4 孔
.60 R
30°
50R
3.20
8.00
12.00
13.20
10.00
1.00
30°
30°

6.11

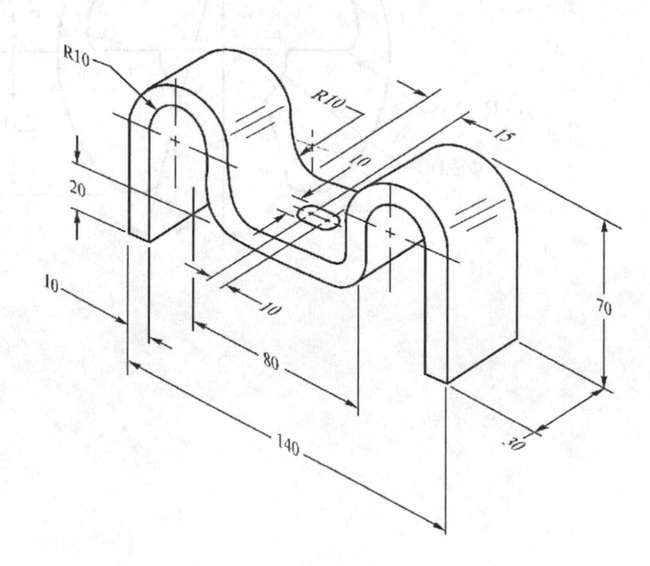
R10
R10
15
10
20
10
10
70
80
140
30

6.12

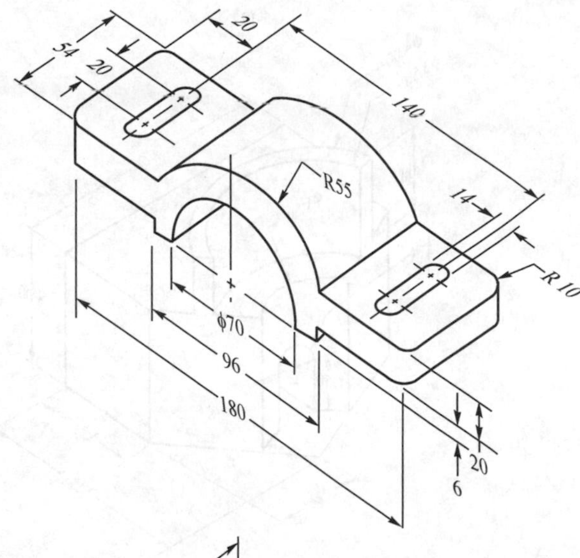
54
20
20
140
R55
14
R 10
φ70
96
180
20
6

6.13

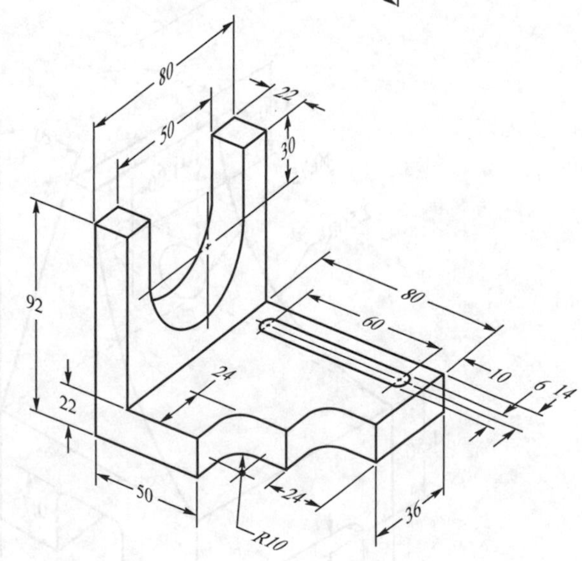
80
22
50
30
92
80
60
10
6 14
24
22
50
24
36
R10

6.14

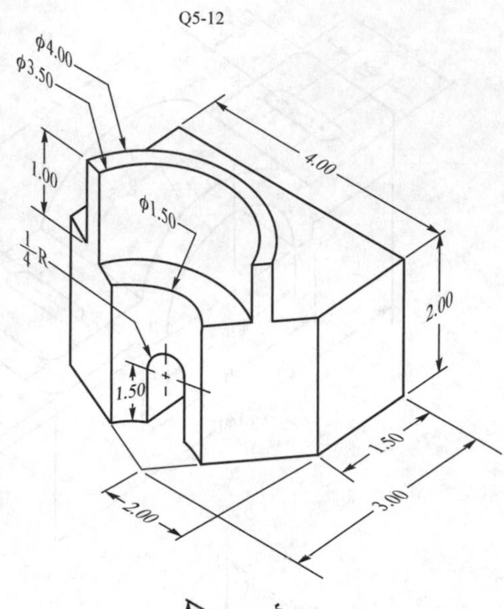
Q5-12
φ4.00
φ3.50
1.00
φ1.50
4.00
1/4 R
2.00
1.50
1.50
2.00
3.00

6.15

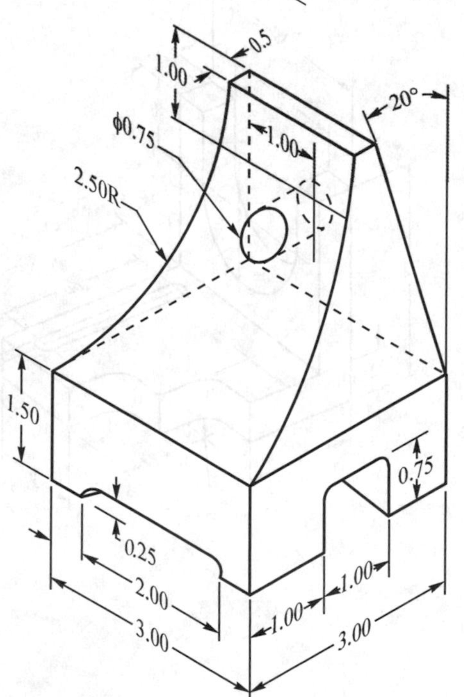
0.5
1.00
20°
φ0.75
1.00
2.50R
1.50
0.75
0.25
2.00
3.00
1.00
1.00
3.00

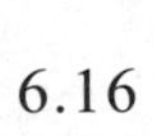

6.16

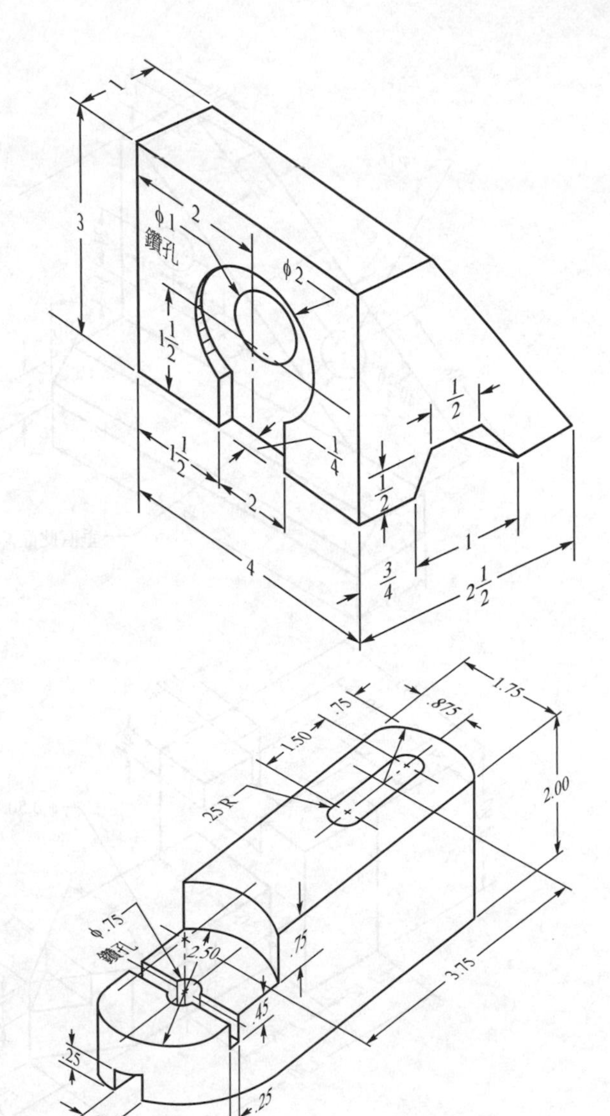

6.17

6.18

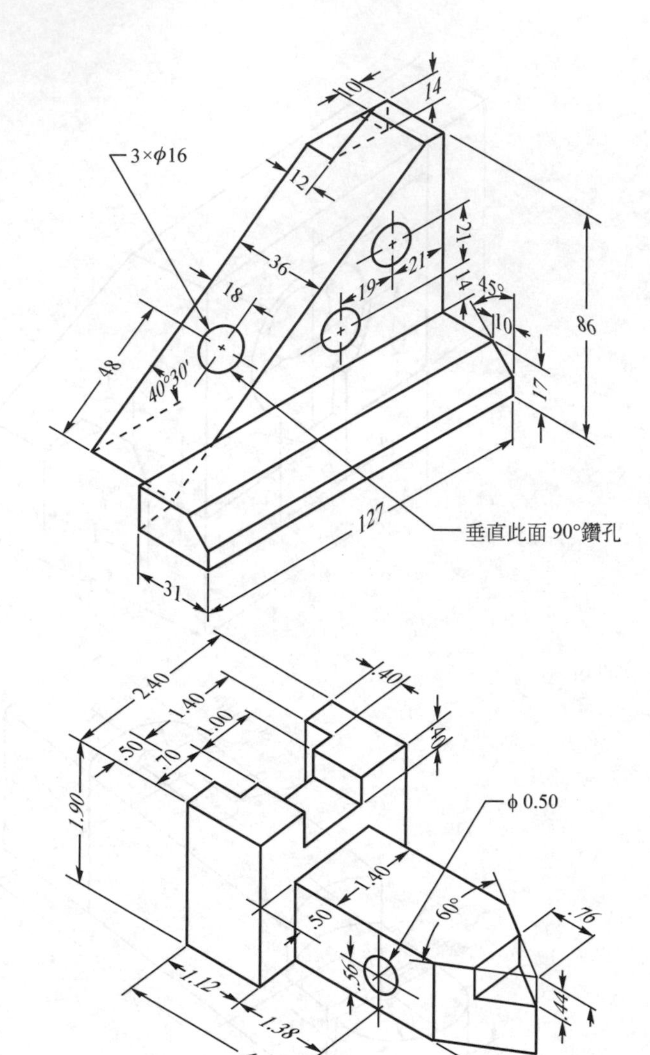
3×ϕ16
10
14
12
36
18
21
21
19
14
45°
10
86
17
48
40°30'
127
垂直此面 90°鑽孔
31
2.40
1.40
1.00
.50
.70
.40
.40
1.90
ϕ 0.50
1.40
.50
60°
.76
.56
.44
1.12
1.38
4.70
.70

6.19

6.20

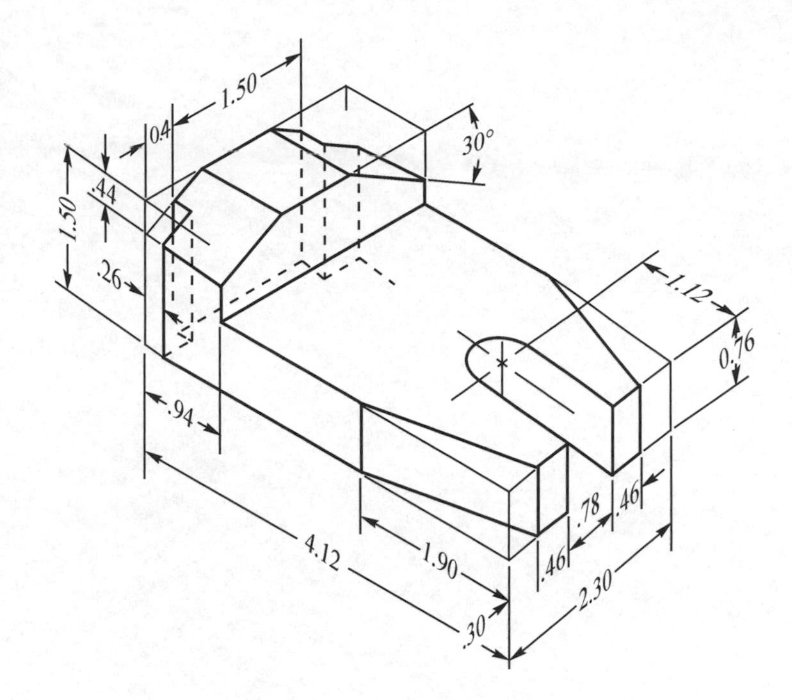

Chapter 7

網格化有限元素模型的建立

➔ 7-1 前 言

實體模型建立後，要經過網格後才能成爲有限元素模型，本章將沿第六章實體模型建立後，如何進行網格的劃分，以建立有限元素模型，做進一步探討。有限元素模型的建立需要技巧養成與高度經驗，第六章實體模型的技巧必需與本章互相配合，甚者實體模型與網格之有限元素模型，要同時進行，才能快速而有效完成有限元素模型。完成實體模型後，網格爲有限元素模型，需要下列三個步驟：

1. 建立、選取元素的設定。
2. 設定分割網格大小所需的參數。
3. 產生網格。

第一步驟是建立元素的資料，這些資料包括元素的種類(**TYPE**)、元素的幾何常數(**R**)、元素的材料性質(**MP**)，及元素形成時所在的座標系統，亦即當物件進行網格化後，元素的屬性爲何，其指令於第四章已有詳細介紹。當然，我們可以設定不同種類的元素，相同的元素又可設定不同的幾何常數，也可以設定不同的材料特性，以及不同的元素座標系統。綜合言之，其概念與直接建立法相同，元素產生之前，要設定元素的屬性。

元素的資料設定後，第二步驟進行分割網格大小所需的參數設定，最主要在於定義物件產生元素時，實體邊界(所有線段)容許元素的尺寸大小或數目，不管是幾度空間的物件，元素尺寸大小與數目，大都以設定物件中的線段爲主；例如，面積網格時，可設定圍成該面積線段的元素數目或尺寸大小，體積網格時，也是設定圍成該體積的面積中，各線段的元素數目或尺寸大小。網格參數的設定將決定元素的尺寸大小、形狀，此一步驟非常重要，將影響分析的時效性。網格過細，也許會得到較佳的結果，但並非網格細即是最佳的結果，反而因太密、太細，造成佔用大量的分析時間。粗、細不同的元素互相比較下，較小的元素其分析之精確度或許只差幾個百分點，但佔用的電腦資源爲較粗的網格，可達數倍之多。一般而言，ANSYS 會根據實體模型狀態自訂元素的大小，除非我們不滿意自訂元素的大小，或是特別需求規劃，才需進一步設定網格參數。

完成前面兩個步驟後，即可進行物件網格，並完成有限元素模型的建立，如不滿意網格的結果，亦可清除網格，重新定義元素的大小、數目，再行網格化，直至滿意之有限元素模型產生爲止。實體模型網格分爲自由網格(free meshing)及對應網格(mapped meshing)兩種，不同的網格方式，對於建構實體模型之過程與方法有相當的差異。自由網格時，實體模型的建立較簡單無較多限制。反之，對應網格時，實體模型的建立較複雜，有較多的限制。此章主要是以網格設定有關的指令及網格與實體模型之配合性爲主。

➔ 7-2　網格種類

ANSYS 中，網格方式分為自由網格與對應網格。自由網格為網格後元素的排列無一定的規則，2-D 平面結構網格後的元素可為四邊形或三角形；3-D 立體結構網格後的元素為三角錐，如圖 7-2.1 所示，其中網格參數採用系統自訂，並未刻意設定，所以絕大部分一定有結果。對應網格為網格後元素的排列有一定的規則，2-D 平面結構網格後的元素一定為四邊形；3-D 立體結構網格後的元素一定為六面體，如圖 7-2.2 所示。

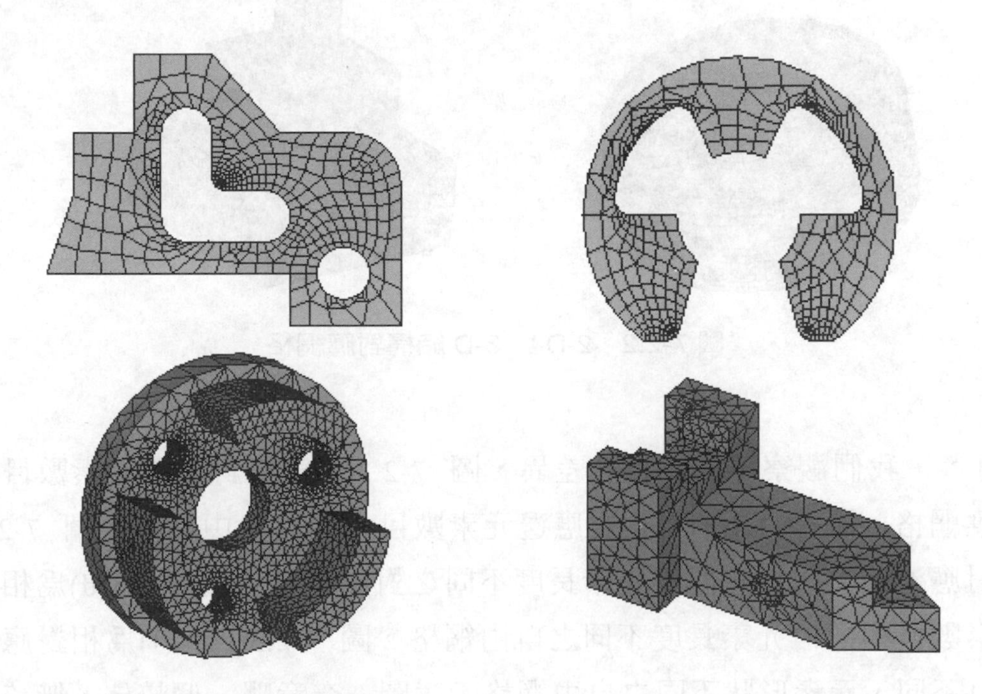

圖 7-2.1　2-D 與 3-D 結構自由網格

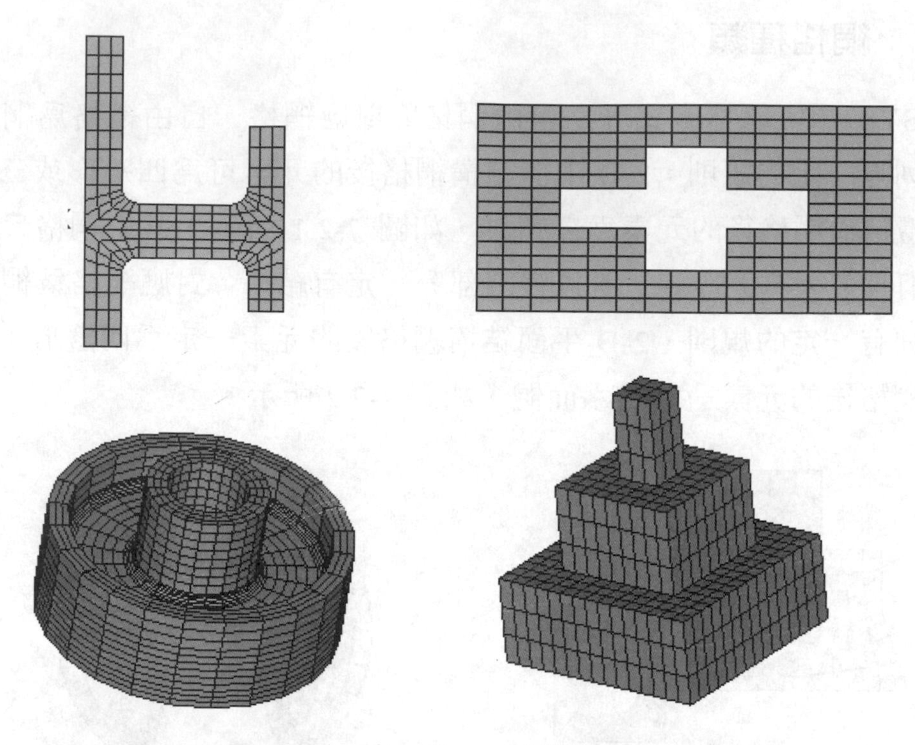

圖 7-2.2 2-D 與 3-D 結構對應網格

再者，我們觀察不同網格之差異，圖 7-2.3(a)爲相對應邊元素數目相同之對應網格，圖 7-2.3(b)爲相對應邊元素數目相同之自由網格，圖 7-2.3(c)爲相對應邊元素數目相同但元素長度不同之對應網格，圖 7-2.3(d)爲相對應邊元素數目相同但元素長度不同之自由網格。圖 7-2.3(e)、(f)爲相對應邊元素數目不同，元素形狀不同之自由網格示意圖。究竟哪一個較佳，無統一標準，依結構狀態及分析人員自行考量爲主，例如，受力情況、邊界條件或特別某部分分析後之結果。

以平面 2-D 結構而言，對應網格要求面積爲四邊形，相對應邊之元素數目一定要相等，網格後元素爲四邊形，如圖 7-2.3(a)及(c)，雖然面積爲四邊形符合對應網格需求，但亦可強制進行自由網格，如圖 7-2.3(b)及(d)。自由網格時則相對應邊元素個數不一定相同，如圖 7-2.3(e)，網格後元素可爲全部三角形，如圖 7-2.3(f)或四邊形及三角形之混合，如圖 7-2.3(e)。三邊形的面積，欲進行對應網格時，則其三邊之元素數目一定要相等且爲偶數，如圖 7-2.4(a)各邊爲四段、圖 7-2.4(b)各邊爲十段。網格的觀念基本決定於實體模型建立，使用者一定要了解。

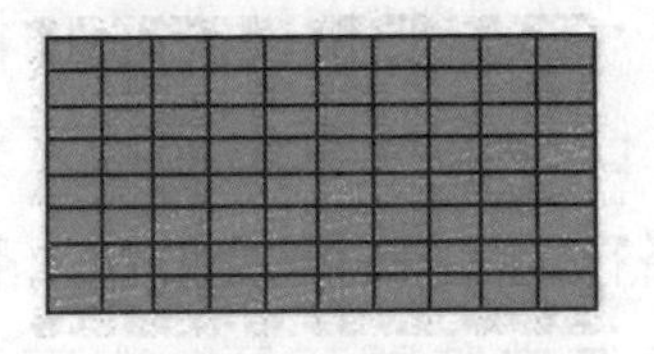

(a) 對應網格

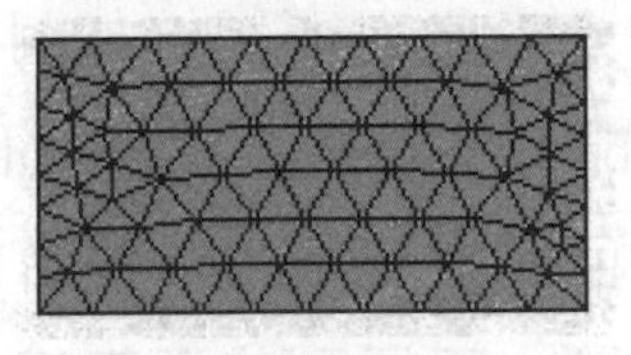

(b) 自由網格

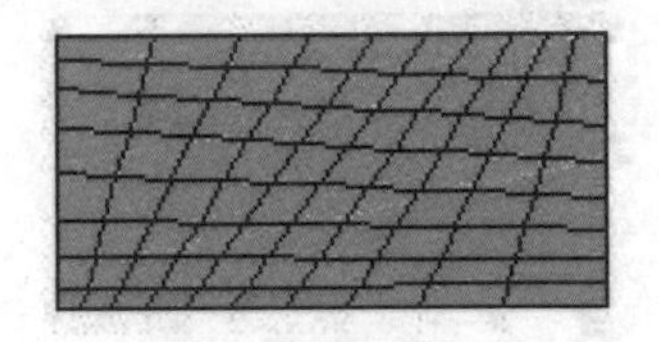

(c) 對應網格

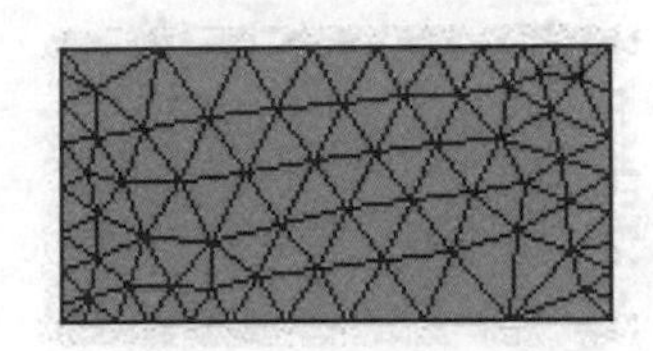

(d) 自由網格

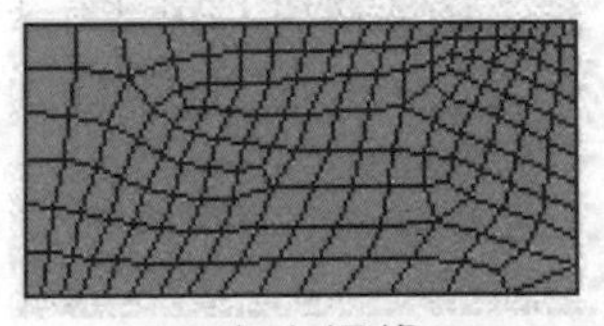

(e) 自由網格

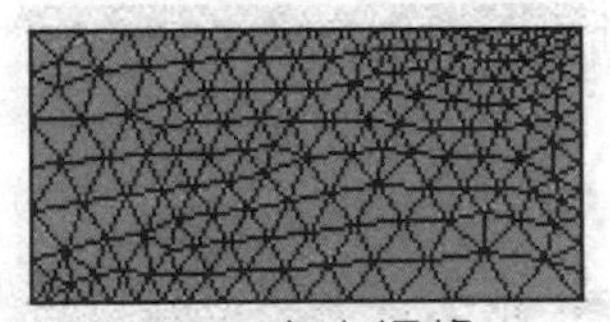

(f) 自由網格

圖 7-2.3 對應網格與自由網格之比較

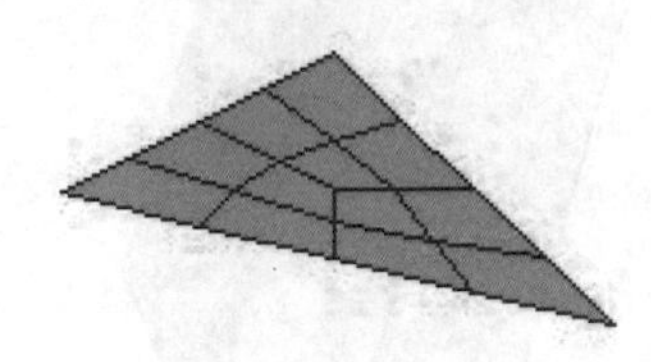

(a) 每邊四段

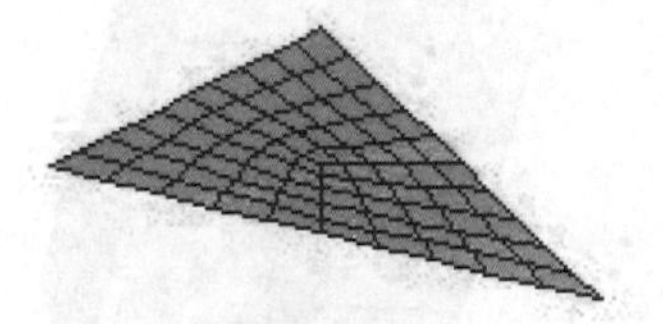

(b) 每邊十段

圖 7-2.4 三邊形面積之對應網格

3-D 結構而言，對應網格時，體積必為 6 面體，每一個平面相對應之線段元素數目一定要設定相等，如圖 7-2.5(a)之左圖可進行對應網格，其相對應邊分別為 8、6、4，所形成元素亦為六面體。反之，自由網格時，相對應邊之線段元素數目不同，如圖 7-2.5(a)之右圖。當實體模型非 6 面體時，如圖 7-2.5(b)，不管邊界線段數目或大小為何，僅能進行自由網格，元素形狀一定為四面體之三角錐。綜合言之，自由網格在建立實體模型時，容易建立無較多限制，所得到的元素較多，執行分析工作之時間較長。對應網格之實體模型建立較複雜，必須不違反其網格原則。

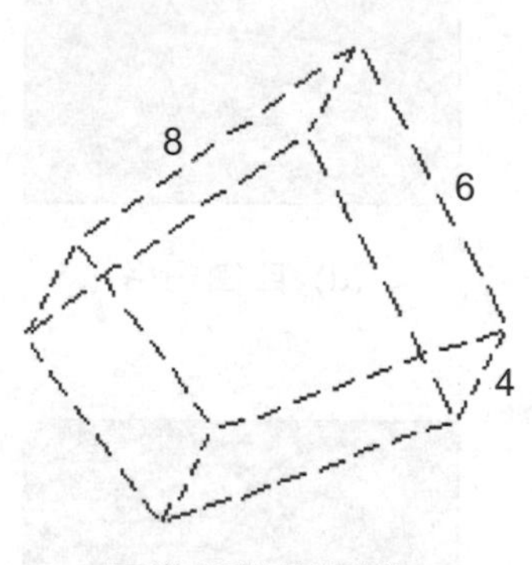

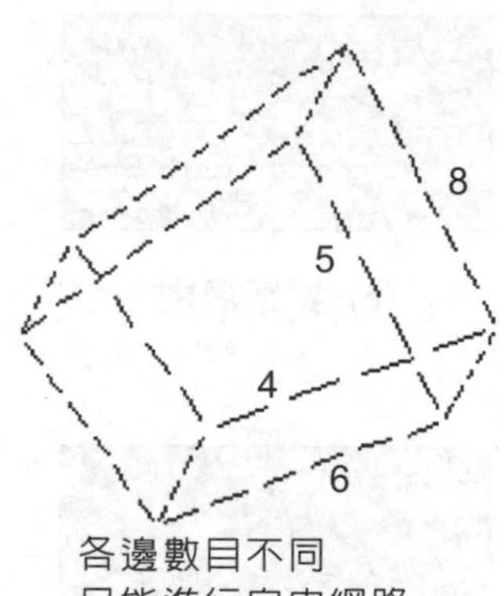

(a) 六面體相對應線段之網格

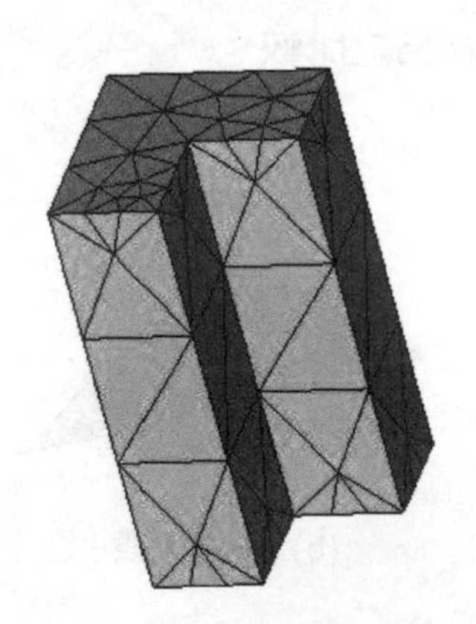

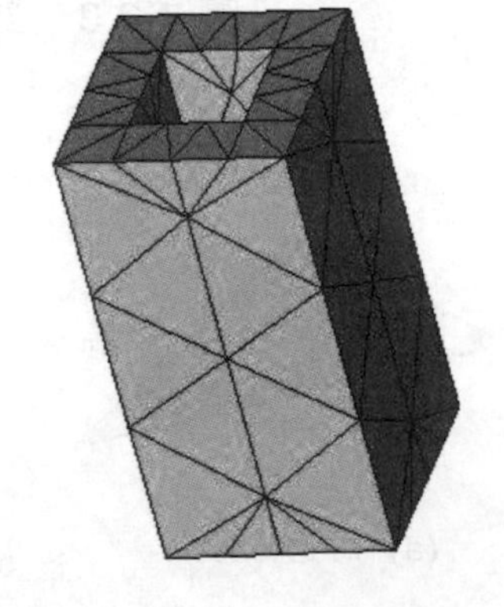

(b) 非六面體相對應線段之網格

圖 7-2.5　3-D 體積對應網格與自由網格

➔ 7-3　2-D 實體模型與網格化的配合

以上是針對單一面積的自由與對應網格之差異介紹，然而一個 2-D 結構必定是複雜的外型，故在建立實體模型時，必須先行規劃如何進行網格，以便在建立實體模型時，不違反其規則。2-D 平面結構如欲進行對應網格，則其結構必定是四條線四邊形所組合而成，如有三角形，則三邊的元素數目必設定爲相等之偶數。圖 7-3.1 爲 2-D 平面結構，欲進行對應網格時，其可能組合面積之情形。由圖 7-3.1(a-1)可知，建立圓(**CIRCLE**)線時，爲何要分段與定義起始點，此時圓線的起始點必需位於 45 度方向分四段，才能完成，若以水平軸爲起始點，則可分八段如圖 7-3.1(a-2)。圖 7-3.1(b-1)圓線的起始點必需位於 90 度方向分二段，才能完成。2-D 平面結構如欲進行自由網格時，只要線段圍成面積即可，如圖 7-3.1(b)、(c)及(d)，全部線段圍成面積(使用 **AL** 指令)，即可進行自由網格。不管 2-D 或 3-D 的實體模型，2-D 平面網格爲基石，許多 3-D 的有限元素模型，要靠 2-D 平面網格來完成，例如延伸、拉伸、旋轉等方法。

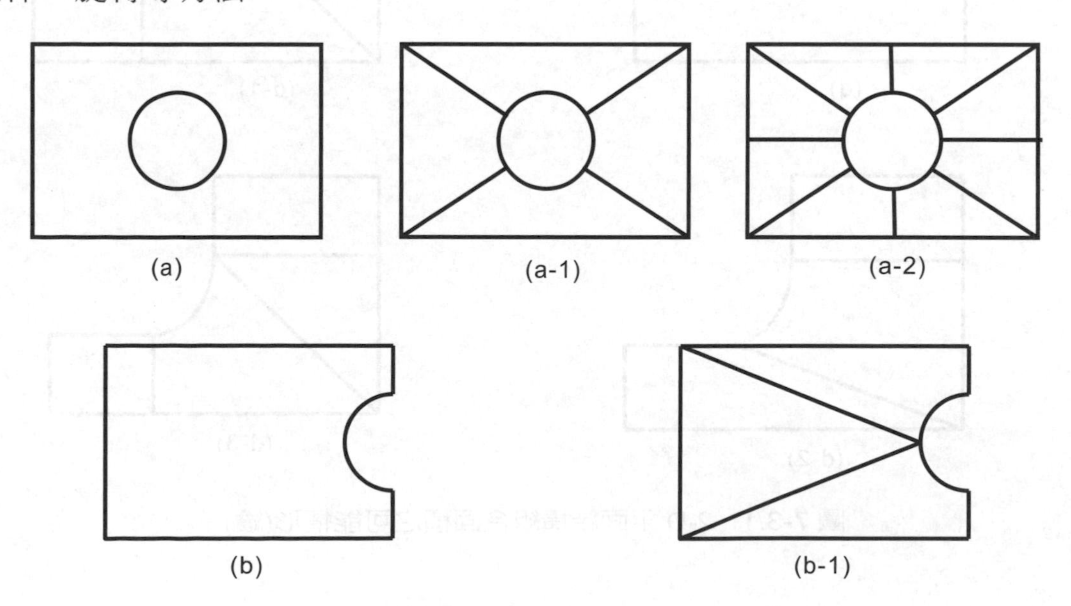

圖 7-3.1　2-D 平面結構組合面積之可能情形

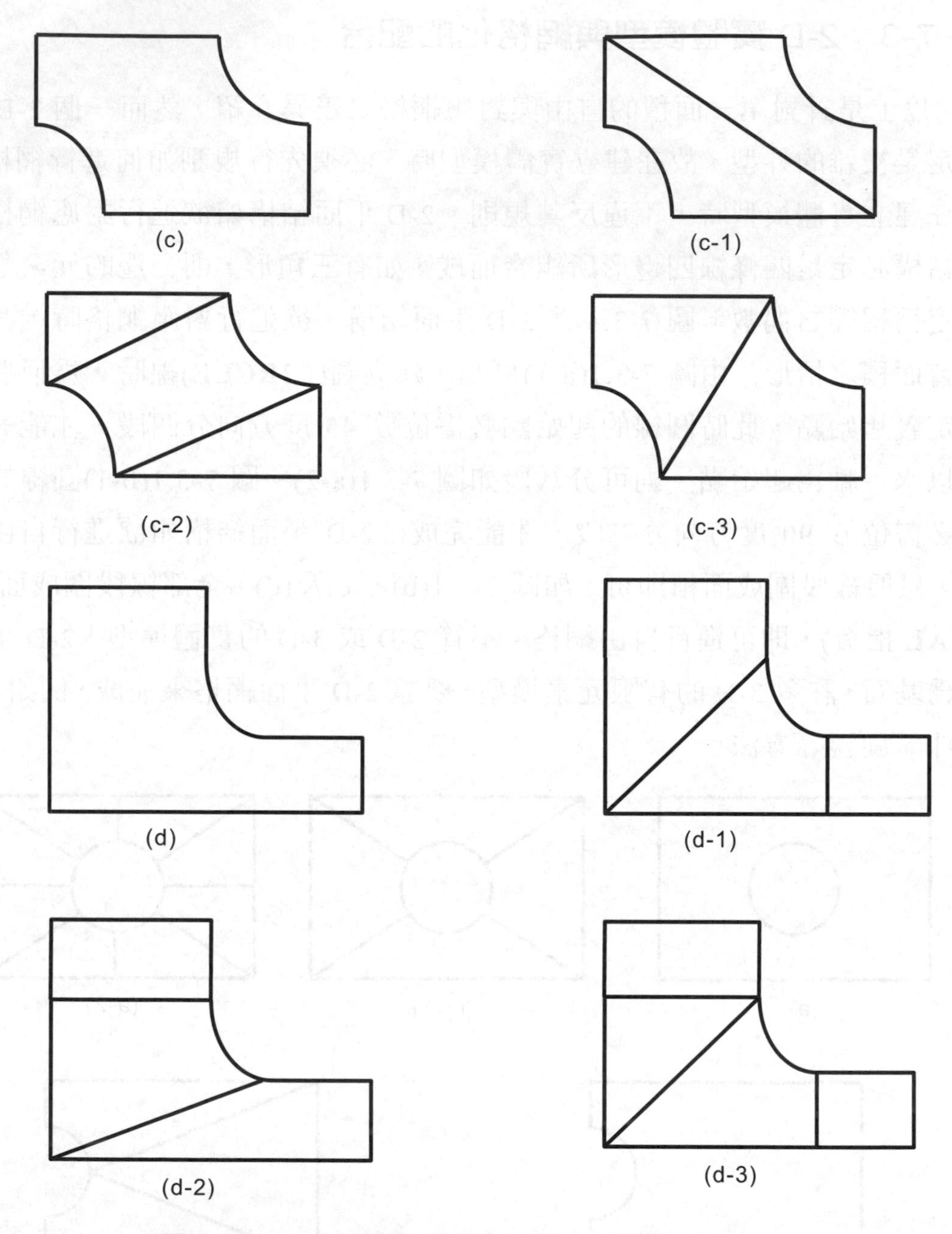

圖 7-3.1 2-D 平面結構組合面積之可能情形(續)

以上是對應網格的基本原則，進一步須要注意的情況如下：

1. 相對應邊的長度差異不可過大

   由於對應網格相對應邊的元素數目相同，所以長度差異太大，造成元素四邊比例過大，若元素二邊的比例大於 20 時，軟體會產生警告訊息，但也可以獲得解答，不過在非線性問題時，有時無法獲得解答。圖 7-3.2(a)中，若圓的直徑太小，則面積的安排可如圖 7-3.2(b)所示。這類問題常發生在內圓角部分，如圖 7-3.2(c)所示，則面積的安排可如圖 7-3.2(d)所示。

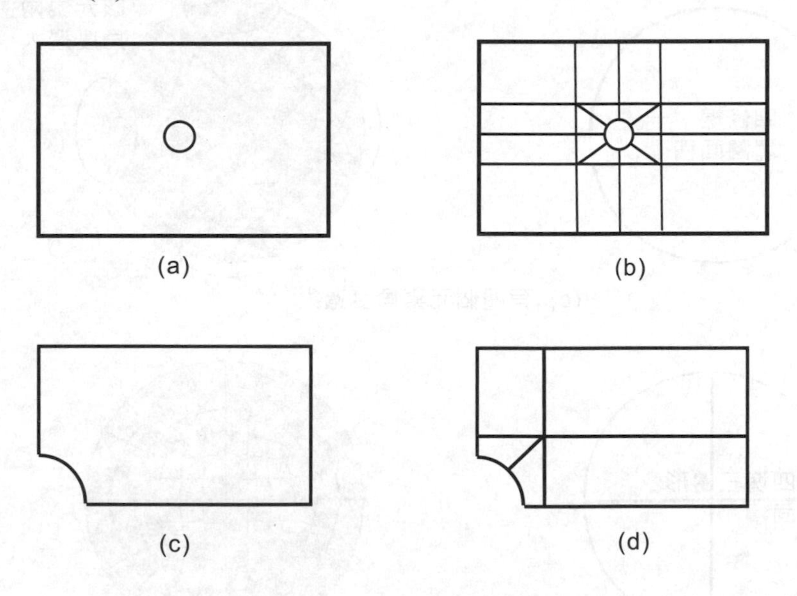

圖 7-3.2　2-D 平面結構長寬比例問題

2. 相鄰兩邊的角度不可過大或過小

   四邊形面積相鄰兩邊的角度共有四個，如圖 7-3.3 所示。若相鄰兩邊的角度過大或過小時，軟體會產生警告訊息，但也可以獲得解答，不過在非線性問題時，有時無法獲得解答。可下達指令 **SHPP**, STATUS 檢視警告範圍。以 **PCIRC** 所建的圓，為四條線的一塊面積，但不建議直接網格，因此角度太大，如圖 7-3.3(c)所示，我們將建立圓面積建爲四塊三邊形，如圖 7-3.3(d)所示。此外更不建議 1/4 弧線與相鄰線相切，造成角度過小，如圖 7-3.3(e)所示。

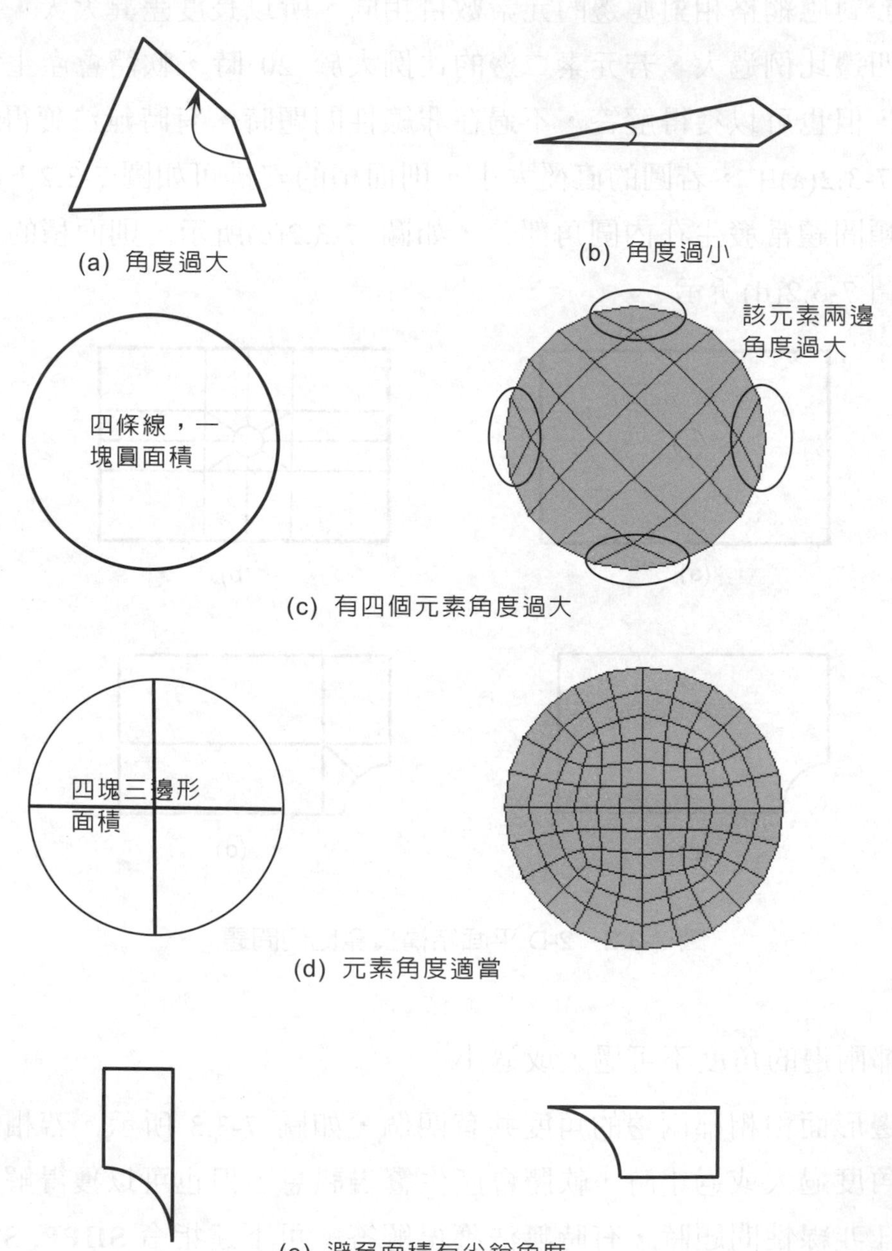

圖 7-3.3 2-D 平面結構角度問題

➔ 7-4　網格化步驟

網格之產生，首先依自由網格或對應網格之限制進行實體模型的建立。使用者把握其中一個原則，2-D 平面結構可進行全部面積對應網格，自由網格及兩種網格混合。採用混合網格時，對應網格先行產生，再進行自由網格，或反之亦可。3-D 立體結構僅可進行全部體積對應網格或自由網格，兩種網格混合暫時不予介紹。宣告元素屬性，在進入**/PREP7** 之後(如同直接建立法)任何位置皆可，但一定要在進行網格指令之前設定。元素大小系統有自訂值，一般而言，網格結果不滿意才會調整，而且一定以目前的設定為基準，所以網格時要非常了解目前的設定。元素大小最容易控制的方式，可採用線段建立後立刻宣告，或整個實體模型完成後逐一宣告，端賴個人習慣。一般而言，採用線段建立後立刻宣告比較方便且不易出錯，因為當模型越大時，物件越多不容易掌握，同時如若宣告線段網格的數目和尺寸大小後，則物件複製時其屬性一起複製。完成上述設定之後便可進行網格。網格過程亦可逐步進行，即實體模型物件完成至某階段即進行網格，如所得結果滿意，繼續建立其他物件及網格該物件，此點非常重要。換言之，在建立實體模型時要同時考慮網格的因素，如考慮欠周延將導致最後網格的失敗，由其是對應網格。ANSYS 網格的基本流程如下：

```
/PREP7

!宣告所有元素屬性

ET, 1
MP, EX, 1
R, 1
ET, 2
```

```
MP, EX, 2
R, 2
ET, 3
MP, EX, 3
R, 3

!建立實體模型

K, …
L, …
A, …
V, …

!宣告元素大小、形狀、網格種類

LESIZE, …
KESIZE, …
ESIZE, …
SMRTSIZE, …
MSHKEY, …
MSHAPE, …

!進行網格

XATT, 1, 1, 1
XMESH                    !X 物件網格後，元素屬性由 XATT, 1, 1, 1 決定
XATT, 2, 1, 2
```

```
XMESH                   !X 物件網格後，元素屬性由 XATT, 2, 1, 2 決定
XATT, 3, 3, 3
XMESH                   !X 物件網格後，元素屬性由 XATT, 3, 3, 3 決定
```

➔ 7-5 設定元素屬性

元素屬性有三大類，元素型態(**ET**)、幾何常數(**R**)及材料特性(**MP**)，我們可依實際需要定義多組之元素型態、幾何常數及材料特性。實際賦予元素之特性可由 **XATT** 來控制，但本人習慣用直接建立之 **TYPE**、**REAL** 及 **MAT** 來控制。網格後元素屬性如同直接建立法，方式如下：

```
/PREP7
ET, 1, ...              !宣告所有元素屬性
MP, EX, 1, ...
R, 1, ...
ET, 2, ...
MP, EX, 2, ...
R, 2, ...
ET, 3, ...
MP, EX, 3, ...
R, 3, ...
    !建立實體模型

    !宣告元素大小

    !進行網格
TYPE, 1
REAL, 1
MAT, 1
```

```
    AMESH              !網格面積後，元素屬性由上三行指令決定
TYPE, 2
REAL, 3
MAT, 1
    VMESH              !網格體積後，元素屬性由上三行指令決定
```

指令介紹

XATT, *MAT, REAL, TYPE, ESYS, SECSUM*

定義 **X** 物件網格後元素屬性(**ATT**ributes)。*MAT*, *REAL*, *TYPE*，爲前所定義元素材料型態、幾何常數、元素型態之號碼與直接建立法相同，我們也可採用第四章的方法，利用 **TYPE**、**MAT**、**REAL** 三個指令，因此 XATT 指令僅將原三行指令合併爲一個指令，X 代表物件類別(**X=L, A, V**)。*ESYS* 爲建立元素時所在之座標系統號碼，通常圓柱形體積可在圓柱座標系統下建立。系統自訂 *MAT*, *REAL*, *TYPE* 皆爲第一組及 *ESYS* 爲卡式座標。

Menu Paths : Main Menu > Preprocessor > Meshing > Mesh Attributrs > Define Attributrs

前例可改寫如下：

```
…
!進行網格

    AATT, 1, 1, 1
    AMESH              !網格面積後，元素屬性由上行指令決定

    VATT, 1, 3, 2
    VMESH              !網格體積後，元素屬性由上行指令決定
```

➔ 7-6 元素形狀大小定義

元素的形狀首先考慮元素型態的基本形狀，若基本形狀為三角形(例如 PLANE2、PLANE35)，或三角錐(例如 SOLID92、SOLID87)，則一定考慮自由網格。若基本形狀為四角形(例如 PLANE42、PLANE55)，或六面體(例如 SOLID92、SOLID70)，當實體模型進行對應網格時，所產生的元素必為四邊形及六面體。實體模型進行自由網格時，2-D 結構將自行以四邊形及三角形之混合方式，或全部為三角形進行，3-D 結構將以角錐體方式進行。雖然我們使用元素的基本形狀為 2-D 四邊形(例如 PLANE42)，若網格為三角形稱之為四邊形的退化，還是可接受使用者不必擔心，同理，若我們使用的元素基本形狀為 3-D 六面體(例如 SOLID45)元素，若網格為三角錐稱之為六面體的退化。網格時系統有自訂之尺寸大小(**DESIZE**)，也就是說不給予任何元素大小的設定仍然可進行網格動作，只在於是否滿足使用者的要求。

元素大小基本上最容易的方式，可用線段上元素的數目或元素長度大小來分割，通常以線段數目來分割比較方便，否則我們要不斷的檢查不同線段的長度。分割時可採用均分或不均分，不均分時以該線段方向或中間為基準，依設定參數定義可得漸增或漸減之效果。除此之外亦可以整體物件或點為基準，給予元素大小。此外在自由網格時，通常不需特別定義線段的數目及大小，程式將提供自訂優化大小(**SMRTSIZE**)的數目及大小方式進行，線段進行元素的數目及大小之宣告，大多用於對應網格。

指令介紹

MSHKEY, *KEY*

宣告網格時採用網格的方式。

KEY=0 自由網格(系統自訂)。

KEY=1 對應網格。

KEY=2 可對應網格則採用之，否則採用自由網格。

若宣告 **MSHKEY**, 2，**SMRTSIZE** 指令將不作用。*KEY*=2 時，僅適用於

2-D 實體模型，並不適用 3-D 實體模型，因 3-D 網格中不允許六面體元素及角錐元素共存，除非特別技巧，暫不介紹。如果實體模型不合於對應網格之需求，下達該指令參數 *KEY*=1，則會產生錯誤訊息告之。

Menu Paths : Main Menu > Preprocessor > Meshing > Mesh >Areas > Mapped > 3 or 4 sided

Menu Paths : Main Menu > Preprocessor > Meshing > Mesh >Volumes > Mapped > 4 to 6 sided

Menu Paths : Main Menu > Preprocessor > Meshing > Mesh > (Type)

MSHAPE, *KEY, Dimension*

若元素容許不同形狀，宣告網格(**Meshing**)時元素形狀(**SHAPE**)。

KEY=0　當 Dimension=2D 元素形狀爲四邊形。

　　　　當 Dimension=3D 元素形狀爲六面體。

KEY=1　當 *Dimension*=2D 元素形狀爲三邊形。

　　　　當 *Dimension*=3D 元素形狀爲三角錐。

Dimension=2D 面積網格

Dimension=3D 體積網格

雖然實體模型合於對應網格的需求，我們仍可利用該指令，強制元素爲三角形及三角錐。**MSHAPE** 與 **MSHKEY** 指令有密切的相關性，ANSYS 網格的元素形狀決定於這兩個指令所設定的參數。下表說明其關係：

指令作用	如何影響網格
下達 MSHAPE 指令，但無任何參數	會使用四邊形或六面體網格模型。
未下達 MSHAPE 指令，但下達 MSHKEY 指令	ANSYS 會使用元素自設形狀網格模型。採用我們所宣告的網格形式(MSHKEY 的設定)。
MSHAPE 與 MSHKEY 指令，都不下達	ANSYS 會使用元素自設形狀網格模型。採用自設網格形式(自由網格)爲其形狀。

Menu Paths : Main Menu > Preprocessor > Meshing > Mesh >Areas > Mapped > 3 or 4 sided

Menu Paths : Main Menu > Preprocessor > Meshing > Mesh >Volumes > Mapped > 4 to 6 sided

Menu Paths : Main Menu > Preprocessor > Meshing > Mesher Opts

LESIZE, *NL1, SIZE, ANGSIZ, NDIV, SPACE, KFORC, LAYER1, LAYER2, KYNDN*

定義所選擇的線段(**Line**, *NL1*)進行元素(**E**lement)網格時元素的大小(**SIZE**)，元素的大小可用元素的長度(*SIZE*)或該條線段要分割元素的數目(*NDIV*)擇一輸入。當選擇元素的數目時，*SPACE* 爲間距比，最後一段長與最先一段長的比值，正值代表以線段的方向爲基準，負值代表以中央爲基準，系統自訂爲等間距。*NL1*=ALL 爲目前所有之有效線段。

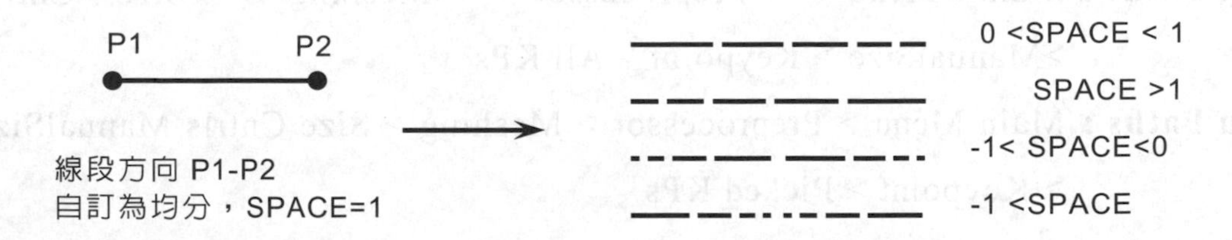

Menu Paths : Main Menu > Preprocessor > Meshing > Size Cntrls SmartSize > (Type)

Menu Paths : Main Menu > Preprocessor > Meshing > Size Cntrls ManualSize >(Type)

KESIZE, *NPT, SIZE, FACT1, FACT2*

定義通過點(**K**eypoint, *NPT*)的所有線段進行元素(**E**lement)網格時元素的大小(**SIZE**)，不含 **LESIZE** 所定義之線段，這是因爲 **LESIZE** 指令的位階大於 **KESIZE** 指令的位階。元素的大小僅能用元素的長度(*SIZE*)輸入。該指令之下達必爲一對，因爲線段基本上含兩點。*NPT* = ALL 爲通過目前所有之有效點之線段。如僅一條線段而言，下達該指令兩次其結果如同直接採用 **LESIZE** 即可。

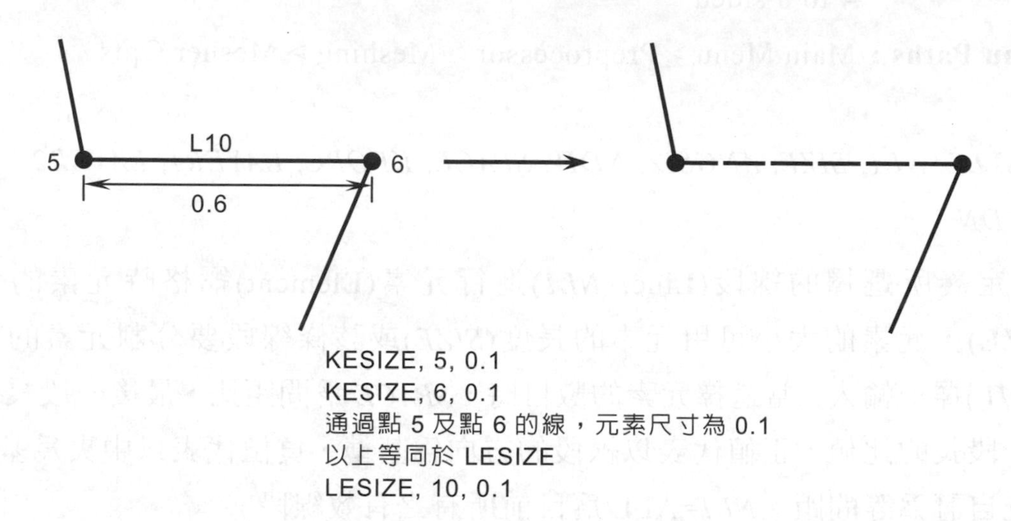

Menu Paths : Main Menu > Preprocessor > Meshing > Size Cntrls >ManualSize > Keypoint > All KPs

Menu Paths : Main Menu > Preprocessor > Meshing > Size Cntrls ManualSize > Keypoint > Picked KPs

DESIZE, *MINL, MINH. MXEL, ANGL, ANGH, EDGMIN, EDGMX, ADJF, ADJM*

該指令爲系統自訂(**D**efault)元素(**E**lement)大小(**SIZE**)，亦即全部線段(不含 **LESIZE**、**KESIZE**、**ESIZE** 所定義之線段)。系統自訂低階元素(h-元素，如 BEAM3，PLANE42，SOLID45)時，線段最少(*MINL*)爲 3 段，高階元素(p-元素，如 PLANE82，SOLID95)線段最少(*MINH*)爲 2 段，線段最多(*MXEL*)爲 15(h-元素)及 6(p-元素)。可更改 *MINL*，*MINH*，*MXEL* 之值，調整元素之大小，**LPLOT** 無法檢視其分割狀態。

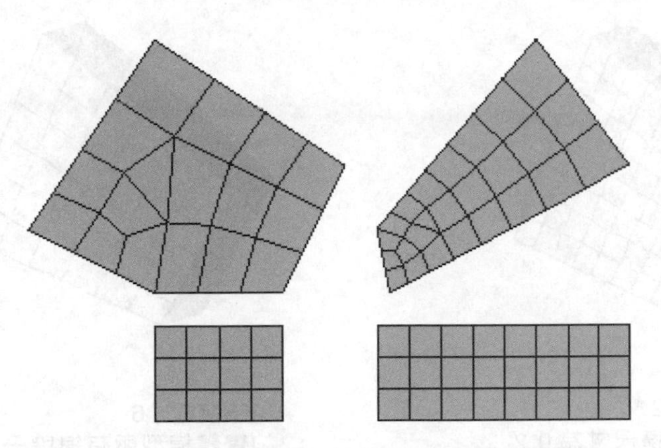

AMESH, ALL !h-元素，使用系統自定之 **DESIZE**
!最少 3 個，最多 10 個

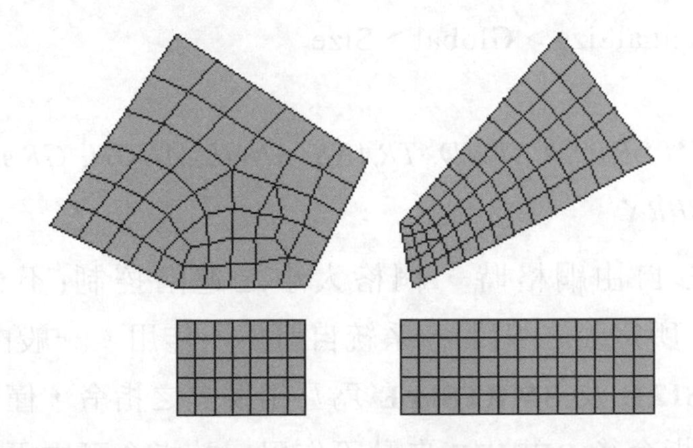

DESIZE, 5, , 15 !h-元素，更改最少 5 個，最多 15 個
AMESH, ALL

Menu Paths : Main Menu > Preprocessor > Meshing > Size Cntrls >ManualSize > Global > Other

ESIZE, *SIZE*, *NDIV*

該指令以目前有效物件為基準，亦即全部線段(不含 **LESIZE, KESIZE** 已定義之線段)，定義元素(**E**lement)網格時元素的大小(**SIZE**)，元素的大小可用元素的邊長(*SIZE*)或線段要分成元素的數目(*NDIV*)擇一輸入。

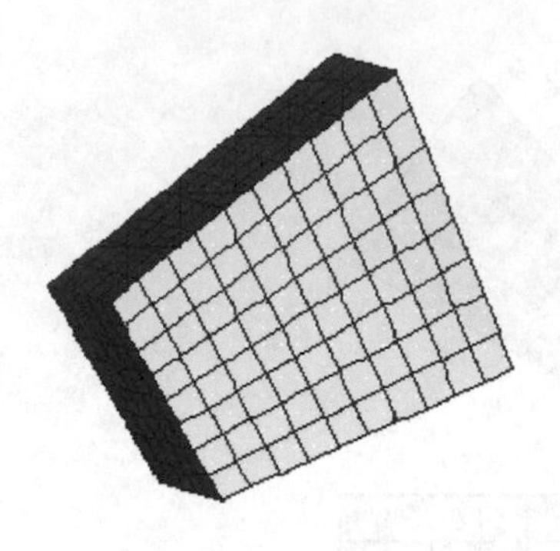

ESIZE, 0.2
!元素每一邊尺寸為 0.2

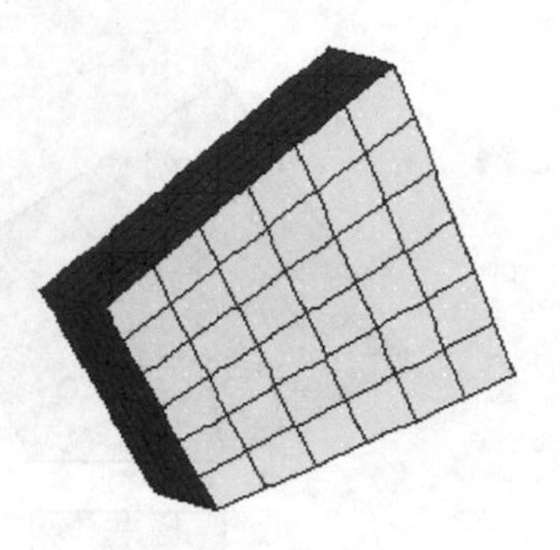

ESIZE, , 6
!實體模型所有線段分六個元素

Menu Paths : Main Menu > Preprocessor > Meshing > Size Cntrls >ManualSize > Global > Size

SMRTSIZE, *SIZVAL, FAC, EXPND, TRANS, ANGL, ANGH, GRATIO, SMHLC, SMANC, MXITR, SPRX*

該指令僅用於自由網格時，網格大小之進階控制(不含 **LESIZE**、**KESIZE**、**ESIZE** 所定義之線段)，系統自訂爲不作用。一般由 **DESIZE** 控制元素大小，**DESIZE** 及 **SMRTSIZE** 爲互相獨立之指令，僅能存在一個，下達 **SMRTSIZE** 指令後 **DESIZE** 自動不作用。該指令可由兩個層面輸入，其一爲所有參數自行調整，對初學者而言，請暫時不考慮，其二爲利用系統自定之等級輸入(*SIZVAL*)。每一個等級，皆已設定其後之參數值，共有十級，系統之自訂值爲第六級，級數越高網格越粗。該指令原理乃利用目前實體模型線段長度、曲率自行進行最佳化網格。

Menu Paths : Main Menu > Preprocessor > Meshing > Size Cntrls > SmartSize > Adv Opts

Menu Paths : Main Menu > Preprocessor > Meshing > Size Cntrls > SmartSize > Basic

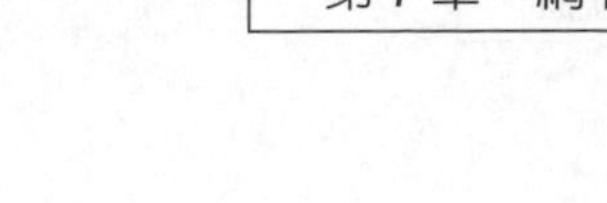

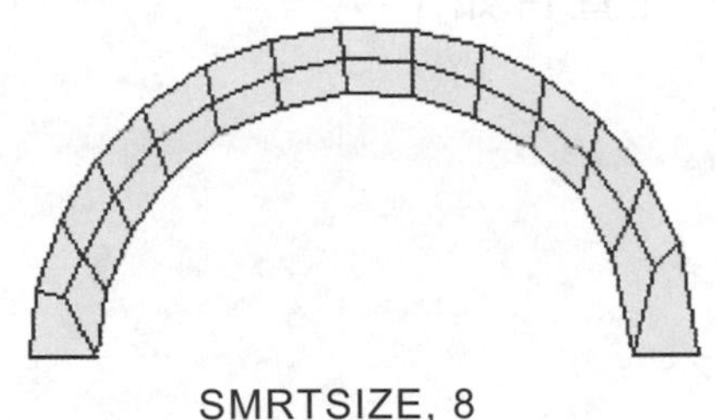

SMRTSIZE, 8
AMESH

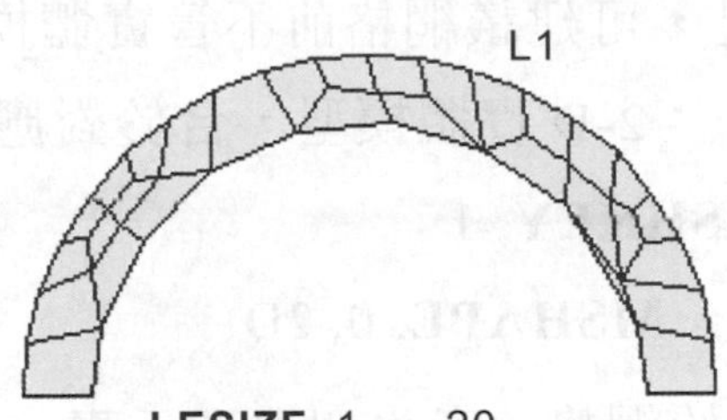

LESIZE, 1, , , 20
SMRTSIZE, 8
AMESH
!L1 已被定義 20 個元素

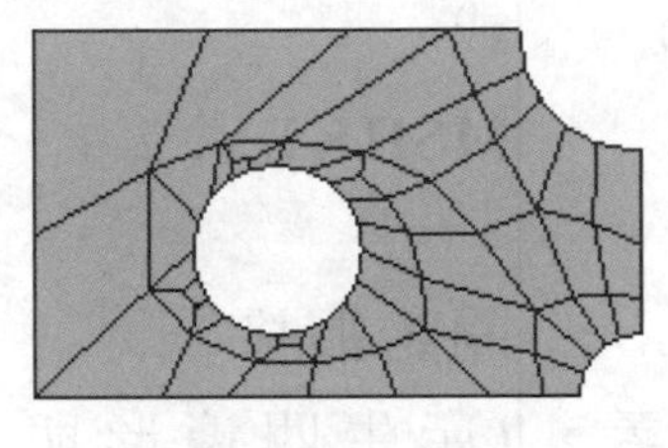

SMRTSIZE, 8
AMESH

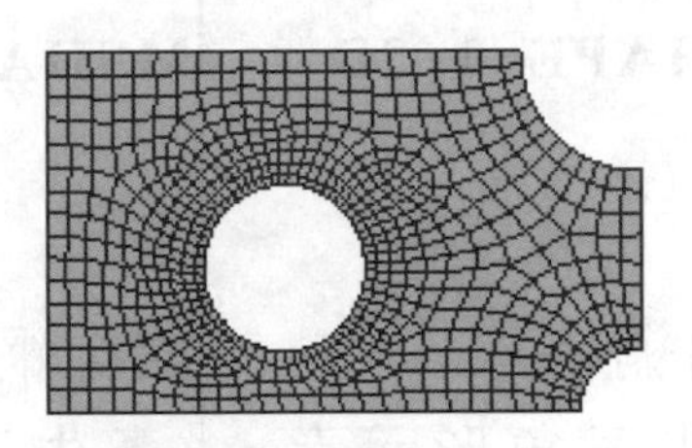

SMRTSIZE, 2
AMESH

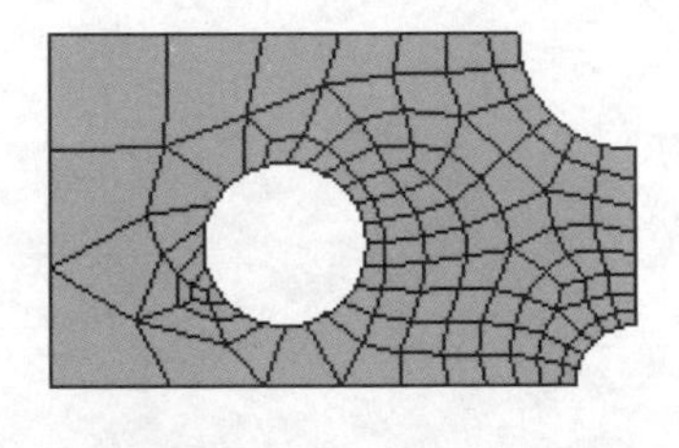

AMESH
!使用系統自訂之 **DESIZE**

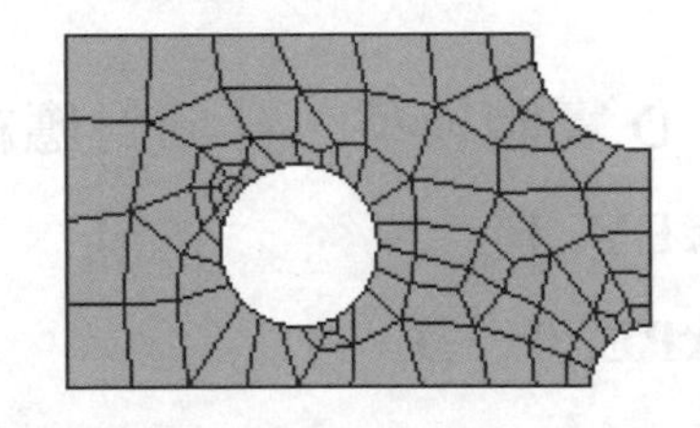

SMRTSIZE, 6
AMESH

以上控制每一條線之元素數目及大小指令，僅 **LESIZE** 所定義之線段在 **LPLOT** 時可看到線段分割之狀態。**LESIZE**、**KESIZE** 為區域性指令，僅限於所選擇之線段及點，**ESIZE**、**SMRTSIZE**、**DESIZE** 為整體性指令，除前已定義外適用於所有其他線段。以權限而言，**LESIZE** > **KESIZE** > **ESIZE** > **SMRTSIZE (DESIZE)**。也就是說 **LESIZE** 所定義之結果不會因 **KESIZE** 或 **ESIZE** 而改變，反之 **ESIZE** 所定義之結果，可由高權限指令更改，重複定義之線段以最新定義為基準。

初學者對於 **MSHKEY** 與 **MSHAPE** 指令較難定奪何時該下達，如果經驗不足，可建議網格前不管實體模型如何，先宣告如下：

狀況一：2-D 實體模型，合於對應網格

MSHKEY, 1

MSHAPE, 0, 2D

開始網格 (產生四邊形元素)

狀況二：2-D 實體模型，不合於對應網格

MSHKEY, 0 **MSHAPE**, 1, 2D 開始網格 (產生三角形元素，由 **MSHAPE** 控制)	**MSHKEY**, 2 **MSHAPE**, 1, 2D 開始網格 (產生三角形元素，由 **MSHAPE** 控制)	**MSHKEY**, 0 或 **MSHKEY**, 2 開始網格 (產生四邊形與三角形元素混合)

狀況三：3-D 實體模型，合於對應網格

MSHKEY, 1

MSHAPE, 0, 3D

開始網格 (產生六面體元素)

狀況四：3-D 實體模型，不合於對應網格

MSHKEY, 0

MSHAPE, 1, 3D

開始網格 (產生三角錐體元素)

筆者實務經驗告知，3-D 實體網格只有兩個選擇，很容易判別，2-D 實體網格選擇較多，但筆者也不經常使用 **MSHKEY** 與 **MSHAPE** 指令。2-D 對應網格時，筆者習慣用 **LESIZE** 定義線段元素的數目，網格時是不需定義 **MSHKEY** 與 **MSHAPE**，2-D 自由網格時，筆者習慣用 **MSHKEY**, 2 定義自

由網格的方式(產生四邊形與三角形元素混合)。

對於網格大小的控制，最常使用者爲 **LESIZE** 與 **SMRTSIZE**，偶而會使用 **ESIZE**。不管 2-D 對應網格或自由網格，筆者一慣用 **LESIZE** 定義線段元素的數目，足以讓使用者達到所需要的網格需求。2-D 自由網格，不使用 **LESIZE** 時，用 **SMRTSIZE** 也足以達到網格的需求。提醒使用者，不要用各種不同方式，定義許多控制網格大小的指令，這些指令位階不同，而且下達後永遠有效，所以很容易混淆。

➔ 7-7 網格之產生

當元素屬性及網格所需之參數定義後，便可對實體模型進行網格。線元素由線段網格產生，平面元素由面積網格產生，立體元素由體積網格產生，當實體元素屬性不同時，網格前可選擇欲網格的物件爲有效物件。網格進行的順序以物件的號碼為基準依序進行，大小差異太大的實體可先行網格物件小小者，形狀怪異的物件也可以先進行網格。

指令介紹

LMESH, *NL1, NL2, NINC*

將一組(*NL1,NL2,NIN*)線(**Lines**)進行網格(**MESH**)並產生節點及元素，若 *NL1* = ALL，則 *NL2* 及 *NINC* 都忽略掉，網格目前的有效線段。

Menu paths : *Main Menu > Preprocessor > Meshing > Mesh > Lines*

AMESH, *NA1, NA2, NINC*

將一組(*NA1,NA2,NIN*)面積(**Areas**)進行網格(**MESH**)並產生節點及元素，若 *NA1*=ALL，則 *NA2* 及 *NINC* 都忽略掉，網格目前的有效面積。

Menu Paths : Main Menu > Preprocessor > Meshing > Mesh > Areas > Free

Menu Paths : Main Menu > Preprocessor > Meshing > Mesh > Areas > Mapped > 3 or 4 sided

VMESH, *NV1, NV2, NINC*

將一組(*NV1,NV2,NIN*)體積(**V**olume)進行網格(**MESH**)並產生節點及元素，若 *NV1*=ALL，則 *NV2* 及 *NINC* 都忽略掉，網格目前的有效體積。

Menu Paths : Main Menu > Preprocessor > Meshing > Mesh > Volumes **> Free**

Menu Paths : Main Menu > Preprocessor > Meshing > Mesh > Volumes >Mapped > 4 to 6 sided

如果線段、面積或體積經過網格化後，形成的網格不理想或不是所預期的，則可將網格清除掉，重新建立新的網格，下列三個指令可用來清除網格。

LCLEAR, *NL1, NL2, NINC*

將網格後之一組(*NL1, NL2, NINC*)線段(**L**ines)上節點與元素清除(**CLEAR**)。清除之節點及元素，只與所選的線有關而不管在此線上的節點及元素是否已被篩選出來，但若一個節點是有很多元素共用，而元素不在所選出來的線上，則不會被刪除，節點、元素的號碼等皆會因節點、元素刪除而去掉。

Menu Paths : Main Menu > Preprocessor > Meshing > Clear > Lines

ACLEAR, *NA1, NA2, NINC*

將網格後之一組(*NA1,NA2,NINC*)面積(**A**reas)上節點與元素清除(**CLEAR**)。清除之節點及元素，只與所選的面積有關而不管在此面積上的節點及元素是否已被篩選出來，但若一個節點是有很多元素共用，而元素不在所選出來的面積上，則不會被刪除，節點、元素的號碼等皆會因節點、元素刪除而去掉。

Menu Paths : Main Menu > Preprocessor > Meshing > Clear > Areas

VCLEAR, *NV1, NV2, NINC*

將網格後之一組(*NV1,NV2,NINC*)體積(**Volumes**)上節點與元素清除(**CLEAR**)。清除之節點及元素，只與所選的體積有關而不管在此體積上的節點及元素是否已被篩選出來，但若一個節點是有很多元素共用，而元素不在所選出來的體積上，則不會被刪除，節點、元素的號碼等皆會因節點、元素刪除而去掉。

Menu Paths : Main Menu > Preprocessor > Meshing > Clear > Volumes

【範例 7-1】

網格綜合練習。(本章範例，由於練習網格爲主，僅定義元素型態即可，有後續分析者，才給必要的元素屬性)

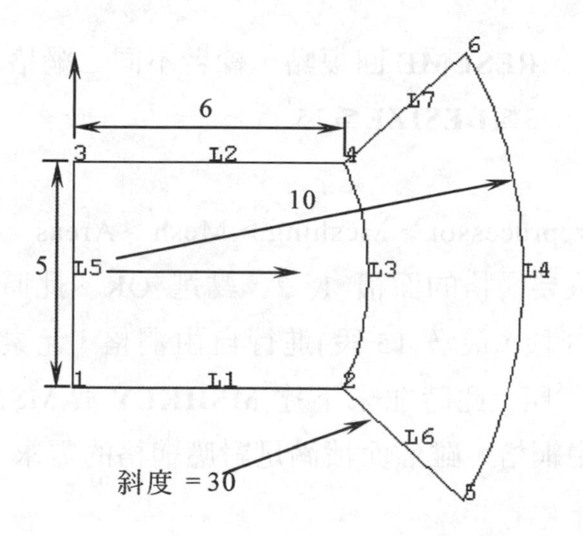

/**PREP7**

ET, 1, PLANE42

K, 1, , -2.5

K, 2, 6, -2.5

K, 3, , 2.5

```
K, 4, 6, 2.5
CSYS, 1
K, 5, 10, -30
K, 6, 10, 30
CSYS, 0
L, 1, 2
L, 4, 3          !注意線段方向
CSYS, 1
L, 2, 4
L, 5, 6          !注意線段方向
CSYS, 0
A, 1, 2, 4, 3
A, 2, 5, 6, 4
SAVE             !RESUME 回復點，練習不同之網格，無任何設定
AMESH, ALL       !3≦DESIZE≦15
```

或

Main Menu > Preprocessor > Meshing > Mesh > Areas > Free

在選擇視窗輸入要網格的面積 1, 2，點選 OK。此時網格以系統自訂 **DESIZE**(最少 3 段，最多 15 段)進行自由網格，元素屬性 **AATT** 自訂爲第一組亦可省略。此時並未下達 **MSHKEY** 與 **MSHAPE** 指令，顯示系統自訂爲自由網格，雖然面積滿足對應網格的需求。

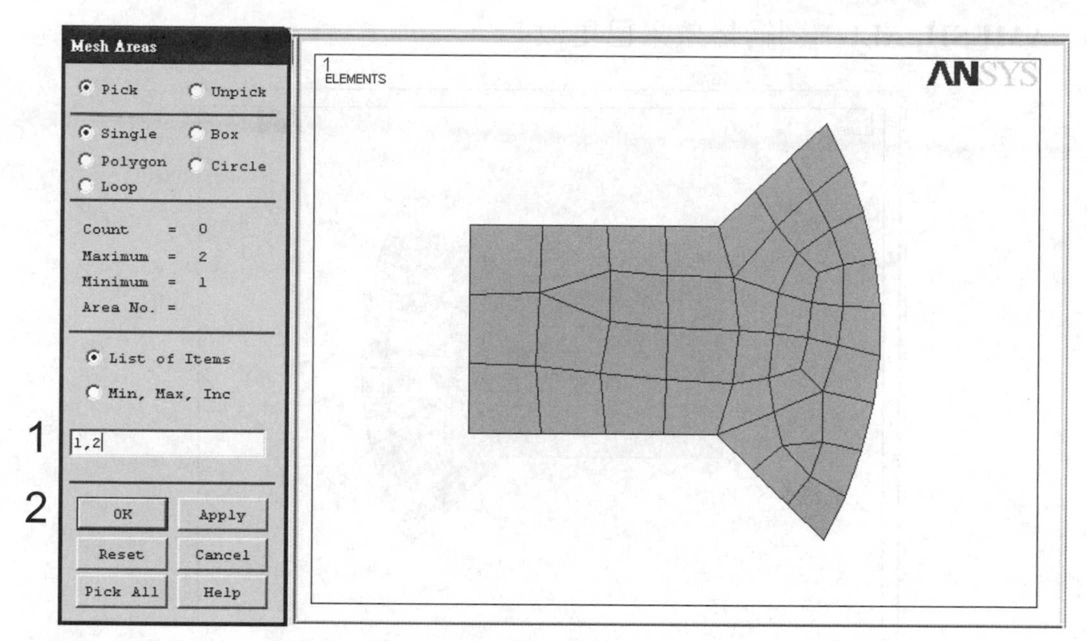

RESUME !以下爲改變 **DESIZE** 後，網格化之效果

DESIZE, 5 !5≦DESIZE≦15

或

Main Menu > Preprocessor > Meshing > Size Cntrls > Size Cntrls > ManualSize > Global > Other

更改參數(最少 5 段，最多不變)，點選 OK。使用者請注意，該視窗的參數事實上爲該指令的自訂值。

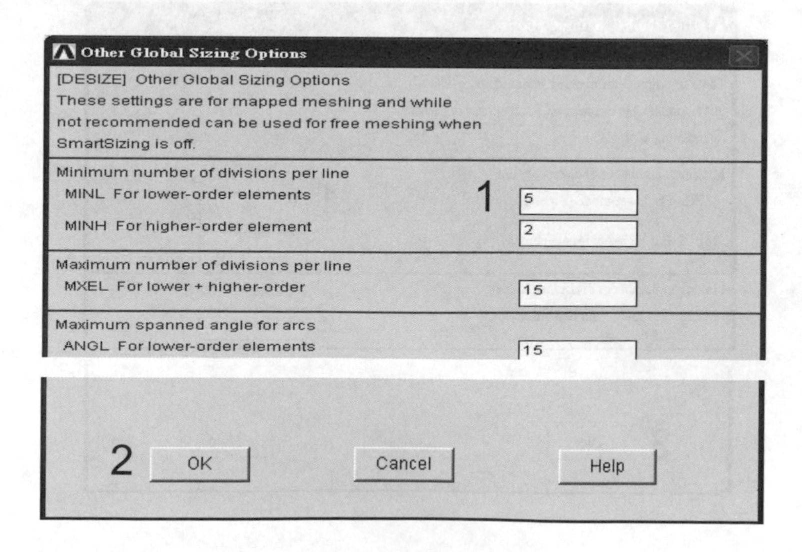

AMESH, ALL　!網格效果已更改

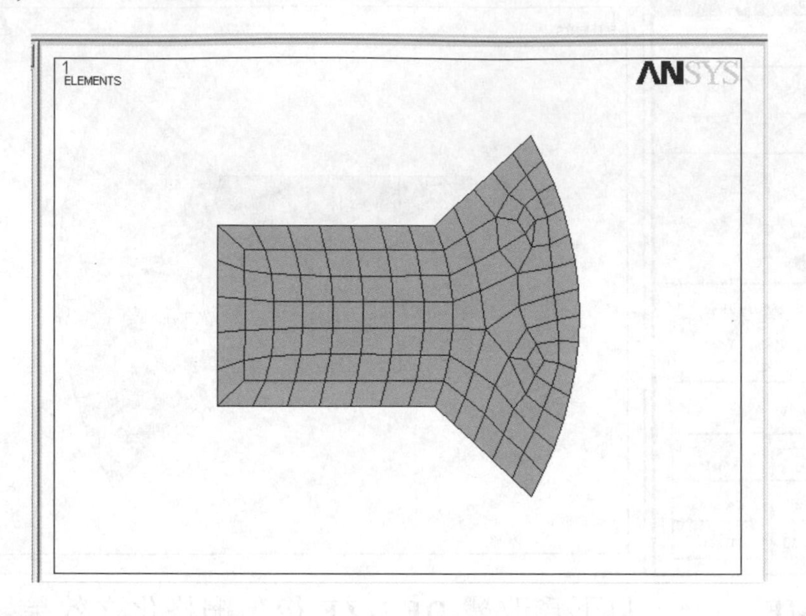

RESUME

DESIZE, 10, , 20　　!10≦DESIZE≦20

或

Main Menu > Preprocessor > Meshing > Size Cntrls > Size Cntrls > ManualSize > Global > Other

更改參數(最少 10 段，最多 20 段)，點選 OK。

Other Global Sizing Options

[DESIZE] Other Global Sizing Options
These settings are for mapped meshing and while not recommended can be used for free meshing when SmartSizing is off.

Minimum number of divisions per line
MINL For lower-order elements　1　10
MINH For higher-order element　2

Maximum number of divisions per line
MXEL For lower + higher-order　2　20

3　OK　Cancel　Help

AMESH, ALL !如下圖所示，網格效果已更改

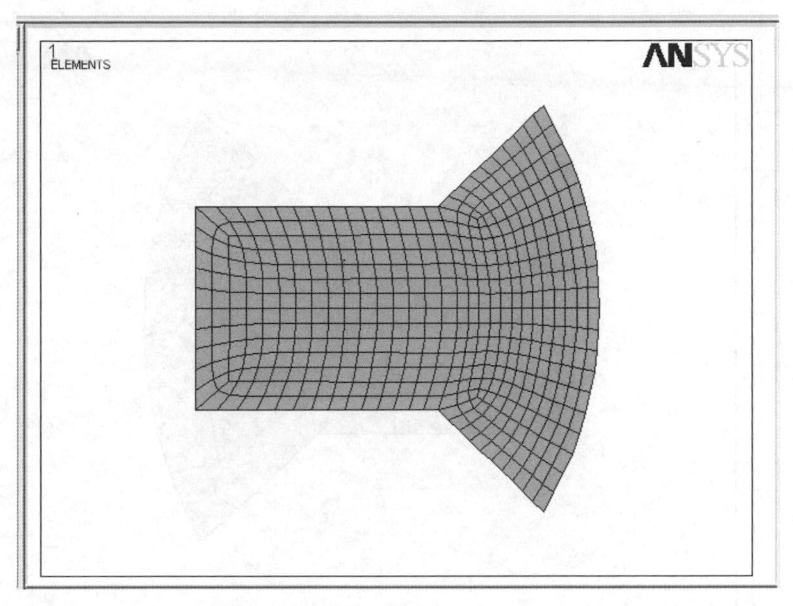

!利用 **SMRTSIZE** 之等級定義元素大小，必爲自由網格，四邊形元素
!優先考慮
!
RESUME
SMRTSIZE, 6
或
Main Menu > Preprocessor > Meshing > Size Cntrls > Size Cntrls > SmrtSize > Basic
點選第 6 等級，點選 OK。

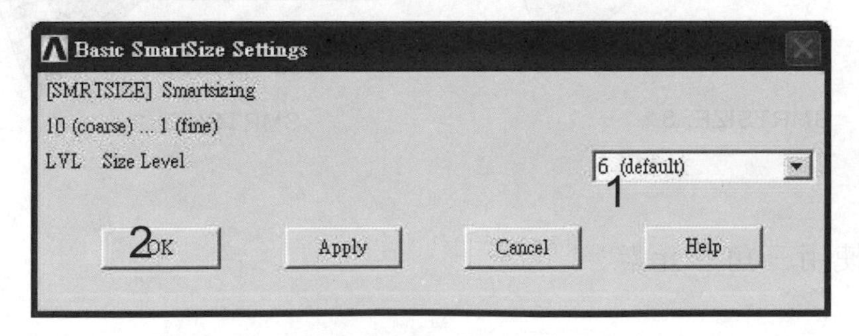

AMESH, ALL　　!如下圖所示，Smartsize=6 之網格效果

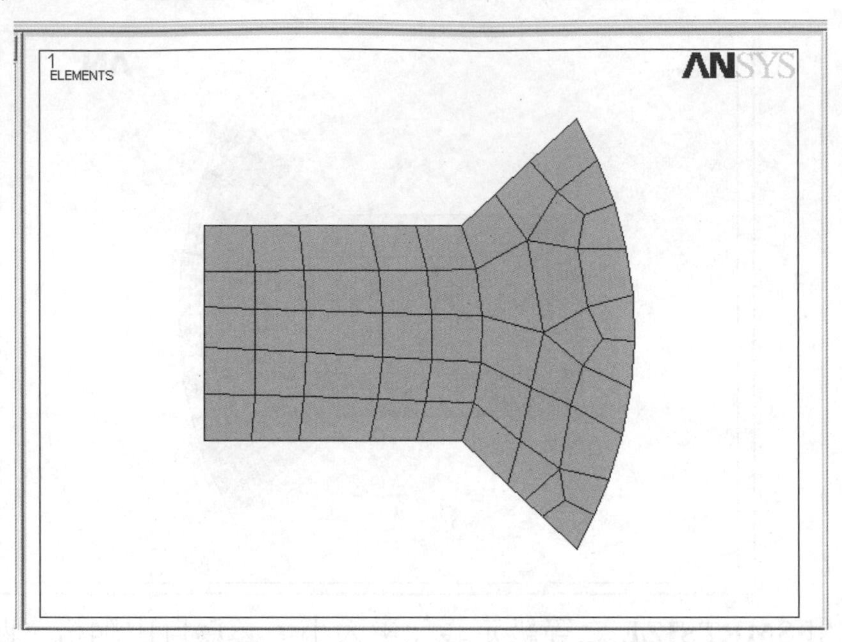

RESUME　　$ **SMRTSIZE**, 8　　$ **AMESH**, ALL

RESUME　　$ **SMRTSIZE**, 2　　$ **AMESH**, ALL

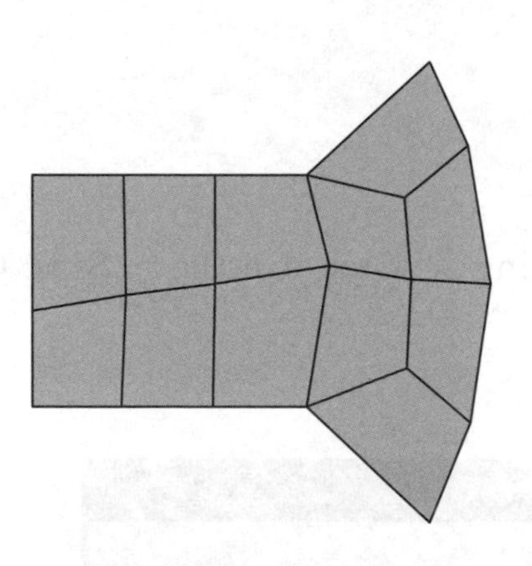

SMRTSIZE, 8

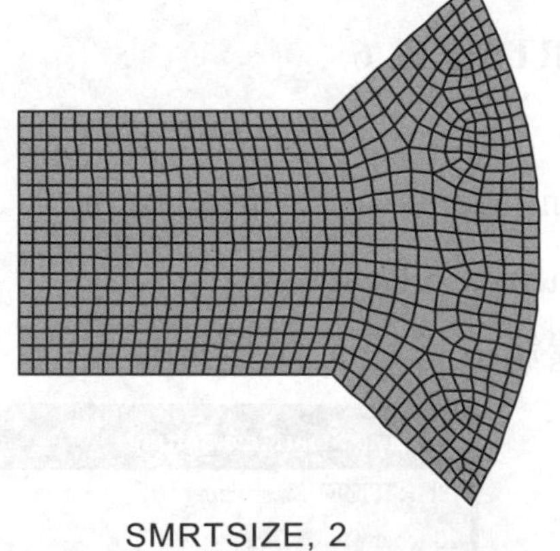

SMRTSIZE, 2

!

!強迫使用三角形元素

!

RESUME

MSHAPE, 1, 2D

或

Main Menu > Preprocessor > Meshing > Mesher Opts

出現下列 Mesher Opts 視窗，不做任何選擇，點選 OK。

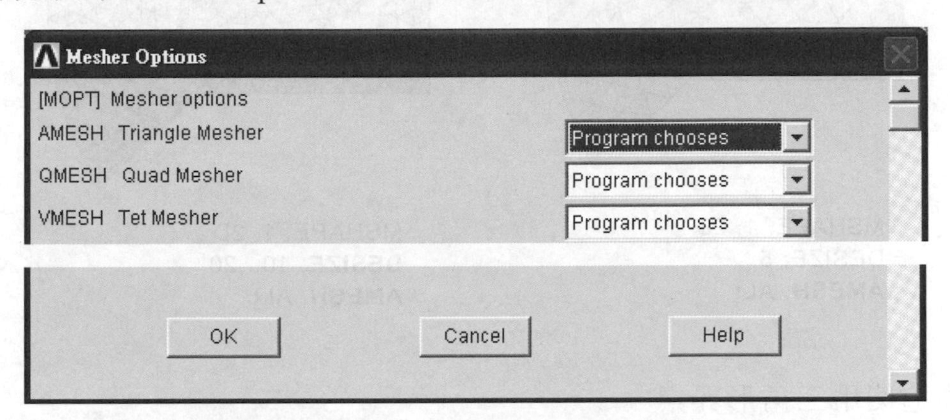

出現元素形狀參數視窗，點選 Tri，點選 OK。

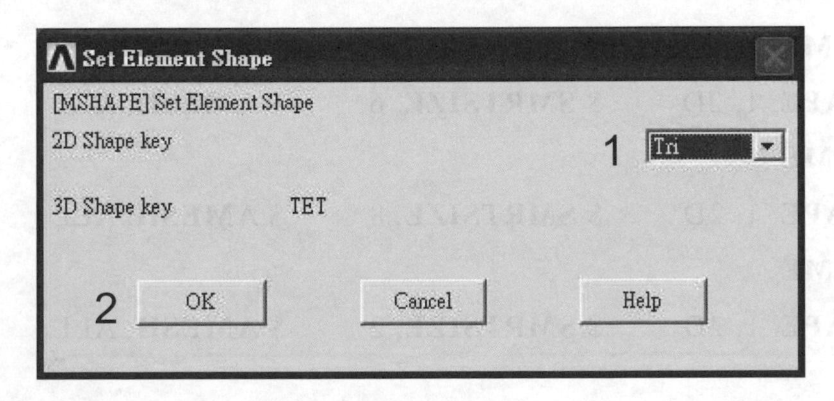

DESIZE, 5　　　　　!5≦**DESIZE**≦15

AMESH, ALL　　　　!如下圖所示，全部爲三角形元素之網格效果

RESUME

MSHAPE, 1, 2D

DESIZE, 10, ,20

AMESH, ALL

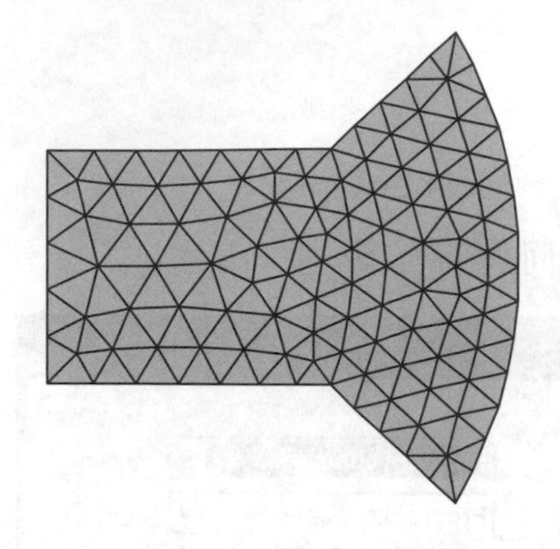

MSHAPE, 1, 2D
DESIZE, 5
AMESH, ALL

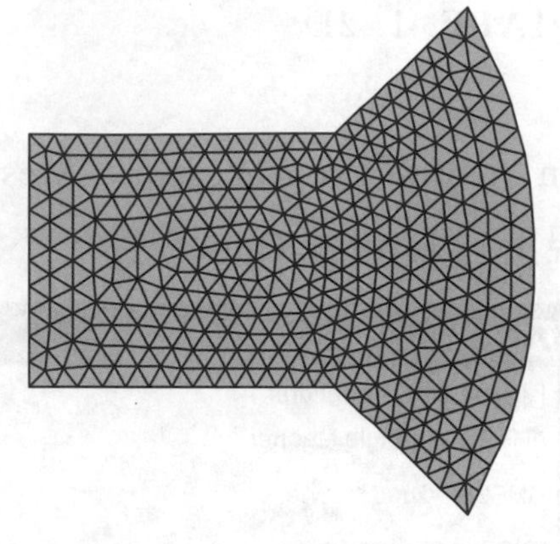

MSHAPE, 1, 2D
DESIZE, 10, ,20
AMESH, ALL

!

!強迫使用三角形元素

!

RESUME

MSHAPE, 1, 2D　　$ **SMRTSIZE**, 6　　$ **AMESH**, ALL

RESUME

MSHAPE, 1, 2D　　$ **SMRTSIZE**, 8　　$ **AMESH**, ALL

RESUME

MSHAPE, 1, 2D　　$ **SMRTSIZE**, 2　　$ **AMESH**, ALL

!

!採用 LESIZE 定義某些線段數目，其餘未定義採用 ESIZE 定義線
!段數目

!

RESUME

LESIZE, 1, , , 6, 6　　!L1 第一與第六元素長度比例爲 6

或

Main Menu > Preprocessor > Meshing > Size Cntrls > MannualSize > Lines > Picked Lines

在選擇視窗輸入要網格線段的號碼 1，點選 OK。輸入所需的參數，點選 OK。

Element Size on Picked Li...

Pick　Unpick

Single　Box

Polygon　Circle

Loop

Count = 0

Maximum = 7

Minimum = 1

Line No. =

List of Items

Min, Max, Inc

1　1

2　OK　Apply

Reset　Cancel

Pick All　Help

Element Sizes on Picked Lines

[LESIZE] Element sizes on picked lines

SIZE Element edge length

NDIV No. of element divisions　3　6

(NDIV is used only if SIZE is blank or zero)

KYNDIV SIZE,NDIV can be changed　Yes

SPACE Spacing ratio

ANGSIZ Division arc (degrees)　4　6

(use ANGSIZ only if number of divisions (NDIV) and element edge length (SIZE) are blank or zero)

Clear attached areas and volumes　No

6　OK　Apply　Cancel　Help

LESIZE, 2, , , 6, 3　　!L2 第一與第六元素長度比例為 3

LESIZE, 3, , , 5　　!L3 五個元素，長度均分

LESIZE, 4, , , 5, 2　　!L4 第一與第五元素長度比例為 2

SAVE　　!**RESUME** 回復點，練習不同之網格

ESIZE, , 4　　!其餘線段分四個元素

或

Main Menu > Preprocessor > Meshing > Size Cntrls > MannualSize > Lines > Global > Size　輸入所需的參數，點選 OK。

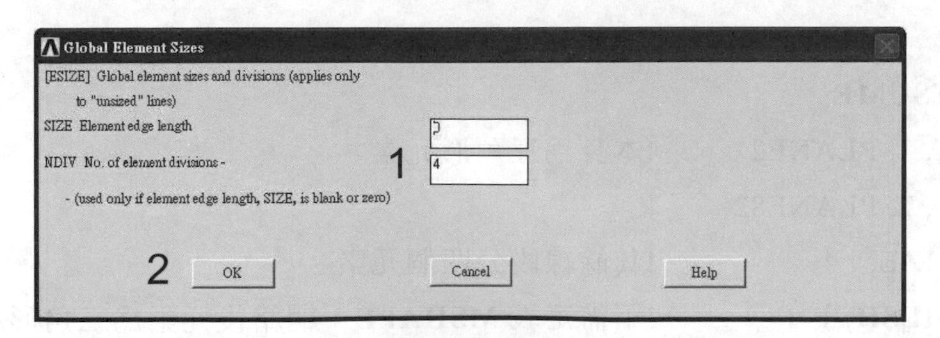

AMESH, ALL　　　　!A2 對邊數目相同，優先四邊形，如同對應網格

ACLEAR, ALL

ESIZE, , 7　　　　!其餘線段分七個元素

AMESH, ALL

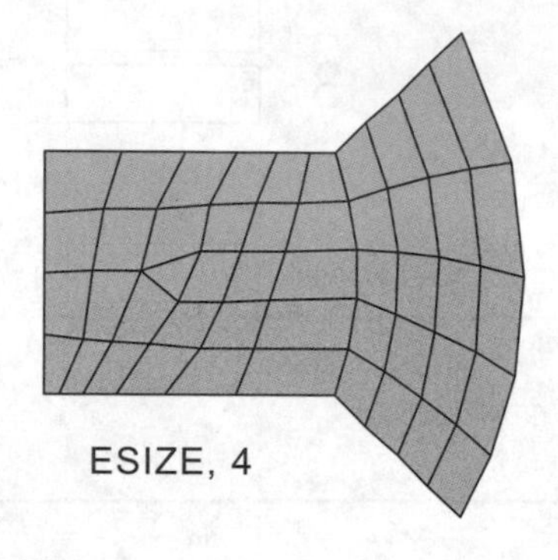

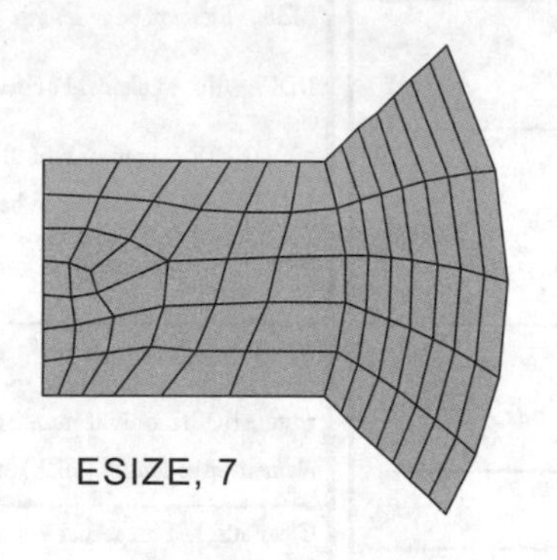

RESUME

LESIZE, 5, , ,5　　　　!L5 元素長度均分，對邊元素數目相同

AMESH, ALL

每一塊面的對邊元素相同，雖然自訂為自由網格，但結果如同對應網格。

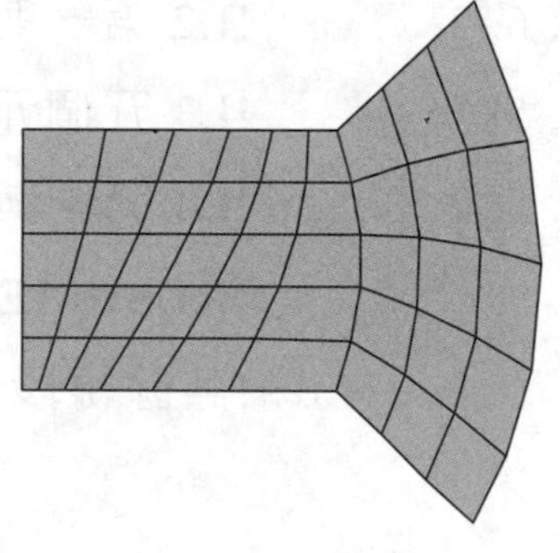

!不同元素形狀網格於不同面積之練習, 由於 PLANE2 爲三角形元素
!及 PLANE82 爲四邊形元素

RESUME

ET, 1, PLANE2　　　　!本身爲三角形元素

ET, 2, PLANE82

ESIZE, , 4　　　　!其餘線段分四個元素

AMESH, 1　　　　!不需定義 **MSHAPE**，網絡後元素爲三角形

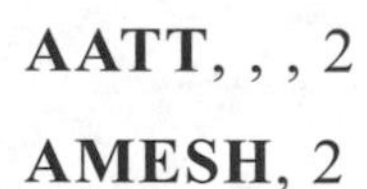

AATT, , , 2

AMESH, 2

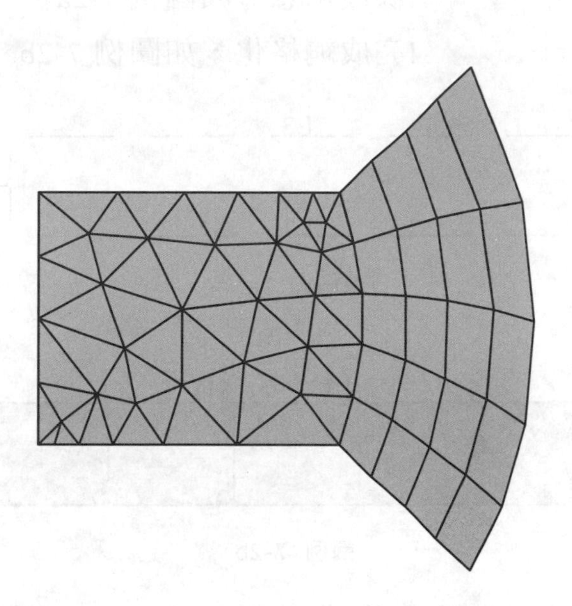

【範例 7-2】

網格綜合練習。(本章範例，由於練習網格為主，僅定義元素型態即可，有後續分析者，才給必要的元素屬性)

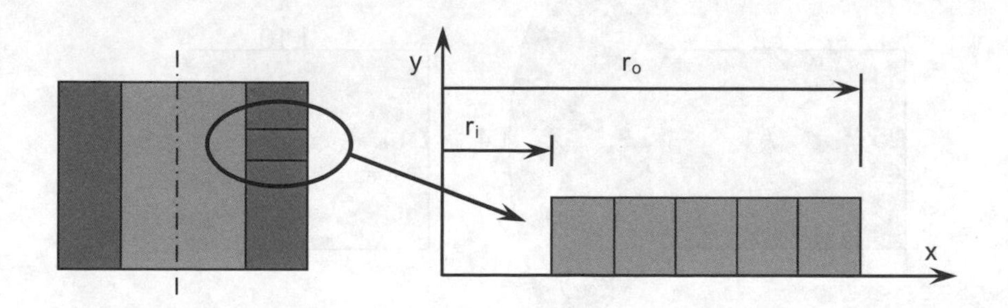

/PREP7

ET, 1, PLANE55, , ,1

RECTNG, 10, 40, 0, 5

LESIZE, 1, , , 5

LESIZE, 3, , , 5

LESIZE, 2, , , 1

LESIZE, 4, , , 1　　　　!線段示意，如圖例 7-2a

AMESH, 1　　　　　　　!完成網格化，如圖例 7-2b

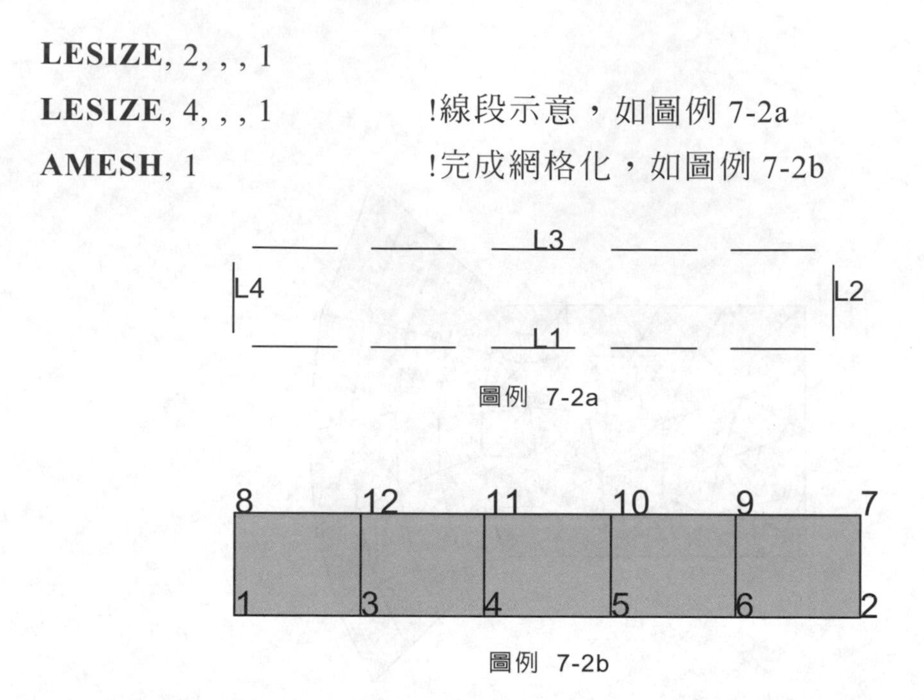

圖例 7-2a

圖例 7-2b

【範例 7-3】網格秘技養成一

四塊面積不做任何設定，探討網格結果。

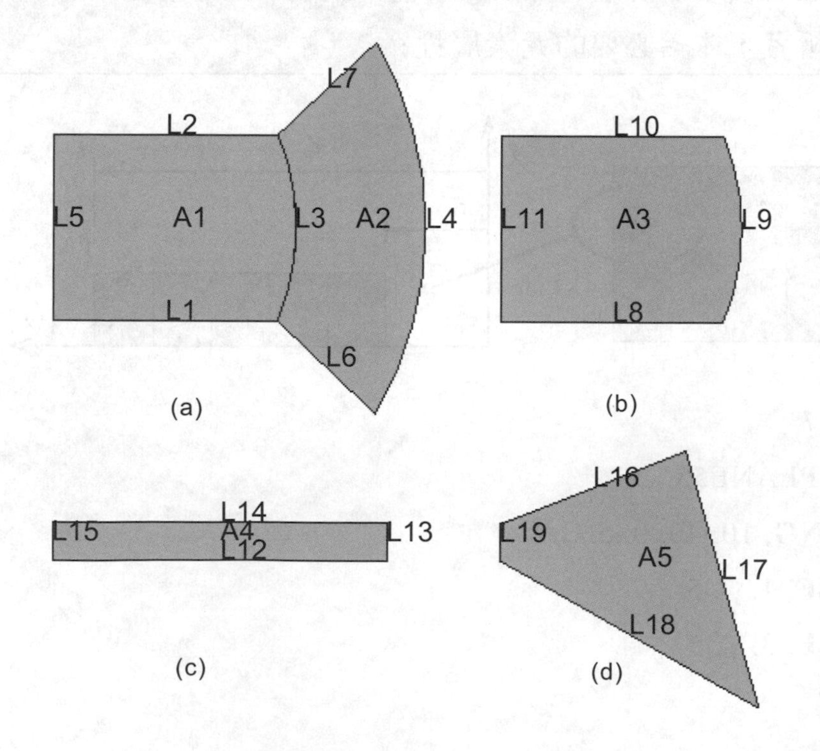

(a)　(b)　(c)　(d)

以上都是四邊形面積，不做任何設定，網格後的結果如下圖所示，這其中到底有何規則性，讓使用者更加了解如何網格，圖例 7-3a 爲無任何設定之網格結果，由結果得知：

(a)圖由兩塊面積組成，系統低階元素的 **DESIZE** 爲最少 3 段，最多 15 段，所以系統會評估(a)圖中所有線段狀態，包含長度、相鄰邊的角度、是否爲曲線等因素，給予每條線段一個元素數目(L5=3、L3=4、L4=9)，所以無法對應網格，而採用自由網格，不要忘記系統的自訂是自由網格。

(b)圖面積與 A1 一樣大，爲何 A3 的 L9 爲 3 段，而 A1 的 L3 爲 4 段。系統評估是以目前模型整體一起考慮，(a)圖 L4 線段較長，所以規劃 L3 爲 4 段，(b)圖 L9、L11 相差不大，所以規劃都是 3 段。由於對邊數目相同，所以優先對應網格(不要忘記 **MSHAPE** 的自訂爲四邊形元素)。

(c)圖爲一長方形，對邊元素數目一定相同，雖然 L15 與 L5 差異頗大，但 L15 還是分 3 段，這是 **DESIZE** 最少 3 個元素之故，所以優先對應網格，不需設定 **MSHKEY**, 1。如果要 L15 爲 1 個元素，只有靠 **LESIZE** 來設定。

(d)圖爲長度差異較大的四邊形，網格的結果如同 A2，採用自由網格。

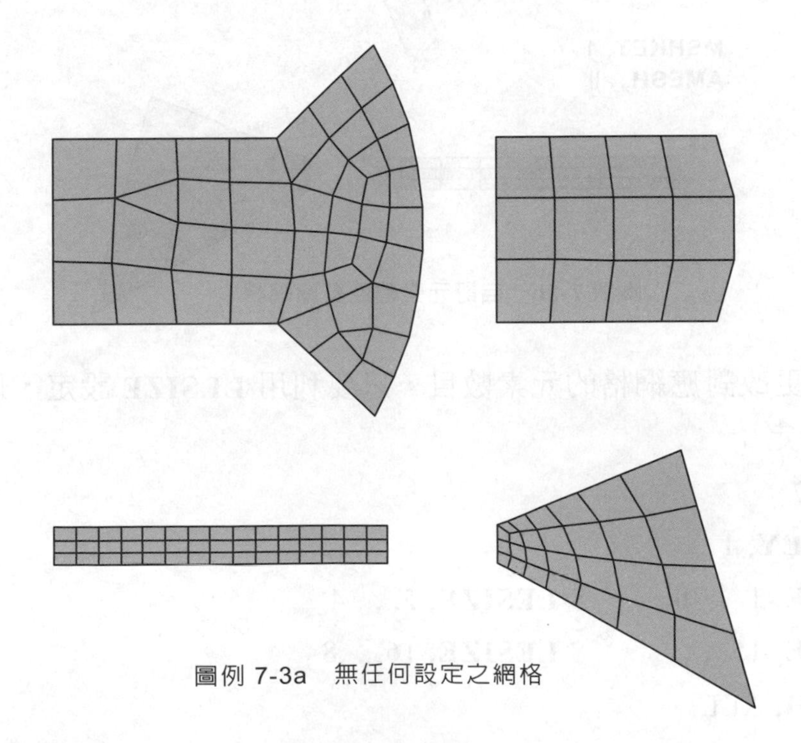

圖例 7-3a 無任何設定之網格

由於系統的自訂網格狀態爲自由網格(**MSHKEY**, 0)與四邊形元素(**MSHAPE**, 0, 2D)，所以四邊形面積不一定產生對應網格，如 A1、A2 與 A5。如果一定要產生對應網格(長度差異較大的四邊形面積)，則只要設定對應網格(**MSHKEY**, 1)即可，程式自行決定相對邊的元素數目，圖例 7-3b 爲自訂元素數目之對應網格結果。本例中 A1 與 A2 的 L3、L4、L5 分割爲 4 個元素數目，A5 的 L16、L18 分割爲 4 個元素數目，A4 的 L12、L14 分割爲 7 個元素數目，由此可知，自由網格與對應網格線段的自訂元素數目也不相同，A4 中 L12 元素數目由自由網格的 15 變爲對應網格的 7；A5 在對應網格下，L16、L18 的元素數目爲 4，在自由網格下，L16、L18 的元素數目分別爲 6、7。

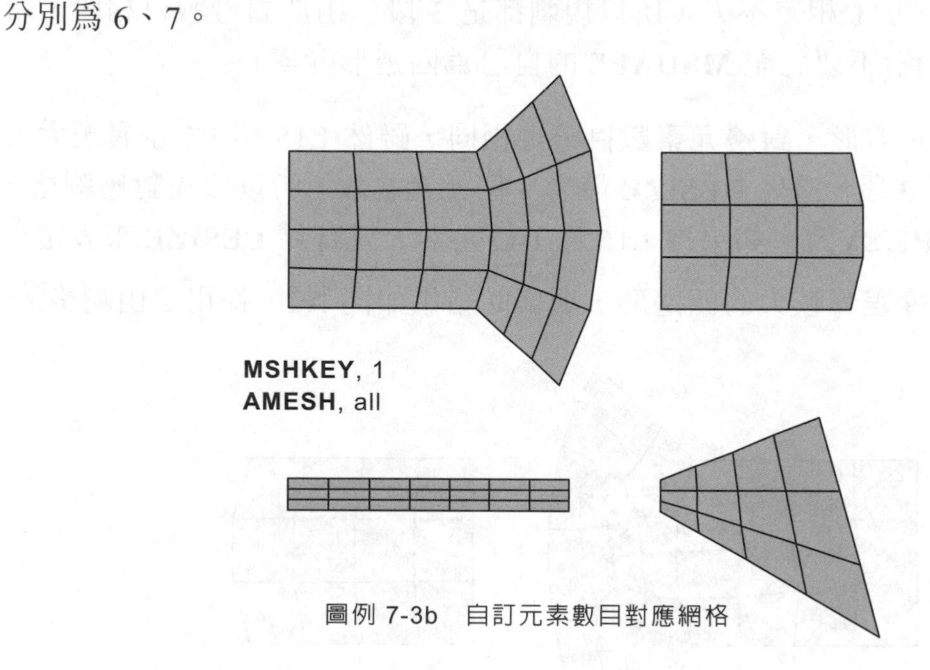

圖例 7-3b　自訂元素數目對應網格

如果要更改對應網格的元素數目，只要利用 **LESIZE** 設定，以下是本範例的線段設定：

```
/PREP7
MSHKEY, 1
LESIZE, 1, , , 8        $ LESIZE, 5, , , 4
LESIZE, 15, , ,1        $ LESIZE, 16, , ,8
AMESH, ALL
```

圖例 7-3c 爲以上設定線段元素數目之對應網格結果。在這一些的設定中，首先設定進行對應網格(**MSHKEY**, 1)，面積的四條線只要設定相鄰的二條線即可，未設定者程式自行決定相對邊的元素數目。(a)圖設定 L1=8、L5=4，網格時依面積號碼，由小至大順序網格，所有物件網格順序都一樣。因此，A1 網格後，L4 的元素數目將跟隨 L3 的元素數目。(b)圖未做任何設定，保持原樣。(c)圖設定 L15=1，L12 由系統自訂，此時由原先 15 段更改爲 7 段，這是由於 L15 的更動。(d)圖設定 L16=8，L19 的自訂爲 3 段，故 L17 配合對應網格亦爲 3 段。

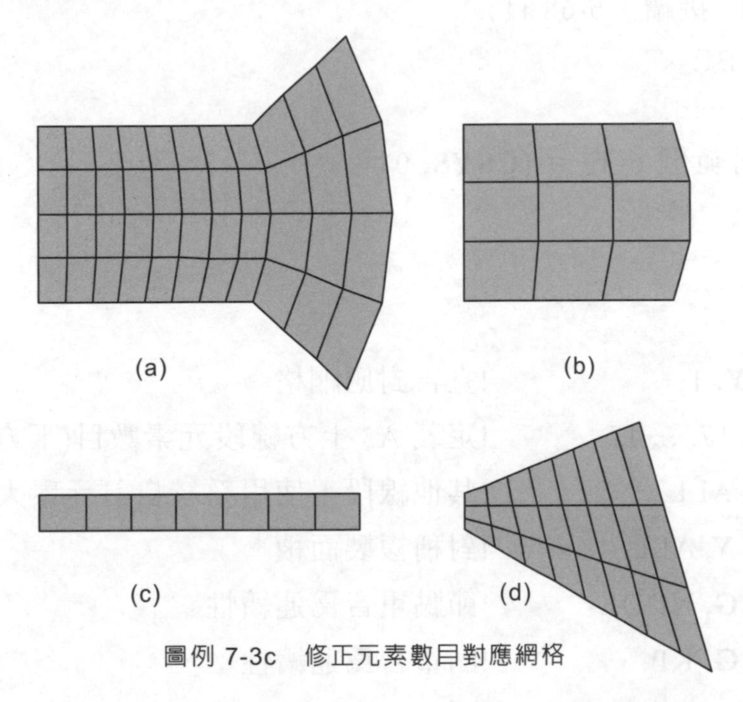

圖例 7-3c　修正元素數目對應網格

*註記

規則一：物件網格的順序由該物件號碼小至大，所以網格線段的設定，不必全部設定，可依物件網格順序，將需要的線段進行設定即可。再者若物件很多，建議物件的建立與網格同時進行，也就是說完成一個小區域的物件建立後先行網格，避免不必要的網格設定。

規則二：對應網格設定(MSHKEY, 1)後，不管對應邊的比例，四邊形面積一定產生對應網格，所以面積的建立避免線段比例過大。修改元素數目的設定，相對應邊有一邊即可，未設定者系統自訂之。

【範例 7-4】網格秘技養成二

網格範例 6-17 的面積，取其一半對稱面積，完成後再對稱。

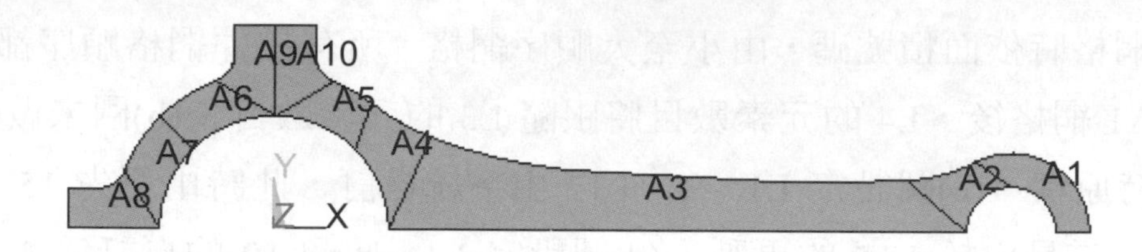

(範例 6-17 接續，6-68 頁)

/UNITS, BIN

:

:　同範例 6-17 至(**CSYS**, 0)

:

```
CSYS, 0
ET, 1, 42
MSHKEY, 1              !宣告對應網格
LESIZE, 17, , , 12     !定義 A3 上方線段元素數目(下方亦可)
AMESH, ALL             !其他線段，使用系統自訂元素大小
ARSYM, Y, ALL          !對稱複製面積
NUMMRG, NODE           !節點重合為連續性
NUMMRG, KP             !點重合為連續性
```

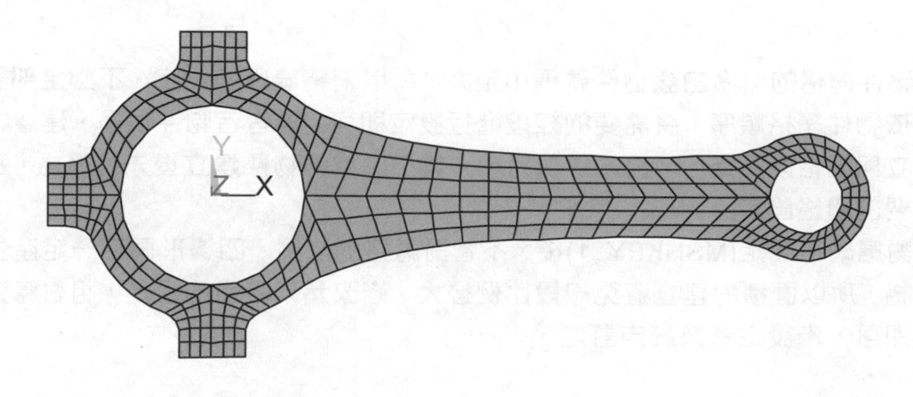

*註記

規則三：本例將一半可對稱的面積網格後，再進行面積的對稱複製。物件上已有元素者，對稱時其元素會隨物件一起對稱產生，但重複的邊界，先進行節點重合，再進行點重合即可。此觀念也適合複製(XGEN)的產生。重複、規律的小區塊儘可能採用此方法。

【範例 7-5】

某面積 10×5，圓半徑=0.25，平均分布於面積上，進行對應網格，先行建立左下角 1×1 區域再複製。

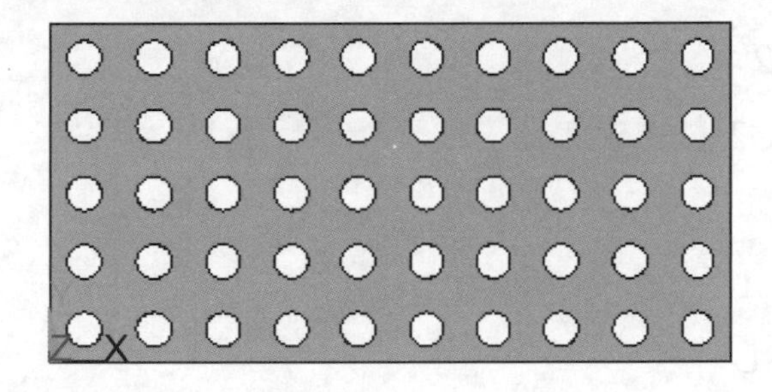

/PREP7

LOCAL, 11, 0, 0.5, 0.5 　!建立區域座標 11 於最左下角 1×1 之中心

WPCSYS, 1, 11 　!設定 WP 座標於區域座標 11 之中心

PCIRC, 0, 0.25, 0, 45

PCIRC, 0, 0.25, 45, 90

CM, CUTAREA, AREA

RECTNG, 0, 0.5, 0, 0.5

ASBA, 3, CUTAREA

L, 2, 9

ASBL, 4, 2

!以上爲建立最左下角 1×1 區域之第一象限之面積

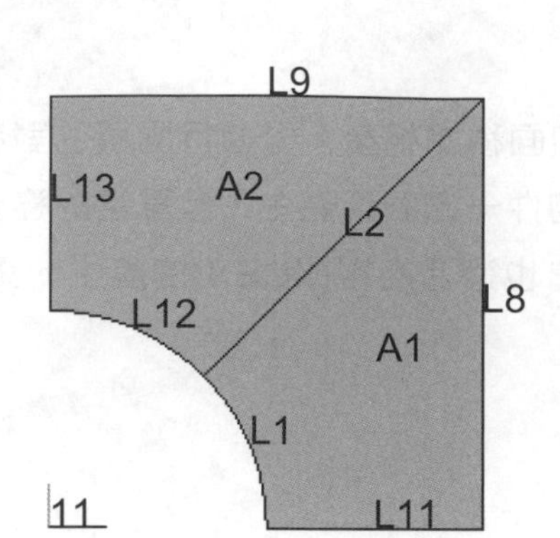


```
ET, 1, 42
MSHKEY, 1
LESIZE, 2, , , 2
LESIZE, 1, , , 2
LESIZE, 12, , , 2
AMESH, ALL
ARSYM, X, ALL
ARSYM, Y, ALL
NUMMRG, NODE            !節點重合為連續性
NUMMRG, KP              !點重合為連續性，完成 1×1 區域之網格
AGEN, 10, ALL, , , 1
AGEN, 5, ALL, , , 0, 1
NUMMRG, NODE            !節點重合為連續性
NUMMRG, KP              !點重合為連續性
```

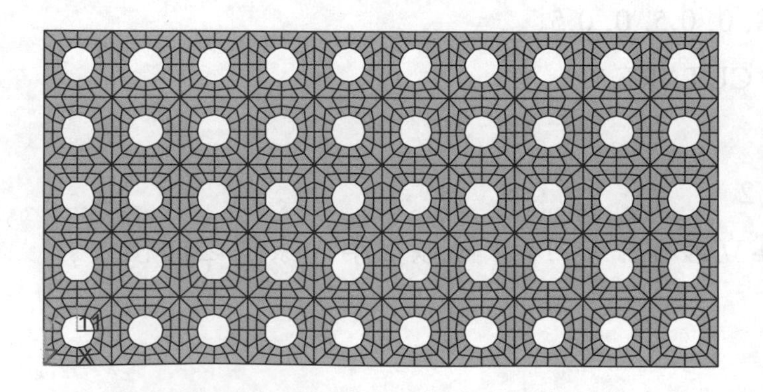

【範例 7-6】

綜合練習，將鼓風機外殼用 SHELL93 元素進行網格，單位：英吋。

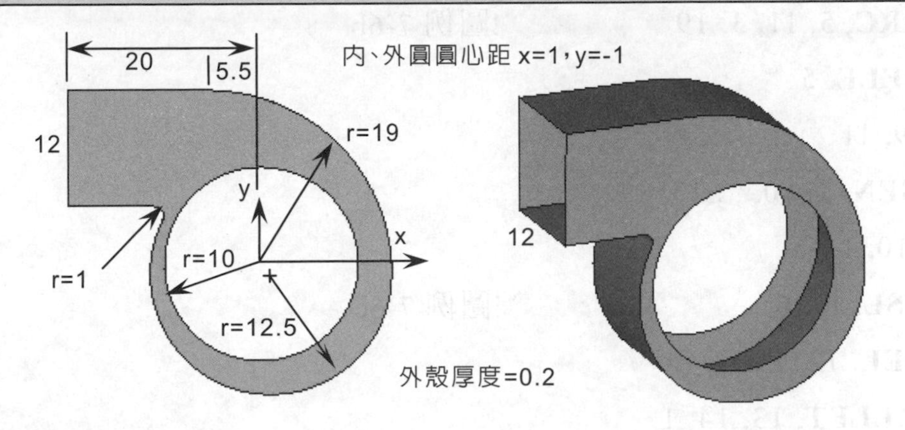


```
/UNITS, BIN
/PREP7
K, 100
K, 101, , ,1
K, 102, 1, 2
CIRCLE, 100, 10, 101, 102
K, 101, 1, -1
CIRCLE, 101, 12.5                    !圖例 7-6a
```

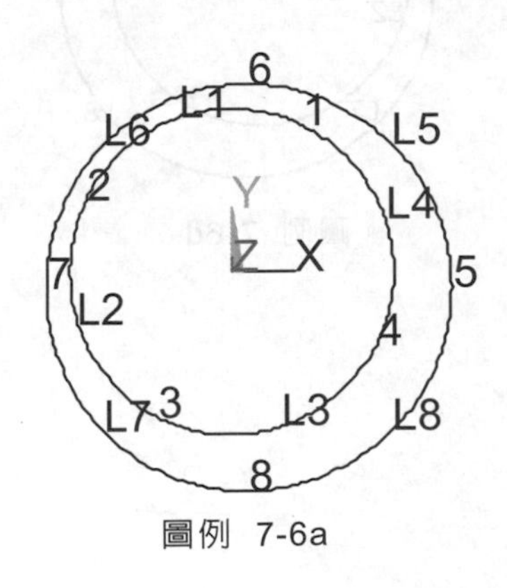

圖例 7-6a

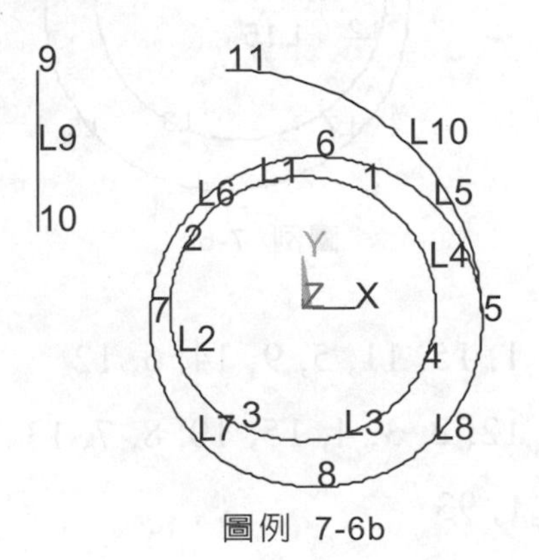

圖例 7-6b

```
K, 9, -20, 18
K, 10, -20 , 6
```

```
L, 9, 10
K, 11, -5.5, 18
LARC, 5, 11, 3, 19            !圖例 7-6b
LDELE, 5
L, 9, 11
KGEN, 2, 10, , , 13
L, 10, 12
LCSL, 11, 6                   !圖例 7-6c
LDEL, 12, 15, 3, 1
LFILLET, 13, 14, 1
LDIV, 10
L, 2, 6
L, 1, 14                      !圖例 7-6d
```

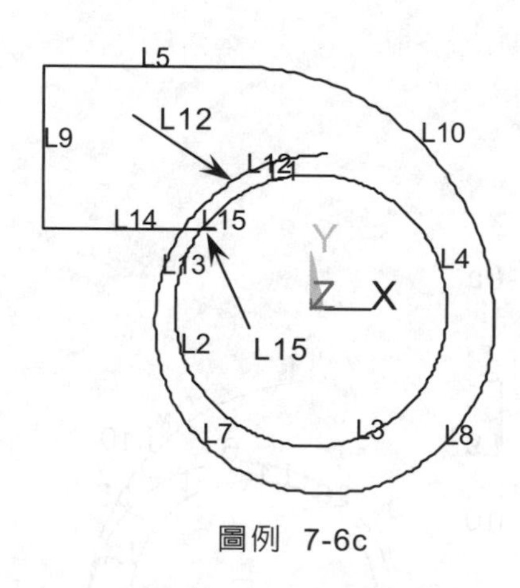

圖例 7-6c

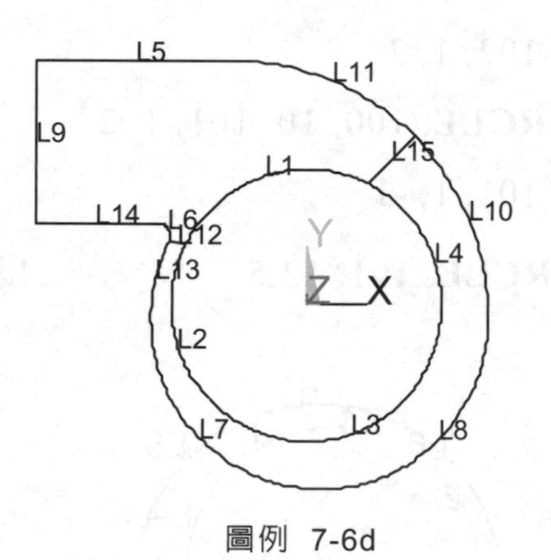

圖例 7-6d

```
AL, 1, 15, 11, 5, 9, 14, 6, 12
AL, 12, 2, 3, 4, 15, 10, 8, 7, 13
ET, 1, 93
R, 1, 0.2
SMRTSIZE, 4
```

```
AMESH, 1, 2
AGEN, 2, 1, 2, , 0, 0, 12                  !元素與面積同時複製圖例 7-6e
L, 9, 20                                   !面積拉製線 L31
ADRAG, 31, , , , , , 5, 11, 10, 8, 7, 13   !如圖例 7-6f
ADRAG, 47, , , , , , 6, 14
NUMMRG, KP                                 !實體連續性
AMESH, 5, 12
```

圖例 7-6e

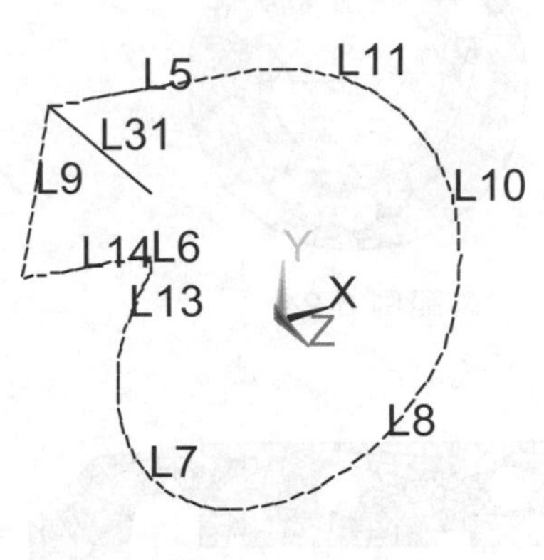

圖例 7-6f

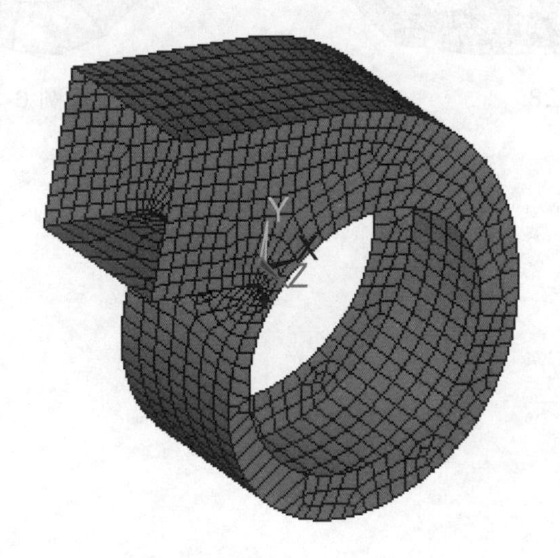

【範例 7-7】網格秘技養成三

將範例 6-24、6-27、6-28、6-31 進行自由網格化。

圖例 7-7a 爲無任何設定之自由網格，圖例 7-7b 爲修正之自由網格，大部分 **SMRTSIZE** 的設定皆能滿足。

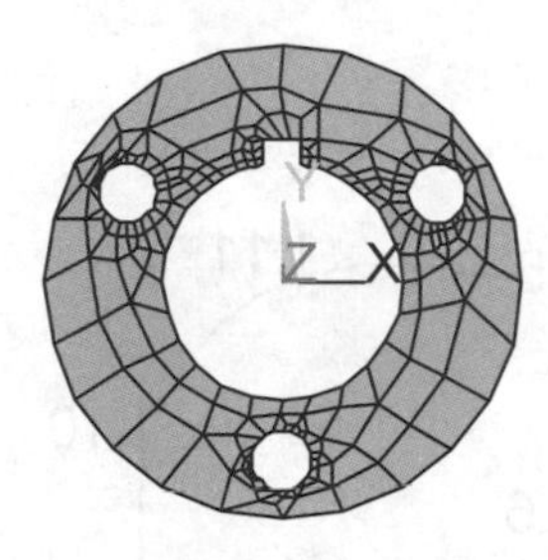

範例 6-24

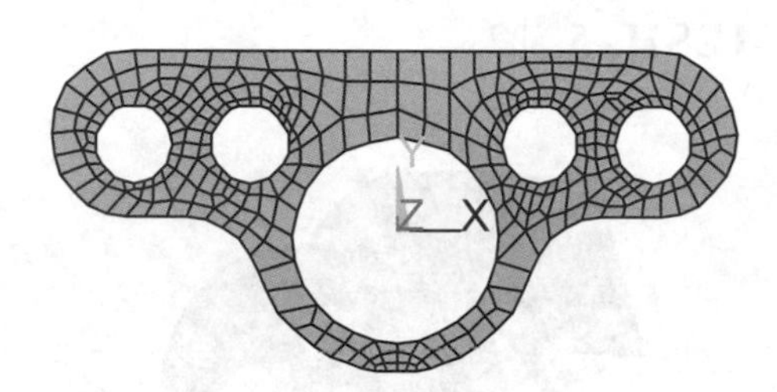

範例 6-27

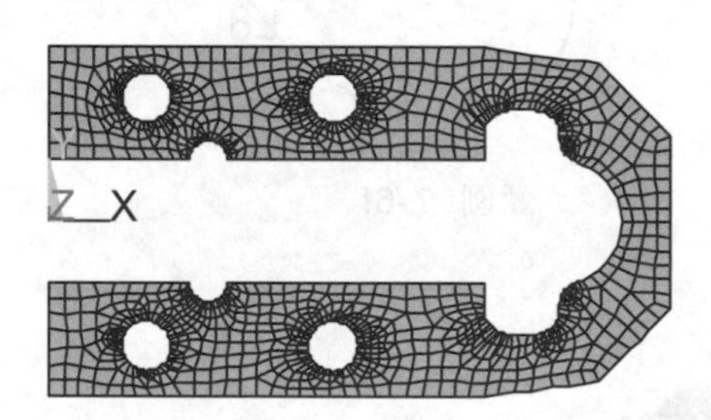

範例 6-28

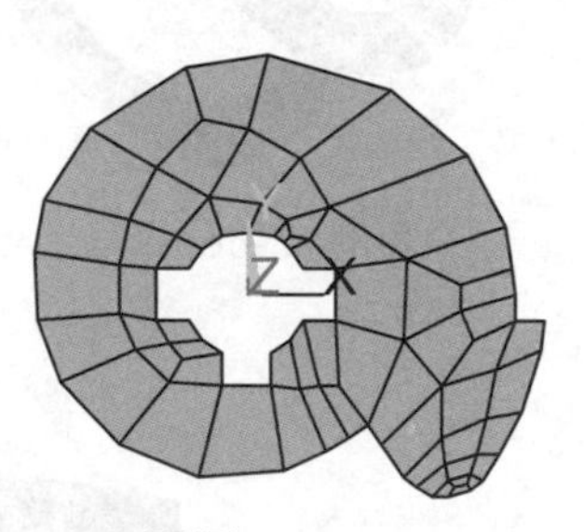

範例 6-31

圖例 7-7a 自訂之自由網格

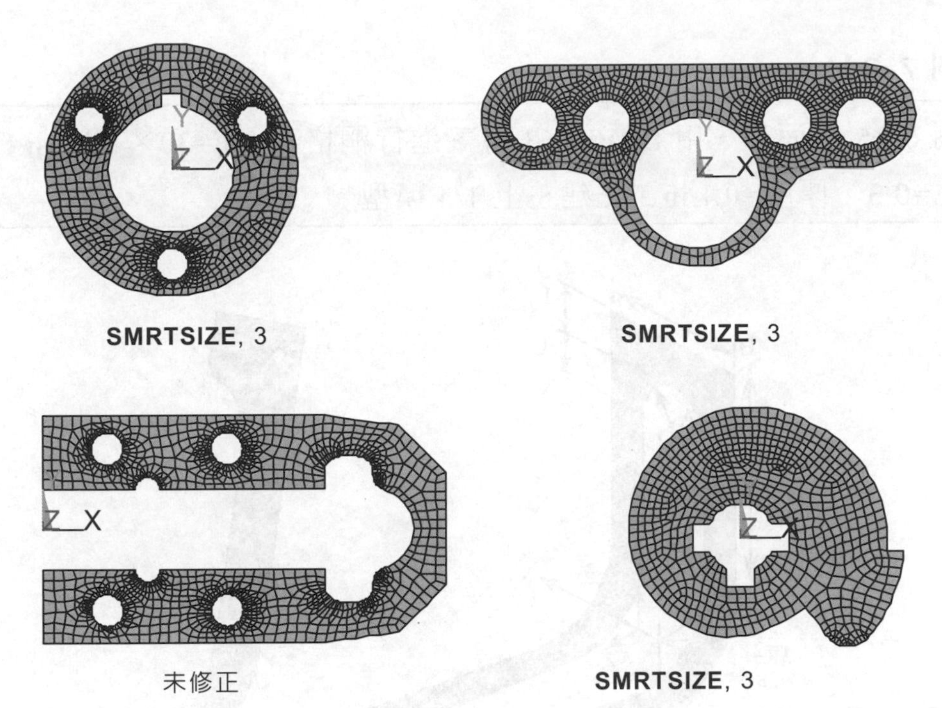

圖例 7-7b 修正之自由網格

*註記

規則四：自由網格時，儘可能利用 SMRTZISE 調整元素的尺寸。

【範例 7-8】

將範例 6-35 之面積，用 SHELL63 薄殼進行網格化，E=30×10^6 psi，蒲松比=0.3，厚度=0.1 in。先建左上 1/4 模型。

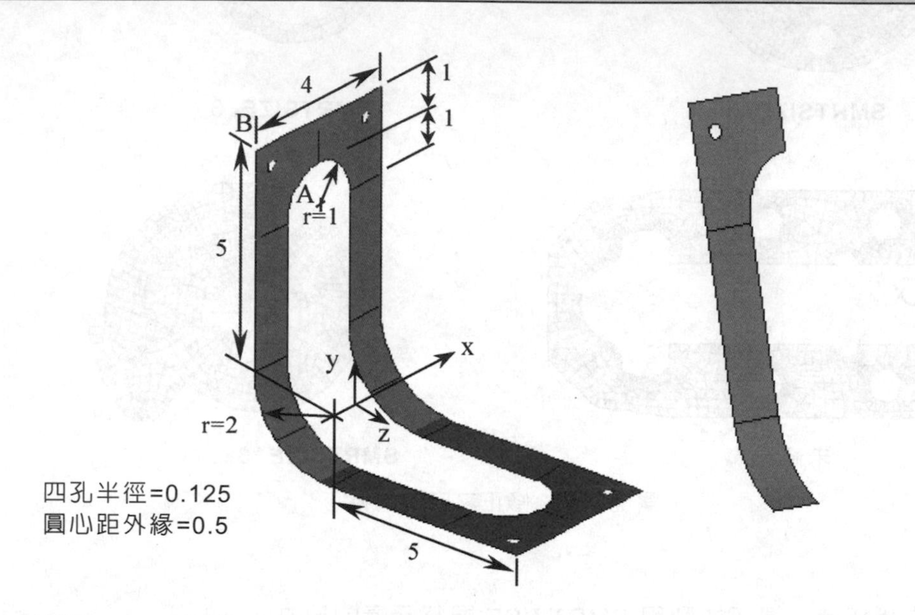

(範例 6-35 接續，6-156 頁)

```
/TITLE, Modeling of A Bracket
   :
   :      同範例 6-35 至(AGLUE, ALL)
   :
AGLUE, ALL
ET, 1, 63
R, 1, 0.1
MP, EX, 1, 30E+6          $ MP, NUXY, 1, 0.3
LESIZE, 1, , , 6          $ LESIZE, 2, , , 6
LESIZE, 6, , , 6          $ LESIZE, 7, , , 6
SMRTSIZE, 5
AMESH, ALL
```

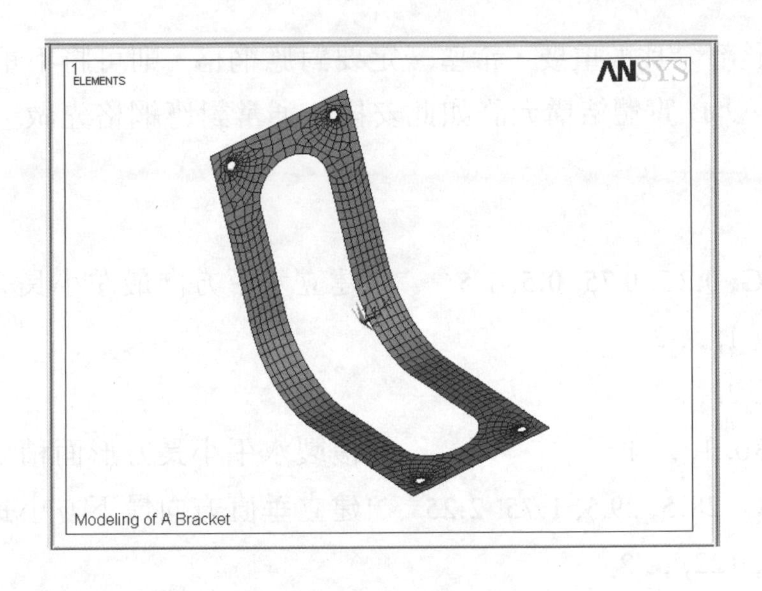

【範例 7-9】網格秘技養成四

面積規劃如下的 2-D 結構，進行網格化。大長方形尺寸：30×10，小長方形尺寸 1×0.5，水平方向平均分布，垂直方向 8 個，間距=0.5。

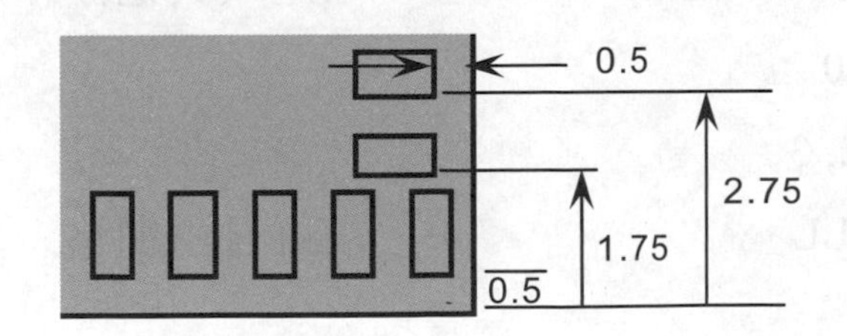

模型是否要對應網格，視需要而定，筆者習慣儘可能採用對應網格，本範例全部採用對應網格，則實體模型的建立比較需要一些時間，若假設本範

例的小長方形部分比較重要，希望一定要對應網格，則可將不重要的部分採用自由網格。2-D 實體結構允許如此安排，通常對應網格先做，自由網格次之。

```
/PREP7
RECTNG, 0.25, 0.75, 0.5, 1.5         !建立水平方向最左小長方形面積
LESIZE, 1, , , 2
LESIZE, 2, , , 3
AGEN, 30, 1, , , 1                   !複製水平小長方形面積
RECTNG, 28.5, 29.5, 1.75, 2.25       !建立垂直方向最下方小長方形面積
LESIZE, 122, , , 2
LESIZE, 123, , , 3
AGEN, 8, 31, , , 0, 1                !複製垂直小長方形面
CM, REFAREA, AREA                    !建立所有小長方形爲面積群組
RECTNG, 0, 30, 0, 10                 !建立外圍大長方形面積
AOVLAP, ALL                          !布林運算，模型爲連續的面積
CMSEL, S, REFAREA                    !選取小長方形面積爲有效面積
ET, 1, 42
MSHKEY, 1
AMESH, ALL                           !先對應網格所有小長方形面積
ALLSEL
CMSEL, U, REFAREA                    !選取其他面積爲有效面
MSHKEY, 0
SMRTSIZE, 3
AMESH, ALL                           !再自由網格
```

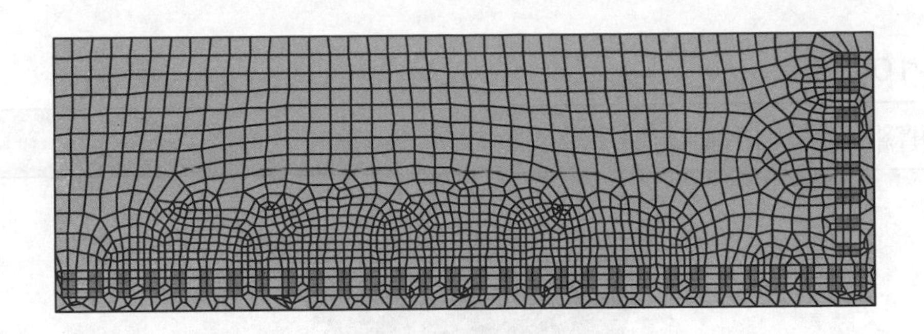

*註記

規則五：2-D 實體結構對應網格有困難時，可將重要部分採用對應網格，其餘部分採用自由網格，兩者混合。先完成對應網格，再進行自由網格。

規則六：規則五的延伸之意，2-D 實體結構，先完成重要與困難的部分，再進行其他部分。

➔ 7-8 3-D 結構網格技巧

3-D 實體結構的自由網格與對應網格，對實體模型組合的要求非常明確，全部體積是六面體者，才可進行對應網格。對於是否有設定 **MSHKEY**, 1 或對應邊的長度比差異大，將不太會造成困擾。反之，2-D 實體結構四邊形面積，必需設定 **MSHKEY**, 1，才確保對應網格。綜合言之，3-D 實體只有兩個選擇，對應網格六面體或自由網格三角錐，若體積滿足對應網格需求，優先採用對應網格。此點與 2-D 實體不同，範例 7-1 中，A1 面積雖然滿足對應網格需求，但由於邊長比例差太多，會優先選擇自由網格。

【例 7-10】

3-D 體積網格，指令綜合練習。

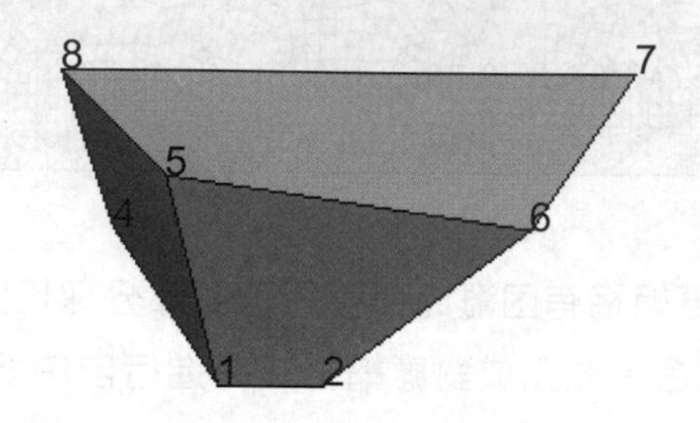


```
/PREP7
K, 1
K, 2, 1
K, 3, 2, 1
K, 4, -1, 1.5
K, 5, -0.5, 2, 3
K, 6, 3, 1.5, 2
K, 7, 4, 3, 2
K, 8, -1.5, 3, 3
V, 1, 2, 3, 4, 5, 6, 7, 8
ET, 1, SOLID45
SAVE
VMESH, 1            !未做任何設定
RESUME        $ DESIZE, 5          $ VMESH, 1
RESUME        $ DESIZE, 10, , 20   $ VMESH, 1
```

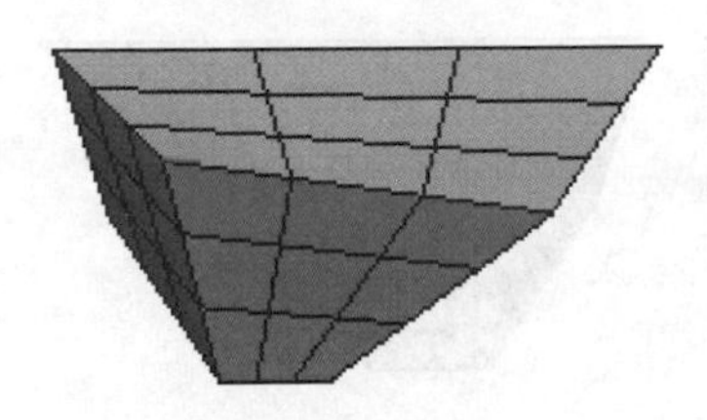
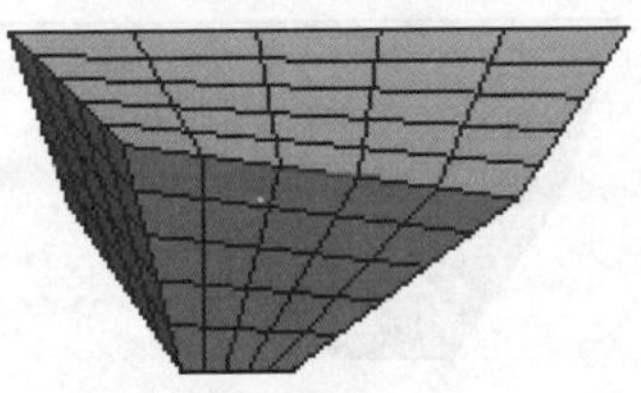
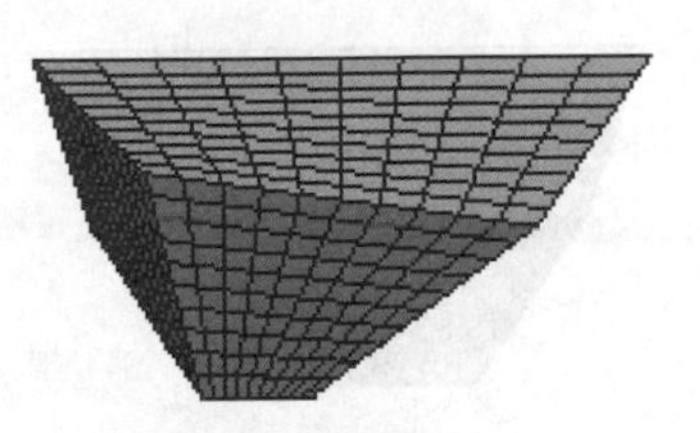

未做任何設定　　**DESIZE**, 5　　**DESIZE**, 10, , 20

!強迫使用三角錐元素，一要設定 **MSHAPE**

RESUME

MSHAPE, 1, 3D　　$ **VMESH**, 1

RESUME

MSHAPE, 1　　$ **SMRTSIZE**, 8　　$ **VMESH**, 1

RESUME

MSHAPE, 1　　$ **SMRTSIZE**, 2　　$ **VMESH**, 1

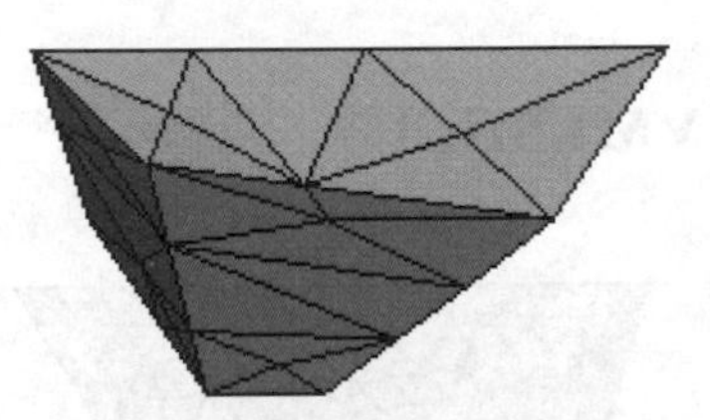
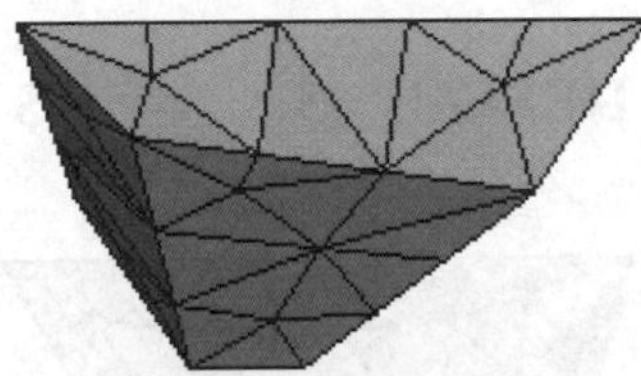
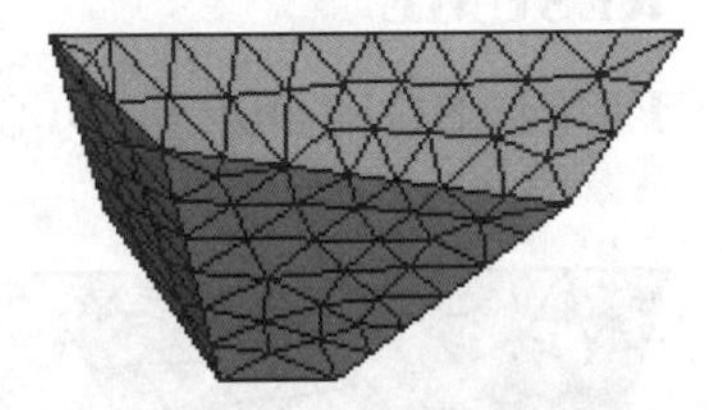

SMRTSIZE, 8　　自訂 SMRTSIZE **SMRTSIZE**, 6　　SMRTSIZE, 2

!以尺寸設定網格元素大小，最大邊不超過 **ESIZE** 的定義

RESUME　　$ **ESIZE**, 0.2　　$ **VMESH**, 1

RESUME　　$ **ESIZE**, 0.5　　$ **VMESH**, 1

RESUME　　$ **ESIZE**, 0.8　　$ **VMESH**, 1

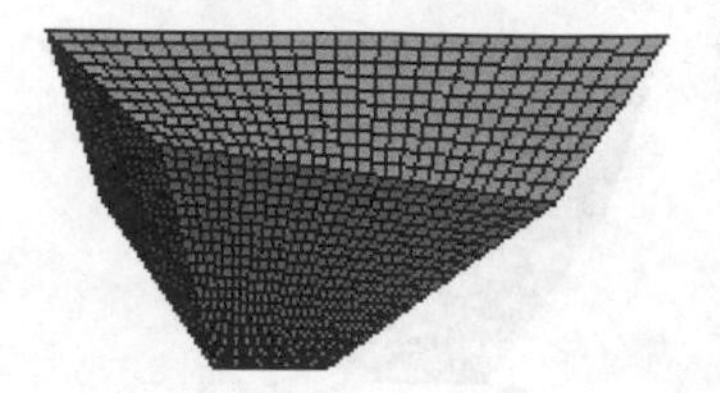

ESIZE, 0.2

ESIZE, 0.5

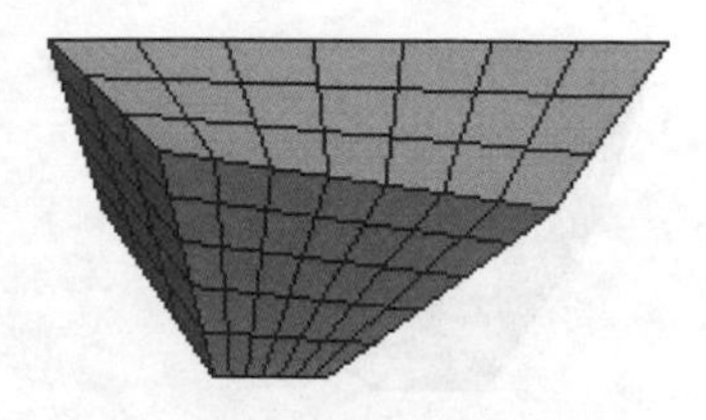

ESIZE, 0.8

!不同元素形狀網格於體積之練習，由於 SOLID92 本身爲三角錐元素，
!而且是高階元素。**DESIZE** 中設定最少元素數目的參數爲第二個位置，
!不需定義 **MSHAPE**。

ET, 1, SOLID92 $ **ESIZE**, 0.5 $ **VMESH**, 1
RESUME
ET, 1, SOLID92 $ **SMRTSIZE**, 3 $ **VMESH**, 1
RESUME
ET, 1, SOLID92 $ **DESIZE**, ,5 $ **VMESH**, 1

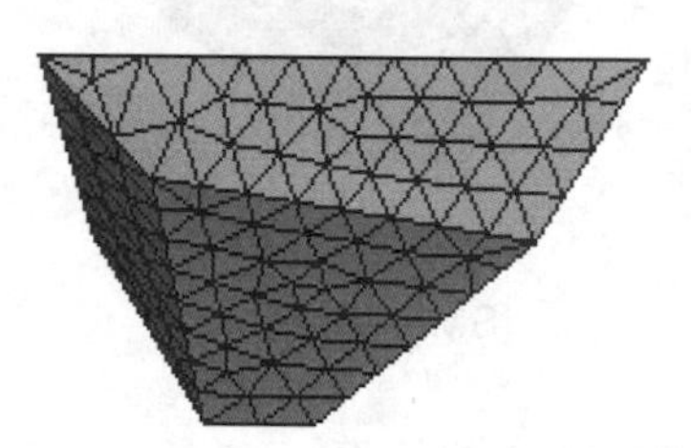

ESIZE, 0.5

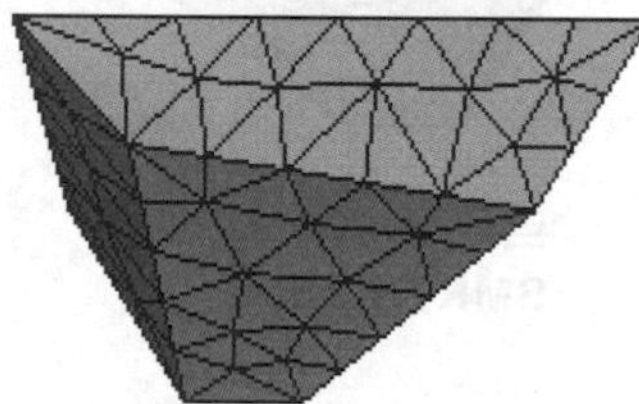

SMRTSIZE, 3

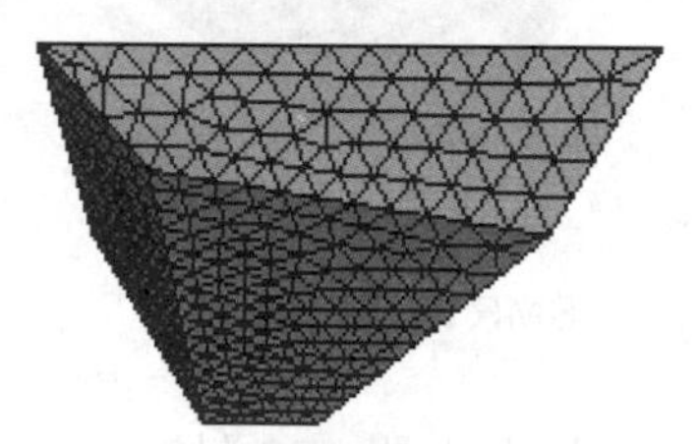

DESIZE, ,5

【範例 7-11】網格秘技養成五

範例 6-21 的體積進行網格。

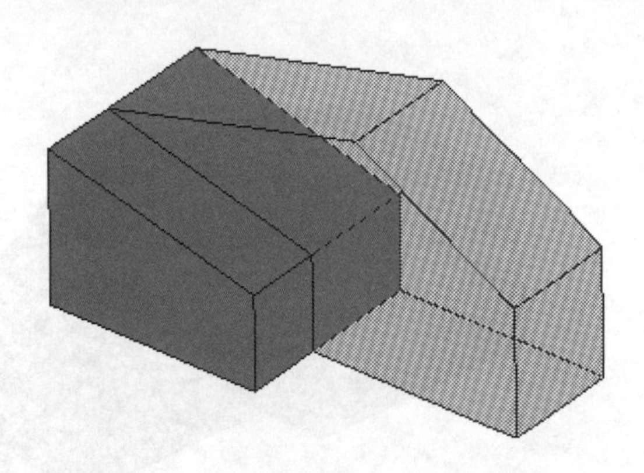

根據範例 6-21，其中只有二個體積滿足對應網格，此時只能全部採用三角錐的自由網格。

(範例 6-21 接續，6-84 頁)

ET, 1, 45

MSHAPE, 1, 3D

VMESH, ALL

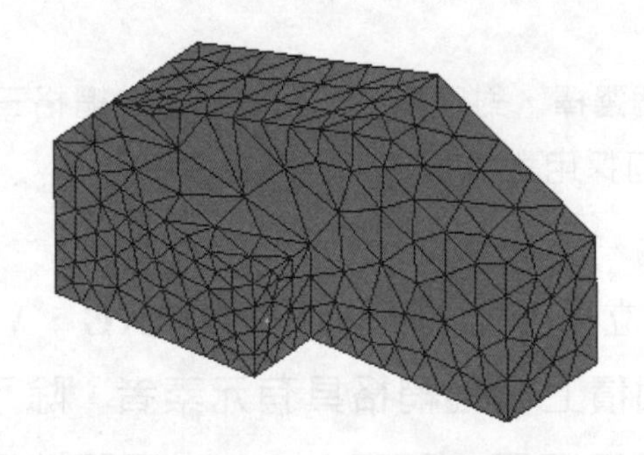

或是採用高階三角錐元素

ET, 1, 92

VMESH, ALL

不可採用如同 2-D 實體結構的作法，將其中二個滿足對應網格需求的體積進行對應網格，另一個不滿足對應網格需求的體積進行自由網格。雖然可以網格成功看似無誤，但檢示其界面，發現節點連續，元素邊界不連續，這是很容易犯的錯誤。

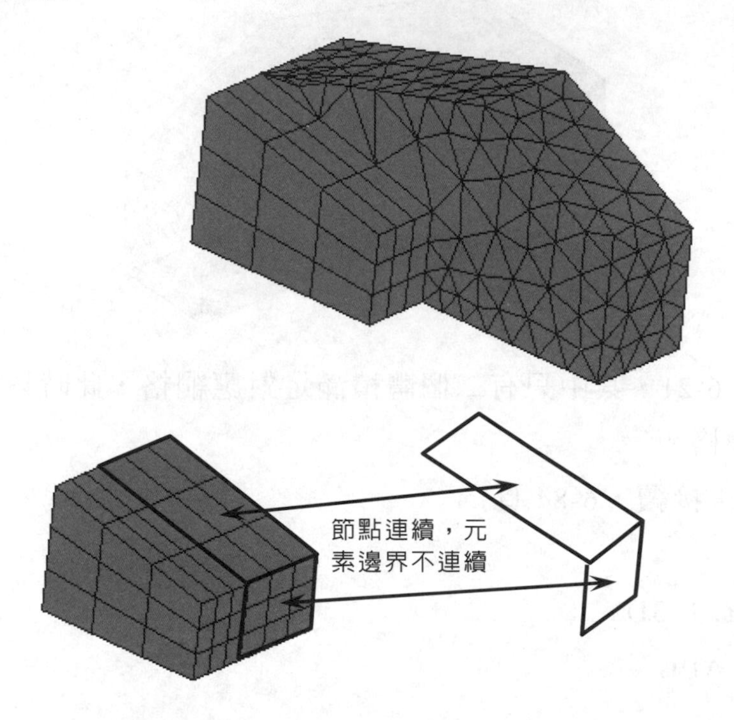

*註記

規則七：3-D 實體只有兩個選擇，對應網格六面體或自由網格三角錐，若全部體積滿足對應網格需求，才可採用對應網格，不可混合使用。

3-D 實體結構的建立中，面積可利用 **VDRAG**、**VEXT**、**VROTAT** 等指令產生體積。然而若面積上已經網格具有元素者，除了產生體積之外，元素也一起產生，非常方便與實用。事實上，3-D 實體結構要進行對應網格，大都利用此方法，因為布林運算很難達到對應網格的需求，同時不要忘記，實體模型只要求外型一致，不在於體積的數目。圖 7-8.1 爲範例 6-21 面積無、有元素 **VEXT** 結果差異示意圖。

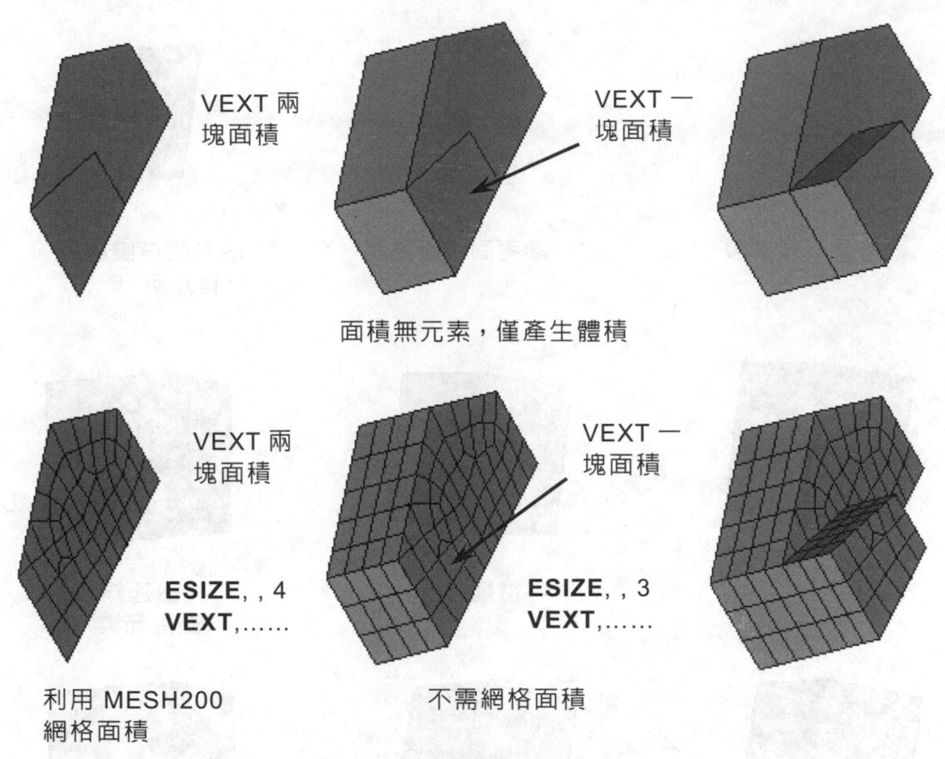

圖 7-8.1　面積無、有元素，**VEXT** 結果差異示意圖

這種方法有下列注意事項：

(1) 要審慎規劃2-D平面圖，本書稱爲「特徵平面草圖，feature sketching」，此處所言的特徵，是欲延伸的部分要預先全部建立完成，因爲延伸的部分有可能高度不同，有可能延伸的起始位置不同，此點與一般CAD軟體建構方式不同。圖7-8.2(a)爲一般CAD實體建構方式，參考面草圖繪製→特徵延伸→新參考面草圖繪製→特徵延伸，不會考慮其連續性。圖7-8.2(b)爲ANSYS實體建構方式，參考面草圖繪製→特徵延伸→新參考面草圖繪製→特徵延伸，是不連續性的模型，體積布林運算後具有連續性，但無法對應網格。圖7-8.2(c)爲ANSYS 實體與元素建構方式，參考面草圖繪製→

參考面草圖繪製

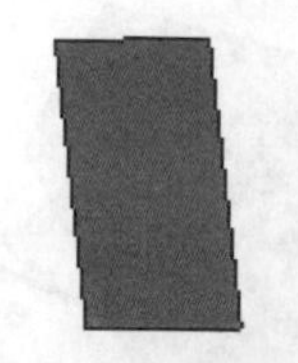

參考面草圖繪製

參考面草圖繪製
(有元素)

特徵延伸

特徵延伸

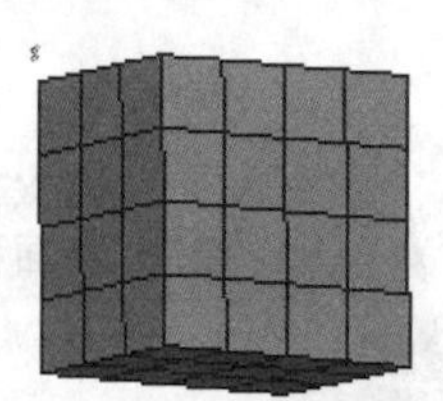

特徵延伸
(產生元素)

參考面草圖繪製

參考面草圖繪製

選取特徵範圍
(有元素)

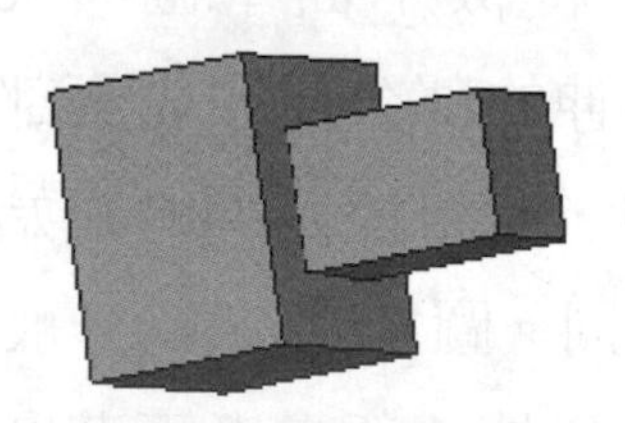

特徵延伸，視為
連續

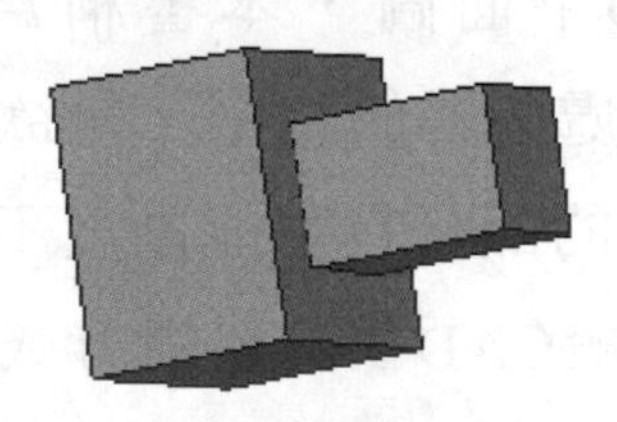

特徵延伸，布林運
算為連續，無法對
應網格

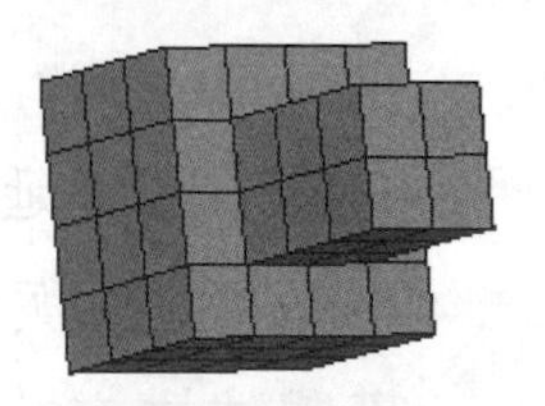

特徵延伸，體積與
元素皆連續

(a)一般 CAD 軟體　(b) ANSYS 軟體(實體)　(c)ANSYS 軟體(元素)

圖 7-8.2　不同軟體建構方式差異示意圖

網格元素→特徵延伸→選取特徵範圍→特徵延伸，是連續性的模型，體積與元素兼顧。

(2) 特徵草圖面積網格的元素型式爲「MESH200」，該元素不具有自由度，僅用於網格參考使用，也不參與分析，所以最後是否要刪除都可，筆者習慣最後將其刪除。欲延伸低階3-D元素其KEYOPT=6，詳細的KEYOPT請參考說明。所以元素型態的設定：ET, 100, MESH200, 6，此時延伸爲低階六面元素；ET, 100, MESH200, 7，此時延伸爲高階六面元素。

(3) 由於起始狀態面積上無任何元素，所以只有第一次延伸時，才需要用MESH200元素型態網格其特徵平面草圖。其次的延伸，雖然面積上無任何平面元素，但已具有參考節點與元素邊界，可直接延伸。

(4) 定義元素屬性的方法如前，只要在**VEXT**之前定義**TYPE**、**MAT**、**REAL**即可。一定要定義ESIZE，也就是在延伸方向，元素的大小，一定要用元素的數目訂定。

(5) 以下爲基本流程

```
ET, 100, 200, 6          !設定參考元素
ET, 1, 45
MP, EX, 1, ...
MP, NUXY, 1, ...
R, 1, ...
!
!建立特徵草圖面積
!
TYPE, 100
AMESH,....               !網格特徵草圖面積
TYPE, 1                  !定義元素屬性
```

MAT, 1

REAL, 1

ESIZE, , ... !定義元素數目

VEXT, ... !產生體積與元素

VDRAG 指令的使用，大都用於參考線已完成網格，如此則不需要定義元素大小，會以參考線網格為基準，圖 7-8.3 為 **VDRAG** 使用示意圖。使用者可自行決定用那一種方法，若使用 **VEXT** 者一定要定義 **ESIZE**, , 4，兩塊體積、元素才有連續性。此外如果新建的物件與原有的物件相鄰，則一定要透過 NUMMRG, NODE，NUMMRG, KP，完成其連續性。

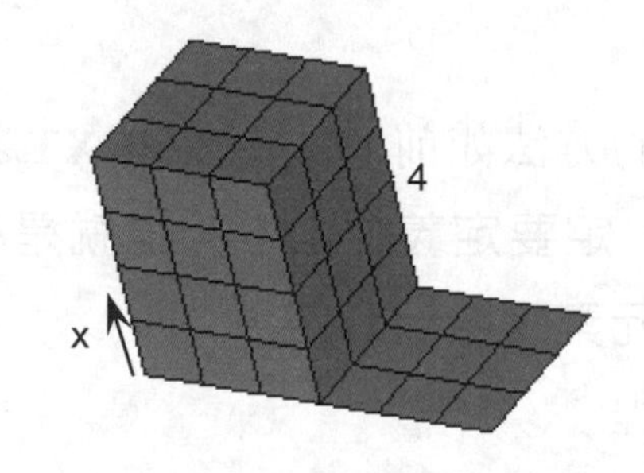

已完成至此，L14 有 4 個元素

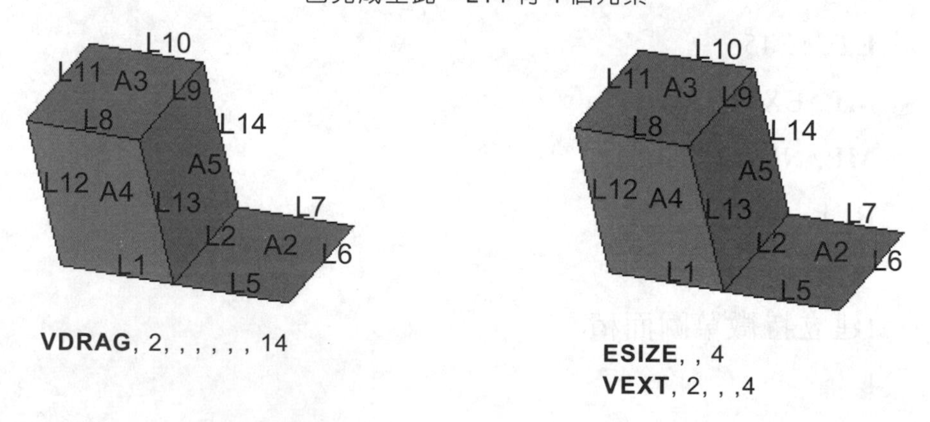

圖 7-8.3 **VDRAG** 使用示意圖

【範例 7-12】網格秘技養成六

範例 6-19 的體積進行網格。

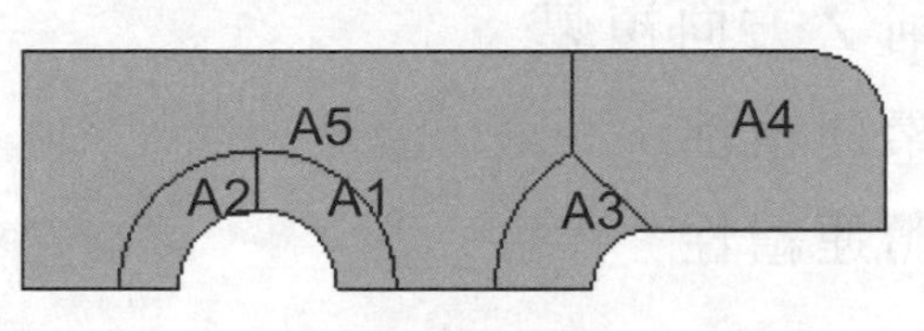

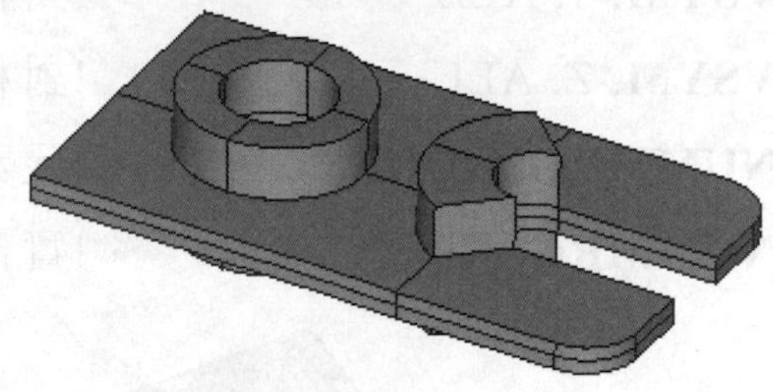

特徵草圖面積

(範例 6-13 接續，6-64 頁)

```
/PREP7
   :
   :      同範例 6-13 至(A, 4, 10, 19, 13, 12, 11, 6, 5)
   :
A, 4, 10, 19, 13, 12, 11, 6, 5
ET, 100, 200, 6                     !設定參考元素
ET, 1, 45
TYPE, 100
MSHKEY, 1                           !設定對應網格
AMESH, 1, 3                         !先網格 A1、A2、A3 面積的對應網格
MSHKEY, 0                           !設定自由網格
AMESH, 4, 5                         !再網格 A4、A5 面積的自由網格
TYPE, 1                             !元素屬性
ESIZE, , 1                          !元素延伸方向數目=1
VEXT, ALL, , , 0, 0, 2
ASEL, S, , , 11, 15, 4
ASEL, A, , , 6                      !設定第二次延伸之有效面積
```

```
ESIZE, , 4                    !元素延伸方向數目=4
VEXT, ALL, , , 0, 0, 8
ALLSEL
VSYM, Y, ALL                  !對稱 Y 方向複製
VSYM, Z, ALL                  !對稱 Z 方向複製
NUMMRG, NODE                  !元素連續性
NUMMRG, KP                    !實體連續性
```

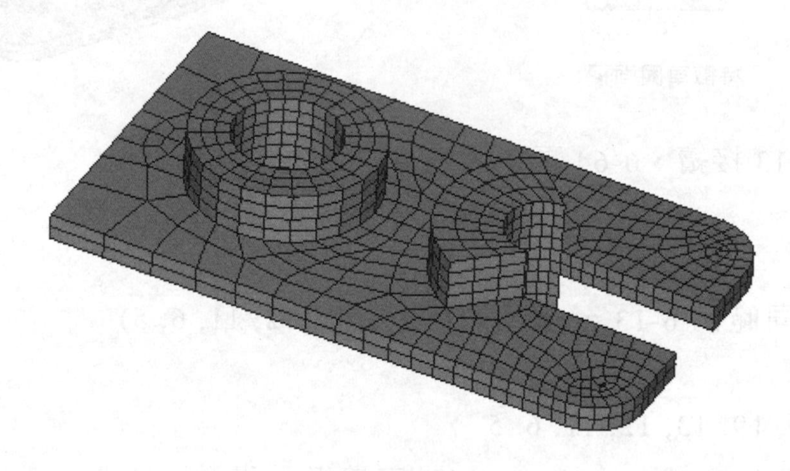

*註記

規則八：VEXT、VDRAG、VROTAT，為 3-D 結構確保對應網格，最有效的方法。規律的區塊儘可能採用複製、對稱等方法產生。

規則九：3-D 結構網格後，六面體與三角錐元素數目差很多。如果特徵草圖所有面積完成對應網格有困難者，可部分採用自由網格，只是自由網格部分的六面體元素排列不整齊，但可大幅度的降低元素的數目。

【範例 7-13】

將下列輪轂，進行對應網格，所有內圓角半徑=0.25。

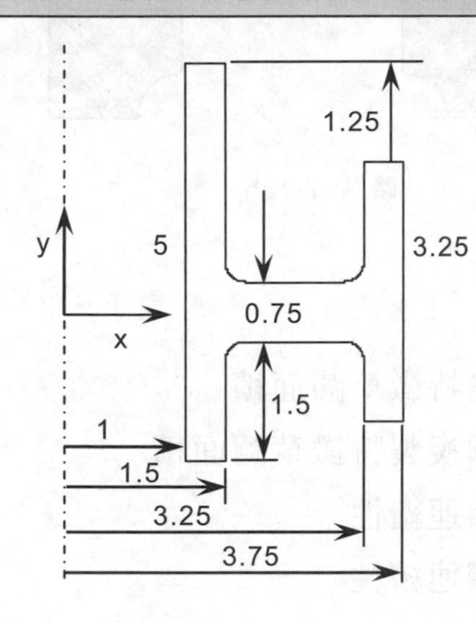

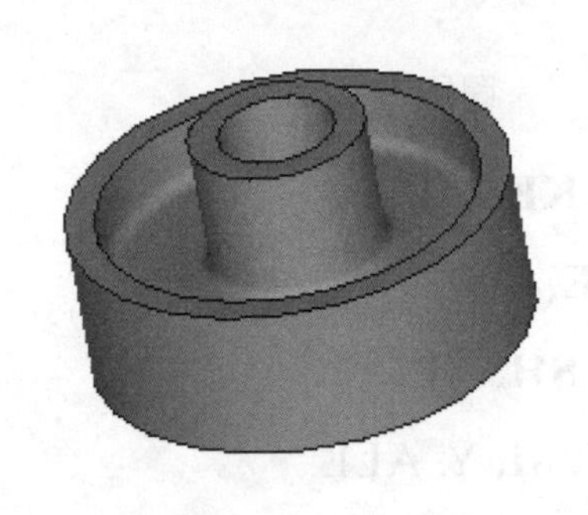

```
/PREP7
ET, 100, 200, 6                    !設定參考元素
ET, 1, 45
RECTNG, 1, 1.75, 0, 0.625
WPOFFS, 1.75, 0.625
PCIRC, 0, 0.25, 180, 270
ASBA, 1, 2
K, , 1.75, 0.625
L, 1, 3
ASBL, 3, 2                         !利用布林運算先建面積如圖例 7-13a
```

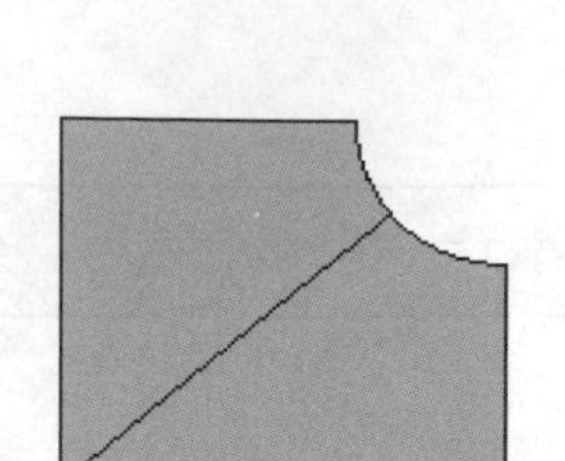

圖例 7-13a

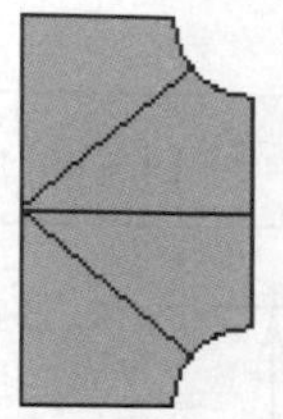

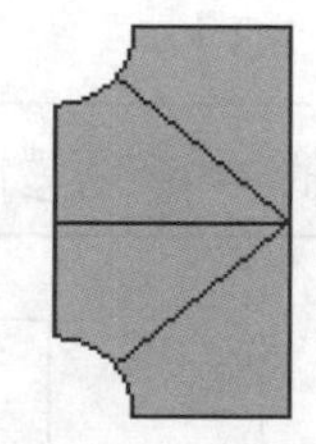

圖例 7-13b

MSHKEY, 1

TYPE, 100

AMESH, ALL !網格特徵草圖面積

ARSYM, Y, ALL !對稱複製特徵草圖面積

NUMMRG, NODE !元素連續性

NUMMRG, KP !實體連續性

LOCAL, 11, 0, 2.375

ARSYM, X, ALL !對稱複製特徵草圖面積，如圖例 7-13b

CSYS, 0

WPCSYS, 0

A, 2, 8, 13, 6

A, 2, 8, 17, 9

AMESH, 9, 10 !網格特徵草圖面積，如圖例 7-13c

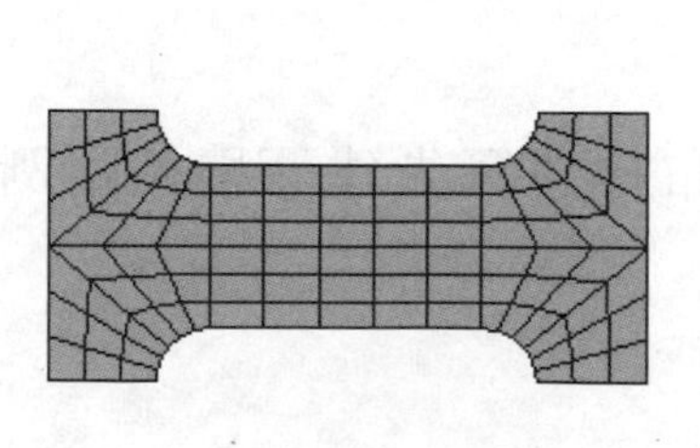

圖例 7-13c

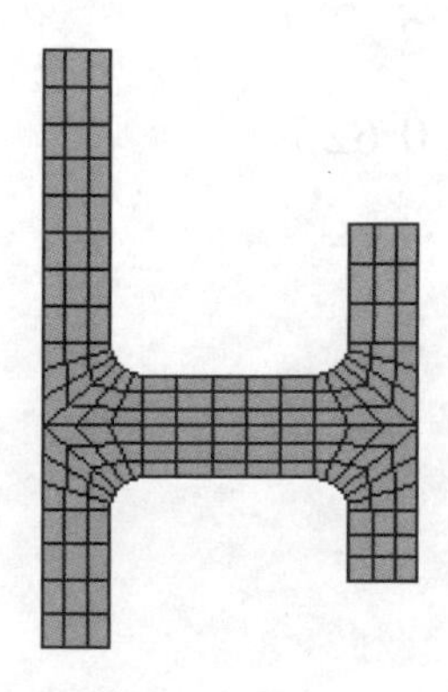

圖例 7-13d

```
RECTNG, 1, 1.5, 0.625, 2.75
RECTNG, 1, 1.5, -0.625, -1.625
RECTNG, 3.25, 3.75, 0.625, 1.5
RECTNG, 3.25, 3.75, -0.625, -1.125
NUMMRG, KP                    !面積連續性
LESIZE, 31, , , 8             !定義必要線段元素數目
LESIZE, 35, , , 4
LESIZE, 39, , , 3
AMESH, ALL                    !網格特徵草圖面積，如圖例 7-13d
TYPE, 1
K, 1000, 0                    !建立旋轉軸
K, 1001, 0, 5
ESIZE, , 6                    !設定旋轉時，在角度方向的元素數目
VROTAT, ALL, , , , , , 1000, 1001
ALLSEL
```

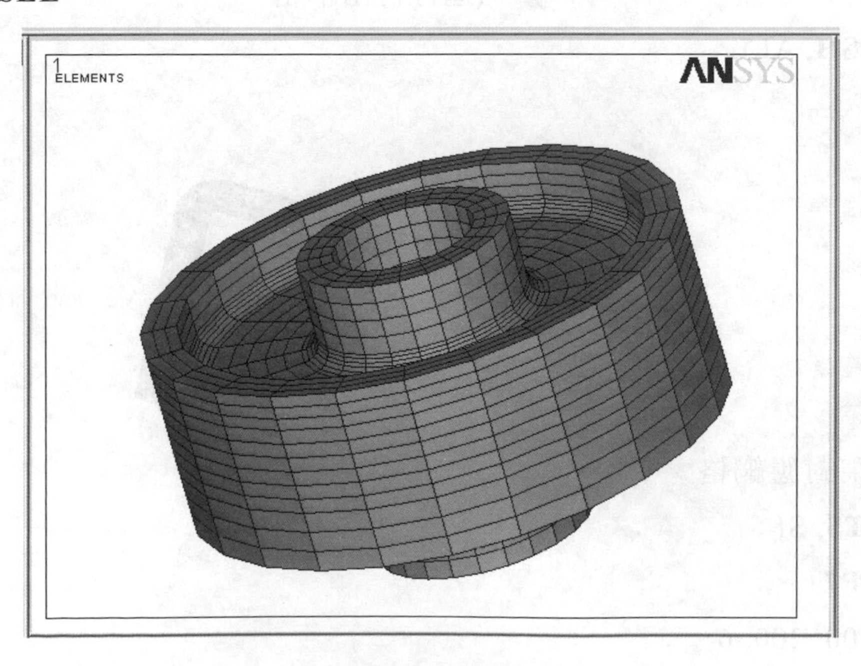

【範例 7-14】

將範例 6-37 之體積進行網格。

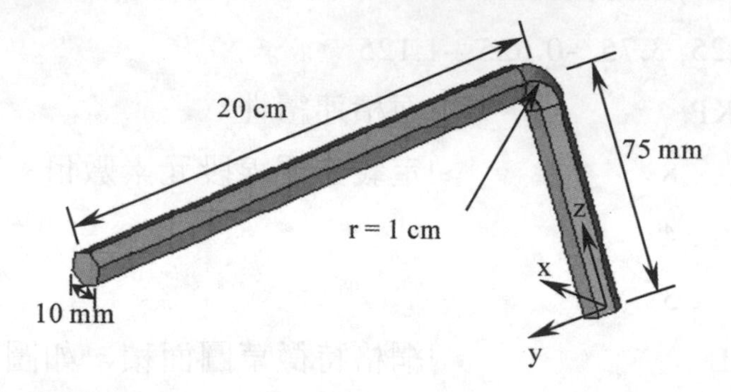

(範例 6-37 接續，6-159 頁)

ET, 1, 45

MP, EX, 1, 200E+9

MP, NUXY, 1, 0.3

MSHAPE, 1, 3D　　　　　!正六邊形拉製的體積非六面體

　　　　　　　　　　　　　!進行自由網格

VMESH, ALL

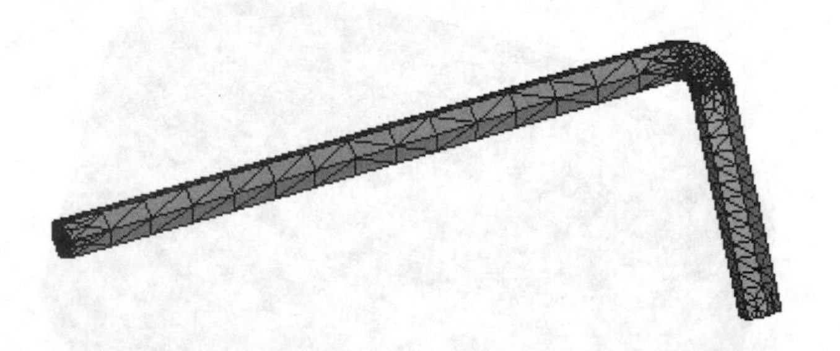

修正爲對應網格

/UNITS, SI

/PREP7

ET, 100, 200, 6

ET, 1, 45

MP, EX, 1, 2.07e+6 $ **MP**, NUXY, 1, 0.3

RPOLY, 6, , , 5 !建立內徑=5mm 之正六邊形

L, 1, 4

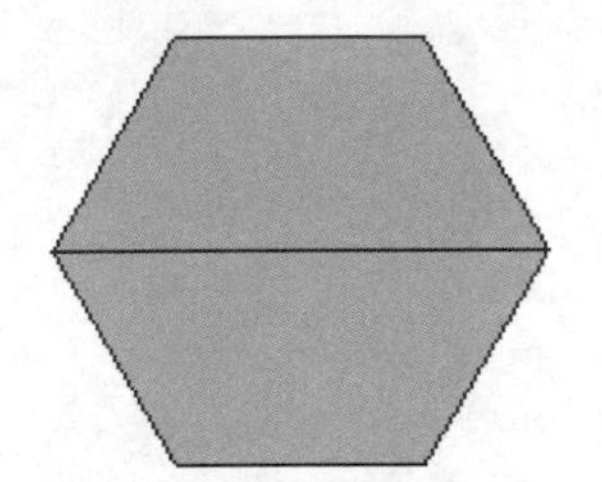
圖例 7-14a

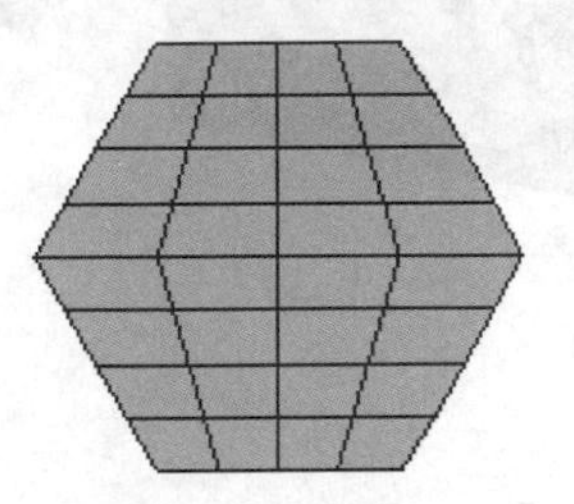
圖例 7-14b

ASBL, 1, 7 !建立特徵面積，如圖例 7-14a

TYPE, 100

LESIZE, ALL, , , 4

AMESH, ALL !網格特徵面積，如圖例 7-14b

K, 7, 0, 0, 0

K, 8, 0, 0, 75

K, 9, 0, 200, 75

L, 7, 8 !建立拉曳線 L8

L, 8, 9 !建立拉曳線 L9

LFILLT, 8, 9, 10 !建立拉曳線 L10

LESIZE, 8, , , 10 !宣告拉曳線 L8 元素數目

LESIZE, 10, , , 3 !宣告拉曳線 L10 元素數目

LESIZE, 9, , , 20 !宣告拉曳線 L9 元素數目

TYPE, 1

MAT, 1

VDRAG, 2, 3, , , , , 8, 10, 9

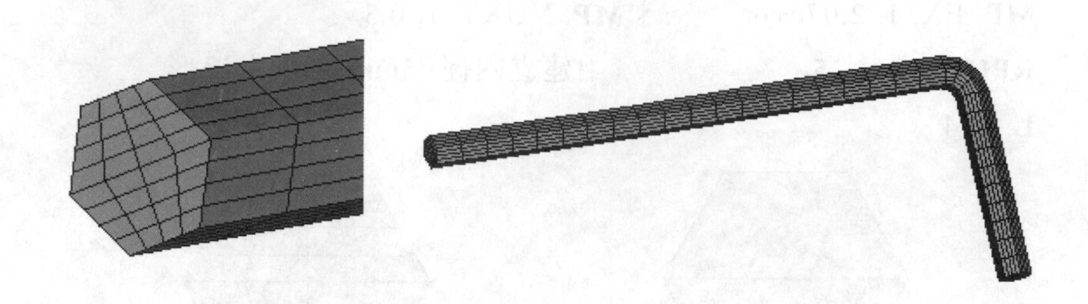

【範例 7-15】

有一輪轂內徑爲 2 cm，外徑 4 cm，寬度爲 5 cm，總共 6 片葉片平均分布於輪轂，葉片長 5 cm，厚 0.5 cm，轉速爲 2000 rpm，鋼材 E=200 $\times 10^9$ N/m^2、ρ =7800 Kg/m^3、ν =0.3。

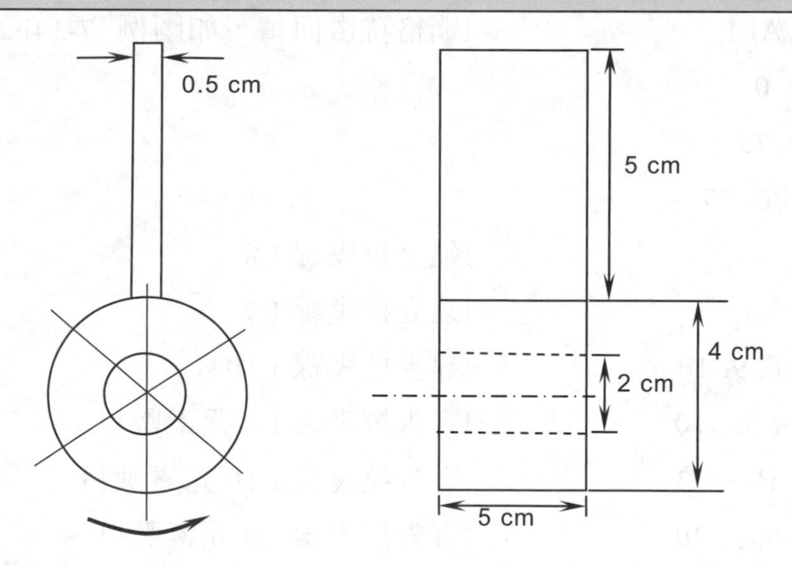


```
/PREP7
PCIRC, 10, 20, -30, 30
RECTNG, 0, 90, -2.5, 2.5
AOVLAP, ALL
ADEL, 6, , , 1                    !建立特徵面積，如圖例 7-15a
ET, 100, 200, 6
```

ET, 1, 45

MP, EX, 1, 200000

MP, DENS, 1, 7.8E-9

MP, NUXY, 1, 0.3

ESIZE, 4

TYPE, 100

MSHKEY, 1

AMESH, ALL !網格特徵面積，如圖例 7-15b

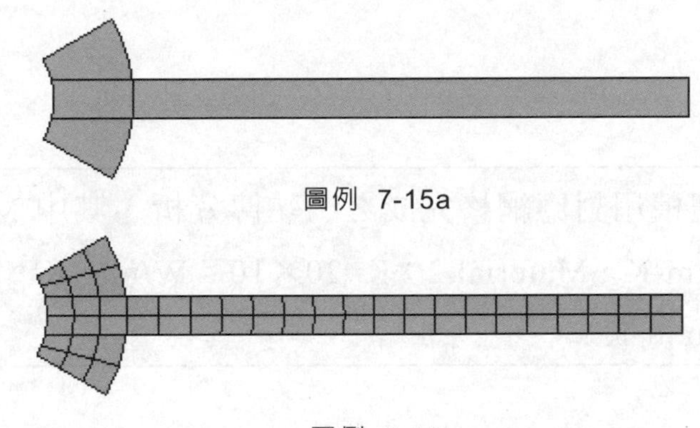

圖例 7-15a

圖例 7-15b

TYPE, 1

MAT, 1

ESIZE, , 5

VEXT, ALL, , , 0, 0, -50

CSYS, 1

VGEN, 6, ALL, , , 0, 60

NUMMRG, NODE !元素連續性

NUMMRG, KP !實體模型連續性

【範例 7-16】

將範例 6-40 的體積用對應網格完成之。熱傳分析，其中 Material 1：$K=35\times10^{-3}$ W/mm-K，Material 2：$K=20\times10^{-3}$ W/mm-K，Material 3：$K=400\times10^{-3}$ W/mm-K。

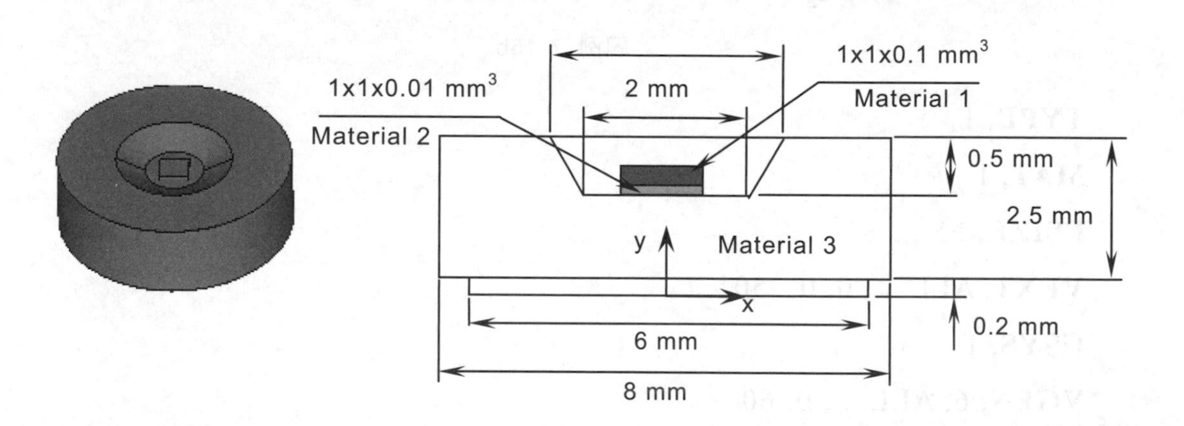


```
/PREP7
ET, 40, 200, 6
ET, 1, 70
MP, KXX, 1, 35E-3              !Material 1
ET, 2, 70
```

```
MP, KXX, 2, 20E-3                  !Material 2
ET, 3, 70
MP, KXX, 3, 400E-3                 !Material 3
RECTNG, 1, 2, 0, 0.2
RECTNG, 2, 3, 0, 0.2
RECTNG, 1, 2, 0.2, 2.2
RECTNG, 2, 3, 0.2, 2.2
RECTNG, 3, 4, 0.2, 2.2
RECTNG, 2, 3, 2.2, 2.7
RECTNG, 3, 4, 2.2, 2.7
NUMMRG, KP                         !實體模型連續性
A, 12, 11, 24                      !建立特徵草圖，如圖例 7-16a
LESIZE, 4, , ,1                    !設定必要元素數目
LESIZE, 12,,,4
LESIZE, 24, ,,4
MSHKEY, 1                          !設定對應網格
TYPE, 40
AMESH, ALL                         !網格特徵草圖，如圖例 7-16b
```

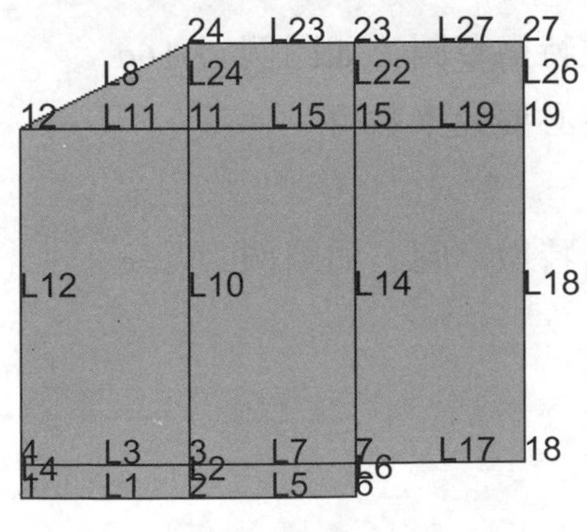

圖例 7-16a

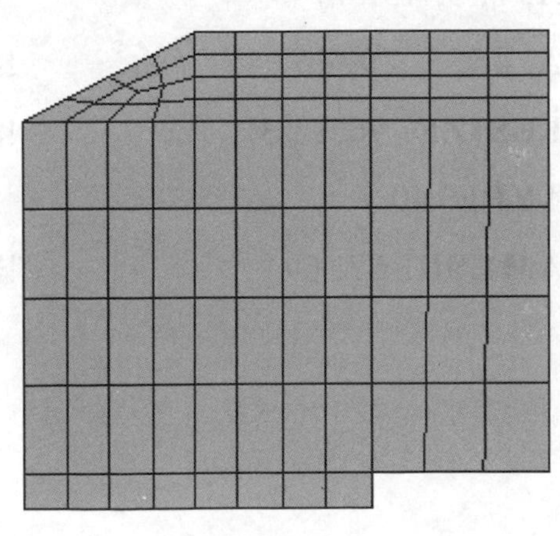
圖例 7-16b

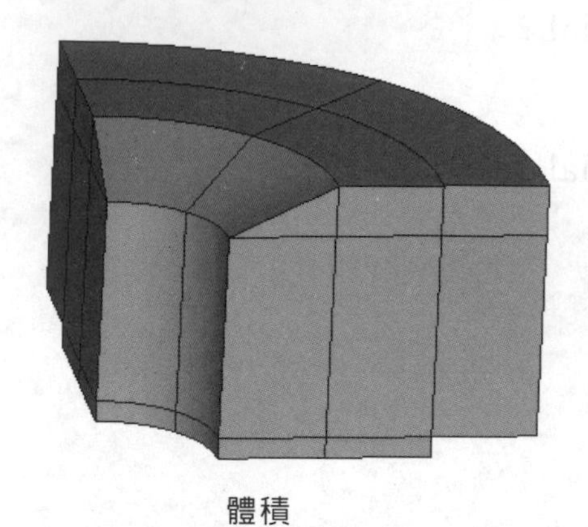

體積 元素

圖例 7-16c

```
K, 2000, 0, 0
K, 2001, 0, 2.7
TYPE, 3
MAT, 3
ESIZE, , 4
!旋轉特徵草圖，如圖例 7-16c
VROTAT, ALL, , , , , , 2000, 2001, 90, 2
WPROTA, , -90
RECTNG, 0, 0.5, 0, 0.5
A, 1, 5, 45, 44
A, 45, 5, 29, 46                 !建立特徵草圖，如圖例 7-16d
LESIZE, 96, , , 3                !設定必要元素數目
TYPE, 40
AMESH, 67, 69                    !網格特徵草圖，如圖例 7-16e
```

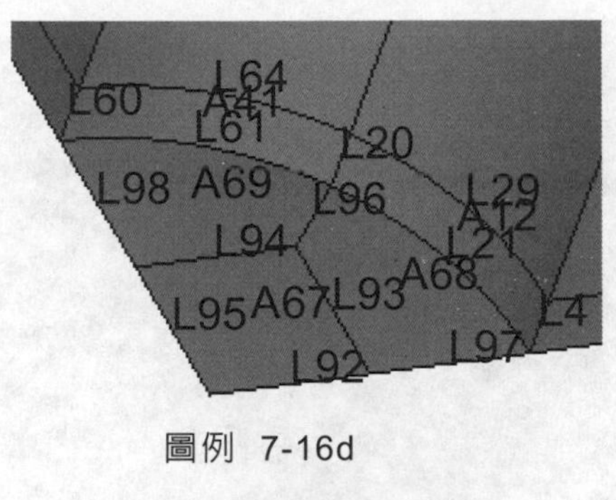

圖例 7-16d

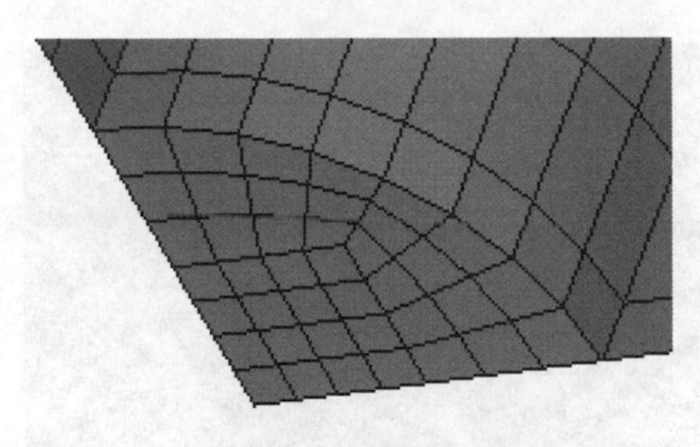

圖例 7-16e

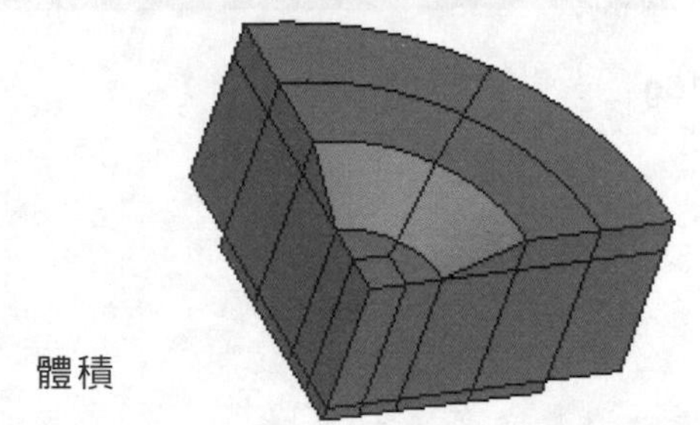

體積

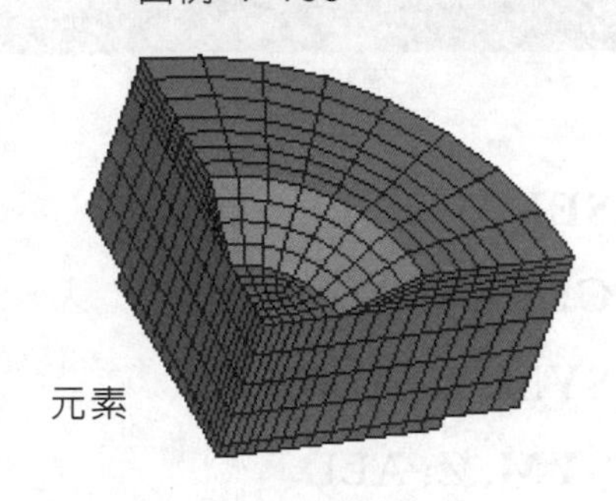

元素

圖例 7-16f

```
TYPE, 3
MAT, 3
VDRAG, 67, 68, 69, , , , 4, 12          !拉製體積，如圖例 7-16f
    NUMMRG, KP                          !實體模型連續性
TYPE, 2       $ MAT, 2
ESIZE, , 1
VEXT, 86, , , 0, 0.01                   !延伸體積
TYPE, 1       $ MAT, 1
ESIZE, , 2
VEXT, 94, , , 0, 0.1                    !拉製體積，如圖例 7-16g
```

體積　　　　　元素

圖例 7-16g

ASEL, S, TYPE,, 40

ACLEAR, ALL

VSYM, X, ALL

VSYM, Z, ALL

ALLSEL

NUMMRG, NODE

NUMMRG, KP

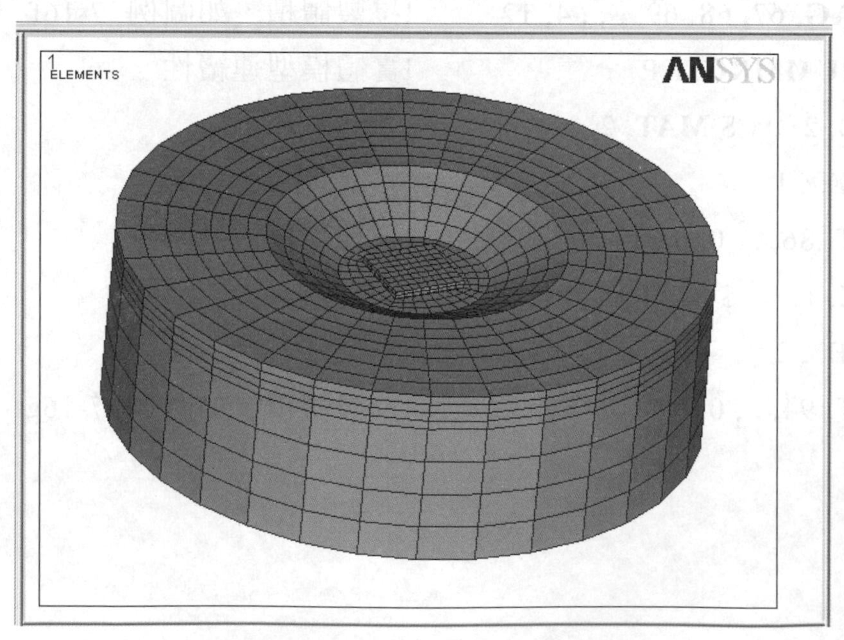

【範例 7-17】

網格綜合練習。

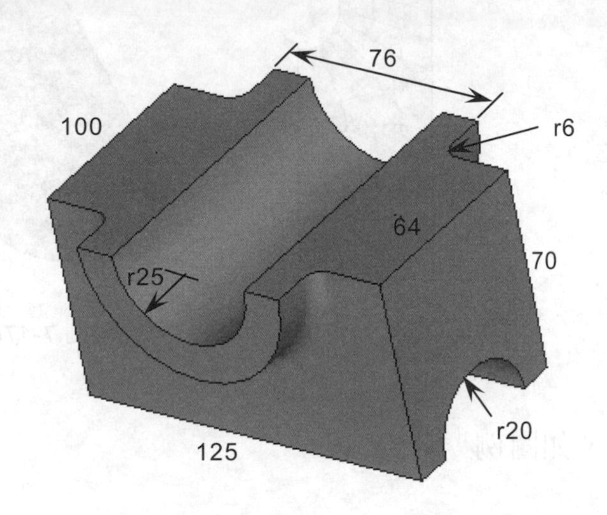


```
/PREP7
ET, 100, 200, 6
ET, 1, 45
K, , 25, 0              $ K, , 44, 0
K, , 44, 32             $ K, ,38, 38
K, ,38, 50              $ K, ,25, 50
LARC, 3, 4, 1, -6
A, 1, 2, 3, 4, 5, 6                     !建立特徵草圖，如圖例 7-17a
LESIZE, 3, , , 8
TYPE, 100
SMRTSIZE, 6
AMESH, 1                                !網格特徵草圖，如圖例 7-17b
```

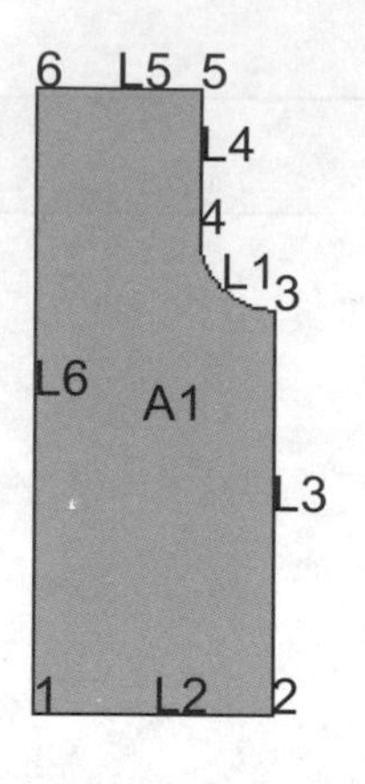

圖例 7-17a

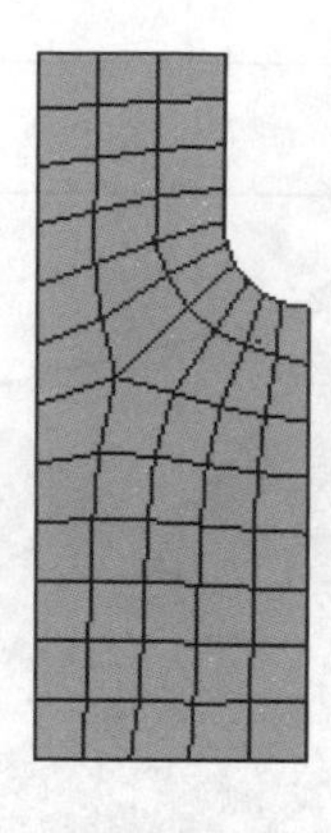

圖例 7-17b

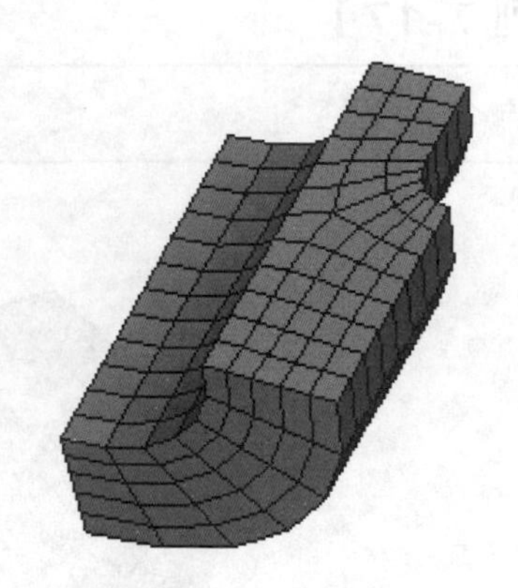

圖例 7-17c

```
!旋轉特徵草圖，如圖例 7-17c
TYPE, 1
ESIZE, , 6
K, 1000
K, 1001, 0, -2
VROTAT, ALL, , , , , , 1000, 1001, -90, 1
K, , 0, 0, -47
K, , 47, 0, -47
K, , 47, 0
A, 8, 13, 14, 15, 2                !建立特徵草圖 A9，如圖例 7-17d
TYPE, 100
LESIZE, 20, , , 8
LESIZE, 21, , , 8
AMESH, 9                           !網格特徵草圖，如圖例 7-17e
```

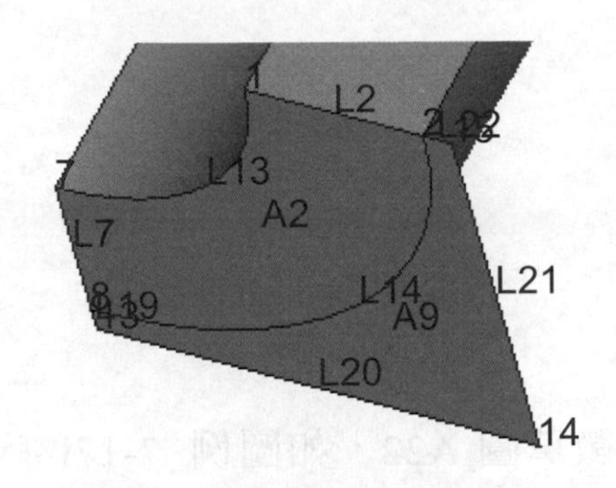

圖例 7-17d

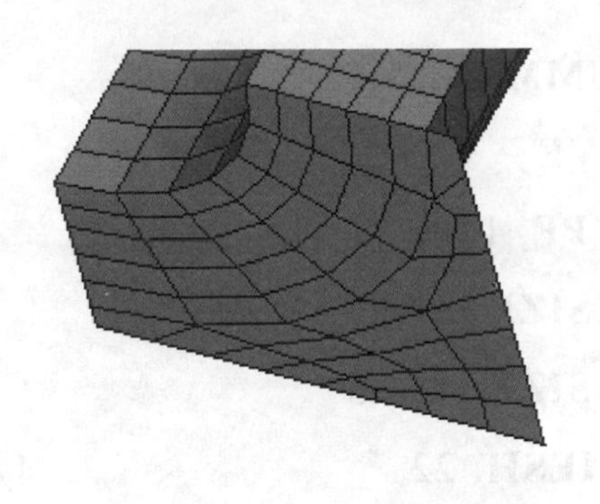
圖例 7-17e

TYPE, 1
VDRAG, 9, , , , , , 3　　　　　!拉製特徵草圖，如圖例 7-17f
NUMMRG, NODE　　　　　!元素連續性
NUMMRG, KP　　　　　!實體模型連續性，如圖例 7-17g

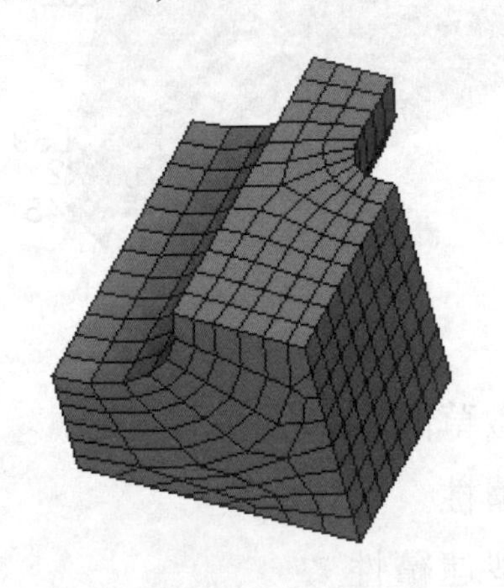
圖例 7-17f

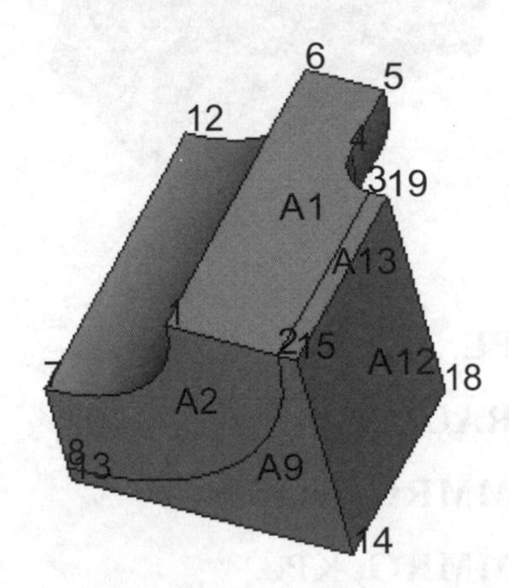

圖例 7-17g

ESIZE, , 3
VEXT, 12, , , 15.5　　　　　!延伸特徵草圖 A12，如圖例 7-17h
WPOFFS, 62.5, 0, -47
WPROTA, 90, 90
RECTNG, 0, 32, 0, -23
WPOFFS, 0, -23
PCIRC, 0, 20, 0, 90
ASBA, 20, 21

```
NUMMRG, KP
SAVE
TYPE, 100
LESIZE, 39,,,5
LESIZE, 45,,,3
AMESH, 22                     !建立特徵草圖 A22，如圖例 7-17i
```

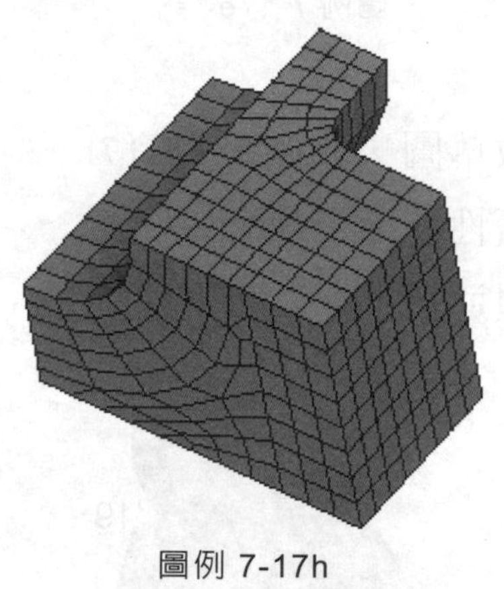

圖例 7-17h

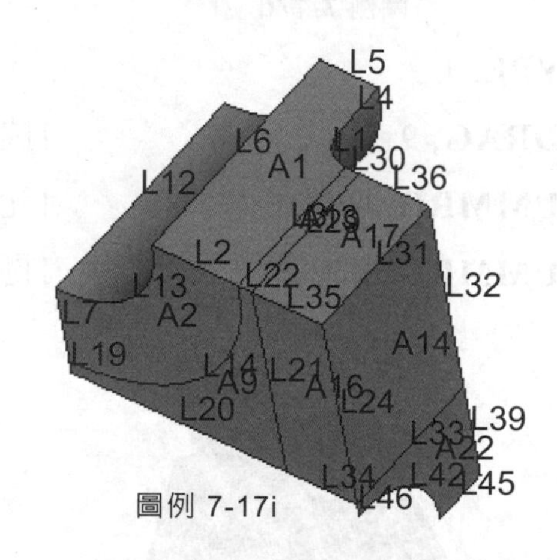

圖例 7-17i

```
TYPE, 1
VDRAG, 22, , , , , , 34, 20   !拉製特徵草圖，如圖例 7-17j
NUMMRG, NODE                  !元素連續性
NUMMRG, KP                    !實體模型連續性
VSYM, X, ALL
VSYM, Y, ALL                  !對稱複製，如圖例 7-17k
NUMMRG, NODE                  !元素連續性
NUMMRG, KP                    !實體模型連續性
ASEL, S, TYPE, , 100          !刪除參考元素
ACLEAR, ALL
ALLSEL
```

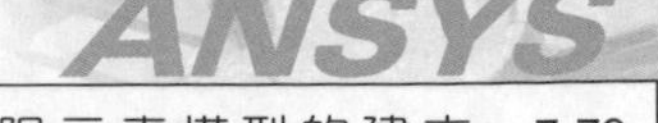

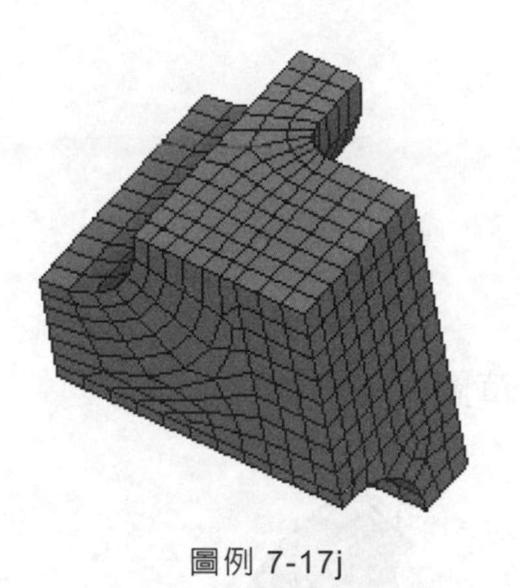

圖例 7-17j

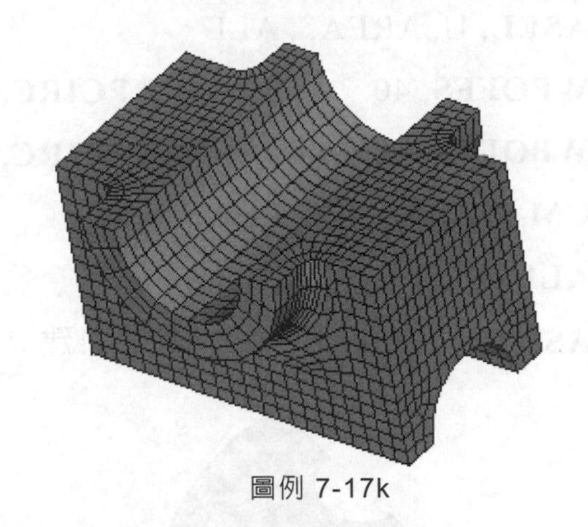

圖例 7-17k

【範例 7-18】

網格綜合練習。

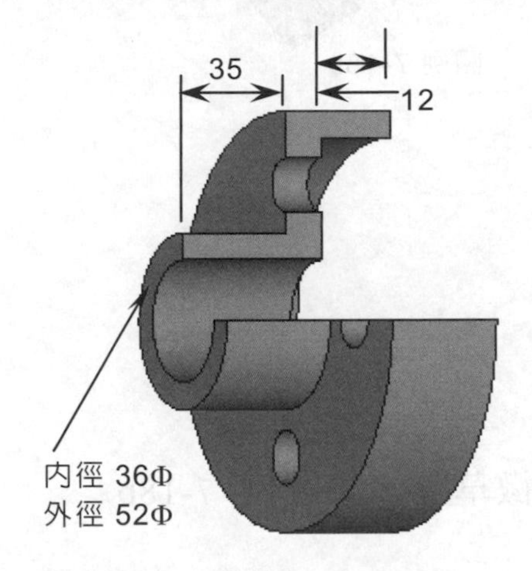

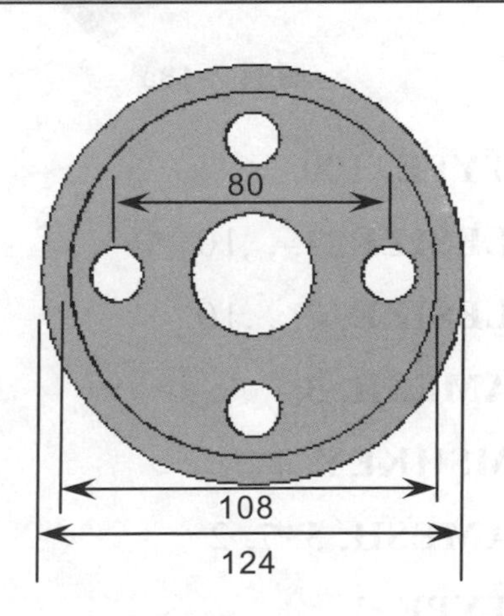

/PREP7

ET, 100, 200, 6

ET, 1, 45

PCIRC, 0, 18, 0, 90　　　　$ **PCIRC**, 0, 26, 0, 90

PCIRC, 0, 54, 0, 90　　　　$ **PCIRC**, 0, 62, 0, 90

AOVLAP, ALL

ADEL, 1

```
ASEL, U, AREA, , ALL
WPOFFS, 40                  $ PCIRC, 0, 8
WPOFFS, -40, 40             $ PCIRC, 0, 8
CM, CUTAREA, AREA
ALLSEL
ASBA, 6, CUTAREA                  !建立特徵草圖，如圖例 7-18a
```

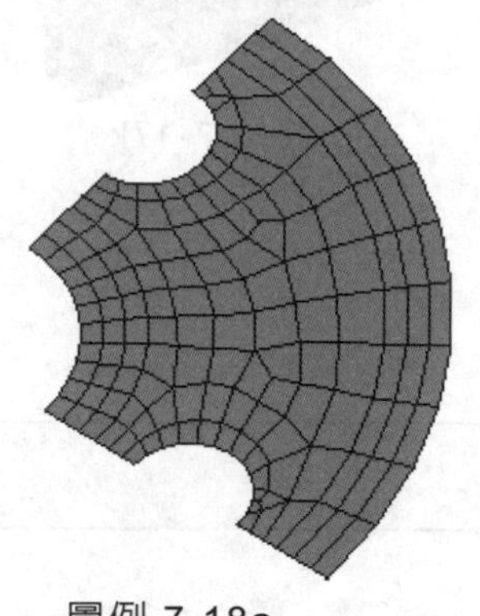
圖例 7-18a

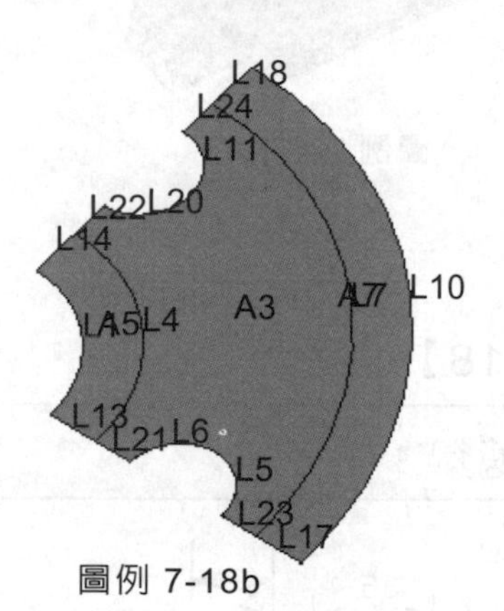

圖例 7-18b

```
TYPE, 100
LESIZE, 4, , ,10
LESIZE, 7, , ,10
AMESH, 3
MSHKEY, 1
AMESH, 5, 7, 2                    !網格特徵草圖，如圖例 7-18b
TYPE, 1
ESIZE, , 2
VEXT, ALL, , , 0, 0, -12          !延伸體積
ESIZE, ,4
VEXT, 19, , , 0, 0, -23           !延伸體積，如圖例 7-18c
ESIZE, , 6
VEXT, 5, , , 0, 0, 35             !延伸體積，如圖例 7-18d
```

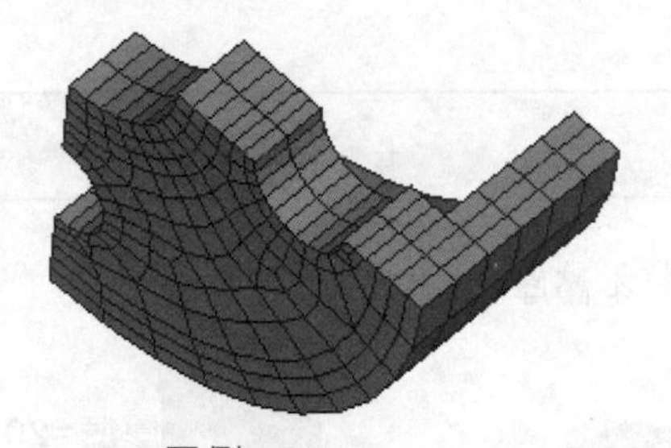
圖例 7-18c

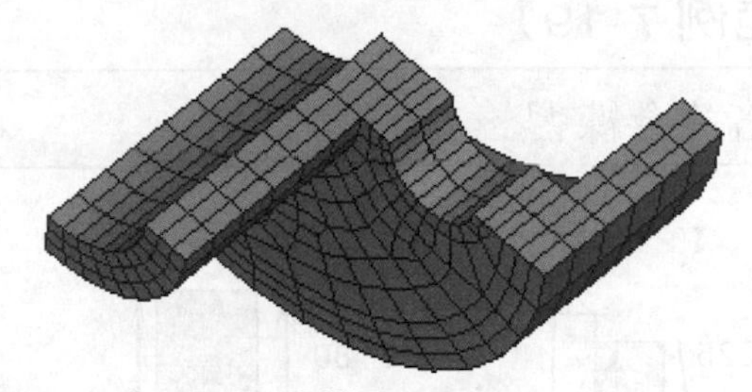
圖例 7-18d

```
VSYM, X, ALL
VSYM, Y, ALL                !對稱複製，如圖例 7-18e
NUMMRG, NODE                !元素連續性
NUMMRG, KP                  !實體模型連續性
```

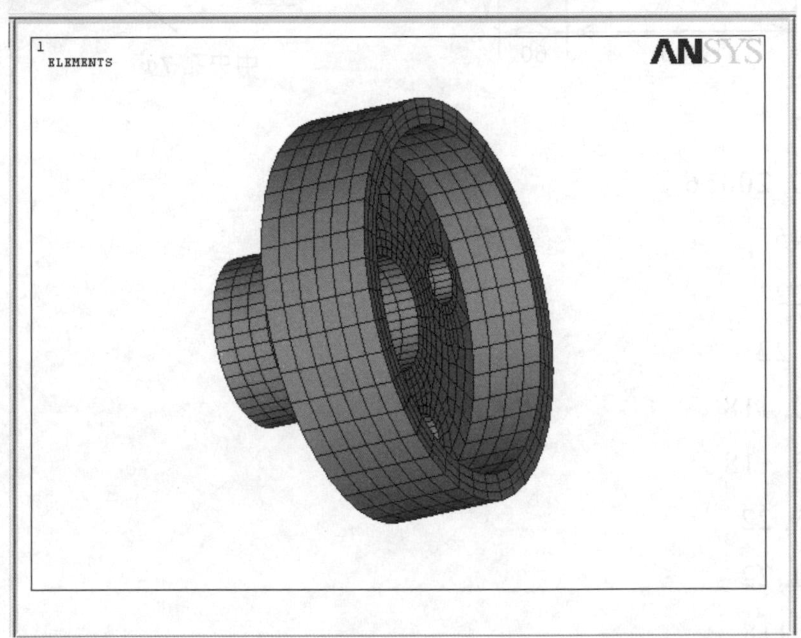

圖例 7-18e

【範例 7-19】

網格綜合練習。

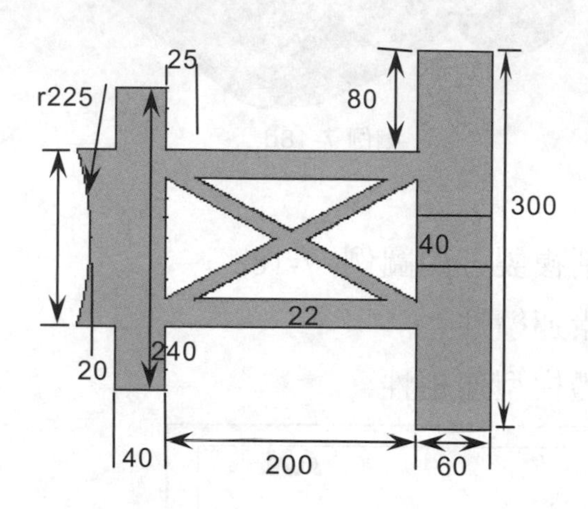

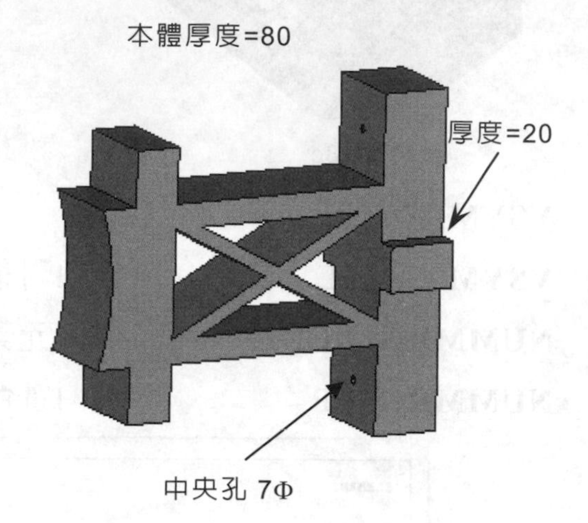


```
/PREP7
ET, 100, 200, 6
ET, 1, 45
K, , 0, 22
K, , 25, 22
K, , 200, 118
K, , 175, 118
K, , 175, 22
K, , 200, 22
K, , 25, 118
K, , 0, 118
A, 1, 2, 3, 4
A, 5, 6, 7, 8
AOVLAP, ALL                    !建立交叉之面積，如圖例 7-19a
LSEL, S, LINE, , 10, 12, 2
LSEL, A, LINE, , 16, 18, 2     !選擇有效線段
```

```
LESIZE, ALL, , , 6            !設定線段元素數目
ALLSEL
TYPE, 100
MSHKEY, 1
AMESH, ALL                    !對應網格交叉之面積
```

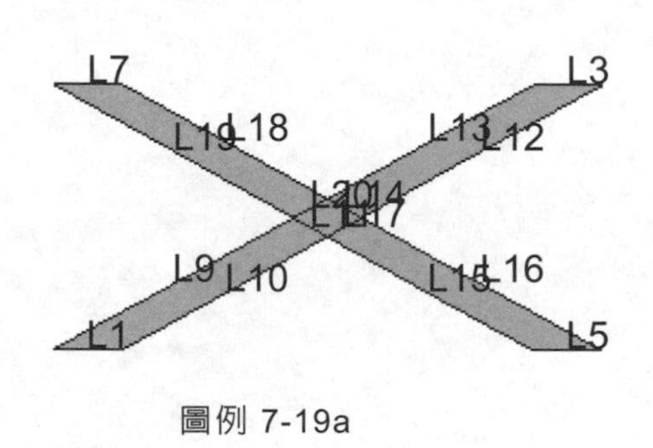

圖例 7-19a

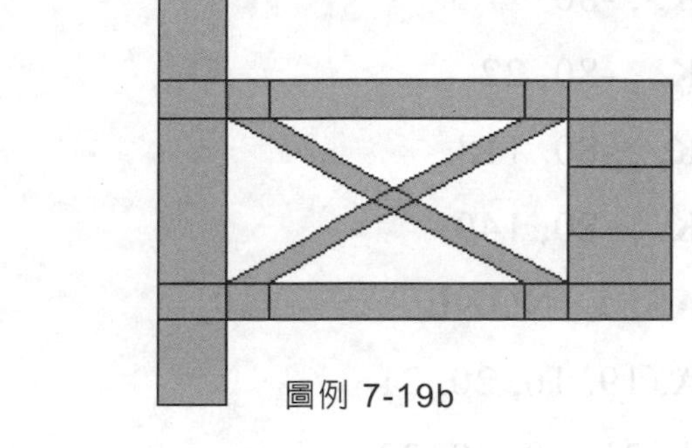
圖例 7-19b

```
ASEL, NONE
RECTNG, -40, 0, 0, -50
RECTNG, -40, 0, 0, 22
RECTNG, 0, 25, 0, 22
RECTNG, 25, 175, 0, 22
RECTNG, 175, 200, 0, 22
RECTNG, 200, 260, 0, 22
RECTNG, 200, 260, 22, 50
LOCAL, 11, 0, 0, 70
ARSYM, Y, ALL
RECTNG, 200, 260, 50, 90
RECTNG, 0, -40, 22, 118       !建立交叉之四周面積，如圖例 7-19b
NUMMRG, KP                    !實體模型連續性
LOCAL, 11, 0, -285, 70
*AFUN, DEG
WPOFFS, -285, 70
```

K, 1000, 0, 0

K, 1001, 10*COS(45), -10*SIN(45)

CIRCLE, 1000, 225, , 1001, 90, 1

CSYS, 0

WPCSYS, 0

K, , -80

K, , -80, 22

K, , -80, 118

K, , -80, 140

ASEL, NONE

A, 19, 16, 20, 21

A, 21, 20, 48, 23

A, 23, 48, 44, 24

CM, REFAREA, AREA

ALLSEL

ASBL, REFAREA, 21

ADELE, 26, 28, , 1 !建立圓弧之面積，如圖例 7-19c

LESIZE, 78, , , 6

LESIZE, 31, , , 8

LESIZE, 59, , , 8

AMESH, ALL !對應網格特徵草圖面積，如圖例 7-19d

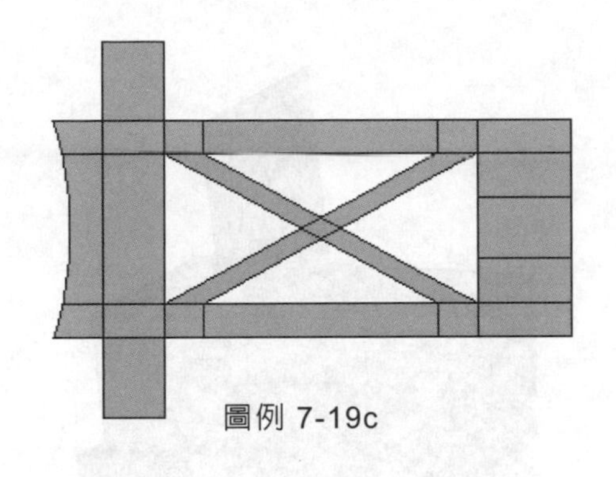
圖例 7-19c

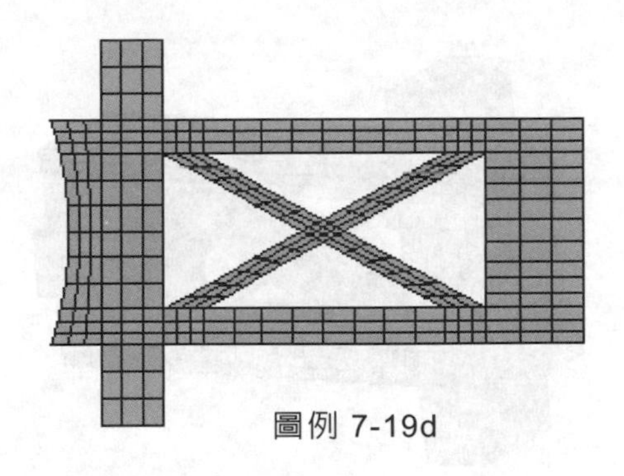
圖例 7-19d

```
TYPE, 1
ESIZE, , 6
VEXT, ALL, , , 0, 0, -80
ESIZE, , 2
VEXT, 20, , , 0, 0, 20
VEXT, 100, , , 0, 0, -20          !延伸體積，如圖例 7-19e
WPOFFS, 200, 180, -40
WPROTA, 0, 0, -90
RECTNG, -40, 40, -40, 40
PCIRC, 0, 3.5
ASBA, 126, 127
NUMMRG, KP                        !實體模型連續性
MSHKEY, 0
LSEL, S, LINE, , 195, 198
LESIZE, ALL,,,2
LSEL, S, LINE, , 192, 194
LESIZE, ALL, , , 6
ALLSEL
AMESH, 128                        !建立特徵草圖並網格，如圖例 7-19f
```

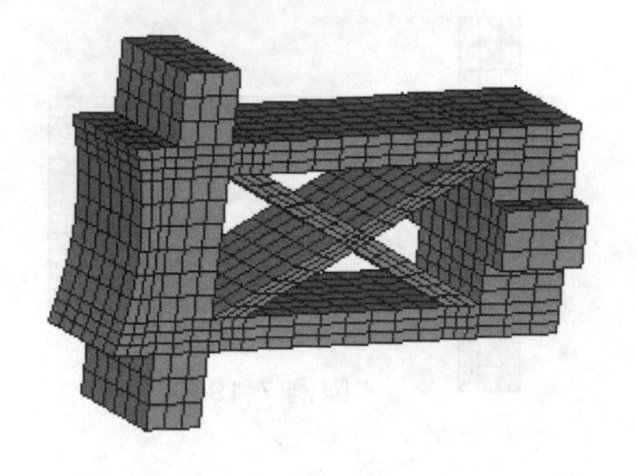
圖例 7-19e

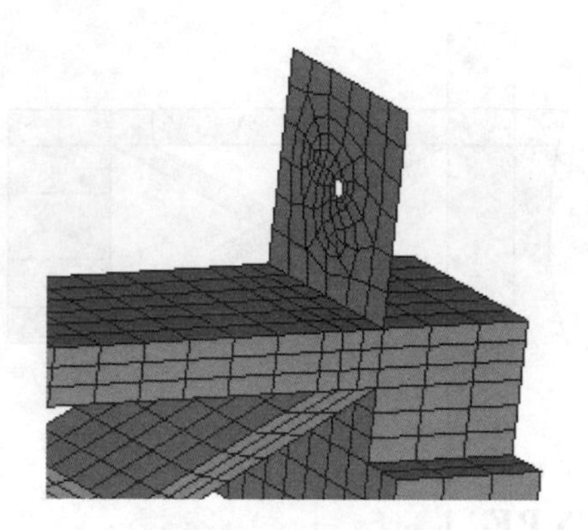
圖例 7-19f

TYPE, 1

VDRAG, 128, , , , , , 65

VGEN, 2, 27, , , 0, -220, 0

NUMMRG, NODE !元素連續性

NUMMRG, KP !實體模型連續性

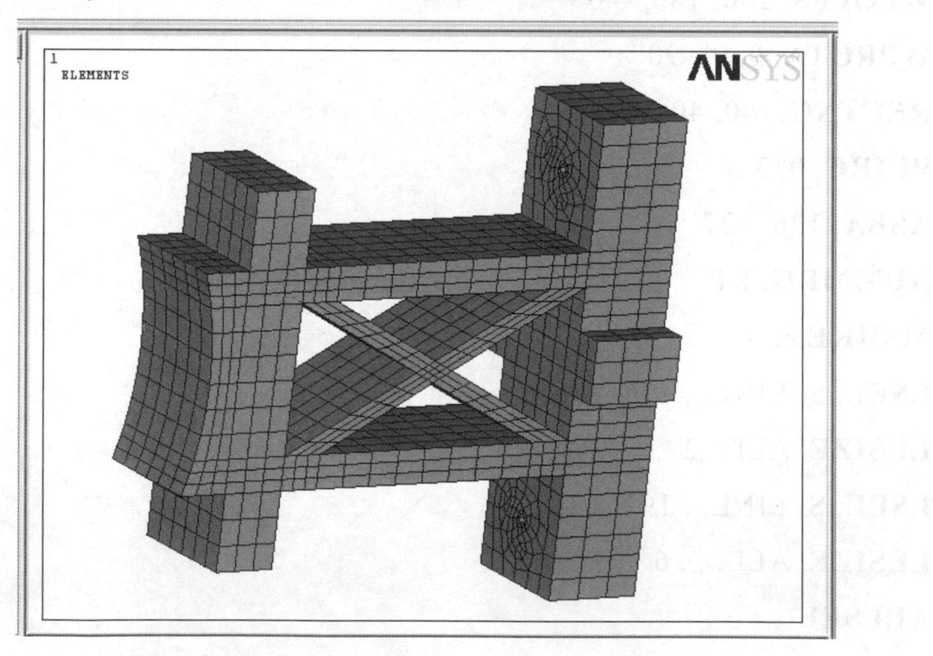

【範例 7-20】

網格螺旋彈簧，線徑=0.08 mm，26 圈螺旋彈簧，公稱直徑= 0.5mm，長度= 3.71mm。銅材 E= 117000 N/mm²，ν = 0.34。

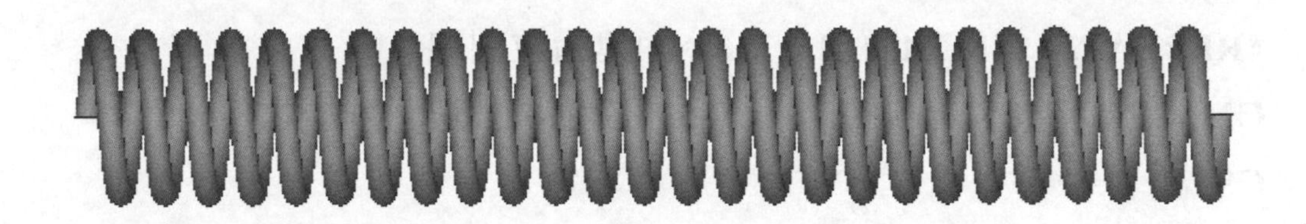

```
WD=0.08                    !線徑< 0.3 mm
D=0.5                      !公稱直徑
SPLENG=3.71                !彈簧長度
SNUM=26                    !彈簧圈數
PITCH=SPLENG/SNUM          !彈簧節距
MODULUS=117000
POISSON=0.34
/PREP7
ET, 10, 200, 6
ET, 1, 45
MP, EX, 1, MODULUS
MP, NUXY, 1, POISSON
*AFUNG, DEG
CSYS, 1
K, 1, D/2
*DO, I , 1, SNUM
   K, 2+(I-1)*4, D/2, 90, (I-1)*PITCH +0.25* PITCH
   K, 3+(I-1)*4, D/2, 180, (I-1)* PITCH + 0.5* PITCH
```

```
   K, 4+(I-1)*4, D/2, 270, (I-1)* PITCH +0.75* PITCH
   K, 5+(I-1)*4, D/2, 360, (I-1)* PITCH + PITCH
*ENDDO
*GET, TLKP, KP, , COUNT
L, 1, 2
*REPEAT, 4*SNUM, 1, 1              !建構拉製線
CM, SPRINGLN, LINE                 !設定拉製線為群組物件
CSYS, 0
K,1000, D/2,-0.1,0
K,1001, 1, 0, 0
CIRCLE, 1, WD/2, 1000, 1001
A, TLKP +1, TLKP +2, 1
A, TLKP +2, TLKP +3, 1
A, TLKP +3, TLKP +4, 1
A, TLKP +4, TLKP +1, 1             !建立特徵草圖
CM, BOTAREA, AREA                  !建立特徵草圖為群組物件
LSEL, S, LINE, , 4*SNUM+1, 4*SNUM+8
LESIZE, ALL, , , 4
MESHKEY, 1
TYPE, 10
AMESH, ALL                         !網格特徵草圖，如圖例 7-20a
ALLSEL
TYPE, 1
MAT, 1
ESIZE, ,12
VDRAG, BOTAREA, , , , , , SPRINGLN
NUMMRG, NODE                       !元素連續性
```

NUMMRG, KP　　　　　　　　　　!實體模型連續性

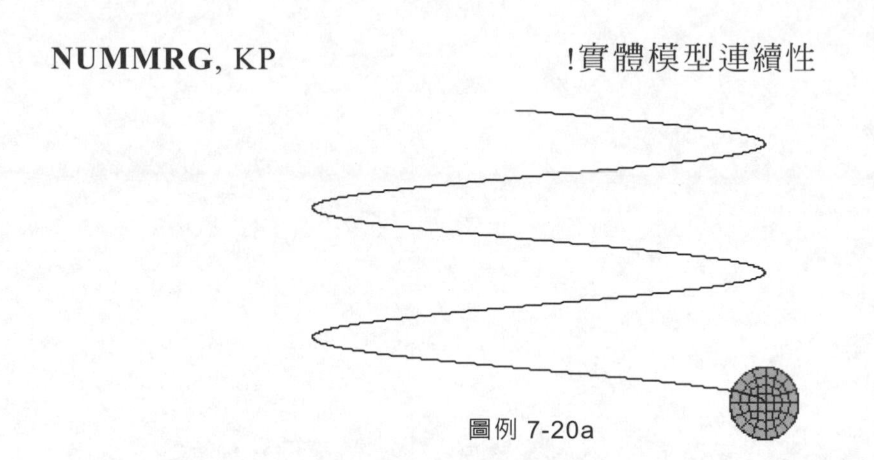

圖例 7-20a

*註記

規則十：結構千變萬化，建構之邏輯與指令之活用，需不斷自我練習。圖學中有許多機件圖是最佳的練功對象。

【習　題】將第六章建構平面(1-10)及體積(11-20)之實體模型，用平面元素或立體完成適當之有限元素模型。

實體模型之外力與分析

➔ 8-1 前 言

直接建立法的有限元素模型只有節點與元素，間接建立法的有限元素模型除了有節點與元素外還有實體模型，節點與元素是分布在實體模型之中。由第四章可知外力的負載是直接作用於節點與元素上，所以若考慮間接建立法的有限元素模型，將外力的負載直接作用於節點與元素，則兩者的關念相同，此方法稱爲直接建立法。反之，間接建立法的有限元素模型，由於有實體模型之存在，故有點、線段、面積、體積等物件，若是將外力作用於這些物件上，此方法稱爲間接建立法。綜合言之，外力的施加可分直接建立法與間接建立法。不管如何建立有限元素模型，直接建立法是外力作用於節點與元素上；間接建立法只能用於間接法有限元素模型，外力是直接作用在實體模型中的點、線段、面積、體積。間接建立法外力之指令和直接建立法外力

之指令非常相似，故對使用者而言，並不會造成太多的困擾。但必須注意其基本原則，在建構實體模型時，施加集中力的位置必需建立點，平面結構邊之分布力必須建立線，立體結構面之分布力必須建立面積，因爲網格後，點、線、面必定爲節點之所在，以利外力施加在結構上。本章將針對間接建立法的有限元素模型，如何定義外力進行探討。

➔ 8-2 直接法外力建立

直接建立法是外力作用於節點與元素上，不管有限元素模型採用的方法爲何，因此該方法必需掌握節點、元素、元素邊及元素面的號碼。由於直接建立法的有限元素模型，可事先規劃這些號碼，然而間接建立法的有限元素模型，網格後無法掌握其節點與元素的號碼，所以如何選擇施力的節點或元素是一個重要的關鍵，因爲外力指令的下達，需要節點或元素的號碼。採用直接建立法之可行性及策略概述如下：

1. 集中力

集中力是作用於節點之力，因此最基本的要求為網格後施力點必需有一個節點。因爲實體模型中的點在網格化後，必定會成爲一個節點，故在建構實體模型時，只要在施力點處建立一個點，網格後再檢查該點之相對應節點號碼便可直接施加外力。最簡單檢查該點之相對應節點號碼爲將節點號碼打開，在利用 **EPLOT** 或 **NPLOT** 即可於圖形視窗中檢視其號碼。該方法雖然方便但必須透過圖形視窗進行找尋的動作。不具有程式參數人性化設計，爲了加強其程式參數人性化設計，假設 K7 爲外力施加點，利用指令方式檢查其節點號碼如下：

```
KSEL, S, KP, , 7              !先選擇 K7 爲有效點
NSLK                          !選擇有效點上之節點(只有一點)
*GET, FNUM, NODE, , NUM, MAX (或 MIN)
```

```
F, FNUM, ...                    !下達集中力指令
```

此處***GET** 的意義爲將目前有效節點最大(最小)號碼之值給予 FNUM 變數，由於 **NSLK** 爲選擇目前有效點上具有節點者爲有效節點，目前有效點爲 K7，所以選擇位於 K7 上的節點，節點號碼依網格後系統自行給予，由於只有一個點，故第五個參數爲 MAX 或 MIN 皆可。萬一更改結構，造成網格節點的改變，但只要點的號碼不變，則該點上的節點必能選上。如果要點的號碼也成爲參數化，則可改寫爲

```
KSEL, U, KP, , ALL          !先將所有點成爲非有效點
K, 7, ...                   !建立 K7(只有一點)
*GET, KNUM, KP, , NUM, MAX(或 MIN)
! ........
!   完成實體模型建立網格後
! ........
KSEL, S, KP, , KNUM         !選擇第 KNUM 點爲有效點
NSLK                        !選擇有效點上之節點(只有一點)
*GET, FNUM, NODE, , NUM, MAX(或 MIN)
F, FNUM, .........          !下達集中力指令
```

再者，也可以用其他方法(例如：節點座標位置)選擇施力點之節點爲有效節點，一般採用節點座標位置方式是較佳之方法，此時不必檢查點的號碼(如圖 8-2.1 中所示)，利用指令方式其基本流程如下：

```
! ........
!完成實體模型建立網格後
! ........
```

```
NSEL, S, LOC, ...
NSEL, R, LOC, ...
NSEL, A, LOC, ...           !選擇有效節點
!........
F, ALL, .........           !下達集中力指令
```

此外，確保網格後施力點有一個節點，利用網格技巧，亦是一種其他方式的選擇，例如例題 4-31 如圖 8-2.1 中所示，只要該線段網格元素分割為偶數，則中間位置必有一個節點，但整個程式不具有參數化的優點，使用者只能自行利用 GUI 界面找尋該節點號碼；亦可利用位置座標選取該節點。圖 8-2.2(a)實體模型建立時，右邊可建為三條線段，網格後施力點必定有節點；圖 8-2.2(b)假設 d=c，我們亦可建立該邊為一條線段，再網格時給予適當的密度(三的倍數)，以確保該施力點會有節點。

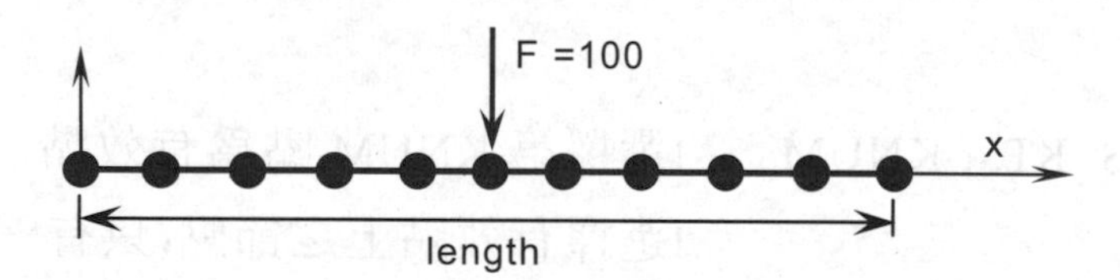


```
利用節點位置座標選取該節點
    :
NSEL, S, LOC, X, length/2       !選取該節點
F, ALL, FY, -100                !施加外力
```

圖 8-2.1　直接法集中外力選擇節點技巧一

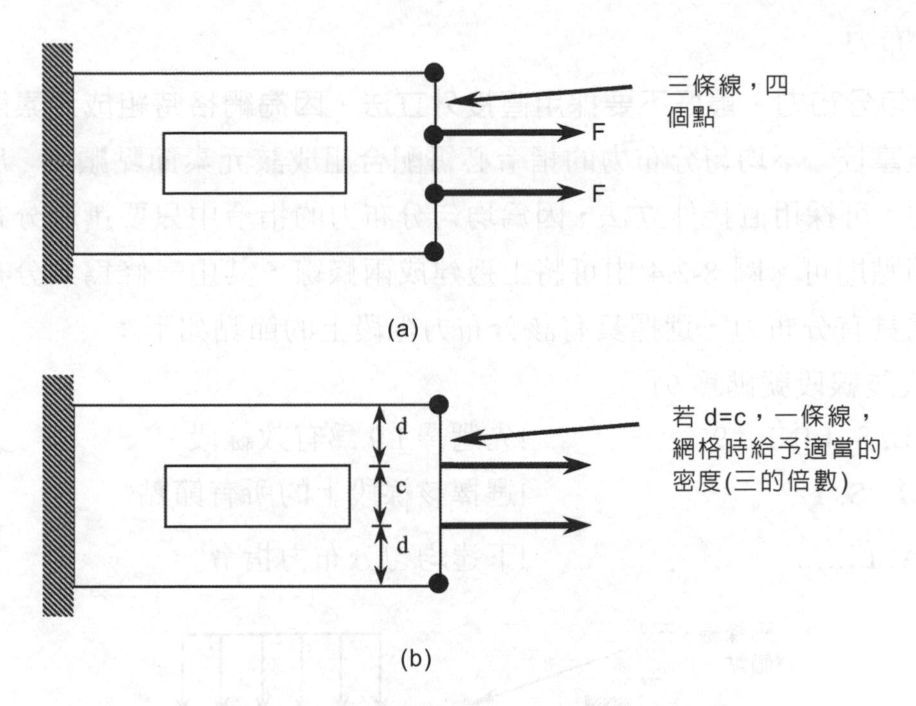

圖 8-2.2 直接法集中外力選擇節點技巧二

2. 邊界條件

通常規則性區域之邊界條件，可用直接建立法。如圖 8-2.3(a)可採用 x 位置範圍選取固定之邊界節點，圖 8-2.3(b)可在圓柱座標下用半徑的範圍選取固定之邊界節點。

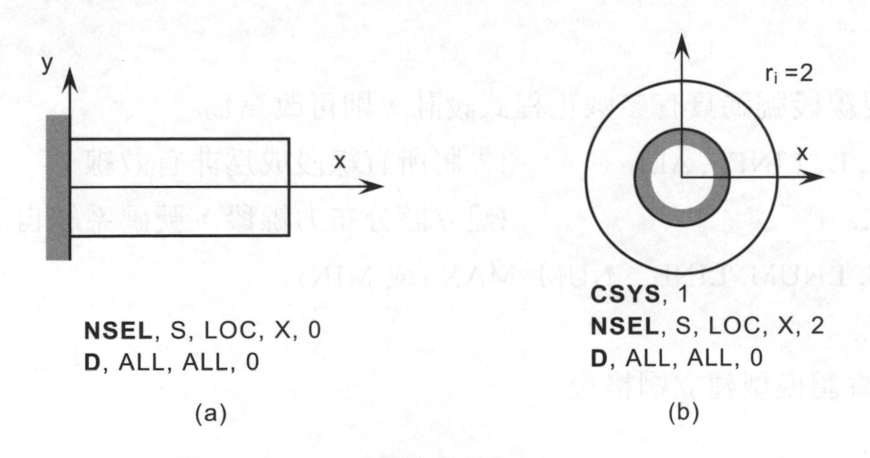

圖 8-2.3 規則性區域之邊界條件

3. 分布力

不均勻分布力，最好不要採用直接外立法，因為網格時組成元素節點的順序較難掌控。不均勻分布力的指令必需配合組成該元素節點順序。反之均勻分布力，可採用直接外立法，因爲均勻分布力的指令中只要選取分布力所包含的節點即可。圖 8-2.4 中可將上邊建成兩條線，其中一條爲無分布力，另一條爲具有分布力，選擇具有該分布力線段上的節點如下：

(假設該線段號碼爲 9)

```
LSEL, S, LINE, ,9              !先選擇 L9 爲有效線段
NSLL, S, 1                     !選擇該線段上的所有節點
SF, ALL,.....                  !下達均勻分布力指令
```

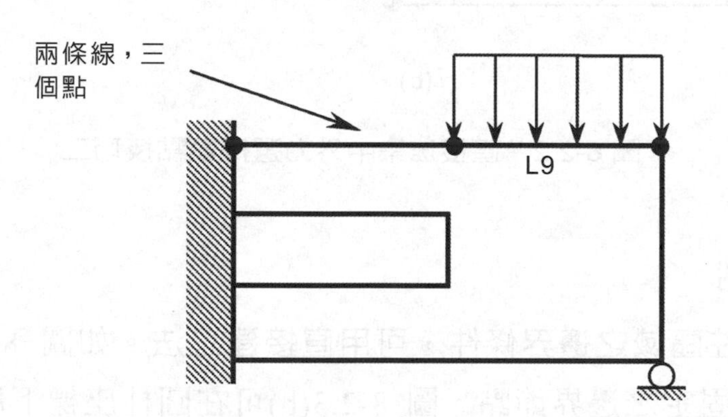

圖 8-2.4 實體模型建立均勻分布力技巧

如果要線段號碼具有參數化程式設計，則可改寫爲

```
LSEL, U, LINE, , ALL           !先將所有線段成爲非有效線
L, ......                      !建立該分布力線段，號碼系統自訂
*GET, LNUM, LINE, , NUM, MAX (或 MIN)
! ........
!完成實體模型建立網格後
! ........
LSEL, S, LINE, , LNUM          !選擇第 LNUM 線段爲有效線段
```

```
NSLL, S, 1                    !選擇有效線段上之節點
SF, ALL, .........            !下達均匀分布力指令
```

另一方法爲可將上邊建成一條線，但網格密度爲偶數，可利用位置選取分布力的節點即可，如圖 8-2.5 所示。

```
NSEL, S, LOC, Y, 10           !選擇上邊所有節點爲有效節點
NSEL, R, LOC, X, 5, 10        !再選擇右半部爲有效節點
SF, ALL, .........            !下達均匀分布力指令
```

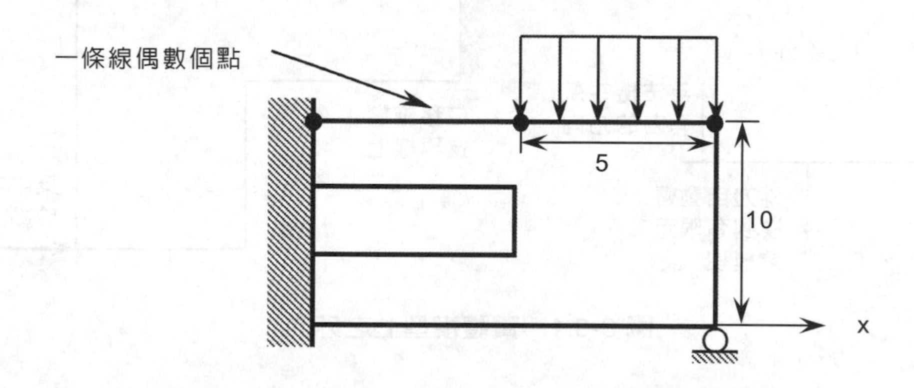

圖 8-2.5 實體模型建立均匀分布力技巧

筆者習慣用直接法外力之建立，因爲網格後的有限元素模型，已具有節點與元素，與第四章直接法的有限元素模型無任何差異。重點在於如何選取有效的施力節點，所以選擇物件的指令非常重要。

➔ 8-3 間接法外力之建立

間接法之外力爲直接施加外力於實體模型上，亦即施力於點、線段及面積上，網格化後皆會自動轉換到有限元素的模型上，此轉換步驟會在 **/SOLU** 處理器中下達 **SOLVE** 後自動進行，如圖 8-3.1。施加集中力於點上，施加分布力於線上，施加限制條件於位移邊界線上，未下達 **SOLVE** 時，無法檢視所有力的方向。

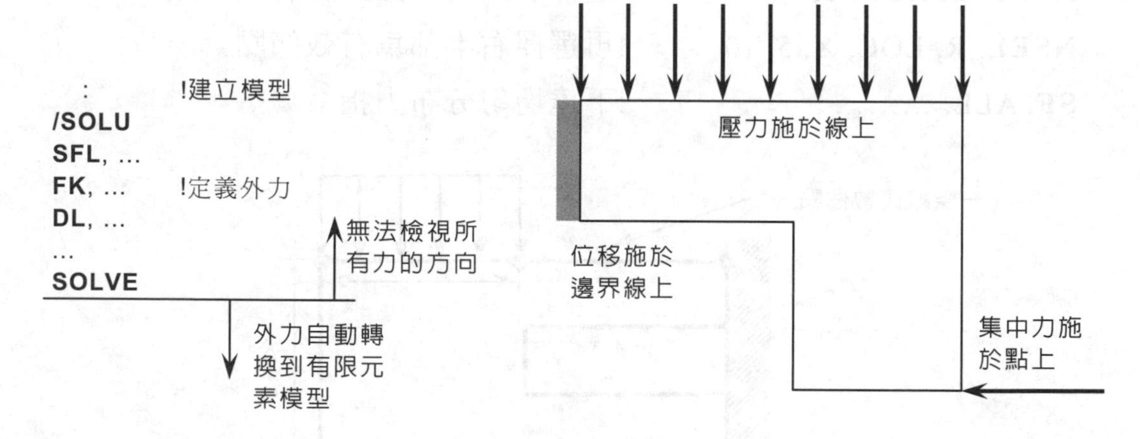

圖 8-3.1 實體模型上之外力

指令介紹

DK, *KPOI, Lab, VALUE, VALUE2, KEXPND, Lab2, Lab3, Lab4, Lab5, Lab6*

該指令與 **D** 相對應，定義束制條件(**D**isplacement)於點(**K**eypoint)上，*KPOI* 爲受限制點的號碼，*VALUE* 爲受限制點的值。*Lab~Lab6* 爲受制點的自由度與 D 指令相同，可藉著 *KEXPND* 去擴展定義於不同點間的節點所受的限制方式。

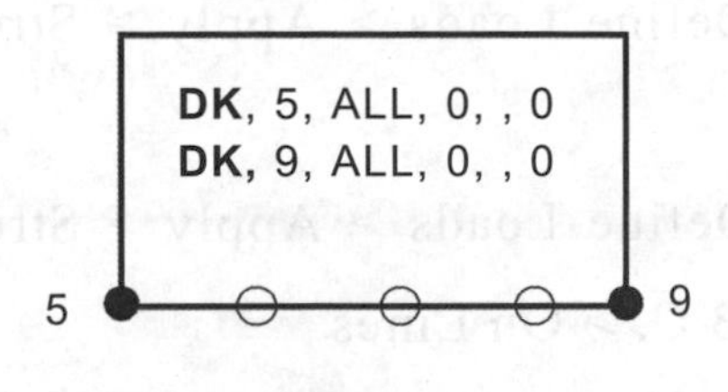

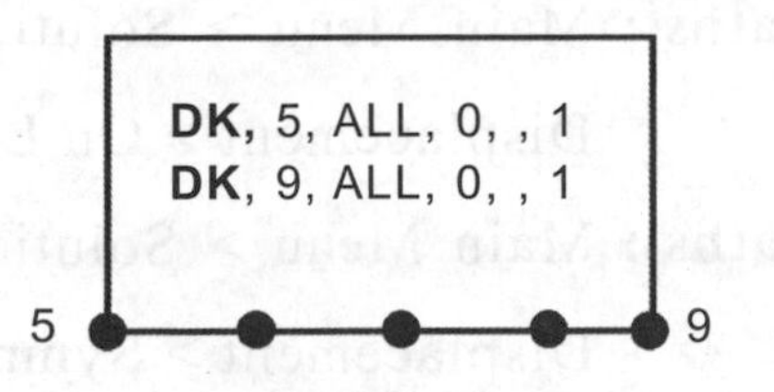

KEXPND = 0
兩點間所有點不受影響，如同單點效應，第五點及第九點之位移為 0

KEXPND = 1
兩點間所有點相同效應，第五點及第九點間所有點之位移為 0

Menu Paths : Main Menu > Preprocessor > Loads > Define Loads > Apply > Structural > Displacement > On keypoints

Menu Paths : Main Menu > Solution > Define Loads > Apply > Structural > Displacement > On keypoints

DL, *LINE, AREA, Lab, Value1, Value2*

定義限制條件(**D**isplacement)於線段(**L**ine)上，*LINE, AREA* 爲受限制線段及線段所隸屬面積的號碼，*Lab* 與 D 指令相同，但增加對稱(*Lab* = SYMM)與反對稱(*Lab* =ASYM)，*Value1* 爲受限制的值。

Lab =SYMM
=ASYM
=UX,UY,UZ,ROTX,ROTY,ROTZ (結構力學)
=TEMP (熱學)
=PRES；VX,VY,VZ (流體力學)
=MAG,AX,AY,AZ (磁學)
=VOLT (電學)

VALUE=自由度限制的值

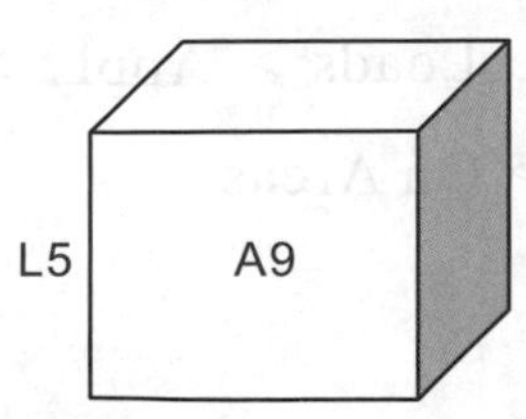

DL, 5, 9, ALL, 0
!A9 的 L5 上所有節點之位移為 0

Menu Paths : Main Menu > Solution > Define Loads > Apply > Structural > Displacement > On Lines

Menu Paths : Main Menu > Solution > Define Loads > Apply > Structural > Displacement > Symmetry B.C. > On Lines

Menu Paths : Main Menu > Solution > Define Loads > Apply > Structural > Displacement > Antisymm B.C. > On Lines

DA, *AREA, Lab, Value1, Value2*

定義限制條件(**D**isplacement)於面積(**A**rea)上，*AREA* 爲受限制面積的號碼，*Lab* 與 D 指令相同，但增加對稱(*Lab*=SYMM)與反對稱(*Lab*=ASYM)，*Value1* 爲受限制的值。

Lab =SYMM

=ASYM

=UX,UY,UZ,ROTX,ROTY,ROTZ(結構力學)

=TEMP(熱學)

=PRES；VX,VY,VZ(流體力學)

=MAG,AX,AY,AZ(磁學)

=VOLT(電學)

VALUE = 自由度限制的值

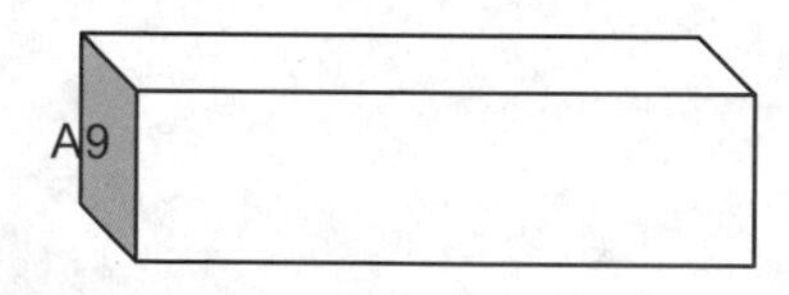


```
DA, 9, ALL, 0
!A9 上所有節點之位移為 0。
```

Menu Paths : Main Menu > Solution > Define Loads > Apply > Structural > Displacement > On Areas

Menu Paths : Main Menu > Solution > Define Loads > Apply > Structural > Displacement > Symmetry B.C. > On Areas

Menu Paths : Main Menu > Solution > Define Loads > Apply > Structural > Displacement > Antisymm B.C. > On Areas

DTRAN

將 **DX**(X=K, L, A)指令所定義之限制條件(**D**isplacement)轉換(**TRAN**sfer)到有限元素模組上。間接法施加的負載，無法如同直接法可立即於圖形視窗檢視其方向，如欲在 **SOLVE** 之前檢視，可利用此指令先行轉換。然而當下達 **SOLVE** 指令後，該指令爲自動執行，不必另外下達該指令。

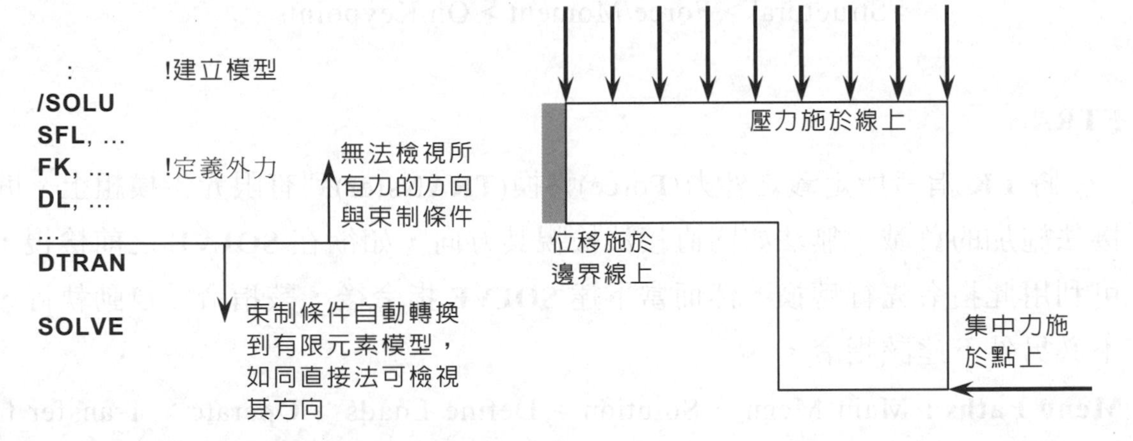

Menu Paths : Main Menu > Preprocessor > Loads > Define Loads > Operate > Transfer to FE > Constraints

Menu Paths : Main Menu > Solution > Define Loads > Operate > Transfer to FE > Constraints

FK, *KPOI, Lab, VALUE, VALUE2*

該指令與 **F** 相對應，定義集中外力(**F**orce)於點(**K**eypoint)上，*KPOI* 爲受外力點的號碼，*VALUE* 爲外力的值，*Lab* 與 **F** 指令相同。

Lab =FX,FY,FZ,MX,MY,MZ(結構力學之力與力矩)

=HEAT(heat flow，熱學之熱流量)

=AMP,CHRG(電學之電流、電荷)

=FLUX(磁學之磁通量)

VALUE =外力的大小

```
FK, 4, FY, 100        !定義點 4 上，FY 方向力的大小為 100
FK, 4, FX, 400        !定義點 4 上，FX 方向力的大小為 400
FK, 3, MX, 100        !定義點 3 上，FY 方向力的大小為 100
FK, ALL, FY, 100      !定義目前有效點上，FY 方向力的大小為 100
```

Menu Paths : Main Menu > Solution > Define Loads > Apply > Structural > Force/Moment > On Keypoints

Menu Paths : Main Menu > Preprocessor > Load > Define Loads >Apply >Structural > Force/Moment > On Keypoints

FTRAN

將 **FK** 指令所定義之外力(**F**orce)轉換(**TRAN**sfer)到有限元素模組上。間接法施加的負載，無法如同直接法檢視其方向，如欲在 **SOLVE** 之前檢視，可利用此指令先行轉換。然而當下達 **SOLVE** 指令後，該指令爲自動執行，不必另外下達該指令。

Menu Paths : Main Menu > Solution > Define Loads > Operate > Transfer to FE > Forces

Menu Paths : Main Menu > Preprocessor > Load > Define Loads > Operate > Transfer to FE > Forces

SFL, *LINE, Lab, VALI, VALJ, VAL2I, VAL2J*

該指令與 **SFE** 相對應，定義分布力(**S**ur**F**ace load)作用於面積之線(**L**ine)上的方式及大小，應用於 2-D 的實體模型邊之壓力。*LINE* 爲線段的號碼，*Lab* 之定義與 **SFE** 相同，*VAL1~VALJ* 爲當初建立線段時點順序之分布力值。

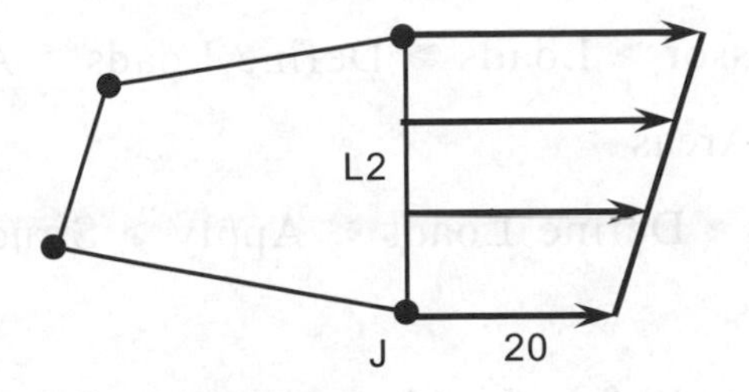

分布力位於 L2 之線上，L2 之線為 J-K 連接而成

SFL, 2, PRES, 20, 60

Menu Paths : Main Menu > Preprocessor > Loads > Define Loads > Apply > Structural > Pressure > On Lines

Menu Paths : Main Menu > Preprocessor > Loads > Define Loads > Apply > Structural > Type > On Lines

Menu Paths : Main Menu > Solution > Define Loads > Apply > Structural > Pressure > On Lines

Menu Paths : Main Menu > Solution > Define Loads > Apply > Structural > Type > On Lines

SFA, *AREA, LKEY, Lab, VALUE, VALUE2*

該指令與 **SFE** 相對應，定義分布力(**S**ur**F**ace load)作用於體積之面積(**A**rea)上的方式及大小，應用於 3-D 的實體模型表面壓力。*AREA* 爲面積的號碼，*LKEY* 爲當初建立體積時面積的編號，*AREA* 與 *LKEY* 擇一輸入。*Lab* 之定義與 **SFE** 相同，*VALUE* 爲分布力值。

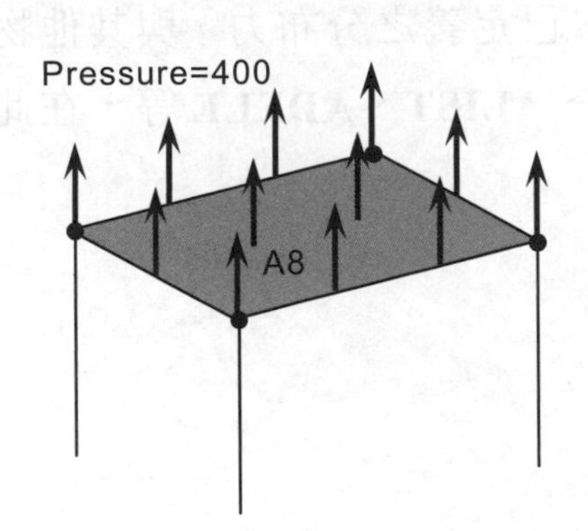

! A8 面上有一壓力=400
SFA, 8, ,PRES, 400

Menu Paths : Main Menu > Preprocessor > Loads > Define Loads > Apply > Structural > Pressure > On Areas

Menu Paths : Main Menu > Preprocessor > Loads > Define Loads > Apply > Structural > Type > On Areas

Menu Paths : Main Menu > Solution > Define Loads > Apply > Structural > Pressure > On Areas

Menu Paths : Main Menu > Solution > Define Loads > Apply > Structural > Type > On Areas

SFTRAN

將 **SFL** 及 **SFA** 指令所定義之外力轉換(**TRAN**sfer)到有限元素模組上，間接法施加的負載，無法如同直接法檢視其方向，如欲在 **SOLVE** 之前檢視，可利用此指令先行轉換。然而當下達 **SOLVE** 指令後，該指令爲自動執行，不必另外下達該指令。

Menu Paths : Main Menu > Preprocessor > Loads > Define Loads > Operate > Transfer to FE > Surface Loads

Menu Paths : Main Menu > Solution > Define Loads > Operate > Transfer to FE > Surface Loads

此外尚有 **DKLIST**、**DKDELE**、**DLLIST**、**DLDELE**、**DALIST**、**DADELE**、**FKLIST**、**FKDELE**、**SFLLIST**、**SFLDELE**、**SFALIST**、**SFADELE** 爲列示及刪除已定義束縛條件、已定義外力、已定義之分布力，與其他物件之列示及刪除相同，例如：**NLIST**、**NDELE**、**ALIST**、**ADELE** 等，在此不再詳細說明。

【範例 8-1】

利用實體模型法，將範例 4-31 進行分析。如圖(a)所示，L=0.3 m，圖(b)為均分十個元素之規劃。F=10 N，q_o=600 N/m。

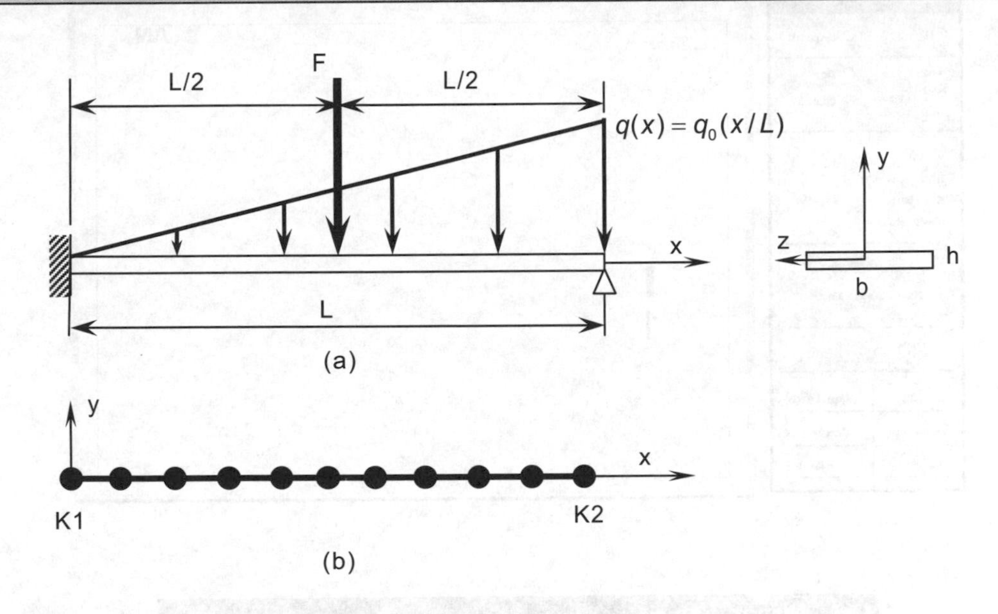

/PREP7

ET, 1, BEAM3 $ **MP**, EX, 1, 2.07E+9

R, 1, 0.0001, 2.0833e-10, 0.005

K, 1, 0 $ **K**, 2, 0.3

L, 1, 2

ESIZE, , 10

LMESH, 1

FINISH

/SOLU

DK, 1, ALL, 0

或

Main Menu > Solution > Define Loads > Apply > Structural > Pressure > On keypoints

選擇視窗在 Pick、Single 選項下，至圖形視窗點選第一點後，再至選擇視窗，點選 OK，出現下圖 DK 參數視窗中點選 All DOF、Constant value 及輸入位移參數 0 後，點選 OK。

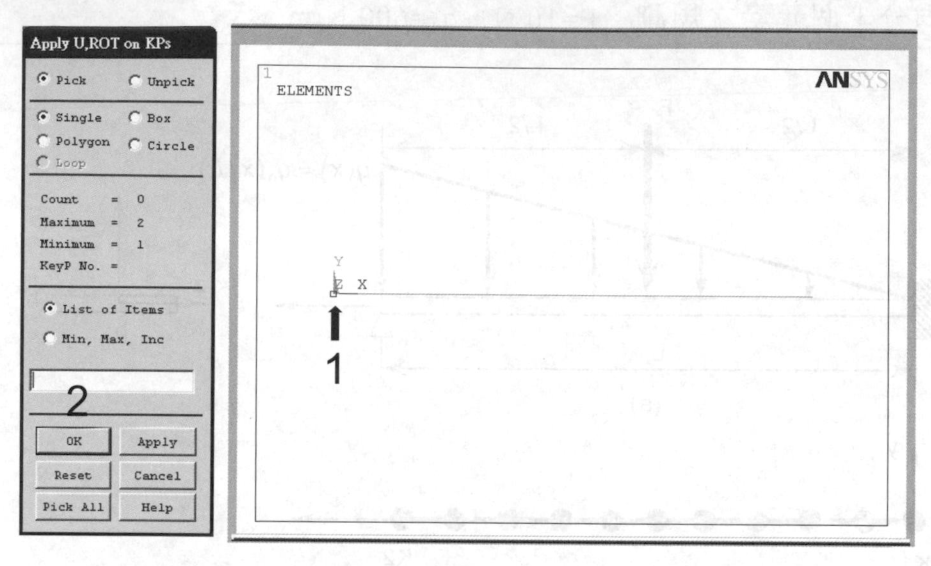

Apply U,ROT on KPs
[DK] Apply Displacements (U,ROT) on Keypoints
Lab2 DOFs to be constrained 3 All DOF / UX / UY / ROTZ
Apply as 4 Constant value
If Constant value then:
VALUE Displacement value 5 0
KEXPND Expand disp to nodes? No
6 OK Apply Cancel Help

DK, 2, UX, 0, , , UY

或

Main Menu > Solution > Define Loads > Apply > Structural > Pressure > On keypoints

選擇視窗在 Pick、Single 選項下，至圖形視窗點選第二點後，再至選擇視窗，點選 OK，出現下圖 DK 參數視窗中點選 All DOF、Constant value 及輸入位移參數 0 後，點選 OK。

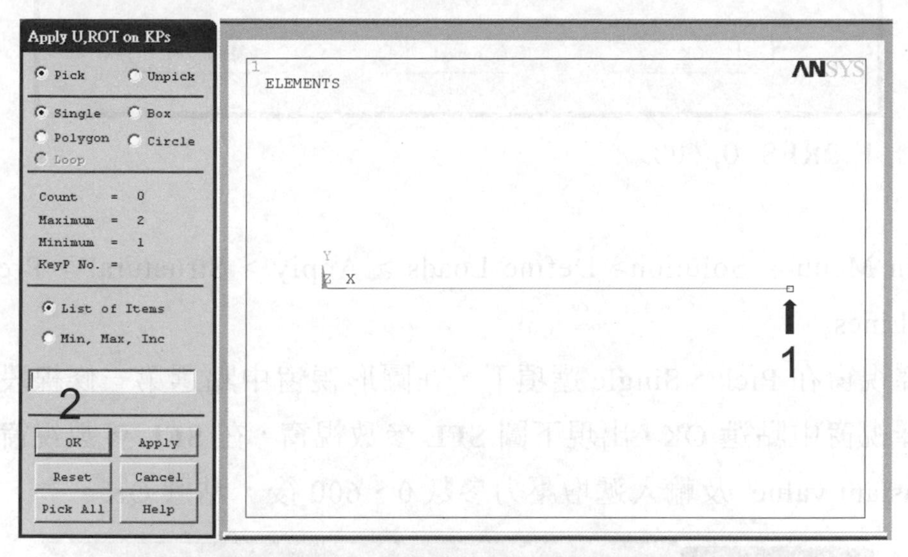

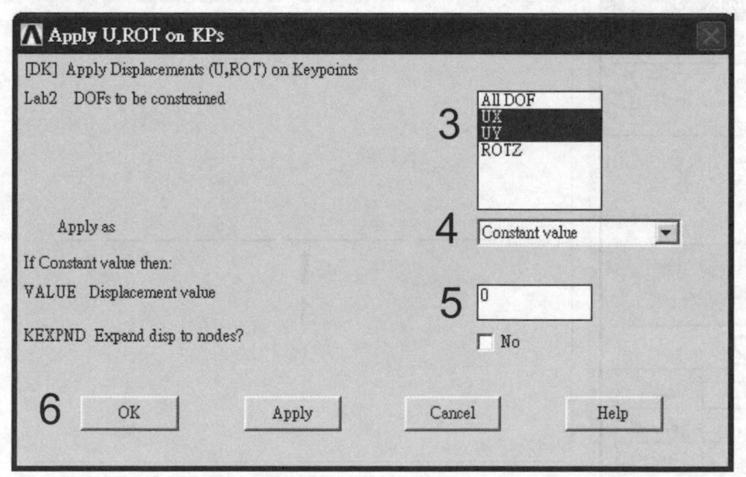

DTRAN !可有可無，下達 SOLVE 指令後自動轉換

或

Main Menu > Solution > Define Loads > Operate > Transfer to FE > Constraints　點選 OK。

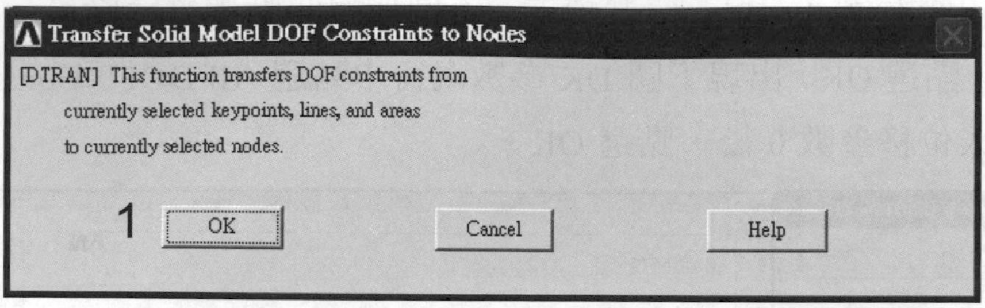

Transfer Solid Model DOF Constraints to Nodes
[DTRAN] This function transfers DOF constraints from
currently selected keypoints, lines, and areas
to currently selected nodes.
1
OK
Cancel
Help

SFL, 1, PRES, 0, 600

或

Main Menu > Solution> Define Loads > Apply > Structural > Pressure > On Lines

選擇視窗在 Pick、Single 選項下，在圖形視窗中點選第一條線段後，在選擇視窗中點選 OK，出現下圖 **SFL** 參數視窗，在 **SFL** 參數視窗中點選 Constant value 及輸入遞增壓力參數 0、600 後，點選 OK。

Apply PRES on Lines
Pick
Unpick
Single
Box
Polygon
Circle
Loop
Count = 0
Maximum = 1
Minimum = 1
Line No. =
List of Items
Min, Max, Inc
2
OK
Apply
Reset
Cancel
Pick All
Help
1
ELEMENTS
ANSYS
Y
Z X
1

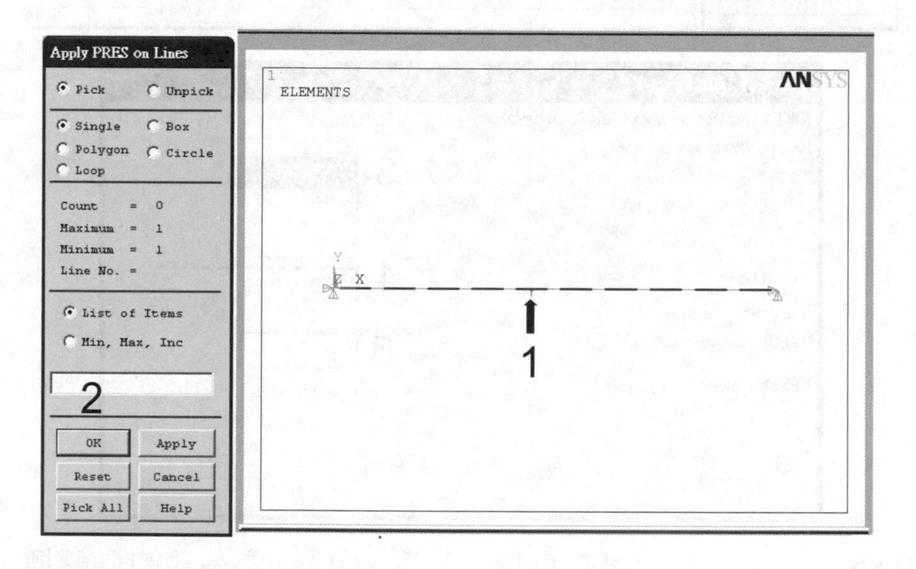

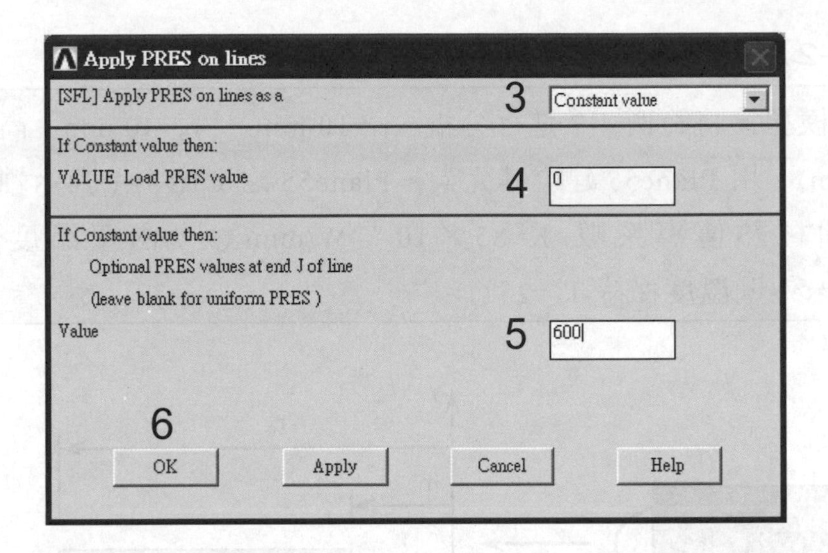

SFTRAN　　　　　!可有可無，下達 SOLVE 指令後自動轉換

或

Main Menu > Solution > Defined Loads > Operate > Transfer to FE > Surface Loads　　點選 OK

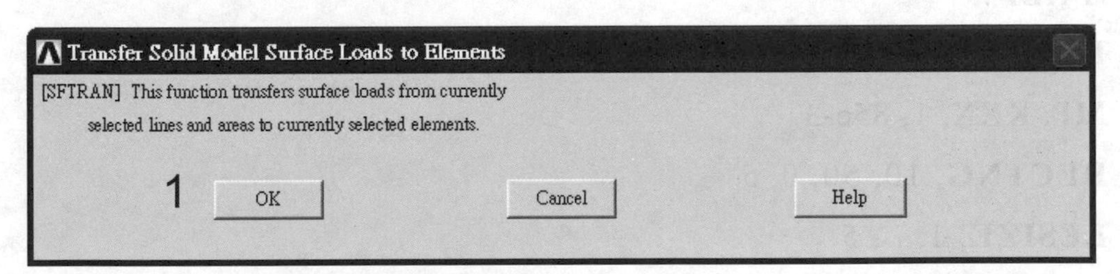

F, 6, FY, -10　　　　!直接建立

SOLVE　　　　　　!有限元素模組求解

FINISH

/POST1

! 檢視結果

【範例 8-2】

利用實體模型，將範例 4-7 進行分析。r_i=10 mm、 r_o=40 mm，高度任一値(5 mm)。用 Plane55 建立其元素，Plane55 之 OPT3=1 表示軸對稱分析，圓柱熱傳導系數 K=85×10^{-3} W/mm-℃，內壁溫度保持 T_i=100℃，外壁溫度保持 T_o=25℃。

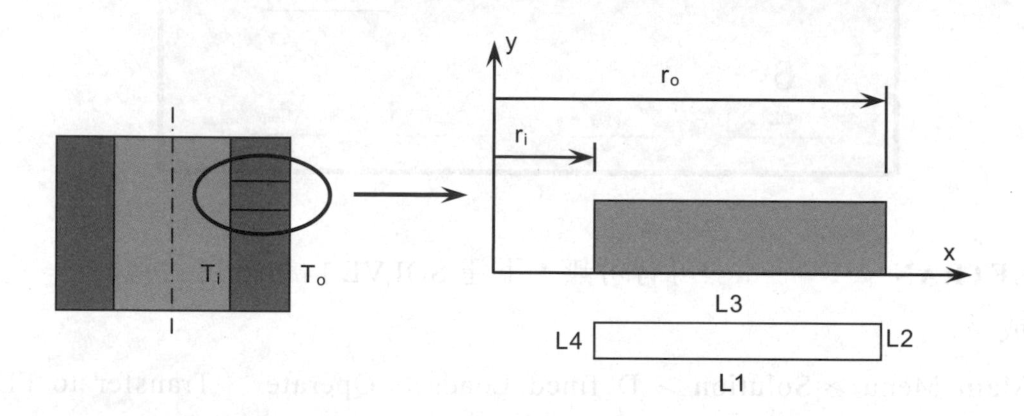


```
/PREP7
ET, 1, PLANE55
MP, KXX, 1, 85e-3
RECTNG, 10, 50, 0, 5
LESIZE, 1, , , 5
LESIZE, 2, , , 1
MSHKEY, 1
AMESH, 1
FINISH
/SOLU
DK, 1, TEMP, 100
DK, 4, TEMP, 100
DK, 2, TEMP, 25
DK, 3, TEMP, 25
```

```
SOLVE                    !自動轉換至有限元素模組，並求其解
FINISH
/POST1
!檢視結果
```

【範例 8-3】

利用直接法施加外力於其有限元素模型，E = 200×10^{+3} Mpa，蒲松比= 0.3，兩端之線壓為 20 N/mm，中孔內線壓為 P = 100 N/mm 向外，取其對稱進行分析。

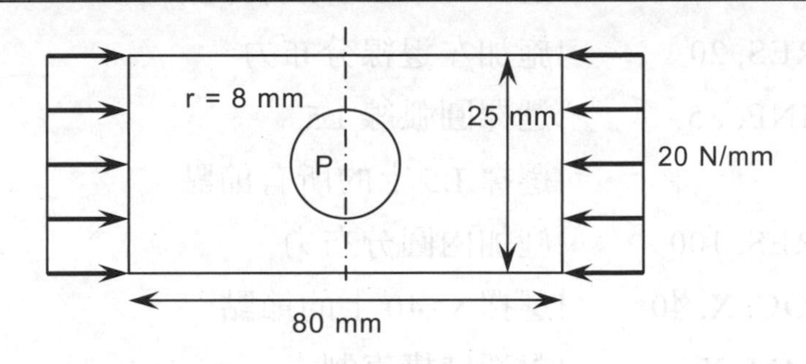

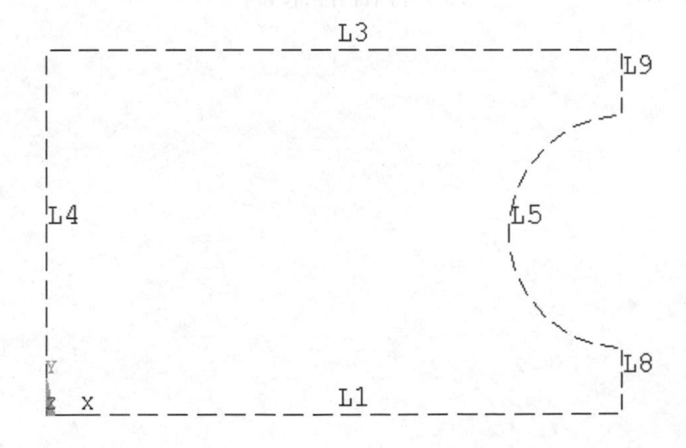

(建構模型，點、線如圖所示)

```
/PREP7
ET, 1, PLANE42           $ MP, EX, 1, 200000
MP, NUXY, 1, 0.3
```

```
RECTNG, 0, 40, 0, 25
WPOFFS, 40, 12.5
PCIRC, 0, 8, 90, 270
ASBA, 1, 2
ESIZE, 2
AMESH, ALL
FINISH
/SOLU
LSEL, S, LINE, , 4        !選擇左邊線段 L4
NSLL, S, 1                !選擇 L4 上的所有節點
SF, ALL, PRES, 20         !施加左邊線分布力
LSEL, S, LINE, , 5        !選擇圓弧線 L5
NSLL, S, 1                !選擇 L5 上的所有節點
SF, ALL, PRES, 100        !施加內圓分布力
NSEL, S, LOC, X, 40       !選擇 x=40 上的節點
DSYM, SYMM, X             !對稱結構束制
ALLSEL
SOLVE
FINISH
/POST1
!檢視結果
```

【範例 8-4】

利用間接法施加外力於其實體模型，進行上例之分析。

/PREP7

:

:　　同範例 8-3 至(**/SOLU**)

:

/SOLU

SFL, 4, PRES, 20

或

Main Menu > Preprocessor > Loads > Define Loads > Apply > Structural > Pressure > On Lines

選擇視窗在 Pick、Single 選項下，在圖形視窗中點選第四條線段後，在選擇視窗中點選 OK，出現下圖 **SFL** 參數視窗，在 **SFL** 參數視窗中點選 Constant value 及輸入壓力參數 20 後，點選 OK。

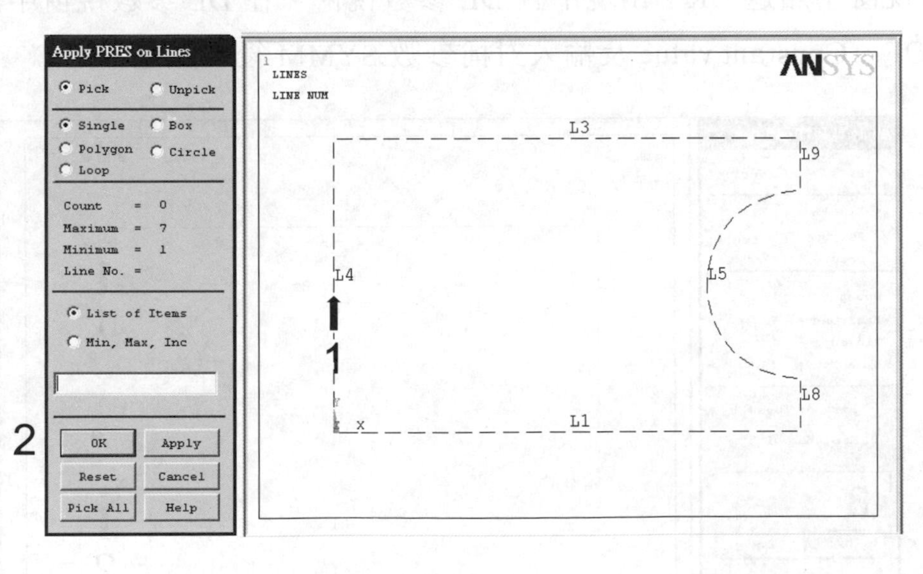

Apply PRES on lines
[SFL] Apply PRES on lines as a　3　Constant value
If Constant value then:
VALUE Load PRES value　4　20
If Constant value then:
Optional PRES values at end J of line
(leave blank for uniform PRES)
Value
5　OK　Apply　Cancel　Help

SFL, 5, PRES, 100

LSEL, S, LINE, , 8, 9

DL, ALL, , SYMM

或(上兩行)

Main Menu > Solution > Define Loads > Apply > Structural > Displacement > On Line

選擇視窗在 Pick、Single 選項下，在圖形視窗中點選 L8、L9 後，在選擇視窗中點選 OK，出現下圖 DL 參數視窗，在 DL 參數視窗中點選 All DOF、Constant value 及輸入對稱參數 SYMM 後，點選 OK。

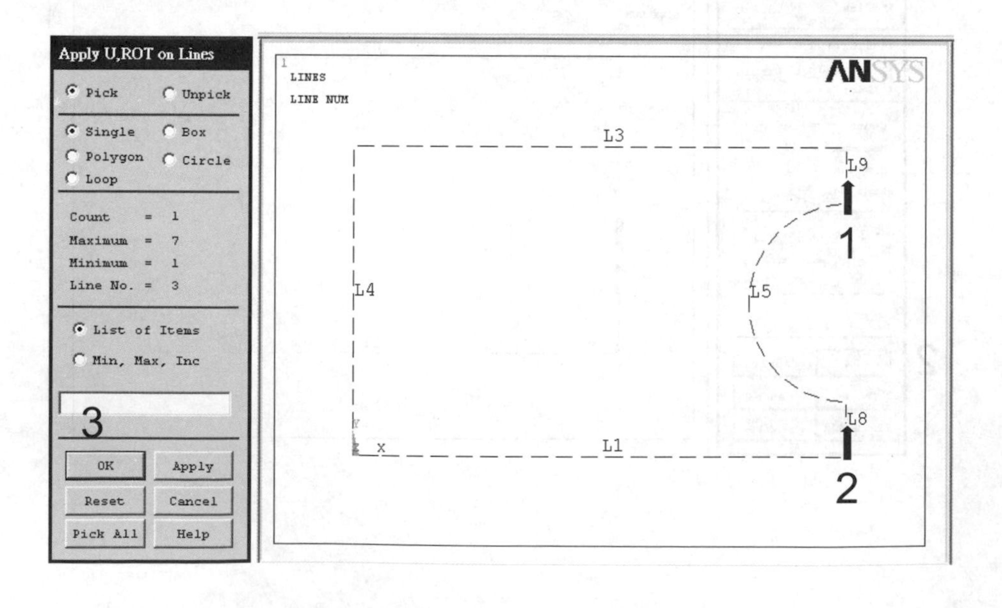

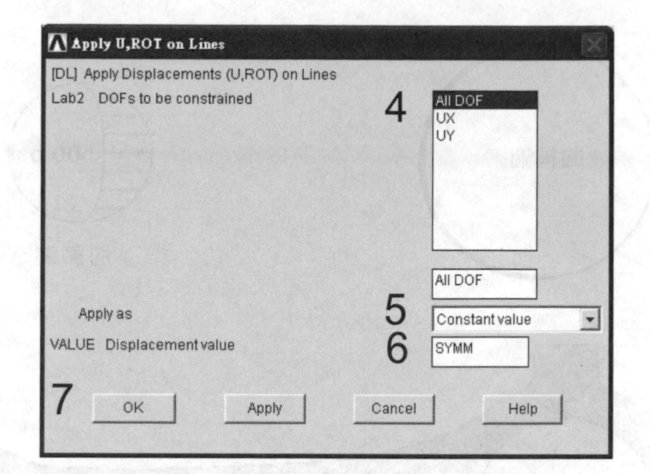

ALLSEL

SOLVE

FINISH

/POST1

!檢視結果

【範例 8-5】

範例 7-4 中肘節端左側 90°~180° 爲 0 至 500 psi 線性遞增之壓力分布，180°~270° 爲 500 至 0 psi 線性遞減之壓力分布，曲桿端右側 –90°~ 90° 位移限制爲零，進行應力之分析，建構上半部邊界對稱。

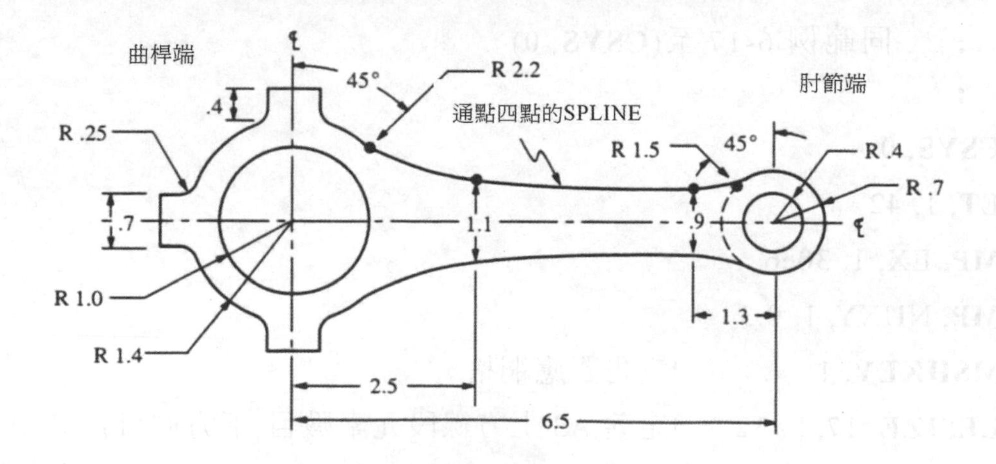

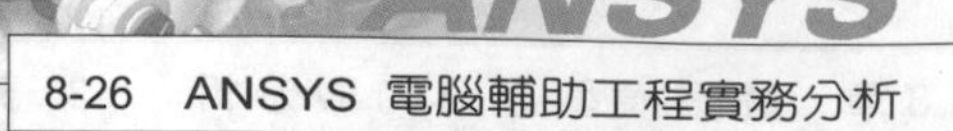

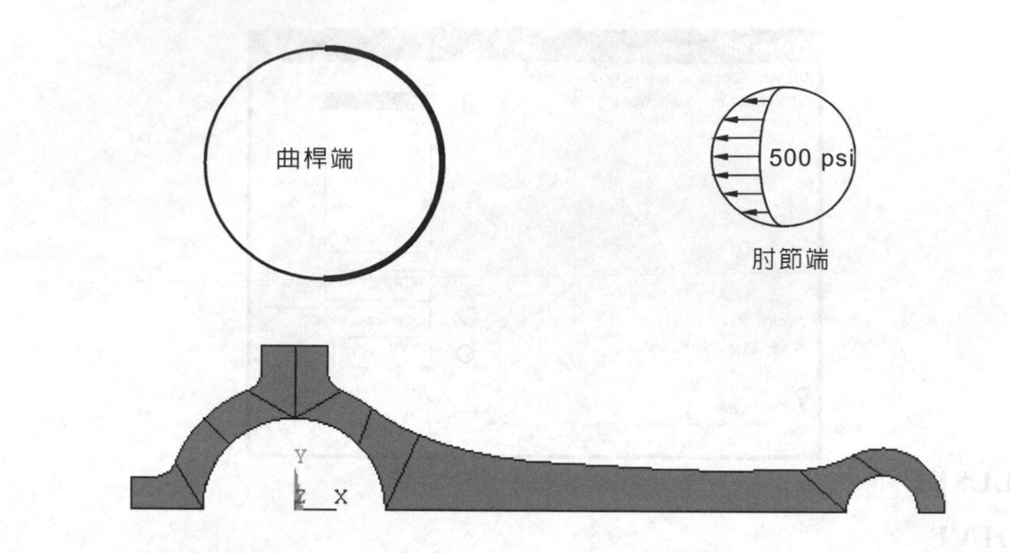

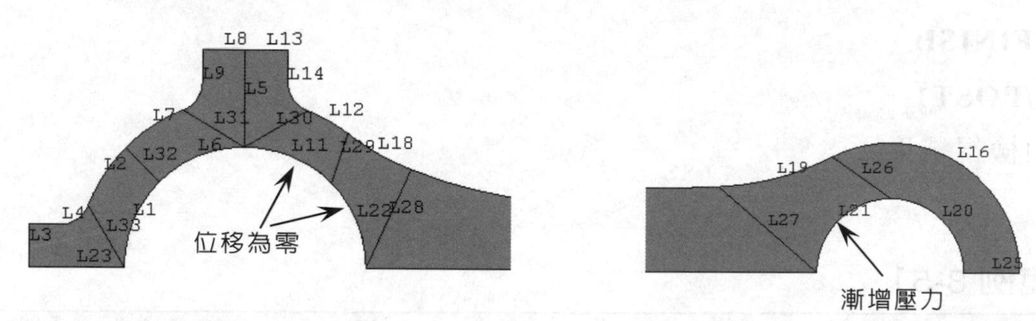

(範例 7-4 接續，7-40 頁)

/UNITS, BIN

:

:　　同範例 6-17 至(**CSYS**, 0)

:

CSYS, 0

ET, 1, 42

MP, EX, 1, 30e6

MP, NUXY, 1, 0.3

MSHKEY, 1　　　　!宣告對應網格

LESIZE, 17, , , 12　　!定義 A3 上方線段元素數目(下方亦可)

AMESH, ALL

```
FINISH
/SOLU
CSYS, 0
LSEL, S, LOC, Y, 0
NSLL, S, 1
DSYMM, SYMM, Y, 0
ALLSEL
LSEL, S, LINE, , 11, 22, 11
NSLL, S, 1
D, ALL, ALL, 0
ALLSEL
SFL, 21, PRES, 0, 500
SOLVE
FINISH
/POST1
!檢視結果
```

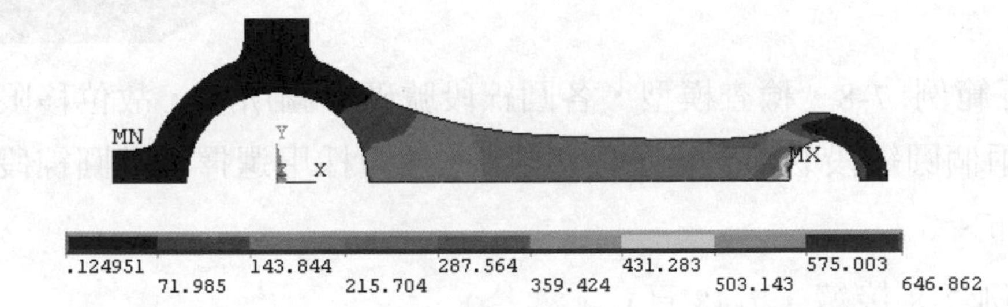

【範例 8-6】

利用範例 7-8 有限元素模型，下端兩孔處各有 6 lb 之外力，上端兩孔內徑處位移限制爲零，E=30×10^6 psi，蒲松比=0.3，厚度=0.1 in，進行應力之分析。

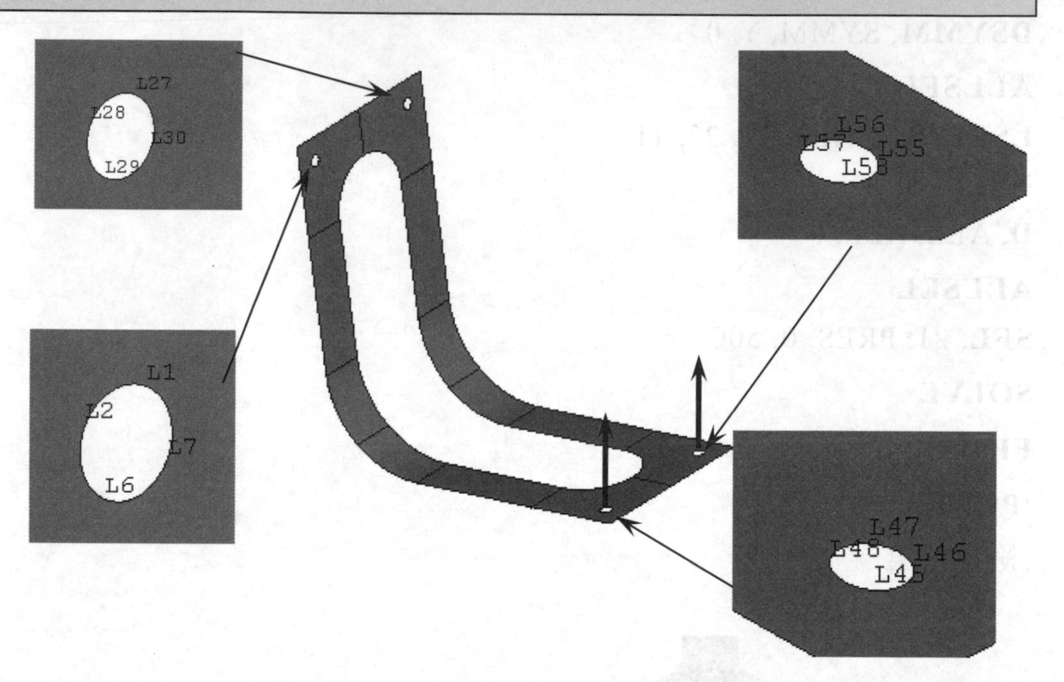

執行範例 7-8，檢查模型，各圓線段號碼如圖所示，故位移限制採用選擇上端兩個圓線段的節點給予位移限制，外力採用選擇下端圓線段上的節點平均分布。

(範例 7-8 接續，7-48 頁)

/TITLE, Modeling of A Bracket

:

:　　同範例 7-8 至(AMESH, ALL)

:

AMESH, ALL

FINISH

/SOLU

```
LSEL, S, LINE, , 1, 2
LSEL, A, LINE, , 6, 7
LSEL, A, LINE, , 27, 30
NSLL, S, 1
D, ALL, ALL, 0                    !直接法外力建立
LSEL, S, LINE, , 45, 48
NSLL, S, 1
*GET, NDNUMBER, NODE, ,COUNT
F, ALL, FY, 6/ NDNUMBER  !直接法外力建立
LSEL, S, LINE, , 55, 58
NSLL, S, 1
*GET, NDNUMBER, NODE, ,COUNT
F, ALL, FY, 6/ NDNUMBER  !直接法外力建立
ALLSEL
SOLVE
FINISH
/POST1
PLNSOL, S, EQV                    !檢視結果
```

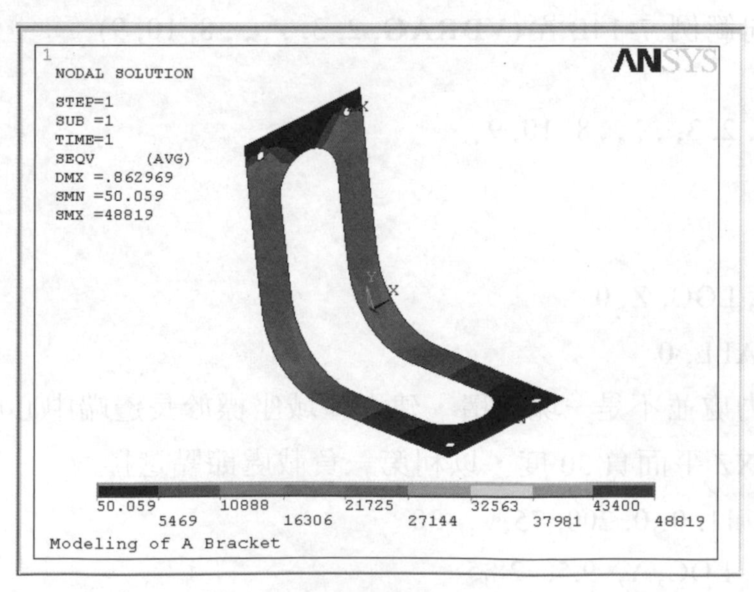

【範例 8-7】

配合範例 7-14 有限元素模型，短邊端位移束制爲 0，進行兩個不同負載時應力之分析。

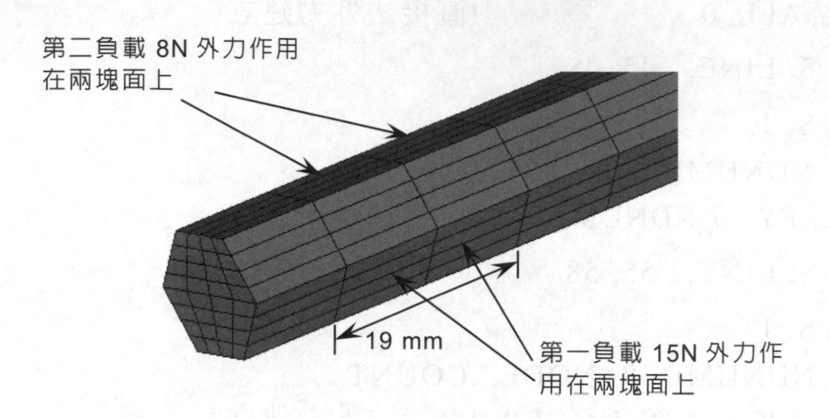

邊長 = $10/\sqrt{3}$ mm，面積=109.697 mm^2

(範例 7-14B 接續，7-66 頁)

/TITLE, Solid Modeling of a Wrench

:

:　同範例 7-14B 至(**VDRAG**, 2, 3, , , , , 8, 10, 9)

:

VDRAG, 2, 3, , , , , 8, 10, 9

FINISH

/SOLU

NSEL, S, LOC, Z, 0

D, ALL, ALL, 0

!由於受力處並不是一塊面積，建立區域座標於長邊端中心處

!並旋轉 XZ 平面負 30 度，以利第一負載處節點選擇。

LOCAL, 11, 0, 0, 200, 75, , , -30

NSEL, S, LOC, Y, -9.5, -28.5

```
NSEL, R, LOC, X, -5
CM, PRESNODE, NODE
SF, ALL, PRES, 15/109.697
ALLSEL
SOLVE
SF, PRESNODE, PRES, 0          !刪除第一負載
!修正區域座標，以利第二負載處節點選擇
LOCAL, 11, 0, 0, 200, 75
NSEL, S, LOC, Y, -9.5, -28.5
NSEL, R, LOC, Z, 5
SF, ALL, PRES, 8/109.697
ALLSEL
SOLVE
FINISH
/POST1
SET, 1
!檢視第一負載解答
SET, 2
!檢視第二負載解答
```

【範例 8-8】

配合範例 7-15 有一輪轂內徑爲 2 cm，外徑 4 cm，寬度爲 5 cm，總共 6 片葉片平均分布於輪轂，葉片長 5 cm，厚 0.5 cm，轉速爲 2000 rpm，鋼材 $E=200\times10^9$ N/m^2、$\rho=7800$ Kg/m^3、$\nu=0.3$。

(範例 7-15 接續，7-68 頁)

/PREP7

:

:　　同範例 7-15 至(**NUMMRG**, KP)

:

NUMMRG, KP

FINISH

/SOLU

!直接建立法，選擇內徑處位移=0

CSYS, 1

NSEL, S, LOC, X, 10

D, ALL, ALL, 0

!轉速負載 Z 方向，2000 rpm=2000×2π/60 rad/sec

CSYS, 0

OMEGA, 0, 0, 209.44

ALLSEL

SOLVE

FINISH

/POST1

!檢視解答

【範例 8-9】

配合範例 7-16 的結構進行熱傳分析，晶片中央給予溫度負載 120℃，外界溫度 25℃，所有表面的熱對流係數為 $h = 100 \times 10^{-6}$ W/mm^2℃。

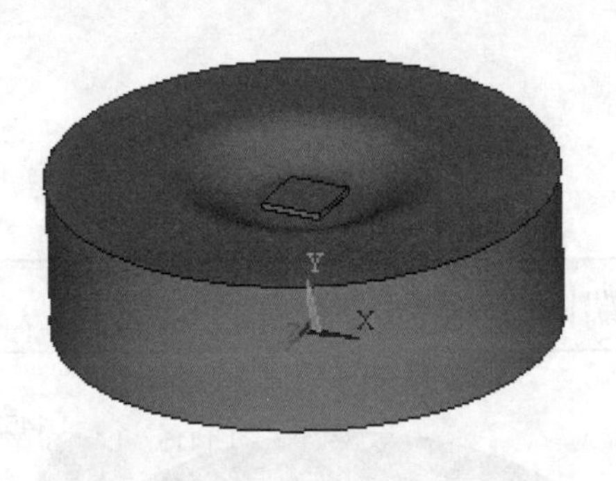

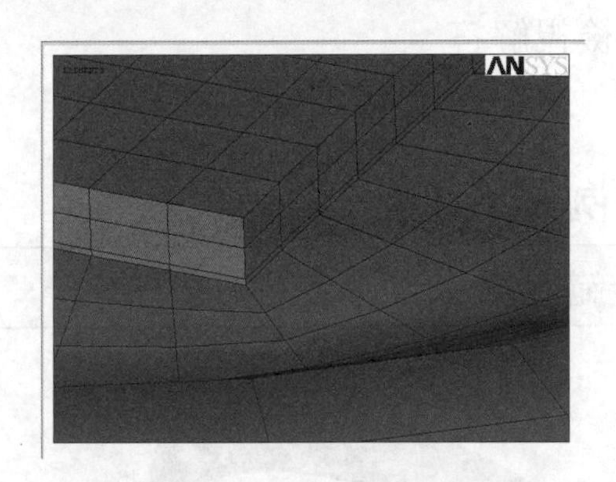

由於晶片中央有溫度負載，故有限元素模型中，晶片厚度方向分為二段元素，以利定義溫度負載，這也說明限元素模型規劃的重要。

(範例 7-16 接續，7-70 頁)

/PREP7

:

:　　同範例 7-16 至(**NUMMRG**, KP)

:

NUMMRG, KP

FINISH

/SOLU

```
ANTYPE, STATIC
NSEL, S, LOC, Y, 2.26                !選擇晶片中間節點
D, ALL, TEMP, 120                    !設定晶片中間溫度負載
ALLSEL
ASEL, S, EXT                         !選擇結構所有外圍面積
SFA, ALL, 1, CONV, 100e-6, 25        !設定熱對流負載
ALLSEL
SOLVE
FINISH
/POST1
!檢視解答
```

【範例 8-10】

配合範例 7-20 的彈簧結構進行分析，一端固定，另一端給予的軸向力。

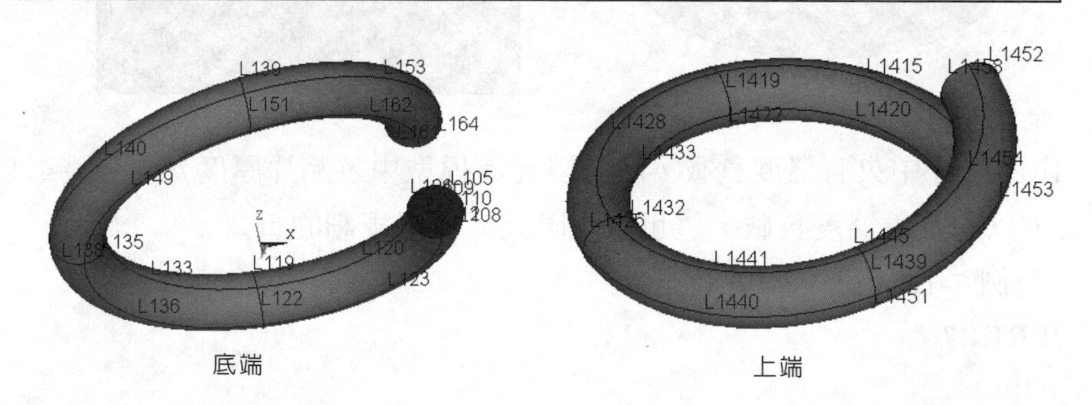

底端　　　上端

底端固定，我們簡化為最底端 L123、L136、L149、L162 線上節點的自由度=0，最上端 L415、L428、L441、L454 線上節點平均分配 1g 的力

(範例 7-20 接續，7-87 頁)

```
/PREP7
  :
```

```
:    同範例 7-20 至(NUMMRG, KP)
:
NUMMRG, KP
FINISH
/SOLU
LSEL, S, , , 123, 162, 13
NSLL, S
CM, BOTNODE, NODE
D, BOTNODE, ALL, 0                !底部節點位移=0
LSEL, S, , , 1415, 1454, 13
NSLL, S
CM, TOPNODE, NODE
*GET, FORCEND, NODE, , COUNT
!上部節點平均分配 1g 的力，轉換為牛頓
F, ALL, FZ, 9.8/FORCEND/1000
ALLSEL
SOLVE
FINISH
/POST1
!檢視解答
```

【範例 8-11】

今考慮一平板，其結構如圖所示，其中 a/c＝2，b/a＝3.24，承受張力 σ，求取應力集中因子 Kt 與 b/w 的關係。

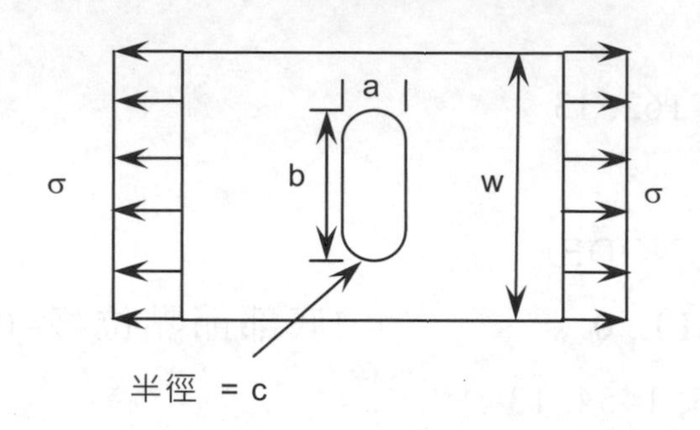

應力集中因子的定義爲 $Kt=\sigma_{max}/\sigma_{nom}$，其中 $\sigma_{nom}=\sigma/(1-b/w)$，$\sigma_{max}$=分析之最大 x 方向應力值。以本範例而言，平板的長度並未定義，結構本體也無固定限制條件。因此要確定分析答案是否正確，首要條件爲確定有限元素模型的正確性。幾何參數而言，當 c 值給予後，a、b、w 值皆可求得，唯一不知的是長度。至於厚度，今欲考慮平面元素，所以可考慮厚度爲 1 單位即可，在 ANSYS 中可不輸入厚度值。材料特性不影響分析結果，故可任意選用鋼材或鋁材。針對無限制的邊界條件，我們可以考慮兩種建模方式，其一爲一端固定，稱爲模組 A；另一爲建立一半，採對稱的邊界條件，稱爲模組 B，如圖範例 8-11a 所示。

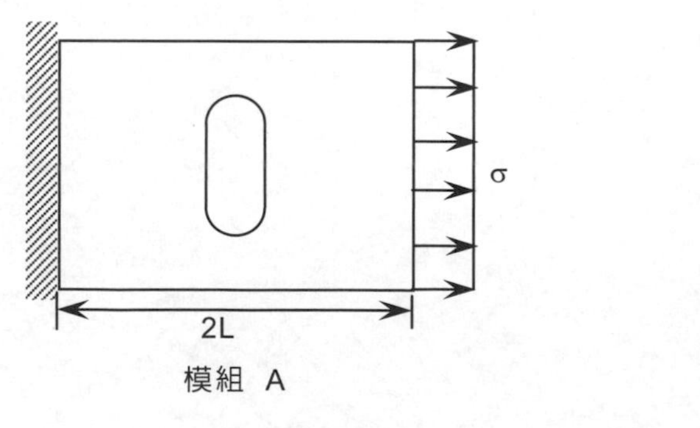

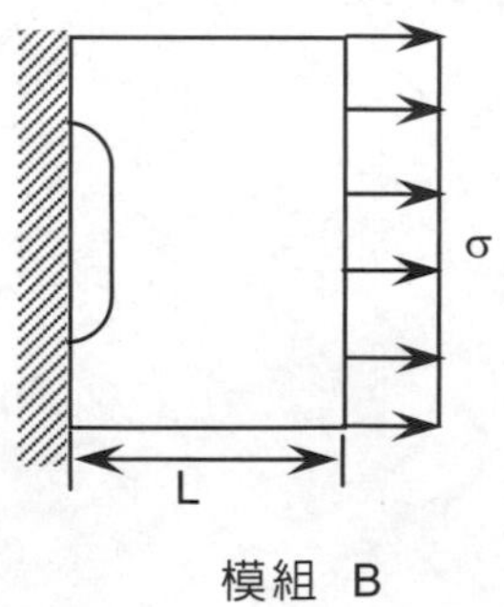

圖範例 8-11a　有限元素模型

綜觀上述之結論，我們首先建立模組 A。首先我們欲先選擇一組尺寸，由文獻可知當 b/w=0.35 時，其 Kt 值爲 3.3。今任一選擇參數 c=2 mm，L 值先預設爲 40 mm，其相關尺寸及材料特性如表範例 8-11a。圖範例 8-11b 爲有限元素示意圖。由應力集中因素的定義可知我們必須檢視 x 方向的應力，圖範例 8-11c 爲 x 方向應力示意圖，由圖中可知最大應力爲 523.471 Mpa。根據應力集中因子定義可知：

$$Kt=\sigma_{max}/\sigma_{nom}=523.471\times(1-0.35)/100=3.4$$

$$(3.4-3.3)/3.3=0.0303=3.03\%$$

表範例 8-11a 模組 A 的參數

元素特性		幾何尺寸	
元素名稱	PLANE42	c	2 mm
鋼材		a	4 mm
蒲松比	0.3	b	12.96 mm
楊氏係數	200×10^3 N/mm^2	w	37.03 mm
		L	40 mm
網格的 smrtsize 設定爲 2 σ ＝100 N/mm			

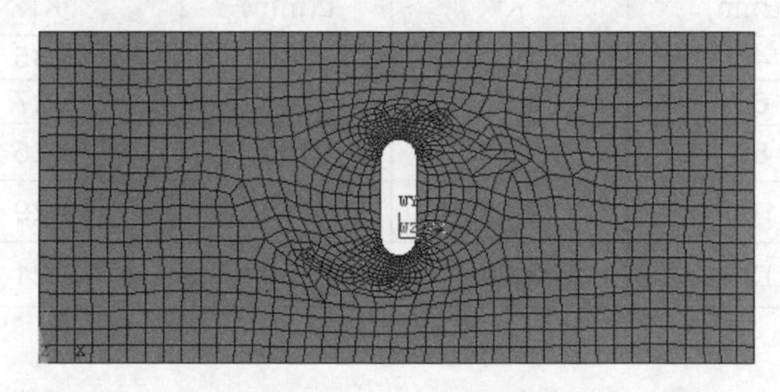

圖範例 8-11b 模組 A 有限元素模型(L=40 mm)

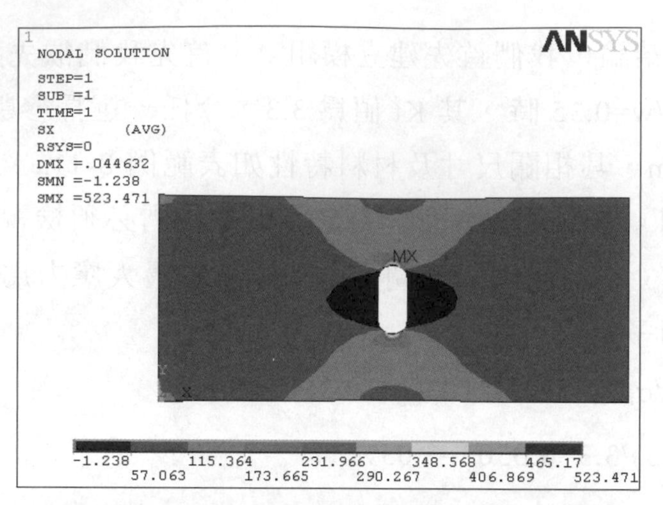

圖範例 8-11c 模組 A 的 x 方向應力分布

由其結果可知約 3.03% 誤差，是否有改進的方法，以求得更準確的值。首先改變 L 長度，由 40 mm 至 180 mm，則結果如表範例 8-11b，由此可知長度 L 較大時結果較準，但大至 180 mm 時又偏離正確的結果。

表範例 8-11b 模組 A 長度變化時的應力集中因子

L(mm)	Kt	L(mm)	Kt
40	3.4	140	3.35
60	3.35	145	3.27
80	3.33	150	3.25
100	3.37	160	3.29
120	3.34	180	3.21

接著我們建立模組 B，已確定那一個模組較佳，模組 B 所採用的幾何參數與模組 A 相同，但僅建立其結構的一半，採用對稱之邊界條件。圖範例 8-11d 爲有限元素示意圖，圖範例 8-11e 爲 x 方向應力示意圖。L 長度由 40 mm 至 180 mm，則結果如表範例 8-11c，與模組 A 有相似的結果。

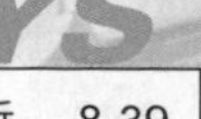

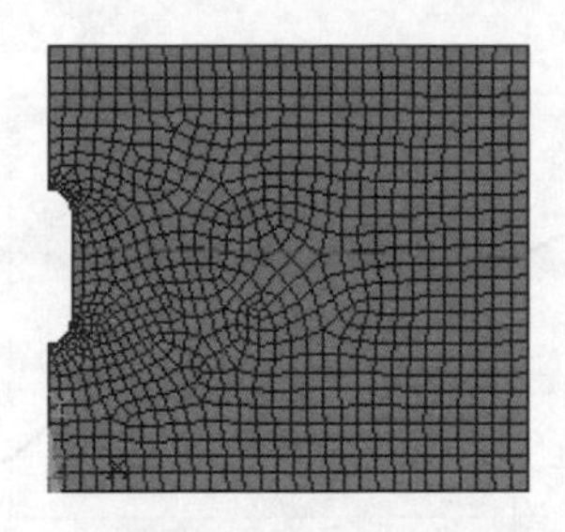

圖範例 8-11d　模組 B 有限元素模型(L=40 mm)

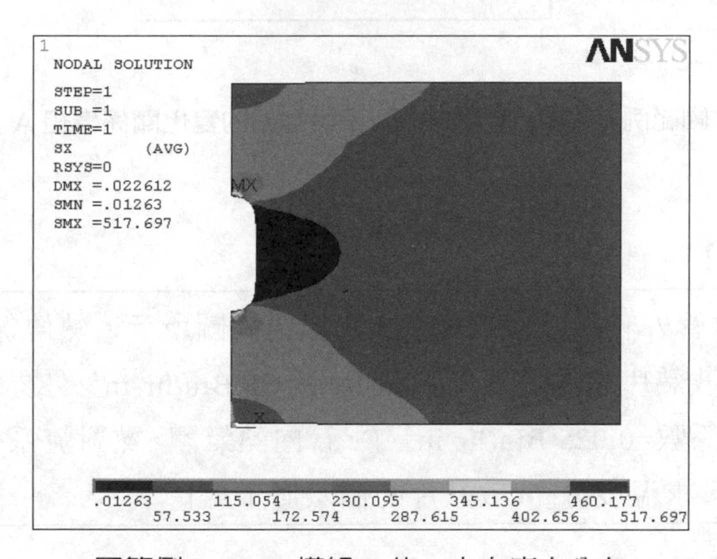

圖範例 8-11e　模組 B 的 x 方向應力分布

表範例 8-11c 表範例 8-11b 模組 B 長度變化時的應力集中因子

L(mm)	Kt	L(mm)	Kt
40	3.37	140	3.36
60	(發散)	145	3.20
80	3.32	150	3.13
100	3.33	160	3.36
120	3.33	180	3.40

接著我們使用模組 A，選用 c=2 mm，c/L=0.0125，變化 b/w 由 0.1 至 0.7，其中應力集中因子與 b/w 的變化關係如圖範例 8-11f 所示。其中造成不平滑曲線的原因爲，在 b/w 變化範圍內，採用 c=2 mm、c/L=0.0125 之尺寸，無法滿足提供所有準確的結果。

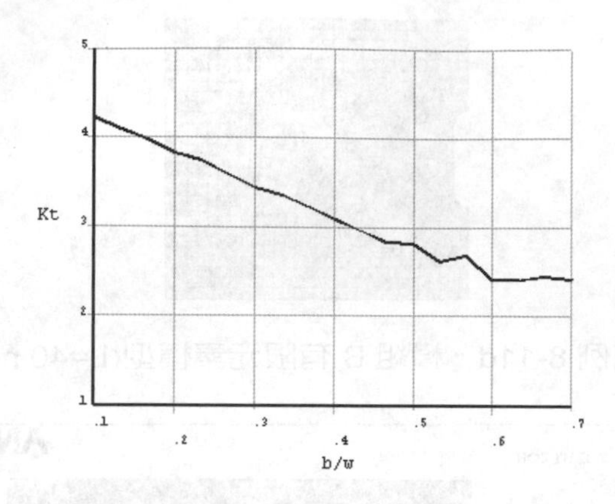

圖範例 8-11f 應力集中因子與 b/w 的變化關係模組 A

【範例 8-12】

今有一個長鐵管外有長方形散熱片，其結構如圖所示。熱傳係數=0.75 Btu/hr-in-°F，散熱片頂端熱通量(heat flux)=20 Btu/hr-in^2，外界溫度 100 °F，熱對流系係數=0.025 Btu/hr-in^2-°F，管內熱氣體，熱對流系係數=0.4 Btu/hr-in^2-°F，求溫度分布(散熱片的個數僅示意)。

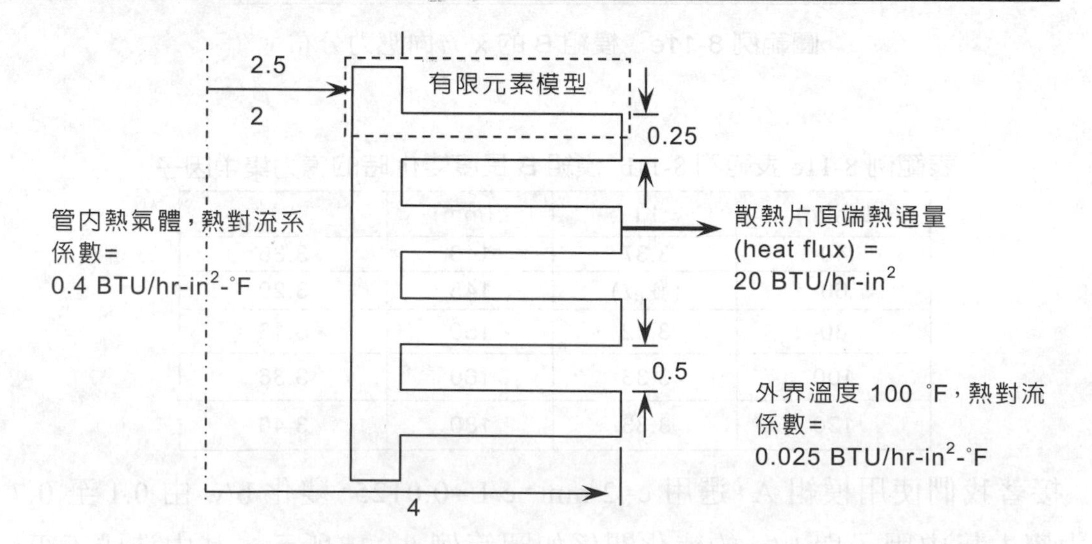

假設鐵管非常長，所以忽略端點效應。建立模型只要建立半片散熱片即可，負載狀態如下圖所示。

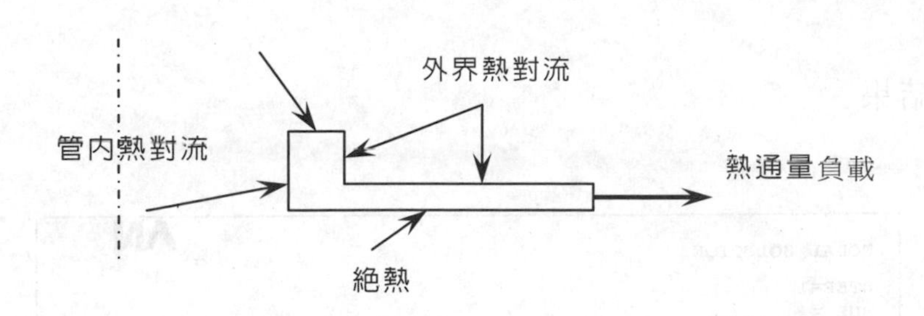


```
/UNITS, BIN
/PREP7
ET, 1, PLANE55, , ,1                !KEYOPT3=1 表示對稱
MP, KXX, 1, 0.75
RECTNG, 2, 2.5, 0, 0.375
RECTNG, 2, 4, 0, 0.125
AOVLAP, ALL
ESIZE, 0.06, 0
AMESH, ALL
FINISH
/SOLU
ANTYPE, 0
LSEL, S, LOC, X, 4                  !選擇散熱片頂端線段
SFL, ALL, HFLUX, -20                !定義熱通量負載
LSEL, S, LINE, , 12, 15, 3          !選擇外界熱對流線段
SFL, ALL, CONV, 0.025, , 100        !定義外界熱對流負載
LSEL, S, LOC, X, 2                  !選擇鐵管內部熱對流線段
SFL, ALL, CONV, 0.4, , 600          !定義鐵管內部熱對流負載
ALLSEL, ALL
SOLVE
FINISH
```

/POST1

! 檢視結果

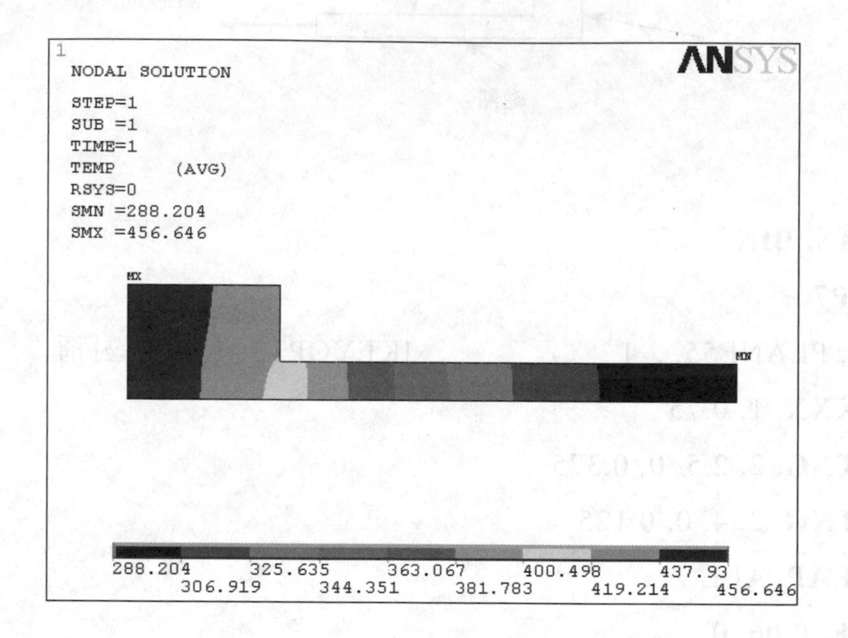
1
NODAL SOLUTION
STEP=1
SUB =1
TIME=1
TEMP (AVG)
RSYS=0
SMN =288.204
SMX =456.646
MX
MN
ANSYS
288.204
306.919
325.635
344.351
363.067
381.783
400.498
419.214
437.93
456.646

【範例 8-13】

今考慮熱固偶合銅散熱片，其結構如圖所示，分析溫度分布、變形與應力。熱傳係數=4×10^{-7} W/mm-°F，外界溫度 20℃，熱對流係數=4×10^{-10} W/mm^2-°F，內壁溫度 240℃，熱對流係數=1.6×10^{-10} W/mm^2-℃，楊氏係數=117000 MPa，蒲松比=0.34，熱膨脹係數=16.7 ppm/K(10^{-6}/℃)，內壓=7 MPa。

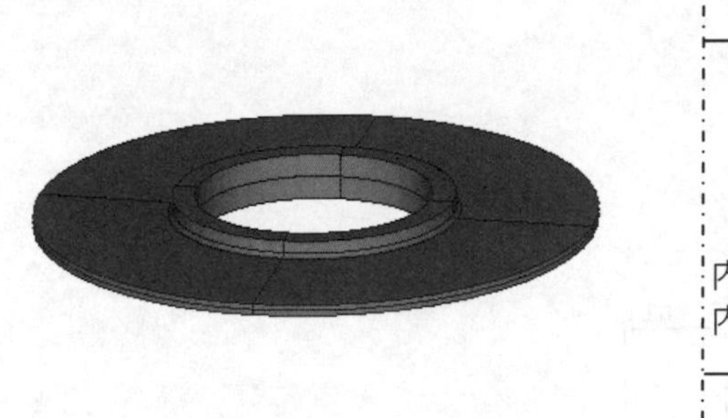

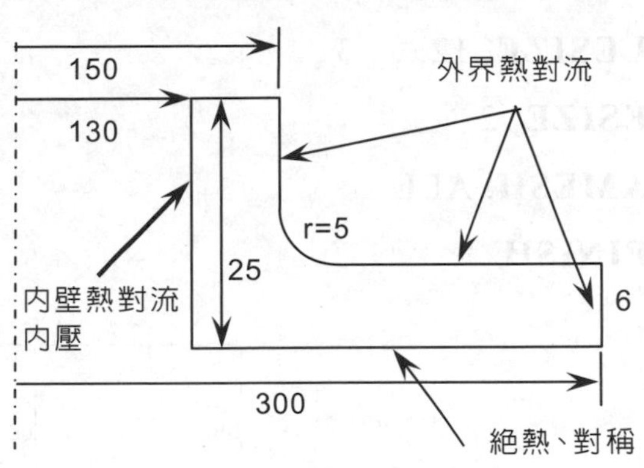

本範例結構雖爲 3-D 結構，但在圓周方向有相同之解答，故用平面模擬即可。分析流程採用循續法，先解熱分布，再解應力。

```
!先解熱分布
/FILNAM, EX8-13_thermal
/PREP7
RECTNG, 130, 144, 0, 11
RECTNG, 130, 144, 11, 25
RECTNG, 144, 150, 11, 25
RECTNG, 155, 300, 0, 6
NUMMRG, KP
LARC, 16, 10, 2, -5
LDIV, 5
A, 2, 3, 10, 5
```

```
A, 2, 13, 16, 5
ET, 1, PLANE55, , , 1              !KEYOPT(3)=1 開啓平面爲對稱
MP, EX, 1, 117000
MP, NUSY, 1, 0.34
MP, ALPX, 1, 16.7e-6
MP, KXX, 1, 4E-07
LESIZE, 5, , , 3
LESIZE, 12, , , 3
ESIZE, 2
AMESH, ALL
FINISH
```

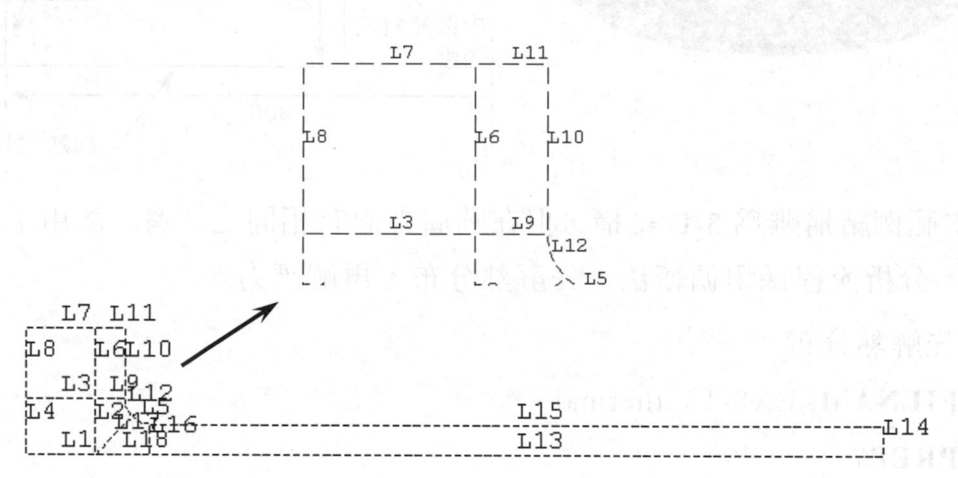


```
/SOLU
LSEL, S, LINE, , 5, 15, 5
LSEL, A, LINE, , 12, 14, 2
SFL, ALl, CONV, 4e-10, ,20
LSEL, S, LINE, , 4, 8, 4
SFL, ALL, CONV, 1.6e-10, ,240
ALLSEL
```

```
SOLVE
FINISH
/POST1
PLNSOL, TEMP                        !檢視結果
PLNSOL, TF, SUM                     !檢視結果
PLNSOL, TG, SUM                     !檢視結果

! 再解應力 (開啓前面的 db 檔)
RESUME, EX8-13_thermal, db
/PREP7
LSCLEAR, SOLID                      !清除所有原先負載
ETCHG, TTS                          !轉換至結構力學分析
KEYOPT, 1, 3, 1                     !開啓平面爲對稱元素
FINISH
/SOLU
!讀取溫度分布之結果檔
LDREAD, TEMP, , , , , EX8-13_thermal, rth
NSEL, S, LOC, Y, 0
DSYM, SYMM, Y
NSEL, S, LOC, Y, 25
CP, 1, UY, ALL                      !設定偶合條件，y 方向位移相同
ALLSEL, ALL
SFL, 4, PRES, 7
SFL, 8, PRES, 7
SOLVE
FINISH
/POST1
```

```
PLNSOL, U, SUM, 2, 1                !檢視結果
PLNSOL, S, EQV                      !檢視結果
```

分析流程採用直接偶合法，選用元素具有溫度與位移之自由度，熱與結構負載同時下達，同時獲得解答。

```
/PREP7
RECTNG, 130, 144, 0, 11
RECTNG, 130, 144, 11, 25
RECTNG, 144, 150, 11, 25
RECTNG, 155, 300, 0, 6
NUMMRG, KP
LARC, 16, 10, 2, -5
LDIV, 5
A, 2, 3, 10, 5
A, 2, 13, 16, 5
!偶合元素 KEYOPT(1)=4 開啓溫度位移自由度
!KEYOPT(3)=1 開啓平面爲對稱，
ET, 1, PLANE13, 4, ,1
MP, EX, 1, 117000
MP, NUXY, 1, 0.34
MP, ALPX, 1, 16.7e-6
MP, KXX, 1, 4E-07
LESIZE, 5, , , 3
LESIZE, 12, , , 3
ESIZE, 2
AMESH, ALL
FINISH
/SOLU
```

```
LSEL, S, LINE, , 5, 15, 5
LSEL, A, LINE, , 12, 14, 2
SFL, ALl, CONV, 4e-10, ,20
LSEL, S, LINE, , 4, 8, 4
SFL, ALL, CONV, 1.6e-10, ,240
SFL, ALL, PRES, 7
NSEL, S, LOC, Y, 25
CP, 1, UY, ALL
NSEL, S, LOC, Y, 0
DSYM, SYMM, Y
ALLSEL
SOLVE
FINISH
/POST1
PLNSOL, TEMP                    !檢視結果
PLNSOL, S, EQV                  !檢視結果
```

以下指令為後處理器，將 2-D 的結果虛擬為 3-D 的結果。前六個參數為角度方向之擴展(90 度)，後六個參數為 y 方向對稱之擴展，其結果如圖所示。

```
/EXPAND, 9, AXIS, , , 10, , 2, RECT, HALF, ,0.00001
```

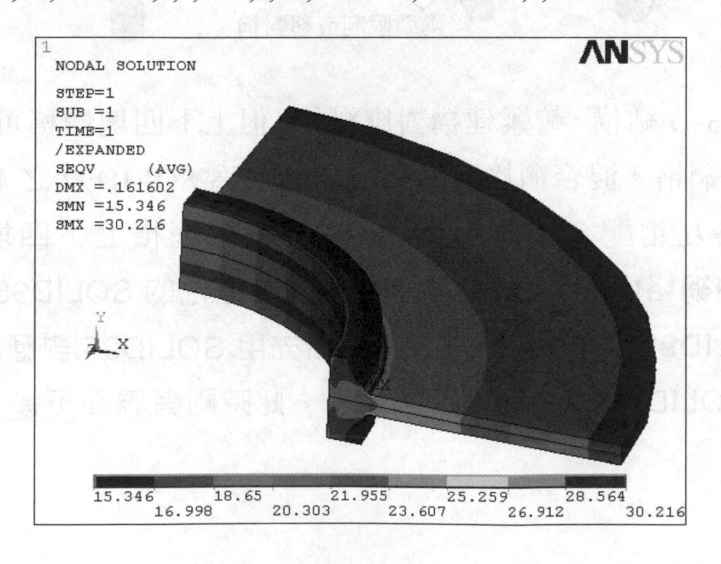

【範例 8-14】

今考慮輪圈結構如圖所示，分析轉速=5000 rpm 的應力分析。楊氏係數=200000 MPa，蒲松比=0.3，密度=7.8×10^{-9} (Mg/mm^3)。

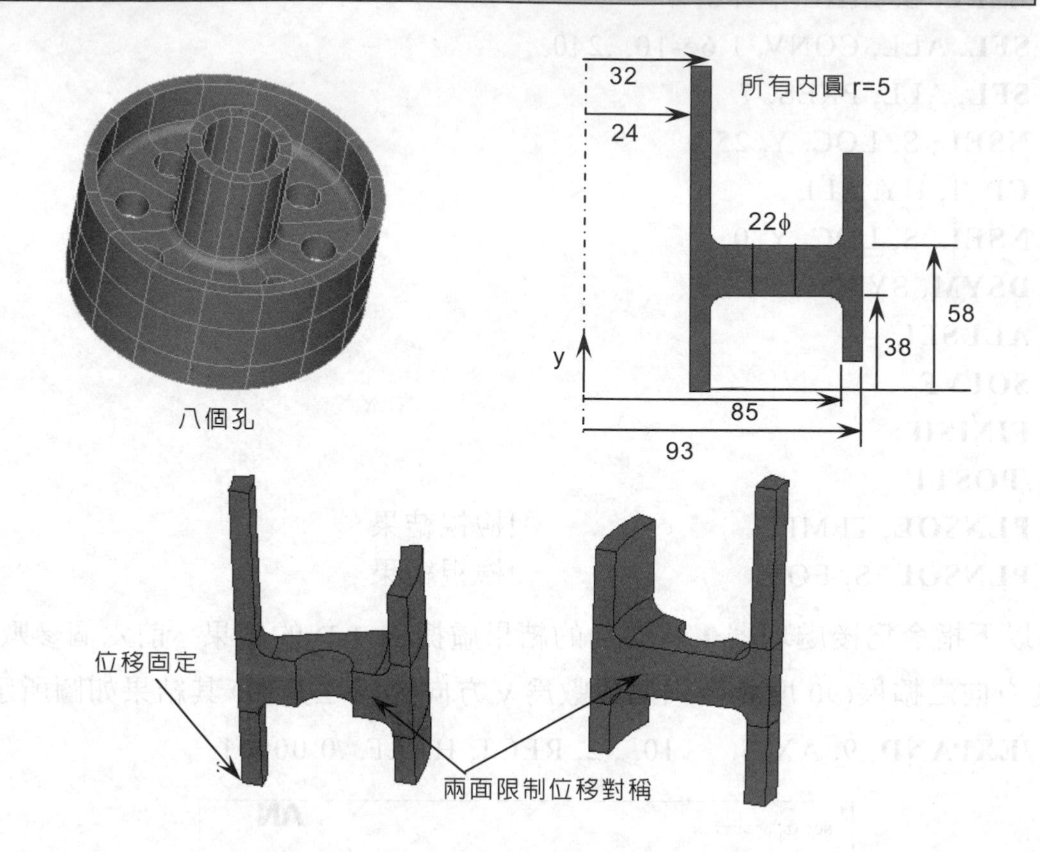

本範例的 3-D 結構，較難建構對應網格，但上下四塊體積可爲對應網格，因此採用混合網格。混合網格時角錐元素必需爲 SOLID92 之 10 節點，爲了要與對應網格互相配合，先用 SOLID95 對應網格上下四塊體積，再用 SOLID95 自由網格中間體積，此時中間體積為退化的 SOLID95，再用 TCHG, 95, 92 為 SOLID92 之 10 節點之元素。若先用 SOLID95 對應網格上下四塊體積，再用 SOLID92 自由網格中間體積，此時兩者界面不連續。

```
/PREP7
ET, 1, 95
```

MP, EX, 1, 200000

MP, DENS, 1, 7.8e-9

MP, NUXY, 1, 0.3

ET, 2, 95

MP, EX, 2, 200000

MP, DENS, 2, 7.8e-9

MP, NUXY, 2, 0.3

RECTNG, 24, 32, 0, 130

RECTNG, 85, 93, 12, 95

RECTNG, 28, 90, 38, 58

AADD, ALL

LFILLT, 14, 18, 6

LFILLT, 18, 16, 6

LFILLT, 13, 17, 6

LFILLT, 17, 15, 6

A, 9, 14, 10

A, 11, 16, 12

A, 17, 13, 18

A, 19, 15, 20

AADD, ALL

K, 100

K, 101, 0, 1

VROTAT, ALL, , , , , , 100, 101, 22.5, 1

WPOFFS, 58.5

WPROTA, , -90

CYLIND, 0, 11, 0, 65

VSBV, 1, 2

```
KWPAVE, 9
VSBW, 3
KWPAVE, 17
VSBW, 4
TYPE, 1
MAT, 1
ESIZE, 4
VSEL, U, LOC, Y, 38, 58
VMESH, ALL                              !先對應網格上下四塊體
TYPE, 2
MAT, 2
MSHAPE, 1, 3D
MSHKEY, 0
VSEL, S, LOC, Y, 38, 58
VMESH, ALL                              !再對應網格中間塊體
!再用 TCHG, 95, 92 為 SOLID92 之 10 節點之元素
TCHG, 95, 92
ALLSEL
FINISH
/SOLU
ASEL, S, LOC, Z, 0
DA, ALL, SYMM                           !對應邊界面限制條件
LOCAL, 11, 1, 0, 0, 0, 0, -90
ASEL, S, LOC, Y, 22, 23
DA, ALL, SYMM                           !對應邊界面限制條件
ALLSEL
CSYS, 0
```

OMEGA, 0, 524 !轉速負載

D, 2004, ALL, 0

SOLVE

FINISH

/POST1

PLNSOL, S, EQV

! 將對稱性 3-D 的結果，虛擬擴展爲全結構

CSYS,11

/EXPAND, 16, LPOLAR, HALF, , 22.5

混合網格有限元素模型　　　　顯示界面連續性

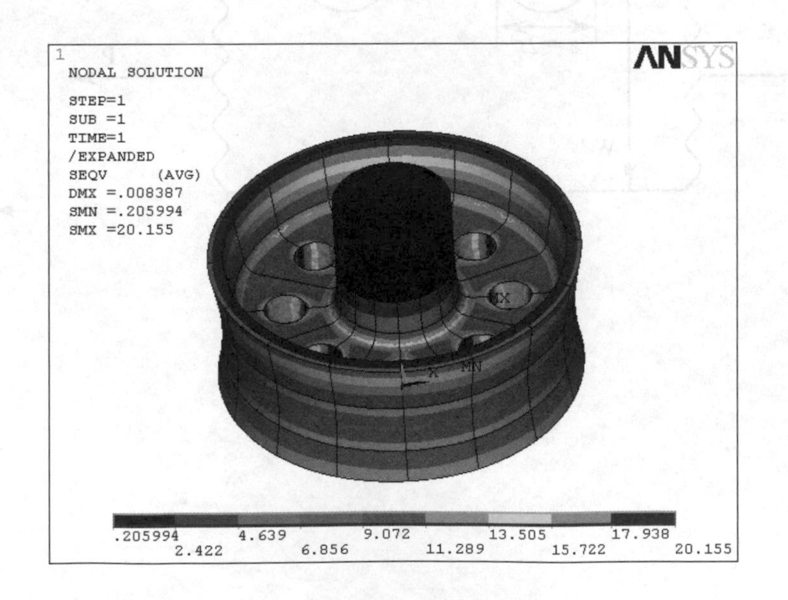

【習　題】

8.1 求下列結構應力集中因素，採用適當之元素，外力大小自訂。

(a) 單邊 U 型缺口受張力之平板 D/d=2.0，r/d=0.22，σ_{nom}=P/hd，K_t=$\sigma_{max}/\sigma_{nom}$(Ans：$K_t$=1.9)。

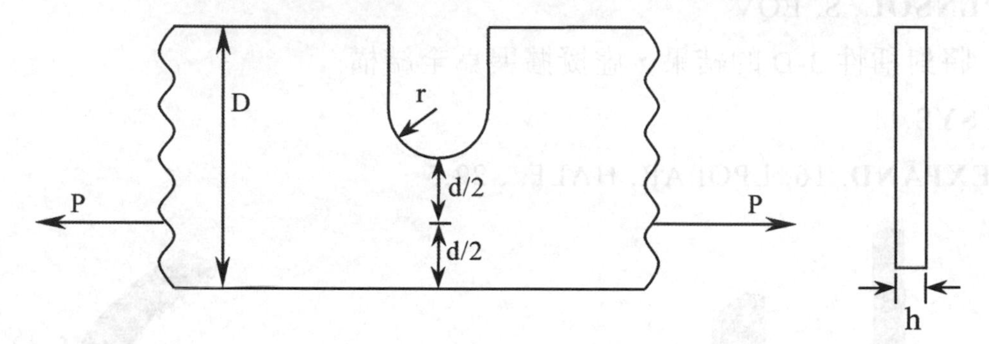

(b) 兩個半圓受張力之平板，w/r=8，b/a=2，c/a=3，σ_{nom}=P/wh，K_t=$\sigma_{max}/\sigma_{nom}$(Ans：$K_t$=3.22)。

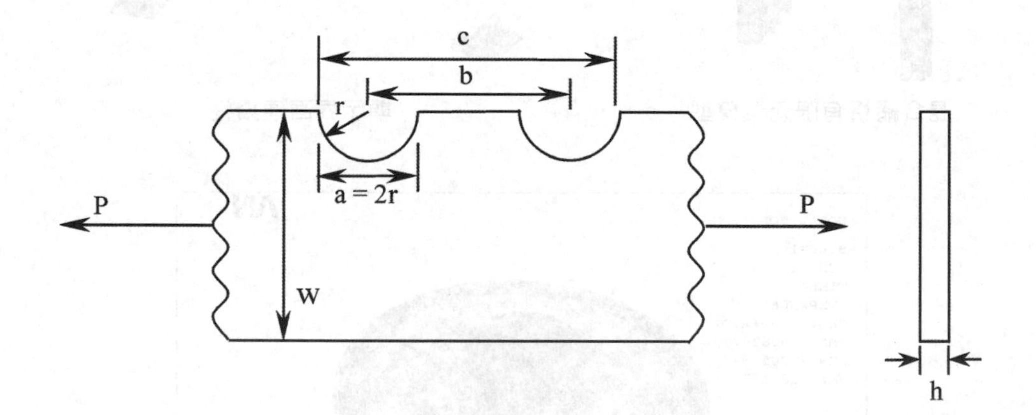

(c) 階段內圓角受張力之平板，D/d=1.8，r/d=0.15，L/d=4，σ_{nom}=P/hd，K_t= σ_{max}/ σ_{nom}(Ans：K_t=1.89)。

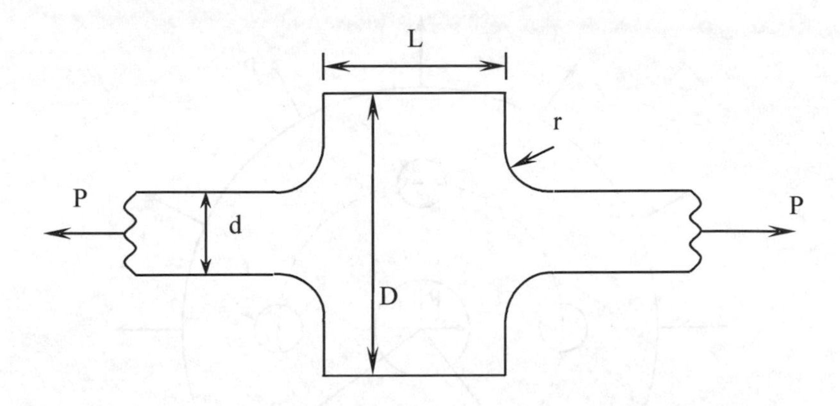

(d) T 型受張力平板，r/d=0.1，m/d=0.75，D/d=2.7，K_t= σ_{max}/ σ (Ans：K_t=6.7)。

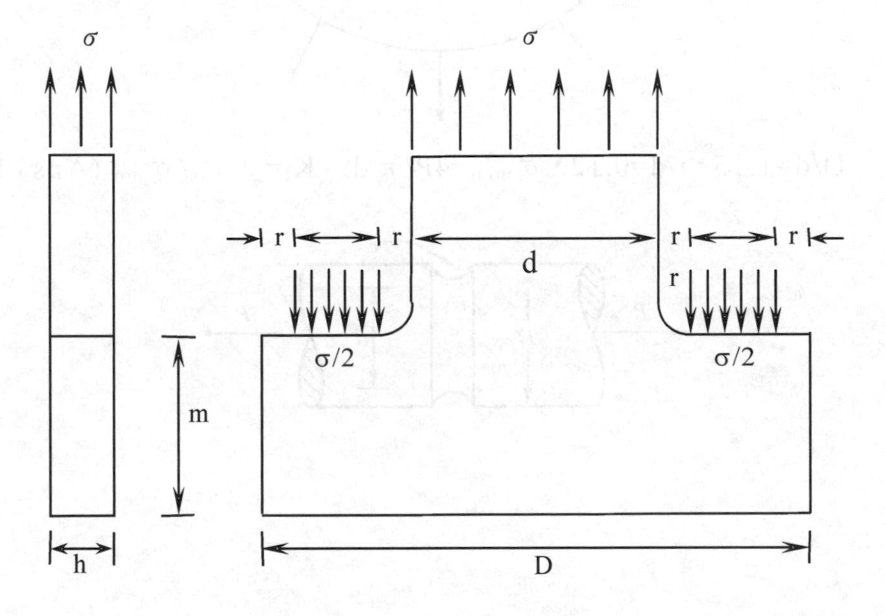

(e) 中空及四個非中空圓受均勻外張力之圓板，$R/R_o=0.625$，$R_i/R_o=0.25$，$r/R_o=0.18$，$K_t=\sigma_{max}/P$(Ans：$K_t=3.9$)。

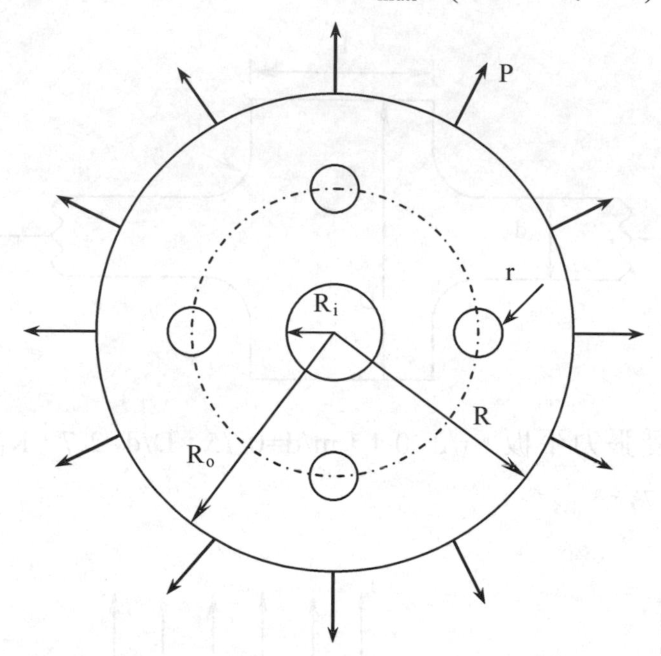

(f) $D/d=1.15$，$r/d=0.12$，$\sigma_{nom}=4P/\pi d^2$，$K_t=\sigma_{max}/\sigma_{nom}$(Ans：$K_t=2.05$)

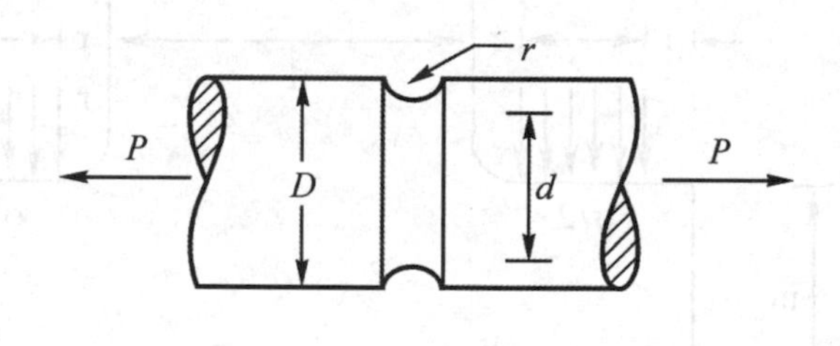

(g) D/d=1.05，r/d=0.15，τ_{nom}=16T/π d^2，K_{ts}=τ_{max}/τ_{nom}(Ans：K_{ts}=1.3)

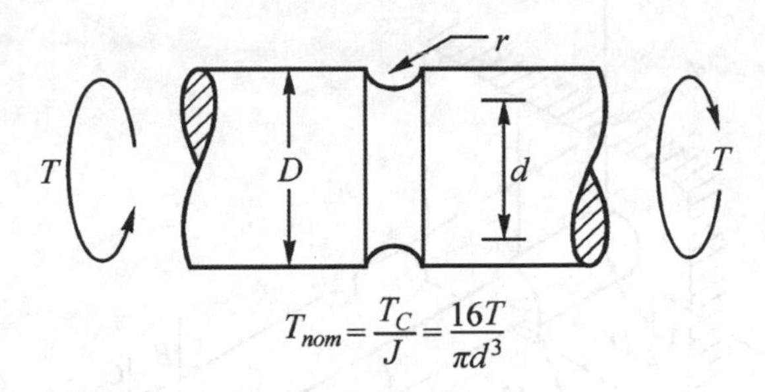

$$T_{nom}=\frac{T_C}{J}=\frac{16T}{\pi d^3}$$

(h) D/d=3，r/d=0.16，σ_{nom}=32M/π d^3，K_t=σ_{max}/σ_{nom}(Ans：K_t=1.58)

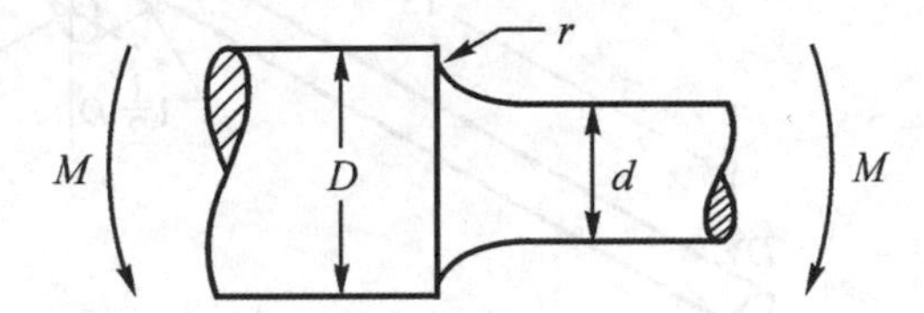

(i) D/d=2，r/d=0.14，σ_{nom}=4P/π d^2，K_t=σ_{max}/σ_{nom}(Ans：K_t=1.8)

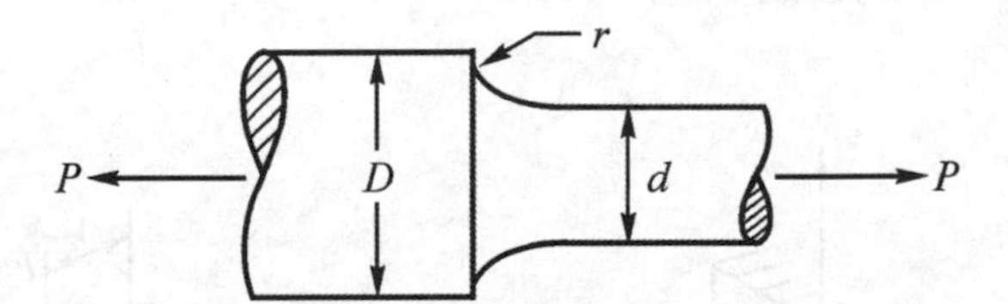

8.2 求習題 3.7(a)六分之一模組之應力分布，(b)全模組之應力佈。

8.3 F=500lb，鋼材，求應力分布。

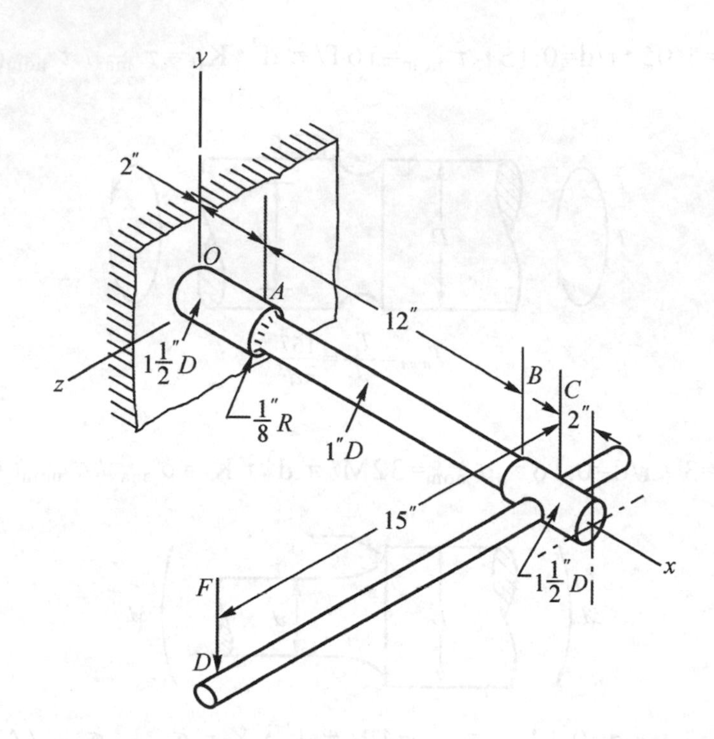

8.4　F=400，鋁材，求應力分布。

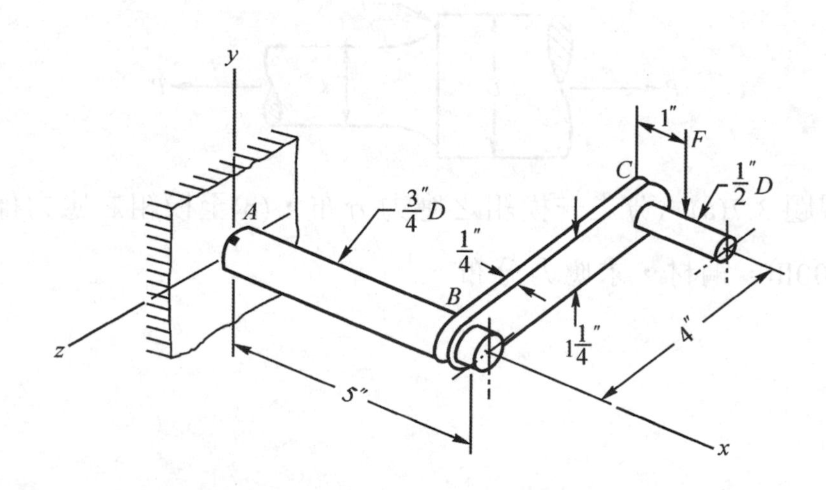

8.5 F=9000 lb，2.5 in 均勻厚度，m=12 in，求(a) 彎曲樑之應力分布，(b) 繪製 AB 面之應力分布。

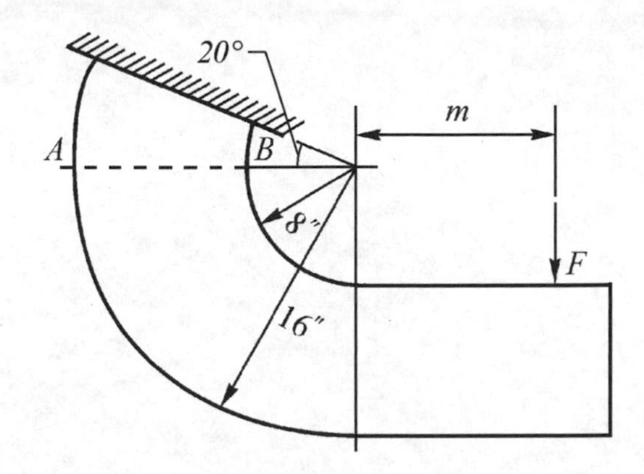

8.6 H=1500 lb，1in 均勻厚度，求(a)彎曲樑之應力分布，(b)繪製 AB 面之應力分布。

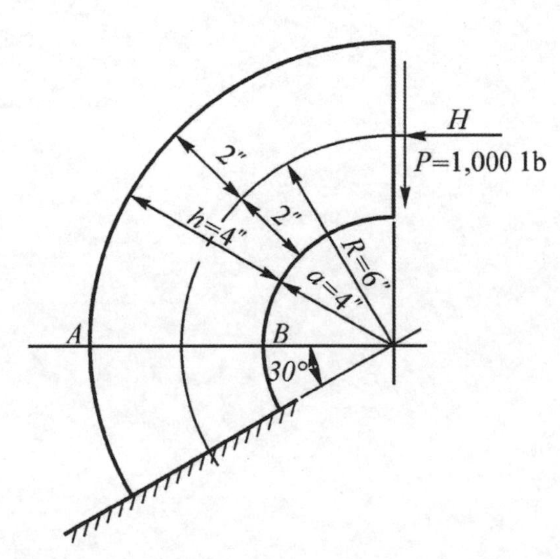

8.5 若 P=9000 lb，t=2.5 in 均勻厚度，r_o=12 in，求(a)彎曲樑之應力分布，(b)沿著 AB斷面之應力分布。

8.6 若 H=1800 lb，1 in 均勻厚度，求(a)彎曲樑之應力分布，(b)沿著 AB斷面之應力分布。

附錄 A　元素摘要(一)

說明：

1. 本附錄僅提供本書常用元素，**A.X**中**X**表示爲**ANSYS**元素庫的號碼。
2. 每元素僅提供元素輸入資料(**Table A.X**)，分析後輸出資料(**Table A.X-1**)及元素輸出表採用項次順序號碼資料(**Table A.X-2**)。
3. 分析後輸出資料在系統自訂下，**O**表示可列示於輸出視窗或Jobname.out檔案中(下達**OUTPR**指令)，**R**表示該項會存於資料庫中之結果檔。
4. 輸出資料表內，**O**欄有**Y**者表示該項資料可列示於輸出視窗或Jobname.out檔案中(但須下達**OUTPR**指令)，**R**欄有**Y**者表示該項資料可存於結果檔中。**O**及**R**欄內有數字者表示該項資料爲選擇性，在該表之後有詳細說明。
5. 輸出資料表**Name**欄位中項次有(：)者，可直接製作**ETABLE**。
6. 輸出資料表**Name**欄位中項次無(：)者，製作**ETABLE**必須使用**Table A.x-2**之項次順序號碼方法。
7. 每一個元素說明中，有許多與有限元素理論有關之專有名稱，對不太了解有限元素理論者，可忽略相關有限元素理論介紹，而不影響使用本軟體。

➔ A.1 LINK1 2-D 桿件

LINK1 可用於不同工程領域之應用，例如桁架、桿件、彈簧等結構。該元素爲二度空間並承受軸向之張力及壓縮力，不考慮彎力距。每個節點具有 X 和 Y 位移方向之二個自由度。

A.1-1 輸入資料

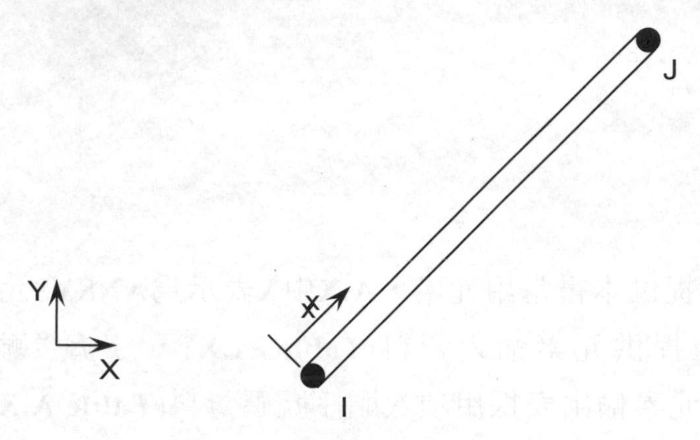

圖 A.1-1 LINK1 2-D 桿件

表 A.1-1 LINK1 輸入摘要

元素名稱	LINK1
節點	I, J
自由度	UX, UY
幾何參數	AREA, ISTRN
材料特性	EX, ALPX, DENS, DAMP
表面負載	無
實體負載	溫度：T(1), T(J)　熱流量：FL(1), FL(J)
特別特性	塑性，潛度，膨脹，應力強化，大變形，元素生成與消失

A.1-2　輸出資料

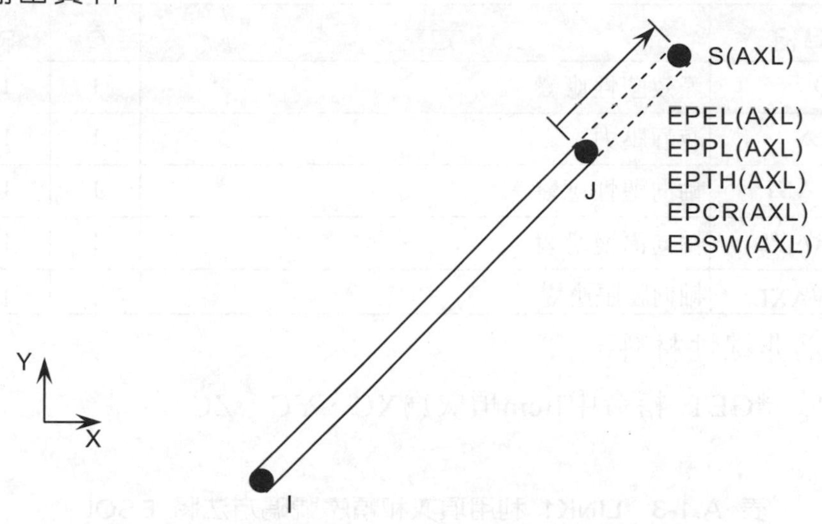

圖 A.1-2　LINK1 應力輸出

表 A.1-2　LINK1 元素輸出定義

名稱	定義	O	R
EL	元素號碼	Y	Y
NODES	元素節點號碼 − I , J	Y	Y
MAT	元素材料號碼	Y	Y
VOLU：	元素體積	-	Y
CENT：X,Y	元素幾何中心 XC, YC	-	Y
TEMP	節點 I 和 J 之溫度	Y	Y
FLUEN	節點 I 和 J 之熱流量	Y	Y
MFORX	元素座標系統桿之受力(沿著軸方向)	Y	Y
SAXL	軸向應力	Y	Y
EPELAXL	軸向彈性應變	Y	Y
EPTHAXL	軸向熱應變	1	1
EPINAXL	軸向起始應變	1	1
SEPL	由應力－應變圖所得之等效應力	1	1
SRAT	三軸應力與降伏面應力之比	1	1

表 A.1-2 LINK1 元素輸出定義(續)

名稱	定義	O	R
EPEQ	等效塑性應變	1	1
HPRES	液靜壓力	1	1
EPPLAXL	軸向塑性應變	1	1
EPCRAXL	軸向潛變應變	1	1
EPSWAXL	軸向膨脹應變	1	1

1. 元素爲非線性材料。
2. 僅用於 *GET 指令中Item項次爲XC、YC、ZC。

表 A.1-3 LINK1 利用項次和順序號碼方法將 ESOL 之結果製作成表格之指令參數

名稱	項目	E	I	J
SAXL	LS	1		
EPELAXL	LEPEL	1		
EPTHAXL	LEPTH	1		
EPSWAXL	LEPTH	2		
EPINAXL	LEPTH	3		
EPPLAXL	LEPTH	1		
EPCRAXL	LEPCR	1		
SEPL	NLIN	2		
SRAT	NLIN	2		
HPRES	NLIN	3		
EPEQ	NLIN	4		
MFORX	SMISC	1		
FLUEN	NMISC		1	2
TEMP	LBFE		1	2

1. 元素爲非線性材料。
2. 僅用於*GET指令中Item項次爲XC，YC，ZC。

A.1-3 假設與限制

桿元素假設爲均勻材料特性之直桿，在其端點受到軸向負荷。桿之長度必須大於零，故 I 與 J 兩點不能重合。桿必須位於 X-Y 平面且截面積必須大於零。溫度隨桿長度假設爲線性變化。位移函數顯示桿爲均勻之應力。

➔ A.3 BEAM3 2-D 彈性樑

BEAM3 是單軸，承受張力、壓縮力及力距之元素。每個節點具有 X 與 Y 位移方向及 Z 軸角度位移之三個自由度。其他 2-D 樑向有塑性樑(BEAM23)及非對稱斜度樑(BEAM54)。

A.3-1 輸入資料

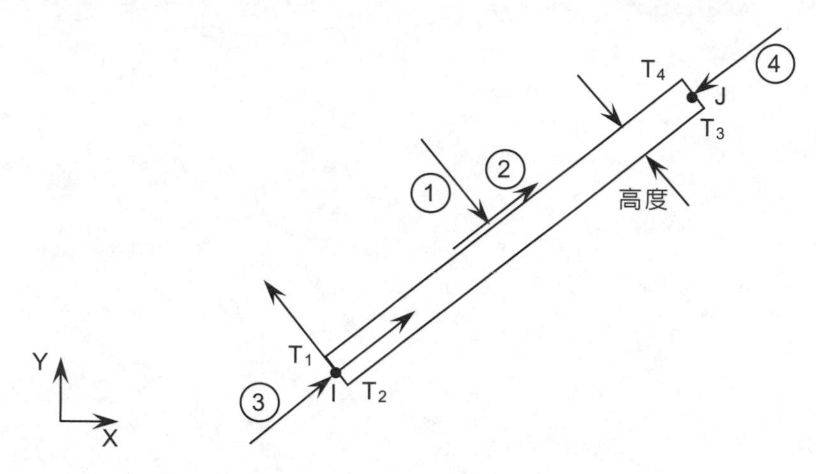

圖 A.3-1 BEAM3 2-D 彈性樑

表 A.3-1 BEAM3 輸入摘要

元素名稱	BEAM3
節點	I, J
自由度	UX, UY, ROTZ
幾何參數	AREA, IZZ, HEIGHT, SHEARZ, ISTRN, ADDMAS
材料特性	EX, ALPX, DENS, GXY, DAMP
表面負載	壓力： 面 1(I-J)(−Y 法線方向) 面 2(I-J)(+X 切線方向) 面 3(I)(+X 軸方向) 面 4(J)(−X 軸方向) (使用負値表示負載爲圖示之反方向)

表 A.3-1　BEAM3 輸入摘要(續)

元素名稱	BEAM3
實體負載	溫度 ：T1, T2, T3, T4
特別特性	應力強化，大變形，元素生成與消失
KEYOPT(6)	0-不輸出元素之力與力距 1-在元素座標系統下輸出元素的力與力距
KEYOPT(9)	用於控制 I 與 J 點之間額外位置值的輸出 N-額外輸出點的個數(N=0, 1, 3, 5, 7, 9)
KEYOPT(10)	用於 SFBEAM 指令時線性變化之表面負載 0-以長度為單位，負載相對於 I, J 節點之偏移量。 1-以長度比例(0.0 to 1.0)為單位，負載相對於 I, J 節點之偏移量。
註：若 SHEARZ=0，元素在 Y 方向無剪力變形。	

A.3-2　輸出資料

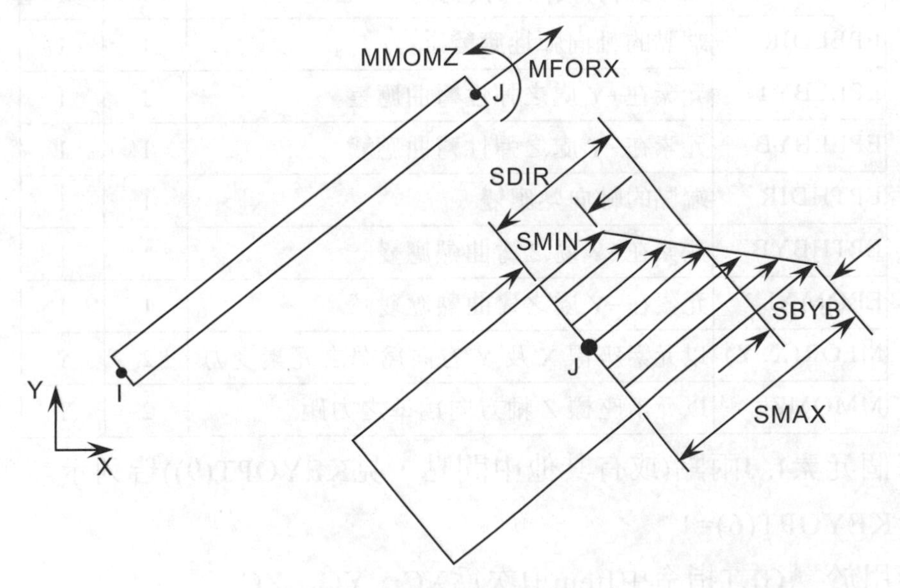

圖 A.3-2　BEAM3 應力輸出

表 A.3-2 BEAM3 元素輸出定義

名稱	定義	O	R
EL	元素號碼	Y	Y
NODES	元素節點號碼-1, J	Y	Y
MAT	元素材料號碼	Y	Y
VOLU:	元素體積	-	Y
CENT:X,Y	元素幾何中心 XC, YC	-	Y
TEMP	溫度 T1, T2, T3, T4	Y	Y
PRES	壓力 P1 在節點 I,J; OFFST1 在 I,J; OFFST2 在 I,J; P3 在 I; P4 在 J	Y	Y
SDIR	軸向直接應力	1	1
SBYT	元素在+Y 處之彎曲應力	1	1
SBYB	元素在−Y 處之彎曲應力	1	1
SMAX	最大應力(軸向直接應力+彎曲應力)	1	1
SMIN	最小應力(軸向直接應力−彎曲應力)	1	1
EPELDIR	端點的軸向彈性應變	1	1
EPELBYT	元素在+Y 處之彈性彎曲應變	1	1
EPELBYB	元素在−Y 處之彈性彎曲應變	1	1
EPTHDIR	端點的軸向熱應變	1	1
EPTHBYB	元素在+Y 處之彎曲熱應變	1	1
EPINAXL	元素在−Y 處之彎曲熱應變	1	1
MFOR(X, Y)	以元素座標 X 及 Y 方向爲準之元素受力	2	Y
MMOMZ	以元素座標 Z 軸方向爲準之力距	2	Y

1. 每個元素I, J兩點(或有其他中間點，見KEYOPT(9))皆列示該項結果。
2. 若KEYOPT(6)=1。
3. 僅用於 *GET指令中Item項次爲XC、YC、ZC。

表 A.3-3a　BEAM3(KEYOPT(9)＝0)利用項次和順序號碼方法將 ESOL 之結果製作成表格之指令參數

KEYOPT(9)=0				
名稱	項目	E	I	J
SDIR	LS		1	4
SBYT	LS		2	5
SBYB	LS		3	6
EPELDIR	LEPEL		1	4
EPELBYT	LEPEL		2	5
EPELBYB	LEPEL		3	6
EPTHDIR	LEPTH		1	4
EPTHBYT	LEPTH		2	5
EPTHBYB	LEPTH		3	6
EPINAXL	LEPTH	7		
SMAX	NMISC		1	3
SMIN	NMISC		2	4
MFORX	SMISC		1	7
MFORY	SMISC		2	8
MMOMZ	SMISC		6	12
P1	SMISC		13	14
OFFST1	SMISC		15	16
P2	SMISC		17	18
OFFST2	SMISC		19	20
P3	SMISC		21	
P4	SMISC			22

		Pseudo Node			
		1	2	3	4
TEMP	LBFE	1	2	3	4

表 A.3-3b　BEAM3(KEYOPT(9)＝1)利用項次和順序號碼方法將 ESOL 之結果製作成表格之指令參數

KEYOPT(9)=1					
名稱	項目	E	I	IL1	J
SDIR	LS		1	4	7
SBYT	LS		2	5	8
SBYB	LS		3	6	9
EPELDIR	LEPEL		1	4	7
EPELBYT	LEPEL		2	5	8
EPELBYB	LEPEL		3	6	9
EPTHDIR	LEPTH		1	4	7
EPTHBYT	LEPTH		2	5	8
EPTHBYB	LEPTH		3	6	9
EPINAXL	LEPTH	10			
SMAX	NMISC		1	3	5
SMIN	NMISC		2	4	6
MFORX	SMISC		1	7	13
MFORY	SMISC		2	8	14
MMOMZ	SMISC		6	12	18
P1	SMISC		19		20
OFFST1	SMISC		21		22
P2	SMISC		23		24
OFFST2	SMISC		25		26
P3	SMISC		27		
P4	SMISC				28

		Pseudo Node			
		1	2	3	4
TEMP	LBFE	1	2	3	4

(僅列示 KEYOPT(9)=0,1，其他詳細資料請參考元素說明)

A.3-3 假定與限制

樑元素可爲任何形狀之截面但必須先行計算其慣性力距。然而彎曲應力的計算爲中性軸至最外邊之距離爲高度的一半，故對任何形狀截面之樑等效高度必須先行決定。元素高度僅用於彎曲及熱應力之計算，樑元素必須位於X-Y 平面，長度及面積不可爲零。若大變形不使用時，慣性力距可爲零。

➔ A.8 LINK8 3-D 桿件

LINK8 與 LINK1 具有相同性質，僅佔有之空間度不同。故 LINK8 爲三度空間承受單軸張力－壓縮力，每個節點具有 X, Y, Z 位移方向之三個自由度，無法承受力距。塑性潛變、膨脹、應力強化、大變形之特性皆可包含。

A.8-1 輸入資料

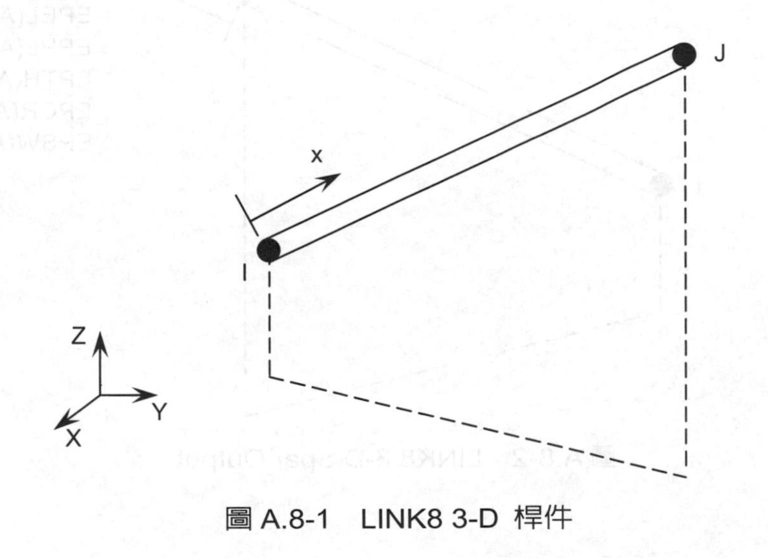

圖 A.8-1 LINK8 3-D 桿件

表 A.8-1　LINK8 輸入摘要

元素名稱	LINK8
節點	I, J
自由度	UX, UY, UZ
幾何參數	AREA, ISTRN
材料特性	EX, ALPX, DENS, DAMP
表面負載	無
實體負載	溫度：T(1), T(J)　熱流量：FL(1), FL(J)
特別特性	塑性，潛度，膨脹，應力強化，大變形，元素生成與消失

A.8-2　輸出資料

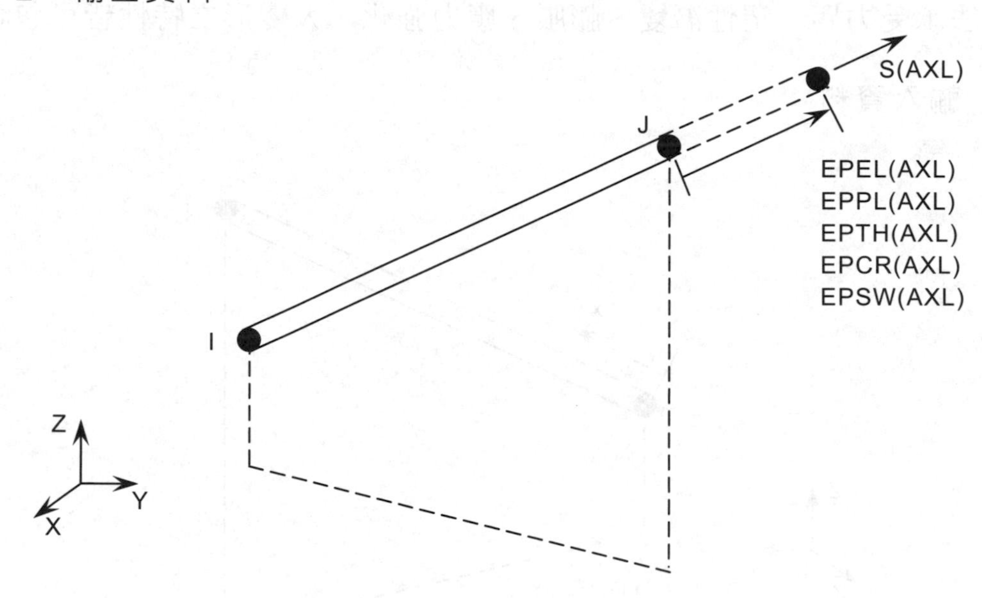

圖 A.8-2　LINK8 3-D Spar Output

表 A.8-2　LINK8 元素輸出定義

名稱	定義	O	R
EL	元素號碼	Y	Y
NODES	元素節點號碼-I, J	Y	Y
MAT	元素材料號碼	Y	Y
VOLU：	體積		Y
CENT：X,Y,Z	元素幾何中心 XC, YC, ZC		Y
TEMP	溫度 T(I), T(J)	Y	Y
FLUEN	熱流量 FL(I), FL(J)	Y	Y
MFORX	元素座標系統桿之受力(沿著軸方向)	Y	Y
SAXL	軸向應力	Y	Y
EPELAXL	軸向彈性應變	Y	Y
EPTHAXL	軸向熱應變	1	1
EPINAXL	軸向起始應變	1	1
SEPL	由應力-應變曲線所得之等效應力	1	1
SRAT	三軸應力與降伏面應力之比	1	1
EPEQ	等效塑性應變	1	1
HPRES	液靜壓力	1	1
EPPLAXL	軸向塑性應變	1	1
EPCRAXL	軸向潛變應變	1	1
EPSWAXL	軸向膨脹應變	1	1

1. 僅存在非線性之元素。
2. 僅用於*GET指令中Item項次爲XC、YC、ZC。

表 A.8-3　LINK8 利用項次和順序號碼方法將 ESOL 之結果製作成表格之指令參數

名稱	項目	E	I	J
SAXL	LS	1		
EPELAXL	LEPEL	1		
EPTHAXL	LEPTH	1		
EPSWAXL	LEPTH	2		
EPINAXL	LEPTH	3		
EPPLAXL	LEPTH	1		
EPCRAXL	LEPCR	1		
SEPL	NLIN	2		

表 A.8-3 LINK8 利用項次和順序號碼方法將 ESOL 之結果製作成表格之指令參數(續)

名稱	項目	E	I	J
SRAT	NLIN	2		
HPRES	NLIN	3		
EPEQ	NLIN	4		
MFORX	SMISC	1		
FLUEN	NMISC		1	2
TEMP	LBFE		1	2

A.8-3 假設與限制

桿元素假設為均勻材料特性之直桿，在其端點受到軸向負荷。桿之長度必須大於零，故 I 與 J 兩點不能重合。桿截面積必須大於零，溫度隨桿長度假設為線性變化。位移函數顯示桿為均勻之應力。

➔ A.14 COMBIN14 彈簧-阻尼

COMBIN14 可應用於一度、二度或三度空間在縱向或扭轉的彈性－阻尼效果。當考慮為縱向彈簧－阻尼時，該元素是單軸向受張力或壓縮，每個節點可具有 X, Y, Z 位移方向之自由度，不考慮彎曲及扭轉。當考慮為扭轉彈簧－阻尼時，該元素承受純扭轉，每個節點可具有 X, Y, Z 角度旋轉方向之自由度，不考慮彎曲及軸向負載。彈簧－阻尼元素不具有質量，質量可用 MASS21 模擬。

A.14-1　輸入資料

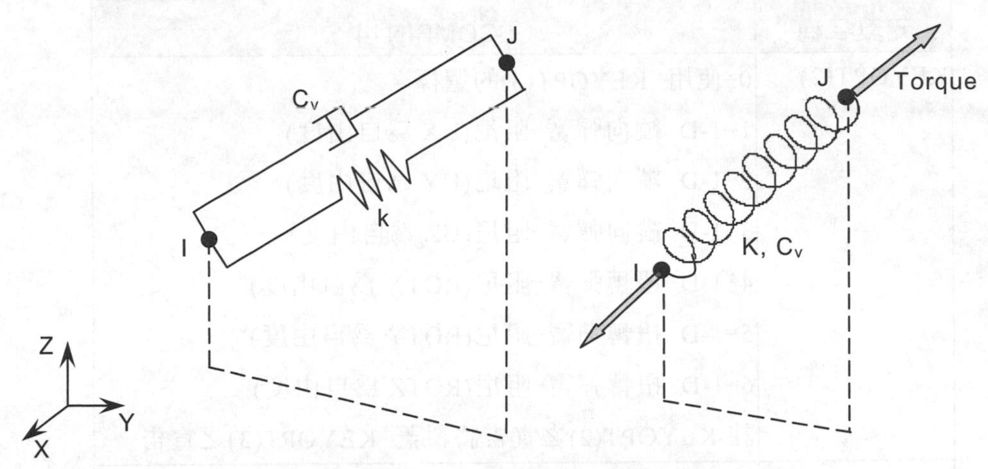

圖 A.14-1　COMBIN14 彈簧–阻尼

表 A.14-1　COMBIN14 輸入摘要

元素名稱	COMBIN14
節點	I, J
自由度	UX, UY, UZ 若 KEYOPT(3)= 0 ROTX, ROTY, ROTZ 若 KEYOPT(3)= 1 UX, UY 若 KEYOPT(3)= 2 詳見下列說明，若 KEYOPT(2)> 0
幾何參數	K, CV1,CV2
材料特性	無
表面負載	無
實體負載	無
特別特性	非線性(若 CV2 不等於零)，應力強化，大變形，元素生成與消失
KEYOPT(1)	0–線性解答(系統自訂) 1–非線性解答(必需 CV2 不等於零)

表 A.14-1 COMBIN14 輸入摘要(續)

元素名稱	COMBIN14
KEYOPT(2)	0-使用 KEYOPT(3)的選擇 1-1-D 縱向彈簧-阻尼(UX 爲自由度) 2-1-D 縱向彈簧-阻尼(UY 爲自由度) 3-1-D 縱向彈簧-阻尼(UZ 爲自由度) 4-1-D 扭轉彈簧-阻尼(ROTX 爲自由度) 5-1-D 扭轉彈簧-阻尼(ROTY 爲自由度) 6-1-D 扭轉彈簧-阻尼(ROTZ 爲自由度) 註-KEYOPT(2)之宣告將覆蓋 KEYOPT(3)之宣告
KEYOPT(3)	0-3-D 縱向彈簧-阻尼 1-3-D 扭轉彈簧-阻尼 2-2-D 縱向彈簧-阻尼(元素必須位於 X-Y 平面)

A.14-2 輸出資料

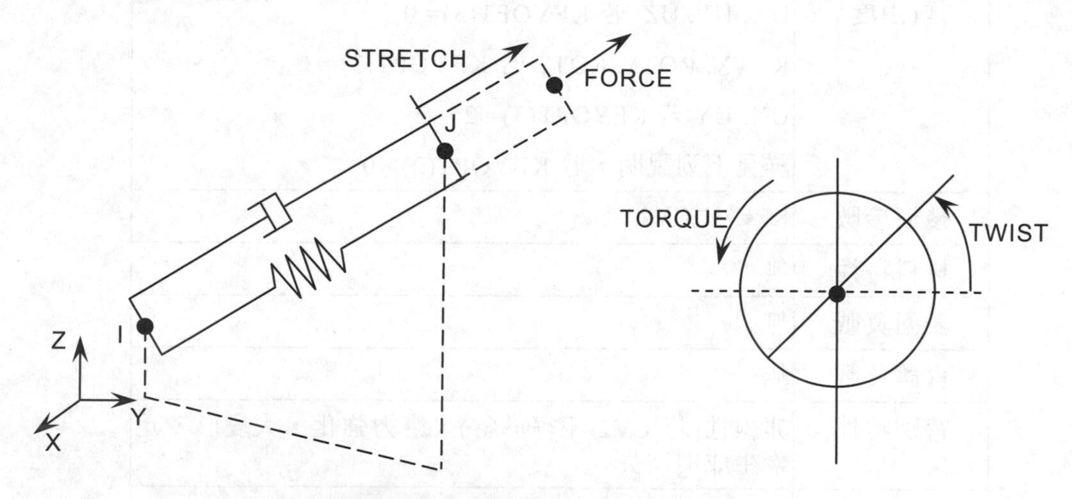

圖 A.14-2 COMBIN14 應力輸出

表 A.14-2 COMBIN14 元素輸出定義

名稱	定義	O	R
EL	元素號碼	Y	Y
NODES	元素節點號碼–I, J	Y	Y
CENT：X, Y, Z	元素幾何中心 XC, YC, ZC	-	Y
FORC or TORQ	彈簧力或力距	Y	Y
STRETCH or TWIST	彈簧伸張量或扭轉量(弳度)	Y	Y
RATE	彈簧常數	Y	Y
VELOCITY	速度	-	Y
DAMPING FORCE or TORQUE	阻尼力或力距	Y	Y

1. 僅用於 *GET 指令中Item項次爲XC、YC、ZC。

表 A.14-3 COMBIN14 利用項次和順序號碼方法將 ESOL 之結果製作成表格之指令

名稱	項次	E
FORC	SMISC	1
STRETCH	NMISC	1
VELOCITY	NMISC	2
DAMPING FORCE	NMISC	3

A.14-3 假設與限制

若 KEYOPT(2)等於零，彈簧－阻尼元素的長度不可爲零，即節點 I 和 J 不可重疊在一起，因爲節點之位置決定彈簧的方向。縱向彈簧時其剛性爲延著長度方向，扭轉彈簧時其剛性作用如同扭轉桿件。彈簧中應力爲均勻分佈。在熱分析中，溫度或壓力自由度的作用方式好比位移。若元素用於應力強化成大變形，則 KEYOPT(2)必須爲零。若 KEYOPT(3)=1 用於大變形，則座標系統不會更新。彈性或阻尼的效應，可藉由 k 或 cv 值設定爲零刪除之。若(cv)2 不等於零，元素爲非線性需進行非線性解(KEYOPT(1)=1)。

若 KEYOPT(2)大於零，元素僅具有一個自由度。自由度宣告依節點座標系統而定，兩個節點具有相同方向自由度。若兩個節點的座標系統有相對旋轉時，則該兩點之自由度方向會不同，故可能造成非預期之結果。由於元素爲一度空間作用，I, J 兩點可位於空間任何一個位置(最好位於同一點)。對非同一點之節點且，KEYOPT(2)=1, 2 或 3 時，力距效應無法含括在內，亦即節點不在作用線上時，力距的平衡無法滿足。元素定義正位移爲節點 J 相對於節點 I 產生拉伸。若已知一組條件下，節點 I, J 互相改變，則正位移爲節點 J 相對應於節點 I 產生壓縮。如果 KEYOPT(2)爲零，前述之限制不存在。

➔ A.21 MASS21 結構點質量

MASS21 爲點元素，具有 X, Y, Z 位移與旋轉之六個自由度。不同質量或轉動慣量可分別定義於每個座標系統方向。

A.21-1 輸入資料

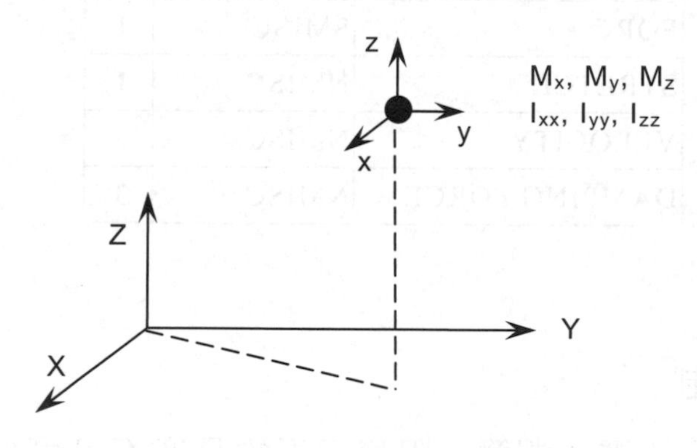

圖 A.21-1 MASS21 結構點質量

表 A.21-1　MASS21 輸入摘要

元素名稱	MASS21
節點	I
自由度	UX, UY, UZ, ROTX, ROTY, ROTZ 若 KEYOPT(3)=0 UX, UY, UZ 若 KEYOPT(3)=2 UX, UY, ROTZ 若 KEYOPT(3)=3 UX, UY 若 KEYOPT(3)=4 (自由度依節點座標系統而定)
幾何參數	MASSX, MASSY, MASSZ, IXX, IYY, IZZ 若 KEYOPT(3)=0 MASS 若 KEYOPT(3)=2 MASS, IZZ 若 KEYOPT(3)=3 MASS 若 KEYOPT(3)=4 (質量和慣性距方向依元素座標系統而定)
材料特性	無
表面負載	無
實體負載	無
特別特性	大變形，元素生成與消失
KEYOPT(2)	0–元素座標系統與整體卡式座標平行 1–元素座標系統與節點座標系統平行
KEYOPT(3)	0–3-D 質量具有轉動慣量 2–3-D 質量不具有轉動慣量 3–2-D 質量具有轉動慣量 4–2-D 質量不具有轉動慣量 註：所有 2-D 元素假設位於整體卡式座標 X-Y 平面

A.21-2 輸出資料

節點位移包含在整體位移解答中，該元素無元素輸出資料。

A.21-3 假設與限制

質量元素在靜態解中無任何效應，除非具有加速度或旋轉負載或下達慣性解除[IRLF]指令。如果質量輸入具有方向性，則質量輸出僅以 X 方向表示。

➔ A.42 PLANE42 2-D 實體結構

PLANE42 用於模擬 2-D 實體結構。該元素可用於平面元素(平面應力或平面應變)或軸對稱元素。元素由四個節點組合而成，每節點具有 x, y 位移方向之二個自由度。元素可具有塑性、潛變、膨脹、應力強化、大變形和大應變之特性。

A.42-1 輸入資料

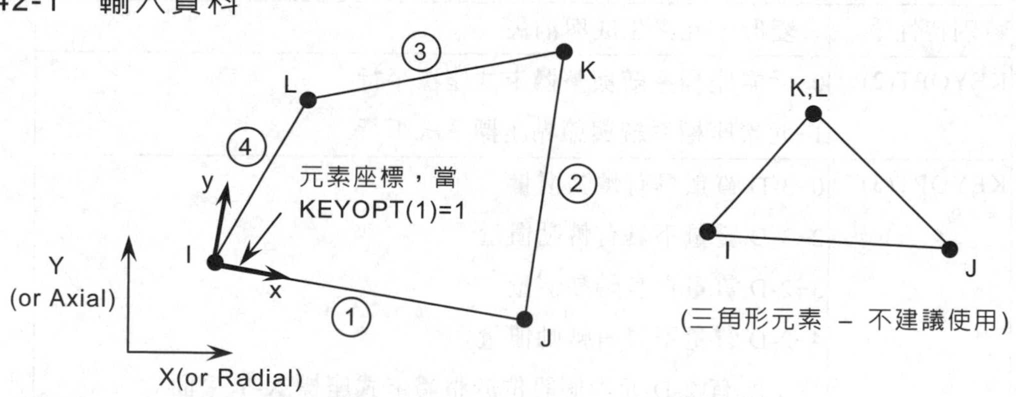

圖 A.42-1 PLANE42 2-D 實體結構

表 A.42-1 PLANE42 輸入摘要

元素名稱	PLANE42
節點	I, J, K, L
自由度	UX, UY
幾何參數	無, 若 KEYOPT(3)= 0,1,2 Thickness, 若 KEYOPT(3)= 3
材料特性	EX, EY, EZ,(PRXY, PRYZ, PRXZ or NUXY, NUYZ), ALPX, ALPY, ALPZ, DENS, GXY, DAMP
表面負載	壓力： 面 1(J-1), 面 2(K-J), 面 3(L-K), 面 4(I-L)
實體負載	溫度：T(I), T(J), T(K), T(L) 熱流量：FL(I), FL(J), FL(K), FL(L)
特別特性	塑性，潛變，膨脹，應力強化，大變形，元素生成與消失
KEYOPT(1)	0–元素座標系統平行整體座標系統 1–元素座標系統以元素 I-J 邊為基準
KEYOPT(2)	0–包含過大位移形狀 1–抑制過大位移形狀
KEYOPT(3)	0–平面應力 1–軸對稱 2–平面應變(Z 應變=0.0) 3–平面應力配合配合厚度輸入
KEYOPT(5)	0–基本元素解答 1–對所有積分點重覆基本解答 2–節點應力解答
KEYOPT(6)	0–基本元素解答 1–I-J 面的表面解答 2–面 I-J 與 K-L 的表面解答(表面解答僅限於線性材料特性) 3–每一個積分點非線性解答 4–所有零壓力面表面解答

A.42-2 輸出資料

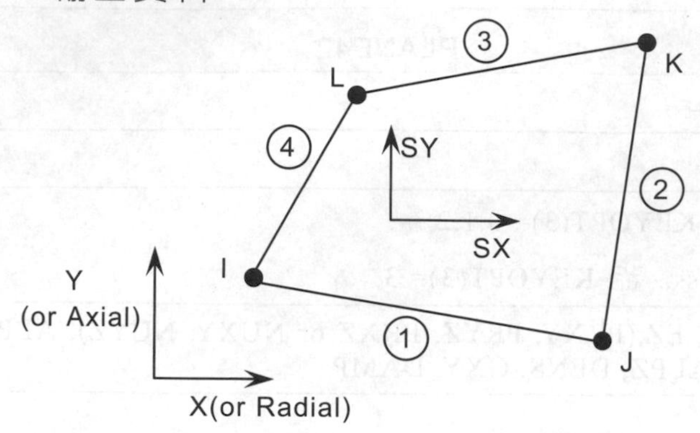

圖 A.42-2 PLANE42 應力輸出

表 A.42-2a PLANE42 元素輸出定義

名稱	定義	O	R
EL	元素號碼	Y	Y
NODES	元素節點號碼 -I, J, K, L	Y	Y
MAT	元素材料號碼	Y	Y
THICK	平均厚度	Y	Y
VOLU：	體積	Y	Y
CENT：X, Y	相對整體座標系統元素幾何中心 XC, YC	Y	Y
PRES	壓力 P1 at nodes J, I；P2 at K,J；P3 at L, K；P4 at I, L	Y	Y
TEMP	溫度 T(I), T(J), T(K), T(L)	Y	Y
FLUEN	熱流量 FL(I), FL(J), FL(K), FL(L)	Y	Y
S：INT	應力強度	Y	Y
S：EQV	等效應力	Y	Y
EPEL：X, Y,Z, XY	彈性應變	Y	Y
EPEL：1,2,3	主彈性應力	Y	Y
S：X, Y, Z, XY	應力(SZ=0.0 對平面應力元素)	Y	Y
S：1, 2, 3	主應力	Y	Y
EPPL：X, Y, Z, XY	塑性應變	1	1

表 A.42-2a PLANE42 元素輸出定義(續)

名稱	定義	O	R
NL：EPEQ	等效塑性應變	1	1
NL：SRAT	三軸應力與降伏面應力之比	1	1
NL：SEPL	由應力－應變圖所得之等效應力	1	1
NL：HPRES	液靜壓力		1
EPCR：X, Y, Z, XY	潛變應變	1	1
EPSW：	膨脹應變	1	
FACE	面號碼標記	2	
EPEL(PAR,PER,Z)	表面彈性應變(平行表面，垂直表面，Z方向)	2	
TEMP	表面平均溫度	2	
S(PAR, PER, Z)	表面應力(平行表面，垂直表面，Z方向)	2	
SINT	表面應力強度	2	
SEQV	表面等效應力	2	

1. 非線性解答，僅發生在具有非線性元素材料特性。
2. 表面解答輸出(若KEYOPT(6)為1, 2或4)
3. 僅用於*GET指令中Item項次為XC、YC。
4. 等效應變使用有效poisson's ratio，彈性與熱彈性的設定使用(MP, PRXY,...)，塑性與潛變設定為0.5。

表 A.42-2b PLANE42 雜項元素輸出

說明	輸出項次名稱	O	R
Nonlinear Integration Pt, Solution	EPPL, EPEQ, SRAT, SEPL, HPRES, EPCR, EPSW	1	
Integration Point Solution	TEMP, SINT, SEQV, EPEL, S	2	
Nodal Stress Solution	TEMP, S, SINT, SEQV	3	

1. 若元素具有非線性及 KEYOPT(6)=3，每積分點將可輸出。
2. 若KEYOPT(5)=1，輸出於每個積分點。

3. 若KEYOPT(5)=2，輸出於每個節點上。

註：對軸對稱解答且 KEYOPT(1)=0, X,Y,Z, XY 方向的應力和應變輸出分別相對應於徑向、軸向、環向、平面剪應力等。

表 A.42-2c PLANE42 利用項次和順序號碼方法將 ESOL 之結果製作成表格之指令

名稱	項次	E	I	J	K	L
P1	SMISC		2	1		
P2	SMISC			4	3	
P3	SMISC				6	5
P4	SMISC		7			8
S：1	NMISC		1	6	11	16
S：2	NMISC		2	7	12	17
S：3	NMISC		3	8	12	18
S：INT	NMISC		4	9	14	19
S：EQU	NMISC		5	10	15	20
FLUEN	NMISC		21	22	23	24
THICK	NMISC	25				

A.42-3 假設與限制

元素的面積不可為零，必需座落於 X-Y 平面，如圖 A.42-1。軸對稱分析時，Y 軸為對稱軸，且其結構必須建構在+X 方向之象限內。三角型元素可將 K, L 重覆位置定義該元素，但過大形狀將自動刪除，造成相同應變元素之結果。

➔ A.45　SOLID45 3-D 實體結構

SOLID45 用於模擬 3-D 實體結構。元素由八點組合而成，每個節點具有 x, y, z 位移方向之三個自由度。元素具有塑性、潛變、膨脹、應力強化，大變形和大應變之特性。

A.45-1　輸入資料

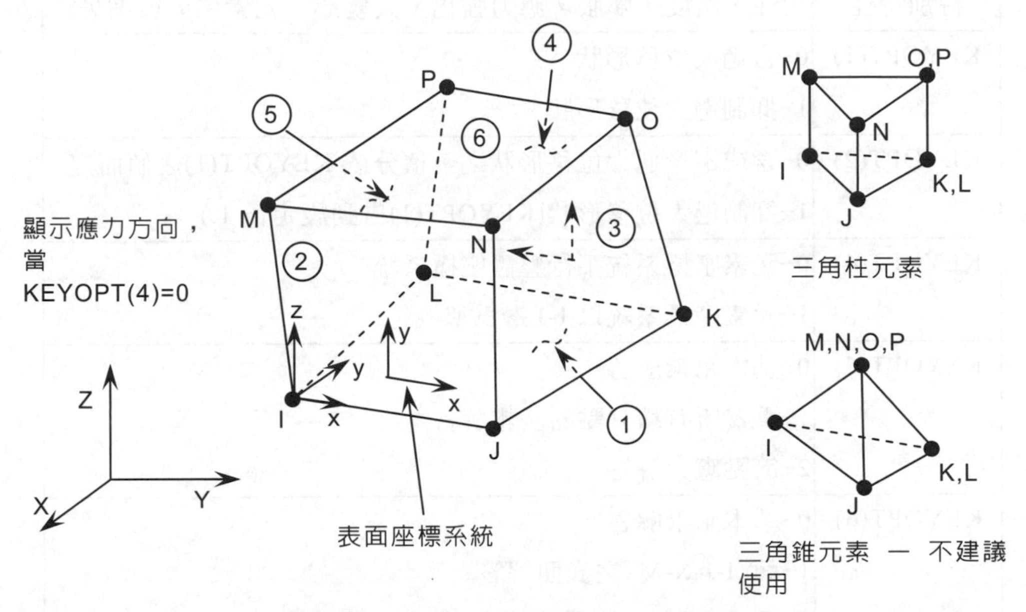

圖 4.45-1　SOLID45 3-D 實體結構

表 A.45-1　SOLID45 輸入摘要

元素名稱	SOLID45
節點	I, J, K, L, M, N, O, P
自由度	UX, UY, UZ
幾何參數	無
材料特性	EX, EY, EZ(PRXY, PRYZ, PRXZ or NUXY, NUYZ, NUXZ), ALPX, ALPY, ALPZ, DENS,GXY, GYZ, GXZ, DAMP
表面負載	壓力： 面 1(J-I-L-K), 面 2(I-J-N-M), 面 3(J-K-O-N), 面 4(K-L-P-O), 面 5(L-I-M-P), 面 6(M-N-O-P)

表 A.45-1 SOLID45 輸入摘要(續)

元素名稱	SOLID45
實體負載	溫度： T(I), T(J), T(K), T(L), T(M), T(N), T(O), T(P) 熱流量： FL(I), FL(J), FL(K), FL(L), FL(M), FL(N), FL(O), FL(P)
特別特性	塑性，溫度，膨脹，應力強化，大變形，元素生成與消失
KEYOPT(1)	0-含過大位移形狀 1-抑制過大位移形狀
KEYOPT(2)	0-含或不含過大位移形狀之全積分依 KEYOPT(1)之值而定 1-抑制過大位移形狀(KEYOPT(1)自動設定爲 1.)
KEYOPT(4)	0-元素座標系統平行整體座標系統 1-元素座標系統以 I-J 邊爲準
KEYOPT(5)	0-基本元素解答 1-重覆所有積分點的基本解答 2-節點應力解答
KEYOPT(6)	0-基本元素解答 1-面 I-J-N-M 之表面解答 2-面 I-J-N-M 與面 K-L-P-O 之表面解答 (表面解答僅限於線性材料特性) 3-在每一個積分點之非線性解答 4-所有非零壓力面表面解答且爲

A.45-2　輸出資料

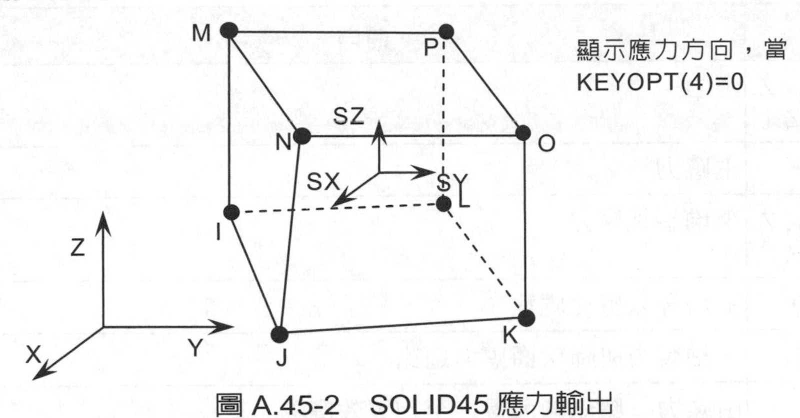

圖 A.45-2　SOLID45 應力輸出

表 A.45-2a　SOLID45 元素輸出定義

名稱	項目	O	R
EL	元素號碼	Y	Y
NODES	元素節點號碼–I, J, K, L, M, N, O, P	Y	Y
MAT	元素材料號碼	Y	Y
VOLU：	體積	Y	Y
CENT：X, Y, Z	相對整體座標元素幾何中心 XC, YC, ZC	Y	Y
PRES	壓力 P1 at J, I, L, K; P2 at I, J, N, M; P3 at J,K,O,N; P4 at K, L, P, O; P5 at L, I, M, P; P6 at M, N, O, P	Y	Y
TEMP	溫度 T(I), T(J), T(K), T(L), T(M), T(N), T(O), T(P)	Y	Y
FLUEN	熱流量 FL(I), FL(J), FL(K), FL(L), FL(M), FL(N), FL(O), FL(P)	Y	Y
S：INT	Stress intensi 應力強度	Y	Y
S：EQV	等效應力	Y	Y
EPEL：X, Y, Z, XY, YZ, XZ	彈性應變	Y	Y
EPEL：1, 2, 3	主彈性應變	Y	Y

表 A.45-2a SOLID45 元素輸出定義(續)

名稱	項目	O	R
S：X, Y, Z, XY, YZ, XZ	應力	Y	Y
S：1, 2, 3	主應力	Y	Y
EPPL：X, Y, Z, XY, YZ, XZ	平均塑性應力	1	1
NL：EPEQ	平均等效塑性應變	1	1
NL：SRAT	三軸應力與降伏面應力之比	1	1
NL：SEPL	由應力－應變圖所得之平均等效應力	1	1
NL：HPRES	液靜壓力		1
EPCR：X,Y,Z, XY, YZ, XZ	平均潛變應變	1	1
EPSW：	平均膨脹應變	1	1
FACE	面號碼標記	2	
AREA	表面之面積	2	
TEMP	面平均溫度	2	
EPEL	表面彈性應變(X, Y, XY)	2	
PRESS	表面壓力	2	
S(X, Y, XY)	面應力(X 軸平行於建立元素時最先兩點之方向)	2	
S(1, 2, 3)	表面主應力	2	
SINT	表面應力強度	2	
SEQV	表面等效應力	2	

1. 非線性解答，僅發生在具有非線性元素材料特性。
2. 表面解答輸出(若KEYOPT(6)為1, 2或4)
3. 僅用於*GET指令中Item項次為XC、YC。
4. 等效應變使用有效poisson's ratio，彈性與熱彈性的設定使用(MP, PRXY,...)，塑性與潛變設定為0.5。

表 A.45-2b SOLID45 雜項元素輸出

說明	輸出項次名稱	O	R
Nonlinear Integration Pt. Solution	EPPL, EPEQ, SRAT, SEPL, HPRES, EPCR, EPSW	1	
Integration Point Stress Solution	TEMP, S(X, Y, Z, XY, YZ, XZ), SINT, SEQV, EPEL	2	
Nodal Stress Solution	TEMP, S(X, Y, XY, YZ, XZ), SINT, SEQV, EPEL	3	

1. 若元素具有非線性及 KEYOPT(6)= 3，輸出於八個積分點上。
2. 若 KEYOPT(5)= 1，輸出於每個積分點上。
3. 若 KEYOPT(5)= 2，輸出於每個節點上。

表 A.45-3 SOLID45 利用項次和順序號碼方法將 ESOL 之結果製作成表格之指令參數

名稱	項次	I	J	K	L	M	N	O	P
P!	SMISC	2	1	4	3				
P2	SMISC	5	6			8	7		
P3	SMISC		9	10			12	11	
P4	SMISC			13	14			16	15
P5	SMISC	18			17	19			20
P6	SMISC					21	22	23	24
S:1	NMISC	1	6	11	16	21	26	31	36
S:2	NMISC	2	7	12	17	22	27	32	37
S:3	NMISC	3	6	13	18	23	28	33	38
S:INT	NMISC	4	9	14	19	24	29	34	39
S:EQV	NMISC	5	10	15	20	25	30	35	40
FLUEN	NMISC	41	42	43	44	45	46	47	48

A.45-3 假設與限制

不允許零體積之元素。元素所產生的節點順序依圖 A.45-1 而定或平面 IJKL 與 MNOP 互換。元素不可有扭曲造成兩塊分離體積，此點常由於節點連接錯誤。元素為八個點，但角柱及角錐元素，亦可接受如圖 A.45-1 所示。

➔ A.55 PLANE55 2-D 熱實體結構

PLANE55 用於三度空間平面或軸對稱具有熱傳導特性。元素爲四個節點組合而成，每個節點的自由度爲溫度，可用於二度空間穩態或過渡狀態熱分析。該元素可補償由等速流場質量轉移之熱流。如果結構含溫度元素則可轉換爲等效結構元素(PLANE42)進行結構熱應力分析。該元素亦可模擬爲非線性穩態流體通過多孔介質之分析，此時原先熱參數爲流體參數。

A.55-1 輸入資料

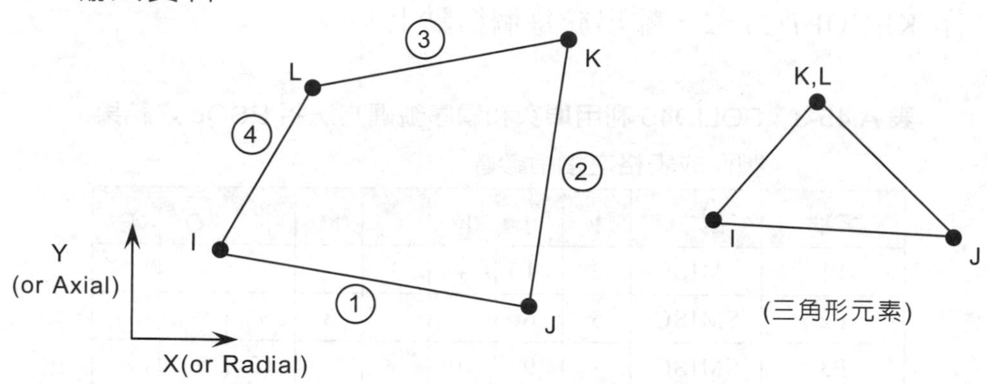

圖 A.55-1 PLANE55 2-D 熱實體結構

表 A.55-1 PLANE55 輸入摘要

元素名稱	PLANE55
節點	I, J, K, L
自由度	TEMP
幾何參數	VX, VY 若 KEYOPT(8)> 0
材料特性	KXX, KYY, DENS, C, ENTH, VISC, MU(VISC and MU 僅用於 KEYOPT(9)=1. 不需使用 ENTH 當 KEYOPT(8)=1 或 2)
表面負載	對流： 面 1(J-I), 面 2(K-J), 面 3(L-K), 面 4(I-L) 熱流量： 面 1(J-I), 面 2(K-J), 面 3(L-K), 面 4(I-L)
實體負載	產生熱：HG(I), HG(J), HG(K), HG(L)
特別特性	元素生成與消失

表 A.55-1　PLANE55 輸入摘要(續)

元素名稱	PLANE55
KEYOPT(1)	0-計算薄膜平均溫度下之薄膜係數，(TS + TB)/2 1-計算元素表面溫度，TS 2-計算流體容積溫度，TB 3-計算溫度差，|TS - TB|
KEYOPT(3)	0-平面 1-軸對稱
KEYOPT(4)	0-元素座標系統平行整體座標系統 1-元素座標系統以元素 I-J 邊爲準
KEYOPT(8)	0-無質量轉移效應 1-在 VX 及 VY 之質量轉移 2-與 1 相同但列印質量轉移之熱流
KEYOPT(9)	0-標準熱傳元素 1-非線性穩態流元素 (溫度自由度爲壓力)

A.55-2　輸出資料

表 A.55-2　PLANE55 元素輸出定義

名稱	定義	O	R
EL	元素號碼	Y	Y
NODES	元素節點號碼 - I, J, K, L	Y	Y
MAT	元素材料號碼	Y	Y
VOLU：	元素體積	Y	Y
CENT：X, Y	元素幾何中心 XC, YC, ZC	-	Y
HGEN	熱產生 HG(I), HG(J), HG(K), HG(L)	Y	-
TG：X, Y, SUM	元素中心點熱梯度分量及向量和	Y	Y
TF：X, Y, SUM	熱通量(熱通量/截面積)之分量及向量和	Y	Y
FACE	面標記號碼	1	-

表 A.55-2 PLANE55 元素輸出定義(續)

名稱	定義	O	R
AREA	面之面積	1	1
NODES	面之節點	1	1
HFILM	面上每一節點之薄膜系數	1	-
TBULK	面上每一節點之容積溫度	1	-
TAVG	平均面溫度	1	1
HEAT RATE	對流時通過面之熱流率	1	1
HFAVG	平均面的薄膜係數	-	1
TBAVG	平均面的容積溫度	-	1
HFLXAVG	由於輸入熱通量造成單位面積之熱流率	-	1
HEAT RATE/AREA	對流造成之單位面積熱流率	1	-
HFLUX	每一節點之熱通量	1	-
HEAT FLOW BY MASS TRANSPORT	質量轉移時通過表面之熱流率	2	-
PRESSURE GRAD	在 X，Y 方向及總合壓力梯度	3	
MASS FLUX	單位截面質量流率	3	-
FLUID VELOCITY	在 X，Y 方向及總合的速度	3	-

1. 若有表面負載輸入。
2. 若 KEYOPT(8)=2。
3. 若 KEYOPT(9)=1。
4. 僅用於*GET指令中Item項次為XC、YC。

表 A.55-3　PLANE55 利用項次和順序號碼方法將 ESOL 之結果製作成表格之指令參數

名稱	項次	FC1	FC2	FC3	FC4
AREA	NMISC	1	7	13	19
HFAVG	NMISC	2	8	14	20
TAVG	NMISC	3	9	15	21
TBAVG	NMISC	4	10	16	22
HEAT RATE	NMISC	5	11	17	23
HFLXAVG	NMISC	6	12	18	24

A.55-3　假設與限制

元素之面積必須大於零。元素必須位於 X-Y 平面如圖 A.55-1 所示，軸對稱分析時 Y 軸爲對稱軸且模組必須建立在+X 之象限。在每個積分點比熱與焓所計算之值，用於在較粗之元素時突然狀態之改變(如熔點)。若該熱體元素由 PLANE42 實體結構取代進行應力分析時，熱實體元素需旋轉面 IJ 與面 KL 爲自由面。元素的自由面(不和任何元素相接或受邊界控制)假設爲絕熱。熱過渡使用較小的時間積分時在表面將有熱梯度問題故需較密之網格。若 KEYOPT(8)>0，將產生非對稱矩陣。

➔ A.63　SHELL63 彈性殼

SHELL63 具有彎曲及薄膜特性。與平面同方向及法線方向之負載皆可承受。元素具有 x，y，z 位移方向及 x，y，z 旋轉方向之六個自由度。應力強化及大變形之效應亦適用於該元素。可選擇連續性相切矩陣，用於大變形(有限之旋轉)分析。

A.63-1 輸入資料

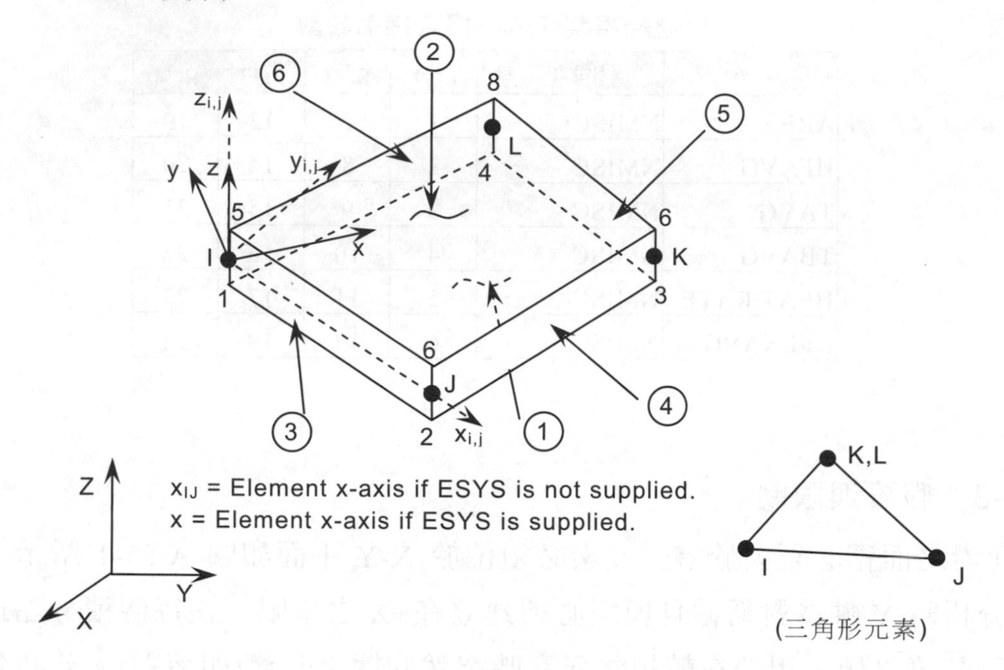

圖 A.63-1 SHELL63 彈性殼

表 A.63-1 SHELL63 輸入摘要

元素名稱	SHELL63
節點	I, J, K, L
自由度	UX, UY, UZ, ROTX, ROTY, ROTZ
幾何參數	TK(I), TK(J), TK(K), TK(L), EFS, THETA, RMI, CTOP, CBOT,(Blank),(Blank),(Blank),(Blank),(Blank),(Blank),(Blank),(Blank),(Blank), ADMSUA
材料特性	EX, EY, EZ,(PRXY, PRYZ, PRXZ or NUXY, NUYZ, NUXZ), ALPX, ALPY, ALPZ, DENS, GXY, DAMP
表面負載	壓力： 面 1(I-J-K-L)(底部，在+Z 方向) 面 2(I-J-K-L)(上部，在-Z 方向) 面 3(J-I)，面 4(K-J)，面 5(L-K)，面 6(I-L)
實體負載	溫度：T1, T2, T3, T4, T5, T6, T7, T8
特別特性	應力強化，大變形，元素生成與消失

表 A.63-1 SHELL63 輸入摘要(續)

元素名稱	SHELL63
KEYOPT(1)	0–彎曲和薄膜剛性 1–薄膜剛性 2–彎曲剛性
KEYOPT(2)	0–僅用於主相切剛性矩陣當 NLGEOM 爲 ON。(應力強化效應用於線性挫屈或其他線性預應力分析必須分別下達指令 PSTRES,ON.) 1–當 NLGEOM 爲 ON 及 KEYOPT(1)= 0 時使用連續性相切剛性矩陣(矩陣包含主相切剛性矩陣加連續性應力剛性矩陣)。(當 KEYOPT(2)=1 時，SSTIF, ON 不作用)。若 SOLCONTROL 爲 ON 和 NLGEOM 爲 ON，KEYOPT(2)自動設定爲 1，亦即將使用連續相切剛性矩陣
KEYOPT(3)	0–包含過大位移形狀，採用彈簧型式同平面，相對於元素 Z 軸旋轉剛性(若 KEYOPT(1)=0 程式自動的加入微小剛性，防止非歪曲元素數值的不穩定) 1–抑制過大位移形狀，採用彈簧型式同平面，相對於元素 Z 軸旋轉剛性(若 KEYOPT(1)=0 程式自動的加入微小剛性，防止非歪曲元素數值的不穩定) 2–包含過大位移形狀，採用同平面相對於元素 Z 軸旋轉剛性
KEYOPT(5)	0–基本元素輸出 2–節點應力輸出
KEYOPT(6)	0–降階壓力負載(當 KEYOPT(1)=1 時必須使用) 2–連續性壓力負載
KEYOPT(7)	0–連續性質量矩陣 1–降階質量矩陣
KEYOPT(8)	0–"Nearly"連續性應力剛性矩陣(系統自訂) 1–降階應力剛性矩陣
KEYOPT(9)	0–無法加入使用者副程式定義元素座標系統 4–元素 x 軸位置由使用者副程式決定

A.63-2 輸出資料

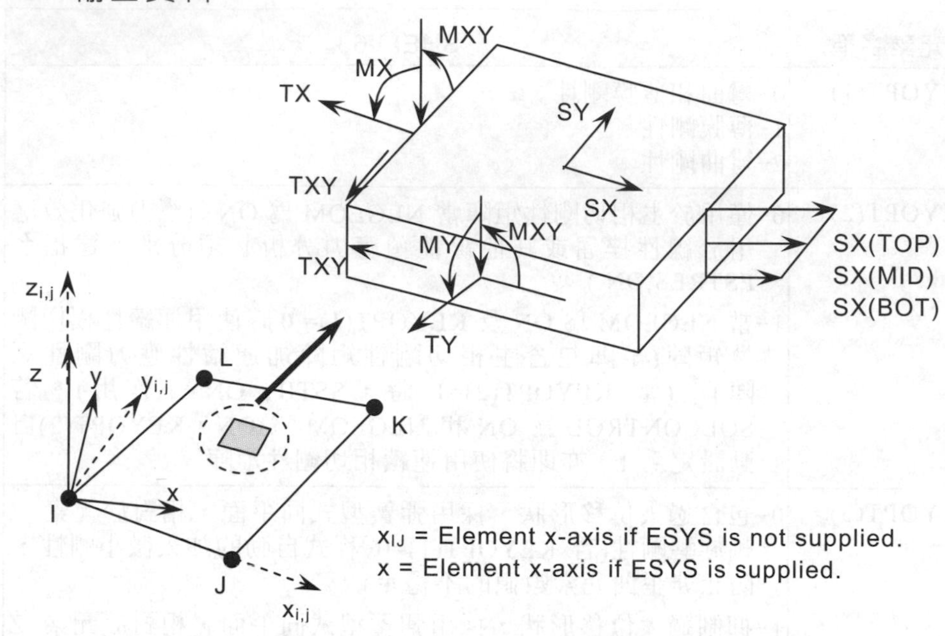

圖 A.63-2 SHELL63 應力輸出

表 A.63-2a SHELL63 元素輸出定義

名稱	定義	O	R
EL	元素號碼	Y	Y
NODES	元素節點號碼–I, J, K, L	Y	Y
MAT	元素材料號碼	Y	Y
AREA	面積	Y	Y
CENT：X, Y, Z	元素幾何中心 X, Y, Z	Y	Y
PRES	壓力 P1 在節點 I, J, K, L；P2 在 I, J, K, L；P3 在 J, I；P4 在 K, J；P5 在 L, K；P6 在 I, L	Y	Y
TEMP	溫度 T1, T2, T3, T4, T5, T6, T7, T8	Y	Y
T (X, Y, XY)	與元素同平面 X, Y 和 XY 之力	Y	Y
M(X, Y, XY)	元素 X, Y, XY 方向之力矩	Y	
FOUND.PRESS	基座之壓力	Y	Y
LOC	上，中，下	Y	Y

表 A.63-2a SHELL63 元素輸出定義(續)

名稱	定義	O	R
S：X, Y, Z, XY	合併之薄膜與彎曲應力	Y	Y
S：1, 2, 3	主應力	Y	Y
S：INT	應力強度	Y	Y
S：EQV	等效應力	Y	Y
EPEL：X, Y, Z, XY	平均彈性應變	Y	Y
EPEL：EQV	等效彈性應變[2]		Y
EPTH：X, Y, Z, XY	平均熱應變	Y	Y
EPTH：EQV	等效熱應變[2]		Y

1. 僅用於 *GET 指令中Item項次爲XC、YC。
2. 等效應變使用有效poisson's ratio，彈性與熱彈性的設定使用(MP, PRXY,...)，塑性與潛變設定爲0.5。

表 A.63-2b SHELL63 雜項元素輸出

Description	Names of Items output	O	R
Nodes Stress Solution	TEMP, S(X,Y,Z,XY), SINT, SEQV	1	

1. 若KEYOPT(5)= 2，元素每一節點皆列示。

表 A.63-3 SHELL63 利用項次和順序號碼方法將 ESOL 之結果製作成表格指令參數

名稱	項次	E	I	J	K	L
TX	SMISC	1				
TY	SMISC	2				
TXY	SMISC	3				
MX	SMISC	4				
MY	SMISC	5				
MXY	SMISC	6				
P1	SMISC		9	10	11	12

表 A.63-2 SHELL63 利用項次和順序號碼方法將 ESOL 之結果製作成表格指令參數(續)

名稱	項次	E	I	J	K	L
P2	SMISC		13	14	15	16
P3	SMISC		18	17		
P4	SMISC			20	19	
P5	SMISC				22	21
P6	SMISC		23			24
Top						
S：1	NMISC		1	6	11	16
S：2	NMISC		2	7	12	17
S：3	NMISC		3	6	13	18
S：INT	NMISC		4	9	14	19
S：EQV	NMISC		5	10	15	20
Bot						
S：1	NMISC		21	26	31	36
S：2	NMISC		22	27	32	37
S：3	NMISC		23	28	33	38
S：INT	NMISC		24	29	34	39
S：EQV	NMISC		25	30	35	40

A.63-3 假設與限制

元素之面積不可爲零，通常元素連接號碼不正確會造成該現象。元素之厚度爲零或線性厚度變化至元素之四點爲零皆不允許。橫向熱梯度在厚度方向假設爲線性，在面上假設爲雙線性。曲面殼結構採用平面之殼元素，可產生良好之結果。但平面之殼元素不要大於 15° 。若彈性基座剛性輸入，則每個節點具有四分之一之量。剪變形不包含於此薄殼元素。

三角型元素可定義爲 K, L 兩點重合。如圖 A.63-1 所示。三角型元素中額外形狀將自動刪除故薄膜剛性降爲固定應變。大變形分析中若

KEYOPT(1)=1(薄膜剛性)，元素必須爲三角形。

四點所構成的元素必需爲一平面，然而少量之非平面仍然允許，但造成少許歪曲。適度的歪曲結果在輸出時會有警告訊息。若歪曲嚴重，可導致嚴重錯誤，此時最好使用三角形元素。

ANSYS

附錄 B 元素摘要(二)

說明：

1. 附錄提供ANSYS元素摘要，供使用者參考。
2. 每個元素最後一欄，爲適用於ANSYS產品類別：

Code	Product	Code	Product
MP	ANSYS/Multiphysics	EM	ANSYS/Emag - Low Frequency
ME	ANSYS/Mechanical	EH	ANSYS/Emag - High Frequency
ST	ANSYS/Structural	FL	ANSYS/FLOTRAN
PR	ANSYS/Professional – Nonlinear Thermal	DS	ANSYS DesignSpace
PRN	ANSYS/Professional – Nonlinear Structural	DSS	ANSYS DesignSpace - Structural
DY	ANSYS/LS-DYNA	PP	ANSYS/PrepPost
VT	ANSYS DesignXplorer		

樑元素 BEAM Elements		
BEAM3	Structure 2-D Elastic Beam 2 nodes 2-D space DOF: UX, UY, ROTZ	MP ME ST PR PRN <> <> <> <> <> <> PP <>
BEAM4	Structural 3-D Elastic Beam 2 nodes 3-D space DOF: UX, UY, UZ, ROTX, ROTY, ROTZ	MP ME ST PR PRN <> <> <> <> <> <> PP <>
BEAM23	Structural 2-D Plastic Beam 2 nodes 2-D space DOF: UX, UY, ROTZ	MP ME ST PR PRN <> <> <> <> <> <> PP <>
BEAM23	Structural 3-D Thin-Walled Beam 2 nodes 3-D space DOF: UX, UY, UZ, ROTX, ROTY, ROTZ	MP ME ST <> <> <> <> <> <> <> <> PP <>
BEAM44	Structural 3-D Elastic Tapered Unsymmetric Beam 2 nodes 3-D space DOF: UX, UY, UZ, ROTX, ROTY, ROTZ	MP ME ST PR PRN <> <> <> <> <> <> PP <>
BEAM54	Structural 2-D Elastic Tapered Unsymmetric Beam 2 nodes 2-D space DOF: UX, UY, ROTZ	MP ME ST PR PRN <> <> <> <> <> <> PP <>
BEAM161	Explicit Dynamics 3-D Beam 3 nodes 3-D space DOF: UX, UY, UZ, ROTX, ROTY, ROTZ, VX, VY, AX, AY, AZ	<> <> <> <> <> <> <> <> <> <> DY <> <>
BEAM188	Structural 3-D Linear Finite Strain Beam 2 nodes 3-D space DOF: UX, UY, UZ, ROTX, ROTY, ROTZ	MP ME ST PR PRN DS DSS <> <> <> <> PP VT
BEAM189	Structural 3-D Quadratic Finite Strain Beam 3 nodes 3-D space DOF: UX, UY, UZ, ROTX, ROTY, ROTZ	MPMP ME ST PR PRN DS DSS <> <> <> <> PP VT

電流元素 CIRCU Elements		
CIRCU94	Coupled-Field Piezoelectric Circuit 2 or 3 nodes 2-D space DOF: VOLT, CURR	MP <> <> <> <> <> <> <> <> <> <> PP VT
CIRCU124	Magnetic Electric Circuit 2-6 nodes 3-D space DOF: VOLT, CURR, EMF	MP <> <> <> <> <> <> <> EM <> <> PP VT
CIRCU125	Magnetic Electric Circuit 2 nodes 3-D space DOF: VOLT	MP <> <> <> <> <> <> <> EM <> <> PP VT

組合元素 COMBIN Elements		
COMBIN7	Combination Revolute Joint 5 nodes 3-D space DOF: UX, UY, UZ, ROTX, ROTY, ROTZ	MP ME ST <> <> <> <> <> EM <> <> PP <>
COMBIN14	Combination Spring-Damper 2 nodes 3-D space DOF: UX, UY, UZ, ROTX, ROTY, ROTZ	MP ME ST PR PRN DS <> <> <> <> <> PP VT
COMBIN37	Combination Control 4 nodes 3-D space DOF: UX, UY, UZ, ROTX, ROTY, ROTZ	MP ME ST <> <> <> <> <> <> <> <> PP <>
COMBIN39	Combination Nonlinear Spring 2 nodes 3-D space DOF: UX, UY, UZ, ROTX, ROTY, ROTZ, PRES, TEMP	MP ME ST <> <> <> <> <> <> <> <> PP <>
COMBIN40	Combination 2 nodes 3-D space DOF: UX, UY, UZ, ROTX, ROTY, ROTZ, PRES, TEMP	MP ME ST PR PRN <> <> <> <> <> <> PP <>

組合元素 COMBIN Elements		
COMBIN165	Explicit Dynamics Spring-Damper 2 nodes 3-D space DOF: UX, UY, UZ, ROTX, ROTY, ROTZ, VX, VY, VZ, AX, AV, AZ	<> <> <> <> <> <> <> <> <> <> DY <> <>
COMBIN214	Combination Spring-Damper Bearing 2 nodes 2-D space DOF: UX, UY, UZ	MP ME ST PR PRN DS DSS <> <> <> <> PP <>

接觸元素 CONTAC Elements		
CONTAC12	2-D Point-to-Point Contact 2 nodes 2-D space DOF: UX, UY	MP ME ST PR PRN <> <> <> <> <> <> PP <>
CONTAC52	3-D Point-to-Point Contact 2 nodes 3-D space DOF: UX, UY, UZ	MP ME ST PR PRN <> <> <> <> <> <> PP <>
CONTA171	2-D 2-Node Surface-to-Surface Contact 2 nodes 2-D space DOF: UX, UY, TEMP, VOLT, AZ	MP ME ST PR PRN DS DSS <> EM <> <> PP <>
CONTA172	2-D 3-Node Surface-to-Surface Contact 3 nodes 2-D space DOF: UX, UY, TEMP, VOLT, AZ	MP ME ST PR PRN DS DSS <> EM <> <> PP <>
CONTA173	3-D 4-Node Surface-to-Surface Contact 4 nodes 3-D space DOF: UX, UY, UZ, TEMP, VOLT, MAG	MP ME ST PR PRN DS <> <> <> <> <> PP <>
CONTA174	3-D 8-Node Surface-to-Surface Contact 8 nodes 3-D space DOF: UX, UY, UZ, TEMP, VOLT, MAG	MP ME ST PR PRN DS DSS <> EM <> <> PP <>

接觸元素 CONTAC Elements		
CONTA175	2-D/3-D Node-to-Surface Contact 1 node 2-D/3-D space DOF: UX, UY, UZ ,TEMP, VOLT, MAG	MP ME ST PR PRN DS DSS <> EM <> <> PP <>
CONTA176	3-D Line-to-Line Contact 3 nodes 3-D space DOF: UX, UY, UZ	MP ME ST PR PRN DS DSS <> EM <> <> PP <>
CONTA177	3-D Line-to-Surface Contact 3 nodes 3-D space DOF: UX, UY, UZ	MP ME ST PR PRN <> <> <> <> <> <> PP <>
CONTA178	3-D Node-to-Node Contact 2 nodes 3-D space DOF: UX, UY, UZ	MP ME ST PR PRN <> <> <> <> <> <> PP <>

流體元素 FLUID Elements		
FLUID29	2-D Acoustic Fluid 4 nodes 2-D space DOF: UX, UY, PRES	MP ME <> <> <> <> <> <> <> <> <> PP <>
FLUID30	3-D Acoustic Fluid 8 nodes 3-D space DOF: UX, UY, UZ, PRES	MP ME <> <> <> <> <> <> <> <> <> PP <>
FLUID38	Dynamic Fluid Coupling 2 nodes 3-D space DOF: UX, UY, UZ	MP ME ST <> <> <> <> <> <> <> <> PP <>
FLUID79	2-D Contained Fluid 4 nodes 2-D space DOF: UX, UY	MP ME ST <> <> <> <> <> <> <> <> PP <>

流體元素 FLUID Elements		
FLUID80	3-D Contained Fluid 8 nodes 3-D space DOF: UX, UY, UZ	MP ME ST <> <> <> <> <> <> <> <> PP <>
FLUID81	Axisymmetric-Harmonic Contained Fluid 4 nodes 2-D space DOF: UX, UY, UZ	MP ME ST <> <> <> <> <> <> <> <> PP <>
FLUID116	Coupled Thermal-Fluid Pipe 2 nodes 3-D space DOF: PRES, TEMP	MP ME <> PR PRN <> <> <> <> <> <> PP <>
FLUID129	2-D Infinite Acoustic 2 nodes 2-D space DOF: PRES	MP ME <> <> <> <> <> <> <> <> <> PP <>
FLUID130	3-D Infinite Acoustic 4 nodes 3-D space DOF: PRES	MP ME <> <> <> <> <> <> <> <> <> PP <>
FLUID136	3-D Squeeze Film Fluid 4, 8 nodes 3-D space DOF: PRES	MP ME <> <> <> <> <> <> <> <> <> PP <>
FLUID138	3-D Viscous Fluid Link 2 nodes 3-D space DOF: PRES	MP ME <> <> <> <> <> <> <> <> <> PP <>
FLUID139	3-D Slide Film Fluid 2, 32 nodes 3-D space DOF: UX, UY, UZ	MP ME <> <> <> <> <> <> <> <> <> PP <>

流體元素 FLUID Elements		
FLUID141	2-D Fluid-Thermal 4 nodes 2-D space DOF: VX, VY, VZ, PRES, TEMP, ENKE, ENDS	MP <> <> <> <> <> <> FL <> <> <> PP <>
FLUID142	3-D Fluid-Thermal 8 nodes 3-D space DOF: VX, VY, VZ, PRES, TEMP, ENKE, ENDS	MP <> <> <> <> <> <> FL <> <> <> PP <>

FOLLOW Elements		
FOLLW201	3-D Follower Load 1 node 3-D space DOF: UX, UY, UZ, ROTX, ROTY, ROTZ	MP ME ST PR PRN DS DSS <> <> <> <> PP <>

高頻元素 HF Elements		
HF118	2-D High-Frequency Magnetic Electric Quadrilateral Solid 8 nodes 2-D space DOF: AX	MP <> <> <> <> <> <> <> <> EH <> PP <>
HF119	3-D High-Frequency Magnetic Electric Tetrahedral Solid 10 nodes 3-D space DOF: AX	MP <> <> <> <> <> <> <> <> EH <> PP <>
HF120	3-D High-Frequency Magnetic Electric Brick Solid 20 nodes 3-D space DOF: AX	MP <> <> <> <> <> <> <> <> EH <> PP <>

無窮遠元素 INFIN Elements		
INFIN9	2-D Infinite Boundary 2 nodes 2-D space DOF: AZ, TEMP	MP ME <> <> <> <> <> <> EM <> <> PP <>
INFIN47	3-D Infinite Boundary 4 nodes 3-D space DOF: MAG, TEMP	MP ME <> <> <> <> <> <> EM <> <> PP <>
INFIN110	2-D Infinite Solid 4 or 8 nodes 2-D space DOF: AZ, VOLT, TEMP	MP ME <> <> <> <> <> <> EM <> <> PP <>
INFIN111	3-D Infinite Solid 8 or 20 nodes 3-D space DOF: MAG, AX, AY, AZ, VOLT, TEMP	MP ME <> <> <> <> <> <> EM <> <> PP <>

界面元素 INTER Elements		
INTER115	3-D Magnetic Electric Interface 4 nodes 3-D space DOF: AX, AY, AZ, MAG	MP <> <> <> <> <> <> <> EM <> <> PP <>
INTER192	Structural 2-D Interface 4-Node Gasket 4 nodes 2-D space DOF: UX, UY	MP ME ST <> <> <> <> <> <> <> <> PP <>
INTER193	Structural 2-D Interface 6-Node Gasket 6 nodes 2-D space DOF: UX, UY	MP ME ST <> <> <> <> <> <> <> <> PP <>
INTER194	Structural 3-D Interface 16-Node Gasket 16 nodes 3-D space DOF: UX, UY, UZ	MP ME ST <> <> <> <> <> <> <> <> PP <>

界面元素 INTER Elements		
INTER195	Structural 3-D Interface 8-Node Gasket 8 nodes 3-D space DOF: UX, UY, UZ	MP ME ST <> <> <> <> <> <> <> <> PP <>
INTER202	Structural 2-D Interface 4-Node Cohesive Zone 4 nodes 2-D space DOF: UX, UY	MP ME ST <> <> <> <> <> <> <> <> PP <>
INTER203	Structural 2-D Interface 6-Node Cohesive Zone 6 nodes 2-D space DOF: UX, UY	MP ME ST <> <> <> <> <> <> <> <> PP <>
INTER204	Structural 3-D Interface 16-Node Cohesive Zone 16 nodes 3-D space DOF: UX, UY	MP ME ST <> <> <> <> <> <> <> <> PP <>
INTER205	Structural 3-D Interface 8-Node Cohesive Zone 8 nodes 3-D space DOF: UX, UY	MP ME ST <> <> <> <> <> <> <> <> PP <>

桿元素 LINK Elements		
LINK1	2-D Spar (or Truss) 2 nodes 2-D space DOF: UX, UY	MP ME ST PR PRN DS DSS <> <> <> <> PP <>
LINK8	3-D Spar (or Truss) 2 nodes 3-D space DOF: UX, UY, UZ	MP ME ST PR PRN <> <> <> <> <> <> PP <>
LINK10	Structural 3-D Tension-only or Compression-only Spar 2 nodes 3-D space DOF: UX, UY, UZ	MP ME ST PR PRN <> <> <> <> <> <> PP <>
LINK11	Structural 3-D Linear Actuator 2 nodes 3-D space DOF: UX, UY, UZ	MP ME ST <> <> <> <> <> <> <> <> PP <>

桿元素 LINK Elements		
LINK31	Radiation Link 2 nodes 3-D space DOF: TEMP	MP ME <> PR PRN <> <> <> <> <> <> PP <>
LINK32	Thermal 2-D Conduction Bar 2 nodes 2-D space DOF: TEMP	MP ME <> PR PRN <> <> <> <> <> <> PP <>
LINK33	Thermal 3-D Conduction Bar 2 nodes 3-D space DOF: TEMP	MP ME <> PR PRN DS <> <> <> <> <> PP <>
LINK34	Convection Link 2 nodes 3-D space DOF: TEMP	MP ME <> PR PRN <> <> <> <> <> <> PP <>
LINK68	Coupled Thermal-Electric Line 2 nodes 3-D space DOF: TEMP, VOLT	MP ME <> PR PRN <> <> <> EM <> <> PP <>
LINK160	Explicit 3-D Spar (or Truss) 3 nodes 3-D space DOF: UX, UY, UZ, VX, VY, VZ, AX, AY, AZ	<> <> <> <> <> <> <> <> <> <> DY <> <>
LINK167	Explicit Tension-Only Spar 3 nodes 3-D space DOF: UX, UY, UZ, VX, VY, VZ, AX, AY, AZ	<> <> <> <> <> <> <> <> <> <> DY <> <>
LINK180e	Structural 3-D Finite Strain Spar (or Truss) 2 nodes 3-D space DOF: UX, UY, UZ	MP ME ST PR PRN <> <> <> <> <> <> PP VT

質量元素 Mass Elements		
MASS21	Structural Mass 1 node 3-D space DOF: UX, UY, UZ, ROTX, ROTY, ROTZ	MP ME ST PR PRN DS DSS <> <> <> <> PP VT
MASS71	Thermal Mass 1 node 3-D space DOF: TEMP	MP ME <> PR PRN DS <> <> <> <> <> PP <>

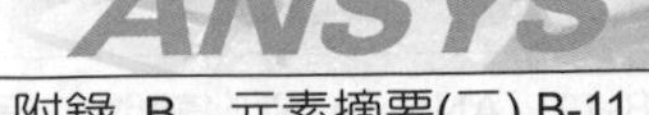

質量元素 Mass Elements

MASS166	Explicit 3-D Structural Mass 1 node 3-D space DOF: UX, UY, UZ, VX, VY, VZ, AX, AY, AZ	<> <> <> <> <> <> <> <> <> <> DY <> <>

矩陣元素 Matrix Elements

MATRIX27	Stiffness, Damping, or Mass Matrix 2 nodes 3-D space DOF: UX, UY, UZ, ROTX, ROTY, ROTZ	MP ME ST PR PRN <> <> <> <> <> <> PP <>
MATRIX50	Superelement (or Substructure) 2-D or 3-D space DOF: Determined from included element types	MP ME ST PR PRN <> <> <> <> <> <> PP <>

網格元素 Mesh Elements

MESH200	Meshing Facet 2-20 nodes 2-D/3-D space DOF: None KEYOPT Dependent	MP ME ST DY MP ME ST PR PRN <> <> <> EM EH DY PP <>

結構多點限制元素 MPC Elements

Mpc184	Structural Multipoint Constraint 2 nodes 3-D space DOF: UX, UY, UZ, ROTX, ROTY, ROTZ,KEYOPT Dependent	MP ME ST PR PRN <> <> <> <> <> <> PP <>

管元素 PIPE Elements		
PIPE16	Structural Elastic Straight Pipe 3 nodes 3-D space DOF: UX, UY, UZ, ROTX, ROTY, ROTZ	MP ME ST PR PRN <> <> <> <> <> <> PP <>
PIPE17	Structural Elastic Pipe Tee 4 nodes 3-D space DOF: UX, UY, UZ, ROTX, ROTY, ROTZ	MP ME ST PR PRN <> <> <> <> <> <> PP <>
PIPE18	Structural Elastic Curved Pipe (Elbow) 3 nodes 3-D space DOF: UX, UY, UZ, ROTX, ROTY, ROTZ	MP ME ST PR PRN <> <> <> <> <> <> PP <>
PIPE20	Structural Plastic Straight Pipe 2 nodes 3-D space DOF: UX, UY, UZ, ROTX, ROTY, ROTZ	MP ME ST <> <> <> <> <> <> <> <> PP <>
PIPE59	Structural Immersed Pipe or Cable 2 nodes 3-D space DOF: UX, UY, UZ, ROTX, ROTY, ROTZ	MP ME ST <> <> <> <> <> <> <> <> PP <>
PIPE60	Structural Plastic Curved Pipe (Elbow) 3 nodes 3-D space DOF: UX, UY, UZ, ROTX, ROTY, ROTZ	MP ME ST <> <> <> <> <> <> <> <> PP <>

平面元素 PLANE Elements		
PLANE13	2-D Coupled-Field Solid 4 nodes 2-D space DOF: TEMP, AZ, UX, UY, VOLT	MP ME <> <> <> <> <> <> EM <> <> PP <>
PLANE25	Axisymmetric-Harmonic 4-Node Structural Solid 4 nodes 2-D space DOF: UX, UY, UZ	MP ME ST <> <> <> <> <> <> <> <> PP <>

平面元素 PLANE Elements

Element	Description	Output
PLANE35	2-D 6-Node Triangular Thermal Solid 6 nodes 2-D space DOF: TEMP	MP ME <> PR PRN <> <> <> <> <> PP <>
PLANE42	2-D Structural Solid 4 nodes 2-D space DOF: UX, UY	MP ME ST PR PRN DS DSS <> <> <> <> PP <>
PLANE53	2-D 8-Node Magnetic Solid 8 nodes 2-D space DOF: VOLT, AZ, CURR, EMF	MP <> <> <> <> <> <> <> EM <> <> PP <>
PLANE55	2-D Thermal Solid 4 nodes 2-D space DOF: TEMP	MP ME <> PR PRN DS <> <> <> <> <> PP <>
PLANE67	2-D Coupled Thermal-Electric Solid 4 nodes 2-D space DOF: TEMP, VOLT	MP ME <> PR PRN <> <> <> EM <> <> PP <>
PLANE75	2-D Axisymmetric-Harmonic 4-Node Thermal Solid 4 nodes 2-D space DOF: TEMP	MP ME <> <> <> <> <><> <> <> <> PP <>
PLANE77	2-D 8-Node Thermal Solid 8 nodes 2-D space DOF: TEMP	MP ME <> PR PRN DS <> <> <> <> <> PP <>
PLANE78	2-D Axisymmetric-Harmonic 8-Node Thermal Solid 8 nodes 2-D space DOF: TEMP	MP ME <> <> <> <> <> <> <> <> PP <>
PLANE82	2-D 8-Node Structural Solid 8 nodes 2-D space DOF: UX, UY	MP ME ST PR PRN DS <> <> <><> <> PP <>

平面元素 PLANE Elements		
PLANE83	2-D Axisymmetric-Harmonic 8-Node Structural Solid 8 nodes 2-D space DOF: UX, UY, UZ	MP ME ST <> <> <> <> <> <> <> <> PP <>
PLANE121	2-D 8-Node Electrostatic Solid 8 nodes 2-D space DOF: VOLT	MP <> <> <> <> <> <> <> EM <> <> PP <>
PLANE145	2-D Quadrilateral Structural Solid p-Element 8 nodes 2-D space DOF: UX, UY	MP ME ST PR PRN <> <> <> <> <> <> PP <>
PLANE146	2-D Triangular Structural Solid p-Element 6 nodes 2-D space DOF: UX, UY	MP ME ST PR PRN <> <> <><> <> <>PP <>
PLANE162	Explicit 2-D Structural Solid 4 nodes 2-D space DOF: UX, UY, VX, VY, AX, AY	<> <> <> <><> <> <> <> <> <> DY <> <>
PLANE182	2-D 4-Node Structural Solid 4 nodes 2-D space DOF: UX, UY	MP ME ST PR PRN DS DSS <> <> <> <> PP VT
PLANE183	2-D 8-Node Structural Solid 8 nodes 2-D space DOF: UX, UY	MP ME ST PR PRN DS DSS <> <> <> <> PP VT
PLANE223	2-D 8-Node Coupled-Field Solid 8 nodes 2-D space DOF: UX, UY, TEMP, VOLT	MP <> <> <> <> <> <> <> <> <> PP <>
PLANE230	2-D 8-Node Electric Solid 8 nodes 2-D space DOF: VOLT	MP <> <><> <> <> <> <> EM <> <> PP <>

預力元素　PRETS Elements

PRETD179	2-D/3-D Pretension Combination 3 nodes 2-D/3-D space DOF: UX	MP ME ST PR PRN DS DSS <> <> <> <> PP <>

PEINF Elements

PRINF265	3-D Smeared Reinforcing Up to 20 nodes 3-D space DOF :UX,UY,UZ,ROTX,ROTY,R OTZ	MP ME ST PR PRN <> <> <> <> <> <> PP <>

降階元組模式　ROM Elements

ROM144	Reduced Order Electrostatic-Structural Coupled-Field 20 or 30 nodes 3-D space DOF: EMF, VOLT, UX	MP <> <> <> <> <> <> <> <> <> <> PP <>

殼元素　SHELL Elements

SHELL28	Structural 3-D Shear/Twist Panel 4 nodes 3-D space DOF: UX, UY, UZ, ROTX, ROTY, ROTZ	MP ME ST PR PRN <> <> <> <> <> <> PP <>
SHELL41	Structural 3-D Membrane Shell 4 nodes 3-D space DOF: UX, UY, UZ	MP ME ST PR PRN <> <> <> <> <> <> PP <>
SHELL43	3-D Structural 4-Node Plastic Large Strain Shell 4 nodes 3-D space DOF: UX, UY, UZ, ROTX, ROTY, ROTZ	MP ME ST <> <> <> <> <> <> <> <> PP <>

殼元素 SHELL Elements		
SHELL57	Thermal Shell 4 nodes 3-D space DOF: TEMP	MP ME <> PR PRN DS <> <> <> <> <> PP <>
SHELL61	2-D Axisymmetric-Harmonic Structural Shell 2 nodes 2-D space DOF: UX, UY, UZ, ROTZ	MP ME ST <> <> <> <> <> <> <> <> PP <>
SHELL63	Structural 3-D Elastic Shell 4 nodes 3-D space DOF: UX, UY, UZ, ROTX, ROTY, ROTZ	MP ME ST PR PRN DS <> <> <> <> <> PP <>
SHELL91	3-D Nonlinear Layered Structural Shell 8 nodes 3-D space DOF: UX, UY, UZ, ROTX, ROTY, ROTZ	MP ME ST <> <> <> <> <> <> <> <> PP <>
SHELL93	3-D 8-Node Structural Shell 8 nodes 3-D space DOF: UX, UY, UZ, ROTX, ROTY, ROTZ	MP ME ST PR PRN DS <> <> <> <> <> PP <>
SHELL99	3-D Linear Layered Structural Shell 8 nodes 3-D space DOF: UX, UY, UZ, ROTX, ROTY, ROTZ	MP ME ST PR PRN <> <> <> <> <> <> PP <>
SHELL131	4 Node Layered Thermal Shell 4 nodes 3-D space DOF: TBOT, TE2, TE3, TE4, . . . TTOP	MP ME <> PR PRN <> <> <> <> <> <> PP <>
SHELL132	8 Node Layered Thermal Shell 8 nodes 3-D space DOF: TBOT, TE2, TE3, TE4, . . . TTOP	MP ME <> PR PRN <> <> <> <> <> <> PP <>

殼元素 SHELL Elements

Element	Description	Properties
SHELL150	3-D 8-Node Structural Shell p-Element 8 nodes 3-D space DOF: UX, UY, UZ, ROTX, ROTY, ROTZ	MP ME ST PR PRN <> <> <> <> <> <> PP <>
SHELL157	Thermal-Electric Shell 4 nodes 3-D space DOF: TEMP, VOLT	MP ME <> PR PRN <> <> <> <> <> <> PP <>
SHELL163	Explicit Thin Structural Shell 4 nodes 3-D space DOF: UX, UY, UZ, VX, VY, VZ, AX, AY, AZ, ROTX, ROTY, ROTZ,	<> <> <> <> <> <> <> <> <> <> DY <> <>
SHELL181	3-D 4-Node Finite Strain Layered Shell 4 nodes 3-D space DOF: UX, UY, UZ, ROTX, ROTY, ROTZ	MP ME ST PR PRN DS DSS <> <> <> <> PP VT
SHELL208	2-D Axisymmetric Structural Shell 2 nodes 2-D space DOF: UX, UY, ROTZ	MP ME ST PR PRN <> <> <> <> <> <> PP <>
SHELL209	2-D Axisymmetric Structural Shell 3 nodes 2-D space DOF: UX, UY, ROTZ	MP ME ST PR PRN <> <> <> <> <> <> PP <>
SHELL281	3-D Structural 8-Node Finite Strain Layered Shell 8 nodes 3-D space DOF: UX, UY, UZ, ROTX, ROTY, ROTZ	MP ME ST PR PRN DS DSS <> <> <> <> PP <>

實體元素 SOLID Elements

Element	Description	Properties
SOLID5	3-D Coupled-Field Solid 8 nodes 3-D space DOF: UX, UY, UZ, TEMP, VOLT, MAG	MP ME <> <> <> <> <> <> <> <> <> PP <>

實體元素 SOLID Elements		
SOLID45	3-D Structural Solid 8 nodes 3-D space DOF: UX, UY, UZ	MP ME ST PR PRN DS DSS <> <> <> <> PP <>
SOLID46	3-D 8-Node Layered Structural Solid 8 nodes 3-D space DOF: UX, UY, UZ	MP ME ST PR PRN <> <> <> <> <> <> PP <>
SOLID62	3-D Magneto-Structural Coupled-Field Solid 8 nodes 3-D space DOF: UX, UY, UZ, AX, AY, AZ, VOLT	MP <> <> <> <> <> <> <> <> <> <> PP <>
SOLID65	3-D Reinforced Concrete Structural Solid 8 nodes 3-D space DOF: UX, UY, UZ	MP ME ST <> <> <> <> <> <> <> <> PP <>
SOLID69	3-D Coupled Thermal-Electric Solid 8 nodes 3-D space DOF: TEMP, VOLT	MP ME <> PR PRN <> <> <> <> <> <> PP <>
SOLID70	3-D Thermal Solid 8 nodes 3-D space DOF: TEMP	MP ME <> PR PRN DS <> <> <> <> <> PP VT
SOLID87	3-D 10-Node Tetrahedral Thermal Solid 10 nodes 3-D space DOF: TEMP	MP ME <> PR PRN DS <> <> <> <> <> PP VT
SOLID90	3-D 20-Node Thermal Solid 20 nodes 3-D space DOF: TEMP	MP ME <> PR PRN DS <> <> <> <> <> PP VT

實體元素 SOLID Elements		
SOLID92	3-D 10-Node Tetrahedral Structural Solid 10 nodes 3-D space DOF: UX, UY, UZ	MP ME DT PR PRN DS DSS <> <> <> <> PP <>
SOLID95	3-D 20-Node Structural Solid 20 nodes 3-D space DOF: UX, UY, UZ	MP ME ST PR PRN DS DSS <> <> <> <> PP <>
SOLID96	3-D Magnetic Scalar Solid 8 nodes 3-D space DOF: MAG	MP <> <> <> <> <> <> <> EM <> <> PP <>
SOLID97	3-D Magnetic Solid 8 nodes 3-D space DOF: AX, AY, AZ, VOLT, CURR, EMF	MP <> <> <> <> <> <> <> EM <> <> PP <>
SOLID98	Tetrahedral Coupled-Field Solid 10 nodes 3-D space DOF: UX, UY, UZ, TEMP, VOLT, MAG	MP ME <> <> <> <> <> <> EM <> <> PP <>
SOLID117	3-D 20-Node Magnetic Edge 20 nodes 3-D space DOF: AZ	MP <> <> <> <> <> <> <> EM <> <> PP <>
SOLID122	3-D 20-Node Electrostatic Solid 20 nodes 3-D space DOF: VOLT	MP <> <> <> <> <> <> <> EM <> <> PP <>
SOLID123	3-D 10-Node Tetrahedral Electrostatic Solid 10 nodes 3-D space DOF: VOLT	MP <> <> <> <> <> <> <> EM <> <> PP <>

實體元素 SOLID Elements		
SOLID127	3-D Tetrahedral Electrostatic Solid p-Element 10 nodes 3-D space DOF: VOLT	MP <> <> <> <> <> <> <> EM <> <> PP <>
SOLID128	3-D Brick Electrostatic Solid p-Element 20 nodes 3-D space DOF: VOLT	MP <> <> <> <> <> <> <> EM <> <> PP <>
SOLID147	3-D Brick Structural Solid p-Element 20 nodes 3-D space DOF: UX, UY, UZ	MP ME ST PR PRN <> <> <> <> <> PP <>
SOLID148	3-D Tetrahedral Structural Solid p-Element 10 nodes 3-D space DOF: UX, UY, UZ	MP ME ST PR PRN <> <> <> <> <> PP <>
SOLID164	Explicit 3-D Structural Solid 8 nodes 3-D space DOF: UX, UY, UZ, VX, VY, VZ, AX, AY, AZ	<> <> <> <> <> <> <> <> <> <> DY <> <>
SOLID168	Explicit 3-D 10-Node Tetrahedral Structural Solid 10 nodes 3-D space DOF: UX, UY, UZ, VX,VY, VZ, AX, AY, AZ	<> <> <> <> <> <> <> <> <> <> DY <> <>
SOLID185	3-D 8-Node Structural Solid or Layered Solid 8 nodes 3-D space DOF: UX, UY, UZ	MP ME ST PR PRN DS DSS <> <> <> <> PP VT
SOLID186	3-D 20-Node Structural Solid or Layered Solid 20 nodes 3-D space DOF: UX, UY, UZ	MP ME ST PR PRN DS DSS <> <> <> <> PP VT

實體元素 SOLID Elements		
SOLID187	3-D 10-Node Tetrahedral Structural Solid 10 nodes 3-D space DOF: UX, UY, UZ	MP ME ST PR PRN DS DSS <> <> <> <> PP VT
SOLID191	3-D 20-Node Layered Structural Solid 20 nodes 3-D space DOF: UX, UY, UZ	MP ME ST <> <> <> <> <> <> <> <> PP <>
SOLID226	3-D 20-Node Coupled-Field Solid 20 nodes 3-D space DOF: UX, UY, UZ, TEMP, VOLT	MP <> <> <> <> <> <> <> <> <> <> PP <>
SOLID227	3-D 10-Node Coupled-Field Solid 10 nodes 3-D space DOF: UX, UY, UZ, TEMP, VOLT	MP <> <> <> <> <> <> <> <> <> <> PP <>
Solid231	3-D 20-Node Electric Solid 20 nodes 3-D space DOF: VOLT	MP <> <> <> <> <> <> <> EM <> <> PP <>
Solid232	3-D 10-Node Tetrahedral Electric Solid 10 nodes 3-D space DOF: VOLT	MP <> <> <> <> <> <> <> EM <> <> PP <>

結構層狀固體殼元素 SOLSH Elements		
SOLSH190	Structural Layered Solid Shell 8 nodes 3-D space DOF: UX, UY, UZ	MP ME ST PR PRN DS DSS <> <> <> <> PP <>

來源元素 SOURCE Elements

Element	Description	Properties
SOURC36	Magnetic Elecyric Current Source 3 nodes 3-D space DOF: None	MP <> <> <> <> <> <> <> EM <> <> PP <>

表面元素 SURFACE Elements

Element	Description	Properties
SURF151	2-D Thermal Surface Effect 2 or 4 nodes 2-D space DOF: TEMP	MP ME ST PR PRN DS <> <> <> <> <> PP <>
SURF152	3-D Thermal Surface Effect 4 to 9 nodes 3-D space DOF: TEMP	MP ME ST PR PRN DS <> <> <> <> <> PP VT
SURF153	2-D Structural Surface Effect 2 or 3 nodes 2-D space DOF: UX, UY	MP ME ST PR PRN DS DSS <> <> <> <> PP VT
SURF154	3-D Structural Surface Effect 4 to 8 nodes 3-D space DOF: UX, UY, UZ	MP ME ST PR PRN DS DSS <> <> <> <> PP VT
SURF156	3-D Structural Surface Line Load 3 to 4 nodes 3-D space DOF: UX, UY, UZ	MP ME ST PR PRN DS DSS <> <> <> <> PP <>
SURF251	2-D Radiosity Surface 2 nodes 2-D space	MP ME <> PR PRN <> <> <> <> <> <> PP <>
SURF252	3-D Thermal Radiosity Surface 3 or 4 nodes, 3-D space	MP ME <> PR PRN <> <> <> <> <> <> PP <>

目標元素 TARGE Elements		
TARGE169	Contact 2-D Target Segment 3 nodes 2-D space DOF: UX, UY, ROTZ, TEMP	MP ME ST PR PRN DS DSS <> EM <> <> PP <>
TARGE170	Contact 3-D Target Segment 8 nodes 3-D space DOF: UX, UY, UZ, TEMP	MP ME ST PR PRN DS DSS <> EM <> <> PP <>

變換器元素 TRANS Elements		
TRANS109	2-D Electromechanical Solid 3 nodes 2-D space DOF: UX, UY, VOLT	MP <> <> <> <> <> <> <> <> <> <> PP <>
TRANS126	Electromechanical Transducer 2 nodes 3-D space DOF: UX-VOLT, UY-VOLT, UZ-VOLT	MP <> <> <> <> <> <> <> <> <> <> PP <>

黏滯元素 VISCO Elements		
VISCO88	2-D 8-Node Viscoelastic Solid 8 nodes 2-D space DOF: UX, UY	MP ME ST <> <> <> <> <> <> <> <> PP <>
VISCO89	3-D 20-Node Viscoelastic Solid 20 nodes 3-D space DOF: UX, UY, UZ	MP ME ST <> <> <> <> <> <> <> <> PP <>
VISCO106	2-D 4-Node Viscoplastic Solid 4 nodes 2-D space DOF: UX, UY, UZ	MP ME ST <> <> <> <> <> <> <> <> PP <>

黏滯元素　　VISCO Elements		
VISCO107	3-D 8-Node Viscoplastic Solid 8 nodes 3-D space DOF: UX, UY, UZ	MP ME ST <> <> <> <> <> <> <> <> PP <>
VISCO108	2-D 8-Node Viscoplastic Solid 8 nodes 2-D space DOF: UX, UY, UZ	MP ME ST <> <> <> <> <> <> <> <> PP <>

附錄 C　範例索引

1. ANSYS有許多簡易的範例，每一個範例的程式碼，位於下列的目錄中：

   C:\Program Files\Ansys Inc\v100\ANSYS\data\verif
2. 範例的安排以元素屬性排列。

依元素屬性排列

ANSYS Element and Keywords	Element Options	Test Cases
BEAM3 - 2-D Elastic Beam		
Static Structural		VM2, VM41, VM127, VM136, VM157, VM180
Eigenvalue Buckling	Stress Stiffening	VM127
Modal		VM50, VM52, VM61
Modal, Spectrum		VM70
Transient Dynamic		VM40, VM77
Coupled Field, Modal		VM177
BEAM4 - 3-D Elastic Beam		
Static Structural	Stress Stiffening	VM21
Static Structural		VM36, VM195
Static Structural, Modal	Stress Stiffening	VM59
Modal	Rotary Inertia	VM57
Transient Dynamic, Restart		VM179
Modal Spectrum, Harmonic		VM19
BEAM23 - 2-D Plastic Beam		
Static Structural		VM24, VM133
BEAM24 - 3-D Thin-Walled Plastic Beam		
Static Structural		VM134
BEAM44 - 3-D Elastic Tapered Unsymmetric Beam		
Tapered	Static Structural	VM34
BEAM54 - 2-D Elastic Tapered Unsymmetric Beam		
Static Structural		VM10
Static Structural	Offset - Y	VM14
Static Structural	Elastic Foundation	VM135
BEAM188 - 3-D Finite Strain Beam		
Static Structural		VM216, VM217, VM239
Static Structural	Tapered Section	VM34
BEAM189 - 3-D Finite Strain Beam		
Static Structural		VM216, VM217
CIRCU94 - Piezoelectric Circuit		
Transient Piezoelectric – Circuit		VM237
CIRCU124 - General Circuit Element		
Current Conduction, Static,		VM117, VM207, VM208

ANSYS Element and Keywords	Element Options	Test Cases
Harmonic		
Transient		VM226
CIRCU125 - Common or Zener Diode		
Transient		VM226
COMBIN7 - Revolute Joint		
Transient Dynamic	Stops	VM179
Static Structural	Stops	VM195
COMBIN14 - Spring-Damper		
Coupled Field	Longitudinal	VM171
Modal	Longitudinal	VM45, VM52, VM89, VM154
COMBIN37 - Control		
Steady-State Thermal		VM159
COMBIN39 - Nonlinear Spring		
Transient Dynamic		VM156
COMBIN40 - Combination		
Static Structural		VM36
Static Structural	Mass	VM69
Modal, Transient Dynamic	Mass	VM182
Modal, Spectrum	Mass	VM68
Modal, Harmonic Response	Mass	VM183
Transient Dynamic	Mass	VM9, VM79
Transient Dynamic	Mass, Friction	VM73
Transient Dynamic	Mass, Gap	VM81
Transient Dynamic	Mass, Damping, Gap	VM83
Transient Dynamic	Mass, Damping	VM71, VM72, VM74, VM75
Harmonic Response	Mass, Damping	VM86, VM88
Harmonic Response	Mass	VM87
CONTAC12 - 2-D Point-to-Point Contact		
Static Structural	Gap Size by Node Location	VM27
Static Structural	Friction, Nonzero Separated-Interface Stiffness	VM29
CONTAC52 - 3-D Point-to-Point Contact		
Static Structural	Gap Size by Node Location	VM27
CONTA171 - 2–D Surface-to-Surface Contact		
Static Structural		VM211

ANSYS Element and Keywords	Element Options	Test Cases
Thermal Structural Contact		VM229
CONTA172 - 2-D 3-Node Surface-to-Surface Contact		
Static Structural		VM211
CONTA173 - 3-D Surface-to-Surface Contact		
Static Structural		VM211
CONTA174 - 3-D 8-Node Surface-to-Surface Contact		
Static Structural		VM211
CONTA175 - 2-D/3-D Node-to-Surface Contact		
Static Structural, Transient Dynamic		VM191, VM201, VM65, VM23, VM64
CONTA178 - 3-D Node-to-Node Contact		
Static Structural		VM63
FLUID29 - 2-D Acoustic Fluid		
Coupled Field, Modal Analysis	Structure at Interface	VM177
Acoustics, Modal Analysis	No Structure at Interface	VM177
FLUID30 - 3-D Acoustic Fluid		
Coupled Field, Harmonic Response	Structure at Interface	VM177
Acoustics, Harmonic Response	No Structure at Interface	VM177
FLUID38 - Dynamic Fluid Coupling		
Modal		VM154
FLUID79 - 2-D Contained Fluid		
Fluid Flow		VM149
FLUID80 - 3-D Contained Fluid		
Fluid Flow		VM150
FLUID81 - Axisymmetric-Harmonic Contained Fluid		
Modal	Mode 1	VM154
FLUID116 - Thermal Fluid Pipe		
Fluid Flow		VM122
Steady-State Thermal		VM126
Fluid Flow	Flow Losses (Additional Length)	VM123
Fluid Flow	Flow Losses (Loss Coefficient) Pump Head	VM124
FLUID136 - 3-D Squeeze Film Fluid Element		

ANSYS Element and Keywords	Element Options	Test Cases
Harmonic		VM245
FLUID141 - 2-D Fluid-Thermal		
CFD Thermal	Axisymmetric	VM121
CFD Multispecies	Axisymmetric	VM209
CFD Non Newtonian	Axisymmetric	VM219
FLUID142 - 3-D Fluid-Thermal		
CFD, Thermal, Fluid Flow		VM178, VM46
HF119 - 3-D High Frequency Tetrahedral Solid		
Full Harmonic Magnetic		VM214
HF120 - 3-D High Frequency Brick Solid		
Mode-frequency Magnetic		VM212
Full Harmonic Magnetic		VM213
INFIN9 - 2-D Infinite Boundary		
Static Magnetic		VM188
Static Magnetic	AZ Degree of Freedom	VM165
INFIN47 - 3-D Infinite Boundary		
Static Magnetic		VM190
INFIN110 - 2-D Infinite Solid		
Electrostatic, Harmonic		VM49, VM120, VM206,VM207
INFIN111 - 3-D Infinite Solid		
Electrostatic		VM51
INTER115 - 3-D Magnetic Interface		
Static Magnetic		VM189
LINK1 - 2-D Spar (or Truss)		
Static Structural		VM1, VM3, VM4, VM11, VM27, VM194
Static Structural	Initial Strain	VM132
Modal		VM76
Transient Dynamic		VM80, VM84, VM85, VM156
Harmonic Response, Static Response, Modal		VM76
LINK10 -Tension-only (Chain) or Compression-only Spar		
Static Structural	Stress Stiffening	VM31
Static Structural, Modal	Stress Stiffening, Initial Strain	VM53

ANSYS Element and Keywords	Element Options	Test Cases
LINK11 - Linear Actuator		
Static Structural		VM195
LINK31 - Radiation Link		
Steady-State Thermal		VM106, VM107
LINK32 - 2-D Conduction Bar		
Steady-State Thermal		VM92, VM93, VM94, VM110,VM115,VM116, VM125, VM164
Static Magnetic	AUX12	VM147
LINK33 - 3-D Conduction Bar		
Steady-State Thermal		VM95, VM114
LINK34 - Convection Link		
Steady-State Thermal		VM92, VM94, VM95, VM97, VM107, VM109, VM110, VM159
Steady-State Thermal	Temperature-Dependent Film Coefficient	VM116
LINK68 -Thermal-Electric Line		
Current Conduction		VM117
Coupled Field	Multi-field Coupling	VM170
MASS21 - Structural Mass		
Static Structural		VM131
Modal		VM45, VM57, VM89
Modal	Rotary Inertia	VM47, VM48, VM52,VM57
Transient Dynamic		VM65, VM77, VM80,VM81, VM91, VM156
Harmonic Response		VM90
MASS71 - Thermal Mass		
Transient Thermal		VM109, VM159
MATRIX27 - Stiffness, Damping, or Mass Matrix		
Static Structural		VM41
MATRIX50 - Superelement (or Substructure)		
Static Structural, Substructure		VM141
Static Structural, Modal		VM153
Radiation Matrix Substruction	Steady-State Thermal, Substructural	VM125
Steady-State Thermal	AUX12	VM147

ANSYS Element and Keywords	Element Options	Test Cases
MPC184 - Multipoint Constraint Element		
Static Structural		VM239, VM240
PIPE16 - Elastic Straight Pipe		
Structural		VM12, VM146
Modal		VM48, VM57
PIPE18 - Elastic Curved Pipe (Elbow)		
Static Structural	Static Structural	VM18
PIPE20 - Plastic Straight Pipe		
Static Structural		VM7
PIPE59 - Immersed Pipe or Cable		
Transient Dynamic	Tangential Drag	VM158
PLANE2 - 2-D 6-Node Triangular Structural Solid		
Static Structural, Substructure	Plane Stress with Thickness Input	VM141
Static Structural		VM142, VM180
Static Structural	Axisymmetric	VM63
Modal	Axisymmetric	VM181
PLANE13 - 2-D Coupled-Field Solid		
Coupled Field	Plane Strain with Multi-field Coupling	VM171
Coupled Field	Axisymmetric w/ AZ DOFand Multi-field Coupling	VM172
Coupled Field	Plane Stress with Multi-field Coupling	VM174
Harmonic Magnetic	AZ Degree of Freedom	VM166
Coupled Field	AZ and VOLT Degree of Freedom, Multi-field Coupling	VM185
Transient Magnetic	AZ Degree of Freedom	VM167
Coupled Field	AZ and VOLT Degree of Freedom, Multi-field Coupling	VM186
Static Magnetic	AZ Degree of Freedom	VM165
Coupled Field	Thermal-Structural Coupling	VM23
PLANE25 - 4-Node Axisymmetric-Harmonic Structural Solid		
Static Structural	Mode 1	VM43

ANSYS Element and Keywords	Element Options	Test Cases
Modal	Mode 0 and 2	VM67
PLANE35 - 2-D 6-Node Triangular Thermal Solid		
Steady-State Thermal	Axisymmetric	VM58
Steady-State Radiosity		VM228
PLANE42 - 2-D Structural Solid		
Static Structural	Plane Stress with Thickness Input	VM5, VM64, VM128, VM205
Static Structural	Plane Stress, Surface Stress Printout	VM5, VM16
Static Structural	Axisymmetric	VM32, VM38
Eigenvalue Buckling, Static Structural	Plane Stress with Thickness Input, Stress Stiffening	VM142, VM155, VM191
PLANE53 - 2-D 8-Node Magnetic Solid		
Static Magnetic, Harmonic		VM188, VM206, VM207, VM220
PLANE55 - 2-D Thermal Solid		
Steady-State Thermal	Axisymmetric	VM32, VM102
Transient Thermal	Axisymmetric	VM111
Steady-State Thermal	Axisymmetric, Analogous Flow Field	VM163
Steady-State Thermal		VM98, VM99, VM100, VM105, VM118, VM193
Transient Thermal		VM104, VM113
PLANE67 - 2-D Thermal-Electric Solid		
Coupled Field	Multi-field Coupling	VM119
PLANE75 - Axisymmetric-Harmonic Thermal Solid		
Steady-State Thermal	Mode 1	VM108
PLANE77 - 2-D 8-Node Thermal Solid		
Transient Thermal	Axisymmetric	VM112
Transient Thermal		VM28
Steady-State Radiosity		VM227
PLANE78 - Axisymmetric-Harmonic 8-Node Thermal Solid		
Steady-State Thermal	Mode 2	VM160
PLANE82 - 2-D 8-Node Structural Solid		
Static Structural	Surface Stress Printout	VM5
Static Structural	Axisymmetric	VM25, VM63

ANSYS Element and Keywords	Element Options	Test Cases
Static Structural, Substructuring	Plane Stress with Thickness	VM141
Static Structural	Shifted Midside Nodes	VM143
Static Structural	Plane Stress with Thickness	VM205
PLANE83 - 8-Node Axisymmetric-Harmonic Structural Solid		
Static Structural	Modes 0 and 1	VM140
PLANE121 - 2-D 8-Node Electrostatic Solid		
Electrostatic		VM49, VM120
PLANE145 - 2-D Quadrilateral Structural Solid p-Element		
Static Structural	Plane Stress with Thickness	VM141
PLANE146 - 2-D Triangular Structural Solid p-Element		
Static Structural, Submodeling		VM142
PLANE182 - 2-D Structural Solid		
Static Structural		VM191, VM201, VM211
Creep		VM224
PLANE183 - 2-D 8-Node Structural Solid		
Static Structural		VM56, VM201, VM211, VM243
Creep		VM224
PLANE223 - 2-D 8-Node Coupled-Field Solid		
Static and Transient Piezoelectric		VM237
Static Piezoresistive		VM238
PRETS179 - 2-D/3-D Pretension Solid		
Structural Static, Preloading		VM225
SHELL28 - Shear/Twist Panel		
Modal		VM202
SHELL41 - Membrane Shell		
Static Structural		VM20, VM153
Static Structural, Modal		VM153
SHELL43 - Plastic Shell		
Static Structural		VM7
Static Structural, Restart		VM26
SHELL51 - Axisymmetric Structural Shell		

ANSYS Element and Keywords	Element Options	Test Cases
Static Structural		VM13, VM15, VM22
Static Structural	Stress Stiffening, Large Deflection	VM137, VM138
Static Structural, Modal	Stress Stiffening	VM55
SHELL57 - Thermal Shell		
Steady-State Thermal		VM97, VM103
SHELL61 - Axisymmetric-Harmonic Structural Shell		
Static Structural	Mode 1	VM44
Modal, Static Structural	Mode 0, 1, and 2	VM152
Modal	Mode 0, 1, and 2	VM151
SHELL63 - Elastic Shell		
Static Structural		VM34, VM39, VM54, VM139
Static Structural	Snap-Through Buckling	VM17
Modal		VM54, VM62, VM66
Coupled Field, Harmonic Response		VM177
SHELL91 - 16-Layer Structural Shell		
Static Structural	Multi-layer, Interlaminar Shear Printout	VM35
SHELL93 - 8-Node Structural Shell		
Static Structural		VM6, VM42
Static Structural, Substructure		VM141
Modal, Spectrum	Integration Points Printout	VM203
SHELL99 - 100-Layer Structural Shell		
Static Structural	Multi-layer, Interlaminar Stresses, Failure Criterion	VM78
Static Structural	Multi-layer, Orthotropic Properties	VM82
Static Structural	Nodal Stress and Strain Printout, Multi-layer, Node Offset	VM144
Modal	Multi-layer	VM60
SHELL150 - 8-Node Structural Shell p-Element		
Static Structural		VM6
SHELL157 - Coupled Thermal-Electric Shell		

ANSYS Element and Keywords	Element Options	Test Cases
Coupled-Field		VM215
SHELL181 - Finite Strain Shell		
Static Structural		VM242, VM244
Static, Large Deflection		VM26, VM218
SHELL208 - 2-Node Finite Strain Axisymmetric Shell		
Static, Large Deflection		VM218
SOLID5 - 3-D Coupled-Field Solid		
Coupled Field	Multi-field Coupling	VM173
Static Structural	Displacement Field	VM184, VM187
Coupled Field, Modal	Multi-field Coupling, Anisotropic Material Properties	VM175
Coupled Field, Harmonic Response	Multi-field Coupling, Anisotropic Material Properties	VM176
Coupled Field, Modal	Multi-field Coupling	VM33, VM170
Coupled Field	MAG Degree of Freedom	VM168
Static Structural	Multi-field Coupling	VM173
SOLID45 - 3-D Structural Solid		
Static Structural		VM7, VM37, VM143, VM191, VM196
Static Structural	Generalized Plane Strain	VM38
SOLID46 - 3-D Layered Structural Solid		
Static Structural	Multi-layer, Orthotropic Properties	VM82
Static Structural	Nodal Stress and Strain Printout, Multi-layer, Node Offset	VM144
SOLID62 - 3-D Magneto-Structural Solid		
Coupled Field		VM172
SOLID64 - 3-D Anisotropic Structural Solid		
Static Structural	Material Matrix	VM145
SOLID65 - 3-D Reinforced Concrete Solid		
Static Structural	Cracking	VM146
SOLID69 - 3-D Thermal-Electric Solid		
Coupled Field		VM119
SOLID70 - 3-D Thermal Solid		
Steady-State Thermal		VM95, VM101, VM118

ANSYS Element and Keywords	Element Options	Test Cases
Transient Thermal		VM192
SOLID87 - 3-D 10-Node Tetrahedral Thermal Solid		
Steady-State Thermal		VM96
SOLID90 - 3-D 20-Node Thermal Solid		
Steady-State Thermal		VM161, VM162
SOLID92 - 3-D 10-Node Tetrahedral Structural Solid		
Static Structural		VM184, VM187
SOLID95 - 3-D 20-Node Structural Solid		
Static Structural		VM143, VM148, VM210
SOLID96 - 3-D Magnetic-Scalar Solid		
Harmonic Response	CMVP Formulation	VM189
SOLID97 - 3-D Magnetic Solid		
Coupled Field		VM172, VM189
SOLID98 - Tetrahedral Coupled-Field Solid		
Static Structural	Displacement Field	VM184, VM187
Static Magnetic	MAG Degree of Freedom	VM169, VM190
SOLID117 - 3-D 20-Node Magnetic Solid		
Static Magnetic		VM241
SOLID122 - 3-D 20-Node Electrostatic Solid		
Electrostatic		VM51
SOLID147 - 3-D Brick Structural Solid p-Element		
Static Structural		VM184
SOLID148 - 3-D Tetrahedral Structural Solid p-Element		
Static Structural		VM187
SOLID185 - 3-D 8-Node Structural Solid		
Static Structural		VM56, VM143, VM191, VM196, VM201, VM211, VM225, VM240, VM244, VM246
SOLID186 - 3-D 20-Node Structural Solid		
Static Structural		VM56, VM143, VM148, VM210, VM211, VM244, VM246
SOLID187 - 3-D 10-Node Tetrahedral Structural Solid		
Static Structural		VM184, VM187, VM244, VM246
SOLID191 - 3-D 20-Node Layered Structural Solid		

ANSYS Element and Keywords	Element Options	Test Cases
Static Structural	Nodal Stress and Strain Printout, Multi-layer, Node Offset	VM144
SOLSH190 - 3-D Structural Solid Shell		
Static Structural		VM54, VM139, VM143
Modal		VM54, VM66
SOURC36 - Current Source		
Static Magnetic		VM190
SURF151 - 2-D Thermal Surface Effect		
Steady-State Thermal	AUX12	VM147
SURF152 - 3-D Thermal Surface Effect		
Static Structural	No Midside Nodes	VM192
SURF153 - 2-D Structural Surface Effect		
Static Structural	Axisymmetric, No Midside Nodes	VM38
SURF154 - 3-D Structural Surface Effect		
Static Structural	Axisymmetric, No Midside Nodes	VM38
TARGE169 - 2-D Target Segment		
Static Structural		VM211, VM191
Thermal Structural Contact		VM229
TARGE170 - 3-D Target Segment		
Static Structural		VM211
VISCO88 - 2-D 8-Node Viscoelastic Solid		
Static Structural	Axisymmetric	VM200
VISCO89 - 3-D 20-Node Viscoelastic Solid		
Static Structural		VM200
VISCO106 - 2-D Large Strain Solid		
Static Structural	Rate-independent Viscoplasticity	VM198
Static Structural	Rate-dependent Viscoplasticity	VM199
VISCO107 - 3-D Large Strain Solid		
Static Structural	Rate-independent Viscoplasticity	VM198
Static Structural	Rate-dependent Viscoplasticity	VM199

ANSYS Element and Keywords	Element Options	Test Cases
VISCO108 - 2-D 8-Node Large Strain Solid		
Static Structural	Rate-independent Viscoplasticity	VM198
Static Structural	Rate-dependent Viscoplasticity	VM199

附錄 D　指令頁碼對照

KFILL	6-12	KNODE	6-15	KSYMM	6-13
KGEN	6-13	KPLOT	6-16	KWPAVE	6-93

L

指令	頁碼	指令	頁碼	指令	頁碼
L2ANG	6-29	LESIZE	7-17	LPTN	6-122
L2TAN	6-28	LFILLT	6-23	LSBA	6-117
L	6-18	LGEN	6-20	LSBL	6-115
LATT	7-14	LGLUE	6-124	LSBV	6-118
LANG	6-27	LINA	6-112	LSBW	6-119
LARC	6-25	LINL	6-110	LSEL	6-31
LCLEAR	7-25	LINP	6-113	LSSOLVE	5-17
LCOMB	6-20	LINV	6-112	LSTR	6-19
LCSL	6-121	LMESH	7-23	LSWRITE	5-17
LDELE	6-31	LOCAL	4-9	LSYMM	6-21
LDIV	6-19	LOVLAP	6-121	LTAN	6-28
LDRAG	6-25	LROTAT	6-26	LWPLAN	6-97
LEXTND	6-26				

M

指令	頁碼	指令	頁碼	指令	頁碼
M	5-42	MP	4-54	MSHKEY	7-15
MAT	5-5	MSHAPE	7-16	MXPAND	5-43
MODOPT	5-42				

N

指令	頁碼	指令	頁碼	指令	頁碼
N	4-13	NLIST	4-16	NSYM	4-15
NDELE	4-16	NPLOT	4-16	NWPAVE	6-94
NGEN	4-14	NSEL	4-102		

O

指令	頁碼	指令	頁碼	指令	頁碼
OMEGA	4-101	OUTPR	4-106	OUTRES	4-106

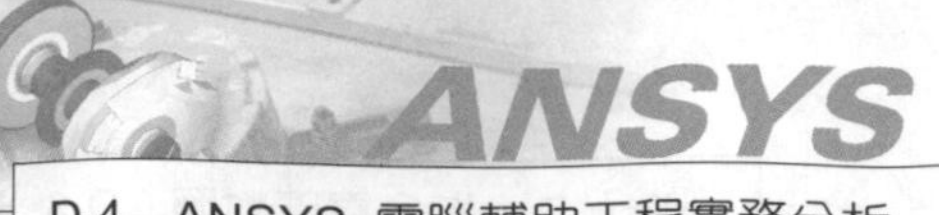

ANSYS

國家圖書館出版品預行編目資料

ANSYS 電腦輔助工程實務分析 / 陳精一編著.
-- 初版. -- 臺北縣土城市：全華圖書，
民 99.10
面 ； 公分
含索引
ISBN 978-957-21-7662-7(平裝附光碟片)
1. 電腦輔助設計 2. 電腦輔助製造
440.029 99009580

ANSYS 電腦輔助工程實務分析

(附範例光碟)

作者 / 陳精一
發行人 / 陳本源
執行編輯 / 翁千惠
出版者 / 全華圖書股份有限公司
郵政帳號 / 0100836-1 號
印刷者 / 宏懋打字印刷股份有限公司
圖書編號 / 05481017
初版二刷 / 2016 年 05 月
定價 / 新台幣 650 元
ISBN / 978-957-21-7662-7 (平裝附光碟片)
全華圖書 / www.chwa.com.tw
全華網路書店 Open Tech / www.opentech.com.tw
若您對書籍內容、排版印刷有任何問題，歡迎來信指導 book@chwa.com.tw

臺北總公司(北區營業處)
地址：23671 新北市土城區忠義路 21 號
電話：(02) 2262-5666
傳真：(02) 6637-3695、6637-3696

南區營業處
地址：80769 高雄市三民區應安街 12 號
電話：(07) 381-1377
傳真：(07) 862-5562

中區營業處
地址：40256 臺中市南區樹義一巷 26 號
電話：(04) 2261-8485
傳真：(04) 3600-9806

歡迎加入

全華會員

● 會員獨享

會員享購書折扣、紅利積點、生日禮金、不定期優惠活動…等。

● 如何加入會員

填妥讀者回函卡直接傳真（02）2262-0900 或寄回，將由專人協助登入會員資料，待收到 E-MAIL 通知後即可成為會員。

如何購買　全華書籍

1. 網路購書

全華網路書店「http://www.opentech.com.tw」，加入會員購書更便利，並享有紅利積點回饋等各式優惠。

2. 全華門市、全省書局

歡迎至全華門市（新北市土城區忠義路 21 號）或全省各大書局、連鎖書店選購。

3. 來電訂購

(1) 訂購專線：(02) 2262-5666 轉 321-324
(2) 傳真專線：(02) 6637-3696
(3) 郵局劃撥（帳號：0100836-1　戶名：全華圖書股份有限公司）
※ 購書未滿一千元者，酌收運費 70 元。

全華網路書店 www.opentech.com.tw
E-mail: service@chwa.com.tw

※ 本會員制如有變更則以最新修訂制度為準，造成不便請見諒。

廣　告　回　信
板橋郵局登記證
板橋廣字第540號

行銷企劃部　收

23671
新北市土城區忠義路 21 號
全華圖書股份有限公司

讀者回函卡

填寫日期：　　/　　/

姓名：＿＿＿＿＿　生日：西元＿＿＿年＿＿＿月＿＿＿日　性別：□男 □女

電話：（　）＿＿＿＿＿　傳真：（　）＿＿＿＿＿　手機：＿＿＿＿＿

e-mail：（必填）＿＿＿＿＿

註：數字零，請用 Φ 表示，數字 1 與英文 L 請另註明並書寫端正，謝謝。

通訊處：□□□□□

學歷：□博士　□碩士　□大學　□專科　□高中・職

職業：□工程師　□教師　□學生　□軍・公　□其他

學校／公司：＿＿＿＿＿　科系／部門：＿＿＿＿＿

・需求書類：

□ A. 電子 □ B. 電機 □ C. 計算機工程 □ D. 資訊 □ E. 機械 □ F. 汽車 □ I. 工管 □ J. 土木

□ K. 化工 □ L. 設計 □ M. 商管 □ N. 日文 □ O. 美容 □ P. 休閒 □ Q. 餐飲 □ B. 其他

・本次購買圖書為：＿＿＿＿＿　書號：＿＿＿＿＿

・您對本書的評價：

封面設計：□非常滿意　□滿意　□尚可　□需改善，請說明＿＿＿＿＿

內容表達：□非常滿意　□滿意　□尚可　□需改善，請說明＿＿＿＿＿

版面編排：□非常滿意　□滿意　□尚可　□需改善，請說明＿＿＿＿＿

印刷品質：□非常滿意　□滿意　□尚可　□需改善，請說明＿＿＿＿＿

書籍定價：□非常滿意　□滿意　□尚可　□需改善，請說明＿＿＿＿＿

整體評價：請說明＿＿＿＿＿

・您在何處購買本書？

□書局　□網路書店　□書展　□團購　□其他＿＿＿＿＿

・您購買本書的原因？（可複選）

□個人需要　□幫公司採購　□親友推薦　□老師指定之課本　□其他＿＿＿＿＿

・您希望全華以何種方式提供出版訊息及特惠活動？

□電子報　□ DM　□廣告（媒體名稱＿＿＿＿＿）

・您是否上過全華網路書店？（www.opentech.com.tw）

□是　□否　您的建議＿＿＿＿＿

・您希望全華出版那方面書籍？＿＿＿＿＿

・您希望全華加強那些服務？＿＿＿＿＿

～感謝您提供寶貴意見，全華將秉持服務的熱忱，出版更多好書，以饗讀者。

全華網路書店 http://www.opentech.com.tw　　客服信箱 service@chwa.com.tw

2011.03 修訂

親愛的讀者：

感謝您對全華圖書的支持與愛護，雖然我們很慎重的處理每一本書，但恐仍有疏漏之處，若您發現本書有任何錯誤，請填寫於勘誤表內寄回，我們將於再版時修正，您的批評與指教是我們進步的原動力，謝謝！

全華圖書　敬上

勘誤表

書號		書名		作者	
頁數	行數	錯誤或不當之詞句		建議修改之詞句	

我有話要說：（其它之批評與建議，如封面、編排、內容、印刷品質等・・・）